2017년도 대한민국학술원 선정
우수학술도서

FOOD PROCESS ENGINEERING

에센스 식품공학

변유량 · 정명수 · 조형용 · 민세철 · 이동언
최미정 · 최영진 · 한재준 · 홍근표

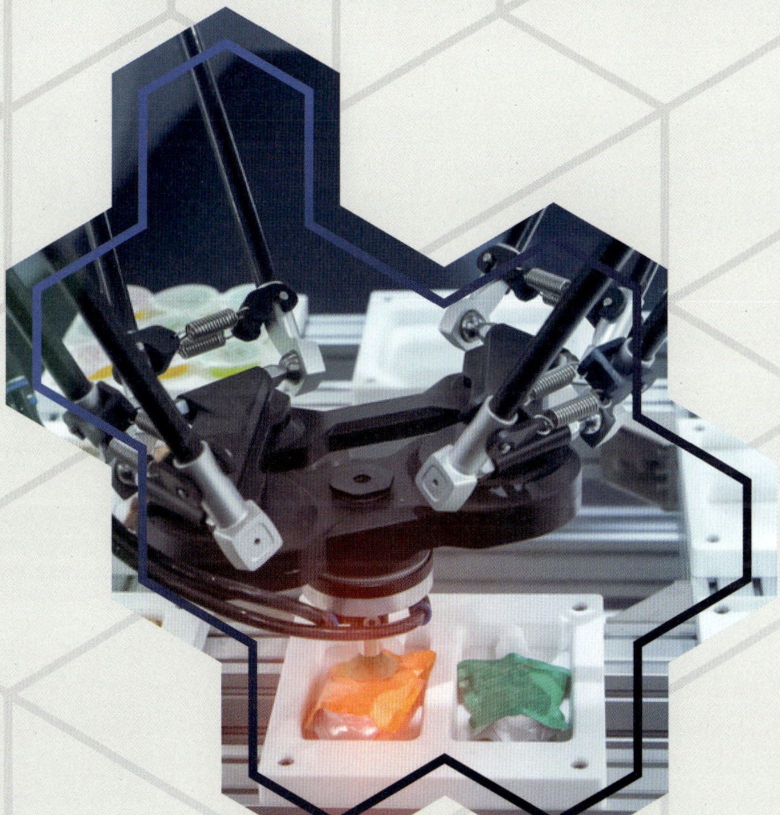

㈜지구문화
JIGU CULTURE Co.Ltd

머리말

최근 IT(Information Technology), BT(Bio Technology), 문화 서비스 등의 4차 산업이 부각되면서 제조업이 위축되는 감이 적지 않습니다. 그러나 사람이 일상생활을 하는데 없어서는 안 될 식품산업 등의 발전은 지속되어 갈 것입니다.

이 책은 현장 경륜과 대학에서, 오랜 강의 및 연구 경험을 바탕으로 식품공학을 전공한 9인의 학자들이 이 분야의 사전적 역할을 할 수 있도록 사명감을 갖고 집필에 임하였습니다.

본서는 기본적으로 대학교 식품관련 학과에서 2학기(6학점)에 걸친 식품공학(food engineering) 교재로 이용될 수 있도록 편찬되었으며, 아울러 식품산업 현장에서 식품공학의 기본원리를 이해하여 산업에 적용할 수 있는 유용한 참고도서로 활용될 수 있도록 집필되었습니다.

오늘날 식품가공에서는 가공공정 중에 식품의 영양적, 관능적 품질의 변화를 최소화하여 가능한 원료 그대로의 자연적인 상태를 유지하는 것이 바람직하며, 무엇보다 식품의 안전성 확보가 중요한 과제로 대두되었습니다. 따라서 고도의 장치와 위생공학적 측면에서의 식품공정기술의 중요성이 증대되고 과거보다 더욱 엄격하게 가공조건을 조절할 필요가 있습니다. 이를 위해서 품질우위를 확보할 수 있는 신가공 기술, 장치, 시스템의 도입이 필요하며, 고도의 공정기술과 장치의 공학적 원리를 이해하고 있는 식품공학 전문지식을 가진 식품공학 전공자의 역할이 중요하다 하겠습니다.

이 책의 전반부 1장에서 6장까지는 식품공학의 기초, 운동량, 열 및 물질 전달 현상의 기본원리를 쉽게 기술하고 예제를 풍부하게 수록하여 깊이 있게 이해할 수 있도록 노력하였습니다. 또한 후반부의 살균, 냉동, 건조 등 식품 보존공정과 증발, 추출, 분쇄, 분리 등의 단위조작은 신가공기술에 대한 내용을 포괄하고 있습니다. 장장 3년 동안 정성껏 집필해 주신 집필자 여러분의 노고에 심심한 감사를 드립니다.

본서에 수록된 내용이 비교적 방대하여 대학에서 제한된 시간에 모은 내용을 다루기는 어려울 것이므로 적절히 요약하여 강의하는 것이 바람직하겠습니다.

끝으로 대학과 식품산업의 미래를 위하여 어려운 출판사정에도 불구하고 적지 않은 분량의 책을 집필 · 출판하도록 오랜 세월 독려해 주신 (주)지구문화 주병오 대표님께 더할 수 없는 감사를 드립니다.

계묘년 새 봄에

대표 집필자

차 례

Contents

차 례

Chapter 04 식품가공에서 열전달

Chapter 05 물질전달

Contents

차 례

Contents

Chapter 08 냉 동

차 례

Chapter 09 식품의 건조

Contents

차 례

Contents

차 례

Chapter 14 비가열 가공기술

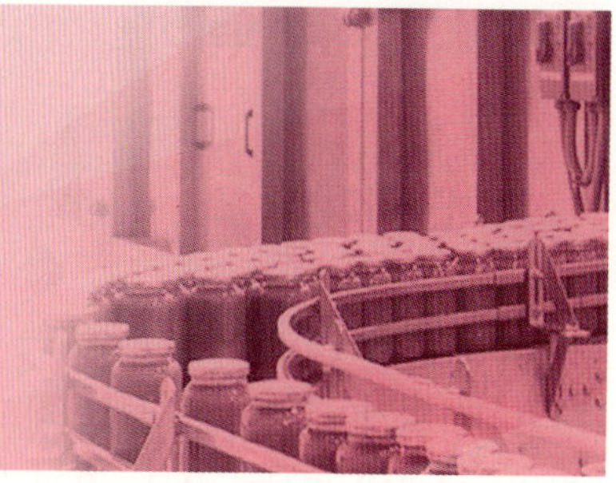

Chapter 1

식품공학의 기초

Section 1 단위와 차원

1. 단 위

우리들이 일상생활에서 주로 사용하는 물리량으로는 길이, 질량, 시간, 온도, 압력 등이 있는데, 이들 물리량을 나타낼 때는 반드시 숫자와 단위를 함께 표현하여야 한다. 예를 들면, 길이를 나타내는 meter(m)와 질량을 나타내는 kilogram(kg)과 같은 것을 단위라 한다.

$$\text{물리량(physical quantity)} \equiv \text{수(number)} \times \text{단위(unit)} \qquad (1\text{–}1)$$

만약 필자의 키가 181이라고 말하면 대부분의 우리나라 사람들은 당연히 키가 181 cm라고 짐작할 것이다. 왜냐하면 우리나라에서 사람의 키는 일반적으로 centimeter(cm)로 나타내기 때문에 cm란 단위가 생략된 것으로 생각하는 것이다. 그러나 미국 사람이라면 어리둥절할 것이다.

영어권 사람들은 관습적으로 키를 나타낼 때 5 ft 11 in.라고 표현하기 때문이다. 또한 숫자 뒤에 붙는 단위에 따라 181 mm일 수도 있고, 181 m일 수도 있다. 따라서 키는 숫자로만 나타내면 부정확하다. 반드시 숫자와 단위를 함께 표현하여야 한다.

필자의 키가 181 cm란 표현에서 단위 cm는 '키' 라는 물리량을 측정할 때 표준길이 'cm' 를 사용하였다는 의미이며, 181이란 숫자는 필자의 키가 표준길이 1 cm의 '181배' 에 상당하는 길이라는 의미이다.

2. 단위계

일상생활에서 사용하는 단위는 나라 또는 지역에 따라 다르다. 예를 들어 우리나라 일기예보에서 오늘의 최고온도는 25℃라 말할 때, 아마 미국에서는 77°F로 나타낼 것이다. 이는 우리나라에서는 온도의 단위로 Celsius(℃)를 사용하고 미국에서는 Fahrenheit(°F)를 사용하기 때문이다. 또한 미국에서는 길이의 단위로 mile(mil), yard(yd), feet(ft), inch(in.) 등을 사용하며, 질량의 단위로는 pound(lb_m), ounce(oz) 등이 일상생활에서 사용되고 있다.

일상생활에서 관습적으로 사용하는 단위가 나라 또는 지역에 따라 다른 것과 마찬가지로 과거 자연과학에서도 여러 가지 다른 단위를 사용하여 왔다. 자연과학에서 가장 널리 사용되어 온 단위계는 CGS 단위계, MKS 단위계 및 English 단위계 혹은 FPS 단위계이다.

자연과학에서 실험적으로 측정한 물리량은 대부분의 경우 CGS 단위로 표현하여 왔다. 표 1-1에 나타낸 것과 같이 CGS 단위계에서는 질량의 단위로 gram(g), 길이의 단위로 centimeter(cm), 시간의 단위로 second(s)를 사용한다. 그러나 공학계산에서는 CGS 단위가 너무 작기 때문에 미터 단위계를 사용하였다. MKS 단위계에서는 질량의 단위로 kilogram(kg), 길이의 단위로 meter(m), 시간의 단위로 second(s)를 사용한다.

한편 영어문화권에서는 English 단위를 사용하였다. English 단위는 영국의 문화적 역사로부터 유래된 것이다. 예를 들어 yard(yd)는 왕의 코에서부터 오른쪽 손을 펼쳤을 때 중지 끝까지의 거리(미터 단위로 나타내면 0.9144 m)이다. 또한 feet(ft)는 사람의 발 길이에서 유래된 길이의 단위로서 30.48 cm이다. 특히 공학은 자연과학의 지식과 실제적인 경험의 복합으로 발전하여 왔기 때문에 단위가 통일될 수 없었으며, 지역에 따라 그 공업 특유의 단위를 사용하는 경우가 많았다.

이와 같이 자연과학에서는 여러 가지 단위계를 사용함으로써 한 단위계에서 다른 단위계로 환산하여야 하는 경우가 많다. 환산이 간단하면 좋으나 매우 복잡하고 불편하여 학문발전이나 국제무역 등에 많은 지장이 있었다. 때문에 1960년 프랑스 파리에서 개최된 국제도량형위원회에서 국제적으로 모든 자연과학분야에서 통일된 단위를 사용하기로 합의했고 결과적으로 채택한 것이 SI 단위계(Système International d'Unités)이다.

공학에서는 질량, 길이 이외에 부피, 밀도, 속도 등 여러 가지 물리량을 다룬다. 이들 수많은 물리량의 크기를 나타내기 위하여 기본이 되는 몇 개의 기본량을 정해 놓고 이들을 기본량의 조합으로 복잡한 물리량을 정의하면 편리할 것이다.

가장 기본이 되는 물리량은 일반적으로 질량, 길이, 시간, 온도를 사용하며, 이들 기본량을 기본차원(fundamental dimension)이라 한다. 이들 기본차원은 흔히 부호로 나타내는데, 질량(mass)은 [M], 길이(length)는 [L], 시간(time)은 [t], 온도(temperature)는 [T]로 표현된다.

한편 기본차원 즉, 기본량을 측정하는 단위를 기본단위(basic unit)라 하며, 기본단위만으로 정의할 수 없는 많은 물리량은 한 가지 기본단위의 거듭제곱이나 여러 가지 기본단위를 조합하여 나타내며, 이를 유도단위(derived unit)라 한다. 예를 들어 속도는 일정한 시간에 진행한 거리이므로 그 단위는 m/s이다. 즉, 길이의 차원인 [L]과 시간의 차원인 [t]의 조합으로 나타내어 속도의 차원은 [L]/[t]가 된다. 또한 면적의 단위는 m^2로 길이의 차원 [L]의 제곱으로 정의되어 면적의 차원은 $[L]^2$이 된다.

정리하면 단위는 다음과 같이 크게 두 가지로 구분할 수 있다.

① **기본단위**(basic unit) : 기본량인 길이, 시간, 질량, 온도, 전류, 광도의 단위
② **유도단위**(derived unit) : 기본단위의 곱과 나누기 또는 기본단위들의 조합으로 얻어지는 단위

표 1-1 주요 단위계의 기본단위 및 유도단위의 예

양(Quantity)	SI 단위계	English 단위계	CGS 단위계
길이(Length)	m	ft	cm
질량(Mass)	kg	lb_m	g
시간(Time)	s	s	s
온도(Temperature)	℃ or K	℉ or R	℃ or K
부피(Volume)	m^3	ft^3	cm^3
힘(Force)	$N(=kg \cdot m/s^2)$	lb_f	$dyne(=g \cdot cm/s^2)$
에너지(Energy)	$J(=N \cdot m)$	$ft \cdot lb_f$, Btu	erg, cal
엔탈피(Enthalpy)	J/kg	Btu/lb_m	cal/g
전력(Power)	W(J/s)	Btu/h	cal/min
압력(Pressure)	$Pa(=N/m^2)$	$lb_f/in.^2(=psia)$	dyn/cm^2
밀도(Density)	kg/m^3	lb_m/ft^3	g/cm^3
점도(Viscosity)	$Pa \cdot s$	$lb_m/ft \cdot s$	poise

(1) SI 단위계

SI 단위계는 미터법에 근거를 두고 있으며, 국제협약에 의하여 길이의 기본단위로 meter(m), 시간의 기본단위로 second(s), 질량의 기본단위로 kilogram(kg), 온도의 기본단위로 Kelvin(K)을, 또한 물질량의 기본단위로 kilogram mole(kg-mol)을 사용하기로 정한 단위계이다. 이 책에서 모든 단위는 SI 단위계로 나타낸다.

SI 기본단위는 실제 사용하기에는 너무 크거나 작은 경우가 많다. 이와 같은 경우 10진법을 기준으로 한 표 1-2와 같은 접두어(prefix)를 기본단위 앞에 붙인다. 접두어는 기본단위 바로 앞에 붙여 쓰도록 주의하고, 접두어는 10^3 배수를 사용할 것을 권장한다. 가장 널리 사용되는 접두어는 micro(μ, 10^{-6}), milli(m, 10^{-3}), kilo(k, 10^3) 및 mega(M, 10^6)이다. 하지만 표를 보면 10^3 배수가 아닌 접두어 즉, hecto(h, 10^2), deca(da, 10^1), deci(d, 10^{-1}), centi(c, 10^{-2}) 등이 있다.

표 1-2 SI 단위계에서 사용되는 접두어

Relationship	Prefix	Symbol
1000 000 000 000 000 000 $=10^{18}$	exa	E
1000 000 000 000 000 $=10^{15}$	peta	P
1000 000 000 000 $=10^{12}$	tera	T
1000 000 000 $=10^{9}$	giga	G
1000 000 $=10^{6}$	**mega**	**M**
1000 $=10^{3}$	**kilo**	**k**
100 $=10^{2}$	hecto	h
10 $=10^{1}$	deca	da
0.1 $=10^{-1}$	**deci**	**d**
0.01 $=10^{-2}$	**centi**	**c**
0.001 $=10^{-3}$	**milli**	**m**
0.000 001 $=10^{-6}$	**micro**	**μ**
0.000 000 001 $=10^{-9}$	nano	n
0.000 000 000 001 $=10^{-12}$	pico	p
0.000 000 000 000 001 $=10^{-15}$	femto	f
0.000 000 000 000 000 001 $=10^{-18}$	atto	a

*가장 널리 사용되는 접두어는 굵은 글자로 나타냄

SI 단위계에서는 이들 접두어가 점점 사라지기를 희망하고 있으나 아직 관습적으로 사용되고 있다. 예를 들어 centimeter(cm)는 아직 널리 사용되고 있으며, deciliter(dL, 0.1 L 또는 100 mL)도 일부 사용되고 있다.

예를 들어 접두어를 사용할 때 10^{-3} m는 1 mm(millimeter)로 나타내며, centimeter보다는 millimeter를 사용할 것을 권장한다. 또한 10^3 kg에 접두어를 붙일 경우 1 kkg과 같이 이중으로 접두어를 붙여서는 안 되며 1 Mg으로 써야 한다. 시간은 예외로 기본단위 초(s) 앞에 십진법에 의한 접두어를 붙이기보다는 분(min), 시간(h) 또는 일(d) 등의 관습단위가 일반적으로 사용된다.

① 10000 cm는 10 kcm가 아니라 100 m로 나타낸다.
② 0.000001 m는 1 μm로 쓴다.
③ 3000 m^3는 3 km^3로 쓸 수 없다.
④ 10000 N/m^2는 10 kN/m^2가 아니라 10 kPa로 쓴다.

(2) CGS 단위계

CGS 단위계는 SI 단위계와 유사하나 주요 차이점은 길이와 질량의 기본단위로 meter(m)와 kilogram(kg) 대신에 centimeter(cm)와 gram(g)을 사용하는 점이다.

(3) English 단위계

English 단위계에서는 길이의 기본단위로 feet(ft), 질량의 기본단위로 pound-mass(lb_m), 시간의 기본단위로 second(s), 온도의 기본단위로 Fahrenheit (°F)를 사용한다. 기본단위 이외에도 관습적인 단위도 아직 사용되고 있다. 예를 들면 다음과 같다.

$$1 \text{ yard(yd)} = 3 \text{ feet(ft)} = 36 \text{ inch(in.)} = 0.9144 \text{ m}$$
$$1 \text{ mile(mi)} = 5280 \text{ ft} = 1760 \text{ yd} = 1.6093 \text{ km}$$
$$1 \text{ ft} = 12 \text{ in.} = 0.3048 \text{ m}$$

inch 단위를 기호로 나타낼 때는 in.로 뒤에 마침표 '.'를 찍어 영어의 전치사 in과 구별되도록 하여야 한다.

3. 단위환산

국제적으로 모든 물리량을 SI 단위로 통일하기로 협약하였으나, 과거의 많은 공학자료들은 English 단위로 기록되어 있는 경우가 많고, 특히 현대 과학의 중심이 되고 있는 미국이 여전히 English 단위를 많이 사용하고 있으므로 한 단위를 다른 단위로 환산하여야 하는 경우가 많다. 단위환산을 할 때에는 환산계수(conversion factor)를 사용하며 환산계수는 두 단위의 비(ratio)이다.

$$\text{환산계수} \equiv \frac{\text{환산하고자 하는 단위}}{\text{환산 전 단위}} \tag{1-2}$$

예를 들어 1 lb_m = 453.6 g이므로 200 g이 몇 lb_m인가를 계산하면

$$200\ \text{g} \times \frac{1\ \text{lb}_m}{453.6\ \text{g}} = 0.441\ \text{lb}_m$$

역으로 0.441 lb_m를 g으로 환산하면

$$0.441\ \text{lb}_m \times \frac{453.6\ \text{g}}{1\ \text{lb}_m} = 200\ \text{g}$$

단위환산은 다음 순서로 한다.

① 환산되는 숫자와 단위를 먼저 기록한다.

② 부록의 단위환산표에서 적절한 환산계수를 찾는다.

③ 환산계수를 비(ratio)로써 순차적으로 곱하여 원래의 단위는 소거되고 원하는 단위만 남게 한다.

[예제 1–1] 키의 환산

여러분의 키를 ft(피트)와 in.(인치)로 환산해 보라.

[풀이]

키가 178 cm라 하면 1 ft = 30.48 cm이므로

$$178\ \text{cm} \times \frac{1\ \text{ft}}{30.48\ \text{cm}} = 5.84\ \text{ft}$$

미국에서는 일반적으로 키를 5.84 ft라 말하지 않고 5 ft의 나머지는 in.로 나타내므로 나머지를 계산하면

$$178\ \text{cm} - \left(5\ \text{ft} \times \frac{30.48\ \text{cm}}{1\ \text{ft}}\right) = 25.6\ \text{cm}$$

이것을 in.로 나타낸다. 1 in. = 2.54 cm

$$25.6\ \text{cm} \times \frac{1\ \text{in.}}{2.54\ \text{cm}} = 10.08\ \text{in.}$$

키를 나타낼 때 일상생활에서 인치 이하의 단위를 사용하지 않으므로 키는 5 ft 10 in.가 된다.

[예제 1-2] 마라톤거리 환산

마라톤거리 26.22 mile은 몇 km인가? 단 1 mile은 1609.3 m란 사실을 이용한다.

[풀이]

$$26.22\ \text{mile} \times \frac{1609.3\ \text{m}}{1\ \text{mile}} \times \frac{1\ \text{km}}{1000\ \text{m}} = 42.2\ \text{km}$$

4. 차원의 일치

앞에서 기술한 질량, 길이, 시간, 온도와 같은 기본량을 차원(dimension)이라 하며, 일반적으로 질량의 차원은 [M], 길이의 차원은 [L], 시간의 차원은 [t], 온도의 차원은 [T]로 나타낸다. 차원은 단위로 측정되며, 측정에 사용되는 단위계에는 여러 가지가 있다. 예를 들어 산의 높이와 바다의 깊이는 길이 [L]의 차원을 가지며 동일하게 km 또는 ft의 단위로 측정할 수 있다.

또한 사람의 체중과 코끼리의 체중은 질량 [M]의 차원을 가지며 동일한 단위 kg 또는 lb_m 등으로 측정된다. 그러나 산의 높이와 코끼리 체중은 차원이 다르므로 동일한 단위로 나타낼 수 없다. 흔히 우리는 "너와 나는 생각하는 차원이 다르다"라는 말을 하는데, 이는 산의 높이와 코끼리의 체중과 같이 차원이 다르므로 비교가 안 된다는 의미이다.

물리적 현상을 설명하는 데 사용되는 모든 수학적 관계식은 반드시 차원이 일치되어야 한다. 즉, 수학적 관계식에서의 양변은 차원이 같아야 할 뿐만 아니라 사용하는 단위계도 동일하여야 함을 의미한다. 예로서 유체의 압력을 나타내는 식을 살펴보자.

$$P \equiv \rho g h \tag{1-3}$$

위 식에서 좌변의 P는 압력을 나타내고 압력은 단위면적에 작용하는 힘으로 정의되며 힘은 질량(kg)과 가속도(m/s^2)의 곱으로 정의되므로 좌변의 차원은 다음과 같다.

$$[\mathrm{P}] = \frac{[\mathrm{M}][\mathrm{L}][\mathrm{t}]^{-2}}{[\mathrm{L}]^2} = [\mathrm{M}][\mathrm{L}]^{-1}[\mathrm{t}]^{-2}$$

식 (1-3)의 우변은 밀도(kg/m^3), 중력가속도(m/s^2) 및 높이(m)의 곱이므로 우변의 차원은 다음과 같다.

$$[\rho g h] = [\mathrm{M}][\mathrm{L}]^{-3}[\mathrm{L}][\mathrm{t}]^{-2}[\mathrm{L}] = [\mathrm{M}][\mathrm{L}]^{-1}[\mathrm{t}]^{-2}$$

따라서 식 (1-3)은 우변과 좌변의 차원이 일치하므로 올바른 수학적 관계식임을 알 수 있다.

Section 2 중요 물리량

이 단원에서는 식품공학에서 널리 사용되는 중요한 물리량의 정의와 단위에 대하여 간략히 기술한다.

1. 면 적

면적은 두 길이의 곱으로 정의된다. SI 단위에서 면적의 표준단위는 square meter(m^2)이다.

$$1\ \mathrm{m}^2 = 10^4\ \mathrm{cm}^2 = 10.76\ \mathrm{ft}^2$$

2. 부 피

부피는 세 길이의 곱으로 SI 단위계에서 표준단위는 m^3이다. 그러나 m^3은 큰 부피이므로 사용이 불편하여 liter(L)와 milliliter(mL)가 널리 사용된다.

$$1\ m^3 = 1\ kL = 10^3\ L = 10^6\ mL$$

또는 $$1\ m^3 = 10^3\ dm^3 = 10^6\ cm^3$$

유럽과 미국 등에서는 부피를 나타내는 단위로 아직 gallon을 많이 사용하고 있다. 영국식 gallon(gal)과 미국식 gallon(US gal)이 있는데 미국식 gallon은 영국식보다 약간 작다.

$$1\ gal = 4.546\ L$$
$$1\ US\ gal = 3.785\ L$$

유체를 다루는 식품가공장치에서의 처리능력은 gal/h, L/h 등의 부피유량으로 나타내기도 한다. 예를 들어 소형 우유 살균기의 처리능력은 200 L/h, 대형 살균기는 50,000 L/h이다.

파이프(pipe)를 흐르는 유체의 유량은 부피유량으로 나타내는 경우가 많은데, 체적유량 Q(m^3/s)은 평균유속 v(m/s)에 단면적 A(m^2)를 곱한 것이다.

$$Q = Av \tag{1–4}$$

여기서 단면적(cross-sectional area)이란 그림 1–1에 나타낸 것과 같이 파이프를 직각 방향으로 파이프와 수직이 되도록 절단했을 때의 면적이다.

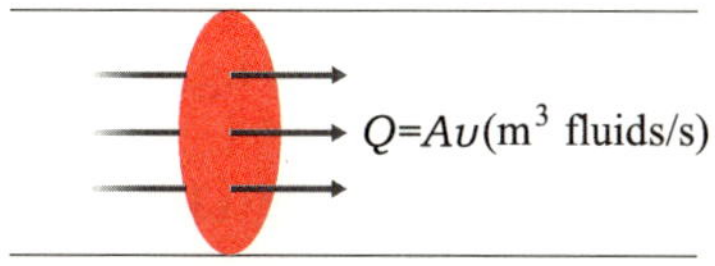

그림 1–1 파이프의 단면적과 유량

3. 밀 도

어떤 물체의 밀도는 그 물체의 단위 부피당 질량이다. SI 단위로는 kg/m^3이다.

$$\text{밀도}(\rho) \equiv \frac{\text{질량(kg)}}{\text{부피}(m^3)} \equiv \frac{m(\text{kg})}{V(m^3)} \tag{1–5}$$

밀도는 보통 희랍문자 rho(ρ)로 나타내며, 물질이 어떻게 구성되어 있는가 하는 정보를 제공해 준다. 분자가 치밀하게 배열된 물체는 밀도가 크다. 대부분의 고체와 액체의 밀도는 화학과 물리 편람(Handbook of Chemistry and Physics) 또는 화학공학 편람(Handbook of Chemical Engineering) 등에 수록되어 있다.

고체와 액체의 밀도는 압력에는 거의 영향을 받지 않으나 온도에 따라서는 약간 변한다. 예를 들어 물의 밀도는 0℃일 때 0.99987 g/cm^{3}이며, 4℃에서는 1.0 g/cm^{3}이다.

한편 기체의 밀도는 액체의 밀도보다 훨씬 작으며, 온도와 압력에 따라 크게 변한다. 예를 들어 실온에서 공기의 밀도는 아래와 같다.

$$\rho_{\text{air, 25℃}} = 0.001184\ \text{g/cm}^3 = 1.184\ \text{kg/m}^3$$

밀도는 물체의 질량이 차지하는 부피를 계산하는 데 사용된다(예제 1–3의 ③ 참조).

때때로 밀도 대신에 비중(specific gravity, SG)을 사용하는데 물질의 비중은 그 물질의 밀도 ρ와 순수한 물의 밀도 ρ_w의 비이다. 앞에서 설명한 것과 같이 비중은 분모와 분자의 단위가 서로 상쇄되므로 단위가 없다.

$$\text{SG} \equiv \frac{\text{물질의 밀도}}{\text{물의 밀도}} \equiv \frac{\rho}{\rho_w} \tag{1–6}$$

이때 물의 밀도는 4℃에서의 밀도를 기준으로 사용한다.

$$\rho_w(4℃) = 1.00\ \text{g/cm}^3 = 1000\ \text{kg/m}^3 = 62.43\ \text{lb}_\text{m}/\text{ft}^3$$

액체와 고체의 밀도를 g/cm^{3}의 단위로 나타낼 때는 그 물질의 비중과 밀도의 숫자가 같다는 사실을 기억해 두자. 또한 어떤 물질의 비중에 임의의 단위의 물의 밀도를 곱해 주면 동일한 단위의 물질의 밀도를 구할 수 있다(예제 1–3의 ① 참조).

비부피(specific volume, V_m)는 단위질량의 물질이 차지하는 부피(m^3/kg)를 의미하며, 밀도의 역수이다.

$$V_\text{m} \equiv \frac{1}{\rho} \tag{1–7}$$

[예제 1-3] 비중의 환산

어떤 액체의 비중이 0.95이다.

① 이 액체의 밀도는 g/cm^3와 kg/m^3의 단위로 각각 얼마인가?

② 이 액체의 비용적은 cm^3/g 단위로 얼마인가?

③ 이 액체 18 g이 차지하는 부피는 얼마인가?

[풀이]

① 액체의 밀도는 식 (1-6)에 의하여

$$\rho = (SG)\times\rho_w = (0.95)(1.0\ g/cm^3) = 0.95\ g/cm^3$$

$$\rho = (SG)\times\rho_w = (0.95)(1000\ kg/m^3) = 950\ kg/m^3$$

② 비용적은 식 (1-7)로부터

$$V_m = \frac{1}{\rho} = \frac{1}{0.95\,g/cm^3} = 1.05\ cm^3/g$$

③ 식 (1-5)에 의하여

$$V = \frac{m}{\rho} = \frac{18\,g}{0.95\,g/cm^3} = 18.9\ cm^3$$

식품가공에서는 콩, 쌀, 밀가루, 전분 등 입자 상태의 물체를 다루는 경우가 많다. 입자 상태인 물체의 밀도는 입자 내의 세공(pore) 또는 입자와 입자 사이의 빈 공간을 어떻게 고려하느냐에 따라 고체밀도(solid density), 입자밀도(particle density), 부피밀도(bulk density)의 3가지로 나타낼 수 있다.

고체밀도는 물체 중에 존재하는 모든 빈 공간을 제외한 고체성분만의 밀도로서 진밀도(true density)라 할 수 있다. 고염농도나 고지방식품을 제외한 대부분의 식품성분의 고체밀도는 1400~1600 kg/m^3 범위이다.

표 1-3 주요 식품성분의 고체밀도

성분	밀도(kg/m^3)	성분	밀도(kg/m^3)
글루코오스	1560	단백질	1400
수크로오스	1590	지방	900~950
전　　분	1500	소금	2160
셀룰로오스	1270~1610	시트르산	1540

입자밀도는 개별입자의 밀도로서 개별입자의 질량을 입자의 부피로 나눈 것이다. 따라서 입자밀도를 측정할 때는 입자 내에 존재하는 세공(pore)을 포함한 질량과 부피를 측정하여야 한다.

입자 상태인 고체의 입자밀도는 원심분리, 침강 등의 분리조작, 분체의 수송, 건조식품의 복원(rehydration) 등에 중요한 값이다. 대부분의 과일과 채소는 75~95%의 수분을 함유하고 있으므로 이들의 밀도는 물의 밀도에서 크게 벗어나지 않는 약 1000 kg/m^3이다. 그러나 식품 내에 공기가 많이 포함된 경우에는 약간의 차이가 있다. 예를 들어 사과의 밀도는 846 kg/m^3이며, 사과는 물에 뜬다. 이것으로 미루어 보아 사과 속에는 공기가 상당량 함유되어 있음을 알 수 있다.

표 1-4 식품의 입자밀도

식품	밀도(kg/m^3)	식품	밀도(kg/m^3)
신선한 과일	865~1067	냉동어류	1056
신선한 채소	801~1095	육류	1070
냉동과일	635~801	얼음(0℃)	916
냉동채소	561~977	얼음(−10℃)	933
신선한 어류	967	얼음(−20℃)	948

부피밀도는 입자 총 단위부피당 질량으로 정의되는데 일정한 질량의 식품을 칭량(20 g 혹은 50 g)하여 눈금실린더에 넣고 일정한 횟수만큼 실린더를 두드린 후, 그 벌크부피(bulk volume)를 측정하여 다음과 같이 계산한다.

$$\text{부피밀도} \equiv \frac{\text{질량}}{\text{벌크부피}} \tag{1-8}$$

대표적인 식품의 부피밀도를 표 1-5에 나타내었다. 부피밀도는 입자 또는 분체식품의 혼합, 수송, 저장, 선별, 포장 등에 매우 중요하게 활용되는 데이터이다.

표 1-5 식품의 부피밀도

식품	밀도(kg/m³)	식품	밀도(kg/m³)
코코아두	1073	겨자씨	720
대두	800	땅콩	480~720
자른 코코넛	320~352	평지씨	770
생 커피콩	673	백미	770
분쇄 커피콩	400	벼	320
배소 커피콩	368	입상 설탕	800
낱알 옥수수	448	밀	770

식품에 포함된 공극(pore space)은 식품 중 고체물질로 채워지지 않은 부분을 나타내는 공극률(porosity)을 계산함으로써 측정할 수 있으며 공극률은 다음 식으로 정의된다.

$$\text{공극률}(\%) = \left(1 - \frac{\text{부피밀도}}{\text{고체밀도}}\right) \times 100(\%) \tag{1-9}$$

또한 식품입자들 사이의 공극을 나타내는 입자 간 공극률(interparticle porosity)은 다음 식으로 정의할 수 있다.

$$\text{입자간 공극률}(\%) = \left(1 - \frac{\text{부피밀도}}{\text{입자밀도}}\right) \times 100(\%) \tag{1-10}$$

4. 속도 및 가속도

물체의 속도(v)는 일정 시간(Δt) 동안 이동한 거리(Δx)로 정의되며, 다음 식으로 나타낼 수 있다.

$$v \equiv \Delta x / \Delta t \tag{1-11}$$

SI 단위계에서 이동거리는 meter(m), 시간은 second(s)를 사용하므로 속도의 단위는 m/s이다.

또한 식품공업에서 관을 통한 유체의 흐름을 다룰 때는 일반적으로 평균속도(v_{av})를 사용하는데 관에서의 유체의 평균속도는 다음과 같이 정의된다.

$$v_{av}(\text{m/s}) \equiv \frac{\text{부피유량}(\text{m}^3/\text{s})}{\text{관의 단면적}(\text{m}^2)} \tag{1–12}$$

가속도(a)는 시간에 따른 속도의 변화량으로 정의되므로, 어느 순간에서의 가속도는 다음의 식으로 나타낼 수 있다.

$$a \equiv dv/dt \tag{1–13}$$

SI 단위계에서 속도의 단위는 m/s, 시간의 단위는 s이므로 가속도의 단위는 m/s^2이다. 속도는 시간에 따라 증가할 수도 있고 감소할 수도 있으므로 가속도는 양(+)의 값을 가질 수도 있고 음(–)의 값을 가질 수도 있다.

5. 힘과 무게

우리는 일상생활에서 음식을 씹고 물건을 밀거나 잡아당기고 또는 못을 박기 위해 망치질을 한다. 이와 같은 모든 과정에서 물체에 힘이 작용한다. 그러므로 힘을 정확히 이해하고 정량화할 수 있어야 한다.

뉴턴의 제2운동 법칙(Newton's second law of motion)에 의하면, 힘(force)은 질량과 가속도의 곱이다. 다시 말하면 질량 m을 가속도 a로 가속시키기 위한 힘 F는 다음 식으로 주어진다.

$$F \equiv ma \tag{1–14}$$

SI 단위계에서 질량(m)은 kg, 가속도(a)는 m/s^2의 단위를 사용하므로 힘(F)의 단위는 $\text{kg}\cdot\text{m/s}^2$이다.

힘은 공학계산에서 가장 많이 사용되는 단위의 하나인데 $\text{kg}\cdot\text{m/s}^2$의 단위는 매번 사용하기에는 불편하므로 간단한 단위를 사용하면 편리할 것이다. 따라서 SI 단위계에서는 힘의 단위로 newton(N)을 주로 사용한다. 1 N은 1 kg의 질량에 작용하여 1 m/s^2의 가속도를 생기게 하는 힘으로 정의한다.

$$1\ \text{newton(N)} \equiv 1\ \text{kg}\cdot\text{m/s}^2 \tag{1–15}$$

CGS 단위계에서는 힘의 단위로 dyne을 사용한다.

$$1\ \text{dyne(dyn)} \equiv 1\ \text{g}\cdot\text{cm/s}^2 \equiv 10^{-5}\ \text{N} \tag{1–16}$$

여기서 주의할 점은 '≡' 은 정의(definition)를 의미하므로 '=' 과 혼동하지 않아야 한다는 점이다.

[예제 1–4] 힘의 단위

3 kg의 질량을 가지는 물체를 3 m/s^{2}의 가속도로 가속시키기 위한 힘을 ① N, ② dyn 단위로 계산하라.

[풀이]

① $F = ma = (3\ \text{kg})(3\ \text{m/s}^2) = 9\ \text{kg} \cdot \text{m/s}^2 = 9\ \text{N}$

② $$F = ma = (3\ \text{kg})\left(\frac{1000\ \text{g}}{1\ \text{kg}}\right)(3\ \text{m/s}^2)\left(\frac{100\ \text{cm}}{1\ \text{m}}\right)$$
$$= 9\times10^5\ \text{g}\cdot\text{cm/s}^2 = 9\times10^5\ \text{dyn}$$

어떤 물체에 중력이 가해져서 작용하는 힘이 무게이다. 즉, 질량이 m kg인 물체를 자유낙하시키면 중력가속도 g로 낙하할 것이다. 따라서 무게 W(weight)는 질량 m과 중력가속도 g의 곱으로 주어진다.

$$W \equiv mg \qquad (1\text{–}17)$$

중력은 지구상의 위치에 따라 조금씩 변하기 때문에 그 표준값을 정해 두었다. 위도 45°, 평균 해수면(sea level)에서의 가속도를 표준중력가속도라 하며 각 단위계에서 그 값은 다음과 같다.

$$g = 9.80665\ \text{m/s}^2 = 980.665\ \text{cm/s}^2 = 32.174\ \text{ft/s}^2$$

[예제 1–5] 무게를 질량으로 환산

무게 6860.0 N인 동결된 딸기의 질량을 kg으로 구하라. 중력가속도는 9.80 m/s^{2}로 가정한다.

[풀이]

식 1–17에 의하여

$$m = \frac{W}{g} = \frac{6860.0\ \text{kg}\cdot\text{m/s}^2}{9.80\ \text{m/s}^2} = 700\ \text{kg}$$

우리는 실생활에서 질량과 무게를 혼동하여 사용한다. 실험실에서 천칭(balance)을 사용하여 어떤 물질의 무게를 측정하였다면, 동일한 중력 영향 하에서 두 개의 무게를 비교하였기 때문에 이때 실제 측정되는 것은 질량이다.

다시 말해, 우리는 어떤 물체의 무게를 측정할 때 측정하고자 하는 물체를 천칭의 한 쪽 팬에 올려놓고 다른 쪽 팬에는 평형이 될 때까지 분동을 올려놓으며, 분동의 무게를 곧 물체의 무게라 한다. 그러나 이때 측정값은 무게가 아니라 질량이라고 말하는 것이 적절한 표현이지만 우리는 보통 무게라고 한다.

6. 화합물의 조성

(1) 몰

1개에 500원인 사과를 3개 구입하였을 때 지불해야 할 돈은 500원/개×3개 = 1,500원이다. 자연과학의 세계에서는 개수에 단위를 붙이지 않는다. 그러나 예외적으로 원자 또는 분자가 6.02×10^{23}개 집합하여 있을 때 이것에 몰[mol]의 단위를 붙인다. 탄소 원자를 6.02×10^{23}개 모으면 그 질량은 12 g이 된다. 이와 같이 각 원자 1 mol의 질량을 g 단위로 나타낸 수치를 그 원자의 원자량이라 한다. 즉, 탄소의 원자량은 12 g이다. 마찬가지로 어떤 분자 6×10^{23}개(1 mol)의 질량을 분자량이라 한다.

위에서 기술한 것과 같이 어떤 화합물의 gram-mole은 그 물질의 분자량과 같은 숫자의 g 단위의 양으로 정의한다. 예를 들어 암모니아(NH_3)의 분자량은 17이므로 암모니아 1 gram-mole은 암모니아 17 g을 함유하고 있다. gram-mole은 gmol 또는 단순히 mol이라고 표시하며 CGS 단위계를 사용할 때 편리하다.

그러나 SI 단위계에서는 kilogram-mole(kg-mol 또는 kmol)을 사용한다. Gram-mole의 정의에서와 같이 kilogram-mole은 분자량과 같은 숫자의 kg 양으로 정의한다. 즉, 어떤 물질의 분자량이 MW이면, 1 mol = MW g, 1 kmol = MW kg이다. 다시 암모니아를 생각하면 MW = 17이므로 암모니아 1 kmol = 17 kg이다. 이와 같이 분자량은 화합물의 양을 질량에서 몰수로 전환하는 일종의 환산계수이다.

예를 들어 암모니아 34 kg을 kmol로 나타내면,

$$(34\ \text{kg NH}_3)\left(\frac{1\,\text{kmol NH}_3}{17\ \text{kg NH}_3}\right) = 2.0\ \text{kmol NH}_3$$

4.0 mol의 암모니아를 g으로 환산하면,

$$(4.0\ \text{mol})\left(\frac{17\,\text{g}\,\text{NH}_3}{1\,\text{mol NH}_3}\right) = 68\ \text{g NH}_3$$

또한 질량 환산계수를 이용하여 서로 다른 몰 사이의 관계를 구한다. 즉,

$$1\ \text{kmol} = 1000\ \text{mol}$$

$$1\ \text{lb}_\text{m}\ \text{mol} = 453.59\ \text{mol}$$

화합물을 다룰 때 1 mol의 값이 큰 경우가 있다. 이럴 때는 10진법의 접두어를 사용한다.

$$1\ \text{mol} = 1000\ \text{mmol(millimole)} = 10^6\ \mu\text{mol(micro-mole)}$$

여기서 기억해 두어야 할 점은 화합물의 종류에 관계없이 어떤 물질 1 mole은 6.02×10^{23}개(Avogadro 수)의 분자를 포함하고 있다는 것이다.

[예제 1-6] 질량과 몰의 환산

우리가 식탁에서 사용하는 설탕은 sucrose($C_{12}H_{22}O_{11}$)이다. 조그만 설탕봉지에 설탕이 100 g 들어 있다. 몇 mol인가?

[풀이]

먼저 원자량으로부터 설탕의 분자량을 구한다. 탄소 C의 원자량은 12이고, 수소 H는 1, 산소 O는 16이므로

$$MW_{\text{sucrose}} = 12(12) + 22(1) + 11(16) = 342$$

따라서

$$n_{\text{sucrose}} = \frac{m_{\text{sucrose}}}{MW_{\text{sucrose}}} = \frac{100\,\text{g}}{342\,\text{g/mol}} = 0.292\ \text{mol}$$

위의 예제에 사용한 기호는 앞으로 이 책에서 자주 사용되므로 기억해 두자. 즉,

m : 물질의 질량

m_A : 순수한 물질 A의 질량 또는 화합물 중에서 A의 질량

n : 물질의 몰 수

n_A : 순수한 물질 A의 몰 수 또는 화합물 중에서 A의 몰 수

MW_A : 화합물 A의 분자량

(2) 질량 분율 및 몰 분율

여러 종류의 화합물로 구성된 혼합물을 다룰 때 그 혼합물의 조성을 아는 것은 매우 중요하다. 일반적으로 혼합물의 조성은 농도, 질량 분율 또는 몰 분율로 나타낸다. 농도에 대해서는 뒤에 다시 기술한다.

혼합물 중에서 어떤 특정 물질의 질량 분율(또는 무게 분율)은 그 물질의 질량(무게)을 총 질량(무게)로 나눈 것이다. 몰 분율도 같은 방법으로 정의된다. 간단한 예로서 성분 A와 성분 B로 구성되어 있는 2성분 계에서 성분 A에 대해 다음과 같이 정의된다.

$$\text{A의 질량(무게) 분율 } w_A \equiv \frac{\text{A의 질량}}{\text{총 질량}} \equiv \frac{m_A}{m_A+m_B} \tag{1-18}$$

$$\text{A의 몰 분율 } x_A \equiv \frac{\text{A의 몰수}}{\text{총 몰수}} \equiv \frac{n_A}{n_A+n_B} \tag{1-19}$$

여기서 n_A, n_B : 성분 A 및 B의 몰수

m_A, m_B : 성분 A 및 B의 질량

일반적으로 고체 또는 액체의 분석값은 질량(무게) 분율 또는 질량(무게) 백분율(mass percent)로 나타내며, 기체는 몰 분율 또는 몰 백분율로 나타낸다. 예를 들어 총 고형분 함량이 15%(w/w)인 식품(고체 또는 액체)은 그 식품 100 kg 중에 고형분 15 kg을 함유하고 있다.

$$\text{A의 질량(무게) 백분율(\%)} = 100\ w_A \tag{1-20}$$

(일반적으로 무게 백분율은 *wt*%로 나타낸다.)

$$\text{A의 몰 백분율(\%)} = 100\ x_A \tag{1-21}$$

(약자 mol%)

[예제 1-7] 공기의 조성

공기는 미량성분을 제외하면 근사적으로 다음과 같은 몰 백분율을 가지고 있다.

N_2 78.07 mol%
O_2 20.99 mol%
Ar 0.94 mol%

이를 질량분율로 나타내라.

[풀이]

먼저 공기 100 mol을 기준으로 정하고 각 성분의 분자량에 몰 백분율을 곱하여 공기 100 mol에 함유된 각 성분의 질량을 구한다.

질소: $m_{N_2} = (28\ \text{g}\ N_2/\text{mol})(78.07\ \text{mol}\ N_2) = 2186\ \text{g}$
산소: $m_{O_2} = (32\ \text{g}\ O_2/\text{mol})(20.99\ \text{mol}\ O_2) = 672\ \text{g}$
알곤: $m_{Ar} = (39.95\ \text{g Ar/mol})(0.94\ \text{mol Ar}) = 38\ \text{g}$

즉, 공기 100 mol의 총 질량은 2186 g + 672 g + 38 g = 2896 g이다.

따라서 각 성분의 질량백분율은 다음과 같이 계산한다.

$$w_{N_2} = \frac{2186\,\text{g}\ N_2}{2896\ \text{g}} = 0.755$$

$$w_{O_2} = \frac{672\,\text{g}\ O_2}{2896\ \text{g}} = 0.232$$

$$w_{Ar} = \frac{38\,\text{g Ar}}{2896\ \text{g}} = 0.013$$

몰 분율 또는 질량분율의 합은 항상 1이어야 하므로 위의 분율을 합하면, 0.755 + 0.232 + 0.013 = 1.000

(3) 농도

용액 중 어떤 성분의 농도를 나타내는 데는 몰 농도(molar concentration)를 많이 사용한다.

몰 농도는 단위 부피의 용액에 함유된 용질의 몰수이다. 일반적으로 SI 단위계에서는 몰 농도를 mol/L(molarity, M)로 나타낸다.

$$\text{A의 몰 농도 M} \equiv \frac{\text{A의 몰수}}{\text{용액의 부피}} \equiv \frac{n_A}{V} \tag{1-22}$$

예를 들어 0.02 M NaOH 용액은 1 L 중에 NaOH 0.02 mol이 함유되어 있다. 따라서 5 L 중에는

$$(5\ \text{L})\left(\frac{0.02\,\text{mol NaOH}}{1\,\text{L}}\right) = 0.1\ \text{mol NaOH}$$

이를 질량으로 환산하면,

$$\left(\frac{0.02\,\text{mol NaOH}}{1\,\text{L}}\right)\left(\frac{40\,\text{g NaOH}}{1\,\text{mol NaOH}}\right)(5\ \text{L}) = 4\ \text{g NaOH}$$

즉, 0.02 M NaOH 용액 5 L 중에는 NaOH가 0.1 mol 또는 4 g이 함유되어 있다.

혼합물 또는 용액 중의 어떤 성분의 농도를 질량농도(mass concentration)로 나타내기도 한다. 질량농도는 혼합물의 단위부피에 들어 있는 A 성분의 질량(kg/m^3)으로 정의한다.

$$\text{A의 질량농도 } \rho_A \equiv \frac{\text{A의 질량}}{\text{혼합물의 부피}} \tag{1-23}$$

이때 부피는 온도에 따라 변하므로 이들 농도는 반드시 온도를 함께 표시해 주어야 한다.

또한 일반적으로 설탕의 농도는 브릭스(°Brix)로 나타내는데, °Brix는 설탕용액 100 g 중의 설탕의 g을 나타낸다.

[예제 1-8] 설탕용액의 농도

설탕 20 kg을 물 80 kg에 녹였다. 이 설탕용액의 밀도가 1083 kg/m^3일 때 설탕용액 중 설탕의 ① 무게 백분율(w/w%), ② 단위 부피당 질량, ③ 몰 농도, ④ 몰 분율을 구하라

[풀이]

① $\% \text{ 농도(w/w)} = \dfrac{\text{설탕의 질량}}{\text{총 질량}} \times 100 = \dfrac{20 \text{ kg}}{100 \text{ kg}} \times 100 = 20\%$

② 용액 100 kg을 기준으로 정하고 계산한다.

$$\text{용액 100 kg의 부피} = \frac{\text{질량}}{\text{밀도}} = \frac{100 \text{ kg}}{1083 \text{ kg/m}^3} = 0.0923 \text{ m}^3$$

$$\text{질량농도 } \rho_{\text{sugar}} = \frac{\text{설탕의 질량}}{\text{용액의 부피}} = \frac{20 \text{ kg}}{0.0923 \text{ m}^3}$$

$$= 216.7 \text{ kg/m}^3 \text{ (g/L)}$$

③ $\text{몰 농도} = \text{M}_{\text{sugar}} = \dfrac{\text{질량농도(kg/m}^3)}{\text{설탕의 분자량}} = \dfrac{216.7 \text{ kg/m}^3}{342 \text{ kg/kmol}}$

$$= 0.634 \text{ kmol/m}^3 = 0.634 \text{ mol/L}$$

④ $\text{설탕의 몰 수} = \dfrac{20 \text{ kg}}{342 \text{ kg/kmol}} = 0.0585 \text{ kmol}$

$$\text{물의 몰 수} = \frac{80 \text{ kg}}{18 \text{ kg/kmol}} = 4.4444 \text{ kmol}$$

$$\text{총 몰 수} = 0.0585 \text{ kmol} + 4.4444 \text{ kmol} = 4.5029 \text{ kmol}$$

$$\text{몰 분율} = x_{\text{sugar}} = \frac{\text{설탕의 몰 수}}{\text{총 몰 수}} = \frac{0.0585 \text{ kmol}}{4.5029 \text{ kmol}} = 0.0130$$

(4) 미량 성분의 농도

기체나 액체 혼합물 중에 함유되어 있는 미량 성분의 농도를 나타낼 때는 parts per million(ppm) 또는 parts per billion(ppb)의 단위를 사용한다. ppm은 혼합물 1 백만 gram 중의 미량 성분의 gram 수(일반적으로 액체인 경우) 또는 혼합물 1 백만 mol 중의 미량 성분의 mol 수(일반적으로 기체인 경우)이다. 같은 방법으로 ppb는 10억 gram 또는 10억 mol 중의 미량 성분의 gram 또는 mol 수이다. 따라서 분율이 y_i인 i 성분에 대해

$$\text{ppm}_i \equiv y_i \times 10^6 \tag{1-24}$$

$$\text{ppb}_i \equiv y_i \times 10^9 \tag{1-25}$$

예를 들어 어떤 공장 주위의 공기 중에 15 ppm의 SO_2가 오염되어 있다고 하자. 여기서 미량 성분 i는 SO_2이고 기체이므로 mol 기준으로 생각하면, 매 1 백만 mol의 공기 중에 SO_2가 15 mol 함유되어 있다. 즉, 공기 중의 SO_2의 몰 분율 $y_{SO_2} = 15 \times 10^{-6}$이다.

7. 온 도

온도는 물질이 가진 열에너지(thermal energy)를 숫자로 나타낸 것이다. 좀 더 정확히 표현하면 물질의 온도는 그 물질을 구성하는 분자들의 평균 운동에너지의 크기를 나타낸다. 그러나 이 에너지는 직접 측정할 수 없어 물질의 물리적 성질이 온도에 따라 일정하게 변하는 성질을 이용하여 간접적으로 온도를 측정하도록 개발된 기구가 온도계(thermometer)이다.

우리들이 일상생활에서 사용하고 있는 체온계는 밀봉된 유리막대의 모세관 속에 들어 있는 일정량의 수은 부피가 온도가 증가함에 따라 팽창하는 성질을 이용하여 체온을 측정하는 것이다, 저항온도계(resistance thermometer)는 도체(conductor)의 전기저항이 온도에 따라 변하는 성질을 이용하여 온도를 측정한다.

한편 온도를 나타내는 눈금은 재현할 수 있는 어떤 고정된 점을 이용하여 간접적으로 나타내는 것이다. 우리가 가장 쉽게 재현할 수 있는 점은 1 atm에서 순수한 물의 어는점과 끓는점이다. 일반적으로 사용되는 온도 단위인 섭씨(Celsius scale, ℃)는 물의 어는점을 0℃, 물의 끓는점을 100℃로 하여 그 사이를 100 등분하고 한 눈금을 1℃로 하였다. 화씨(Fahrenheit scale, ℉)는 물의 어는점을 32℉, 끓는점을 212℉로 하고 그 사이를 180 등분하고 한 눈금을 1℉라 하였다.

물의 어는점과 끓는점 이외에 쉽게 재현할 수 있는 점은 물의 3중점(triple point)이다. 3중점이란 물, 수증기, 얼음이 공존하는 상태로서 0.01℃이다. SI 단위계의 기준온도인 켈빈(Kelvin, K) (°K가 아니라 K로 표시함을 주의한다)에서는 물의 3중점을 273.16 K라 정하였다. 물질의 온도를 0℃ 이하로 내리면 분자의 운동에너지가 점점 작아진다. 만약 계속 온도를 내리면 분자의 운동에너지는 더욱 작아지고 마침내 분자가 정지하는 점에 도달하게 된다. 이 점의 온도를 절대영도(absolute zero point)라 한다.

켈빈온도눈금에서 1 K는 물의 3중점(273.16 K)과 절대영도(0 K) 사이를 273.16 등분한 것이다. 따라서 켈빈온도에서는 물의 어는점은 273.15 K (0℃), 물의 끓는점은 373.15 K (100℃)이며, 절대영도 0 K는 −273.15℃이다.

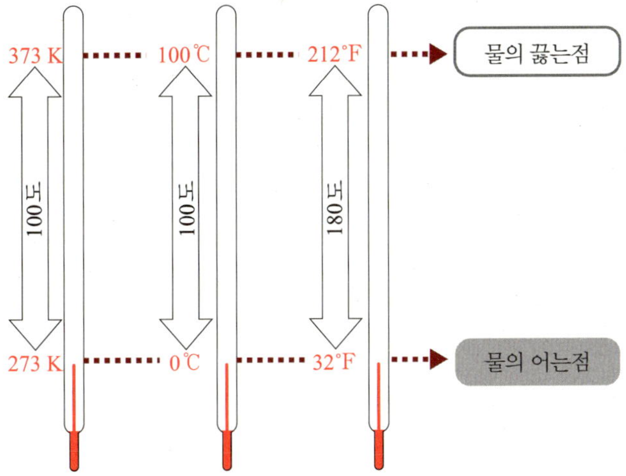

그림 1–2 켈빈, 섭씨 및 화씨 온도와 눈금 사이의 관계

현재 사용하고 있는 섭씨와 화씨 및 켈빈 온도 사이의 관계는 다음과 같으며, 그림 1–2에 도식화하였다.

$$^{\circ}C = \frac{5}{9}(^{\circ}F - 32) \tag{1–26}$$

$$^{\circ}F = 1.8 \times {^{\circ}C} + 32 \tag{1–27}$$

$$K = {^{\circ}C} + 273.15 \tag{1–28}$$

온도차(ΔT)를 나타낼 때도 ℃, °F 또는 K의 단위를 사용하므로 혼동하지 않도록 주의한다. 섭씨와 켈빈의 온도 눈금은 동일하다. 예를 들어 0℃(273.15 K)와 5℃(278.15 K) 사이의 눈금 간격을 생각해 보면 ℃와 K는 5개의 눈금이다. 따라서 온도차의 관계는 다음과 같다.

$$\Delta T\,K = \Delta T\,^{\circ}C \tag{1–29}$$

그러나 온도차 $\Delta T = 5$℃ 사이의 화씨 눈금은 9개로 섭씨 눈금의 1.8배이다(그림 1–2). 따라서

$$\Delta T\,^{\circ}F = 1.8\Delta T\,^{\circ}C \tag{1–30}$$

SI 단위계에서 기본단위는 Kelvin(K)이지만 식품가공공정에서는 아직 섭씨(℃)와 화씨(℉) 눈금을 널리 사용하고 있다. 또한 가열이나 냉각 등의 조작에서 전달되는 열량을 계산할 때 온도차를 이용하여 계산하므로 온도 단위로 K 대신에 ℃가 널리 사용된다. 이 점에 대해서는 뒤에서 차츰 공부하겠지만 기억해 두면 편리할 것이다.

예를 들어 비열은 어떤 물체 1 kg을 1 K 올리는 데 필요한 열에너지(J)로 정의되며, SI 단위는 J/kg·K이다. 위에서 설명한 것과 같이 ΔT K = ΔT℃이므로 비열의 단위를 J/kg·℃로 나타내는 것이 편리하다.

[예제 1-9] 발효배지의 살균온도 환산

일반적으로 발효조 내의 배지는 121.1℃에서 살균한다. 이 온도는 ℉ 및 K으로 얼마인가?

[풀이] ℉ = 1.8×℃ + 32 = 1.8×121.1 + 32 = 250℉

K = ℃ + 273.15 = 394.25 K

[예제 1-10] 비열을 이용한 열량 계산

고형분 함량 45%인 농축 오렌지주스 10 kg을 4℃에서 25℃로 가열하는 데 필요한 열량을 구하라. 단, 농축 오렌지주스의 비열은 2.68 kJ/kg·K이다.

[풀이] 열량 = 질량×비열×온도차

위의 식을 이용하여 두 가지 방법으로 계산할 수 있다.

① 온도단위로 K을 사용하여 계산한다.

4℃ = 277.15 K

25℃ = 298.15 K

비열 = 2.68 kJ/kg·K

열량 = 10 kg×2.68 kJ/kg·K×(298.15−277.15) K = 562.8 kJ

② 비열은 2.68 kJ/kg·℃로도 표현할 수 있으므로,

열량 = 10 kg×2.68 kJ/kg·℃×(25 − 4)℃ = 562.8 kJ

8. 일과 에너지 및 동력

(1) 일

힘이 작용하여 일정한 거리만큼 움직였을 때 일(work)을 했다고 한다. 예를 들어 길에서 자동차가 고장이 나서 옆길로 자동차를 옮기기 위하여 운전하던 사람이 자동차를 밀었다고 하자. 이 때 그가 한 일은 밀었던 힘과 자동차가 움직인 거리의 곱이다. 만약 아무리 힘을 주어도 자동차가 꼼짝도 하지 않았다면 그는 아무런 일을 하지 않은 것이다.

보다 정확히 표현하면 기계적인 일(mechanical work)은 힘이 작용하여 힘의 방향으로 움직인 거리와 힘의 곱이다.

$$W \equiv Fx \tag{1-31}$$

여기서 W: 일(N·m)

F: 힘(N)

x: 힘의 방향으로 움직인 거리(m)

SI 단위에서 일의 단위는 joule(J)이며, 각 단위계에서 일의 단위는 표 1-6과 같다. erg는 매우 작은 일을 나타낼 때 사용된다.

표 1-6 단위계와 일

단위계	일(힘 × 거리)
SI 단위계	1 J = 1 N × 1 m
CGS 단위계	1 erg = 1 dyn × 1 cm
English 단위계	1 ft·lb_f = 1 lb_f × 1 ft

예를 들어 설탕 1 kg을 수직으로 2 m 들어 올렸을 때 한 일은 2 m×1 kg×9.81 m/s^2 = 19.6 (m)(kg·m/s^2) = 19.6 m·N = 19.6 J이다.

전기적 일(electrical work)은 도체(conductor)를 통해 전류가 흐르면서 한 일 또는 전압 차에 의해 전자가 움직이면서 한 일이다. 역시 J의 단위로 측정한다.

(2) 에너지

에너지(energy)는 일을 할 수 있는 능력이라 정의한다. 어떤 물체나 사람이 에너지를 가지고 있다는 의미는 유용한 일을 할 수 있다는 의미이다. 따라서 일과 에너지는 같은 단위를 가진다.

에너지에는 운동에너지, 위치에너지, 내부에너지 등 여러 가지 형태가 있으며, 열(heat)도 일과는 형태가 다른 에너지로서 서로 변환될 수 있다. 따라서 SI 단위계에서는 일, 에너지, 열의 기본단위는 모두 J이다. 에너지에 대해서는 열역학 제1법칙에서 상세히 다룬다.

CGS 단위계에서는 열의 단위로 calorie(cal)를 사용하고 있으며, 1 cal는 물 1 g의 온도를 1℃ 올리는 데 필요한 열량으로 정의된다. 한편 English 단위계에서 열량의 기본단위는 Btu(British thermal unit)이며, 1 Btu는 물 1 lb_m를 1℉ 올리는 데 필요한 열량이다.

$$1\ \text{cal} \equiv 4.184\ \text{J} \tag{1-32}$$

$$1\ \text{Btu} \equiv 252.2\ \text{cal} \equiv 1055\ \text{J} \tag{1-33}$$

(3) 동 력

동력(power)은 일을 하는 속도 또는 에너지를 소비하는 속도이다. 따라서 동력의 단위는 일을 시간으로 나눈 것으로 SI 단위계에서는 watt(W)를 사용한다. 1 W는 1초 동안에 1 J의 일을 하였다는 의미이다. 그러므로

$$\text{watt} \equiv \frac{\text{joule}}{\text{second}} \text{ 또는 } \text{W} \equiv \text{J/s} \tag{1-34}$$

전기기구의 용량은 W 또는 kW의 단위를 사용하며 killowatt hour(kWh)로 전기요금을 지불한다. 1 kWh는 용량이 1 kW인 전기기구를 1 h 동안 작동시켰을 때에 한 일이다.

$$1\ \text{kWh} = 1000\ \text{J/s} \times 3600\ \text{s} = 3.6 \times 10^6\ \text{J} = 3.6\ \text{MJ} \qquad (1\text{–}35)$$

일정한 시간에 한 총 일은 다음과 같이 표현된다.

$$\text{행한 총 일량(J)} \equiv \text{동력(J/s)} \times \text{시간(s)} \qquad (1\text{–}36)$$

Section 3 기체와 증기의 성질

식품가공공정에서는 기체와 증기를 사용하는 경우가 많으므로 이들의 성질을 이해할 필요가 있다. 예를 들어 열풍을 사용하여 식품을 건조하는 경우, 열풍은 식품에서 수분이 증발하는 데 필요한 열을 공급해 주면서, 식품에서 증발한 수분을 밖으로 제거해 주는 역할을 한다. 또한 식품을 저장할 때 식품과 주위 공기 사이에 수분이 교환되며, 탄산음료 병의 상부 공간에는 상당한 압력이 작용하고 있다.

기체 거동의 가장 큰 특징은 밀도가 온도와 압력에 따라 크게 변한다는 것이다. 앞에서 기술한 것과 같이 액체와 고체의 밀도는 온도와 압력의 영향을 거의 받지 않기 때문에 일정하다고 가정할 수 있다. 다시 말하면 어떠한 온도와 압력에서의 밀도를 다른 온도와 밀도에도 그대로 사용할 수 있다. 그러나 기체의 밀도(또는 비부피)는 온도와 압력에 따라 변하므로 온도(T), 압력(p) 및 부피(v) 사이의 상관관계를 알아야만 이들에게 주어진 온도와 압력 조건에서 부피를 구할 수 있다. 따라서 여기서는 기체의 p, v 그리고 T의 관계에 대해 공부한다.

1. 이상기체법칙

어떤 기체 분자가 무시할 수 있을 정도의 작은 부피를 가지고 있으며, 분자 상호간에 아무런 힘이 작용하지 않는 단단한 구로서 용기 벽면에 탄성적으로 충돌한다고 생각하자. 이와 같은 성질을 가진 기체를 이상기체(ideal gas)라 한다.

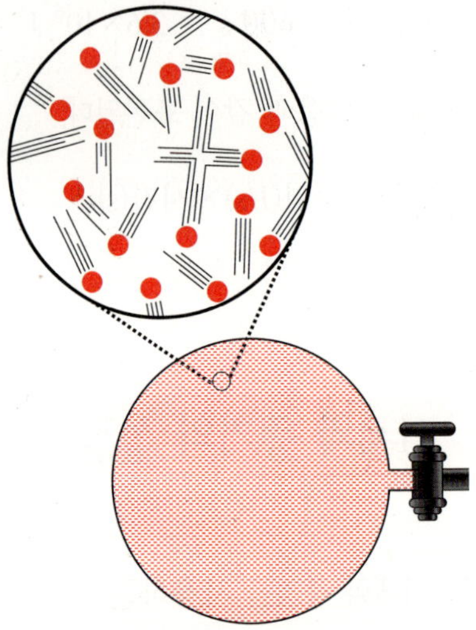

그림 1–3 기체(대부분 빈 공간이며 무작위 운동을 한다)

기체 중의 분자는 그림 1–3에 나타낸 것과 같이 뿔뿔이 흩어져 있는 상태로 자유롭게 빈 공간을 날아다닌다. 용기 속에 이상기체가 밀폐되어 있다고 생각하자. 기체분자는 항상 열운동을 하므로 끊임 없이 용기 벽에 충돌한다. 기체 분자의 충돌에 의하여 용기 벽의 단위면적에 미치는 힘이 압력이다.

따라서 용기 중의 분자의 개수를 증가시키거나 온도를 높여 분자의 열운동을 활발하게 하면 분자가 용기 벽에 충돌하는 횟수가 증가함으로써 압력이 증가한다. 즉 기체의 압력은 기체의 농도 (c, mol/m^3)와 온도에 비례한다.

$$p \propto cT \tag{1–37}$$

농도 c를 용기 내의 분자의 몰 수(mol)와 용기의 부피 V로 나타내면 $c = n/V$가 된다. 비례상수 R을 도입하여 식 (1–37)을 방정식으로 정리하면

$$p = cRT = (n/V)RT \tag{1–38}$$

이 식을 다르게 표현하면

$$pV = nRT \tag{1–39}$$

여기서 p: 기체의 절대압(N/m^2)

V: 기체의 부피(m^3)

n: 기체의 몰 수(kg mol)

T: 기체의 절대온도(K)

R: 기체상수($8314.3\ m^3 \cdot Pa/kg\ mol \cdot K$)

이 식을 이상기체법칙(ideal gas law)이라 부르며, 이상기체의 부피는 절대온도에 비례하고 압력에 반비례한다는 것을 의미한다. 여기서 비례상수 R은 기체상수라 부른다. 그림 1-4에서 보는 바와 같이 기체의 압력은 용기벽 단위면적당 기체 분자가 충돌하는 횟수에 비례한다.

기체의 부피를 그림 1-4의 (B)에 나타낸 것과 같이 감소시키면 용기 벽 단위면적당 충돌하는 횟수가 증가한다. 즉, 부피는 압력에 반비례한다. 일정한 압력에서 이상기체의 부피와 온도와의 관계는 그림 1-5에 보는 바와 같이 질량에 따라 증가속도는 다르지만 기체의 부피는 온도증가에 따라 정비례하여 증가한다.

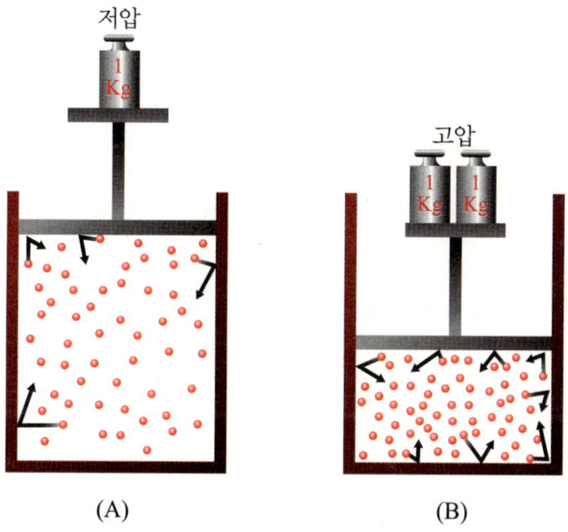

그림 1-4 이상기체의 부피와 압력과의 관계

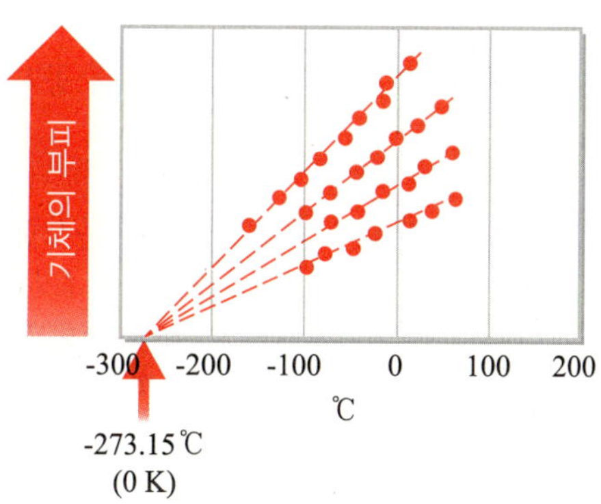

그림 1-5 일정한 압력에서 이상기체의 부피와 온도와의 관계

식 (1–39)의 이상기체법칙은 기체가 공기와 같은 혼합물이건, 질소(N_2), 아르곤(Ar)과 같은 단일 기체이건 기체의 종류에 관계 없이 적용할 수 있다. 표준상태(0℃, 1 atm)에서 이상기체 1 mol의 부피는 22.414 L이다. 이상기체상수 R은 사용하는 단위에 따라 여러 가지 값을 가지므로 주의한다. 예를 들어 CGS 단위계인 경우 $R = 82.057\ \text{cm}^3 \cdot \text{atm/mol} \cdot \text{K}$이다(예제 1–11).

이상기체법칙은 근사적인 법칙이다. 따라서 앞에서 기술한 이상기체의 정의에 정확히 따르는 기체는 실제로 존재하지 않는다. 그러나 온도가 아주 높지 않은 경우와 압력이 몇 기압 이하로 낮은 경우 실제 기체(real gas)에도 오차 없이 이상기체법칙을 적용할 수 있다. 따라서 어떤 기체의 pVT 거동을 식 (1–39)에 의하여 잘 나타낼 수 있으면, 그 기체는 이상기체의 거동(Ideal gas behavior)을 한다고 말한다.

[예제 1–11] 기체상수의 계산

표준조건(0℃, 1 atm)에서 이상기체 1 mol의 부피는 22.414 L이다. 기체상수 R의 값을 $\dfrac{\text{atm} \cdot \text{cm}^3}{\text{mol} \cdot \text{K}}$단위로 구하라.

[풀이]

$$R = \frac{pV}{nT} = \frac{(1\,\text{atm})(22.415 \times 10^3\,\text{cm}^3)}{(1\,\text{mol})(273.15\,\text{K})} = 82.06 \frac{\text{atm} \cdot \text{cm}^3}{\text{mol} \cdot \text{K}}$$

[예제 1–12] 이상기체의 압력 계산

온도 27℃인 공기 10 kg의 부피가 15 m^3일 때 공기에 의해 작용하는 압력을 구하라.

[풀이] 공기가 이상기체라 가정하면 공기의 평균분자량은 29이므로,

$$p = \frac{nRT}{V} = \frac{[(10/29)\ \text{kmol}][8314.3(\text{m}^3 \cdot \text{Pa/kg mol} \cdot \text{K})][300.15\text{K}]}{15\ \text{m}^3}$$

$$= 57.37 \times 10^3\ \text{Pa}$$

[예제 1–13] 표준상태에서 이상기체 1 mol의 부피

표준상태(온도 273 K, 압력 101.3 kPa)에서 기체 1 mol의 부피는 얼마인가? 온도가 실온(298 K)으로 되면 1 mol의 부피는 얼마만큼 팽창하는가? 단, 기체는 이상기체이다.

[풀이]

식 (1–39)는 기체의 종류에 무관하므로 어느 기체이든지

$$V = nRT/p = (1\ \text{mol})\left(\frac{8.314\ \text{m}^3 \cdot \text{Pa}}{\text{mol} \cdot \text{K}}\right)(273\ \text{K})/(101.3 \times 10^3\ \text{Pa})$$
$$= 0.0224\ \text{m}^3$$

가 된다. 즉, 기체 1 mol의 부피는 0.0224 m^3(22.4 L)를 차지한다. 온도가 298 K로 상승하면,

$$V = nRT/p = (1\ \text{mol})\left(\frac{8.314\ \text{m}^3 \cdot \text{Pa}}{\text{mol} \cdot \text{K}}\right)(298\ \text{K})/(101.3 \times 10^3\ \text{Pa})$$
$$= 0.0245\ \text{m}^3$$

로 증가한다. 즉, 0.0245−0.0224 = 0.0021 m^3(2.1 L)만큼 팽창한다.

[예제 1–14] 액체 에탄올의 기화 부피

10 cm^3의 에탄올(C_2H_5OH, 분자량 46, 밀도 0.79 g/cm^3)을 1기압, 100℃에서 기화시켜 에탄올 증기로 만들면 부피는 몇 배로 증가하겠는가?

[풀이]

먼저 에탄올의 질량을 구하면 $m = \rho V = \left(\frac{0.79\ \text{g}}{\text{cm}^3}\right)(10\ \text{cm}^3) = 7.9\ \text{g}$이며, 몰 수는 $n = m/MW = \frac{7.9\ \text{g}}{46\frac{\text{g}}{\text{mol}}} = 0.1717\ \text{mol}$이다. 이상기체 방정식 (1–39)에 의하여

$$V = nRT/p = \frac{(0.1717\ \text{mol})\left(\frac{8.314\ \text{m}^3 \cdot \text{Pa}}{\text{mol} \cdot \text{K}}\right)(273.15+100)\ \text{K}}{101.3 \times 10^3\ \text{Pa}}$$
$$= 5.258 \times 10^{-3}\ \text{m}^3 = 5258\ \text{cm}^3$$

즉, 에탄올은 위 조건에서 기화하면 부피가 그림 1–6에 나타낸 바와 같이 약 526배가 된다.

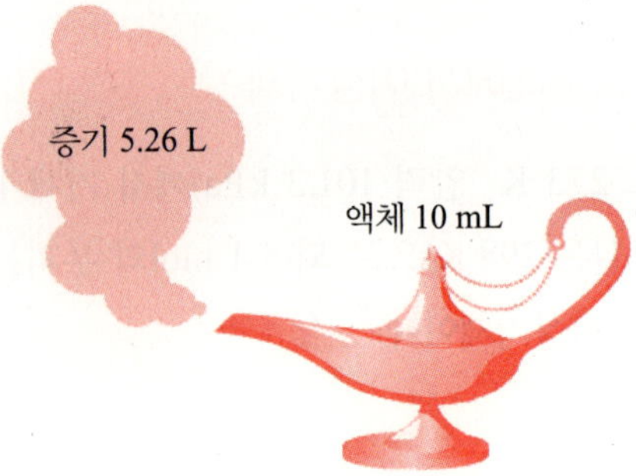

그림 1-6 액체 에탄올의 기화

위 예제에서와 같이 동일한 에너지 수준에서 비교하면 석유와 같은 액체연료에 비하여 도시가스(주성분은 메탄) 등의 기체연료는 부피가 매우 크기 때문에 가압하여 부피를 작게 하거나 액화시켜 저장하지 않으면 안 된다. 이와 같은 이유 때문에 가스회사에서는 내압성이 우수한 공 모양의 저장탱크들을 사용하고 있다.

2. 이상기체의 혼합물

2종류의 이상기체, A 분자와 B 분자를 함께 용기에 넣었을 때 이 혼합기체의 압력은 A 분자와 B 분자가 용기의 벽에 충돌하여 벽면에 미치는 힘이다. 이상기체법칙에 의하면 n_A mol의 A 분자를 단독으로 용기에 넣었을 때의 압력 p_A는 $(n_A/V)RT$이다. 마찬가지로 n_B mol의 B 분자가 단독으로 용기에 들어 있을 때 압력 p_B는 $(n_B/V)RT$이다. 이와 같이 A 분자 또는 B 분자가 각각 단독으로 나타내는 압력을 분압(partial pressure)이라 한다.

용기 중에 n_A mol의 A분자와 n_B mol의 B분자가 혼합하여 들어 있을 때 혼합기체의 전압(total pressure)은

$$P = p_A + p_B = [(n_A + n_B)]/V]RT \tag{1-40}$$

가 된다. 식 (1-40)은 혼합기체의 전압이 각 성분의 분압의 합과 같다는 것을 나타낸다.

앞서 살펴본 바와 같이 이상기체 혼합물에서 "혼합기체의 전압은 각 성분의 분압의 합과 같다."라고 하였는데 전압과 분압에 대하여 깊이 이해해 보도록 하자.

부피 V인 용기 중에 온도 T인 혼합기체가 들어 있고 혼합기체에 의하여 작용하는 전압은 P이며, 혼합기체 중에는 성분 A가 n_A mol, 성분 B가 n_B mol 함유되어 있다고 가정해 보자. 이 기체 혼합물 중, 성분 A의 분압(p_A)은 다음과 같이 정의한다.

'분압(partial pressure)은 동일 조건에서 총 부피 V(혼합물의 부피) 중에 성분 A(n_A mol)가 단독으로 존재할 때 작용하는 압력이다.'

기체 혼합물 중의 모든 성분의 합이 $n(=n_A+n_B)$ mol이고, 기체 혼합물이 이상기체법칙에 따른다고 하면.

$$PV = nRT \tag{1-41}$$

한편 분압 p_A는 정의에 따라 온도 T인 A 분자 n_A mol이 단독으로 부피 V인 용기 중에 들어 있을 때 압력이므로 이상기체법칙에 의하여 다음과 같이 표현된다.

$$p_A V = n_A RT \tag{1-42}$$

마찬가지로 B 분자 n_B mol이 용기 중에 단독으로 들어 있을 때 압력 p는 다음 식으로 표현된다.

$$p_B V = n_B RT \tag{1-43}$$

식 (1-42)를 식 (1-41)으로 나누면,

$$\frac{p_A}{P} = \frac{n_A}{n} = y_A \tag{1-44}$$

또는

$$p_A = y_A P \tag{1-45}$$

여기서 P: 전압(total pressure)

V: 혼합 기체의 부피(m^3)

n: 혼합 기체의 총 몰 수(kg mol)

p_A: 성분 A의 분압(partial pressure)

n_A: 성분 A의 몰 수(kg mol)

y_A: 혼합가스 중의 성분 A의 몰 분율

식 (1−45)는 이상기체 혼합물에서 '한 성분의 분압은 전압력과 그 성분의 몰 분율의 곱과 같다'는 의미이다. 또한 B 분자 n_B mol을 단독으로 부피 V인 용기 중에 넣었을 때 압력 P_B에 대해서도 식 (1−45)는 동일하게 적용되므로

$$p_B = y_B P \tag{1-46}$$

식 (1−45)와 (1−46)을 합하면

$$p_A + p_B = (y_A + y_B)P \tag{1-47}$$

$y_A + y_B = 1$이므로

$$P = p_A + p_B \tag{1-48}$$

식 (1−48)을 달톤의 부분압력 법칙(Dalton's law of partial pressures)이라 하며 '이상기체 혼합물의 전압은 각 성분의 분압의 합과 같다.'는 의미이다. 공학계산에서는 압력이 몇 기압 이하일 때 실제기체 혼합물에 대해서도 Dalton의 법칙을 적용할 수 있다.

[예제 1−15] 기체 혼합물의 조성

어떤 기체 혼합물 중의 각 성분의 분압이 CO_2, 75 mmHg; CO, 50 mmHg; N_2, 595 mmHg; O_2, 26 mmHg이다. 이 기체 혼합물의 전압과 각 성분의 몰 분율을 계산하라.

[풀이]

식 (1−48)을 적용하면,

$$\begin{aligned} P &= p_{CO_2} + p_{CO} + p_{N_2} + p_{O_2} \\ &= (75 + 50 + 595 + 26)\text{ mmHg} = 746\text{ mmHg} \end{aligned}$$

CO_2의 몰 분율은 식 (1−45)에 의하여

$$y_{CO_2} = \frac{p_{CO_2}}{P} = \frac{75\text{ mmHg}}{746\text{ mmPHg}} = 0.101$$

같은 방법으로 계산하면 CO, N_2 및 O_2의 몰 분율은 각각 0.067, 0.798, 0.035이다.

[예제 1-16] 고산 등반을 할 때 산소통으로 숨을 쉬어야 하는 이유는 무엇일까?

[풀이]

건조 공기의 전압이 760 mmHg일 때 산소의 분압 p_{O_2}는 160 mmHg 정도이다. 고도 5.5 km에서는 전압이 약 1/2로 감소하여 380 mmHg가 되며, 산소의 분압도 160 mmHg에서 80 mmHg로 감소한다. 대부분 사람의 허파 시스템에서는 산소 분압이 80 mmHg로 낮아지면 분압이 낮아 생명을 유지하는 데 필요한 속도로 산소를 피 속으로 녹아 들어가게 하지 못한다. 따라서 고도 5.5 km에서 산소 분압 160 mmHg를 유지하기 위해서는 공기 중의 산소 농도를 42%로 증가시켜야 한다. 따라서 고산 등반을 할 때는 산소 농도를 높인 공기를 고압으로 채워 넣은 산소통을 착용한다.

그림 1-7 고산 등반시 산소통 착용 모습

3. 기체 – 액체 계에서 포화증기의 성질

기체(gas)와 증기(vapor)는 분명히 구별하기 어려워 일상생활에서 혼동하여 사용하는 경우가 많다. 그러나 서로 다르므로 주의 깊게 이해하여 두자.

정상적인 조건에서 액체인 물질이 기체 형태를 가지고 있을 때를 증기라 하며, 기체는 기체 형태로만 존재하는 성분을 말한다.

즉, 증기는 기체 형태(gaseous form)이지만 액체로도 존재하는 성분이다. 예를 들어 1기압 상온에서, 물과 수증기 또는 액체 알코올과 알코올 증기는 각각 액체와 증기로 동시에 존재한다.

먼저 일정한 온도를 유지하고 있는 밀폐된 용기 중의 공기를 완전히 빼준 다음에 물을 채웠다고 가정하자(그림 1-8). 물의 표면에서 일부의 물 분자는 공간으로 날아가 용기의 공간을 채우게 된다. 액체 상태의 물 분자가 공간으로 날아가 증기가 되는 현상을 증발(evaporation)이라 한다.

공간 중의 물 분자는 활발히 운동하면서 용기 벽면에 충돌하여 벽면에 압력을 미치며, 일부 물 분자는 물의 표면에 충돌하여 액체 상태로 되돌아가게 된다. 증기가 액체상태가 되는 현상을 응축(condensation)이라 한다. 상부 공간의 기체상태의 물 분자 수가 차츰 많아지면 물 표면으로 되돌아와 응축하는 분자 수도 증가하게 되며, 마침내 증발하는 속도와 응축하는 속도가 같아지는 평형상태에 도달하게 된다.

$$\text{물(액체)} \rightleftharpoons \text{수증기(증기)}$$

이와 같은 상태를 상부 공간은 증기로 포화되었다고 말하며, 상부 공간에 작용하는 증기의 압력을 포화증기압(saturated vapor pressure)이라 한다. 포화증기압은 용기에 담겨 있는 물의 양에는 영향을 받지 않고 온도에 좌우되며 동일 온도에서는 항상 같은 증기압을 나타낸다. 온도와 포화증기압과의 정성적인 관계를 그림 1-9에 나타내었다. 그림에서 보는 바와 같이 온도가 증가하면 포화증기압도 증가하지만 직선적으로 증가하지는 않는다.

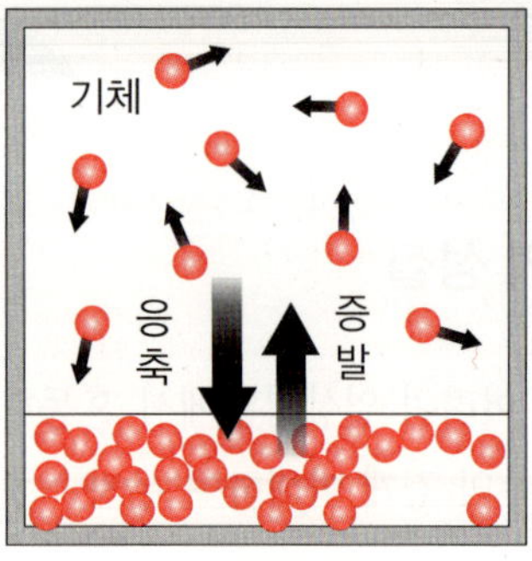

그림 1-8 밀폐된 용기에서 물의 포화증기압

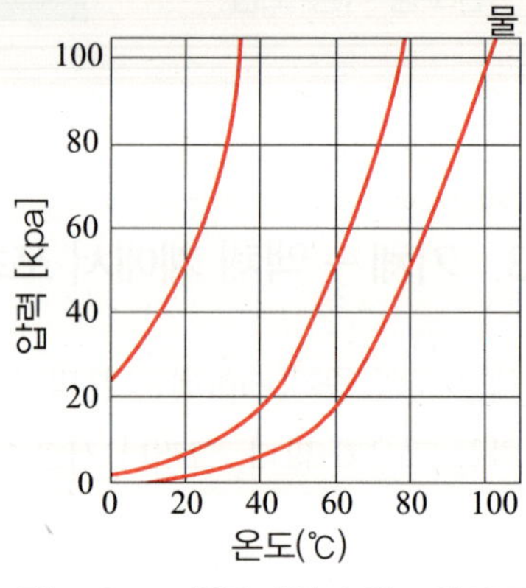

그림 1-9 포화증기압과 온도와의 관계

만약 동일 조건에서 초기에 밀폐된 용기 중의 공기를 빼주지 않고 일부를 액체 물로 채웠다면 포화상태에서 수증기의 분압은 어떻게 될까? 이때 수증기의 분압은 용기 중의 공기를 완전히 빼준 경우와 동일한 포화증기압을 나타낸다.

즉, 물의 증기압은 상부 공간에 공기와 같은 불활성 가스가 존재하여도 영향을 받지 않는다.

이 결과를 보다 일반적으로 표현하면 기체와 증기가 혼합하여 있는 경우 각각 독립적으로 압력을 나타내며, 다음과 같이 Dalton의 법칙을 적용할 수 있다.

$$P = p_{\text{gas}} + p_{\text{vapor}} \tag{1–49}$$

여기서 P: 전압

p_{gas}: 기체의 분압

p_{vapor}: 증기의 분압

즉, 증기를 함유한 기체의 전압은 기체의 분압과 증기의 분압을 합한 값이 된다.

위에서 기술한 바와 같이 기체가 액체와 평형을 이루고 있으면 기체는 액체의 증기로 포화되었다고 한다. 이와 같은 상황은 식품가공공정에서 흔히 있을 수 있다. 예를 들어 식품과 바로 접하고 있는 얇은 공기층은 움직이지 않으므로 식품 중의 물과 평형을 이루게 되고, 따라서 이 공기층은 수증기로 포화되었다고 할 수 있다. 또한 통조림이나 유연 포장재 파우치의 상부 공간도 수증기로 포화되었다고 할 수 있다.

액체의 증발은 액체의 포화증기압과 전압과의 상대적인 값에 의존한다. 즉, 액체의 포화증기압이 전압과 같아질 때 액체는 끓는다. 그러므로 포화증기압 데이터는 압력과 끓는점 사이의 관계를 결정하는 데 매우 유용하다. 예를 들어 물의 포화증기압이 전압보다 낮은($p^*_{H_2O} < P$) 온도에서는 물의 표면에서 물 분자가 공기 중으로 단지 증발한다.

그러나 물의 포화증기압과 전압이 같아지게 되면($p^*_{H_2O} = P$) 물의 표면에 있는 물 분자가 증기 상태로 되는 것이 아니라 액체의 모든 곳에서 증기 상태가 될 수 있으므로 수증기 방울이 물 전체에 생기며, 특히 가열되는 용기 벽면에서 많이 생긴다. 이 현상을 물이 끓는다고 하며, $p^*_{H_2O} = P$가 되는 온도를 주어진 압력에서 끓는점(boiling point)이라 한다(그림 1–10).

우리가 익히 아는 것처럼 100℃에서 물의 포화증기압은 1 atm이므로 물의 포화증기압과 대기압과 같아져서 물이 끓게 된다. 물론 물은 100℃ 이하의 온도에서도 끓는다. 예를 들어 에베레스트(Everest) 산 정상에서 대기압은 약 250 mmHg이므로 물은 약 70℃에서 끓는다.

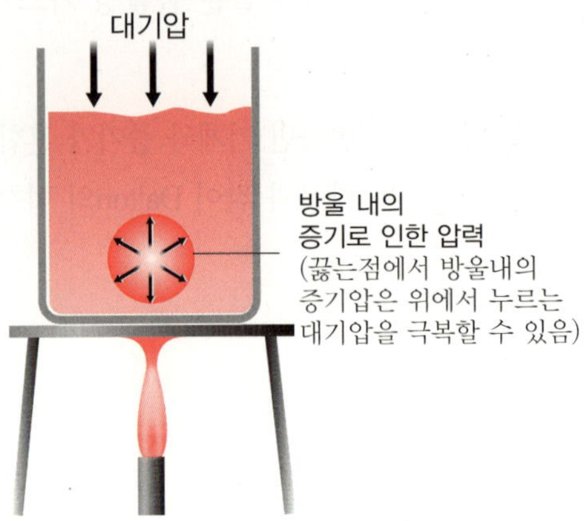

그림 1-10 끓는점에서 증기압과 전압은 동일

[예제 1-17] 높은 산에서 물의 끓는점

어떤 산 정상에서의 기압이 0.7 atm일 때 산 정상에서 물은 몇 ℃에서 끓는가?

[풀이]

기압을 kPa로 환산하면 $\frac{101.3\ \text{kPa}}{1\ \text{atm}} \times 0.7\ \text{atm} = 70.91\ \text{kPa}$이므로 그림 1-9의 물의 증기압 곡선에 의하면 약 88℃에서 끓는다.

[예제 1-18] 포화기체-증기 시스템의 조성

온도 75℃, 압력 760 mmHg인 밀폐된 용기 중에 들어 있는 액체 물은 상부 공기와 평형을 이루고 있다. 이때 기상의 조성을 몰 분율로 구하라.

[풀이]

공기와 액체 물이 평형을 이루고 있으므로 공기는 수증기로 포화되었다(물이 더 이상 증발하지 않음). 수증기 표에서 75℃에서의 물의 포화증기압은 289 mmHg이므로 식 (1-45)에 의하여,

$$y_{H_2O} = \frac{p^*_{H_2O}}{P} = \frac{289\ \text{mmHg}}{760\ \text{mmHg}} = 0.380\ \frac{\text{mol H}_2\text{O}}{\text{mol}}$$

$$y_{\text{dry air}} = 1 - y_{H_2O} = 1 - 0.380 = 0.620\ \frac{\text{mol dry air}}{\text{mol}}$$

Section 4 데이터의 표현과 분석

1. 데이터의 표현

식품가공공정에서는 온도, 압력, 유량, 농도 등 여러 가지 공정변수들(process variables) 사이의 상관관계를 알기 위하여 실험을 통해 데이터를 수집한다. 이때 실험자가 실험 목적에 따라 일정한 범위의 여러 가지 값으로 고정시키거나 제어하는 변수를 독립변수(independent variable)라 하며, 실험하는 동안 제어하는 것이 아니라 독립변수의 변화에 대한 결과로 측정되는 변수를 종속변수(dependent variable 또는 response variable)라 한다.

데이터는 일반적으로 다음의 3가지 방법으로 표현한다.

① 표(table)
② 그래프(graph)
③ 방정식(equation)

표는 데이터를 가장 정확히 나타내지만 너무 길어지기 쉽고, 전체적인 결과나 데이터의 경향을 한 눈에 파악하기 어렵다. 그래프는 변수들 사이의 상관관계를 직접 그림으로 나타내므로 그 관계를 바로 판단할 수 있을 뿐만 아니라 그래프로부터 데이터 점들 사이의 값을 쉽게 구할 수 있다. 일반적으로 독립변수는 가로좌표(abscissa, x-축)에, 종속변수는 세로좌표(ordinate, y-축)에 나타낸다.

2. 데이터의 분석

일단 실험데이터를 수집한 다음 데이터를 어떻게 처리할 것인가 하는 것은 어떤 정보를 얻고자 하는가에 달려 있다. 일반적으로 데이터는 다음과 같은 목적으로 수집한다.

① 한 변수가 다른 변수에 어떤 영향을 미치는가에 대한 일반 경향(trend) 분석

② 특정 모델의 공정에 대한 적용성

③ 수학적 모델의 계수 추정

④ 새로운 실험식의 개발

공정변수는 때때로 직접 측정하기도 하지만 간접적으로 측정하는 경우가 많다. 예를 들어 용액 중의 용질의 농도(*C*)를 측정하여야 하는 경우, 용질의 농도를 직접 측정하는 것은 대부분의 경우 간단하지 않다. 그러므로 매번 복잡한 과정을 거처 농도를 직접 측정하는 대신에 간편하게 측정할 수 있는 전기전도도 또는 흡광도(*X*) 등을 측정한 다음에 *C*와 *X*의 상관관계로부터 구하고자 하는 *C*를 간접적으로 구한다.

*C*와 *X*와의 상관관계는 별도의 검정시험(calibration experiment)으로 구한다. 즉, 농도 *C*를 알고 있는 용액들을 미리 조제하고 이들 용액들의 *X*를 측정하여 검정선(calibration curve)을 그린다.

변수 *y*와 *x*를 측정한 경우를 생각해 보자.

x	1.0	2.0	3.0	4.0
y	0.3	0.7	1.2	1.8

위에서 변수 *y*는 용질의 농도(*C*) 또는 다른 공정변수일 수 있으며, *x*는 측정된 값(흡광도 *X* 또는 전기전도도 등)이다. 이와 같은 시험 데이터를 이용하여 테이블에 나타낸 점과 점 사이의 어떤 *x*값에서 *y*값을 추정하는 것을 보간법(interpolation)이라 하며, 테이블 데이터의 범위를 벗어난 값을 추정하는 것을 보외법 또는 외십법(extrapolation)이라 한다.

보간법(interpolation)과 외삽법(extrapolation)에는 여러 가지 방법이 있다. 예를 들어 선형보간법(linear interpolation), 도식보간법(graphical interpolation) 및 곡선 맞추기(curve fitting) 등이 있으며, 어떤 방법이 가장 적합한가 하는 것은 *x*와 *y* 사이의 특성에 좌우된다.

그림 1-11에 (*x*, *y*)를 도식한 여러 가지 경우를 나타내었다. 만약 검정시험 데이터를 도식했을 때 (a)와 같은 모양을 나타내면 선형보간법이 잘 적용될 수 있을 것이고, (b)와 같은 모양일 때는 비선형 함수관계를 검토해 볼 필요가 있을 것이다.

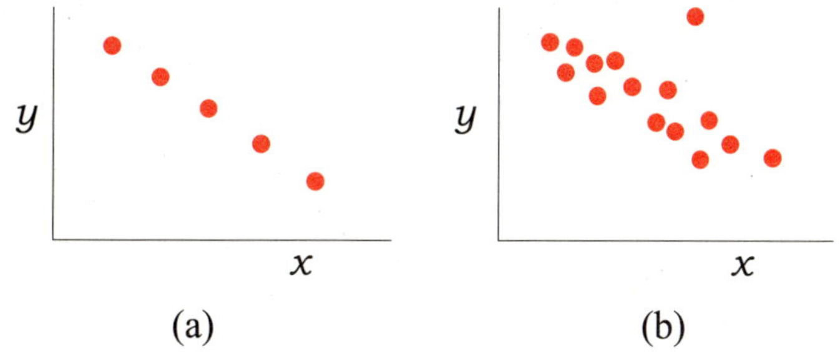

그림 1-11　실험 데이터의 대표적인 도식화

(1) 2점 선형보간법

두 점 (x_1, y_1)와 (x_2, y_2)을 통과하는 직선의 방정식(two-point linear interpolation)은 다음과 같이 주어진다.

$$y = y_1 + \frac{x - x_1}{x_2 - x_1}(y_2 - y_1) \tag{1-50}$$

이 방정식은 x_1과 x_2 사이의 x에 대한 y를 추정하는 데 사용될 뿐만 아니라, 이 범위 바깥의 x에 대한 y를 구하는 데 사용할 수 있다. 그러나 범위를 크게 벗어나면 정확도가 떨어질 위험이 있으므로 주의한다.

만약 시험 데이터의 점들이 가까우면 보간법으로 구한 추정 값은 정확도가 높다. 그러나 데이터의 간격이 넓거나 외삽으로 구해야 한다면 오차가 클 위험이 있으므로 다음에 기술하는 곡선 맞추기(curve fitting)를 사용하여야 할 것이다.

[예제 1-19] 측정 값의 2점 선형보간법

변수 f의 값을 여러 시간(t) 동안 측정하였다.

f	1	4	8
t	1	2	3

선형보간법을 이용하여 ① $f(t = 1.3) \approx 1.9$; ② $t(f = 5) \approx 2.25$ 임을 보여라.

[풀이]

① 식 (1–50)을 이용하여 두 점 (t_1, f_1)과 (t_2, f_2) 사이의 선형 방정식을 구한다.

$$f = f_1 + \frac{t - t_1}{t_2 - t_1}(f_2 - f_1) = 1 + \frac{t-1}{2-1}(4-1)$$

$$f = 3(t-1)+1$$

이 식에 $t = 1.3$을 대입하면 $f = 3(1.3-1)+1 = 1.9$

② 같은 방법으로 두 점 (t_2, f_2)와 (t_3, f_3) 사이의 선형방정식을 구한다.

$$f = f + \frac{t - t_2}{t_3 - t_2}(f_3 - f_2) = 4 + \frac{t-2}{3-2}(8-4)$$

$$f = 4(t-2) + 4$$

이 식에 $f = 5$를 대입하면, $5 = 4(t - 2) + 4$

따라서 $t = 2.25$

[예제 1–20] 수증기표의 보간법

부록의 포화수증기표에 의하면 온도 120℃인 수증기의 압력은 198.53 kPa이고, 온도 125°C인 수증기의 압력은 232.1 kPa이다. 포화온도 121.1℃(250℉)인 수증기의 압력은 얼마인가?

[풀이]

식 (1–50)에 의하여 두 점 사이의 선형방정식을 구한다.

$$p = p_1 + \frac{T - T_1}{T_2 - T_1}(p_2 - p_1)$$

$$= 198.53 + \frac{T-120}{125-120}(232.1 - 198.53)$$

이 식에 온도 121.1를 대입하여 p를 구한다.

$$p = 198.53 + \frac{121.1-120}{125-120}(232.1 - 198.53) = 205.9 \text{ kPa}$$

(2) 직선 모델

한 변수가 다른 변수에 어떻게 의존되는가를 나타내는 가장 편리한 방법을 방정식으로 표현하는 것이다.

$$y = 3x + 4$$
$$y = 4.24(x - 3)^2 - 23$$
$$y = 1.3 \times 10^7 \sin(2x)/(x^{1/2} + 58.4)$$

만약 위의 방정식과 같이 $y = f(x)$의 함수관계를 알고 있으면 어떤 주어진 x값에 대한 y값을 쉽게 구할 수 있다. 여러 가지 x값(독립변수)에 대해서 y값(종속변수)을 측정하고, 그 데이터를 직교좌표(rectangular coordinate)에 그렸을 때 그림 1-12와 같이 데이터가 거의 흩어지지 않고 직선이 되었다고 가정하면 직선 모델을 적용할 수 있다. 먼저 목측으로 데이터의 점들을 가장 잘 통과하는 직선을 그리면, 이때 직선 방정식은 다음과 같이 표현할 수 있다.

$$y = ax + b \tag{1-51}$$

여기서, 직선상의 두 점 (x_1, y_1)과 (x_2, y_2)으로부터

$$\text{기울기(slope)} \quad a = \frac{y_2 - y_1}{x_2 - x_1} \tag{1-52}$$

$$\text{절편(intercept)} \quad b = y_1 - ax_1 \tag{1-53}$$

식 (1-52)로부터 일단 a를 계산한 다음에는 식 (1-53)을 이용하여 b를 계산한다.

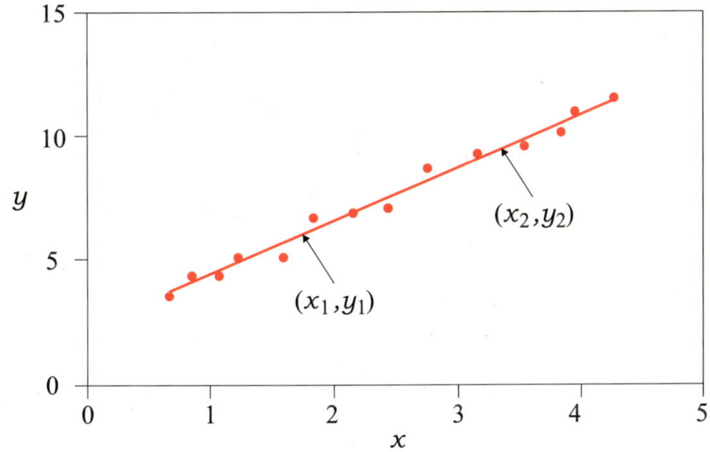

그림 1-12 직선 모델의 계수 구하기

[예제 1-21] 유량계의 검정선

유량계(rotameter)의 검정데이터(유량과 로터미터 읽음)가 다음과 같다.

① 검정선(calibration curve)을 그리고, 유량 Q와 로터미터 읽음 (rotameter reading) R과의 관계식을 구하라.

② 로터미터 읽음 36에 대응하는 유량을 구하라.

유량 Q(L/min)	로터미터 읽음 R
20.0	10
52.1	30
84.6	50
118.3	70
151.0	90

[풀이] ① 검정선은 아래와 같다.

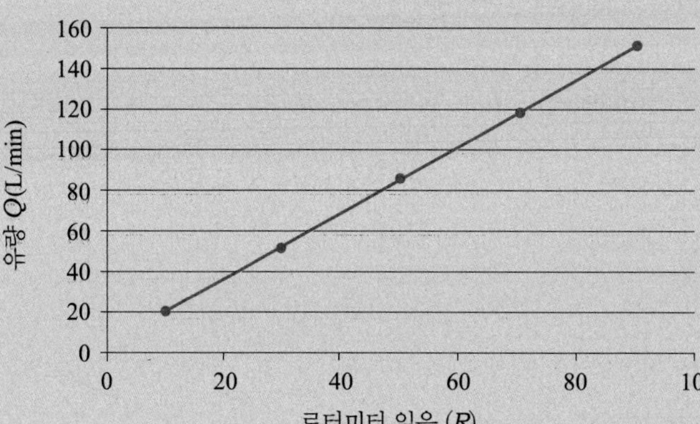

그림 1-13 로터미터의 검정선

눈으로 관찰하였을 때, 모든 데이터 점을 가장 잘 통과하는 직선을 그린다. 그리고 직선 위의 두 점을 읽는다. 예를 들어 점 1($R_1 = 10$, $Q_1 = 20$)과 점 2($R_2 = 90$, $Q_2 = 151.0$), 식 (1-52) 및 (1-53)에 의하여

$$a = \frac{Q_2 - Q_1}{R_2 - R_1} = \frac{151.0 - 20}{90 - 10} = 1.64$$

$$b = Q_1 - aR_1 = 20 - (1.64)(10) = 3.6$$

따라서 검정선의 방정식은

$$Q = 1.64\ R + 3.6$$

② 위의 검정선 방정식에 $R = 36$을 대입하여 Q를 구한다.

$$Q = (1.64)(36) + 3.6 = 62.64 \text{ L/min}$$

(3) 비직선 데이터의 직선화

앞 절에서 기술한 것과 같이 측정한 데이터의 상관관계가 직선이면 데이터 분석은 간단하다. 그러나 데이터가 직선에서 상당히 벗어날 때는 비선형 모델($y = ax + b$ 이외의 다른 형태)에 맞추어야 한다. 비선형 모델인 경우에는 어떤 모델이 적합한지 결정하기 어렵고 또한 모델의 계수를 구하기도 쉽지 않다.

그러나 일부 비선형방정식(nonlinear equation)은 그리는 방법을 잘 선정하면 직선으로 나타낼 수 있다. 예를 들어 x와 y의 상관관계가 $y^2 = ax^3 + b$로 주어졌을 때 y 대 x를 직교좌표에 그리면 분명히 곡선이 될 것이다. 그러나 y^2 대 x^3을 그리면 기울기가 a이고 절편이 b인 직선이 된다. 더욱 일반적으로 두 양 사이의 상관관계가 다음과 같은 형태로 표현될 수 있으면

$$(\text{양 } 1) = a(\text{양 } 2) + b \qquad (1\text{–}54)$$

양 1(위의 예에서 y^2)을 양 2(위의 예에서 x^3)에 대하여 직교좌표에 그리면 기울기 a, 절편 b인 직선을 얻을 수 있다.

다음에 직선을 얻을 수 있는 몇 가지 예를 나타내었다.

① $y = ax^2 + b \Rightarrow y$ vs. x^2을 그린다.

② $y^2 = \dfrac{a}{x} + \text{b} \Rightarrow y^2$ vs. $\dfrac{1}{x}$을 그린다.

③ $\dfrac{1}{y} = a(x+3) + \text{b} \Rightarrow \dfrac{1}{y}$ vs. $(x+3)$을 그린다.

④ $y = \frac{1}{C_1 x - C_2} \Rightarrow \frac{1}{y} = C_1 x - C_2 \Rightarrow \frac{1}{y}$ vs. x를 그린다.

[예제 1-22] 비선형 데이터의 직선화

온도 T의 함수로 질량유량 m을 측정하여 다음의 데이터를 얻었다.

T(°C)	10	20	40	80
m(g/s)	14.76	20.14	27.73	38.47

유량과 온도 사이에는 다음과 같은 함수관계가 있을 것으로 예상된다.

$$m = aT^{1/2} + b$$

이 데이터를 직선으로 그려 위 식이 잘 적용됨을 증명하고, 기울기 a와 절편 b를 구하라.

[풀이]

만약 m 대 $T^{1/2}$를 그려 직선이 얻어지면 위의 상관식이 정확하다고 할 수 있다. 위의 데이터에 $T^{1/2}$를 추가한다.

T	10	20	40	80
$T^{1/2}$	3.162	4.472	6.325	8.944
m	14.76	20.14	27.73	38.47

m 대 $T^{1/2}$을 그린다.

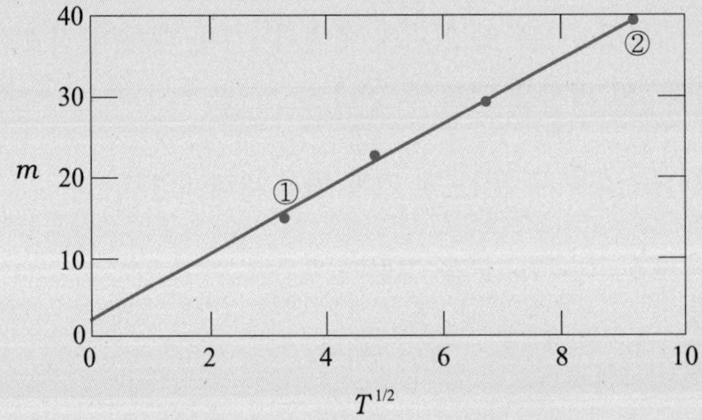

그림 1-14 질량유량의 온도의존성

(4) 로그 좌표

공정분석에서 자주 접하는 두 가지의 비선형함수는 검정력함수(power function)인 $y = ax^b$와 지수함수(exponential function)인 $y = ae^{bx}$ [또는 $y = a\exp(bx)$]이다. 이들 함수를 어떻게 직선화하는가를 기술하기 전에 이들 함수에 대한 간단한 수학적 법칙을 알아보자.

자연 로그(natural logarithm) (ln)는 지수함수의 역이다.

$$P = e^Q \Longleftrightarrow \ln P = Q \qquad (1\text{–}55)$$

여기서 $e \approx 2.7182818$이며, 다음 법칙에 따른다.

$$\ln [e^Q] = Q, \quad e^{\ln P} = P \qquad (1\text{–}56)$$

자연 로그 값은 다음과 같은 관계를 이용하여 상용 로그(common logarithm, $\log_{10}$ 또는 간단히 log)로부터 계산한다.

$$\ln x = 2.303 \log x \qquad (1\text{–}57)$$

곱(product)과 검정력(power)의 로그를 취할 때의 법칙은 자연 로그에도 적용된다. 즉,

$$y = bx \Rightarrow \ln y = \ln b + \ln x \qquad (1\text{–}58)$$

$$y = x^a \Rightarrow \ln y = a \ln x \qquad (1\text{–}59)$$

이와 같은 성질을 이용하여 검정력함수를 로그로 전환함으로써 직선으로 그릴 수 있다.

$$y = bx^a \Rightarrow \ln y = \ln b + a \ln x \qquad (1\text{–}60)$$

식 (1–54)에서 기술한 것과 같이 $\ln y$를 $\ln x$에 대하여 그리면 직선이 된다.

검정력함수는 일반적으로 직교좌표에 그리면 그림 1–15(a)에 나타낸 것과 같은 모양을 나타낸다. 위에서 기술한 것과 같이 이들 곡선을 직선으로 나타내기 위해서는 원래 데이터(raw data)를 로그 값으로 전환하여 직교좌표에 그려야 한다[그림 1–15(b)]. 그러나 데이터가 많은 경우 모든 데이터를 로그 값으로 전환하는 데는 시간과 노력이 필요하다.

간단한 방법은 로그스케일(logarithmic scale)에 그리는 것이다. 즉, 로그를 취한 값(ln y)이 아니라 원래 데이터를 로그스케일에 바로 나타내면 매우 편리하다(ln y값을 로그스케일에 그리지 않도록 주의한다). x축도 동일하게 로그스케일로 나타낼 수 있다. 로그 좌표를 실제 사용할 때는 자연 로그보다는 상용 로그가 편리하므로 식 (1-57)에 의하여 자연 로그를 상용 로그로 전환한 후에 그림 1-16과 같은 상용 로그 용지를 많이 사용한다.

두 축을 모두 로그스케일에 그리는 것을 로그 플롯(log plot)이라 하며, 그림 1-16과 같이 축이 모두 로그스케일인 그래프 용지를 로그-로그 용지(log-log paper)라 한다. 로그-로그 그래프 용지에서는 원점 (0, 0)이 표시되지 않는다. 왜냐하면 ln 0는 정의되지 않기 때문이다.

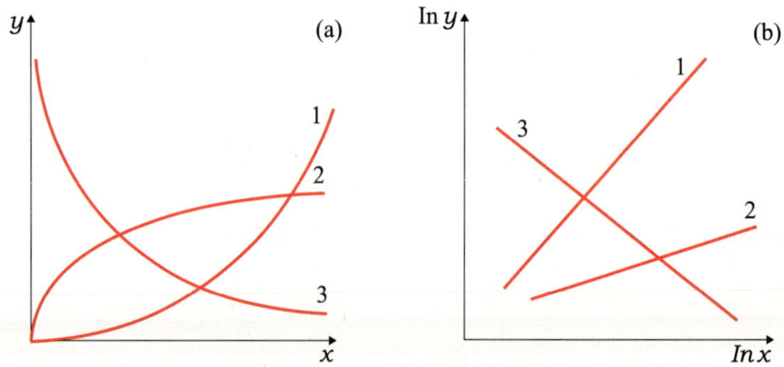

그림 1-15 검정력함수의 도식화

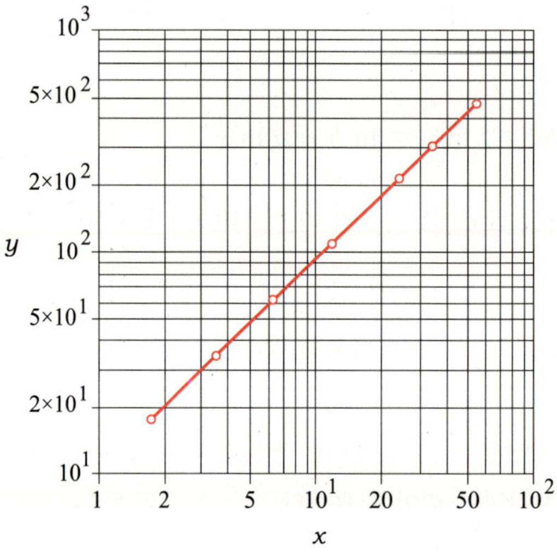

그림 1-16 로그-로그 용지

식 (1−60)의 양변에 1/2.303을 곱하면 다음 식과 같이 상용 로그식으로 전환할 수 있다.

$$\log y = \log b + a \log x \tag{1–61}$$

데이터를 로그 플롯을 하여 직선을 얻게 되면 식 (1−61)의 기울기 a와 절편 $\log b$는 다음과 같이 구한다. 측정한 데이터 값이 아닌 직선상의 두 점 (x_1, y_1)과 (x_2, y_2)를 선정하여 다음과 같이 계산한다.

$$a = \frac{\log y_2 - \log y_1}{\log x_2 - \log x_1} = \frac{\log (y_2/y_1)}{\log (x_2/x_1)} \tag{1–62}$$

일단 a를 구한 다음에 b는 식 (1−63)을 이용하여 구한다.

$$\log b = \log y_1 - a \log x_1 \tag{1–63}$$

위 식으로부터 $b = 10^{(\log b)}$이다.

한편 지수함수는 직교좌표에 그리면 그림 1−17에 나타낸 것과 같이 아래로 볼록하게 상승하거나 하강하는 곡선 형태를 나타낸다.

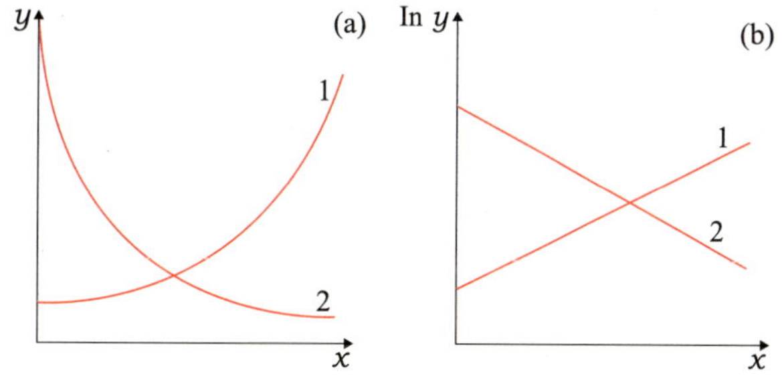

그림 1–17　지수함수의 도식화

지수함수를 다음과 같이 로그로 전환하면,

$$y = a \exp(bx) \Rightarrow \ln y = \ln a + bx \tag{1–64}$$

이 식을 보면 그림 1−17(b)에서와 같이 $\ln y$ 대 x를 직교좌표에 그리면 직선이 된다는 것을 알 수 있다. 그러나 전술한 검정력함수에서와 동일한 접근 방법으로 한 축은 로그스케일, 다른 축은 직교좌표축(동일한 간격)인 반로그 용지(semi-log paper)에 원래 데이터를 직접 그리는 것이 편리하다. 이를 반로그 플롯(semi−log plot)이라 한다(그림 1−18).

반로그 플롯도 식 (1-64)의 양변에 1/2.303을 곱하여 다음과 같이 상용로그식으로 전환하여 그리면 편리하다.

$$\log y = \log a + bx/2.303 \tag{1-65}$$

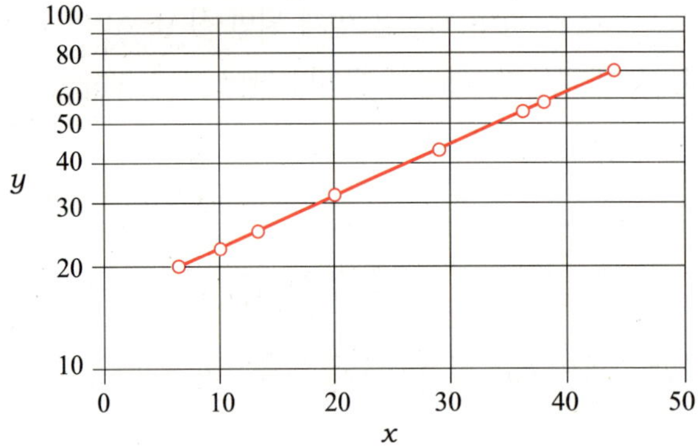

그림 1-18 반로그 용지

반로그 좌표에서 직선의 방정식은 식 (1-65)처럼 주어지며, 직선의 상수 a와 b는 다음과 같이 구한다. 직선 위의 임의의 두 점 (x_1, y_1)과 (x_2, y_2)를 선정하고 x_1, y_1, x_2, y_2값으로부터,

$$b = \frac{2.303(\log y_2 - \log y_1)}{(x_2 - x_1)} = \frac{2.303 \log (y_2/y_1)}{(x_2 - x_1)} \tag{1-66}$$

a는 다음 식으로부터 구한다.

$$\log a = \log y_1 - bx_1 / 2.303 \tag{1-67}$$

위 식으로부터 $a = 10^{(\log a)}$이다.

[예제 1-23] 로그 및 반로그 플롯

F와 t를 ① 반로그 플롯 및 ② 로그 플롯을 하였을 때 점 ($t = 15$, $F = 0.298$)과 ($t = 30$, $F = 0.0527$)을 통과하는 직선을 얻었다. 각 경우 F와 t의 관계식을 구하라.

[풀이] ① **반로그 플롯**

$$\log F = \log a + bt/2.303$$

$$b = \frac{2.303 \log(F_2/F_1)}{(x_2 - x_1)}$$

$$= \frac{2.303 \log(0.0527/0.298)}{(30-15)} = -\ 0.1155$$

$$\log a = \log F_1 - bt_1/2.303$$

$$= \log(0.298) + (0.1155)(15)/2.303 = 0.2265$$

$$a = 10^{(\log a)} = 10^{(0.2265)} = 1.685$$

따라서 함수관계는

$$F = 1.685 \cdot 10^{-0.0502t} \text{ 또는 } F = 1.685\ e^{-0.1155t}$$

② **로그 플롯**

$$\log F = \log b + a \log t$$

$$a = \frac{\log(F_2/F_1)}{\log(t_2/t_1)} = \frac{\log(0.0527/0.298)}{\log(30/15)} = -2.5$$

$$\log b = \log F_1 - b \log t_1$$

$$= \log(0.298) + 2.5 \log(15) = 2.414$$

$$b = 10^{2.414} = 259$$

따라서 함수관계는

$$F = 259t^{-2.5}$$

[연습 문제]

1. 다음을 적당한 단위로 환산하라.
   (1) 60 mile/h → m/s
   (2) 30 N/m^2 → lb_f/ft^2
   (3) 16.3 J → Btu
   (4) 4.21 kW → J/s
   (5) 2000 erg → N·m
   (6) 720 Btu → W·h
   (7) 15 ft·lb_f/lb_m → J/kg
   (8) 1 Btu/lb_m·°F → J/kg·°C
   (9) 50 lb_m·ft/lb_f·s^2 → kg·m/N·s^2
   (10) 500 lb_m·ft/s^2 → N
   (11) 20 kcal/min·ft·°F → W/m·K
   (12) 80 psia → atm
   (13) 0.001 kg/m·s → lb_m/ft·s
   (14) 10 lb mol/h·ft^2 → kg mol/s·m^2
   (15) 20 Btu/lb mol·°R → cal/g mol·K

2. 다음 열전달 방정식이 단위가 일치됨을 나타내라.

$$q = UA\Delta T$$

   여기서 q는 열전달속도(J/s), U는 총괄열전달계수(J/m^2·s·°C), A는 면적(m^2), ΔT는 온도차(°C)이다.

3. 파이프로부터 공기로의 열전달에 관한 간단한 식은 다음과 같다.

$$h = 0.026G^{0.6}/D^{0.4}$$

   여기서 h는 표면열전달계수 (Btu/h·ft^2·°F), G는 질량속도 (lb_m/h·ft^2), D는 파이프의 바깥지름(ft)이다.
   만약에 h를 cal/min·cm^2·°C로 나타내려면 주어진 식에서의 상수 0.026은 얼마가 되겠는가?

4. 올리브유의 점도가 5.63 × 10^{-2} $lb_m/ft \cdot s$로 주어졌을 때 이 점도를 $N \cdot s/m^2$으로 계산하라.

5. 달표면에서 질량 200 lb_m인 우주인의 무게는 얼마인가? 단, 달에서의 중력 가속도는 5.47 ft/s^2이다.

6. 화학반응에서 온도를 측정했더니 330 K이 나왔다. 이를 °F, °C, 그리고 °R로 나타내라.

7. 대부분의 공학기술에서 공기는 20 mol%의 산소, 80 mol%의 질소로 이루어졌다고 계산한다. 공기의 평균분자량을 계산하라.

8. CO는 O_2에 의해 산화되어 CO_2를 형성한다. 56 kg의 CO로 얼마만큼의 CO_2를 생산할 수 있는가? 또한 이론적으로 필요한 O_2의 양을 계산하여라. (힌트: 1.0 kg mol의 CO와 반응하기 위해 필요한 O_2의 양을 계산하기 위해 화학방정식을 사용하라. 그리고 56 kg의 CO에 있는 CO의 kg mol수를 계산하라.)

9. A라는 회사에서 만든 액체시료는 3 wt%의 단백질과, 0.5 wt%의 KCl 그리고 나머지는 물로 이루어져 있다. 단백질의 평균분자량은 500,000 g/g mol이라는 힌트를 사용하여 용액 안에 들어 있는 각각의 성분에 대해 몰 분율을 계산하라.

10. 20 wt % NaCl 수용액의 밀도는 25°C에서 1.178 g/cm^3이다. 다음을 계산하여라.
   (1) NaCl과 물의 몰 분율을 계산하라.
   (2) NaCl의 함량을 g mol/L, lb_m/ft^3, lb_m/gal 그리고 kg/m^3로 나타내라.

11. 가스통에 0.28 g mol의 NH_3, 2.85 g mol의 N_2, 그리고 0.003 g mol의 수증기가 들어있고, 전체압력은 300 K에서 890 mmHg이다. 다음을 계산하여라.
   (1) 각각의 성분에 대해 몰 분율을 구하라.
   (2) 각각 성분의 부분 압력을 mmHg로 계산하라.
   (3) 전체 부피를 m^3와 ft^3으로 나타내라.

Chapter 2

물질 및 에너지수지

수지(balance)란 말은 일상생활에서 보통 돈의 흐름을 생각할 때 잘 사용한다. 예를 들어 가계부는 "돈"의 수지를 "가정 전체 또는 개인"을 단위로 계산하여 기록한 것이다. 이는 매월 월급으로 받는 수입이 얼마인데 비해 생활비로 지출하는 돈이 얼마인가를 기록한다. 만약 한 달의 수입과 지출이 같으면 월말에 잔액이 하나도 없을 것이다. 이 경우 수지는 "수입 = 지출"이 된다.

한편 미래를 설계하기 위하여 생활비를 좀 줄여 저축을 하였다고 하면 수지는 "수입 − 지출 = 저축"이 될 것이다. 이 가계부의 상황에 따라 앞으로 수입과 지출을 어떻게 조절할 것인가에 대한 대책과 미래의 생활을 설계할 수 있다. 식품가공공정에서는 물질 및 에너지 수지를 기초로 하여 공정과 장치를 설계하고 운전 조건을 설정하며, 공정을 개선하여 효율을 향상시킨다.

식품가공공정에 출입하는 물질의 양적관계를 다루는 것이 물질수지이며, 에너지의 양적관계를 다루는 것은 에너지수지이다. 정확한 물질수지 및 에너지수지는 식품가공공정의 설계, 필요한 장치의 명세 결정 및 구매에 이용되며 가공공정의 최적 운전조건의 설정, 제품의 수율, 원가관리 등 경제적인 제품생산을 위한 기본 자료이다. 뿐만 아니라 앞으로 공부하게 될 단위조작의 기본원리를 이해하고 관련된 문제를 풀이하는 데 바탕이 된다.

Section 1 계와 공정

1. 계

물질수지와 에너지수지를 계산하기 위해서는 우선 계산의 대상을 정하고 그 경계를 분명히 정할 필요가 있다.

계산의 목적에 따라 경계는 미소 구간, 어떤 하나의 장치, 또는 공장 전체로 정할 수 있다. 이와 같이 관찰하기 위하여 구획 지어 놓은 어떤 한 부분을 계(system)라 부르며, 그 외의 모든 다른 부분을 주위(surrounding)라 한다. 계와 주위는 경계(boundary)에 의하여 구분된다. 계의 경계는 시험관의 벽, 반응 탱크의 벽면과 같이 실제적인 것일 수도 있고, 계를 둘러싼 가상적인 표면이 될 수도 있다.

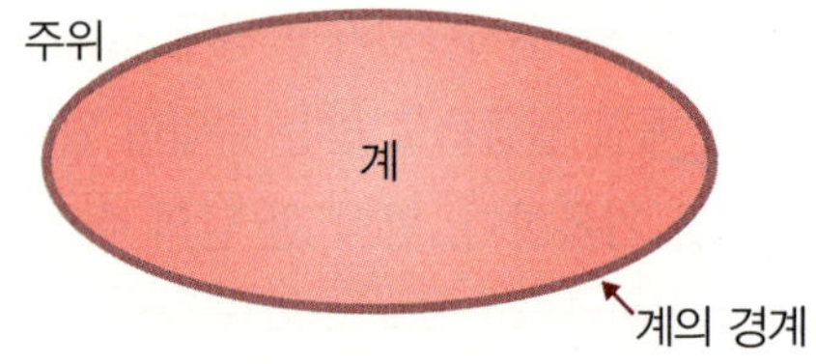

그림 2-1 계(system)와 주위(surrounding)

(1) 폐쇄계와 개방계

계는 그림 2-2에 나타낸 것과 같이 폐쇄계(closed system)와 개방계(open system)로 나눌 수 있다. 폐쇄계는 계의 경계를 통해 물질은 통과하지 않으나 에너지는 교환될 수 있는 계이다.

예를 들어 그림 2-2(a)에 나타낸 물이 들어 있는 시험관에서 마개가 내부 물의 증발을 막고 있으므로 시험관과 주위(시험관을 둘러싸고 있는 공기) 사이에 물질은 이동하지 않는다. 그러나 유리벽을 통해서 주위 공기로부터 내부의 물로 열이 이동하거나 내부의 물로부터 주위 공기로 열이 이동할 수 있으므로 에너지는 교환될 수 있다.

한편 개방계는 계의 경계를 통해 물질 및 에너지가 출입할 수 있는 계이다. 살아 있는 모든 생물은 개방계이다. 그림 2-2(b)의 고양이는 복잡한 개방계임을 짐작할 수 있을 것이다. 고양이는 호흡을 하면서 공기를 들이 마시고 내쉬며, 사료를 먹고 소화하여 체온을 유지하고 운동을 하며 또한 배설한다.

식품가공공정에서 흔히 접하는 개방계의 한 특수한 경우는 정상상태 흐름계이다. 이 계에서는 계의 경계를 통해 물질이 일정한 속도로 들어가는 동시에 같은 속도로 배출된다. 이 계에서 온도, 압력과 같은 성질은 계의 위치에 따라 다른 값을 가지지만 그 값은 시간에 따라 변하지 않는다.

앞으로 다루게 될 여러 가지 문제는 계와 경계를 어떻게 선정하느냐에 따라 간단히 분석할 수도 있고 복잡할 수도 있다.

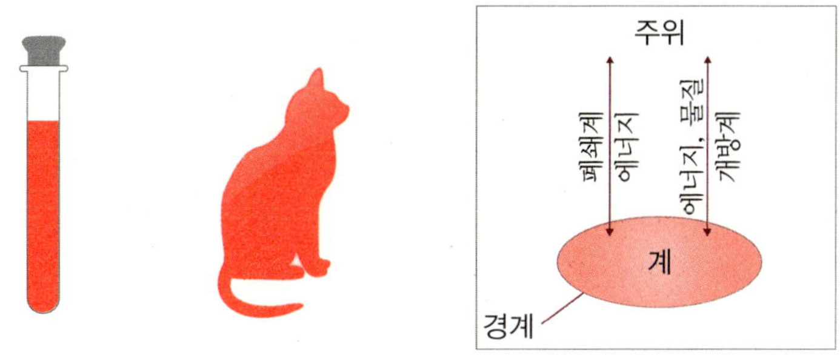

(a) 폐쇄계 (b) 개방계 (c) 계에 대한 개요도

그림 2-2 폐쇄계와 개방계

(2) 계의 성질

계의 성질(property)이란 재현할 수 있는 계의 특성을 가리키며, 예를 들면 온도, 압력, 부피, 밀도, 점도, 열용량 등이다. 계의 성질은 세기성질(intensive property)과 크기성질(extensive property)의 두 가지 범주로 나눌 수 있다.

세기성질은 계(system)의 크기에 의존하지 않는 성질이다. 즉, 세기성질의 값은 계에 존재하는 물체의 양에 독립적이다. 온도, 밀도, 압력, 몰분율은 세기성질이다. 예를 들어 어떤 탱크 중의 물 100 L의 온도가 60℃로 균일하다면 이 온도는 물의 양에 관계없다. 이 탱크 중의 물 0.1 L, 1 L, 10 L를 취하여 곧바로 온도를 측정하면 양에 관계없이 모두 60℃를 나타낼 것이다.

한편 크기성질은 계의 크기에 의존한다. 예를 들어 질량, 부피, 내부에너지, 엔탈피는 크기성질로서 계에 존재하는 물체의 양에 비례한다. 예를 들어 그림 2-2(a)의 시험관에 들어 있는 증류수의 부피는 시험관에 들어 있는 증류수의 질량에 비례할 것이다.

(3) 비성질

물체가 균일한 경우 크기성질은 그 시스템의 질량으로 나누어 주면 세기성질로 변한다. 이를 비성질(specific property)이라 한다. 예를 들어 크기성질인 부피를 질량으로 나눈 값을 비부피(specific volume, m^3/kg)라 하며, 비부피는 세기성질이다.

이 책에서는 계의 성질을 모두 세기성질로 나타낸다. 예를 들어 총내부에너지 U (J)와 총엔탈피 H (J), 구별하여 비내부에너지는 U_m, 비엔탈피는 H_m로 나타내며, 단위는 J/kg이다. 다시 말하면 여기서 '비'(比, specific)란 의미는 단위 질량당 양을 의미한다. 따라서 질량 M (kg)인 계의 총내부에너지 U는

$$U\ (\text{J}) = M\ (\text{kg}) \cdot U_m\ (\text{J/kg}) \tag{2–1}$$

일반적으로 내부에너지와 엔탈피는 "총" 또는 "비"라는 표현을 생략하는 경우가 많기 때문에 U 및 H로 나타낸 것이 총내부에너지(J)와 총엔탈피(J)를 나타내는 것인지 비내부에너지와 비엔탈피(J/kg)를 나타내는 것인지 단위에 주의한다.

2. 공정과 조업방법

(1) 공정

가공식품은 원료에서 출발하여 여러 가지 복잡한 단계를 거쳐 생산된다. 예를 들어 그림 2-3에 나타낸 것과 같이 농축 주스는 원료 정선, 분쇄, 열처리, 착즙, 여과, 향기 회수, 농축, 표준화, 살균 등 여러 가지 조작을 거쳐 생산된다. 이와 같이 특정한 목적을 수행하기 위한 한 가지 조작, 또는 일련의 조작을 공정(process)이라 한다.

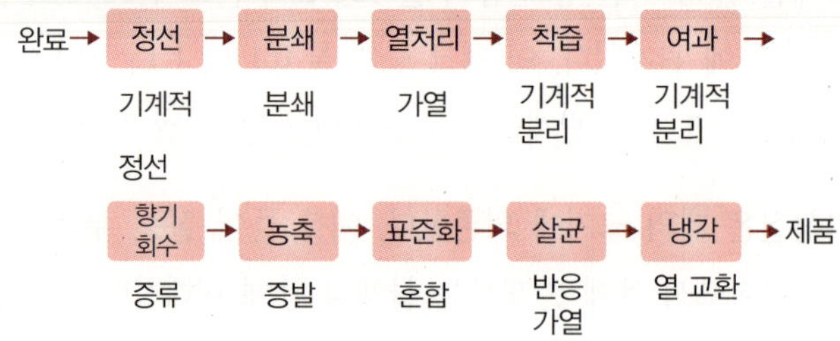

그림 2–3 농축 오렌지 주스 제조공정

대량생산공정을 이해하기 위하여 화합물 A와 B로부터 향료 C를 생산하는 간단한 반응을 생각해 보자. 만약 실험실에서 이 반응을 일으킨다면 다음과 같은 과정을 거치게 될 것이다. 시험관에 각각 화합물 A와 B를 필요한 양만큼 붓고 가열기로 반응온도까지 가열한 다음 두 화합물을 플라스크에서 혼합하여 반응시킨다. 반응이 종료된 후 혼합물을 가열하여 C를 증발시켜 분리한다(그림 2-4).

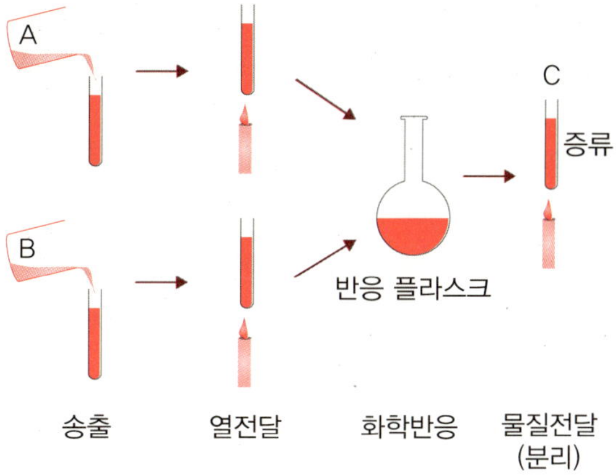

그림 2-4 화합물 A와 B로부터 C를 생산하기 위한 실험실에서의 체계도

만약 C를 1시간에 수백 kg 또는 수천 kg 생산하기를 원한다면 실험실에서 생산하는 것은 불가능하므로 공장에서 기계장치를 이용하여 연속적으로 생산하여야 할 것이다. 즉, 그림 2-5에 나타낸 것과 같이 저장탱크에 저장된 화합물 A와 B를 정량펌프를 이용하여 연속적으로 열교환기를 통과시켜 원하는 반응온도로 가열한 다음 반응기에 공급한다.

화합물 A와 B는 C로 전환하는데 충분한 시간 동안 반응기에 머물러 있다 배출되며, 최종적으로 반응물은 증류탑에서 순수한 제품 C로 분리된다.

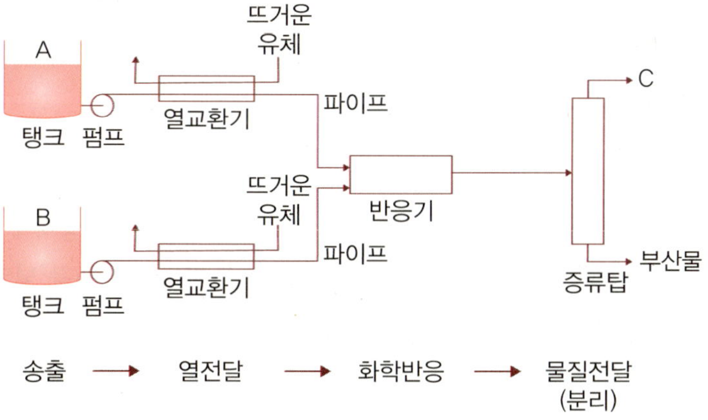

그림 2-5 화합물 A와 B로부터 C를 생산하기 위한 공업적 공정

(2) 회분공정과 연속공정

공정은 조업 방법에 따라 회분공정, 연속공정, 반회분공정으로 나눌 수 있다.

회분공정(batch process) : 공정의 초기에 원료를 전부 넣고 동일 장치에서 일련의 과정으로 처리하여 처리가 완료되면 생산물(product)을 꺼내는 방법이다. 예를 들어 그림 2-6(a)에 나타낸 것과 같이 탱크에 원료 A와 B를 한 번에 넣고 교반하면서 일정한 시간 반응시킨 후 반응을 중지시키고 생산물 C와 미반응물을 꺼내는 방법이다.

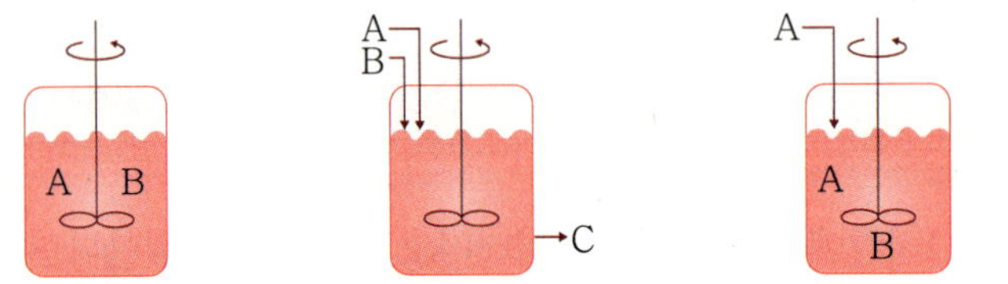

그림 2-6 반응기의 조작방법

연속공정(continuous process) : 공정 중에 연속적으로 한 쪽에서 원료를 공급하고 들어간 양과 같은 양의 생산물을 다른 쪽으로 배출시키는 조업 방법이다. 간단한 예로 그림 2-6(b)에 나타낸 것과 같이 탱크에 원료 A와 B를 연속적으로 공급하는 동시에 동일 양의 생산물 C를 연속적으로 배출시킨다. 이와 같이 원료가 한 개의 장치에 연속적으로 공급되어 일정한 조작을 거쳐 제품으로 배출되기도 하지만 연속적으로 다른 장치로 이동하면서 여러 단계를 거친 후 최종 제품으로 배출되기도 한다.

반회분공정(semi-batch process) : 공정 중에 원료를 공급하거나 생산물을 배출시키지만 연속공정과 같이 원료를 공급하고 생산물 배출이 동시에 일어나지 않는 조업 방법이다. 예를 들어 그림 2-6(c)는 초기에 원료 A를 넣고 반응에 의하여 A가 소비되면 생산물은 배출시키지 않으면서 원료 A를 연속적으로 또는 간헐적으로 공급하는 반회분공정을 나타낸다. 이와 같은 조업방법은 실제로 널리 사용되며, fed batch라 부르기도 한다.

(3) 정상상태

공정을 구분하는데 중요한 또 다른 개념은 정상상태(steady state) 여부이다. 만약 온도, 압력, 부피, 유량 등의 모든 공정 특성이 시간에 따라 변하지 않으면 그 공정은 정상상태에서 조업한다고 한다. 정상상태가 아닌 모든 공정은 비정상상태(unsteady state)이다.

회분공정은 그림 2-7에 나타낸 것과 같이 탱크 내의 농도가 시간에 따라 변하므로 비정상상태임을 알 수 있다. 즉, 반응이 진행되면서 원료(S)의 양은 감소하고 생성물(P)의 양은 증가한다. 연속공정은 조업 초기에는 비정상상태이지만 시간이 지나면 서서히 정상상태가 되며, 그림 2-8에 나타낸 것과 같이 정상상태에 도달하면 탱크 내의 원료 및 생성물의 농도는 시간에 따라 변하지 않고 일정하게 유지된다.

여기서 주의하여야 할 점은 정상상태에서 어떤 일정한 위치의 공정특성은 시간에 따라 변하지 않으나 위치에 따라서는 변한다는 것이다. 즉, 정상상태는 공정 특성의 시간에 따른 변화에 달려 있는 것이지 위치에 따른 변화에 정해지는 것이 아니란 사실을 혼동하지 않도록 한다.

예를 들어 그림 2-5에 나타낸 공정은 연속공정이다. 화합물 A와 B를 열교환기에 공급하여 가열할 때 정상상태에서는 열교환기의 입구온도와 출구온도가 다르지만 두 온도는 시간에 따라 변하지 않는다. 물론 열교환기뿐만 아니라 공정 중 다른 부분의 온도도 위치에 따라서는 다르지만 시간에 따라서는 변하지 않는다. 또한 온도 외의 압력, 화학조성 등 다른 특성도 공정 중의 위치에 따라서는 다르지만 시간에는 관계없이 일정한 값을 유지한다.

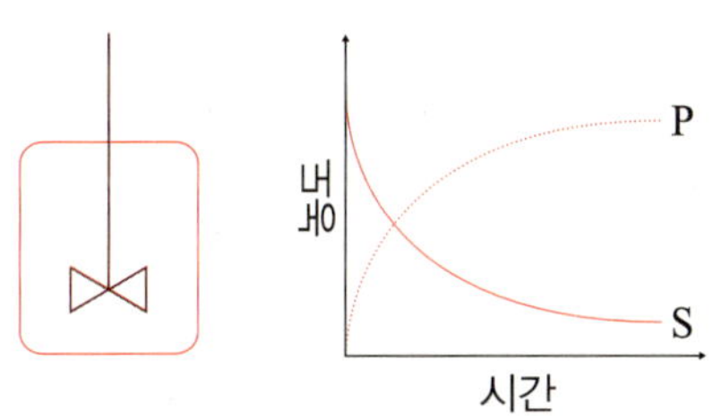

그림 2-7 회분반응기에서 원료(S)와 생성물(P)의 농도 변화

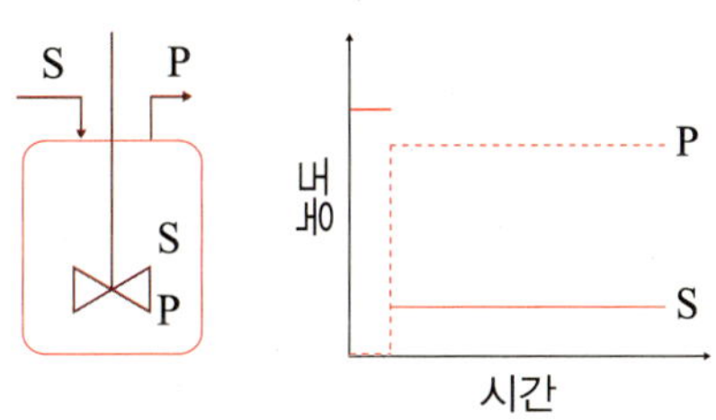

그림 2-8 연속반응기에서 원료(S)와 생성물(P)의 농도 변화

Section 2 물질수지

1. 물질수지식

물질 전체에 대한 물질수지(material balance)를 생각해 보자. 질량보존의 법칙에 의하면 총질량은 변하지 않기 때문에 계에 들어간 물질 중 일부는 계에 남아 축적되고 나머지는 계 밖으로 나오게 될 것이다. 따라서 총질량수지식은 다음과 같이 나타낼 수 있다.

$$(\text{들어가는 질량}) - (\text{나오는 질량}) = (\text{축적되는 질량}) \tag{2-2}$$

(input) (output) (accumulation)

물질수지를 쉽게 이해하기 위하여 우리가 일상생활에서 접하는 욕조를 계로 생각해 보자. 욕조에 물이 반쯤 담겨 있고 배수구가 열려 있는 경우 다음과 같은 3가지 상황이 가능할 것이다.

① 수도꼭지를 많이 열어 욕조로 들어가는 물이 배수구로 빠지는 물보다 많은 경우 욕조의 수위는 점점 높아질 것이다(물이 축적된다).
② 욕조에 들어가는 물이 배수구로 빠지는 물보다 적은 경우 욕조의 수위는 점점 낮아진다(축적량이 (–) 부호가 된다).
③ 만약 욕조에 들어가는 물의 양과 빠지는 물의 양이 같도록 정확히 수도꼭지를 조절하였다면 욕조의 수위는 변하지 않을 것이다(축적량이 0이 되며, 계는 정상상태이다).

③의 경우 들어가는 질량과 나오는 질량이 같으므로 축적량 = 0이다. 이와 같이 안정화된 연속공정에서는 들어오는 질량과 나가는 질량이 같기 때문에 계는 정상상태에 도달했다고 한다. 따라서 정상상태 물질수지는 다음과 같이 간단히 표현된다.

$$(\text{계에 들어가는 질량}) = (\text{계에서 나오는 질량}) \tag{2-3}$$

2. 물리적 조작에서 물질수지

식품가공조작은 화학공정과는 달리 화합물의 반응이 주목적이 아니므로 근사적으로 화합물의 반응이 일어나지 않는 물리적 조작이라 생각할 수 있다. 따라서 대부분의 식품가공조작에 대한 물질수지는 식 (2-2)과 식 (2-3)을 적용하여 계산한다.

물질수지에서 양적관계는 대부분의 경우 질량단위로 나타내지만 만약 체적단위로 표현되었다면 밀도를 나누어 체적단위로 환산하여야 하며, 또한 성분의 함량이 몰농도로 표시된 경우 분자량과 체적을 곱하여 질량단위로 환산하여야 한다.

물질수지는 관심있는 계를 출입하는 물질의 양적 관계를 밝히는 것이므로 계산의 목적에 따라 경계를 미소 구간, 단위 장치, 공장 전체로 정한다(그림 2-9). 계의 경계를 어떻게 선정하느냐에 따라 수지식의 풀이가 쉬울 수도 있고 어려울 수도 있다.

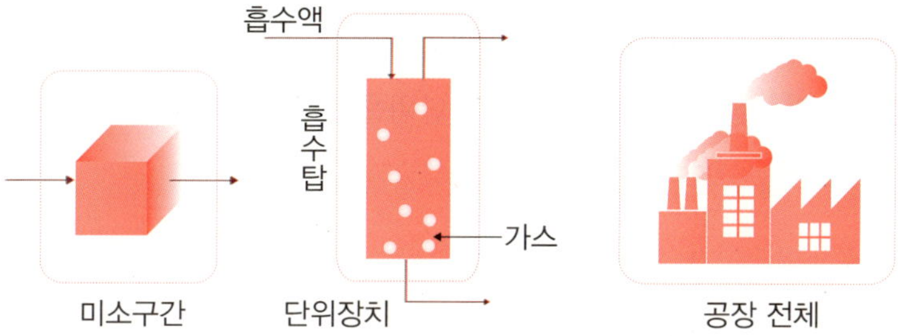

그림 2-9 수지의 경계 설정

3. 물질수지의 계산

물질수지식은 간단해 보이지만 흐름이 여러 개인 경우에는 복잡하므로 다음과 같이 체계적인 절차를 거쳐 물질수지식을 세운다.

① 한 눈에 알아 볼 수 있도록 공정을 블록선도(block diagram)로 나타내고, 각 흐름과 알고 있는 데이터(유속, 조성, 양 등)를 그림에 표시한다. 이때 계로 들어가는 것에 대해서는 들어가는 방향으로 화살표를 붙이고, 계에서 나오는 것은 나오는 방향으로 화살표를 붙인다.

② 구하고자 하는 미지량의 특성에 따라 계와 그 경계를 선택하여 경계를 점선으로 나타낸다. 미지량이 여러 개인 경우 구하려는 미지량에 따라 경계를 단계적으로 변화시키기도 한다.

③ 미지량을 확인하고 적당한 변수 기호를 부여한 다음 블록선도에 나타낸다.

④ 계산하기 위한 적당한 기준(basis)을 선택한다. 미지수가 많으면 계산이 복잡하다. 이와 같은 경우 계에 출입하는 물질 중에서 공정을 거치는 동안에 질량이 변하지 않는 성분을 계산의 기준으로 선정하는 것이 편리하다. 예를 들어 수용액을 증발시킬 때 물의 양은 변하지만 용질의 양은 변하지 않는다. 또한 식품을 건조할 때 식품의 총질량은 수분이 증발함에 따라 감소하지만 고형물의 양은 변하지 않는다. 이와 같이 공정 중에 변하지 않는 물질을 기준으로 하면 계산이 간단해지는 경우가 많다. 연속공정에서는 일반적으로 시간을 계산의 기준으로 한다.

⑤ 이미 알고 있는 양과 미지량으로 물질수지식을 세운다. 이 때 먼저 경계를 출입하는 각 흐름에 대한 총질량수지식을 세우고, 그 다음 공정에 들어가고 나오는 개개의 성분에 대해 물질수지식을 세운다.

⑥ 물질수지식을 풀기 전에 각 양의 단위를 검토하여 단위를 일치시키도록 주의한다.

[예제 2-1] 여러 가지 원료 포도주의 혼합

어떤 포도주 공장에서 알코올과 설탕함량이 일정한 쉐리주(남부 스페인이 원산인 백포도주)를 생산하기 위하여 여러 가지 원료 포도주를 혼합한다. 원료 포도주와 생산하고자 하는 쉐리주의 조성은 다음과 같다. 각 포도주의 혼합비를 구하라.

표 2-1 원료 포도주와 쉐리주의 조성

원료 포도주	알코올(wt%)	설탕(wt%)
포도주 A	14.6	0.2
포도주 B	16.7	1.0
포도주 C	17.0	12.0
쉐 리 주	16.0	3.0

[풀이]

그림 2-10　쉐리주의 배합공정도

알코올 함량과 설탕 함량이 다른 3개의 포도주를 혼합하여 쉐리주를 만드는 회분공정이다. 혼합된 쉐리주 100 kg을 계산의 기준으로 설정하고, 혼합되는 각 원료 포도주의 질량을 A, B, C로 표시한다. 먼저 총질량수지를 취하면,

총질량수지: $A+B+C=100$

다음 알코올과 설탕에 대한 수지를 취한다.

알코올수지: $0.146A+0.167B+0.17C=(0.16)(100)$

설탕수지: $0.002A+0.01B+0.12C=(0.03)(100)$

위 연립방정식을 풀면 A = 36.3 kg, B = 42.9 kg, C = 20.8 kg이다.

[예제 2-2] 정상상태 물질수지

5%의 소금물을 100 kg/h의 유량으로 증발기에 연속적으로 공급하여 20%의 소금물로 농축하려면 증발시켜야 할 수분의 양은 얼마인가?

[풀이]

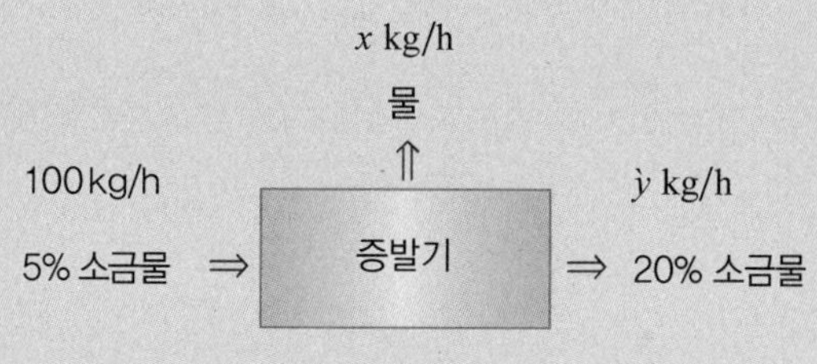

그림 2-11　소금물의 농축공정도

5% 소금물이 증발기에 연속적으로 들어가 20% 소금물로 농축되어 나오는 연속공정이므로 정상상태에 대한 물질수지식(2-3)을 적용한다. 이 문제는 간단하므로 증발기를 계로 정하고 1시간을 기준으로 계산한다. 수분 증발량을 x kg/h, 20% 용액 유출량을 y kg/h이라 하면, 물질수지는 다음과 같이 취할 수 있다.

총질량수지: $100 = x + y$

소금수지: $(100)(0.05) = x(0) + y\,(0.2)$

두 식을 풀면 $x = 75$ kg/h, $y = 25$ kg/h이 된다. 즉, 수분증발량은 75 kg/h이다.

[예제 2-3] 재순환

KNO_3염을 생산하는 공정에서 20% KNO_3용액을 유량 1000 kg/h로 증발기에 공급하여 422 K에서 50% KNO_3용액으로 농축한다. 이 농축액은 결정장치에서 311 K로 냉각되어 96% KNO_3 결정을 석출시킨다. 이 때, 37.5% KNO_3의 모액(mother liquer)은 증발기로 재순환된다. 재순환 흐름 R과 생성물 흐름 P의 양을 kg/h로 구하라.

[풀이] 이 문제는 흐름의 일부를 재순환(recycle)시키는 공정으로서 공정도는 그림 2-12와 같다.

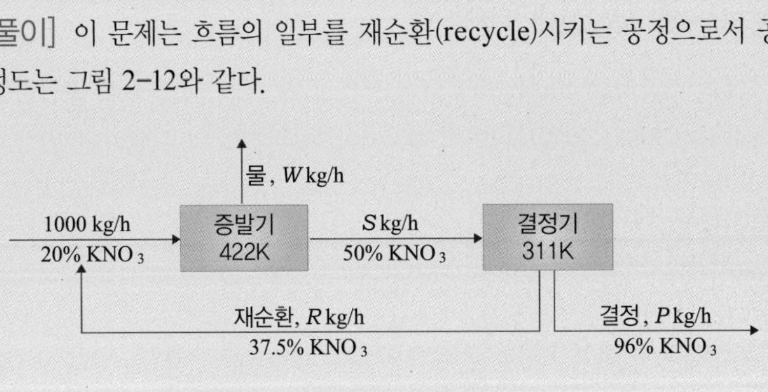

그림 2-12 KNO_3염 생산공정도

계산의 기준으로 증발기에 공급되는 20% KNO_3용액 1000 kg/h을 정한다. 전체공정을 경계로 잡고 KNO_3에 대한 물질수지를 취하면

$$1000(0.2) = W(0) + P(0.96)$$

$$P = 208.3 \text{ kg crystals/h}$$

재순환 흐름의 양을 계산하기 위해서 증발기 또는 결정장치 주위를 경계로 정하고 물질수지식를 세울 수 있다. 결정장치에 대하여 물질수지를 취하면

전체수지: $S = R + 208.3$

KNO_3수지: $S(0.5) = R(0.375) + 208.3(0.96)$

위 두 식을 풀면, $R = 766.7$ kg/h, $S = 975.0$ kg/h

[예제 2-4] NaOH 생산

NaOH를 생산하는 공정에서 10% NaOH와 1%의 불순물을 포함하는 용액 4000 kg/h을 1차 증발기에 투입하여 18%의 NaOH 용액을 만든다. 이 증발기에서 증발되는 수분은 10 kg/h의 NaOH와 20 kg/h의 불순물을 포함한다. 18% NaOH 용액은 다시 2차 증발기로 투입되어 50%의 NaOH를 생산한다. 이 증발기에서 증발되는 수분은 2%의 NaOH와 0.5%의 불순물을 포함한다.

(1) 1차 증발기에서 제거되는 수분의 양(kg/h)
(2) 2차 증발기에 투입되는 18% NaOH 용액의 양(kg/h)
(3) 2차 증발기에서 제거되는 수분의 양(kg/h)
(4) 2차 증발기에서 생산된 50% NaOH 용액의 양(kg/h)
(5) 생산된 50% NaOH에 포함된 불순물의 함량(%)

[풀이]

이 문제는 NaOH의 농축과정 중 불순물의 함량 변화를 단계별로 계산하는 것으로서 공정도는 그림 2-13과 같다.

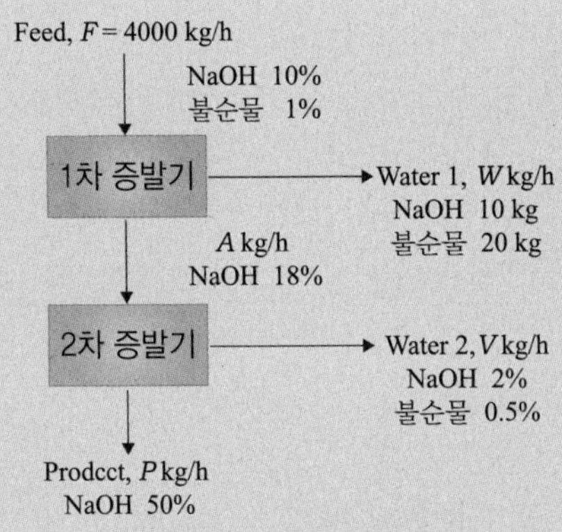

그림 2–13 NaOH 용액 생산공정도

계산의 기준으로 최초에 1차 증발기에 투입되는 10% NaOH 용액 4000 kg/h를 정한다. 먼저 1차 증발기 주위를 경계로 잡고 전체수지식과 NaOH에 대한 물질수지를 취하면

전체수지: $F = A + W$

NaOH수지: $4000(0.1) = \mathrm{A}(0.18) + 10$

$$A = 2166.7 \text{ kg/h}$$

$$W = 4000 - 2166.7 = 1833.3 \text{ kg/h}$$

2차 증발기 주위를 경계로 잡고 전체수지식과 NaOH에 대한 물질수지를 취하면

전체수지: $A = P + V \rightarrow 2166.7 = P + V$

NaOH수지: $2166.7(0.18) = P(0.5) + V(0.02)$

위 두 식으로부터

$$2166.7(0.18) = (2166.7 - \mathrm{V})(0.5) + \mathrm{V}(0.02)$$

$$V = 1444.4 \text{ kg/h},\ P = 722.2 \text{ kg/h}$$

최초에 1차 증발기에 투입되는 NaOH 용액에 포함된 불순물의 양은 4000(0.01) = 40 kg/h이고, 1차 증발기에서 제거되는 불순물의 양은 20 kg/h, 2차 증발기에서 제거되는 불순물의 양은 (1444.4)

(0.005) = 7.2 kg/h이므로 2차 증발기에서 최종적으로 생산되는 50% NaOH에 포함된 불순물의 함량을 계산하면

$$\frac{40-20-7.2}{722.2} \times 100 = 1.77\%$$

[예제 2-5] 식용유지 및 건조식품 생산

10000 kg의 원료 콩이 3단계의 공정을 거쳐 식용유지 및 건조식품으로 생산된다. 원료 콩은 35%의 단백질, 27.1%의 탄수화물, 9.4%의 식이섬유와 회분, 10.5%의 수분, 18%의 오일 함량을 가진다.

첫 번째 단계(압착추출기)에서 콩은 마쇄되고 오일을 추출하는데 이때 오일과 압착대두(6% 오일 함유)로 나뉜다. 오일에는 다른 성분이 전혀 포함되지 않는 것으로 가정한다.

두 번째 단계(용매추출기)에서는 압착대두에 남아 있는 오일을 추출하기 위하여 추출용매로서 헥산을 사용하는데, 이 단계에서 추출박과 헥산-오일으로 나눠진다. 추출박에는 헥산이 전혀 포함되어 있지 않은 것으로 가정한다.

마지막 단계(건조기)에서는 추출박(0.5%의 오일 함유)이 8%의 수분을 가지는 건조박으로 건조된다고 할 때 다음을 계산하라.

(1) 첫 번째 단계에서 나오는 압착대두의 양
(2) 두 번째 단계에서 나오는 추출박의 양
(3) 마지막 단계에서의 건조박의 양
(4) 마지막 단계에서의 건조박에 포함된 단백질 함량

[풀이]

이 문제는 원료 콩으로부터 식용유지 추출과 건조식품 생산공정 중에 변화되는 중간제품 및 최종제품의 양과 각종 성분의 함량을 단계별로 계산하는 것으로서 공정도는 그림 2-14와 같다.

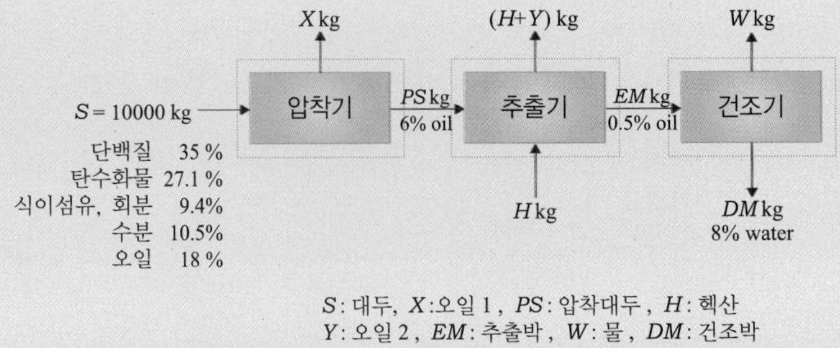

그림 2-14 식용유지 및 건조식품 생산공정도

계산의 기준으로 최초에 압착추출기에 투입되는 원료 콩 10000 kg을 정한다. 먼저 압착추출기 주위를 경계로 잡고 전체수지식과 오일성분에 대한 물질수지를 취하면

전체수지: $S = X + PS \rightarrow 10000 = X + PS$

오일성분수지: $10000(0.18) = X + PS(0.06)$

위 두 식으로부터

$$1800 = 10000 - PS + PS(0.06) \rightarrow PS = 8723.4 \text{ kg}$$

두 번째 단계인 용매추출기 주위를 경계로 잡고 전체수지식과 오일성분에 대한 물질수지를 취하면

전체수지: $PS + H = H + Y + EM \rightarrow 8723.4 = Y + EM$

오일성분수지: $8723.4(0.06) = Y + EM(0.005)$

위 두 식으로부터

$$523.4 = 8723.4 - EM + EM(0.005) \rightarrow EM = 8241.2 \text{ kg}$$

최초에 압착추출기에 투입된 원료 콩 10000 kg에 포함된 수분의 양 (1050 kg)은 두 번째 단계까지 전혀 제거되지 않았으므로 마지막 단계인 건조기 주위를 경계로 잡고 전체수지식과 수분에 대한 물질수지를 취하면

전체수지: $EM = W + DM \rightarrow 8241.2 = W + DM$

수분수지: $1050 = W + DM(0.08)$

위 두 식으로부터

$$1050 = 8241.2 - DM + DM(0.08) \rightarrow DM = 7816.5 \text{ kg}$$

최초에 압착추출기에 투입된 원료 콩 10000 kg에 포함된 단백질의 양 (3500 kg)은 마지막 단계까지 전혀 제거되지 않았으므로 건조박(*DM*)에 포함된 단백질 함량은

$$\text{건조박 중의 단백질} = \frac{3500}{7816.5} \times 100 = 44.8\%$$

[예제 2-6] 과일주스제품 생산

10%의 당분과 10%의 기타 고형분을 함유한 신선한 과일주스 500 kg이 주스피니셔를 통하여 과육주스, 여과주스 및 무시해도 좋을 정도의 소량의 펄프로 분리된다. 주스피니셔에 공급된 원료의 70%가 여과주스로 되며, 이 여과주스를 진공증발기에서 총고형분(당분+기타 고형분) 함량이 60%가 되도록 농축시킨 다음 진공증발기를 통과하지 않은 나머지 30%의 과육주스와 혼합하여 고형물 40%의 농축주스를 만든 후, 마지막으로 당분 10%를 포함한 설탕물 100 kg을 첨가하여 최종 주스제품(P)을 제조한다. 다음을 계산하라.

(1) 진공증발기에서 증발된 수분량(kg)
(2) 과육주스에 포함된 총고형분 함량(%)
(3) 여과주스에 포함된 총고형분 함량(%)
(4) 최종주스제품의 양(kg) 및 당분의 함량(%)

[풀이]

이 문제는 두 개의 흐름이 합쳐지고 최종적으로 당분의 함량을 조정하는 공정으로서 공정도는 그림 2-15와 같다.

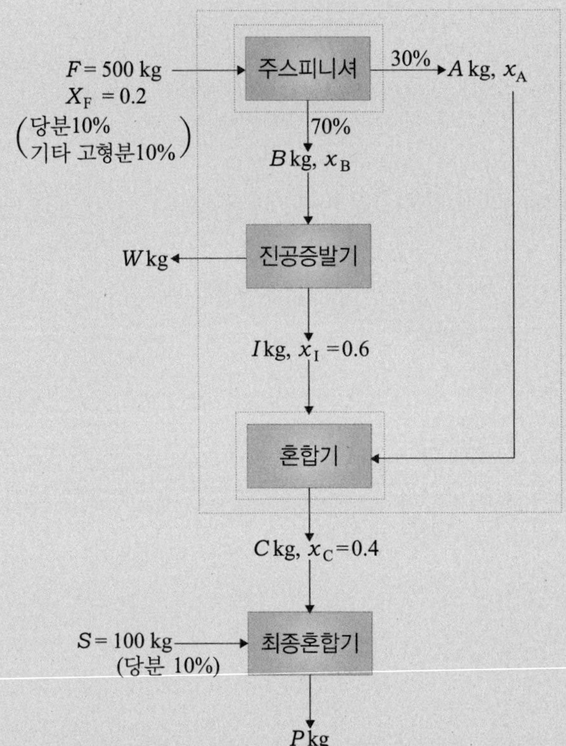

F: 과일주스, A: 과육주스, B: 여과주스, W: 수분, I: 중간주스
C: 농축주스, S: 설탕물, P: 최종주스제품, X_n: 고형분함량 (n = B, I, C)

그림 2-15 과일주스제품 생산공정도

계산의 기준으로 최초에 주스피니셔에 공급되는 신선한 과일주스 500 kg을 정한다. 최종혼합기 전의 전체공정을 경계로 잡고 전체 수지식과 총고형분에 대한 물질수지를 취하면

전체수지: $F = W + C \rightarrow 500 = W + C$

총고형분수지: $500(0.2) = W(0) + C(0.4)$

$C = 250 \text{ kg}, \ W = 250 \text{ kg}$

주스피니셔에서, 공급된 원료의 70%가 여과주스가 되므로

전체수지: $F = A + B$

$B = 500(0.7) = 350 \text{ kg}$

$A = 500 - 350 = 150 \text{ kg}$

진공증발기로부터 250 kg의 수분이 제거되므로 중간주스의 양은

전체수지: $I = 350 - 250 = 100$ kg

과육주스에 포함된 총고형분 함량을 구하기 위하여 혼합기 주위를 경계로 정하고 전체수지식과 총고형분에 대한 물질수지를 취하면

전체수지: $I + A = C \rightarrow 100 + 150 = C$

총고형분수지: $100(0.6) + 150 \cdot x_A = 250(0.4)$

$x_A = 0.27 \rightarrow 27\%$

여과주스에 포함된 총고형분 함량을 구하기 위하여 주스피니셔 주위를 경계로 정하고 전체수지식과 총고형분에 대한 물질수지를 취하면

전체수지: $F = A + B \rightarrow 500 = 150 + 350$

총고형분수지: $500(0.2) = (150)(0.27) + 350 \cdot x_B$

$x_B = 0.17 \rightarrow 17\%$

마지막으로 최종혼합기에서 농축주스와 당분 10%를 함유한 설탕물 100 kg이 혼합되어 최종주스제품이 제조되므로

전체수지: $P = C + S$

$= 250 + 100 = 350$ kg

농축주스에 포함된 당분의 양은 처음에 투입된 과일주스에 포함된 당분의 양인 $500(0.1) = 50$ kg과 같고, 설탕물에는 $100(0.1) = 10$ kg의 당분을 포함하고 있으므로 최종주스제품의 당분 함량은

$$\frac{50 + 10}{350} \times 100 = 17.1\%$$

Section 3 에너지 보존과 엔탈피수지

식품가공공정에서는 물질과 마찬가지로 에너지를 소비하여 제품을 생산한다. 예를 들어 증발, 농축, 건조 등 거의 모든 식품가공장치에서는 외부로부터 가열, 냉각 등의 조작을 수반한다.

특히 최근 에너지 가격은 점점 상승하고 있으므로 가공공정에서 에너지 출입을 정량적으로 밝혀 에너지 절약을 이루는 것은 매우 중요하다.

1. 에너지 보존의 법칙

열역학 제1법칙 즉, 에너지 보존의 법칙이란 에너지는 한 형태에서 다른 형태로 변할 수 있지만 창조되거나 파괴되지 않기 때문에 에너지의 합은 보존된다는 것이다. 에너지는 어떤 물체에 저장될 수도 있고 다른 물체로 전달되기도 한다. 예를 들어, 어떤 물체를 높은 곳으로 올리면 그 물체는 밑으로 내려올 때까지 위치에너지를 저장하고 있다. 또한 어떤 물체를 가열하면 그 물체의 열에너지는 증가하며, 이는 온도 증가로 관찰된다.

수력발전소에서는 댐에 갇혀 있던 물의 떨어지는 힘을 이용하여 발전을 한다. 이때 물의 위치에너지가 전기에너지로 변한다. 옛날의 증기기관차는 석탄을 태워 물을 끓여 스팀을 만들고 이 스팀으로 피스톤을 움직여 달렸다.

이와 같은 일련의 과정에서 석탄의 화학에너지는 열에너지로, 열에너지는 다시 운동에너지로 그 형태가 변한다. 또한 바퀴와 철로 사이의 마찰에 의해 열이 발생하는데, 이 열은 없던 것이 새롭게 생긴 것이 아니라 기차의 운동에너지가 열에너지로 변한 것이다.

에너지가 보존된다는 것은 어떤 공정을 거치는 동안에 계(system)와 주위(surrounding)의 에너지 합 즉, 총량은 변하지 않는다는 것을 의미한다. 따라서 만약 주위에서 계에 대해 일을 하게 되면 계 내의 에너지는 증가할 것이며, 마찬가지로 주위로부터 계의 경계를 통해 계 내로 열이 전달되면 계 내의 에너지가 증가할 것이다. 이를 수식으로 다음과 같이 표현할 수 있다.

$$\Delta E = Q + W \tag{2–4}$$

여기서 E: 계의 총에너지(J)

$E = U$(내부에너지)$+E_k$(운동에너지)$+E_p$(위치에너지)

Q: 계의 경계를 통해 주위에서 계에 전달된 열량(J)

W: 주위에서 계에 해준 일(J)

또한 부호는 변화량(delta)의 개념에서 (최종−최초)의 뜻을 가지므로 $\Delta E = E_{\text{final}} - E_{\text{initial}}$이다.

우리가 다루는 식품가공조작은 일반적으로 화학반응이 거의 일어나지 않으며 일정한 압력에서 행하고, 위치에너지와 운동에너지의 변화가 적으며, 기계적 일은 없거나 기여하는 정도가 적어 무시할 수 있다. 따라서 이와 같은 문제를 다루는 데는 총에너지 대신에 단순히 엔탈피와 열의 출입만 고려하여도 충분하다. 이와 같이 계에 출입하는 엔탈피와 열만을 고려한 에너지수지를 엔탈피수지(enthalpy balance) 또는 열수지(heat balance)라 한다.

2. 엔탈피

엔탈피(enthalpy)는 내부에너지 U와 압력-부피를 곱한 PV에너지의 합으로 정의되는 중요한 열역학적 성질이다.

$$H = U + PV \tag{2–5}$$

여기서 H: 엔탈피(J)

U: 내부 에너지(J)

P: 압력(Pa)

V: 부피(m^3)

압력이 일정한 조건에서의 엔탈피 변화는

$$\Delta H = Q \tag{2–6}$$

식 (2-6)은 일정한 압력에서 계가 흡수한 열은 엔탈피 변화와 같다는 것을 의미한다. 따라서 엔탈피를 열함량(heat content)이라 부르기도 한다.

일반적으로 엔탈피 자료들은 단위질량당 엔탈피 즉, 비엔탈피(specific enthalpy)로 나타내며, 비엔탈피는 다음과 같이 정의된다.

$$H_m = U_m + PV_m \tag{2–7}$$

여기서 H_m: 비엔탈피(specific enthalpy)(J/kg)

U_m: 비내부에너지(specific internal energy)(J/kg)

V_m: 비부피(specific volume)(m^3/kg)

내부에너지 U는 물체를 구성하는 모든 분자, 원자, 준원자가 가진 에너지를 의미하므로 이 에너지를 직접 측정하기는 불가능하다. 그러나 등압이란 조건을 만족시키면 엔탈피 변화는 흡수한 열량과 같으므로 엔탈피 변화로 물리화학적 변화를 해석하기 쉽다. 따라서 엔탈피를 중요한 열역학적 성질로 사용한다.

3. 엔탈피수지식

그림 2-16에 나타낸 것과 같이 정상상태 흐름계에 대한 엔탈피수지를 생각해 보자.

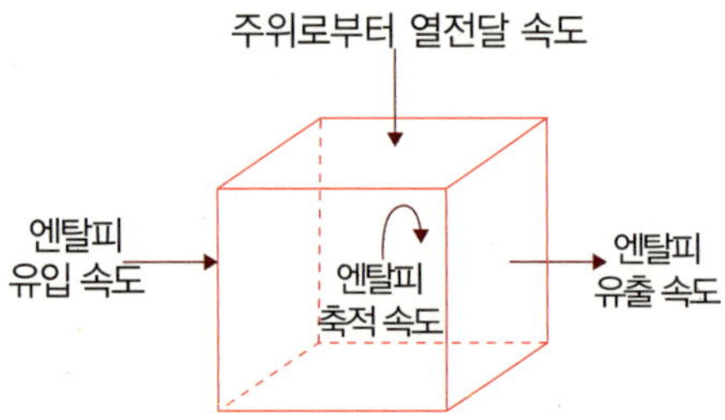

그림 2-16 정상상태 흐름계의 엔탈피수지

일반적으로 흐름계에 대한 수지를 다룰 때는 단위시간을 기준으로 나타내므로 총엔탈피의 출입 속도는 질량유량 m (kg/s)에 비엔탈피 H_m (J/kg)를 곱하여 나타낸다.

$$\underset{\text{(output stream)}}{m_2 H_{m2}} - \underset{\text{(input stream)}}{m_1 H_{m1}} = q \tag{2-8}$$

여기서 m_1H_{m1}는 엔탈피의 유입속도, m_2H_{m2}는 엔탈피의 유출속도, q는 주위로부터의 가열속도이다.

정상상태에서 $m_1 = m_2 = m$ (kg/s) 이므로,

$$q = m(H_{m2} - H_{m1}) = m\Delta H_m \tag{2-9}$$

여기서 q : 주위로부터의 열전달 속도 (J/s)

m : 질량유량(kg/s)

H_{m1}: 들어가는 유체의 비엔탈피(J/kg)

H_{m2}: 나오는 유체의 비엔탈피(J/kg)

열역학적 정의에 의하면 열은 온도차에 의하여 계를 출입하는 에너지이다. 우리는 일상생활에서 열과 온도를 종종 혼동하여 사용한다. 예를 들어, 어떤 사람이 열에 잘 견디지 못한다고 말한다면 이는 실제 높은 온도에 잘 견디지 못한다는 뜻이다. 앞에서 기술한 것과 같이 열은 이동상태의 에너지이므로 온도차에 의하여 에너지가 이동할 때만 인식할 수 있다.

이동하는 열의 양을 나타내는 열량은 전통적으로 일정한 상태의 물의 온도를 얼마나 올릴 수 있느냐로 정의한다. 즉, 물 1 g의 온도를 1 ℃ 올리는데 필요한 열의 양이 1 cal로 정의되며 CGS 단위계에서는 열량의 기본단위로서 calorie(cal)를 사용하고 있다. English 단위계에서는 열량의 기본단위로서 Btu(British thermal unit)를 사용하며, 1 Btu는 물 1 lb를 1 °F 올리는데 필요한 열량으로 정의된다. 한편 SI 단위계에서는 열량의 단위로서 에너지의 다른 형태인 일의 단위를 이용하는데, 어떤 물체에 작용된 힘(N)과 움직인 거리(m)의 곱 (N·m)으로 정의된 J을 사용한다.

$$1\ \text{cal} = 4.1868\ \text{J}$$
$$1\ \text{Btu} = 251.996\ \text{cal} = 1055.06\ \text{J}$$

[예제 2-7] 정압과정에서 엔탈피 변화

만약 계가 일정한 압력 P (N/m^2) 조건에서 ΔV (m^3) 만큼 팽창하였다면 계로부터 주위로 $P\Delta V$ (J) 만큼의 에너지가 팽창일(expansion work)의 형태로 이동한다. 폐쇄계(닫힌계)에서 다음의 4가지 조건을 만족시킬 때 에너지수지식은 $Q = \Delta H$로 단순화시킬 수 있음을 증명하라.

(a) 계는 일정한 압력 조건에서 팽창한다($\Delta P = 0$).
(b) 운동에너지(E_k) = 0
(c) 위치에너지(E_p) = 0
(d) 계에 가해지거나 계가 한 일은 팽창일 뿐이다.

[풀이]

폐쇄계(닫힌계)에 대한 에너지 수지식 (2-4)로부터 $E = U + E_k + E_p$

$$\Delta U + \Delta E_k + \Delta E_p = Q + W$$

이 식에 위의 4가지 조건을 적용하면 $E_k = 0$, $E_p = 0$, $W = -(\Delta PV + P\Delta V) = -P\Delta V$이므로

$$\Delta U = Q - P\Delta V$$

$$Q = \Delta U + P\Delta V$$

식(2–5)에 의해, $Q = \Delta H$

이 예제의 의미는 "일정한 압력에서의 엔탈피 변화는 그 물체가 흡수한 열량과 같다."는 개념의 이론적 근거로 매우 중요하므로 잘 이해하여 두자.

4. 엔탈피 변화

엔탈피 변화는 일반적으로 다음과 같은 경우에 생긴다.

(a) 온도 변화
(b) 상(phase)의 변화
(c) 혼합 및 용해
(d) 반응

대부분의 식품가공조작에서는 혼합열, 용해열 및 반응열이 존재하지 않거나 무시할 수 있으므로 여기서는 물리적 과정(온도와 상의 변화)에서의 엔탈피 변화만 다룬다.

(1) 가열/냉각 과정에서의 엔탈피 변화

물질을 가열하거나 냉각하면 온도가 변하거나 온도는 변하지 않고 상(phase)이 변한다. 상이 변하지 않는 상태에서 물질을 가열 또는 냉각하여 온도만 변화시켰을 때 전달된 열에너지를 느낌열(sensible heat)이라 한다. 물질의 상이 변하지 않는다는 의미는 물체가 고체, 액체 또는 기체 상태를 그대로 유지하면서 온도만 변하는 것을 뜻한다. 한편 온도는 변하지 않고 상변화가 일어나면서 흡수한 에너지를 숨은열(latent heat)이라 한다.

일반적으로 엔탈피 자료들은 단위질량당 엔탈피 즉, 비엔탈피(specific

enthalpy)로 나타내며, 비엔탈피는 다음과 같이 구한다.

$$H_m = c_p(T - T_{ref}) \tag{2-10}$$

여기서 H_m: 비엔탈피(J/kg)

c_p: 비열용량(J/kg·K)

T_{ref}: 기준온도(K)

엔탈피는 직접적으로 측정할 수 없으므로 어떤 기준상태(reference state)에 대한 변화량으로 구한다. 일반적으로 우리가 구하고자 하는 것은 엔탈피의 절대값이 아니라 엔탈피 변화(ΔH)이다. 그러므로 기준상태는 임의로 설정할 수 있다. 즉, 임의의 기준온도(T_{ref} K)에서 엔탈피를 0이라고 가정하고, 그 기준상태로부터 현재상태로의 엔탈피 변화를 현재온도(T K)에서의 엔탈피 값으로 생각한다. 예를 들어, 수증기표(steam table)에서 물의 엔탈피는 101.3 kPa, 273.16K(0.01℃)를 기준상태로 하여 이 때 물의 엔탈피를 0으로 가정한 것이다. 때때로 냉동조작에서는 −40℃에서 포화액체의 엔탈피를 0으로 생각하기도 한다.

회분공정에서 질량 M kg의 물체를 초기온도 T_1 K에서 최종온도 T_2 K까지 가열할 경우 가해주어야 하는 느낌열은 다음과 같이 계산한다.

$$\begin{aligned} Q = \Delta H &= M(H_{m2} - H_{m1}) \\ &= Mc_p(T_2 - T_{ref}) - Mc_p(T_1 - T_{ref}) \\ &= Mc_p(T_2 - T_1) \\ &= (\text{질량}) \times (\text{비열}) \times (\text{온도 변화}) \end{aligned} \tag{2-11}$$

여기서 M: 질량(kg)

c_p: 비열(J/kg·K)

T_1: 초기온도(K)

T_2: 최종온도(K)

그림 2-17에 나타낸 것과 같이 물체가 질량유량 m kg/s의 속도로 흐르는 연속공정에서의 느낌열도 동일한 방법으로 다음과 같이 구한다.

$$\begin{aligned} q &= (\text{질량}) \times (\text{비열}) \times (\text{온도 변화}) \\ &= mc_p(T_2 - T_1) \end{aligned} \tag{2-12}$$

여기서 m: 질량유량(kg/s)

$q = Q/t$ =열전달 속도(J/s 또는 W)

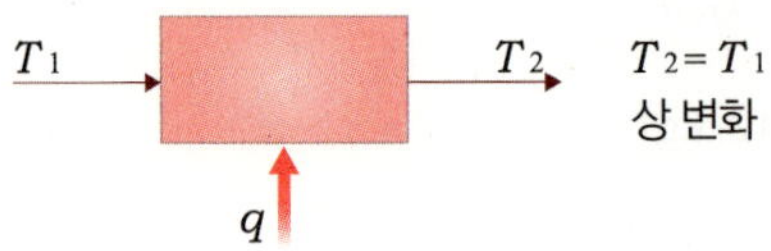

그림 2-17 연속 느낌열 가열 공정

어떤 일정량의 물질의 온도를 1 K 올리는데 필요한 열을 열용량(heat capacity)이라 한다. 열용량은 일정압력열용량 c_p (heat capacity at constant pressure)와 일정부피열용량 c_v (heat capacity at constant volume)로 구별된다. 압력을 일정하게 유지하면서 물질을 가열 또는 냉각할 때의 열용량을 일정압력열용량이라 하며, 부피를 일정하게 유지하면서 가열 또는 냉각할 때는 일정부피열용량이라 한다. 대부분의 식품가공공정에서는 압력이 변하지 않으므로 일정압력열용량을 사용한다.

열용량은 일반적으로 어떤 물질 단위질량(1 kg)의 온도를 1 K 올리는데 필요한 열량으로 나타내는데, 이를 비열용량(specific heat capacity) 또는 비열(specific heat)이라고도 한다. 비열용량의 SI표준단위는 J/kg·K이다. 또한 화합물의 경우 1 mol의 온도를 1 K 올리는데 필요한 열량, 즉 몰열용량(J/kg mol·K)으로 나타낸다. 단순히 열용량이라고 하면 정압비열용량을 가리키는 경우가 많다. 특히 비열의 분모에서 온도 단위는 온도 차이므로 온도의 단위로 K 대신에 ℃(ΔK=Δ℃)를 사용할 수 있다.

따라서 때때로 편의상 비열을 J/kg·℃의 단위로 나타내기도 한다. 이 단위 이외에도 비열은 cal/g·℃ 등 여러 가지 단위로 나타낸다. 예를 들어 25℃에서의 물의 비열은 다음과 같이 여러 가지 단위로 나타낼 수 있다.

$$1\frac{\text{kcal}}{\text{kg}\cdot{}^\circ\text{C}} = 1\frac{\text{cal}}{\text{g}\cdot{}^\circ\text{C}} = 1\frac{\text{Btu}}{\text{lb}\cdot{}^\circ\text{F}} = 4.18\frac{\text{kJ}}{\text{kg}\cdot\text{K}}$$

고체와 액체의 c_p와 c_v는 거의 차이가 없고 또한 비열은 상당히 넓은 온도 범위에서 거의 일정하므로 계산할 때 평균 비열을 사용한다. 한편 기체의 비열은 c_p와 c_v 사이에 차이가 있고, 온도에 따라 변하므로 온도의 함수로 나타낸다. 일반적으로 정압비열 c_p는 다음과 같은 식으로 나타낸다.

$$c_p = a + bT + cT^2 \tag{2-13}$$

여기서 T : 온도(K)

a, b, c : 상수

(2) 상변화 과정에서 엔탈피 변화

물질을 가열하거나 냉각시키면 상이 변하는데, 상변화(phase change)는 다음과 같이 3가지 형태로 나눌 수 있다

(a) 액체에서 기체(증발) 또는 기체에서 액체(응축)
(b) 고체에서 액체(녹음) 또는 액체에서 고체(냉동)
(c) 고체에서 기체(승화) 또는 기체에서 고체(고체응축)

한 가지 성분으로 구성된 순수한 물질의 상변화는 일정한 온도에서 일어나며 상이 변하는 동안 그 온도는 변하지 않는다. 이 때 상변화가 일어나는 온도는 그 형태에 따라 각각 끓는점(boiling point), 녹는점(melting point), 승화점(sublimation point) 등으로 표현한다. 이와 같이 일정한 온도에서 물질의 상이 변하면서 흡수(또는 방출)한 열을 잠열(latent heat) 또는 숨은열이라 한다. 상변화는 특정한 온도(끓는점, 녹는점, 승화점)에서 일어나며, 물질이 그 온도에 도달하지 않으면 일어나지 않는다.

예를 들어 1 atm에서 온도가 25 ℃인 물을 가열하면 물은 끓는점에 도달할 때까지 액체 상태를 유지하면서 그 온도가 상승한다(느낌열). 온도가 100 ℃(끓는점)에 도달하면 물은 비로소 끓기 시작하며 물이 모두 증발될 때까지 100 ℃를 그대로 유지한다. 이 때 가해준 열에너지는 물의 온도를 높이는데 사용되는 것이 아니라 물을 증발시키는데 사용된다.

순수한 물질의 상변화가 일어나는 온도는 압력에 따라 상당히 변한다는 것을 유념해 두자. 예를 들어, 101.35 kPa(1 atm)에서 순수한 물은 100 ℃에서 끓지만 외부 압력이 19.94 kPa일 때는 60 ℃에서 끓고, 270.1 kPa에서는 130 ℃에서 끓는다.

물질은 상이 변할 때 열을 흡수하거나 방출하므로 엔탈피 변화가 수반된다. 상변화에 따른 엔탈피 변화는 그 형태에 따라 표 2-3에서와 같이 여러 가지 이름으로 부른다. 이 경우 데이터는 일반적으로 상변화가 일어나는 물질의 단위질량당 엔탈피 변화인, 비엔탈피 변화 $\Delta H^{m}_{phase\ change}$ (kJ/kg)로 나타낸다. 가장 많이 사용되는 두 가지 정의는 다음과 같다.

(a) 녹는열(heat of fusion 또는 heat of melting) ΔH_m^m (kJ/kg): 특정 온도와 압력에서 고체가 액체(또는 액체가 고체)로 변할 때 엔탈피 차

(b) 증발열(heat of vaporization) ΔH_v^m (kJ/kg): 특정 온도와 압력에서 액체가 기체(또는 기체가 액체)로 변할 때 엔탈피 차

표 2-2 상변화에서 일반적으로 사용되는 용어

과정	상변화 온도에 대한 일반 명칭	엔탈피 변화
증발 (vaporization)	끓는점 (boiling point)	ΔH_v^m
응축 (condensation)		$-\Delta H_v^m$
녹음 (melting)	녹는점 (melting point)	ΔH_f^m or ΔH_m^m
냉동 (freezing)	어는점 (freezing point)	$-\Delta H_f^m$ or $-\Delta H_m^m$
승화 (sublimation)	승화점 (sublimation point)	ΔH_s^m
고체응축 (solid condensation)		$-\Delta H_s^m$

일반적으로 여러 가지 순수한 물질의 상변화에 따른 엔탈피 변화는 상당히 크다. 예를 들어 1 atm에서 0℃의 얼음은 333.71 kJ/kg의 열을 흡수하여 0℃의 물이 되며, 100℃의 물은 2257.06 kJ/kg의 열을 흡수하여 100℃의 수증기가 된다.

상변화에 의해 흡수 또는 방출한 열량은 숨은열 자료를 이용하여 간단히 구할 수 있다. 예를 들어 일정한 온도에서 M kg의 물질을 상변화 시키는데 필요한 열량을 다음과 같이 계산한다.

$$Q = M\Delta H_{phase\ change}^m \tag{2-14}$$

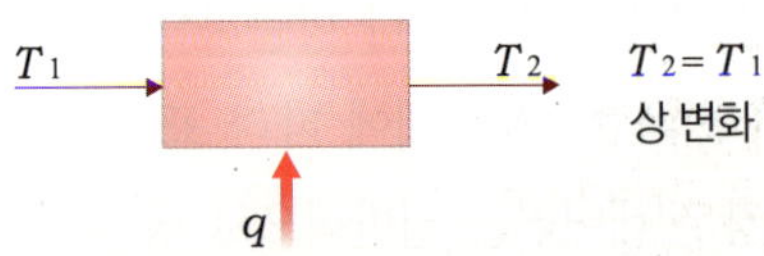

그림 2-18 상변화($T_1 = T_2$)

그림 2-18에 나타낸 것과 같이 정상상태 연속공정을 거치는 과정에서 단지 상변화만 일어나는 경우를 생각해 보자. 상변화는 일정한 온도에서 일어나므로 공정으로 들어오는 흐름의 온도(T_1)와 나가는 온도(T_2)는 같으며, 이 온도는 상변화가 일어나는 온도이다. 이 경우

$$H_2^m - H_1^m = \Delta H_{phase\ change}^m \tag{2-15}$$

$\Delta H_{phase\ change}^m$는 상변화가 일어나는 물질 단위질량에 대한 엔탈피 변화이므로 상변화가 일어나는 질량유량을 $m_{phase\ change}$ (kg/s)라 하면,

$$q = m_{phase\ change} \Delta H_{phase\ change}^m \tag{2-16}$$

여기서 $\Delta H_{phase\ change}^m$와 q의 관계에 대하여 주의하여야 한다. 예를 들어 물을 증발시킨다면 들어오는 물질은 끓는점의 온도를 가진 물이고 나가는 물질은 동일 온도의 수증기일 것이다. 이때의 $\Delta H_{phase\ change}^m = \Delta H_v^m$이며, q의 부호는 양(+)으로서 공정에 열을 공급하여야 한다. 반대로 수증기를 응축시킨다면 $\Delta H_{phase\ change}^m = -\Delta H_v^m$이며, q의 부호는 음(−)이다. 따라서 공정으로부터 열을 제거하여 주어야 한다.

식 (2-16)은 [예제 2-8]에 나타낸 것과 같이 어떤 유량으로 흐르는 물질의 상을 변화시키기 위하여 공급해주어야 하는 열량을 계산하는데 사용된다.

(3) 상변화를 수반하는 물리적 과정에서 총엔탈피 변화

느낌열과 숨은열을 동시에 포함하는 과정에서 총열량은 두 열량의 합으로 구할 수 있다. 예를 들어 1 atm, 25 ℃의 물을 100 ℃의 수증기로 변화시키는데 필요한 열량을 구해 보자. 느낌열은 물의 열용량과 온도 변화의 곱이므로 (4.201)(100−25) = 315.1 kJ/kg이다. 1 atm에서 물의 증발열은 2257.06 kJ/kg이므로 두 열량을 합하면 총열량은 2572.06 kJ/kg이다.

이와 같은 계산은 각 상태에서 엔탈피가 표로 주어져 있으면 매우 간단히 계산할 수 있다. 즉, 부록 수증기표에서 25 ℃에서 물의 엔탈피는 104.89 kJ/kg이고, 100 ℃ 수증기의 엔탈피는 2676.1 kJ/kg이므로 두 값의 차를 구하면 2571.21 kJ/kg이다.

5. 엔탈피수지의 계산

엔탈피수지의 계산방법은 앞에서 공부한 물질수지 계산법과 거의 동일하다. 다음에 엔탈피수지 계산 절차를 종합하였다.

① 문제를 블록선도로 나타낸다.

② 알고 있는 양(유량, 밀도, 온도 등)을 블록선도의 적절한 위치에 기록한다. 만약 알고 있는 양을 기호로 나타내고자 한다면 이 기호로 블록선도에 표시한다.

③ 중요한 미지의 양을 기호로 블록선도에 나타낸다.

④ 문제가 느낌열 가열/냉각인지 상변화가 있는지 또한 화학반응이 있는지 여부에 따라 적절한 엔탈피수지식을 세운다. 동시에 수지식의 계산에 필요한 자료(평균비열용량, 상변화에 따른 엔탈피 변화, 반응열 등)를 참고자료에서 찾아 기록해둔다.

⑤ 미지량 또는 물질과 관련된 정보를 얻기 위한 물질수지를 세운다.

⑥ 수지식을 풀어서 미지량을 구한다.

[예제 2-8] 증발열 계산

폐온수를 사용하여 보일러에서 수증기를 생산한다. 보일러에 들어가는 폐온수는 270.1 kPa, 130℃(270.1 kPa에서의 끓는점)이며, 보일러에서 동일 압력, 동일 온도의 포화수증기가 되어 배출된다. 270.1 kPa, 130℃에서 물의 증발열은 2174.2 kJ/kg이고, 폐온수의 유량이 2000 kg/h이면, 보일러에 얼마의 열을 공급하여야 하는가?

[풀이]

위의 문제를 그림으로 나타내면 그림 2-19와 같다.

그림 2-19 보일러에서의 에너지수지

$$q = m\Delta H_v^m = (2000\ \text{kg/h})(2174.2\ \text{kJ/kg}) = 4.35 \times 10^6\ \text{kJ/h}$$

[예제 2-9] 느낌열과 숨은열을 포함한 총열량의 계산

−20℃의 얼음 100 g을 1 atm에서 100℃의 수증기로 변화시켰을 때 엔탈피 변화를 계산하라.

[풀이]

i) 얼음의 가열(−20℃ → 0℃)

얼음의 비열 $c_{pi} = 2.03\ \text{kJ/kg·℃}$

$\Delta H_1 = Mc_{pi}\Delta T_1 = (0.1)(2.03)(0+20) = 4.06\ \text{kJ}$

ii) 얼음의 녹음(0℃)

얼음의 녹음열 $\Delta H_f = 335\ \text{kJ/kg}$

$\Delta H_2 = M\Delta H_f = (0.1)(335) = 33.5\ \text{kJ}$

iii) 물의 가열(0℃ → 100℃)

물의 비열 $c_{pw} = 4.220\ \text{kJ/kg·℃}$

$\Delta H_3 = Mc_{pw}\Delta T_2 = (0.1)(4.220)(100) = 42.2\ \text{kJ}$

iv) 물의 증발(100℃)

물의 증발열 $\Delta H_v = 2257\ \text{kJ/kg}$

$\Delta H_4 = M\Delta H_v = (0.1)(2257) = 225.7\ \text{kJ}$

총 엔탈피 변화는

$$\begin{aligned}\Delta H &= \Delta H_1 + \Delta H_2 + \Delta H_3 + \Delta H_4 \\ &= 4.06 + 33.5 + 42.2 + 225.7 = 335.4\ \text{kJ}\end{aligned}$$

[예제 2-10] 식물성 유지의 탈취공정

식물성 유지의 탈취공정에서 정제되지 않은 기름을 열교환기를 사용하여 예열(preheating)한다. 이때 가열매체는 공장 안의 폐수증기를 응축시킨 응축온수이다. 이 온수는 2000 kg/h의 유량으로 90℃에서 열교환기에 들어가 40℃로 나온다. 식물성 기름의 유량은 4500 kg/h이고 들어갈 때의 온도가 20℃라면 나올 때의 온도는 얼마인가? 기름의 비열은 0.5 kcal/kg·℃이고, 물의 비열은 1 kcal/kg·℃로 가정한다.

[풀이] 위의 예제를 그림으로 나타내면 그림 2-20과 같다.

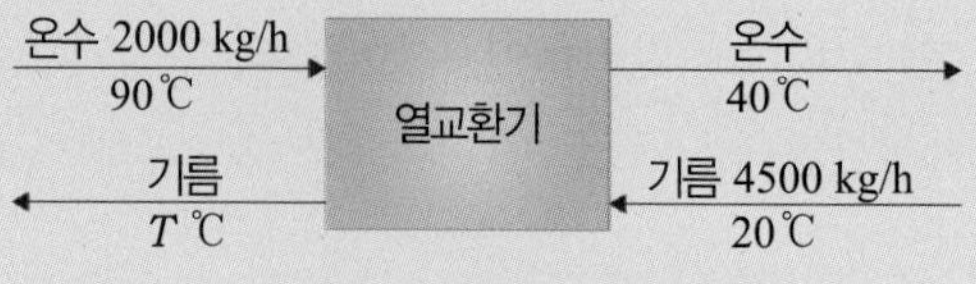

그림 2-20 열교환기에서의 에너지수지

연속공정으로 외부에서 공정에 공급되는 열량이 없으므로 $q=0$. 따라서,

(엔탈피 도입량) = (엔탈피 배출량)

계산 기준을 1시간으로 정하면,

(90°C 물의 엔탈피) + (20°C 기름의 엔탈피)
= (40°C 물의 엔탈피) + (T°C 기름의 엔탈피)

엔탈피의 기준온도를 0°C로 정하고 각 흐름의 엔탈피를 구하면 다음과 같다.

90°C 물의 엔탈피 $mc_p(T-T_{ref}) = 2000(1)(90-0)$
20°C 기름의 엔탈피 $4500(0.5)(20-0)$
40°C 물의 엔탈피 $2000(1)(40-0)$
T°C 기름의 엔탈피 $4500(0.5)(T-0)$

엔탈피수지

$$2000(1)(90-0)+4500(0.5)(20-0) = 2000(1)(40-0)+4500(0.5)(T-0)$$

$T = 64.44$°C

[예제 2-11] 건조기의 열효율

수분함량 55%의 습한 카제인(casein)은 60 kg/h의 유량으로 건조기에 들어가 수분함량 10%까지 건조된다. 이때 건조기에서 이용하는 천연가스(natural gas)는 4 m^3/h이고 천연가스의 열량은 800 kJ/mol이다. 증발열만을 고려하여 근사적인 건조기의 열효율을 구하라.

[풀이]

i) 습한 카제인 60 kg: 수분량 $60 \times 0.55 = 33$ kg/h

고형분 $60 - 33 = 27$ kg/h

10% 건조 카제인의 총무게: $27 \div 0.9 = 30$ kg/h

수분량 $= 30 - 27 = 3$ kg/h

수분 증발량 $= (33 - 3) = 30$ kg/h

물의 증발열을 2257.06 kJ/kg이라 하면,

증발열로 소비되는 열량 $30 \times 2257.06 = 6.77 \times 10^4$ kJ/h

ii) 천연가스 1 mol의 부피는 표준온도와 압력에서 22.4 L이므로 천연가스의 몰유량

$$\text{몰유량} = \frac{4 \times 1000}{22.4} = 178.57 \text{ mol/h}$$

천연가스의 연소로 건조기에 공급되는 열량

$$= 178.57 \times 800 = 14.29 \times 10^4 \text{ kJ/h}$$

i, ii에 의해, 건조기의 근사 열효율

$$= \frac{(\text{증발에 소비된 열량})}{(\text{공급된 열량})} = \frac{6.77 \times 10^4}{14.29 \times 10^4} \times 100 = 47\%$$

[예제 2-12] 수증기 취입에 의한 직접 가열

토마토 주스 제조 시 토마토를 분쇄한 다음 펙틴가수분해효소를 불활성화시키기 위하여 토마토 펄프에 직접 수증기를 취입하여 가열한다. 이때, 포화수증기가 응축되어 토마토 펄프는 약간 묽어진다. 만약 초기 고형분함량이 5.1%인 토마토 펄프를 21℃에서 88℃까지 가열하였다면 가열된 뜨거운 펄프의 고형분함량은 얼마인가?

이 공정은 대기압상태에서 하고, 펄프 중 고형분의 비열은 온도에 따라 크게 변하지 않아 공정 중 0.5 kcal/kg·℃을 유지한다.

[풀이]

토마토 펄프 100 kg을 기준으로 선택하고 공정을 나타내면 그림 2–21과 같다.

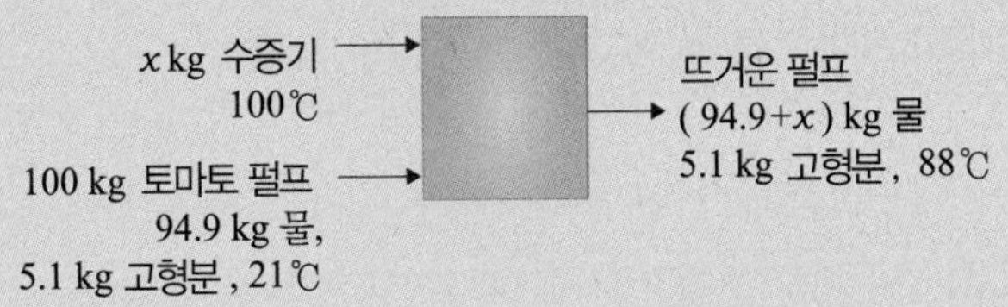

그림 2–21 식품에 직접 수증기를 취입하여 가열하는 공정

기준온도 $T_o = 0°C$로 잡으면 각 흐름의 비엔탈피는 다음과 같이 계산된다.

토마토 펄프:

21°C의 물(94.9 kg), $H_m = 88.14$ kJ/kg $= 21.05$ kcal/kg

(1 cal = 4.1868 J)

21°C의 고형분(5.1 kg), $H_m = C_p(T - T_0) = 0.5(21 - 0) = 10.5$ kcal/kg

수증기:

100°C 1기압의 포화수증기(x kg),

$H_m = 2676.1$ kJ/kg $= 639.2$ kcal/kg

뜨거운 펄프:

88°C의 물[(94.9 + x) kg], $H_m = 368.5$ kJ/kg $= 88.02$ kcal/kg

88°C의 고형분(5.1 kg), $H_m = C_p(T - T_0) = 0.5(88 - 0) = 44$ kcal/kg

엔탈피수지:

$$21.05(94.9) + 10.5(5.1) + 639.2x = 88.02(94.9 + x) + 44(5.1)$$

가열기에서 응축되는 수증기량 $x = 11.84$ kg

뜨거운 펄프 중의 총수분 $94.9 + 11.84 = 106.74$ kg

뜨거운 펄프 중 고형분함량 $\dfrac{5.1}{106.74 + 5.1} \times 100\% = 4.6\%$

6. 식품의 비열용량

표 2-3에 여러 가지 식품의 평균비열 c_{pm}을 나타내었다. 식품의 비열은 금속에 비하여 매우 높고, 지방의 비열은 물의 비열의 약 1/2이다. 또한 건조곡류와 분말식품의 비열은 고수분식품에 비하여 상당히 작다.

각 구성성분의 비열(표 2-4)로부터 식품의 비열을 추정할 수 있다. 예를 들어 과일, 채소 등과 같이 지방이 거의 없는 식품의 비열은 수분함량에 따라 크게 영향을 받기 때문에 평균비열은 다음 식으로 추정할 수 있다.

$$c_{pm} = 3349\ W + 837.36\ (\mathrm{J/kg \cdot K}) \tag{2-17}$$

여기서 W: 수분의 질량분율

지방을 함유한 식품의 비열은 지방의 질량분율 F, 비지방 고체의 질량분율 SNF, 수분의 질량분률 W로부터 다음 식으로 구한다.

$$c_{pm} = 1674.72\ F + 837.36\ SNF + 4186\ W\ (\mathrm{J/kg \cdot K}) \tag{2-18}$$

표 2-3 식품의 비열

식품		수분함량 (%)	비열 c_{pm} (kJ/kg·K)
유제품	버터	14	2.05
	우유	88	3.85
신선육, 어육 및 달걀	대구	80	3.52
	닭고기	74	3.31
	달걀흰자	87	3.85
	달걀노른자	48	2.81
	돼지고기	60	2.85
신선한 과일, 채소, 주스	사과	75	3.37
	사과주스	88	3.85
	사과소스	–	3.73
	신선한 콩	90	3.94
	양배추	91	3.89
	당근	88	3.89

(계속)

신선한 과일, 채소, 주스	오이	97	4.10
	망고	93	3.77
	오렌지주스	87	3.89
	자두	77	3.50
	시금치	87	3.80
	딸기	97	3.81
기타	식빵	44	2.72
	통밀빵	49	2.85
	밀가루	13	1.80
	밀	10	1.46 ~ 1.80
	대두	9	1.85
	감자	75	3.52
	옥수수기름	−	2.43

표 2-4 식품성분의 비열

성분	비열 c_{pm} (kJ/kg·K)
물	4.18
얼음	2.04
탄수화물	1.22 ~ 1.4
단백질	1.6 ~ 1.9
지방	1.7 ~ 1.9
회분	0.8

[예제 2-13] 주스의 비열

고형분 함량이 45%인 농축 오렌지주스의 비열을 구하라.

[풀이]

수분의 질량분율은 0.55이므로 식 (2-17)에 의하여,

$$c_{pm} = 3349(0.55) + 837.36 = 2679.31 \text{ J/kg·K}$$

[예제 2-14] 쇠고기의 비열

단백질 15%, 지방 20%, 수분 65%를 함유한 구운 쇠고기의 비열을 구하라.

[풀이]

식 (2-18)에 의하여,

$$
\begin{aligned}
c_{pm} &= 1674.72(0.2) + 837.36(0.15) + 4186(0.65) \\
&= 3181.4 \text{ J/kg}\cdot\text{K}
\end{aligned}
$$

7. 수증기표

물질은 고체, 액체, 기체의 3가지 상(phase)으로 존재한다. 예를 들어 물은 고체(얼음), 액체 또는 기체(수증기) 상태로 존재할 수 있다(그림 2-22). 식품가공공정에서는 여러 가지 상변화가 일어나는 경우가 많으므로 상변화 현상을 잘 이해하여야 한다.

상태도(phase diagram)란 온도와 압력에 따라 물질이 어떤 상태인가를 나타내는 도표(diagram)이다. 그림 2-23에 물의 상태도를 나타내었다. 이를 통해 물의 온도와 압력을 알면 물이 어떤 상태인가를 알 수 있다. 즉, 상태도에서 온도와 압력이 짝을 이루는 어떤 점은 곧 그 조건에서 물의 상태를 나타낸다. 그림에서 선 TV는 증발곡선으로 이 곡선은 액체인 물과 기체인 수증기가 평형을 이루는 온도-압력 조건을 나타낸다.

따라서 물의 끓는점이 압력에 따라 어떻게 변하는가를 알 수 있다. 곡선 상의 액체인 물은 포화액체(saturated liquid)이고 이와 평형을 이루고 있는 기체는 포화증기(saturated vapor) 즉, 포화수증기(saturated steam)이다. 선 TV의 좌편은 물이고 오른쪽은 과열수증기(superheated steam)이다.

또한 선 TS는 냉동곡선으로 물과 얼음이 평형을 이루는 조건이다. 물은 특정 조건에서 얼음-물-수증기가 평형을 이루어 공존할 수 있는데 이 점을 삼중점(triple point)이라 한다.

점 T가 3중점으로 이때의 압력은 4.58 mmHg, 온도는 0.01℃이다. 선 TU는 얼음과 수증기가 평형을 이루는 조건이다. 만약 압력을 4.58 mmHg 이하로 유지하면서 열을 가해 주면 얼음은 승화한다. 이것이 냉동건조의 원리이다.

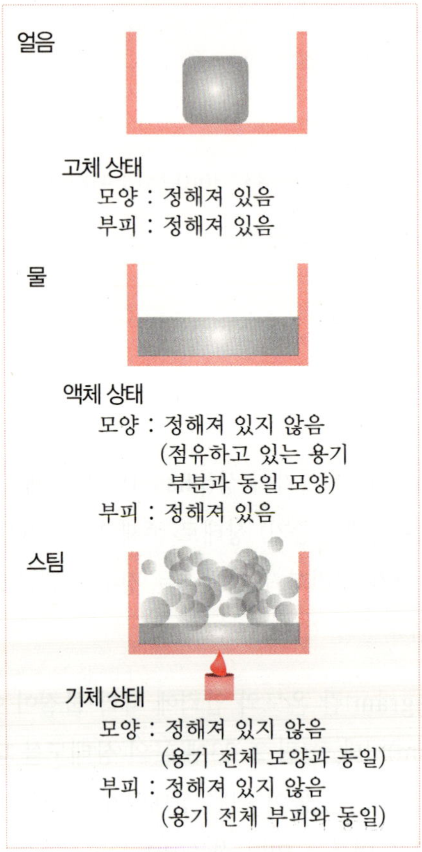

그림 2-22 물의 3가지 상태

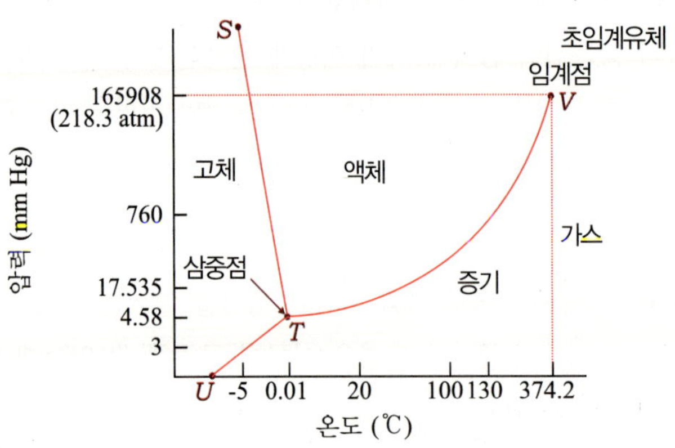

그림 2-23 물의 상태도

온도에 따른 물의 상변화를 보다 더 자세히 이해하기 위하여 −40℃의 얼음을 1 atm에서 일정한 속도로 가열할 때 시간에 따른 온도와 엔탈피 변화를 살펴보자.

그림 2-24에서 −40℃ 얼음은 점 *A*로 표시된다. 가열하면 얼음의 온도와 엔탈피가 점점 증가하여 점 *B*에 도달한다. 점 *B*는 0℃로서 얼음의 녹는점(melting point)이다. 점 *B*에서부터 얼음은 녹기 시작하며 공급되는 열은 얼음이 녹는데 필요한 숨은열(녹은열)로 소비되므로 모든 얼음이 녹을 때까지 온도는 0℃를 유지하면서 엔탈피는 증가하여 점 *C*에서 완전히 녹아 전부 0℃의 물이 된다. 직선 *BC* 사이는 얼음과 물이 공존한다.

얼음이 다 녹은 후 점 *C*에서 물의 온도는 다시 상승하면서 엔탈피도 증가하여 점 *D*에 도달한다. 점 *D*는 물의 끓는점(boiling point)으로 100℃이다. 점 *D*에서부터 물은 끓기 시작하며 공급되는 열은 물이 증발하는데 필요한 숨은열(증발열)로 소비되므로 모든 물이 증발할 때까지 온도는 100℃를 유지하면서 엔탈피는 증가하여 점 *E*에 도달한다. 점 *D*는 포화액체(saturated liquid)를 나타내고, 점 *E*은 포화증기(saturated vapor)를 의미한다. 직선 *DE* 사이는 물과 수증기가 공존한다.

포화수증기(점 *E*)를 계속 가열하면 직선 *EF*를 따라 온도가 증가한다. 포화온도 이상으로 가열된 증기를 과열증기(superheated vapor)라 하며, 포화온도와 과열증기의 온도차를 과열도(degree of superheat)라 한다. 과열증기는 과열도를 잃어버리고 포화온도에 도달하여야만 응축되므로 과열증기는 마치 기체처럼 행동한다.

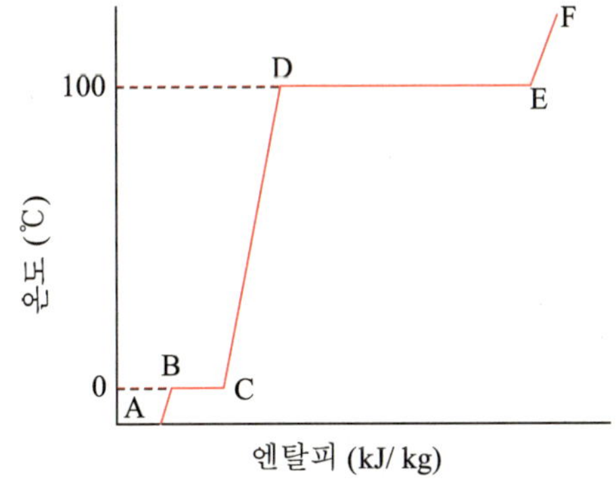

그림 2-24　물의 가열곡선(대기압에서 얼음으로부터 과열수증기로의 변환)

여기서 비열에 대한 일반적인 고찰을 해보자. 각 물체는 각기 다른 고유의 비열을 가지고 있다. 특히 액체 상태의 물의 비열은 25℃에서 4.18 kJ/kg·℃ (1 cal/g·℃)로서 다른 액체들에 비하여 상당히 높다. 이것이 물을 냉각매체 또는 가열매체로 사용하는 이유이다. 즉, 물의 비열이 높다는 것은 물의 온도가 1℃ 올라가기 위해서는 많은 열을 흡수해야 한다는 의미이므로 식품가공공정에서는 찬물을 냉각매체(cooling medium)를 이용하는 것이 효율적이다.

반대로 열수는 온도가 1℃ 저하되면서 다른 액체에 비하여 많은 열을 방출하므로 열수를 가열매체(heating medium)로 널리 이용한다. 또한 물의 비열은 다른 식품 성분에 비하여 훨씬 높기 때문에 수분함량과 물의 물리적 상태는 식품의 비열에 큰 영향을 미친다. 예를 들어 고수분 냉동식품의 비열은 신선한 동일 식품의 비열보다 약 절반 정도 작다. 또한 증발, 건조 등의 공정 중에 수분이 증발하므로 식품의 비열은 감소한다.

이러한 수증기의 열역학적 성질을 사용하기 편리하도록 정리해 놓은 것이 수증기표(steam table)이다. 부록에 0.01℃(삼중점)에서 300℃까지 물과 포화수증기의 성질을 나타내었다. 다음에 설명하는 값을 수증기표로부터 구할 수 있다. 표에 나와 있지 않은 온도 사이의 값은 보간법(interpolation)으로 구한다. 첫 번째 세로 칸은 온도이므로 두 번째 세로 칸부터 설명한다.

세로 칸 2: 주어진 온도에서 물의 포화증기압(kPa)을 나타낸다. 세로 칸 2의 주어진 증기압 데이터로부터 세로 칸 1에서 증기압에 대응하는 끓는점을 찾을 수도 있다.

세로 칸 3과 4: 주어진 온도에서 물과 포화수증기의 비부피 V(m^3/kg)를 각각 나타낸다. 이들 값의 역수는 각각 물과 포화수증기의 밀도(kg/m^3)이다.

세로 칸 5와 6: 주어진 온도에서 물과 포화수증기의 비엔탈피 H_m (kJ/kg)를 각각 나타낸다. 두 엔탈피의 차(세로 칸 6－세로 칸 5)는 증발열(heat of vaporization)이다. 비엔탈피 값의 기준은 0.01℃에서의 물이다(세로 칸 5의 0.01℃에서 물의 엔탈피는 0.00이다).

포화상태가 아닌 임의의 압력에서의 수증기의 성질을 나타낸다. 세로 칸 1의 압력 아래 괄호 안의 값은 그 압력에 대응하는 포화온도(끓는점)이다. 따라서 과열증기의 특정 압력에서 포화온도(과열수증기의 이슬점)는 좌측 세로 칸 1의 압력 아래 괄호 값에서 구한다. [부록]에 과열 수증기표 참조.

[예제 2–15] 물의 상변화와 엔탈피 변화

온도가 −10℃인 얼음 5 kg을 100℃의 포화수증기로 만들어 배출하려고 한다. 이 과정에서 엔탈피 변화를 구하라. 단, 얼음의 비열은 2.09 kJ/kg·℃, 물의 비열은 4.182 kJ/kg·℃, 0℃에서 얼음의 녹음열은 333.7 kJ/kg, 100℃에서 물의 증발열은 2257.06 kJ/kg이다.

[풀이]

그림 2–24의 각 단계에서 엔탈피 변화를 계산한다.

i) AB 단계: 얼음의 가열(−10℃ → 0℃)

$$\Delta H_{AB} = Mc_{pi}(T_1 - T_f)$$
$$= (5\ \text{kg})(2.09\ \text{kJ/kg}\cdot{}^\circ\text{C})(0+10) = 104.5\ \text{kJ}$$

ii) BC단계: 0℃에서 얼음의 녹음

$$\Delta H_{BC} = MH_m = (5\ \text{kg})(333.7\ \text{kJ/kg}) = 1668.5\ \text{kJ}$$

iii) CD 단계: 물의 가열(0℃ → 100℃)

$$\Delta H_{CD} = Mc_{pw}(T_2 - T_1)$$
$$= (5\ \text{kg})(4.182\ \text{kJ/kg}\cdot{}^\circ\text{C})(100-0) = 2091\ \text{kJ}$$

iv) DE단계: 100℃에서 물의 증발

$$\Delta H_{DE} = MH_v$$
$$= (5\ \text{kg})(2257.06\ \text{kJ/kg}) = 11285.3\ \text{kJ}$$

따라서 총 엔탈피 변화 ΔH는

$$\Delta H = \Delta H_{AB} + \Delta H_{BC} + \Delta H_{CD} + \Delta H_{DE}$$
$$= 104.5 + 1668.5 + 2091 + 11285.3 = 15149.3\ \text{kJ}$$

위의 계산에서 각 단계에서 엔탈피 변화를 보면 물을 증발시키는데 총 엔탈피의 75%가 소요되었다.

[예제 2-16] 수증기표의 사용

다음과 같은 각 경우에 엔탈피 변화 즉, 가열해 주어야 하는 열량을 구하라.

(1) 물 1 kg을 압력 101.325 kPa(1 atm)에서 21℃에서 60℃까지 가열
(2) 물 1 kg을 21℃에서 115℃로 가열한 다음 169.06 kPa에서 증발
(3) 온도 115℃, 압력 169.06 kPa에서 물 1 kg을 증발

[풀이]

(1) 수증기표에서 물의 엔탈피 변화를 구하면

$$H_m(21℃) = 88.14\ \text{kJ/kg}$$
$$H_m(60℃) = 251.13\ \text{kJ/kg}$$
$$\Delta H = 251.13 - 88.14 = 162.99\ \text{kJ/kg}$$

(2) 115℃에서 포화증기압은 169.06 kPa이며, 이때 포화증기의 엔탈피는 2699.0 kJ/kg이다.

$$\Delta H = 2699.0 - 88.14 = 2610.86\ \text{kJ/kg}$$

(3) 115℃에서 포화액체의 엔탈피는 482.48 kJ/kg 이므로 포화증기의 엔탈피 차 즉, 증발열은

$$\Delta H = 2699.0 - 482.48 = 2216.52\ \text{kJ/kg}$$

[예제 2-17] 수증기표

(1) 온도 125℃인 포화수증기의 증기압, 비엔탈피, 증발열을 구하라.
(2) 온도 122℃인 포화수증기의 증기압, 비엔탈피를 구하라.
(3) 증기압 120.82 kPa인 포화수증기의 포화온도와 비엔탈피를 구하라.
(4) 250 ℃, 75 kPa인 과열수증기의 비부피, 비엔탈피와 포화온도를 구하라.

[풀이]

부록의 수증기표에서

(1) 세로 칸 1의 온도 125℃에서 우측으로 세로 칸 2를 읽으면 증기압 232.1 kPa, 세로 칸 6에서 증기의 비엔탈피 값을 읽으면 2713.5 kJ/kg, 증발열 $\Delta H_v = (2713.5 - 524.99) = 2188.51$ kJ/kg.

(2) 온도 122℃는 표에 없는 점이므로 120℃와 125℃의 두 점의 값으로부터 내삽법으로 구한다. 점 $1(x_1, y_1)$과 점 $2(x_2, y_2)$ 사이의 임의의 점(x, y)의 값은 식 (2-19)에 의하여

$$y = y_1 + \frac{x - x_1}{x_2 - x_1}(y_2 - y_1) \tag{2-19}$$

먼저 점 1 (120℃, 198.53 kPa)과 점 2 (125℃, 232.1 kPa)의 데이터를 수증기표에서 읽어서 이를 윗식에 대입한다. $x = 122$ ℃이므로

$$y = 198.53 + \frac{122 - 120}{125 - 120}(232.1 - 198.53) = 211.96 \text{ kPa}$$

동일 방법으로 122 ℃에서 비엔탈피는 점 1 (120 ℃, 2706.3 kJ/kg)과 점 2 (125 ℃, 2713.5 kJ/kg)의 데이터로부터,

$$y = 2706.3 + \frac{122 - 120}{125 - 120}(2713.5 - 2706.3) = 2709.2 \text{ kJ/kg}$$

(3) 세로 칸 2에서 증기압 120.82 kPa에 대응하는 포화온도를 세로 칸 1에서 읽으면 105℃이며, 세로 칸 6에서 비엔탈피는 2683.8 kJ/kg이다.

(4) [부록]의 과열수증기표에 세로 칸 1의 75 kPa 수평선과 상부 250 ℃ 수직선과 만나는 점에서 엔탈피 값과 비부피를 읽으면, 각각 2975.2 kJ/kg, 3.211 m^3/kg이다. 또한 이 조건의 과열증기의 포화온도는 75 kPa 아래의 괄호 값 91.78 ℃이다.

[연습 문제]

1. 설탕수용액의 농도를 10%에서 25%로 올리기 위하여 200 kg의 용액에 첨가해야하는 무수설탕의 양을 구하라.

2. 60% 설탕시럽 1000 kg/h를 생산하려고 한다. 증발기에 공급되어야 하는 15% 설탕시럽의 양을 구하라.

3. 14% 오렌지주스를 생산하려고 한다. 70%농축 오렌지주스 100 kg에 가해야하는 물의 양을 구하라.

4. 포도당과 물의 비율이 1.70이 되면 꿀의 결정화가 일어나지 않는다. 아래 두 개의 서로 함량이 다른 꿀을 이용하여 포도당-물 비율이 1.70이 되도록 하는 H_1과 H_2의 비율을 구하라.
   (a) 꿀 H_1: 포도당 37%, 과당 31%, 자당 5%, 물 17%
   (b) 꿀 H_2: 포도당 27%, 과당 34%, 자당 8%, 물 21%

5. 36% 포도당시럽을 만들기 위하여 100 kg의 50% 포도당시럽에 첨가해야 하는 18% 포도당 시럽의 양을 구하라.

6. 60ºC에서 100 kg 자당으로부터 만들어질 수 있는 포화수용액의 양과 수용액이 60ºC에서 15ºC로 냉각될 경우 결정화되는 자당의 양을 구하라. 자당의 용해도는 다음과 같이 온도(ºC)의 함수로 주어진다:
   $\%\text{자당} = 63.2 + 0.146T + 0.0006T^2$

7. 지방 4.5%를 함유한 우유를 생산하려고 한다. 이 때 사용되는 지방 5.0%와 0.9%를 함유하는 두 종류의 우유의 혼합비율을 구하라.

8. 증발기를 이용하여 사탕수수용액을 농축하려고 한다. 당 42%를 함유하고 있는 용액을 1000 kg/d로 공급하여 증발시키고 84%의 용액을 생산한다. 생산된 용액의 무게와 제거된 물의 양을 계산하라.

9. 수분 14%를 함유한 1000 kg의 젖은 목재묶음을 건조시켜 완전건조목재 100 kg 당 6.18 kg의 수분을 함유하도록 한다. 건조목재의 무게와 제거된 물의 양을 구하라.

10. 수분 72%를 함유하고 있는 제지용 습윤펄프 건조공정에서 초기수분의 45%가 제거되었다. 건조펄프의 조성과 원료로 습윤펄프 10000 kg/min을 사용하였을 때의 최종제품의 무게를 계산하라.

11. 타피오카 전분은 빵이나 유사한 제품을 만들기 위해 여러 나라에서 사용된다. 이 전분은 수분 78%를 함유한 카사바 뿌리의 거친 과립을 수분 4%를 함유하도록 건조시킨 후 갈아서 만든다. 1000 kg/h의 전분을 생산하기 위하여 건조되어야 하는 과립의 양과 제거되어야 하는 수분의 양을 구하라.

12. 건조기에 18%의 수분을 함유한 식품원료와 0.04 kg water/kg dry air의 습도를 가진 뜨거운 공기를 투입하여 5% 수분을 가진 건조식품을 생산하고자 한다. 건조기로 공급되는 원료식품의 투입속도는 1000 kg/h이고, 건조기로부터 배출되는 공기의 습도는 0.4 kg water/kg dry air이다. 건조식품의 생산속도(kg/h)와 건조 공정에서 이용된 수분을 제외한 순수한 공기의 양(kg dry air)을 계산하라.

13. 수용성 고형분함량 18%의 원료주스를 다중효용증발기에서 68%까지 농축하였다. 최종제품의 질을 높이기 위하여, 이 농축주스에 원료주스를 첨가하여 44%의 최종제품을 만들려고 한다. 시간당 다중효용증발기로부터 증발되어야 하는 물의 양, 시간당 첨가되어야 하는 원료주스의 양과 최종제품의 생산량을 구하라. 공급되는 원료의 유량은 1000 kg/h이고 정상상태를 가정한다.

14. 지방 4.4%와 무지방고형분(Fat-free solid, FFS) 7.2%를 함유하는 우유를 이용하여 농축우유를 생산하려고 한다. 원심분리기에서 크림을 분리한 뒤 증발기에서 탈지우유를 농축한다. 원심분리기에서 생산된 크림이 물 56%, 지방 38%, FFS 6%를 함유한다고 할 때, 지방 8.3%와 FFS 18.8%를 함유한 농축 우유 440 g을 만들기 위하여 필요한 우유의 양을 계산하여라. 또한 원심 분리기와 증발기에서 각각 제거되어야 하는 크림과 물의 양을 구하라. 이 때 정상상태를 가정한다.

15. 마멀레이드의 생산을 위하여 과일, 펙틴, 설탕을 혼합하고 이 혼합물의 총고형분 함량이 65%가 될 때까지 가열한다. 10000 kg의 마멀레

이드 생산을 위해 필요한 과일, 설탕, 펙틴의 양을 각각 구하라. 단, 과일의 총고형분 함량은 10%이고, 설탕과 과일의 비율은 55:45, 설탕과 펙틴의 비율은 50:1이다.

16. 어류는 어묵으로 가공되어 단백질 보충식품으로 쓰인다. 가공공정에서 먼저 오일을 추출하여 수분 70%와 완전 건조어묵 30%를 함유한 습윤어묵을 제조한다. 이 습윤어묵을 원료로 회전드럼식 건조기에서 건조시켜 수분 35%를 함유한 건조어묵 덩어리를 생산한다. 마지막으로 제품을 잘게 갈아서 포장한다. 10000 kg/h의 건조어묵을 생산하기 위하여 필요한 습윤어묵 원료의 양을 계산하라.

17. 잼을 생산하기 위한 가공공정에서 수용성 고형분 18%를 함유한 으깬 과일이 설탕 및 펙틴과 함께 혼합기에서 섞이며, 으깬 과일 1 kg당 설탕과 펙틴은 각각 1.62, 0.005 kg을 혼합한다. 그 결과로 생긴 혼합물은 증발기에서 증발되고 수용성 고형분 78%를 함유한 잼이 생산된다. 1000 kg의 으깬 과일을 원료로 할 때, 혼합기를 통해 생산되는 혼합물의 양과 수분증발량, 잼의 생산량을 구하라.

18. 물의 일부를 얼려 농축맥주를 생산하려고 한다. 이 공정은 그림 2-25와 같이 주어진다. 주어진 데이터로부터 각 흐름에서 각 성분의 물을 포함한 전체 양을 구하라.

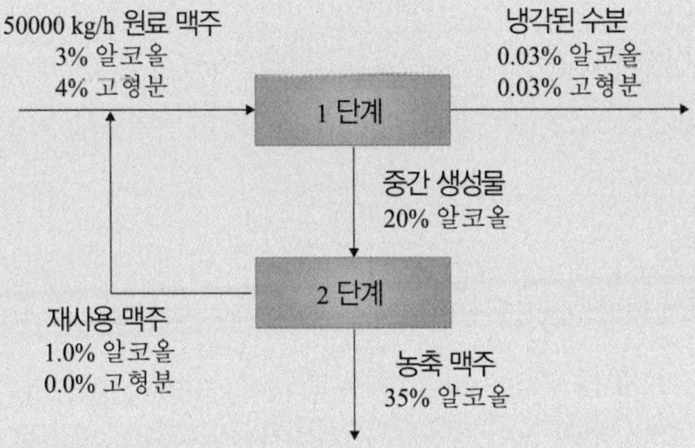

그림 2-25 농축 맥주의 가공공정

19. 고형분함량 8%의 과일주스 1000 kg/h를 44%로 냉동농축하려고 한다. 희석주스는 얼음결정이 생성되는 냉동기로 공급되며, 이후 슬러

시는 원심분리기에서 얼음결정과 농축주스로 나뉜다. 또한 1000 kg/h의 액체가 원심분리기에서 냉동기로 이동하여 재사용된다. 원심분리기에서 제거되는 얼음의 양과 생산되는 농축주스의 양을 계산하여라. 이 때 정상상태를 가정한다.

20. Na_3PO_4 4.4%와 소량의 불순물을 함유한 원료용액으로부터 1000 kg/h의 $Na_3PO_4 \cdot 12H_2O$ 결정을 생산하려고 한다. 원료용액은 먼저 증발기를 통해 38% Na_3PO_4 용액으로 농축된 뒤 결정기를 통해 293 K로 냉각되고 함수결정과 모액이 제거된다. 모액 10 kg당 1 kg씩 불순물을 제거하기 위해 버리며 잔류모액은 증발기로 재사용된다. 293 K에서 Na_3PO_4의 용해도는 9.91%이다. 원료용액의 kg/h와 증발된 수분의 kg/h를 계산하라.

21. 올리브오일을 생산하기 위하여 그림 2-26처럼 올리브를 세척, 분쇄, 반죽하여 오일, 물, 고형분으로 분리한다. 다음 (a)~(d)의 조건 하에서 방출되는 흐름의 유량을 구하라.
    (a) 올리브의 성분은 오일 18%, 물 37.5%, 고형분 44.5%이다.
    (b) 원심분리기에서 방출된 유량의 60%는 고형분, 40%는 물이다.
    (c) 오일의 70%가 첫번째 디스크 원심분리기에서 방출된다.
    (d) 원심분리기에 첨가된 올리브는 첨가된 물의 2배이다.

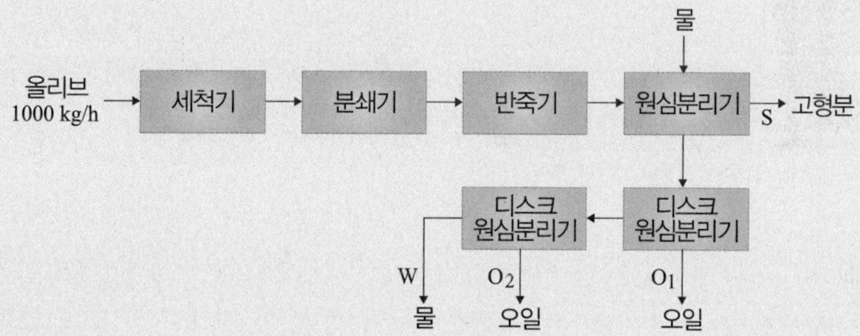

그림 2-26 올리브 오일 생산공정

22. 압력 120.82 kPa에서 1000 g/h의 주스를 55°C에서 85°C로 가열하기 위해 필요한 포화수증기의 양을 구하라. 주스의 비열은 4 kJ/kg·°C로 가정한다.

23. 압력 120.82 kPa에서 90°C, 1000 kg/h의 주스를 14%에서 38%로 농축하기 위하여 필요한 포화수증기의 양을 구하라. 주스의 비열은 4 kJ/kg·°C로 가정한다.

24. 압력 313.0 kPa에서 1000 kg의 통조림을 60°C에서 122°C로 가열하기 위하여 필요한 포화수증기의 양을 구하라. 캔의 비열은 3.5 kJ/kg·°C이다.

25. −5°C에서 40 g의 얼음조각을 30°C, 500 mL의 물이 담겨 있는 컵에 넣으려고 한다. 얼음이 완전히 녹았을 때 물의 최종온도를 구하라. 얼음이 녹는 동안 3 kJ의 열이 컵에서 물로 전달된다고 가정하며, 얼음 결정체의 녹음열은 333.71 kJ/kg, 얼음의 비열은 1.93 kJ/kg·°C, 물의 비열은 4.18 kJ/kg·°C로 계산한다.

26. 열교환기에 122000 kJ을 가하여 15°C의 사과소스 혼합물 500 kg을 가열하려고 한다. 이 때, 사과소스의 배출 온도를 구하라. 32.8°C에서 사과소스의 비열은 4.02 kJ/kg·°C이며 이를 평균비열로 사용하고 정상상태를 가정한다.

27. 우유의 가공공정에서 4600 kg/h의 우유를 냉매를 이용하여 44°C에서 3.8°C로 냉각한다. 이 때, 우유로부터 빠져나간 열의 양을 계산하라.

28. 110°F에서 2000 lb_m/h의 유류계탄화수소가 열교환기로 들어가서 열풍에 의해 170°F로 가열된다. 열풍은 330°F로 열교환기로 들어가 212°F로 빠져나간다. 필요한 총 lb mol air/h 값을 구하라. 유류계탄화수소의 평균비열은 0.45 Btu/lb_m·°F이다.

29. 33°C의 공기가 건조기에 들어가 증기히터에서 67°C로 예열된다. 153°C의 포화수증기는 히터로 들어가 응축 및 냉각되어 137°C의 액체상태로 빠져나온다. 유량이 1000 kg mol/h일 때, 사용된 증기의 양을 구하여 kg/h 단위로 나타내라.

30. 500 kg/h의 속도로 우유가 열교환기를 통해 50°C에서 68°C로 가열되며 물이 열전달매체로 사용된다. 물은 열교환기에 85°C로 들어가서 65°C로 나온다.

외부로의 열손실이 1 kW일 때, 열전달매체의 유량을 구하라. 물의 비열은 4.2 kJ/kg·°C이고 우유의 비열은 3.9 kJ/kg·°C이라고 가정한다.

31. 카페에서 핫초코를 빠르게 준비하기 위하여, 코코아 파우더와 설탕을 물이 담긴 컵에 넣고 직접 수증기를 취입하여 가열한다. 모든 원료의 초기온도가 18°C이고 최종온도는 90°C이며 용액의 초기질량이 150 g이고 용액의 비열이 3.8 kJ/kg·°C일 때, 사용되는 115°C의 수증기의 양을 구하라. 또한 필요한 가정을 모두 서술하라.

32. 한 액체식품의 초기온도와 고형분 농도가 각각 21°C와 35%이고 최종 고형분 농도가 28%보다 작지 않다고 할 때, 직접 수증기를 취입하여 예열할 수 있는 최대온도를 구하라. 또한 압력 120.8 kPa에서 사용되는 포화수증기의 양을 구하라. 초기식품의 비열은 3.0 kJ/kg·°C이고 최종식품의 비열은 3.1 kJ/kg·°C이라고 가정한다.

33. 완두콩 수프 캔 300개를 살균하고자 한다. 캔은 100°C까지 가열된 후, 살균기를 나오기 전에 45°C로 냉각되며 냉각수는 18°C로 들어가서 36°C로 배출된다. 이 때 필요한 냉각수의 양을 구하라. 단, 살균기 벽은 45°C 이상에서 1.6×10^4 kJ의 열을 갖고 있으며 벽을 통한 열손실은 없다고 가정한다.
(비열: 완두콩 수프 = 4.1 kJ/kg·°C, 캔 = 0.5 kJ/kg·°C. 각 캔의 무게는 65 g이며 캔 1개는 0.35 kg의 수프를 함유한다.)

34. 레토르트기에서 250°F로 총 1200캔의 감자 스프가 가열공정을 거친다. 70°F로 유입되어 80°F로 유출되는 냉각수를 통해 이 캔들은 레토르트기 안에서 95°F로 냉각된 뒤 제거된다. 필요한 냉각수의 lb_m을 계산하라. 각 캔은 3.0 lb_m의 액체 스프를 담고 있으며 비어있는 캔의 무게는 0.16 lb_m이다. 스프의 평균비열은 0.94 Btu/lb_m·°F이고 캔의 평균비열은 0.12 Btu/lb_m·°F이다. 레토르트기 안에서 캔을 고정하는 금속 받침대 또는 바구니의 질량은 380 lb_m이고 비열은 0.12 Btu/lb_m·°F이다. 금속 받침대는 250°F에서 유출되는 물의 온도인 80°F로 식혀졌다고 가정하라.

250°F에서 95°F로 냉각되면서 레토르트기 벽에서 제거되는 열의 양은 10000 Btu이다. 냉각시 증류기에서의 복사손실은 4500 Btu로 가정한다.

35. 한 희석용액이 감압증류기로 들어간다. 이 용액은 열교환기에서 가열되고 진공관에서 증류된다. 열교환기에서 열이 265000 kJ/h로 용액에 전달된다고 할 때, 다음을 구하라. 열교환기 안쪽 용액의 유량과 온도는 각각 2000 kg/h과 55°C이고 용액의 비열은 3.8 kJ/kg·°C, 진공관의 절대압력은 57.83 kPa이다.
(1) 열교환기에서 나가는 용액의 온도
(2) 상부증기의 양과 진공관에 남아 있는 잔류액체의 양

36. 직접 수증기를 취입하여 가열하는 방식을 이용하여 1000 kg/h의 유속으로 공급되고 있는 우유를 살균하고자 한다. 원료 우유는 수증기 취입챔버 H에 40°C(C_p = 3.8 kJ/kg·°C)로 들어가 140°C까지 가열되며, 취입되는 포화수증기의 압력은 475.8 kPa이다. 140°C로 가열된 우유(C_p = 4.0 kJ/kg·°C)는 다시 감압증류관 F로 들어가 급속 냉각되어 살균된 우유(포장 전 중간제품, C_p = 3.8 kJ/kg·°C)로 배출된다. 이때 감압증류관 F에서 증류되는 수증기는 응축기 C에서 20°C의 냉각수와 직접 접촉하여 포화액체 상태로 응축된다. 우유의 희석을 방지하기 위하여 감압증류관 F에서 증류되는 수증기와 챔버 H에 유입되는 수증기의 유량은 같아야 한다. 감압증류관 F에서 증류되는 수증기의 온도와 이 수증기를 응축하기 위해 응축기 C에 공급되어야 하는 냉각수의 유량을 구하라.

37. 어떠한 식품을 100°C의 포화수증기에 의해 가열하려고 한다. 응축수가 85°C로 빠져나간다고 할 때, kg 수증기당 발생하는 열손실의 양을 구하라.

38. 압력 198.53 kPa에서 순도 85%를 가지는 수증기의 엔탈피 값을 구하라.

39. 오토클레이브의 압력이 232.1 kPa이고 기체상의 온도가 122°C이라고 할 때, 이들 값으로부터 도출할 수 있는 결론이 무엇인지 서술하라.

40. 수증기표를 이용하여 다음 공정에 대하여 100 lb_m 물의 엔탈피 변화를 구하라.

(1) 24.97 psia에서 액체상태의 물을 70°F에서 230°F로 가열한다. 이때, 물의 엔탈피에 대한 전체압력의 영향은 무시한다.

(2) 29.82 psia에서 액체상태의 물 55°F를 250°F로 가열하고 250°F에서 증발시킨다.

(3) 절대압력 1 atm에서 212°F의 포화수증기를 응축시키고 35°F의 액체로 냉각한다.

(4) 14.698 psia에서 212°F의 포화수증기를 응축시킨다.

41. 한 식품가공공정에서 공정의 첫 단계는 전체압력 323.6 kPa에서 500 kg/h의 유량을 가진 28°C의 물을 115°C로 가열한다. 두 번째 단계에서는 같은 압력조건 하에 물을 끓는점에서 모두 증발할 때까지 더 가열한다. 첫 단계와 전체 단계에서의 총엔탈피 변화를 각각 계산하라.

Chapter 3

유체의 흐름

식품가공 공정에서 다루는 많은 물질들은 유체 상태로 저장, 수송, 가공되므로 유체의 특성을 알고, 유체 흐름을 지배하는 원리를 이해하는 것은 매우 중요하다.

유체의 거동(behavior)에 관한 학문분야를 유체역학(fluid mechanics)이라 한다. 유체역학은 유체정역학(fluid statics)과 유체동역학(fluid dynamics)의 두 분야로 나뉜다. 유체정역학에서는 정지되어 있는 유체를 다루며, 유체동역학에서는 움직이는 유체를 다룬다. 움직이는 유체에서는 운동량이 이동하고 있으므로 유체동역학에서는 주로 운동량 이동(momentum transport)에 대해 공부하게 된다.

식품가공 공정에서는 공기, 수증기와 같은 기체와 우유, 과채 주스 등의 액체 식품을 송풍기 또는 펌프를 이용하여 복잡한 배관을 통해 반응기, 살균기, 농축기 등의 가공 장치로 이동시킨다. 따라서 본장에서는 유체의 점성 특성을 살펴보고, 흐름의 형태와 에너지수지, 유량 측정, 유체 수송 장치, 교반 등에 대하여 다루고자 한다.

Section 1 유체의 성질

1. 유체의 본질

물질은 일반적으로 고체(solid), 액체(liquid) 및 기체(gas)의 세 가지 상태로 존재하며 그 중 물질 자체로는 일정한 모양을 가질 수 없는 액체와 기체를 유체(fluid)로 분류한다. 식품을 다룰 때 가장 중요한 물질인 물을 예로 든다면 그림 3-1과 같이 얼음(ice), 물(water) 및 수증기(steam)로 존재함은 잘 알고 있는 사실이다.

이 그림에서 보는 것과 같이 고체 상태인 얼음은 분자 간 응집력이 매우 크기 때문에 치밀하고 단단한 형태를 가지고 있다. 액체 상태인 물은 고체에 비하여 분자 간 인력이 작아 치밀하지만 분자 사이에 간격이 있어 액체 내에서 분자들이 자유롭게 움직일 수 있다. 한편 기체 상태인 수증기는 분자 간 인력이 매우 작아 공간을 자유롭게 움직일 수 있다.

이 중 유체로 분류되는 물과 수증기는 물질 자체로는 일정한 모양을 가질 수 없으므로 담을 수 있는 용기가 필요한데 물(액체)의 경우 양에 따라 용기 내에서 일정한 공간을 차지하며 표면을 유지하고 있다. 이에 반해 수증기(기체)는 일정 수준까지는 양에 관계없이 들어 있는 용기의 공간을 꽉 채우게 된다.

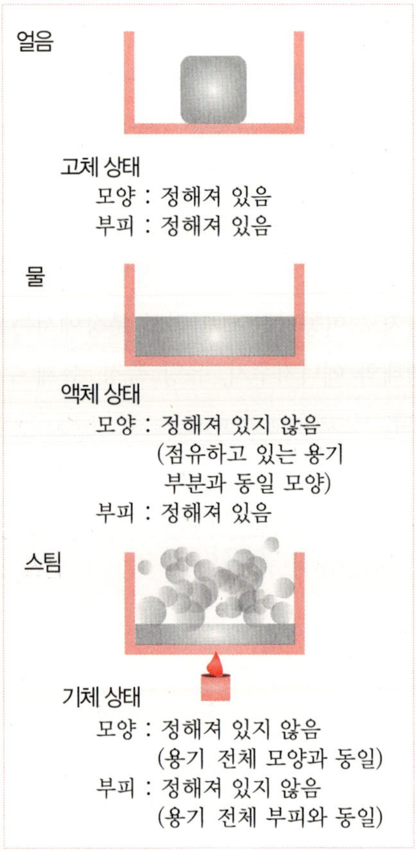

그림 3-1 물질의 세 가지 상태

유체는 미시적으로 보면 단위 부피당 수많은 작은 알갱이(분자)로 구성되어 있으며, 알갱이 사이에는 공간이 있다.

그러나 공학에서는 유체 분자 개개의 거동보다는 유체 전체의 거동에 관심을 가지므로 유체를 빈공간과 구멍이 없는 연속체(continuum)라 생각한다.

유체는 점성에 따라 이상 유체(ideal fluid)와 실제 유체(real fluid)로 분류된다. 이상 유체는 점성이 없는 유체이며 실제 존재하지 않는 가상적인 유체이다. 반면 실제 유체는 크고 작은 정도의 차이는 있으나 점성을 가지고 있으므로 점성 유체(viscous fluid)이다. 유체의 점성을 간단히 말하면 '흐름에 대한 내부 마찰저항(internal frictional resistance)' 이라 할 수 있다. 유체는 또한 압력 변화에 따라 밀도가 변하는 정도에 따라 압축성 유체(compressible fluid)와 비압축성 유체(incompressible fluid)로 나눌 수 있다.

압축성 유체는 부피가 압력에 따라 민감하게 변하므로 압력 변화에 따른 밀도 변화가 뚜렷한데 반해 비압축성 유체는 압력이 변하여도 부피가 거의 변하지 않아 압력 변화에 따른 밀도 변화가 거의 없다. 기체와 증기는 압축성 유체이며, 액체는 비압축성 유체이다. 식품가공에서 취급하는 대부분의 유체는 액체이다. 따라서 본 장에서는 주로 비압축성 유체에 대해서 다룬다.

2. 유체의 압력

(1) 압 력

압력(pressure) P는 물체의 단위 표면적에 수직으로 작용하는 힘으로 정의된다.

$$P = \frac{F}{A} \tag{3-1}$$

여기서 P: 압력(N/m^2)

F: 표면적에 수직으로 작용하는 힘(N)

A: 면적(m^2)

SI단위계에서 압력의 표준단위는 Pa(pascal)이다.

$$1\ \text{newton}/m^2(N/m^2) = 1\ \text{pascal(Pa)}$$

유체의 압력은 유체가 용기 벽면에 미치는 힘으로 이해하기 쉬우나 압력은 용기 벽면뿐만 아니라 유체 내의 어떤 점에서도 작용한다. 압력에 영향을 미치는 주요 인자는 유체의 밀도와 깊이이다.

그림 3-2에 나타낸 것과 같이 탱크에 물이 담겨 있다고 생각하자. 물의 표면 위에는 공기가 있고, 물속의 점 A는 표면의 공기와 상부 물의 무게로 인하여 압력을 받고 있다.

점 A와 동일한 깊이(h)에 위치한 점 B는 점 A와 같은 압력을 받을 것이다. 즉, 주어진 동일 유체 내에서 높이가 같으면 압력은 같다. 한편 점 A, B보다 깊은 곳에 위치한 점 C에서는 더 큰 압력을 받을 것이다.

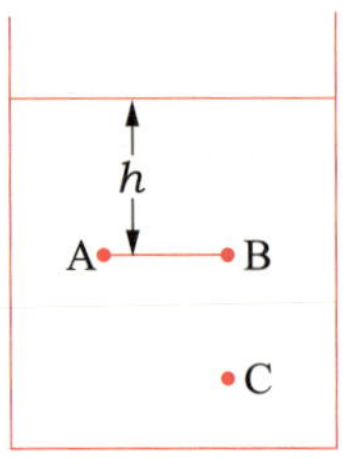

그림 3-2 정지된 유체에서 깊이에 따른 압력의 변화

(2) 정수압

위에서 기술한 유체 압력(fluid pressure)의 개념에 대하여 보다 상세히 공부해 보자. 그림 3-3에 나타낸 것과 같이 단면적 $A(\mathrm{m}^2)$, 높이 $h(\mathrm{m})$이며 밀도가 $\rho(\mathrm{kg/m^3})$인 가상적인 유체 기둥을 생각해 보자.

유체 기둥의 상부 표면에는 공기에 의해 $P_0(\mathrm{N/m^2})$의 압력이 작용하고 있으므로 유체 기둥의 밑바닥에는 압력 P_0와 유체 기둥의 무게에 의한 압력을 합한 압력이 작용할 것이다.

유체 기둥의 부피는 $hA(\mathrm{m}^3)$이고, 밀도가 $\rho(\mathrm{kg/m^3})$이므로 유체 기둥의 총 질량은

$$\text{유체의 총 질량} = h(\mathrm{m})A(\mathrm{m}^2)\rho(\mathrm{kg/m^3}) = hA\rho(\mathrm{kg}) \tag{3-2}$$

유체 기둥은 중력을 받고 있으므로 밑바닥에 힘을 미치며, 그 미치는 힘 F는

$$F = hA\rho g\ (\mathrm{kg \cdot m/s^2}) \tag{3-3}$$

여기서 g: 중력 가속도($\mathrm{m/s^2}$)

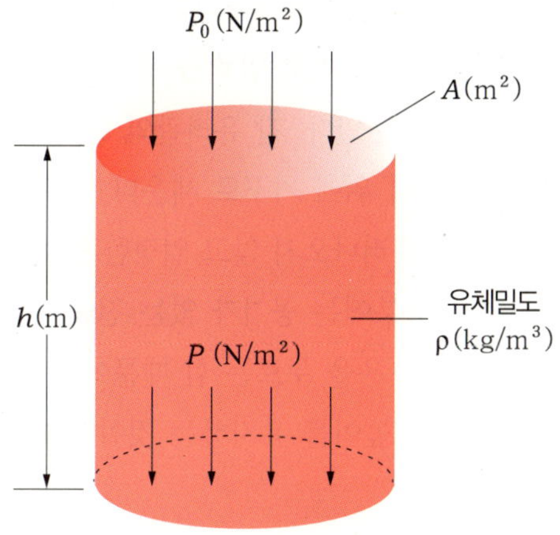

그림 3-3 유체 기둥의 밑바닥에서 압력

압력은 단위 면적에 수직으로 작용하는 힘이므로

$$\text{유체 기둥에 의한 압력} = \frac{hA\rho g}{A} = h\rho g\ (\text{N/m}^2) \tag{3-4}$$

따라서 유체 기둥의 밑바닥에 미치는 총 압력인 P (정수압, hydrostatic pressure)는 다음과 같이 표현된다.

$$P = P_0 + \rho gh\ (\text{N/m}^2) \tag{3-5}$$

(3) 압력두

만약 식 (3-5)에서 유체 기둥 상부가 절대 진공으로 공기가 전혀 없어 아무런 압력이 작용하지 않는다고 가정하면($P_0 = 0$),

$$P = \rho gh \tag{3-6}$$

이 식을 보면 유체의 압력은 유체의 밀도와 높이에 의해 결정된다는 것을 알 수 있다. 그러므로 압력을 단위 면적에 작용하는 힘(N/m^2)으로 나타내는 대신에 밀도를 알고 있는 특정 유체의 가상적인 높이로 나타낼 수 있다. 식 (3-6)을 높이로 변형하면,

$$h = \frac{P}{\rho g}\ (\text{m}) \tag{3-7}$$

이와 같이 압력 P에 상당하는 유체의 높이를 압력헤드(pressure head) 또는 단순히 헤드(head)라 한다.

예를 들어 1기압을 수은기둥 높이로 나타내면 760 mm, 물기둥의 높이로 나타내면 10.33 m이다. 유체의 높이로 압력을 측정하는 장치의 예로서 그림 3-4의 토리첼리 기압계를 들 수 있다. 긴 유리관의 한 쪽 끝을 봉하고 수은을 채운 다음에 수은이 담긴 접시 위에 거꾸로 세운다. 그러면 유리관의 수은이 일부 흘러나온 후에 더 이상 흘러나오지 않고 일정한 높이를 유지한다.

이 때 유리관 안의 수은 상부에는 공기가 없는 진공상태이다. 따라서 유리관 밖의 공기가 접시에 담긴 수은을 누르는 힘 때문에 유리관 안의 수은이 더 이상 내려오지 못하고 일정한 높이를 유지하는 것이다. 0°C에서 수은 기둥의 높이는 760 mm이다.

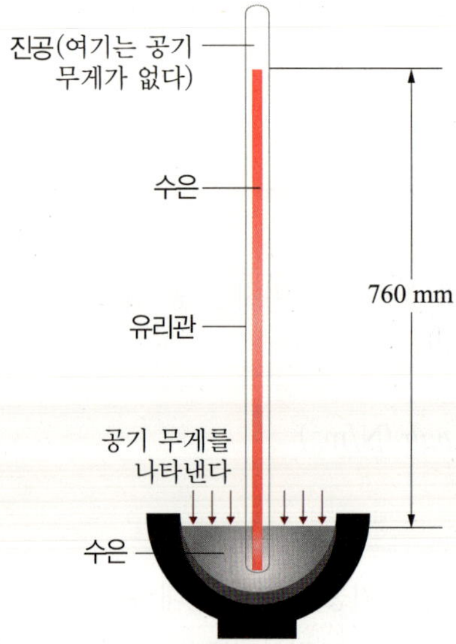

그림 3-4 토리첼리 기압계(Torricelli barometer)

(4) 압력 단위

SI 단위계에서 압력의 표준 단위인 Pa(= N/m^2)은 너무 작아 불편하므로 bar 또는 MPa(mega pascal)이 자주 사용된다.

$$1 \text{ bar} = 1 \times 10^5 \text{ Pa} = 0.1 \text{ MPa} \tag{3-8}$$

또한 관습적으로 널리 사용되고 있는 압력단위 atm(기압)은 다음과 같이 정의되며, 1 bar는 약 1 atm과 같다.

$$1 \text{ atm} = 1.01325 \times 10^5 \text{ Pa} = 1013.25 \text{ hPa}$$

$$= 101.325\ \text{kPa} = 1.01325\ \text{bar} \tag{3-9}$$

대기압의 표준값은 101.3 kPa로서 1기압이라고 한다. 일기예보에서는 1013 hPa(hecto-pascal)을 사용한다.

과거에 공학에서는 압력을 1 $lb_f/in.^2$ 또는 kg_f/cm^2로 나타내었는데 때로는 아래 첨자 f를 생략하고 나타내므로 질량과 혼동하지 않도록 주의한다.

$$1\ \text{atm} = 14.69\ \text{lb}_f/\text{in.}^2 = 1.033\ \text{kg}_f/\text{cm}^2 = 1.013\ \text{bar} \tag{3-10}$$

표 3-1 자주 사용되는 압력단위

단위명	약자	1기압에 해당하는 압력
Pascal	Pa	101,300
atmosphere	atm	1.0
millimeter of mercury	mmHg	760
pound force per square inch	psi	14.7

[예제 3-1] 압력을 유체두로 환산

표준상태에서 대기압은 101.325 kN/m^2이다.

이 압력을 (1) 4°C 물의 헤드(head) 및 (2) 0°C 수은의 높이로 나타내시오. 단, 4°C에서 물의 밀도는 1000 kg/m^3이고, 0°C에서 수은의 비중은 13.6이다.

[풀이] (1) 식 (3-7)에 의하면

$$h = \frac{P}{\rho_{water} g} = \frac{101.325 \times 10^3}{(1000)(9.80655)} = 10.33\ \text{m}$$

(2) 동일 압력을 밀도가 다른 유체에 대하여 식 (3-6)을 적용하면,

$$P = \rho_{Hg} h_{Hg} g = \rho_{water} h_{water} g$$

$$h_{Hg} = \frac{\rho_{water}}{\rho_{Hg}} h_{water} = \frac{1}{13.6}(10.33) = 0.760\ \text{mHg}$$

[예제 3-2] 호수의 압력

호수 표면으로부터 100 m 아래 지점에서의 압력을 구하라. 단, 물의 밀도 ρ_{water}는 1000 kg/m^3, 중력가속도 g는 9.807 m/s^{2}이다.

[풀이]

호수 표면에는 대기압이 작용하고 있으므로 식 (3-5)에 의하여

$$P = P_0 + \rho g h = 101.3 \times 10^3 \text{ N/m}^2 + \left(\frac{1000 \text{ kg}}{\text{m}^3}\right)\left(\frac{9.807 \text{ m}}{\text{s}^2}\right)(100 \text{ m})\left(\frac{1 \text{ N}}{1 \text{ kg} \cdot \text{m/s}^2}\right)$$
$$= 101.3 \times 10^3 \text{ N/m}^2 + 980.7 \times 10^3 \text{ N/m}^2 = 1082.0 \text{ kPa}$$

호수 100 m 아래에는 약 10기압의 압력이 작용한다.

3. 절대압력과 게이지압력

압력은 절대압력 또는 게이지압력으로 나타낸다.

절대압력(absolute pressure)은 절대 진공을 기준으로 하여 절대 진공보다 압력이 얼마나 높은가를 나타낸 것이다. 이에 대하여 게이지압력(gauge pressure)은 대기압을 0으로 하고 대기압보다 압력이 얼마나 높은가를 나타낸 것이다. 공업적으로 사용되는 압력계(pressure gauge)는 대기압에서 0을 가리키며, 기계나 장치 속의 압력이 대기압보다 얼마나 높은가를 나타내기 때문에 압력계가 나타내는 압력이 바로 게이지압력이다.

절대압력과 게이지압력 사이에는 다음 관계가 성립한다.

$$\text{절대압력} = \text{게이지압력} + \text{대기압} \tag{3-11}$$
$$P_{absolute} = P_{gauge} + P_{atmosphere}$$

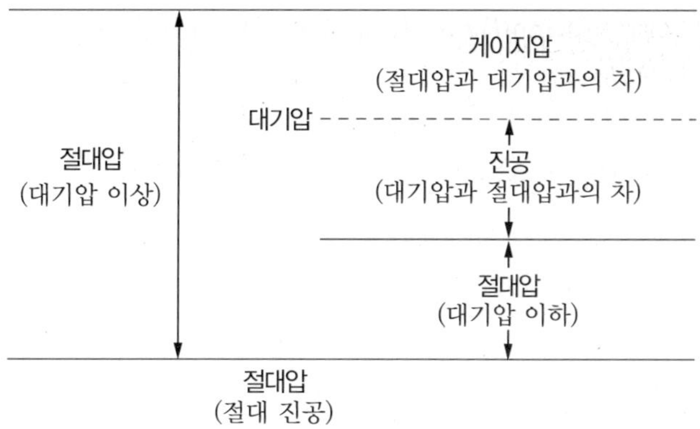

그림 3–5 절대압력과 게이지압력의 관계

따라서 압력을 나타낼 때는 절대압력 "(abs)" 또는 게이지압력 "(gauge)"으로 반드시 구별하여 나타내어야 한다. 특히 English 단위계에서는 압력을 lb_f/in.^{2}(pound force per square inch), 약자 psi로 나타내며, 아래와 같이 "a" 또는 "g" 문자를 첨가하여 절대압력인지 게이지압력인지를 구별한다.

1 atm은 14.7 psi이므로 psi단위로 나타낸 절대압력과 게이지압력 사이에는 다음 관계가 성립한다.

$$\text{psia} = \text{psig} + 14.7 \tag{3–12}$$

여기서 psia: 절대압력(pound force per square inch absolute)
psig: 게이지압력(pound force per square inch gauge)

(5) 진공도

대기압보다 낮은 압력을 측정할 때는 진공계(vacuum gauge)를 사용한다. 진공계는 일반적으로 용기 내의 압력이 대기압보다 얼마나 낮은 압력인가를 나타내며, 이를 진공도(degree of vacuum)라 한다.

진공도는 대기압을 기준으로 대기압보다 낮은 정도를 나타내므로 용기 내부의 실제 압력은

$$\text{용기 내의 압력} = \text{대기압} - \text{진공도} \tag{3–13}$$

예를 들어 통조림의 진공도가 640 mmHg라면 실제 통조림 안의 압력은 120 mmHg이다. 한편 고진공일 때 즉, 용기 내의 압력이 매우 낮을 때는 진공을 절대압으로 직접 나타내며 Pa, Torr 또는 μmHg의 단위를 사용한다.

$$1 \text{ Torr} = 1 \text{ mmHg} = 10^3 \text{ μmHg}(10^{-6} \text{ mHg}) = 133.3 \text{ Pa}$$

따라서 만약 어떤 용기 내의 압력이 4.6 Torr이었다면 절대압으로 4.6 mmHg이란 의미이므로 앞에서 기술한 진공도와 혼동하지 않도록 주의한다.

[예제 3-3] 절대압의 계산

어떤 통조림 식품을 고압솥(autoclave)에 넣고 압력 15 psig(250°F)에서 10분간 살균하려고 한다. 15 psig를 (1) psia, (2) atm, (3) kPa 단위로 환산하라.

[풀이]

(1) 식 (3-12)로부터

$$15 + 14.7 = 29.7 \text{ psia}$$

(2) (29.7 psi)(1 atm/14.7 psi) = 2.02 atm

(3) (29.7 psi)(1 atm/14.7 psi)(101.3 kPa/1 atm) = 204.7 kPa

[예제 3-4] 타이어 압력

타이어 압력계의 눈금이 34 psi가 될 때까지 타이어에 압축공기를 넣었다. 이 지역은 고도가 높아 대기압이 14.2 psi라면 타이어의 압력은 절대압력으로 얼마인가?

[풀이]

타이어 압력은 계기로 읽었기 때문에 34 psig이다. 따라서 식 (3-11)에 의하여

$$\text{타이어의 절대압력} = 34.0 \text{ psig} + 14.2 \text{ psi} = 48.2 \text{ psia}$$

[예제 3-5] 진공도의 계산

진공건조기에 부착되어 있는 진공계의 눈금이 12.5 in.Hg(317.5 mmHg)를 가리키고 있다. 진공건조기 내의 절대압력을 psi와 kPa 단위로 구하라.

[풀이]

$$1\ \text{atm} = 14.7\ \text{psi} = 29.92\ \text{in.Hg} = 760\ \text{mmHg}$$
$$= 101.3\ \text{kPa이다.}$$

식 (3-13)으로부터,

$$\text{건조기의 내부 압력} = 14.7 - (12.5)\left(\frac{14.7}{29.92}\right) = 8.56\ \text{psi}$$
$$= 101.3 - (317.5)\left(\frac{101.3}{760}\right) = 58.98\ \text{kPa}$$

4. 압력 측정

식품가공 공정에서는 장치 내의 압력뿐만 아니라 공정에 출입하는 유체의 압력을 측정하는 것도 중요하므로 압력을 측정하는 기본원리를 이해할 필요가 있다.

압력 측정장치는 다음의 세 가지로 나눌 수 있다.

① 기계식 : 부르동관(bourdon tube) 식, 벨로즈(bellows) 식, 격막 (diaphragm) 식

② 액주형 : 마노미터(manometer)

③ 전기식 : 변형계(strain gauge) 식, 압전변환기(piezoelectric transducer) 식, 압전저항변환기(piezoresistive transducer) 식

(1) 마노미터

식 (3-7)에 의하면 유체의 압력은 밀도를 알고 있는 유체의 높이로 나타낼 수 있다. 이 원리를 이용하여 압력을 측정하는 것이 마노미터이다. 마노미터는 U자 모양의 유리관에 밀도를 알고 있는 안정한 액체(수은, 4염화탄소 등)를 채운 것이다. 마노미터는 여러 가지 형태로 사용되는데, 그림 3-6(a)에 나타낸 것과 같이 압력차를 측정하는 시차 마노미터(differential manometer)를 생각해 보자. 이 마노미터를 이용하여 압력차 ($P_1 - P_2$)를 구하는 기본식은 앞에서 기술한 것과 같이 연속유체에서는 높이가 같으면 압력이 동일하다는 원리에 기초를 두고 있다. 즉, 그림 3-6에서 점 a와 b에서의 압력은 같다.

$$P_1 + \rho_1 g d_1 = P_2 + \rho_2 g d_2 + \rho_f g h \tag{3-14}$$

시차 마노미터인 경우 유체 1과 유체 2는 동일 유체이므로 $\rho_1 = \rho_2 = \rho$이다. 따라서 마노미터 기본식은 다음과 같이 주어진다.

$$P_1 - P_2 = (\rho_f - \rho) g h \tag{3-15}$$

여기서 h는 P_1과 P_2($P_1 > P_2$)의 압력차에 의한 마노미터 유체의 높이차로서 마노미터 읽음(manometer reading)이라 한다. 즉, ρ와 ρ_f를 알고 있으면 압력차 ΔP는 h에 비례하므로 h로부터 압력차를 구할 수 있다.

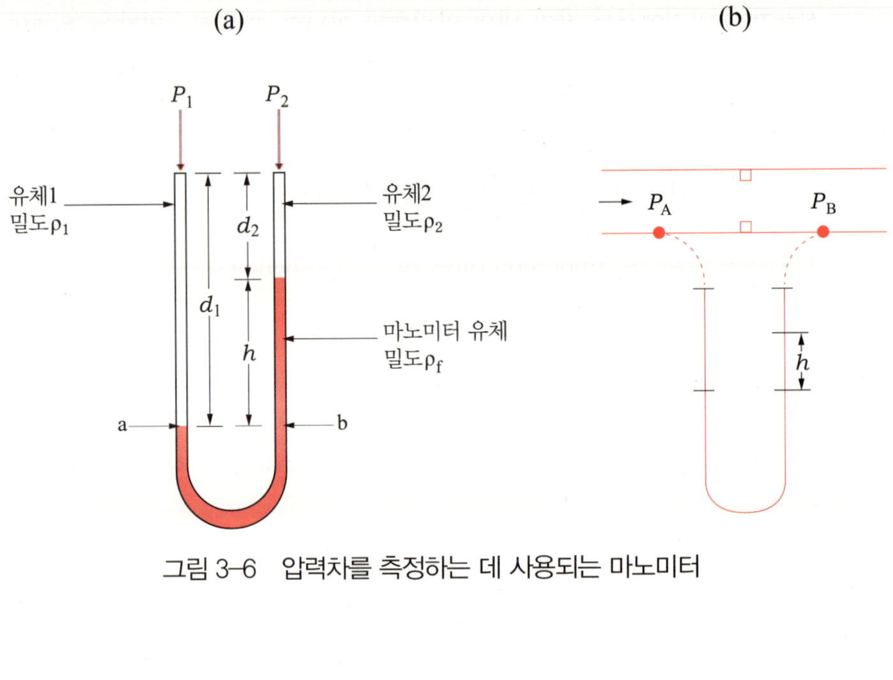

그림 3-6 압력차를 측정하는 데 사용되는 마노미터

[예제 3-6] 마노미터를 이용한 압력차

물이 흐르고 있는 굵은 파이프에서 두 점 사이의 압력차를 측정하기 위하여 시차 마노미터(differential manometer)를 그림 3-6(b)와 같은 방법으로 설치하였다. 마노미터 유체의 비중이 1.05이고, 마노미터 읽음 h = 8 mm일 때 두 점 사이의 압력차를 dyn/cm² 단위로 구하라.

[풀이] 식 (3-15)에 의하여

$$P_A - P_B$$
$$= (\rho_f - \rho)gh$$
$$= \left(\frac{(1.05-1.00)\ \text{g}}{\text{cm}^3}\right)\left(\frac{980.7\ \text{cm}}{\text{s}^2}\right)(8\ \text{mm})\left(\frac{1\ \text{cm}}{10\ \text{mm}}\right)\left(\frac{1\ \text{dyn}}{1\ \text{g}\cdot\text{cm/s}^2}\right)$$
$$= 39.2\ \text{dyn/cm}^2$$

(2) 기계식 압력계

기계식 압력계는 공업적으로 가장 널리 사용되는 압력계로서 그 대표적인 것이 부르동관식 압력계(Baurdon-tube pressure gauge)이다. 이 압력계는 단면이 타원형인 관을 그림 3-7(b)와 같이 둥글게 구부려서 한쪽 끝을 고정한 것이다. 관 내부에 압력을 가하면, 단면이 원형이 되면서 고정되지 않은 끝은 바깥쪽으로 펴지게 된다. 이때 관이 펴지는 정도에 따라 지렛대와 스프링 작동에 의해 바늘이 움직이도록 하여 압력을 측정한다.

부르동관식 압력계는 간단하고 저렴하여 공기, 물, 스팀 등과 같은 가스나 깨끗한 액체의 압력 측정용으로 널리 사용된다. 하지만 식품가공 공정에서는 위생적인 설계가 가장 중요한데 부르동관식 압력계는 청소하기가 매우 어려워 오염의 원인이 되고 식품에 적합한 재질로 만들지 않으므로 식품과 직접 접촉하는 공정이나 장치에는 사용하지 않는다.

식품가공 공정에 가장 적합한 압력계는 그림 3-8과 같은 격막식 압력계(diaphragm pressure gauge)이다. 격막식 압력계는 탄성이 강한 고정된 얇은 판의 양쪽 압력이 다르면 판이 휘게 되는 원리로 격막 중앙의 변위의 크기로 압력을 측정한다.

압력을 측정하는 부위와 유체가 격막으로 분리되어 있으므로 액체 식품, 점도가 큰 액체, 고체 부유물을 함유한 유체의 압력 측정 및 발효공업에 사용된다.

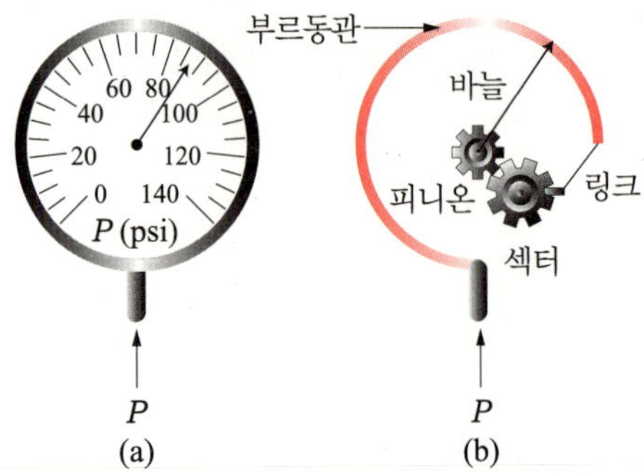

그림 3-7 부르동관식 압력계

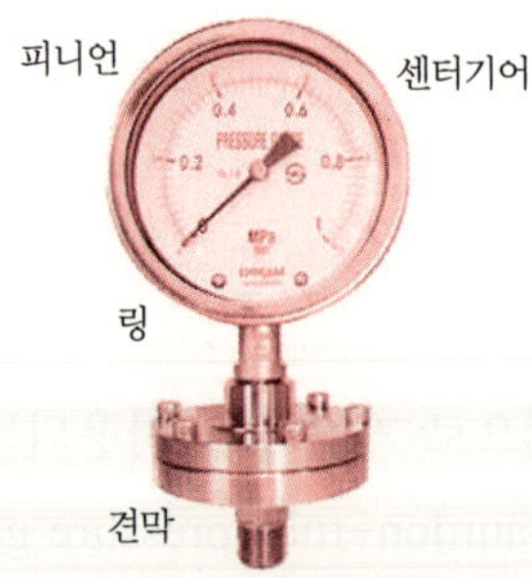

그림 3-8 격막식 압력계

Section 2 유체의 점도

식품가공 조작에서는 묽은 액체에서부터 고농도의 액체에 이르기까지 매우 다양한 액체를 다루게 된다. 이때 가장 중요한 물리적 성질은 점도이다. 점도는 단순히 말하면 흐름(flow)에 대한 내부저항이다. 감각적으로 말하면 물이 담긴 컵을 기울이면 물은 거의 한 번에 줄줄 흘러내리지만 기름이 담긴 유리컵을 기울이면 천천히 흘러내린다. 따라서 기름은 점성이 있다고 말하는데 이는 기름이 물보다 흐름에 대한 내부저항이 크기 때문이다. 실제 유체는 정도의 차이는 있으나 모두 점도를 가지고 있다.

유체식품을 수송할 때 유체의 점도는 에너지 손실에 큰 영향을 미친다.

유체의 점도가 크면 흐름에 대한 저항도 크므로 더 많은 에너지가 소실된다. 유체가 흐르는 동안 내부저항에 의해 에너지가 손실된다는 것은 다음과 같은 사실로 알 수 있다. 동일한 지름의 긴 수평 파이프를 통해 유체를 일정한 속도로 흘려 보내기 위해서는 입구에서 압력 P_1으로 밀어야 한다.

유체가 고체와 접촉하면 유체와 고체 사이에는 마찰력이 작용하고 이 마찰력 때문에 출구보다 입구의 압력이 높아야 한다. 즉, 입구에서 높은 압력을 가진 유체는 파이프를 흐르는 동안에 차츰 압력이 낮아진다. 출구에서의 압력을 P_2라 하면 $P_1 > P_2$이며, 이때 $\Delta P(= P_1 - P_2)$를 압력손실이라 한다.

압력손실은 유량이 증가할수록 증가한다(그림 3-9(b)). 이 압력손실은 파이프 벽과 유체 사이의 마찰에 의해 열로 전환된다. 실제 압력손실이 10^5 Pa이면 물의 경우 온도가 0.24℃ 상승한다. 그러나 온도 변화가 매우 작기 때문에 감지하지 못할 뿐이다. 만약 흐름에 대한 저항이 없다면 $P_1 = P_2$일 것이다.

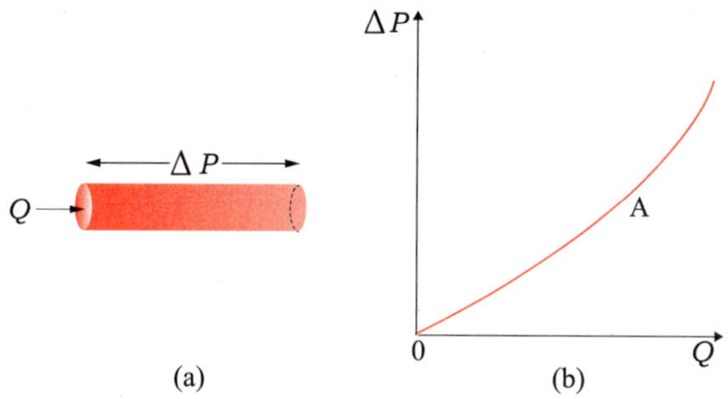

그림 3-9 (a) 직선 파이프에서 유체의 흐름
(b) 직선 파이프에서 유체의 유량(Q)과 압력손실(ΔP)과의 관계

1. 뉴턴의 점성법칙

(1) 층류

유속이 작을 때 옆, 위아래 유체들이 섞이지 않고 마치 유체층들이 서로 서로 미끄러지는 것과 같이 흐르는 흐름의 형태를 층류(laminar flow)라 한다.

놀이카드를 수직으로 쌓아 놓고 가장 위에 있는 카드를 옆으로 밀면 그림 3-10(a)에 나타낸 것과 같이 그 아래 카드들이 미끄러지면서 찌그러진다. 이와 같은 현상은 카드와 카드 사이의 마찰력 때문에 발생한다.

맨 위에 있는 카드가 바로 아래에 있는 카드를 끌고 가고 바로 아래 카드는 다음 아래 카드를 끌고 가면서 결국 카드 전체가 찌그러진다.

유체가 층류로 흐를 때는 가상적으로 속도가 다른 유체층들이 서로 미끄러지면서 흐른다고 상상할 수 있으므로 유체층 사이의 마찰에 의하여 그림 3-10 (b)와 같은 속도 분포를 나타낸다. 유체가 파이프 내를 층류로 흐를 경우에는 그림 3-10(c)와 같이 마치 속도가 다른 가상적인 동심 튜브의 흐름으로 생각할 수 있다. 이와 같은 흐름 현상에 대해서는 다음에 상세히 기술한다.

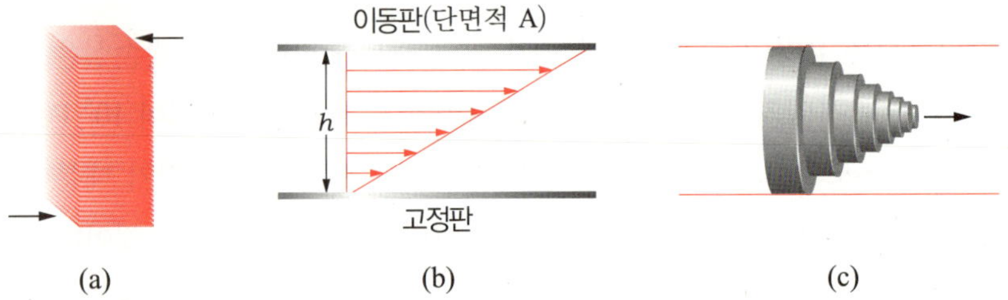

그림 3-10 놀이카드(a), 평판(b)과 파이프(c)에서 속도분포

(2) 뉴턴의 점성법칙

점도는 유체의 흐름에 영향을 미치는 가장 중요한 성질이다. 점도는 유체를 흐르게 하는 전단응력과 속도기울기 사이의 상관관계로부터 구할 수 있다.

유체의 흐름 현상을 구체적으로 생각해 보자. 그림 3-11에 나타낸 것과 같이 간격이 좁은 큰 두 개의 평판 사이에 액체가 들어 있으며, 액체는 가상적인 유체층으로 구성되어 있다고 가정하자. 초기에는 평판이 정지해 있으나 $t = 0$일 때 아래 평판에 일정한 힘 F를 가해주면, 아래 평면은 위 평판보다 상대적으로 일정한 속도 Δv 만큼 빠르게 움직이고 위 평판은 그대로 정지해 있다고 생각하자.

일반적으로 고체-액체가 접하고 있는 계면(interface)에서는 고체와 유체 사이의 계면장력(interfacial tension) 때문에 유체가 고체 표면에 부착돼 있다. 따라서 아래 평판과 바로 접하고 있는 유체층($y = 0$)은 평판과 같은 속도로 움직일 것이며, 상부 평판은 정지해 있으므로 $y = Y$에서의 유체층은 속도가 0이 될 것이다. 하부 평판이 속도 Δv로 움직이므로 평판에서 약간 떨어져 있는 유체층은 하부 평판에 부착해 있는 유체층과의 마찰력 때문에 끌려 흐르게 된다. 그 위 유체층도 마찬가지로 아래 유체층에 끌려 움직인다.

다시 말하면 아래 유체층이 위 유체층에 힘을 미치어 유체를 흐르게 한다. 그러나 위로 갈수록 상부 평판에 부착하여 있는 정지된 유체층의 저항의 영향을 받아 속도는 점점 느려진다. 이와 같이 아래 평판의 이동은 유체 내에 전단응력이 생성되게 하여 유체를 흐르게 하며, 유체 내부의 저항력으로 인하여 속도기울기가 형성된다. 어느 정도 시간이 지나면 두 평판 사이의 유체층은 마침내 일정한 직선적인 속도분포를 나타내게 된다.

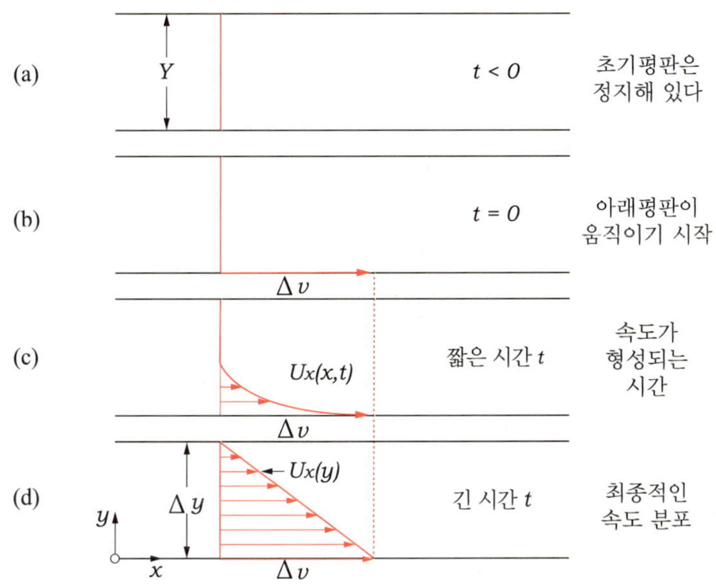

그림 3-11 두 평판에서 층류 속도분포의 형성

이와 같은 현상은 흐름이 층류일 때 성립하며, 유체가 일정한 속도분포를 유지하면서 흐르게 하기 위해서는 아래 평판에 일정한 힘 F를 계속 가해 주어야 한다. 뉴턴은 실험에 의하여 힘 F는 평판의 면적 A와 속도 Δv에 비례하고 두 평판 사이의 거리 Δy에 반비례한다고 밝혔다. 여기서 μ는 비례상수이다.

$$\frac{F}{A} = -\mu \frac{\Delta v}{\Delta y} \tag{3-16}$$

이제 식 (3-16)을 보다 일반적인 표현으로 나타내기 위하여 그림 3-11의 두 고체 평판을 가상적인 유체 평판으로 바꾸어 생각하고, 두 유체 평판 사이의 간격이 매우 작다고 하자(즉, 그림 3-11은 매우 확대한 것이다). F/A는 유체층 단위면적에 수평(x-방향)으로 작용하는 힘 즉, 전단응력이며 τ(tau)로 나타낸다. 여기서 전단응력은 아래에 있는 유체층이 위에 있는 유체층에 미치는 힘으로만 이해하자(전단응력의 본질적인 해석은 뒤에서 다시 설명한다).

그림 3-11은 두 평판 사이의 간격을 매우 확대한 것으로 실제 두 평판 사이의 간격이 매우 작기 때문에 $\dfrac{\Delta v}{\Delta y} \simeq \dfrac{dv}{dy}$ 로 나타낼 수 있다. 여기서 y는 하부 평판으로부터 수직 방향의 거리이며, v는 x방향으로의 속도 이다. 부호가 (−)인 것은 앞에서 설명한 것과 같이 속도가 감소하는 방향으로 운동량이 전달되기 때문이다. $-dv/dy$는 그림 (3-11)(d)의 각 유체층의 속도를 연결한 기울기로서 속도기울기(velocity gradient) 또는 전단속도(shear rate)라 한다.

따라서 식 (3-16)을 다시 쓰면,

$$\tau = -\mu \frac{dv}{dy} \tag{3-17}$$

또는

$$\tau = \mu \dot{\gamma} \tag{3-18}$$

전단응력 = 점도 × 전단속도

여기서 τ : 전단응력(Pa)
$\dot{\gamma}$: 전단속도(s^{-1})
μ: 점도(Pa·s)

일반적으로 공학에서는 전단응력을 τ(tau), 전단속도를 $(-dv/dy)$ 혹은 $\dot{\gamma}$(gamma dot)로 나타낸다. 그리고 비례상수 μ는 유체 고유의 특성으로 점도(viscosity)라 한다. 점도는 때때로 η(eta)로 나타내기도 하므로 혼동하지 않도록 주의한다.

식 (3-17)은 전단응력은 전단속도에 비례한다는 것을 나타내며, 뉴턴의 점성법칙(Newton's law of viscosity)이라 하며, 이 법칙을 따르는 유체를 뉴턴 유체라 한다. 뉴턴 유체인 경우 점도는 전단속도에 관계없이 일정하다. 여기서 점도가 일정하다고 하여 점도가 불변이란 의미는 아니다. 뉴턴 유체의 점도는 온도, 조성 등에 따라 변한다. 그러나 조성과 온도가 일정한 경우 점도는 전단응력과 전단속도에 독립적이란 의미이다.

점도는 전단속도(변형속도)에 대한 유체 내부의 저항력이다. 다시 말하면 유체가 전단응력을 받아 층류로 흐르고 있을 때 유체 내부에는 전단응력과 같은 크기의 저항력(점성력)이 반대 방향으로 작용하고 있다. 점도가 크다는 것은 일정한 전단속도를 얻는데 큰 전단응력이 필요하다는 의미로 흐름에 대한 유체 내부의 저항이 크다는 뜻이다.

예를 들면 점도가 큰 꿀을 흘려 보내려면 큰 힘으로 밀어 주어야 한다. 그러나 물은 점도가 작기 때문에 흐름에 대한 저항력이 작아 꿀에 비하여 작은 힘으로 밀어주어도 잘 흐른다.

(3) 점도의 단위

식 (3-17)로부터 μ의 SI단위는

$$\mu = \frac{\tau}{(-dv/dy)} \equiv \frac{\text{Pa}}{\text{s}^{-1}} \equiv \text{Pa}\cdot\text{s}$$

액체의 점도는 때때로 millipascal·s 또는 mPa·s로 나타낸다.

$$1\ \text{Pa}\cdot\text{s} = 1000\ \text{mPa}\cdot\text{s}$$

또한 Pa·s는 다음과 같이 나타낼 수 있다.

$$\mu \equiv \text{Pa}\cdot\text{s} = \left(\frac{\text{N}}{\text{m}^2}\right)\text{s} = \left(\frac{\text{kg}\cdot\text{m}}{\text{s}^2\cdot\text{m}^2}\right)\text{s} = \frac{\text{kg}}{\text{m}\cdot\text{s}}$$

CGS 단위계에서 점도의 단위는 g/cm·s이며, 이를 poise(포아즈)라 한다.

$$\mu \equiv \left(\frac{\text{dyn}}{\text{cm}^2}\right)\text{s} \equiv \left(\frac{\text{g}}{\text{cm}\cdot\text{s}^2}\right)\text{s} = \frac{\text{g}}{\text{cm}\cdot\text{s}}$$

poise의 단위는 거의 모든 유체의 점도를 나타내지만 너무 커서 불편하므로 centipoise(cp)가 널리 사용된다. 1 centipoise는 0.01 poise이다. 물의 점도는 20.2°C일 때 1 cp임을 기억해 두자.

표 3-2 점도의 환산계수

Pa · s	poise	cp	lb/ft · s	lb/ft · h
1	10	1000	0.672	2420
0.1	1	100	0.0672	242
0.001	0.01	1	6.72×10^{-4}	2.42

종종 점도를 밀도로 나눈 값 μ/ρ를 사용하는데, 이를 동적점도(kinematic viscosity), ν(nu)라고 한다. 동적점도의 단위는 m^2/s 또는 cm^2/s이며, 특히 cm^2/s는 'stoke' (St)라 한다.

[예제 3-7] 액체 내 전단응력의 계산

두 평판 사이의 거리 $\Delta y = 0.5$ cm, $\Delta v_x = 10$ cm/s이고, 유체는 에틸알코올로 온도 273 K, 점도는 1.77 cp(0.017 g/cm·s)이다. 전단응력 τ와 전단속도($-dv_x/dy$)를 (1) CGS와 (2) SI 단위로 구하라.

[풀이]

(1) $$\text{전단속도} = -\frac{dv}{dy} \simeq -\frac{\Delta v_x}{\Delta y} = -\frac{v_2-v_1}{y_2-y_1} = \frac{v_1-v_2}{y_2-y_1}$$

$$= \frac{(10-0)\ \text{cm/s}}{(0.5-0)\ \text{cm}} = 20\ \text{s}^{-1}$$

$$\text{전단응력}\ \tau = -\mu\frac{dv}{dy} = \left(0.017\frac{\text{g}}{\text{cm}\cdot\text{s}}\right)(20\ \text{s}^{-1})$$

$$= 0.34\ \frac{\text{g}\cdot\text{cm/s}^2}{\text{cm}^2} = 0.34\ \frac{\text{dyn}}{\text{cm}^2}$$

(2) $\mu = 1.77 \times 10^{-3}$ kg/m·s $= 1.77 \times 10^{-3}$ Pa·s

$$\text{전단속도}\ -\frac{dv}{dy} = 20\ \text{s}^{-1}$$

$$\text{전단응력}\ \tau = -\mu\frac{dv}{dy} = (1.77 \times 10^{-3}\ \text{kg/m}\cdot\text{s})(20\ \text{s}^{-1})$$

$$= 0.0354\ \text{N/m}^2$$

[예제 3-8] 점도의 단위 환산

품질관리를 위하여 어떤 액체 식품의 점도를 점도계를 사용하여 측정하였다. 전단속도 100 s^{-1}일 때 전단응력 4 dyn/cm^2가 기록되었다. 점도를 (1) Pa·s, (2) cp, (3) kg/m·s, (4) mPa·s로 구하라.

[풀이]

1 dyn/cm^2 = 1 g/cm·s^2 = 0.1 kg/m·s^2 = 0.1 Pa

(1) SI 단위

$$\mu = \frac{\tau}{(-dv/dy)} = (4\ \text{dyn/cm}^2)\left(\frac{0.1\text{Pa}}{1\ \text{dyn/cm}^2}\right)\left(\frac{1}{100\ \text{s}^{-1}}\right) = 0.004\ \text{Pa·s}$$

(2) $\mu = (4\ \text{dyn/cm}^2)\left(\frac{1}{100\ \text{s}^{-1}}\right)\left(\frac{100\ \text{cp}}{1\ \text{p}}\right) = 4\ \text{cp}$

(3) $\mu = (4\ \text{dyn/cm}^2)\left(\frac{0.1\ \text{kg/m}\cdot\text{s}^2}{1\ \text{dyn/cm}^2}\right)\left(\frac{1}{100\ \text{s}^{-1}}\right) = 0.004\ \text{kg/m·s}$

(4) $\mu = (4\ \text{cp})\left(\frac{1\ \text{mPa}\cdot\text{s}}{1\ \text{cp}}\right) = 4\ \text{mPa·s}$

2. 비뉴턴 유체

뉴턴의 점성법칙은 모든 유체에 적용되지 않는다. 유체는 전단응력과 전단속도의 관계에 따라 뉴턴 유체(Newtonian fluid)와 비뉴턴 유체(non-Newtonian fluid)로 나눌 수 있다. 그림 3-12에 일정한 온도와 압력에서 여러 가지 유체의 유동거동을 나타내었다. A는 원점을 통과하는 직선으로 뉴턴 유체이다. 이 직선의 기울기가 점도이며, 점도는 전단속도의 크기에 관계없이 일정한 값을 가진다. 예를 들면, 물이나 묽은 설탕용액은 뉴턴 유체에 속한다.

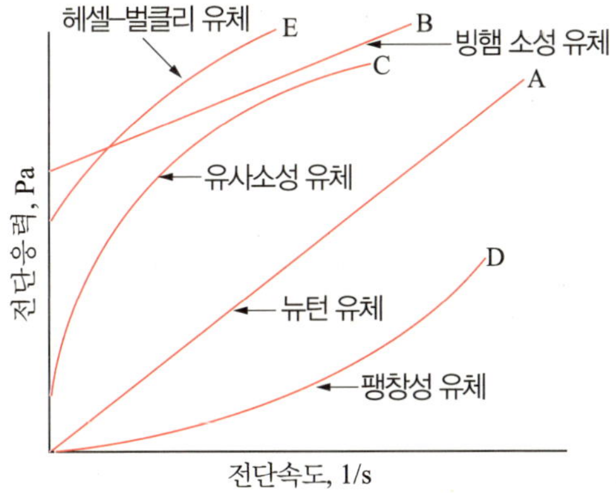

그림 3-12 뉴턴 유체와 비뉴턴 유체의 전단응력과 전단속도와의 관계

전단응력과 전단속도의 관계가 원점을 지나는 직선이 아닌 모든 유체를 비뉴턴 유체라 한다.

뉴턴 유체에서 점도

$$\mu = \frac{\tau}{(-dv/dy)} = \text{일정}$$

한 것으로 정의하였다. 그러나 비뉴턴 유체에서는 $\tau/(-dv/dy)$가 일정하지 않고 전단속도에 따라 변하므로 엄격히 말해서 점도란 용어를 사용할 수 없다. 따라서 비뉴턴 유체에서는 $\tau/(-dv/dy)$를 겉보기 점도(apparent viscosity), μ_a 라 한다.

$$\mu_a = \frac{\tau}{(-dv/dy)} \tag{3-19}$$

뉴턴 유체에서 점도는 유체의 고유한 특성 값이다. 그러나 겉보기 점도는 전단응력과의 전단속도에 따라 변하기 때문에 유체의 고유한 물리적 성질이 아니며, 측정할 때의 전단응력 또는 전단속도를 명시하지 않으면 의미가 없음을 주의한다.

전분, 단백질, 검 등의 고분자 수용액과 페이스트(paste), 현탁액 등과 같은 콜로이드(colloid) 물체는 비뉴턴 유체의 특성을 나타낸다. 우유, 크림, 마요네즈, 토마토케첩 등 많은 가공식품은 콜로이드성이다.

비뉴턴 유체는 유동곡선의 형태에 따라 몇 가지로 나눌 수 있다. 원점을 통과하지 않으나 전단응력과 전단속도 사이에 직선관계가 성립하는 B와 같은 거동을 나타내는 유체를 빙햄 소성 유체(Bingham plastic fluid)라 한다.

$$\tau = \tau_a + K\left(-\frac{dv}{dy}\right) \tag{3-20}$$

여기서 K는 상수이며, τ_a를 항복응력(yield stress)이라 한다. 빙햄 소성 유체는 항복응력보다 큰 전단응력을 가해주어야 비로소 흐른다. 마가린, 초콜릿 혼합물, 치약 등은 항복응력을 가진다.

또한 곡선 C와 D의 거동을 나타내는 유체는 다음의 멱법칙식(power law equation 또는 Ostwald–de Waele equation)을 따른다.

$$\tau = K\left(-\frac{dv}{dy}\right)^n \tag{3-21}$$

여기서 $K[\mathrm{N \cdot s^n/m^2}]$는 굳기지수(consistency index) 또는 점조도, n은 흐름 거동지수(flow behavior index)라 하며 무차원이다. K와 n은 멱법칙 유체의 거동을 특정 짓는 상수이다. $n = 1$일 때는 뉴턴 유체이다. $n < 1$ 일 때는 곡선 C와 같은 거동을 나타낸다. 그리고 이와 같은 거동을 나타내는 유체를 유사소성 유체(pseudoplastic fluid)라 한다. 곡선 C는 원점을 통과하나 낮은 전단속도에서는 곡선이 위로 볼록하고 높은 전단속도에서는 거의 직선이 된다. 따라서 전단속도가 증가하면 겉보기점도가 감소한다.

용융 초코릿, 퓨레 등 많은 액체식품은 여기에 속한다. $n > 1$인 유체는 곡선 D와 같은 거동을 나타내며, 팽창성 유체(dilatant fluid)라 한다. 팽창성 유체의 경우 낮은 전단속도에서 아래로 볼록하여 전단속도가 증가하면 겉보기 점도가 증가한다. 팽창성 유체는 식품에서 잘 관찰되지 않는다.

멱법칙 유체의 경우 겉보기 점도는 다음과 같이 정의된다.

$$\mu_a = K\left(-\frac{dv}{dy}\right)^{n-1} \tag{3–22}$$

아래 식 (3–23)과 같은 헤셀–벌클리(Herschel–Bulkley)식은 그림 3–12의 모든 유체의 거동을 나타낼 수 있는 일반화된 모델이다.

$$\tau = K\left(-\frac{dv}{dy}\right)^{n} + \tau_a \tag{3–23}$$

이 식에서 $n=1$, $\tau_a=0$이면 뉴턴 유체, $n=1$, $\tau_a>0$이면 빙햄 소성 유체, $0<n<1$, $\tau_a=0$이면 유사소성 유체, $n>1$, $\tau_a=0$이면 팽창성 유체의 거동을 나타낸다. 어떤 식품은 항복응력을 가지면서 위로 볼록한 유동곡선을 나타내는데($0<n<1$, $\tau_a>0$), 이와 같은 유체를 그림 3–12의 E 곡선에 해당되는 헤셀–벌클리 유체 또은 빙햄 유사소성 유체(Bingham pseudoplastic)라고 한다.

Section 3 흐름의 형태와 경계층

실제 대부분의 식품가공공정에서 취급하는 유체는 펌프, 송풍기 등의 기계적 장치나 압력에 의하여 한 곳에서 다른 곳으로 이동하며, 배관(piping system) 또는 공정장치 내부로 흐른다. 이와 같이 움직이는 유체의 운동 원리는 매우 복잡하다. 여기서는 먼저 기초 현상으로 흐름의 형태, 흐름의 형태를 특정 짓는 레이놀즈수(Reynolds number) 및 고체 벽 주변에서 일어나는 경계층 현상에 관하여 공부할 것이다.

파이프 또는 장치 내에서 유체가 층류로 흐르는가 난류로 흐르는가를 판단하는 것은 수송에 필요한 동력 계산뿐만 아니라 배관의 설계와 열 및 물질전달에도 매우 중요하다.

1. 층류와 난류

(1) 층류에서 난류로의 전이

학교에서 학생들이 복도를 매우 천천히 걸어간다면 대부분의 학생이 거의 일정한 간격을 유지하면서 전체적으로 벽면에 평행하게 움직일 것이다. 그러나 매우 긴급한 상황이 발생하여 학생들이 서로 빨리 가려고 달리게 되면 학생들은 서로 부딪치거나 이러 저리 틈을 찾아 혼란스럽게 움직이게 될 것이다. 학생을 유체 분자로 바꾸어 생각하면 유체의 흐름에서도 유속이 변함에 따라 이와 비슷한 현상이 생기게 된다.

유체가 관(pipe) 내를 흐를 경우 유속에 따라서 층류와 난류의 두 가지 다른 형태로 흐른다는 것은 오래전부터 알려져 왔다. 1883년 레이놀즈(Osborne Reynolds)는 실험에 의하여 두 가지 흐름의 형태를 정량적으로 밝혔다. 그는 그림 3-13에서와 같이 물탱크로부터 수평 유리관 내로 물을 흘려 보내면서 미세한 구멍을 통하여 붉은 잉크를 주입하였다. 유속이 느릴 경우 그림 3-13(a)에서와 같이 잉크 줄기가 흐름을 따라 고스란히 실 같은 단일 선을 그대로 유지하면서 흐르는 것이 관찰되었다. 이와 같은 현상은 물이 전혀 섞이지 않고 마치 층을 이루어 서로 미끄러지듯 흐름의 방향으로 질서 있게 움직이기 때문이라고 생각할 수 있다. 이와 같은 흐름의 형태를 층류(laminar flow)라 한다.

한편 유속이 증가하여 어느 속도 이상에 도달하면, 이때부터 잉크 줄기는 그림 3-13(b)에 나타낸 것처럼 파형을 이루면서 서로 섞여 마침내 전체에 퍼지게 된다. 이러한 물감의 거동은 물이 더 이상 층류로 흐르지 않고 물 분자가 흐르는 방향 이외에도 위아래, 옆 방향으로 물이 불규칙하게 운동을 하여 뒤섞여 소용돌이를 이루면서 흐른다는 것을 의미하며, 이러한 흐름의 형태를 난류(turbulent flow)라 한다.

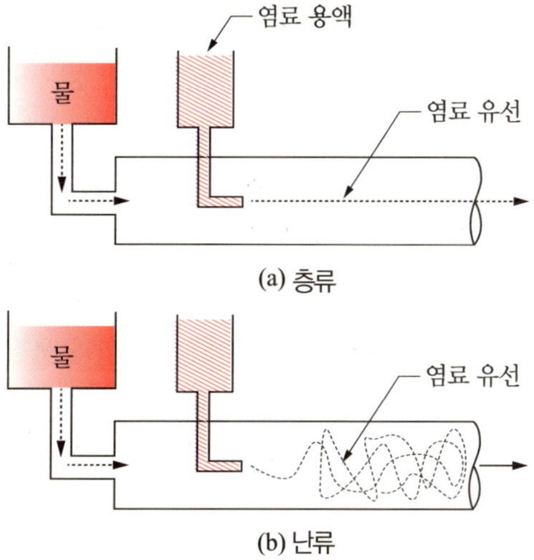

그림 3-13 레이놀즈의 실험: (a) 층류, (b) 난류

(2) 유속분포와 유체 경막

원형의 파이프 단면에서 층류와 난류의 속도 분포를 그림 3-14에 나타내었다. 층류의 속도 분포는 포물선 모양을 이루고, 난류에서는 층류보다 평탄한 모양이 된다. 이와 같은 경우 파이프의 중심축에서 속도는 최대값 v_{max}를 나타낸다. 층류인 경우 $v_{av}/v_{max} = 0.5$, 난류인 경우 $v_{av}/v_{max} \fallingdotseq 0.8$이다.

특히 난류인 경우에 파이프 내부의 속도는 거의 균일하다고 볼 수 있으나 그림 3-14(c)에 나타낸 것과 같이 벽면 부근의 유체는 벽면 저항 때문에 속도가 느려 층류에 가까운 흐름이 된다. 이와 같은 부분을 유체 경막(film)이라 한다.

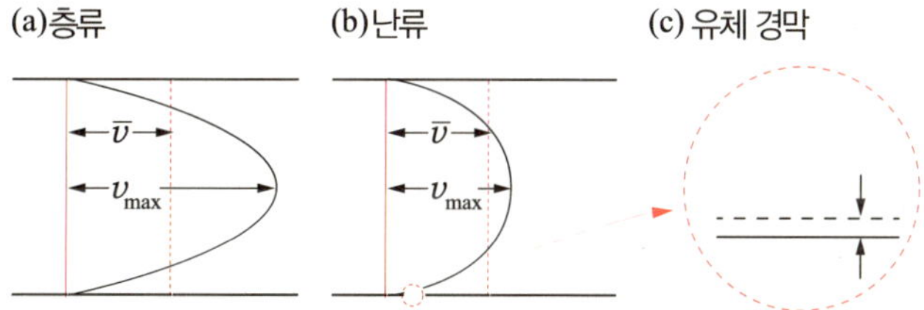

그림 3-14 층류와 난류의 속도 분포

또한 그림 3-15에 파이프 내면과 구의 표면에 형성되는 경막을 개념적으로 나타내었다.

(a) (b)

그림 3-15 파이프 내면(a)과 구 표면(b)에 형성된 경막

유체가 난류로 흐를 때 고체 벽면 부근에서 유체 경막이 생성되는 현상은 매우 중요한 개념으로 유체의 흐름 뿐만 아니라 열전달, 물질전달에 큰 영향을 미친다. 예를 들면 파이프 중심에서 벽면 방향으로 열 또는 물질이 이동하는 경우, 유체 경막을 제외한 유체는 격렬히 혼합되므로 큰 저항 없이 열과 물질이 빨리 이동한다. 그러나 유체 경막에 다다르면 유체는 교란되지 않으므로 큰 이동저항이 생기게 된다. 유체 경막은 매우 얇지만 열과 물질이 반지름 방향으로 이동할 때 저항은 주로 유체 경막에서 받게 된다.

2. 레이놀즈수

(1) 레이놀즈수

레이놀즈는 파이프 내의 흐름이 층류에서 난류로 바뀌는 조건에 대하여 연구하였는데, 흐름의 형태는 단지 유속뿐만 아니라 유체의 밀도, 점도 및 파이프의 지름의 네 가지에 의해 좌우됨을 알았다. 그는 이 네 가지 양을 다음과 같이 하나의 군(group)으로 묶었다.

$$N_{Re} = \frac{D v_{av} \rho}{\mu} \tag{3-24}$$

여기서 N_{Re}: 레이놀즈수(Reynolds number)

D: 파이프의 지름(m)

ρ: 유체의 밀도(kg/m^3)

μ: 유체의 점도(Pa·s)

v_{av}: 평균 유속(m/s)

식 (3-24)로 정의되는 무차원군을 레이놀즈수(Reynolds number)라 한다.

파이프 속을 흐르는 유체에 대한 각종 실험결과, 원형 직선관에서는 레이놀즈수가 2100 이하이면 흐름은 층류이고, 4000 이상이면 특수한 경우를 제외하고는 난류임을 알 수 있었다.

또 레이놀즈수가 2100~4000 일 때를 전이영역(transition region)이라 부르는데 이 영역에서는 장치에 따라 흐름의 형태가 층류 또는 난류로 되며, 불안정하여 약간의 교란만 있어도 흐름의 양상이 달라지게 된다.

비뉴턴 유체는 전단속도에 따라 점도가 변하기 때문에 식 (3-24)와 같이 정의되는 뉴턴 유체의 레이놀즈수를 적용할 수 없다. 멱수법칙 유체에 대한 레이놀즈수는 식(3-25)와 같이 정의되며, 이를 일반화 레이놀즈수(Generalized Reynolds number)라 한다.

$$N_{GRe} = 2^{3-n}\left(\frac{n}{3n+1}\right)^n \frac{D^n \rho v_{av}{}^{2-n}}{K} \tag{3-25}$$

(2) 레이놀즈수의 물리적 의미

자전거로 평탄한 길을 달리다가 페달 밟기를 멈추어도 잠깐 동안 같은 속도로 달리게 된다. 이와 같이 물체가 운동 상태를 유지하려는 성질을 관성이라 한다. 그러나 도로면과 바퀴 사이에는 자전거의 진행 방향과 반대 방향으로 마찰력이 작용하기 때문에 자전거의 속도가 차츰 떨어지게 된다. 이와 마찬가지로 유체의 흐름에서도 흐름방향으로 관성력이 작용하고 역방향으로는 점성력이 작용한다.

레이놀즈수는 관성력(inertial force)과 점성력(viscous force)의 비로 해석할 수 있다. 다음과 같이 레이놀즈수를 약간 변형하면, 식 (3-26)으로 나타낼 수 있다.

$$N_{Re} = \frac{D v_{av} \rho}{\mu} = \frac{\rho v_{av}{}^2}{\mu v_{av}/D} = \frac{\text{관성력}}{\text{점성력}} \tag{3-26}$$

점성력이 강하면 층류가 되고, 관성력이 강한 경우에는 난류가 된다. 즉, 레이놀즈수가 작다는 것은 점성력이 크고 층류라는 것을 의미한다. 그러나 유속이 증가하면 관성력이 증가하고, 이 힘은 흐르는 유체 내부의 점성력 때문에 저항을 받게 된다. 두 반대되는 힘의 균형이 어느 크기 이상이 되면 유체의 흐름의 형태가 변하게 된다. 즉, 레이놀즈수가 4000 이상이면 난류로 흐름의 형태가 변하게 된다.

[예제 3-9] 흐름의 형태 판정

안 지름 2.5 cm의 파이프 안으로 21°C의 우유가 0.12 m^3/min의 유량으로 흐르고 있다. 평균 속도 및 레이놀즈수를 구하고, 이 흐름의 상태(층류 또는 난류)를 판정하라. 단, 우유의 점도와 밀도는 각각 2.1×10^{-3} kg/m·s, 1029 kg/m^3이다.

[풀이]

평균 유속은 체적 유량/단면적이므로

$$v_{av} = (0.12\ \mathrm{m^3/min})(\mathrm{min}/60\ \mathrm{s})/(\pi D^2/4\ \mathrm{m^2}) = 4.1\ \mathrm{m/s}$$

$$\begin{aligned} N_{\mathrm{Re}} &= Dv_{av}\rho/\mu \\ &= (0.025\ \mathrm{m})(4.1\ \mathrm{m/s})(1029\ \mathrm{kg/m^3})/(2.1\times10^{-3}\ \mathrm{kg/m\cdot s}) \\ &= 50230 \end{aligned}$$

레이놀즈수가 4000보다 크므로 이 흐름은 난류상태이다.

[예제 3-10] 레이놀즈수가 무차원임을 증명하라.

$$N_{Re} = \frac{Dv_{av}\rho}{\mu}$$

[풀이]

레이놀즈수의 분모, 분자의 모든 양을 차원 식으로 나타내면,

D = [L]. v = [L/t], ρ= [M/L^3], μ= [M/L·t]이다. 이를 레이놀즈수에 대입하면, 아래와 같다.

$$[N_{Re}] = \frac{[\mathrm{L}][\mathrm{L/t}][\mathrm{M/L^3}]}{[\mathrm{M/L\cdot t}]} = [\ -\ ]$$

따라서 레이놀즈수는 무차원이다.

[예제 3-11] 레이놀즈수에 미치는 점도의 영향

지름 0.1 m인 관을 통하여 점도가 다른 두 유체(물과 글리세롤)가 각각 동일한 평균속도 1.0 m/s로 흐르고 있을 때 두 흐름의 레이놀즈수를 구하라. 물의 밀도는 1000 kg/m³, 점도는 10^{-3} kg/m·s이며, 글리세롤의 밀도는 1260 kg/m³, 점도는 1.47 kg/m·s이다.

[풀이]

(a) 물(아래 첨자 *w*로 표시)의 경우

$$N_{Re,w} = \frac{Dv_{av}\rho_w}{\mu_w} = \frac{(0.1)(1.0)(1\times 10^3)}{1\times 10^{-3}} = 10^5$$

(b) 글리세롤(아래 첨자 g로 표시)의 경우

$$N_{Re,g} = \frac{Dv_{av}\rho_g}{\mu_g} = \frac{(0.1)(1.0)(1260)}{1.47} = 85.7$$

즉, 물은 난류로 흐르고, 글리세롤은 층류로 흐른다. 이와 같이 유체흐름의 형태는 유체의 점도에도 큰 영향을 받는다.

Section 4 유량과 질량수지

1. 유 량

아파트에서 수돗물이 이 집에서 저 집으로 흐르는 것과 같이 식품가공공정에서는 유체를 한 곳에서 다른 곳 또는 한 장치에서 다른 장치로 파이프를 통해 이동시킨다. 이때 유체가 파이프를 통해 흐르는 양을 유량(flow rate)이라 한다.

일반적으로 유량은 질량유량(질량/시간, mass flow rate) 또는 부피유량(부피/시간, volumetric flow rate)으로 나타낸다. 질량유량을 m(kg/s)라 하면 매초 m kg의 유체가 단면 A(m²)를 통과한다는 뜻이다(그림 3-16).

또한 부피유량 Q(m^3/s)는 매초 Q m^{3}의 유체가 단면 A(m^2)를 통과한다는 의미이다.

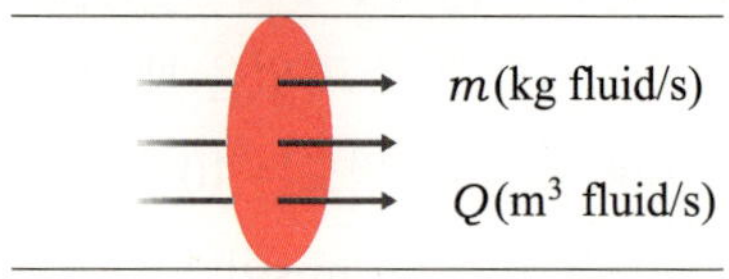

그림 3-16 파이프에서 유량

만약 파이프 내를 흐르는 유체의 평균속도를 v_{av}(m/s), 단면적을 A(m^2)라 하면 부피유량은 다음과 같이 표현된다.

$$Q = Av_{av} \equiv (\text{m}^2)(\text{m/s}) \equiv \text{m}^3/\text{s} \tag{3-27}$$

식 (3-27)에 유체의 밀도 ρ(kg/m^3)를 곱하면 질량유량을 구할 수 있다.

$$m = \rho Q = \rho A v_{av} \equiv (\text{kg/m}^3)(\text{m}^3/\text{s}) \equiv \text{kg/s} \tag{3-28}$$

유체가 파이프를 흐를 때 유속은 그림 3-14에 나타낸 것과 같이 위치에 따라 변한다. 즉, 벽면에서 유속은 0이고 중심으로 갈수록 증가하여 중심에서 최대속도를 나타낸다. 파이프의 중심으로부터 임의의 위치 r에서 유속을 국부유속(local velocity)이라 한다. 국부유속은 v로 나타내며, 위치에 따라 변하기 때문에 사용하기 불편하다. 따라서 일반적으로 유속은 평균유속(average velocity) v_{av}으로 나타낸다. 평균유속이란 그림 3-16에 나타낸 것과 같이 파이프 단면의 모든 점에서 유체가 같은 속도로 흐른다고 가정했을 때의 속도이다. 평균유속은 부피유량 Q(m^3/s)를 단면적 A(m^2)으로 나누어 구한다.

$$v_{av} = \frac{Q}{A} \equiv \frac{\text{m}^3/\text{s}}{\text{m}^2} \equiv \frac{\text{m}}{\text{s}} \tag{3-29}$$

2. 파이프 내에서 정상상태 흐름

유체가 파이프를 통해 정상상태로 흐른다는 의미는 입구와 출구 사이의 어느 곳에서든지 유속이 아니라 질량유량이 동일하다는 것을 뜻한다. 이때 속도, 밀도, 온도, 높이 등은 유체가 흐르는 방향에 따라 변하지만, 특정한 점에서는 변하지 않고 일정하다. 또한 정상상태 흐름은 그림 3-16에 나타낸 것과 같이 완전히 발달된 흐름으로 속도분포가 일정하다.

3. 연속식

우리 몸의 여러 가지 굵기의 핏줄을 통하여 혈액이 흐르는 것과 같이 식품 가공공장에서는 굵기가 다른 파이프들로 가공장치를 연결하고 있다. 예를 들어 그림 3-17에 나타낸 것과 같이 물이 지름이 큰 파이프에서 지름이 작은 파이프로 나온다고 생각하면 유속은 변한다. 그러나 질량보존의 법칙에 의하면 유체가 흐르고 있어도 그 질량은 변하지 않기 때문에 질량보존의 원리를 적용하여 유체의 흐름에 관한 문제를 풀이할 수 있다.

$$\text{들어가는 유량} = \text{나가는 유량 (정상상태)} \tag{3-30}$$

유체 흐름 계에서 일반적으로 출입하는 유체량은 질량유량으로 나타낸다.

그림 3-17에서와 같이 구간 ①에서 밀도가 ρ_1(kg/m³)인 유체가 단면적 A_1(m²)을 통하여 평균속도 v_{av1}(m/s)으로 들어가서 밀도 ρ_2(kg/m³), 평균속도 v_{av2}(m/s)로 단면적 A_2(m²)를 통하여 나오는 간단한 흐름 계를 생각해보자. 정상상태에서는 식 (3-30)에 의하여 구간 ①로 들어간 모든 유체는 구간 ②로 나와야 한다. 따라서 질량수지식은 식 (3-31)로 표현된다.

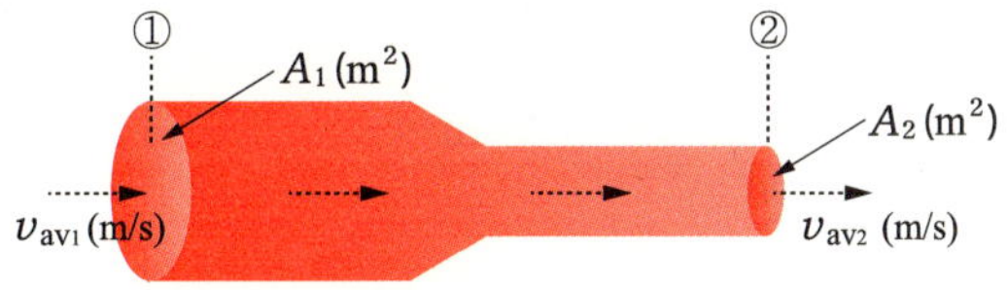

그림 3-17 정상상태 흐름에서 질량수지

$$m = \rho_1 A_1 v_{av1} = \rho_2 A_2 v_{av2} \tag{3-31}$$

식 (3-31)을 연속식(continuity equation)이라 한다. 액체가 단면이 원인 파이프를 통해 흐를 경우는 ρ가 일정($\rho_1 = \rho_2 = \rho$)하므로

$$\frac{1}{4}\pi D_1^2 v_{av1} = \frac{1}{4}\pi D_2^2 v_{av2} \tag{3-32}$$

여기서 D_1과 D_2는 그림 3-17에서 상류 ①과 하류 ②에서 각각 파이프의 지름을 나타낸다.

때때로 $G = \rho v_{av}$로 나타낸다.

여기서 G(kg/s·m^2)는 질량속도(mass velocity) 또는 질량 플럭스(mass flux)라 하며, 단위 시간(s)에 단위 면적(m^2)을 통하여 흐르는 질량을 의미한다.

[예제 3-12] 우유 흐름에서 연속식

비중 1.035인 전지우유(whole milk)가 파이프 리두셔(pipe reducer)를 통해 1에서 2방향으로 0.306 m^3/s로 흐르고 있다. 지름 300 mm와 200 mm 파이프에서 평균유속과 질량유량을 계산하라.

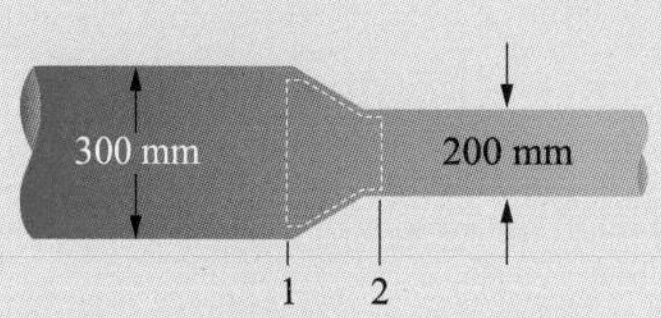

[풀이] (1) 평균유속: 식 (3-29)에서

$$v_{av1} = \frac{Q}{A_1},\ v_{av2} = \frac{Q}{A_2}$$

$$v_{av1} = \frac{0.306}{\frac{1}{4}\pi(0.3)^2} = 4.33\ \text{m/s}$$

$$v_{av2} = \frac{0.306}{\frac{1}{4}\pi(0.2)^2} = 9.75\ \text{m/s}$$

(2) 질량유량: 식 (3-28)에서

$$m = m_1 = m_2 = \rho Q = (1.035)(1000\ \text{kg/m}^3)(0.306\ \text{m}^3\text{/s})$$
$$= 316.71\ \text{kg/s}$$

[예제 3-13] 파이프 지름의 변화

물이 예제 3-12의 그림에 나타낸 것과 같은 파이프를 통해 흐르고 있으며, 안지름 50 mm인 파이프를 흐르다가 도중에서 지름이 작아졌다. 물은 파이프를 통하여 정상상태로 흐르며, 단면 1에서 평균유속이 2 m/s일 때 부피유량을 구하라. 또한 단면 2에서 평균유속을 5 m/s로 하고자 할 때 작은 파이프의 지름을 얼마로 하면 될까?

[풀이]

(1) 식 (3-27)에 의하여 부피유량은

$$Q = Av_{av} = \frac{\pi(50\times 10^{-3})^2}{4}(2) = 3.93\times 10^{-3}\ \text{m}^3/\text{s}$$

(2) 작은 파이프의 지름은 식 (3-32)에 의하여

$$\frac{\pi(50\times 10^{-3})^2}{4}(2) = \frac{\pi D_2^{\,2}}{4}(5)$$

따라서 $D_2 = 0.0316\ \text{m} = 31.6\ \text{mm}$

Section 5 총괄 기계적 에너지수지

앞에서 기술한 화학반응에서 에너지수지를 생각할 때는 물체의 위치에너지, 운동에너지, 기계적 일 등이 기여하는 것은 무시하고 열에만 주목하여 열수지를 공부하였다. 그러나 유체수송에서는 이러한 기계적 에너지(mechanical energy)를 고려하는 것이 중요하다.

기계적 에너지는 일 또는 직접 일로 전환될 수 있는 에너지로서 일, 운동에너지, 위치에너지 및 압력에너지를 기계적 에너지라 한다. 유체의 흐름에서는 에너지를 J/kg의 단위 즉, 유체 1 kg당 에너지로 나타내는 것이 편리하다.

1. 기계적 에너지 형태

(1) 위치에너지

중력장에서 수평 기준평면으로부터 높이 z(m)의 위치에 있는 어떤 물체 또는 유체는 낮은 위치로 떨어지면서 에너지를 방출하면서 일을 할 수 있다. 높은 위치에서 물이 떨어지면서 물레방아를 돌리는 일을 위치에너지의 예로 볼 수 있다. 반대로 유체를 높은 위치로 올리기 위해서는 펌프로 일(에너지)을 가해 주어야 한다.

기준면에서 높이 z(m)에 있는 유체 1 kg이 가지고 있는 위치에너지 E_p는

$$E_p = zg \tag{3-33}$$

여기서 g는 중력가속도(m/s^2)이며, zg의 SI단위는 $m(m/s^2)$이다. 이 단위의 분모, 분자에 각각 kg을 곱해 주면 $(kg \cdot m/s^2)(m/kg) \equiv J/kg$이다. 위치에너지를 계산할 때 기준면(datum level 또는 reference level)은 편리하게 임의로 정할 수 있다. 우리가 구하는 것은 위치에너지의 변화이므로 기준면을 어떻게 정하든 관계 없다.

(2) 운동에너지

유체가 한 곳에서 다른 곳으로 이동할 때 유체의 운동은 평균속도로 나타낼 수 있다. 평균 유속 v_{av}로 흐르는 유체의 운동에너지는 정지해 있는 유체를 v_{av}로 가속시키기 위하여 가해 주어야 하는 일과 같으며, 역으로 흐르는 유체는 정지하면서 일을 할 수 있다. 평균속도 v_{av}로 움직이고 있는 유체 1 kg의 운동에너지는 다음 식으로 구할 수 있으며 E_k의 SI단위는 J/kg이다.

$$E_k = \frac{{v_{av}}^2}{2} \tag{3-34}$$

(3) 압력에너지

기체가 들어 있는 실린더를 생각해 보자. 외부에서 피스톤에 압력을 가하면, 실린더 내부의 유체 압력은 높아지고, 외부의 압력을 제거하면 압축된 기체는 압력이 낮아지면서 피스톤을 밀어 올리면서 외부에 일을 하게 된다. 즉, 유체의 압력은 기계적 에너지를 저장하는 한 방법이라 생각할 수 있다.

압력 단위는 N/m^2이므로 분모, 분자에 m를 곱하면, $N \cdot m/m^3 \equiv J/m^3$, 즉, 압력은 단위 부피당 에너지라 할 수 있다. 따라서 유체 1 kg이 가진 압력에너지는 $pV = p/\rho$(J/kg)이다. 여기서 $V(m^3/kg)$은 비부피적(specific volume)으로 밀도의 역수($1/\rho$)를 나타낸다.

유체의 흐름계를 생각하면, 유체를 계안으로 밀어 넣기 위하여 외부에서 유체에 압력을 가해주며, 반대로 유체가 계 밖으로 나올 때 유체가 외부에 압력을 미친다. 즉, 1 kg의 유체를 압력 p_1으로 파이프 입구 1에서 밀어 넣는 경우,

계의 경계 바로 밖에 있는 유체는 앞에 있는 유체를 경계 안으로 밀어 넣으면서 계에 일을 하게 된다.

$$W_{fl1} = p_1 V_1 = p_1/\rho_1 \tag{3-35}$$

여기서 W_{fl1}은 입구에서 유체가 계 안으로 들어가면서 계에 한 일이다.

한편 출구 2에서 압력 p_2로 배출될 때 계의 경계 바로 안에 있는 유체는 그 앞에 있는 유체를 경계 밖으로 밀어 내면서 주위에 일을 한다.

$$W_{fl2} = p_2 V_2 = p_2/\rho_2 \tag{3-36}$$

역시 W_{fl2}는 출구에서 주위에 한 일이다.

(4) 축일

축일(shaft work)은 축에 달린 회전체가 유체에 한 일이다. 우물물을 퍼올려 여러 곳으로 보내기 위해 펌프를 사용하는 것을 축일의 예로 볼 수 있다. 이 때 펌프 축에 달린 회전자(rotor)가 물에 일을 하여 기계적 에너지를 증가시키는데 이를 축일이라 한다. 여기서 축일 W_s의 부호는 외부(펌프)에서 유체에 일을 해 주었을 때를 양(+)으로 한다.

2. 베르누이식(Bernoulli's equation)

기계적 에너지수지의 특별한 경우로 그림 3-18과 같은 흐름에 대해 생각해 보자. 이 때 유체는 이상적인 유체(ideal fluid)로 점성이 없으며 등온으로 흐른다고 가정한다. 따라서 유체가 점성이 없기 때문에 흐르는 동안에 에너지 손실이 없다.

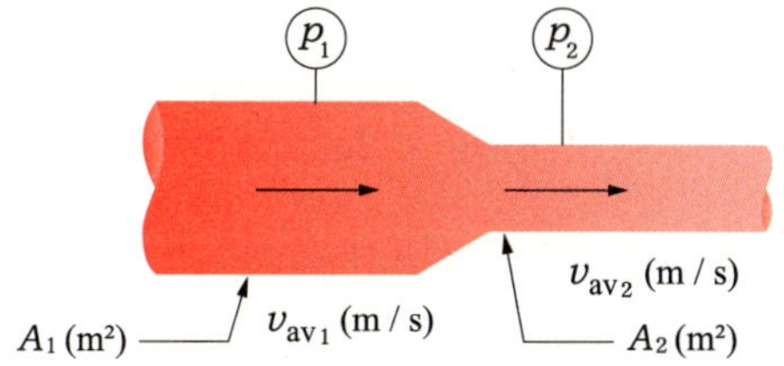

그림 3-18 파이프 내에서 이상적인 유체의 흐름

이와 같은 경우 단면 1 (A_1)과 단면 2 (A_2)에서 에너지 보존법칙을 적용해 보자.

단면 1과 2에서 압력, 기준면으로부터 높이, 평균 유속을 각각 p_1(Pa), z_1(m), v_{av1}(m/s) 및 p_2(Pa), z_2(m), v_{av2}(m/s)라 하고, 중력가속도를 g(m/s^2)라 하면 에너지의 손실이 없기 때문에 단위 시간당 유입되는 에너지와 유출되는 에너지는 같다.

여기서 유체를 비압축성 유체라 하면 $\rho_1 = \rho_2 = \rho$이므로 입구에서 유체 1 kg이 가지고 들어가는 기계적 에너지는 다음과 같다.

$$E_{m1} = \frac{p_1}{\rho} + \frac{1}{2}{v_{av1}}^2 + z_1 g \tag{3-37}$$

한편 출구에서 유체가 가지고 나가는 기계적 에너지는 다음과 같다.

$$E_{m2} = \frac{p_2}{\rho} + \frac{1}{2}{v_{av2}}^2 + z_2 g \tag{3-38}$$

따라서 기계적 에너지수지 식은 다음과 같이 식 (3-39)로 나타낼 수 있다.

$$\frac{p_1}{\rho} + \frac{1}{2}{v_{av1}}^2 + z_1 \mathrm{g} = \frac{p_2}{\rho} + \frac{1}{2}{v_{av2}}^2 + z_2 g \tag{3-39}$$

또는 식 (3-40)으로 나타낼 수 있다.

$$\frac{p_2 - p_1}{\rho} + \frac{1}{2}({v_{av2}}^2 - {v_{av1}}^2) + g(z_2 - z_1) = 0 \tag{3-40}$$

식 (3-39)와 식 (3-40)은 18세기 과학자이자 수학자이며 기계적 에너지수지의 개념을 처음으로 발전시킨 Daniel Bernoulli의 이름을 따 베르누이식이라 한다. 각 항은 유체 단위 질량당 에너지(J/kg)의 차원을 가진다. 한편 식 (3-39)의 양변을 중력가속도 g로 나누어주면 각 항은 길이(m)의 차원을 가진다.

$$\frac{p_1}{\rho g} + \frac{1}{2g}{v_{av1}}^2 + z_1 = \frac{p_2}{\rho g} + \frac{1}{2g}{v_{av2}}^2 + z_2 \tag{3-41}$$

길이의 차원을 가지는 에너지를 헤드(head)라 부르므로 $p/\rho g$를 압력헤드(pressure head), ${v_{av}}^2/(2g)$을 속도헤드(velocity head), z를 위치헤드(potential head), 이들의 합을 전체헤드(total head)라 한다.

베르누이식은 이상적인 경우에 적용되는 기계적 에너지 보존법칙이지만, 기계적 에너지가 한 형태에서 다른 형태로 어떻게 전환되는가를 결정하는 데 유용하게 활용되므로 잘 이해해 두도록 한다. 예를 들어 고압의 기체가 들어 있는 탱크의 밸브를 열면 밸브를 통해 기체가 빠른 속도로 배출되는데 이 경우 탱크 중의 압력 에너지가 배출가스의 운동에너지로 전환된다.

[예제 3-14] 파이프 축소에 따른 압력 증가

그림 3-18과 같이 물이 유량 0.4 m^3/min으로 지름 7.5 cm인 파이프를 흐르고 있으며 이 때 압력은 70 kPa이다. 만약 파이프의 지름이 5 cm로 축소되었을 때 새 파이프에서의 압력을 구하라. 물의 밀도는 1000 kg/m^3이다.

[풀이]

물의 유량 : $\left(\dfrac{0.4\ m^3}{min}\right)\left(\dfrac{1\ min}{60\ s}\right) = 0.0067\ \dfrac{m^3}{s}$

파이프의 단면적($D_1 = 7.5$ cm) :

$$\frac{\pi}{4}D_1^2 = \frac{\pi}{4}(0.075)^2 = 4.42\times10^{-3}m^2$$

7.5 cm 파이프에서 평균 유속 :

$$v_{av1} = \frac{0.0067\ m^3/s}{4.42\times10^{-3}m^2} = 1.52\ m/s$$

5 cm 파이프의 단면적:

$$\frac{\pi}{4}D_2^2 = \frac{\pi}{4}(0.05)^2 = 1.96\times10^{-3}m^2$$

5 cm 파이프의 평균 유속 :

$$v_{av2} = \frac{0.0067\ m^3/s}{1.96\times10^{-3}m^2} = 3.4\ m/s$$

식 (3-39)에서 $z_1 = z_2$이므로

$$\frac{p_1}{\rho} + \frac{1}{2}v_{av1}^2 = \frac{p_2}{\rho} + \frac{1}{2}v_{av2}^2$$

$$\frac{(70)(1000)}{1000} + \frac{1}{2}(1.52)^2 = \frac{(p_2)(1000)}{1000} + \frac{1}{2}(3.4)^2$$

$$p_2 = 65.4\ kPa$$

[예제 3–15] 큰 탱크로부터 물의 유출

그림 3–19에 나타낸 것과 같이 물을 채운 큰 탱크의 바닥에 파이프가 연결되어 있다. 기준면으로부터 수면까지의 높이가 8 m, 배출구까지의 높이가 1 m이다. 이 때 유출되는 물의 평균 유속을 구하라.

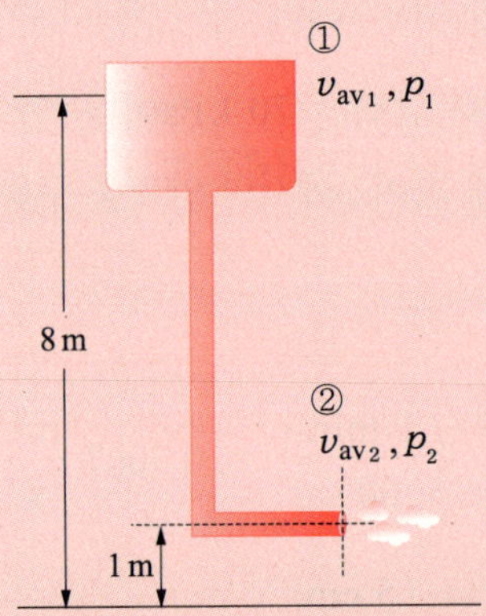

그림 3–19 큰 탱크로부터 물의 유출

[풀이]

탱크의 수면을 ① 배출구를 ②라 하고 높이로 나타낸 Bernoulli 식은 다음과 같이 표현된다.

큰 탱크의 수면이 내려가는 속도는 매우 느리므로 $v_{av1} \cong 0$, 또한 수면과 배출구에서 압력은 모두 대기압이므로 $p_1 = p_2$이다. 이와 같은 조건에서 위 식은 다음과 같이 간단해진다.

$$z_1 g = z_2 g + \frac{v_{av2}^2}{2}$$

v_{av2}에 대해서 풀면,

$$v_{av2} = \sqrt{2g(z_1 - z_2)} = \sqrt{2 \times 9.8 \times (8-1)} = 11.7 \text{ m/s}$$

이 값은 물이 높이 7 m에서 자유낙하할 때의 속도와 같다.

[예제 3-16]

저장탱크에 담겨 있는 물의 높이가 출구 파이프보다 4.7 m 높다. 탱크의 압력은 대기압이고 출구 파이프의 지름은 1.2 cm이며 공기 중으로 물을 방출한다고 할 때 유량을 구하라.

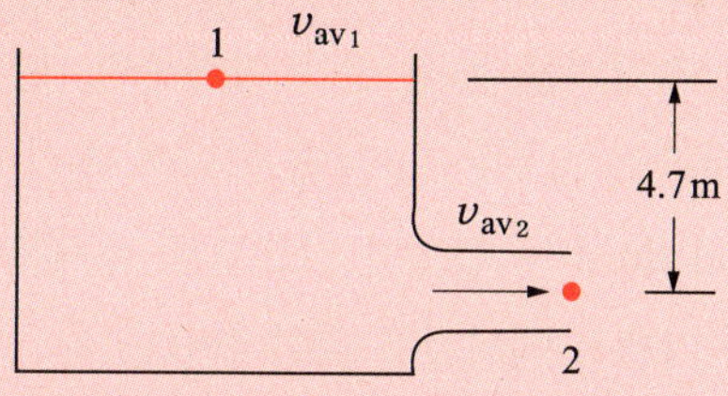

그림 3-20 저장탱크로부터 물의 방출

[풀이]

(1) 식 (3-39)에서 파이프의 출구를 기준면으로 잡으면 $z_1 = 4.7$ m, $z_2 = 0$이고, 탱크에서 유속은 매우 느리므로 $v_{av1} = 0$, $p_1 = p_2 =$ 대기압이다.

$$z_1 g = \frac{{v_{av2}}^2}{2}$$

$$v_{av2} = \sqrt{2gz_1} = \sqrt{2 \times 9.81 \times 4.7} = 9.6 \text{ m/s}$$

(2) 파이프의 단면적 :

$$A = (\pi/4)D^2 = (\pi/4)(0.012)^2 = 1.13 \times 10^{-4} \text{ m}^2$$

따라서 출구에서 부피유량

$$Q = Av_{av2} = (1.13 \times 10^{-4} \text{ m}^2)(9.6 \text{ m/s}) = 1.08 \times 10^{-3} \text{ m}^3\text{/s}$$

질량유량 :

물의 밀도를 1000kg/m³이라 하면

$$m = Q\rho = (1.08 \times 10^{-3} \text{ m}^3\text{/s})(1000 \text{ kg/m}^3) = 1.08 \text{ kg/s}$$

3. 기계적 에너지수지

식품가공공정에서 유체가 파이프, 밸브, 가공장치를 흐르는 동안에 가공장치를 통해 열이 가해지고 또한 유체를 흐르게 하기 위하여 펌프로 유체에 에너지를 가해 준다. 그림 3-21에 나타낸 것과 같은 흐름계를 생각해 보자.

흐름의 중간에 유체를 배관을 통하여 수송하기 위하여 일 W_s를 하는 펌프를 설치하였으며 또한 가열기를 통해 열을 가해준다. 한편 베르누이식에서는 유체는 점성이 없어 배관을 흐르는 동안에 에너지 손실이 없다고 가정하였으나, 모든 실제 유체(real fluid)는 점성이 있으므로 유체분자들 사이 또는 고체 벽면과의 마찰에 의해 기계적 에너지를 잃어버린다.

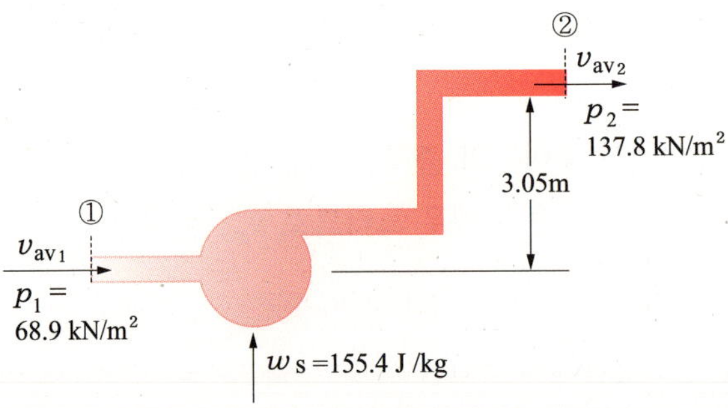

그림 3-21 유체의 정상상태 흐름 계

이와 같은 흐름 계에서 기계적 에너지만을 생각하자. 그림 3-21에 나타낸 흐름 계의 점 1과 점 2 사이를 통과하는 동안에 유체 1 kg이 여러 가지 형태로 잃어버리는 모든 기계적 에너지 손실을 Σh_f로 나타내자. 펌프에 의하여 유체 1 kg에 대하여 W_s의 일을 해주므로 W_s는 계에 들어가는 기계적 에너지이고, Σh_f는 잃어버린 기계적 에너지이므로 나가는 에너지이다.

따라서 유체의 정상상태 흐름에서 기계적 에너지수지를 유체 1 kg을 기준으로 나타내면 다음과 같다.

$$\frac{p_1}{\rho}+\frac{1}{2\alpha}v_{av1}{}^2+z_1g+W_s=\frac{p_2}{\rho}+\frac{1}{2\alpha}v_{av2}{}^2+z_2g+\Sigma h_f \qquad (3\text{-}42)$$

또는 식 (3-43)으로 나타낼 수 있다.

$$W_s=\frac{p_2-p_1}{\rho}+\frac{1}{2\alpha}(v_{av2}{}^2-v_{av1}{}^2)+g(z_2-z_1)+\Sigma h_f \qquad (3\text{-}43)$$

여기서, 운동량 보정계수 α는 난류일 때 1.0, 층류일 때 $\frac{1}{2}$이다.

식 (3-42)와 식 (3-43)은 비압축성 유체의 정상상태 흐름 계에서 매우 중요하게 이용되는 식이다. 예를 들어 주어진 흐름 계에서 압력변화를 예측하거나 일정한 유량으로 유체를 수송하는데 필요한 펌프의 크기를 결정하는데 유용하게 활용된다. 또한 유량을 측정하거나 파이프의 지름이 변할 때 압력 변화를 추정하는데 사용된다.

[예제 3-17] 수평 파이프에서 기계적 에너지 손실

지름이 일정한 수평 파이프에서 입구와 출구 압력의 관계를 구하라.

[풀이]

먼저 입구와 출구를 각각 점 1과 점 2라 한다.

수평 파이프이므로 $z_1 = z_2$(위치 에너지의 변화가 없다.)

파이프의 지름이 일정 $v_{av1} = v_{av2}$(운동에너지의 변화가 없다.)

파이프 내에 일을 가해주는 펌프가 없다. $W_s = 0$

따라서 기계적 에너지 수지는 다음과 같아진다.

$$\frac{p_1 - p_2}{\rho} = h_f$$

또는 $p_1 = p_2 + \rho h_f$

이 식은 매우 의미 있는 식이다. 비압축성 유체가 지름이 일정한 수평 파이프를 정상상태로 흐를 때 입구의 압력이 출구의 압력보다 높아야 하는데($p_1 > p_2$), 이는 유체가 파이프를 흐를 때 마찰에 의하여 기계적 에너지가 손실되기 때문이며, 마찰손실의 크기는 압력차 ($p_1 - p_2$)를 밀도로 나눈 값과 같다.

[예제 3-18] 수평 파이프에서 마찰손실

물을 어떤 지름이 일정한 수평 파이프를 통해 흘러 보내기 위하여 출구보다 68900 Pa 높은 압력을 입구에 가해 주어야 한다. 이 때 물 1 kg 당 마찰손실을 구하라.

[풀이] $p_1 - p_2 = 68900$ Pa이므로 [예제 3-17]에서

$$\Sigma h_f = \frac{\Delta p}{\rho} = \frac{68900}{1000} = 68.9 \text{ J/kg}$$

[예제 3-19] 펌프 시스템에서 기계적 에너지수지

밀도 998 kg/m^{3}인 물이 지름이 일정한 관을 통하여 정상상태로 흐르고 있다. 입구에서 유체의 압력은 68.9 kN/m^2 절대압이며, 입구관은 펌프에 연결되어 있다. 펌프는 유체를 수송하기 위하여 155.4 J/kg의 일을 유체에 해준다. 펌프에 연결된 출구관의 지름은 입구관과 같고 입구관보다 3.05 m 높으며, 출구에서 압력은 137.8 kN/m^{2}이다. 난류흐름일 때 배관 계(piping system)에서 총 마찰손실 Σh_f를 구하라.

[풀이]

문제를 그림으로 나타내면 그림 3-22와 같다. 펌프에 일을 했기 때문에 $W_s = 155.4$이다. z_1을 기준 평면으로 잡으면($z_1 = 0$), $z_2 = 3.05$ m이다. 관의 지름은 같으므로 $v_{av1} = v_{av2}$이다.

식 (3-42)에서,

$$\Sigma h_f = \frac{p_1 - p_2}{\rho} + \frac{1}{2}(v_{av1}{}^2 - v_{av2}{}^2) + g(z_1 - z_2) + W_s$$

$$= \frac{(68.9 - 137.8)(1000)}{998} + 0 + 9.806(0 - 3.05)$$

$$+ 155.4 = 56.5 \text{ J/kg}$$

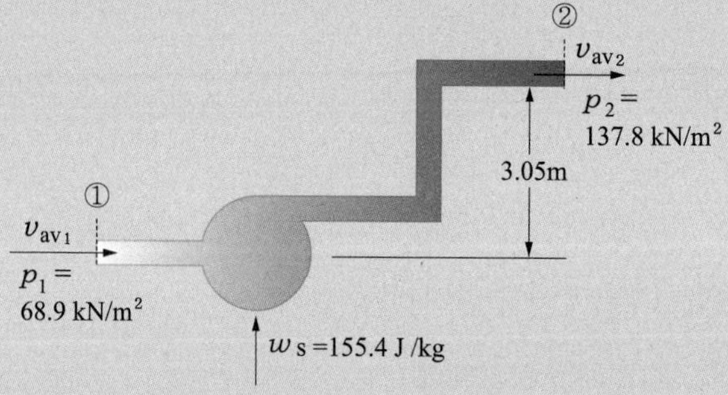

그림 3-22 [예제 3-19]의 풀이도

Section 6 관내에서 비압축성 유체의 흐름

식품공업에서는 주로 비압축성 유체인 액체의 파이프 내 흐름 문제를 취급하는 경우가 많으므로 여기서는 파이프를 통한 비압축성 유체 흐름을 다룬다. 특히 기계적 에너지수지 식을 이용하여 흐름 계를 설계하기 위해서는 흐름 계에서의 마찰손실을 아는 것이 필수적이다.

1. 파이프 내에서 전단응력과 표면마찰

(1) 전단응력 분포

비압축성 유체가 수평 파이프를 통하여 정상상태로 흐를 경우 전단응력과 에너지 손실과의 관계를 생각해 보자. 그림 3-23에 나타낸 것과 같이 파이프 내의 흐름 중에 반지름이 r이고 길이가 L인 원기둥 모양의 유체 기둥을 생각해 보자. 가상적인 이 유체 기둥을 다른 유체와 고립되어 있는 자유 물체라고 생각하자. 정상상태에서 유체는 일정한 속도로 흐르므로 뉴턴의 운동법칙에 의하여 이 유체 기둥에 작용하는 모든 힘의 합은 0이다. 다시 말하면 유체를 흐르게 하는 힘과 유체의 흐름을 방해하는 힘의 합은 0이 되어야 한다.

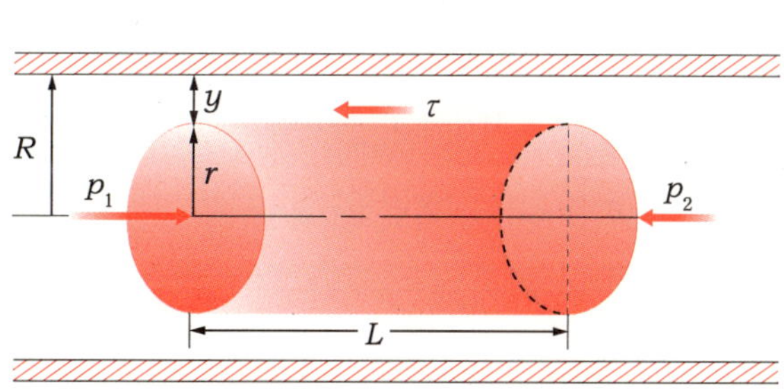

그림 3-23 파이프 내에서 원기둥 모양의 유체에 작용하는 힘

유체 원기둥의 좌측 단면에 작용하는 압력을 p_1, 우측 단면에 작용하는 압력을 p_2라 하고, 우측 방향으로 작용하는 힘을 정(+)으로 하였을 때 작용하는 힘은 압력과 압력을 받는 단면적의 곱이다. 따라서 유체를 밀어주는 힘은 원기둥의 상류와 하류에 작용하는 힘의 차이이므로 식 (3-44)으로 나타낼 수 있다.

$$\text{압력 힘(pressure force)} = \pi r^2(p_1 - p_2) \tag{3-44}$$

한편 유체는 점성이 있으므로 유체기둥의 옆면에는 흐름을 방해하는 점성력이 작용한다. 이 점성력은 좌측 방향으로 작용하며, 전단응력과 유체기둥의 측면 표면적을 곱한 것으로 나타낼 수 있다.

$$\text{점성력(viscous force)} = (2\pi rL)\tau \tag{3-45}$$

두 힘은 같아야 하므로 다음 식 (3-46)과 같다.

$$\pi r^2(p_1 - p_2) = (2\pi rL)\tau \tag{3-46}$$

이를 정리하면 식 (3-47)이 얻어진다.

$$\tau = \frac{(p_1 - p_2)}{2L} r \tag{3-47}$$

파이프의 벽면($r = R$)에서의 전단응력을 τ_w라 하면,

$$\tau_w = \frac{(p_1 - p_2)}{2L} R \tag{3-48}$$

식 (3-47)과 식 (3-48)으로부터 식 (3-49)로 나타낼 수 있다.

$$\tau = \tau_w \times \frac{r}{R} \tag{3-49}$$

위 식을 보면 전단응력 τ는 유체기둥의 지름에 비례한다는 것을 알 수 있다. $r = 0$(파이프의 중심)일 때 $\tau = 0$이며, $r = R$에 $\tau_w = \tau_{max}$가 된다(그림 3-24).

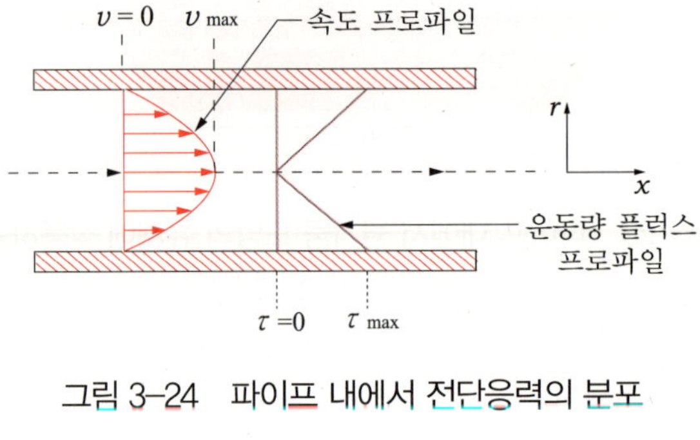

그림 3-24 파이프 내에서 전단응력의 분포

(2) 표면마찰과 벽 전단

식 (3-48)은 길이 L이고 입구 압력 p_1, 출구 압력 p_2인 완전한 흐름에 적용할 수 있다.

비압축성 유체가 지름이 일정한 길이 L인 수평 파이프를 정상상태로 흐를 때 기계적 에너지수지 식은 (예제 3-17)을 참고하여 식 (3-50)으로 표현할 수 있다.

$$\frac{(p_1 - p_2)}{\rho} = h_f \tag{3-50}$$

여기서 $\Delta p = (p_1 - p_2)$는 파이프를 통과하는 동안 잃어버린 압력으로, 이를 압력강하(pressure drop)라 한다. $p_2 = p_1 - \Delta p$이고, 수평 파이프를 통과할 때 마찰은 벽면과 유체 사이의 마찰(skin friction)밖에 없으므로 식 (3-50)에서 압력강하는 순전히 표면마찰에 의한 것이다. 따라서 압력강하에 아래 첨자 s를 붙여 식으로 나타내면 식 (3-50)은 다음과 같이 나타낼 수 있다.

$$\frac{\Delta p_s}{\rho} = h_{fs} \tag{3-51}$$

한편 식 (3-48)에서도 압력강하 $\Delta p = (p_1 - p_2)$는 파이프 벽면과 유체 사이의 마찰에 의한 표면마찰 손실이므로 Δp_s이다. 따라서 식 (3-48)과 식 (3-51)에서 식 (3-52)를 나타낼 수 있다.

$$h_{fs} = \frac{2}{\rho}\frac{\tau_w}{R}L = \frac{4}{\rho}\frac{\tau_w}{D}L \tag{3-52}$$

여기서 D는 파이프의 지름을 의미한다.

식 (3-52)는 파이프 벽면에서 표면마찰 손실과 벽전단과의 관계를 나타내는 기본식이다.

(3) 마찰계수

파이프 벽면과 유체 사이의 마찰손실은 층류 흐름일 때는 이론적 계산이 가능하다(Section 2). 그러나 난류일 경우에는 이론적으로 계산할 수 없으므로 많은 연구자들은 실험적으로 구하고자 노력하였다. 실험을 통하여 난류흐름에서 마찰손실은 레이놀즈수와 파이프 벽면의 거칠기(roughness)에 영향을 받는다는 사실을 발견하였다.

마찰력을 F, 마찰력이 작용하는 면적을 A라 했을 때, 마찰력 F를 면적 A로 나눈 것은 유체가 접하는 벽의 단위 면적당 작용하는 흐름에 대한 저항력 즉, 벽 전단(wall stress) τ_w이다.

벽 전단은 비례상수 f를 도입하여 다음과 같이 표현할 수 있다.

$$\tau_w = f\frac{1}{2}v_{av}^2 \tag{3-53}$$

여기서 $(1/2)v_{av}^2$은 단위 부피당 운동에너지이며, f는 일종의 비례상수로서 팬닝의 마찰계수(Fanning friction factor)라 한다. f는 레이놀즈수와 벽면의 거칠기가 마찰력에 미치는 영향을 나타내기 위하여 도입한 인자이다.

(4) 직선관에서 표면마찰과 압력강하의 관계식

파이프 내에서 표면마찰을 측정하기 위한 4가지 인자 h_{fs}, Δp_s, τ_w, f에 대해서 앞에서 기술하였다. 이들 사이의 상관관계를 구하면,

$$h_{fs} = \frac{2}{\rho}\frac{\tau_w}{R}L = \frac{\Delta p_s}{\rho} = 4f\frac{L}{D}\frac{v_{av}^2}{2} \tag{3-54}$$

또는 식 (3-55)로 나타낼 수 있다.

$$\frac{\Delta p_s}{L} = \frac{2f\rho v_{av}^2}{D} \tag{3-55}$$

식 (3-54)는 일반적으로 직선 파이프에서 표면마찰 손실을 계산하는데 사용되며, 팬닝(Fanning)식이라 한다. 팬닝식은 층류와 난류에 모두 적용된다. 식 (3-54)에서 $4f$를 λ(lambda)로 바꾸어 나타낸 식은 다아시바이스바하(Darcy-Weisbach)식이라 하며, λ는 다아시(Darcy)의 마찰계수라 하여 팬닝의 마찰계수 f와 구별한다. 또한 마찰손실 h_{fs}는 마찰헤드(friction head), $v_{av}^2/2$를 속도헤드(velocity head)라 부르기도 한다.

여기서 h_{fs}와 Δp_s에서 아래 첨자 s에 주의하여 표면마찰에 의한 손실만을 의미함을 유의한다. 다시 말하면, 식 (3-43)의 총 기계적 에너지수지에서 $\Delta p = (p_1 - p_2)$ 항은 운동에너지 또는 위치에너지의 변화에 의한 압력손실인 반면에 $\Delta p_s = (p_1 - p_2)_s$는 단지 표면마찰에 한정된 압력손실이므로 아래 첨자 s를 표시하여 구별하였다. 또한 h_{fs}는 식 (3-43)의 총 마찰손실 항 Σh_f 중의 일부로서, 직선 파이프에서 표면마찰에 의한 마찰손실이므로 역시 아래 첨자 s를 붙여 구별하였다.

2. 층류 유동에서 표면마찰

앞에서 기술한 식 (3-44)에서 식 (3-55)는 비압축성 유체가 정상상태로 흐르면 층류와 난류에 모두 적용할 수 있다. 층류인 경우에는 전단응력과 점도와의 관계가 간단하기 때문에 이론식의 유도는 대부분 층류에 한정되어 있다.

특히 뉴턴 유체의 경우 속도분포, 압력강하 등을 용이하게 이론적으로 계산할 수 있으므로 여기서는 뉴턴 유체에 대해서만 다룰 것이다. 비뉴턴 유체에 대해서는 참고서적을 보기 바란다.

(1) 속도분포

위치에 따른 속도분포는 다음과 같이 구한다. 파이프 내에서 국부 속도분포는 파이프의 중심축에 대하여 대칭이므로 국부속도 v은 반지름에만 의존한다.

속도분포는 뉴턴의 점성법칙으로부터 유도하며 식 (3-56)과 같이 표현된다.

$$\tau = -\mu\frac{dv}{dr} \tag{3-56}$$

식 (3-47)과 (3-56)을 통하여 식 (3-57)으로 나타낼 수 있다.

$$-\mu\frac{dv}{dr} = \frac{(p_1-p_2)}{2L}r \tag{3-57}$$

파이프 벽면 $r = R$에서 $v = 0$이므로 이 경계조건에서 적분하면, 다음과 같다.

$$\int_v^0 -dv = \frac{(p_1-p_2)}{2\mu L}\int_r^R rdr \tag{3-58}$$

$$v = \frac{(p_1-p_2)}{4\mu L}R^2\left[1-\left(\frac{r}{R}\right)^2\right] \tag{3-59}$$

이 식은 파이프 내에서 층류 속도분포를 구하는 식으로, 속도분포는 그림 3-25에 나타낸 것과 같이 포물선형을 나타낸다. 파이프 내에서 최대 속도는 파이프의 중심 $r = 0$에서 속도이므로 식 (3-59)로부터, 다음과 같이 나타난다.

$$v_{\max} = \frac{(p_1-p_2)}{4\mu L} R^2 \tag{3-60}$$

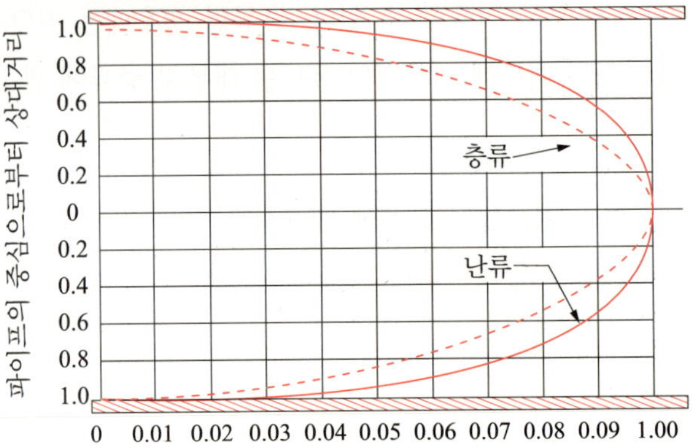

그림 3-25 파이프 내에서 층류, 난류의 속도분포

(2) 평균 속도

평균 속도 v_{av}는 식 (3-27)로부터 체적 유량 Q를 단면적 A로 나누어 구할 수 있다. 파이프의 단면에서 반지름 r이고 두께 dr인 얇은 링을 생각해 보자. 이 링 모양의 미소 단면적 $dA = 2\pi rdr$이며, 이 링을 통해 흐르는 유량은 다음과 같이 주어진다.

$$dQ = vdA = v2\pi rdr \tag{3-61}$$

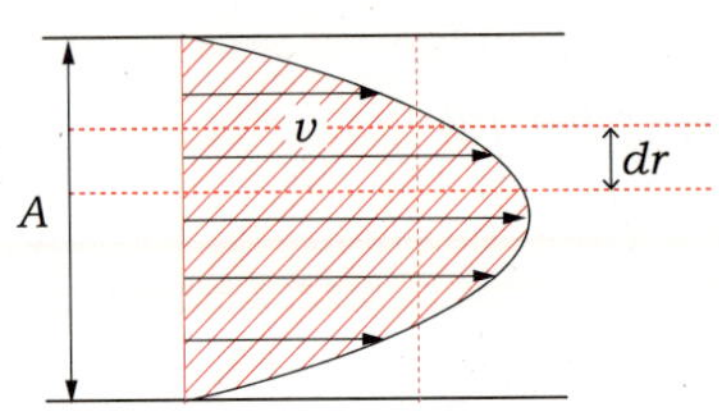

그림 3-26 원형 파이프에서 미소 단면을 통한 흐름

이 유량을 $r = 0$에서 $r = R$까지 전부 합하면 전체 유량 Q를 얻을 수 있다. 따라서 평균 속도는 다음과 같이 주어진다.

$$v_{av} = \frac{Q}{A} = \frac{1}{\pi R^2}\int_0^R (v)(2\pi r)dr \tag{3-62}$$

국부 속도를 나타내는 식 (3-59)를 위 식에 대입하고 적분하면 다음과 같은 평균 속도를 얻을 수 있다.

$$v_{av} = \frac{(p_1 - p_2)R^2}{8\mu L} = \frac{(p_1 - p_2)D^2}{32\mu L} \tag{3-63}$$

이 식을 하겐푸아죄유식(Hagen-Poiseuille equation)이라 부른다.

한편 식 (3-63)과 식 (3-60)을 비교하면 층류의 평균 속도는 최대 속도의 1/2임을 알 수 있다.

$$v_{av} = \frac{1}{2}v_{max} \tag{3-64}$$

(3) 압력강하

하겐푸아죄유식은 지름 D, 길이 L인 수평 파이프를 통하여 층류로 흐르는 뉴턴 유체의 압력강하와 평균 속도와의 관계를 나타낸다. 식 (3-63)에서 $(p_1 - p_2) = \Delta p_s$이므로 Δp_s에 대해 풀면,

$$\Delta p_s = \frac{32 L v_{av} \mu}{D^2} \tag{3-65}$$

이 식을 이용하여 뉴턴 유체의 층류에서 표면마찰에 의한 압력강하를 구할 수 있다.

식 (3-54)에서 $\Delta p_s = \frac{4\tau_w L}{D}$이므로 식 (3-66)으로 나타낼 수 있다.

$$\tau_w = \frac{8 v_{av} \mu}{D} \tag{3-66}$$

식 (3-55)에 식 (3-65)를 대입하면, 식 (3-67)으로 나타낼 수 있다.

$$f = \frac{16\mu}{D v_{av} \rho} = \frac{16}{N_{Re}} \tag{3-67}$$

[예제 3-20] 층류에서 마찰계수의 사용

안지름 5 cm, 길이 170 m인 강관(steel pipe)을 통하여 온도 20°C의 올리브유가 0.1 m^3/min의 유량으로 흐르고 있을 때 압력손실을 구하라.

[풀이]

올리브유의 20°C에서의 점도는 84×10^{-3} Pa·s이고 밀도는 910 kg/m^3이다.

(a) 마찰계수 이용

관의 단면적 : $A = \left(\frac{\pi}{4}\right)D^2 = \left(\frac{\pi}{4}\right)(0.05)^2 = 1.96 \times 10^{-3}\ \mathrm{m}^2$

평균 유속: $v_{av} = \frac{Q}{A} = \frac{0.1 \times (1/60)}{1.96 \times 10^{-3}} = 0.85\ \mathrm{m/s}$

$$N_{Re} = \frac{Dv_{av}\rho}{\mu} = \frac{0.05 \times 0.85 \times 910}{84 \times 10^{-3}} = 460$$

흐름은 층류이므로 식 (3-67)으로부터 패닝의 마찰계수를 구할 수 있다.

$$f = \frac{16}{460} = 0.03$$

압력손실은 패닝식 (3-54)에 의하여 구할 수 있다.

$$\Delta p_s = 4 \times 0.03 \times 910 \times \frac{170}{0.05} \times \frac{0.85^2}{2}$$

$$= 1.34 \times 10^5\ \mathrm{Pa} = 134\ \mathrm{kPa}$$

(b) 하겐푸아죄유식 이용

식 (3-63)으로부터

$$\Delta p_s = \frac{32Lv_{av}\mu}{D^2} = \frac{(32)(84 \times 10^{-3})(0.85)(170)}{(0.05)^2} = 155\ \mathrm{kPa}$$

3. 난류 유동에서 표면마찰

물을 예로 들면 안지름 40 mm 정도의 파이프에 평균 유속 0.1 m/s로 흐르면 난류가 된다. 그러므로 우리 가정에서 접하는 수도관, 가스관 등에서 흐름은 난류라 생각할 수 있다. 더욱이 실제 식품가공 공정에서 유체의 흐름은 대부분의 경우 난류이다. 따라서 파이프 내에서 난류 흐름을 이해하고, 난류에서 압력강하를 구하는 것은 매우 중요하다.

(1) 속도 분포

파이프 내에서 난류로 흐를 경우에는 층류에서와 마찬가지로 벽면 부근에서는 속도가 작고 중심 부근에서 속도가 커진다. 그러나 유체 분자가 격렬히 혼합되기 때문에 속도차는 적어지고 그림 3-25에 나타낸 것과 같이 속도 분포가 완만하다. 난류인 경우 유체의 운동이 매우 복잡하므로 층류에서와 같이 속도 분포를 계산할 수 있는 식을 이론적으로 유도할 수 없다. 따라서 실험과 이론에 기초하여 경험적으로 구한다.

한 가지 예로서 프란틀-칼만(Prandtl-Karman)의 1/7승 법칙은 관벽으로부터 거리 y 또는 중심에서 r 위치에서 국부 속도 v를 식 (3-68)으로 나타낸다.

$$v = v_{\max}\left(\frac{y}{R}\right)^{1/7} = v_{\max}\left(1-\frac{r}{R}\right)^{1/7} \tag{3-68}$$

그림 3-25에서 난류 속도분포곡선은 이 식으로 구한 속도 분포를 그린 것이다.

(2) 압력강하와 마찰계수

앞에서 기술한 것과 같이 마찰계수 f를 알면 팬닝식 (3-54)으로부터 압력강하 Δp_s 또는 표면마찰 손실 h_{fs}을 계산할 수 있다. 층류의 경우 마찰계수는 레이놀즈수에만 의존되며 식 (3-67)을 이용하여 계산할 수 있다. 그러나 난류에서는 층류에서와 같이 이론적으로 추산할 수 없으므로 실험적으로 구해야 한다.

난류에서 마찰계수 f는 레이놀즈수와 파이프의 표면 거칠기에 의하여 좌우된다. 관의 거칠기는 그림 3-27에 나타낸 것처럼 돌기의 높이 ε을 관의 지름 D로 나눈 상대거칠기 ε/D(relative roughness)로 나타낸다.

그림 3-28은 뉴턴 유체에 대하여 평활관(smooth pipe) 및 거칠기가 다른 각종 관들을 사용하여 실험적으로 얻은 마찰계수 f와 레이놀즈수 N_{Re}와의 관계를 요약하여 나타낸 마찰선도(friction chart)이다.

이 그림은 $\log f$와 $\log N_{Re}$를 도시한 것으로 f의 추산에 이용된다. 그림을 보면 상대조도가 클수록 마찰계수가 크며, 또한 N_{Re}가 커지면 f는 N_{Re}에 거의 영향을 받지 않는다는 것을 알 수 있다. 그림 3-28의 왼쪽에 있는 직선은 레이놀즈수 2100 이하의 층류에 적용되는 선으로 이 때 식은 (3-67)이 성립된다.

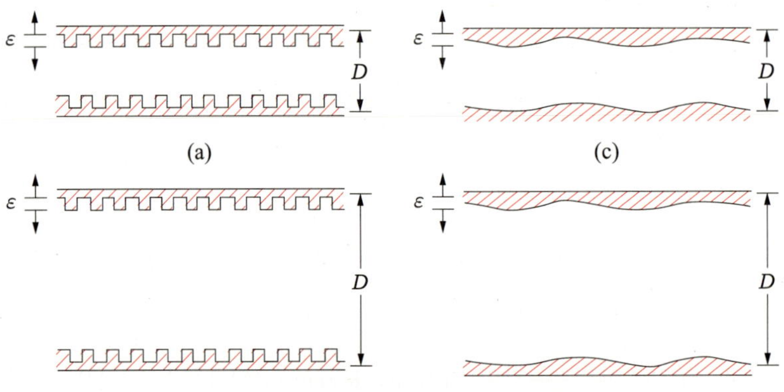

그림 3-27 파이프 내면의 요철

한편 마찰선도 이외에 f를 추산할 수 있는 여러 가지 근사식이 제안되어 있다. 예를 들여 $3{,}000 < N_{Re} < 100{,}000$의 난류영역에서 매끈한 평활관($\varepsilon/D = 0$)을 흐르는 뉴턴 유체의 경우 f를 구할 수 있는 다음과 같은 블라시어스(Blasius)근사식이 제안되었다.

$$f = (0.316/4)N_{Re}^{-0.25} \tag{3-69}$$

한편 비뉴턴 유체인 멱법칙 유체인 경우 식 (3-25)로 정의되는 일반화된 레이놀즈수 N_{GRe}를 구하여 뉴턴 유체와 마찬가지로 식 (3-67)을 이용하여 f값을 구할 수 있다.

이상으로부터 유체의 물리적 성질과 파이프의 상대거칠기를 알고, 또한 v_{av}, D, L이 주어졌을 때 N_{Re}를 계산하여 마찰선도로부터 f를 구하면 팬닝식으로부터 압력강하 Δp를 추산할 수 있다.

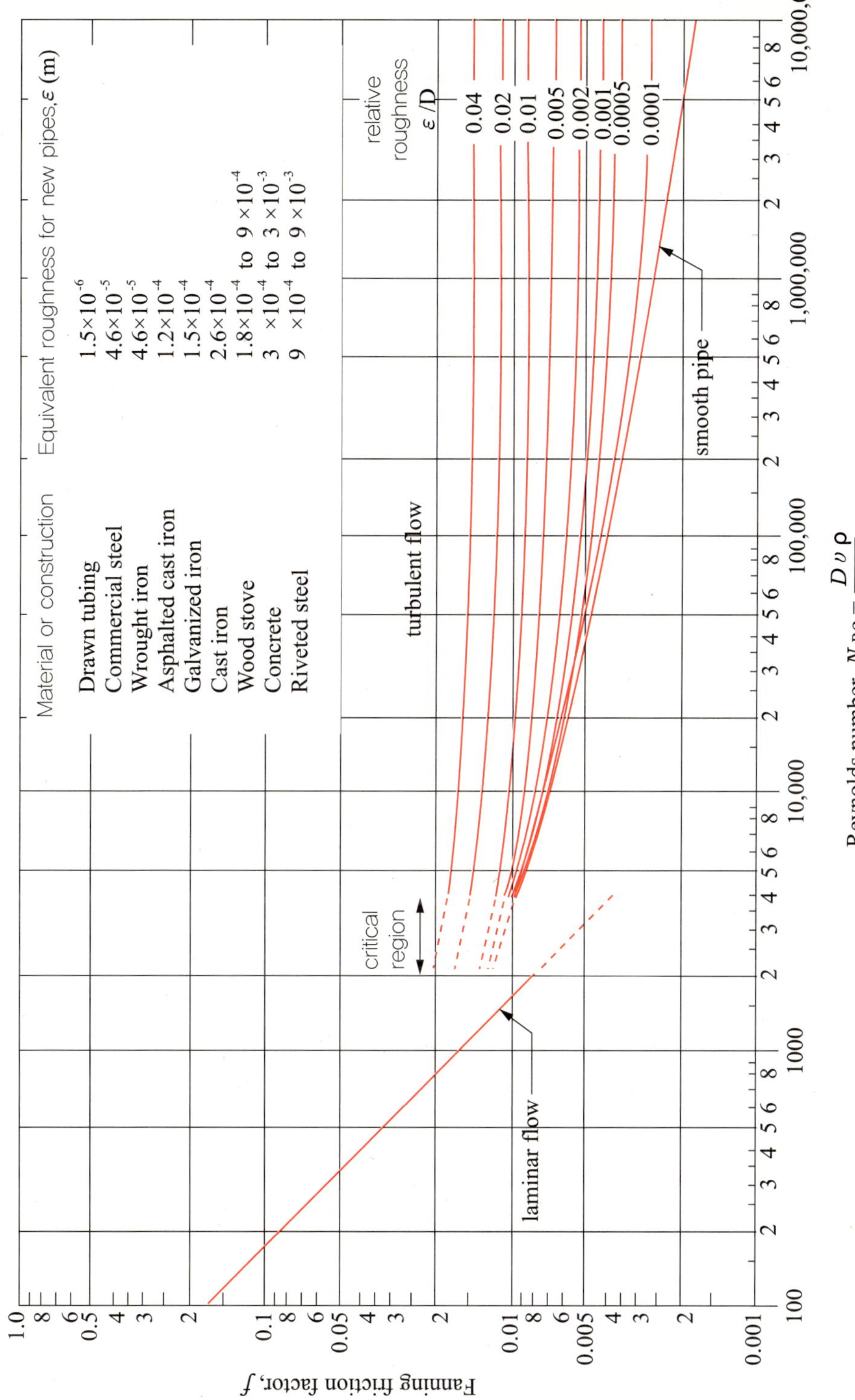

그림 3-28 관 내 유체에 대한 마찰계수 도표

[예제 3–21] 난류에서 마찰계수의 이용

안지름이 40 mm인 평활한 파이프 내를 20°C의 물이 매분 100 L로 흐를 때 파이프 길이 1 m당 압력손실을 구하라.

[풀이]

$$\text{평균 유속: } v_{av} = \frac{Q}{A} = \frac{100 \times 10^{-3}/60}{(\pi/4)(40 \times 10^{-3})^2} = 1.33 \text{ m/s}$$

$$N_{Re} = \frac{(40 \times 10^{-3})(1.33)(997.4)}{(1.0 \times 10^{-3})} = 5.31 \times 10^4$$

그러므로 난류이다. 평활한 관이므로 블라시어스식을 적용하면,

$$f = (0.316/4)(5.31 \times 10^4)^{-0.25} = 5.21 \times 10^{-3}$$

팬닝식으로부터

$$\Delta p_f = 4f\left(\frac{\rho v_{av}^2}{2}\right)\left(\frac{L}{D}\right)$$
$$= 4(5.21 \times 10^{-3})\left(\frac{997.4 \times 1.33^2}{2}\right)\left(\frac{1}{40 \times 10^{-3}}\right) = 460 \text{ Pa}$$

4. 속도 또는 방향 변화에 의한 마찰

앞에서 기술한 것과 같이 지름이 일정한 직선 파이프를 통해 유체가 흐를 경우 표면마찰손실은 마찰계수를 사용하여 팬닝식으로부터 계산한다. 그러나 실제 흐름계에서는 파이프의 지름이 급격히 좁아지거나 넓어지면서 속도가 변하거나 흐르는 방향이 45° 또는 90°로 변하기도 하며 파이프 중간에 밸브를 삽입하여 유량을 조절하기도 한다. 이와 같은 경우에는 정상적인 흐름이 교란되기 때문에 표면마찰 이외에 추가적인 손실이 생긴다. 대부분의 경우 이러한 영향은 정확히 계산할 수 없으므로 실험 자료에 의존한다.

일반적으로 이와 같은 마찰손실은 흐르는 유체의 속도헤드(velocity head)에 비례하므로 다음과 같은 일반식으로 표현할 수 있다.

$$h_f = K\frac{v_{av}^2}{2} \tag{3-70}$$

여기서 K는 특정한 경우에 따라 결정되는 손실계수(loss coefficient)이다.

(1) 관의 단면적의 급격한 변화에 의한 손실

만일 파이프의 단면이 아주 서서히 확대된다면 이로 인한 추가적인 마찰손실은 거의 생기지 않는다. 그러나 파이프의 단면이 급격히 확대되면 상당한 에너지 손실이 생기며 이때의 마찰손실은 다음 식으로부터 구한다.

$$h_{fe} = K_e\frac{v_{av1}^2}{2\alpha} \tag{3-71}$$

여기서 K_e는 확대 손실계수(expansion loss coefficient)로서, $K_e = (1 - A_1/A_2)^2$이다. A_1과 A_2는 각각 상류와 하류에서 파이프의 단면적이고, v_{av1}은 단면적이 좁은 상류에서의 평균 유속이고 양쪽 흐름이 난류일 때 운동량 보정계수 $\alpha = 1.0$, 층류일 때 $\alpha = 1/2$이다.

한편 파이프의 단면이 A_1에서 A_2로 갑자기 축소될 경우 마찰손실은 역시 속도두(velocity head)에 비례하며, 다음 식으로부터 구한다.

$$h_{fc} = K_c\frac{v_{av2}^2}{2\alpha} \tag{3-72}$$

여기서 h_{fc}는 마찰손실, 난류흐름일 때 $\alpha = 1.0$, 층류일 때 $\alpha = 1/2$이며, v_{av2}는 하류의 평균유속이다. 여기서 K_c는 축소 손실계수(contraction loss coefficient)로서 실험에 의하면 층류인 경우 $K_c < 0.1$이며, 난류인 경우 근사적으로 $K_c = 0.55(1-A_2/A_1)$이다.

(2) 관부속품과 밸브에 의한 손실

관부속품(pipe fitting)과 밸브(valve)도 역시 파이프 내에서 유체의 정상적인 흐름을 교란시켜 마찰손실을 발생시킨다. 이러한 마찰손실은 관부속품이 많이 부착되어 있는 짧은 파이프인 경우에 직선 파이프에서의 마찰손실보다 오히려 더 클 수도 있다.

관부속품과 밸브에 의한 마찰손실은 다음 식으로부터 구한다.

$$h_{ff} = K_f \frac{{v_{\mathrm{av1}}}^2}{2} \tag{3–73}$$

여기서 K_f: 관부속품 또는 밸브에 대한 손실계수(loss factor)

v_{av1}: 관부속품 상류에서의 평균 유속

관부속품의 손실계수 K_f는 실험적으로 구하며, 표 3–3에 대표적인 손실계수를 나타내었다.

표 3–3 관부속품을 통한 난류 마찰손실

Type of Fitting or Valve	Frictional Loss, Number of Velocity Heads, K_f	Frictional Loss, Equivalent Length of Straight Pipe in Pipe Diamerers, L_e/D
Elbow, 45°	0.35	17
Elbow, 90°	0.75	35
Tee	1	50
Return bend	1.5	75
Coupling	0.04	2
Union	0.04	2
Gate valve		
Wide open	0.17	9
Half open	4.5	225
Globe valve		
Wide open	6.0	300
Half open	9.5	475
Angle valve, wide open	2.0	100
Check valve		
Ball	70.0	3500
Swing	2.0	100
Water meter, disk	7.0	350

손실계수를 구하는 다른 방법으로 상당길이(equivalent length) L_e를 이용하는 방법도 있다. 상당길이란 관부속품에 의한 마찰손실과 동일한 마찰손실에 상당하는 직선 파이프의 길이이다. 만약 관부속품 또는 밸브의 L값을 직선관의 길이 L_e에 더해 준 값, 즉 $(L+L_e)$를 팬닝식에 대입하면 직선 파이프, 관부속품, 밸브에 의한 마찰손실을 동시에 고려한 마찰손실을 계산할 수 있다.

상당길이는 단독으로 나타내기 보다는 상당길이 파이프의 직경 D(m)의 n배 값 즉, $n = L_e/D$로 표시하는 경우가 많다. 따라서

$$L_e = nD \tag{3-74}$$

표 3-3과 그림 3-29에 몇 가지 관부속품과 밸브의 n값을 나타내었다.

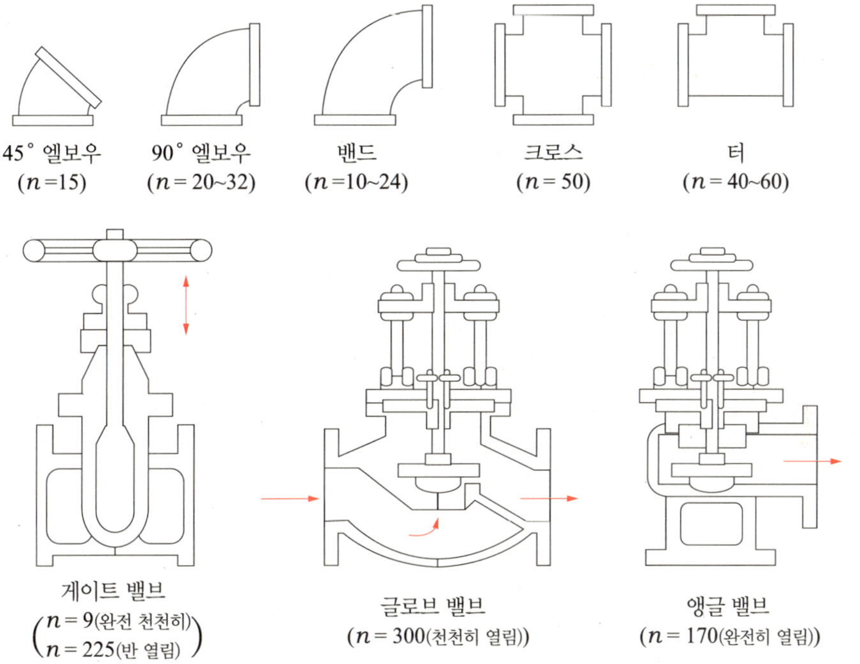

그림 3-29 몇 가지 파이프 부속품과 밸브의 n값

5. 유체의 수송에 필요한 동력계산

(1) 이론 동력과 축동력

배관계를 통하여 유체를 흐르게 하기 위해서는 배관계에서의 에너지 손실보다 더 큰 에너지가 필요하다. 때로는 이러한 에너지는 액면의 높이차나 기체의 압력차에 의해 얻어진다. 그러나 대부분의 경우 에너지는 펌프 또는 송풍기와 같은 기계적 장치로 공급한다. 이때 단위 시간당 필요한 에너지를 동력(power)이라 하며, W(J/s)의 단위를 가진다.

배관계를 통하여 유체를 질량유량 m(kg/s)으로 수송하는데 필요한 이론 동력 P_m(J/s)은 식 (3-43)으로부터 구한 W_s(J/kg)에 유체의 유량을 곱한 것이다.

$$P_m = mW_s \text{ (W)} \tag{3-75}$$

펌프 등 유체 수송기계에 공급된 에너지 중에서 일부는 수송기계 내부에서 마찰 등에 의하여 소비된다. 따라서 유체 수송기계에 공급한 단위 질량당 에너지 W_p 중에서 실제 유체 수송에 유효하게 이용되는 에너지 W_s의 비율을 효율 η(eta)라 하며, 다음과 같이 정의된다.

$$\eta = W_s/W_p \tag{3-76}$$

따라서 실제 필요한 소요동력 P_s(축동력이라고도 함)는 다음 식과 같이 구한다.

$$P_s = \frac{mW_s}{\eta} \tag{3-77}$$

[예제 3-22] 펌프의 효율

우유를 질량유량 100 kg/s로 수송하는데 2000 J/kg의 에너지가 필요하다. 펌프의 효율이 70%라 할 때 소요동력을 구하라.

[풀이]

$m = 100$ kg/s, $W_s = 2000$ J/kg, $\eta = 0.7$이므로 식 (3-77)로부터,

$$P_s = \frac{(100)(2000)}{0.7} = 2.86 \times 10^5 \text{ W} = 286 \text{ kW}$$

(2) 기계적 에너지수지식에서 마찰손실

기계적 에너지수지식 (3-42)에서 Σh_f에는 직선 파이프에서의 마찰손실(팬닝 마찰) 뿐만 아니라 파이프 단면의 급격한 확대 및 축소, 그리고 관부속품과 밸브에서의 손실이 모두 포함된다. 따라서

$$\Sigma h_f = h_{fs} + h_{fe} + h_{fc} + h_{ff} \tag{3-78}$$

$$= 4f\frac{L}{D}\frac{{v_{av}}^2}{2} + K_e\frac{{v_{av1}}^2}{2} + K_c\frac{{v_{av2}}^2}{2} + K_f\frac{{v_{av1}}^2}{2}$$

[예제 3-23] 관부속품과 밸브에 의한 마찰손실

안지름 30 mm의 강관을 사용하여 20°C의 물을 유속 2.0 m/s로 큰 저장 탱크 A로부터 10 m 높이의 저장 탱크 B로 퍼 올린다. 배관의 직선 부분의 총 길이는 100 m이며, 배관 중에 90°엘보우(elbow)가 5개, wide open 글로브 밸브(globe valve)가 2개 삽입되어 있다. 팬닝의 마찰계수가 0.006이라고 할 때 마찰에 의한 압력손실을 구하라.

[풀이]

표준형 90°엘보우와 글로브 밸브의 상당길이는 각각 35*D*와 300*D*이며, 파이프의 지름은 0.03 m이다. 따라서 관부속품에 의한 총 상당길이는

$$L_e = (35 \times 5 + 300 \times 2) \times 0.03 = 23.25 \text{ m}$$

그러므로 직선 부분의 길이 $L = 100$ m에 $L_e = 23.25$ m를 더한 길이를 총 길이로 생각하여 Fanning식으로부터 마찰손실을 구한다. 식 (3-54)로부터

$$h_{fs} = 4f\frac{L}{D}\frac{v_{av}^2}{2} = 4 \times 0.006 \times \frac{(100+23.25)}{0.03} \times \frac{2.0^2}{2}$$

$$= 197.2 \text{ J/kg}$$

[예제 3-24] 기계적 에너지수지와 펌프 소요동력

20°Brix(무게로 20%의 설탕 함유), 27°C의 사과 주스를 바닥에 설치된 개방 탱크로부터 상부에 있는 큰 개방 탱크로 1 in. 위생관(sanitary pipe)(0.0229 m)을 통하여 펌프로 수송한다. 배관계에는 3개의 90° 엘보우(elbow)와 1개의 앵글 밸브(angle valve)가 설치되어 있으며, 사과 주스가 30 m 파이프를 통하여 질량유량 1 kg/s로 흐른다.

개방 탱크에서 사과 주스의 높이는 바닥에서 3 m이며 사과 주스는 바닥으로부터 12 m 높이에서 배출된다. 소요되는 펌프 동력을 구하라. 단, 사과 주스의 점도와 밀도는 27°C에서 물의 성질과 거의 같다고 가정하며, 펌프효율(η)은 60%라고 가정한다.

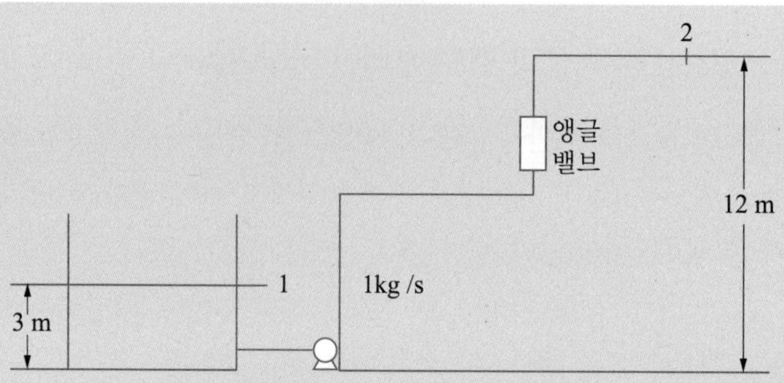

그림 3-30 [예제 3-30]의 그림

[풀이]

1 in. 위생관의 지름은 0.0229 m

$\mu = 0.855 \times 10^{-3}$ Pa·s, $\rho = 996.4$ kg/m^3

(1) 평균 유속 :

$$v_{av} = \frac{m}{\rho A} = \frac{(1 \text{ kg/s})}{(996.4 \text{ kg/m}^3)[\pi(0.0229 \text{ m})^2/4]} = 2.437 \text{ m/s}$$

(2) $N_{Re} = \dfrac{D v_{av} \rho}{\mu} = \dfrac{(0.0229 \text{ m})(2.437 \text{ m/s})(996.4 \text{ kg/m}^3)}{(0.855 \times 10^{-3} \text{ Pa·s})}$
$= 65037$

(3) 마찰선도로부터 $N_{Re} = 65037$, 평활관(위생관은 평활관임)일 때

$$f = 0.0045$$

(4) 30 m 직선 파이프에서 마찰손실

$$h_{fs} = 4f \frac{L}{D} \frac{{v_{av}}^2}{2} = \frac{(4)(0.0045)(30)(2.437)^2}{(0.0229)(2)} = 70.02 \text{ J/kg}$$

(5) 90° 정규 엘보우에 의한 마찰손실계수 $K_f = 0.75$이며, 앵글밸브의 $K_f = 2.0$이다. 따라서 관부속품에 의한 마찰손실은

$$h_{ff} = K_f \frac{{v_{av1}}^2}{2} = \frac{(0.75 \times 3 + 2)(2.437)^2}{2} = 12.62 \text{ J/kg}$$

(6) 공급 탱크로부터 펌프 입구의 1 in. 위생관으로 들어갈 때의 축소손실 : 탱크의 단면적(A_1)에 비하여 파이프의 단면적(A_2)이 작으므로 $A_2/A_1 \cong 0$

$$K_c = 0.55(1 - A_2/A_1) = 0.55$$

$$h_{fc} = K_c \frac{v_{av1}{}^2}{2} = \frac{(0.55)(2.437)^2}{2} = 1.63 \text{ J/kg}$$

(7) 총 마찰손실

$$\Sigma h_f = 70.02 + 12.62 + 1.63 = 84.27 \text{ J/kg}$$

(8) 하부 탱크의 수면을 위치 1, 위생관으로부터 상부 탱크로 배출되는 점을 위치 2로 했을 때 식 (3-43)에서 $p_1 = p_2 = 1$ atm, 하부 탱크 수면의 하강속도는 매우 느리므로 $v_{av1} \cong 0$.

$$W_s = \frac{p_2 - p_1}{\rho} + \frac{1}{2}(v_{av2}{}^2 - v_{av1}{}^2) + g(z_2 - z_1) + \Sigma h_f$$

$$W_s = \frac{1}{2}(v_{av2}{}^2) + g(z_2 - z_1) + \Sigma h_f$$

$$= \frac{1}{2}(2.437)^2 + 9.81(12 - 3) + 84.27 = 175.53 \text{ J/kg}$$

(9) 이론적인 소요동력은 질량유량이 1 kg/s이므로

$$P_m = mW_s = (1 \text{ kg/s})(175.53 \text{ J/kg}) = 175.53 \text{ J/s}$$

(10) 일반적으로 펌프 효율은 60% 정도이므로 실제 필요한 소요동력은

$$P_s = \frac{mW_s}{\eta} = \frac{175.53}{0.6} = 292.55 \text{ W}$$

[예제 3-25] 기계적 에너지수지와 펌프 소요동력

어떤 식품공장에서 70°F인 20° Brix의 설탕용액(ρ=1.081 g/cm^3, μ=1.9 cp)을 1 in.의 아연도금 강관(0.02667 m)을 통하여 상부에 있는 큰 개방탱크에 60 L/min의 유속으로 공급한다. 파이프의 길이는 30 m이고, 90° 엘보우 3개가 삽입되어 있으며, 설탕용액 탱크의 액면높이는 지상에서 3 m이고, 파이프의 배출구는 지상에서 12 m, 배출압력은 35 kPa gauge이다(그림 3-31).

용액 1 ㎏당의 소요일량(N·m/kg)을 계산하고, 소요동력을 hp로 구하라. 단, 펌프와 모터의 총합효율은 50%이다.

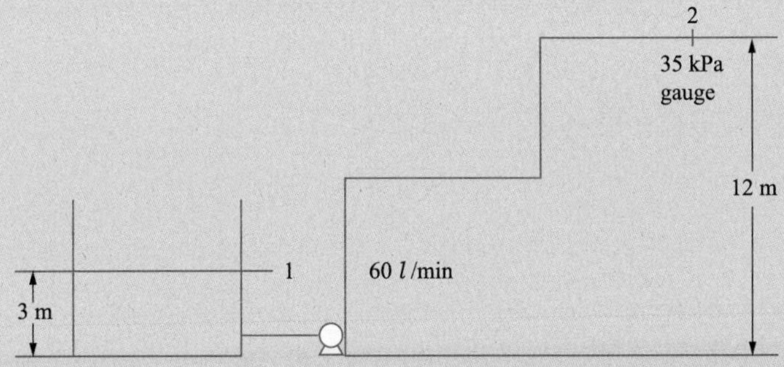

그림 3-31 [예제 3-25]의 그림

[풀이] (1) 용액 kg당 소요일량

1 in. 표준파이프의 안지름은 0.02667 m이므로

$A = \pi D^2/4 = \pi(0.02667)^2/4 = 5.59\times10^{-4}\ \text{m}^2$

$v_{av} = Q/A = (60\ l/\text{min})(1\ \text{m}^3/1000\ l)(1\ \text{min}/60\ \text{s})/(5.59\times10^{-4}\ \text{m}^2)$
$=1.8\ \text{m/s}$

$\rho = 1.081(1000) = 1081\ \text{kg/m}^3$

$\mu = (1.9\ \text{cp})(10^{-3}\ \text{Pa·s/cp}) = 1.9\times10^{-3}\ \text{Pa·s} = 1.9\times10^{-3}\text{kg/m·s}$

$N_{Re} = Dv_{av}\rho/\mu = 27313 > 4000$ 난류

압력손실 :

p_1 = 대기압 = 1 atm,

p_2 = 35 kPa gauge (또는 1 atm+35 kPa absolute)

$\Delta p/\rho = (35\ \text{kPa})(1000\ \text{N/m}^2/1\ \text{kPa})/(1081\ \text{kg/m}^3) = 32.38\ \text{J/kg}$

운동에너지 : 탱크에서의 유속 $v_{av1}=0$, 1 in. 파이프에서의 유속 $v_{av2}=1.8$ m/s이고, 난류이므로 $\alpha=1$이다.

$\Delta v_{av}{}^2/2\alpha = (1.8^2-0)/2 = 1.62$ J/kg

위치에너지 : $\Delta zg = (12-3)(9.81) = 88.29$ J/kg

마찰손실 : 파이프 전체길이는 $L = 30$ m,

90° 엘보우의 상당길이는 $L_e = 3\times35D$

$\Sigma L = 30+3\times35\times0.02667 = 32.8$ m

그림 3-28에서 $N_{Re} = 2.73\times10^4$,

$\varepsilon/D = 0.006$일 때 $f = 0.0088$이다.

$$h_{fs}+h_{ff} = \frac{4(0.0088)(32.8)(1.8^2)}{(2)(0.02667)} = 70.13 \text{ J/kg}$$

설탕용액 탱크에서 1 in.파이프로 용액이 들어갈 때 축소손실은 $A_2/A_1= 0$이므로 $K_c= 0.55$이다.

$h_{fc} = 0.55(1.8)^2/2 = 0.89$ J/kg

$\Sigma h_f = h_{fs} + h_{ff} + h_{fc} = 70.13 + 0.89 = 71.02$ J/kg

식 (3-43)에서

$$W_s = \frac{1}{2}\Delta v_{av}{}^2 + g\Delta z + \frac{\Delta p}{\rho} + \Sigma h_f$$

$$=1.62 + 88.29 + 32.38 + 71.02 = 193.31$$

(2) 소요동력(hp)

질량유량 :

$m = (60 \text{ L/min})(1 \text{ m}^3/1000 \text{ L})(1081 \text{ kg/m}^3)(1 \text{ min}/60 \text{ s}) = 1.08$ kg/s

소요동력 : 식 (3-77)에서

$$\text{펌프마력} = \frac{m(W_s)}{746\,\eta} = \frac{(1.08)(193.31)}{(746)(0.5)} = 0.56 \text{ hp}$$

[예제 3-26] 비뉴턴 유체의 압력손실과 펌프 소요동력

바나나퓨레를 그림 3-32와 같이 내경 1/2 in. (0.01579 m)이고, 길이 30 m의 파이프를 통하여 탱크로부터 500 kg/h의 유량으로 배출하는 데 어느 정도의 펌프가 필요한가? 단, 탱크내의 액면은 출구로부터 6 m 위에 위치하고, 퓨레의 물리적 성질은 다음과 같다.

$K = 60\ \text{dyn}\cdot\text{s}^{0.454}/\text{cm}^2$, $\tau_y = 0$, $n = 0.454$, $\rho = 0.997\ \text{g/cm}^3$.

단, $\alpha = 0.6$, 펌프효율$= 0.75$로 가정한다.

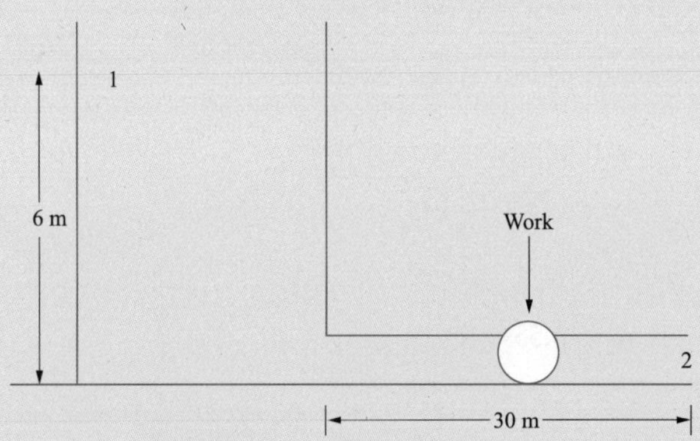

그림 3-32 [예제 3-32]의 그림

[풀이]

탱크의 액면을 1, 출구를 2로 생각한다. 파이프에 비하여 탱크의 지름이 아주 크므로 v_{av1}은 v_{av2}에 비하여 무시한다.

질량유량 $m = (500\ \text{kg/h})(1\ \text{h}/3600\ \text{s}) = 0.139\ \text{kg/s}$

$m = v_{av2}(0.997\times1000)(0.01579)^2\ (\pi/4)$

$v_{av2} = 0.7\ \text{m/s}$

$K = 60\ \text{dyn}\cdot\text{s}^{0.454}/\text{cm}^2$

$$= 60\ \text{dyn}\cdot\text{s}^{0.454}/\text{cm}^2\cdot\left(\frac{1\ \text{kg}\cdot\text{m/s}^2}{10^5\ \text{dyn}}\right)\cdot\left(\frac{100\ \text{cm}}{1\ \text{m}}\right)^2$$

$$= 6\ \text{kg}\cdot\text{s}^{0.454}/\text{m}\cdot\text{s}^2$$

$$N_{GRe} = 2^{3-n}\left(\frac{n}{3n+1}\right)^n\left(\frac{D^n(v_{av2})^{2-n}\rho}{K}\right)$$

$$= 2^{3-0.454}\cdot\left(\frac{0.454}{3\times 0.454+1}\right)^{0.454}$$

$$\cdot\left(\frac{(0.01579\text{ m})^{0.454}(0.7\text{ m/s})^{2-0.454}\,997\text{ kg/m}^3}{6\text{ kg}\cdot\text{s}^{0.454}/\text{m}\cdot\text{s}^2}\right)$$

$$= 40.2 < 2100 \text{ (층류)}$$

(마찰손실)

$$f = 16/N_{GRe} = 16/40.2 = 0.398$$

$$h_{fs} = 4\text{f}\,\frac{\text{L}}{\text{D}}\,\frac{{v_{av2}}^2}{2} = 4\cdot 0.398\cdot\frac{30\text{ m}}{0.01579\text{ m}}\cdot\frac{(0.7\text{ m/s})^2}{2}$$

$$= 741.1\text{ J/kg}$$

(축소손실)

$$h_{fc} = K_c\,\frac{v^2}{2\alpha} = 0.55\left(1-\frac{A_2}{A_1}\right)\cdot\frac{(0.7)^2}{2(0.5)} = 0.3\text{ J/kg}$$

$$\Sigma h_f = h_{fs}+h_{fc} = 741.4\text{ J/kg}$$

$\Delta p/\rho + \Delta zg + \Delta {v_{av}}^2/2\alpha + \Sigma h_f = W_s$로부터

$$W_s = (p_2-p_1)/\rho + (z_2-z_1)\text{g} + ({v_{av2}}^2-{v_{av1}}^2)/2\alpha + \Sigma h_f$$

$p_2 = p_1 =$ 대기압, $v_{av1}=0$, $\Sigma h_f = 741.4$ J/ kg, $\alpha=0.5$이므로

$$W_s = [-(6\text{ m})(9.81\text{ m/s}^2)] + (0.07\text{ m/s})^2/(2\times 0.5) + 741.4\text{ J/kg}$$

$$= 683.03\text{ J/kg}$$

$$P_{hp} = m\cdot W_s/746\eta = (0.0139\times 683.03)/(746\times 0.75) = 0.17\text{ hp}$$

[연습 문제]

1. 지름이 4.0 ft인 구 모양의 탱크에 기름이 채워져 있다. 기름 탱크 상부 표면에는 공기에 의해 14.72 psia의 압력이 작용하고 있으며 기름의 밀도는 0.922 g/cm^{3}이다. 이 때 구 모양의 탱크의 밑바닥에서의 압력을 psia, kN/m^{2}으로 나타내라.

2. 293 K에서 상부가 대기에 개방되어 있는 test tube 아래에는 6.1 cm 높이의 수은이 있고 그 위에 5.6 cm의 물이 채워져 있다. 대기압이 756 mmHg라고 할 때 test tube의 바닥에서의 압력을 계산하라. 수은과 물의 밀도는 각각 13.55 g/cm^3, 0.998 g/cm^{3}이다.

3. 제트연료탱크의 윗부분 압력은 180.6 kN/m^{2}이고 탱크 안에 825 kg/m^{3}의 밀도를 가진 연료가 3.2 m의 높이만큼 채워져 있다. 이 때 탱크 바닥에서의 절대압력과 이 압력에 상응하는 연료의 압력두를 구하라.

4. 공기를 포함하고 있는 관의 절대압력 P_a를 구하기 위하여 상부가 대기에 개방되어 있는 U-tube 마노미터를 사용하였다. P_b는 754 mmHg의 대기압이고, 마노미터 안의 액체는 998 kg/m^{3}의 밀도를 가진 물이 사용되었다. ρ_B가 2.60 kg/m^{3}이고 Z가 매우 작다고 가정하였을 때 R의 값은 0.830 m로 측정되었다. P_a를 구하라.

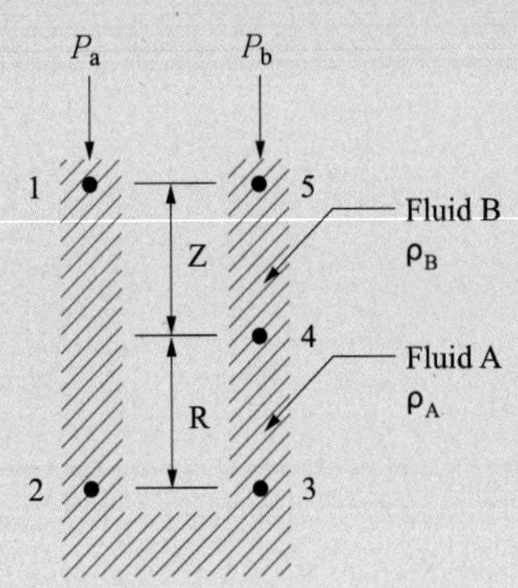

5. 4 m의 높이인 해저실험실이 해수면으로부터 해저실험실 꼭대기까지 측정한 값인 140 m까지 잠수되도록 고안되었다. 이 해저실험실 안에 있는 컨테이너의 윗면은 해저실험실의 위로부터 측정하였을 때 x m 떨어져 있다. 해저실험실 꼭대기에 작용하는 압력을 구하고 컨테이너의 윗면에 작용하는 압력을 구하라(바닷물의 밀도는 1020 kg/m^{3}이다).

6. 진공농축장치 내의 압력을 U자관 마노미터로 측정하였더니 대기압보다 수은주로 25 cm 낮았다. 농축장치 내의 압력이 대기압보다 낮은 정도, 즉 진공도와 절대압력을 kPa로 나타내라. 단, 대기압은 수은주로 75.4 cm이며, 수은의 비중은 13.6이다.

7. 두 평판 사이의 거리가 0.914 cm이고, 아래평판의 속도가 윗평판에 비하여 상대적으로 0.366 m/s 만큼 더 빠르다고 하자. 이 사이에 들어있는 유체는 콩기름(soybean oil)으로 점도가 4×10^{-2} Pa·s이다.
   (1) 전단응력 τ와 전단속도를 lb_f, ft 및 s 단위로 구하라.
   (2) 위 문제를 SI 단위를 사용하여 반복하라.
   (3) 콩기름 대신 점도가 1.069 kg/m·s인 glycerol을 사용한다면 동일한 조건에서 (a)에서 구한 전단응력과 같은 값을 갖기 위해 필요한 상대속도가 얼마인지를 m/s로 구하라. 또 이 때 새로운 전단속도는 얼마가 되는지를 구하라.

8. 아래의 판이 윗 판에 대하여 반대방향으로 0.20 m/s의 상대적인 속도로 당겨졌다. 사용된 유체는 24°C의 물이다.
   (1) 전단응력이 0.45 N/m^2가 되려면 두 판은 얼마나 멀리 떨어져 있어야 하는가? 또한 이 때의 전단속도를 구하라.
   (2) 점도가 2.0×10^{-2} Pa·s인 기름이 유체가 사용되고 (a)에서 구한 두 판 사이의 거리에서 아래의 판이 0.20 m/s의 상대적인 속도로 당겨졌을 때의 전단속도와 전단응력을 구하라.

9. 바나나 퓨레를 120°F에서 점도계를 이용하여 다음과 같은 데이터를 얻었다. 이 데이터로부터 바나나 퓨레의 물성학적 특성값들을 결정하라.

Rate of shear (1/s)	Shear stress (dyn/cm^2)
1.0×10^{-3}	1.06×10^{-3}
1.5×10^{-3}	1.22×10^{-3}
2.0×10^{-3}	1.37×10^{-3}
3.0×10^{-3}	1.62×10^{-3}
4.0×10^{-3}	1.80×10^{-3}
5.0×10^{-3}	2.01×10^{-3}
6.0×10^{-3}	2.10×10^{-3}
7.0×10^{-3}	2.21×10^{-3}

10. 직경 20.0 mm의 관에 기름이 주입되고 있는데 이 때의 레이놀즈의 수가 2100이다. 기름의 밀도는 855 kg/m^{2}이고 점도는 2.1×10^{-2} Pa·s이다.
   (1) 관에서의 속도를 구하라.
   (2) 밀도와 점도가 각각 925 kg/m^3, 1.5×10^{-2} Pa·s인 다른 유체가 (a)에서 구한 속도와 레이놀즈의 수인 2100을 유지하기 위한 관의 직경을 구하라.

11. 액체 탄화수소가 아래의 그림과 같은 흐름 공정 시스템에 투입되는데 이 때의 평균유속은 2.564 m/s, A_1의 단면적은 8.66×10^{-3} m^2, 밀도는 902 kg/m^{3}이다. 이 공정 시스템에서 액체 탄화수소는 가열되어 875 kg/m^{3}의 밀도, A_2의 단면적 8.66×10^{-3} m^{2}으로 빠져 나온다. (이 공정 시스템은 정상상태이다.)

   (1) 입구와 배출구에서의 질량유속(m)을 구하라.
   (2) 2에서의 평균 속도(v)와 1에서의 질량속도(G)를 구하라.

12. 직경이 63.5 mm인 유리관을 통하여 293 K에서 밀도가 1030 kg/m^{3}이고, 점도가 2.12 cp인 우유가 0.605 kg/s의 유량으로 흐르고 있다.
   (1) 레이즈놀즈수를 구하고 난류 여부를 확인하라.
   (2) 레이놀즈수가 2100이 되기 위한 유량 m^3/s과 속도 m/s를 각각 구하라.

13. 물의 점도와 밀도가 각각 1 cp, 0.998 g/mL일 때, 내부 직경이 5 in.인 관에 3 m^3/h의 속도로 물이 흐르고 있을 때 레이놀즈수를 구하라. 또한 이 흐름이 층류가 되기 위해서 물은 어떤 유속으로 흘러야 하는가?

14. 사과소스가 내부직경 2 in.인 관을 10 m^3/h로 흐르고 있다. 굳기지수(K), 흐름거동지수(n), 밀도가 각각 0.5 Pa·s$^{0.3}$, 0.3, 1000 kg/m^{3}일 때 레이놀즈수를 구하라. *힌트 : 일반화 레이놀즈 수식(3-25)을 참고.

15. 멱법칙을 따르는 유사소성 유체(pseudoplastic fluid)의 밀도가 63.5 lb$_m$/ft^{3}이라 한다. 안지름이 2.0 in.이고 길이가 100 ft인 파이프를 따라서 0.55 ft/s의 평균 속도로 흐른다고 할 때 마찰계수를 이용하여 일반화된 레이놀즈수(Generalized Reynolds number)와 압력강하를 구하

라(액체의 흐름 특성은 $K=0.285\ lb_f \cdot s^n/ft^2$, $n=0.46$이다).

16. 밀도가 1074 kg/m^{3}인 20 % 설탕용액이 아래와 같은 관을 통하여 흐르고 있다. 관 A에 들어가는 유량은 1.892 m^3/h이며, 관 C에서는 동일하게 분배되어 흐른다. 관 B와 C에서는 동일하게 분배되어 흐른다. 관 B와 C에서의 속도 m/s와 질량속도 G (kg/m$^2 \cdot$s)를 계산하라. 각 관은 규격번호 40의 강관이다.

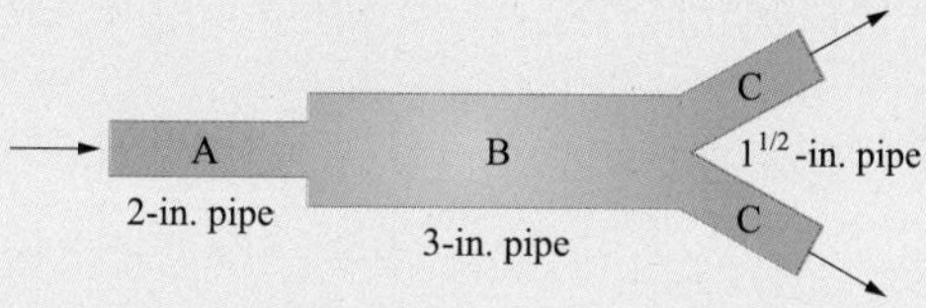

17. 비중 0.887의 저지방 용액이 다음 그림과 같은 파이프 (규격번호 40의 강판)를 통해 흐르고 있다. 파이프 A는 1 ½ in., B는 4 in., C는 1 ¼ in.이다. 파이프 C를 통해서는 같은 양의 유체가 흐른다.
A에서의 유량이 30 gal/min일 때 각 파이프에서의 (a) 질량유속 (b) 평균속도 (c) 질량속도를 구하라.

18. Nominal pipe size가 2 in.이고 Schedule Number가 40인 강관으로 130°C의 포화수증기가 흐르고 있다. 수증기의 평균속도가 10 m/s일 때, 수증기의 질량유량을 계산하라.

19. 20°C에서 50%의 설탕 수용액이 내부직경과 길이가 각각 0.095 m, 20 m인 관을 5 m^3/h의 속도로 흐르고 있다. 이 때 50% 설탕 수용액의 (a) 평균 유속 (b) 최대 유속 (c) 압력강하를 계산하라. 20°C에서 50%의 설탕 수용액의 점도와 밀도는 각각 15.43 cp, 1232 kg/m^{3}이다.

20. 균일한 직경의 관을 통하여 콩기름을 정상 질량유량으로 보내고 있다. 펌프를 통하여 유체 kg 당 209.2 J의 일을 공급하고 있으며, 펌프 입구관에서의 절대압력은 103.4 kN/m^{2}이다. 출구관은 입구관보다 3.35 m 상부에 위치하고 배출관의 압력은 172.4 kN/m^{2}이다. 입구 및 출구관의 직경은 서로 동일하며, 유체의 흐름은 난류이다. 303 K에서 이 계의 마찰손실을 계산하라.

21. 큰 단면적을 가지고 있는 개방된 원료탱크로부터 밀도가 1.15 g/cm^{3}인 소금물을 0.200 ft^3/s로 양수하고 있다. 흡입부의 내경은 3.548 in.이고 배출부내경은 2.067 in.이다. 관의 끝부분은 원료탱크 수위보다 75 ft 높은 위치에 있으며, 개방된 상부탱크로 소금물이 들어가게 되어 있다. 만일 관내 유체의 흐름은 난류이고, 관내 마찰이 18.0 ft·lb$_f$/lb$_m$이라면 펌프가 생성해야 할 압력은 얼마인가? 또 효율이 70%라면 펌프마력은 얼마이어야 하는가? (단, 난류흐름이다.)

22. 직경이 3.068 in.인 수평관을 통하여 밀도가 998 kg/m^{3}인 물이 1.676 m/s로 흐르고 있으며, 그 압력 p_1은 68.9 kPa absolute이다. 여기에 내경 2.067 in.인 관이 연결되어 있어 갑자기 이 관을 지나게 되었다고 할 때 다음을 계산하라.
(1) 마찰손실을 무시하고 2.067 in. 관에서의 압력 p_2를 구하라.
(2) 마찰관이 수직으로 되어 있어 위로 유체가 흐른다면 p_2는 얼마이겠는가? (단, p_2측정을 위한 꼭지는 p_1측정 꼭지보다 0.457 m 위에 있다.)

23. 밀도 801 kg/m^{3}이고 점도가 1.49 cp인 어떤 액체가 수평으로 놓인 직선 파이프를 통하여 4.57 m/s로 흐르고 있다. 사용된 공업용 강관의 명목치수는 1.5 in., 관규격번호는 40이다. 관의 길이가 61 m일 때 다음을 계산하라.
(1) 마찰손실 h_f
(2) 동일한 내경을 갖는 평활관(smooth pipe)에 대하여 마찰손실(h_f)
(3) 평활관을 사용함으로써 감소된 h_f의 퍼센트

24. 개방된 원료 탱크에 있는 액체를 안지름이 4.5 cm인 파이프를 통하여 9 m^3/h의 유속으로 개방된 상부탱크로 공급하고자 한다. 이때 액체가 흡입 탱크의 액체높이보다 9 m 위의 지점에서 배출되고 총 마찰 손실은 45 J/kg이다. 펌프의 효율이 65%일 때 펌프 소요동력을 구하라. 액체의 밀도는 1045 kg/m^{3}이고 점도는 2 cp이다.

25. 물이 높은 저수지에 저장되어 있다. 물은 저수지로부터 굵은 관을 통해서 아래쪽의 터빈(turbine)으로 흐르고 터빈으로부터 5m 아래지점까지 동일한 사이즈의 관을 통해서 흐르면서 동력을 발생시킨다고 한다.

관이 시작되는 위치는 터빈으로부터 90 m 위의 지점에 있고, 그 부분의 압력은 173 kPa이며 터빈으로부터 5 m 아래지점의 압력은 90 kPa 이다. 물의 유속은 0.850 m^3/s이고 터빈으로부터 산출되는 힘은 660 kW이다. 물의 밀도는 1000 kg/m^3이고 터빈의 효율은 90%($\eta_t = 0.90$)일 때, 터빈에서의 마찰 손실을 J/kg으로 구하라.

26. 파이프라인이 800 m^3/d의 속도로 오일을 운반한다. 오일은 1800 kPa gage의 압력으로 펌프장 1을 빠져나가고 다음 펌프장 2로 들어가는 주입구의 압력은 865 kPa gage이다. 이 때 두 번째 펌프장은 첫 번째 펌프장보다 18 m 더 높은 곳에 위치한다고 할 때 손실된 일(ΣF, 마찰손실)을 J/kg 단위로 구하라. 오일의 밀도는 770 kg/m^3이다.

27. 21°C의 물이 압력이 310 kPa gage인 커다란 저장 탱크의 바닥으로부터 노즐을 통해 대기로 배출된다. 이때 배출되는 지점은 탱크의 바닥으로부터 16 m 위에 위치하고 노즐에서의 속도는 20 m/s이다. 탱크로부터 46 kg/s의 유량으로 배출되며, 펌프의 효율은 85%, 펌프로부터 생산되는 힘이 8.0 kW일 때, 다음을 구하라. 단, 유체의 흐름은 난류흐름이다.
(1) 펌프의 마찰 손실
(2) 나머지 과정에서 발생되는 마찰 손실

28. 물이 2.5 kg/s의 유량으로 온도가 12°C인 저수지로부터 1800 m 떨어진 개방형저장탱크로 운반된다. 사용된 파이프는 3 in. 관규격 40인 파이프이며, 마찰 손실은 620 J/kg이다. 저수지의 수면은 저장탱크로부터 25 m 위에 위치하고 펌프의 효율은 70% 일 때, 다음을 구하라. 단, 유체의 흐름은 난류흐름이다.
(1) 펌프에 요구되는 힘(kW)
(2) 만약 펌프가 존재하지 않는다면 유체의 흐름이 가능한가?

29. 길이 6.10 m, 내경 0.01267 m인 commercial steel pipe를 통하여 멱법칙을 따르는 유체인 바나나 퓨레(banana puree)가 23.9°C에서 1.018 m/s로 흐르고 있다. 이 유체의 유동특성값(flow property)은 $K=6.00$ $N \cdot s^{0.454}/m^2$, $n=0.454$이며, 밀도는 976 kg/m^3이다. 일반화된 레이놀즈수를 구하고, 압력강하(Δp)를 계산하라.

30. 개방된 저장탱크로부터 82°C의 뜨거운 물을 0.38 m^3/min의 유량으로 양수하고 있다. 저장탱크로부터 펌프 흡입부에 이르는 관의 길이는 6.5 m이고 중간에 3 개의 엘보우(elbow)가 설치되어 있다. 한편 펌프를 지난 배출관은 61 m 길이의 2 in. 관으로서 2 개의 앨보우가 설치되어 있다. 그리고 배출관의 높이는 탱크수위로부터 6.0 m 상부이며 대기 중에 배출시킨다고 할 때 다음을 계산하라. 단, 설치된 앨보우는 모두 90°이고, 사용된 파이프는 모두 2 in. 관규격 40인 강관(steel pipe)이다.

(1) 마찰손실 Σh_f

(2) 펌프가 해야 할 일 W_s (J/kg)

(3) 펌프효율이 80%일 때 펌프의 소요동력(kW)

31. 밀도가 835 kg/m^3이고 점도가 3.5×10^{-3} Pa·s인 오일이 개방형 탱크로부터 350 kPa gage의 압력이 작용하고 있는 여압탱크로 이동한다. 개방형 탱크의 배출구로부터 나온 오일은 안지름이 0.0780 m인 주철관(cast iron pipe)을 통해 3.50×10^{-3} m^3/s의 속도로 흐른다. 직선 파이프의 길이는 120 m이고 파이프는 2개의 90° 엘보우와 1개의 글로브 밸브(half open)를 포함하고 있다.

이 때 개방형 탱크의 액체의 표면 높이는 여압탱크 안의 액체의 표면 높이보다 20 m 더 높고 펌프의 효율이 70%일 때 펌프의 동력(kW)을 구하라.

Chapter 4

식품가공에서의 열전달

열이란 전기에너지나 기계적에너지와 마찬가지로 에너지의 하나이다. 우리들은 열에너지를 여러 가지로 이용하여 생활하고 있다. 예를 들어 일반 가정에서 열에너지원은 도시가스, 프로판가스, 등유, 전기 등의 형태로 공급된다. 가스 또는 등유를 연소시켜 고온의 열에너지를 얻어 음식을 조리하고 집안을 따뜻하게 한다. 또한 전기에너지를 이용하여 냉장고를 돌리고 TV를 보며, 냉난방을 한다.

식품가공 공정에서도 식품의 물리·화학적 성질을 변화시키거나 저장성을 높이기 위하여 가열 또는 냉각 조작을 하게 된다. 즉, 식품가공 공정에서는 열에너지를 이용하여 식품 재료를 가열 조리하거나 냉각, 냉동, 농축, 살균, 건조 등을 한다.

열에너지는 온도가 높은 곳에서 낮은 곳으로 자발적으로 이동되는데, 열이 이동되게 하는 힘은 두 물체 사이의 온도 차이다. 한편 한 물체에서 다른 물체로 열이 이동할 때 저항을 만나게 된다. 따라서 온도 차와 저항이 열전달 속도를 좌우하게 된다.

열처리 공정에서는 열원으로부터 식품까지 필요한 열량을 적절한 속도로 전달해 주어야 하므로 열전달현상에 관한 지식이 매우 중요하다. 특히 식품의 각 구성성분들은 열에 민감하기 때문에 가열에 의해 영양성분이 파괴되고 향기성분, 색깔 및 조직의 변화 등으로 품질이 저하되기 쉬우므로 고품질의 가공식품을 생산하기 위해서는 열처리 공정을 최적화하여야 한다. 뿐만 아니라 에너지와 환경 문제를 이해하고 이를 해결하기 위해서는 열에너지의 이동에 대하여 정확히 이해해 둘 필요가 있다.

열은 전도, 대류, 복사에 의하여 전달되며, 대부분의 실제 열전달은 어떤 한 가지 메커니즘에 의해서 일어나기보다는 복합적으로 일어나는 경우가 많다.

300°C 이하에서는 주로 전도와 대류에 의하여 열이 전달되고 복사는 거의 이루어지지 않는다.

열이 전달되는 과정에서 열이 축적되지 않으면 열전달 속도가 일정하게 유지되는 정상상태가 되고, 반대로 열이 축적되면 열전달 속도는 시간에 따라 변하게 되는데, 이와 같은 경우를 비정상상태의 열전달이라 한다.

Section 1 열전달의 기초

어떤 물체 내 또는 물체 사이에 온도차가 있으면 항상 고온에서 저온으로 열에너지가 이동하는데, 이 현상을 열전달(heat transfer)이라 한다.

열이란 온도차에 의해 이동하고 있는 이동상태(in transit)의 에너지이다.

열이 전달되는 메커니즘은 전도(conduction), 대류(convection), 복사(radiation)의 세 가지로 나눌 수 있다.

이와 같은 세 가지의 열전달 방식은 일상생활에서 많이 경험하고 있다. 예를 들어 뜨거운 철판에서 스테이크를 굽는 것은 전도전열에 의한 요리방법이고, 뜨거운 기름을 이용하여 튀김을 만들거나 수프를 끓이는 것은 대류전열에 의한 조리법이다. 마지막으로 숯불로 불고기를 굽는 것은 복사전열을 이용한 것이다.

그림 4-1은 겨울 전열기를 이용한 실내 난방을 나타내었다. 전열기에 의하여 전열기 주위의 공기가 더워져 자연대류에 의하여 순환되므로 실내온도는 올라가고 또한 전열기 앞에 있는 사람은 복사에 의하여 직접 열에너지를 얻기 때문에 따뜻하게 느끼게 된다. 한편 외기 온도는 실내 온도보다 낮기 때문에 벽을 통해 전도에 의하여 열에너지를 잃게 된다.

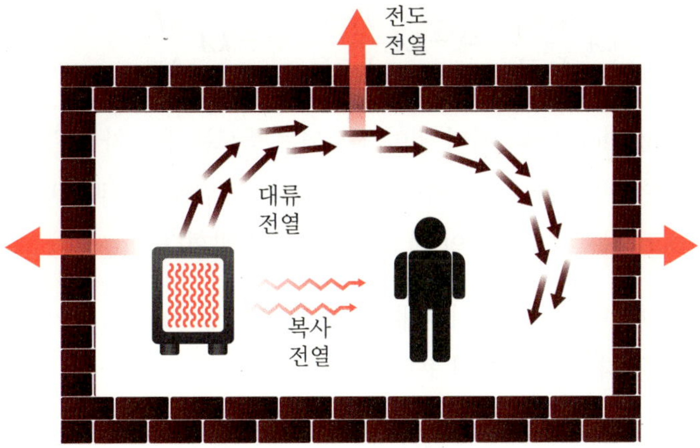

그림 4-1 전도, 대류, 복사와 실내온도

1. 전 도

(1) 푸리에(Fourier) 법칙

전도(conduction)는 정지된 물체 내에서 한 영역의 온도가 다른 영역보다 높을 때 그 물체를 통해서 열이 전달되는 현상이다. 그림 4-2에 나타낸 것과 같이 어떤 한 영역(x_1)의 온도 T_1이 다른 영역(x_2)의 온도 T_2보다 높으면($T_1 > T_2$) 열은 고온에서 저온으로 즉, x 방향으로 전달된다.

이 때 열이 이동하는 속도는 다음과 같이 표현할 수 있다.

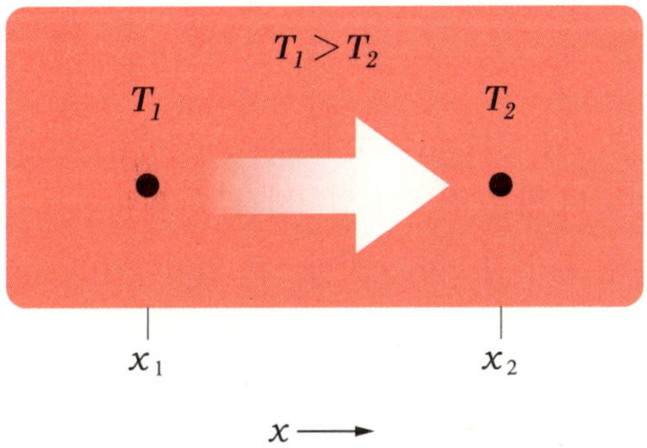

그림 4-2 고온영역(T_1)에서 저온영역(T_2)으로 x 방향으로 전도에 의한 열전달

$$q = kA\frac{T_1-T_2}{x_2-x_1} = -kA\frac{T_2-T_1}{x_2-x_1} = -kA\frac{\Delta T}{\Delta x} \qquad (4\text{–}1)$$

이 식은 Fourier식이라 하며 열이 전달되는 속도는 온도차 ΔT $(=T_2-T_1)$와 전열 면적 A에 비례하고 열의 이동거리 Δx $(=x_2-x_1)$에 반비례한다는 것을 의미한다. Fourier는 1822년에 이 사실을 실험으로 밝혔다.

보다 정확히 미분형태로 나타내면, 한 방향(x 방향)으로 열이 전달될 때, Fourier법칙은 다음 식과 같이 표현된다.

$$q = -kA\frac{dT}{dx} \qquad \text{(W)} \qquad (4\text{–}2)$$

여기서 q: x 방향으로의 열전달속도(J/s 또는 W)

A: 열의 흐름에 직각인 면적(m^2)

k: 열전도도(W/m·K 또는 W/m·°C)

T: 온도(K 또는 °C)

x: 열이 이동한 거리(m)

열전달 속도 q (J/s)는 1초 동안에 어느 정도의 열이 이동하는가를 나타내며 열의 이동속도를 나타내는 지표가 된다. k는 비례상수로서 열전도도(thermal conductivity)라 한다. 열전도도는 물체가 열을 잘 전달하는가 못하는가를 나타내는 물질의 특성값으로 열전도도가 큰 물질은 열을 잘 전달한다. 온도차와 이동거리의 비 (dT/dx)는 x 방향으로 이동했을 때 온도변화의 크기를 나타내며, 온도기울기(temperature gradient)라 한다.

식 (4–2)를 보면 열전달속도는 온도기울기에 비례한다는 것을 알 수 있다. 다른 말로 표현하면 열을 이동시키는 힘은 온도 차이기 때문에 미소거리 사이에 온도차가 클수록 더 많은 전도가 일어난다. 여기서 온도기울기의 부호가 음(–)인 것은 전도는 온도가 감소하는 방향으로 일어나기 때문이다.

한편 열전달속도를 면적으로 나눈 q/A ($J/m^2 \cdot s$ 또는 W/m^2)는 열플럭스(heat flux)라 한다. 열플럭스는 1 m^2당 1초 동안에 얼마의 열이 이동하는가를 나타낸다.

$$\frac{q}{A} = -k\frac{dT}{dx} \qquad (W/m^2) \qquad (4\text{–}3)$$

플럭스의 개념은 매우 중요하므로 잘 이해해두자. 일반적으로 이동속도를 면적에 의존하지 않는 플럭스로 나타내는 것이 편리하고 정확한 표현이다. 그러므로 유체의 흐름에서 운동량 이동뿐만 아니라 열전달, 물질전달에서 속도식을 플럭스로 나타내는데 익숙해지도록 하자.

(2) 열전도도

열전도도 k는 물질이 열을 얼마나 잘 전달하는 성질을 가지고 있는가를 나타내는 물질의 특성값으로 SI 단위는 W/m·K(또는 W/m·°C)이다.

$$[k]=\frac{[q]}{[A]\ [dT/dx]}=\frac{\mathrm{J/s}}{(\mathrm{m}^2)(^\circ\mathrm{C/m})}=\frac{\mathrm{J}}{\mathrm{m\cdot s\cdot ^\circ C}}=\frac{\mathrm{W}}{\mathrm{m\cdot ^\circ C}}$$

한편 FPS 단위계에서는

$$[k]=\frac{\mathrm{Btu/h}}{(\mathrm{ft}^2)(^\circ\mathrm{F/ft})}=\frac{\mathrm{Btu}}{\mathrm{h\cdot ft\cdot ^\circ F}}$$

열전도도는 온도에 따라 크게 변하지 않으므로 대부분의 경우 일정한 것으로 생각할 수 있다.

일반적으로 금속의 열전도도가 가장 커 50~400 W/m·°C 범위이며, 식품은 수분함량이 높기 때문에 식품의 열전도도는 물의 열전도도와 비슷한 값이다.

한편 얼음의 열전도도는 2.3 W/m·°C로서 물보다 훨씬 크다. 따라서 일반식품보다 냉동식품의 열전도도가 크다. 대부분의 비금속물질의 열전도도는 0.5~2.0 W/m·°C이고, 코르크, 스티로폼 등과 같은 단열재의 열전도도는 0.026~0.052 W/m·°C로 매우 작다.

표 4-1 일부 물체의 열전도도 (101.325 kPa, k in W/m·K)

Substance	Temp. (K)	k	Substance	Temp. (K)	k
Gases			Solids		
Air	273	0.0242	Ice	273	2.25
	373	0.0316	Fire clay brick	473	1.00
H_2	273	0.167	Paper	–	0.130
n-Butane	273	0.0135	Hard rubber	273	0.151
Liquids			Cork board	303	0.043
Water	273	0.569	Asbestos	311	0.168
	366	0.680	Rock wool	266	0.029
Benzene	303	0.159	Steel	291	45.3
	333	0.151		373	45
Biological materials and foods			Copper	273	388
				373	377
Olive oil	293	0.168	Aluminium	273	202
	373	0.164			
Lean beef	263	1.35			
Skim milk	275	0.538			
Apple sauce	296	0.692			
Salmon	248	1.30			

[예제 4-1] 유리창을 통한 열손실

목조주택의 유리창(면적 1 m^2, 두께 5 mm, 유리의 열전도도 3 W/m·K)이 있다. 이 유리창의 실내측 표면온도가 25°C, 실외측 표면온도는 0°C를 유지하고 있다고 가정했을 때 유리창을 통한 열손실 속도를 구하라.

[풀이]

식 (4-1)에서 q를 구한다. $k = 3$ W/m·K $= 3$ W/m·°C, $A = 1$ m^2, $\Delta x = 5$ mm $= 0.005$ m, $T_1 = 25$°C, $T_2 = 0$°C이므로,

$$q = kA\frac{T_1 - T_2}{\Delta x} = (3)(1)\frac{(25-0)}{0.005} = 15000 \text{ W}$$

(3) 전도 메커니즘

물질은 열에너지를 분자나 원자의 운동에너지로 축적하고 있으며, 이를 열운동이라 한다. 온도가 높을수록 열운동에너지는 커진다. 온도란 물체의 뜨겁고 찬 정도를 나타내는 것이지만 좀 더 정확히 표현하면 그 물질을 구성하는 분자들의 평균 운동에너지의 크기를 나타낸다. 고체에서는 분자 사이의 간격이 매우 좁고 서로 강하게 붙잡고 있기 때문에 분자가 직진운동이나 회전운동을 할 수 없다. 따라서 고체의 어떤 부분의 온도가 높아지면 그 부분의 분자의 진동에너지가 높아진다.

온도가 균일한 고체는 그 고체 전체에서 분자들이 동일한 진동을 하고 있다. 이 고체의 한 부분을 가열하면 분자의 진동이 격렬해지고 이 진동이 인접해 있는 분자로 차츰 전달된다. 마찬가지로 고온 물체와 저온 물체를 접촉시키면 고온 물체가 가진 진동에너지가 인접한 저에너지 분자로 차츰 전달되어 마침내 모든 분자들이 동일한 진동을 하게 되어 두 물체의 온도가 같아진다.

이와 같이 인접한 분자 사이의 진동에너지의 연속적인 전달에 의하여 에너지가 이동하는 현상은 우리에게 열이 고온에서 저온으로 전달되는 것으로 관찰되는데, 이를 전도라 한다. 다시 말하면 분자나 원자의 열운동에 의하여 열에너지가 전달될 때 우리는 간단히 열이 전달되었다고 한다.

한편 금속은 전기가 잘 통하는 우수한 전기전도체인 동시에 열도 잘 전달한다. 전기전도도가 작은 부도체에서는 위에서 기술한 것과 같이 분자의 진동에 의하여 열에너지가 전달되는데 비해 금속에는 자유전자(free electron)가 풍부하여 자유전자가 금속의 격자구조(lattice structure) 사이를 자유롭게 이동하면서 고온 영역에서 저온 영역으로 열에너지를 이동한다. 금속 막대기의 한쪽 끝을 손으로 잡고 다른 쪽 끝을 가열하면 열을 느끼게 되는데 이는 자유전자가 금속 막대기를 통하여 이동하면서 열에너지를 전달했기 때문이다.

이상에서 기술한 것과 같이 고체를 통한 전도전열에서 열은 두 가지 방법으로 이동한다.

또한 고체뿐만 아니라 정지된 유체에서도 전도에 의해 열이 전달된다. 거시적으로 유체가 정지해 있어도 분자 수준에서 보면 유체(기체, 액체) 분자는 무작위 운동(random motion)을 하고 있으며, 분자의 무작위 운동에 의하여 열에너지가 이동한다.

정지된 유체에서의 전도 메커니즘은 다음에 기체를 예를 들어 상세히 기술한다. 유체(기체, 액체)에서는 분자의 이동이 쉽기 때문에 분자의 무작위 운동(random motion)에 의하여 열에너지가 이동한다.

유체에서 전도 메커니즘을 명확히 이해하기 위하여 정지된 기체에서 전도 전열을 생각해 보자. 그림 4-3에 나타낸 것과 같이 온도가 일정한 두 평판 사이에 기체가 들어 있고 기체 전체는 흐르지 않는다고 가정하자. 기체 전체는 움직이지 않으나 개개의 분자들은 인접해 있는 분자들과 연속적으로 충돌하면서 이동한다. 이때 충돌에 의하여 고에너지 분자에서 저에너지 분자로 에너지가 전달된다.

그림 4-3에서 가상적인 평면 x_0를 생각하자. 평면 위와 아래에 있는 기체 분자들은 무질서하게 운동하면서 이 평면을 통과할 것이며, 평균적으로 보면 위 아래로 이동하는 전체 분자 수는 같을 것이다. 그러나 상부에 있는 기체분자의 온도가 높기 때문에 하부에 있는 분자들 보다 에너지가 크다. 따라서 상부에서 하부로(x 방향) 에너지가 순 이동(net transfer) 한다.

이와 같이 기체의 전도에서는 분자의 무작위 운동에 의하여 열에너지가 이동한다. 따라서, 기체의 열전도도는 분자운동론에 의해 이론적으로 예측할 수 있다.

한편 액체에서 열전달 메커니즘은 기체에서와 거의 같으나 분자들 사이의 간격이 기체에서보다 매우 가깝기 때문에 분자들 사이의 상호작용이 보다 강하고 자주 일어난다. 그러나 액체 분자들의 거동에 대해서는 잘 알려져 있지 않기 때문에 이론적 접근을 할 수 없다.

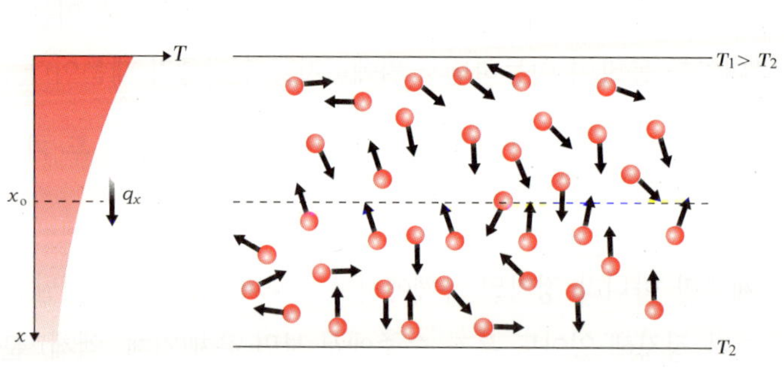

그림 4-3 분자운동으로 인한 에너지 확산과 전도의 연관성

(4) 푸리에(Fourier) 실험

열전도의 기본식인 Fourier식은 원래 이론에 바탕을 둔 것이 아니라 실험 결과로부터 유도한 것이다. 전도에 의한 열전달의 기본 식을 명확히 이해하기 위하여 Fourier식이 실험을 통해 어떻게 유도된 것인지 생각해 보자.

그림 4-4에 나타낸 것과 같이 재질을 알고 있는 실린더의 표면을 단열재로 둘러싸 열은 양쪽 끝의 단면을 통해서만 전달되게 하였다. 양쪽 끝의 온도가 각각 T_1, T_2이며, $T_1 > T_2$의 조건을 유지해 주면 열이 x 방향으로 전달될 것이다. 이때 x 방향으로의 열전달속도 q (J/s)를 측정하고, q가 온도차 ΔT, 실린더의 길이 Δx, 실린더의 단면적 A에 따라 어떻게 변하는가를 실험하였다.

먼저 ΔT와 Δx를 일정하게 유지하면서 단면적 A를 변화시키면서 q를 각각 측정한 결과 q는 A에 비례하여 증가한다는 것을 관찰하였다. 또한 ΔT와 A를 일정하게 유지하고 Δx를 변화시킨 결과 q는 Δx에 반비례하였다. 마지막으로 A와 Δx를 일정하게 유지하면서 ΔT를 변화시켰을 때 q는 ΔT에 비례한다는 것을 발견하였다. 이를 종합하면 열전달속도 q는 ΔT와 A에 비례하고 Δx에 반비례하므로 다음과 같이 표현된다.

$$q \propto A\frac{\Delta T}{\Delta x} \tag{4-4}$$

만약 재질을 금속에서 플라스틱으로 바꾸어도 식 (4-4)의 비례식은 성립한다. 그러나 동일한 ΔT, Δx, A일지라도 금속 실린더의 q값은 플라스틱 실린더일 때보다 크다. 이와 같은 사실은 열을 통과시키는 물체의 능력을 나타내는 어떤 비례상수를 도입하면 식 (4-4)를 등식으로 바꿀 수 있다는 것을 의미한다. 따라서 식 (4-4)는 다음과 같이 나타낼 수 있다.

$$q = -kA\frac{\Delta T}{\Delta x} \tag{4-5}$$

여기서 비례상수 k는 열전도도이며, 물체의 중요한 성질이다.

만약 실린더 길이가 아주 작다면($\Delta x \rightarrow 0$), 식 (4-5)는 Fourier식이 된다.

$$q = -kA\frac{dT}{dx} \tag{4-6}$$

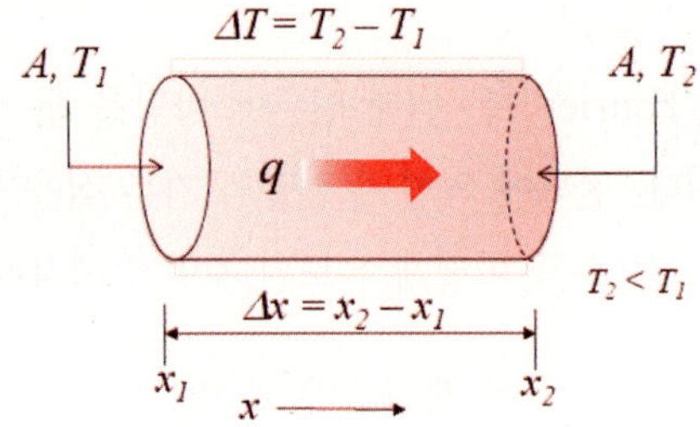

그림 4-4 열전도 실험

2. 대 류

유체(기체, 액체)는 고체와는 달리 분자들 사이의 간격이 넓기 때문에 분자들이 이동하기 쉬워 유체의 이동에 의하여 열이 전달된다. 즉, 뜨거운 유체와 찬 유체가 서로 섞이면서 열이 전달된다. 이와 같이 유체의 흐름에 의한 열전달을 대류(convection) 열전달이라 한다.

그림 4-5(좌)에서와 같이 하부의 뜨거운 평판(T_1)과 상부의 찬 평판(T_2) 사이에 유체가 들어 있을 때 온도가 높은 유체는 밀도가 작아지므로 가벼워 위로 상승하고, 온도가 낮은 유체는 밀도가 상대적으로 크기 때문에 하강한다. 밀도 차에 의하여 유체 내에 흐름이 생기는 현상을 자연대류(natural convection)라 하며, 자연대류에 의하여 열이 이동(하부 평판에서 상부 평판으로)하는 현상을 자연대류 열전달이라 한다.

한편 그림 4-5(우)에 나타낸 것과 같이 온도 T_2인 뜨거운 고체 평판 사이로 온도 T_1인 찬 유체를 강제로 흐르게 한 경우 고체에서 유체로 열이 이동한다. 이와 같이 유체를 펌프, 송풍기 등으로 강제로 흐르게 하였을 때의 열전달을 강제대류(forced convection)라 한다.

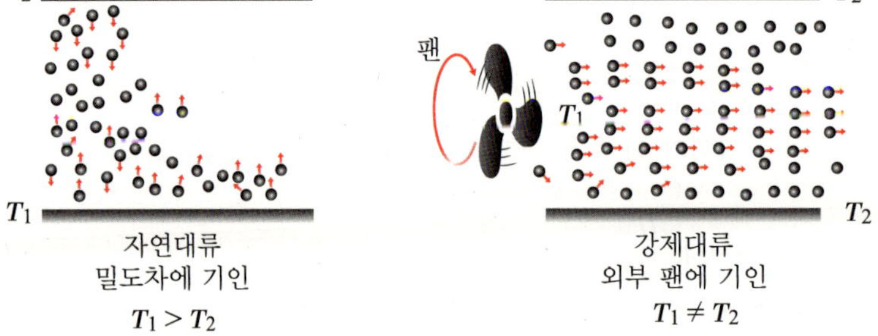

그림 4-5 자연대류(좌)와 강제대류(우)의 개괄적인 비교

(1) 뉴턴의 냉각법칙

대류에 의한 열전달에서 실제 중요한 것은 고체 표면과 인접한 유체 사이의 열전달이다. 그림 4-6에 나타낸 것과 같이 온도 $T_s(T_{surface})$인 뜨거운 표면 위로 온도 $T_\infty(T_{bulk\ fluid})$인 유체가 흐르고 있을 때 열은 고체 표면에서 유체로 이동한다. 이때 유체가 흐르는 속도가 증가하면 대류에 의한 열전달속도는 증가한다. 추운 겨울에 바람이 없을 때보다 바람이 불면 우리 몸에서 열을 더 빨리 잃어버리므로 더욱 춥게 느낀다.

이와 같이 뜨거운 고체와 찬 유체가 접촉했을 때 고체 표면이 냉각되는 속도는 고체 표면적과 고체 표면과 찬 유체 사이의 온도 차에 비례한다는 사실을 뉴턴은 실험적으로 밝히고 1701년 처음으로 대류에 의한 열전달 속도식을 발표하였다.

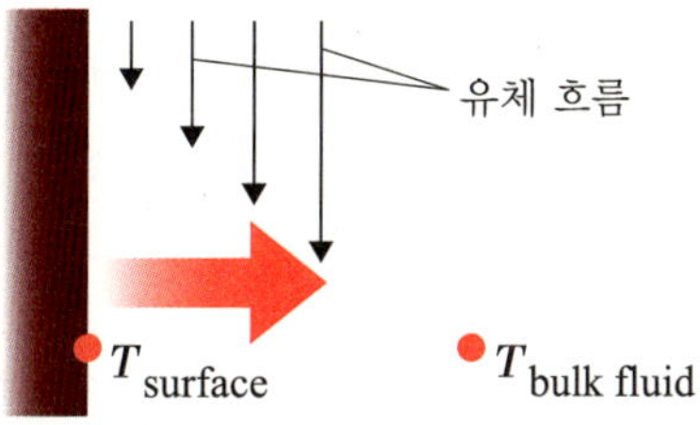

그림 4-6 뜨거운 고체 표면에서 흐르는 찬 유체로의 대류 열전달

$$q = hA(T_s - T_\infty) \tag{4-7}$$

여기서 q: 고체 표면에서 유체 본체로의 대류열전달속도 (W)

A: 열의 흐름에 수직인 면적 (m^2)

T_s: 고체 표면의 온도 (K 또는 °C)

T_∞: 유체 본체의 온도 (bulk temperature, K 또는 °C)

h: 대류열전달계수 ($W/m^2 \cdot K$ 또는 $W/m^2 \cdot °C$)

이 식을 뉴턴의 냉각법칙(Newton's law of cooling)이라 한다. 식 (4-7)에서 비례상수에 해당하는 h는 대류열전달계수(convective heat transfer coefficient)라 한다.

식 (4-7)을 식 (4-8)과 같이 열플럭스로 나타낼 수 있으며, 식 (4-8)은 고체 표면에서 유체로 열플럭스는 고체와 유체 사이의 온도 차에 비례한다는 것을 나타낸다.

$$\frac{q}{A} = h(T_s - T_\infty) \tag{4-8}$$

(2) 대류열전달계수

대류에 의한 열전달속도를 계산하기 위해서는 대류열전달계수(convective heat transfer coefficient) h를 반드시 알아야 한다. h의 SI단위는 $W/m^2 \cdot K$ 또는 $J/s \cdot m^2 \cdot K$이며, FPS단위에서는 $Btu/h \cdot ft^2 \cdot °F$를 사용한다.

$$[h] = \frac{[q]}{[A]\,[\Delta T]} = \frac{W}{m^2 \cdot K} \text{ 또는 } \frac{W}{m^2 \cdot °C} \tag{4-9}$$

열전도에서 열전도도 k는 그 물체의 고유한 성질인 반면에 대류열전달계수 h 값은 고체 표면의 기하학적 형상, 유체 특성과 유동거동, 온도 차 등에 영향을 받는다. 특히 유체가 고체 표면을 흐를 때 고체 표면과 인접한 곳에는 유체의 경계층(boundary layer)이 형성되는데, h값은 이 막의 두께에 의해 크게 영향을 받는다. 고체 표면에서 경계층의 형성과 h와의 관계 및 h를 구하는 방법에 대해서는 뒤에서 기술한다.

여기서 열전도도와 대류열전달계수 또는 표면열전달계수의 단위를 보면 분모에 있는 온도는 온도차이다. 그림 4-7에 나타낸 것과 같이 캘빈과 섭씨 온도 눈금에서는 $\Delta T(K) = \Delta T(°C)$이다. 따라서 열전도도와 대류열전달계수의 SI단위에 온도를 K 대신에 °C를 사용할 수 있으며 실제 °C를 사용하는 것이 계산에 편리하다. 그러나 화씨눈금과 섭씨눈금 사이에는 $\Delta T(°C) = 1.8\Delta T(°F)$의 관계가 성립한다.

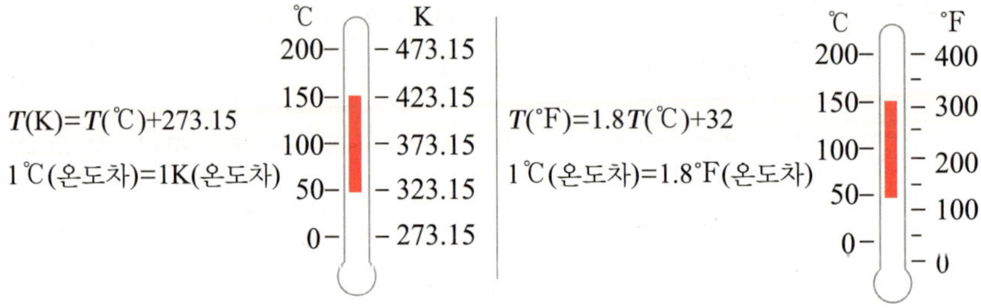

그림 4-7 온도와 온도차 사이의 관계

표 4-2 대표적인 대류열전달계수

Convection	h (W/m²·K)
Natural convection	5~25
Forced convection	
Gases	25~250
Liquids	50~20,000
Convectoin with phase changes	
Boiling or condensation	2,500~100,000

[예제 4-2] 금속판의 냉각

금속판의 온도가 120°C이고 주위 공기의 온도는 20°C이다. 대류열전달계수가 10 W/m²·°C 일 때 금속판을 통한 열플럭스는 얼마인가?

[풀이]

식 (4-8)에 의하여

$$\frac{q}{A} = h(T_s - T_\infty) = 10(120-20) = 1{,}000 \text{ W/m}^2$$

3. 복사

(1) 복사열

절대온도 0 K(또는 -273°C) 이상의 모든 물체의 표면에서는 여러 가지 파장의 전자파를 방출하며(그림 4-8), 물체의 온도가 높을수록 방출되는 전자기파(electromagnetic wave)의 파장이 짧고 에너지도 증가한다. 이와 같이 일정한 온도의 물체 표면에서 전자파의 형태로 에너지가 방출되는 현상을 복사(radiation)라 하며, 복사에 의해 열이 전달되는 방식을 복사열전달(radiation heat transfer)이라 한다.

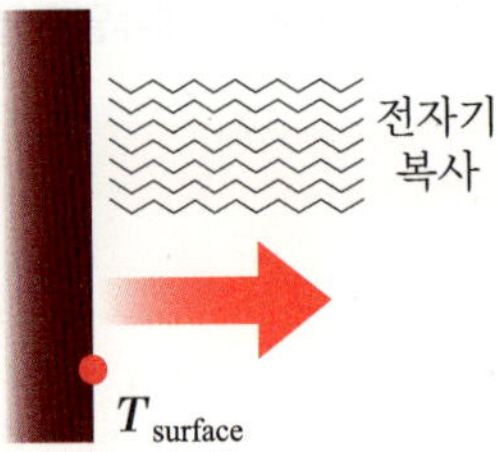

그림 4-8 표면으로부터 복사에 의한 열전달

복사에 의한 열전달은 다음의 3단계로 이루어진다.

① 온도 T_1의 뜨거운 방출체(emitter)의 열에너지는 전자기파로 전환된다.

② 전자기파는 공간을 직선으로 이동하여 온도 T_2의 찬 물체에 부딪친다.

③ 찬 물체에 부딪친 전자기파는 빛과 같이 일부는 물체에 흡수되어 열에너지로 다시 전환되고 일부는 반사되어 공간으로 되돌아가며, 나머지는 물체를 투과한다(그림 4-9). 이때 입사(irradiation)한 전체 에너지에 대한 흡수, 반사 및 투과한 에너지의 비를 각각 흡수능(absorptivity) α, 반사능(reflectivity) ρ, 투과능(transmittance) τ라 한다.

$$\alpha + \rho + \tau = 1.0 \tag{4-10}$$

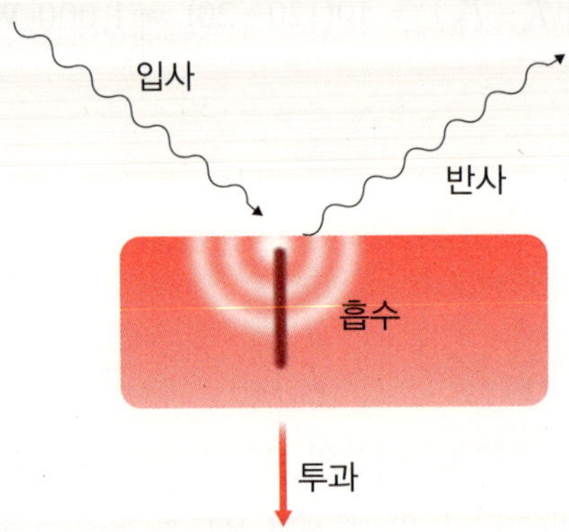

그림 4-9 물체 표면에서 전자기파의 흡수, 투과 및 반사

일반적으로 고체, 액체는 흡수능이 크고 투과능은 무시해도 될 정도로 작으며, 기체는 반사능이 거의 0이며 흡수능도 작아서 투과능은 1.0에 가깝다. 투과능이 0인 물체를 불투명체(opaque)라 하며, 불투명체인 경우

$$\alpha + \rho = 1.0 \tag{4-11}$$

식품가공에서 다루는 물체 대부분은 불투명체이다. 열복사는 불투명체 표

면의 얇은 층에서 흡수되어 열로 전환되므로 고체 내부는 복사의 흡수와 무관하다. 표면에서 열에너지로 전환된 다음에는 전도에 의하여 고체 내부로 이동한다.

물체는 복사에 의해 에너지를 방출할 뿐만 아니라 주위의 다른 물체로부터 방출한 복사에너지가 그 물체에 도달하면 흡수한다. 따라서 물체가 얻거나 잃어버리는 순 에너지(net energy)는 물체가 방출한 에너지와 다른 물체로부터 흡수한 에너지의 차이다.

온도가 다른 물체를 밀폐된 공간에 마주보게 놓았을 때 뜨거운 물체는 찬 물체로부터 복사에 의해 에너지를 흡수하는 것보다 빨리 에너지를 방출하기 때문에 온도가 감소한다. 동시에 찬 물체는 자신이 복사에 의해 에너지를 방출하는 것보다 빨리 뜨거운 물체로부터 에너지를 흡수하여 온도가 증가한다.

이 과정은 전도와 대류 열전달에서와 같이 모든 물체의 온도가 같아질 때 평형에 도달하게 된다. 이와 같이 순 에너지 흡수에 의해 복사가 열로 전환되면 물체는 열을 얻게 되므로 이를 관습적으로 복사열(radiation heat)이라 부른다.

(2) 스테판–볼쯔만(Stefan–Boltzmann) 법칙

절대온도 T(K)인 물체가 최대로 방출하는 에너지는 절대온도의 4제곱에 비례한다.

$$q = A\sigma T^4 \quad \text{(W)} \tag{4–12}$$

또는

$$\frac{q}{A} = \sigma T^4 = 5.676\left(\frac{T}{100}\right)^4 \quad (\text{W/m}^2) \tag{4–13}$$

여기서 q: 물체의 열에너지 방출속도 (W)

A: 방출 표면의 면적 (m^2)

T: 물체의 절대온도 (K)

σ: 스테판–볼쯔만 상수

스테판–볼쯔만 상수 σ(sigma) $= 5.676 \times 10^{-8}$ W/$m^2 \cdot K^4$ (4.88×10^{-8} kcal/$m^2 \cdot h \cdot K^4$)이다.

주어진 온도에서 이론적으로 최대의 에너지를 방출할 수 있는 물체를 흑체(black body 또는 ideal radiator)라 정의한다.

따라서 식 (4-13)은 흑체 단위 면적당 방출되는 복사에너지는 절대온도의 4제곱에 비례한다는 사실을 나타낸다. Stefan은 실험을 통해서 1879년 이 식을 제안하였으며, 한편 Boltzmann은 1884년 이론적으로 이 식을 유도하였다. 따라서 식 (4-13)을 Stefan-Boltzmann법칙이라 한다. 흑체란 실제 존재하지 않는 이상적인 물체로서 실제 물체와 비교하기 위한 가상적인 기준이 되는 물체이다.

온도 T인 실제 물체는 흑체보다 일정 비율 적은 에너지를 방출하기 때문에 식 (4-13)을 수정하여 다음과 같이 나타낸다.

$$q = A\varepsilon\sigma T^4 \tag{4-14}$$

여기서 ε(epsilon)은 실제 물체의 복사율(emissivity)이라 부르며 0과 1 사이의 값을 갖는다. 표 4-3에 대표적인 몇 가지 물체의 복사율을 나타내었다. 보다 정확히 말하면 식 (4-14)에 따르는 물체를 회색체(gray body)라 부르며, 회색체는 파장에 관계없이 ε이 일정한 물체이다(그림 4-44 참조).

실제 물체의 ε은 파장에 따라 변하지만 근사적으로 회색체로 취급할 수 있다.

실온에서 복사는 작기 때문에 우리는 거의 느끼지 못한다. 그러나 실온보다 온도가 높아지면 표면에서 복사는 절대온도의 4제곱에 비례하므로 복사가 급속히 중요해진다.

표 4-3 여러 가지 물체의 복사율(ε)

Material	Emissivity	Material	Emissivity
Black body	1.00	Ice	0.97
White paper	0.9	Lean beef	0.74
Polished surfaces	0.05	Beef fat	0.78
Water	0.955	Aluminium foil	0.09
		Stainless steel	0.44

[예제 4-3] 강철판에서 방출되는 에너지

연마한 강철판(복사율 =0.06) 100 m^2당 에너지 방출 속도를 계산하라. 단 강철판의 온도는 37°C이다.

[풀이]

식 (4-12)로부터

$$q = (0.06)(5.676 \times 10^{-8}\ \mathrm{W/m^2 \cdot K^4})(100\ \mathrm{m^2})(310\ \mathrm{K})^4$$
$$= 3145\ \mathrm{W} = 3.145\ \mathrm{kW}$$

즉 언나한 강철 100 m^2에서 방출되는 총 에너지는 3.145 kW이다.

(3) 태양의 복사 열전달과 지구 온난화

지구상의 인류는 태양으로부터 열복사에 의해 에너지를 받아 살고 있다. 태양으로부터 방출되는 복사에너지(radiant energy)는 근사적으로 적외선 48%, 가시광선 40%, 자외선 12%로 구성되어 있다.

최근 문제되고 있는 지구 온난화는 지구에 대한 에너지 수지의 문제이다. 앞에서 기술한 것과 같이 복사 열전달에서는 주고받는 순 에너지가 얼마인가가 중요하다. 따라서 그늘에 있을 때보다 햇빛에 노출되어 있으면 더 덥게 느끼게 되고, 또한 검은 아스팔트는 방출하는 에너지보다 더 많은 태양열을 흡수하므로 여름에 뜨거워진다.

태양으로부터 지구에 조사되는 단위투영 면적당 평균 복사에너지는 1370 W/m^2이다. 한편 지구는 이 에너지를 모두 흡수하는 것이 아니라 30%는 우주 공간으로 반사하고 70%만 흡수한다. 지구도 우주 공간으로 에너지를 방출하며, 이때 복사율 ε는 0.61이다. 태양으로부터 지구 표면이 받는 복사에너지와 지구 표면이 우주 공간으로 방출하는 에너지가 같기 때문에 지구 표면은 일정한 온도를 유지한다. 지구의 반지름을 r, 지구 표면의 평균 온도를 T라 하면 지구에 대한 에너지 수지는 다음 식과 같이 표현된다.

$$(1370)(\pi r^2)(0.7) = (4\pi r^2)\ \varepsilon\sigma T^4 \qquad (4\text{–}15)$$

이 식으로부터 T를 구하면 $T = 288.5$ K, 즉 지구의 평균 표면온도는 15.5°C이다.

현대사회에서 화석연료를 급격히 대량 소비함으로써 대기 중의 CO_2 농도가 증가하여 지구 표면으로부터 우주 공간으로 방출하는 복사율 ε이 감소하기 때문에 결과적으로 지구는 온난화가 된다(예제 4-5 참조).

[예제 4-4] 지구의 온난화

만약 CO_2의 대량 배출로 지구 표면의 ε이 0.5로 감소되었다면 지구 표면의 평균 온도는 몇 °C가 될까?

[풀이]

식 (4-15)로부터

$$T = \left[\frac{(1370)(0.7)}{4\varepsilon\sigma}\right]^{1/4} = \left[\frac{(1370)(0.7)}{(4)(0.5)(5.67\times 10^{-8})}\right]^{1/4} = 303$$

즉 지구 표면의 평균 온도는 30°C까지 높아진다.

Section 2 정상상태 열전달

1. 정상상태와 비정상상태 전도열전달

열전달은 일반적으로 정상상태(steady state) 열전달과 비정상상태(unsteady state) 열전달로 크게 나누어 다룬다. 정상상태의 개념은 매우 중요하므로 분명히 이해하기 위하여 그림 4-10에 나타낸 온도 분포를 생각해 보자.

처음(t = 0)에 T_0의 균일한 온도를 유지하고 있는 평판의 양쪽에 온도가 각각 T_1과 $T_2(T_1 > T_2)$인 열풍을 계속 불어주었다고 가정하자. 열이 고온인 좌측에서 저온인 우측으로 이동하므로 평판 내부의 온도는 시간이 지남에 따라 왼쪽부터 차츰 상승하게 될 것이다.

이 때 초기에는 그림에서 곡선(점선) I과 같은 온도분포를 나타낼 것이고 시간이 약간 지나면 곡선 II, 다시 곡선 III과 같이 계속 변할 것이다. 이와 같이 온도분포가 시간에 따라 변하는 상태를 비정상상태라 한다. 비정상상태에서는 온도가 평판 내에서 위치와 시간에 따라 변한다는 것을 알 수 있다.

그러나 어느 정도 시간이 경과한 후에는 최종적으로 온도분포는 선 IV와 같이 직선이 되며, 그 이후에는 주위 환경조건이 변하지 않는 한 이 직선 온도분포를 그대로 유지하게 된다.

이와 같이 속도분포가 시간에 따라 변하지 않고 일정한 분포를 나타내는 상태를 정상상태라 한다.

따라서 정상상태에서는 평판 내의 위치에 따라 온도는 다르지만 어떤 한 위치에서 온도는 시간에 따라 변하지 않으며, 이 점이 비정상상태와 가장 큰 차이점이다. 즉 정상상태에서는 온도가 위치만의 함수, $T=f(x)$이지만, 비정상상태에서는 온도가 위치와 시간의 함수, $T=f(x, t)$이다.

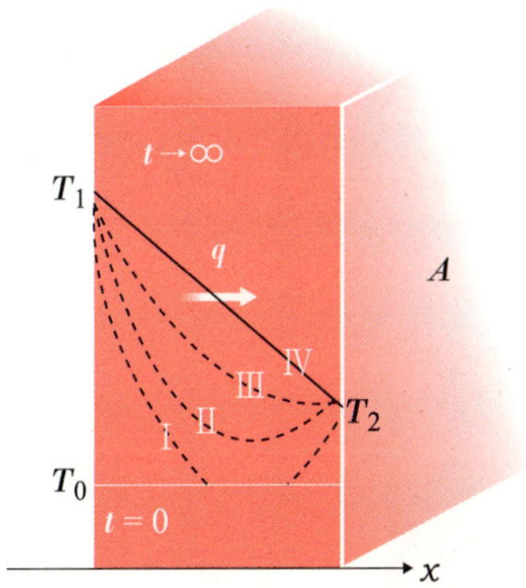

그림 4-10 온도분포와 열전달속도

여기서는 정상상태에서의 열전달에 대하여 비교적 상세히 다루고, Section 3에서 비정상상태에서의 열전달에 대하여 간략히 기술한다.

2. 정상상태 전도열전달

(1) 단일 평판을 통한 전도열전달

가장 간단한 정상상태 열전달로 단일 평판에서 열전달을 생각해 보자. 그림 4-11에 나타낸 것과 같이 평판의 양쪽 면은 각각 온도 T_1, T_2로 일정하게 유지되고 있으며, $T_1 > T_2$라 가정한다. 이 경우 Fourier법칙 식 (4-16)에 의하여 열전달속도를 구해 보자.

$$q = -kA\frac{dT}{dx} \tag{4-16}$$

여기서 q: x 방향으로의 열전달속도 (W)

A: 열의 흐름에 직각인 면적 (m^2)

k: 열전도도 (W/m·K 또는 W/m·°C)

T: 온도 (K 또는 °C)

x: 열이 이동한 거리 (m)

앞에서 기술한 것과 같이 정상상태에서는 온도분포는 직선이므로 온도기울기는 다음과 같이 나타낼 수 있다.

$$\frac{dT}{dx} = \frac{T_2 - T_1}{\Delta x} \tag{4-17}$$

식 (4-17)을 식 (4-16)에 대입하면 열전달속도는

$$q = -kA\frac{dT}{dx} = kA\frac{T_1 - T_2}{\Delta x} = -kA\frac{\Delta T}{\Delta x} \tag{4-18}$$

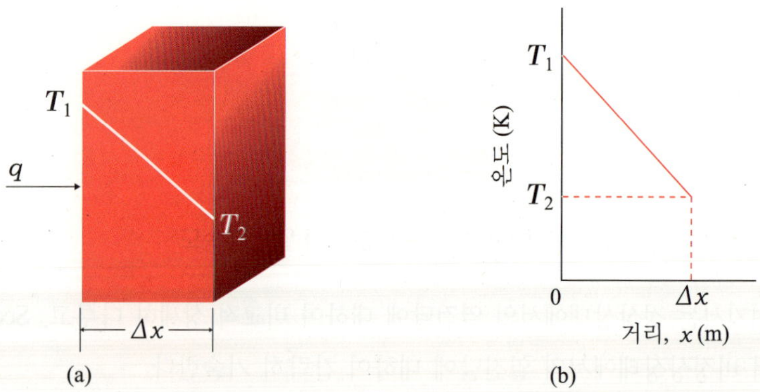

그림 4-11 단일 평판을 통한 열전도

(2) Fourier법칙에서의 부호

Fourier법칙 식 (4-16)에서 dT/dx는 단위거리당 온도차가 얼마인가를 나타내는 온도기울기(temperature gradient)이다. 즉, 온도기울기가 크다는 것은 단위거리당 온도차가 크다는 의미이므로 열전달 속도는 온도기울기에 비례한다. 그런데 온도기울기의 값이 음(−)인 것은 열은 항상 고온에서 저온으로 온도가 감소하는 방향(x 방향)으로 전달되기 때문이다.

그림 4-12에서 알 수 있는 것과 같이 dx는 양(+)의 값인 반면에, 열은 온도가 높은 곳에서 낮은 곳으로 이동하므로 dT의 부호는 음(−)이다. 따라서 dT/dx 자체가 음(−)의 값이므로 x 방향으로의 열 이동속도가 양(+)의 값이 되도록 하기 위하여 Fourier 식에 음(−)이 존재한다.

식 (4–17)과 식 (4–18)에서 알 수 있는 것과 같이 Fourier 식을 음(–)으로 나타냄으로서 결과적으로 온도차 $-(T_2-T_1)$는 $T_1>T_2$이므로 정(+)의 값을 갖게 된다. 즉, 온도가 낮은 방향으로 열이 이동함을 의미한다.

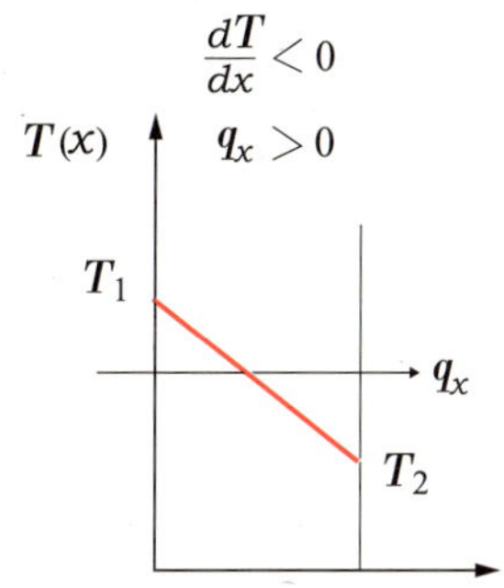

그림 4–12 온도기울기와 열전달 방향직선 온도분포

(3) 직선 온도분포

물체를 통한 정상상태 전도열전달에서 온도분포는 직선이라고 앞에서 기술하였다. 이를 증명하여 보자. 그림 4–13에서 평판 내의 임의의 구간 x_1과 x_2에서의 열수지를 생각해 보면, 정상상태에서는 x_1에서 들어가는 열량과 x_2에서 나오는 열량은 같아야 한다.

$$q_{x|1}=q_{x|2} \tag{4-19}$$

식 (4–16)에 의하여

$$-kA\frac{dT}{dx}\bigg|_{x_1}=-kA\frac{dT}{dx}\bigg|_{x_2} \tag{4-20}$$

구간 x_1과 x_2는 같은 평판 내의 구간이므로 k와 A는 동일하므로 상쇄된다. 따라서

$$\frac{dT}{dx}\bigg|_{x_1}=\frac{dT}{dx}\bigg|_{x_2}=\text{일정} \tag{4-21}$$

이와 같이 온도기울기가 위치에 관계없이 일정하다는 것은 온도분포가 직선이라는 의미이다. 온도분포가 직선이므로 임의 위치 x에서 온도 T는 다음과 같이 1차식으로 주어진다.

$$T = T_1 - \frac{T_1 - T_2}{\Delta x}x \tag{4-22}$$

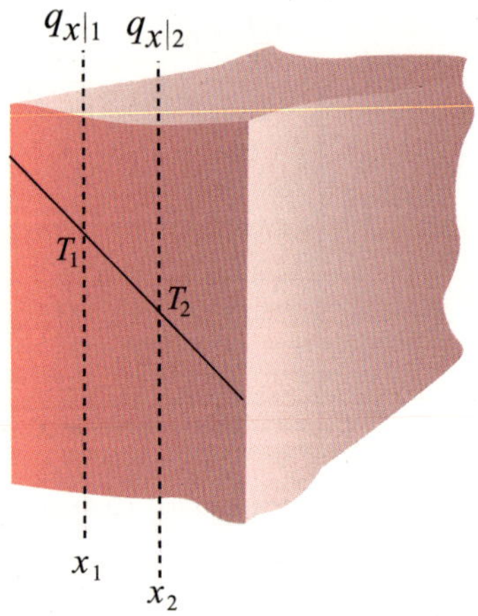

그림 4-13 평판을 통한 정상상태 전도에서 온도분포

(4) 전열저항

식 (4-18)을 약간 변형하면,

$$q = \frac{T_1 - T_2}{\Delta x/kA} = \frac{\Delta T}{R} \tag{4-23}$$

여기서 $R = \Delta x/kA$로 전열저항이며, $\Delta T = T_1 - T_2$이다.

식 (4-23)은 열전달속도는 온도차에 비례하고 전열저항에 반비례한다는 것을 나타낸다.

식 (4-23)을 Ohm의 법칙과 비교해 보자.

$$I = \frac{\Delta V}{R_i} \tag{4-24}$$

여기서 ΔV: 전위차

I: 전류

R_i: 전기저항

Ohm의 법칙은 저항체에 전위차(potential difference)를 걸어주면 흐르는 전류량 I는 전위차 ΔV에 비례하고 전기저항 R_i에 반비례한다는 것이다. 이때 전류를 흐르게 하는 힘, 즉 구동력(driving force)은 전위차이고 R_i는 전기 흐름에 대한 저항체의 저항이다. 주어진 ΔV에서 R_i가 클수록 흐르는 전류는 작아진다.

식 (4-23)과 식 (4-24)를 비교하면 전류 I는 열 이동속도 q에 해당되며 전류를 흐르게 하는 구동력 ΔV는 온도차 ΔT에 해당한다. 전기저항 R_i에 상당하는 것은 전열저항 $R(= \Delta x/kA)$에 상당한다. 물체의 열전도도 k가 크면 전열저항($\Delta x/kA$)이 작아지며, 전열저항이 작다는 것은 그 물체를 통해 열이 잘 전달된다는 것을 의미한다.

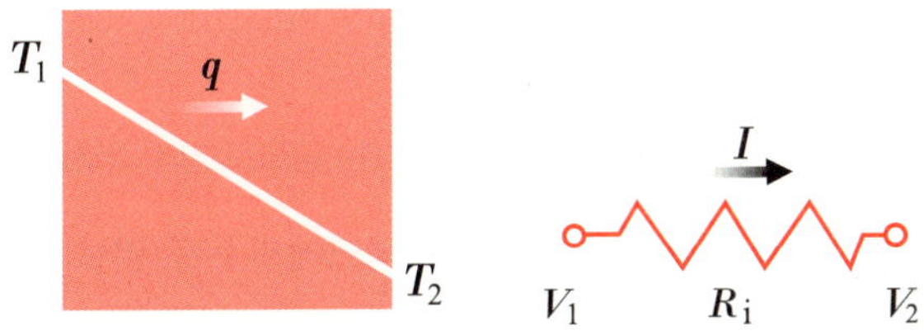

(a) 열전도 (b) 전기전도

그림 4-14 열전도와 전기전도의 유사성

위에서 기술한 것과 같이 어떤 구동력에 의하여 어떤 양이 이동하는 현상을 자연 현상에서 많이 관찰할 수 있다. 온도차에 의하여 열이 이동하며, 전위차에 의하여 전류가 흐르고 유체는 압력차에 의하여 흐른다. 그러나 어떤 양이 이동할 때 물체 내부에는 흐름에 대한 저항력이 생긴다. 즉, 열 이동에서는 전열저항이. 전류 흐름에서는 전기저항이, 유체 흐름에서는 점성력이 작용한다. 따라서 유체, 전기, 열 및 물질의 이동속도는 다음과 같이 일반식으로 나타낼 수 있다.

$$\text{이동속도(rate of transfer)} = \frac{\text{구동력(driving force)}}{\text{저항(resistance)}} \tag{4-25}$$

이 식은 이동현상을 이해하는 가장 기본적인 개념이므로 잘 이해하여 두자.

정상상태 전도의 실제 예를 그림 4-15에 나타내었다. 그림 4-15(a)는 직사각형 탱크의 외벽이 단열재로 둘러싸여 있고, 탱크 내부에는 −10°C의 냉매가 들어 있고 외부는 공기와 접하고 있는 경우를 나타낸 것이다. 외부 공기로부터 냉매로 열이 흐를 때 단열재 내의 온도분포는 직선이 된다.

또한 그림 4-15(b)는 같은 형태의 탱크 내에 100°C의 끓는 물이 들어 있고 외기 온도가 20°C라면 이번에는 탱크 내의 물에서 공기로 열이 전달되며, 역시 단열재 내의 온도분포는 직선이 될 것이다.

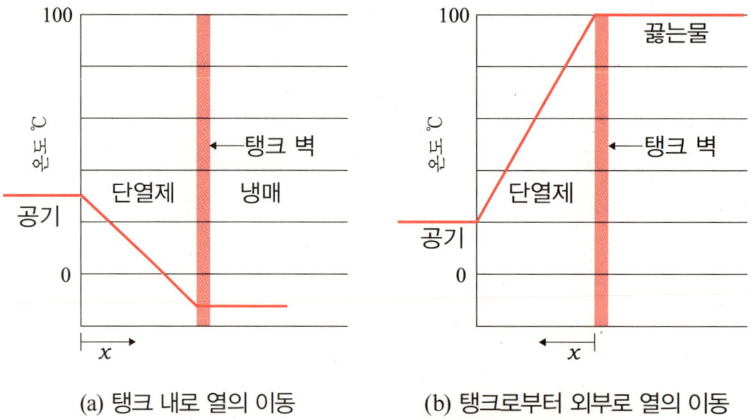

그림 4-15 외벽이 단열된 탱크에서 온도 분포:

[예제 4-5] 단일 평판에서 전도식 유도

Fourier의 법칙 식 (4-16)으로부터 식 (4-18)을 유도하라.

[풀이]

식 (4-16)의 변수를 분리하여 변형하면

$$\frac{q}{kA}dx = -dT$$

평판의 경우 A는 위치 x에 따라 변하지 않으며 열전도도 k도 일정하므로 왼쪽 항은 x는 $x_1 \sim x_2$, 오른쪽 항은 T는 $T_1 \sim T_2$ 범위에서 각각 적분한다.

$$\frac{q}{kA}\int_{x_1}^{x_2} x_1 dx = -\int_{T_1}^{T_2} dT$$

이것을 정리하면

$$q = -kA\left(\frac{T_2 - T_1}{x_2 - x_1}\right) = kA\left(\frac{T_1 - T_2}{\Delta x}\right)$$

[예제 4-6] 열전도도가 다른 물질의 열전달속도 비교

가로 1 m × 세로 50 cm × 두께 10 mm의 동 평판($k = 398$ W/m·K), 탄소강 평판($k = 53.0$ W/m·K) 그리고 합성수지 평판($k = 0.233$ W/m·K)이 있다. 이 평판들의 양 표면의 온도가 각각 50°C와 100°C를 유지하고 있을 때 각 평판을 통과하는 열량을 구하라.

[풀이]

$A = (1)(0.5) = 0.5\ m^2$, $\Delta x = 0.01$ m, $T_1 - T_2 = 100 - 50 = 50°C$이므로 식 (4-18)에 의하여

(a) 동 평판: $q = (398)(0.5)\left(\dfrac{50}{0.01}\right) = 9.95 \times 10^5$ W

(b) 탄소강 평판: $q = (53)(0.5)\left(\dfrac{50}{0.01}\right) = 1.33 \times 10^5$ W

(c) 합성수지 평판: $q = (0.233)(0.5)\left(\dfrac{50}{0.01}\right) = 5.83 \times 10^2$ W

[예제 4-7] 합판을 통한 열 이동량

두께가 1 cm인 합판의 한 쪽은 −10°C이고 다른 쪽은 20°C라고 할 때 합판 1 m^2를 통해서 1시간 동안 이동되는 열량을 구하라. 단, 합판의 열전도도는 0.042 W/m·K이다.

[풀이]

식 (4-18)에서 q를 구한다. $k = 0.042$ W/m·K = 0.042 W/m·°C, $A = 1\ m^2$, $x = 1$ cm = 0.01 m, $T_1 = 20°C$, $T_2 = -10°C$이므로,

$$q = 0.042 \times 1 \times \frac{20-(-10)}{0.01} = 126 \text{ W}$$

따라서 1 시간 동안에 이동되는 열량 Q는

$$Q = q \times t = 126 \text{ J/s} \times 3600 \text{ s} = 453.6 \times 10^3 \text{ J} = 453.6 \text{ kJ}$$

[예제 4-8] 평판 내부 온도

두께 1 cm인 스테인리스 강판(stainless steel)의 한 면이 110°C, 다른 면은 90°C를 유지하고 있다(그림 4-16). 정상상태 열전달을 가정하고, (a) 열플럭스와 (b) 110°C 면으로부터 0.5 cm되는 면의 온도를 구하라. 스테인리스 강판의 열전도도는 17 W/m·°C이다.

[풀이]

(a) 열플럭스는 식 (4-18)으로부터

$$\frac{q}{A} = k\frac{T_1 - T_2}{\Delta x} = \frac{(17\ \text{W/m}\cdot{}^\circ\text{C})[(110-90)^\circ\text{C}]}{0.01\ \text{m}}$$

$$= 34000\ \text{W/m}^2$$

(b) 표면(110°C)에서 0.5 cm 안쪽면의 온도는 식 (4-22)로부터

$$T = T_1 - \frac{T_1 - T_2}{\Delta x}x = 110 - \frac{110-90}{0.01} \times 0.005 = 100$$

즉, 스테인리스 강판의 중앙면의 온도는 100°C 이다.

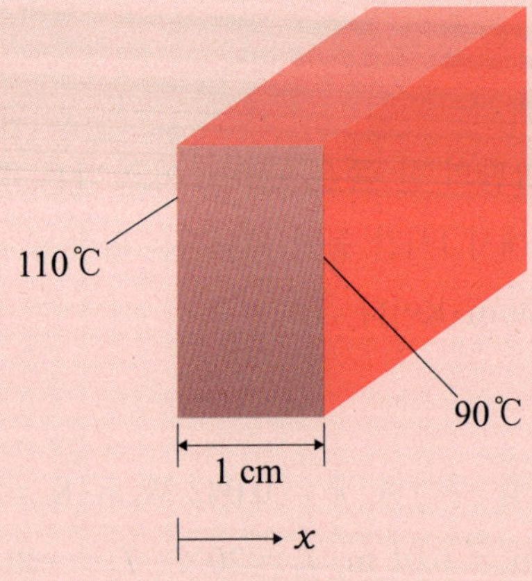

그림 4-16 스테인리스 강판에서 전도 전열

(5) 다층 평판을 통한 전도열전달

우리들이 사는 가정집의 벽은 튼튼한 강도를 가지는 동시에 단열하기 위하여 콘크리트, 단열재, 합판, 석고판, 나무 등의 여러 층으로 구성되어 있다.

이와 같이 다른 물질로 구성된 다층 벽을 통한 열전달은 실제 많이 응용된다.

그림 4-17에 나타낸 것과 같이 3개의 다른 평판이 복합 층을 이루고 있는 경우를 생각하자. 각 층의 두께는 Δx_A, Δx_B, Δx_C이며, 열전도도는 각각 k_A, k_B, k_C이다. 복합 층을 이루고 있는 전열면적은 평판이므로 A로 동일하며, 각 층은 밀착하여 있어 각 층이 접하는 계면(interface)에서는 온도차가 없다고 가정한다. 두께와 열전도도가 다를지라도 정상상태에서는 각 층을 통과하는 열전달속도는 같다. 즉, $q_A = q_B = q_C = q$이다.

식 (4-23)을 각 평판에 적용하면,

$$q = \frac{T_1 - T_2}{\dfrac{\Delta x_A}{k_A A}} = \frac{T_2 - T_3}{\dfrac{\Delta x_B}{k_B A}} = \frac{T_3 - T_4}{\dfrac{\Delta x_C}{k_C A}} \tag{4-26}$$

$R_A = \dfrac{\Delta x_A}{k_A A}$, $R_B = \dfrac{\Delta x_B}{k_B A}$, $R_C = \dfrac{\Delta x_C}{k_C A}$라 하고 식 (4-26)을 다시 쓰면,

$$q = \frac{\Delta T_A}{R_A} = \frac{\Delta T_B}{R_B} = \frac{\Delta T_C}{R_C} \tag{4-27}$$

각 평판에서의 온도차의 합은 다층 벽 전체의 온도차 $\Delta T(= T_1 - T_4)$이므로

$$\Delta T = T_1 - T_4 = \Delta T_A + \Delta T_B + \Delta T_C \tag{4-28}$$

식 (4-27)에 의하여 $\Delta T_A = qR_A$, $\Delta T_B = qR_B$, $\Delta T_C = qR_C$이므로 이를 식 (4-28)에 대입하면,

$$\Delta T = q(R_A + R_B + R_C) \tag{4-29}$$

이를 정리하면,

$$q = \frac{T_1 - T_4}{\dfrac{\Delta x_A}{k_A A} + \dfrac{\Delta x_B}{k_B A} + \dfrac{\Delta x_C}{k_C A}} = \frac{T_1 - T_4}{R_A + R_B + R_C} = \frac{\Delta T}{\Sigma R_i} = \frac{\Delta T}{R} \tag{4-30}$$

여기서 R_A, R_B, R_C는 각 층에서 전열저항이고, R은 총 저항으로 각 층의 전열저항의 합이다. 식 (4-30)은 다층 벽을 통해 열이 전달될 때 세 곳에서 저항을 받는다는 것을 의미한다.

즉, 평판 A를 통과할 때 $R_A\left(=\dfrac{\Delta x_A}{k_A A}\right)$, 평판 B를 통과할 때 $R_B\left(=\dfrac{\Delta x_B}{k_B A}\right)$, 평판 C를 통과할 때 $R_C\left(=\dfrac{\Delta x_C}{k_C A}\right)$의 저항을 각각 받는다.

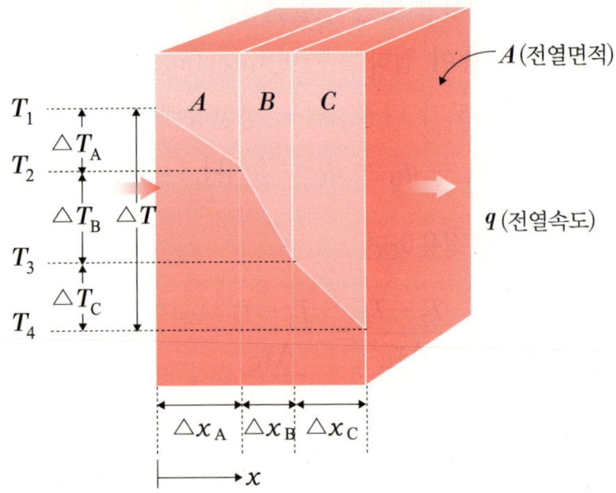

그림 4-17 다층 벽을 통한 전도

정상상태 전도에서는 $q = q_A = q_B = q_C$이므로 식 (4-26)으로부터 각 층에서의 온도차와 전열저항 사이에는 다음의 관계식이 성립한다.

$$\frac{\Delta T}{R} = \frac{\Delta T_A}{R_A} = \frac{\Delta T_B}{R_B} = \frac{\Delta T_C}{R_C} \tag{4-31}$$

그림 4-17에서 열이 각 물질을 통과할 때 온도강하(temperature drop)를 보면, 평판 B의 두께가 가장 얇은데도 불구하고 온도강하가 큰 것은 물질 B의 열전도도가 작아 전열저항이 가장 크기 때문이며, 다른 평판과 동일 열전달속도를 얻기 위해서는 온도차가 커야 한다.

[예제 4-9] 단열시트를 붙인 유리창의 열손실

[예제 4-1]의 계산 결과에 의하면 유리창을 통한 열손실이 매우 크다. 따라서 유리창을 통한 열손실을 막기 위하여 유리창의 외면에 단열시트(두께 2 mm, 시트의 열전도도 0.1 W/m·K)를 피복하였다. 이 유리창의 실 내측 표면온도가 25°C, 실 외측 표면온도는 0°C를 유지하고 있다고 가정했을 때 유리창을 통한 열손실속도를 구하라.

[풀이]

유리창을 통해 열이 이동할 때 그림 4–18에 나타낸 것과 같이 유리(A)와 단열시트(B)의 두 곳에서 저항을 받는다. 따라서 식 (4–30)을 적용하면,

$$q = \frac{T_1 - T_3}{\frac{\Delta x_A}{k_A A} + \frac{\Delta x_B}{k_B A}} = \frac{T_1 - T_3}{R_A + R_B} = \frac{\Delta T}{R}$$

(a) 유리에서 열저항 R_A를 구한다. [예제 4–1]에서 $k = 3$ W/m·K = 3 W/m·°C, $A = 1$ m^2, $\Delta x = 5$ mm = 0.005 m이므로

$$R_A = \frac{\Delta x_A}{R_A A} = \frac{0.005}{(3)(1)} = 0.00167$$

(b) 단열시트의 $k = 0.1$ W/m·°C, $A = 1$ m^2, $\Delta x = 2$ mm $= 0.002$ m이므로

$$R_B = \frac{\Delta x_B}{R_B A} = \frac{0.002}{(0.1)(1)} = 0.02$$

(c) $q = \frac{T_1 - T_3}{R_A + R_B} = \frac{25 - 0}{0.00167 + 0.02} = 1153$ W

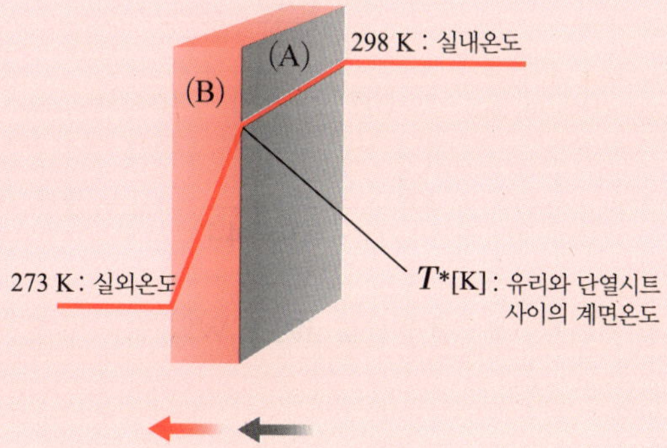

그림 4–18 단열 유리창에서 열손실

[예제 4–1]에서 유리창만인 경우 열손실은 15,000 W이였으나 유리창에 얇은 단열시트를 부착함으로서 열손실은 약 1,153 W로 1/10 이상 감소하였다. 바꾸어 말하면 실내 온도를 25°C로 유지하기 위하여 1,153 W의 난방을 하면 된다.

[예제 4-10] 냉장실의 다층 벽을 통한 열전달

그림 4-19와 같이 벽돌(12 cm), 콘크리트(5 cm), 합성수지(5 cm)의 삼중 벽으로 된 냉장실이 있다. 이 벽의 총 면적이 20 m^2이고 실내 온도가 −2°C, 외부 온도가 30°C일 경우 벽을 통하여 유입되는 열량을 계산하라. 단, 벽돌, 콘크리트, 합성수지의 열전도도는 각각 0.698, 0.779, 0.036 W/m·K이다.

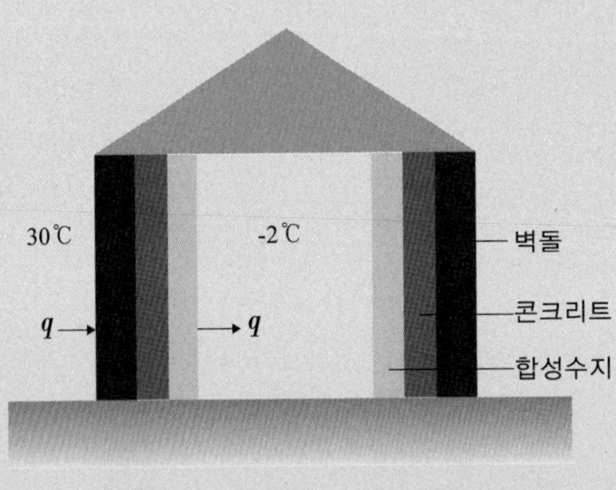

그림 4-19 냉장실 내로 열의 유입

[풀이]

다층 벽을 통한 열전달에 관한 문제로 식 (4-30)을 적용한다.

$$q = \frac{30-(-2)}{\dfrac{0.12}{(0.698)(20)} + \dfrac{0.05}{(0779)(20)} + \dfrac{0.05}{(0.036)(20)}}$$

$$= \frac{32}{0.00859 + 0.00321 + 0.06944} = 393.895 \text{ W}$$

따라서 외부 공기로부터 냉장실로 393.9 W의 속도로 열이 유입된다.

[예제 4-11] 냉장실의 단열재 두께 추산

그림 4-20과 같이 냉장실 벽(3 m × 6 m)을 두께 15 cm의 콘크리트로 건설하였다. 이 냉장실의 안벽에 단열재를 부착하여 냉장실 벽면으로부터의 열손실이 500 W 이하가 되도록 하려고 한다. 콘크리트의 열전도도가 1.37 W/m·°C, 단열재의 열전도도가 0.04 W/m·°C일 때 필요한 단열재

의 두께를 계산하라. 벽 외부의 온도는 38°C, 냉동실 벽면 온도는 5°C 이다. 단열재를 설치함으로써 열손실을 몇 % 방지할 수 있는지 예측하라.

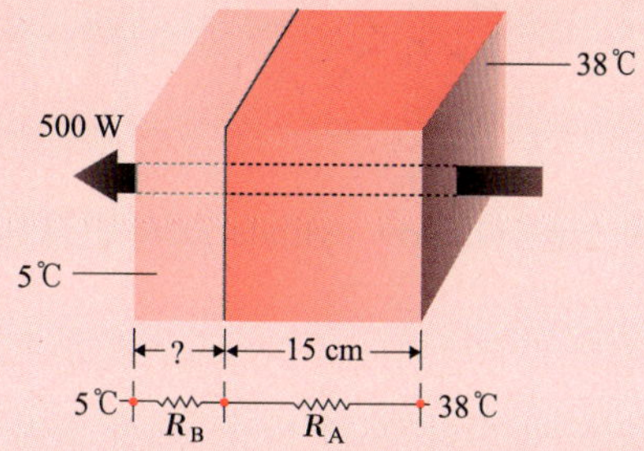

그림 4-20 단열재를 부착한 콘크리트 벽에서 열전달

[풀이]

(a) 단열재의 두께: 식 (4-29)로부터

$$T_1 - T_3 = q(R_A + R_B) = q\left(\frac{\Delta x_A}{k_A A} + \frac{\Delta x_B}{k_B A}\right)$$

$$38 - 5 = 500\left[\frac{0.15}{(1.37)(18)} + \frac{\Delta x_B}{(0.04)(18)}\right]$$

$\Delta x_B = 0.043$ m 즉, 필요한 단열재의 두께는 4.3 cm이다.

(b) 단열재를 부착하지 않았을 때 예상되는 열손실

$$q = kA\frac{\Delta T}{\Delta x} = (1.37)(18)\left(\frac{38-5}{0.15}\right) = 5425.2 \text{ W}$$

단열재를 부착함으로써 91%의 열손실을 방지할 수 있다.

(6) 실린더를 통한 전도 열전달

식품생산공정에서는 실린더 벽을 통해 열이 전달되는 경우가 많다. 예를 들어 파이프 내부로 살균된 고온의 우유가 흐르고 파이프 외부로 냉각수를 흘려 우유를 냉각시킬 경우 열은 반지름 방향으로 이동한다.

그림 4-21에 나타낸 것과 같이 실린더 내벽의 온도 T_i, 외벽의 온도 T_o이고 $T_i > T_o$일 때 열은 내부 표면에서 외부 표면으로 전달된다.

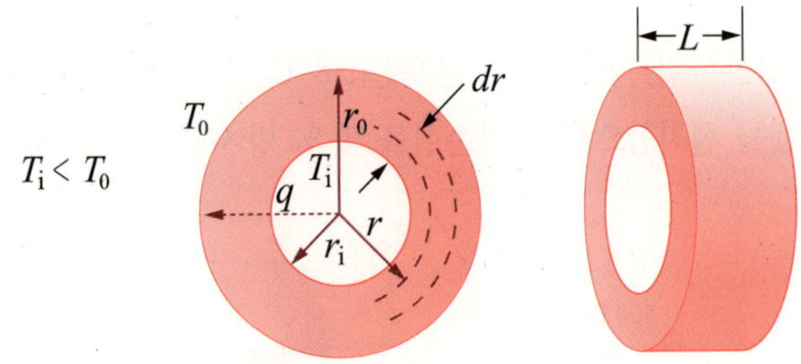

그림 4-21 속이 빈 실린더(hollow cylinder)에서 반경 방향으로의 열 이동

즉, 열은 지름 r 방향으로 전달되므로 Fourier 식 (4-2)에서 열이 전달되는 거리 x 대신에 r을 대입하여 한다. 또한 반경 r에서 열이 흐르는 방향에 수직인 전열면적 $A = 2\pi rL$이다. 따라서 반경 r에서 미소 두께 dr을 통한 열전달속도는 다음과 같이 쓸 수 있다.

$$q = -k(2\pi rL)\frac{dT}{dr} \tag{4-32}$$

여기서 r: 실린더의 임의 위치에서 반지름(m)

L: 실린더의 길이(m)

여기서 주의할 점은 평판과는 달리 실린더에서는 전열면적 A는 r에 따라 증가하며, 온도분포는 직선이 되지 않는다(그림 4-22). 그러나 정상상태에서는 q는 r에 관계없이 일정하다.

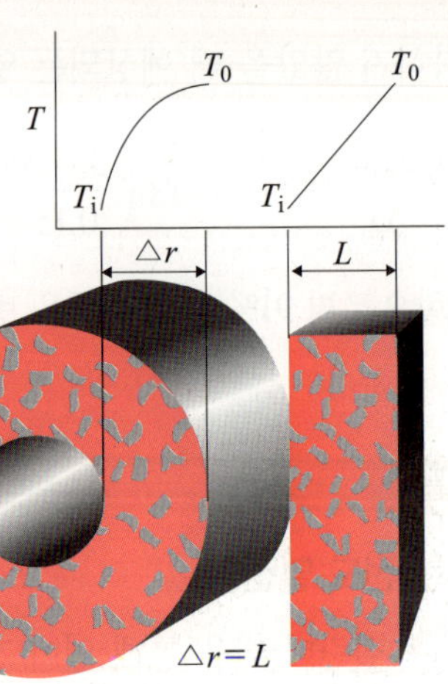

그림 4-22 정상상태에서 평판과 실린더의 온도분포 비교($T_o > T_i$)

이와 같이 열이 이동하는 방향으로 전열면적이 변하는 경우에는 평균 면적을 사용한다. 실린더의 경우 내부표면적을 A_i, 외부표면적을 A_o라 할 때 다음과 같이 정의되는 로그평균면적(logarithmic mean area) A_{lm}을 사용한다.

$$A_{\mathrm{lm}} = \frac{A_{\mathrm{o}}-A_{\mathrm{i}}}{\ln(A_{\mathrm{o}}/A_{\mathrm{i}})} = 2\pi L\frac{r_{\mathrm{o}}-r_{\mathrm{i}}}{\ln(r_{\mathrm{o}}/r_{\mathrm{i}})} = 2\pi L r_{\mathrm{lm}} \tag{4-33}$$

여기서 r_{lm}는 로그평균반지름이다.

대수평균면적 식 (4–33)을 사용하여 실린더를 통한 정상상태 열전달속도는 다음 식과 같이 표현된다.

$$q = \frac{kA_{\mathrm{lm}}(T_{\mathrm{i}}-T_{\mathrm{o}})}{(r_{\mathrm{o}}-r_{\mathrm{i}})} = \frac{k(2\pi L)(T_{\mathrm{i}}-T_{\mathrm{o}})}{\ln(r_{\mathrm{o}}/r_{\mathrm{i}})} \tag{4-34}$$

식 (4–34)는 식 (4–23)과 같은 식이다. 단지 평판에서는 전열면적이 변하지 않으므로 A를 사용하였고, 실린더에서는 전열면적이 변하므로 평균면적 A_{lm}을 사용하였다. 또한 평판에서 열이 이동한 거리는 평판의 두께 Δx이고, 실린더에서는 실린더의 두께 $(r_{\mathrm{o}}-r_{\mathrm{i}})$이다.

식 (4–34)를 식 (4–30)과 같이 전열저항 식으로 나타내면,

$$q = \frac{kA_{\mathrm{lm}}(T_{\mathrm{i}}-T_{\mathrm{o}})}{(r_{\mathrm{o}}-r_{\mathrm{i}})} = \frac{(T_{\mathrm{i}}-T_{\mathrm{o}})}{\frac{\ln(r_{\mathrm{o}}/r_{\mathrm{i}})}{2\pi Lk}} = \frac{\Delta T}{R} \tag{4-35}$$

실제 식 (4–33)과 식 (4–34)는 식 (4–32)를 적분하여 얻는데 다음 [예제 4–13]에서 유도하였다.

실린더의 두께가 얇아 $A_{\mathrm{o}}/A_{\mathrm{i}} < 2$인 경우 로그평균면적과 산술평균 $[(A_{\mathrm{o}}+A_{\mathrm{i}})/2]$과의 차는 4% 밖에 되지 않으므로 공학적 계산에서는 산술평균을 사용하여도 된다.

한편 실린더가 다층 구조인 경우 열전달 속도식은 다층 평판에서와 같은 형식으로 나타낸다. 그림 4–23에 물질 A와 B로 구성된 2중 실린더의 예를 나타내었다.

$$q = \frac{T_1-T_3}{\frac{\ln(r_2/r_1)}{2\pi Lk_{\mathrm{A}}}+\frac{\ln(r_3/r_2)}{2\pi Lk_{\mathrm{B}}}} = \frac{T_1-T_3}{R_{\mathrm{A}}+R_{\mathrm{B}}} = \frac{\Delta T}{R} \tag{4-36}$$

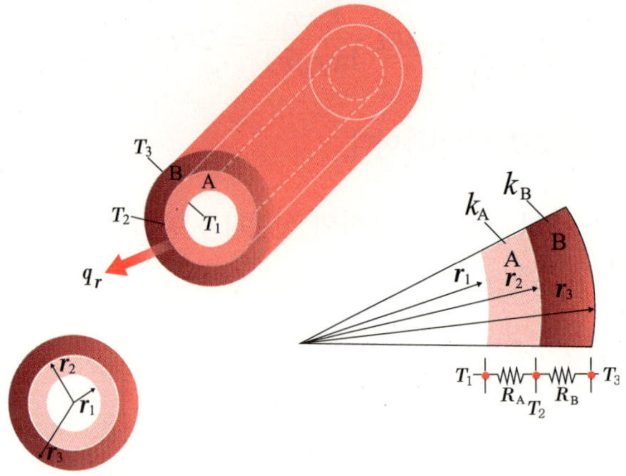

그림 4-23 2중 실린더를 통한 열전달

[예제 4-12] 로그평균면적의 유도

식 (4-32)로부터 식 (4-34)를 유도하라.

[풀이]

식 (4-32)를 다음과 같이 변수 분리하고, 실린더 내부표면에서 외부표면까지 적분하면,

$$\int_{r_i}^{r_o} \frac{dr}{r} = -\frac{2\pi Lk}{q}\int_{T_i}^{T_o} dT \tag{4-37}$$

$$\ln r_o - \ln r_i = \frac{2\pi Lk}{q}(T_i - T_o) \tag{4-38}$$

이 식을 다시 정리하면,

$$q = k\frac{2\pi L(T_i - T_o)}{\ln(r_o/r_i)} \tag{4-39}$$

식 (4-39)의 분모, 분자에 $(r_o - r_i)$를 곱하고 정리하면,

$$q = k\frac{2\pi L(r_o - r_i)}{\ln(r_o/r_i)}\frac{(T_i - T_o)}{r_o - r_i} = kA_{lm}\frac{(T_i - T_o)}{r_o - r_i} \tag{4-40}$$

여기서

$$A_{lm}=\frac{2\pi L(r_o-r_i)}{\ln(r_o/r_i)}=\frac{2\pi Lr_o-2\pi Lr_i}{\ln(2\pi Lr_o/2\pi Lr_i)}=\frac{A_o-A_i}{\ln(A_o/A_i)} \quad (4\text{–}41)$$

여기서 A_{lm}은 로그평균반지름(logarithmic mean radius)이라 하며, 다음과 같이 나타낼 수 있다.

$$A_{lm}=2\pi L\frac{(r_o-r_i)}{\ln(r_o/r_i)}=2\pi Lr_{lm} \quad (4\text{–}42)$$

여기서 r_{lm}은 로그평균반지름(logarithmic mean radius)이라 하며, 다음 식과 같이 정의된다.

$$r_{lm}=\frac{r_o-r_i}{\ln(r_o/r_i)} \quad (4\text{–}43)$$

[예제 4–13] 파이프의 열손실

수증기를 40 m 수송하기 위하여 두께 2 cm, 안지름 6 cm인 강관(steel pipe)을 사용하였다. 파이프의 내부 표면온도는 115°C, 외부 표면온도는 90°C이며, 열전도도는 43 W/m·°C이다. 정상상태에서 주위로의 총 열손실을 계산하라.

[풀이]

$r_i=0.03$ m, $r_o=0.05$ m, L = 40 m이므로 식 (4–34)로부터

$$q=\frac{2\pi(40\text{ m})(43\text{ W/m}\cdot{}^\circ\text{C})(115^\circ\text{C}-90^\circ\text{C})}{\ln(0.05/0.03)}=528{,}903\text{ W}$$

이 예제의 경우 파이프 벽면을 통해서 외부로 열을 잃어버리므로 열손실이라 하고, 열손실이 매우 크다는 것을 알 수 있다.

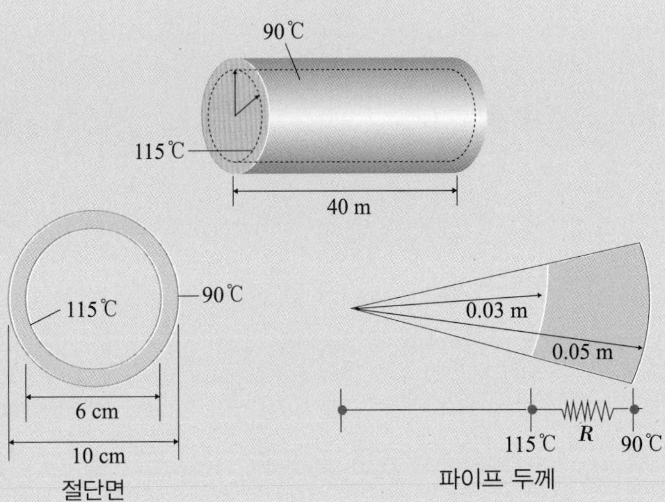

그림 4-24 파이프를 통한 열이동

[예제 4-14] 단열 파이프로부터 열손실

안지름 8 cm, 두께 2 cm인 스테인리스 강관(A)의 외부에 두께 0.04 m의 단열재(B)를 씌웠다. 스테인리스 강관의 열전도도 $k_A = 17$ W/m·K이며, 단열재의 열전도도 $k_B = 0.035$ W/m·K이다. 파이프 내로 가열된 식용유가 흐르며 내벽의 온도는 130°C 단열재 외부의 온도는 25°C이다. 정상 상태를 가정하고 강관과 단열재 사이의 계면에서의 온도를 구하라.

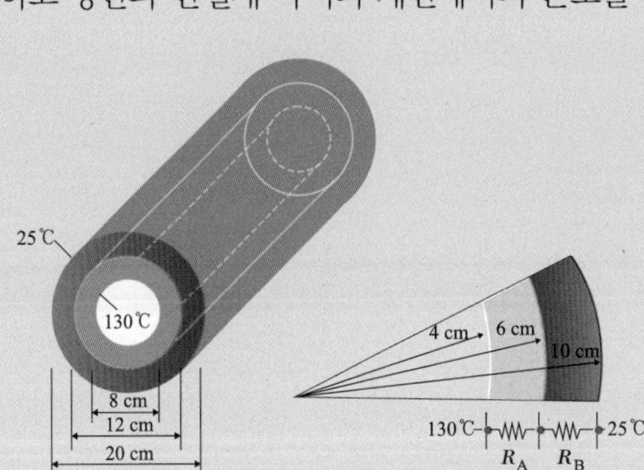

그림 4-25 다층 실린더를 통한 열 이동

[풀이] 스테인리스 강관 1 m를 기준으로 계산한다.

(1) 강관 벽의 전열저항

$$R_A = \frac{\ln(0.06/0.04)}{2\pi(1\ \text{m})(17\ \text{W/m}\cdot{}^\circ\text{C})} = 0.0038^\circ\text{C/W}$$

(2) 단열재의 전열저항

$$R_B = \frac{\ln(0.1/0.06)}{2\pi(1\ \text{m})(0.035\ \text{W/m}\cdot{}^\circ\text{C})} = 2.3229^\circ\text{C/W}$$

(3) 식 (4−36)으로부터 열전달속도를 계산한다.

$$q_A = \frac{(130-25)^\circ\text{C}}{0.003^\circ\text{C/W} + 2.3229^\circ\text{C/W}} = 45.13\ \text{W}$$

(4) 정상상태이므로 스테인리스 강관 벽을 통한 열전달속도는 45.13 W 이다. 따라서 계면에서의 온도를 T라 하고 식 (4−35)를 적용하면,

$$45.13\ \text{W} = \frac{(130-\text{T})^\circ\text{C}}{0.0038^\circ\text{C/W}}$$

$$T = 129.83^\circ\text{C}$$

계면의 온도가 내면의 온도와 거의 같은 것은 스테인리스 강관 벽의 열전도도가 크기 때문이다. 그러나 단열재의 단열효과가 크기 때문에 온도차가 105°C로 매우 큼에도 불구하고 열손실이 45.13 W에 지나지 않는 것이다. [예제 4−15]에서 온도차가 작음에도 불구하고 열손실이 매우 크다는 것은 단열의 중요성을 나타낸다.

3. 대류열전달

(1) 고체표면에서 유체의 경계층과 대류열전달계수

대류열전달에서 가장 중요한 것은 유체와 고체 사이의 열전달이며, 이때 열전달속도는 고체표면에 형성되는 유체의 경계층(boundary layer)에 의해 크게 영향을 받는다는 사실은 앞에서 기술하였다.

유체와 고체가 접했을 때 형성되는 경계층에 대한 이해를 돕기 위하여 목욕탕에서의 경험을 생각해 보자. 여러분이 목욕탕의 뜨거운 물속에 들어가 가만

히 있을 때는 뜨거운 것을 견딜 만하나 옆에서 다른 사람이 욕탕에 들어오면서 물을 흩트리면 더욱 더 뜨겁게 느낀 경험이 있을 것이다. 욕탕 속에 있을 때 사람의 피부 부근에서 온도분포를 그림 4-26에 나타내었다. 뜨거운 물과 접하는 사람 피부 부근에서는 거의 정지되어 있는 얇은 유체막이 생긴다. 뜨거운 물에서 사람 피부로 열이 전달될 때 이 막에서 큰 저항을 받는다.

물을 흩트리지 않을 때는 그림 4-26(a)에서와 같이 막이 두꺼워 열전달속도가 느리다. 그러나 물을 흩트리면 그림 4-26(b)에 나타낸 것과 같이 유체 막의 두께가 얇아져 열이 빨리 전달되기 때문에 우리는 더욱 뜨겁게 느끼게 된다. 뜨거운 물로부터 사람의 몸으로 전달되는 열전달속도는 사람이 센서가 되어 측정하게 되므로 열전달속도가 증가하면 더욱 뜨겁게 느끼게 된다.

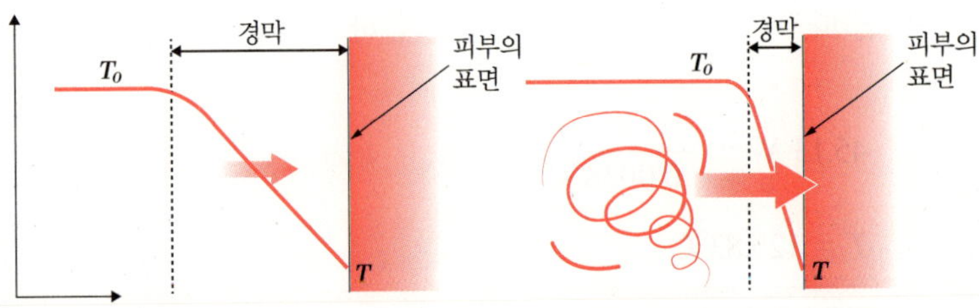

(a) 혼합되지 않을 때 (b) 혼합될 때

그림 4-26 피부 부근에서 온도분포

고체표면 부근에 형성되는 얇은 유체막에서 유체는 서로 섞이지 않으므로 열은 전도에 의하여 전달된다. 일반적 유체의 열전도도는 작기 때문에 이 얇은 막을 통과할 때 큰 저항을 받게 되며, 이 막을 단순히 경막(film)이라 부르기도 한다.

따라서 $T_s > T_\infty$의 경우 경막을 통한 열전달은 Fourier식 (4-18)에 의하여 다음과 같이 표현할 수 있다.

$$\frac{q}{A} = k_f \frac{T_s - T_\infty}{\Delta x_f} \tag{4-44}$$

여기서 k_f : 유체의 열전도도(W/m·K 또는 W/m·°C)

Δx_f : 경막의 두께(m)

T_s: 평판의 표면온도(K 또는 °C)

T_∞: 유체의 벌크온도(K 또는 °C)

식 (4−44)와 식 (4−8)을 비교하면,

$$h \equiv \frac{k_\mathrm{f}}{\Delta x_\mathrm{f}}(\mathrm{W/m^2 \cdot K}) \tag{4-45}$$

여기서 h: 대류열전달계수

식 (4−45)를 보면 대류열전달계수는 유체의 열전도도와 경막의 두께에 의해 결정된다는 것을 나타낸다. 고체표면을 흐르는 유체의 유속이 빨라지면 경막의 두께 Δx_f는 얇아지고 따라서 대류열전달계수 h는 증가한다. 앞에서 기술한 욕탕에서 물을 흩트리면 더욱 뜨겁게 느끼는 이유를 완전히 이해하였을 것이다.

대류열전달계수 h값은 경막의 두께에 좌우되기 때문에 때때로 경막계수(film coefficient)라 부르기도 한다. 그러나 식 (4−45)는 매우 단순화 시킨 것으로 실제 경막의 두께 Δx_f는 그림 4−28에 나타낸 것과 같이 완충지대의 전열저항의 일부를 포함하고 있기 때문에 층류경계층의 두께보다 약간 크다.

h값은 실험적으로 구하며 추산하는 방법에 대해서는 4절에서 기술한다.

(2) 대류와 전도의 복합 메커니즘에 의한 열전달

실제 열전달에서는 대류 단독 메커니즘에 의하여 열이 전달되는 경우는 드물고 대부분의 경우 대류와 전도의 복합 메커니즘에 의하여 전달된다. 특히 식품가공공정에서는 그림 4−27에 나타낸 것과 같이 평판 또는 실린더 모양의 고체 벽을 사이에 두고 고온유체와 저온유체 사이의 열전달이 대부분이다.

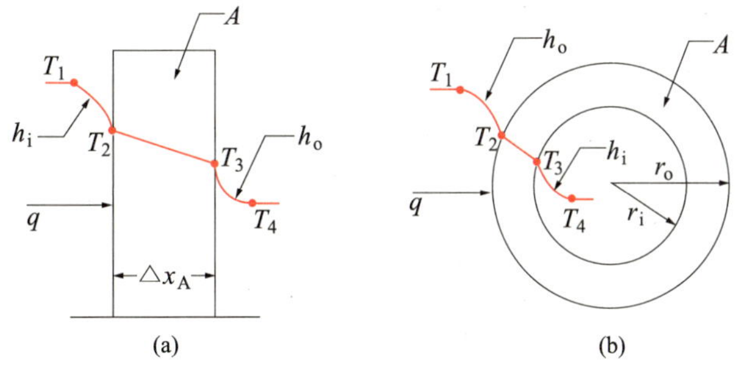

그림 4−27 평판 (a) 또는 실린더 (b) 벽에 의하여 분리된 두 유체 사이의 열전달

① 개별 열전달계수와 총괄 열전달계수

금속 벽을 사이에 두고 우측으로 평균온도 T_1인 고온유체가 흐르고 좌측으로는 평균온도 T_4인 저온유체가 흐르는 경우($T_1 > T_4$) 온도분포를 그림 4-28에 나타내었다. 이때 온도는 거리에 따라 T_a, T_b, T_2, T_3, T_c, T_e, T_g로 변하며, 온도분포는 두 유체와 금속 벽의 세부분으로 나누어진다.

Chapter 3 유체의 흐름(대류)에서 기술한 것과 같이 유체가 파이프를 통해 난류로 흐를 경우 유체의 흐름은 3개의 영역으로 나누어진다. 고체표면에는 점성부층(viscous sublayer), 흐름의 대부분을 차지하는 난류 중심부, 두 영역 사이의 완충지대(buffer zone)이다.

먼저 고온 유체측의 온도 분포를 살펴보면 벽면 부근의 점성부층에서 유체는 층류로 흐르므로 열은 전도에 의하여 열이 전달되며, 유체의 열전도도는 작기 때문에 온도기울기가 크다. 난류 중심부에서는 빠른 와류(eddy)에 의해 급속히 열이 전달되기 때문에 온도는 거의 균일하다.

한편 벽에서 조금 떨어진 완충지대에서는 난류에서보다는 작지만 와류가 형성되고 일부 전도에 의한 열전달이 더해지기 때문에 점성부층에 비하여 온도기울기가 비교적 완만하다.

저온유체 측에서도 유사한 온도분포가 형성될 것이다. 고온유체의 평균온도(bulk temperature) T_1은 최대 온도(peak temperature) T_a 보다 약간 낮을 것이며, 그림에 점선 MM으로 나타내었다. 마찬가지로 점선 NN으로 나타낸 T_4는 저온유체의 평균온도이다.

한편 금속 벽에서는 정상상태 전도에 의해 열이 전달되므로 온도기울기는 직선이며, 유체의 전열저항에 비하여 금속 벽의 전열저항은 작기 때문에 온도차 $(T_2 - T_3)$는 작다.

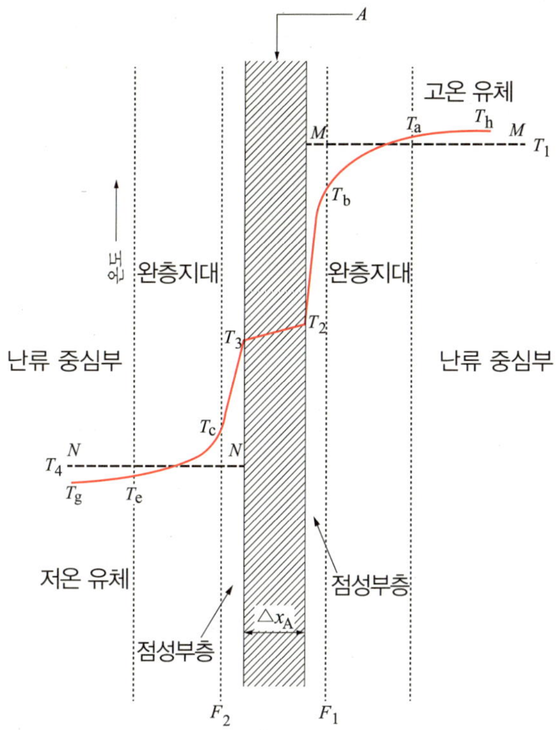

그림 4-28 강제대류에서 온도기울기

금속 벽을 사이에 두고 고온유체로부터 저온유체로의 열전달은 다음과 같이 3단계로 세분할 수 있다. 즉, 고온유체 본체(T_1)에서 대류에 의하여 금속표면(T_2)까지 열이 전달된 다음(q_1), 금속 벽을 통해($T_2 \rightarrow T_3$) 전도에 의해 열이 이동하며(q_2), 다시 금속표면(T_3)에서 저온유체 본체(T_4)로 대류에 의해 이동한다(q_3).

이 때 고온측 유체의 대류열전달계수를 h_i(W/m$^2\cdot$°C), 저온측 유체의 대류열전달계수를 h_o(W/m$^2\cdot$°C)라 하면 각 단계에서의 열전달 속도는 다음과 같이 표현된다.

고온 측에서 대류열전달: $q_1 = h_i A(T_1 - T_2)$ (4-46)

금속 벽에서 전도열전달: $q_2 = \dfrac{k_A A}{\Delta x_A}(T_2 - T_3)$ (4-47)

저온 측에서 대류열전달: $q_3 = h_o A(T_3 - T_4)$ (4-48)

정상상태 열전달에서는 각 단계에서의 열전달속도는 동일하므로

$q_1 = q_2 = q_3 = q$이다. 따라서

$$q = h_i A(T_1 - T_2) = \frac{k_A A}{\Delta x_A}(T_2 - T_3) = h_o A(T_3 - T_4) \tag{4-49}$$

식 (4-49)는 다음과 같이 전열저항 형식으로 표현할 수 있다.

$$q = \frac{\Delta T_1}{\frac{1}{h_A A}} = \frac{\Delta T_2}{\frac{\Delta x_A}{k_A A}} = \frac{\Delta T_3}{\frac{1}{h_o A}} \tag{4-50}$$

여기서 $R_1 = 1/h_i A$, $R_2 = \Delta x_A / k_A A$, $R_3 = 1/h_o A$라 하면,

$$q = \frac{\Delta T_1}{R_1} = \frac{\Delta T_2}{R_2} = \frac{\Delta T_3}{R_3} \tag{4-51}$$

식 (4-51)을 각 온도차에 대하여 풀면,

$$\Delta T_1 = qR_1,\ \Delta T_2 = qR_2,\ \Delta T_3 = qR_3 \tag{4-52}$$

각 온도차의 합은 총 온도차이다.

$$\Delta T = T_1 - T_4 = \Delta T_1 + \Delta T_2 + \Delta T_3 \tag{4-53}$$

식 (4-53)에 식 (4-52)를 대입하면,

$$\Delta T = q(R_1 + R_2 + R_3) = qR \tag{4-54}$$

여기서 $R(= R_1 + R_2 + R_3)$은 총 전열저항이다.

식 (4-54)에 각 전열저항을 대입하고 정리하면 최종적으로 다음 식을 얻을 수 있다.

$$q = \frac{T_1 - T_4}{\underset{(대류저항)}{\frac{1}{h_i A}} + \underset{(전도저항)}{\frac{\Delta x_A}{k_A A}} + \underset{(대류저항)}{\frac{1}{h_o A}}} = \frac{T_1 - T_4}{R_1 + R_2 + R_3} = \frac{\Delta T}{R} \tag{4-55}$$

식 (4-55)는 고온유체(T_1)에서 저온유체(T_4)로 대류와 전도의 복합메커니즘으로 열이 전달될 때 세 곳에서 저항을 받는다는 것을 의미한다. 즉, 고온 측 경막을 통과할 때 $R_1(=1/h_i A)$, 금속 벽을 통과할 때 $R_2(= \Delta x_A / k_A A)$, 저온측 경막을 통과할 때 $R_2(=1/h_o A)$의 저항을 각각 받는다. 이와 같은 각 개별 전열저항은 합하여 총괄저항 R로 나타낼 수 있다.

복합메커니즘에 의한 전열속도를 표현하는 다른 일반적인 방법은 각 개별 전열저항을 합하여 총괄 열전달계수(overall heat transfer coefficient), U(W/$m^2 \cdot K$)로 나타내는 것이다. 평판 벽을 통한 열 이동이므로 전열면적 A는 일정하므로 식 (4–55)를 약간 변형하면

$$q = \frac{T_1 - T_4}{\dfrac{1}{h_i A} + \dfrac{\Delta x_A}{k_A A} + \dfrac{1}{h_o A}} = \frac{T_1 - T_4}{\dfrac{1}{A}\left(\dfrac{1}{h_i} + \dfrac{\Delta x_A}{k_A} + \dfrac{1}{h_o}\right)} \tag{4–56}$$

$$q = \frac{T_1 - T_4}{\dfrac{1}{UA}}$$

$$q = UA(T_1 - T_4) = UA\Delta T_{\text{overall}} \tag{4–57}$$

총괄 열전달계수 U는 다음과 같이 정의된다.

$$\frac{1}{U} = \frac{1}{h_i} + \frac{\Delta x_A}{k_A} + \frac{1}{h_o} \tag{4–58}$$

② 실린더 벽을 통한 대류열전달

공업적으로 더욱 중요한 것은 그림 4–27(b)에 나타낸 것과 같이 파이프 내부와 외부를 흐르는 유체 사이의 대류열전달이다. 이와 같은 경우 총괄 열전달속도는 평판에서와 같은 방법으로 다음과 같이 유도할 수 있다.

$$q = \frac{T_1 - T_4}{\dfrac{1}{h_i A_i} + \dfrac{r_o - r_i}{k A_{lm}} + \dfrac{1}{h_o A_o}} = \frac{T_1 - T_4}{R} \tag{4–59}$$

여기서 A_i: 실린더의 내부 면적(m^2)

A_{lm}: 실린더 벽면의 로그평균면적(m^2)

A_o: 실린더의 외부 면적(m^2)

k: 실린더 벽의 열전도도(W/m·K 또는 W/m·°C)

r_i: 실린더의 안지름(m)

r_o: 실린더의 바깥지름(m)

식 (4–59)에서 주의할 점은 평판인 경우와는 달리 전열면이 실린더 모양이므로 내면과 외면의 면적이 각기 다르다. 따라서 총괄 열전달계수를 계산할 때 어떤 기준면을 선택하느냐에 따라 다음과 같이 각각 정의한다.

$$q = U_i A_i (T_1 - T_4) = U_o A_o (T_1 - T_4) \tag{4-60}$$

여기서 U_i는 파이프의 내부면적을, U_o는 파이프의 외부면적을 기준으로 한 총괄 열전달계수이다.

$$U_i = \frac{1}{\dfrac{1}{h_i} + \dfrac{(r_o - r_i)A_i}{kA_{lm}} + \dfrac{A_i}{A_o h_o}} \tag{4-61}$$

$$U_o = \frac{1}{\dfrac{A_o}{A_i h_i} + \dfrac{(r_o - r_i)A_o}{kA_{lm}} + \dfrac{1}{h_o}} \tag{4-62}$$

실제 장치에서 열전달 면(heat transfer area)은 깨끗한 상태로 유지되는 것이 아니라 오랫 동안 사용하면 표면에 오염물질이 부착하여 스케일(scale)이 생성되며, 스케일에 의하여 열전달 저항이 증가한다. 파이프의 내외면에 형성되는 스케일에 의한 저항을 고려했을 때 총괄 열전달계수는 다음과 같이 표현된다.

$$U_i = \frac{1}{\dfrac{1}{h_{di}} + \dfrac{1}{h_i} + \dfrac{(r_o - r_i)A_i}{kA_{lm}} + \dfrac{A_i}{A_o h_o} + \dfrac{A_i}{A_o h_{do}}} \tag{4-63}$$

$$U_o = \frac{1}{\dfrac{A_o}{A_i h_{di}} + \dfrac{A_o}{A_i h_i} + \dfrac{(r_o - r_i)A_o}{kA_{lm}} + \dfrac{1}{h_o} + \dfrac{1}{h_{do}}} \tag{4-64}$$

여기서 h_{di}, h_{do}는 각각 파이프의 내부와 외부에 형성된 스케일의 오염계수(fouling factor)이다. 퇴적된 오염층의 두께는 무시한다.

일반적으로 공업 목적으로 사용되는 용액의 오염계수는 1,700 ~ 6,000 $W/m^2 \cdot °C$ 이다.

[예제 4–15] 창고 벽면의 총괄 열전달계수

열전도도가 0.7 $W/m \cdot K$인 벽돌로 벽을 쌓은 창고가 있다고 할 때 이 창고의 U값을 계산하라. 단, 벽돌 벽의 두께는 10 cm, 창고 안팎의 대류 열전달계수는 각각 9.8과 40 $W/m^2 \cdot K$ 이다.

[풀이]

식 (4-58)로부터

$$\frac{1}{U}=\frac{1}{9.8}+\frac{0.1}{0.7}+\frac{1}{40}$$

따라서 $U = 3.7\ \mathrm{W/m^2 \cdot K}$ 이다.

[예제 4-16] 창을 통한 대류 열손실

목조주택의 유리창(면적 $1\ \mathrm{m}^2$, 두께 5 mm, 유리의 열전도도 3 W/m·K)이 있다. [예제 4-1]에서는 유리창의 실내측 표면온도가 25°C, 실외측 표면온도는 0°C를 유지하고 있다고 가정하였다. 그러나 실제는 실외측 유리표면온도가 아니라 외기온도가 0°C이고, 역시 실내온도가 25°C라고 하자. 이때 실내 더운 공기의 대류에 의하여 창으로 열이 이동한 다음 유리창으로 전달되고 다시 찬 외기로 대류에 의하여 열을 잃어버릴 것이다.

따라서 창의 안팎에는 경막이 형성될 것이며, 실내와 실외의 경막 열전달계수가 각각 10 및 50 $\mathrm{W/m^2 \cdot K}$ 이라고 했을 때 열전달속도를 구하라. 또한 실내외의 유리표면온도를 구하라.

[풀이]

(a) 먼저 식 (4-58)로부터 U를 구한다. $h_\mathrm{i} = 10\ \mathrm{W/m^2 \cdot {}^\circ C}$, $k_\mathrm{A} = 3\ \mathrm{W/m \cdot {}^\circ C}$, $\Delta x = 5\ \mathrm{mm}$, $h_\mathrm{o} = 50\ \mathrm{W/m^2 \cdot {}^\circ C}$ 이므로

$$\frac{1}{U}=\frac{1}{h_\mathrm{i}}+\frac{\Delta k_\mathrm{A}}{k_\mathrm{A}}+\frac{1}{h_\mathrm{o}}=\frac{1}{10}+\frac{0.005}{3}+\frac{1}{50}$$

$$U = 8.2\ \mathrm{W/m^2 \cdot {}^\circ C}$$

(b) 열전달속도는 식 (4-60)으로부터 구한다. $A = 1\ \mathrm{m}^2$, $T_1 = 25^\circ\mathrm{C}$, $T_2 = 0^\circ\mathrm{C}$ 이므로

$$q = UA(T_1 - T_4) = 8.2(1)(25 - 0) = 205\ \mathrm{J/s}$$

(c) 실내의 유리 표면온도를 T_2, 실외의 유리 표면온도를 T_3라 하자. 정상 상태 열전달에서는 실내의 대류열전달속도, 유리의 전도열전달속도, 실외의 대류열전달속도가 같으므로 식 (4-49)에 의하여

$$q = h_i A(T_1 - T_2) = \frac{k_A A}{\Delta x_A}(T_2 - T_3) = h_o A(T_3 - T_4)$$

$$205 = (10)(1)(25 - T_2) = \frac{(3)(1)}{0.005}(T_2 - T_3) = (50)(1)(T_3 - 0)$$

이 식을 풀면 $T_2 = 4.5°C$, $T_3 = 4.1°C$ 이다.

이 예제를 통하여 겨울에 일반 유리창 1 m^{2}를 통하여 1초 동안 약 0.2 kJ의 열을 잃어버린다는 것을 알 수 있다. 따라서 주택의 유리창은 열손실을 방지하기 위하여 이중유리(pair glass)를 사용하여야 한다.

이 예제와 [예제 4-1]을 비교하여 보고 유리창 내외에 형성되는 경막의 전열저항을 이해하자.

[예제 4-17] 외부 표면적을 기준한 총괄 열전달계수

안지름 20 mm, 바깥지름 22 mm, 길이 5 m인 동 파이프($k = 3980$ W/m·K)의 내외를 통하여 유체가 흐르고 있다. 파이프 내외의 대류열전달계수가 각각 12000 W/m^2·K, 6000 W/m^2·K일 때 외부 표면적을 기준으로 한 총괄 열전달계수를 구하라.

[풀이]

(a) 먼저 로그평균면적을 구한다.

$$A_i = \pi D_i L = \pi(20 \times 10^{-3})(5) = 0.314 \text{ m}^2$$

$$A_o = \pi D_o L = \pi(22 \times 10^{-3})(5) = 0.346 \text{ m}^2$$

식 (4-41)으로부터

$$A_{lm} = \frac{A_o - A_i}{\ln(A_o/A_i)} = \frac{0.346 - 0.314}{\ln(0.346/0.314)} = 0.330 \text{ m}^2$$

(b) 식 (4-62)로부터

$$U_0 = \frac{1}{\dfrac{A_o}{A_i h_i} + \dfrac{(r_o - r_i)A_o}{kA_{lm}} + \dfrac{1}{h_o}}$$

$$= \frac{1}{\dfrac{0.346}{(0.314)(12000)} + \dfrac{(1\times 10^{-3})(0.346)}{(3980)(0.330)} + \dfrac{1}{6000}}$$

$$= 3865.48 \text{ W/m}^2 \cdot \text{K}$$

[예제 4-18] 오염계수

안지름 20 mm, 바깥지름 22 mm, 길이 5 m인 파이프가 있다. 파이프 안으로는 냉각수가, 바깥으로는 알코올이 흐른다. 파이프 내외의 표면열전달계수는 각각 3360, 2100 J/m^2 · s · °C 이고 파이프의 열전도도는 98 J/m · s · °C 이다. 그런데 이 파이프는 오래 사용하여 파이프 내부에 스케일이 쌓였으며 오염계수가 1700 W/m^2 · °C 이고 외부 오염계수는 2840 W/m^2 · °C 이라 할 때 파이프의 내부면적을 기준으로 한 총괄 열전달계수를 구하라.

[풀이]

먼저 대수평균면적을 구한다.

$$A_i = \pi D_i L = \pi(20\times 10^{-3})(5) = 0.314 \text{ m}^2$$
$$A_o = \pi D_o L = \pi(22\times 10^{-3})(5) = 0.346 \text{ m}^2$$

식 (4-41)로부터

$$A_{lm} = \frac{A_o - A_i}{\ln(A_o/A_i)} = \frac{0.346 - 0.314}{\ln(0.346/0.314)} = 0.330 \text{ m}^2$$

식 (4-63)으로부터

$$U_i = \frac{1}{\dfrac{1}{h_{di}} + \dfrac{1}{h_i} + \dfrac{(r_o - r_i)A_i}{kA_{lm}} + \dfrac{A_i}{A_o h_o} + \dfrac{A_i}{A_o h_{do}}}$$

$$= \frac{1}{\dfrac{1}{1700} + \dfrac{1}{3360} + \dfrac{1}{98}\dfrac{0.314}{0.330} + \dfrac{1}{2100} \times \dfrac{0.314}{0.346} + \dfrac{0.314}{0.346} \times \dfrac{1}{2840}}$$

$$= 607 \text{ W/m}^2 \cdot {}^\circ\text{C}$$

4. 대류열전달계수 또는 표면열전달계수에 대한 관계식

(1) 강제대류에 대한 일반적인 관계식

대부분의 가열, 냉각 장치에서는 펌프, 교반기, 팬 등을 이용하여 유체를 강제적으로 흐르게 한다. 이 경우 고체표면의 유체가 계속 치환되므로 자연대류보다 열전달 속도가 빠르다.

강제대류에 의한 열전달 속도를 구하기 위해서는 대류열전달계수 h를 알아야 한다. 그러나 h는 유체의 물리적 성질, 흐름의 형태와 유속, 온도 차, 물체의 기하학적 형상 등 복잡한 인자들의 영향을 받기 때문에 실험적으로 구할 수밖에 없다.

예를 들어 평판 위로 유체가 난류로 흐를 경우 대류열전달계수 h는 평판의 길이 L, 유체의 밀도 ρ, 유체의 점도 μ, 유체의 열전도도 k, 유체의 비열 c_p, 평균속도 v에 영향을 받는다. 이들 인자들이 h에 미치는 영향을 알기 위해서 많은 연구자들이 다양한 연구를 하였다. 그러나 개개의 인자들에 대한 영향을 알기 위해서는 매우 많은 실험을 하여야 하기 때문에 이들 변수를 몇 개의 무차원군(dimensionless group)으로 묶어서 무차원군 사이의 상관관계를 구한다.

파이프 내부로 유체가 난류로 흐를 경우 변수들은 다음과 같이 3개의 무차원군으로 묶을 수 있다.

$$N_{Nu} = f(N_{Re},\ N_{Pr}) \tag{4-65}$$

여기서 N_{Nu}는 너셀 수(Nusselt number), N_{Pr}는 프란틀 수(Prandtl number)이며, 다음과 같이 정의된다.

$$N_{Nu} = \frac{hD}{k} \tag{4-66}$$

$$N_{Pr} = \frac{c_p \mu}{k} \tag{4-67}$$

너셀 수는 무차원화된 대류열전달계수이고, 프란틀 수는 유체의 열적 특성을 나타내는 무차원군이며, 레이놀즈 수는 유체의 흐름의 상태를 나타내는 무차원군이다. 식 (4-65)의 3개의 무차원군 사이의 상관관계를 실험을 통하여 구하면, 그 실험식으로부터 h를 구할 수 있다.

대류 열전달계수에 영향을 미치는 여러 가지 변수들 사이의 상관관계를 어떤 실험을 통하여 구하는지 생각해 보자. 예를 들어 그림 4-29에 나타낸 것과 같이 전기로 가열된 평판 상부로 유체가 흐를 때 평판으로부터 유체로 전달되는 대류 열전달속도를 실험을 통하여 구하는 경우를 생각해 보자.

여기서 유체(예컨대 물)는 온도 T_∞, 평균유속 v_∞로 평판에 평행하게 흐른다. 평판은 전기 가열기로 가열되기 때문에 일정한 온도 T_s를 유지하며, $T_s > T_\infty$라 가정한다. 평판의 상부표면을 제외하고 옆면과 하부표면은 단열재로 잘 단열되어 평판에 설치된 전기 가열기에서 발생되는 열은 전부 상부표면을 통해 유체로 전달된다고 가정한다. 따라서 전기 가열기의 전압 E와 전류 I를 측정하면 $I \cdot E = q = h_L A_s (T_s - T_\infty)$이므로 대류 열전달계수 h_L을 계산할 수 있다. 여기서 h_L은 평판 전체에 대한 평균값을 의미한다.

만약 다른 조건은 변화시키지 않고 유속 v_∞를 변화시키면서 실험을 하면, 유속이 h에 미치는 영향을 알 수 있다. 같은 방법으로 평판의 길이 L, q, T_∞, μ, c_p등을 각각 변화시키면서 h를 구하면 각 인자들이 미치는 영향을 알 수 있다.

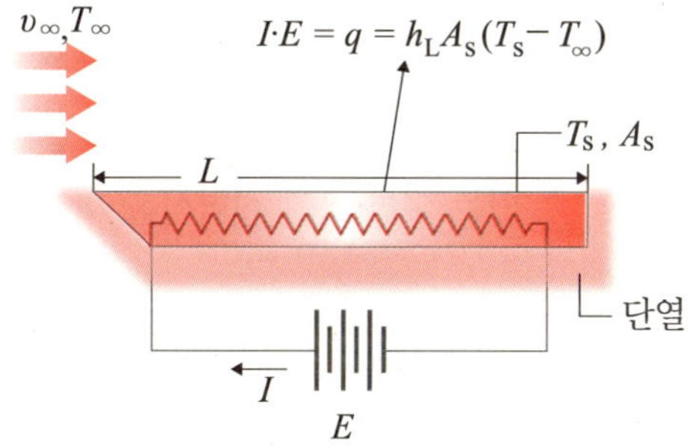

그림 4-29 대류 열전달계수(h_L)를 측정하기 위한 실험

그러나 이와 같이 h에 영향을 미치는 개개의 인자의 영향을 알기 위해서는 수많은 실험을 하여야 하고 얻어진 많은 데이터로부터 각 변수들의 상관관계를 구하기는 매우 어렵다. 따라서 위에서 식 (4-65)에 나타낸 것 같이 이들 변수들을 3개의 무차원군으로 묶어서 데이터를 분석하면 훨씬 간단해진다.

예를 들어 식 (4-67)의 프란틀 수는 유체의 열적 특성을 나타내는 물성들로 구성된 무차원군이므로 공기, 물, 식용유 등 특성이 다른 유체를 사용하여 열전달실험을 하면 N_{Pr}이 다른 값에 대한 데이터를 얻게 된다.

같은 방법으로 여러 가지 변수들을 변화시키면서 각 무차원군을 계산하고, 프란틀 수가 일정한 데이터를 레이놀즈 수의 함수로서 너셀 수를 로그-로그 모눈종이(log-log paper)에 그리면 그림 4-30(a)에 나타낸 것과 같이 각기 다른 프란틀 수에서 직선이 얻어진다.

이와 같은 실험적인 상관관계는 다음 식으로 나타낼 수 있다.

$$N_{\mathrm{Nu \cdot L}} = C N_{\mathrm{Re,\,L}}{}^{\mathrm{m}}\, N_{\mathrm{Pr}}{}^{\mathrm{n}} \tag{4-68}$$

여기서 C, m, n은 계수(coefficient)이다.

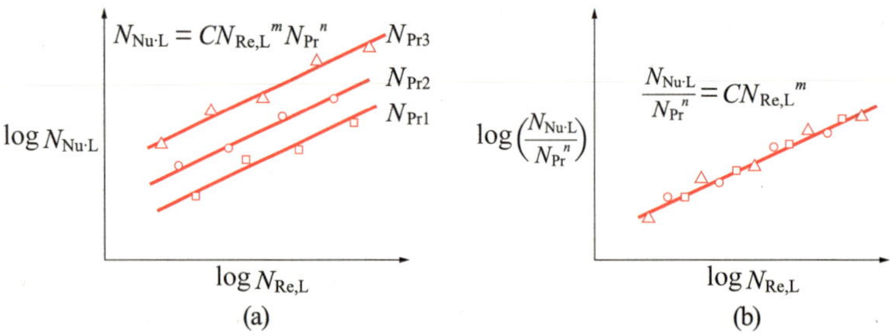

그림 4-30 대류 열전달 측정 데이터의 무차원군 도시

여러 연구자들은 다양한 조건(예컨대 파이프 내부로의 유체 흐름, 평판 또는 구 표면으로의 유체 흐름, 층류 또는 난류 흐름)에서 실험하여 주어진 실험조건 범위 내에서 적용할 수 있는 여러 가지 실험식을 제안하였다.

여러 가지 실험식으로부터 열전달계수를 구할 때 다음 순서를 따르면 편리하다.

① **흐름의 기하학적 형상** : 대류열전달계수를 계산하는 첫 단계는 유체와 접촉하는 고체표면의 기하학적 형상과 그 크기를 명확히 확인한다. 예를 들어 유체와 접하는 고체가 파이프, 구, 직사각형 도관(duct) 또는 직사각형 평판인가, 또한 유체가 파이프 내부를 흐르는가, 외부를 흐르는가 등을 확인한다.

② **유체의 종류와 그 물리적 성질** : 두 번째 단계는 유체의 종류를 확인한다. 유체가 물인가, 공기인가 또는 액체 식품인가? 고체표면에서 멀리 떨어진 유체의 벌크온도 T_{∞}를 결정한다. 열교환기에서와 같이 입구와 출구에서의 벌크온도가 다를 경우 평균 벌크온도 $T_{\infty}=(T_{\mathrm{bi}}+T_{\mathrm{bo}})/2$를 구한다. 여기서 T_{bi}는 입구에서의 평균온도, T_{bo}는 출구에서의 평균온도이다.

점도, 밀도, 열전도도와 같은 유체의 물리적 특성 값은 평균벌크온도 T_∞ 에서 구하며, 각 물성값의 단위에 주의한다.

③ **레이놀즈 수 계산** : 유속, 유체의 물성, 유체와 접촉하는 물체의 특성 길이(characteristic length)로부터 레이놀즈 수를 계산하여, 유체의 흐름의 형태가 층류인지 난류인지를 결정한다.

④ **적당한 상관관계의 선정** : ①에서 ③까지 구한 정보를 이용하여 주어진 문제에 적합하게 적용할 수 있는 적절한 실험식을 선정한다. 선정한 실험식으로부터 너셀 수를 구하고, 너셀 수로부터 대류 열전달계수를 계산한다.

여기서는 대표적인 몇 가지 경우에 한해서 대류 열전달계수에 대한 상관관계에 대해서 기술한다. 여러 가지 다른 상관관계에 대해서는 전문서적을 참고하기 바란다.

(2) 내부흐름일 때 강제대류 관계식

① 파이프 내에서 층류

공업적으로 가장 중요한 대류 열전달 공정은 파이프 내로 흐르는 유체를 가열 또는 냉각하는 것이다. 이때 열전달계수에 영향을 미치는 인자들 사이의 상관관계는 (a) 층류인 경우($N_{Re} < 2100$), (b) 완전히 발달된 난류인 경우($N_{Re} > 6000$), (c) 전이영역인 경우($2100 < N_{Re} < 6000$)에 따라 각각 다른 관계식이 적용된다.

수평인 파이프를 통해 유체가 층류로 흐를 경우 다음의 Sieder와 Tate의 식을 적용할 수 있다.

$$N_{Nu} = \frac{h_a D}{k} = 1.86 \left(N_{Re} N_{Pr} \frac{D}{L}\right)^{1/3} \left(\frac{\mu_b}{\mu_w}\right)^{0.14} \qquad (4-69)$$

이 식은 다음과 같은 조건에서 적용된다. (a) 벽면 온도 T_w = 일정한 경우, (b) $0.48 < N_{Pr} < 16{,}700$, (c) $0.0044 < \mu_b/\mu_w < 9.75$, (d) $N_{Re} < 2100$, (e) $N_{Re}N_{Pr}(D/L) > 100$.

여기서 D: 파이프의 지름(m)

L: 파이프의 길이(m) → 혼합이 발생하기 전의 길이, 즉 유입길이(m)

c_p: 유체의 비열(J/kg·°C)

k: 유체의 열전도도(W/m·°C)

μ_w: 벽면온도 T_w에서 유체의 점도(Pa·s)

μ_b: 평균 벌크 온도에서 유체의 점도(Pa·s)

h_a: 평균 대류열전달계수(W/m^2·°C)

μ_w를 제외한 유체의 물리적 값은 평균 벌크온도에서 구한다.

층류에서는 난류에서와 같이 급속한 혼합작용이 거의 일어나지 않기 때문에 입구로부터의 유입길이(entrance length)가 길다. 다시 말하면, 유체의 속도와 온도가 반지름 r 뿐만 아니라 입구에서부터의 거리 x에 따라 변하기 때문에 파이프 길이는 중요한 변수이며, 열전달계수에 관한 실험식에서 (D/L)이 포함되어 있다.

또한 유체를 가열할 경우 벽면 부근의 유체 점도는 유체 벌크에서의 점도보다 작기 때문에 전열저항이 작아져 열전달속도가 증가한다. 반대로 유체를 냉각할 경우에는 벽면 부근의 점도가 높기 때문에 열전달속도가 감소한다. 파이프 내에서 유체를 가열 또는 냉각할 때 이와 같은 점도의 영향을 수정하기 위하여 식 (4-69)에 수정인자 $\phi_v = (\mu_b/\mu_w)^{0.14}$를 곱하였다.

예를 들어 액체를 가열할 경우 $\mu_w < \mu_b$이며 $\phi_v > 1.0$이다. 따라서 열전달계수는 커진다. 반대로 액체를 냉각하는 경우 $\mu_w > \mu_b$이고 $\phi_v < 1.0$가 되며 열전달계수는 작아진다.

[예제 4-19] 파이프에서 물의 가열

안지름 2.5 cm인 수평 파이프를 통하여 물이 유량 0.02 kg/s로 흐르고 있으며, 이 물을 20°C에서 60°C로 가열하려고 한다. 파이프의 외부로는 뜨거운 물이 흐르고 있어 파이프 내벽의 온도는 90°C를 유지한다. 파이프의 길이가 1 m일 때 대류열전달계수를 구하라.

[풀이]

(a) μ_w를 제외하고 물의 물리적 성질은 평균벌크온도 (20+60)/2= 40°C에서 구한다. 40°C에서 물의 특성은 부록으로부터

ρ=992.2 kg/m^3, c_p=4.181 kJ/kg·°C, k=0.633 W/m·°C, μ=656×10^{-6} Pa·s, 파이프 내벽의 온도 90°C μ_w=316×10^{-6} Pa·s

$$N_{Re}=\frac{Dv\rho}{\mu}=\frac{4m}{\pi\mu D}=\frac{4(0.02\text{ kg/s})}{\pi(656\times10^{-6}\text{ Pa}\cdot s)(0.025\text{ m})}=1552.73$$

$$N_{Pr}=\frac{c_p\mu}{k}=\frac{(4.181\times10^3)\times(656\times10^{-6})}{0.633}=4.33$$

여기서 레이놀즈수가 2100보다 작기 때문에 층류이다.

(b) $N_{Re}\times N_{Pr}\times(D/L)=(1552.73)(4.33)(0.025/1)=168.1$

(c) 90°C에서 μ_w=316.5×10^{-6} Pa·s, 식 (4-69)에 의하여

$$N_{Nu}=1.86(168.1)^{1/3}\times\left(\frac{656\times10^{-6}}{316.5\times10^{-6}}\right)^{0.14}=11.37$$

$$h_a=\frac{N_{Nu}k}{D}=\frac{(11.37)(0.633\text{ W/m}\cdot°\text{C})}{0.025\text{ m}}=287.9\text{ W/m}^2\cdot°\text{C}$$

② 파이프 내에서 난류

대부분의 장치에서는 난류 조건에서 조작한다. 난류일 때는 유체가 잘 혼합되므로 파이프 벽과 바로 인접한 부분을 제외하고는 온도가 균일하다고 할 수 있으며, 유속이 빠르므로 경막(film)이 얇아져 층류에서보다 열이동 속도가 빠르다.

유체가 평활한 긴 직선 파이프 내를 난류로 흐를 경우 실험식으로 Dittus-Boelter 식이 제안되었다.

$$N_{Nu}=\frac{h_L D}{k}=0.023N_{Re}^{0.8}N_{Pr}^{n} \tag{4-70}$$

위 식은 (a) n=0.4 유체를 가열할 때($T_w>T_b$), n=0.3 유체를 냉각할 때($T_w<T_b$), (b) 유체의 물리적 성질은 산술 평균 벌크온도에서 구함, (c) $N_{Re}>10^4$, (d) $0.6<N_{Pr}<160$, (e) $L/D>10$일 때 적용된다. n값에 다른 값을 사용함으로써 액체를 냉각할 때보다 가열할 때 큰 열전달계수를 구할 수 있다. 그러나 이 식은 T_w-T_b의 온도차가 크지 않는 범위에서만 적용할 수 있다.

유체의 물리적 성질 변화가 큰 경우 층류에서와 같이 수정인자 ϕ_v를 사용하여 보다 정확한 식이 제안되었다.

$$N_{Nu} = \frac{h_L D}{k} = 0.027 N_{Re}^{0.8} N_{Pr}^{1/3} \left(\frac{\mu_b}{\mu_w} \right)^{0.14} \tag{4-71}$$

여기서 (a) μ_w를 제외한 유체의 물리적 성질은 평균 벌크온도에서 구한다. (b) $N_{Re} > 6000$, (c) $0.7 < N_{Pr} < 16000$, (d) $L/D > 60$ 범위에서 적용된다.

이 식을 Sieder-Tate 상관관계라 한다. 수정인자 ϕ_v의 영향은 물과 같이 전도가 작은 액체인 경우에는 크지 않으나 고점성 기름과 같은 경우에는 그 영향이 상당히 커 가열할 때 평균 열전달계수가 냉각할 때보다 2배 가량 크다.

μ_w를 제외한 유체의 물리적 성질은 유체의 평균 벌크온도 T_b에서 구한다. 예를 들어 유체가 30°C에서 들어와 90°C에서 나간다고 하면, $(30+90)/2 = 60$°C, 즉, 액체의 물리적 값은 60°C에서 구한다. 만약 $(L/D) < 0.6$인 경우에는 입구 영향을 보정하기 위하여 식 (4-71)에 $[1+(L/D)^{0.7}]$을 곱한다.

[예제 4-20] 물과 공기의 대류열전달계수

(a) 안지름 50 mm인 파이프 내로 20°C의 물이 1 m/s로 흐르고, 가열하는 경우 대류열전달계수를 구하라($T_w - T_b$의 온도차가 크지 않다.). 단 20°C 물의 밀도는 1000 kg/m³, 점도는 1.005×10^{-3} Pa·s, 비열은 4.18 kJ/kg·K, 열전도도는 0.6 W/m·K이다.

(b) 동일한 파이프를 통해 공기가 유속 10 m/s로 흐를 경우 대류열전달계수를 구하라. 단, 공기의 밀도는 1.2 kg/m³, 점도는 18.1×10^{-6} Pa·s, 비열은 1.0 kJ/kg·K, 열전도도는 0.0257 W/m·K이다.

[풀이]

(a) 먼저 레이놀즈 수를 구한다. $D = 0.05$ m, $v = 1$ m/s, $\mu = 1.005 \times 10^{-3}$ Pa·s이므로

$$N_{Re} = \frac{Dv\rho}{\mu} = \frac{(0.05)(1)(1000)}{1.005 \times 10^{-3}} = 50000$$

물의 흐름은 난류이다. 따라서 식 (4-70)을 사용한다.

$$N_{Pr}=\left(\frac{c_p\mu}{k}\right)=\frac{(4.18\times10^3)\times(1.005\times10^{-3})}{0.6}=7.002$$

식 (4-70)을 이용하여 N_{Nu}를 구할 때, 가열하는 경우이므로 $n=0.4$

$$N_{Nu}=\frac{h_L D}{k}=0.023{N_{Re}}^{0.8}{N_{Pr}}^{0.4}$$

$$h_L=0.023\left(\frac{k}{D}\right){N_{Re}}^{0.8}{N_{Pr}}^{0.4}=0.023\left(\frac{0.6}{0.05}\right)(50000)^{0.8}(7.002)^{0.4}$$

$$=3452.6\ \mathrm{W/m^2\cdot K}$$

(b) 동일 방법으로 공기에 대하여 계산하면

$$h_L=0.023\left(\frac{k}{D}\right){N_{Re}}^{0.8}{N_{Pr}}^{0.4}$$

$$=0.023\left(\frac{0.0257}{0.05}\right)\left(\frac{(0.05)(10)(1.2)}{18.1\times10^{-6}}\right)^{0.8}\left(\frac{(1\times1000)(18.1\times10^{-6})}{0.0257}\right)^{0.4}$$

$$=42.5\ \mathrm{W/m^2\cdot K}$$

물과 비교하면 공기의 유속이 큼에도 불구하고 공기의 대류열전달계수가 훨씬 작다.

[예제 4-21] 층류와 난류에서의 열전달계수 비교

예제 [4-20]에서 유량을 0.02 kg/s에서 0.2 kg/s로 증가시킨 것 이외 다른 조건이 변동이 없을 때 대류 열전달계수를 구하라.

[풀이]

(a) 먼저 레이놀즈 수를 구한다.

$$N_{Re}=\frac{4(0.2\ \mathrm{kg/s})}{\pi(656\times10^{-6}\ \mathrm{Pa\cdot s})(0.025\ \mathrm{m})}=15527.3$$

(b) 난류이므로 식 (4-71)에 의하여,

$$N_{Nu}=0.027(15527.3)^{0.8}(4.34)^{1/3}\left(\frac{656\times10^{-6}}{316.5\times10^{-6}}\right)^{0.14}=110.1$$

(c) h_L은 너셀 수로부터 계산한다.

$$h_L=\frac{N_{Nu}k}{D}=\frac{(110.1)(0.633\ \mathrm{W/m\cdot{}^\circ C})}{(0.025\ \mathrm{m})}=2787.7\ \mathrm{W/m^2\cdot{}^\circ C}$$

난류일 때 h값은 [예제 4-20]의 층류에서 h값보다 약 8배 큰 것을 알 수 있다.

[예제 4-22] 유속이 표면 열전달계수에 미치는 영향

[예제 4-20]에서 모든 조건은 동일하고 유속만 2배로 증가시키면 대류 열전달계수는 몇 % 증가할까?

[풀이]

식 (4-71)에서 유속은 레이놀즈 수에만 포함되어 있으므로,

$$N_{\mathrm{Nu}_1} = f(v_1)^{0.8}$$
$$N_{\mathrm{Nu}_2} = f(v_2)^{0.8}$$
$$\frac{N_{\mathrm{Nu}_1}}{N_{\mathrm{Nu}_2}} = \left(\frac{v_1}{v_2}\right)^{0.8} = \left(\frac{1}{2}\right)^{0.8} = 1/1.74$$
$$N_{\mathrm{Nu}_2} = 1.74\ N_{\mathrm{Nu}_1}$$

따라서 $h_2 = 1.74\ h_1$

$$\%\ 증가 = \frac{1.74\ h_1 - h_1}{h_1} \times 100 = 74\%$$

대류 열전달계수는 유속에 큰 영향을 받는다는 것을 알 수 있다.

③ 대수평균 온도차와 온도 강하의 변화

지금까지 기술한 열전달 속도식에서는 온도차 ΔT가 일정한 경우에 한해서 적용된다. 그러나 열교환기에서와 같이 고온유체와 저온유체가 열교환할 경우 열교환기를 흐르는 동안 각 유체의 온도가 변한다. 따라서 ΔT도 변한다.

열교환기의 대표적인 예(그림 4-31)로서 이중관형 열교환기(double pipe heat exchanger)를 생각해 보자. 파이프 내부를 흐르는 고온유체는 파이프 밖을 반대 방향으로 흐르는 저온유체에 의하여 냉각되어 T_1'에서 T_2'으로 변하며, 반대로 저온유체는 T_1에서 T_2로 가열된다. 이때 그림 4-31 (b)에 나타낸 것과 같이 두 유체 사이의 온도차 ΔT가 거리에 따라 변한다.

또한 그림 4-31(a)에 나타낸 것과 같이 저온유체와 고온유체가 같은 방향으로 평행하게 흐를 경우에는 거리에 따라 ΔT의 변화가 더욱 크다.

이와 같은 경우에는 다음과 같이 정의되는 로그평균온도차(logarithmic mean temperature difference) ΔT_{lm}을 사용한다.

$$q = UA\Delta T_{\mathrm{lm}} \tag{4-72}$$

$$\Delta T_{\mathrm{lm}} = \frac{(T_2' - T_2) - (T_1' - T_1)}{\ln[(T_2' - T_2)/(T_1' - T_1)]} = \frac{\Delta T_2 - \Delta T_1}{\ln(\Delta T_2/\Delta T_1)} \tag{4-73}$$

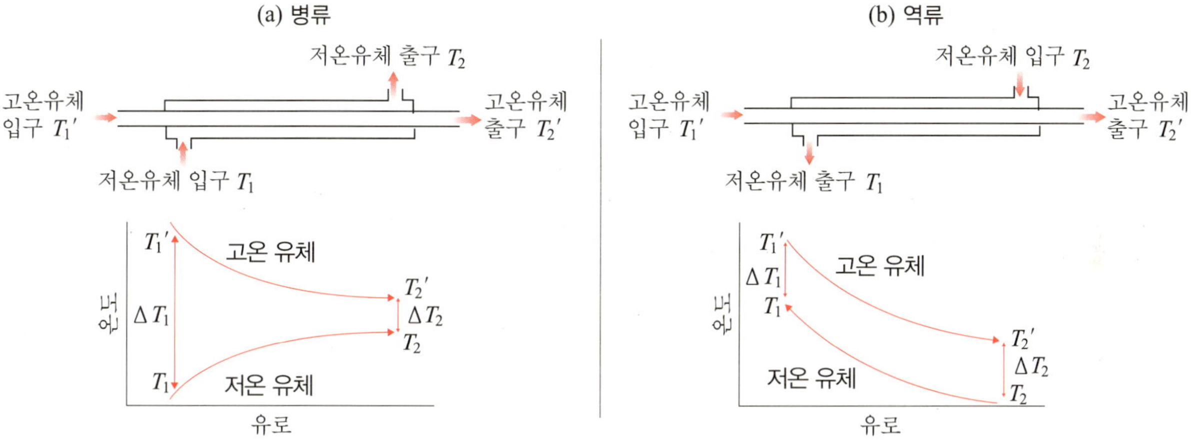

그림 4-31 이중관형 열교환기에서 병류와 역류 흐름 방식

(3) 외부 흐름일 때 강제대류 관계식

실제 고체 외부를 흐르는 유체와 고체 사이에 열전달이 일어나는 경우가 많다. 공학적으로 평판, 구 및 실린더 모양의 고체 표면과 흐르는 유체 사이의 열이동이 가장 중요하다. 이 경우 열전달계수는 물체의 위치(전면, 옆, 뒷면 등)에 따라 변하지만 평균열전달계수에 대한 여러 가지 실험식이 제안되어 있다.

일반적으로 물체 외부를 흐르는 유체와 고체 사이의 평균열전달계수는 다음 식으로 표현된다.

$$N_{\mathrm{Nu}} = CN_{\mathrm{Re}}^{\ m}N_{\mathrm{Pr}}^{\ 1/3} \tag{4-74}$$

여기서 C와 m은 여러 가지 물체의 형상에 따라 결정되는 상수이다. 유체의 물리적 성질은 고체 표면 또는 벽면 온도 T_w와 유체의 벌크온도 T_b의 평균값인 막 온도(film temperature) $T_f=(T_w+T_b)/2$에서 구한다. 또한 레이놀즈 수 N_{Re}를 계산할 때 속도는 고체에 접근하는 유체에 의해서 교란되지 않은 자유류 속도를 사용한다.

① 평판에 평행한 흐름

평판에 평행한 방향으로 유체가 흐를 때 평판과 유체 사이에 열이 전달된다.

유체가 층류($N_{Re,L}<3\times10^5$)로 흐를 경우 길이 L인 평판 전체에 대한 평균 열전달계수 h_L에 대한 실험식은 다음과 같다.

$$N_{Nu}=0.664{N_{Re,L}}^{0.5}{N_{Pr}}^{1/3} \tag{4-75}$$

한편 난류($N_{Re,L}>3\times10^5$) 인 경우

$$N_{Nu}=0.0366{N_{Re,L}}^{0.8}{N_{Pr}}^{1/3} \tag{4-76}$$

여기서 $N_{Re,L}=Lv\rho/\mu$, $N_{Nu}=h_L/k$이고 $N_{Pr}\left(=\dfrac{c_p\mu}{k}\right)>0.7$인 범위에서 적용된다.

[예제 4-23] 평판에서 퓨레의 가열

길이 0.9 m, 폭 0.6 m인 평판 위를 채소 퓨레(vegetable purée)가 3 m/min의 유속으로 흐르고 있을 때 표면 열전달계수를 구하라. 평판의 반대편에는 스팀이 응축되며, 표면온도는 104°C를 유지한다. 채소 퓨레의 밀도는 1040 kg/m³, 비열은 3980 J/kg·°C, 점도는 0.002 N·s/m², 열전도도는 0.52 J/m·s이다.

[풀이]

$$N_{Re,L}=\frac{Lv\rho}{\mu}=\frac{(0.9)(3/60)(1040)}{2\times10^{-3}}=2.34\times10^4$$

층류이므로 식 (4-75)을 적용한다.

$$N_{Pr}=\left(\frac{c_p\mu}{k}\right)=\frac{(3980)(2\times10^{-3})}{0.52}=15.3$$

$$N_{Nu}=\frac{hL}{k}=0.664(2.34\times10^4)^{0.5}(15.3)^{1/3}$$

$$h=0.664(15.3\times10^2)(2.48)(0.52)/0.9=145.6\ \text{J/m}^2\cdot\text{s}\cdot{}^\circ\text{C}$$

② 실린더 외부의 직각 흐름

그림 4–32처럼 내부에 유체가 들어있는 한 개의 실린더 외부로 유체를 흘려 보내 가열 또는 냉각하는 경우가 종종 있다. 실린더 외부를 흐르는 유체가 기체와 액체인 경우 평균 열전달계수 h_o에 대한 실험식은 식 (4–77)의 형태로 주어지며, 레이놀즈 수의 범위에 따라 적용할 수 있는 C와 m값을 표 4–4에 나타내었다.

$$N_{Nu} = \frac{h_o D_o}{k} = C\left(\frac{D_o v\rho}{\mu}\right)^m \left(\frac{c_p\mu}{k}\right)^{1/3} \tag{4-77}$$

여기서 $N_{Re} = \dfrac{D_o v\rho}{\mu}$ 이며, D_o는 실린더의 외부지름이다.

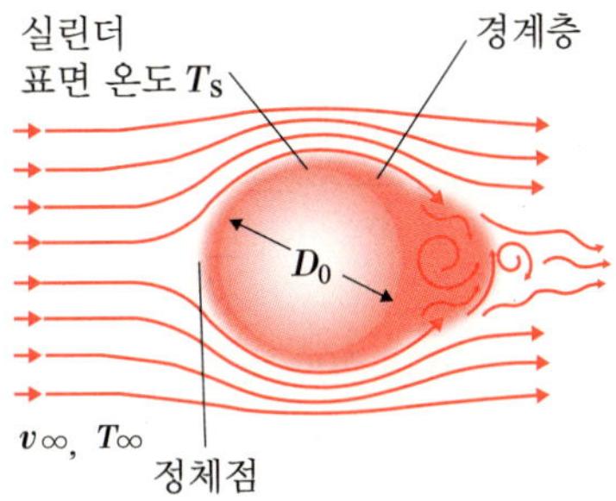

그림 4–32 실린더에 직각으로 흐를 때의 강제대류

표 4–4 실린더에 수직류인 경우 식 (4–77)에 사용하는 C와 m값 (N_{Pr}>0.6)

N_{Re}	m	C
1 ~ 4	0.330	0.989
4 ~ 40	0.385	0.911
40 ~ 4×10^3	0.466	0.683
4×10^3 ~ 4×10^4	0.618	0.193
4×10^4 ~ 2.5×10^5	0.805	0.0266

[예제 4–24] 소시지 냉각과정에서 대류열전달계수

온도 74°C, 지름 7.5 cm의 소시지를 냉각시키기 위해 물이 0.3 m/s의 속도로 흐르고 있다. 냉각수의 온도가 24°C일 때 대류열전달계수는 얼마인가?

[풀이]

(1) 막온도 $T_f = (74+24)/2 = 49^\circ C$

(2) $49^\circ C$에서 물의 물성값: $c_p = 4.182$ kJ/kg·°C, $k = 0.63$ W/m·°C, $\mu = 0.56 \times 10^{-3}$ N·s/m², $\rho = 998$ kg/m³

(3) $N_{Re} = \dfrac{D_0 v \rho}{\mu} = \dfrac{(0.075)(0.3)(998)}{0.56 \times 10^{-3}} = 4.01 \times 10^4$

(4) $N_{Pr} = \dfrac{c_p \mu}{k} = \dfrac{(4.182 \times 1000)(0.56 \times 10^{-3})}{0.63} = 3.717$

(5) 식 (4-77)을 적용하면,

$$N_{Nu} = \frac{h_0 D_0}{k} = (0.0266)(4.01 \times 10^4)^{0.805}(3.717)^{\frac{1}{3}} = 209.16$$

(6) 그러므로

$$h_0 = (N_{Nu})(k)/(D_0) = \frac{0.63 \times 209.16}{0.075} = 1756.94 \text{ W/m}^2 \cdot {}^\circ C$$

③ 구 주위 흐름

단일 구(sphere) 주위를 유체가 흐르면서 가열 또는 냉각할 때 평균 열전달계수는 다음 식으로 주어진다. 이 식은 $1 < N_{Re} < 70000$, $0.6 < N_{Pr} < 400$ 범위에서 적용된다.

$$N_{Nu} = \frac{h_0 D_0}{k_f} = 2.0 + 0.60 \left(\frac{D_0 v \rho}{\mu_f}\right)^{0.5} \left(\frac{c_p \mu_f}{k_f}\right)^{1/3} \quad (4\text{-}78)$$

여기서 D_0는 구의 지름이고, 열적특성(점도, 열전도도, 열용량)을 필름온도 $\left(T_f = \dfrac{T_s + T_\infty}{2}\right)$에서 구한다.

[예제 4-25] 녹색완두(green peas)의 가열

녹색완두 층을 통하여 90°C의 열풍을 0.3 m/s의 유속으로 통과시킬 때 대류열전달계수를 구하라. 녹색완두의 표면온도는 30°C이며, 한 알의 지름은 0.5 cm이다.

[풀이]

(a) 공기의 특성을 필름온도 T_f에서 구한다.

$$T_f = \frac{T_s + T_\infty}{2} = \frac{30+90}{2} = 60^\circ\text{C}$$

부록으로부터 60°C에서 공기의 물성을 구하면, $\rho = 1.06\ \text{kg/m}^3$, $c_p = 1.008\ \text{kJ/kg}\cdot{}^\circ\text{C}$, $k = 0.0288\ \text{W/m}\cdot{}^\circ\text{C}$, $\mu = 2.004\times10^{-5}\ \text{Pa}\cdot\text{s}$,

$$N_{Pr} = \frac{c_p\mu}{k} = \frac{(1.008\times10^3)\times(2.004\times10^{-5})}{0.0288} = 0.70$$

(b) 레이놀즈 수를 계산한다.

$$N_{Re} = \frac{(0.005\ \text{m})(0.3\ \text{m/s})(1.06\ \text{kg/m}^3)}{(2.004\times10^{-5}\ \text{Pa}\cdot\text{s})} = 79.3$$

(c) 식 (4-78)로부터

$$N_{Nu} = 2 + 0.6(79.3)^{0.5}(0.70)^{1/3} = 6.74$$

(d) 따라서

$$h_0 = \frac{(N_{Nu})(k_f)}{D_0} = \frac{(6.74)(0.0288\ \text{W/m}\cdot{}^\circ\text{C})}{0.005\ \text{m}} = 38.8\ \text{W/m}^2\cdot{}^\circ\text{C}$$

(4) 자연대류 관계식

자연대류(natural convection)의 예로서 실내의 뜨거운 평판이 수직으로 서 있는 경우를 생각해 보자. 평판과 바로 접하고 있는 공기 온도는 평판온도 T_w와 거의 같고 평판에서 멀어질수록 점점 감소하여 어느 점에서 공기의 벌크온도 T_b와 같아진다.

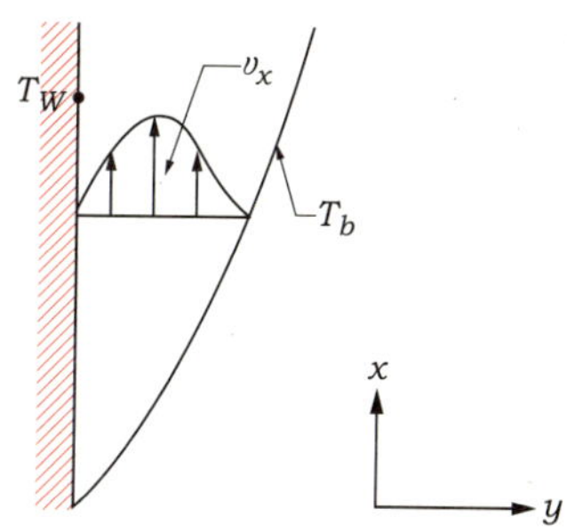

그림 4-33 가열된 수직평판에서 자연대류에 따른 열경계층

그림 4–33에 나타낸 평판 부근의 곡선은 이와 같은 경우의 열경계층을 나타낸 것이다. 열경계층의 두께는 평판 바닥에서 위로 올라갈수록 두꺼워진다.

한편 평판과 바로 접해있는 공기는 가열되었기 때문에 평판에서 떨어져 있는 공기보다 밀도가 작다. 이와 같이 평판 부근에서 가열된 공기는 가벼워져서 위로 올라가고 평판 바닥으로부터 찬 공기가 보급되면서 공기는 순환하게 된다. 이것이 자연대류 현상이다. 열경계층 내에서 공기 흐름의 속도분포는 포물선 형태를 나타낸다. 평판과 바로 접해 있는 공기와 열경계층 밖의 공기는 유속이 0이며, 평판 표면으로부터 일정한 거리(수 mm)에서 유속이 최대가 된다.

수평평판에서 자연대류 현상은 수직평판에서보다 복잡하지만 메커니즘은 유사하다.

수직평판 및 실린더에서 자연대류의 경우, 열전달계수 h는 다음과 같은 무차원군으로 나타낼 수 있다.

$$N_{\mathrm{Nu}} = \frac{hL}{k} = a\left(\frac{L^3\rho^2 g\beta\Delta T}{\mu^2}\frac{c_{\mathrm{p}}\mu}{k}\right)^m = a(N_{\mathrm{Gr}}N_{\mathrm{Pr}})^m \tag{4–79}$$

N_{Gr}은 Grashof 수로서 다음과 같이 정의된다.

$$N_{\mathrm{Gr}} = \frac{L^3\rho^2 g\beta\Delta T}{\mu^2}$$

여기서 h: 전체 표면적을 기준으로 한 평균 열전달계수(W/m^2·K)

L: 물체 길이(수직평판 1 m 이하)(m)

k: 유체의 열전도도(W/m·K 또는 W/m·°C)

c_{p}: 유체의 정압비열(kJ/kg·°C)

ρ: 유체의 밀도(kg·m^3)

β: 유체의 열팽창계수(coefficient of thermal expansion)(K^{-1})

g: 중력가속도(m/s)

ΔT: 벽면에서 떨어져 있는 유체의 벌크온도와 고체 벽면과의 온도차 (K 또는 °C)

μ: 유체의 점도(kg/m·s)

Grashof 수는 (부력/점성력)의 비로 해석할 수 있으며, 강제대류에서 레이놀즈 수(관성력/점성력)에 상당한다.

상수 a, m값은 여러 가지 경우에 대해 표 4-5에 나타내었다. 유체의 물리적 성질은 평균필름온도(표면온도와 유체 벌크온도의 평균)에서 구한다.

표 4-5 자연대류에서 식(4-79)에 사용하는 a와 m값

	$N_{Gr}N_{Pr}$	a	m
수직 평판과 실린더 [수직높이 $L < 1$ m(3 ft)]			
	$< 10^4$	1.36	1/5
	$10^4 \sim 10^9$	0.59	1/4
	$> 10^9$	0.13	1/3
수평실린더 [L 대신에 직경 D를 사용하며, $D < 0.20$ m (0.66 ft)]			
	$< 10^{-5}$	0.49	0
	$10^{-5} \sim 10^{-3}$	0.71	1/25
	$10^{-3} \sim 1$	1.09	1/10
	$1 \sim 10^4$	1.09	1/5
	$10^4 \sim 10^9$	0.53	1/4
	$> 10^9$	0.13	1/3
수평평판			
가열된 평판의 윗면 또는 냉각된	$10^5 \sim 2 \times 10^7$	0.54	1/4
평판의 아랫면	$2 \times 10^7 \sim 3 \times 10^{10}$	0.14	1/3
가열된 평판의 아랫면 또는 냉각된 평판의 윗면	$10^5 \sim 10^{11}$	0.58	1/5

N_{Gr} 및 N_{Pr} 값을 구한 다음 표 4-5를 이용하여 N_{Nu} 값을 구하면 식 (4-79)를 이용하여 h를 구할 수 있다. h의 값을 구한 다음, 열전달속도는 식 (4-7)로 표현되는 뉴턴의 냉각법칙에 의해 구하게 된다.

[예제 4-26] 오븐의 수직 벽면으로부터 자연대류

식품을 굽기 위한 오븐(oven)이 있다. 오븐의 높이는 0.305 m, 오븐 표면온도는 505.4 K이며, 311 K의 공기와 접하고 있다. 열전달계수와 벽면 폭 0.305 m 당 열전달속도를 구하라. 단, 복사에 의한 열전달은 무시한다.

[풀이]

(a) 평균필름온도: $T_f = \dfrac{T_w + T_b}{2} = \dfrac{505.4 + 311}{2} = 408.2\ \text{K}$

$T_f = 408.2$ K에서 공기의 물성: $k = 0.0343\ \text{W/m}\cdot\text{K}$, $\rho = 0.867\ \text{kg/m}^3$, $\mu = 2.32\times10^{-5}\ \text{Pa}\cdot\text{s}$, $\beta = 1/408.2 = 2.45\times10^{-3}\ \text{K}^{-1}$, $\Delta T = 505.4 - 311 = 194.4\ \text{K}$, $c_P = 1.016\ \text{kJ/kg}\cdot\text{K}$

$$N_{Pr} = \frac{c_P \mu}{k} = \frac{(1.016\times100)(2.32\times10^{-5})}{0.0343} = 0.687$$

(b) Grashof 수를 계산한다.

$$N_{Gr} = \frac{(0.305)^3(0.867)^2(9.806)(2.45\times10^{-3})(194.4)}{(2.32\times10^{-5})^2} = 1.85\times10^8$$

(c) $N_{Gr}\times N_{Pr} = (1.85\times10^8)(0.687) = 1.270\times10^8$

(d) 식 (4-79)로부터

$$h = \frac{k}{L}a(N_{Gr}N_{Pr})^m = \left(\frac{0.0343}{0.305}\right)(0.59)(1.270\times10^8)^{1/4}$$

$$= 7.03\ \text{W/m}^2\cdot\text{K}$$

표 4-5에서 $a = 0.59$, $m = 1/4$

(e) 폭 0.305 m 당 전달되는 열량

$$q = hA(T_w - T_b) = 7.03(0.305\times0.305)(194.4) = 127.1\ \text{W}$$

절대압력 1 atm 상태의 공기로부터 수평 또는 수직평판이나 실린더로 자연대류에 의하여 열이 전달될 경우에 열전달계수를 구하는 단순화된 식을 표 4-6에 제시하였다. $L^3\Delta T < 4.7\ \text{m}^3\cdot\text{K}$ (for $N_{Gr}\ N_{Pr}$: $10^4 \sim 10^9$)

표 4-6에서 L은 정사각형 평판에 한 변의 길이이며, 정사각형이 아닐 때는 면적의 평방근을 사용한다. 또한 이들 식은 차원을 가지고 있으므로 적당한 단위를 사용하여야 한다.

표 4-6 자연대류에서 열전달계수를 구하는 단순화된 식

구 분	$N_{Gr}N_{Pr}$	방정식	
		h = Btu/$h\cdot$ft$^2\cdot$°F L = ft, ΔT = °F D = ft	h = W/m$^2\cdot$K L = m, ΔT = K D = m
	공기의 압력 101.32 kPa (1 atm)$_{abs}$		
수직평판과 실린더	$10^4 \sim 10^9$	$h = 0.28(\Delta T/L)^{1/4}$	$h = 1.37(\Delta T/L)^{1/4}$
	$> 10^9$	$h = 0.18(\Delta T)^{1/3}$	$h = 1.24(\Delta T)^{1/3}$
수평실린더	$10^3 \sim 10^9$	$h = 0.27(\Delta T/D)^{1/4}$	$h = 1.32(\Delta T/D)^{1/4}$
	$> 10^9$	$h = 0.18(\Delta T)^{1/3}$	$h = 1.24(\Delta T)^{1/3}$
수평평판			
가열된 평판의 윗면 또는 냉각된 평판의 아랫면	$10^5 \sim 2\times10^7$	$h = 0.27(\Delta T/L)^{1/4}$	$h = 1.32(\Delta T/L)^{1/4}$
	$2\times10^7 \sim 3\times10^{10}$	$h = 0.22(\Delta T)^{1/3}$	$h = 1.52(\Delta T)^{1/3}$
가열된 평판의 아랫면 또는 냉각된 평판의 윗면	$2\times10^5 \sim 3\times10^{10}$	$h = 0.12(\Delta T/L)^{1/4}$	$h = 0.59(\Delta T/L)^{1/4}$
	물의 온도 70°F(294 K)		
수직평판과 실린더	$10^4 \sim 10^9$	$h = 26(\Delta T/L)^{1/4}$	$h = 127(\Delta T/L)^{1/4}$
	유기 액체의 온도 70°F (294 K)		
수직평판과 실린더	$10^4 \sim 10^9$	$h = 12(\Delta T/L)^{1/4}$	$h = 59(\Delta T/L)^{1/4}$

[예제 4-27] 자연대류에서 단순화된 식의 활용

지름이 0.9 m, 높이가 1.2 m인 수직 원통형의 가열용기가 있다. 이 벽면으로부터 주위의 공기에 의해 냉각되는 대류열손실속도를 계산하라. 단, 용기 바깥 벽면의 온도는 49°C이고, 주위공기의 온도는 17°C이다.

[풀이]

N_{Pr} 및 N_{Gr} 값을 계산하기 위해 평균온도에서 공기의 물리적 성질을 알아야 한다. 평균온도가 $(49+17)/2 = 33$°C이므로 이 온도에서 공기의 $\mu = 1.9\times10^{-5}$ N·s/m^2, $c_p = 1.0$ kJ/kg·°C, $k = 0.025$ W/m·°C, $\beta = 1/308$, $\rho = 1.12$ kg/m^{3}이다. $L = 1.2$ m이고, $\Delta T = 49$°C $- 17$°C $=$ 32°C이므로

$$N_{Gr}N_{Pr} = (gL^3\beta\Delta Tc_p\rho^2)/(\mu k)$$

$$= \frac{(9.81)(1.2)^3(1/308)(32)(1000)(1.12)^2}{(1.9\times10^{-5})(0.025)} = 5\times10^9$$

그러므로 표 4-6에서 수직실린더, $N_{Gr}N_{Pr}=5\times10^9$의 경우 단순화된 식은 $h=1.24(\Delta T)^{1/3}$이므로

$$\begin{aligned} h &= 1.24(\Delta T)^{1/3} \\ &= 1.24(32)^{1/3} \\ &= 3.93\ \mathrm{J/s\cdot m^2\cdot ℃} \end{aligned}$$

용기 전체의 면적은

$$\begin{aligned} \pi DL+2\pi\left(\frac{D}{2}\right)^2 &= \pi(0.9)(1.2)+2\pi\left(\frac{0.9}{2}\right)^2 \\ &= 4.7\ \mathrm{m^2} \end{aligned}$$

따라서

$$\begin{aligned} q &= hA(T_s-T) \\ &= (3.93)(4.7)(32) \\ &= 591.07\ \mathrm{J/s} \end{aligned}$$

가 된다.

5. 열교환장치에서의 열전달

식품가공 공정에서 온도가 다른 두 유체 사이에 열을 주고받을 필요가 있는 경우가 많다. 예를 들어 뜨거운 우유를 냉각시키고 싶을 때 이중관으로 구성된 파이프의 내부로 뜨거운 우유를, 외부로 냉각수를 흐르게 하면 관 벽을 통하여 뜨거운 우유에서 냉각수로 열이 이동한다. 열교환기(heat exchanger)는 흐르는 두 유체 사이에 열이 교환될 수 있게 설계한 장치이다.

열교환기는 열교환의 목적에 따라 가열기(heater), 냉각기(cooler), 증발기(evaporator), 응축기(condenser) 등으로 나누어진다.

(1) 열교환기

열교환기에서는 그림 4-34에 나타낸 것과 같이 금속 벽을 사이에 두고 고온유체와 저온유체가 분리되어 흐르면서 고온유체에서 저온유체로 열이 이동한다.

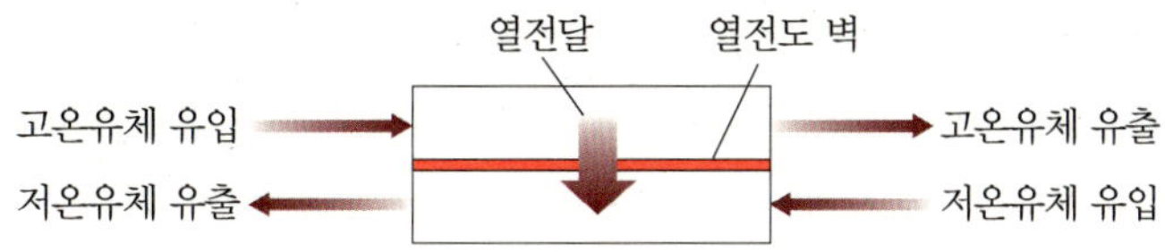

그림 4-34 열교환기의 원리 개념도

가장 간단한 열교환기는 이중관형 열교환기(double pipe heat exchanger)이다. 이 열교환기는 그림 4-35에 나타낸 것과 같이 지름이 작은 파이프 외부를 지름이 큰 다른 파이프가 둘러싸고 있는 구조이다. 내부 파이프로 고온유체가 흐르고 외부 파이프와 내부 파이프 사이의 원환공간(annular space)으로 저온유체가 흐른다. 물론 반대방향 흐름으로 조업하기도 한다.

이중관형 열교환기에서 열전달은 그림 4-35에 단면(cross-sectional area)을 나타낸 것과 같이 대류에 의하여 고온유체에서 파이프 내벽으로 열이 전달된 다음 파이프 벽을 통해 전도에 의해 열이 외벽으로 전달되고 다시 외벽으로부터 저온유체로 열이 전달된다.

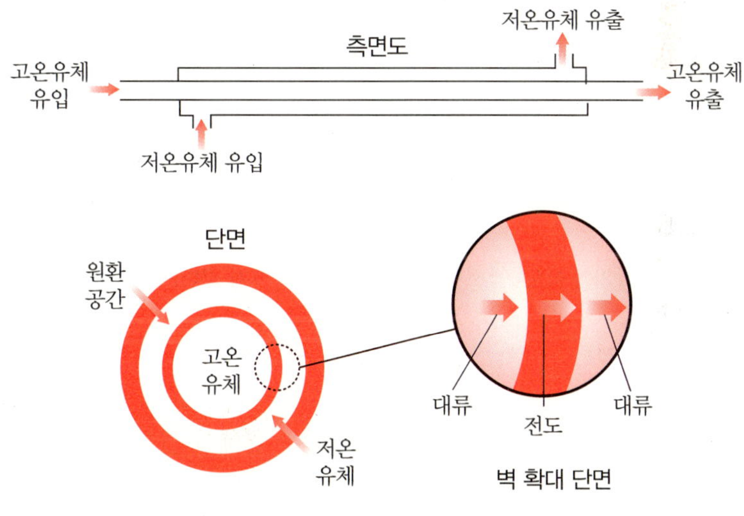

그림 4-35 동심 이중관형 열교환기

열교환기의 성능에 영향을 미치는 인자 중의 하나는 유체가 흐르는 방향이다. 예를 들어 그림 4-31에 나타낸 것과 같이 고온유체와 저온유체가 열교환기를 통하여 같은 방향으로 흐를 경우 병류(co-current flow)라 하며, 서로 반대 방향으로 흐르는 경우를 역류(countercurrent flow)라 한다.

병류인 경우 입구 부근에서 온도차(ΔT_1)가 가장 크고 출구 쪽으로 갈수록 점점 작아져 출구(ΔT_2)에서 가장 작다. 역류인 경우에는 병류에서와 같이 온도차가 크게 변하지 않기 때문에 열전달 효율이 우수하다. 따라서 대부분의 열교환기에서는 고온유체와 저온유체를 역류로 흐르게 한다. 역류인 경우 찬 유체의 출구온도가 뜨거운 유체의 출구온도보다 높을 수 있다.

실제는 이중관형 열교환기에서보다 더 많은 열을 전달시켜야 하는 경우가 많다. 이와 같은 경우 다관식 열교환기(shell-and-tube heat exchanger)를 사용한다. 다관식 열교환기는 그림 4-36에 나타낸 것과 같이 지름이 큰 원통(shell) 내에 튜브 다발을 설치하였다. 이 튜브 다발의 양 끝은 튜브판(tube sheet)에 끼워 원통 내에 고정시켰다.

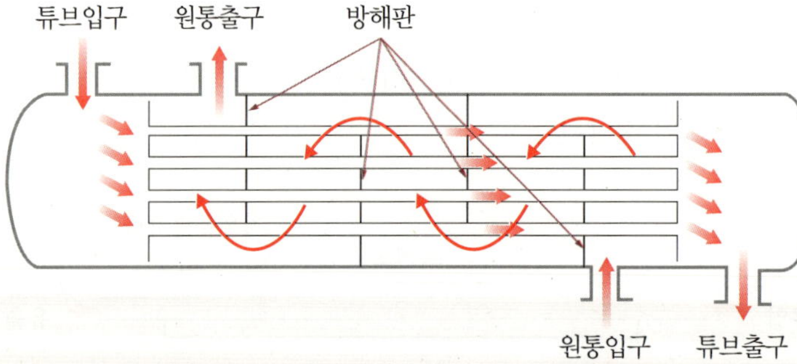

그림 4-36 다관형 열교환기(1-1 열교환기)

다관식 열교환기에서도 열전달 효율을 향상시키기 위하여 고온유체와 저온유체를 효과적으로 접촉시킬 수 있는 여러 가지 흐름방식을 사용하고 있다. 예를 들어 그림 4-36은 역류 형식이다.

튜브 안으로 흐르는 유체는 열교환기의 한쪽 끝에서 들어와 한 번에 다른 쪽 끝으로 나간다. 한편 원통측 유체는 튜브를 흐르는 유체와 반대 방향으로 들어와 원통의 다른 쪽 끝으로 나간다. 그러나 실제 원통측 유체가 바로 빠져나가는 것이 아니라 튜브 다발의 중간 중간에 반원형의 방해판(baffle)을 설치하여 이 방해판 때문에 튜브 외부를 거의 십자류로 흐른다. 이렇게 함으로써 원통측 유체는 위 아래로 흐르기 때문에 원통에 머무는 시간이 길어져 열교환 효율이 향상된다.

이와 같은 경우를 1-1 열교환기(single-tube pass, single-shell pass)라 한다. 보다 더 열전달 효율을 향상시키기 위하여 그림 4-37에 나타낸 것과 같이 1-2 열교환기(one shell pass, two tube passes) 또는 2-4 열교환기(two shell pass, four tube passes)가 사용된다.

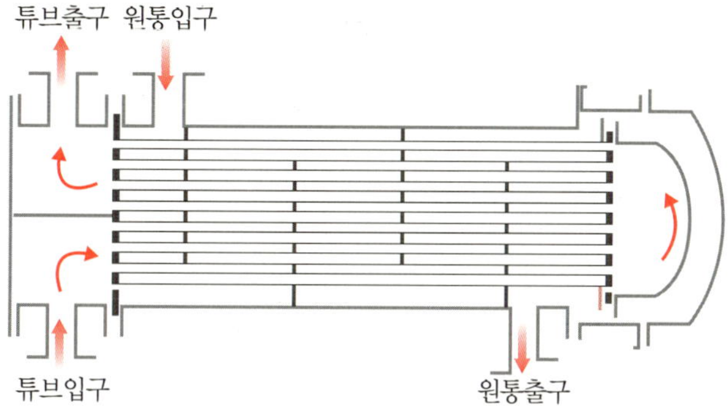

(a) 1-2 방식

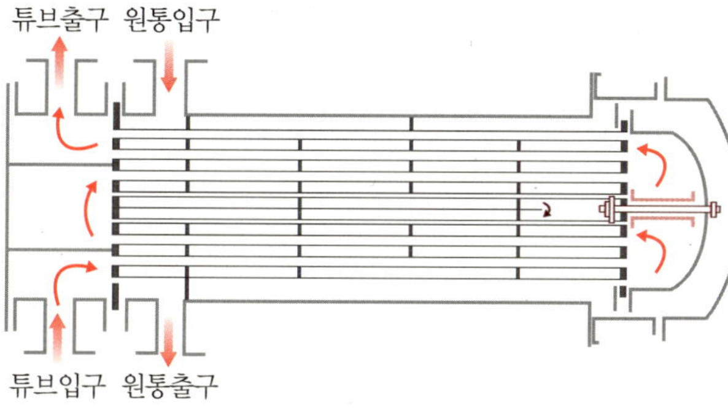

(b) 2-4 방식

그림 4-37 다관식 열교환기의 조업방식

점도가 낮은 액체를 위한 열교환기로써 널리 사용되는 것은 판형 열교환기(plate heat exchanger)이다. 그림 4-38에서 보는 바와 같이 수직판 사이의 꼬불꼬불한 좁은 통로를 통하여 가열액과 냉각액을 교대로 흘려 보내어 열교환이 일어나게 하는 장치이다.

이 열교환기의 특징은 총괄 열전달계수가 크고 아주 짧은 시간에 고온가열이 가능하며, 장치의 크기에 비해 열전달면적이 커서 좁은 장소에도 설치가 가능하다. 또한 판을 분해할 수 있어 청소가 용이하며, 식품공업에서는 HTST 우유살균, 우유의 가열냉각, 과즙, 청주살균 및 여러 냉각과정에 사용되고 있다.

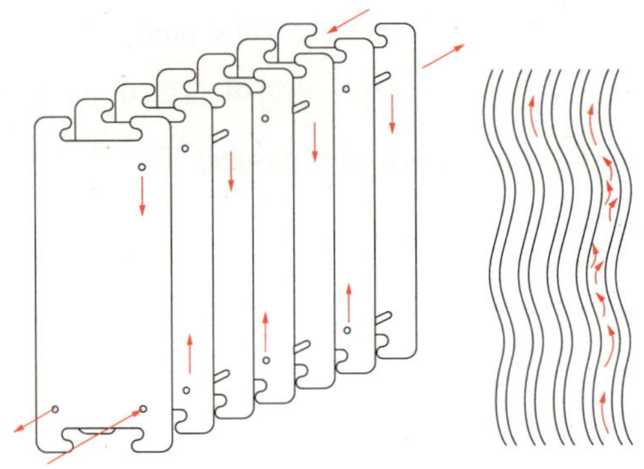

그림 4-38 판형 열교환기와 흐름 상태

회전식 열교환기(scraped rotary heat exchanger)는 그림 4-39와 같이 내부에는 고속으로 회전하는 스크레이퍼(scraper)가 붙어 있는 2중 원통형 열교환기로 점성이 높은 물질의 열전달에 특히 우수한 성능을 갖고 있으며, 식품공업에 있어서는 가열살균, 냉각, 고화 등에 널리 사용되고 있다. 예를 들면 쇼트닝, 버터, 아이스크림, 마가린 등의 제조에 많이 사용된다.

총괄 전열계수는 700~3000 kcal/m^2·h·°C로써 상당히 큰 편이나 전열면적을 크게 할 수가 없으므로 많은 양을 처리하는 데는 부적당하다.

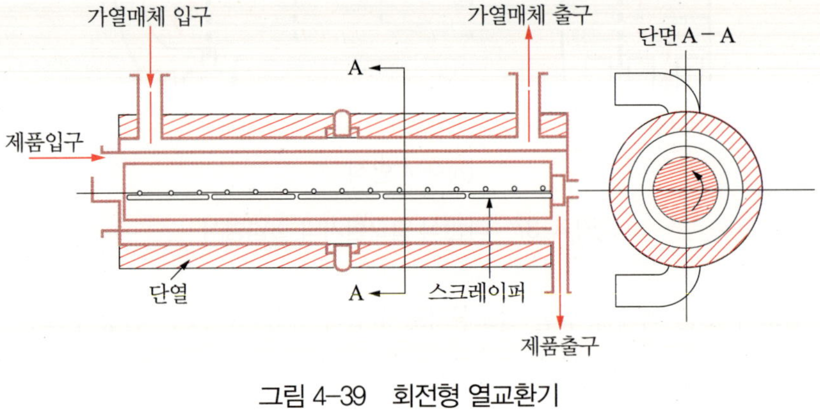

그림 4-39 회전형 열교환기

(2) 열교환기의 전열면적을 계산하는 방법

열교환기를 설계하거나 발주하기 위하여 기본적으로 알아야하는 것은 전열면적이다. 열교환기 문제는 공정 흐름 중에서 어떤 흐름을 냉각 또는 가열할 것인가 하는 목표 흐름을 결정하는 데서 시작된다. 우리는 일반적으로 목표 흐름의 입구온도, 원하는 출구온도, 유량을 알고 있다.

이와 같은 정보를 바탕으로 ① 열교환기에 전달해야 하는 열량과 ② 다른 흐름의 유량과 온도를 구한 다음 필요한 전열면적을 계산한다.

대부분의 경우 열전달장치는 정상상태 조건이므로 여기서는 정상상태 조업인 경우만 다룬다.

① 열교환기에서 엔탈피 수지

열교환기에서 엔탈피 수지(enthalpy balance)는 고온유체와 저온유체로 나누어 나타내는 것이 편리하다. 열교환기의 외벽은 일반적으로 주위로의 열손실을 방지하기 위하여 적절히 단열한다. 이와 같이 단열된 경우 외벽으로부터 열손실을 무시하면, 그림 4-40에 나타낸 것과 같이 고온유체가 잃어버린 열량($-q_h$)과 저온유체가 얻은 열량(q_c)은 같다(이 때의 열량은 열교환기에 전달해야 하는 열량이므로 q_{duty}라 한다).

$$q_c = -q_h \tag{4-80}$$

여기서 q_c의 부호는 양(+)이지만, q_h는 열을 잃어버렸기 때문에 부호가 음(-)이다.

고온유체가 잃은 열량은 다음과 같이 나타낼 수 있다.

$$m_h(H_{mho} - H_{mhi}) = q_h \tag{4-81}$$

한편 저온유체가 얻은 열량은

$$m_c(H_{mco} - H_{mci}) = q_c \tag{4-82}$$

그림 4-40 열교환기에서 두 가지로 분리한 열전달과정

식 (4-80)으로부터

$$m_h(H_{mhi} - H_{mho}) = m_c(H_{mco} - H_{mci}) \tag{4-83}$$

여기서 $\dot{m}_h$, $\dot{m}_c$: 각각 고온유체와 저온유체의 유량(kg/s)

H_{mhi}, H_{mci}: 각각 열교환기에 들어가는 고온유체와 저온유체의 비엔탈피(J/kg)

H_{mho}, H_{mco}: 각각 열교환기에 나오는 고온유체와 저온유체의 비엔탈피(J/kg)

q_h, q_c: 각각 고온유체와 저온유체에서 열전달속도(J/s)

만약 상의 변화 없이 느낌열만 전달되고, 각 유체의 비열이 일정하다고 가정하면,

$$\dot{m}_h c_{ph}(T_{hi} - T_{ho}) = m_c c_{pc}(T_{co} - T_{ci}) \tag{4-84}$$

여기서 c_{ph}, c_{pc}: 각각 고온유체와 저온유체의 비열(J/kg·°C)

② 응축기에서 엔탈피 수지

열교환기를 응축기(condenser)로 사용할 경우에는 그림 4-41과 같은 온도 분포를 나타낸다. 다관식 열교환기의 원통 측에 포화증기가 도입되어 응축된 다음에 응축온도에서 배출된다고 하면 원통 측 온도는 전체적으로 증기의 응축온도를 유지할 것이다. 그러나 관 내부를 흐르는 유체는 관을 통과하면서 가열되어 온도가 점점 상승할 것이다.

그림 4-41은 관의 길이에 따라 응축되는 수증기와 액체의 온도를 나타낸 것이다. 수평선은 응축되는 증기의 온도(T_h)를 나타낸다. 냉각수는 T_{ca}로 관 입구에서 들어와 T_{cb}로 가열되어 관 출구로 나간다.

응축기에 유입되는 증기가 포화증기이고 응축온도에서 배출된다고 가정하면 엔탈피 수지식은 다음과 같이 표현된다.

$$\dot{m}_h \lambda = \dot{m}_c c_{pc}(T_{cb} - T_{ca}) = q \tag{4-85}$$

여기서 $\dot{m}_h$: 증기의 유량(kg/s)

$\dot{m}_c$: 냉각수의 유량(kg/s)

λ: 증기의 응축온도에서의 증발열(J/kg)

만약 응축액이 응축온도에서 배출되지 않고 응축온도 T_h보다 더욱 냉각되어 T_{ho}에서 배출될 경우에는 잃어버린 느낌열도 고려해 주어야 한다.

$$\dot{m}_h[\lambda + c_{ph}(T_h - T_{ho})] = \dot{m}_c c_{pc}(T_{cb} - T_{ca}) \tag{4-86}$$

여기서 c_{ph}: 응축액의 비열(J/kg·°C)

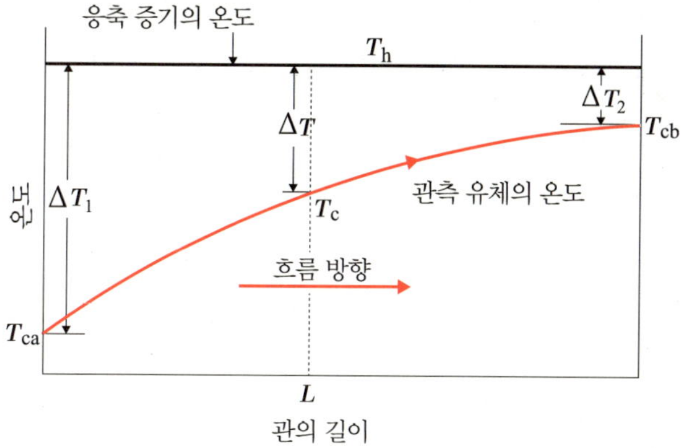

그림 4-41 응축기에서 온도 프로파일

③ 열교환기에서 열전달속도식

열교환기에서는 일반적으로 온도차가 위치에 따라 변한다. 대표적인 예로 2중관형 열교환기에서는 그림 4-31에 나타낸 것과 같이 온도차가 변한다. 이와 같은 경우에는 식 (4-88)으로 정의되는 로그평균온도차를 이용하여 열전달속도를 계산한다.

$$q_{\mathrm{duty}} = UA\Delta T_{\mathrm{lm}} \tag{4-87}$$

$$\Delta T_{\mathrm{lm}} = \frac{(T_2' - T_2) - (T_1' - T_1)}{\ln[(T_2' - T_2)/(T_1' - T_1)]} = \frac{\Delta T_2 - \Delta T_1}{\ln(\Delta T_2/\Delta T_1)} \tag{4-88}$$

공업적으로는 2중관형 열교환기보다 다관식 열교환기가 널리 사용된다. 이 경우에는 전술한 것과 같이 유체가 십자류 형태로 흐르므로 역류일 때의 대수평균온도차에 수정계수 F_G (correction factor)를 곱하여 다음 식과 같이 평균온도차를 구한다.

$$\Delta T_{\mathrm{m}} = F_G \Delta T_{\mathrm{lm}} \tag{4-89}$$

F_G를 구하는 선도(chart)에 대해서는 여기서는 생략한다. 전문서적을 참고하기 바란다.

④ 열교환기의 크기 추산법

지금까지 기술한 내용을 바탕으로 열교환기의 크기를 예비적으로 추정하는 계산법을 정리하면 다음과 같다.

• 열교환기에 대한 엔탈피 수지로부터 열교환기에 공급 또는 제거해 주어야 하는 열량 q_{duty}를 구한다. 이를 위해서는 우리가 알고 있는 목표 흐름의 유량, 입구 및 출구에서의 온도에 대한 정보를 이용한다.
• q_{duty}로부터 열교환기의 다른 측에 공급해 주어야 하는 유체의 미지의 유량 또는 온도를 구한다.
• 다른 특별한 언급이 없으면 역류열교환기를 가정하고 식 (4-88)으로 정의되는 ΔT_{lm}을 구한다. 다관식 열교환기인 경우 식 (4-89)를 이용하여 평균온도차를 구한다.
• 적절한 관계식 또는 표로부터 총괄 열전달계수를 구한다.
• 식 (4-87)을 이용하여 전열면적을 구한다.

[예제 4-28] 열교환기의 크기 추정

2중관형 열교환기를 설계하려고 한다. 2중관의 원환공간으로 온도 10°C인 냉각수를 유량 1.0 kg/s로 흘려보내어 내부 파이프 안으로 유량 0.5 kg/s로 흐르는 식용유를 90°C에서 42°C로 냉각시키고자 한다. 내부 파이프의 안지름이 19.8 mm, 바깥지름이 22.2 mm이고, 두 유체가 역류로 흐를 경우 필요한 전열관의 길이를 구하라. 단, 물과 기름의 비열은 각각 4.2 kJ/kg·°C 및 2.0 kJ/kg·°C이며 외부 표면적을 기준으로 한 총괄 열전달계수 $U_0 = 540\ \mathrm{W/m^2 \cdot °C}$이다.

[풀이]

앞에서 기술한 열교환기의 크기 추산법에 따라 계산한다.

(1) 이 문제에서 목표 흐름은 식용유이므로 식용유를 냉각시키기 위해 제거해야 하는 열량은

$$q_{duty} = (0.5)(2000)(90-42) = 48{,}000\ \mathrm{W}$$

(2) 식 (4-84)으로부터 냉각수의 출구온도를 구한다.

$$48{,}000 = (1.0)(4200)(T_{co} - 10)$$
$$T_{co} = 21.4°\mathrm{C}$$

(3) 로그평균온도차를 구하면

$$\Delta T_{\mathrm{lm}}=\frac{(90-21.4)-(42-10)}{\ln[(90-21.4)/(42-10)]}=48.2^{\circ}\mathrm{C}$$

(4) 문제에서 $U_o=540\ \mathrm{W/m^2\cdot{}^{\circ}C}$로 주어졌다.

(5) 식 (4-87)로부터 필요한 면적을 구한다.

$$A_o=\frac{q_{\mathrm{duty}}}{U_o\Delta T_{\mathrm{lm}}}=\frac{48000}{(540)(48.2)}=1.84\ \mathrm{m^2}$$

따라서 필요한 전열관의 길이는 $A=2\pi rL=\pi DL$이용.

$$L=(1.84)/\pi(0.0222)=26.4\ \mathrm{m}$$

6. 복사 열전달

모든 물체는 온도에 따라 10^{-7}~10^{-4} m의 파장을 가진 열복사(thermal radiation)를 발생하며, 이 파장이 물체의 표면에 닿으면 열이 발생하게 된다. 이와 같이 공간을 통해 전자기파의 형태로 열이 전달되는 방식을 복사 열전달(radiation heat transfer)이라 한다.

(1) 복사스펙트럼과 열복사

에너지는 전자기파(electromagnetic wave)의 형태로 공간을 이동할 수 있으며, 이를 복사(radiation)라 한다. 복사는 전자충돌이나 전기방전 등에 의하여 발생시킬 수 있지만 여기서는 물체의 온도에 의해서만 발생되는 복사에 대해 다룬다. 0 K 이상의 모든 물체는 여러 가지 파장의 전자기파를 방출한다. 이 전자기파 스펙트럼(spectrum)은 그림 4-42에 나타낸 것과 같이 여러 가지 파장의 범위로 나눌 수 있다.

파장(wavelength) λ의 단위는 주로 μm로 나타낸다. 1 $\mu\mathrm{m}=10^{-6}$ m이다. 감마선(gamma ray), x 선(x ray)과 같이 단파장의 복사는 매우 높은 에너지를 가지고 있는 반면에 라디오파(radio wave)와 같은 장파장 복사는 에너지 수준이 매우 낮다.

이론적으로 파장 0에서부터 ∞까지 어떤 파장의 복사이든 물체에 흡수되어 열로 전환될 수 있다. 그러나 특히 열전달에서 중요한 파장범위는 0.1 ~ 100 μm이며, 이 파장 범위의 복사를 열복사(thermal radiation)라 한다. 가시광선(visible light)은 0.38 ~ 0.76 μm의 좁은 파장범위의 전자기파로 열복사의 범위에 포함된다. 식품가공에서 사용되는 열복사는 대부분 적외선(infrared) 영역(0.78 ~ 400 μm)이다. 온도 500°C 이상의 열복사에서는 가시광선 스펙트럼이 중요 부분을 차지한다. 따라서 우리 눈에 희게 보이므로 적열(red heat)이란 말 대신에 백열(white heat)이라 한다.

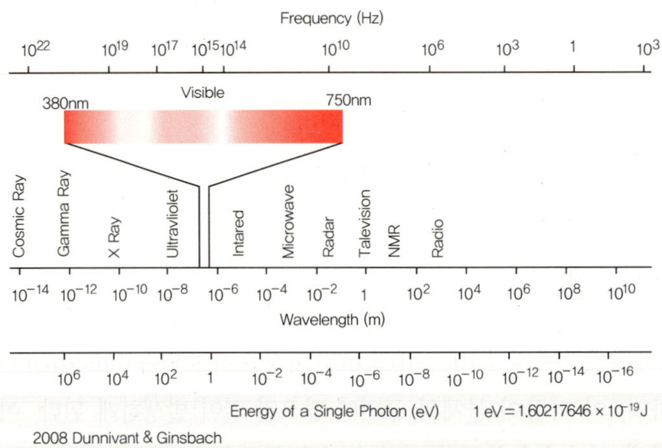

그림 4-42 전자기파 스펙트럼

이와 같은 복사 열전달은 중요한 두 가지 특성이 있다. 첫째는 전도와 대류와는 달리 매체가 필요 없이 공간을 빛의 속도로 이동한다. 두 물체 사이에 매체가 있으면 오히려 열복사는 방해를 받는다. 둘째 열복사의 양과 질은 온도에 의존한다. 전도와 대류에 의한 열전달 속도는 온도차에 의존하지만, 복사 열전달은 온도차뿐만 아니라 온도 수준(temperature level)에 의존한다. 왜냐하면 물체의 온도가 높을수록 방출되는 전자기파의 파장이 짧고 에너지도 증가하기 때문이다.

(2) 이상적인 물체(흑체)의 열복사

① 흑체

동일한 온도일지라도 물체가 다르면 물체 표면에서 방출하는 복사에너지 또는 흡수하는 에너지가 다르다. 주어진 온도에서 최대의 에너지를 흡수하고 또한 방출하는 물체를 흑체(black body)라 한다. 즉, 흑체는 최대의 흡수체인 동시에 최대의 방출체이다.

흑체는 입사한 복사에너지를 전혀 투과하거나 반사시키지 않고 모두 흡수하므로 $\alpha=1.0$이다. 우리 눈은 반사되는 빛으로 물체를 관찰하기 때문에 빛이 반사되지 않으면 검게 보이는데서 유래하여 흑체라 하였다. 흑체란 실제 물체의 복사 특성을 비교하기 위한 기준물질로서 가상한 이상적인 물체이다.

② 플랑크의 법칙과 방출력

단일 파장의 복사를 단색복사(monochromatic radiation)라 한다.

단색복사를 측정하는 단위(unit)는 단위표면적당 단위시간에 방출되는 에너지로 나타내며 이를 단색방출력(monochromatic emissive power) E_λ이라 부른다. 물체의 표면에서 방출되는 단색복사 에너지는 표면의 온도와 파장에 의존한다. 대표적으로 절대온도 T(K)로 가열했을 때 방출되는 단색 에너지 분포를 그림 4–43에 나타내었다. 주어진 온도에서 방출력이 최대가 되는 파장은 온도가 증가할수록 짧은 파장 쪽으로 이동한다. 또한 온도가 높을수록 전체적으로 짧은 파장의 전자기파가 방출되며, 에너지 수준도 높은 것을 알 수 있다.

양자통계이론에 의하여 절대온도 T(K)인 흑체의 단색광 방출력(W/m³) $E_{b\lambda}$는 다음 식으로 표현된다.

$$E_{b\lambda}=\frac{3.7418\times 10^{-16}}{\lambda^5[e^{1.4388\times 10^{-2}/\lambda T}-1]} \tag{4–90}$$

이 식을 플랑크 법칙(Planck's law)이라 하며, 여기서 λ(m)는 파장(wavelength)을 나타낸다. 그림 4–43은 식 (4–90)을 그린 것이다.

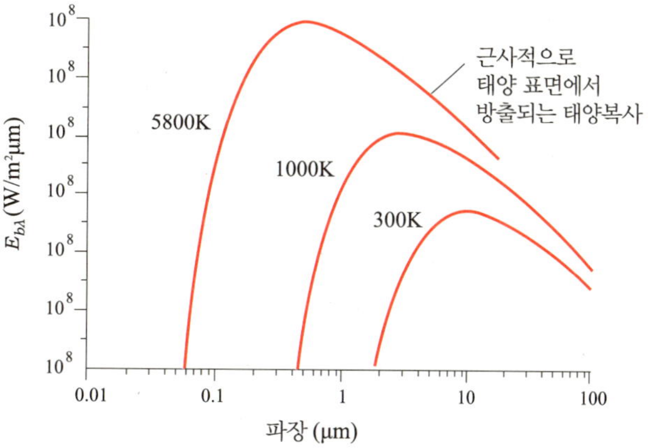

그림 4–43 여러 온도에서 흑체에 의하여 방사되는 총 에너지분포

실제 흑체의 복사 스펙트럼은 수많은 단일 파장의 전자기파로 구성되어 있으므로 흑체의 총 방출력(total emissive power) E_b(W/m^2)는 이들 단색 방출력(monochromatic emissive power) $E_{b\lambda}$의 합이다. 식 (4–90)을 식 (4–91)에 대입하고 파장에 대해 0에서 ∞까지 적분하면 다음 식이 얻어진다.

$$E_b = \int_0^\infty E_{b\lambda} d\lambda = \sigma T^4 = 5.67 \left(\frac{T}{100}\right)^4 \quad (\mathrm{W/m^2}) \qquad (4\text{–}91)$$

또는

$$q = A\sigma T^4 \quad (\mathrm{W}) \qquad (4\text{–}92)$$

여기서 σ(sigma)는 Stefan-Boltzmann 상수로서 $\sigma = 5.676\times10^{-8}$ W/m$^2\cdot$K^4 (4.88×10^{-8} kcal/m$^2\cdot$h$\cdot$K^4), T는 물체의 절대온도(K)이다. 1879년 Stefan은 실험에 의하여, Boltzmann은 1884년 열역학적으로 유도하였으므로 식 (4–92)을 Stefan-Boltzmann 법칙이라 한다.

(3) 실제 물체의 방출력과 복사율

실제 물체의 단색방출력은 그림 4–44에 나타낸 것과 같이 동일 온도의 흑체보다 작으며, 물체의 표면 특성에 따라 복잡하게 변한다. 따라서 실제 물체의 방출력을 기준물질에 대한 비율(ratio)로 나타내면 편리할 것이다. 이와 같은 관점에서 도입한 개념이 복사율(emissivity) ε이다.

주어진 온도에서 최대의 방출력을 가진 이상적인 방출체(emitter)인 흑체를 기준물질로 하여 흑체의 총 방출력 E_b에 대한 실제 물체의 총 방출력 E의 비를 복사율 또는 복사능이라 정의한다.

$$\varepsilon = \frac{E}{E_b} \quad (0 \le \varepsilon \le 1) \qquad (4\text{–}93)$$

한편, 단색 복사율 ε_λ는 동일 파장에서 흑체와 실제 물체의 단색 방출력의 비이다.

$$\varepsilon_\lambda = \frac{E_\lambda}{E_{b\lambda}}$$

여기서 단색 복사율이 모든 파장에 대해 동일한 물체를 회색체(gray body)라 한다. 회색체는 실제 존재하지 않는다. 실제 물체의 ε_λ는 파장에 따라 복잡하게 변하지만 공업적으로는 실제 물체를 근사적으로 회색체라 취급할 수 있다.

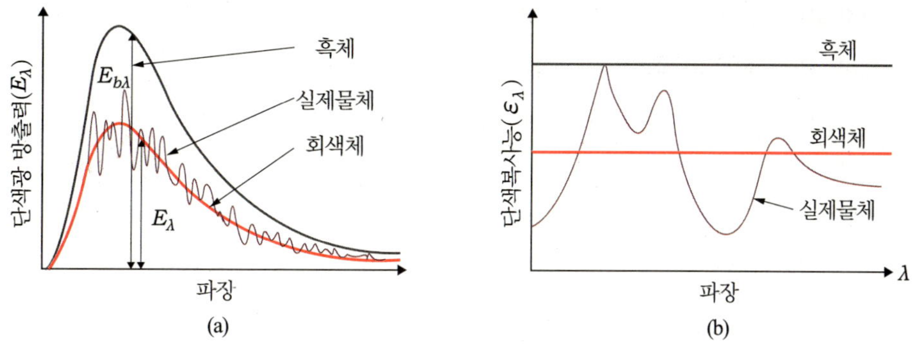

그림 4-44 흑체, 회색체, 실제 물체의 단색광 방출력(a)와 단색복사율(b)

복사율의 정의에 의하여

$$E = \varepsilon\sigma T^4 \quad (W/m^2) \tag{4-94}$$

또는

$$q = A\varepsilon\sigma T^4 \quad (W) \tag{4-95}$$

여러 가지 물체의 복사율을 그림 4-45에 나타내었다. 고도로 연마한 금속 표면은 복사율이 매우 작고, 비금속표면은 크다.

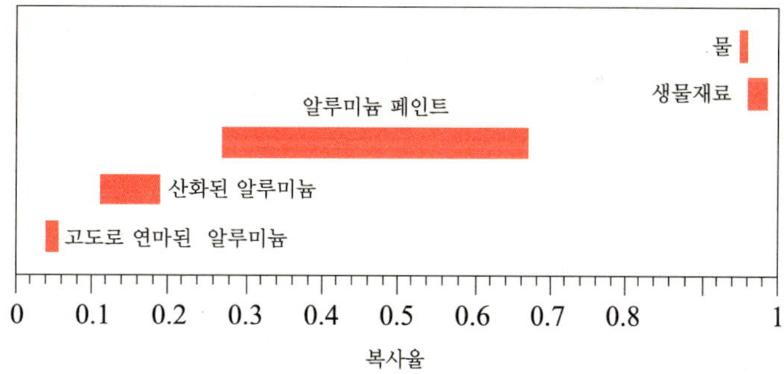

그림 4-45 알루미늄, 물 등과 비교한 생물재료의 복사율

(4) 불투명체에 의한 복사의 흡수

유리, 석영, 일부 플라스틱을 제외하고 대부분의 고체는 불투명체로 모든 파장을 쉽게 흡수하므로 투과능 $\tau=0$이다. 반사되는 것을 제외한 모든 복사선은 불투명체의 얇은 표면층에서 완전히 흡수된다. 그러므로 불투명체에 의한 복사의 흡수는 표면현상(surface phenomena)으로 고체 내부와는 관계가 없으며, 전자기파의 흡수에 의해 발생된 열은 전도에 의하여 고체 내로 이동한다.

Kirchhoff의 법칙에 의하면 어떤 물체가 주위와 온도가 같아 열적 평형(thermal equilibrium)을 이루고 있으면 그 물체의 복사율(ε)과 흡수율(α)은 같다.

$$\alpha=\varepsilon \tag{4-96}$$

입사되는 복사선의 에너지 분포는 발생원 표면(originating surface)의 온도와 특성에 의존되기 때문에 수용표면(receiving surface)의 흡수능 역시 발생원 표면의 온도와 특성에 의존된다. 따라서 Kirchhoff의 법칙은 비평형 복사(nonequilibrium radiation)에는 적용할 수 없다.

그러나 만약 수용표면이 회색체(gray body)라 하면 파장에 영향을 받지 않고 일정한 비율의 입사선이 흡수될 것이다. 이 경우 발생원 표면과 수용표면이 열적 평형을 이루지 않아도 Kirchhöff의 법칙이 적용된다. 즉, 회색체의 총 평균흡수능(total average absorptivity)은 입사선의 에너지 분포에 영향을 받지 않으므로 수용표면과 발생원 표면의 온도가 다를지라도 $\alpha=\varepsilon$이 성립되며, α 대신에 ε을 사용할 수 있다.

(5) 표면 사이의 복사

물체의 표면에서 방출되는 복사선은 일정한 방향으로 방출되는 것이 아니라 공간의 모든 방향으로 방출되며, 입사된 복사선의 일부가 표면에서 반사될 때도 모든 방향으로 반사된다. 따라서 두 표면 사이의 복사 전열은 매우 복잡하다.

두 표면 간 복사 전열의 가장 간단한 형태는 각 표면이 각각 서로만을 볼 수 있는 경우이다. 즉, 그림 4-46(a)에서와 같이 무한히 큰 두 표면이 평행으로 마주보고 있고 두 표면이 흑체인 경우를 생각해 보자.

첫 평면에서 방사된 복사에너지는 σT_1^4이다. 이 에너지는 두 번째 평면에서 모두 흡수될 것이다. 한편 두 번째 평면도 σT_2^4의 에너지를 방사하고 이 에너지는 첫 평면에서 모두 흡수될 것이다. 만약 $T_1 > T_2$라면 두 표면 사이의 순 복사(net radiation)는 $\sigma(T_1^4 - T_2^4)$이다.

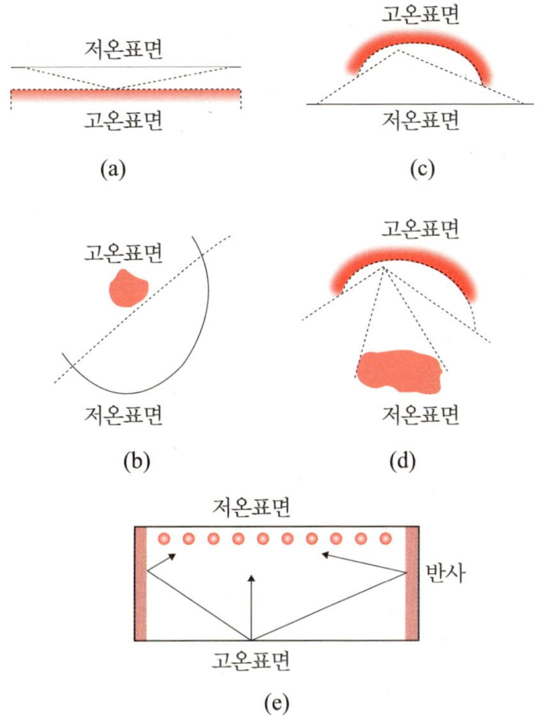

그림 4-46 복사전열에서 시각 각도

그러나 공학 문제에서는 이와 같이 간단하지 않다. 그림 4-46(b), (c), (d)에 나타낸 것과 같이 한 표면 또는 두 표면이 다른 표면을 보기도 하며, 오목한 표면은 일부 자신의 표면을 보기도 한다. 또한 실제 표면은 흑체가 아니므로 그 표면의 복사율을 고려하여야 한다.

이와 같이 복잡한 현상을 고려하여 실제 물체 사이의 순 복사에 의한 열전달은 다음 식과 같이 표현된다.

$$q_{12} = \sigma A_1 F_{1\rightarrow 2}(T_1^4 - T_2^4) \qquad (4\text{-}97)$$

여기서 q_{12}: 표면 1에서 표면 2로 이동된 순 복사전열속도

A_1: 표면 1의 면적

$F_{1\rightarrow 2}$: 총괄흡수계수

간단한 계에서 총괄흡수계수(overall interchange factor)는 다음과 같이 구한다.

① 무한히 넓은 평행 평판의 경우

$$F_{1\to2}=\frac{1}{1/\varepsilon_1+1/\varepsilon_2-1} \tag{4-98}$$

여기서 ε_1, ε_2는 각각 표면 1과 표면 2의 복사율

② 표면 1이 표면 2에 의하여 완전히 둘러싸인 경우

$$F_{1\to2}=\frac{1}{1/\varepsilon_1+(A_1/A_2)[(1/\varepsilon_2)-1]} \tag{4-99}$$

③ 작은 표면 1이 큰 표면 2로 포위되어 있는 경우

$$F_{1\to2}=\varepsilon_1 \tag{4-100}$$

[예제 4-29]

제빵오븐(baking oven)의 내부 벽면의 온도가 균일하게 177°C이다. 이 오븐 속에 한 덩어리의 빵이 놓여 있을 때 복사에 의해 빵에 전달되는 순 열전달속도를 구하라. 빵 표면의 복사율은 0.85이고, 표면적은 0.0645 m^2, 온도는 100°C이다.

[풀이]

작은 표면 1(빵)이 큰 표면 2(오븐)에 포위되어 있는 경우이므로 식 (4-97)과 식 (4-100)에 의하여

$$\begin{aligned} q_{12} &= \sigma A_1 F_{1\to2}(T_1^{\ 4}-T_2^{\ 4}) \\ &=(5.676\times10^{-8})(0.0645)(0.85)(373^4-450^4)=-67.3\ \text{W} \end{aligned}$$

q_{12}는 물체가 잃어버린 에너지를 계산하는 식이므로 부호가 음(-)인 의미는 오븐 벽으로부터 빵에 순 에너지의 전달속도가 67.3 J/s란 의미이다.

(6) 복사 열전달계수

실제로 식품가공 공정에서는 식 (4–97)이 적용되는데 제빵 오븐 내에 있는 빵의 경우 오븐의 벽으로부터 복사에너지를 받는다. 따라서 다른 형태의 열전달방식과 비교를 쉽게 하기 위하여 복사열량을 전도와 대류에서와 같은 형태로 나타낼 필요가 있다.

$$q = h_r A(T_1 - T_2) \tag{4–101}$$

여기서 h_r : 복사 열전달계수(W/m·°C)

T_1 : 물체의 온도(°C)

T_2 : 주위의 온도(°C)

식 (4–97)에서 총괄흡수계수를 ③의 경우를 적용한 후에 식 (4–98)과 같다고 하고 h_r에 대해 계산하면,

$$h_r = \frac{\varepsilon\sigma(T_1^4 - T_2^4)}{T_1 - T_2} \tag{4–102}$$

온도가 T_1인 고체벽면이 온도 T_2인 기체와 접하고 있을 때 대류와 복사에 의해 이동하는 총열량 q는

$$q = q_c + q_r = (h_c + h_r)A(T_1 - T_2) \tag{4–103}$$

여기서 $(h_c + h_r)$은 복합열전달계수이고, 실내에서 수증기 배관의 열손실 등은 이 식으로 계산한다.

[예제 4–30] 복사 열전달계수

온도가 일정한 오븐 내에서 복사열량을 이용하여 빵이 제조될 때 이 빵의 복사 열전달계수를 구하라. 단, 빵 표면의 복사율은 0.5, 표면온도는 100°C, 빵의 표면적은 0.1 m^{2}로 오븐의 벽면에 비하여 아주 작은 것으로 간주하며, 오븐의 온도는 232°C로 유지된다고 한다.

[풀이]

$$q = h_r A(T_1 - T_2) = \sigma A\varepsilon(T_1^4 - T_2^4)$$

$$h_r = \frac{\varepsilon\sigma(T_1^4 - T_2^4)}{T_1 - T_2}$$

$$= \frac{(5.676 \times 10^{-8})(0.5)(505^4 - 373^4)}{505 - 373}$$

$$= 8.68 \text{ kcal/m}^2 \cdot \text{h} \cdot \text{K}$$

Section 3 비정상상태 열전달

지금까지는 온도가 위치에 따라서만 변하는 정상상태 열전달에 대하여 기술하였다. 그러나 실제 식품공업의 여러 공정들은 정상상태 조건이 적용되지 않은 비정상상태에서 조작된다. 간단한 예로 감자나 달걀을 끓는 물속에서 삶는 경우를 생각해 보면 온도는 시간이 지남에 따라 점점 높아져 익게 된다.

이 때 표면의 온도가 가장 높아 먼저 익고 속으로 갈수록 온도가 낮기 때문에 중심이 가장 늦게 익는다. 비정상상태 열전달에서는 시간과 위치에 따라 온도가 어떻게 변하는가를 분석하는 것이 기본과제이다.

1. 비정상상태 전도방정식의 유도

비정상상태 전도에 의한 열전달방정식을 유도하기 위하여 그림 4-47에 나타낸 것과 같이 고체 내에서 한 방향으로의 열전달을 생각해 보자.

미소부피 $\Delta x \Delta y \Delta z$을 통한 x 방향으로의 전도는 다음과 같이 표현된다.

$$q_x = -kA\frac{\partial T}{\partial x} \tag{4-104}$$

여기서 온도기울기 $\partial T/\partial x$가 편미분(partial differential) 형태로 표시된 것은 온도가 위치와 시간의 함수 $T = T(t, x)$이기 때문이다.

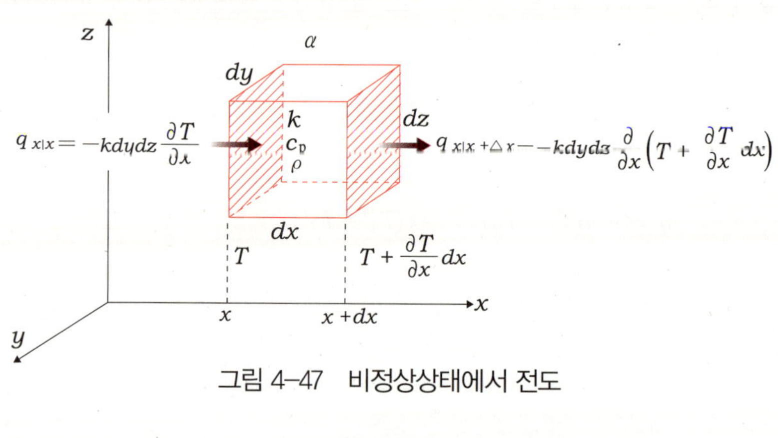

그림 4-47 비정상상태에서 전도

미소부피 $\Delta x \Delta y \Delta z$에 대하여 열수지를 취하면

$$\text{열 유입속도} + \text{열 생성속도} = \text{열 배출속도} + \text{열 축적속도}$$

$$\text{열 유입속도} = q_{x|x} = -k(\Delta y \Delta z)\left.\frac{\partial T}{\partial x}\right|_{x} \tag{4-105}$$

$$\text{열 유출속도} = q_{x|x+\Delta x} = -k(\Delta y \Delta z)\left.\frac{\partial T}{\partial x}\right|_{x+\Delta x} \tag{4-106}$$

미소시간 ∂t 동안 미소부피에 열이 축적되면 ∂T만큼 온도가 증가할 것이므로

$$\text{열 축적속도} = (\Delta x \Delta y \Delta z)\rho c_{\mathrm{p}} \frac{\partial T}{\partial t} \tag{4-107}$$

단위 부피당 열 생성속도를 q'(W/m^3)라 하면 미소부피 $\Delta x \Delta y \Delta z$에서의 열 발생량은

$$\text{열 생성속도} = (\Delta x \Delta y \Delta z) q' \tag{4-108}$$

이들을 열 수지식에 대입하고 $\Delta x \Delta y \Delta z$로 나누면

$$q' + \frac{k\left(\left.\frac{\partial T}{\partial x}\right|_{x+\Delta x} - \left.\frac{\partial T}{\partial x}\right|_{x}\right)}{\Delta x} = \rho c_{\mathrm{p}} \frac{\partial T}{\partial t} \tag{4-109}$$

Δx가 0에 접근하면 두 번째 항은 T에 대한 2차 편미분 $\partial^2 T/\partial x^2$이 된다. 식 (4-109)을 재배치하면

$$\frac{\partial T}{\partial t} = \frac{k}{\rho c_{\mathrm{p}}} \frac{\partial^2 T}{\partial x^2} + \frac{q'}{\rho c_{\mathrm{p}}} \tag{4-110}$$

여기서 열확산계수(thermal diffusivity) $\alpha = k/\rho c_{\mathrm{p}}$를 도입하면

$$\frac{\partial T}{\partial t} = \alpha \frac{\partial^2 T}{\partial x^2} + \frac{q'}{\rho c_{\mathrm{p}}} \tag{4-111}$$

여기서 α: 열확산계수(m^2/s)
k: 열전도도(W/m·°C)
ρ: 밀도(kg/m^3)
c_p: 비열(J/kg·°C)
q': 열 생성속도(W/m^3)

같은 방법으로 y 방향, z 방향으로 전열방정식을 유도하여 종합하면 x, y, z 세 방향으로의 3차원 비정상상태 전도방정식은 다음과 같이 표현된다.

$$\frac{\partial T}{\partial t}=\alpha\left(\frac{\partial^2 T}{\partial x^2}+\frac{\partial^2 T}{\partial y^2}+\frac{\partial^2 T}{\partial z^2}\right)+\frac{q'}{\rho c_p} \quad (4\text{-}112)$$

대부분의 경우 비정상상태 전도에서는 열이 발생되지 않으므로 식 4-111과 식 (4-112)은 각각 다음과 같이 간단해진다.

$$\frac{\partial T}{\partial t}=\alpha\frac{\partial^2 T}{\partial x^2} \quad (4\text{-}113)$$

$$\frac{\partial T}{\partial t}=\alpha\left(\frac{\partial^2 T}{\partial x^2}+\frac{\partial^2 T}{\partial y^2}+\frac{\partial^2 T}{\partial z^2}\right) \quad (4\text{-}114)$$

식 (4-113)과 (4-114)는 온도 T가 위치와 시간에 따라 어떻게 변하는가를 나타내는 방정식이다. 이 미분방정식을 푸는 것은 고등수학에 속하며, 수학적 복잡성 때문에 구(sphere), 무한평판(infinite slab), 무한원기둥(infinite cylinder)과 같은 단순한 기하학적 형상의 물체에 대해서만 해석해(analytical solution)를 구할 수 있다. 그러나 그 과정을 기술하는 것은 이 책의 범위를 벗어난다. 그러므로 여기서는 무한평판, 무한원기둥, 구에 대한 해석해를 사용하기 편리하도록 도표로 나타낸 것을 이용하여 어떻게 비정상상태 열전달 문제를 다루는가에 대해서만 기술한다.

2. 내부저항과 외부저항의 중요성

비정상상태에서 열전달현상을 분석할 때 제일 먼저 고려해야 하는 것은 가열 또는 냉각되는 물체 내부의 열전달저항과 외부 표면에서 열전달저항의 상대적인 크기이다. 초기에 온도가 균일한 고체를 갑자기 찬 액체에 담갔을 때 냉각되는 과정을 생각해 보면, 고체 내부의 열이 우선 표면으로 도달한 다음에 표면에서 액체 중으로 이동하게 될 것이다. 이 때 열은 두 곳에서 저항을 받는다. 첫째 고체 내부를 이동할 때 전도저항을 받고 다음에는 고체표면에서 유체로 이동할 때 대류저항을 받는다.

일반적으로 비정상상태 열전달에서는 이 두 저항이 존재하기 때문에 냉각시에는 고체 내의 온도는 중심에서 표면으로 갈수록 연속적으로 감소하고 고체 표면과 유체 사이에 온도차가 존재하게 된다.

위의 문제를 정량적으로 다루기 위해 초기에 균일한 온도 T_0인 고온의 작은 고체를 갑자기 온도 T_∞인 찬 액체에 담갔을 때 개괄적인 열수지를 생각해 보자(그림 4-48).

초기 $t=0$ 일 때 고체 온도는 고체 전체에 걸쳐 초기온도 T_0로 균일하지만 찬물에 담군 직후 즉, $t>0$일 때부터 고체는 계속적으로 열을 잃어버리므로 고체 내부의 온도는 시간과 위치에 따라 계속 변할 것이다. $t>0$일 때, 작은 고체의 중심온도와 표면온도가 동일하다고 가정한다. 즉, $T=T_c=T_s$이다. 열전달현상을 두 구간으로 나누어서 생각할 수 있다.

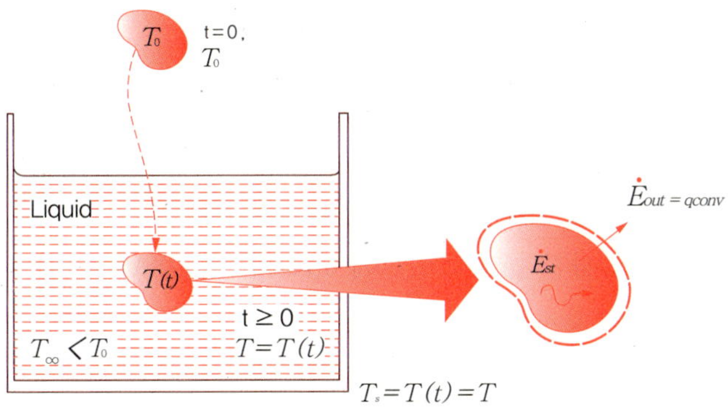

그림 4-48 표면에서 대류가 일어나는 고체에서의 열전달

만약 고체 중심에서 표면으로 열이 전달된다면

$$\dot{E}_{st}=q_{cond.}=q_{in}=kA\frac{T_o-T_s}{x_1} \tag{4-115}$$

여기서 특성길이 x_1은 임의의 모양을 가진 고체에서 열전달저항이 가장 작은 통로이다.

한편 고체표면에 도달한 열은 대류에 의하여 액체로 이동할 것이다.

$$\dot{E}_{out}=q_{conv.}=q_{out}=hA(T_s-T_\infty) \tag{4-116}$$

식 (4-115)와 (4-116)의 비를 구하면

$$\frac{q_{out}}{q_{in}}=\frac{hA(T_s-T_\infty)}{kA\dfrac{(T_o-T_s)}{x_1}} \tag{4-117}$$

만일 평형상태에 도달하였다면 $q_{in}=q_{out}$이 되므로 다음과 같이 나타낼 수 있다.

$$1=\frac{hA(T_s-T_\infty)}{kA\dfrac{(T_o-T_s)}{x_1}} \tag{4-118}$$

또는

$$\frac{hx_1}{k} = \frac{T_o - T_s}{T_s - T_\infty} \tag{4-119}$$

여기서 hx_1/k은 무차원군으로 비오트 수(Biot number)라 하고, x_1은 특성길이(m)라 한다.

$$N_{Bi} = \frac{hx_1}{k} = \frac{x_1/kA}{1/hA} = \frac{\text{전도저항}}{\text{대류저항}} \tag{4-120}$$

비오트 수는 식 (4–120)에 나타낸 것과 같이 비정상상태에서 내부 열전달저항(전도저항)과 외부 열전달저항(대류저항)의 상대적 크기를 나타내는 값이다. 만약 h값에 비해 k값이 매우 크면 내부저항이 외부저항보다 상대적으로 작으므로 비오트 수는 작아진다. 비오트 수가 0.1보다 작으면($N_{Bi}<0.1$) 내부저항은 무시할 수 있다.

즉, 이때 외부에서보다 물체 내부에서 열전달속도가 빠르기 때문에 물체 내부 전체의 온도는 거의 균일하다. 예를 들어 반지름 15 cm인 구리 구($k=380$ W/m·°C)가 공기흐름에 노출되어 있고 표면열전달계수 $h=30$ W/m²·°C라 하면, 식(4–19)에 따라

$$\frac{T_o - T_s}{T_s - T_\infty} = \frac{hx_1}{k} = \frac{(30)(0.15)}{380} = 0.012$$

이것은 분모($T_s - T_\infty$)는 분자 ($T_o - T_s$)에 비하여 매우 크다는 것을 나타낸다. 즉 온도강하(temperature drop)의 99%가 구의 표면(T_s)과 액체(T_∞) 사이에서 일어나고 고체 내부의 온도차($T_o - T_s$)는 거의 없다는 것을 의미한다.

반면에 h값이 k값에 비하여 상대적으로 크다는 것은 외부 대류저항이 내부 전도저항보다 상당히 작다는 것을 뜻하며, 비오트 수는 커진다. $N_{Bi}>40$이면 외부 대류저항은 무시할 수 있으므로 고체 표면온도는 거의 외부 유체온도와 같아진다.

또한 비오트 수가 $0.1<N_{Bi}<40$ 범위일 때는 내부저항 및 외부저항 중 어느 하나를 무시할 수가 없기 때문에 표면온도는 외부 유체온도와 다르며 시간에 따라 변한다.

예를 들어 가열된 공기 중에 작은 구리 구를 놓아두면 공기의 대류열전달계수에 비하여 구리의 열전도도가 매우 크므로 비오트 수는 0.1보다 작을 것이

며 구리 구의 내부온도는 균일할 것이다. 한편 참치통조림을 레토르트에서 수증기로 살균하는 경우에는 참치의 열전도도에 비하여 수증기의 대류열전달계수가 크므로 외부열전달표면저항을 무시할 수 있으며 통조림 표면온도는 수증기 온도와 같다. 만약 이 가열된 참치통조림을 찬 공기 흐름 중에서 냉각시킨다고 하면 외부열전달표면저항과 내부열전달전도저항이 모두 존재하고 통조림 표면온도는 공기온도보다 높고 시간에 따라 변한다. 아래에서 이 세 가지 경우에 대해서 다룬다.

따라서 비정상 상태의 열전달을 다루고자 할 때는 먼저 비오트 수를 계산하여 어느 경우에 해당되는지를 판단하여야 한다.

3. 내부저항을 무시할 수 있는 단순한 경우 ($N_{Bi} < 0.1$)

열전도도가 큰 금속 물체를 가열 또는 냉각할 때는 비오트 수가 0.1보다 작아 내부열전달저항은 무시할 수 있다. 그러나 고체 식품의 경우에는 열전도도는 비교적 작기 때문에 내부열전달저항을 무시할 수 없는 경우가 많다.

내부의 열전달저항을 무시할 수 있는 경우 물체 내부의 온도가 거의 균일하기 때문에 이와 같은 시스템을 집중계(lumped system)라 하며, 이 경우 열전달은 전적으로 고체표면과 유체 사이에서 일어나는 대류에 의존하게 된다.

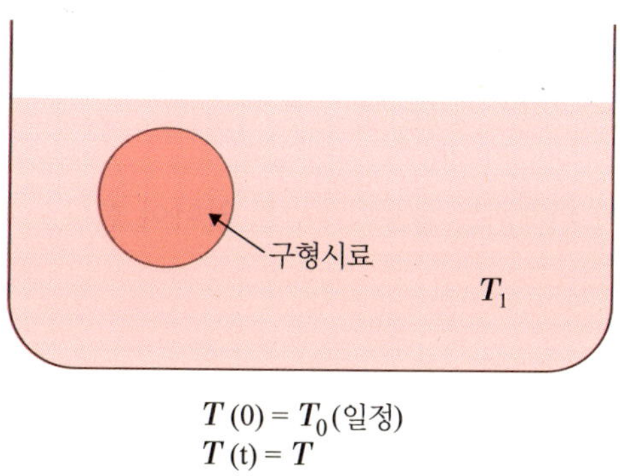

그림 4-49　Lumped system의 예

앞에서 기술한 그림 4-48과 유사한 시스템으로 초기온도 T_0인 작은 금속구 시료를 갑자기 온도 T_1인 대량의 냉각수 중에 담갔을 때를 생각해 보자. 금속구는 열전도도가 매우 크므로 집중계(lumped system)라 생각할 수 있다.

금속 구 표면에서 열전달계수 *h*는 일정하다고 가정하고 미소시간 *dt* 동안에 열수지를 취하면 고체가 잃어버린 열에너지는 고체에서 유체로 전달된 열량과 같다.

$$-\rho Vc_p dT = hA(T-T_1)dt \tag{4-121}$$

(고체가 잃어버린 에너지)=(대류에 의해 유체에 전달된 에너지)

여기서 ρ: 고체의 밀도(kg/m^3)

V: 고체의 부피(m^3)

c_p: 고체의 비열(J/kg·°C)

h: 표면 열전달계수(w/m^2·K)

A: 유체와 접하는 고체의 표면적(m^2)

T_1: 유체 본체의 온도(K 또는 °C)

T: 시간 t일 때 고체의 평균온도(K 또는 °C)

식 (4-121)을 변수 분리 후, 적분구간 $t=0$일 때 $T=T_0$에서 $t=t$일 때 $T=T$까지 적분하면 다음 식과 같다.

$$\int_{T_0}^{T}\frac{1}{T-T_1}dT = -\frac{hA}{\rho Vc_p}\int_0^t dt \tag{4-122}$$

$$\ln\frac{T-T_1}{T_0-T_1} = -\frac{hA}{\rho Vc_p}t \tag{4-123}$$

또는

$$\frac{T-T_1}{T_0-T_1} = \exp\left(-\frac{hAt}{\rho Vc_p}\right) \tag{4-124}$$

이 식을 이용하기 위해서는 물체의 V/A를 알아야 한다.

$$x_1 = \frac{V}{A} \tag{4-125}$$

식 4-124는 물체 내부의 온도변화를 나타내는 식이며 식 (4-125)로 정의되는 x_1은 특성길이(characteristic length)라 한다. x_1를 사용하여 식(4-124)를 다음과 같이 무차원항으로 이루어진 식으로 나타낼 수 있다.

$$\frac{T-T_1}{T_0-T_1} = \exp\left\{-\left[\frac{h(V/A)}{k}\right]\left[\frac{kt}{\rho c_p(V/A)^2}\right]\right\}$$

$$= \exp\left[-\left(\frac{hx_1}{k}\right)\left(\frac{\alpha t}{x_1^2}\right)\right] = \exp[(-N_{Bi})(N_{Fo})] \qquad (4\text{–}126)$$

여기서 N_{Fo}는 다음과 같이 정의된 푸리에 수(Fourier number)이다. 푸리에수는 무차원 시간(nondimensional time)으로 자주 사용된다.

$$N_{Fo} = \frac{\alpha t}{x_1^2} \qquad (4\text{–}127)$$

식 (4–125)에서 왼쪽항의 분자 $T - T_1$는 전열매체(heat transfer medium)와 물체 사이의 미달성 온도차(unaccomplished temperature difference)이며, 분모 $T_0 - T_1$는 냉각 또는 가열을 시작할 때 가열매체와 물체의 최대 온도차이다. 이 두 온도차의 비는 냉각 또는 가열을 시작할 때는 1.0이며, 시간에 따라 지수적으로 감소한다. 다시 말하면, 물체의 온도가 전열매체에 접근할수록 전열매체와 물체 사이의 온도차가 작아져 열전달속도가 감소하기 때문에 물체가 전열매체의 온도 T_1에 도달하는데 무한대의 시간이 걸린다.

열전달에서 특성길이는 임의의 모양을 가진 물체에서 열전달저항이 가장 작은 통로(path)이다. 따라서 긴 원통형 또는 구형인 물체의 특성길이는 각각 $r/2$과 $r/3$이며, 넓은 평판인 경우에는 두께의 1/2이다(그림 4–50).

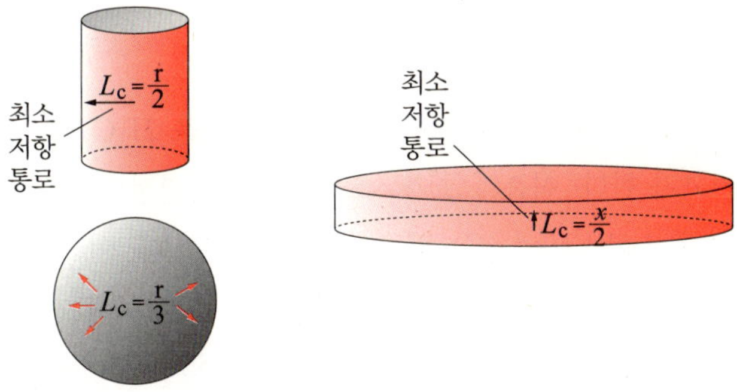

그림 4–50 여러 가지 형상의 물체의 전도에서 특성길이

여기서 주의할 점은 식 (4–125)로 정의되는 x_1은 다음 4절에서 다루게 될 표면저항을 무시할 수 있는 경우 비오트 수를 구할 때 사용되는 x_1과 동일하지만, 해석해를 구하기 위해 사용되는 x_1과는 동일하지 않다. 이 경우 무한 원기둥과 구인 경우에는 x_1 = 지름, 무한 평판의 경우는 x_1 = 평판 두께의 1/2을 사용한다.

교반 액체에서 열전달

탱크에서 액체식품을 교반하면서 가열 또는 냉각할 경우는 lumped system으로 해석할 수 있다. 탱크 내의 액체는 잘 혼합되기 때문에 대류에 의한 열전달이 활발해 전도저항은 무시할 수 있으며 액체의 온도는 전체적으로 균일하다. 따라서 이 경우 식 (4–124)를 적용할 수 있다. 그러나 식 (4–124)에서 표면열전달계수 h 대신에 총괄열전달계수 U를 사용한다.

예를 들어 재킷이 설치된 교반 탱크에서 우유를 가열하는 경우 재킷의 수증기로부터 우유로 열이 전달될 것이다. 이때 열은 탱크 벽을 경계로 하여 탱크 외부의 수증기 경막, 탱크 벽, 탱크 내부의 우유 경막을 통과할 때 각각 저항을 받을 것이며 이들 저항들은 총괄열전달계수 U에 포함시킨다.

따라서 초기온도 T_0에서 최종온도 T_f까지 가열 또는 냉각하는데 필요한 시간 t는 다음 식으로 주어진다.

$$t = \frac{\rho c_p V}{UA} \ln\left(\frac{T_0 - T_1}{T_f - T_1}\right) \tag{4–128}$$

이 식은 가열 또는 냉각시간에 영향을 미치는 인자들을 검토하는데 유용하게 사용된다.

[예제 4–31] 동결식품의 해동

높이 5×10^{-2} m, 지름 5×10^{-2} m인 동결식품을 21°C의 공기 중에서 해동시키고자 한다. 식품의 초기온도는 −18°C, 열전도도는 2 W/m·K이고 비열은 2.51 kJ/kg·°C, 밀도는 961 kg/m³이다. 이 식품의 물성은 온도에 따라 크게 변하지 않는다고 가정하였을 때 0.5 시간 후 식품의 온도는 얼마가 되겠는가? (단, 정지된 공기의 $h_0 = 5.7$ W/m²·K이다.)

[풀이]

(a) 우선 비오트 수를 계산하여 어떤 상태의 열전달이 일어나는지를 검토한다.

$$x_1 = \frac{r}{2} = \frac{2.5\times10^{-2}}{2},\quad N_{Bi} = \frac{hx_1}{k} = \frac{(5.7)\left(\frac{2.5}{22}\times10^{-3}\right)}{2} = 0.04$$

비오트 수가 0.1보다 작으므로 내부저항을 무시할 수 있는 열전달 형태가 됨을 알 수 있다.

(b) 동결식품의 A와 V를 구하면 다음과 같다.

$$A=\pi(5\times10^{-2})(5\times10^{-2})+2\left[\frac{\pi(5\times10^{-2})^2}{4}\right]=1.18\times10^{-2}\ \mathrm{m}^2$$

$$V=\frac{\pi(5\times10^{-2})^2}{4}(5\times10^{-2})=9.81\times10^{-5}\ \mathrm{m}^3$$

식 (4-124)를 사용하면 다음과 같다.

$$\frac{T-T_1}{T_0-T_1}=\exp\left[-\frac{(5.7)(1.18\times10^{-2})(0.5)(3600)}{(961)(9.81\times10^{-5})(2510)}\right]=0.6$$

그러므로 $T=(0.6)(-18-21)+21=-2.4^\circ\mathrm{C}$

[예제 4-32] 인큐베이터에서 달걀의 보온

초기온도 20°C인 달걀을 38°C의 인큐베이터에 넣은 후 1 시간 후 온도를 구하라. 인큐베이터 내에서 달걀 주위 공기의 자연대류에 의한 표면열전달계수는 5.2 W/m$^2\cdot$K이다. 달걀의 부피는 60 cm^3(구형이라 가정), 밀도 1035 kg/m^3, 비열 3350 J/kg·K, 열전도도 0.62 W/m·K이다.

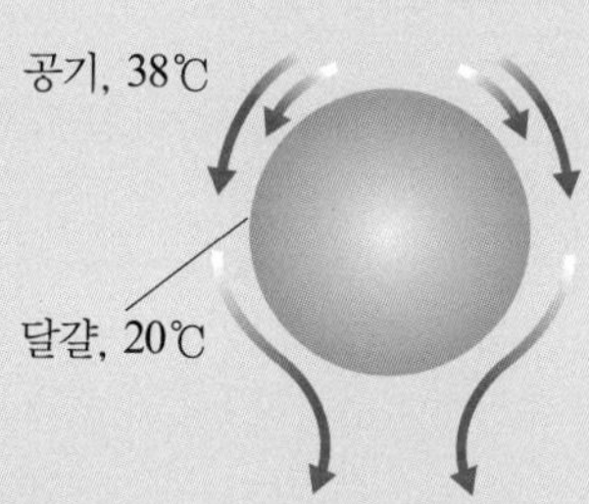

그림 4-51 예제의 개략도

[풀이]

먼저 비오트 수를 구한다.

(a) $\frac{4\pi r^3}{3}=60\times10^{-6}\ \rightarrow\ r=0.0243\ \mathrm{m}$

$$x_1=\frac{V}{A}=\frac{(4/3)\pi r^2}{4\pi r^2}=\frac{r}{3}$$

$$N_{\mathrm{Bi}}=\frac{hx_1}{k}=\frac{hr}{3k}=\frac{(5.2)(0.0243)}{3(0.02)}=0.07<0.1$$

비오트 수가 0.1보다 작기 때문에 내부 열저항은 무시할 수 있다.

(b) $A=4\pi r^2=4\pi(0.0243)^2=0.0074\ \mathrm{m^2}$

식 (4-124)에 의하여

$$\frac{T-38}{20-38}=\exp\left[-\frac{(5.2\ \mathrm{W/m^2\cdot K})(0.0074\ \mathrm{m^2})\times(3600\ \mathrm{s})}{(1035\ \mathrm{kg/m^3})(60\times10^{-6}\ \mathrm{m^3})(3350\ \mathrm{J/kg\cdot K})}\right]$$

$$T=28.8^{\circ}\mathrm{C}$$

(참고) 만약 달걀을 끓는 물속에 담갔다면 온도변화를 어떻게 구할 수 있을까? 끓는 물에서 표면열전달계수는 $1\times10^4\ \mathrm{W/m^2\cdot K}$로 공기보다 훨씬 크다. 이 경우 비오트 수를 구하면

$$N_{\mathrm{Bi}}=\frac{hx_1}{k}=\frac{hr}{3k}=\frac{(1\times10^4)(0.0243)}{3(0.62)}=131>0.1$$

오히려 이 때는 내부열저항이 외부열저항보다 큰 것을 알 수 있다. (3절 2항 참조)

[예제 4-33] 탱크에서 우유의 가열시간

재킷이 설치된 가열팬(heating pan)에서 121°C의 포화수증기를 사용하여 90 L의 우유를 10°C에서 90°C까지 가열하는데 걸리는 시간이 얼마일까? 단 총괄열전달계수는 $400\ \mathrm{W/m^2\cdot{}^{\circ}C}$, 전열면적은 $1.8\ \mathrm{m^2}$, 우유의 밀도와 비열은 각각 $1030\ \mathrm{kg/m^3}$, $3.9\ \mathrm{kJ/kg\cdot{}^{\circ}C}$이다.

[풀이] 식 (4-128)에 의하여

$$t=\frac{\rho c_p V}{UA}\ln\left(\frac{T_0-T_1}{T_{\mathrm{f}}-T_1}\right)$$

$$=\frac{(90\times10^{-3})(1030)(3900)}{400\times1.8}\ln\left(\frac{10-121}{90-121}\right)$$

$$=502.1\times1.275=640.2\ \mathrm{s}=10.66\ \mathrm{min}$$

4. 표면저항을 무시할 수 있는 경우 ($N_{Bi}>40$)

두 번째 비정상상태 열전달 공정은 내부저항이 상당히 크고 외부저항은 무시할 수 있는 경우이다. 표면 열전달계수 h가 매우 크면 외부저항을 무시할 수 있으며, $N_{Bi}>40$인 경우에 해당된다. 이 경우 물체의 표면온도 T_s는 전열매체의 온도 T_1와 같아진다. 이 경우 식 (4-113)은 무한 평판(infinite slab), 무한 원기둥(infinite cylinder), 구(shere)와 같은 대표적인 기하학적 형태에 대해서만 해석해(analytical solution)를 구할 수 있다.

(1) 무한평판에서 해석해

외부저항을 무시할 수 있는 비정상상태 열전달의 대표적인 예로서 무한평판에 대한 해석해(analytical solution)를 구해 보자.

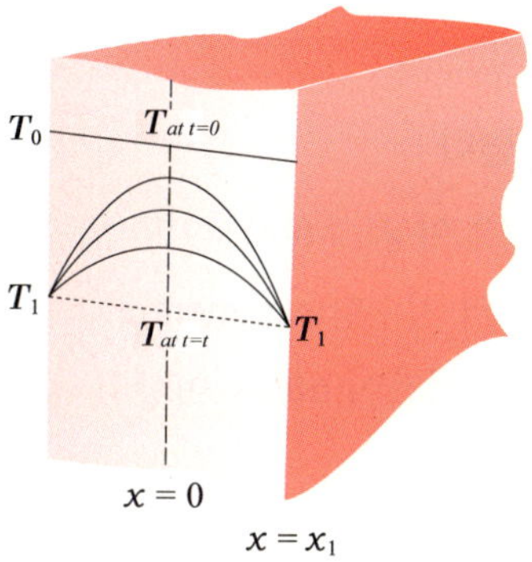

그림 4–52 표면저항이 없을 경우 평판에서 비정상상태 전도

그림 4-52에 나타낸 것과 같이 두께가 $2x_1$인 무한평판을 생각한다. 만약 초기 전체온도가 T_0로 균일한 평판 주위에 갑자기 온도 T_1의 유체가 흐른다고 가정한다. 이 경우 열은 단지 x 방향으로만 전달되며, x 방향으로의 비정상상태 전도방정식은 식 (4-113)과 같다.

$$\frac{\partial T}{\partial t}=\alpha\frac{\partial^2 T}{\partial x^2} \tag{4–113}$$

$x=x_1$과 $x=-x_1$의 두 표면에서 온도는 T_1를 유지하므로 온도프로파일은 대칭이 된다. 따라서 초기조건(initial condition)과 경계조건(boundary condition)은 다음과 같다.

$$T=T_0 \qquad \text{at } t=0$$

$$\frac{\partial T}{\partial x}\Big|_{x=0}=0 \qquad \text{(대칭)}$$
$$T=T_1 \qquad \text{at } x=tx_1 \quad (t>0)$$

위의 조건으로 식 (4–113)을 풀면 다음의 급수해(series solution)를 얻을 수 있다.

$$\frac{T-T_1}{T_0-T_1}=\sum_{n=0}^{\infty}\frac{4(-1)^n}{(2n+1)\pi}\cos\left[\frac{(2n+1)\pi}{2}\frac{x}{x_1}\right]\exp\left[-\frac{(2n+1)\pi}{2}\right]^2\frac{\alpha t}{x_1^{\,2}} \tag{4–129}$$

여기서 $\alpha=k/\rho c_p$로 열확산계수이다. 식 (4–129)를 이용하면 위치 x와 시간 t의 함수로 온도 T를 예측할 수 있다. 그런데 위치는 무차원 위치 즉, 상대위치 x/x_1로, 시간은 무차원 시간 즉, 상대시간 $N_{Fo}(=\alpha t/x_1^{\,2})$으로 나타내 있음을 유의한다.

(2) 시간에 따른 온도변화

식 (4–129)에서 $N_{Fo}>0.2$ 이상($t>600$ s)이면 급수해 중에서 첫째 항($n=0$)만 값이 크고 $n=1, 2, \cdots$의 지수항(exponential term)의 값은 작아 상대적으로 무시할 수 있다. 따라서 시간이 600 s 이상인 경우 식 (4–129)는 첫 항만 남아 다음과 같이 단순화된다.

$$\frac{T-T_1}{T_0-T_1}=\frac{4}{\pi}\underbrace{\cos\frac{\pi x}{2x_1}}_{\text{(위치)}}\underbrace{exp\left[-\left(\frac{\pi}{2}\right)^2\frac{\alpha t}{x_1^{\,2}}\right]}_{\text{(시간)}} \tag{4–130}$$

양변의 대수를 취하면

$$\ln\left(\frac{T-T_1}{T_0-T_1}\right)=\ln\left(\frac{4}{\pi}\cos\frac{\pi x}{2x_1}\right)-\left(\frac{\pi}{2}\right)^2\frac{\alpha t}{x_1^{\,2}} \tag{4–131}$$

이 식을 보면 여러 가지 위치 x/x_1에서 $\ln[(T-T_1)/(T_0-T_1)]$를 t에 대하여 그리면 직선이 됨을 알 수 있으며, 이렇게 그린 도표가 Gurney-Lurie chart이다. 도표(그림 4–55)는 일반적으로 응용될 수 있도록 무차원군으로 나타내었다. 무차원온도 $\ln[(T-T_1)/(T_0-T_1)]$를 y-축, 무차원시간 $\alpha t/x_1^{\,2}$를 x 축으로 하고 상대위치 $n=x/x_1$과 상대저항 $m=k/hx_1$를 매개변수로 하여 여러 개의 선을 그렸다. m은 비오트 수의 역수로서 외부저항을 무시할 수 있는 경우는 $h\to\infty$라 생각할 수 있으므로 $m=0$이다. 그림에서 $m=0$인 일련의 선이 식 (4–131)

을 그린 것이다.

무한원기둥과 구에 대한 해석해를 무한평판과 같은 방법으로 그린 도표를 그림 4-56과 4-57에 나타내었다. 식품가공공정 특히 가열살균공정의 설계에서는 가열온도에 따른 중심온도($n=0/x_1=0$)의 변화를 구해야 하는 경우가 많은데 무한평판, 무한원기둥, 구의 중심온도의 변화를 나타낸 Heissler chart를 그림 4-58, 4-59, 4-60에 나타내었다.

[예제 4-34] 사과의 냉각

온도 2°C인 고속수류(high velocity water stream) 내에서 초기온도 21°C에서 4°C로 사과가 냉각되고 있다. 사과 중심온도가 4°C에 도달하는 시간을 구하라. 단, 사과의 밀도는 800 kg/m³, 비열은 3.56 kJ/kg·°C, 열전도도는 0.35 W/m·°C, 반지름은 0.03 m, 수류의 대류열전달계수는 3400 W/m²·°C이다.

[풀이] 먼저 비오트 수를 계산하면(특성길이 이용)

$$N_{\mathrm{Bi}}=\frac{hx_1}{k}=\frac{(3400)(0.01)}{0.35}=97,\quad x_1=\frac{r}{3}=\frac{0.03}{3}=0.01$$

비오트 수가 40보다 크므로 이 경우 k값이 상대적으로 작은 경우가 되므로 표면저항을 무시할 수 있는 상태이다.

따라서 식 (4-131)를 이용하거나 또는 그림 4-57에서 $m(=k/hx_1\cong 0)$인 곡선을 이용할 수 있다.

$$Y=\frac{T-T_1}{T_0-T_1}=\frac{4-2}{21-2}=\frac{2}{19}=0.1$$

그리고 $n=0$이므로 x 좌표에서 $N_{\mathrm{Fo}}=\dfrac{\alpha t}{x_1^2}=0.3$을 읽을 수 있다(그림 4-53 참조).

여기서 x_1은 반경이므로 0.03 m이고, α는 $\dfrac{k}{\rho c_{\mathrm{p}}}$이다.

따라서

$$t=\frac{(0.3)(800)(3560)(0.03)^2}{(0.35)(3600)}=0.61\ \mathrm{h}=36.6\ \mathrm{min}$$

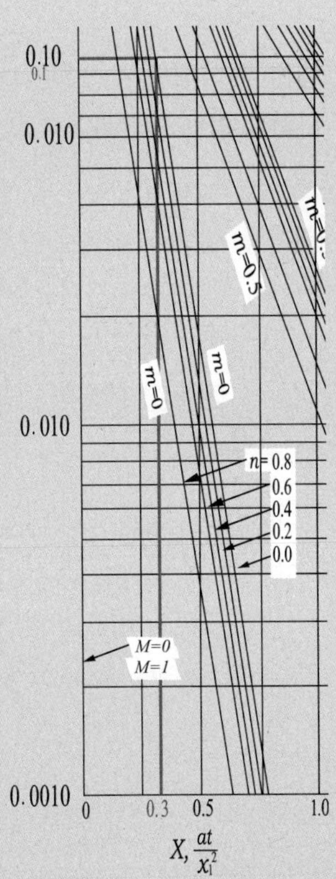

그림 4-53 Gurney-Lurie 도표

[예제 4-35] 통조림을 살균하는 동안 온도변화

참치 통조림(지름 50 mm, 두께 25 mm)을 121°C 스팀으로 살균한다. 참치 통조림의 초기온도는 40°C이고, 열확산계수가 2×10^{-7} m^2/s일 때 살균을 시작한지 30분 후 냉점(cold point)의 온도를 구하라.

통조림은 참치고기와 약간의 물로 채워져 있어 전도에 의하여 열이 전달되며, 계산을 간단히 하기 위하여 열은 통조림의 상하부에서만 전달되며, 옆면에서 전달되는 열은 무시한다. 또한 통조림통은 금속이기 때문에 표면열저항은 무시한다.

[풀이]

냉점이란 가열하는 동안 가장 늦게 가열되는 부분을 말하며, 통조림의 기하학적 중심이 될 것이다. 따라서 이 경우 두께 25 mm인 평판의 중심 온도가 30분 후에 몇 °C에 도달하는가를 그림 4-56을 이용하여 구한다.

(a) 상대위치 n은 중심에서 온도를 구하므로 $n=x/x_1=0/0.0125=0$

(b) 이 경우 참치의 열전도도에 비하여 수증기의 표면열전달계수가 매우 크므로 $h \rightarrow \infty$이고 통조림의 표면온도는 스팀의 온도인 121°C라 가정할 수 있다.

$$m=k/hx_1=0$$

(c) $X=\dfrac{\alpha t}{x_1^2}=\dfrac{(2\times 10^{-7}\ \text{m}^2/\text{s})(1800\ \text{s})}{(0.0125\ \text{m})^2}=2.3$

(d) $n=0$, $m=0$, $N_{Fo}=2.3$일 때 중심온도를 구할 수 있는 그림 4-56으로부터 Y를 읽으면(그림 4-54 참조)

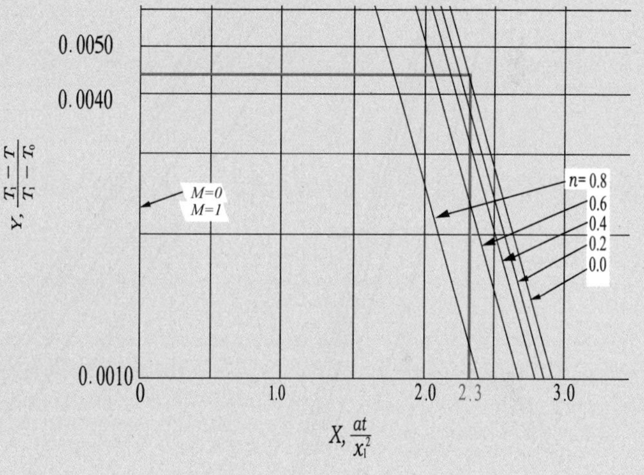

그림 4-54 Gurney-Lurie 도표

$$Y=\frac{T_1-T}{T_1-T_o}=0.0043$$

$$T=121.1-0.0043(121.1-40)=120.65°\text{C}$$

따라서 30분 후 냉점의 온도는 120.65°C이다.

주) 실제 온도는 이 온도보다 약간 높을 것이다. 통조림 옆면으로부터 열전달을 고려했을 때 냉점의 온도 예측은 다음 절에서 다룬다[(예제 4-38) 참조].

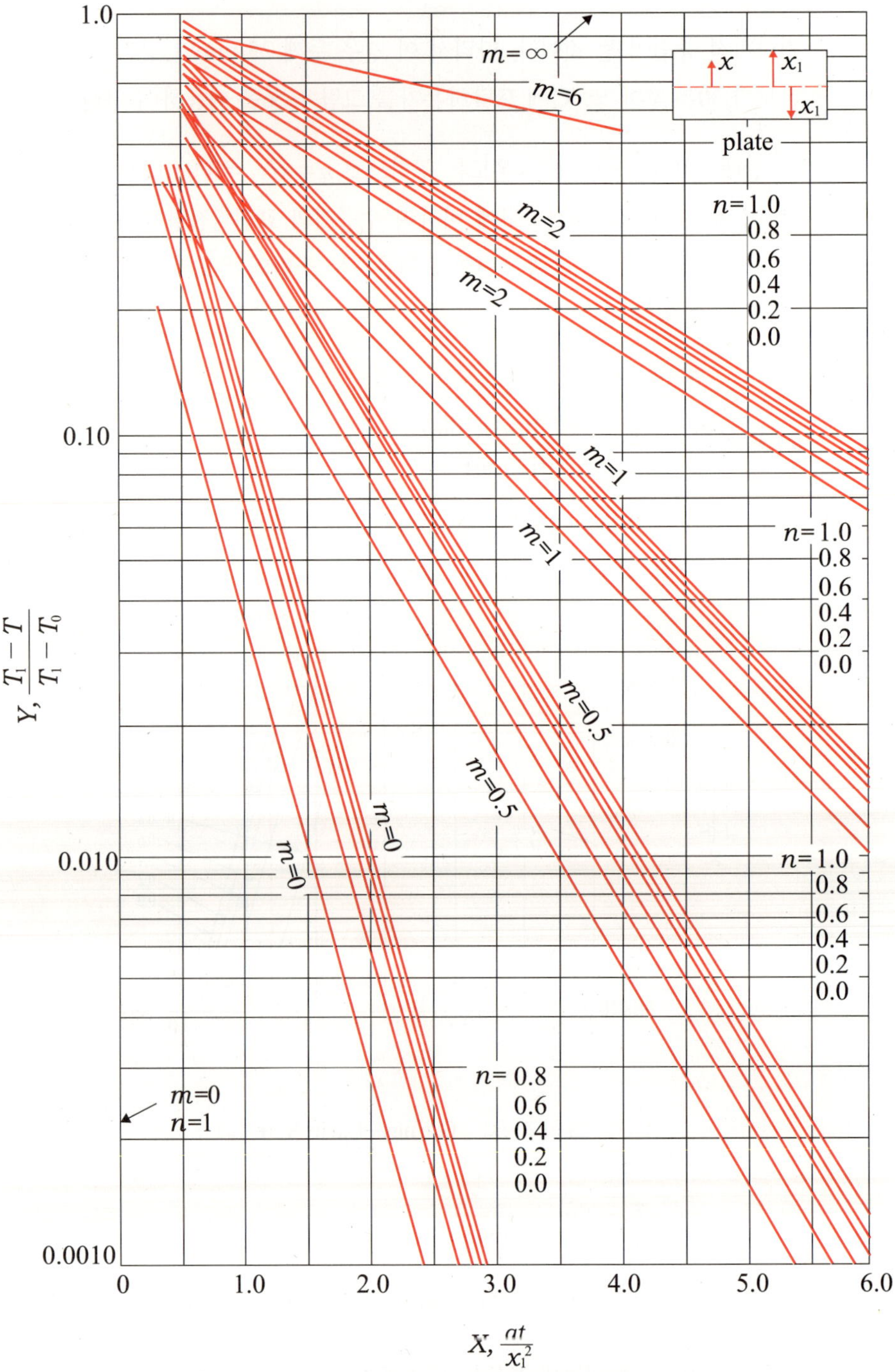

그림 4-55 무한평판의 비정상상태의 온도분포(Gurney–Lurie chart)

(출처: Transport Processes and Separation Process Principles, Fourth Edition by Christie John Geankoplis)

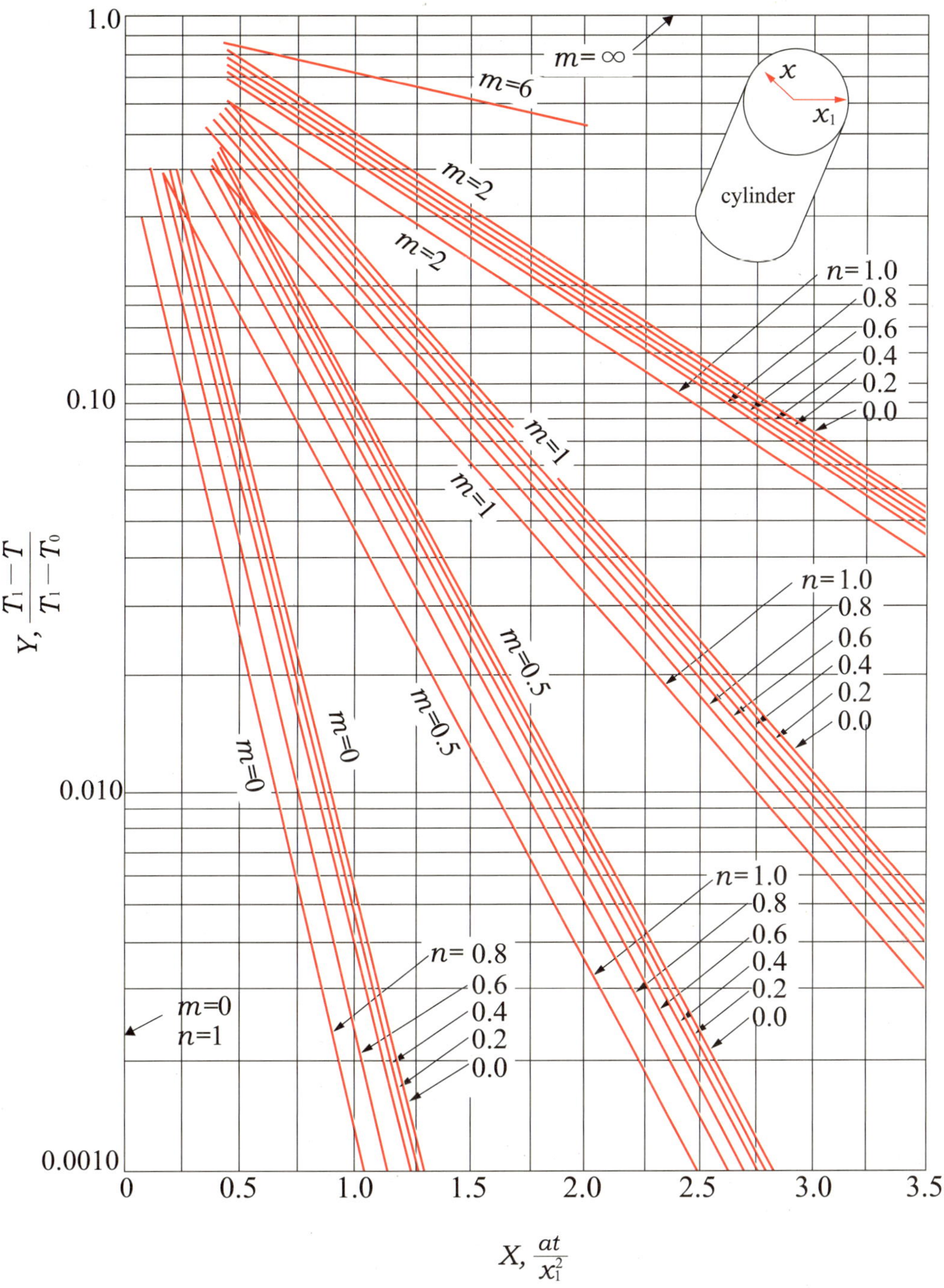

그림 4-56 무한원기둥의 비정상상태의 온도분포 (Gurney-Lurie chart)

(출처: Transport Processes and Separation Process Principles, Fourth Edition by Christie John Geankoplis)

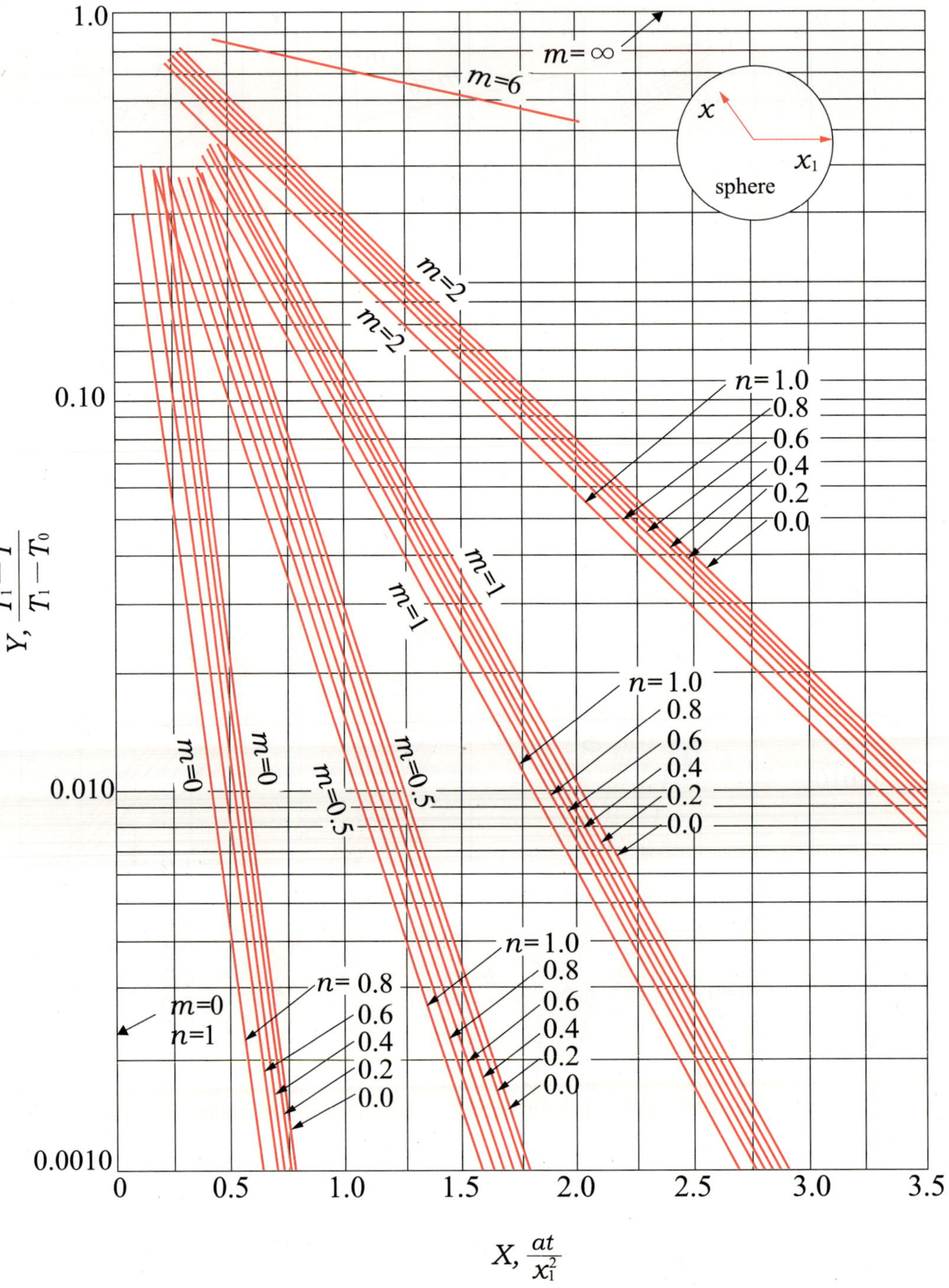

그림 4-57 구(球)의 비정상상태의 온도분포 (Gurney–Lurie chart)

(출처: Transport Processes and Separation Process Principles, Fourth Edition by Christie John Geankoplis)

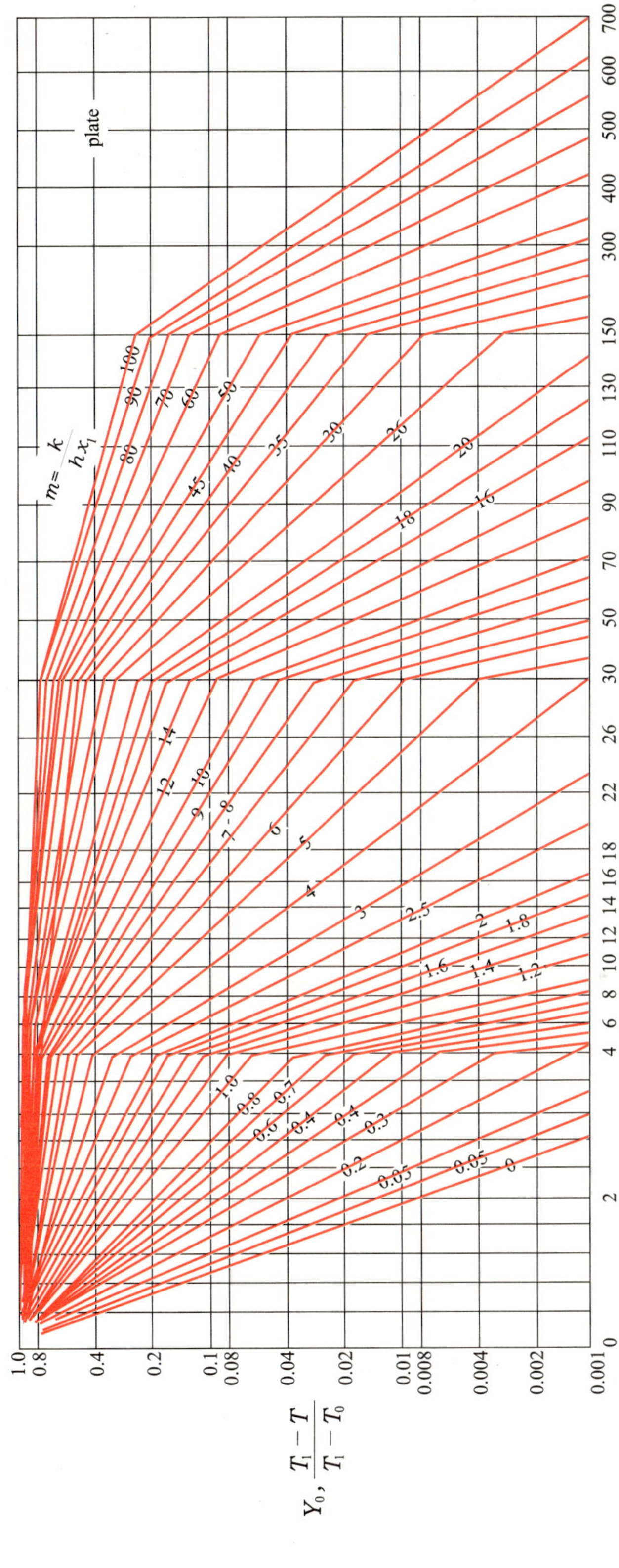

그림 4-58 무한평판의 비정상상태의 온도분포 (Heissler chart)

(출처: Transport Processes and Separation Process Principles, Fourth Edition by Christie John Geankoplis)

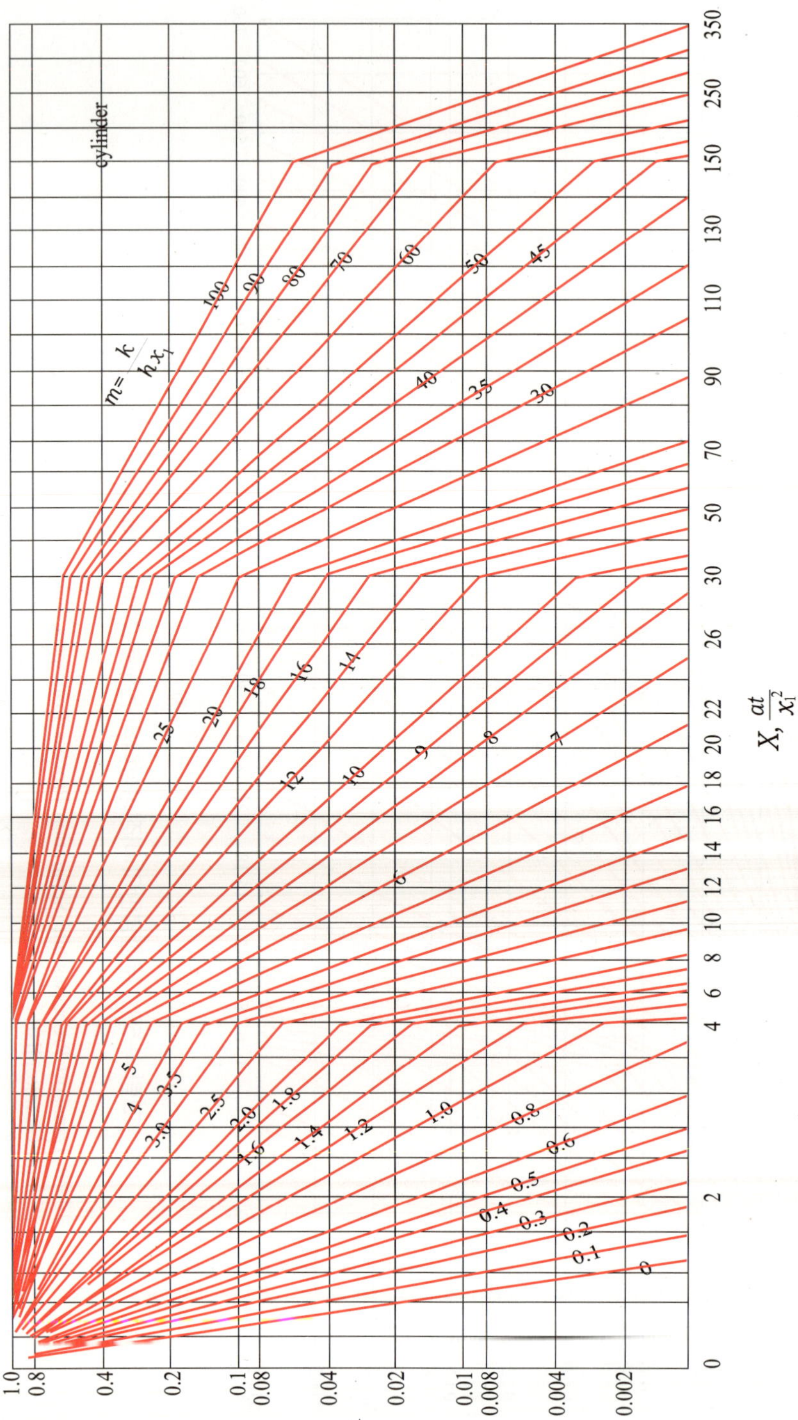

그림 4-59 무한원기둥의 비정상상태의 온도분포 (Heissler chart)

(출처: Transport Processes and Separation Process Principles, Fourth Edition by Christie John Geankoplis)

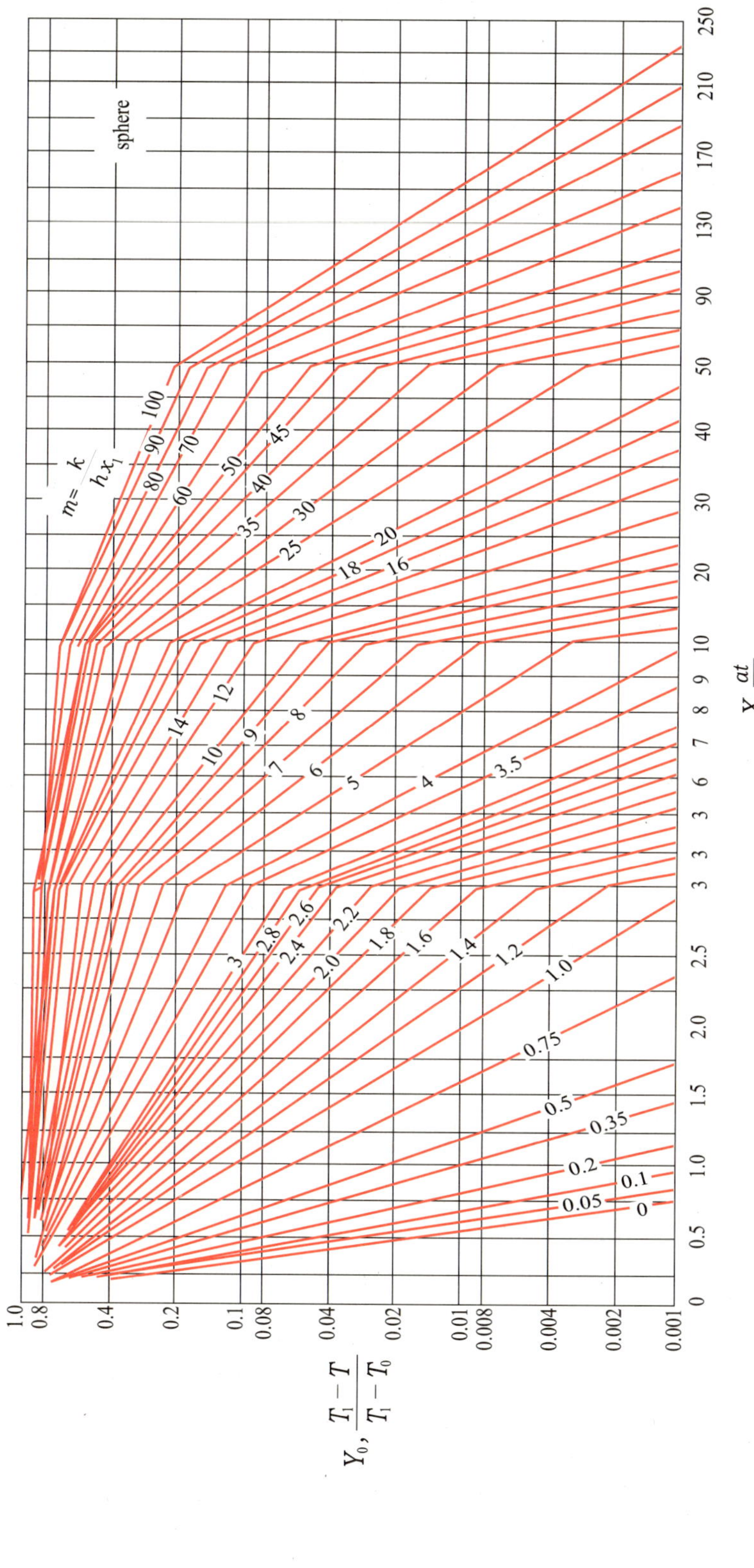

그림 4-60 구(球)의 비정상상태의 온도분포 (Heissler chart)

(출처: Transport Processes and Separation Process Principles, Fourth Edition by Christie John Geankoplis)

5. 외부저항과 내부저항이 존재할 경우 ($0.1 < N_{Bi} < 40$)

앞 절에서는 표면열전달계수가 매우 커서($h \rightarrow \infty$) 외부저항을 무시할 수 있는 경우에 대하여 기술하였으며, 이 경우 물체의 표면온도 T_s는 유체의 벌크온도 T_1과 같았다. 그러나 대부분의 일반적인 비정상상태 열전달에서는 일정한 크기의 내부저항과 외부저항이 모두 존재한다(그림 4-61). 이 때 h는 일정한 값을 가지며 물체의 표면온도 T_s는 유체의 벌크온도 T_1과 다르며 시간에 따라 변한다.

이와 같은 조건에서 균일한 초기온도 T_0인 고체를 갑자기 온도 T_1인 유체와 접하게 했을 때 식 (4-113)의 무한평판, 무한원기둥, 구에 대한 해석해를 앞 절에서 기술한 것과 같이 사용하기 편리하도록 도표로 나타낸 것이 Gurney-Lurie chart이다. 여기서 온도변화는 3개의 무차원량, $\alpha t/x_1^2$, hx_1/k 및 x/x_1의 함수로 나타내었으며, m은 두 저항의 상대적 크기에 따라 여러 가지 값을 가진다(앞 절에서 기술한 외부저항을 무시할 수 있는 경우에는 m값이 0).

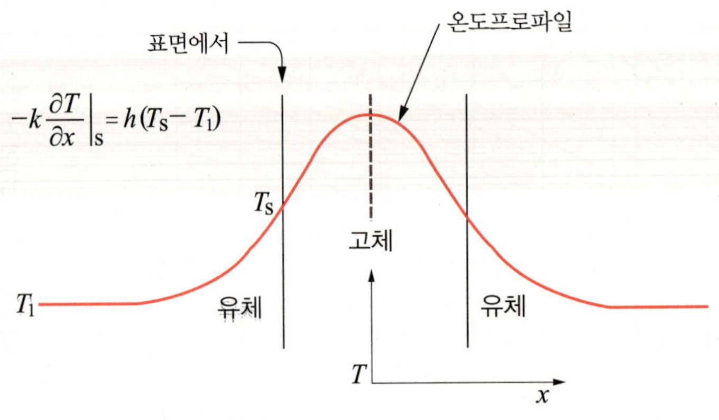

그림 4-61 외부저항과 내부저항이 공존할 경우 표면온도 프로파일

비정상상태의 열전달에 대한 온도-시간 도표(Gurney-Lurie chant 또는 Heissler chart)를 사용하기 위한 무차원항은 다음과 같다.

$$Y : \text{미달성온도변화(unaccomplished temperature)} = \frac{T_1 - T}{T_1 - T_0}$$

$$X : \text{상대시간(relative time)} = \frac{\alpha t}{x_1^2} = \left(\frac{k}{\rho c_p}\right)\left(\frac{t}{x_1^2}\right) = N_{Fo}$$

n : 상대위치(relative position) $= \dfrac{x}{x_1}$

m : 상대저항(relative resistance) $= \dfrac{k}{hx_1}$

여기서 x_1은 열전달이 일어나는 최대길이를 나타내는 값으로 식 (4-125)에서 정의된 특성길이 x_1과는 동일하지 않다. 이 경우 무한원기둥과 구의 경우 x_1 = 반지름, 무한평판의 경우 x_1 = 평판 두께의 1/2을 사용한다.

SI 단위: $\alpha = \text{m}^2/\text{s}$, $T = \text{K}$(또는 °C), $x_1 = \text{m}$, $x = \text{m}$,
$k = \text{W/m}\cdot\text{K}$, $h = \text{W/m}^2\cdot\text{K}$

Gurney-Lurie chart는 다음 조건이 성립할 때 이용할 수 있음을 유의한다.

(a) 열확산계수 α가 일정하며, 고체 내부에서 열이 생성되지 않는다.
($q' = 0$).
(b) 고체의 초기온도(T_0)는 균일하다.
(c) 고체와 접하는 유체의 온도(T_1)는 일정하다.

온도-시간 도표는 한 방향으로만 열이 전달될 때 적용할 수 있다. 그러나 실제는 2 방향 또는 3 방향으로 열이 전달되는 경우가 많으므로 이때는 다음과 같은 중첩의 원리를 이용한다. 예를 들어 직사각형 물체는 3개의 무한 평판이 서로 만날 때 형성되므로 직사각형 물체의 온도 $T_{x,y,z,t}$는 다음과 같이 구할 수 있다.

$$\frac{T_1 - T_{x,y,z,t}}{T_1 - T_0} = \underbrace{\left(\frac{T_1 - T_{x,t}}{T_1 - T_0}\right)}_{\text{무한평판 x}} \times \underbrace{\left(\frac{T_1 - T_{y,t}}{T_1 - T_0}\right)}_{\text{무한평판 y}} \times \underbrace{\left(\frac{T_1 - T_{z,t}}{T_1 - T_0}\right)}_{\text{무한평판 z}} \quad (4\text{-}132)$$

일정한 크기의 원통의 온도 $T_{r,y,t}$는

$$\frac{T_1 - T_{r,y,t}}{T_1 - T_0} = \underbrace{\left(\frac{T_1 - T_{r,t}}{T_1 - T_0}\right)}_{\text{무한원기둥}} \times \underbrace{\left(\frac{T_1 - T_{y,t}}{T_1 - T_0}\right)}_{\text{무한평판}} \quad (4\text{-}133)$$

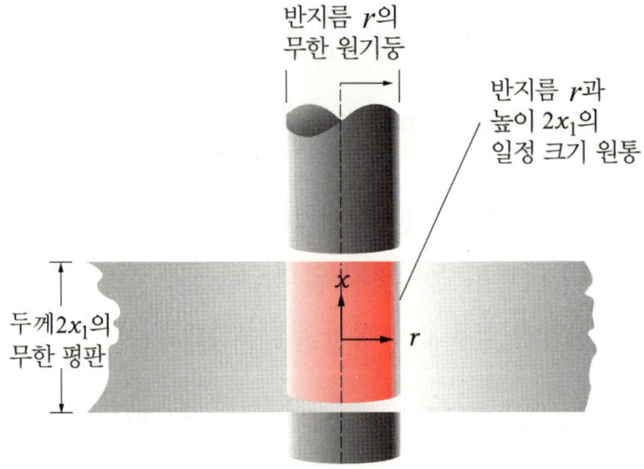

그림 4-62 일정한 크기의 원통은 무한원기둥과 무한평판의 교차로 형성됨

[예제 4-36] 사과의 냉각

기하학적 중심 지름이 6 cm, 초기온도가 균일하게 15°C인 사과를 2°C의 찬물에 담갔을 때 중심의 온도가 3°C에 도달하는 시간을 구하라. 이때 대류 열전달계수는 50 W/m^2·°C이고, 사과의 열전도도 k=0.355 W/m·°C, 비열 c_p=3.6 kJ/kg·°C, 밀도 ρ=820 kg/m^{3}이다.

[풀이]

사과를 구형이라 생각하면 냉각하는데 걸리는 시간을 계산하기 위하여 그림 4-60을 이용한다. 이 도표를 이용하기 위해서 먼저 Y, m, x를 구하면,

(1) 주어진 온도로부터 무차원 온도를 구하면

$$Y=\frac{T_1-T}{T_1-T_0}=\frac{2-3}{2-15}=0.077$$

(2) 비오트 수를 구하면(특성길이 $x_1=\frac{r}{3}=0.01$ m)

$$N_{Bi}=\frac{hx_1}{k}=\frac{(50\ \mathrm{W/m^2\cdot{}^\circ C})(0.01\ \mathrm{m})}{(0.355\ \mathrm{W/m^2\cdot{}^\circ C})}=1.408$$

따라서 $m=1/N_{Bi}=0.71$(근사값으로 0.75 사용)

(3) 그림 4-60으로부터 m=0.75의 값을 이용하여 푸리에 수를 구하면

$$X=\frac{\alpha t}{x_1^2}=\left(\frac{k}{\rho c_p}\right)\left(\frac{t}{x_1^2}\right)=0.98$$ (그림 4-63 참조)

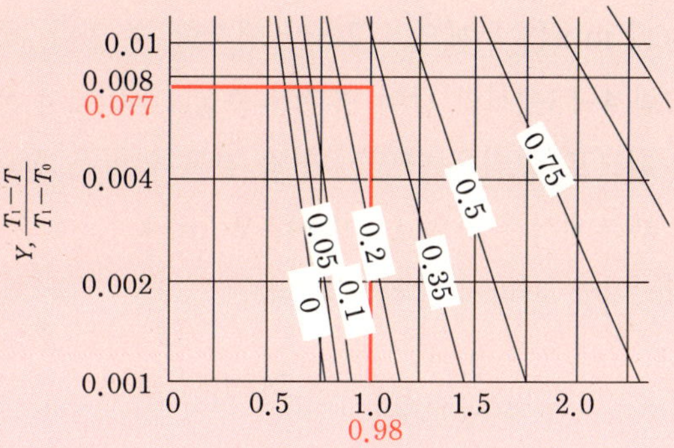

그림 4-63 Heissler 도표

(4) 따라서 t는

$$t=\frac{(0.98)(\rho c_p)(x_1^2)}{k}$$

$$=\frac{(0.98)(820\ \mathrm{kg/m^3})(3600\ \mathrm{J/kg\cdot ^\circ C})(0.01\ \mathrm{m})^2}{(0.355\ \mathrm{W/m\cdot ^\circ C})}$$

$$=814.92\ \mathrm{s}=0.23\ \mathrm{h}$$

[주석] [예제 4-34]의 경우는 사과 주위에 고속으로 2°C의 찬물을 순환시켜 줌으로써 대류열전달계수가 3400 W/m²·°C으로 외부저항을 무시할 수 있다. 그러나 이 예제에서는 찬물이 정지되어 있으므로 대류열전달계수가 50 W/m²·°C로 작아 외부저항을 무시할 수 없음을 유의한다.

[예제 4-37] 평판모양의 버터에서 열전도

두께 46.2 mm이며 초기 온도 277.7 K(4.4°C)인 평판모양의 버터를 냉장고에서 꺼내어 온도 297.1 K(23.9°C)인 실내에 두었다. 버터는 포장재에 담겨 있어 밑바닥과 옆면은 단열되어 있다고 생각할 수 있으며, 상부 표면만 외기에 노출되어 있다. 이때 표면열전달계수는 8.52 W/m²·K으로 일정하다. 포장된 버터를 외기에 노출시킨 5시간 후에 표면, 표면에서 25.4 mm 아래 그리고 표면에서 46.2 mm 아래의 온도를 각각 계산하라.

[풀이]

이 문제에서 버터는 수직의 x 방향으로 열이 전달되는 큰 평판이라 생각할 수 있다. 열은 상부 표면에서만 들어가고 밑바닥은 단열되어 있으므로 버터 46.2 mm는 두께의 1/2이라 생각할 수 있다. 즉, x_1 =46.2 mm, 실제 그림 4-53에서와 같이 평판의 중심($x=0$)에서 온도분포는 대칭을 이루게 되므로 중심은 단열된 면과 같은 역할을 한다. 버터의 물리적 성질을 부록에서 구하면 $k=0.197$ W/m·K, $c_p=2.3$ kJ/kg·K, $\rho=998$ kg/m³이다. 따라서 열확산계수 α는

$$\alpha=\frac{k}{\rho c_p}=\frac{0.197}{998(2300)}=8.58\times10^{-8}\ \text{m}^2/\text{s}$$

$$x_1=46.2\ \text{mm}=0.0462\ \text{m}$$

$$m=\frac{k}{hx_1}=\frac{0.197}{8.5(0.0462)}=0.50,\ (N_{Bi}=2)$$

$$X=\frac{\alpha t}{x_1^2}=\frac{(8.58\times10^{-8})(5\times3600)}{(0.0462)^2}=0.72$$

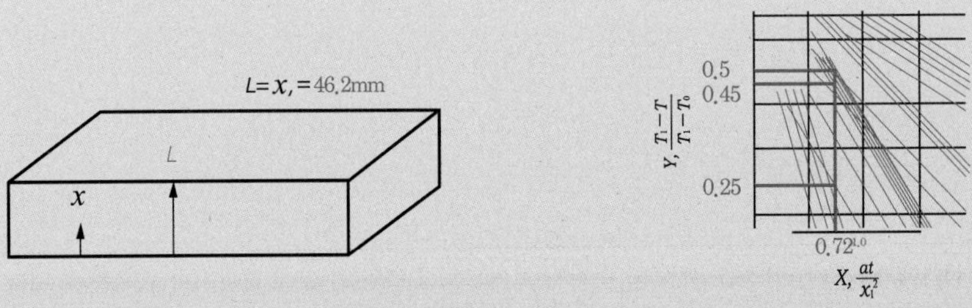

그림 4-64 시스템 개략도와 Gurmey-Lurie 도표

(a) 표면은 $x=x_1=0.0462$ m이므로

$$n=\frac{x}{x_1}=\frac{0.0462}{0.0462}=1.0$$

$X=0.72$, $m=0.5$, $n=1.0$ 값을 이용하여 그림 (4-55)로부터 Y를 구하면(그림 4-64 참조)

$$Y=0.25=\frac{T_1-T}{T_1-T_0}=\frac{297.1-T}{297.1-277.6}$$

$$T=292.2\ \text{K}(=19.0^\circ\text{C})$$

(b) 표면에서 25.4 mm 아래는 중심(버터의 밑바닥)에서 20.8 mm이다. 따라서 $x=0.0208$ m

$$n=\frac{x}{x_1}=\frac{0.0208}{0.0462}=0.45$$

역시 $X=0.72$, $m=0.5$, $n=0.45$일 때 그림 4-55로부터 Y를 구하면(그림 4-64 참조)

$$Y=0.45=\frac{297.1-T}{297.1-277.6}$$

$$T=288.4\ \mathrm{K}(=15.1^\circ\mathrm{C})$$

(c) 표면에서 46.2 mm 아래는 $x=0$에 해당하므로

$$n=\frac{x}{x_1}=\frac{0}{0.0462}=0$$

동일 방법으로 구하면(그림 4-64 참조)

$Y=0.5$, $T=287.4\ \mathrm{K}(=14.2^\circ\mathrm{C})$이다.

[예제 4-38] 통조림의 가열

초기온도가 균일한 29.4°C인 완두콩 퓌레(pea puree) 통조림(지름 68.1 mm, 높이 101.6 mm)를 레토르트(retort)에서 115.6°C 스팀으로 살균한다. 살균을 시작한지 0.75시간 후의 통조림의 중심온도를 구하라. 스팀의 열전달계수는 4540 $\mathrm{W/m^2 \cdot K}$이다. 그리고 완두콩 퓌레의 $k=0.830\ \mathrm{W/m\cdot K}$, $\alpha=2.007\times10^{-7}\ \mathrm{m^2/s}$이다.

[풀이]

$x_1=0.03405\ \mathrm{m}$, $y_1=0.1016/2=0.0508\ \mathrm{m}$, $t=0.75\times3600=2700\ \mathrm{s}$

(a) x 방향(반지름)으로의 전도(무한원기둥)

$$n=\frac{x}{x_1}=\frac{0}{x_1}=0$$

$$m=\frac{k}{hx_1}=\frac{0.830}{4540(0.03405)}=0.00537\ (N_{\mathrm{Bi}}=186.2)$$

$$X=\frac{\alpha t}{x_1^2}=\frac{(2.007\times10^{-7})(2700)}{(0.03405)^2}=0.468$$

그림 4-59로부터 무한원기둥의 중심온도는(그림 4-65(a) 참조)

$$\left(\frac{T_1-T_{\mathrm{x,\,t}}}{T_1-T_0}\right)_{\text{infinite cylinder}}=0.13$$

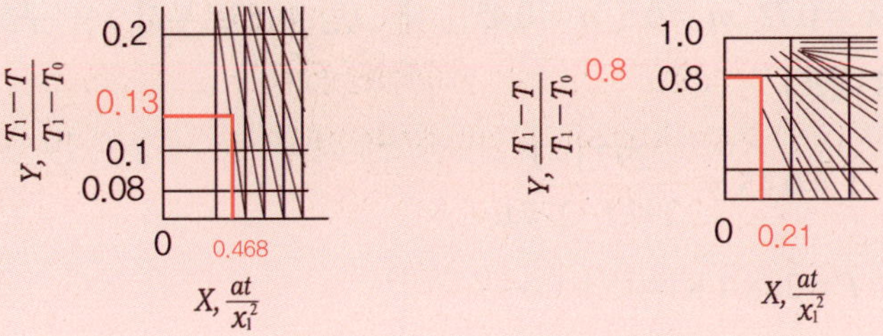

(a) 무한원기둥 (b) 무한평판

그림 4-65 Heissler 도표

(b) y 방향(축방향)으로의 전도(무한평판)

$$n=\frac{y}{y_1}=\frac{0}{y_1}=0$$

$$m=\frac{k}{hy_1}=\frac{0.830}{4540(0.0508)}=0.0036$$

$$X=\frac{\alpha t}{{y_1}^2}=\frac{(2.007\times 10^{-7})(2700)}{(0.0508)^2}=0.210$$

그림 4-58로부터 무한평판의 중심온도는 (그림 4-65(b) 참조)

$$\left(\frac{T_1-T_{y,\,t}}{T_1-T_0}\right)_{\text{infinite plate}}=0.80$$

따라서

$$\left(\frac{T_1-T_{r,\,y,\,t}}{T_1-T_0}\right)=(0.13)(0.80)=0.104$$

$$\left(\frac{T_1-T_{r,\,y,\,t}}{T_1-T_0}\right)=\frac{115.6-T_{r,\,y,\,t}}{115.6-29.4}=0.104$$

$$T_{r,\,y,\,t}=106.6^\circ\text{C}$$

살균 0.75시간 후 통조림 중심온도는 106.6℃에 도달한다.

6. 'f'와 'j' 계수의 사용

임의의 형태를 갖는 각 물체의 가열 및 냉각은 다음과 같은 보편화된 일반식을 이용한다.

$$\log(T - T_1) = -t/f_h + \log j(T_0 - T_1) \quad (4\text{–}134)$$

이 식은 $j=1$로 놓고 f_h를 다음 식 (4–135)와 같이 놓음으로써 식 (4–131)로부터 직접 얻을 수 있다.

$$f_h = \frac{2.303 c_p \rho V}{hA} \quad (4\text{–}135)$$

여기서 f_h는 가열속도를 나타내는 시간인자(time factor)이며, 가열 혹은 냉각곡선의 반 로그(semi–log) 좌표에서 f_h는 가열 혹은 냉각매질과 물체의 초기온도 사이의 온도차를 대수의 1사이클을 통과하는 시간(one log–cycle reduction)과 같다. j는 다음과 같은 온도의 비로 정의되는 지연인자(lag factor)이다.

$$j = \frac{T - T_1}{T_0 - T_1} \quad (4\text{–}136)$$

여기서 T는 가열 혹은 냉각곡선의 반 로그 좌표에서의 좌표이다. 이와 같이 열전달식을 해석하는 방법은 Ball에 의해서 제안되었으며, 7장의 레토르트 공정에서 가열살균시간을 계산하는 Ball의 공식법에서 좀 더 자세히 다루게 된다.

Pflug(1995) 등은 변수 f_h와 j 값을 이용하여 비오트 수의 함수인 가열 및 냉각 매개변수를 결정할 수 있는 선도를 개발하여 그림 4–61 및 4–62과 같이 나타내었다. 물체의 기하학적 중심에서 지연인자(j)에 대한 비오트 수의 영향이 그림 4–67에 나타나 있다.

어떤 물체의 기하학적 형태, 열 물성치 및 비오트 수만 알면 그림 4–66 및 그림 4–67를 이용하여 그 물체의 가열 또는 냉각특성을 추정할 수 있다.

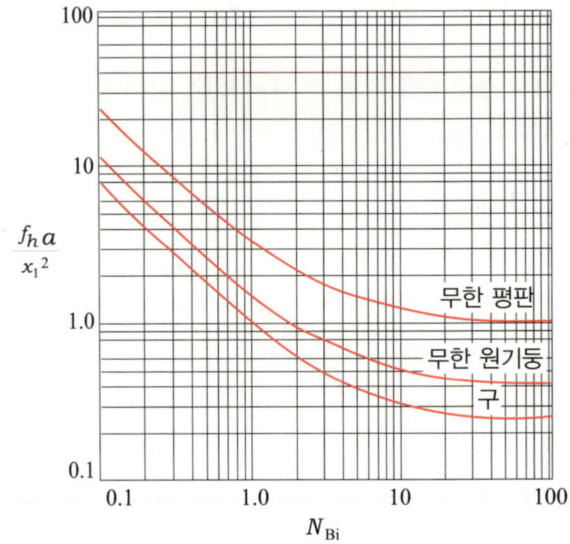

그림 4-66 과도열전달(transient heat transfer)에 있어서 가열 또는 냉각속도를 나타내는 시간인자와 Biot 수의 관계

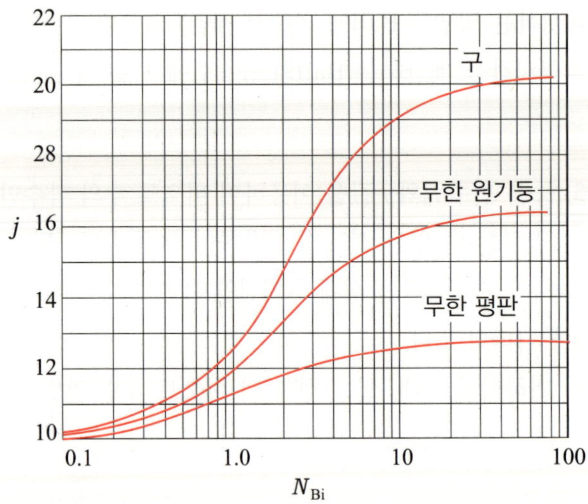

그림 4-67 물체의 기하학적 중심에서 지연인자(j)에 대한 비오트 수의 영향

7. 수치해석법의 응용

비정상상태의 열전달에서 시간과 거리의 변화에 따른 온도변화를 수치해석적 방법으로 쉽게 예측할 수도 있다.

수치해석법 또는 도해법(graphical approach)은 Schmidt(1924)에 의해 처음으로 제안되었다. 평판에서 비정상상태의 전도열전달 시 x 방향으로의 열전달식은 다음과 같다.

$$\frac{\partial T}{\partial t} = \alpha \frac{\partial^2 T}{\partial x^2} \tag{4-137}$$

이와 같은 미분방정식의 해로부터 임의의 시간과 거리에서의 온도분포를 알 수 있게 된다. 또한 다음과 같은 방법으로 열수지식을 수립함으로써 온도 분포를 예측할 수 있다. 그림 4-63에서와 같이 임의의 위치 n에서 열수지식을 세우면 다음과 같다.

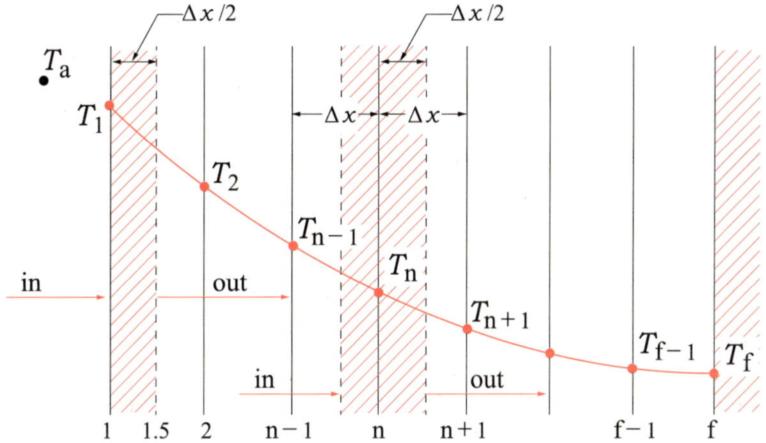

그림 4-68 평판에서 비정상상태의 열전도

유입 열전달속도 − 유출 열전달속도 = 열축적속도

$$\frac{kA}{\Delta x}({}_{t}T_{n-1} - {}_{t}T_{n}) - \frac{kA}{\Delta x}({}_{t}T_{n} - {}_{t}T_{n+1}) = \frac{(A\Delta x)\rho c_p}{\Delta t}({}_{t+\Delta t}T_{n} - {}_{t}T_{n}) \tag{4-138}$$

여기서 ${}_{t}T_{n}$: 임의의 시간 t 일 때 n 위치에서의 온도

${}_{t+\Delta t}T_{n}$: 시간이 Δt 만큼 경과되었을 때 n 위치에서의 온도

식 (4-138)을 다시 정리하면

$$({}_{t}T_{n-1} - {}_{t}T_{n}) - ({}_{t}T_{n} - {}_{t}T_{n+1}) = \frac{(\Delta x)^2}{\alpha \Delta t}({}_{t+\Delta t}T_{n} - {}_{t}T_{n}) \tag{4-139}$$

이 된다. 즉

$$_{t+\Delta t}T_{n} = \frac{1}{M}({}_{t}T_{n-1} + (M-2)_{t}T_{n} + {}_{t}T_{n+1}) \qquad (4\text{-}140)$$

여기서

$$M = \frac{(\Delta x)^2}{\alpha \Delta t} \qquad (4\text{-}141)$$

식 (4-140)을 이용하여 시간 및 거리의 증가분마다 계속해서 온도를 계산해 나가려면 매우 복잡하므로 Simplified Schmidt Method을 이용할 수 있다. 이 방법은 M의 값이 2가 되도록 평판의 구간 Δx 값과 시간간격 Δt를 조절하여 정한 다음 적용시키게 된다.

그러므로 물질에 따라 정해진 α값과 일단 Δx를 선택한 다음 M 값이 2가 되도록 Δt를 정하게 된다. 그리하여 일단 M 값이 2가 되면 식 (4-140)은 다음과 같이 간단히 나타낼 수 있다.

$$_{t+\Delta t}T_{n} = \frac{{}_{t}T_{n-1} + {}_{t}T_{n+1}}{2} \qquad (4\text{-}142)$$

그러므로 물질의 위치 지점에서의 시간 때의 온도는 시간만큼 전에 지점의 좌우 온도의 평균값과 같아짐을 알 수 있다.

여기서 $n=1$일 때는

$1\Delta t$ 일 때 :

$$_{t+\Delta t}T_{n} = \frac{{}_{t}T_{n-1} + {}_{t}T_{n+1}}{2} = \frac{\text{외부온도} + \text{내부온도}}{2} \qquad (4\text{-}143)$$

가 되며, $n=2, 3,\cdots$ 일 때는 표면저항이 0으로 간주되어 $t_1 = T_0$, 즉 t_1이 외부온도로 계산하게 된다. 또한 마지막 온도 T_f의 경우

$$_{t+\Delta t}T_{f} = \frac{{}_{t}T_{f-1} + {}_{t}T_{f+1}}{2} \qquad (4\text{-}144)$$

에서 ${}_{t}T_{f+1}$은 없기 때문에 ${}_{t}T_{f-1} = {}_{t}T_{f+1}$로 간주하여 ${}_{t+\Delta t}T_{f} = {}_{t}T_{f-1}$로 계산하게 된다.

[예제 4-39] 수치해석법을 이용한 열도분포

두께가 0.305 m인 평판 형태의 최초온도가 100°C인데 이 물질을 주위의 온도가 0°C인 곳에 한쪽 면을 갑자기 노출시켰을 때(다른 한쪽은 단열되었다고 가정한다) 0.6시간 후의 5개로 나눈 각 구간의 온도분포를 구하시오. (단, $\alpha = 5.16 \times 10^{-6}\ \mathrm{m^2/s}$)

[풀이]

먼저 Simplified Schmidt Method를 적용하기 위하여 $M=2$가 되도록 한다.

$\Delta x = \dfrac{0.305}{5} = 0.061$ m이므로 $2 = \dfrac{(0.061)^2}{(5.16 \times 10^{-6})\Delta t}$

따라서 $t = 360\ s = 0.1$ h가 된다. 그러므로

Δt 일 때

$$_{t+\Delta t}T_1 = \frac{\text{외부온도} + \text{내부온도}}{2} = \frac{0+100}{2} = 50$$

$$_{t+\Delta t}T_2 = \frac{_tT_1 + {_tT_3}}{2} = \frac{50+100}{2} = 75$$

$$_{t+\Delta t}T_3 = \frac{_tT_2 + {_tT_4}}{2} = \frac{100+100}{2} = 100$$

$$_{t+\Delta t}T_4 = 100$$

$$_{t+\Delta t}T_5 = 100$$

$$_{t+\Delta t}T_6 = 100$$

$2\Delta t$ 일 때

$$_{t+2\Delta t}T_1 = T_a = 0$$

$$_{t+2\Delta t}T_2 = \frac{_{t+\Delta t}T_1 + {_{t+\Delta t}T_3}}{2} = \frac{0+100}{2} = 50$$

$$_{t+2\Delta t}T_3 = \frac{_{t+\Delta t}T_2 + {_{t+\Delta t}T_4}}{2} = \frac{75+100}{2} = 87.5$$

$$_{t+2\Delta t}T_4 = 100$$

$$_{t+2\Delta t}T_5 = 100$$

$$_{t+2\Delta t}T_6 = 100$$

$3\Delta t$ 일 때

$${}_{t+3\Delta t}T_1 = T_a = 0$$

$${}_{t+3\Delta t}T_2 = \frac{0+87.5}{2} = 50$$

$${}_{t+3\Delta t}T_3 = \frac{50+100}{2} = 75$$

$${}_{t+3\Delta t}T_4 = \frac{87.5+100}{2} = 93.75$$

$${}_{t+3\Delta t}T_5 = 100$$

$${}_{t+3\Delta t}T_6 = 100$$

$4\Delta t$ 일 때

$${}_{t+4\Delta t}T_1 = 0$$

$${}_{t+4\Delta t}T_2 = \frac{0+75}{2} = 37.5$$

$${}_{t+4\Delta t}T_3 = \frac{43.75+93.75}{2} = 68.75$$

$${}_{t+4\Delta t}T_4 = \frac{75+100}{2} = 87.5$$

$${}_{t+4\Delta t}T_5 = \frac{93.75+100}{2} = 96.88$$

$${}_{t+4\Delta t}T_6 = 100$$

$5\Delta t$ 일 때

$${}_{t+5\Delta t}T_1 = 0$$

$${}_{t+5\Delta t}T_2 = \frac{0+68.75}{2} = 34.88$$

$${}_{t+5\Delta t}T_3 = \frac{34.5+87.5}{2} = 62.5$$

$${}_{t+5\Delta t}T_4 = \frac{68.75+96.88}{2} = 82.81$$

$${}_{t+5\Delta t}T_5 = \frac{87.5+100}{2} = 93.75$$

$${}_{t+5\Delta t}T_6 = 100$$

$6\Delta t$ 일 때

$${}_{t+6\Delta t}T_1 = 0$$

$$_{t+6\Delta t}T_2 = \frac{0+62.5}{2} = 31.25$$

$$_{t+6\Delta t}T_3 = \frac{34.38+82.81}{2} = 58.59$$

$$_{t+6\Delta t}T_4 = \frac{62.5+93.75}{2} = 78.13$$

$$_{t+6\Delta t}T_5 = \frac{82.81+96.88}{2} = 89.84$$

$$_{t+6\Delta t}T_6 = 93.75$$

따라서 $t=3\Delta t$일 때와 $t=6\Delta t$일 때 각 위치에서의 온도분포는 그림 4-69에 나타낸 바와 같다.

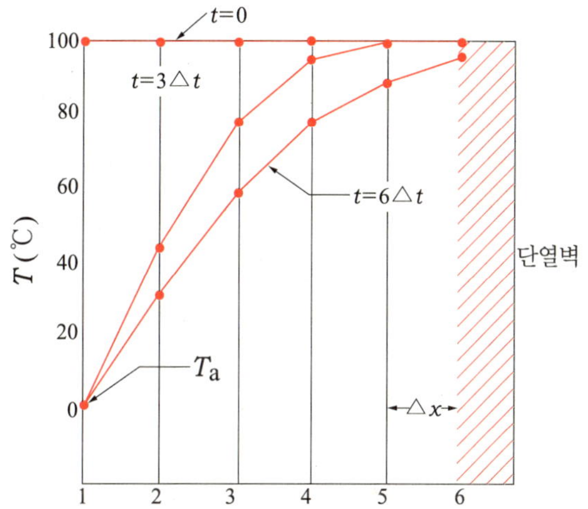

그림 4-69 [예제 4-40]에서의 수치해석법에 의한 온도분포

Section 4 식품의 열적 특성

식품의 저장 및 가공공정의 설계뿐만 아니라 그 조작을 위하여 정확한 식품의 열적 성질(thermal property)을 아는 것이 중요하다. 또한 동결(freezing), 증발(evaporation), 건조(dehydration) 등과 같은 열전달 공정 중에서 일어나는 품질 변화나 열전달에 관한 문제를 해결하기 위해서는 식품의 열적 성질을 알아야 한다.

식품의 열적 성질에는 밀도, 비열, 열전도도 및 열확산도 등이 있다.

순수한 기체, 액체 및 금속에 대한 열적 특성은 참고서적에 풍부하게 수록되어 있으나 식품은 성분조성이 다양하고, 또한 가공과정 중에 변하기도 하므로 정확한 값을 알기 어렵다. 실험데이터로부터 열적 성질을 예측할 수 있는 여러 가지 모델이 제안되어 있으나 여기서는 대표적인 몇 가지를 소개하는데 그치므로 보다 상세한 자료는 참고서적을 찾아보기 바란다.

1. 식품의 비열 및 밀도

(1) 식품의 비열

비열(specific heat)은 단위 질량의 물질의 온도를 상변화 없이 단위 온도를 상승시키는데 필요한 에너지이다.

$$c_p = \frac{Q}{m\Delta T} \tag{4-145}$$

여러 가지 식품의 비열은 부록에 나타내었다. 부록에 없는 경우 다음의 실험식으로부터 근사값을 예측할 수 있다.

식품과 같은 불균일 혼합계의 비열은 각 구성성분의 비열과의 사이에 더하기(additive property)가 성립한다. 따라서 실험데이터를 토대로 예측모델을 수립하여 사용한다.

고수분 식품의 비열은 다음 식으로 구할 수 있다.

$$c_{pm} = 4.187 X_w^w + 1.46 X_s^w \quad (\text{kJ/kg}\cdot\text{K}) \tag{4-146}$$

여기서 X^w는 질량분율(mass fraction)이며, 아래 첨자 w, s는 각각 물과 고형을 나타낸다.

Charm(1971)은 지방의 비열을 다른 고형성분과 구별하여 다음 식을 제안하였다.

$$c_{pm} = 2.093 X_f^w + 1.256 X_{snf}^w + 4.187 X_w^w \quad (\text{kJ/kg}\cdot{}^\circ\text{C}) \tag{4-147}$$

아래첨자 f, snf 및 w는 각각 지방, 무지고형분 및 물을 나타낸다.

또한 식품의 주요 구성성분이 탄수화물, 지방, 단백질, 물 및 회분으로 구성된 경우 다음과 같이 나타낼 수 있다.

$$c_{pm} = 4.187X_w^{w} + 1.549X_p^{w} + 1.424X_c^{w} + 1.675X_f^{w} + 0.837X_a^{w} \quad (\text{kJ/kg}\cdot{}^\circ\text{C}) \tag{4-148}$$

여기서 아래첨자 w, p, c, f 및 a는 각각 물, 단백질, 탄수화물, 지방 및 회분을 나타낸다.

(2) 식품의 밀도

불균일 식품의 밀도에 대해서도 비열과 같이 유효밀도와 각 구성성분 간에도 더하기가 성립한다. 예를 들어 단백질, 지방 및 물로 구성된 식품의 경우에는 다음과 같은 식으로 표현된다.

$$\rho_m = \rho_w X_w^{V} + \rho_p X_p^{V} + \rho_f X_f^{V} \tag{4-149}$$

여기서 X^V는 부피분율이다.

[예제 4-40] 식품의 비열 예측

수분 80%, 단백질 2%, 탄수화물 17%, 지방 0.1%, 회분 0.9%인 식품이 있다. 이 식품의 비열 예측값은 얼마인가?

[풀이]

식 (4-148)을 이용하면

$$c_{pm} = (4.187)(0.8) + (1.549)(0.02) + (1.424)(0.17) + (1.675)(0.001) + (0.837)(0.009)$$
$$= 3.63 \text{ kJ/kg}\cdot{}^\circ\text{C}$$

2. 식품의 열전도도 및 열확산계수

(1) 열전도도

대부분의 식품은 열전도도가 작아 열전달공정에서 주요 저항으로 작용하므로 식품의 열전도도를 가능한 정확히 측정 또는 예측하는 것이 중요하다.

식품의 열전도도 및 열확산도를 나타내는 식들은 대부분 식품 속에 있는 물과 그 밖의 성분인 총 고형분의 2성분계로 나타내었다.

식품의 열전도도 및 열확산도에 대한 측정값은 많이 보고되어 있으나 이론적으로 일반화된 예측식은 많지 않다. Riedel(1949)은 과일 주스, 설탕용액 및 우유에 적용할 수 있는 다음과 같은 실험식을 제안하였다. 여기서 열전도도 k의 단위는 W/m·°C이다.

$$k = (326.58 + 1.0412T - 0.00337T^2) \times (0.46 + 0.54X_w^{\ w}) \times 1.73 \times 10^{-3} \quad (4\text{–}150)$$

여기서 T의 단위는 °C 이다.

Sweat(1974)는 과일과 채소의 열전도도에 관한 실험식을 발표하였다. 이 관계식은 수분함량이 60% 이상인 과일과 야채에 잘 적용되나 밀도가 낮은 식품이나 사과와 같이 공극을 갖는 식품에는 부적합하다.

$$k = 0.148 + 0.00493(\%\ \text{수분}) \quad (4\text{–}151)$$

수분함량 60~80%인 육류의 0~60°C 범위에서 열전도도는

$$k = 0.08 + 0.052(\%\ \text{수분}) \quad (4\text{–}152)$$

또한 Sweat(1986)는 고체와 액체 식품에 대한 430개의 실험데이터로부터 다음 실험식을 제안 하였다.

$$k = 0.25X_c^{\ w} + 0.155X_p^{\ w} + 0.16X_f^{\ w} + 0.135X_a^{\ w} + 0.58X_w^{\ w} \quad (4\text{–}153)$$

육류, 어육 등 섬유질이 많은 식품은 열전달 방향에 따라 열전도도가 다르므로 이에 대해서는 전문서적을 참고하기 바란다.

[예제 4–41] 육류의 열전도도

수분함량 61%인 육류의 열전도도를 예측하라.

[풀이] 식 (4–152)로부터

$$k - 0.08 + 0.052(61) = 3.252\ \text{W/m}\cdot{}^\circ\text{C}$$

(2) 열확산계수

열확산계수(thermal diffusivity)는 다음과 같이 정의된다.

$$\alpha = \frac{k}{\rho c_{\mathrm{p}}} \tag{4-154}$$

따라서 식 (4-154)의 오른쪽의 물성값으로부터 계산할 수 있다.

열확산계수는 가열 또는 냉각과정에서 온도가 얼마나 빨리 변하는가를 나타내는 척도이다. 열전도도는 단지 물질이 열을 얼마나 잘 전달할 수 있느냐를 나타낼 뿐 온도변화는 알 수 없다. 이에 반해 열확산계수가 큰 물질은 빨리 가열 또는 냉각되며, 열확산계수가 작으면 천천히 가열 또는 냉각된다. 따라서 열확산계수는 비정상상태 열전달에서 중요한 성질이다.

식품의 열확산계수에 대한 측정값은 많이 보고되어 있으나 이론식은 거의 없다. 실험식으로는 Riedel이 수분함량이 40%인 각종 채소와 과일에 대하여 상온에서 측정한 결과 다음과 같은 식을 보고하였다.

$$\alpha = 0.053 + (a_{\mathrm{w}} - 0.053)(\%\ \text{수분}) \quad (\mathrm{cm^2/min}) \tag{4-155}$$

식 (4-155)의 단위는 $\mathrm{cm^2/min}$으로서 수분함량이 비교적 많고 지방 및 단백질 함량이 적은 식품 등에서는 비교적 잘 맞으나 지방과 단백질 함량이 비교적 많은 육류 등의 열확산계수를 추정하기에는 적합지 못하다. 또한 Martens는 이미 보고된 246개의 열확산계수 데이터를 통계 처리하여 다음과 같은 식을 보고하였다.

$$\alpha = [0.057363\,W + 0.000288(T + 273)] \times 10^{-6}\ (\mathrm{m^2/s}) \tag{4-156}$$

식 (4-156)의 단위는 $\mathrm{m^2/s}$이며, 이 식은 온도의 영향을 고려한 식이다.

[연습 문제]

1. 두께가 114 mm의 내화단열벽돌($k_1 = 0.21$ W/m·K)과 두께가 210 mm의 블록벽돌($k_2 = 0.581$ W/m·K)로 된 벽이 있다. 내벽면의 온도가 1300°C이고 외벽면의 온도가 100°C일 때 이 벽 1 m^2 당 시간당 열손실은 얼마인가? 또 양 벽돌의 접촉면의 온도는 얼마인가?

2. 벽 두께 $L = 10$ cm인 내화벽돌의 양 표면의 온도가 각각 $T_1 = 300$ °C, T_2=30°C일 때 벽에서의 벽 1 m^2당 열플럭스와 중심에서의 온도를 구하라.

3. 바깥쪽의 반지름 $r_2 = 15$ cm, 안쪽의 반지름 $r_1 = 5$ cm인 이중 원통관이 있다. 외벽 및 내벽의 온도가 각각 $T_2 = 30$°C, $T_1 = 300$°C일 때 이 원통관으로부터의 발열량을 계산하라. 단 열전도도는 0.04 W/m·K이고, 이중 원통관의 높이는 1 m이다. 또 $(r_1 + r_2)/2$ 점에서의 온도를 구하라.

4. 바깥지름 4 cm, 안지름 2 cm의 벽돌($k = 0.9$ W/m·K)로 만든 이중구가 있다. 구상벽에서의 온도 즉, 내벽 및 외벽의 온도가 각각 80°C와 30°C일 때 구에서의 발열량과 구벽 중간점에서의 온도를 구하라.

5. 파이프의 내경이 0.05 m, 외경이 0.06 m인 철제관을 통하여 121°C의 수증기가 흐르고 있다. 파이프의 외부는 2.5 cm의 마그네시아 단열재를 감아두었다. 내부 수증기의 표면열전달계수는 4882 W/m^2·°C이고 바깥 공기의 자연대류에 의한 열전달계수는 15 W/m^2이다. 파이프벽과 마그네시아 단열재의 열전도도가 각각 38 및 0.08 W/m·K이며 실내공기온도는 24°C이다. 내부면적을 기준으로 한 총괄열전달계수를 구하고 파이프 1 m 당 열손실을 계산하라.

6. 직경 6 cm, 높이 16 cm인 알루미늄통 속에 −20°C로 냉동된 아이스크림이 가득 차있다. 이것을 20°C의 실내에 매달아 놓았을 때 1시간 후 비정상상태에서의 아이스크림의 온도는 얼마가 되는가? 단, 아이스크림의 열전도도는 2.0 W/m·K, 비열은 2.0 kJ/kg·°C, 밀도는 1×10^3 kg/m^3, 실내 공기와 아이스크림 통 사이의 표면전열계수는 5 W/m^2·K이다.

7. 직경이 10 cm, 길이가 30 cm이고, 초기온도가 20°C인 소시지를 116°C의 수증기 속에서 가열하고자 한다. 2시간 후에 소시지 중심온도는 얼마가 되겠는가? 소시지의 열전도도는 0.5 W/m·K, 밀도는 1070 kg/m^3, 비열은 3330 J/kg·°C이며, 스팀 속에서 소시지의 표면전열계수는 1200 W/m^2·K이다. [힌트] 소시지의 기하학적 모양: 무한원통 × 무한평판

8. 1.22 atm의 증기가 외경 0.025 m, 내경 0.016 m, 길이 9 m인 스테인레스 강관 속에서 응축되고 있으며, 관의 외부는 21°C의 공기에 접해 있다. 증기의 응축속도가 1.25×10^{-3} kg/s인 경우 관 외부의 열전달계수를 구하라. 증기에 대한 내표면의 표면열전달계수는 1136 W/m^2·K이고, 스테인리스 강의 열전도도는 16.3 W/m·K이다.

9. 길이 25 m, 폭 12 m인 식품의 물성치는 $k=0.48$ W/m·K, $c_p=3.35$ kJ/kg·°C, $\rho=1121$ kg/m^{3}이며, 식품의 높이가 0.1, 0.15, 0.2 m로 변할 때 식품의 높이와 가열에 걸리는 시간과의 관계를 도표로 나타내라. 단, 식품은 121°C의 가열매체에 의하여 초기온도 65°C에서 115°C로 가열되며, 표면열전달계수는 10 W/m^2·K이다.

10. 길이가 0.9 m, 지름이 0.6 m인 파이프 내에서 야체퓨레가 3 m의 속도로 흐르고, 관 외부에는 스팀을 흘려 온도를 유지시키고 있다. 스팀의 온도가 104°C일 때, 열전달 계수를 구하라. 단, 온도변화에 따른 야채퓨레의 점도 변화는 없다. 야채퓨레의 물리적 특성은 밀도 1040 kg/m^3, 비열 3980 J/kg·°C, 점도 0.002 N·s/m^2, 열전도도 0.52 J/m·s·°C이다.

11. 외벽에 냉각 또는 가열조가 설치된 수조에 pea soup 50 kg이 담겨져 있다. 만약 pea soup의 온도가 18°C이고, 스팀의 압력이 100 kPa gauge, 수조의 단위 표면적당 총괄열전달계수가 300 J/m^2·s·°C일 경우 필요한 스팀의 양을 추정하라.

12. 유리 양면의 온도가 각각 14°C 및 15°C이고 유리의 열전도도가 0.7 W/m·°C인 경우, 표면적이 3 m^{2}이고 두께가 5 mm인 유리창을 통한 정상상태에서의 열전달속도를 계산하라.

13. 뜨거운 물이 내경 0.04 m, 길이 5 m의 스테인리스 강철 파이프를 통해 이동된다. 내부 벽 온도는 90°C, 외부 표면 온도는 88°C, 스테인리스 강철의 열전도도는 16 W/m·°C, 벽 두께는 2 mm이다. 정상 상태라 가정하고 열손실을 계산하라.

14. 오븐의 벽 사이에는 금속판 두 장이 단열재와 함께 구성되어 있다. 안쪽의 벽 표면온도는 200°C이고 바깥 표면온도는 50°C이다. 각각의 금속판의 두께는 2 mm이고, 단열재의 두께는 5 cm이다. 열전도도는 각각 16 W/m·°C와 0.055 W/m·°C이다. 벽에서의 총 열전달저항과 벽면적 m^2 당 열손실량을 계산하라.

15. 물이 내경 0.0475 m의 파이프에서 1.5 m/s의 속도로 흐른다. 물의 온도가 파이프 입구와 출구에서 각각 60°C와 40°C이고 파이프 내부 벽 온도가 35°C일 때 열전달계수를 계산하라.

16. 수크로오스 시럽이 40 L/min의 속도로 내경 0.023 m의 파이프에서 흐르고 증기는 파이프 외부 표면에서 응축된다. 시럽은 50°C에서 70°C로 가열되는 반면 내부 벽 온도는 80°C이다. ① 열전달계수와 ② 필요한 파이프 길이를 계산하라.
[힌트] 60°C 수크로오스 시럽의 밀도는 1200 kg/m^3, 점도는 3.8 cp, 열전도도는 0.46 W/m·°C, 비열은 3120 J/kg·°C이다. 또한 80°C 수크로오스 시럽의 점도는 2.3 cp이다.

17. 공기는 외경 0.0127 m의 관을 통과하면서 가열되고 증기는 관 내부에서 응축된다. 공기측의 열전달계수(h_o)가 15 W/m^2·°C이고 튜브 외부 면적을 기준으로 한 총괄열전달계수(U_o)는 14.85 W/m ·°C이고 벌크 공기 온도는 50°C, 증기 온도는 110°C이고, 공기측의 튜브 표면 온도가 109.4°C일 때, 튜브 m당 공기로 전달되는 열을 ① h_o를 사용하여, ② U_o를 사용하여 계산하라.

18. 외부 직경이 2 인치인 수평 강관의 외부 표면 온도는 150°C, 대류 및 복사 손실을 고려하여 파이프 길이 m당 열손실을 계산하라. 튜브 표면의 복사율(emissivity)이 0.75이고 파이프가 실내 온도 20°C에 노출되어 있으며 대류열전달계수는 15 W/m^2·°C라고 가정하라.

19. 2 cm 두께의 스테이크를 뜨거운 금속판 위에 올려놓았다. 뜨거운 표면과 접촉하는 스테이크 표면은 즉시 120°C의 온도에 도달하고 이 온도를 유지한다. 스테이크의 초기 온도가 5°C이고 스테이크의 열확산도가 1.4×10^{-7} m^2/s 일 때 15분 후 스테이크의 뜨거운 표면에서 1.1 cm 위치의 온도를 계산하라.
[힌트] ① 시스템과 스테이크의 기하학적 형태를 정의하고, ② 특성길이를 정의하고, ③ 열전달은 한 방향으로 일어나며 표면 온도는 일정하게 유지됨을 명심하라.

20. 초기온도 5°C의 핫도그는 지름이 1.5 cm, 길이가 16 cm이다. 이 핫도그를 끓는 물에 담가 삶는 경우 다음을 계산하라. ① 2분 후 표면으로부터 3mm 아래의 온도, ② 2분 후 중심온도, ③ 중심이 81°C에 도달하는데 걸리는 시간, ④ 2분 후 핫도그의 평균온도, ⑤ 끓는 물에서 2분 동안 핫도그로 전달되는 열량. 단, 열전도도는 0.5 W/m·°C, 밀도는 1050 kg/m^3, 열용량은 3.35 kJ/kg·°C이다. 핫도그 표면에서 열전달계수는 3000 W/m^2·°C라고 가정한다.
[힌트] ① 핫도그는 길이(L)와 직경(D)을 가지고 있는 원통형, ② $\frac{L}{D}$ >10이면, 무한원통으로 취급, ③ 원통의 바닥을 통한 열전달은 무시할 수 있다.

21. 12 mm × 16 mm × 14 mm의 직사각형 과일 조각이 시럽에 담아져 있다. 과일조각의 초기온도가 20°C, 시럽의 온도 100°C, 과일조각의 표면열전달계수가 83 W/m^2·°C, 그리고 과일조각의 물리적 특성이 k=0.5 W/m·°C, c_p=3.8 kJ/kg·°C, ρ=900 kg/m^3일 때, 5분 후 과일 중심의 온도를 계산하라.
[힌트] 3개 축(x, y 그리고 z) 방향으로 열이 전달된다.

22. 19번에서 열을 받지 않은 겉표면의 온도가 원래 온도보다 1% 상승하는데 걸리는 시간을 계산하라.

23. 농축우유를 7.5 cm의 직경과 9.5 cm의 높이를 가진 캔에 넣어서 살균하고자 한다. 45°C에서 115°C까지 우유가 가열되는데 요구되는 시간을 구하라. [힌트] ① 캔이 이렇게 가열되는 동안 내부 우유의 온도

는 일정하다. ② 캔의 내용량은 410 g의 우유. ③ 가열매체와 우유간의 총괄열전달계수는 300 W/m^2·°C. ④ 가열매체의 온도는 130°C, ⑤ 가열공정 중의 온도 범위에서 우유의 평균 열용량은 c_p=3650 J/kg·°C이다.

24. 0.01 m의 벽 두께를 가지고 있는 직경이 0.05 m의 비절연 파이프를 통해 물이 흐른다. 파이프 벽의 열전도도는 50 W/m·K이고 내부와 외부의 표면온도는 각각 70°C와 69.5°C이다. 파이프의 1 m당 열손실을 계산하라. 단, 대류에 의한 열전달은 무시한다.

25. 1 mm 두께의 벽을 가진 알루미늄 파이프를 통해 −20°C의 냉매가 흐른다(k_{ice}=200 W/m·°C). 파이프 외부는 냉장고 내의 4°C 공기에 노출되어 있다. 냉장고 내 식품의 수분은 차가운 파이프로 이동하여 벽에 응축되다가 얼음으로 형성된다(k_{al}=2.2 W/m·°C). 파이프의 외경 1 cm, 길이 1 m인 경우에 냉장고로부터 이동되는 에너지를 구하라.

26. 200 A의 전류가 반경(r)이 0.001268 m인 와이어를 통과한다. 와이어의 길이는 L=0.91 m이고 저항은 R=0.126 Ω이다. 바깥 표면의 온도는 T_w=422.1 K이고, 평균 열전도도는 k=22.5 W/m·K이다. 중심부의 온도를 구하라.

Chapter 5

물질전달

물질전달(mass transfer)이란 어떤 성분이나 물질이 한 곳에서 다른 곳으로 이동하는 것을 말한다. 식품제조 공정에는 물질전달을 수반하는 공정이 많이 포함되어 있는데, 예를 들면 표 5-1과 같다.

표 5-1 식품제조 공정에 수반되는 물질전달 예

	Transfer of	From	To
Drying	Water	Liquid/solid	Gas
Humidification	Water	Liquid	Gas
Extraction	Liquid solute	Liquid	Liquid
Leaching	Solid solute	Solid	Liquid
Fermentation (aeration)	Oxygen	Gas	Liquid
Membrane processes	Water	Liquid	Liquid
Crystallization	Liquid solute	Liquid	Solid

(P. Q. Smith, 2011)

물질전달은 항상 농도차에 의하여 일어나며, 역학적으로 농도차를 없애려는 쪽으로 이동한다. 많은 경우 물질전달은 열전달과 동시에 이루어지며 이때 열전달속도가 물질전달속도에 영향을 미친다. 열풍건조에서는 열풍으로부터 식품으로 열전달속도에 의해 물질전달속도인 건조속도가 지배를 받게 된다.

물질전달이론은 여러 식품공정에 이용되고 공정의 설계나 분석에 유용한 개념을 제공한다. 예를 들어 식품포장재의 성분이 식품으로 이행되는 현상도 확산을 포함한 물질전달이론에 의해 해석될 수 있으며, 포장식품의 흡습이나 탈습도 이러한 지식을 필요로 한다.

Section 1 물질전달과 확산

1. 물질, 열, 그리고 운동량 전달현상의 유사성

분자는 질량, 열에너지, 운동량을 가지고 있으므로 분자는 운동 또는 이동하면서 이들을 한 영역에서 인접한 영역으로 전달한다. 이와 같은 분자전달현상에 의한 운동량, 열 및 질량의 전달속도는 다음과 같이 하나의 개념식으로 표현할 수 있다.

$$\text{전달속도} = \frac{\text{구동력}}{\text{저항}}, \ \psi_z = -\delta \frac{d\tau}{dz} \tag{5-0}$$

이와 같은 분자전달현상은 분자확산(molecular diffusion)과 난류확산(turbulent diffusion)으로 나눌 수 있으며 각각의 경우에 대한 물질, 열 및 운동량에 관한 일반식을 표 5-2에 나타내었다.

표 5-2 물질, 열 및 운동량 전달에 관한 일반식

	Molecular diffusion	Turbulent diffusion
Momentum (Newton's equation)	$\tau_{zx} = -\frac{\mu}{\rho}\frac{d(v_x\rho)}{dz}$	$\tau_{zx} = -\left(\frac{\mu}{\rho}+\varepsilon_t\right)\frac{d(v_x\rho)}{dz}$
Heat (Fourier's law)	$\frac{q_z}{A} = -\alpha\frac{d(\rho c_p T)}{dz}$	$\frac{q_z}{A} = -(\alpha+\alpha_t)\frac{d(\rho c_p T)}{dz}$
Mass (Fick's law)	$J_{Ax}^* = -D_{AB}\frac{dc_A}{dz}$	$J_{Ax}^* = -(D_{AB}+\varepsilon_M)\frac{dc_A}{dz}$

(Geankoplis, 2003)

분자확산은 정지된 유체를 통하여 개개 분자가 무작위적인 운동(random motion)에 의하여 물질이 이동하는 현상이며, 난류확산은 유체 덩어리의 이동에 의한 물질이동현상이다. 실제 두 가지 확산현상이 동시에 일어나는 경우가 많으나 대부분의 물질전달이 수반되는 공정에서 분자확산이 주로 영향을 미친다. 이 절에서는 이성분계(binary system) 정상상태에서의 확산, 즉 한 점에서의 농도가 시간에 따라 변하지 않는 경우에 대해서 기술한다.

2. 분자확산에 관한 픽(Fick's)의 법칙

분자확산은 유체를 통하여 개개분자의 무작위 운동에 의하여 이동하는 현상이다. 분자가 직선으로만 운동한다고 생각하면 다른 분자와 충돌한 후에는 방향이 바뀌게 되므로 분자는 무작위적인 경로(random path)를 따라 운동한다. 그림 5-1에 분자 A가 분자 B를 통하여 (1)에서 (2)로 확산하는 현상을 개략적으로 나타내었다.

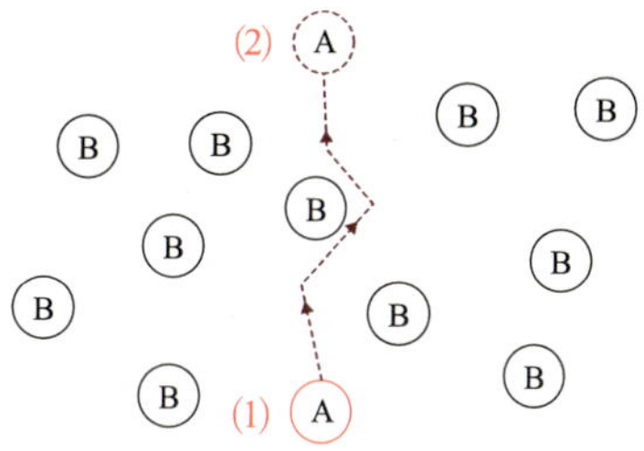

그림 5-1 분자확산 현상의 개략도

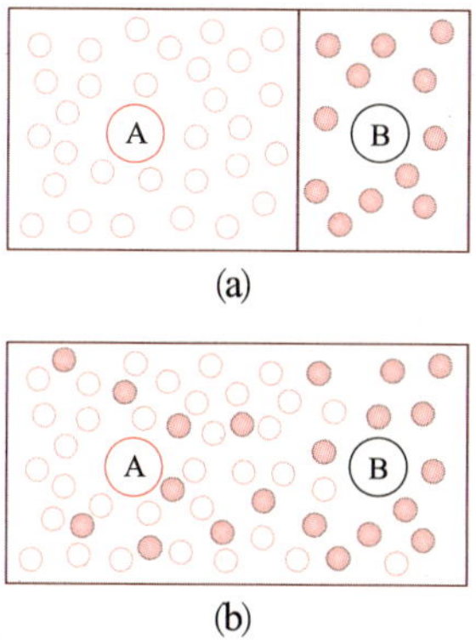

그림 5-2 밀폐된 공간에서 기체의 확산

만약 분자 A의 수가 (2)보다 (1)의 위치에서 많다고 하면 분자들은 무작위적으로 양방향으로 확산하므로 (2)에서 (1)로 확산되는 분자보다 (1)에서 (2)로 확산되는 분자가 많다. 따라서 A는 농도가 높은 (1)에서 농도가 낮은 (2)로 확산된다. 그림 5-2에는 밀폐된 공간에서 기체분자들의 확산 현상을 나타내었다.

분자확산은 전도에 의한 열전달 현상과 유사하다. 전도에서 열이동의 구동력(driving force)은 온도차인 것과 마찬가지로, 확산에서 물질이동의 구동력은 농도차이다.

전도의 기본법칙인 Fourier 방정식에 의하면, 열전달 속도는 온도기울기에 비례하는 것과 마찬가지로 분자확산속도는 농도기울기(concentration gradient)에 비례한다. 따라서 이성분계에서는 다음과 같이 표현된다.

$$J^*_{Ax} = -D_{AB}\frac{dc_A}{dz} \tag{5–1}$$

$$\dot{m}_A = -D_{AB}A\frac{dc_A}{dz} \tag{5–2}$$

여기서 J^*_{Ax} : 성분 A의 Z방향 몰플럭스 또는 확산플럭스(kg mol/s·m^2) "분자확산"

$\dot{m}_A$: 성분 A의 물질이동속도 또는 확산속도(kg mol/s 혹은 kg/s)

A : 확산방향에 수직인 단면적(m^2)

c_A : A의 농도(kg/m^3 혹은 kg mol/m^3)

z : 확산방향으로의 거리(m)

D_{AB} : 분자확산계수(diffusivity)(m^2/s)

식 (5–1) 또는 (5–2)를 Fick's의 제 1 법칙이라 하며, 분자확산의 기본식으로 널리 사용된다.

[예제 5–1] 질소층에서 헬륨의 분자확산

파이프내에 He과 N_2 가스가 혼합되어 있으며 파이프는 298 K, 총압 1 atm으로 유지되고 있다. 파이프 한쪽면에서의 He의 분압이 0.6 atm이고 길이가 0.2 m인 다른 한쪽면에서의 분압은 0.2 atm이다. He−N_2 혼합의 D_{AB}가 0.687×10^{-4} m^2/s이면, 정상상태에서 He의 플럭스를 계산하라. (A는 He, B는 N_2로 가정)

[풀이] 이상기체 방정식을 만족하는 기체이기에 전체압력 p가 일정하면 c는 일정하다.

$$pV = nRT$$

$$\frac{n}{V} = \frac{p}{RT} = c$$

정상상태이므로, 식 (5–1)에 의해 J^*_{Az}는 일정하다. 또한 기체에서 D_{AB}는 일정하다.

식 (5-1)을 변수분리하여 적분해보면 다음과 같다.

$$J_{Az}^{*}\int_{z_1}^{z_2} dz = -D_{AB}\int_{c_{A1}}^{c_{A2}} dc_A$$

$$J_{Az}^{*} = \frac{D_{AB}(c_{A1}-c_{A2})}{z_2-z_1}$$

또한, 이상기체방정식에 따라서 $p_A V = n_A RT$이기에 다음과 같다.

$$c_{A1} = \frac{p_{A1}}{RT} = \frac{n_A}{V}$$

위 식을 대입해보면, 다음과 같다.

$$J_{Az}^{*} = \frac{D_{AB}(p_{A1}-p_{A2})}{RT(z_2-z_1)}$$

위 식은 기체에서 쉽게 사용되는 형태의 방정식이다. 위 식을 이용하여 계산해보면 다음과 같다.

$$J_{Az}^{*} = \frac{(0.687\times10^{-4})(6.08\times10^{4}-2.027\times10^{4})}{8314(298)(0.2-0)}$$

$$= 5.63\times10^{-6} \text{ kg mol A/s}\cdot\text{m}^2$$

[주석] 계산과정에서 단위일치(Unit consistency)를 명심하라.

3. 확산계수

확산계수(diffusivity)는 열전도도와 마찬가지로 물리적 특성이며, 그 값은 온도, 압력, 성분조성에 따라 변한다. 확산계수는 계의 특성에 따라 달라지므로 어떤 값으로 주어지기 위해서는 확산물질과 함께 확산이 일어나는 매체에 대해서도 정의되어야 한다. 확산계수의 SI 단위는 m^2/s이다.

분자의 운동성 때문에 기체 내에서 확산계수가 가장 크고 다음 액체, 고체 순으로 작아진다. 기체 내에서 확산계수는 $5\times10^{-1}\sim10^{-1}$ m^2/s 범위이고, 액체 내에서는 $10^{-6}\sim10^{-5}$ m^2/s, 고체 내에서는 $10^{-9}\sim10^{-1}$ m^2/s 범위이다.

기체의 확산에 대해서는 많이 연구되었으며, 이는 기체분자의 운동속도론에 의하여 설명될 수 있다. 그러나 식품가공공정에서 많이 접하게 되는 액체 및 고체에서의 확산에 대해서는 아직 충분히 이해가 되지 못 한 점이 많다.

확산계수는 실험적으로 측정하여 실제로 공정에 이용하고 있다. 관심있는 계에 대한 확산계수에 대한 자료(표 5-3, 5-4)가 있는 경우에는 직접 그것을 이용하면 된다. 그러나 원하는 값이 없는 경우가 많으며 그런 경우에는 이미 발표된 관계식으로부터 그들을 추산하지 않으면 안 된다. 즉, 어떤 범위의 온도와 압력에 대한 값이 있는 경우에는 관련된 식들을 이용하여 알고 있는 값으로부터 다른 조건에서 원하는 값을 예측할 수가 있다. 자세한 내용은 2와 5절에 각각 계의 상태에 따라 기술하였다.

표 5-3 물에 대한 기체의 확산계수 (20℃)

Gas	$D \times 10^9 (m^2/s)$
Ammonia	1.8
Carbon dioxide	1.8
Chlorine	1.6
Hydrogen	5.3
Nitrogen	1.9
Oxygen	2.1
For other temperatures	
$D_T = D_{20}[1 + 0.02(T - 20)]$	

표 5-4 공기 내에서의 기체 확산계수 (표준조건)

Gas	$D \times 10^6 (m^2/s)$
Ammonia	17.0
Benzene	7.7
Carbon dioxide	13.8
Ethyl alcohol	10.2
Hydrogen	61.1
Methyl alcohol	13.3
Nitrogen	13.2
Oxygen	17.8
Sulfur dioxide	10.3
Sulfur trioxide	9.4
Water vapor	21.4

4. 대류물질전달계수

고체표면의 외부로 유체를 강제적으로 이동시켜 주는 경우, 대류에 의하여 고체 표면에서 성분 A가 유체로 이동하는 속도(the rate of convective mass transfer)는 다음과 같이 나타낸다.

$$N_A = k_c(c_{Li} - c_{L1}) \tag{5-3}$$

여기서 N_A : 성분 A의 총플럭스 또는 단위 면적당 대류물질전달속도(kg mol A/s·m²)
k_c : 대류물질전달계수(m/s)
c_{L1} : 벌크유체의 농도(kg mol A/m³)
c_{Li} : 고체 표면에 인접한 유체에서의 농도(kg mol A/m³)

대류물질전달계수(convective mass transfer coefficient, k_c)는 열전달계수(h)와 매우 유사하며, 계의 기하학적 형태(system geometry), 유체 특성(fluid properties) 및 유속(flow velocity)에 따라 변한다. 이와 관련된 내용은 7절에서 좀 더 자세하게 다루게 된다.

Section 2 기체에서의 분자확산

1. 기체의 확산

기체 및 증기의 경우 Fick's 법칙에서 농도항은 이상기체의 법칙을 사용하여 분압으로 나타낼 수 있다.

$$c_A = \frac{p_A}{RT} \tag{5-4}$$

여기서 p_A : A의 분압(partial pressure)

그러므로 Fick's 법칙은 다음 식으로 표현된다.

$$J_A^* = -\frac{D_{AB}}{RT}\frac{dp_A}{dz} \tag{5-5}$$

또는

$$\dot{m}_A = -\frac{D_{AB} A}{RT} \frac{dp_A}{dz} \qquad (5\text{-}6)$$

2. 등몰상대확산

그림 5-3과 같은 장치를 생각해 보자. 1과 2의 큰방이 튜브로 연결되어 있고 동일한 전압, p에서 각각 A와 B의 두 기체로 채워져 있다. 각 방은 교반하여 농도를 일정하게 유지하면서 밸브를 열어 놓아두면 정상상태의 확산이 튜브를 통하여 일어날 것이다. 분압의 조건이 $p_{A1}>p_{A2}$, $p_{B1}<p_{B2}$이므로, A는 오른쪽 방향으로 확산하고 B는 왼쪽 방향으로 확산하게 된다.

전압(total pressure, p)이 전 과정을 통하여 일정한 관계로 A가 오른쪽 방향으로 확산하는 양과 B가 왼쪽 방향으로 확산하는 양은 같아야 하므로 등몰상대확산(equimolar counter diffusion)이 일어난다. 그렇지 않으면 전압이 일정하게 유지되지 않을 것이다. 이는 다음 식 (5-7)을 의미한다.

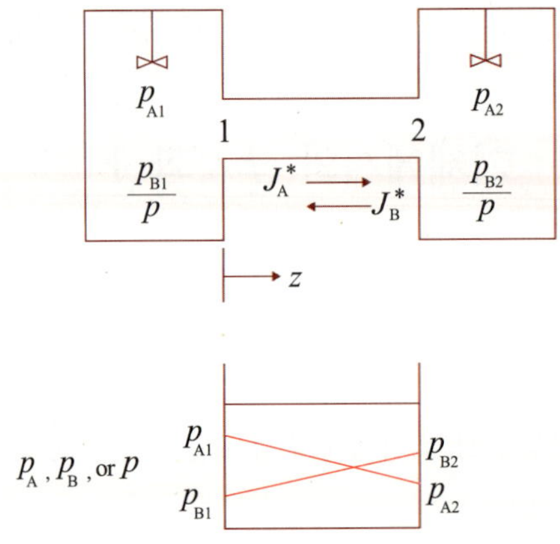

그림 5-3 기체 A와 B의 등몰상대확산

$$J_{Az}^* = -J_{Bz}^* \qquad (5\text{-}7)$$

$$-D_{AB}\frac{dc_A}{dz} = -(-)D_{BA}\frac{dc_B}{dz} \qquad (5\text{-}8)$$

전압이 일정($p = p_A + p_B =$일정)하므로

$$c = c_A + c_B \qquad (5\text{-}9)$$

양변을 미분하면

$$dc_A = -dc_B \tag{5-10}$$

이를 위의 식 (5-8)에 대입하면 다음의 관계가 얻어진다.

$$D_{AB} = D_{BA}$$

즉 A와 B로 구성된 두 기체 혼합물에서는 B에서 확산하는 A의 확산계수와 A에서 확산하는 B의 확산계수가 같다.

등몰상대확산의 좋은 예는 증류(distillation)이다. 이 경우 확산속도는 다음 식으로 표현된다.

$$J_A^* = \frac{D_{AB}}{RTx}(p_{A1} - p_{A2}) \tag{5-11}$$

여기서 x는 성분 A의 이동거리(m)

3. 대류가 동반되는 기체의 확산

지금까지는 정지된 유체를 통한 분자확산에 대하여 생각하였다. 즉 성분 A와 B의 2성분계 혼합물 전체는 이동하지 않는 경우이다. 그러나 실제 단위조작에서 유체 벌크(bulk)가 흐르지 않고 유체내부의 농도기울기에 의해서만 물질이동이 되는 경우는 드물다. 다시 말해서 확산에 의해서만 물질이 이동되는 것이 아니라 확산과 더불어 대류에 의하여 물질이 이동되는 경우가 더 많다.

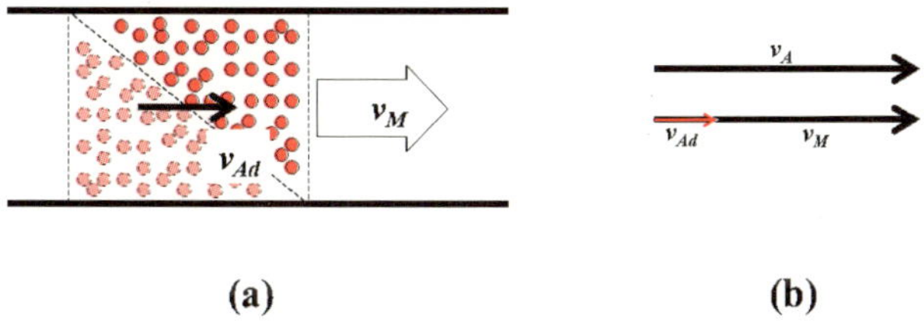

그림 5-4 확산과 대류에 의한 물질이동

그림 5-4(a)에 나타낸 것과 같이 가상적으로 점선으로 둘러싸인 기체 A와 B의 혼합물 전체가 속도 v_M (m/s)으로 움직이는 경우를 생각해 보자. 점선 내부의 기체 혼합물은 농도기울기가 있기 때문에 성분 A는 오른쪽으로 확산에 의하여 이동할 것이다. 이때 기체 A의 몰플럭스는 다음과 같이 확산속도를 이용하여 나타낼 수 있다.

$$J_A^*\,(\text{kg mol A/s}\cdot\text{m}^2) = \upsilon_{Ad} c_A \left(\frac{\text{m}}{\text{s}} \cdot \frac{\text{kg mol A}}{\text{m}^3}\right) \tag{5–12}$$

여기서 υ_{Ad}는 A 성분의 확산속도(diffusion velocity)이다.

여기서 주의할 점은 확산속도 υ_{Ad}는 움직이는 유체에 대한 상대적인 속도이다. 따라서 그림 5–4(b)처럼 고정된 좌표에 대해서 성분 A는 유체벌크의 속도 υ_M에 확산속도 υ_{Ad}를 합한 속도로 이동하게 될 것이다.

이를 수학적으로 나타내면 고정좌표에 대한 A의 속도는 확산속도와 평균유속(또는 대류속도)의 합이다.

$$\upsilon_A = \upsilon_{Ad} + \upsilon_M\ (\text{m/s}) \tag{5–13}$$

여기서 υ_A는 고정좌표에 대한 A의 유속이고, υ_M은 유체의 평균유속(또는 대류속도)이며, υ_{Ad}는 이동유체에 대한 확산속도이다.

식 (5–13)의 양변에 c_A를 곱하면

$$c_A\upsilon_A = c_A\upsilon_{Ad} + c_A\upsilon_M \left(\frac{\text{kg mol A}}{\text{s}\cdot\text{m}^2}\right) \tag{5–14}$$

여기서 $c_A\upsilon_A$는 고정좌표에 대한 A의 총플럭스 N_A (kg mol A/s·m^2)이고, 두번째항은 흐르는 유체에 대한 확산 플럭스(분자확산) J_A^*이며, 세번째항은 고정좌표에 대한 A의 대류확산(convective diffusion)이다. 이를 식으로 표현하면 다음과 같다.

$$N_A = J_A^* + c_A\upsilon_M \tag{5–15}$$

고정좌표에 대한 유체 전체의 대류에 의한 총플럭스는 다음과 같이 표시된다.

$$N = N_A + N_B = c\upsilon_M \tag{5–16}$$

이 식을 υ_M에 대하여 풀면

$$\upsilon_M = \frac{N_A + N_B}{c} \quad \text{또는} \quad \upsilon_M = \frac{\sum c_i\upsilon_i}{\sum c_i} = \frac{\sum c_i\upsilon_i}{c} \tag{5–17}$$

따라서

$$N_A = J_A^* + \frac{c_A}{c}(N_A + N_B) = J_A^* + x_A(N_A + N_B) \tag{5–18}$$

또는

$$N_A = -D_{AB}\frac{dc_A}{dz} + \frac{c_A}{c}(N_A + N_B) = -cD_{AB}\frac{dx_A}{dz} + x_A(N_A + N_B) \tag{5–19}$$

성분 B에 대해서도 동일한 식을 적용할 수 있다.

$$N_B = -D_{BA}\frac{dc_B}{dz} + \frac{c_B}{c}(N_A + N_B) = -cD_{BA}\frac{dx_B}{dz} + x_B(N_A + N_B) \tag{5–20}$$

식 (5−19)은 난류(turbulent flow)가 없는 유체에서 물질이동의 기본식이다. 이 식 우변의 첫째 항은 분자확산에 의한 성분 A의 이동을 나타내고 두번째 항은 유체의 대류에 의한 성분 A의 이동을 의미한다.

4. 정지층을 통한 기체의 확산

식 (5−19)가 적용되는 예로서 혼합물에서 한 성분만이 확산되는 경우(non diffusing B)에 대해서 생각해 보자. 액체 표면에서 기체 중으로의 증발(그림 5−5(a)), 비응축성 기체 중에서 증기의 응축(그림 5−5(b)) 등을 예로 들 수 있다. 즉 그림 5−5(a)와 같이 모세관 하부에서 액체 A가 증발하며, 모세관 상부에서는 공기를 조용히 불어준다고 생각하자.

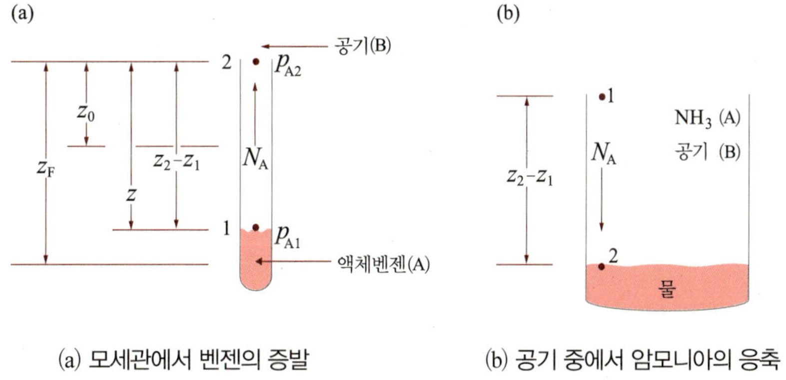

(a) 모세관에서 벤젠의 증발 (b) 공기 중에서 암모니아의 응축

그림 5–5 정지층을 통한 기체의 확산

증기(A)는 모세관내 공기를 통하여 상부로 확산될 것이다. 공기가 액체에 불용성이라 하면 공기와 액체의 경계면에서 공기는 녹아들어가지 못한다. 즉 계면에서 공기는 확산되지 못한다. 이와 같은 경우는 모세관내의 정지된 공기층 z를 통한 A의 물질이동으로 식 (5-19)로부터 구할 수 있다. $N_B=0$이므로

$$N_A=-D_{AB}\frac{dc_A}{dz}+\frac{c_A}{c}(N_A+0) \tag{5-21}$$

전압 p가 일정하게 유지되는 경우, 농도를 분압으로 바꾸어주면

$$N_A=-\frac{D_{AB}}{RT}\frac{dp_A}{dz}+\frac{p_A}{p}N_A \tag{5-22}$$

$$N_A\left(1-\frac{p_A}{p}\right)=-\frac{D_{AB}}{RT}\frac{dp_A}{dz} \tag{5-23}$$

변수 분리 후에 적분하면

$$N_A\int_{z_1}^{z_2}dz=-\frac{D_{AB}}{RT}\int_{p_{A1}}^{p_{A2}}\frac{dp_A}{1-p_A/p}$$

$$N_A=\frac{D_{AB}p}{RT(z_2-z_1)}\ln\frac{p-p_{A2}}{p-p_{A1}} \tag{5-24}$$

이 식은 성분 A의 플럭스를 나타내는 최종 식이다. 이 식 (5-24)는 정지된 유체층에서 비확산 성분 B의 대수평균압력 p_{BM}을 이용하여 다른 형태로 나타내기도 한다.

$$p=p_{A_1}+p_{B_1}=p_{A_2}+p_{B_2} \tag{5-25}$$

이므로

$$p_{B_1}=p-p_{A_1},\ p_{B_2}=p-p_{A_2} \tag{5-26}$$

$$p_{BM}=\frac{p_{B_2}-p_{B_1}}{\ln(p_{B_2}/p_{B_1})}=\frac{p_{A_1}-p_{A_2}}{\ln[(p-p_{A_2}/p-p_{A_1})]} \tag{5-27}$$

이를 식 (5-24)에 대입하면

$$N_A=\frac{D_{AB}p}{RT(z_2-z_1)p_{BM}}(p_{A_1}-p_{A_2}) \tag{5-28}$$

확산하는 성분 A의 분압이 전압에 비하여 아주 작을 때 p_{BM}은 근사적으로 전압 p와 같으므로 식 (5–28)은 다음과 같이 간단히 된다.

$$N_A = \frac{D_{AB}}{RT(z_2 - z_1)}(p_{A_1} - p_{A_2}) \tag{5–29}$$

식 (5–29)는 실험적으로 D_{AB}를 측정하는데 이용된다.

[예제 5–2] 정지된 공기층을 통한 물의 확산

그림 5–5(a)와 같은 확산계수 측정 장치의 모세관에 물을 담고 모세관 상부에 25°C의 건조공기를 조용히 불어주었다. 수면은 처음에 모세관 입구로부터 2 cm이었으나 117시간 후에 3 cm로 내려갔다. 이 실험 데이터로부터 수증기의 확산계수를 구하라. 단, 물의 밀도는 1000 kg/m^3, 25°C에서 물의 수증기압은 3169 N/m^2, 물의 분자량은 0.018 kg/mol 이다.

[풀이]

실험 데이터로부터 물질전달속도를 구하면

N_A = 밀도×처음과 나중의 수면차이/실험기간

$= (1000\ \text{kg/m}^3) \times (0.01\ \text{m})/(117 \times 3600\ \text{s})$

$= 2.374 \times 10^{-5}\ \text{kg/s} \cdot \text{m}^2$

모세관 출구에서 수증기는 공기의 흐름에 의하여 동반되어 나가므로 $p_{A_2}=0$이고, 높이 $(z_2 - z_1)$는 실험 중 평균높이 2.5 cm를 이용하면 식 (5–29)는

$$2.374 \times 10^{-5}\ \text{kg/s} \cdot \text{m}^2 = \frac{D_{AB}}{0.025\ \text{m}} \times \frac{(3169-0)\ \text{N/m}^2}{(8.314 \times 10^3\ \text{J/kg mol} \cdot \text{K})(298\ \text{K})}$$

$$D_{AB} = 4.640 \times 10^{-4}\ \text{kg} \cdot \text{m}^2/\text{kg mol} \cdot \text{s}$$

$$= \left(4.640 \times 10^{-4}\ \frac{\text{kg} \cdot \text{m}^2}{\text{kg mol} \cdot \text{s}}\right)\left(\frac{1\ \text{kg mol}}{18\ \text{kg}}\right) = 2.578 \times 10^{-5}\ \text{m}^2/\text{s}$$

5. 확산단면적이 변하는 경우의 확산

지금까지는 정상상태에서 N_A 그리고 J_A^*가 확산이 일어나는 내내 확산 단면적이 일정한 경우를 생각하였다. 이제는 확산단면적 즉 물질이 확산하는 방향에 수직으로 접한 면의 면적(cross-sectional area, A, m^2)이 확산거리(distance, z)에 따라 변하는 경우에 일어나는 확산에 대하여 기술한다. 확산단면적은 확산거리에 따라 변하므로 다음과 같이 N_A를 편리하게 정의하자.

$$N_A = \frac{\overline{N_A}}{A} \tag{5-30}$$

여기서 $\overline{N_A}$는 단위 시간당 확산되는 A 성분의 kg몰수로서 단위는 kg mol/s이다. 정상상태에서 $\overline{N_A}$는 일정하지만 확산단면적 A는 변한다.

(1) 구로부터 주위로의 확산

식 (5-30)을 이용하여 주위에 가스로 둘러싸여 있는 구로부터 또는 구로의 확산을 생각해 보자. 이러한 경우는 매우 종종 일어나는 현상으로 물방울의 증발, 볼 모양 나프탈렌의 증발, 그리고 액상배지에 있는 구형 미생물로의 영양소 확산 등을 생각할 수 있다.

그림 5-6(a)에서와 같이 주위가 모두 가스로 둘러싸여 있고 고정된 직경 r_1을 가지고 있는 구 표면에서 분압이 p_{A1}인 성분 A가 주위의 정지 유체인 B로 확산되며, 구로부터 먼 거리에서의 A성분의 분압, p_{A2}는 0($p_{A2}=0$)이다. 이러한 상황에서 정상상태의 확산을 가정해 보자.

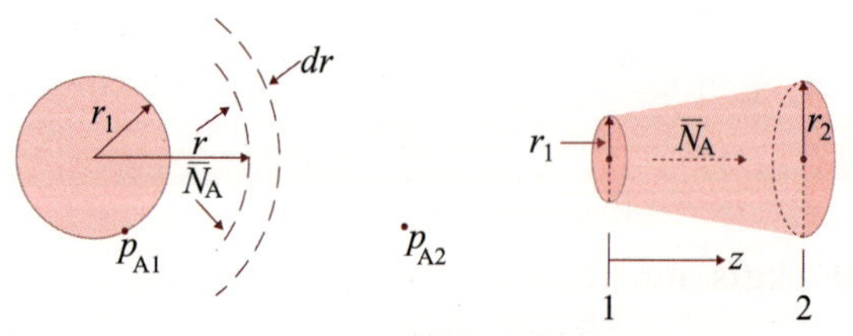

(a) 구로부터 주위로의 확산 (b) 균일하게 경사진 원형도관을 통한 확산

그림 5-6 확산단면적이 변하는 경우의 확산

성분 A의 플럭스 N_A는 식 (5-30)과 같이 표현되고, 구의 중심으로부터 거리 r만큼 떨어진 위치에서의 확산단면적 A는 $4\pi r^2$이 된다. 또한 $\overline{N_A}$는 정상상태에서는 일정하므로

$$N_A = \frac{\overline{N_A}}{4\pi r^2} \tag{5-31}$$

이와 같은 경우는 정지층(기체, B)을 통한 기체(A)의 확산으로 생각할 수 있으므로 식 (5–23)에서 dz 대신에 dr로 치환하는 N_A는 식 (5–32)와 같다.

$$N_A = \frac{\overline{N_A}}{4\pi r^2} = -\frac{D_{AB}}{RT}\frac{dp_A}{(1-p_A/p)\,dr} \tag{5-32}$$

위 식을 변수분리한 후에 r_1와 r_2 사이에서 적분하면

$$\frac{\overline{N_A}}{4\pi}\int_{r_1}^{r_2}\frac{dr}{r^2} = -\frac{D_{AB}}{RT}\int_{p_{A1}}^{p_{A2}}\frac{dp_A}{(1-p_A/p)} \tag{5-33}$$

$$\frac{\overline{N_A}}{4\pi}\left(\frac{1}{r_1}-\frac{1}{r_2}\right) = \frac{D_{AB}p}{RT}\ln\frac{p-p_{A2}}{p-p_{A1}} \tag{5-34}$$

여기서 $r_2 \gg r_1$이므로 $\frac{1}{r_2} \cong 0$이 되고, 정지된 유체층에서 비확산 성분 B의 대수평균압력 p_{BM}을 이용하여 다른 형태로 나타내면,

$$\frac{\overline{N_A}}{4\pi r_1^2} = N_{A1} = \frac{D_{AB}p}{RTr_1}\frac{p_{A1}-p_{A2}}{p_{BM}} \tag{5-35}$$

위 식에서 p_{A1}은 전압 p에 비하여 매우 작아 $p_{BM} \cong p$가 되며, $2r_1 = D_1$(직경)이고 $c_{A1} = p_{A1}/RT$이므로 다음과 같이 좀 더 간단하게 표현할 수 있다.

$$N_{A1} = \frac{2D_{AB}}{D_1}(c_{A1}-c_{A2}) \tag{5-36}$$

이 식은 D_{AB}가 액상에서의 확산계수인 경우에는 액상의 경우에도 적용할 수 있다.

[예제 5–3] 구 모양 나프탈렌(Naphthalene)의 증발

직경 2 mm인 구 모양의 나프탈렌이 정지상태의 대량의 공기 중에 부유해 있다. 이 때 공기의 온도는 318 K, 압력은 1.01325×10^5 Pa (1 atm)으로 유지되고 있다. 나프탈렌 표면에서의 온도는 318 K로 가정할 수 있으며, 이 온도의 나프탈렌 표면에서의 증기압은 0.555 mmHg이다. 318 K, 공기에서의 나프탈렌 확산계수(D_{AB})는 6.92×10^{-6} m^2/s이다. 구 표면에서 나프탈렌의 증발속도를 계산하라.

[풀이]

그림 5-6(a)와 매우 유사한 경우로서, A는 나프탈렌이고, $D_{AB}=6.92\times10^{-6}\ m^2/s$,

$p_{A1}=(0.555/760)(1.01325\times10^5)=74.0\ Pa$, $p_{A2}=0$, $r_1=2/1000\ m$, $R=8314\ m^3\cdot Pa/kg\ mol\cdot K$,

$p_{B1}=p-p_{A1}=1.01325\times10^5-74.0=1.01251\times10^5\ Pa$,

$p_{B2}=p-p_{A2}=1.01325\times10^5-0$. p_{B1}과 p_{B2}는 매우 비슷하므로, 대수학적 평균 p_{BM}은 다음과 같이 계산할 수 있다(식 (5-27)이 정확, 여기서는 약식으로 계산).

$$p_{BM}=\frac{p_{B1}+p_{B2}}{2}=\frac{(1.0125+1.01325)\times10^5}{2}=1.0129\times10^5\ Pa$$

이 값을 식 (5-35)에 대입하면,

$$N_{A1}=\frac{D_{AB}p}{RTr_1}\frac{p_{A1}-p_{A2}}{p_{BM}}=\frac{(6.92\times10^{-6})(1.01325\times10^5)(74.0-0)}{8314(318)(2/1000)(1.0129\times10^5)}$$

$$=9.68\times10^{-8}\ kg\ mol\ A/s\cdot m^2$$

그림 5-6(a)와 같이 구가 증발하는 경우에는 구의 반경 r이 시간이 지남에 따라 감소할 것이다. 따라서 구가 완전히 증발하는데 걸리는 시간(t_F)은 식 (5-35)에서 pseudo-steady state를 가정하고, r을 변수로 취급, 단위면적 당 dt 시간 동안의 증발되는 고체 A의 몰수를 계산한 후 물질수지를 이용하여 풀면 다음과 같이 표현된다.

$$t_F=\frac{\rho_A r_1{}^2 RTp_{BM}}{2M_A D_{AB}p(p_{A1}-p_{A2})} \tag{5-37}$$

여기서 r_1은 최초 구의 반경이고, ρ_A은 구의 밀도이며, M_A는 구의 분자량이다.

(2) 일정하지 않은 확산 단면적을 갖는 원형도관(conduit)에서의 확산

그림 5-6(b)에서와 같이 균일하게 경사진 원형도관을 통하여 성분 A가 정상상태에서 확산되는 경우를 생각해보자. 점 1에서의 반지름은 r_1이고 점2에서의 반지름은 r_2이다. 또한 이 상태는 원형도관의 z방향으로 성분 A가 정지층을 통한 기체의 확산(즉 B는 정지층)으로 생각할 수 있으므로 식 (5-32)를

적용할 수 있다. 즉

$$N_A = \frac{\overline{N_A}}{\pi r^2} = -\frac{D_{AB}}{RT}\frac{dp_A}{(1-p_A/p)\,dz} \tag{5-38}$$

뿐만 아니라 그림 5-6(b)에서와 같은 기하학적 형태를 가지고 있는 경우에는 z방향의 위치에 따라 변수 r이 다음과 같이 주어진다.

$$r = \left(\frac{r_2-r_1}{z_2-z_1}\right)z + r_1 \tag{5-39}$$

식 (5-38)에서 변수 r을 제거하기 위하여 식 (5-39)의 r을 식 (5-38)에 대입한 후에, 변수 분리 후 정렬하여 적분한다.

$$\frac{\overline{N_A}}{\pi}\int_{z_1}^{z_2}\frac{dz}{\left[\left(\frac{r_2-r_1}{z_2-z_1}\right)z + r_1\right]^2} = -\frac{D_{AB}}{RT}\int_{p_{A1}}^{p_{A2}}\frac{dp}{1-p_A/p} \tag{5-40}$$

6. 기체에서의 확산계수

(1) 확산계수의 실험적 측정법

확산계수를 가장 잘 구할 수 있는 방법은 실험적으로 측정하는 것이며, 2성분계 기체 혼합물에서 분자확산계수를 측정하는 여러 가지 실험방법 중 몇 가지를 소개한다. 그림 5-5(a)에서와 같이 좁은 관 위로 기체가 흐르고 이 관에서 순수한 액체가 증발하도록 실험을 설계하고, 시간에 따른 액면을 측정한 다음, 식 (5-28)로부터 다음과 같이 유도된 식 (5-44)를 이용하여 분자확산계수를 계산하는 방법이 있다.

식 (5-28)에서 임의의 시간 t에서 액체의 이동길이를 측정한 것을 z라 하면 다음과 같이 표현된다.

$$N_A = \frac{D_{AB}p}{RTzp_{BM}}(p_{A1}-p_{A2}) \tag{5-41}$$

여기서 확산 단면적을 1 m^2으로 가정하면, 미소 시간 dt(s) 동안 액면의 감소는 dz(m)가 되어, 결국 성분 A는 $\frac{\rho_A(dz \cdot 1)}{M_A}$ (kg mol)이 확산하게 된다. 그러므로

$$N_A \cdot 1 = \frac{\rho_A(dz \cdot 1)}{M_A dt} \tag{5-42}$$

식 (5-41)과 식 (5-42)를 재정렬하여 변수 분리 후에 적분하면,

$$\frac{\rho_A}{M_A}\int_{z_0}^{z_F} z dz = \frac{D_{AB}p(p_{A1}-p_{A2})}{RTp_{BM}}\int_0^{t_F} dt \tag{5-43}$$

결과를 t_F에 관하여 정리하면 다음과 같은 식을 얻을 수 있다.

$$t_F = \frac{\rho_A(z_F^2 - z_0^2)RTp_{BM}}{2M_A D_{AB}p(p_{A1}-p_{A2})} \tag{5-44}$$

또 다른 방법으로, 길이가 긴 튜브의 양쪽이 동일한 압력 하에 있으며, 두 가지 순수한 기체가 칸막이에 의해서 분리되어 있도록 실험을 설계한 후에 칸막이를 천천히 제거하면서 확산을 유도하는 방법이 있다. 그리고 주어진 시간이 지나면 다시 칸막이를 설치하고 양쪽의 기체 성분을 분석한다. 이와 같은 방법은 나프탈렌, 요오드 그리고 벤조산과 같은 고체의 증기에 대한 확산계수를 측정하는데 사용된다. 즉, 구의 증발속도를 측정하고 식 (5-37)을 이용하여 계산할 수 있다.

이는 가장 널리 사용되는 방법으로서 two-bulb method라 한다. 이 방법은 그림 5-7과 같이 실험 설계를 하여야 한다.

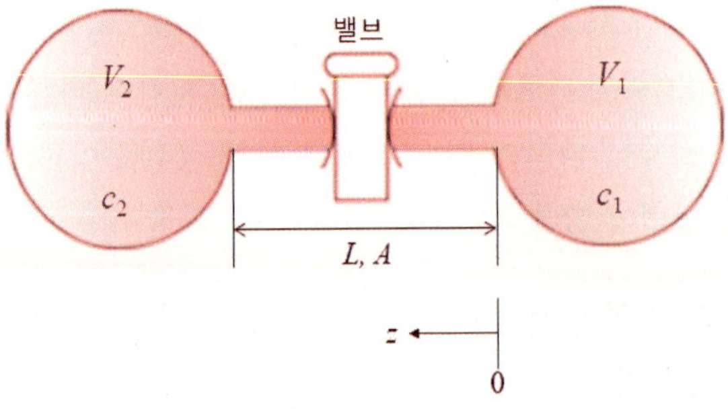

그림 5-7 Two-bulb method에 의한 기체의 확산계수 측정 실험 설계

유리로 된 부피 V_1과 V_2(m^3)의 둥구스름한 모양의 관을 길이가 L(m), 단면적 A(m^2)인 모세관으로 연결시킨다. 단 모세관의 부피는 V_1과 V_2에 비해서 작아야 한다. 양쪽에 동일한 압력 조건에서 V_1에는 순수한 기체 A를, V_2에는 순수한 기체 B를 넣고서 밸브를 열어 일정시간 확산이 일어나도록 하고, 밸브를

닫고서 각각의 방에서 기체 성분분석을 실시한다.

양쪽 방의 농도가 항상 일정하다고 가정하고, 모세관의 부피는 작아서 무시하면 이러한 상황을 묘사하는 물질전달식을 유도할 수 있다. 즉 모세관에서의 확산을 준정상상태(quasi-steady-state)로 가정하면,

$$J_A^* = -D_{AB}\frac{dc}{dz} = -\frac{D_{AB}(c_2 - c_1)}{L} \tag{5-45}$$

여기서 c_1 : 일정 시간 t에서 V_1에서의 A의 농도

c_2 : 일정 시간 t에서 V_2에서의 A의 농도

준정상상태로 가정하였으므로 V_2에서의 A의 확산속도는 V_2에서의 A의 축적속도와 같다고 할 수 있으므로,

$$AJ_A^* = -\frac{D_{AB}(c_2 - c_1)A}{L} = V_2\frac{dc_2}{dt} \tag{5-46}$$

$t=0$에서 각 방에서의 A의 농도를 c_1^0와 c_2^0라 하고 평형상태에서의 물질수지를 이용하여 평균농도, c_{av}를 계산하면,

$$(V_1 + V_2)c_{av} = V_1c_1^0 + V_2c_2^0 \tag{5-47}$$

일정시간(t)이 지난 후에도 유사한 물질수지가 성립하여,

$$(V_1 + V_2)c_{av} = V_1c_1 + V_2c_2 \tag{5-48}$$

식 (5-48)에서 c_1을 구하여 식 (5-46)에 대입하고 변수 분리 후에 적분을 하면,

$$\frac{c_{av} - c_2}{c_{av} - c_2^0} = \exp\left[-\frac{D_{AB}(V_1 + V_2)}{(L/A)(V_2V_1)}t\right] \tag{5-49}$$

실험에 의해서 c_2를 측정하고, 이 값을 식 (5-49)에 대입하여 D_{AB}를 계산한다.

(2) 실험적 확산계수 자료

표 5-5에 대기압상태에서의 기체의 확산계수에 대한 자료를 제시하였다. 그 값의 범위는 거대 분자가 존재하는 경우의 0.05×10^{-4} m^2/s에서부터 상온에서 H_2가 존재하는 경우의 1.0×10^{-4} m^2/s 정도이다.

표 5-5 대기압 상태(101.32 kPa)에서의 기체의 확산계수

System	Temperature		Diffusivity [$(m^2/s)10^4$ or cm^2/s]
	°C	K	
Air−NH_3	0	273	0.198
Air−H_2O	0	273	0.220
	25	298	0.260
	42	315	0.288
Air−CO_2	3	276	0.142
	44	317	0.177
Air−H_2	0	273	0.611
Air−C_2H_2OH	25	298	0.135
	42	315	0.145
Air−CH_3COOH	0	273	0.106
Air−*n*-hexane	21	294	0.080
Air−*n*-benzene	25	298	0.0962
Air−*n*-toluene	25.9	298.9	0.086
Air−*n*-butanol	0	273	0.0703
	25.9	298.9	0.087
H_2−CH_4	25	298	0.726
H_2−N_4	25	298	0.784
	85	358	0.052
H_2−benzene	38.1	311.1	0.404
H_2−Ar	22.4	295.4	0.83
H_2−NH_3	25	298	0.783
H_2−SO_2	50	323	0.61
H_2−C_2H_5OH	67	340	0.586
He−Ar	25	298	0.729
He−*n*-butanol	150	423	0.587
He−air	44	317	0.765
He−CH_4	25	298	0.675
He−N_2	25	298	0.687
He−O_2	25	298	0.729
Ar−CH_4	25	298	0.202
CO_2−N_2	25	298	0.167
CO_2−O_2	20	293	0.153
N_2−*n*-butane	25	298	0.0960
H_2O−CO_2	34.3	307.3	0.202
CO−N_2	100	373	0.318
CH_3Cl−SO_2	30	303	0.0693
$(C_2H_5)_2O$−NH_3	26.5	299.5	0.1078

(Geankoplis, 2003)

(3) 기체에서의 확산계수 예측

관심 있는 계에 대한 확산계수에 대한 자료가 있는 경우에는 직접 그것을 이용하면 된다. 그러나 원하는 값이 없는 경우가 많으며 그런 경우에는 이미

발표된 관계식으로부터 그들을 산출하여야 한다. 어떤 범위의 온도와 압력에 대한 값이 있는 경우에는 관련된 식들을 이용하여 알고 있는 값으로부터 다른 조건에서 원하는 값을 예측할 수 있다.

대기압에 가까운 영역(저압상태 또는 희석기체)에서의 2성분계 기체 혼합물에서의 확산계수는 기체의 분자운동론(molecular kinetic theory of gases)을 사용하여 예측 가능하다. 각각의 기체분자를 단단한 구형의 완전 탄성체로 가정하면, 운동량(momentum)은 보존된다. 즉 이러한 가정은 척력(repulsive forces)과 인력(attractive forces)이 존재하지 않는다고 말 할 수 있다. 이러한 이론으로부터 확산계수는 다음과 같은 관계식이 성립한다.

$$D_{AB} \cong \frac{1}{3}\bar{v}\lambda \tag{5–50}$$

여기서 λ는 분자가 충돌하기 전에 움직이는 평균거리로 평균자유행로(mean free path)라 한다. $\bar{v}$는 분자들의 평균이동속도이다. 이상기체의 평균자유행로는 압력에 반비례하기 때문에 D_{AB} 역시 압력에 반비례하며 $D_{AB}p$는 약 10 기압까지 일정하다고 할 수 있다. 평균이동속도는 $T^{0.5}$에 의존하며 평균자유행로는 $T^{1.0}$에 비례하여 증가하기 때문에 단순한 논리로 D_{AB}가 확산계수의 실험식에 나타나는 항인 $T^{1.5}$에 비례하여 변하는 것으로 예측할 수 있다. 이와 같이 식 (5–50)은 매우 정확한 근사식으로 온도와 압력의 영향을 예측할 수 있다.

현대 분자운동론에 근거한 보다 정밀한 계산 접근법으로는 분자의 크기가 서로 다르던가 속도가 서로 다른 경우와 분자들이 서로 접근할 때 분자간의 상호작용 등도 감안하여 계산할 수 있다. 예를 들어, Chapmann과 Enskogs (1974)는 평균자유행로 λ 대신에 분포함수(distribution function)를 사용하여 Boltzmann 식을 풀어 식 (5–51)을 얻었다. 이 식은 Chapmann–Enskogs 식으로 알려져 있다. 이들은 식을 풀기 위하여 주어진 분자쌍 간의 인력과 척력의 관계를 사용하였다. 특히 비극성 분자쌍에서의 힘을 나타내는데 Lennard–Jones 함수를 사용하였다.

$$D_{AB} = \frac{1.8583 \times 10^{-7}\, T^{3/2}}{p\,\sigma_{AB}^2 \Omega_{D,AB}}\left(\frac{1}{M_A} + \frac{1}{M_B}\right)^{1/2} \tag{5–51}$$

여기서 D_{AB} : 확산계수, m^2/s

T : 온도, K

M_A, M_B : 성분 A와 성분 B의 분자량, kg mass/kg mol

p : 절대압력, atm

$\sigma_{AB}=\dfrac{\sigma_A+\sigma_B}{2}$: 유효충돌 지름(average collision diameter),

$\Omega_{D,AB}$: Lennard–Jones 포텐셜(potential)에 근거한 충돌적분(collision integral) $=f(kT/\varepsilon_{AB})$

k : Boltzmann 상수

ε : 일반 기체에 대한 Lennard-Jones의 힘 상수 ($\varepsilon_{AB}=\sqrt{\varepsilon_A\varepsilon_B}$)

일반 기체들에 대한 σ, ε, 및 Ω_D 값에 대한 자료는 여러 참고자료(Bird 등, 1960; Geankoplis, 1972; Hirschfelder 등, 1954; Reid 등, 1977)에서 찾아 볼 수 있다.

식 (5–51)을 이용하여 확산계수를 예측하는 경우에는 1000 K(Redi 등, 1977)까지는 약 8% 정도의 편차가 존재한다고 하였다. 또한 극성 분자쌍의 경우(Mason 등; Monchick 등)에는 Lennard Jones 포텐셜 대신에 Stockmayer potential을 사용한다.

식 (5–51)에서는 성분 A와 B의 농도에 대한 영향을 고려하지 않았다. 실제로 상호작용을 하는 실제기체의 경우(Geankoplis, 1972)에 확산계수에 미치는 농도의 영향은 약 4% 정도라고 한다. 따라서 대부분 농도의 영향을 무시하고 확산계수를 예측한다.

하지만 σ_{AB} 등과 같은 몇몇 상수들은 자료를 찾기 어렵거나 추정하기 어려워 식 (5–51)은 사용하기가 비교적 복잡하다. 이를 해결하는 방법으로 Fuller 등이 세안한 반경험식이 사용되고 있다. 이 식은 표 5–6에 제시한 원자부피(atomic volume)를 이용하여 확산계수를 예측할 수 있으며 다음과 같다.

$$D_{AB}=\frac{1.00\times10^{-7}\,T^{1.75}(1/M_A+1/M_B)^{1/2}}{p\,[(\sum v_A)^{1/3}+(\sum v_B)^{1/3}]^2} \tag{5–52}$$

여기서, $\sum v_A$는 표 5–6에 제시된 구조적 부피 증가량의 합이고 확산계수(D_{AB})의 단위는 m^2/s이다. 이 방법은 비극성 기체 혼합물 또는 극성–비극성 기체 혼합물 모두에 적용할 수 있지만 정확도는 식 (5–51)보다 떨어진다.

식 (5–52)에서와 같이 확산계수는 압력(p)에 반비례하고 $T^{1.75}$에 비례함을 알 수 있다. 만약 일정 온도(T)와 압력(p)하에서 실험적으로 정확한 확산계수를 알고 있다면, 임의의 온도와 압력에서의 확산계수를 $D_{AB} \propto T^{1.75}/p$와 같은 관계식으로부터 예측할 수 있다.

표 5–6 분자확산부피(atomic diffusion volumes)

Atomic and structural diffusion volume increments, v			
C	16.5	(Cl)	19.5
H	1.98	(S)	17.0
O	5.48	Aromatic ring	−20.2
(N)	5.69	Heterocyclic ring	−20.2
Diffusion volumes for simple molecules, Σv			
H_2	7.07	CO	18.9
D_2	6.70	CO_2	26.9
He	2.88	N_2O	35.9
N_2	17.9	NH_3	14.9
O_2	16.6	H_2O	12.7
Air	20.1	(CCl_2F_2)	114.8
Ar	16.1	(SF_6)	69.7
Kr	22.8	(Cl_2)	37.7
(Xe)	37.9	(Br_2)	67.2
Ne	5.59	(SO_2)	41.1

* For use with the Fuller, Schettles and Giddings method (Geankoplis, 2003)

(4) 무차원군(기체에서 Schmidt 수)을 이용한 확산계수 예측

Schmidt 수는 분자 운동량 확산계수(molecular momentum diffusivity, μ/ρ) 대 분자 물질 확산계수(molecular mass diffusivity, D_{AB})의 비를 나타내는 무차원군으로 기체 혼합물의 Schmidt 수는 약 0.5에서 2정도이나, 액체 혼합물의 경우에는 약 100에서부터 점성이 있는 유체의 경우에는 10,000 이상의 값을 갖는다. 여기서 분자 운동량 확산계수는 운동학점도(kinematic viscosity)라 하며 $\nu = \dfrac{\mu}{\rho}$로 표기한다. Schmidt 수는 운동학점도 대 열확산계수의 비인 Prandtle수와 유사하다.

$$N_{\mathrm{pr}} = \frac{\nu}{\alpha} = \frac{\mu}{\rho\alpha} = \frac{\mu}{\rho[k/(\rho c_p)]} = \frac{c_p \mu}{k} \tag{5–53}$$

성분 A와 B로 혼합된 2성분계 혼합기체에서 성분 A가 소량 존재하는 경우에 Schmidt 수는 다음과 같이 정의한다.

$$N_{Sc}=\frac{\nu}{D_{AB}}=\frac{\mu}{\rho D_{AB}} \tag{5-54}$$

여기서, μ는 혼합기체의 점도를 나타내지만 성분 A가 소량이므로 성분 B의 점도를 사용하며 단위는 Pa·s 또는 kg/m·s이고 확산계수(D_{AB})의 단위는 m^2/s이며, ρ는 혼합기체의 밀도로서 단위는 kg/m^3이다.

기체의 경우에 Schmidt 수는 적당한 온도 범위에서는 온도에 대하여 독립적이라고 가정할 수 있으며, 압력에 대해서도 약 10 atm 또는 10×10^5 Pa까지는 독립적이라 가정한다.

[예제 5-4] 혼합기체에서의 확산계수 예측

1 atm에서 공기(B)중으로 *n*-부탄올(A)이 확산하는 경우를 생각해 보자. Fuller 등의 방법으로 다음의 3가지 경우의 확산계수(D_{AB})를 추정하고 실험 자료와 비교하라.

(a) 0°C

(b) 25.9°C

(c) 2 atm의 0°C

[풀이]

(a) $p=1.00$ atm, $T=273+0=273$ K, M_A(butanol) $=74.1$, M_B(air) $=29$, n-부탄올($C_4H_{16}O$)의 $\sum v_A$와 공기(air)의 $\sum v_B$는 표 5-6으로부터

$$\sum v_A=4(16.5)+10(1.98)+1(5.48)=91.28$$

$$\sum v_B=20.1$$

위의 값을 식 (5-52)에 대입하면,

$$D_{AB}=\frac{1.0\times10^{-7}(273)^{1.75}(1/74.1+1/29)^{1/2}}{1.0[(91.28)^{1/3}+(20.1)^{1/3}]^2}$$

$$=7.73\times10^{-6}\ m^2/s$$

이 값을 실험적으로 구한 확산계수인 표 5-5의 값($7.03\times10^{-6}\ m^2/s$)과 비교하면 약 10%의 편차가 존재한다.

(b) $p=1.00$ atm, $T=273+25.9=298.9$ K, M_A(butanol) $=74.1$, M_B(air)$=29$. 표 5-6으로부터

$$\sum v_A = 4(16.5)+10(1.98)+1(5.48)=91.28 \text{ (butanol)}$$

$$\sum v_B = 20.1 \text{ (air)}$$

위의 값을 식 (5-52)에 대입하면,

$$D_{AB} = \frac{1.0\times10^{-7}(298.9)^{1.75}(1/74.1+1/29)^{1/2}}{1.0[(91.28)^{1/3}+(20.1)^{1/3}]^2}$$

$$=9.05\times10^{-6}\ \text{m}^2/\text{s}$$

이 값을 실험적으로 구한 확산계수인 표 5-5의 값(8.70×10^{-6} m^2/s)과 비교하면 약 10%의 편차가 존재한다.

(c) 0°C, 2 atm의 경우에는 (a)에서 추정한 값에 압력에 대한 보정을 하면 된다.

$$D_{AB}=7.73\times10^{-6}\,(1.0/2.0)=3.865\times10^{-6}\ \text{m}^2/\text{s}$$

Section 3 액체에서의 확산

액체에서 용질의 확산은 액체-액체 추출공정, 용매추출공정, 기체흡착공정 및 증류 등과 같은 분리공정에서 매우 중요하다. 생체식품 내 성분의 이동에는 수용액에서의 확산이 중요한 역할을 한다. 또한 식품가공공정에서 액체에서의 영양성분이나 향미성분의 확산은 중요한 경우가 많다.

액체에서의 확산은 기체의 경우에 비하여 그 속도가 느리다. 왜냐하면 액체에서의 분자들은 기체에 비하여 대단히 근접하여 있기 때문에 확산되는 용질은 확산 매체인 액체분자와 자주 충돌하게 되고 그 결과 확산속도는 느리게 된다.

일반적으로 기체에서의 확산계수는 액체의 약 10^5배이다. 그러나 실제기체에서의 확산속도는 그만큼 빠르지는 않고 액체에서는 상대적으로 농도가 매우 높기 때문에 액체에 비하여 약 100배 빠르다.

1. 액체에서의 확산식

액체에서는 분자들이 기체에 비하여 매우 근접해 있으므로, 액체에서의 확산저항과 밀도가 기체에서보다 매우 크다. 또한, 분자 간의 거리가 매우 촘촘하여 분자간 인력이 확산에 매우 중요한 역할을 하게 된다. 액체에서는 운동론을 일부 적용하므로, 액체에서의 확산식은 기체에서 유도한 확산식과 매우 유사하다.

기체에서의 확산과 액체에서의 확산에 있어 가장 다른 점은 액체에서의 용질의 확산계수가 확산 성분의 농도에 매우 의존적이라는 사실이다.

(1) 등몰상대확산

물질전달식을 유도하기 위해서 난류(turbulent flow)가 없는 유체에서 물질이동의 기본식인 식 (5-19)를 이용한다. 등몰상대확산에서는 $N_A = -N_B$이므로,

$$N_A = \frac{D_{AB}(c_{A1}-c_{A2})}{z_2-z_1} = \frac{D_{AB}c_{av}(x_{A1}-x_{A2})}{z_2-z_1} \tag{5-55}$$

여기서, N_A는 A성분의 확산플럭스이고 단위는 kg mol A/s·m^2, D_{AB}는 확산매체 B에서의 확산되는 성분 A의 확산계수로서 단위는 m^2/s, c_{A1}은 점 1에서 A성분의 농도이며 단위는 kg mol A/m^3, x_{A1}은 점 1에서 A성분의 몰분율이다. c_{av}는 다음과 같이 정의한다.

$$c_{av} = \left(\frac{\rho}{M}\right)_{av} = \left(\frac{\rho_1}{M_1} + \frac{\rho_2}{M_2}\right)/2 \tag{5-56}$$

여기서 c_{av}는 A+B의 평균 총 농도이고 단위는 kg mol/m^3, M_1은 점 1에서 용액의 평균 분자량으로 단위는 kg mass/kg mol, ρ_1은 점 1에서 용액의 평균 밀도로서 단위는 kg/m^{3}이다.

식 (5-55)에서 확산계수(D_{AB})는 농도에 따라 어느 정도 변하므로 평균값을 사용하고, 농도 역시 변하므로 평균값을 사용한다. 보통의 경우에 농도는 식 (5-56)에서와 같은 산술평균을 사용한다. 액체에서는 등몰상대확산의 경우는 매우 드물게 일어난다.

(2) 정지층을 통한 용질의 확산

액체에서의 확산은 대부분 정지층인 용매(B)에서 용질(A)이 확산된다. 예를 들어 물(B)에 propionic acid(A)가 녹아 있는 묽은 희석액과 toluene이 접해 있다고 생각해보자. 물과 toluene은 서로 섞이지 않고, 물상에 존재하는 propionic acid가 물을 통해서 경계층까지 확산되고, 이어서 toluene 층으로 확산될 것이다. 따라서 물과 toluene의 경계면은 B의 확산에 대한 장벽이 되어 $N_B=0$가 된다.

기체에서 정지층을 통한 확산에서 유도한 식 (5-28)을 $c_{av}=\dfrac{p}{RT}$, $c_{A1}=\dfrac{p_1}{RT}$, 그리고 $x_{BM}=\dfrac{p_{BM}}{p}$을 이용하여 재정리하면, 정상상태에서의 액체에 관한 물질전달식은 다음과 같이 나타낼 수 있다.

$$N_A=\frac{D_{AB}c_{av}}{(z_2-z_1)x_{BM}}(x_{A1}-x_{A2}) \tag{5-57}$$

여기서

$$x_{BM}=\frac{x_{B2}-x_{B1}}{\ln(x_{B2}/x_{B1})} \tag{5-58}$$

또한 $x_{A1}+x_{B1}=x_{A2}+x_{B2}=1.0$이고, 희석용액에서는 x_{BM}이 거의 1.0이며 농도 c는 일정하다. 따라서 식 (5-57)은 다음과 같이 나타낼 수 있다.

$$N_A=\frac{D_{AB}(c_{A1}-c_{A2})}{z_2-z_1} \tag{5-59}$$

[예제 5-5] 물(B)로부터의 에탄올(A)의 확산

298 K에서 에탄올(A)-물(B) 용액이 2.0 mm의 두께로 있으며 여기에 유기용매가 접해 있다. 단 유기용매는 물을 용해하지 못하나 에탄올은 용해할 수 있다. 즉 경계층에서 $N_B=0$인 상태이다. 점 1에서의 에탄올 농도는 16.8 wt%이고 용액의 밀도는 $\rho_1=972.8\ \text{kg/m}^3$이다. 점 2에서의 에탄올 농도는 6.8 wt%이고 용액의 밀도는 $\rho_2=988.1\ \text{kg/m}^3$이다. 그리고 에탄올의 확산계수($D_{AB}$)는 $0.740\times10^{-9}\ \text{m}^2/\text{s}$이다. 정상상태에서 확산플럭스 N_A를 계산하라.

[풀이]

에탄올이 A이고 물이 B이므로, $M_A = 46.05$이고 $M_B = 18.02$이다. 6.8 wt%의 점 2에서 몰분율(x_{A2})은 용액 100 kg을 기준으로 하여 다음과 같이 계산할 수 있다.

$$x_{A2} = \frac{6.8/46.05}{6.8/46.05 + 93.2/18.02} = \frac{0.1477}{0.1477 + 5.17} = 0.0277$$

따라서 $x_{B2} = 1 - x_{A2} = 1 - 0.0277 = 0.9723$

16.8 wt%의 점 1에서 몰분율을 같은 방법으로 계산하면, $x_{A1} = 0.0732$이고 $x_{B1} = 1 - 0.0732 = 0.9268$, 점 2에서의 분자량 M_2는 다음과 같이 계산한다.

$$M_2 = \frac{100 \text{ kg}}{(0.1477 + 5.17) \text{kg mol}} = 18.81 \text{ kg/kg mol}$$

같은 방법으로 M_1은 20.07 kg/kg mol이 된다. 다음으로는 식 (5-58)로부터

$$c_{av} = \frac{\rho_1/M_1 + \rho_2/M_2}{2} = \frac{972.8/20.07 + 988.1/18.81}{2}$$
$$= 50.5 \text{ kg mol/m}^3$$

식 (5-58)로부터 x_{BM}을 계산하여야 하지만, x_{B1}과 x_{B2}가 매우 비슷한 값을 가지므로 선형평균 즉 수학적 평균을 사용하여도 무방하다.

$$x_{BM} = \frac{x_{B1} + x_{B2}}{2} = \frac{0.9268 + 0.9723}{2} = 0.9495$$

이제까지 구한 값을 식 (5-57)에 대입하여 풀면.

$$N_A = \frac{D_{AB} c_{av}}{(z_2 - z_1) x_{BM}} (x_{A1} - x_{A2})$$
$$= \frac{(0.740 \times 10^{-9})(50.5)(0.0732 - 0.0277)}{(2/1000)0.9495}$$
$$= 8.96 \times 10^{-7} \text{ kg mol/s} \cdot \text{m}^2$$

2. 액체에서의 확산계수

(1) 확산계수의 실험적 측정

액체에서 용질의 확산계수를 측정하기 위하여 길다란 모세관(long capillary tube)에서 비정상상태(unsteady state)의 확산을 이용하거나 확산셀(diffusion cell)을 이용하는 방법 등 여러 가지 방법이 시도되었지만 여기서는 가장 통상적으로 사용되는 확산셀을 이용하는 방법에 대하여 설명한다. 기체에서와 달리 액체에서는 $D_{AB} \neq D_{BA}$ 임에 주목하라.

확산셀은 그림 5–8과 같이 신터드 유리(sintered glass)의 다공성 막으로 분리되어 있다. 한 쪽에는 비교적 희석된 용액을 다른 한쪽에는 농축된 용액을 배치하고 양쪽 모두 잘 저어주고, 분자확산이 신터드 유리의 다공성 좁은 공간을 통해 일어나도록 조작한다.

다공성 막을 통해서 분자는 직선 거리를 이동하는 것이 아니라 꼬불꼬불한 길을 따라 이동하므로 이동경로의 꼬부라지는 정도를 나타내는 다공성 막의 곡로율(tortuosity, τ)은 1보다 크며 일정하다. 따라서 실제로 확산되는 거리는 다공성 유리두께 δ cm보다 크게 되어 이를 보정해 준 유효확산거리(effective diffusion length)는 $\tau\delta$가 된다. 이러한 방법은 Bidstrup과 Geankoplis(1963)에 의해서 제안되었으며, 유효확산거리는 확산계수를 알고 있는 염화칼륨(KCl)과 같은 용질을 사용하여 구할 수 있다.

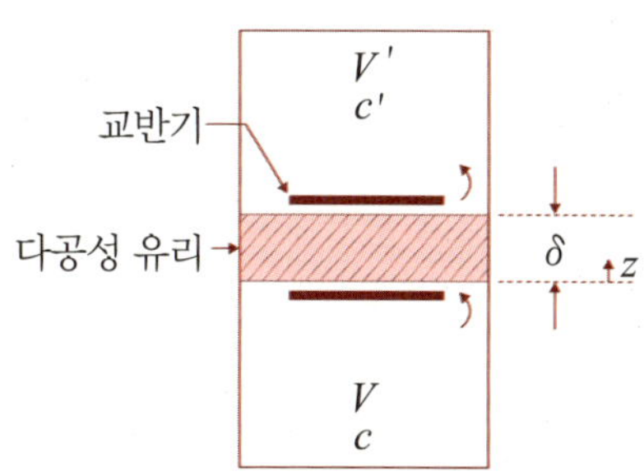

그림 5–8 액체에서 확산계수를 측정하기 위한 Diffusion cell

다공성 막에서의 확산을 준정상상태(quasi-steady state)로 가정하면 용질 A의 플럭스는 다음과 같이 나타낼 수 있다.

$$N_A = \varepsilon D_{AB} \cdot \frac{c - c'}{\tau\delta} \tag{5-60}$$

여기서 c는 그림 5-8에서와 같이 임의의 시간 t에서 아래쪽 방 용질의 농도이고 c'는 위쪽 방에서의 농도이다. 그리고 ε는 확산에 대하여 열려진 유리 면적의 비율(the fraction of area of the glass open to diffusion)로서 공극률(porosity)이라 한다. 용질 A에 대하여 양쪽방에서 물질수지(rate in = rate out + rate of accumulation)를 취하고, $V = V'$를 사용하여 두 물질수지를 병합하여 적분하면 최종적으로 다음과 같은 식을 얻을 수 있다.

$$\ln \frac{c_0 - c_0'}{c - c'} = \frac{2\varepsilon A}{\tau\delta V} D_{AB} t \tag{5-61}$$

여기서 $2\varepsilon A/\tau\delta V$는 셀 상수(cell constant)로서 염화칼륨(KCl)과 같이 확산계수를 알고 있는 용질을 이용하여 측정할 수 있다. c_0는 초기농도이고 c는 최종농도이다.

(2) 실험적으로 측정된 액체에서의 확산계수 자료

표 5-7에 액상의 2성분계 혼합물에서 실험적으로 측정된 여러 가지 용질의 확산계수를 나타내었다. 모든 자료는 희석 용액에서 측정된 값으로 용매에서 용질이 확산되는 경우에 대한 값이다. 액체에서의 확산계수는 농도에 따라 현저하게 변하므로 희석용액의 범위를 넘어서는 농도에서 표 5-7의 확산계수를 사용하는 경우에는 주위를 기울여야 한다.

Perry's Chemical Enginer's Handbook(1984)에서 좀 더 많은 자료를 칫을 수 있다. 생물학적 용질에 대한 확산계수는 다음 절에서 다룬다. 표를 살펴보면 비교적 점성을 갖지 않는 유체의 확산계수는 매우 작으며 그 값은 약 $0.5\times10^{-9} \sim 5\times10^{-9}\ m^2/s$이다.

표 5-7 희석용액에서의 확산계수

Solute	Solvent	Temperature		Diffusivity $[(m^2/s)10^9$ or $(cm^2/s)10^5]$
		℃	K	
NH_3	Water	12	285	1.64
		15	288	1.77
O_2	Water	18	291	1.98
		25	298	2.41
CO_2	Water	25	298	2.00
H_2	Water	25	298	4.8
Methyl alcohol	Water	15	288	1.26
Ethyl alcohol	Water	10	283	0.84
		25	298	1.24
n-Propyl alcohol	Water	15	288	0.87
Formic acid	Water	25	298	1.52
Acetic acid	Water	9.7	282.7	0.769
		25	298	1.26
Propionic acid	Water	25	298	1.01
HCl (9 g mol/L)	Water	10	283	3.3
(2.5 g mol/L)		10	283	2.5
Bonzoic acid	Water	25	298	1.21
Acetone	Water	25	298	1.28
Acetic acid	Benzene	25	298	2.09
Urea	Ethanol	12	285	0.54
Water	Ethanol	25	298	1.13
KCl	Water	25	298	1.870
KCl	Ethylene glycol	25	298	0.119

(Hirschfelder 등, 1954)

3. 액체에서 확산계수의 예측

액체에서의 확산에 대한 이론은 아직까지 완전하게 수립되지 않았으므로 희석용액에서 용질의 확산계수를 예측하는 식으로 반경험식이 사용된다. 최초로 유도된 반경험식을 Stokes-Einstein 방정식이라 하며, 이 식은 작은 분자량을 갖는 용매 B에서 매우 큰 분자량을 갖는 용질 A가 확산되는 경우에 유도되었으며 다음과 같다(Wilke 등, 1955).

$$D_{AB}=\frac{xT}{6\pi r\mu}=\frac{9.96\times10^{-16}\,T}{\mu V_A^{1/3}} \tag{5-62}$$

여기서 x : Boltzmann 상수(1.3805×10^{-23} J/K)

r : 용질의 반경 (m)

μ : 용매의 점도(kg/m · s)

V_A : 용질의 정상적 끓는점에서 몰부피 (m^3/kg mol)

이 식은 매우 크며 수화되지 않은 구 모양으로 분자량이 1000 이상이거나 그보다 큰 용질 분자의 경우나, 또는 수용액에서 V_A가 약 0.500 m^3/kg mol 이상의 경우에 매우 잘 적용된다.

식 (5−62)에 의하면 액체에서 확산계수는 온도에 비례하여 증가한다. 또한 온도가 증가하면 액체의 점도가 감소하므로 확산계수는 더욱 증가하게 된다. 분자확산에 의하여 시간 t 동안 이동하는 평균거리 Δx는 다음 식 (5−63)의 Einstein 방정식에 의하여 근사적으로 구할 수 있다.

$$\Delta x=\sqrt{2D_{AB}t} \tag{5-63}$$

용질의 몰부피가 작은 경우에는 식 (5−62)를 적용할 수 없다. 이 경우의 확산계수를 추정할 수 있는 식을 유도하기 위하여 이론적으로 여러 가지 방법이 시도되었으나 아직까지 정확한 방정식은 유도되지 않았다. 반이론적 표현의 하나로서 Wilke-Chang의 상관관계식(Treyval, 1980: Wilke-Chang, 1955)이 개발되었다. 이 식은 용매(B)에서 용질(A)가 희석되는 경우에 가장 일반적으로 사용되고 있으며 다음과 같이 표현한다.

$$D_{AB}=1.173\times10^{-16}(\phi M_B)^{1/2}\frac{T}{\mu_B V_A^{0.6}} \tag{5-64}$$

여기서 M_B : 용매 B의 분자량

μ_B : B의 점도 (Pa · s 또는 kg/m · s)

V_A : 용질 A의 정상적 끓는점에서의 몰부피 (m^3/kg mol)이며, 표 5−8에 자료를 제시하였다.

ϕ : "연합매개변수(association parameter)"라 하고, 물, 메탄올, 에탄올, 벤젠, 에테르 및 헵탄의 연합매개변수는 각각 2.6, 1.9, 1.5, 1.0, 1.0, 1.0의 값을 갖는다. 그리고 다른 unassociated solvents의 연합매개변수는 1.0이다.

V_A가 약 0.500 m^3/kg mol 이상인 경우에는 식 (5−62)을 사용한다.

물이 용질인 경우에는 식 (5−64)에 1/2.3을 곱하여 확산계수를 추정한다. 식 (5−64)를 이용하여 수용액 상태에서 예측한 확산계수는 약 10~15%의 편차가 존재하고, 비수용액 상태에서는 약 25% 정도의 편차가 발생한다. 278~313 K의 온도 범위 이외에서 추정하는 경우에는 이 식을 사용하는데 주의를 기울여야 한다. 이러한 온도 범위의 물에서 용질이 확산되는 경우에는 Reddy−Doraiswamy 방정식(1984)을 사용한다.

표 5-8 정상적 비점에서의 몰부피

Material	Atomic Volume (m^3/kg mol)10^3	Material	Atomic Volume (m^3/kg mol)10^3
C	14.8	Ring 3-membered	−6
H	3.7	as in ethylene	
O(except as below)	7.4	oxide	
Doubly bound as	7.4	4-membered	−8.5
carbonyl		5-membered	−11.5
Coupled to two		6-membered	−15
other elements		Naphthalene ring	−30
In aldehydes, ketones	7.4	Anthracene ring	−47.5
In methyl esters	9.1		
In methyl ethers	9.9		
In ethyl esters	9.9		
In ethyl ethers	9.9		Molecular Volume
In higher esters	11.0		(m^3/kg mol)10^3
In higher ethers	11.0	Air	29.9
In acids(-OH)	12.0	O_2	25.6
Joined to S, P, N	8.3	N_2	31.2
N		Br_2	53.2
Doubly bonded	15.6	Cl_2	48.4
In primary amines	10.5	CO	30.7
In secondary amines	12.0	CO_2	34.0
Br 27.0		H_2	14.3
Cl in RCHClR′	24.6	H_2O	18.8
Cl in RCl (terminal)	21.6	H_2S	32.9
F	8.7	NH_3	25.8
I	37.0	NO	23.6
S	25.6	N_2O	36.4
P	27.0	SO_2	44.8

(Geankoplis, 2003)

[예제 5-6] 액체에서의 확산계수 예측

Wilke-Chang의 상관관계식을 사용하여 25°C와 50°C의 물에서 아세톤(CH_3COCH_3)의 확산계수를 추정하라. 25°C(298 K)에서 실험적으로 측정한 확산계수는 1.28×10^{-9} m^2/s이다.

[풀이]

부록에서 25°C에서의 물의 점도(μ_B)는 0.8937×10^{-3} Pa·s이고 50°C에서는 0.5494×10^{-3}이다. 아세톤은 3개의 탄소와 6개의 수소 그리고 한 개의 산소로 이루어져 있으므로, 표 5-8을 이용하여 V_A를 계산하면,

$$V_A = 3(0.0148) + 6(0.0037) + 1(0.0074) = 0.0740 \ m^3/kg \ mol$$

물의 연합매개변수는 $\phi = 2.6$이고, $M_B = 18.02$ kg mass/kg mol이다.

따라서 25°C에서는 식 (5-62)에 따라,

$$D_{AB} = 1.173 \times 10^{-16} (\phi M_B)^{1/2} \frac{T}{\mu_B V_A^{0.6}}$$

$$= \frac{(1.173 \times 10^{-16})(2.6 \times 18.02)^{1/2}(298)}{(0.8937 \times 10^{-3})(0.0740)^{0.6}} = 1.277 \times 10^{-9} \ m^2/s$$

같은 방법으로 50°C(323 K)에서 계산하면,

$D_{AB} = 2.251 \times 10^{-9}$ m^2/s이다.

4. 액체에서 전해질의 확산계수 예측

염화칼륨(KCl)과 같은 전해질은 수용액에서 양이온과 음이온으로 해리된다. 그리고 각 이온은 다른 속도로 확산된다. 만약에 용액의 각 위치에서 전기적으로 중성을 띠고 있다면 즉, 어떠한 전기적 전위장(electric-potential field)도 가해지지 않았다고 가정하면 양이온과 음이온은 각각 하나의 성분으로 확산되고, 이온들의 총 운동과 플럭스는 같아진다. 그러므로 전해질 KCl의 평균 확산계수는 두 이온의 확산계수를 조합하여야 한다.

가장 널리 사용되고 있는 Nernst-Haskell 방정식은 묽은, 단일염 용액에서 적용된다. 25°C의 용매(B)에서 확산되는 염 A의 총괄 확산계수(D_{AB}^0)를 예측하는 식은 다음과 같다.

$$D_{AB}^0 = 8.928 \times 10^{-10}\ T \frac{(1/n_+ + 1/n_-)}{(1/\lambda_+ + 1/\lambda_-)} \tag{5-65}$$

여기서 D_{AB}^0 : 총괄확산계수 (cm^2/s)

n_+, n_- : 양이온과 음이온의 원자가

λ_+, λ_-: 매우 묽은 용액에서의 제한 이온 전도도(limiting ionic conductancs)이고 단위는 $(A/cm^2)(V/cm)(g\ equiv./cm^2)$이다.

표 5-9에 25°C, 묽은 수용액에서의 제한이온전도도 값을 제시하였다.

표 5-9 25°C 물에서의 제한 이온 전도도

Anion	λ_-	Cation	λ_+
OH^-	197.6	H^+	349.8
Cl^-	76.3	Li^+	38.7
Br^-	78.3	Na^+	50.1
NO_3^-	71.4	K^+	73.5
$CH_3CO_2^-$	40.9	NH_4^+	73.4
$\frac{1}{2}SO_4^{2-}$	80	$\frac{1}{2}Ca^{2+}$	59.5
ClO_4^-	68.0	$\frac{1}{2}Zn^{2+}$	53
		$\frac{1}{3}La^{3+}$	69.5

Ionic conductance in $(A/cm^2)(V/cm)(g\ equiv./cm^2)$ (Robinson and Stokes, 1959)

표를 이용하여 확산계수를 예측하는 경우에는 $T=298.2$를 대입하라.

25°C에서 개별 이온 i 에 대한 확산계수는 다음 식에 의해서 계산한다.

$$D_i = 2.662 \times 10^{-7} \frac{\lambda_i}{n_i} \tag{5-66}$$

식 (5-66)을 이용하면 식 (5-65)는 다음과 같이 나타낼 수 있다.

$$D_{AB}^0 = \frac{n_+ + n_-}{n_-/D_+ + n_+/D_-} \tag{5-67}$$

25°C가 아닌 임의의 온도에서 확산계수를 추정하기 위해서는 먼저 표 5-9의 자료와 식 (5-65)으로부터 25°C에서의 D_{AB}^0를 구하고 여기서 보정계수로 $T/(334\mu_w)$를 곱하여 계산한다.

여기서 μ_w는 새로운 임의의 온도 T에서의 물에 대한 점도로서 단위는 cp이다.

[예제 5-7] 전해질의 확산계수

아래 각 경우에 대한 묽은 전해질의 확산계수(m^2/s)를 추정하라.

(a) 25°C에서 KCl의 D^0_{AB}를 예측하고, 표 5-7의 값과 비교하라.

(b) 18.5°C에서 KCl의 D^0_{AB}를 예측하라. 실험적으로 측정한 값은 $1.7\times10^{-5}\ cm^2/s$이다.

(c) 25°C에서 $CaCl_2$의 D^0_{AB}를 예측하라. 실험적으로 측정한 값은 $1.32\times10^{-5}\ cm^2/s$이며, 이 값과 비교하라. 또한 각 이온에 대한 D_i를 계산하고, 이 값을 이용하여 식 (5-67)으로부터 D^0_{AB}를 추정하라.

[풀이]

(a) 표 5-9로부터 $\lambda_+(K^+)=73.5$, $\lambda_-(Cl^-)=76.3$. 이 값을 식 (5-65)에 대입하면,

$$D^0_{AB}=8.928\times10^{-10}(298.2)\frac{(1/1+1/1)}{(1/73.5+1/76.3)}$$

$$=1.993\times10^{-5}\ cm^2/s$$

표 5-7의 실험적으로 측정된 값은 $1.87\times10^{-5}\ cm^2/s$으로 아주 묽은 용액이 아닌 상황에서는 합리적으로 유사하다 할 수 있다.

(b) 온도에 대하여 보정하는 $T/(334\mu_w)$을 곱해주기 위하여, $T=273.2+18.5=291.7$ K와 부록에서 구한 $\mu_w(291.7\ K)=1.042$ cp를 사용하자. 그러면 $T/(334\mu_w)=291.7/(334\times1.042)=0.8382$

$$D^0_{AB}(18.5^\circ C)=0.8382\times D^0_{AB}(25^\circ C)$$

$$=0.8382(1.993\times10^{-5})=1.671\times10^{-5}\ cm^2/s$$

이 값은 실험적으로 측정한 $1.7\times10^{-5}\ cm^2/s$와 매우 유사하다.

(c) $CaCl_2$는 수용액에서 다음과 같이 해리된다.

$$CaCl_2 \rightleftarrows Ca^{+2} + 2Cl^{-1}$$

따라서 표 5-9으로부터 $\lambda_+(Ca^{+2}/2) = 59.5$, $\lambda_-(Cl^-) = 76.3$이고, $n_+ = 2$와 $n_- = 1$을 식 (5-65)에 대입하면,

$$D^0_{AB} = 8.928 \times 10^{-10}(298.2)\frac{(1/2 + 1/1)}{(1/59.5 + 1/76.3)}$$

$$= 1.335 \times 10^{-5}\ cm^2/s$$

예측된 이 값은 실험적으로 측정된 $1.32 \times 10^{-5}\ cm^2/s$와 비교적 비슷하다. 식 (5-66)을 이용하여 25°C 에서 개별 이온의 확산계수를 계산하면,

$$D_{Ca^{+2}} = 2.662 \times 10^{-7}\frac{\lambda_+}{n_+} = 2.662 \times 10^{-7}\frac{(59.5)}{2} = 0.792 \times 10^{-5}\ cm^2/s$$

$$D_{Cl^{-1}} = 2.662 \times 10^{-7}\frac{\lambda_-}{n_-} = 2.662 \times 10^{-7}\frac{(76.3)}{1} = 2.031 \times 10^{-5}\ cm^2/s$$

이 값을 식 (5-67)에 대입하면,

$$D^0_{AB} = \frac{n_+ + n_-}{n_-/D_+ + n_+/D_-} = \frac{2+1}{1/(0.792 \times 10^{-5}) + 2/(2.031 \times 10^{-5})}$$

$$= 1.335 \times 10^{-5}\ cm^2/s$$

염의 확산계수는 두 이온의 확산계수 사이에 있음을 알 수 있다.

Section 4 생물학적 용액과 젤에서의 분자확산

1. 액체에서 생물학적 용질의 확산

(1) 개요

미생물, 동물 및 식물의 대사과정이나 생물학적 시스템의 가공이나 분류 공정에서 작은 용질분자, 그리고 특히 단백질과 같은 거대분자의 확산은 매우 중요하다. 뿐만 아니라 식품가공공정에서도 확산은 매우 중요한 역할을 한다. 예를 들어, 액상의 과채주스, 커피, 그리고 차 등을 건조하는 공정에서 물과 휘발성 풍미 및 향기 성분이 자주 제거되는데, 이러한 성분들은 증발하는 동안에 액체를 통해서 확산된다.

발효공정 중에는 영양성분, 당 및 산소 등이 미생물로 확산되어 들어가고, 폐기물 또는 효소가 확산되어 배출된다. 인공신장기에서는 여러 가지 폐기물들이 혈액을 통하여 막으로 확산되고, 막을 통해서 수용액으로 확산된다.

일반적으로 참용액(true solutions)이라 불리우는 콜로이드(colloids)에는 분자량 10,000 이상의 거대분자가 녹아 있다. 이러한 용액에서 거대분자인 단백질의 확산거동은 그 크기나 모양(random coils, rodlike, or globular-spheres or ellipsoids)에 영향을 받는다. 뿐만 아니라 적은 용질분자에서처럼 거대용질분자의 경우에도 용매 그리고 또는 용질 분자 간의 상호작용이 확산에 영향을 주게 된다.

생물학적 시스템에서는 Fick's의 법칙에 따르는 확산 이외에도 화학반응이 동반되는 경우의 전달현상도 자주 발생된다. 하지만 여기서는 다루지 않을 것이다.

(2) 확산에서의 "결합"과 "상호작용"

단백질은 urea, KCl, 그리고 sodium caprylate와 같은 작은 용질분자와 비교하여 매우 크며, 리간드 분자(ligand molecules) 또는 용질과 결합(binding) 또는 상호작용(interaction)하기 위한 다수의 자리를 가지고 있다. 예를 들어, 혈액에 존재하는 헤모글로빈은 산소와 결합할 수 있다. 단백질인 인간 혈청 알부민(human serum albumin)은 혈액에서 대부분의 자유지방산과 결합하여 그들의 겉보기 용해도(apparent solubility)가 증가한다.

우유에 들어있는 소 혈청 알부민(bovine serum albumin)은 알부민 농도가 30 kg/m^3인 용액에 sodium caprylate가 약 0.05 mol 있는 경우에 1 mol의 알부민 당 23 mol의 sodium caprylate와 결합한다. 그러므로 Fick's의 법칙에 따르는 거대분자와 작은 용질분자의 확산은 아무리 희석된 상태라 하여도 분자의 모양이나 분자가 함께 존재함에 의해서 지대한 영향을 받을 수 있다.

(3) 확산계수의 실험적 측정방법

생물학적 용질의 확산계수는 3절에서 설명하였던 확산 셀 장치를 약간 변형하여 측정하는 방법이 이용된다. 그림 5-8의 격막식 확산 셀(diaphragm diffusion cell)에서 유리로 만든 방을 Lucite® 또는 Teflon®으로 제작하여야 한다.

이유는 단백질은 유리와 결합하기 때문이다. 뿐만 아니라 분자확산이 일어나는 유리로 만들어진 다공성막을 cellulose acetate 또는 다른 고분자물질로 만들어야 한다.

(4) 생물학적 용질에 대한 실험자료

단백질 확산계수에 대하여 문헌에 나타난 대부분의 실험 자료는 확산계수가 흔히 농도에 따른 함수여서 농도가 0인 곳에서 외삽하였다. 표 5-10에 생물학적 시스템인 수용액에서 여러 가지 작은 용질과 단백질에 대한 확산계수를 나타내었다.

표 5-10을 보면 작은 용질 분자의 확산계수는 1×10^{-9} m^2/s인데 비하여 분자량이 큰 단백질 분자는 분자량이 큰 물질일수록 5×10^{-11} m^2/s까지 확산계수가 작아짐을 알 수 있다. 이러한 사실은 동일한 농도차를 갖는 거대분자와 작은 용질의 경우에 있어서, 거대분자의 확산속도는 약 20배 정도 느리게 확산됨을 의미한다.

표 5-10 수용액에서 희석된 생물학적 용질의 확산계수

Solute	Temperature °C	Temperature K	Diffusivity (m^2/s)	Molecular Weight
Urea	20	293	1.20×10^{-9}	60.1
	25	298	1.378×10^{-9}	
Glycerol	20	293	0.825×10^{-9}	92.1
Glycine	25	298	1.055×10^{-9}	75.1
Sodium caprylate	25	298	8.78×10^{-11}	166.2
Bovine serum albumin	25	298	6.81×10^{-10}	67,500
Urease	25	298	4.01×10^{-11}	482,700
	20	293	3.46×10^{-11}	
Soybean protein	20	293	2.91×10^{-11}	361,800
Lipoxidase	20	293	5.59×10^{-11}	97,440
Fibrinogen, human	20	293	1.98×10^{-11}	339,700
Human serum albumin	20	293	5.93×10^{-11}	72,300
γ-Globulin, human	20	293	4.00×10^{-11}	153,100
Creatinine	37	310	1.08×10^{-9}	113.1
Sucrose	37	310	0.697×10^{-9}	342.3
	20	293	0.460×10^{-9}	

(Robinson and Stoker, 2003)

일반적으로 용질의 농도가 증가하면 확산계수는 감소한다. 하지만 거대분자인 단백질의 경우에는 표면에 띠고 있는 전하 때문에 농도가 증가하여도 감소하지 않고 증가하는 경우도 있다.

생물학적 시스템에서는 단백질과 같은 거대분자가 녹아있는 용액에 urea, KCl, 그리고 sodium caprylate와 같은 작은 용질분자와 함께 존재하는 경우가 있으며, 이때 작은 용질분자들은 단백질 용액을 통해서 확산되며 이들의 확산계수는 고분자의 농도가 증가함에 따라 감소한다.

예를 들어 소 혈청 알부민(P)을 통해서 작은 용질인 sodium caprylate(A)가 확산되는 경우에 대한 확산계수(D_{AP})를 실험적으로 측정한 자료에 의하면, 단백질(P)의 농도가 증가함에 따라 D_{AP}가 현저하게 줄어든다. 감소가 일어나는 원인은 A와 P가 결합하여 자유롭게 확산할 수 있는 A가 줄어들고, 형성된 거대분자들이 흐름을 방해하기 때문이다.

(5) 수용액에서 생물학적 용질에 대한 확산계수 예측

수용액에 작은 용질만 존재하고, 용질의 분자량이 1000보다 작거나 용질의 몰부피가 0.500 m³/kg mol인 경우의 작은 용질의 확산계수를 예측하기 위해서는 식 (5−64)를 사용하였다. 용질이 좀 더 큰 경우에는 식 (5−64)는 정확하지 않아 식 (5−68)과 같은 Stokes-Einstein의 근사식을 사용하여 예측한다.

$$D_{AB}=\frac{xT}{6\pi r\mu}=\frac{9.96\times10^{-16}\,T}{\mu V_A^{1/3}} \tag{5-68}$$

반면에 분자량 1000 이상의 묽은 수용액에서 용질의 확산계수 예측에는 식 (5−68)의 변형인 Polson의 반경험적인 식 (5−69)가 더 유용하다.

$$D_{AB}=\frac{9.40\times10^{-15}\,T}{\mu M_A^{1/3}} \tag{5-69}$$

[예제 5−8] 콩 단백질 확산계수의 예측

20°C의 묽은 콩 단백질 수용액에서의 확산계수를 구하고 이 값을 표 5−10의 실험값과 비교하라. 단, 이 온도에서의 물의 점도는 0.00101 kg/m·s이다.

[풀이] 콩단백질의 $M_A = 361800$이므로 식 (5-69)의 Polson 방정식을 이용하면

$$D_{AB} = \frac{9.40 \times 10^{-15} T}{\mu M_A^{1/3}} = \frac{9.40 \times 10^{-15} \times 293.15}{0.00101 \times 361800^{1/3}}$$
$$= 3.83 \times 10^{-11}\ m^2/s$$

이 값은 표 5-10의 $2.91 \times 10^{-11}\ m^2/s$ 보다는 크지만 근사한 범위의 값으로 생각할 수 있다.

(6) 단백질 용액에서 작은 용질에 대한 확산계수 예측

거대분자인 단백질(P) 용액에서 작은 용질(A)이 확산되는 경우에는 거대분자가 용질의 확산을 방해하기 때문에 식 (5-64)를 적용할 수 없다. 즉, 수용액에 용질(A)만 존재하는 경우의 확산계수(D_{AB})에 단백질의 영향을 보정할 수 있어야 한다. 구상 단백질(P) 용액에서 용질(A)의 확산계수(D_{AP})를 예측하기 위해서는 다음과 같은 반이론적인 식이 유용하다. 다만 이 식에서는 단지 방해요소만 고려하였고 결합효과는 고려하지 않았다.

(Golton 등, 1970 Geankoplis 등, 1979 Geankoplis 등, 1978)

$$D_{AP} = D_{AB}(1 - 1.81 \times 10^{-3}\ c_p) \tag{5-70}$$

여기서 c_P=kg P/m³이다. 그러면 확산식은 다음과 같다.

$$N_A = \frac{D_{AP}(c_{A1} - c_{A2})}{z_2 - z_1} \tag{5-71}$$

여기서 c_{A1}은 A의 농도로서 단위는 kg mol A/m³이다.

(7) 결합이 존재하는 경우의 확산계수 예측

단백질용액(P)에서 용질 A가 단백질과 결합하는 경우에 용질 A의 확산 플럭스는 용액에서 비결합된 용질 A의 플럭스에 단백질-용질 결합물의 플럭스를 더해야 한다. 결합에 대한 정량적인 양을 실험적으로 구할 수 있다면 용질 A의 확산계수(D_{AP})는 다음과 같은 식으로 예측할 수 있다(Geankoplis 등, 1979; Geankoplis 등, 1978).

$$D_{AP} = \left[D_{AB}(1-1.81\times 10^{-3}\ c_p)\left(\frac{\%\text{free A}}{100}\right) + D_p\left(\frac{\%\text{bound A}}{100}\right)\right] \quad (5\text{–}72)$$

여기서, D_P는 용액 내에 단백질만 존재하는 경우의 확산계수로서 단위는 m^2/s이다. 그리고 free A는 단백질과 결합하지 않은 A로서 실험적 결합 계수(experimental binding coefficient)로부터 구한다. 따라서 A의 플럭스는 식 (5-72)에서 구한 D_{AP}를 식 (5-71)에 대입하여 구한다. 여기서 c_A는 용액에서 A의 총 농도이다.

2. 생물학적 젤 내에서의 확산

젤(gel)은 다공성 구조를 가진 반고체로서, 통상적으로 물 용액에 수 wt%의 젤로 구성된 묽은 수용액에 있는 거대분자로 구성되어 있다. 젤 내부의 세공(pore) 및 빈공간은 물로 채워져 있다. 용질의 젤 내부에서의 확산 속도는 수용액에서의 확산속도보다 작다. 젤 구조의 주요 영향은 확산에 필요한 이동경로를 증가시키는 것이다. 이때 전기적인 영향은 없는 것으로 가정한다.

최근 전자현미경을 이용한 연구에서 agarose(agar의 주요 성분) 젤에는 길고, 비교적 곧은 실같이 가느다란 줄기가 존재함을 확인하였다. 이러한 사실은 젤 구조가 느슨하게 섞여 짜여 있고, 광범위하게 수소결합된 다당류의 거대분자임을 말한다.

전형적인 젤로 agarose, agar 그리고 젤라틴 등이 있다. 많은 유기 고분자들이 여러 종류의 용액 내에 젤로서 존재한다. 젤에서 용질의 확산계수를 측정하기 위해서는 비정상상태(unsteady-state) 방법이 사용된다. 한 가지 방법으로, 젤을 녹여 좁은 관에 꽉 채운 후에 응고시킨다. 확산될 용질을 포함하고 있는 용액이 담겨있는 수조에 관을 넣는다. 이 때 수조 내의 용액은 잘 교반되어야 한다. 용질은 젤 주위에서 용액으로부터 나와 젤을 통해서 확산된다. 일정 시간이 흐른 후에 젤에 확산된 용질의 농도를 측정하여 젤에서 용질의 확산계수를 결정한다.

표 5-11에 어떤 용질의 여러 가지 젤에서의 확산계수를 나타내었다. 젤에서의 확산계수는 순수한 물에서의 확사계수보다는 현저히 작다는 사실을 알 수 있다. 예를 들어, 278 K에서 순수한 물에서의 urea의 확산계수는 표 5-11에 $0.880\times10^{-9}\ m^2/s$으로 제시되어 있고, 2.9 wt%의 젤라틴에서는 $0.640\times10^{-9}\ m^2/s$으로 나타나, 약 27%가 감소되었음을 알 수 있다.

Agar와 gelatin 모두 주어진 용질에 대한 확산계수가 젤 농도(wt %)의 증가에 따라 거의 직선적으로 감소한다. 하지만, 이러한 직선 관계에서 외삽하여 구한 0% 젤에서의 확산계수는 순수한 물에서의 확산계수보다 작다. 이는 실험 준비 과정이나 젤의 제조된 배치(batch)에 따라 약 10 내지 20% 정도 달라질 수 있음을 나타낸다.

표 5-11 수용액 내 희석된 생물학적 젤에서의 용질의 확산계수

Solute	Gel	wt % Gel in Solution	Temperature K	Temperature °C	Diffusivity (m^2/s)
Sucrose	Gelatin	0	278	5	0.285×10^{-9}
		3.8	278	5	0.209×10^{-9}
		10.35	278	5	0.107×10^{-9}
		5.1	293	20	0.252×10^{-9}
Urea	Gelatin	0	278	5	0.880×10^{-9}
		2.9	278	5	0.644×10^{-9}
		5.1	278	5	0.609×10^{-9}
		10.0	278	5	0.542×10^{-9}
		5.1	293	20	0.859×10^{-9}
Methanol	Gelatin	3.8	278	5	0.626×10^{-9}
Urea	Agar	1.05	278	5	0.727×10^{-9}
		3.16	278	5	0.591×10^{-9}
		5.15	278	5	0.472×10^{-9}
Glycerin	Agar	2.06	278	5	0.297×10^{-9}
		6.02	278	5	0.199×10^{-9}
Dextrose	Agar	0.79	278	5	0.327×10^{-9}
Sucrose	Agar	0.79	278	5	0.247×10^{-9}
Ethanol	Agar	5.15	278	5	0.393×10^{-9}
NaCl (0.05 M)	Agarose	0	298	25	1.511×10^{-9}
		2	298	25	1.398×10^{-9}

(Genkoplis, 2003)

[예제 5-9] 젤을 통한 설탕의 확산

0.79 wt% agar gel로 된 길이 0.04 m의 튜브가 교반되는 두 설탕 수용액 사이를 연결하고 있다. 한 쪽 수용액은 농도가 0.2 kg mol/m^3이고 다른 쪽 수용액은 농도 0이다. 이 계의 온도가 5°C일 때 정상상태에서 설탕의 단위면적당 이동속도를 계산하라.

[풀이]

표 5-11의 데이터를 이용하면, 278 K에서 설탕 용질의 $D_{AB}=0.247\times 10^{-9}\ m^2/s$이다. 설탕 용질이 젤 내부의 정지된 물을 통하여 확산되므로 식 (5-57)을 이용할 수 있다. 하지만 x_{A1}의 값이 0.01보다 작으므로 매우 희석된 용액으로 간주할 수 있으므로 $x_{BM}\cong 1$이다. 따라서 식 (5-71)을 적용한다.

$$N_A=\frac{D_{AP}(c_{A1}-c_{A2})}{z_2-z_1}=\frac{0.247\times 10^{-9}(0.2-0)}{0.04-0}$$

$$=1.235\times 10^{-9}\ \text{kg mol/s}\cdot\text{m}^2$$

Section 5 고체에서의 분자확산

고체 내부에서 용질의 확산속도는 일반적으로 액체나 기체에서보다 느리며 더욱 복잡하다. 식품가공공정(예를 들면 건조, 식용유의 추출, 막분리, 포장필름을 통한 기체의 투과 등)에서 고체에서의 확산은 매우 중요하다.

고체에서의 확산은 Fick's의 법칙을 따르는 확산과 다공성 고체에서의 확산의 두 가지로 나눌 수 있다. Fick's의 법칙을 따르는 경우 확산속도는 고체의 실제 구조에는 크게 의존되지 않으나, 다공성 고체에서의 확산은 실제 구조에 크게 영향을 받는다.

1. Fick's의 법칙에 따르는 고체에서의 확산

(1) 물질전달식의 유도

Fick's의 법칙에 따르는 고체에서의 확산은 고체 구조에 영향을 받지 않으며, 용질이 실제 고체에 녹아서 균질한 용액을 형성한 다음 용액에서 농도 차에 의하여 확산되는 것이다.

예를 들어 고체-액체추출(leaching)의 경우를 생각해 보면 추출되는 가용성 성분은 불용성 고체 구조에 갇혀있다. 그러므로 건조고체로부터 가용성 성분이 추출되기 위해서는 먼저 고체가 용매를 흡수하여 고체 내부의 가용성 성분을 녹여 용액을 형성하고, 그런 다음 고체 내부용액과 외부용액의 농도차에 의하여 확산이 일어난다. 이 경우 불용성 고체가 용질이 이동하는 데 저항력을 미치므로 확산속도는 느리다. 대부분 식품재료는 구조가 복잡하고 또한 성분들이 세포 내에 존재한다.

그러므로 추출효율을 향상시키기 위해서 압착, 분쇄 등의 전처리 조작으로 세포를 파괴시킨다. 식품에서 수분의 확산, 고무막을 통한 수소, 질소의 확산 등도 비슷한 경우라 생각할 수 있다. 이와 같은 확산과정에서 용질의 농도는 고체에 내포된 용액에 대해서 나타내기보다는 고체에 대한 농도로 나타내며, 이렇게 함으로써 측정하기가 용이해진다.

이러한 형식의 확산은 일반적으로 Fick's의 법칙을 이용한다. 따라서 2성분계의 물질전달 기본식인 다음과 같은 식 (5-73)에서 출발하여 물질전달식을 유도한다.

$$N_A = -D_{AB}\frac{dc_A}{dz} + \frac{c_A}{c}(N_A + N_B) = -cD_{AB}\frac{dx_A}{dz} + x_A(N_A + N_B) \tag{5-73}$$

여기서 c_A/c 또는 x_A가 매우 작기 때문에 벌크 흐름을 나타내는 $(c_A/c)(N_A+N_B)$는 존재한다 할지라도 매우 작다. 따라서 무시할 수 있다. 또한 c가 일정하다고 가정할 수 있으므로, 고체에서의 확산식은 다음과 같이 간략하게 나타낼 수 있다.

$$N_A = -\frac{D_{AB}dc_A}{dz} \tag{5-74}$$

여기서 D_{AB}는 B를 통해서 A가 확산될 때의 확산계수로 단위는 m^2/s이다. 일반적으로 고체에서의 확산의 경우 이 값은 일정하다고 가정하며 압력에 무관하다. 그리고 $D_{AB} \neq D_{BA}$이다.

정상상태에서 평판의 경우를 가정하여 식 (5-74)를 변수 분리 후 적분하면,

$$N_A = \frac{D_{AB}(c_{A1} - c_{A2})}{z_2 - z_1} \tag{5-75}$$

내경이 r_1이고 외경이 r_2이며, 길이가 L인 실린더(원통형 용기)에서 벽을 통해 반지름 방향으로 확산되는 경우에는,

$$\frac{\overline{N_A}}{2\pi rL} = -D_{AB}\frac{dc_A}{dr} \tag{5-76}$$

$$\overline{N_A} = D_{AB}(c_{A1} - c_{A2})\frac{2\pi L}{\ln(r_2/r_1)} \tag{5-77}$$

이러한 경우는 4장의 그림 4-21과 같이, 중공 원통(hollow cylinder)을 통해서 일어나는 전도에 의한 열전달과 매우 유사하다.

지금까지 설명한 고체에서의 확산계수 D_{AB}는 고체 외부의 액체나 기체의 압력과 무관하다. 예를 들어 고무 평판 외부에 CO_2 기체가 존재하고 고무를 통하여 이산화탄소(A)가 확산하는 경우를 생각해 보자. 이 경우에 확산계수(D_{AB})는 고체 표면에서의 이산화탄소(A) 분압 p_A에 무관하므로, 고체에서의 이산화탄소 용해도(solubility)는 p_A에 직접 비례한다.

이러한 상황은 물에서 산소의 용해도가 Henry 법칙에 의한 공기 중의 산소 분압에 직접 비례하는 것과 유사하다.

고체에서 용질가스(A)의 용해도는 보통 S로 표시하는데 용질가스의 분압 atm 당, 고체 부피 1 m³당 녹는 표준상태(0°C, 1 atm)에서 용질가스의 부피(m³)로서 $m^3(STP) \cdot m^{-3}$ solid·atm^{-1}이다. 용해도를 사용하여 고체에서의 농도 c_A를 나타내면 SI 단위계인 경우

$$c_A = \frac{S\ m^3(STP)/m^3\ solid \cdot atm}{22.414\ m^3(STP)/kg\,mol\,A} p_A\ (atm) = \frac{Sp_A}{22.414}\left(\frac{kg\,mol\,A}{m^3\ solid}\right) \tag{5-78}$$

cgs 단위로 나타내면

$$c_A = \frac{Sp_A}{22.414}\left(\frac{g\,mol\,A}{cm^3\ solid}\right) \tag{5-79}$$

위 식을 이용하면 고체층 표면에서의 농도 c_{A1}과 c_{A2}는 측정하기 곤란하나 양쪽의 분압 p_{A1}과 p_{A2}는 쉽게 측정할 수 있으므로 편리하다. 이와 같은 확산에서 농도와 분압과의 관계를 그림 5-9에 나타내었다.

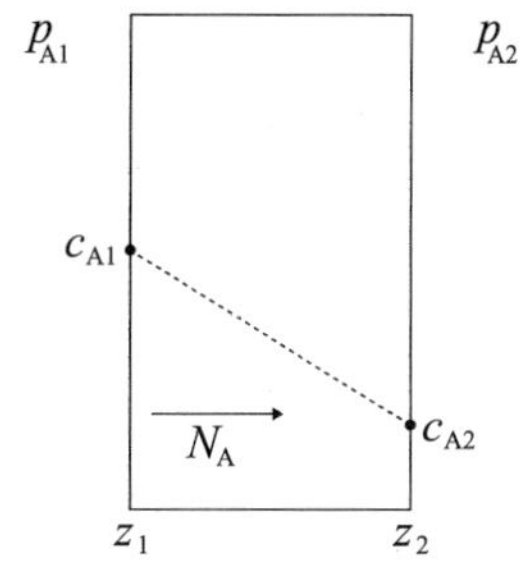

그림 5-9 고체에서의 정상상태 확산

(2) 고체에서 확산에 대한 투과방정식

플라스틱 필름과 같은 포장재에서 기체의 확산에 대한 실험데이터는 확산계수나 용해도로 나타내지 않고 투과계수 (permeability) P_M으로 나타내는 경우가 많다. 투과계수 P_M은 두께 1 m인 고체층 사이의 압력차가 1 atm일 때 단면적(m^2)을 통하여 1 s 동안에 확산되는 표준상태(STP)에서 용질가스의 부피(m^3)이다.

포장재의 외측과 내측 유체를 통한 투과(permeation)는 세단계로 이루어진다.

① 기체 중의 분압이 p_{A1}인 A분자는 기체와 접하는 고분자 필름의 표면으로 침투하여 필름에 용해된다. 이때 고체 경계면에 녹은 성분 A의 농도는 Henry의 법칙에 따라 c_{A1}이 된다.
② 기체성분 A는 필름을 통하여 Fick's의 법칙에 따라 고농도 c_{A1} 측(z_1)에서 저농도 c_{A2} 측(z_2)으로 확산된다.
③ 필름의 반대측 경계면에서 성분 A는 분압 p_{A2}인 유체로 떠나게 된다.

이 경우 Fick's의 식 (5-75)에 농도를 분압으로 표현하는 식 (5-78)을 대입하면 다음과 같이 나타낼 수 있다.

$$N_A = \frac{D_{AB}\, S(p_{A1}-p_{A2})}{22.414\,(z_2-z_1)} = \frac{P_M(p_{A1}-p_{A2})}{22.414\,(z_2-z_1)} \left(\frac{\text{kg mol}}{\text{s} \cdot \text{m}^2}\right) \qquad (5\text{-}80)$$

여기서 P_M을 투과계수라 하며 다음과 같은 관계가 성립한다.

$$P_M = D_{AB}\, S\left(\frac{m^3\ (STP)}{s\cdot m^2 C.S.\cdot atm/m}\right)$$

$$= \frac{\text{가스의 부피}}{(\text{시간})(\text{단면적})(\text{필름 사이의 압력차})/\text{필름두께}} \qquad (5\text{–}81)$$

투과계수(P_M)는 문헌상에서 여러 가지 단위계로 표현하고 있다. cgs 단위로 나타낸 투과계수를 P'_M이라 하면 SI 단위의 P_M과는 다음 관계가 성립한다.

$$P_M = 10^{-4} P'_M \qquad (5\text{–}82)$$

좀 더 세밀하게 나타내면,

$$\frac{1.00\ m^3\ (STP)\cdot m}{s\cdot m^2 C.S.\cdot atm} = \frac{10^4\ cm^3 (STP)\cdot cm}{s\cdot m^2 C.S.\cdot atm} \qquad (5\text{–}83)$$

또 다른 문헌에서는 투과계수를 다음과 같은 단위로 나타내기도 한다.

$$P''_M [cc(STP)/s\cdot cm^2\ C.S.\cdot cmHg/mm\ thickness)] \qquad (5\text{–}84)$$

따라서 P''_M의 P_M과의 관계는

$$P_M = 7.60\times 10^{-4} P''_M \qquad (5\text{–}85)$$

식 (5–80)에 의하면 고체층을 통한 기체의 이동속도 kg mol/s ($\dot{m}_A = N_A A$)는 투과계수, 표면적 및 구동력인 분압차에 비례하며 두께에 반비례한다. 포장필름에 대한 확산계수와 투과계수를 표 5–12에 실제 사용되는 여러 가지 단위로 나타내었다. 확산속도를 계산할 때 단위를 일치시키도록 주의하여야 한다.

식품을 포장할 때 단일 필름을 사용하기보다는 성질이 다른 여러 가지 필름을 복합층으로 사용하는 경우가 많다. 이와 같이 복합포장필름을 통한 기체의 이동속도는 다음과 같이 표현된다.

$$N_A = \frac{p_{A1} - p_{A2}}{22.414}\,\frac{1}{L_1/P_{M1} + L_2/P_{M2}\cdots} \qquad (5\text{–}86)$$

여기서 L_1, L_2, …은 각 필름의 두께이다.

표 5-12 포장필름에서의 기체의 확산계수 및 투과계수

Film	Gas	Temperature (°C)	Diffusion Coefficient (m^2/s)	Permeability ($cm^3(STP) \cdot mm/s \cdot m^2 \cdot atm$)
Low density polyethylene	O_2	25	4.6×10^{-11}	2.19×10^{-3}
	CO_2	25	3.7×10^{-11}	9.58×10^{-3}
	N_2	25	3.2×10^{-11}	7.36×10^{-4}
	H_2O	25		6.84×10^{-2}
High density polyethylene	O_2	25	1.7×10^{-11}	3.06×10^{-4}
	CO_2	25	1.16×10^{-11}	1.53×10^{-3}
	N_2	25	0.93×10^{-11}	1.08×10^{-4}
	H_2O	25		9.12×10^{-3}
Polypropylene	O_2	25		1.7×10^{-3}
	CO_2	25		7.0×10^{-3}
	N_2	25		3.3×10^{-4}
	H_2O	25		3.8×10^{-2}

(Genkoplis, 2003)

[예제 5-10] 포장필름을 통한 산소의 투과량

두께 0.02 mm인 폴리프로필렌으로 25°C에서 어떤 건조식품을 포장하였다. 포장 밖의 산소분압은 0.21 기압, 포장 내의 산소분압은 0.01 기압일 때 정상상태에서의 단위면적당 산소의 투과량을 계산하라.

[풀이]

표 5-12의 25에서 폴리프로필렌의 산소 투과계수는 1.7×10^{-3} $cm^3(STP)\cdot mm/s\cdot m^2\cdot atm$ 투과계수의 단위를 SI unit system로 먼저 일치를 시킨다.

$$1.7\times10^{-3}\,\frac{cm^3(STP)\cdot mm}{s\cdot m^2\cdot atm}\times\frac{1\ m}{1000\ mm}\times\frac{10^{-6}\ m^3}{1\ cm^3}$$

$$=1.7\times10^{-12}\,\frac{m^3(STP)\cdot m}{s\cdot m^2\cdot atm}$$

식 (5-80)에 대입하면,

$$N_A = \frac{P_M(p_{A1} - p_{A2})}{22.414(z_2 - z_1)} = \frac{1.7 \times 10^{-12}\, \text{m}^3(\text{STP}) \cdot \text{m} \times (0.21 - 0.01)\, \text{atm}}{22.414\, \text{s} \cdot \text{m}^2 \cdot \text{atm} \times (0.02 \times 10^{-3}\, \text{m})}$$

$$= 7.58 \times 10^{-10}\, \frac{\text{kg mol}}{\text{s} \cdot \text{m}^2}$$

2. 고체구조에 의존되는 다공성 고체에서의 확산

(1) 다공성 고체에서의 액체 확산

다공성 고체에서의 확산은 고체 내의 빈 공간이나 모세관을 통한 확산으로, 고체의 구조에 크게 영향을 받는다. 대표적인 과정은 그림 5-10에 나타내었다. 확산은 고체 내의 빈 공간(void)이나 세공(pore)을 통하여 두께($z_2 - z_1$)보다 긴 꼬불꼬불한 경로를 통하여 이루어지고 불활성 고체(inert solid)를 통해서는 확산되지 않는다. 이 경우 정상상태의 확산방정식 (5-75)는 다음 식 (5-87)과 같이 변형된다.

$$N_\text{A} = \frac{\varepsilon D_\text{AB}(c_\text{A1} - c_\text{A2})}{\tau_0(z_2 - z_1)} \tag{5-87}$$

여기서 ε : 공극률(porosity)

τ_0 : $(z_2 - z_1)$보다 길어지는 경로를 보정하는 곡로율(tortuosity)

곡로율(tortuosity)은 불활성 고체에서는 보통 1.5~5의 범위이다. 실제 공극률과 곡로율 등은 측정이 어려운 경우가 많기 때문에 이들을 포함하여 실험적으로 측정된 유효 확산계수(effective diffusivity)를 많이 이용하며 유효확산계수, D_A1eff는 다음 식 (5-88)과 같이 정의된다.

$$D_\text{A,eff} = (\varepsilon/\tau_0) D_\text{AB} \quad (\text{m}^2/\text{s}) \tag{5-88}$$

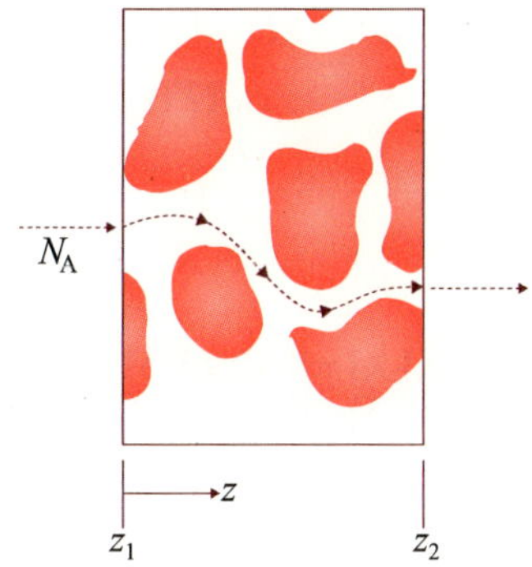

그림 5-10 다공성 고체를 통한 확산

[예제 5-11] 다공성 실리카에서의 KCl의 확산

두께 2 mm인 다공성 실리카(고체)의 공극률(ε)은 0.3이고 곡로율(τ_0)은 4.0이다. 세공은 298 K의 물로 채워져 있다. 다공성 실리카의 한쪽은 0.10 g mol/L의 KCl 용액과 접해있고 다른 한쪽은 순수한 물이 빠르게 흐르고 있다. 다공성 고체 내에서 확산에 대한 다른 저항은 무시하고 정상상태에서 KCl의 확산플럭스를 계산하라.

[풀이]

염화칼륨(KCl)의 확산계수를 표 5-7에서 구하면, $D_{AB}=1.87\times 10^{-9}$ m^2/s이다. 또한, $c_{A1}=0.10/1000=1.0\times10^{-4}$ $mol/cm^3=0.10$ kg mol/m^3이고 $c_{A2}=0$이다. 이 값을 식 (5-87)에 대입하면,

$$N_A=\frac{\varepsilon D_{AB}(c_{A1}-c_{A2})}{\tau_0(z_2-z_1)}=\frac{0.30(1.87\times10^{-9})(0.10-0)}{4.0(0.002-0)}$$

$$=7.01\times10^{-9} \text{ kg mol KCl/s}\cdot\text{m}^2$$

(2) 다공성 고체에서의 기체 확산

그림 5-10에서 빈 공간이 기체로 채워져 있다면, 세공은 커서 확산은 Fick's의 법칙에 따르는 확산이 일어난다고 할 수 있다. 따라서 다공성 고체에서 기체가 확산되는 경우에는 식 (5-87)이 다음과 같이 변형된다.

$$N_A = \frac{\varepsilon D_{AB}(c_{A1} - c_{A2})}{\tau_0(z_2 - z_1)} = \frac{\varepsilon D_{AB}(p_{A1} - p_{A2})}{\tau_0 RT(z_2 - z_1)} \tag{5-89}$$

Section 6 비정상상태에서의 확산

1. 기초식

지금까지는 어떤 임의의 점에서 성분의 농도와 물질전달속도가 시간에 따라 변하지 않고 일정한, 정상상태의 확산에 대하여 기술하였다. 물질전달 초기에는 어느 정도의 시간동안 비정상상태 확산이 일어나다가 정상상태에 도달하게 된다. 비정상상태에서는 한 위치에서 성분의 농도와 전달속도가 시간에 따라 변한다. 따라서 정상상태에서는 성분의 농도는 거리만의 함수 $[c_A = c_A(x)]$이지만, 비정상상태에서는 거리와 시간의 함수 $[c_A = c_A(x,\ t)]$이다.

비정상상태 확산(unsteady state diffusion)의 기초식은 비정상상태 열전달에서 기초식을 유도한 방법과 동일한 과정으로 유도할 수 있다.

한 방향(x)으로의 확산에 대한 기초식은

$$\frac{\partial c_A}{\partial t} = D_{AB}\frac{\partial^2 c_A}{\partial x^2} \tag{5-90}$$

이 식은 성분 A의 농도 c_A는 시간과 거리의 함수, 즉 $c_A = c_A(x,\ t)$임을 나타내고 있다. 3방향으로의 확산 기초식은 다음과 같이 표현된다.

$$\frac{\partial c_A}{\partial t} = D_{AB}\left(\frac{\partial^2 c_A}{\partial x^2} + \frac{\partial^2 c_A}{\partial y^2} + \frac{\partial^2 c_A}{\partial z^2}\right) \tag{5-91}$$

2. 표면저항을 무시할 수 있는 경우 평판 내에서의 확산

(1) 해석해

1차원 비정상상태의 확산식인 식 (5-90)을 해석적으로 풀기 위하여 그림 5-11에서처럼 두께 $2x_1$인 평판에서 x방향으로의 확산을 생각해 보자.

편의상 식 (5-90)에서 아래첨자(subscript) A, B를 제거하면,

$$\frac{\partial c}{\partial t} = D\frac{\partial^2 c}{\partial x^2} \tag{5-92}$$

그림 5-11에 나타낸 것처럼 $t=0$일 때, 평판에서 A의 농도는 균일하게 c_0이다. 즉 초기조건은 $x=0$와 $x=2x_1$에서 $c=c_0$이다. 이제 평판을 농도가 흐름 없이 일정하게 유지(c_1)되고 있는 유체 속에 넣으면, 표면저항을 무시할 수 있다. 즉, 대류가 없으면 평판 표면의 농도는 유체의 농도 c_1으로 평형을 이룬다. 즉, 경계조건은 $t=t$일 때, $x=0$에서 $c=c_1$이고 $x=2x_1$에서는 $c=c_1$이다.

이와 같은 조건에서 식 (5-92)의 해석해(analytical solution)는 다음 식과 같이 주어진다.

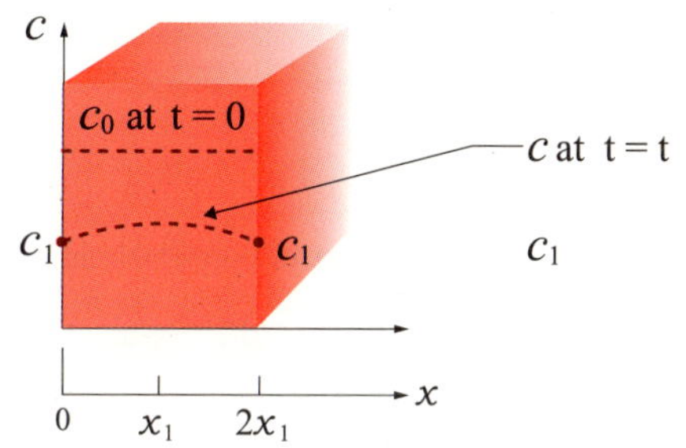

그림 5-11 표면저항을 무시할 경우 평판에서의 비정상상태 확산

$$Y = \frac{c_1 - c}{c_1 - c_0} = \frac{4}{\pi}\left[\frac{1}{1}\,exp\left(-\frac{1^2\pi^2 X}{4}\right)\sin\frac{1\pi x}{2x_1} + \frac{1}{3}exp\left(-\frac{3^2\pi^2 X}{4}\right)\sin\frac{3\pi x}{2x_1} + \frac{1}{5}exp\left(-\frac{5^2\pi^2 X}{4}\right)\sin\frac{5\pi x}{2x_1} + \cdots\right] \tag{5-93}$$

여기서 $X = Dt/{x_1}^2$: 무차원군

c = 평판에서 시간 t에서 x지점의 농도

x_1 = 물질전달 방향의 특성길이

$Y = (c_1 - c)/(c_1 - c_0)$: 미달성 변화분율(무차원)

$1 - Y = (c - c_0)/(c_1 - c_0)$: 변화분율

(2) 도표

식 (5-93)과 같은 해석해는 사용하기 불편하므로 도표를 사용하면 편리하다. 또한 식 (5-93)은 표면에서 물질이동 저항이 없을 경우를 가정한 것이다. 그러나 실제 고체가 유체와 접하고 있을 때 대부분의 경우 고체 표면에서 물질이동 저항이 존재한다.

이와 같은 경우, 무한평판, 무한원기둥, 구 등에 대한 해석해가 주어져 있다. 그러나 해석해는 계산하는 데 시간이 걸리고 불편하므로 도표를 이용한다.

비정상 상태 열전달의 계산에 사용한 도표를 물질 전달에 그대로 사용할 수 있으며, 단지 열확산계수 (α) 대신에 물질확산계수 (D_{AB})를, 열전달계수 (h, k) 대신에 물질전달계수(k_c)를, 온도(T) 대신에 농도(c)를 사용하면 된다. 즉, 상대시간은 $X = \dfrac{\alpha t}{x_1^2} = \dfrac{D_{AB}t}{x_1^2}$, 상대저항은 $m = \dfrac{k}{hx_1} = \dfrac{D_{AB}}{Kk_c x_1}$, 상대위치 $n = \dfrac{x}{x_1}$를 이용하여 도표를 활용한다. 여기서 K는 평형분배계수로서 $K = \dfrac{c_{AGi}}{c_{ALi}}$와 같이 표현되며 다음 절에서 기술하였다.

[예제 5-12] Agar gel 평판을 통한 비정상상태 확산

0.79 % agar gel로 된 두께 1.0 cm의 평판이 교반되는 25°C의 물 탱크 속에 놓여 있다. 초기 agar gel의 설탕 농도가 0.1 kg mol/m^{3}로 평판 내에서 일정하고 확산은 x방향으로만 일어나며 표면의 물질전달 저항은 무시할 수 있다. 20 시간 후, 이 평판 중심의 설탕농도를 계산하라.

[풀이] 문제의 조건으로부터 $c_0 = 0.1$ kg mol/m^{3}이고 물에서 $c_1 = 0$이다. $x_1 = 0.005$ m이고 표 5-11에서와 같이 25°C의 0.79 % agar gel에서 설탕의 확산계수는 0.247×10^{-9} m^2/s이다.

따라서 $X = Dt/x_1^2 = 0.247 \times 10^{-9} \times 20 \times 3600/0.005^2 = 0.71$이다.

중심에서는 $n = x/x_1 = 0/0.005 = 0$, 표면에서의 물질전달저항이 무시되므로, $m = 0$이다.

무한평판에 대한 온도분포 도표(그림 4-58)로부터(그림 5-12 참조)

$$Y = 0.19 = (0 - c_A)/(0 - 0.1)$$

이를 풀면 $c_A = 0.019$ kg mol/m^{3}로 얻어진다.

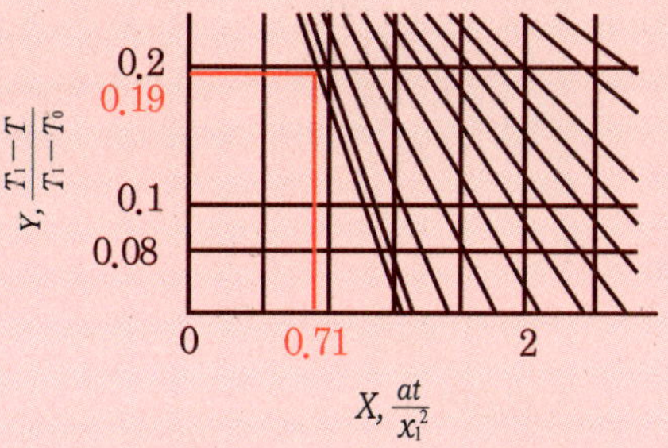

그림 5-12 Heissler 도표

Section 7 대류물질전달계수

1. 대류물질전달계수와 경막이론

(1) 대류물질전달계수

고체와 유체가 접하고 있을 때 대체로 고체 표면에서 대류에 의한 물질전달이 일어난다. 이 때의 대류물질전달계수(convective mass transfer coefficient)는 대류열전달계수와 마찬가지로 다음과 같이 정의된다.

$$N_A = k_c'(c_{A1} - c_{A2}) \tag{5-94}$$

여기서 k_c' : 유체가 난류로 흐르는 경우에 대류물질전달계수(m/s)

c_{A1} : 고체표면과 접하고 있는 유체 중 A의 농도(kg mol A/m^3)

c_{A2} : 유체 벌크 중의 A의 농도(kg mol A/m^3)이다.

그림 5-13은 도관(conduit)의 표면에서 농도 c_{A1} 성분이 난류 흐름의 유체로 물질전달이 일어나는 경우를 나타낸 그림이다. 그림에서 드러난 곡선의 형태는 열전달과 운동량전달에서 볼 수 있는 형태와 매우 유사하다. 유체의 평균 농도 또는 혼합농도인 $\overline{c_A}$는 유체에서의 초기농도 또는 최저 농도인 c_{A2}보다 약간 크다.

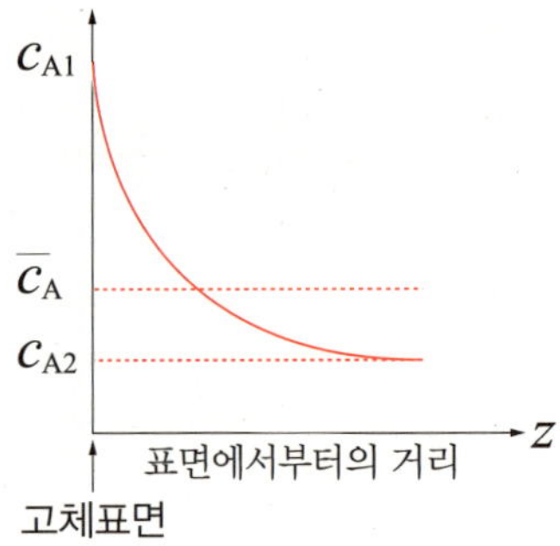

그림 5-13 도관에서 유체가 난류 흐름 상태에서 고체 표면에서 유체로 물질이 이동하는 경우 농도분포

(2) 경막이론

고체 표면에서 성분 A가 액체 중으로 이동하는 경우를 생각해 보자. 액체는 기계적으로 교반하여 주므로 유체 벌크에서 A의 농도는 균일한 c_{A2}이다. 그러나 고체 벽면에서는 그림 5-14에 나타낸 것과 같이 액체의 점도 때문에 두께 δ_f인 정체된 얇은 액체막이 형성된다.

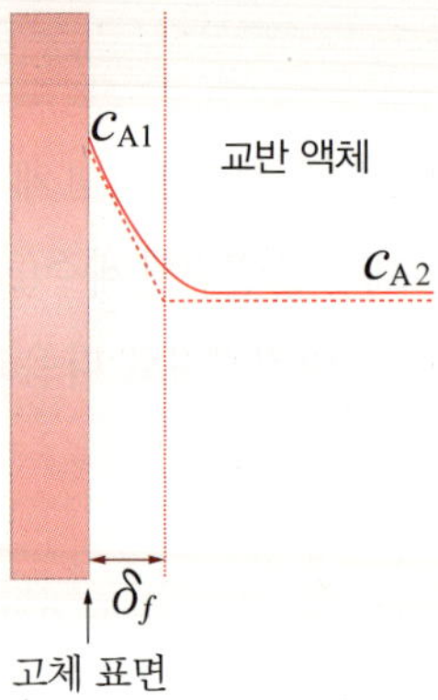

그림 5-14 고체 표면에서 유체로의 대류물질이동의 경우, 경막(film)

경막이론(film theory)은 고체표면에서 액체로의 물질이동저항은 주로 이 경막을 통과할 때의 저항 때문이며, 경막 바깥 부분에서는 난류에 의하여 물질이동이 매우 효과적으로 일어난다고 생각하는 것이다.

고체표면의 정체된 얇은 경막을 통한 정상상태에서의 등몰상대확산을 가정하면 $N_A = -N_B$이므로 식 (5-94)로부터 다음 식을 얻는다.

$$N_A = D_{AB}\frac{c_{A1}-c_{A2}}{\delta_f} \tag{5-95}$$

대류물질전달계수인 k_c'의 의미는 식 (5−94)와 식 (5−95)를 조합하면 알 수 있다.

$$k_c' = \frac{N_A}{c_{A1}-c_{A2}} = \frac{D_{AB}}{\delta_f} \tag{5-96}$$

따라서 대류물질전달계수 k_c'는 분자확산계수, D_{AB}에 비례하고 경막두께 δ_f에 반비례한다. 이는 열전달계수 h는 경막의 열전도도 k_f에 비례하고 경막의 두께 δ_f에 반비례하는 것과 동일한 개념이다.

2. 두 상 사이의 물질전달

두 상(phase) 사이의 물질전달은 여러 가지 분리공정에서 매우 중요하다. 이 경우 예로서 공기방울 중의 산소가 물에 녹는 경우를 생각해 보자. 공기방울 표면과 물이 접하는 경계면(interface)에는 기상(gas phase)과 액상(liquid phase)의 경계층(boundary layer)이 형성된다. 공기방울 중의 산소는 기체 경계층을 통해 경계면으로 확산된 다음 액체 경계층을 거쳐 액체 벌크로 확산된다.

이때 각 상의 경계층에서는 농도기울기(concentration gradient)가 존재하며, 두 상이 접하는 경계면에서는 평형상태를 이룬다고 가정한다.

(1) 계면에서의 농도 분포

대부분 두 상 사이의 물질이동의 경우 두 상은 상호불용성(immiscible)이므로 두 상 사이에는 서로 접하는 경계면이 형성된다.

용질 A가 기체 벌크(G)를 통해 액체(L)로 확산된다고 가정하면 그림 5−14에 나타낸 것과 같이 각 상의 경계층을 통과할 때 저항을 받게 되며, 각 상에서의 농도기울기에 의하여 물질이동이 일어난다.

기상에서 성분 A의 평균농도를 c_{AG}, 계면에서의 농도를 c_{AGi}, 또한 액체 벌크에서의 농도를 c_{AL}, 계면에서의 농도를 c_{ALi}라 하면, 기상에서의 농도는 c_{AG}에서 c_{AGi}로 감소하고 액상에서의 농도는 c_{AL}에서 c_{ALi}로 증가한다.

한편 계면에서는 물질이동저항이 없으므로 c_{AGi}와 c_{ALi}는 평형상태를 이룬다.

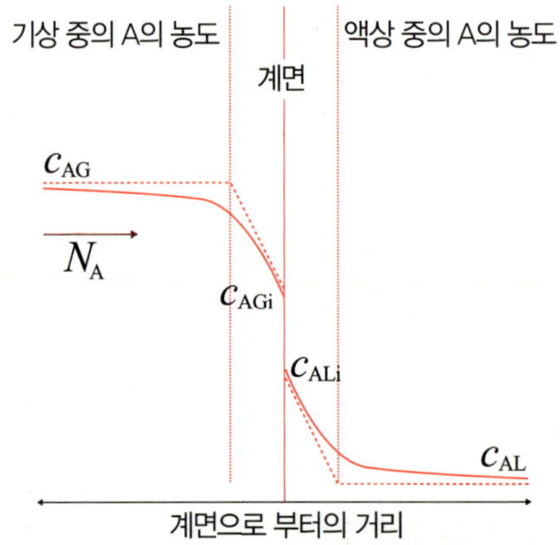

그림 5-15 두 상(two phase)을 통한 확산에서 용질의 농도분포

(2) 분배계수

평형상태를 이루고 있을 때 계면에서 두 상의 농도관계는 다음과 같이 표현된다.

$$K = \frac{c_{AGi}}{c_{ALi}} \tag{5-97}$$

여기서 K : 평형분배계수(equilibrium distribution coefficient)

Henry 법칙은 식 (5-97)로 표현한 평형분배관계의 다른 형태의 표현이다. 암모니아, 탄산가스와 같이 물에 가용성인 기체는 K 값이 작고, 산소, 질소와 같이 난용성 기체는 K 값이 크다.

(3) 두 상 사이에서의 물질전달계수

기체막을 통한 물질전달은 다음과 같이 나타낸다.

$$N_{AG} = k_G (c_{AG} - c_{AGi}) \tag{5-98}$$

여기서 k_G는 기체막에서의 물질전달계수(m/s)

액체막을 통한 물질전달속도는

$$N_{AL}=k_L(c_{ALi}-c_{AL}) \tag{5-99}$$

여기서 k_L은 액체막에서의 물질전달계수(m/s)이다.

정상상태에서는 $N_{AG}=N_{AL}$이므로

$$N_A=k_G(c_{AG}-c_{AGi})=k_L(c_{ALi}-c_{AL}) \tag{5-100}$$

식 (5-100)을 변형시키면

$$\frac{k_L}{k_G}=\frac{c_{AG}-c_{AGi}}{c_{ALi}-c_{AL}} \tag{5-101}$$

만약 $k_L \gg k_G$이면 기체막을 통한 물질이동이 전체 물질이동 속도를 좌우하게 되며(gas film controlled), 기체막에서의 농도차가 액체막에서의 농도차보다 크다. 만약 $k_G \gg k_L$이면 물질이동은 액체막에 의하여 제어를 받게되며 액체막에서의 농도차가 기체막에서의 농도차보다 훨씬 크다.

(4) 총괄물질전달계수

기체막 또는 액체막에서의 물질전달계수인 k_G와 k_L은 실험적으로 결정하기 곤란하므로 기상 또 액상을 각각 기초로 한 총괄물질전달계수(overall mass transfer coefficient) K_G 및 K_L을 사용한다. 이는 열전달에서 기술한 총괄열전달계수 U_i 및 U_0와 동일한 접근방법이다.

기상을 기초로 한 총괄물질전달계수 K_G는 다음과 같이 정의된다.

$$N_A=K_G(c_{AG}-c_{AG}^*) \tag{5-102}$$

여기서 c_{AG}^*는 액상벌크에서의 농도(c_{AL})와 평형상태를 이루고 있다고 가정했을 때 기상에서의 농도이다. 따라서 식 (5-97)을 이용하면,

$$N_A=K_G(c_{AG}-Kc_{AL}) \tag{5-103}$$

동일한 방법으로 액상을 기초로 한 총괄물질전달계수는

$$N_A=K_L(c_{AL}^*-c_{AL}) \tag{5-104}$$

여기서 c_{AL}^*는 기상에서의 농도 c_{AG}와 평형상태를 이루었을 때 가상적인 액체농도이다. 따라서

$$N_A = K_L\left(\frac{c_{AG}}{K} - c_{AL}\right) \tag{5-105}$$

총괄물질전달계수와 각 상에서의 물질전달계수와의 사이에는 다음 관계식이 성립한다.

$$\frac{1}{K_G} = \frac{1}{k_G} + \frac{K}{k_L} \tag{5-106}$$

또는

$$\frac{1}{K_L} = \frac{1}{Kk_G} + \frac{1}{k_L} \tag{5-107}$$

따라서 총괄물질전달계수는 각 상에서의 물질전달계수로부터 구하거나 식 (5-103) 또는 식 (5-105)를 이용하여 실제 물질전달속도의 측정값으로부터 구할 수 있다.

3. 물질전달계수의 무차원 상관관계식

(1) 차원해석과 무차원군

물질전달계수는 열전달계수와 마찬가지로 여러 인자들에 의하여 영향을 받기 때문에 차원해석에 의한 관계식으로부터 구한다. 물질전달의 메카니즘을 고려하면 대류물질전달계수 k_c'는 분자확산계수 D_{AB}, 유체의 유동특성을 지배하는 유속 υ, 점도 μ, 밀도 ρ, 및 길이 L에 의존된다.

$$k_c' = f(D_{AB}, L, \upsilon, \mu, \rho) \tag{5-108}$$

차원해석에 의하여 다음 관계를 얻을 수 있다.

$$\frac{k_c' L}{D_{AB}} = \psi_1\left(\frac{L\upsilon\rho}{\mu}, \frac{\mu}{\rho D_{AB}}\right) \tag{5-109}$$

여기서 식 (5-109)의 무차원군은 다음과 같이 정의된다.

Sherwood 수는

$$N_{Sh} = \frac{k_c' L}{D_{AB}} \tag{5-110}$$

Sherwood 수는 열전달에서 Nusselt 수에 해당되며, 대류확산에 의한 물질이동저항($1/k_c'$)에 대한 분자확산에 의한 물질이동저항(L/D_{AB})의 비율을 의미한다.

Schmidt 수는

$$N_{Sc} = \frac{\mu}{\rho D_{AB}} = \frac{\nu}{D_{AB}} \tag{5-111}$$

Schmidt 수는 열전달에서 Prandtle 수에 해당된다. 즉 물질전달 확산계수에 대한 운동량전달 확산계수의 비율을 의미한다. 여기서 ν는 동점도이다.

물론 Reynold수는

$$N_{Re} = \frac{L\nu\rho}{\mu} \tag{5-112}$$

여기서 L은 구인 경우 지름 D_P, 파이프인 경우 지름 D, 평판인 경우 길이 L이 된다. Reynold 수는 가장 중요한 무차원군으로 난류의 정도를 나타낸다.

또한 식 (5-108)의 차원 해석에 의하여 식 (5-109)와 다른 형태의 다음과 같은 무차원 관계식을 얻을 수 있다.

$$\frac{k_c'}{v} = \psi_2\left(\frac{Dv\rho}{\mu}, \frac{\mu}{\rho D_{AB}}\right) \tag{5-113}$$

여기서 k_c'/v는 Stanton 수로 정의된다.

$$N_{St} = \frac{k_c'}{v} \tag{5-114}$$

식 (5-114)은 종종 J-factor 형태로 사용되는데 물질전달의 경우 J_D factor는 열전달의 J_H factor와 마찬가지로 다음과 같이 정의된다.

$$J_D = \frac{k_c'}{v}\left(\frac{\mu}{\rho D_{AB}}\right)^{2/3} = \frac{k_c'}{v}(N_{Sc})^{2/3} \tag{5-115}$$

열전달에서 J_H factor는 다음 식과 같다.

$$J_H = \frac{h}{\rho v c_p}(N_{Pr})^{2/3} \tag{5-116}$$

식 (5-109)의 상관관계식은 여러 가지 실험 데이터로부터 구하는데 다음에 대표적인 몇 가지 경우에 대하여 기술한다.

(2) 파이프 내 흐름에 대한 물질이동

액체 또는 기체가 파이프 내부로 흐를 때 파이프 벽면과 유체 사이의 물질이동에 대한 상관관계는 열전달에서와 같은 형태로 주어진다.

분자확산과 전도의 기본식은 유사하므로 식 (4-71)에서 Nusselt 수 및 Prandtle 수 대신에 각각 Sherwood 수와 Schmidt 수를 대입하면

$$N_{Sh}=0.023N_{Re}{}^{0.83}N_{Sc}{}^{1/3}\left(\frac{\mu}{\mu_w}\right)^{0.14} \tag{5-117}$$

일반적으로 물질전달에서 $(\mu/\mu_w)^{0.14}$는 약 1.0이므로 식 (5-117)은 다음과 같이 단순화된다.

$$N_{Sh}=0.023N_{Re}{}^{0.83}N_{Sc}{}^{1/3} \tag{5-118}$$

이 식은 난류($N_{Re}>2100$)이고 N_{Sc}가 0.6~3000인 범위에서 적용된다.

식 (5-118)의 양변에 $N_{Re}\times N_{Sc}$를 곱하면 J_D factor를 얻을 수 있으며, 이는 Chilton과 Colburn에 의하여 유도된 J_H와 같으며, 또한 $f/2$와도 같다.

$$J_D=J_H=\frac{f}{2}=0.023N_{Re}{}^{-0.2} \tag{5-119}$$

이 식은 이동현상의 유사성(analogy)을 나타내는 식으로 물질전달, 열전달, 운동량전달 상호 간을 연결시키는데 매우 유용하게 이용된다. 즉, 하나의 전달계수를 알고 있으면 다른 전달계수를 구할 수 있다.

식 (5-119)의 유사성은 동일 장치에서 열전달과 물질전달에 대해서는 일반적으로 적용할 수 있으며, 마찰손실이 포함될 경우에는 표면 마찰(skin friction)만 존재하는 파이프에 대해서 적용할 수 있다.

그러나 고체 외부로의 유체 흐름에서 경계층 분리에 의하여 생성되는 형태항력(form drag)이 존재할 때 총 마찰손실에 대해서는 적용할 수 없다.

(3) 단일구 주위에서의 물질이동

고립된 단일 구(sphere) 주위로 기체가 흐를 경우 물질이동에 대해서는 다음 식이 적용된다.

$$N_{Sh} = 2.0 + 0.552 N_{Re}{}^{0.53} N_{Sc}{}^{1/3} \quad (5\text{–}120)$$

식 (5–120)은 Schmidt 수 0.6~2.7, 레이놀드수 1~48,000 범위에서 사용할 수 있으며 레이놀드수가 아주 작은 경우 N_{Sh}는 2.0에 접근한다.

액체인 경우, 레이놀드수 2~2,000일 때는 다음 식 (5–121)을, 레이놀드수 2000~17000 범위에서는 식 (5–122)를 사용할 수 있다.

$$N_{Sh} = 2 + 0.95 N_{Re}{}^{0.5} N_{Sc}{}^{1/3} \quad (5\text{–}121)$$

$$N_{Sh} = 0.347 N_{Re}{}^{0.62} N_{Sc}{}^{1/3} \quad (5\text{–}122)$$

[예제 5–13] 구(sphere)로부터의 물질이동

지름 0.3175 cm인 글루코오스 입자가 0.15 m/s의 유속으로 흐르는 물속에 놓여져 있다. 이때 수온이 25°C 이고, 물 중에서 글루코오스의 확산계수가 0.69×10^{-5} cm²/s 일 때 물질전달계수를 구하라.

[풀이]

25°C 에서 물의 밀도=997.1 kg/m³, 점도=893.7×10^{-6} Pa·s이다.
먼저 N_{Re}와 N_{Sc}를 구한다.

$$N_{Re} = \frac{997.1 \text{ kg/m}^3 \times 0.15 \text{ m/s} \times 0.003175 \text{ m}}{893.7 \times 10^{-6} \text{ Pa·s}} = 531$$

$$N_{Sc} = \frac{893.7 \times 10^{-6} \text{ Pa·s} \times 10000 \text{ cm}^2/\text{m}^2}{997.1 \text{ kg/m}^3 \times 0.69 \times 10^{-5} \text{ cm}^2/\text{s}} = 1299$$

$2 < N_{Re} < 2000$이므로 식 (5–121)을 이용하여 N_{Sh}를 구한다.

$$N_{Sh} = 2.0 + 0.95(531)^{1/2}(1299)^{1/3} = 241$$

식 (5–110)을 이용해 k_c'를 구하면

$$k_c' = \frac{D_{AB} \cdot N_{Sh}}{L} \quad \frac{241 \times 0.69 \times 10^{-5} \text{ cm}^2/\text{s}}{0.003175 \text{ m} \times 10000 \text{ cm}^2/\text{m}^2} = 5.24 \times 10^{-5} \text{m/s}$$

[예제 5-14] 열전달계수로부터 물질전달계수의 추정

고추건조에서 열전달계수는 69.205 $J/m^2 \cdot K$로 측정되었다. 이로부터 전달현상 간의 유사성을 이용하여 온도 350 K, 풍속 1.0 m/s인 건조공기로의 물질전달계수를 추정하라. (단, 공기 중 수증기의 확산계수는 $3.33\times10^{-5}\ m^2/s$)

[풀이]

Chilton과 Colburn의 J 인자 유사성을 나타내는 식 (5-119)와 식 (5-116) 및 식 (5-115)를 이용하여 계산하면

$$J_H = \frac{h}{\rho v c_p}(N_{Pr})^{2/3} = J_D = \frac{k_c'}{\nu_{av}}(N_{Sc})^{2/3} \tag{5-123}$$

식 (5-123)을 이용하여 계산하면,

$$k_c' = \frac{h}{\rho c_p}(N_{Pr}/N_{Sc})^{2/3}$$

350 K 건조공기의 특성으로부터 $\rho = 1.011\ kg/m^3$,

$c_p = 1009\ J/kg\cdot K$, $\mu = 2.075\times10^{-5}\ kg/m\cdot s$,

$\nu = \frac{\mu}{\rho} = 2.053\times10^{-5}\ m^2/s$, $\alpha = \frac{k}{\rho c_p} = 2.857\times10^{-5}\ m^2/s$이고

공기 중 수증기의 확산계수 $D_a = 3.33\times10^{-5}\ m^2/s$이므로

$$N_{Pr} = \nu/\alpha = 2.053\times10^{-5}/2.857\times10^{-5} = 0.719$$

$$N_{Sc} = \nu/D_a = 2.053\times10^{-5}/3.33\times10^{-5} = 0.617$$

열전달계수(h)는 69.205 $J/m^2\cdot K\cdot s$이므로

k_c'는 식 (5-123)에 의거하여,

$$k_c' = \frac{69.205}{1.011\times1009}(0.719/0.617)^{2/3} = 0.075\ m/s$$

[연습 문제]

1. 수분 함량이 200 kg water/m^{3}이고 크기가 2×20×20 cm인 식품을 건조기에서 고온 고속의 공기로 건조할 때, 이 식품의 표면은 즉시 수분이 50 kg water/m^{3}으로 평형에 이른다. 이 표면상태는 그 후에도 유지된다. 만약 식품 속 수분의 확산계수가 1.3×10^{-9} m^2/s 일 때 다음을 계산하라.

   (1) 5시간 후 식품 중심부에서의 수분함량

   (2) 식품 중심부의 수분함량이 100 kg water/m^{3}이 되기까지 얼마나 많은 시간이 필요한가?

   (3) 이 시간에서 평균 수분함량

   [힌트] ① 식품은 초기에 수분함량이 모든 곳에서 일정, ② 식품 내부에서 수분이동은 분자확산, ③ 식품의 부피는 변하지 않음, ④ 수분의 확산계수는 일정 ⑤ 식품의 기하학적 성상은 무한 평판으로 정의

2. 오렌지 포장 공장에서는 제품을 왁싱하기 전에 다공성 벨트 컨베이어 위에서 물을 분무하여 세척하고 상온에서 고속의 공기로 건조한다. 만약 공기 속도가 10 m/s이고, 오렌지가 지름이 7 cm인 구형이고 공기 속 수증기의 확산계수가 2.5×10^{-5} m^2/s 라면, 20°C에서 오렌지 표면에서의 물질전달계수를 계산하라.

   [힌트] ① 공기 중에 수분 함량은 매우 낮으므로 공기의 물리적 성질을 활용, ② 오렌지는 서로 떨어져 있어 각각의 오렌지 주위로 공기가 잘 흐른다고 가정, ③ 20°C에서의 공기의 밀도는 1.207 g/cm^3, ④ 20°C에서의 공기의 점도는 1.82 × 10^{-5} kg/m·s

3. 한 제품이 표면적이 0.1 m^{2}인 유연 복합포장재로 밀봉되어 있다. 이 포장재는 두께 0.1 mm인 폴리에틸렌 필름층과 두께 0.1 mm인 폴리아마이드 필름층으로 구성되어 있다. 포장된 제품을 21°C, 75% 상대습도에서 저장할 때, 포장 내의 산소분압이 0.01 atm이고, 포장 밖의 산소분압이 0.21 atm, 제품의 수분활성도가 0.3이라 할 때, 정상상태에서 필름을 통한 수증기와 산소의 이동속도를 계산하라.

   산소에 대한 폴리아마이드와 폴리에틸렌의 투과계수(P_M)는 각각

2280×10^{-11}, 5×10^{-11} $cm^3/(s \cdot cm^2 \cdot atm/cm)$이고, 90% RH 수증기와 0% RH 건조제를 이용하여 37.8°C에서 측정된 포장재의 수증기투과속도(water vapor transmission rate, WVTR)는 각각 6×10^{-11}, 37×10^{-11} $g/(s \cdot cm^2/cm)$이다.

[힌트] ① 포장재 양면에서는 확산 저항에 비하여 대류물질전달에 의한 저항은 무시할 수 있음, ② 21°C와 37.8°C에서의 수증기투과속도는 유사함

4. 수증기가 30°C의 정지된 공기층을 통하여 6°C의 차가운 표면으로 확산되어 응축하는 경우, 수증기의 확산 플럭스를 계산하라. 단, 공기층의 압력은 1 atm이고, 차가운 표면으로부터 10 mm 위에서의 수증기 압력은 3 kPa이다. 공기층에서의 수증기 확산계수는 0.26 cm^2/s를 사용하라.

   [힌트] ① 정상상태, ② 에디(eddy)는 없음

5. 4 m 깊이의 우물에서 밑에 있는 수증기는 우물 위의 건조공기로 확산되고 있다. 25°C, 1기압의 조건에서 우물 내의 공기는 유동이 없다고 가정할 때 공기를 통하여 확산되는 수증기의 확산속도를 구하라. 이 온도에서 공기 중에서 수증기의 확산계수는 1.58×10^{-5} m^2/s이다.

6. [예제 5-2]와 같은 모세관에 물 대신에 benzene으로 채워져 있다. 12°C에서 benzene이 높이 3 cm에서 2 cm로 낮아지는데 걸리는 시간을 계산하라. 12°C에서 benzene의 특성은 증기압 6.69 kPa, 밀도 889 kg/m^3, 공기에서의 확산계수 8.78×10^{-6} m^2/s이다.

7. 7% gelatine을 함유하는 5 mm 두께의 gel이 25°C에서 2.0 g/100 mL 농도의 설탕용액과 0.2 g/100 mL 농도의 설탕용액 사이에 놓여 있다. 정상상태에서 이 gel을 통한 설탕의 이동속도를 $kg/s \cdot m^2$의 단위로 계산하라.

8. 확산계수가 5.0×10^{-11} m^2/s인 단백질 분자가 10 μm의 거리를 확산에 의하여 이동하는데 걸리는 시간을 계산하라.

9. 표 5–10의 확산계수로부터 콩단백질의 반경을 추측하여 보라.

10. 수분함량 30%, 두께 30 mm의 평판형의 빵이 양면에서부터 건조되고 있다. 빵의 표면에서의 평형수분함량은 5%라고 한다. 건조는 확산계수 3.10×10^{-6} m^2/h인 수분의 확산계수에 의하여 지배되고 있다. 중심부분의 수분함량이 10%에 이를 때까지의 시간을 계산하라.

11. 0.01 mm 두께의 폴리프로필렌 포장 내에 건조 스낵제품 150 g을 질소로 치환포장하였다. 포장의 면적이 0.08 m^2일 때 이 포장을 통하여 시간당 투과되는 산소의 양을 계산하라.

12. 내부가 나프탈렌으로 도포된 직경 4 cm, 길이 1.10 cm 튜브 내를 318 K, 1 기압의 공기가 1.5 m/s의 속도로 흘러 보내지고 있다. 이 때의 물질전달계수를 계산하라. 1기압, 318 K에서의 공기 중에서 나프탈렌의 확산계수는 5.16×10^{-6} m^2/s이다.

13. 물은 채소 잎의 평평한 표면에서 증발하여 정체된 공기층을 통해 확산된다. 전체 압력은 101325 Pa이고 온도는 24°C이다. 다음 조건에서 증발 속도(g/s)를 계산하라. 잎 표면의 수분 활성도(a_w)는 0.98, 잎 표면에서 5 mm 떨어진 부분 수증기압은 2100 Pa, 잎 표면적은 50 cm^2이다. 공기 중에서 수증기의 확산계수는 2.6×10^{-5} m^2/s이다.
[힌트] ① 정상상태로 가정, ② 계산의 기본이 되는 시간 간격이 작기 때문에 잎 표면의 수증기압은 일정하다고 가정하라.

14. 아로마 화합물이 균질한 바이오폴리머 필름으로 만들어진 비다공성 구형 입자에 캡슐화되어 있다.. 구형 입자의 직경이 1 mm, 두께가 0.1 mm, 아로마 화합물의 농도가 구형 입자의 내면과 외면에서 각각 0.1 g/cm^3와 0.01 g/cm^3일 때 아로마 화합물의 방출 속도를 계산하라. 단, 균질한 바이오폴리머 필름에서 아로마 화합물의 확산계수는 1×10^{-12} m^2/s이다.
[힌트] ① 아로마 화합물의 방출 속도는 확산에 의해서 조절, ② 방출 속도는 일정 즉, 정상상태 ③ 그림 5–16은 공정 시스템 개략도이다.

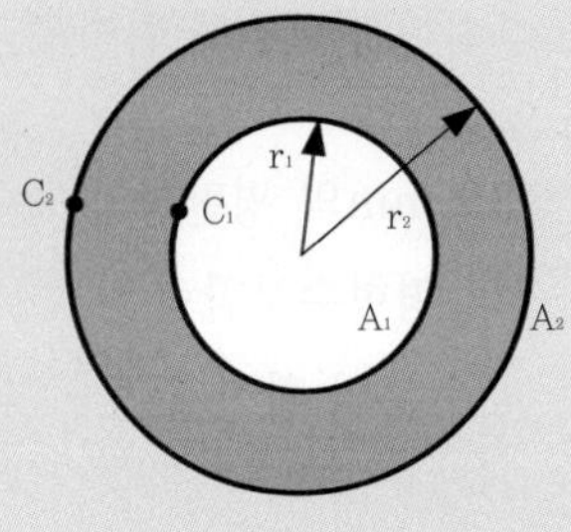

그림 5-16 공정 시스템 개략도

15. 폴리비닐클로라이드(PVC)의 O_2 용해도(*S*. solubility)와 확산계수(diffusivity)는 각각 3.84×10^{-4} cm^3(STP)/cmHg·m^3solid와 1.18×10^{-12} m^2/s이다. O_2에 대한 PVC의 투과도(permeability)를 계산하라.

16. 냉동 햄버거 패티 공급업체에서 0.1 mm 두께의 폴리프로필렌(PP) 필름으로 패티를 포장하려고 한다. 산소 및 수증기에 대한 폴리프로필렌의 투과도는 각각 1×10^{-8} cm^3/(*s* cm^2 atm/cm) 및 8×10^{-15} g/(*s* cm^2 Pa/cm)이고, 포장 내부의 산소 분압은 0 atm, 수증기 분압은 0.12 Pa, 포장 외부의 산소 분압은 0.21 atm, 수증기 분압은 0.04 Pa이다. 폴리프로필렌(PP) 필름의 표면적이 600 cm^2일 때 일주일 동안의 산소와 수증기 투과량을 계산하라.
[힌트] ① 포장재 양면에서의 대류저항은 무시하라. ② 방출 속도는 일정 즉, 정상상태로 가정하라.

17. 감자 칩은 비닐봉지(plastic bags)에 질소 치환되어 포장된다. 필름의 두께가 0.05 mm이고 비닐봉지 내에서 N_2의 절대압력이 1.05 atm이고 비닐봉지의 표면적이 1000 cm^2일 때 비닐봉지에서 3개월 동안 확산되는 N_2의 양을 계산하여라. 질소에 대한 플라스틱 필름의 투과도는 1.5×10^{-10} cm^3/s cm^2 atm/cm이다.

18. 인스턴트 커피는 분무건조공정에 의해서 제조된다. 건조 초기 단계에서 분무 건조기 내의 공기를 통해 커피 물방울(droplet)이 떨어진다. 건조 초기에 커피 물방울의 직경이 0.5 mm이고 공기와 물방울 사이의 상대 속도가 50 m/s일 때 공기를 통해 떨어지는 커피 물방울 표면의 물질전달계수를 계산하라. 단, 공기 온도는 180°C이고, 커피 물방울 표면

온도는 60°C라 가정하라.

[힌트] ① 공기의 수분함량이 매우 낮으므로 유체의 물리적 특성은 공기의 특성으로 대체하여도 무방하다. ② 커피 물방울은 직경이 일정한 구형으로 가정하라.

19. 무교반 발효액에서 기포가 올라오는 경우, 기포로부터 발효액으로의 산소 전달에 대한 물질전달계수를 구하라. 기포의 직경이 0.5 mm이고, 발효액에서 산소확산계수는 2×10^{-9} m^2/s이고, 발효액의 밀도와 점도는 각각 1200 kg/m^3, 0.002 kg/m·s이다. 기체의 밀도는 1.1 kg/m^{3}이다.

[힌트] 기포를 직경이 일정한 구형으로 가정하라.

20. 공기는 0.50 m × 0.50 m 규격의 고체 트레이에 작은 입방체로 자른 야채가 가득 채워져 있고, 트레이 표면 위로 공기가 흐른다. 물질전달계수가 0.03 kg/s·m^2·Pa인 경우, 트레이 표면에서 기류(air stream)로의 수증기 전달속도를 계산하라. 절단 야채 표면에서의 수증기압은 12000 Pa이고 대부분의 경우 트레이 위를 흐르는 유체(공기)의 수증기압은 5000 Pa이다.

[힌트] ① 그림 5-17은 시스템 개략도이다. ② 채소의 표면에 있는 물은 자유수(free water or unbound moisture)로 가정하라.

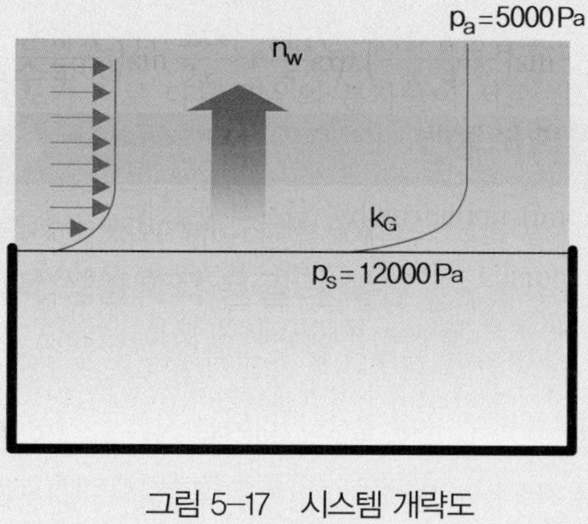

그림 5-17 시스템 개략도

21. 6 m^{3}의 옥수수로 채워진 고정된 층(fixed bed)을 통해서 공기가 흐른다. 공기의 물질전달계수는 0.05 kg/s·m^2·Pa이고, 옥수수층의 단위 부피당 표면적은 60 m^2/m^{3}이다.

바닥에서 옥수수층의 수증기압은 5000 Pa이고, 위에서는 5500 Pa이다. 벌크 공기의 수증기압은 베드 입구에서 1800 Pa, 출구에서 2500 Pa이다. 옥수수에서 공기로의 수증기 이동 속도를 계산하라.

[힌트] ① 그림 5-18은 시스템 개략도이다. ② 정상상태로 가정하라.

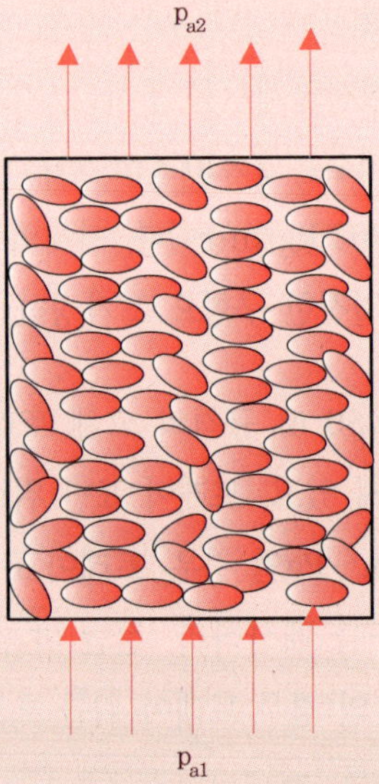

그림 5-18 시스템 개략도

22. 4 mm 두께의 사과 조각을 건조하기 전에 내재 효소를 파괴하고 부패 및 충해 방지 목적으로 유황 훈증 처리(유황 처리장에서 유황 연기에 노출)를 한다. 물질전달에 대한 비오트 수가 40보다 크고 SO_2의 표면 농도가 0.1 mol SO_2/m^3인 경우, 1시간 후 슬라이스(조각)에서의 SO_2 평균 질량농도를 계산하라. 사과 슬라이스에서 SO_2의 초기 농도는 0이고, 사과에서 SO_2의 확산계수는 1×10^{-9} m^2/s로 가정한다.

[힌트] ① 그림 5-19는 시스템 개략도이다. ② 사과 조각의 양면에서의 물질전달을 무시하면 무한평판에 관한 해석해를 적용할 수 있다. ③ 슬라이스의 윗부분만이 유황 훈증 처리되는 것으로 가정하라.

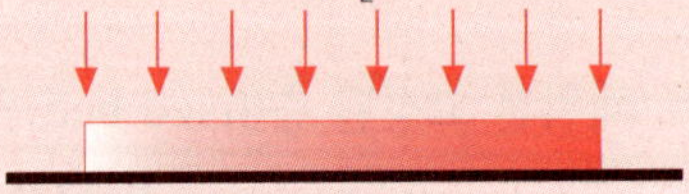

그림 5-19 시스템 개략도

23. 15cm × 15cm × 10cm 크기의 페타치즈 조각을 소금물에 담근다. 이를 염지공정이라 하고 이 공정은 유산발효를 억제하며, 세균의 오염 및 증식을 억제하고 치즈의 결찰력을 좋게 한다. 또한 보전성과 풍미를 부여한다. 염지 10일 후, 치즈 조각 중앙에서의 NaCl 농도와 평균 질량 농도를 계산하라. 치즈를 소금물에 침지하는 즉시 치즈 표면에서의 농도는 소금물의 농도인 130 kg NaCl/m^3에 도달하고, 염지공정 내내 이 농도가 유지된다. 염지 전 치즈에는 NaCl은 존재하지 않으며, 치즈에서의 NaCl 확산계수는 3×10^{-10} m^2/s이다.

[힌트] ① 그림 5-20은 시스템 개략도이다. ② 치즈 내에서의 NaCl 이동은 확산조절이다. ③ 치즈의 부피는 일정하게 유지된다고 가정하라.

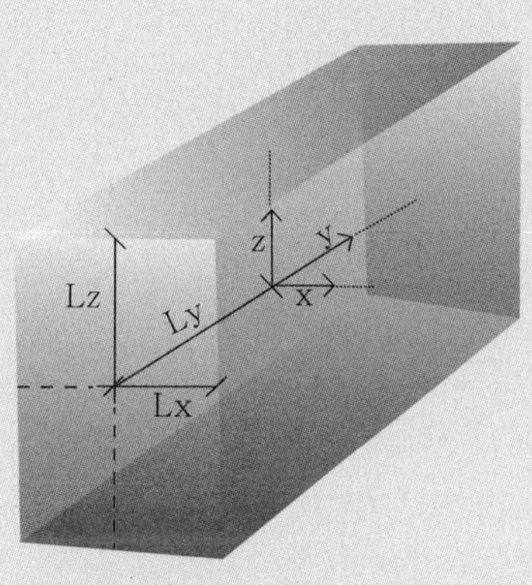

그림 5-20 시스템 개략도

24. 피클을 생산하는 공장에서는 염장 오이에서 과도한 염분을 제거하기 위해 오이를 담수에 여러 번 담근다. 이를 탈염공정이라 한다. 직경이 2 cm, 길이가 6 cm인 오이의 초기 NaCl 함량이 100 kg NaCl/m^3이고 오이에서 NaCl의 확산계수(diffusivity)가 1×10^{-9} m^2/s인 경우, 신선한 담수에 담근지 5시간이 지난 후에 오이의 평균 NaCl 농도를 계산하라. 담수는 연속적으로 공급되므로 물의 NaCl 농도는 0이 된다.

[힌트] ① 그림 5-21은 시스템 개략도이다. ② 외부저항(대류저항 또는 표면저항)을 무시할 수 있으므로 $N_{Bi} > 40$인 경우의 해석해를 사용할 수 있다. ③ 피클 양쪽 끝에서의 확산은 무시하라. ④ 오이의 기하학적 형태는 무한실린더로 가정하라.

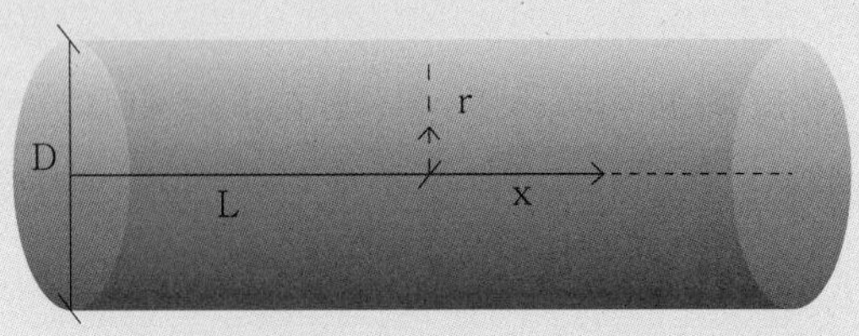

그림 5-21 시스템 개략도

25. 갑자기 건조한 공기가 불기 시작하였고 이때 토양의 수분 함량은 200 kg water/m^{3}이다. 토양 내 물의 확산계수가 1.3×10^{-8} m^2/s이고 공기와 접촉하는 토양의 평형수분함량이 100 kg water/m^{3}일 때, 48 시간 후 표면으로부터 5 cm 아래 위치에서의 토양의 수분 함량을 계산하라. 토양 표면의 수분 함량은 즉시 접촉한 공기와 평형을 이룬다고 가정하라.

[힌트] ① 그림 5-22는 시스템 개략도이다. ② 초기에 토양에서의 수분 함량은 일정하다. ③ 토양 내에서 수분의 이동은 확산에 의해서 조절된다. ④ 지면은 semi-infinite body로 가정하라.

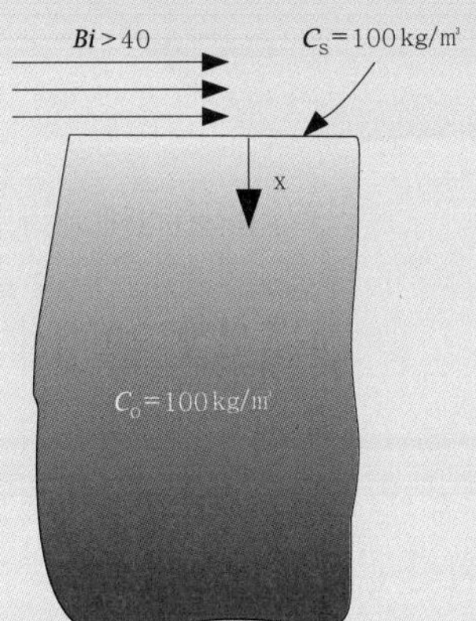

그림 5-22 시스템 개략도

Chapter 6

식품에서의 반응속도

반응속도의 응용 분야는 매우 다양한데 여기서는 식품공학 분야에 국한하여 살펴보도록 한다.

어떤 물질이 식품 원료로부터 시작하여 가공, 저장 및 유통과정을 거처 최종적으로 소비자에 의해 소비되기까지 각종 생물학적, 물리적, 화학적인 변화가 일어난다.

이러한 변화 중에는 가열처리에 의한 유해 미생물의 사멸이나 효소의 불활성화, 육제품의 풍미증진 등과 같은 바람직한 변화도 있으나, 대부분의 경우 지방의 산패, 제품의 변색, 풍미나 조직감의 저하, 영양성분의 파괴 등 식품의 품질을 저하시키고 저장수명을 단축시키는 경우가 많다.

따라서 제품의 생산에서부터 소비에 이르기까지 각종 품질저하를 방지하여 안전하고 우수한 품질을 유지하기 위해서는 이러한 변화들이 가공 및 저장조건하에서 어느 정도로 어떻게 변화되는지 알아야 한다. 즉, 제품의 품질을 결정하는 지표가 되는 특성이나 성분변화가 진행되는 속도를 알아야 한다.

이러한 목적으로 식품공정에서 반응속도론이 널리 활용되고 있다.

식품공학 분야에서 반응속도론이 활용되는 주요 분야를 열거하면 다음과 같다.

① 식품의 가열살균공정
② 식품의 가공 및 저장 기간 중 발생하는 품질변화의 예측
③ 반응 메커니즘의 연구
④ 새로운 식품가공공정의 설계, 기존 공정의 최적화
⑤ 식품의 저장수명 예측
⑥ 원료 및 완제품의 품질관리

식품의 가공이나 저장 중에 식품 내에서는 여러 가지 화학반응이 일어난다. 색, 향기 등을 형성하여 품질을 향상시키는 화학반응은 우수한 품질을 얻을 수 있도록 최적화하여야 하며, 영양성분의 파괴, 변색, 조직의 파괴 등 품질을 손상시키는 반응은 최소화시켜야 한다. 실제로 식품은 생산되는 순간부터 저장과 유통 조건이 달라지면 생산 직후와 최초의 품질이 동일하여도 최종 품질은 전혀 달라지게 된다.

따라서 화학반응 속도론적 연구를 통하여 식품의 가공 및 저장 중에 일어나는 화학반응 속도를 정량적으로 규명하고 각 반응의 메커니즘을 이해한다면 각 제품의 바람직한 특성을 최대한 유지할 수 있도록 가공 및 저장 조건을 선택할 수 있을 것이다.

Section 1 반응의 종류

1. 균일반응과 불균일반응

화학반응은 여러 가지 방법으로 분류할 수 있지만 가장 유용한 방법은 반응에 관여하는 상(phase)의 형태와 수에 따라 나누는 것이다. 균질한 한 개의 상에서 반응이 일어나는 경우를 균일반응(homogeneous reaction)이라 하고, 2개 이상의 상이 관계있는 경우를 불균일반응(heterogeneous reaction)이라 한다.

액상이나 기상에서 일어나는 거의 모든 반응은 균일반응이다. 우리에게 가장 친숙한 반응으로 연소반응을 생각해 보자. 대부분의 화학반응은 원하는 물질을 합성하는 것이지만 메탄의 연소반응은 생성하는 열을 얻는 것이 목적이다. 예를 들면 천연가스의 주성분인 메탄 CH_4의 연소반응은 다음과 같이 표현된다.

$$CH_4(g) + 2O_2(g) \longrightarrow CO_2(g) + 2H_2O(g) \tag{6-1}$$

이 반응은 균일반응으로 반응물과 생성물은 모두 기체이다.

식품의 경우는 대부분 수용액 상태에서 반응한다. 균일반응은 때때로 엄격히 구별하기 어려운 경우도 있다.

예를 들어 효소반응에서 효소 자체는 고분자 단백질로서 10~100 nm의 콜로이드 크기이다. 또한 탱크에서 균일하게 섞이며 발효하는 경우 발효액에는 미생물 세포가 현탁되어 있으므로 엄격한 의미에서 단일상이 아니다. 그러나 편의상 이들 반응은 균일반응으로 취급한다. 균일반응계에서는 반응계 내의 온도와 모든 농도가 균일하다.

불균일반응은 기체, 액체, 고체의 조합에 따라 기체-고체 반응, 기체-액체 반응, 액체-액체 반응 등으로 나눌 수 있다. 예를 들어 석탄을 태우는 것은 기체-고체 반응이라 볼 수 있다. 불균일반응계에서는 온도 또는 농도기울기가 존재한다.

2. 가역반응과 비가역반응

비가역반응(irreversible reaction)은 한 방향으로만 진행되는 반응으로 반응물(reactant)이 완전히 소진될 때까지 진행된다. 한편 가역반응(reversible reaction)은 정방향과 역방향의 두 방향으로 진행되며, 일정한 시간이 지난 후 평형(equilibrium)에 도달한다. 반응계 내에 반응에 관여하는 물질이 전부 반응하지 않고 일부 남아 있는데 반응이 정지한 것과 같은 상태에 도달하는 것을 평형에 도달했다고 한다.

평형상태에서는 정반응과 역반응의 반응속도가 동일하여 반응계가 마치 정지해 있는 것처럼 보이지만 실제는 정반응과 역반응이 함께 일어나고 있다. 따라서 이와 같은 상태를 화학반응의 동적평형(dynamic equilibrium)이라 한다.

엄격히 말하면 완전한 비가역반응은 없으며 많은 반응에서 역반응이 무시할 정도이기 때문에 비가역반응으로 취급한다.

Section 2 균일계에서 반응속도식

1. 반응속도의 정의

식품의 가공 및 저장 중에 일어나는 품질변화는 식품성분들 간의 화학반응, 미생물이나 효소작용 같은 생물학적 작용, 식품조직의 변화와 같은 물리적 작용에 기인한다.

이러한 변화들 중 어떤 변화는 대단히 빠르게 진행되어 그 변화속도를 조절하기가 어려운가 하면, 어떤 반응은 속도는 매우 느려 반응의 진행 상태를 인지하기 어려운 경우도 있다. 그렇다면 반응속도는 어떻게 나타 낼까?

속도(rate)란 어떤 일이 얼마나 빨리 일어나는가를 나타낸다. 어른이 식사를 하는 속도는 하루에 3번이고 어린아이는 더 빠를 것이다. 자동차 속도는 보통 시속으로 나타내는데 예컨대 시속 60 km라 하면 이는 한 시간에 자동차가 60 km를 가는 속도로 달린다는 뜻이다.

화학반응에서 속도는 반응물 또는 생성물의 농도가 시간에 따라 얼마나 빨리 변하는가를 나타낸다. 여기서 농도는 mol/m^3의 단위를 사용하므로 반응속도의 단위는 $mol/m^3 \cdot s$ 이다.

$$\text{화학반응속도} = \frac{\text{농도}}{\text{시간}} \tag{6-2}$$

이와 같은 개념에서 균일계에서 화학반응속도(chemical reaction rate) r_i는 단위부피당 단위시간에 소비되는 반응물(reactant) i의 몰(mol) 수로 정의할 수 있다. 이와 같이 반응계의 단위 부피를 기준으로 나타낸 반응속도를 부피반응속도(volumetric reaction rate)라 한다.

$$r_i = -\frac{1}{V}\frac{dN_i}{dt} = \frac{\text{소비된 } i\text{의 몰 수}}{(\text{용액의 부피})(\text{시간})} \tag{6-3}$$

여기서 반응물의 농도는 반응이 진행됨에 따라 감소하므로 부호는 [−]이다. 반응속도를 단위 시간에 생성되는 생성물(product)의 농도로도 나타내는 경우, 이때 반응속도의 부호는 [+]이다.

반응계의 부피 V가 일정한 균일반응의 경우 식 (6-3)은 다음과 같이 나타낼 수 있다.

$$r_i = -\frac{d(N_i/V)}{dt} = -\frac{dc_i}{dt} \tag{6-4}$$

간단한 반응의 예로서 반응물 A가 직접 생성물 B로 변하는 다음과 같은 경우를 생각해 보자.

$$\mathrm{A} \longrightarrow \mathrm{B} \tag{6-5}$$

이때 반응속도는 반응물 A의 소실속도를 기준으로 다음과 같이 나타낸다.

$$r_A = -\frac{dc_A}{dt} \tag{6-6}$$

또는 생성물 B를 기준으로 하면

$$r_B = \frac{dc_B}{dt} \tag{6-7}$$

로 나타낸다.

반응시간에 따른 반응물과 생성물의 농도변화를 생각해 보자. 그림 6-1에 나타낸 것과 같이 반응이 시작되는 순간 반응물 A의 농도는 제일 높고 생성물 B의 농도는 0일 것이다. 그러나 반응이 진행됨에 따라 반응물의 농도는 점차 감소하는 반면에 생성물은 점점 증가할 것이다.

특히 반응 초기에는 반응물 감소속도와 생성물의 생성속도가 빠르고 시간이 지나면서 곡선은 완만해 질 것이다. 이와 같은 농도변화에서 알 수 있는 것과 같이 일반적으로 반응속도는 반응시간에 따라 변한다.

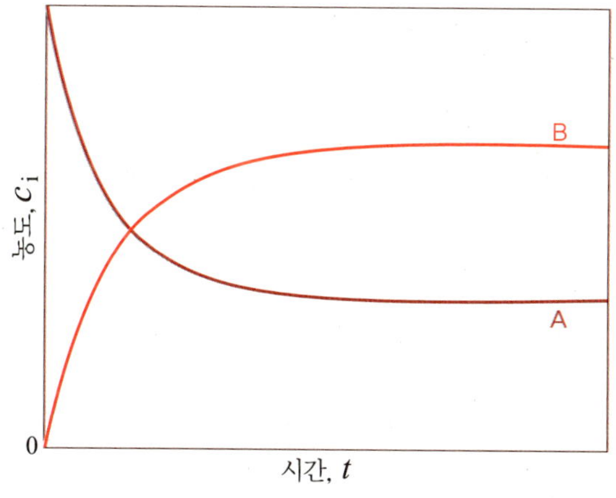

그림 6-1 가상적인 반응 A → B에서 A와 B의 농도변화

일반적인 경우로 균일계에서 다음과 같은 비가역적인 단일반응을 생각해 보자.

$$aA + bB \longrightarrow cC + dD \tag{6-8}$$

이 식은 a몰의 A분자와 b몰의 B분자가 반응하여 c몰의 C분자와 d몰의 D분자가 생성되는 것을 나타낸다.

식 (6-8)은 반응에 관여하는 각 성분의 양적 관계를 나타내는 식으로 화학양론식(stoichiometric equation)이라 하며, 계수 a, b, c, d를 화학양론계수(stoichiometric coefficient)라 한다.

식 (6-8)에서 각 성분의 양론계수가 다르므로 각 성분을 기준으로 나타낸 반응속도의 절대값이 다르며, 다음의 상관관계가 성립한다.

$$r = \frac{-r_A}{a} = \frac{-r_B}{b} = \frac{r_C}{c} = \frac{r_D}{d} \tag{6-9}$$

반응속도 사이에 식 (6-9)와 같은 관계가 왜 성립하는지는 다음과 같은 반응을 생각해 보면 명백해 질 것이다.

$$A + 2B \longrightarrow C \tag{6-10}$$

이 반응은 A 1 mol과 B 2 mol을 소모하면서 C 1 mol을 생성한다. 따라서 B의 소비속도는 A의 2배이다. 이를 생각하면 $-r_B$가 $-r_A$ 또는 r_C와 같아지기 위해서는 2로 나누어 주어야 한다.

식 (6-9)로 정의되는 반응속도 r은 양론식 (6-8)로 주어지는 반응 전체에 대하여 나타낸 것으로 고유한 값을 가진다는 것을 알 수 있다. 여기서 주의할 점은 반응속도는 반응에 관여하는 한 성분의 소모속도 또는 생성속도가 아니라 반응 전체에 대한 속도로 나타낸다는 점이다.

[예제 6-1] 양론식에 대한 반응속도와 각 성분의 반응속도

$2A + B \rightarrow 2C$의 양론식에 대한 반응속도 r이 10 mol/m³·s일 때 각 성분의 반응속도 r_A, r_B 및 r_C를 구하라.

[풀이]

식 (6-9)에 의하여 각 성분의 반응속도는 다음처럼 산출한다.

$$r_A = -ar = 2\times r = -20 \text{ mol/m}^3\cdot\text{s}$$

$$r_B = -br = 1\times r = -10 \text{ mol/m}^3\cdot\text{s}$$

$$r_C = cr = 2\times r = 20 \text{ mol/m}^3\cdot\text{s}$$

2. 반응속도식의 기본형과 반응차수

반응속도는 일반적으로 반응성분의 농도에 의존할 뿐만 아니라 반응온도 등의 영향을 받기 때문에 반응속도와 이들 인자들과의 관계를 수학식으로 나타낸 것을 반응속도식이라 한다.

① 농도는 반응속도에 영향을 미친다.

반응시간에 따른 반응물과 생성물의 농도변화를 나타낸 그림 6-1을 살펴보면 반응초기에는 반응물의 농도가 높아 반응속도가 빠르고 시간이 지남에 따라 반응물의 농도는 점점 감소한다. 따라서 반응속도는 느려짐을 알 수 있다.

철 섬유는 붉게 가열하여도 공기 중에서는 잘 타지 않지만 이것을 순수한 산소 중으로 던지면 활활 탄다. 공기 중에는 산소가 21%밖에 없다. 그러나 순수한 산소인 경우 반응물인 산소의 농도가 100%이므로 반응속도가 매우 빨라져 철 섬유가 활활 타는 것이다.

어떤 사람은 우리가 숨쉬는 공기 중의 산소 농도가 21%가 아니라 30%이면 산불이 나도 불을 끌 수 없어 결국 지구상의 숲이 사라질 것이라 추측하였다. 왜냐하면 산소 농도가 높아지면 연소속도가 가속되기 때문이다.

② 온도도 반응속도에 영향을 미친다.

화학반응속도는 반응물의 농도뿐만 아니라 반응온도에 의해 크게 영향을 받는다. 일반적으로 온도가 10°C 상승하면 반응속도는 2~3배 증가한다. 예를 들어 식품을 냉장고에 보관할 때보다 실온에 두면 변질속도가 훨씬 빠르다.

또한 몸에 열이 나면 대사속도가 빨라지고 따라서 산소를 많이 필요로 한다. 만약 체온이 0.5°C 상승하면 대사속도는 훨씬 빨라져 적어도 7% 이상의 산소를 필요로 한다(대사는 우리 몸에서 일어나는 반응을 총칭하는 것이다). 이 증가된 산소요구량을 만족시키기 위하여 심장은 더 빨리 뛰며, 그 결과 심장에 무리를 주게 된다.

체온이 높아져 대사속도가 빨라지는 것은 몸이 병과 싸우는 메커니즘의 일부이지만 열이 오랫 동안 지속되는 것은 피해야 한다. 따라서 가능한 빨리 체온을 정상으로 되돌리기 위한 적절한 조치를 취해야 한다.

③ 촉매 역시 반응을 촉진한다.

반응은 미량의 비반응성 물질(non-reactant)이 존재하면 반응속도가 빨라지는 경우가 많다. 반응에 무관하면서 반응속도를 증가시키는 물질을 촉매(catalyst)라 하며, 촉매에 의하여 반응속도가 향상되는 현상을 촉매작용(catalysis)라 한다.

동식물 내에서 일어나는 모든 반응은 효소(enzyme)라 하는 특별한 촉매를 필요로 하며, 효소는 생화학적으로 단백질이다. 생체에서 대사는 효소에 의하여 제어된다.

촉매는 일반적으로 두 가지 방법 중 한 가지 방법으로 작용한다. 즉, 촉매는 동일 온도에서 반응을 촉진하거나 훨씬 낮은 온도에서 동일한 속도로 반응이 일어나게 한다.

(1) 반응속도의 기본형

경험에 의하면 식 (6–8)과 같은 비가역적인 단일반응의 경우 반응속도는 각 반응물의 농도의 지수의 곱에 비례한다.

$$r \propto c_A{}^m c_B{}^n \tag{6–11}$$

여기서 r : 반응속도(kg mol/m^3·s)
c_A : 반응물 A의 농도(kg mol/m^3)
c_B : 반응물 B의 농도(kg mol/m^3)

위 식은 비례상수 k를 도입하여 다음과 같이 표시할 수 있다. 여기서 k는 반응속도상수(reaction rate constant)라 한다.

$$r = k c_A{}^m c_B{}^n \tag{6–12}$$

(2) 반응차수

식 (6–12)에서 지수 m과 n은 반응차수(reaction order)라 부르며 반응속도가 각 반응성분의 농도에 어떻게 영향을 받는가를 나타낸다. 예를 들어 c_B는 일정하게 유지하고 c_A를 $2c_A$로 2배 증가시켰다고 가정하자. 이 경우 만약 m이 1이면 반응속도는 2배 증가하고, m이 2이면 반응속도는 2^2 즉, 4배 빨라진다.

m과 n는 각각 개별차수(individual order)라 하며 반응물 A에 대해서 m차, 반응물 B에 대해서 n차란 의미이며, 전체적으로 $(m+n)$차이다. $(m+n)$는 총차수(overall reaction order)라 한다. 반응차수는 반응시간과 농도에 무관한 상수로서 실험적으로 결정되는 값이다. 특히 m과 n는 화학양론계수 a와 b와 반드시 일정한 상관관계를 갖지 않으며 항상 정수(integer)일 필요는 없다.

예로서 ascorbic acid의 공기 중에서 산화반응을 생각해 보자. Ascorbic acid는 산소와 반응하여 다음 식과 같이 dehydroascorbic acid로 변하여 vitamin C로서 활성을 잃게 된다.

$$\text{Ascorbic acid} + O_2 \longrightarrow \text{Dehydroascorbic acid} + H_2O \qquad (6\text{–}13)$$

실험에 의하면 ascorbic acid(A)의 분해속도식은 다음 식으로 표현된다.

$$-\frac{dc_A}{dt} = kc_A c_{O_2} \qquad (6\text{–}14)$$

여기서 c_A는 ascorbic acid의 농도, c_{O_2}는 O_2의 농도이다. 이 반응속도식으로 부터 ascorbic acid의 분해속도는 ascorbic acid와 산소에 대하여 각각 1차 반응을 나타내고 전체 반응은 2차 반응임을 알 수 있다.

경우에 따라서 반응속도식은 식 (6–14)와 같이 간단한 형태로 나타낼 수 없으며 보다 복잡한 경우도 있다. 예를 들어 간단한 효소반응은 다음과 같은 형태로 표현된다.

$$r = -\frac{V_{max} c_s}{K_M + c_s} \qquad (6\text{–}15)$$

여기서 c_s : 기질 농도

V_{max} : 최대 반응속도

K_M: 상수

이와 같은 형태의 반응속도식에서 반응차수는 일정한 것이 아니라 기질의 농도(c_s)에 따라 변한다.

3. 반응속도의 온도의존성

반응물의 농도를 일정하게 유지하면서 온도를 증가시키면 일반적으로 반응속도가 빨라진다. 이 경우 식 (6–12)를 살펴보면 온도가 반응속도에 영향을 미칠 수 있는 인자는 반응속도상수 k이다. 즉, 반응물의 농도를 일정하게 유지($c_A{}^m c_B{}^m$ = 일정) 하면서 반응온도를 10℃ 상승시켰을 때 반응속도가 2배 증가하는 것은 k가 2배 커졌기 때문이다.

한편 반응속도상수 k는 반응이 일어나는 동안 온도가 변하지 않으면 반응물이나 생성물의 농도에 관계없이 일정한 값을 가진다. 따라서 k는 특정 온도에서 반응속도의 빠르기를 나타내는데 매우 중요하게 사용된다.

식 (6–12)의 반응속도식에서 k를 온도의 함수로 표현하면

$$r = k(T) c_A{}^m c_B{}^n \tag{6–16}$$

반응속도상수의 온도의존성은 일반적으로 Arrhenius식으로 표현된다. Arrhenius식은 비교적 넓은 온도 범위에서 대부분의 반응속도상수의 온도의존성을 잘 나타낸다.

$$k(T) = Ae^{-E_a/RT} \tag{6–17}$$

여기서 k : 반응속도상수

A : 빈도인자(k와 같은 단위를 갖는다)

E_a: 활성화에너지(kJ/mol)

R: 기체상수(8.314 kJ/mol·K)

T: 절대온도(K)

① 반응을 일으키는 데 필요한 최소의 에너지를 활성화에너지라 한다.

일정한 온도와 압력에서 화학반응이 자발적으로 일어나기 위해서는 생성물의 에너지가 반응물보다 작아야 한다. 그러나 반응물과 생성물은 에너지 장벽으로 분리되어 있기 때문에 생성물의 에너지가 낮음에도 불구하고 즉각적으로 반응이 일어나지 않는다. 반응이 일어나기 위해서는 이 에너지 장벽을 넘기 위하여 에너지가 필요한데, 이 에너지 장벽의 높이를 활성화에너지라 한다. 활성화에너지가 클수록 장벽을 넘기 어려우므로 반응속도는 느려진다. 화학반응속도를 촉진하는 촉매의 큰 역할은 이 활성화에너지 값을 작게 하는 것이다.

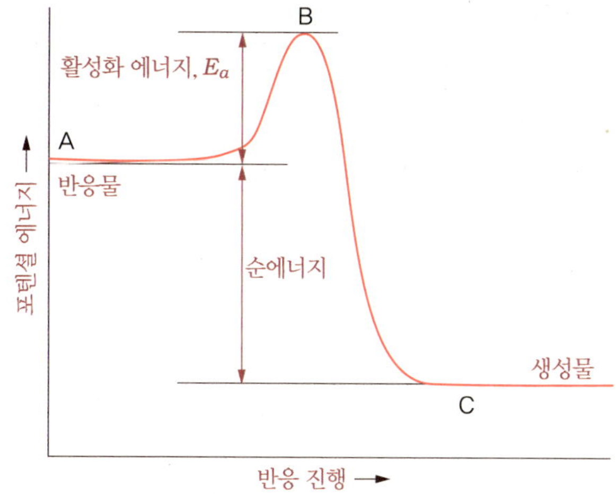

그림 6-2 반응($C + O_2 \longrightarrow CO_2$ + 반응열)의 개략도(발열반응)

예를 들어, 석탄(대부분 탄소)은 연소하면서 열을 발생하면서 탄산가스가 된다. 이것을 화학반응식으로 다음과 같이 나타낼 수 있다.

$$C + O_2 \longrightarrow CO_2 + \text{반응열} \tag{6-18}$$

그림 6-2의 왼쪽의 A(reactants)는 반응물인 탄소와 산소의 에너지 수준을 나타낸다. CO_2는 안정한 화합물이므로 반응물보다 에너지수준이 낮기 때문에 그림 상의 오른쪽의 C(products)로 표시할 수 있다. 석탄은 실온에서는 공기(산소 21%) 중에서 매우 안정하여 장기간 저장할 수 있는데 그 이유는 앞에서 기술한 것과 같이 에너지 장벽 때문이다. 다시 말해서 탄소와 산소 사이에 반응이 일어나기 위해서는 석탄에 불을 붙이기 위해서 석탄을 가열하여야 한다. 가열에 의해 이들 분자들은 에너지를 얻어 곡선 상의 위치 A에서 B로 에너지 고개를 올라간다. 이때 충분한 에너지를 얻지 못한 반응물 분자는 에너지 고개를 넘지 못하고 원래 상태로 굴러 내려온다.

활성화에너지 이상의 충분한 에너지를 얻어야만 에너지장벽(energy barrier)을 넘어 생성물이 될 수 있다. 에너지고개의 정점에서 반응물은 고에너지의 중간 복합물이 형성한다. 이 복합물은 수명이 매우 짧아 어떤 형태인지 관찰하기 불가능하지만 이를 전이상태(transition state) 또는 활성화물(activated complex)이라 부른다. 이 불안정한 활성화물은 전자-원자핵이 재배열되어 안정한 이산화탄소로 되면서 위치 C로 떨어진다. 이때 과잉의 에너지를 열로 방출된다.

그림 6-2에서 A와 C사이의 에너지 차가 방출된 순 에너지(net energy)이다. 우리들이 경험하는 것과 같이 석탄이 한 번 불이 붙으면 계속해서 자발적으로 연소되는데, 이는 발생된 반응열의 일부가 석탄을 활성화시키기 때문이다.

석탄의 연소와는 달리 활성화에너지가 작은 경우를 생각해 보자. 니트로글리세린(nitroglycerin)은 액체 폭발물로서 1846년 노벨(1833-1896)에 의하여 발명되었다. 니트로글리세린은 활성화에너지가 매우 작기 때문에 조금만 흔들어 주어도 연소한다. 특히 니트로글리세린은 연소되면서 산소를 소비하는 동시에 산소를 발생하기 때문에 주위 공기로부터 산소를 흡수할 필요가 없어 연소속도가 매우 빨라 폭발하게 된다. 노벨은 이런 성질을 이용해 니트로글리세린과 실리카 분말을 혼합하여 다이나마이트(dynamite)라는 안정한(높은 활성화에너지를 가진) 폭발물을 제조하였다.

② 반응에 의해 열이 발생될 뿐만 아니라 열을 흡수하기도 한다.

앞에서 기술한 석탄의 연소에서와 같이 반응이 진행되면서 열이 발생되는 반응을 발열반응(exothermic reaction)이라 한다.

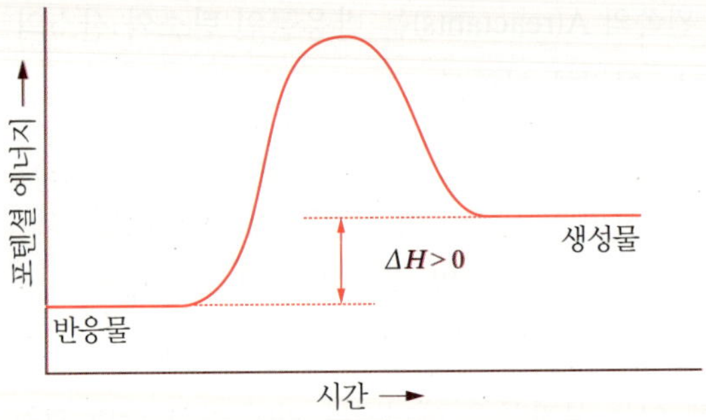

그림 6-3 흡열반응의 개략도

모든 반응에서 열이 방출되는 것은 아니다. 어떤 경우에는 외부에서 열을 흡수하면서 반응이 일어난다. 그림 6-3에 나타낸 것과 같이 생성물의 에너지가 반응물의 에너지 보다 높은 경우에는 새로운 결합을 형성하는데 필요한 최소한의 에너지를 외부에서 흡수하여야 하므로 흡열반응(endothermic reaction)이라 한다.

③ **반응열** : 반응물과 생성물의 에너지 차를 반응열(heat of reaction)이라 한다. 일반가정에서 널리 사용되는 도시가스(메탄이 주성분)와 프로판가스 중 어떤 것이 화력이 높을까? 프로판가스가 높다. 이것을 과학적으로 검증해 보자.

메탄의 연소반응은 다음 식으로 나타내 진다.

$$CH_4(g) + 2O_2(g) \longrightarrow CO_2(g) + 2\,H_2O(l) \tag{6–19}$$

반응열은 다시 표현하면 반응에 의한 엔탈피변화이다. 특히 연소반응에서 발생되는 반응열을 연소열(heat of combustion)이라 한다. 발열반응의 경우 ΔH는 음(−)의 값이고, 흡열반응인 경우는 양(+)의 값이다. 특히 반응 전후의 상태를 1 atm, 25°C로 유지한 경우의 반응열을 표준반응열 ΔH°_{298}이라 부른다. 메탄과 프로판의 연소반응에 대한 표준반응열은 다음과 같다.

$$\Delta H^\circ_{298}(CH_4,\ g) = -890.346\ \text{kJ/mol}$$
$$\Delta H^\circ_{298}(C_3H_8,\ g) = -2220.051\ \text{kJ/mol}$$

(1) 반응속도상수와 활성화에너지 결정법

반응속도와 반응 메커니즘 분석의 첫 단계는 반응 화학량론을 결정하고 부반응을 확인하는 것이다. 다음 단계는 반응이 시작된 후 시간에 따른 반응물과 생성물의 농도 변화를 결정하는 것이다. 화학반응속도는 온도에 민감하기 때문에, 반응 혼합물의 온도는 반응 전과정을 통해 일정하게 유지되어야 한다. 그렇지 않으면 관찰된 반응속도는 여러 온도에서의 의미 없는 평균값이 될 것이기 때문이다.

반응물과 생성물의 농도 및 시간에 따른 농도 변화를 측정하는 데 사용되는 방법은 반응에 관여된 물질과 농도 변화 속도에 의해 결정된다. 물질의 빛 흡수를 측정하는 방법인 분광광도법(spectrophotometry)이 농도 측정에 광범위하게 이용되고 있다. 만일 반응에서 용액에 존재하는 이온 수나 형태가 변화하면, 농도는 용액 전도성을 측정함으로써 추적할 수 있다.

수소이온의 농도 변화를 수반하는 반응들은 유리 전극을 사용하여 용액의 pH를 측정하여 조사할 수도 있다. 조성을 결정하는 다른 방법으로는 편광과 인광에 의한 측정법, 적정법, 질량 분석법, 기체 크로마토그래피 및 자기 공명(EPR 및 NMR 등) 등이 있다. 때로는 반응 혼합물의 광학 활성도를 측정하는 편광 측정법이 이용되기도 한다.

반응속도상수를 결정하거나 반응속도를 측정하기 위해 실험에서 얻는 기초자료는 반응 개시 후 일련의 시간에 걸친 반응물과 생성물의 농도 또는 분압에 비례하는 양(시료의 흡광도 같은)이다. 이상적으로는 모든 중간체들에 대한 정보도 얻어져야 하지만, 이들은 잠깐 동안 존재하거나 농도가 매우 낮기 때문에 종종 조사하기가 어렵다. 만일 실험 자료가 일련의 다른 온도에서 얻어진다면 반응에 대한 많은 정보를 도출할 수 있다.

반응속도에 관한 식 (6-4)는 지정 성분의 농도 변화속도로 해석할 수 있다. 따라서 주어진 순간(반응 혼합물이 특정한 조성을 지닐 때)에서의 속도를 알려준다. 이것은 여행 중 각 지점에서의 자동차의 속도를 알려 주는 것과 같은 것이다. 자동차 여행에서 주어진 시간에 자동차가 움직인 거리를 알고 싶듯이, 화학반응에 있어서도 반응속도가 변화하더라도 특정 시간에 반응 혼합물의 조성을 알고 싶을 것이다.

이를 해결할 수 있는 방법이 적분속도법칙(integrated rate law)이며, 이 법칙은 성분의 농도를 시간에 대한 함수로 나타낸다.

적분속도법칙에는 두 가지의 중요한 장점이 있다. 하나는 반응 시작 후 특정 시간에서의 성분의 농도를 예측할 수 있다는 것이고, 다른 하나는 반응의 속도상수와 차수를 구하는 데 도움을 준다는 것이다. 실제로 반응속도의 기본형(또는 속도 법칙)이 반응속도 결정을 위해 도입되었으나, 기울기를 정확하게 결정하는 것이 어렵기 때문에 속도는 직접적으로는 거의 측정되지 않는다. 반응속도론에 관한 거의 모든 실험은 적분속도법칙을 이용하여 다룬다.

적분속도법칙의 큰 이점은 적분속도법칙이 농도와 시간에 대한 실험적인 관측값과 직접적인 연관이 있다는 것이다. 현재는 컴퓨터가 매우 널리 사용되므로 심지어 가장 복잡한 속도 법칙도 수치 적분을 할 수 있다. 그러나 실제로 많이 접하는 간단한 경우에 해석적인 해를 쉽게 얻을 수 있으며, 이 방법은 매우 유용함이 입증되었다. 좀 더 자세한 내용은 "4절 부피가 일정한 단순 반응계에서 반응속도식"에서 다룬다.

반응속도는 온도에 따라 크게 변한다. 일반적으로 온도를 증가시키면 분자의 열운동이 격렬해지고 활성화 상태인 분자수가 증가하기 때문에 반응속도는 증가한다.

반응온도에 따른 반응속도의 변화를 정량적으로 계산하기 위해서는 Arrhenius식에서 빈도인자 A와 활성화에너지 E_a를 알아야 하는데, 이들 인자는 다음과 같이 실험을 통해서 구한다. 몇 가지 다른 온도에서 반응을 진행하여 반응속도상수 k를 측정하고, 측정한 반응속도상수의 대수 값 ($\ln k$)을 $1/T$에 대해 도시하면 그림 6-4와 같은 직선을 얻게 된다.

식 (6–17)의 양 변에 자연대수를 취하면

$$\ln k = \ln A - \left(\frac{E_a}{R}\right)\frac{1}{T} \tag{6-20}$$

일반적으로 식품가공이나 저장에 사용되는 온도 범위 내에서는 A와 E_a는 일정한 값을 갖는다. 따라서 $\ln k$를 $1/T$에 대해 그리면 직선이 된다. 이 직선의 기울기는 $-(E_a/R)$이므로 기울기로부터 E_a값을 구할 수 있다. 또한 종축의 절편 값으로부터 빈도인자 A를 구할 수 있다.

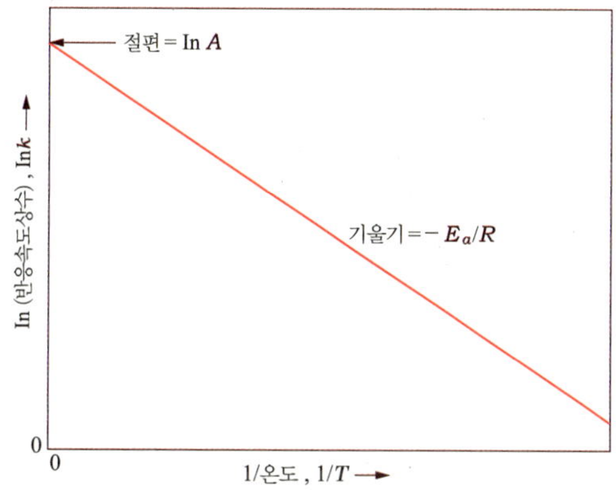

그림 6–4 Arrhenius법칙에 따라 표시된 반응의 온도의존성

반응속도의 온도의존성은 활성화에너지의 크기에 따라 좌우된다. 그림 6–5에 나타낸 것과 같이 E_a값이 큰 반응은 온도변화에 민감하고 E_a가 낮은 반응은 온도변화에 대해 덜 민감하다. 이러한 특성을 활용한다면 온도에 따라 원하는 반응을 선택적으로 진행시킬 수 있도록 반응조건을 선택할 수 있다.

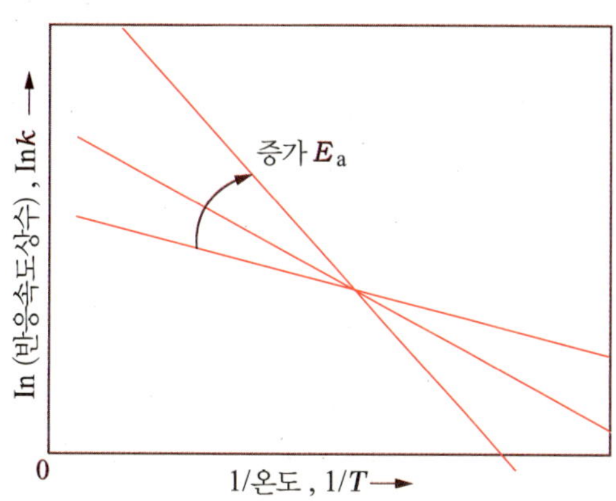

그림 6–5 두 개의 Arrhenius 그래프. 활성화에너지가 다른 두 개의 그래프로서 높은 활성화에너지를 지닌 그래프는 기울기가 가파르며, 따라서 반응속도가 온도에 좀 더 민감하다.

만약 다른 조건은 동일하고 다만 온도만 달리하여 T_1과 T_2에서 반응속도상수를 측정하여 각각 k_1과 k_2를 얻었다면 식 (6-20)은 다음과 같이 표현된다.

$$\ln k_1 = \ln A - \frac{E_a}{RT_1} \tag{6-21}$$

$$\ln k_2 = \ln A - \frac{E_a}{RT_2} \tag{6-22}$$

위의 두 식으로부터 다음의 관계식을 얻을 수 있다.

$$\ln \frac{k_2}{k_1} = -\frac{E_a}{R}\left(\frac{1}{T_2} - \frac{1}{T_1}\right) \tag{6-23}$$

$$\ln \frac{k_2}{k_1} = \frac{E_a}{R}\left(\frac{T_2 - T_1}{T_1 T_2}\right) \tag{6-24}$$

이 식은 활성화에너지 값을 계산할 수 있는 또 하나의 방법을 제시한다. 그러나 이 식을 사용할 때 주의할 점은 반응온도 T_1과 T_2 범위 내에서 활성화에너지가 일정한 경우에만 적용이 가능하다는 것이다.

또한 식 (6-24)는 어떤 반응의 활성화에너지를 알고 있을 때 한 온도의 반응속도상수로부터 다른 온도의 반응속도상수를 구하는 데 이용되기도 한다.

[예제 6-2] 온도 변화에 따른 반응속도 예측

활성화에너지가 100 kJ/mol인 반응에서 반응온도를 100°C부터 110°C 상승시키면 반응속도상수는 몇 배가 되는가?

[풀이]

식 (6-24)에 $T_1 = 373$ K, $T_2 = 383$ K, $E_a = 100$ kJ/mol, $R = 8.314$ J/mol·K을 대입하면

$$\ln \frac{k_2}{k_1} = \frac{E_a}{R}\left(\frac{T_2 - T_1}{T_1 T_2}\right) = \frac{100 \times 1000}{8.314}\left(\frac{383 - 373}{(373)(383)}\right) = 0.8419$$

$$\frac{k_2(110)}{k_1(100)} = e^{0.8419} = 2.32$$

반응속도상수가 2.32배가 된다. 다시 말하면 반응온도를 10°C 상승시킴으로써 반응속도가 2.3배 빨라진다는 의미이다.

(2) 활성화에너지와 반응온도의 민감성

E_a가 반응속도에 어떠한 영향을 미치는지 이해를 돕기 위하여 우유를 가열 살균할 때 일어나는 반응 중 E_a가 다른 두 가지 반응을 생각해 보자. 대표적인 내열성 미생물인 *Bacillus stearothermophilus*의 사멸에 대한 E_a는 340 kJ/mol이고, 유청 단백질인 α-lactoglobulin의 열변성에 대한 E_a는 69 kJ/mol이다. 우선 *B. stearothermophilus* 사멸반응의 100°C에서 활성화 분자들의 충돌분율(f)은 다음과 같다.

$$f = \exp(-E_a/RT) = \exp\left(-\frac{340000}{8.314 \times 373.16}\right) = 2.54 \times 10^{-48}$$

따라서 이 미생물은 100°C에서 약 2.54×10^{48}의 충돌수로서 활성화된다. 온도가 150°C로 증가하면 활성화 분자들의 충돌분율은

$$f = \exp(-E_a/RT) = \exp\left(-\frac{340000}{8.314 \times 423.16}\right) = 1.069 \times 10^{-42}$$

이므로 150°C에서는 약 9.35×10^{41}의 충돌수로 활성화될 수 있다. 이와 같은 사실은 온도가 100°C에서 150°C까지 상승함으로써 이 미생물의 사멸속도가 약 2.5×10^6배 정도 증가됨을 의미한다. 같은 방법으로 계산하면 α-lactoglobulin의 열변성 반응은 온도가 50°C 증가함에 따라 속도가 약 15배 정도 증가하게 된다.

이상의 결과를 요약하면 활성화에너지 값이 높을수록 반응이 일어나기 위하여 더 높은 충돌빈도가 요구되며, 활성화된 분자의 분율이 적을수록 반응속도는 더 느려진다. 결과적으로 높은 활성화에너지를 갖는 반응은 온도 변화에 보다 민감하게 반응한다.

표 6-1에는 식품의 품질을 저하시키는 대표적인 화학반응들에 대한 활성화에너지 값들의 범위를 표시하였다.

일반적으로 화학반응은 활성화에너지가 40~100 kJ/mol인데 비하여 미생물의 성장이나 사멸에 대한 활성화에너지는 이보다 매우 높음을 알 수 있다.

이와 같이 각 반응의 온도의존성이 다르다는 사실은 식품의 가공이나 저장 중 발생하는 바람직하지 않는 반응을 최대한 억제하고 원하는 반응은 최대한으로 허용하는 조건을 선정하여 이들 공정의 최적화를 이루는데 기본적인 자료를 제공한다.

표 6-1 여러 가지 식품성분 및 반응의 활성화에너지(kJ/mol)

화학반응	E_a (kJ/mol)
일반화학반응	40 – 100
가수분해반응	60 – 120
지질산화	40 – 100
갈변(비효소적) 반응	100 – 200
비타민 파괴	70 – 150
단백질 변성/응집	200 – 500
효소반응	100 – 200
미생물 변화	
미생물 생육	100 – 150
영양세포 사멸	300 – 500
포자 사멸	250 – 350

(3) 전환율

반응의 진행정도를 때때로 기준이 되는 성분의 전환율(conversion)로 나타낸다. 반응물 A를 기준 성분으로 했을 때 전환율 X_A는 다음과 같이 정의된다.

$$X_A = \frac{\text{반응물 A의 몰 수}}{\text{공급한 A의 몰 수}} = \frac{c_{A0} - c_A}{c_{A0}} \tag{6-25}$$

여기서 c_{A0}: 초기 농도

c_A: 반응 후의 잔존 농도

Section 3 화학평형

반응계 내에서 반응에 관여하는 물질이 전부 반응하지 않고 남아 있는데도 반응이 정지한 것과 같은 상태를 화학평형에 도달했다고 한다. 평형상태에서는 화학반응의 정반응과 역반응의 반응속도가 같아져 반응계가 정지해 있는 것처럼 보이지만 실제는 정반응과 역반응이 함께 진행되고 있다. 이와 같은 상태의 화학반응을 동적평형이라 부른다.

모든 정반응은 역반응을 수반한다. 생성물이 거의 없는 반응 초기에는 역반응의 속도를 거의 무시할 만하다. 그러나 생성물의 농도가 증가함에 따라 생성물이 반응물로 분해하는 속도가 증가한다. 평형에서는 역반응과 정반응의 속도가 같고 생성물과 반응물이 반응의 평형상수에 의해 결정된 양을 갖는다.

이런 현상을 다음의 매우 단순한 반응을 통해 분석할 수 있다.

$$\text{정방향 : A} \rightarrow \text{B} \quad \text{B의 생성 속도} = k[\text{A}] \tag{6–26}$$

$$\text{역방향 : B} \rightarrow \text{A} \quad \text{B의 분해 속도} = k'[\text{B}] \tag{6–27}$$

여기서 일반적인 정반응의 속도상수는 k로, 해당되는 역반응의 속도상수는 k'으로 나타낸다. 메커니즘에 a, b, c, … 등 여러 단계가 존재하면 정반응과 역반응의 속도상수를 각각 k_a, k_b, …와 k'_a, k'_b, … 등으로 적는다.

일례로 이 구성을 (A) 꼬인 DNA 분자와 (B) 풀린 DNA 분자의 상호 변환 과정을 생각해 보자. 생성 속도와 분해 속도의 차인 B의 순 생성 속도는 다음과 같다.

$$\text{B의 순 생성 속도} = k[\text{A}] - k'[\text{B}] \tag{6–28}$$

반응이 평형에 도달하면 A와 B의 농도는 $[\text{A}]_{eq}$와 $[\text{B}]_{eq}$이고 각 물질에 대한 순 생성이 없다. 따라서

$$k[\text{A}]_{eq} - k'[\text{B}]_{eq} = 0 \tag{6–29}$$

이고 반응의 평형상수는 속도상수와 다음과 같은 관계에 있다.

$$K = \frac{[\text{B}]_{eq}}{[\text{A}]_{eq}} = \frac{k}{k'} \tag{6–30}$$

만일 정반응속도상수가 역반응속도상수보다 훨씬 크면 $K \gg 1$이다. 그 반대이면 $K \ll 1$이다. 이 결과는 반응속도론과 반응의 평형 특성 사이의 중요한 연계를 보여준다. 만일 평형상수와 한 개의 속도상수를 알면 식 (6-30)을 이용하여 모르는 다른 속도상수를 계산할 수 있다.

이러한 사실은 실제 응용에서도 매우 유용하다. 또한 이 관계식을 이용하여 속도론 실험에서 평형상수를 계산할 수 있다. 관계식은 정반응과 역반응이 서로 다른 차수를 가져도 유효하다. 이런 경우에는 단위에 유의할 필요가 있다. 일례로 반응 A+B → C에서 정반응이 2차이고 역반응이 1차이면, 평형을 위한 조건은 $k[\mathrm{A}]_{\mathrm{eq}}[\mathrm{B}]_{\mathrm{eq}} = k'[\mathrm{C}]_{\mathrm{eq}}$이고 무차원 평형상수는 다음과 같다.

$$K = \frac{[\mathrm{C}]_{\mathrm{eq}}/c^{\ominus}}{([\mathrm{A}]_{\mathrm{eq}}/c^{\ominus})([\mathrm{B}]_{\mathrm{eq}}/c^{\ominus})} = \left(\frac{[\mathrm{C}]}{[\mathrm{A}][\mathrm{B}]}\right)_{\mathrm{eq}} c^{\ominus} = \frac{k}{k'} \times c^{\ominus} \quad (6\text{-}31)$$

마지막 항의 $c^{\ominus} = 1\ \mathrm{mol/dm^3}$의 존재는 서로 다른 단위를 갖고 있는 1차 반응 상수와 2차 반응 상수의 비가 무차원 값이 되도록 한다.

[예제 6-3] 속도상수로부터 평형상수의 예측

어떤 항생제의 2분자 중합의 정반응 및 역반응의 속도상수는 온도 점프 방법에 의해 각각 $8.1\times10^8\ \mathrm{dm^3/mol\cdot s}$(2차)과 $2.0\times10^6/\mathrm{s}$(1차)으로 측정되었다. 따라서 이분자 중합의 평형상수는 얼마인가?

[풀이]

식 (6-31)에 따라, 이분자 중합의 평형상수는 다음과 같다.

$$K = \frac{8.1\times10^8\ \mathrm{dm^3/mol\cdot s}}{2.0\times10^6/\mathrm{s}} \times 1\ \mathrm{mol/dm^3} = 4.05\times10^2$$

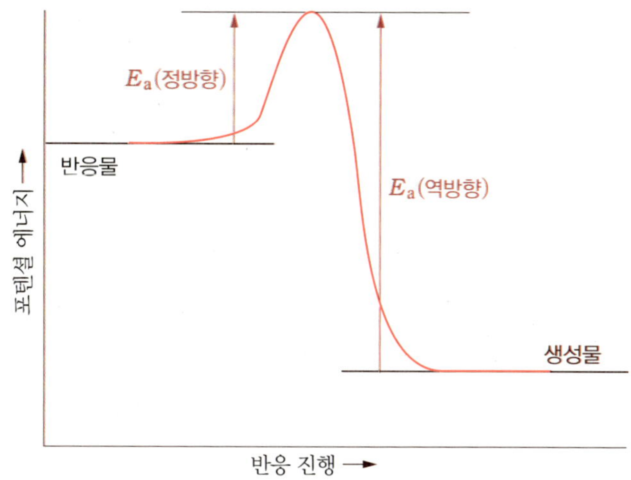

그림 6-6 발열반응의 반응 개략도

식 (6-30)은 평형상수의 온도 의존성에 대한 정보를 제공한다. 우선 정반응과 역반응이 Arrhenius 거동을 보인다고 가정한다. 그림 6-6에 나와 있듯이, 발열반응에서 정반응의 활성화에너지는 역반응의 활성화에너지보다 작다. 따라서 정반응속도상수는 역반응속도상수에 비해 온도 증가에 따라 덜 급격히 증가한다. 결과적으로 평형에 있는 계의 온도를 증가시키면, k'이 k에 비해 더 급격히 증가하고 k/k', 즉 K가 감소한다. 이것은 열역학에 근거한 다음의 Van't Hoff 식에서 도출한 결과와 정확하게 일치한다.

$$\ln K' = \ln K = \frac{\Delta H^{\circ}}{R}\left(\frac{1}{T} - \frac{1}{T'}\right) \tag{6-32}$$

여기서 K는 온도 T에서, K'은 온도 T'에서의 평형상수이며 ΔH°는 표준반응열이다.

식 (6-30)은 충분히 시간이 흘러 반응이 평형에 도달했을 때의 농도비를 나타낸다. 중간 단계에서의 농도를 구하기 위해서는 속도식을 적분해야 한다. A의 농도는 정반응에 의해 감소하고(k[A]의 속도로) 역반응에 의해 증가한다(k'[A]의 속도로). 따라서 순 변화 속도는 다음과 같다.

$$\frac{d[\mathrm{A}]}{dt} = -k[\mathrm{A}] + k'[\mathrm{B}] \tag{6-33}$$

A의 초기농도가 $[\mathrm{A}]_0$이고 B가 초기에 존재하지 않으면 모든 시간에서 $[\mathrm{A}]+[\mathrm{B}]=[\mathrm{A}]_0$이다. 따라서 [B]를 $[\mathrm{A}]_0-[\mathrm{A}]$로 대체하여 다음을 얻는다.

$$\frac{d[\mathrm{A}]}{dt} = -k[\mathrm{A}] + k'([\mathrm{A}]_0 - [\mathrm{A}]) = -(k+k')[\mathrm{A}] + k'[\mathrm{A}]_0 \tag{6-34}$$

식 (6–34)의 해는 식 (6–35)와 같다.

$$[\mathrm{A}] = \frac{(k' + ke^{-(k+k')t})[\mathrm{A}]_0}{k+k'} \tag{6-35}$$

이 식과 $[\mathrm{B}]=[\mathrm{A}]_0-[\mathrm{A}]$를 이용하면,

$$[\mathrm{B}] = \frac{k(1-e^{-(k+k')t})[\mathrm{A}]_0}{k+k'} \tag{6-36}$$

여기서 $[\mathrm{A}]_0$는 A의 초기 농도이다.

그림 6–1에서처럼 농도들은 초기값에서 시작하여 점차적으로 평형값으로 변한다. 평형값은 $x=\infty$에서 $e^{-x}=0$을 이용하여 t를 무한대로 보냄으로써 얻어진다.

$$[\mathrm{B}]_{\mathrm{eq}} = \frac{k[\mathrm{A}]_0}{k+k'} \qquad [\mathrm{A}]_{\mathrm{eq}} = \frac{k'[\mathrm{A}]_0}{k+k'} \tag{6-37}$$

확인이 가능하듯이 두 표현의 비는 식 (6–30)의 평형상수이다(즉, $[\mathrm{B}]_{\mathrm{eq}}/[\mathrm{A}]_{\mathrm{eq}}=k/k'$).

Section 4 부피가 일정한 단순 반응계에서 반응속도식

반응속도식은 앞에서 기술한 것과 같이 여러 가지 수학적 형태로 표현되며 반응차수도 항상 정수는 아니다. 그러나 식품가공공정에서 많은 반응은 단순한 형태로 근사적으로 표현할 수 있으며 반응차수도 0차 또는 1차인 경우가 많다.

여기서는 반응계의 부피가 일정한 단순 반응의 적분속도법칙에 따른 반응속도식에 대하여 기술하며, 등온상태에서 비가역반응에 한정한다.

1. 0차 반응

반응속도가 반응물의 농도에 영향을 받지 않는 반응을 0차 반응(zero order reaction)이라 하며 다음과 같이 표현된다.

$$r_A = k_0 \tag{6-38}$$

여기서 r_A는 반응물 A에 대한 반응속도이며, k_0는 0차 반응속도상수로서 kg mol/m^3·s의 단위를 가진다. 이 식은 적분속도법칙에 의거하여 다음과 같이 표현하기도 한다.

$$-\frac{dc_A}{dt} = k_0 \tag{6-39}$$

이 식을 변수 분리 후, 적분하면

$$c_{A0} - c_A = k_0 t \text{ 또는 } c_A = c_{A0} - k_0 t \tag{6-40}$$

이 식은 반응에 의하여 소모된 반응물의 양 즉, $(c_{A0} - c_A)$가 반응시간에 비례함을 의미한다.

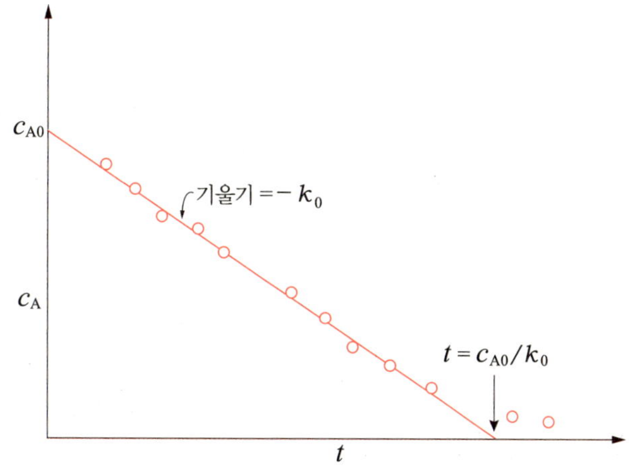

그림 6-7 0차 반응에 대한 도시법

0차 반응인 경우에는 농도-시간 실험 데이터로부터 각 반응시간에서의 잔존 반응물의 농도 c_A를 시간 t에 대해 도시하면 그림 6-7과 같은 직선을 얻게 된다. 이 직선의 기울기 값으로부터 반응속도상수 k_0를 구할 수 있다. 즉, 반응시간 t_1에서 t_2까지 경과하는 동안 반응물 A의 농도가 c_{A1}에서 c_{A2}로 감소하였고 이때 경과시간 $(t_1 - t_2)$가 매우 짧다면 반응속도는 다음과 같이 주어진다.

$$r_A = k_0 = -\frac{dc_A}{dt} = -\frac{c_{A2}-c_{A1}}{t_2-t_1} = \frac{c_{A1}-c_{A2}}{t_2-t_1} \quad (6\text{-}41)$$

반응이 진행됨에 따라 반응물의 농도는 감소하므로 $c_{A1} > c_{A2}$이다.

같은 방법으로 반응속도를 생성물의 단위시간당 증가율로 나타낼 경우, 짧은 반응시간 동안의 생성물 B의 농도변화로부터 반응속도는 다음과 같이 표현된다.

$$r_B = \frac{dc_B}{dt} = \frac{c_{B2}-c_{B1}}{t_2-t_1} \quad (6\text{-}42)$$

여기에서 c_{B1}과 c_{B2}는 각각 시간 t_1과 t_2에서의 생성물의 농도를 나타내며 $c_{B2} > c_{B1}$이다.

일반적으로 화학반응은 초기 반응물의 농도가 충분히 높을 때에는 0차 반응을 나타내나 농도가 어느 수준 이하로 감소하면 반응성이 농도에 의존하게 되어 반응차수가 증가하게 된다.

0차 반응의 예로는 비효소적 갈변과 냉동식품의 품질변화 등이 알려져 있다.

2. 1차 반응

1차 반응(first order reaction)은 식품공학 분야에서 가장 널리 알려진 반응으로서 반응속도가 한 종류의 반응물질의 농도에 비례한다.

식품가공이나 저장 중에 발생하는 영양성분의 파괴 등 기타 품질지표 물질의 변화, 미생물의 생육과 가열에 의한 미생물의 사멸 등은 1차 반응으로 표시된다.

예로서 다음과 같은 비가역적인 단분자 반응을 살펴보자.

$$A \rightarrow R$$

이 반응이 1차 반응을 따른다면 그 속도식은

$$r_A = k_1 c_A \quad (6\text{-}43)$$

$$-\frac{dc_A}{dt} = k_1 c_A \quad (6\text{-}44)$$

로 나타낼 수 있다. 여기서 r_A는 반응물 A에 대한 반응속도이며, k_1은 1차 반응속도상수로서 s^{-1}의 단위를 가진다. 이 식을 변수분리 하여 반응초기 $t = 0$일 때 농도 c_{A0}에서 임의의 시간 t시간이 지난 후 농도 c_A까지 적분하면

$$-\int_{c_{A0}}^{c_A} \frac{dc_A}{c_A} = k_1 \int_0^t dt \tag{6-45}$$

$$-\ln \frac{c_A}{c_{A0}} = k_1 t \quad \text{또는} \quad \ln \frac{c_{A0}}{c_A} = k_1 t \tag{6-46}$$

로 표시된다.

임의의 시간 t 후의 반응물 농도 A의 농도 c_A는

$$c_A = c_{A0} e^{-k_1 t} \tag{6-47}$$

로 나타낼 수 있다. 즉 A의 농도는 반응이 진행됨에 따라 대수함수적으로 감소한다. 또한 식 (6-46)은 반응물 농도의 대수값과 반응시간 사이에 직선관계가 있음을 나타내고 있는데 $-\ln(c_A/c_{A0})$ 값을 반응시간 t에 대해 그리면 그림 6-8과 같은 원점을 지나는 직선이 된다.

이 직선의 기울기로부터 반응속도상수 값을 결정할 수 있다.

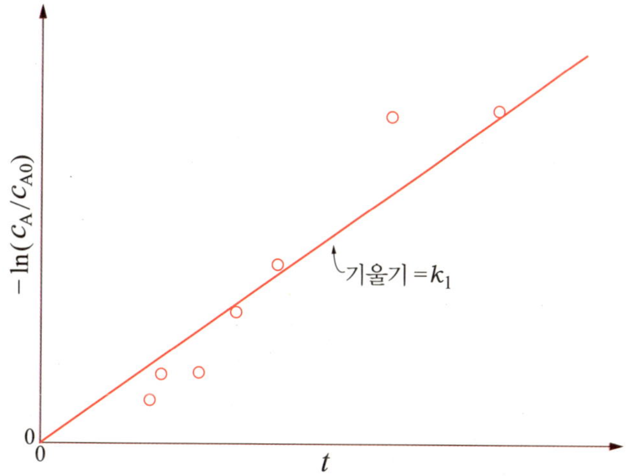

그림 6-8 1차 반응에 대한 도시법

식 (6-44)에서와 같이 1차 반응속도는 초기 농도와 무관하다.

1차 반응의 경우 반응속도를 반감기로 나타내면 편리할 때가 많다.

반감기는 반응물질의 농도가 처음 농도의 반으로 감소하는데 걸리는 시간을 의미하며 $t_{1/2}$로 나타낸다.

이 관계를 식 (6–46)에 대입하면

$$t_{1/2} = \frac{\ln 2}{k_1} \tag{6-48}$$

1차 반응의 반감기는 농도와 무관하고 반응속도상수에 반비례함을 알 수 있다.

[예제 6–4] 반응차수와 반응속도상수

어떤 화학반응이 일정한 온도 하에서 진행되어 초기 반응물의 50%가 반응하는데 40분이 걸렸다. 이 반응이 1차 반응에 의해 이루어진다면 이 반응온도에서의 반응속도상수 k는 얼마인가?

[풀이]

반응에 의해 50%가 소모되었다면 40분 후에 남아있는 양은 초기 양의 50%이다. 즉 40분 후의 잔존반응물량은 $c_A = 0.50c_{A0}$이다.

이를 식 (6–46)에 대입하면

$$-\ln(0.50c_{A0}/c_{A0}) = k(40\ \text{min})$$
$$k = 0.017\ \text{min}^{-1}$$

[예제 6–5] 1차 반응 속도상수

아래에 주어진 데이터를 활용하여 다음과 같이 표시되는 속도방정식의 지수 α, β의 값을 결정하고, 반응속도상수 k값을 계산하시오.

$$\text{rate} = kc_A{}^{\alpha}c_B{}^{\beta}$$

rate	(mol/s)	0.05	0.10	0.20	0.40
c_{A0}	(mol)	1	1	2	2
c_{B0}	(mol)	1	2	1	2

[풀이]

반응속도식의 양변에 자연대수를 취하면

$$\ln \text{rate} = \ln k + \alpha \ln c_A + \beta \ln c_B \tag{6-49}$$

A물질과 B물질의 반응차수를 결정하기 위해 우선 c_{B0}를 고정시키고 첫 번째와 세 번째 데이터 쌍을 식 (6-49)에 대입하면

$$\ln (0.05) = \ln k + \alpha \ln 1 + \beta \ln 1$$
$$\ln (0.20) = \ln k + \alpha \ln 2 + \beta \ln 1$$

두 번째 식에서 첫 번째 식을 빼면

$$\ln (0.20/0.05) = \alpha \ln (2/1)$$

$$\therefore \alpha = \frac{\ln 4}{\ln 2} = 2$$

다음에 c_{A0}를 고정시키고 첫 번째와 두 번째 데이터 쌍을 활용하여 같은 방법으로 계산하면

$$\beta = 1$$

따라서 rate $= k{c_A}^2 c_B$

앞의 속도식으로부터

$$k = \frac{\text{rate}}{{c_A}^2 c_B}$$

여기에 실험 데이터를 대입하면

$$k = \frac{0.05}{(1^2)(1)} = \frac{0.10}{(1^2)(0)} = \frac{(0.20)}{(2^2)(1)} = \frac{0.40}{(2^2)(2)} = 0.05/\text{mol}^2 \cdot \text{s}$$

[예제 6-6] 1차 반응의 분석

아조메탄의 분압의 변화가 아래에 주어져 있다. 다음 분해반응 $CH_3N_2CH_3(g) \longrightarrow CH_3CH_3(g) + N_2(g)$이 $CH_3N_2CH_3$에 대해 1차임을 보이고, 주어진 온도에서 속도상수를 구하라.

$t(s)$	0	1000	2000	3000	4000
$p_A(10^{-2}$ Torr)	10.20	5.72	3.99	2.78	1.94

[풀이]

식 (6-46)에 의거하여,

$t(s)$에 대한 ln p(Torr)을 도시하고 직선을 예측하라. (Excel을 이용하라.) Excel을 사용하여 계산하면,

$t(s)$	0	1000	2000	3000	4000
$p_A(10^{-2}$ Torr)	10.20	5.72	3.99	2.78	1.94
ln p_A(Torr)	−2.28	−2.86	−3.22	−3.58	−3.94

위 자료에 대한 그래프는 다음과 같다.

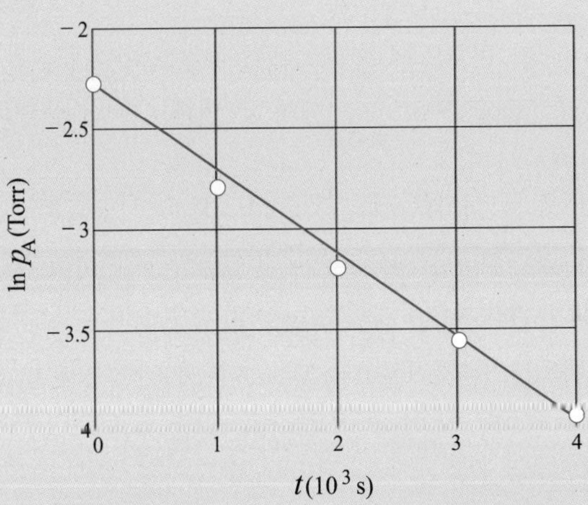

그래프는 직선이며, 따라서 1차 반응임을 확인할 수 있다. 최소 제곱법에 의한 최적 기울기는 -4.04×10^{-4}이고, 따라서 $k = 4.04 \times 10^{-4}$ s^{-1}이다.

[연습 문제]

1. 반응 $N_2(g)+3H_2(g) \rightarrow 2NH_3(g)$에서 NH_3의 생성 속도는 1.2 mmol/$dm^3 \cdot s$으로 보고되었다. H_2의 소모 속도는 얼마인가? ($\nu_{NH_3}=2$, $\nu_{N_3}=-1$, $\nu_{H_3}=-3$)

2. 반응이 $k[A]^2[B]$의 속도 법칙을 갖는다. 반응속도가 1.8 mmol/$dm^3 \cdot s$으로 측정된다면 속도상수 k의 단위는 무엇인가?

3. 액체 브롬 속의 N_2O_5의 농도가 다음과 같이 시간에 따라 변화하였다.

$t(s)$	0	200	400	600	1000
$N_2O_5(mol/dm^3)$	0.110	0.073	0.048	0.032	0.014

반응이 N_2O_5에 대해 1차임을 보이고 속도상수를 구하라.

4. 효소가 촉매로 작용하는 1차 반응에서 기질의 반감기는 138초이다. 기질의 농도가 1.28 mmol/dm^3에서 0.040 mmol/dm^3으로 감소하는 데 걸리는 시간은 얼마인가?

5. 2차 반응의 반감기를 속도상수 k로 표현하라.

6. 다음 자료로부터 빈도인자(A)와 활성화에너지(E_a)를 구하라.

T(K)	300	350	400
$k(dm^3/mol \cdot s)$	7.9×10^6	3.0×10^7	7.9×10^7
T(K)	450	500	
$k(dm^3/mol \cdot s)$	1.7×10^8	3.2×10^8	

7. 생화학 과정 중 한 반응의 활성화 에너지가 87 kJ/mol이다. 온도가 37°C에서 15°C로 떨어졌을 때 속도상수의 변화는 얼마인가?

8. 아세트알데히드(CH_3CHO)의 분해 반응은 2차이며 반응속도를 700~1000 K의 온도 범위에서 측정한 결과 아래와 같은 속도상수 값을 얻었다. 활성화 에너지와 빈도인자를 구하라.

T(K)	700	730	760	790
$k(dm^3/mol \cdot s)$	0.011	0.035	0.105	0.343
T(K)	810	840	910	1000
$k(dm^3/mol \cdot s)$	0.789	2.17	20.0	145

9. 간과 소장에서 유해물질을 분해하는 효소인 시토크롬 P450의 몰 흡수 계수는 522 nm에서 291 $dm^3/mol \cdot cm$이다. 두께 6.5 mm의 용질을 포함한 시료를 통해 해당 파장의 빛을 통과시켰을 때 39.8%의 빛이 흡수되었다. 용액의 몰농도를 구하라.

10. 반응 $2A + B \rightarrow 4C + 3D$에서 C의 생성 속도는 3.2 $mol/dm^3 \cdot s$이다. A, B, 그리고 D의 생성 속도와 소멸 속도를 나타내라.

11. 다음 초기 반응 자료들은 1.34 $mmol/dm^3$으로 존재하는 효소 헥소키나아제(효모에서 얻어짐)와 포도당의 결합 속도이다.
(a) 포도당에 대한 반응 차수, (b) 속도상수는 얼마인가?

$[C_6H_{12}O_6]/(mmol/dm^3)$	1.00	1.54	3.12	4.02
$v_0/(mol/dm^3 \cdot s)$	5.0	7.6	15.5	20.0

12. 알코올 탈수소화 효소에 의해 촉매 반응된 에탄올 산화에서, 에탄올의 농도가 1차 반응에서 1.22×10^4 s 동안 220 $mmol/dm^3$에서 56.0 $mmol/dm^3$으로 변했다. 이 반응의 속도상수는 얼마인가?

13. 반응 $2A \rightarrow P$는 2차 속도 법칙을 따르며 $k = 1.44\ dm^3/mol \cdot s$이다. A의 농도가 0.460 mol/dm^3에서 0.046 mol/dm^3으로 변화하는데 필요한 시간을 계산하라.

14. 효소 우라아제는 요소가 암모니아와 이산화탄소로 가수분해하는 반응에 촉매 작용을 한다. 온도가 20°C에서 10°C로 감소하였을 때 유사 1차 반응에서 요소의 반감기가 두 배가 되었고 Michaelis 상수는 거의 변하지 않았다. 반응의 활성화에너지는 얼마인가?

15. 탄산 무수화 효소가 탄산수소 이온을 만들기 위한 CO_2의 수화에 촉매작용을 한다.

$$CO_2(g) + H_2O(l) \longrightarrow HCO_3^-(aq) + H^+(aq)$$

다음 자료들은 pH=7.1, 273.5 K와 2.3 $nmol/dm^3$의 효소 농도 조건하의 반응에서 얻어졌다.

CO_2(mmol/dm^3)	1.25	2.5
v(mmol/dm^3·s)	2.78×10^{-2}	5.00×10^{-2}
CO_2(mmol/dm^3)	5	20
v(mmol/dm^3·s)	8.33×10^{-2}	1.67×10^{-1}

173.5 K에서 탄산 무수화 효소의 촉매효율을 결정하라.

16. 포유류의 췌장에서 분비되는 효소 α-키모트립신은 특정 아미노산 사이에 형성된 펩티드 결합을 자른다. 서로 다른 농도의 작은 펩티드 *N*-glutaryl-L-phenylalanine-*p*-nitroanilide를 포함하는 여러 용액들에 소량의 α-키모트립신을 동등하게 첨가하였다. 다음 자료는 생성물의 초기 생성 속도에 대하여 얻었다.

CO_2(mmol/dm^3)	0.334	0.450	0.667
v(mmol/dm^3·s)	0.152	0.201	0.269
CO_2(mmol/dm^3)	1.00	1.33	1.67
v(mmol/dm^3·s)	0.417	0.505	0.667

반응의 최대 속도와 Michaelis 상수를 구하라.

17. 효소의 활성 자리에 기질이 결합하는 반응에 대한 평형상수는 200으로 측정되었다. 별도 실험에서 2차 결합에 대한 속도상수는 1.5×10^8 dm^3/mol·s으로 밝혀졌다. 활성 자리에서 미반응 기질의 손실에 대한 속도상수는 얼마인가?

18. 다음의 결과는 수용액에서 glucose의 분해로부터 얻어진 자료이다.

반응시간(min)	0	45	120	240	480
Glucose 농도(mmol/dm^3)	56.0	55.3	54.2	52.5	49.0

이 반응이 1차반응임을 보이고 이 반응에 대한 반응속도상수 및 반감기를 계산하라.

19. Kronig와 Paul은 $HgCl_2$를 이용하여 anthrax 포자의 사멸실험을 행하여 다음과 같은 결과를 얻었다.

Time (min)	Viable spores/ml
2	549
3	323
4	236
5	138
6	82
7	42
8	19
10	10

(1) 이 반응의 반응차수를 결정하라.

(2) 이 반응에 대한 반응속도상수를 구하라.

(3) 초기의 농도가 1680/mL이었다면 이 미생물의 90%가 감소되는 데 걸리는 시간은?

20. A + B → C로 표시되는 화학반응에 대한 속도론적 실험을 통하여 다음과 같은 데이터를 얻었다. 이 반응의 반응차수를 결정하라.

Experiment	A (mol)	B (mol)	Rate (mol/l·min)
1	1	1	0.15
2	2	1	0.30
3	1	2	0.15

21. 어느 포도농장에서 포도를 이용하여 포도시럽을 만드는데 수확기간이 짧기 때문에 수확기간 동안에는 착즙을 하여 포도쥬스로 보관하였다가 후에 시럽을 만들기 위해 이를 농축한다. 포도쥬스의 보관 중 포도쥬스의 발효를 방지하기 위하여 SO_2를 주스에 포화(약 1.5 kg·SO_2/m^3·juice) 시켜 보관한 후 농축하기 전에 감압법을 이용하여 SO_2를 제거하고 있다.

만약 SO_2의 제거속도가 포도쥬스 내의 SO_2 잔여량에 비례하며, 처음 존재하는 SO_2 양의 50 %가 제거되는 데 30분이 걸렸다면 SO_2의 농도가 75 g/m^3 juice 이하가 되도록 하려면 얼마나 시간이 걸리겠는가?

Chapter 7

식품의 가열살균

많은 식품들이 미생물이 번식하기에 적합한 환경을 제공하며 따라서 이러한 식품들은 미생물 번식에 의해 쉽게 변질되어 식품으로서의 가치를 잃어버리거나 식중독을 일으킬 수 있다. 식품에 존재하는 미생물 수를 원하는 수준으로 감소시키기 위해 식품에 열을 가하는 식품 가공 방법을 식품의 가열살균법이라고 부른다.

일반적으로 미생물을 사멸시키는 것을 '살균' 이라고 부르는데 이를 다시 '살균(pasteurization)' 과 '멸균(sterilization)' 으로 나누어 볼 수 있다. 우리나라 식품공전에서는 "살균이란 미생물의 영양세포를 죽이는 것," "멸균이란 미생물의 영양세포와 포자를 모두 죽이는 것" 으로 구별하고 있다. 이 때 식품공전의 '살균' 은 미생물 사멸 방식이 열처리인 경우 '저온살균(mild heat treatment)' 을 뜻하며 일반적으로 식중독균의 영양세포를 적합한 수준 이하로 낮춤을 목표로 하는 것이고, '멸균' 은 열처리인 경우 '고온살균' 으로서 모든 미생물을 제거하는 것을 목표로 하는 처리이다.

저온살균법은 주로 유체식품의 경우에 많이 적용되는데 특히 pH가 높은 식품(low acid food)은 저온살균 후 반드시 냉장 저장을 하거나 항미생물 보존제를 첨가하는 등의 보조적인 보존법을 병용해야 한다. 일반적으로 저온살균된 식품들은 냉장온도(4–5 ℃)에서 며칠 또는 몇 개월 정도의 유통기한을 가진다.

고온살균법은 식품 내 미생물이 존재하지 않도록 하는 방법으로서 특히 그 식품의 pH가 높은 식품(≥4.6)은 보툴리누스균(*Clostridium botulinum*) 포자수가 99.9999999999%(12 decimal reductions) 저해될 정도로 처리하여 고온살균을 수행한다. 이와 같이 식품 중에 존재하는 공중보건상에 위험한 특정 기준 미생물 포자의 생존확률을 아주 낮은 수준까지 사멸시키는 것을 상업적 무균상태(commercial sterilization)라고 한다.

상업적 무균상태로 살균된 제품은 변패될 위험성을 상업적으로 수용할 수 있는 수준까지 충분히 감소시켰다는 의미가 된다. 즉, 상업적으로 멸균된 식품은 절대적으로 생균이 없는 것이 아니라 그 식품의 정상적인 저장이나 유통조건에서는 미생물 위해와 변패가 일어나지 않는 식품을 말한다.

열처리를 많이 할수록 미생물이 살아 있을 확률이 적어지기 때문에 식품의 미생물 안전성이 높아진다고 말할 수 있다. 그러나 가열하면 미생물이 사멸되는 동시에 영양성분이 파괴되고 식품의 조직, 향미, 색 등이 손상되게 된다.

식품의 품질 변화를 최소화하면서 이롭지 못한 미생물들의 살균효과를 최대화하기 위해서는 목표 미생물의 사멸 특성을 이해함과 동시에 가열이 그 식품의 품질에 미치는 영향을 충분히 검토하여야 한다.

Section 1 일정한 온도에서 미생물 사멸

1. 미생물의 사멸속도

미생물은 최적 생장온도 범위에서 가장 활발히 자라고 최적온도 범위를 벗어남에 따라 증식속도가 점차 저하되며 일정한 온도 이상으로 가열하면 미생물은 생육능력을 상실하여 사멸된다. 이때 사멸온도는 미생물의 종류에 따라 다르다.

미생물을 일정한 온도에서 가열했을 때 사멸되는 속도는 사멸된 미생물 수를 직접 측정할 수 없기 때문에 가열한 시료 중에 살아남아 있는 미생물 수로 측정한다. 미생물의 종류나 가열온도가 다를지라도 일정한 온도에서 가열했을 때 시료 중에 생균수의 대수값을 세로축에 그리고 가열시간을 가로축에 그리면 일반적으로 그림 7-1과 같이 직선적으로 감소하는 생존곡선(survivor curve)을 얻게 된다.

일정한 온도에서 미생물의 사멸속도는 식 (7-1)과 같은 1차 반응속도식으로 표시할 수 있으며 사멸속도(단위시간에 죽는 수)는 생존균 수에 비례함을 알 수 있다.

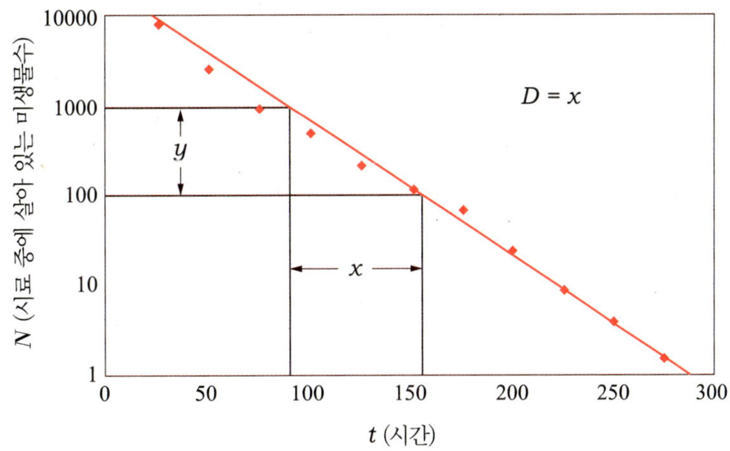

그림 7–1 반대수(semi-logarithmic) 좌표에 표시된 미생물의 생존곡선

$$-\frac{dN}{dt}=kN \tag{7-1}$$

여기에서 $-dN/dt$는 미생물의 사멸속도를 나타내며 가열시간에 따라 생존균수는 감소하기 때문에 부호는 −이다. N은 임의의 온도 T에서 t 시간 가열했을 때, 시료 중의 생존균수, t는 가열시간(분), k는 사멸속도상수 (min^{-1})이다. 초기($t=0$)의 미생물 수를 N_0라 하고 식 (7–1)을 적분하면

$$\int_{N_0}^{N}\frac{dN}{N}=-\int_0^t k\,dt \tag{7-2}$$

$$\mathrm{In}\frac{N}{N_0}=-kt \tag{7-3}$$

상용대수로 나타내면

$$\log\frac{N}{N_0}=-\frac{k}{2.303}t \tag{7-4}$$

N_0는 살균하기 전에 시료에 오염되어 있는 원래의 미생물수를 나타내며 상황에 따라 오염도(contamination level)라고 부른다.

사멸속도상수 k는 가열온도와 미생물의 종류에 따라 변한다. 균수가 1 log cycle 만큼 감소한다. 즉 생균수가 1/10(90%)로 감소하는 데 걸리는 시간을 1/10 감소시간(decimal reduction time)이라고 하며, D값(D-value)이라고 한다.

식 (7–4)에서 $N=(1/10)N_0$, $t=D$라고 하면

$$D=\frac{2.303}{k} \tag{7–5}$$

식 (7–5)에 의하면 1차 반응속도상수 k를 쉽게 D 값으로 변환시킬 수 있다.

식 (7–5)를 식 (7–4)에 대입하면

$$\log\frac{N}{N_0}=-\frac{t}{D} \tag{7–6}$$

$$D=\frac{t}{\log N_0-\log N} \tag{7–7}$$

D 값은 미생물마다 다르다. 미생물의 D 값은 초기균수에는 무관하나 온도의 영향을 받기 때문에 어느 온도에서의 D 값이란 것을 나타내기 위하여 가열온도 T를 아래첨자로 D_T와 같이 나타낸다. 상업적 살균공정에서 내열성 포자에 대한 기준온도는 121℃의 D 값(D_{121})을 D_0라고 표시한다.

[예제 7–1] D_{121}의 계산

C. botulinum 포자 현탁액을 121℃에서 열처리하여 초기농도의 99.999%를 사멸시키는데 1.2분이 걸렸다. 이 포자의 D_{121}을 구하라.

[풀이]

포자의 초기농도(N_0)를 1이라고 하면 99.999%를 사멸시켰으므로 열처리 후의 생균의 농도(N) 는 0.00001 N_0이다. 식 (7–7)을 이용하여

$$D_{121}=\frac{1.2}{\log(N_0/0.00001\,N_0)}=\frac{1.2}{5}=0.24\text{분}$$

[예제 7-2] 12*D* 계산

어느 식품 통조림에 *C. botulinum* (D_{121} = 0.24 min)의 포자가 오염되어 있다. 이 통조림을 121℃에서 가열하여 미생물수를 12대수(12 log cycles) 만큼 감소시키는 데 걸리는 시간은 얼마인가?

[풀이] $t = D \log \frac{N_0}{N} = (0.24)(12) = 2.88 \text{ min}$

[예제 7-3] 실험 자료로부터 *D* 값과 *k*를 구하는 방법

일정한 온도에서 일정농도의 포자 현탁액을 가열처리하고 가열시간별로 생균수를 측정하여 다음과 같은 결과를 얻었다. 이 가열온도에서 포자의 *D* 값과 사멸속도상수 *k* 값을 구하라.

가열시간(t, 분)	1.0	1.5	2.0	2.5	3.0
생존균수 (N)	1020	306	103	31.3	10

[풀이]

우선 생존균수의 대수값을 취하여 이를 가열시간에 대해 도시하면 다음과 같다.

t	N	$y = \log N$
1.0	1020	3.009
1.5	306	2.486
2.0	103	2.013
2.5	31.3	1.409
3.0	10	1.000

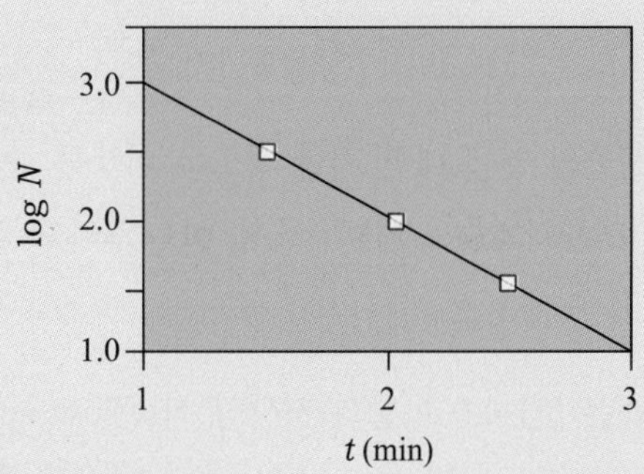

위 그래프에서 직선의 생균곡선을 얻게 되는데, 직선 회귀분석법을 이용하여 이 직선식을 표시하면 $y = -1.0016t + 4.004$ ($R^2 = 1.00$)이 된다. 이 직선의 기울기로부터 *D* 값을 구하면 $D = -(1/\text{기울기}) = 1/1.0016 = 0.998 \text{ min}$

또한 식 (7-7)을 이용하여 D 값을 계산할 수도 있는데, 즉

$$D = \frac{t_2}{\log N_0 - \log N_2}$$

의 관계식을 활용하여 구할 수 있다.

$D = (3-1)/(\log 1020 - \log 10) = 0.996$ min

사멸속도상수는 식 (7-5)를 이용하여

$k = 2.303/D = 2.303/0.998 = 2.308$ min^{-1}

2. 미생물의 내열성에 영향을 미치는 인자

식품 중에는 여러 종류의 미생물이 존재하는데 이들 미생물의 종류에 따라 내열성에 현저한 차이가 있으며, 같은 종류의 미생물이라고 할지라도 환경조건에 따라 내열성에 큰 차이가 있다. 일부 미생물은, 생육에 적합지 못한 환경에서는 세포의 증식을 중단하고 일종의 휴면상태라 할 수 있는 포자(spore)를 형성하는데, 포자는 영양세포(vegetative cell)보다 내열성이 매우 강하여 생육이 불리한 환경 상태에서도 장기간 생명력을 유지할 수 있는 특징을 가지고 있다. 이러한 이유 때문에 식품의 가열살균 공정에서 포자 사멸을 목표로 하는 경우가 많다.

미생물의 열에 대한 저항 정도는 미생물 종류, 열처리 전 미생물 세포의 상태, 미생물이 있는 식품의 조성, pH, 그리고 수분활성도 등에 의해 영향을 받는다.

식품은 pH 4.6 이상의 저산성 식품(low acid food)과 pH 4.6 미만의 산성 식품(acid food, high acid food)으로 나눌 수 있다. 일반적으로 미생물의 내열성은 중성 부근에서 가장 크고, 산성 또는 알칼리성 쪽으로 갈수록 작아진다. pH 3.7 이하의 산성 식품 또는 수분활성도가 낮은 식품은 식중독균과 변패미생물이 생육하는 데 부적당하고 포자는 발아하지 않으므로 열이 많이 유입되는 고온살균은 필요하지 않다.

표 7-1에서는 식중독을 일으키는 대표적인 세균인 *C. botulinum*의 내열성이 식품의 종류에 따라서도 달라질 뿐만 아니라 pH가 낮아질수록 현저하게 감소한다는 사실을 보여주고 있다.

표 7-1 pH 및 식품종류에 대한 *C. botulinum* 62 A 의 내열성의 변화

pH	$D_{115.6}$(min)		
	Spaghetti	Macaroni	Spanish rice
4.0	0.128	0.127	0.117
4.2	0.143	0.148	0.124
4.4	0.163	0.170	0.149
4.6	0.223	0.223	0.210
4.8	0.226	0.261	0.256
5.0	0.260	0.306	0.266
6.0	0.491	0.535	0.469
7.0	0.515	0.568	0.550

변패미생물(spoilage microorganism)은 pH 5.3에서부터 생육저해를 받으며, pH 3.7 이하에서는 단지 일부의 곰팡이만이 생육 가능하다. 특히 통조림 식품에서 식중독을 일으키는 대표적인 내열성 포자형성세균인 *C. botulinum*은 pH 4.6 이하에서 현저하게 생육저해를 받기 때문에 살균공정에서 가장 중요한 분기점을 pH 4.6으로 본다. 일반적으로 pH 4.6 이하인 산성 식품은 대기압에서 저온살균을 행하고, pH 4.6 이상의 저산성 식품은 100℃ 이상에서 가압살균을 행한다.

한편, 미생물의 열저항성은 가열매체의 상태에 따라서도 달라진다. 즉, 같은 온도라고 하더라도 포화수증기와 같은 습열을 사용하는 경우와 과포화수증기나 가열공기와 같은 건열(dry heat)을 사용할 경우에 대부분의 미생물은 현저한 내열성의 차이를 나타낸다.

표 7-2에 건열과 습열을 사용하여 살균했을 때 3종류의 미생물에 대한 내열성을 조사한 결과를 나타내었다. 가열온도가 같다고 하더라도 건열을 사용한 경우가 습열을 사용한 경우보다 현저히 가열시간이 증가한다는 사실을 보여주고 있다. 이는 습열이 건열에 비해 열을 쉽게 전달하기 때문이다.

표 7-2 가열매체의 상태에 따른 미생물의 내열특성

Microorganism	Moist heat		Dry heat	
	$D_{121.1}$ (min)	z (℃)	$D_{121.1}$ (min)	z (℃)
Bacillus polymyxa	0.005	14.0	3160	26.5
Bacillus stearothermophilus FS 1518	9.6	18.2	4680	25.0
Clostridium sporogenes PA 3679	2.0	13.6	32	60.0

3. 미생물의 내열성과 *z* 값

미생물이 열에 의하여 사멸되는 속도는 가열온도에 따라 변하며, 온도가 높을수록 빨라질 것이란 점을 예견할 수 있다. 따라서 식 (7-5)로 정의되는 *D* 값은 살균온도가 증가할수록 작아질 것이다. 여러 온도에서 *D* 값을 실험적으로 측정하여 $\log D_T$를 *T*에 대하여 그리면 그림 7-2와 같이 직선이 된다.

D 값이 1/10 또는 10배 정도로 변할 때 이에 대응하는 온도차(℃ 또는 °F)를 *z* 값(*z* value)이라고 한다. 즉 *z* 값은 그림 7-2에 나타낸 것처럼 *D* 값이 1 대수 주기(logarithmic cycle) 변할 때의 온도차이다.

z 값은 미생물의 열에 의한 사멸속도의 온도의존성을 나타내는 것으로 *z* 값이 적은 미생물은 사멸속도의 온도의존성이 높으며, *z* 값이 큰 미생물은 사멸속도에 미치는 온도의 영향이 적다. 따라서 *z* 값이 클수록 온도상승에 대한 살균효과의 증가율이 적다고 할 수 있다.

그림 7-2의 직선은 다음과 같은 식으로 나타낼 수 있다.

$$\log D_{T_2} - \log D_{T_1} - \frac{1}{z}(T_1 - T_2) \tag{7-8}$$

여기서 $T_1 = 121$℃일 때 $D = D_0$, $T_2 = T$(℃)일 때 $D_{T_2} = D_T$라고 하면

$$\log \frac{D_T}{D_0} = \frac{121 - T}{z} \tag{7-9}$$

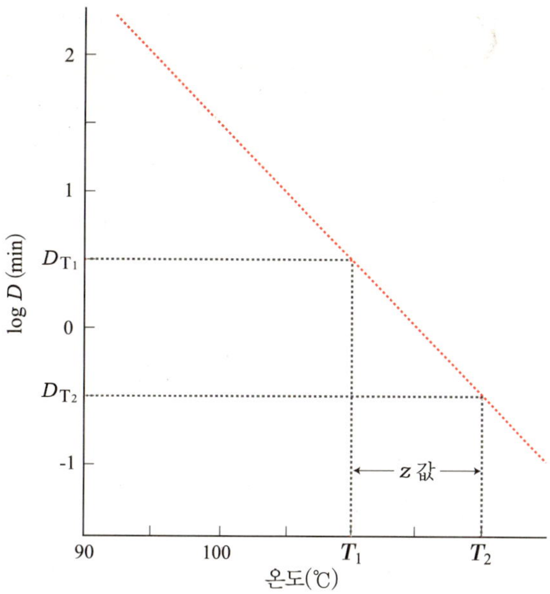

그림 7-2 온도에 따른 미생물 내열성의 변화

화씨(°F)로 나타내면

$$\log\frac{D_T}{D_0}=\frac{250\ -\ T}{z} \qquad (7\text{–}10)$$

*C. botulinum*의 *z* 값은 10℃ (18 °F)이다. 이는, 온도를 10℃ 증가시키면 *D* 값이 10배 감소한다는 의미이다.

온도범위가 넓지 않은 구간에서 *D* 값의 온도의존성은 그림 7-2와 같이 일반적으로 직선을 나타내지만 온도범위가 넓으면 직선이 잘 성립하지 않으므로 *z* 값을 너무 넓은 온도범위의 *D* 값까지 외삽하는 것은 바람직하지 못하다.

표 7-3과 표 7-4에는 식품의 가열살균의 지표가 되는 주요 미생물의 내열 특성치를 나타내었다.

표 7-3 저산성 통조림 내의 변패미생물의 내열성

Microorganism	Product	D_0 (min)	z	
			℃	℉
Clostridium bolulinun 213-B	Phosphate buffer(pH 7)	0.16	10	18
	Green beans	0.22	12	22
	Peas	0.22	8	14
Clostridium bolulinun 62 A	Phosphate buffer(pH 7)	0.31	12	21
	Green beans	0.22	11	20
	Corn	0.3	10	18
	Spinach	0.25	11	19
Clostridium spp. PA 3679	Phosphate buffer(pH 7)	1.45	12	21
	Asparagus	1.83	13	24
	Green beans	0.70	9	17
	Corn	1.20	10	18
	Peas	2.55	10	19
	Shrimp	1.68	12	21
	Spinach	2.33	13	23
Bacillus stearothermophilus FS 1518	Phosphate buffer(pH 7)	3.28	9	17
	Asparagus	4.20	11	20
	Green beans	3.96	10	18
	Corn	4.32	12	21
	Peas	6.16	11	20
	Pumpkin	3.50	13	23
	Shrimp	3.90	9	16
	Spinach	4.94	12	21

표 7-4 산성 및 저온살균처리식품 내의 변패미생물의 내열성

Microorganism	Temperature		D (min)	z	
	℃	℉		℃	℉
Bacillus coagulans	121.1	250	0.07	10	18
Bacillus polymyxa	100	212	0.50	9	16
Clostidium pasteurianum	100	212	0.50	9	16
Mycobacterium luberculosis	82.2	180	0.0003	6	10
Salmonella spp.	82.2	180	0.0032	7	12
Staphylococcus spp.	82.2	180	0.0063	7	12
Lactobacillus spp.	82.2	180	0.0065	7	12
Yeasts and molds	82.2	180	0.0095	7	12
Clostridium botulinum Type E	82.2	180	2.50	9	16

[예제 7-4] z 값의 계산

Bacillus stearothermophilus 포자를 열처리하여 생존균 농도를 초기 농도의 $1/10^5$만큼 감소시키는 데 121℃에서 20분, 125℃에서 5.54분이 각각 소요되었다. 이 균의 z 값을 구하라.

[풀이]

앞의 식 (7-7)에 의하여 각 살균온도에서의 D 값을 계산하면

$$D = \frac{t}{\log(N_0/N)}$$

$$D_{121.1} = \frac{20}{\log(N_0/10^{-5}N_0)} = \frac{20}{5} = 4 \text{ min}$$

$$D_{125} = \frac{5.54}{\log(N_0/10^{-5}N_0)} = \frac{5.54}{5} = 1.11 \text{ min}$$

z는 식 (7-9)를 사용하여 계산한다.

$$z = \frac{T-121}{\log(D_0/D_T)} = \frac{125-121}{\log(4/1.11)} = 7\,℃$$

[예제 7-5] D_T의 계산

B. coagulans 포자의 농도가 10^6 cells/mL인 산성 식품이 있다. 이 식품을 121℃에서 0.21분간, 116℃에서 0.45분간 열 처리하였더니 포자농도가 각각 10^3 cells/mL, 10^4 cells/mL로 감소하였다. 이 균의 D_{110}을 구하라.

[풀이]

[예제 7-4]와 같은 방법으로 먼저 각 온도에서의 값을 계산한다.

$$D_{121} = \frac{0.21}{\log(10^6/10^3)} = 0.07 \text{ min}$$

$$D_{116} = \frac{0.45}{\log(10^6/10^4)} = 0.23 \text{ min}$$

식 (7–9)에 의하여 z 값을 계산하면

$$z = \frac{121-116}{\log(0.23/0.07)} = 9.9\,^\circ\mathrm{C}$$

그러므로 식 (7–8)을 활용하면

$$\log D_{110} = \frac{121-110}{9.9} + \log 0.07 = -0.033$$

$$D_{110} = 0.93 \text{ min}$$

4. 가열사멸곡선

미생물의 내열성을 실험적으로 측정하기 위해서는 시험 미생물의 세포 또는 포자를 적절한 배지에 희석하여 일정한 농도의 현탁액을 만든다. 이 현탁액을 여러 개의 모세관(그림 7–3) 또는 시험관(그림 7–4)에 넣고 밀봉한 후, 일정한 온도의 열탕에 빨리 담그고 가열하면서 일정한 시간간격으로 꺼내어 즉시 냉각하여 균수를 측정한다.

가열처리 전과 가열처리한 시료에 살아 있는 미생물 수는 일반적으로 집락 계수법(colony counting method)으로 구한다. 형성된 집락은 각각 1개의 생세포 또는 포자의 증식에 의하여 생긴 것으로 가정하고 집락의 수를 측정함으로써 시료액 중의 생균농도를 측정할 수 있다.

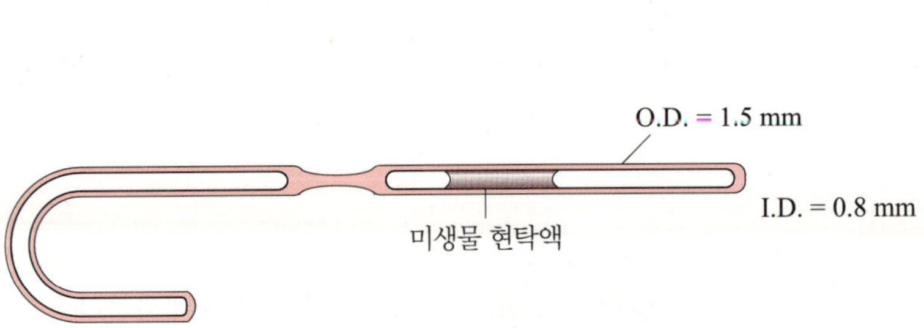

그림 7–3 미생물 내열성 측정 실험에 사용되는 모세관

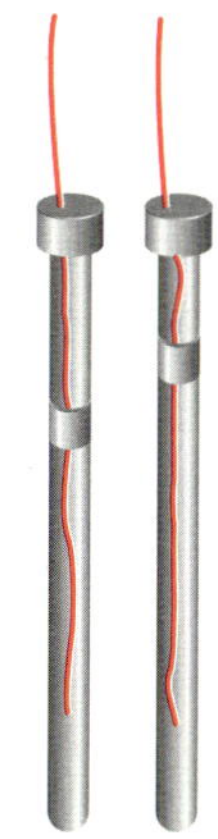

그림 7-4　열전기쌍(thermocouple)을 부착한 시험관

일반적으로 이렇게 측정한 생존균수를 가열시간에 대해 반대수 좌표에 도시(semilogarithmic plot)하여 생존곡선을 만들게 된다.

생존곡선은 항상 반대수 좌표에서 직선으로 표시되는 것은 아니고 실제 사멸시험에서는 그림 7-5와 같이 여러 가지 다른 형태를 나타내는 것으로 보고되고 있다. 생존곡선이 직선으로부터 벗어나는 것을 미생물의 군집과 여러 미생물 혼재로 설명하는 경우가 많다.

예를 들어 그림 7-5의 B는 가열 초기에 오히려 포자가 활성화되기 때문에 초기부터 균수가 직선적으로 감소되지 않고 약간 지연되는 현상을 나타내며, C는 2종류의 미생물 혼합액을 열처리할 경우에 관찰되는 2개의 연속된 직선으로 표시되는 생존곡선으로, 첫 번째 경사가 급한 직선은 내열성이 낮은 미생물의 사멸을 나타내고, 두 번째 직선은 내열성이 높은 미생물의 사멸을 나타낸다.

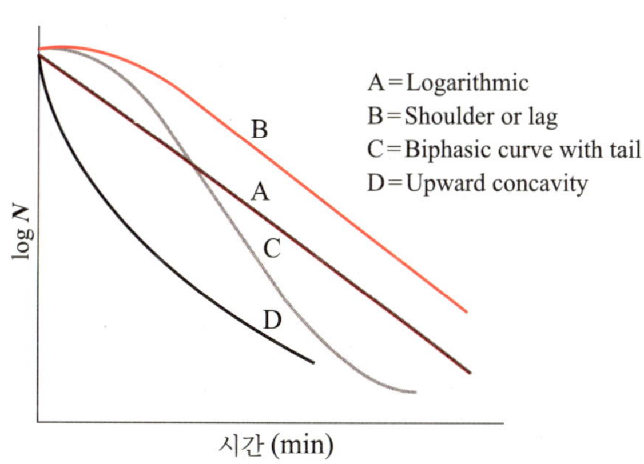

그림 7-5　미생물 생존곡선의 여러 가지 형태

이와 같이 미생물의 열에 의한 사멸은 간단하지는 않다. 실제 살균에서 문제되는 미생물 중 가장 내열성이 큰 하나의 미생물을 살균의 지표미생물(reference microorganism)로 정하고 가열에 의해서 대수적으로 사멸한다고 가정하여 필요한 온도-시간을 결정하는 것이 좋다.

5. 가열치사시간

어떤 식품 중의 특정한 세균포자의 초기농도를 N_0, 일정한 온도 T에서 가열살균한 후의 생균수를 N이라고 했을 때

$$\log \frac{N_0}{N} = m \tag{7-11}$$

로 표시된다. 그리고 여기서 m을 감소지수(reduction exponent)라고 하며, log reduction이란 용어로 통용되고 있다. 예를 들어 $m=5$는 그 열처리공정에서 포자수를 10^{-5}(99.999%)만큼 감소시켰음을 의미한다. m 값은 고정된 일정한 값이 아니고, 공장이나 식품의 오염 정도 또는 지표미생물의 내열성에 따라 변한다. 표 7-5에는 여러 가지 변패 미생물의 m 값을 나타내었는데, 각 식품마다 살균지표미생물이 다르고 이에 따라 m 값이 달라지는 것을 알 수 있다. 표 7-5에 나타낸 m 값은 우수한 위생조건에서 식품을 제조하는 경우이다.

만약에 오염도가 높을 때는 살균된 제품을 얻기 위해서 감소지수 m값이 더 높아야 한다. 식품의 저장성을 감안하여 식품에서 문제가 될 수 있는 내열성이 가장 큰 미생물을 지표미생물로 선정하고, 이 지표미생물에 대한 감소지수 m을 결정하여 열처리를 하는 것이 바람직하다.

일반적으로 pH 4.6 이상 저산성 식품의 살균공정에서는 *C. botulinum*을 살균의 지표미생물로 하여 $m=12$, 즉 초기균수를 10^{12}만큼 감소시키는 것(12 log reduction)을 기준으로 삼고 있다. 이를 소위 12D라고 하여 저산성 통조림 식품의 살균기준으로 정해왔다.

표 7-5 주요한 변패미생물의 근사적인 열처리 자료

Organism	T (℃)	D (min)	z (℃)	m	Foods
C. botulinum	121	0.1~0.3	8~11	12	Low acid food (pH>4.5)
C. sporogenes	121	0.8~1.5	9~11	5	Meat
B. stearothermophilis	121	4~5	9.5~10	5	Vegetable and Milk
C. thermosaccharoly-ticum	121	3~4	7~10.5	5	Vegetable
B. subtilis	121	~0.4	6.5	6	Dairy food
B. coalgulans	121	0.01~0.07	10	5	pH 4.2~4.5 food
C. pasteurianum	100	0.1~0.5	8	5	pH 4.2~4.5 food

다시 말하면 가열하기 전 전체 식품 속에 존재하는 미생물의 99.9999999999%를 가열처리에 의하여 사멸시킨다는 것이다. 초기균수를 10^{-1}만큼 감소시키는 데 걸리는 시간이 D이므로, $N/N_0=10^{-12}$를 식 (7-6)에 대입하면 $t=D\log 10^{12}=12D$가 된다.

식 (7-6)에서 알 수 있는 것처럼 N이 0이 되려면 가열시간 t가 무한대가 되므로 오염균을 완전히 사멸시킨다는 것은 이론적으로 불가능하다. 즉, N을 1 이하의 아주 작은 값, 예컨대 $N=10^{-5}$, $N=10^{-12}$까지 감소시킬 수는 있으나 절대 무균상태인 $N=0$로 만들 수는 없다. 여기에서 살균의 확률개념이 생긴다.

예를 들어서 저산성 식품의 통조림 중의 *C. botulinum* 포자를 살균할 목적으로 121℃에서 2.88분 살균했을 때 $N=10^{-12}$이란 것은 1개의 *C. botulinum* 포자가 이 통조림 속에 살아 있을 확률은 $1/10^{12}$이란 뜻으로 통조림은 안전하다는 의미이다.

*C. botulinum*의 121℃에서의 D 값은 0.24분이므로 10^{-12}만큼 감소시키는 데 걸리는 시간($12D$)은 2.88분이며, 이 시간을 가열치사시간(thermal death time, TDT)이라고 한다. 물론 다른 온도에서도 가열치사시간을 구할 수 있다. 살균 지표미생물의 TDT를 F 값으로 표기할 수 있는데 일정한 온도 T에서의 TDT값을 F_T로, D 값을 D_T로 표시하면, F_T와 감소지수 m과의 관계는 식 (7-7)과 (7-11)에 의하여 다음과 같이 표시된다.

$$F_T=D_T\log\frac{N_0}{N}=mD_T \tag{7-12}$$

식 (7-12)는 각 온도에서 대상 미생물을 상업적인 멸균상태까지 감소시키는 데 필요한 가열시간을 결정하는 기본적인 식으로 이용될 수 있다. 예를 들어 전술한 바와 같이 *C. botulinum*의 F_{121}값은 $0.24 \times 12 = 2.88$분이다. 그리고 *Clostridium*보다 내열성이 강한 *B. stearothermophilus*의 경우에는 $m=5$를 살균의 목표로 삼으므로 $F_{121} = 4 \times 5 = 20$분이다.

F 값은 미생물의 내열성과 기준온도에 의하여 좌우되는데, 기준 온도를 121℃로 하고 z 값을 10℃ 정해줘서 계산하는 F 값을 F_{121}^{10} 또는 F_0라고 한다.

[예제 7-6] F_{121}의 계산

$D_0 = 0.24$분인 미생물이 초기에 100 spores/can의 비율로 들어 있는 통조림의 살균공정에 대하여 다음을 계산하시오.

(1) 12 log reduction을 목표로 살균하고자 할 때 제품의 F_{121}값

(2) 최종균수가 10^{-9} spores/can일 때 제품의 F_{121}값

[풀이]

(1) 식 (7-12)를 이용하여

$$F_{121} = mD_{121} = 12 \times 0.24 = 2.88 \text{ min}$$

(2) 식 (7-7)에 의하여

$$F_{121} = D_{121} \log \frac{N_0}{N} = (0.24) \log \frac{10^2}{10^{-9}}$$

$$= (0.24)(11) = 2.64 \text{ min}$$

[예제 7-7] 오염확률

$D_0 = 1.5$ min인 어떤 지표 미생물을 기준으로 하여 계산한 $F_{121} = 2.88$분인 경우에 초기 오염도가 10 spores/can인 통조림의 살균 후 변패될 확률을 계산하시오.

[풀이] 식 (7–12)을 변형시키면

$$N = N_0 \times 10^{-F_T/D_T}$$

$$N = N_0 \times 10^{-(2.88/1.5)}$$

$$= 10(10^{-1.92}) = 0.12 \text{ spore/can}$$

따라서 이 미생물에 의해 변패가 일어날 확률은 12%이다. 즉, 100개의 통조리 제품들 중 12개가 변패를 일으킬 수 있다.

[예제 7–8] 혼합미생물의 살균

$D_{121} = 1.5$ min인 미생물 A와 $D_{121} = 0.8$ min인 미생물 B가 각각의 통조림 캔당 3×10^5, 8×10^6씩 혼합되어 있는 포자현탁액을 121 ℃의 일정한 온도에서 가열하였다. 이 포자현탁액이 변패를 일으킬 확률이 1/1000이 되는 가열시간을 계산하시오.

[풀이] 식 (7–7)로부터 각각의 미생물을 $N = 10^{-3}$까지 살균하는 데 걸리는 시간을 계산하면

미생물 A : $t = 1.5 \log \dfrac{3 \times 10^5}{10^{-3}} = 12.72$ min

미생물 B : $t = 0.8 \log \dfrac{8 \times 10^6}{10^{-3}} = 7.92$ min

따라서 변패를 일으킬 확률이 1/1000이 되는 가열시간은 내열성이 큰 미생물을 기준으로 하여야 하므로 12.72분이다.

6. 가열치사시간 곡선

식 (7–12)에서 알 수 있는 것처럼 F 값은 D 값에 일정한 상수 m을 곱한 것이므로 가열치사시간 F 값의 온도의존성은 D 값의 온도의존성과 동일한 관계를 가진다. 즉, $\log F$를 T에 대하여 그리면 그림 7–6과 유사한 관계를 갖게 되며 이를 TDT 곡선이라고 한다.

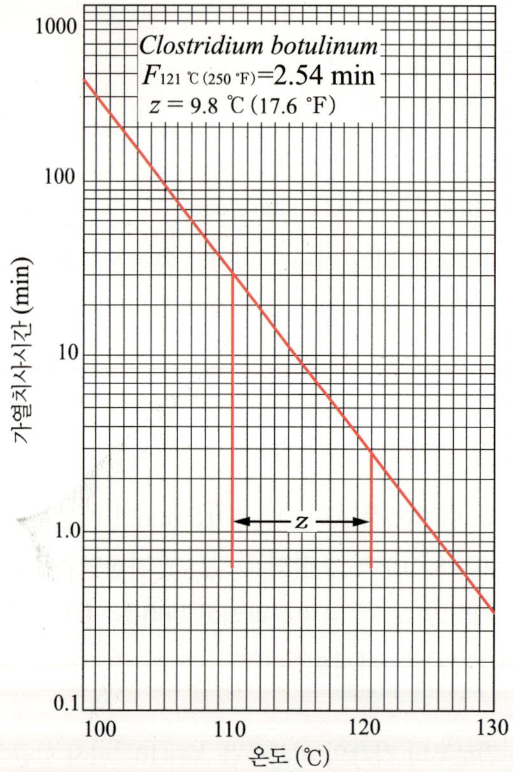

그림 7–6 *C. botulinum* 포자의 TDT 곡선

그림 7-6에 *C. botulinum*의 TDT 선을 예로 나타내었다. z 값은 앞에서 정의한 것과 같이 D 값 또는 F 값의 1/10 또는 10배의 변화에 대응하는 가열온도의 변화 (℃ 또는 ℉)를 나타낸다. TDT 선은 식 (7-9)와 유사한 형태로 다음과 같은 직선식으로 나타낼 수 있다.

$$\log \frac{F_T}{F_0} = \frac{121 - T}{z} \tag{7-13}$$

또는

$$F_T = F_0 10^{(121-T)/z} \tag{7-14}$$

$$F_0 = F_T 10^{(T-121)/z} \tag{7-15}$$

식 (7-14)를 이용하면 F_0에 상당하는 임의의 온도 T에서의 TDT F_T를 구할 수 있으며, 또한 식 (7-15)로부터 F_T에 상당하는 F_0를 구할 수 있다.

여러 온도 범위를 갖는 열처리 즉, T_i 온도에서 t_i 시간 동안 살균하였을 때의 F_0는 다음 식을 이용하여 구할 수 있다.

$$F_0 = \sum_{i=1}^{n} t_i \times 10^{-\left(\frac{121-T_i}{z}\right)} \tag{7–16}$$

특히 식 (7–15)에서 $F_T = 1$일 때 F_0를 치사율(lethality factor) L이라고 한다.

$$L = 10^{(T-121)/z} \tag{7–17}$$

L은 임의의 온도 T에서 1분 동안 가열했을 때와 동일한 살균효과를 가지는 121℃에서의 살균시간을 의미한다. 또한 식 (7–14)에서 $F_0 = 1$ 일때의 F_T를 F_i라 하며, 이는 L의 역수는 121℃에서 1분 가열했을 때와 동일한 살균효과를 가지는 임의의 온도 T에서의 가열시간을 의미한다.

$$F_i = 10^{(121-T)/z} \tag{7–18}$$

[예제 7–9] F_T의 계산

D_{121}이 0.24 min, z 값이 10℃인 *Clostridium* 포자를 115℃에서 가열살균하려고 한다. 가열살균지수 $m = 12$로 한다면 가열치사시간 F_{115}는 얼마인가?

[풀이] 먼저 식 (7–12)에 의하여 F_0를 구하면

$$F_0 = (12)(0.24) = 2.88 \text{ min}$$

식 (7–15)에 의하면

$$F_{115} = F_0 10^{(121-T)/z}$$
$$= (2.88) \times 10^{(121-115)/10} = 11.73 \text{ min}$$

이 예제에서 살균 온도가 조금만 낮아도 살균 시간이 상당히 길어진다는 것을 알 수 있다.

[예제 7–10] F_0의 계산

통조림 열처리 중 제품의 냉점 온도가 다음 표처럼 측정되었다. 만약 이 제품이 열처리 될 때 지켜져야 할 F_0 값이 2.8 min으로 정해져 있다면 실제로 열처리가 잘 이루어졌는지를 확인하시오.

Temperature T_i (℃)	Time t_i (min)
80	11
90	8
95	6
100	10
105	12
108	6
109	8
110	17
107	2
100	2
90	2
80	8
70	6

[풀이]

식 (7-16)을 이용한다. 그 과정을 정리해 보면 다음 표와 같다.

Temperature T_i (℃)	Time t_i (min)	$(121-T_i)$	$10^{-(121-T_i)/10}$	$t_i \times 10^{-(121-T_i)/10}$
80	11	41	7.9×10^{-5}	0.00087
90	8	31	7.9×10^{-4}	0.0063
95	6	26	2.5×10^{-3}	0.015
100	10	21	7.9×10^{-3}	0.079
105	12	16	2.5×10^{-2}	0.30
108	6	13	5.0×10^{-2}	0.30
109	8	12	6.3×10^{-2}	0.50
110	17	11	7.9×10^{-2}	1.34
107	2	14	4.0×10^{-2}	0.08
100	2	21	7.9×10^{-3}	0.016
90	2	31	7.9×10^{-4}	0.0016
80	8	41	7.9×10^{-5}	0.0006
70	6	51	7.9×10^{-6}	0.00005
			Total	2.64

F_0 값이 2.64 분으로 계산되었다. 따라서 본 열처리를 통해 제품이 만들어질 때 기대되는 가열이 이루어지지 않았음을 알 수 있다.

Section 2 미생물 살균 공정의 평가

1. 열침투곡선

통조림과 같이 용기에 담은 식품을 가열살균하기 위해서는 수증기 또는 열수(hot water)를 사용하여 살균온도까지 가열한다. 식품의 열전도도를 고려해 보았을 때 식품의 내부온도가 살균온도에 도달하도록 가열하는 데는 어느 정도의 시간이 소요되며, 식품 내부의 위치에 따라서 내부온도가 다르므로 가열 살균공정의 살균효과를 평가하기 위해서는 지표 미생물의 내열성뿐만 아니라 식품의 각 부위의 열전달상태를 알아야 한다.

액체식품은 주로 대류에 의하여 열이 전달되므로 열전달속도가 빠르고 용기 내부의 위치에 따른 온도차가 적은 데 비해 고체 식품이나 점성이 큰 식품은 전도에 의해 가열되므로 가열속도가 느리고 식품내부의 온도분포가 균일하지 않다. 과일이나 채소 통조림에서와 같이 충진 액을 넣을 때에는 충진 액의 성질, 고체와 액체의 비율, 고체의 배열 상태, 용기의 크기 및 재질, 가열 중 교반 정도 등이 열전달속도에 영향을 미친다.

또한 가열이 진행됨에 따라 가열 메커니즘이 변하는 경우도 있는데, 예를 들어 전분을 많이 포함하고 있는 식품은 가열 초기에는 주로 대류에 의해 열이 전달되나 전분이 호화됨에 따라 점성이 높아져서 가열 후기에는 전도에 의해 열이 전달된다. 식품 내 열전달 양식을 분류하여 표 7-6에 나타내었다.

표 7-6 가열현상에 따른 식품의 분류

1. **대류에 의해 가열되는 식품**: 과일 주스, 채소 주스, 육즙, 묽은 수프
2. **대류에 의한 가열이 늦은 식품**: 액즙을 가진 소편의 과실, 채소, 육제품, 어육제품 및 액즙과 소량의 전분을 함유하는 식품
3. **대류 및 전도에 의해 가열되는 식품**: 전분을 함유하는 식품, 전분의 가열 살균 중 고형물로부터 쉽게 용출되는 식품, 수프, 국수제품, 혼합 채소 등
4. **전도에 의해 가열되는 식품**: 식품의 수분함량은 높으나 액즙이 거의없는 고형식품, 농후 크림수프, 조림채소, 육제품, 농축 수프, 농축 소스에 의한 육 · 채소 혼합조림, 스파게티와 같은 전분제품의 고형조림, 햄과 같은 육제품 등

가열살균공정에서 오염미생물이 확실히 살균되었는가를 평가하기 위해서는 용기 내 식품의 각 부위의 온도변화를 측정하여 각 부위에 대한 가열살균효과를 각각 계산해서 내용물 전체에 대하여 합산해야 한다. 그러나 현실적으로 용기 내의 모든 부위의 온도를 측정한다는 것은 불가능하므로 실제적으로는 식품 내에서 가장 늦게 가열되는 부분, 즉 냉점(cold point)의 열 에너지 양적 변화를 가열시간에 따른 온도변화로 측정하여 살균공정을 평가한다.

이는 냉점이 상업적 살균상태에 이르도록 가열되면 용기내의 다른 부위는 냉점에 비해 더 빨리 가열되므로 충분히 살균된 것으로 인정할 수 있기 때문이다.

식품이 주로 전도에 의해 가열될 경우 냉점은 그림 7–7에 나타낸 것과 같이 용기 내 식품의 기하학적인 중심점에 존재하며, 대류에 의해 가열될 경우에는 높이 1/3 지점 중심축에 존재한다.

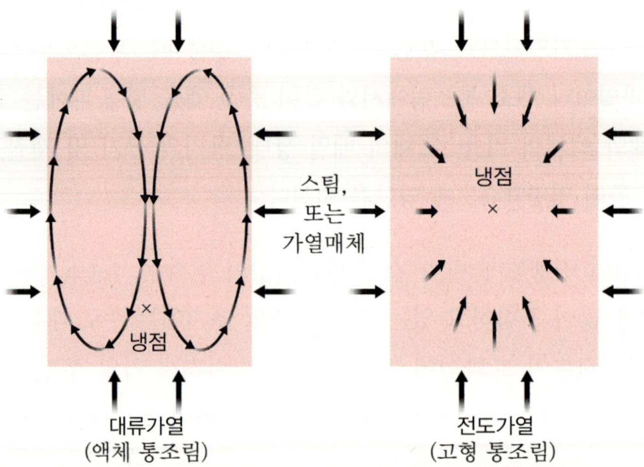

그림 7–7 전도 및 대류 가열 식품의 냉점 위치

포장된 식품을 레토르트 내에서 수증기로 살균할 때 레토르트 내부 온도와 식품 냉점의 온도변화를 그림 7–8에 나타내었다. 레토르트에 수증기를 공급하기 시작하면 먼저 레토르트 내부가 가열되기 시작하는데 이때 곧 살균온도에 도달하는 것이 아니라 어느 정도의 시간이 걸린다. 이 시간을 살균온도 도달시간(come-up-time, CUT)이라고 한다.

일반적으로 살균공정에서 작업자들은 식품의 살균시간을 레토르트 내부온도가 살균온도에 도달한 시간부터 잡으며, 이를 레토르트 운전자의 작업시간(processing time, t_p)이라고 한다.

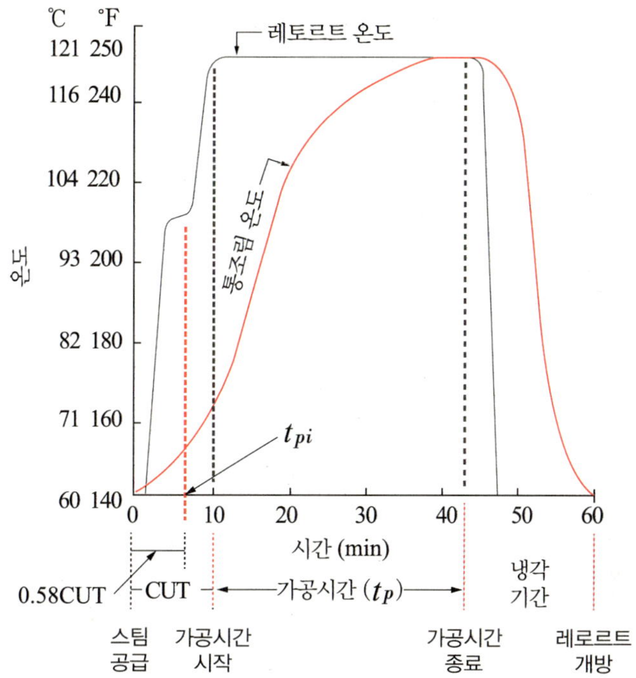

그림 7-8　통조림 내의 냉점 및 레토르트의 온도변화

(1) 가열곡선

포장된 식품(예, 통조림)을 가열할 때 얻을 수 있는 열침투곡선의 예를 그림 7-9에 나타내었다. 액체식품을 충전한 식품을 흔들어 주면서 가열할 경우에 식품 내부로의 전열저항은 무시할 수 있으며, 내부온도는 전체적으로 균일하다고 할 수 있다.

비정상상태(unsteady state) 가열식은 식 (4-124)를 변형하여 다음 식으로 나타낼 수 있다.

$$\ln \frac{T_R - T}{T_R - T_0} = \frac{hA}{MC_p} t \qquad (7\text{-}19)$$

여기서 T_R: 레토르트의 온도

T_0 : 포장 식품의 초기온도

T : 시간 가열 후 용기 내부 식품의 온도

M: 충진된 식품의 질량

C_p : 식품의 열용량

h : 용기 내벽과 식품 사이의 표면열전달계수

A : 용기 내벽과 식품과의 접촉면적

식 (7-19)는 액체식품의 열침투곡선을 나타내는 식으로 $\ln(T_R - T)$를 t에 대하여 그리면 직선을 얻게 된다. 여기서 $T_R - T$는 레토르트온도와 식품의 냉점과의 온도차이다.

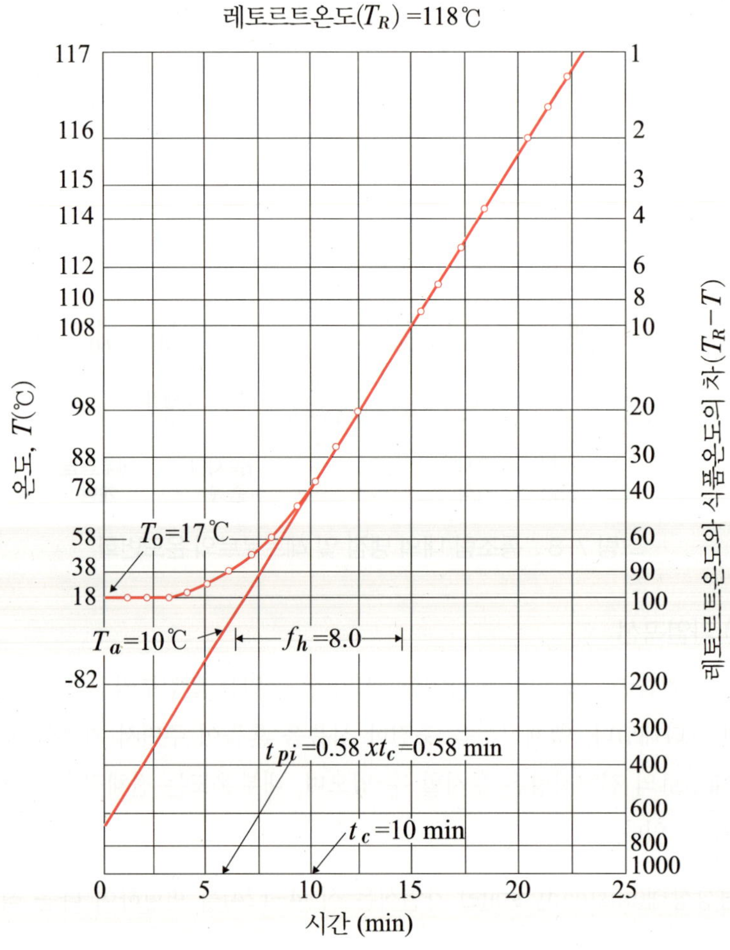

그림 7-9 단순대수가열 열침투곡선

일정한 레토르트(T_R)에서 식품을 살균할 때 식품의 열침투 곡신으로부터 목표하는 F_0를 달성하기 위하여 요구되는 가열 살균 시간을 계산하는 방법을 1921년 Ball이 제안하였다.

볼(Ball, 1928)의 방법에 따라 작도한 단순대수가열 열침투곡선의 예를 그림 7-9에 보였다. 그림에 나타낸 액체식품의 가열에서뿐만 아니라 고체식품을 가열할 때 일반적으로 온도-시간 자료로부터 $\ln(T_R - T)$를 t에 대하여 그리면 직선이 된다. 온도-시간 데이터를 그래프 위에 표시한 후에 이들 데이터를 가장 잘 표현하는 직선을 그리면 대부분의 경우는 그림 7-9와 같이 가열초기를 제외하고는 하나의 직선으로 표시되는데 이를 단순가열곡선(simple heating curve)이라고 한다.

냉점의 가열 데이터를 볼(Ball)이 제안한 방법에 따라 작도하기 위해 반대수(semi-logarithmic) scale을 이용하여 대수축의 상단에 살균온도(레토르트 온도)보다 1℃ 낮은 온도를 표시하고, 순차적으로 낮은 쪽으로 눈금을 정한다. 즉, 처음의 대수주기는 1 눈금당 1℃씩, 다음의 대수주기는 1 눈금당 10℃씩, 마지막 대수주기는 1 눈금당 100℃씩 눈금을 정한다.

예를 들어 그림 7-9는 살균온도가 118℃인 경우의 가열곡선을 도시한 것이다. 3주기 대수눈금을 갖는 그래프지를 180도로 회전시키고 그래프지의 맨 첫줄은 살균온도보다 1℃가 낮은 117℃, 두 번째 대수주기의 첫줄은 살균온도보다 10℃가 낮은 108℃, 세 번째 대수주기의 첫줄은 살균온도보다 100℃가 낮은 18℃를 나타내고 있다.

열침투곡선의 기울기는 $1/f_h$이다. 또 f_h를 온도응답변수(temperature response parameter)라고 한다. f_h 값은 (T_R-T)로 표시되는 냉점의 온도차가 90%만큼 변하는 시간을 의미하며, 그래프 위에서는 가열곡선이 1 대수주기를 지나는 시간으로 표시된다. 따라서 f_h 값이 작을수록 열침투속도가 빨라지며 결과적으로 용기 내 식품 온도가 빨리 상승한다. f_h 값은 용기 내 식품의 초기 온도, 레토르트온도, 가열시간 등에 영향을 받지 않으나 식품의 종류와 용기의 크기에 좌우된다.

실험적으로 측정한 결과 레토르트가 살균온도에 도달하는 시간 중에서 42%가 살균시간으로 계산되어야 하는 것으로 알려져 있다. 따라서 0.58CUT를 실질적인 살균시작시간으로 간주하는 경우가 있다. 이 점을 '수정한 0 시간' 또는 '가상적인 초기시간(pseudo-initial time, t_{pi})' 이라고 부른다. 예를 들어 그림 7-8에서 레토르트가 살균온도 121℃(250°F)에 도달하는 데 10분이 걸렸으므로 CUT(t_c)는 10분이며, 수증기를 넣은 후 5.8분이 되는 시간부터를 실질적인 살균시작 0시간이라 생각하는 것이다.

실제로 식품의 열침투곡선은 그림 7-9에 나타낸 것과 같이 가열 초기에는 곡선이므로 열침투곡선을 완전한 직선방정식으로 나타내기 위하여 가상적인 온도 T_a를 정의한다. T_a는 수정한 0시간(0.58CUT)에서 올린 수직선과 열침투곡선의 직선부분을 연장한 외삽선과의 교점이다.

따라서 이 직선의 방정식은 다음과 같다.

$$t = f_h \log \frac{T_R - T_a}{T_R - T} \tag{7-20}$$

레토르트 식품의 실제 초기온도를 T_0라고 하면 실질적인 초기온도 차는 $(T_R - T_0)$이므로 다음과 같이 정의되는 지연계수(lag factor) j_h를 사용하여 식 (7-20)을 표현하면

$$t = f_h \log \frac{j_h(T_R - T_0)}{T_R - T} \tag{7-21}$$

$$j_h = \frac{T_R - T_a}{T_R - T_0} \tag{7-22}$$

식 (7-21)은 가열시간과 용기 내 식품 온도와의 관계를 나타내는 식으로 f_h 값과 j_h 값을 알면 가열시간에 따른 식품의 온도변화를 계산할 수 있다.

(2) 냉각곡선

볼(Ball)의 방법에 의해 만들어진 냉각곡선을 그림 7-10에 나타내었다. 이때 왼쪽 종축좌표는 레토르트 식품 냉점의 온도 T를 나타내며, 오른쪽 종축의 좌표는 냉점온도와 냉각수온도와의 차 $(T - T_c)$를 나타낸다. 즉, 그래프의 맨 아랫줄에는 냉각매체온도 (T_c)보다 1℃ 높은 값을 표시하고, 두 번째 대수주기의 첫 줄은 T_c 보다 10℃, 세 번째 대수주기의 첫 줄은 T_c 보다 100℃ 높은 값을 표시한다.

예를 들어 그림 7-10은 냉각온도가 22℃인 경우의 냉각곡선을 나타낸다. 냉각곡선의 분석을 위해 사용되는 세 개의 주요 파라메터(parameter)는 T_c, T_B 및 T_{Ba}인데 T_c는 냉각매체의 온도, T_B는 냉각공정에서 처음으로 기록되는 온도로서 스팀을 끄고 냉각수를 도입하기 시작했을 때의 온도에 해당된다. 스팀을 끄고 냉각수를 도입하기 시작했을 때를 냉각시작시간($t=0$)이라고 한다. T_{Ba}는 냉각곡선의 직선부분을 연장하여 얻은 $t=0$에서의 온도값이다.

냉각곡선을 표시하는 식은 다음과 같이 표시된다.

$$t = f_c \log \frac{j_c(T_B - T_c)}{T - T_c} \tag{7-23}$$

여기서 f_c는 가열곡선의 f_h와 마찬가지로 냉각곡선의 직선 부분의 온도가 1 대수주기 (1 log cycle) 변하는 데 걸리는 시간이다. 이 식은 T_c와 T 사이의 온도차의 대수값을 냉각시간에 대해 도시하면 기울기가 $-1/f_c$이고 절편값이 $\log j_c(T_B - T_c)$ 임을 보여준다. 가열곡선과는 달리 냉각곡선은 단지 1 개의 직선을 얻게 된다.

j_c 값은 j_h 값과 유사한 방법으로 구한다.

$$j_c = \frac{T_c - T_{Ba}}{T_c - T_B} \tag{7–24}$$

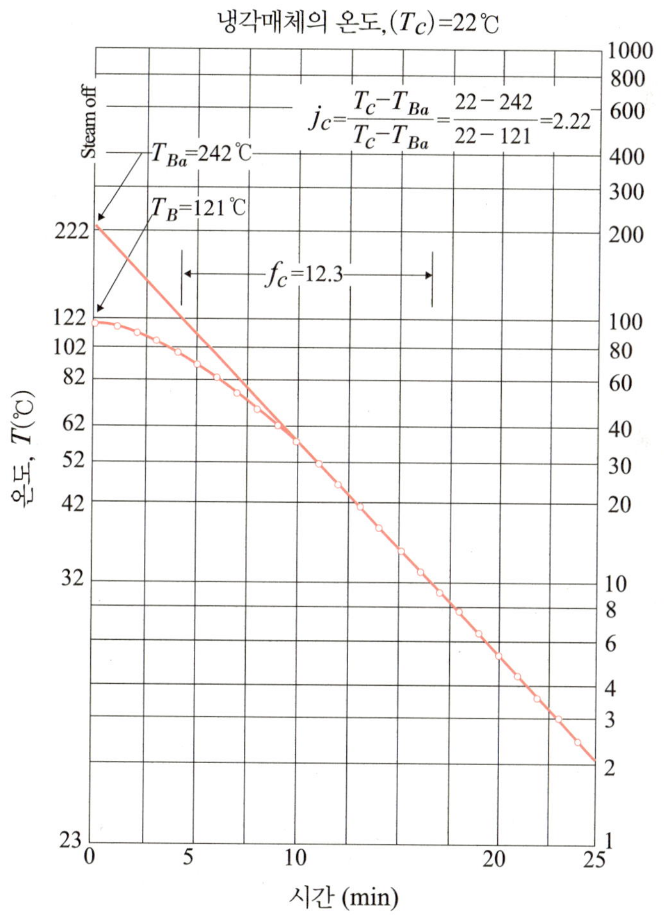

그림 7–10 Ball의 방법에 의해 나타낸 냉각곡선

2. 가열살균시간의 계산

실제로 식품을 레토르트 살균할 때 소요살균시간의 계산은 그리 간단하지 않다. 왜냐하면 살균 시 식품의 온도는 그림 7-8에 나타낸 것과 같이 레토르트의 온도와 상당한 차이가 있으며 가열시간에 따라 계속 변하기 때문이다.

만약에 121℃의 레토르트에서 통조림을 살균한다면 식품의 온도는 점점 상승하여 마침내 121℃에 접근하게 되지만, 실제로 121℃를 유지하는 시간은 얼마 되지 않는다.

살균온도인 121℃에 도달해야만 살균효과가 나타나는 것이 아니라 살균온도까지 가열되는 과정과 냉각과정 중에도 어느 온도 이상에서는 살균효과가 있다. 따라서 열처리공정에서 적절한 살균시간을 계산하기 위해서는 식품의 온도가 살균온도까지 도달하는 기간과 살균온도를 유지하는 기간 및 냉각되는 기간의 살균효과를 전부 합한 전 기간의 총 살균 효과를 고려해야 한다.

통조림 식품의 가열살균시간을 계산하기 위해서 많은 방법이 개발되어 있는데 공식법(formular method)과 일반법(general method)이 가장 널리 사용되고 있다.

3. 공식법

공식법(formula method)은 살균공정에서 요구되는 F_0 값과 제품의 열침투곡선의 정보를 이용하여 살균시간을 계산하는 방법이다. 이때 계산에 사용하는 공식은 열침투곡선식 (7-21)에 기초를 두고 있다.

살균공정에서 가열이 완료되었을 때 제품의 냉점온도는 레토르트 온도에 거의 접근한 일정한 최고치에 도달하게 되는데 이때 냉점과 레토르트의 온도차($T_R - T$)를 g라 정의하고 식 (7-21)을 가열살균시간 t_B에 관해 정리하면

$$t_B = f_h \log \frac{j_h(T_R - T_0)}{g} \qquad (7\text{–}25)$$

여기서 t_B는 가열살균시간(분),

$g = (T_R - T)$는 미달성 온도차(unaccomplished temperature difference)이다.

또 $(T_R - T_0)$를 I_h라고 하면 식 (7–25)는 다음과 같이 표시된다.

$$t_B = f_h \log \frac{j_h I_h}{g} \tag{7–26}$$

식 (7–26)을 이용하여 가열살균시간을 계산할 때 I_h, f_h, 그리고 j_h값은 살균 조건이나 열침투곡선으로부터 쉽게 구할 수 있으나 g 값은 쉽게 결정할 수 없다.

g는 f_h, 레토르트 온도에서 지표미생물의 가열치사시간 U, z 값 그리고 레토르트 온도와 냉각수와의 온도차 $(T_R - T_C)$의 함수이다.

레토르트 온도 T_R에서의 가열치사시간 U는 식 (7–14)와 (7–18)을 이용하여 다음과 같이 구한다.

$$U = F_0 F_i \tag{7–27}$$

표 7–7에는 $T_R = 121$℃일 경우의 F_i 값을 표시하였다. 따라서 지표미생물의 F_0 값으로부터 식 (7–27)을 이용하여 U 값을 쉽게 계산할 수 있다.

표 7–7 각기 다른 레토르트 온도에서의 F_i 값(z 값 = 10℃)

Temperature (°C)	F_i	Temperature (°C)	F_i	Temperature (°C)	F_i
100	128.82	117	2.57.4	134	0.0513
101	102.33	118	2.0417	135	0.0407
102	81.283	119	1.6218	136	0.0424
103	64.565	120	1.2882	137	0.0257
104	51.286	121	1.0233	138	0.0204
105	40.738	122	0.8128	139	0.0162
106	32.359	123	0.6457	140	0.0129
107	25.704	124	0.5129	141	0.0102
108	20.417	125	0.4073	142	0.0081
109	16.218	126	0.3236	143	0.0065
110	12.882	127	0.2570	144	0. 0051
111	102.33	128	0.2042	145	0.0041
112	8.1283	129	0.1622	146	0.0032
113	6.4565	130	0.1288	147	0.0025
114	5.1286	131	0. 1024	148	0.0020
115	4.0738	132	0.0813	149	0.0016
116	3.2359	133	0.0646	150	0.0013

가열종료 후 냉각을 시작할 때 제품의 최종온도와 냉각수의 온도차를 $(T - T_C) = I_C$라고 하면 레토르트와 냉각수의 온도차는 $(T_R - T_C)$이므로 $I_C + g = T_R - T_C$이다.

냉각을 시작할 때 제품의 온도는 레토르트 온도에 거의 접근한 가장 높은 온도상태로서 살균효과가 매우 크기 때문에 이때의 온도 변화의 지연(lag in temperature response)은 전공정의 총 살균값에 큰 영향을 미친다.

표 7-8에 대표적인 $z = 10$℃ 경우의 j_c 값에 따른 $f_h/U:g$의 관계를 나타내었다. 일반적으로 j_c의 값은 j_h보다 크며, j_c 값을 모를 때에는 j_h 값을 사용할 수 있으나 이때는 계산한 살균시간이 약간 길어지는 오차가 생긴다.

회분식 레토르트(batch type retort)의 경우, 레토르트 운전자는 레토르트가 열처리 온도 T_R에 도달하고 나서부터 작업시간을 읽는다. 그러나 레토르트를 작동하기 시작하여 레토르트 내부온도가 가열살균온도까지 상승하는 동안에도 지표미생물에 대한 살균이 일부 진행되기 때문에 레토르트 운전자의 작업시간 t_p는 식 (7-28)을 이용하여 구한다. t_p는 CUT 의 살균효과를 고려하여 계산한 볼(Ball)의 가열살균시간이다.

$$t_p = t_B - 0.42\text{CUT} \tag{7-28}$$

식 (7-26)을 활용하는 공식법은 열침투곡선이 반대수 그래프 위에서 단일의 직선을 나타내는 식품에만 적용할 수 있다. 공식법은 살균공정에서 요구되는 F_0 값을 알고 있을 때 가열시간을 계산하거나, 또는 일정한 살균목적을 달성하기 위한 F 값의 계산 등에 주로 이용된다.

이 방법은 f_h와 j 값을 사용하므로 크기가 다른 용기의 살균시간계산에 직접 이용할 수 있고 가열매체의 온도나 초기온도가 변하는 새로운 공정에도 직접 활용이 가능하다. 일반법에 비해 빠르고 사용이 간편하므로 살균공정의 계산에 광범위하게 사용되고 있으며, 특히 공정변수의 효과를 조사하는 데 유용하게 사용된다.

표 7–8 f_h/U, j_c, 그리고 g 값들의 관계(z 값 = 10℃)

f_h/U \ j_c	냉각곡선 j_c일때 g값(℃) 0.40	0.60	0.80	1.00	1.20	1.40	1.60	1.80	2.00
0.20	2.27-05[a]	2.45-06	2.64-05	2.83-05	2.02-05	3.20-05	3.39-05	3.57-05	3.76-05
0.30	1.12-03	1.19-03	1.56-03	1.33-03	1.41-03	1.48-03	1.55-03	1.63-03	1.70-03
0.40	7.39-03	7.94-03	8.44-03	9.00-03	9.50-03	1.00-02	1.06-02	1.11-02	1.16-02
0.50	2.28-02	2.45-02	2.63-02	2.81-02	2.99-02	3.17-02	3.34-02	3.52-02	3.69-02
0.60	4.83-02	5.24-02	5.67-02	6.06-02	6.44-02	6.83-02	7.28-02	7.67-02	8.06-02
0.70	0.083	0.091	0.098	0.105	0.112	0.119	0.127	0.134	0.142
0.80	0.126	0.137	0.148	0.159	0.171	0.182	0.194	0.205	0.217
0.90	0.174	0.190	0.206	0.222	0.238	0.254	0.271	0.287	0.303
1.00	0.227	0.248	0.269	0.290	0.312	0.333	0.354	0.376	0.397
2.00	0.850	0.922	1.00	1.07	1.15	1.23	1.30	1.38	1.45
3.00	1.46	1.58	1.69	1.81	1.93	2.01	2.16	2.28	2.39
4.00	2.01	2.15	2.30	2.45	2.60	2.74	2.89	3.04	3.19
5.00	2.47	2.64	2.82	3.00	3.17	3.35	3.53	3.71	3.83
6.00	2.86	3.07	3.27	3.47	3.67	3.88	4.08	4.28	4.48
7.00	3.21	3.43	3.66	3.89	4.12	4.34	4.57	4.80	5.03
8.00	3.49	3.75	4.00	4.26	4.51	4.76	5.01	5.26	5.52
9.00	3.76	4.03	4.31	4.58	4.86	5.13	5.41	5.68	5.96
10.00	3.98	4.28	4.58	4.88	5.18	5.48	5.77	6.07	6.37
15.00	4.85	5.24	5.64	5.66	6.44	6.81	7.23	7.63	8.03
20.00	5.46	5.38	6.42	6.89	7.37	7.84	8.32	8.79	8.99
25.00	5.94	6.5	7.06	7.56	8.11	8.67	9.17	9.72	10.2
30.00	6.39	6.94	7.56	8.11	8.72	8.94	9.89	10.5	11.1
35.00	6.72	7.39	8.00	8.61	9.28	9.89	10.5	11.1	11.8
40.00	4.11	7.72	8.39	9.06	9.72	10.4	11.1	11.7	12.4
45.00	7.39	8.11	8.78	9.44	10.2	10.8	11.6	12.2	12.9
50.00	7.67	8.39	6.11	9.83	10.6	11.3	12.0	12.7	13.4
60.00	8.22	8.94	9.72	10.5	11.2	12.0	12.7	13.5	14.3
70.00	8.67	9.44	10.2	11.1	11.8	12.6	13.4	14.2	15.0
80.00	9.06	9.89	10.7	11.6	12.3	13.2	14.0	14.8	15.6
90.00	9.44	10.3	11.2	12.0	12.8	13.7	14.5	15.3	16.2
100.00	9.78	10.7	11.6	12.4	13.3	14.1	15.0	15.8	16.7
150.00	11.2	12.1	13.1	14.0	14.9	15.0	16.0	17.7	18.7
200.00	12.1	13.1	14.1	15.1	16.1	17.1	18.1	19.1	20.1
250.00	12.7	13.8	14.8	15.9	16.9	18.0	19.1	20.1	21.2
300.00	13.2	14.3	15.4	16.6	17.7	18.7	19.8	20.9	22.1
350.00	13.6	14.8	15.9	17.1	18.2	19.4	20.6	21.7	22.8
400.00	13.9	15.1	16.3	17.5	18.7	19.9	21.1	22.4	23.5
450.00	14.2	15.4	16.7	17.9	19.2	20.4	21.6	22.9	24.1
500.00	14.4	15.7	17.0	18.3	19.6	20.8	22.1	23.4	24.7
600.00	14.9	16.2	17.6	18.9	20.2	21.6	22.9	24.2	25.6
700.00	15.3	16.7	18.1	19.4	20.8	22.2	23.6	24.9	26.3
800.00	15.6	17.1	18.5	19.9	21.3	22.7	24.2	25.6	27.0
900.00	15.9	17.4	18.9	20.3	21.8	23.2	24.7	26.1	27.6
999.99	16.3	17.7	19.2	20.7	22.2	23.7	25.2	26.6	28.1

$a: 2.27\times10^{-5}$

[예제 7-11] *Clostridium sporogenes* PA 3679 접종 통조림의 살균시간

초기온도 37.8℃의 통조림 식품을 레토르트에 넣고 115.6℃의 포화증기로 가열살균시켜 *C. sporogenes* PA3679($D_{121.1}=1.40$분, $z=10$℃)의 생존농도를 초기농도의 $1/10^6$만큼 감소시키려고 한다.

위와 같은 조건에서 이 통조림 식품의 기하학적인 중심에서의 열침투곡선을 측정한 결과 $f_h=f_c=25$분, $j_h=2.00$, $j_c=1.40$ 이었고 스팀을 주입한 후 레토르트가 115.6℃에 도달한 시간, 즉 CUT가 12분이었다면 살균에 필요한 이론적인 시간(t_B)과 레토르트 운전자의 작업시간(t_p)을 구하라.

[풀이]

식 (7-12)에 의하여

$$F_0=1.4\times6=8.40\text{ min}$$

식 (7-14)에 의하여

$$F_{115.6}=U=8.40\times10^{(121.1-115.6)/10}=29.80\text{ min}$$

그러므로

$$f_h/U=25/29.80=0.84$$

표 7-8에서 $j_c=1.40$, $f_h/U=0.84$에 해당하는 g 값은 보간법으로 구한다.

표 7-8에서 $f_h/U=0.8$일 때 $g=0.182$, $f_h/U=0.9$일 때 $g=0.254$이므로 $f_h/U=0.84$일 때 g는

$$g=0.182+\frac{0.254-0.182}{0.9-0.8}(0.84-0.8)=0.211$$

$$I_h=115.6-37.8=77.8\text{℃}$$

$$j_h\cdot I_h=2.00\times77.8=155.6\text{℃}$$

식 (7-25)에 의하여

$$t_B = 25\log\frac{155.6}{0.211} = 71.69 \text{ min}$$

t_p는 식 (7-28)로부터

$$t_p = 71.69 - (0.42)(12) = 66.61 \text{ min}$$

[예제 7-12] 열침투곡선 데이터로부터 살균시간 추산

어떤 식품에 대한 가공조건이 다음과 같았다.

$$T_0 = 60℃,\ T_R = 115.6℃,\ z = 10℃,\ F_0 = 7.0\text{분}$$

이 조건에서 구한 열침투곡선으로부터 $f_h = f_c = 25$분, $j_h = 2.00$, $j_c = 1.40$임을 알았다. 이 공정에 대한 이론적인 살균시간(t_B)을 계산하시오.

[풀이]

U값을 계산하기 위하여 식 (7-18)을 이용하여 F_{i}를 구한다.

$$F_{\text{i}} = 10^{(121.1 - T_{\text{R}})/z} = 10^{(121.1-115.6)/10} = 3.548$$

그러므로 식 (7-27)에 의하여

$$U = (7)(3.548) = 24.8 \text{ min},$$

$$f_h/U = 25/24.8 = 1$$

표 7-8에서 $f_h/U = 1.0$과 $j_c = 1.40$로부터 $g = 0.333$

식 (7-25)을 이용하여

$$t_B = 25\log\frac{(2)(55.6)}{0.333} = 63.1 \text{ min}$$

즉, 가열살균시간 $t_B = 63.1$분이다.

[예제 7-13] 열침투곡선 데이타로부터 F_0 값의 추정

초기온도 60 ℃의 통조림 식품을 115.6 ℃의 포화증기로 레토르트 내에서 가열살균시켜 *C. botulinum* 포자(z 값 = 10 ℃)를 일정수준 생존농도까지 감소시키는 공정에서 이 통조림 식품의 기하학적 중심에서의 열침투곡선으로부터 62.9 분, $f_h = f_c = 25$분, $j_h = 2.00$, $j_c = 1.40$를 얻게 되었다면 *C. botulinum* 포자의 F_0 값은 얼마인가?

[풀이]

$$I_h = 115.6 - 60 = 55.6\,℃,\ j_h I_h = (2.00)(55.6) = 111.2\,℃$$

따라서 식 (7-26)을 변형시키면

$$\begin{aligned} g &= j_h I_h 10^{-t_B/f_h} \\ &= (111.2)(10^{-62.9/25}) = 0.339\,℃ \end{aligned}$$

표 7-8에서 $j_c = 1.40$, $g = 0.339$ ℃에 해당되는 f_h/U값을 보간법으로 구하면 $f_h/U = 1.00$, 그러므로

$$U = F_{115.6} = \frac{25}{1.00} = 25 \text{ min}$$

따라서 식 (7-15)에 의하여

$$F_0 = (25)(10^{115.6-121/10}) = 7.05 \text{ min}$$

4. 일반법

일반법(general method)은 가열에 의한 지표미생물의 치사효과(lethal effect)를 가열경과시간에 대해 적분함으로써 전 공정의 살균효과를 결정하는 원리를 적용하는 방법이다.

어떤 온도에서 1 분 동안에 달성한 살균율을 F_T를 사용하여 표현하면 $1/F_T$이며, 이 온도에서 t 분 동안 가열하였다면 t/F_T만큼의 살균이 달성되었다고 할 수 있는데 이를 부분살균율(partial sterility)이라고 한다. 실제 살균공정에서

는 식품의 온도가 연속적으로 변하는데 이때 각 온도에서 부분 살균율 값을 각각 계산하여 전부 합하면 전공정에 대한 살균율을 계산할 수 있다.

예를 들어 115℃와 118℃에서의 TDT 가 각각 20분 및 10분인 어떤 미생물을 살균하기 위하여 처음에 순간적으로 115℃까지 가열하여 8분 동안 유지하고 다음에 다시 순간적으로 118℃로 가열하여 6분 동안 유지한 다음 순간적으로 냉각하였다고 가정하자. 그러면 115℃에서 8분간을 가열하는 동안의 부분 살균율은 8/20＝0.4, 즉 40%가 살균되고, 다음 118℃에서 6분간 살균하는 동안의 부분 살균율은 6/10＝0.6, 즉 60% 살균이 이루어지므로 이를 합하면 총 살균율은 1.0, 즉 100%로 지표미생물은 완전히 살균되었음을 의미한다.

일반법을 적용하여 살균공정을 평가하기 위해서는 먼저 살균지표미생물의 TDT 를 각 온도에서 측정하여 그림 7-6과 같은 TDT 곡선을 구한다. 그 후에 살균과정 중에 제품의 온도변화를 측정하여 그림 7-5에서와 같이 열침투곡선을 그리고 가열곡선으로부터 열처리하는 동안에 도달하는 각 온도를 읽는다. 각 온도에서의 TDT 값으로부터 부분살균율을 계산하여 이를 살균시간에 대해 도시한다.

이 살균율곡선(sterility curve)이 나타내는 면적은 $\int_0^{t_f} \frac{1}{F_T} dt$로 표시할 수 있으며, 이 면적이 1이 되었을 때 살균공정의 총살균 효과는 지표미생물의 TDT와 같아지므로 살균이 완료된 것으로 생각할 수 있다. 즉 충분한 살균이 이루어지려면 적어도 다음의 조건이 만족되어야 한다.

$$\int_0^{t_f} \frac{1}{F_T} dt \geq 1 \tag{7-29}$$

이와 같은 원리에 의해 계산되는 일반법은 1920년에 비글로(Bigelow)와 그의 공동연구자들에 의해 처음 제안된 것으로 고전적 일반법(classical general method)이라고도 한다.

후에 이 방법은 볼(Ball)에 의하여 제안된 치사율(lethal rate)의 개념을 도입하여, 각 온도에서의 살균효과를 살균기준온도(reference temperature)에서의 상당시간(equivalent time)으로 표시하는 개량법(improved general method)이 현재 일반적으로 이용되고 있다.

어느 살균공정에서 지표미생물에 대한 치사효과를 동일한 치사효과를 갖는 일정한 기준온도에서 상당공정시간(equivalent process time)으로 표시하면 매우 편리하다. 식 (7–29)에 식 (7–14)를 대입하면

$$\int_0^{t_f} \frac{1}{F_T} dt = \int_0^{t_f} \frac{1}{F_0 10^{(121-T)/z}} dt = \frac{1}{F_0} \int_0^{t_f} 10^{(T-121)/z} dt$$

$$= \frac{1}{F_0} \int_0^{t_f} L\, dt \geq 1 \tag{7–30}$$

또는

$$\int_0^{t_f} L\, dt \geq F_0 \tag{7–31}$$

여기서 L은 식 (7–32)에서 정의한 치사율이다.

$$L = 10^{(T-121.1)/z} \tag{7–32}$$

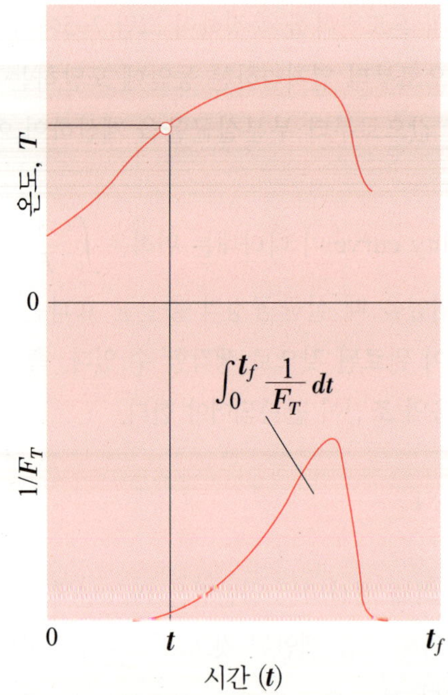

그림 7–11 열침투곡선으로 나타낸 살균율곡선

L 값은 식 (7–32)에서 표시된 것과 같이 온도와 z 값의 함수로 표시되므로 이들 값을 알면 쉽게 계산할 수 있다. L 값은 무차원이나 실제로는 (min at 121℃)/(min at T)의 단위를 갖는다. 표 7–9에는 z 값이 10℃이고 기준온도가 121℃인 경우의 각 온도에서의 치사율값을 나타내었다.

식 (7–31) 왼쪽 항의 온도 T에서 치사율과 가열시간의 곱은 기준온도에서의 상당시간을 의미한다. 즉

$$L\left[\frac{\text{min at }121^\circ\text{C}}{\text{min at }T}\right]\times t(\text{min at }T)=\text{min at }121^\circ\text{C}$$

로 표시할 수 있다.

따라서 적분항 $\int_0^{t_f} L\,dt$는 주어진 살균공정에서의 총 살균효과와 동일한 살균효과를 갖는 기준온도 121℃에서의 상당시간(equivalent time)을 의미하며, 이를 살균공정의 F_0 값이라고 한다.

$$F_0(\text{process})=\int_0^{t_f} L\,dt \tag{7–33}$$

표 7–9 z 값이 10℃인 경우의 치사율(L) 값

(min at 121℃/min at T℃)					
T(℃)	L	T(℃)	L	T(℃)	L
91	0.0010	111	0.0977	131	9.7724
92	0.0012	112	0.1230	132	12.303
93	0.0015	113	0.1549	133	15.488
94	0.0019	114	0.1950	134	19.498
95	0.0025	115	0.2455	135	24.547
96	0.0031	116	0.3090	136	30.903
97	0.0039	117	0.3890	137	38.905
98	0.0049	118	0.4898	138	48.978
99	0.0062	119	0.6166	139	61.660
100	0.0078	120	0.7762	140	77.625
101	0.0098	121	0.9772	141	97.724
102	0.0123	122	1.2303	142	123.03
103	0.0155	123	1.5488	143	154.88
104	0.0195	124	1.9498	144	194.98
105	0.0245	125	2.4547	145	245.47
106	0.0309	126	3.0903	146	309.03
107	0.0389	127	3.8905	147	389.05
108	0.0490	128	4.8979	148	489.78
109	0.0617	129	6.1660	149	616.60
110	0.0776	130	7.7625	150	77.625

예를 들어 기준온도가 121℃인 어떤 살균공정의 F_0 값이 3분이었다면 그 살균공정에서의 모든 가열시간-온도 조합의 총 살균효과는 제품을 순간적으로 121℃까지 올려서 3분 동안 가열한 후 순간적으로 냉각시키는 열처리공정과 같은 살균효과를 갖는다는 의미이다.

F_0는 각기 다른 열처리공정의 살균능력을 비교하는 기준으로서 매우 중요하게 이용된다. 식품산업분야에서는 살균공정의 기준치를 표시하기 위하여 전통적으로 F_0 값을 사용하여 왔다. 이는 *C. botulinum*의 z 값, 10℃와 살균기준온도, 121(121.1)℃를 기준으로 정한다.

한편 식 (7-31)의 오른쪽 F_0는 지표미생물의 F_0 값이다. 따라서 식 (7-31)은 다음과 같이 나타낼 수 있다.

$$F_0(\text{process}) \geq F_0(\text{microorganism}) \tag{7-34}$$

안전하게 식품을 살균하기 위해서는 식 (7-34)에 나타낸 바와 같이 전체 살균공정의 F_0 값이 지표미생물의 F_0 값과 적어도 같거나 커야 한다.

어느 살균공정의 살균효과를 평가하려면 우선 열전달곡선 위의 각 온도에서의 치사율 L을 구하고 살균시간에 대해 도시하면 그림 7-12와 같은 치사율곡선(lethality curve)을 얻을 수 있다. 치사율곡선을 살펴보면 가열공정의 각 단계에서의 상대적인 살균값을 쉽게 알 수 있는데, 레토르트 작동 후 처음 몇 분 동안은 살균효과가 미미하나 가열이 끝나는 마지막 몇 분간은 살균효과가 매우 큼을 알 수 있다.

치사율곡선 아래의 면적은 $\int_0^{t_f} L\,dt$로서 살균공정의 F_0 값을 나타내므로 이 값을 지표미생물의 F_0 값과 비교하여 살균의 적합성 여부를 판정한다.

즉, 치사율곡선 아래의 면적이 지표미생물의 F_0 값과 같게 될 때를, 원하는 살균이 달성된 가열시간으로 생각한다. 치사율곡선의 면적은 면적계를 사용하거나 도해적분법(graphical integration) 또는 수치적분법(numerical integration)을 사용한다.

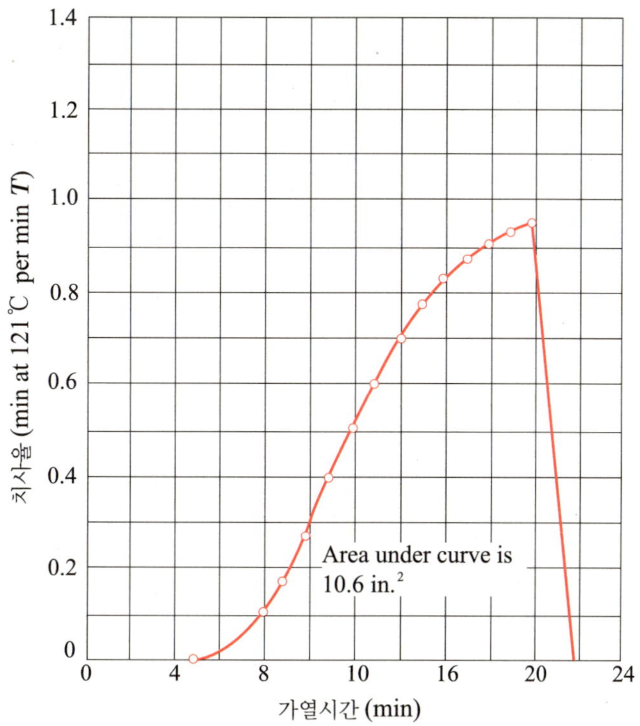

그림 7–12 치사율곡선

(1) 도해적분법

임의의 일정한 온도 T에서 가열살균할 때 살균공정의 F_0는 식 (7–33)에 의하여 다음과 같이 구한다.

$$F_0 = t \times 10^{(T-121)/z} = tL \ (℃)$$

$$F_0 = t \times 10^{(T-250)/z} = tL \ (°F) \quad (7–35)$$

레토르트 살균에서와 같이 가열하는 과정 중에 온도가 연속적으로 변하는 경우에는 가열시간을 미소구간 Δt_1, Δt_2 …로 나누고 각 미소구간에서의 평균 온도 T_1과 T_2에 상당하는 F_0를 계산하여 합하면 얻게 된 살균공정의 총 F_0를 알 수 있다.

$$\begin{aligned} F_0 &= \Delta t_1 10^{(T_1-121)/z} + \Delta t_2 10^{(T_2-121)/z} + \cdots \\ &= \Delta t_1 L_1 + \Delta t_2 L_2 + \cdots \end{aligned} \quad (7–36)$$

[예제 7-14] 일반법에 의한 살균공정의 F_0값 계산

어떤 통조림 식품의 살균공정에 대한 가열 데이터를 다음과 같이 얻게 되었다. 이때 지표미생물의 z 값은 10℃이고, 가열온도는 121℃, 공정시간은 25분, CUT는 16분이었고 41분부터 냉각이 시작되었다. 다음 자료를 이용하여 이 공정의 F_0 값을 일반법에 의해 구하시오

시간(분)	온도(℃)	L 값	시간(분)	온도(℃)	L 값
0	7.2	0.000	26	116.7	0.359
2	8.9	0.000	28	118.3	0.527
4	12.2	0.000	30	119.2	0.639
6	17.8	0.000	32	120.0	0.774
8	26.1	0.000	34	120.3	0.825
10	36.1	0.000	36	120.6	0.880
12	48.3	0.000	38	120.8	0.938
14	62.8	0.000	40	121.0	1.000
16	78.9	0.000	42	121.0	1.000
18	95.0	0.002	44	114.4	0.215
20	104.7	0.023	46	100.0	0.008
22	111.1	0.100	48	82.2	0.000
24	114.7	0.230	50	68.3	0.000

$\Sigma L = 7.52$

[풀이]

각 온도에서 계산한 치사율값을 편의상 앞의 표에 표시하였다. 이를 이용하여 치사율곡선을 표시하면 그림 7-13과 같다.

이 그래프에서 치사율곡선이 나타내는 면적은 14.98 cm^2이고, 단위면적(1 cm^2)의 단위살균율은 1 분이므로 전체 살균가는

$$F_0 = 14.98\ cm^2 \times 1.0\ min/cm^2 = 14.98\ min$$

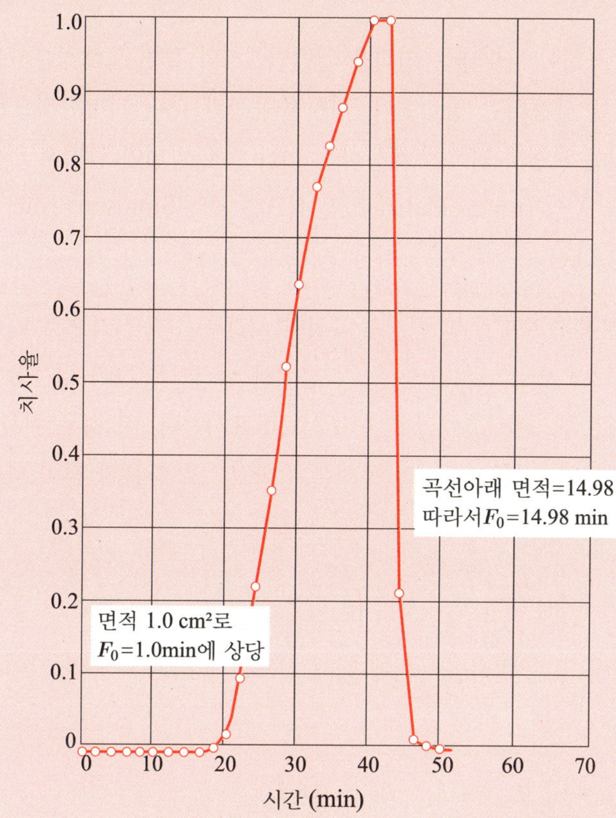

그림 7-13 [예제 7-14]의 치사율곡선

따라서 이 공정의 살균가는 14.98분이다. 이 경우에 시간이 등간격으로 나뉘어져 있으므로 식 (7-36)의 파타쉬니크(Patashnik) 방법에 따라 F_0 값을 구할 수 있다.

즉, 살균율의 합계 = 7.52, 시간간격 = 2분이므로

$$F_0 = \sum L \times \Delta t = 7.52 \times 2.0 = 15.04 \text{ min}$$

이 방법에 의해 구한 살균가는 15.04분으로 도해적분법으로 구한 값과 잘 일치한다.

(2) 수치적분법

이는 치사율곡선이 나타내는 면적을 일반법에서와 같이 도해적분하는 대신에 수치적분법을 사용하는 방법이다. 치사율곡선과 같이 기하학적으로 불규칙한 형태를 갖는 도형의 면적을 계산하는 여러 가지 방법이 알려져 있는데 이들 중 사다리꼴 공식(Trapezoidal rule)과 심프슨 공식(Simpson's rule)이 가장 널리 이용되고 있다.

이 방법을 사용하려면 우선 치사율곡선의 시간축을 등간격으로 나누고 이들을 t_0, t_1, $t_2 \cdots t_n$으로 표시한 다음 각 점에서 수직선을 그어 치사율 곡선과 만나는 치사율값을 각각 L_0, L_1, $L_2 \cdots L_n$으로 표시한다. 이 경우 치사율곡선의 면적을 계산하기 위한 사다리꼴 공식은 수학적으로 다음과 같이 나타낼 수 있다.

$$Area = \Delta t\left\{\frac{L_0 + L_n}{2} + L_1 + L_2 + \cdots + L_{n-1}\right\} \tag{7-37}$$

기수의 L 값을 갖는 치사율곡선에 대해 심프슨 공식은 다음과 같이 표시된다.

$$\begin{aligned} Area = &\frac{\Delta t}{3}\{L_0 + 4(L_1 + L_3 + \cdots + L_{n-1}) \\ &+ 2(L_2 + L_4 + \cdots + L_{n-2}) + L_n\} \end{aligned} \tag{7-38}$$

일반적으로 심프슨 공식이 사다리꼴 공식에 비해 보다 정확한 값을 구할 수 있는 것으로 알려져 있다.

파타쉬니크(Patashnik)는 시작점과 끝점의 치사율값의 영(0)이라는 치사율곡선이 갖는 특성을 이용하여 사다리꼴 공식을 다음과 같이 단순화하였다.

$$Area = \Delta t(L_1 + L_2 + \cdots + L_{n-1}) = \Delta t \sum L \tag{7-39}$$

수치적분법에서는 치사율값(L)을 살균가 계산에 직접 사용하므로 치사율곡선을 직접 작도할 필요가 없어 간편할 뿐만 아니라 도해적분법에 비해 정확한 값을 얻을 수 있다.

[예제 7-15] 수치적분법에 의한 살균공정의 F_0의 계산

다음의 데이터는 121 ℃의 가열온도(retort temperature)에서 통조림 식품 냉점의 온도변화값이다.

(1) 이 공정의 F_0 값을 심프슨 공식을 사용하여 계산하라.

(2) 살균치가 $F_0=9$분이 되도록 하기 위한 살균시간을 결정하라.

시간(분)	온도(℃)	L 값	시간(분)	온도(℃)	L 값
0	60.0	7.76×10^{-7}	55	114.4	2.14×10^{-1}
5	60.0	7.76×10^{-7}	60	116.1	3.16×10^{-1}
10	60.0	7.76×10^{-7}	65	117.8	4.68×10^{-1}
15	60.0	7.76×10^{-7}	70	118.3	5.25×10^{-1}
20	72.8	1.48×10^{-5}	75	119.1	6.31×10^{-1}
25	85.0	2.45×10^{-4}	80(냉각)	119.6	7.08×10^{-1}
30	93.9	1.91×10^{-3}	85	119.4	6.76×10^{-1}
35	100.6	8.91×10^{-3}	90	118.4	5.37×10^{-1}
40	106.7	3.63×10^{-2}	95	106.4	3.39×10^{-2}
45	109.7	7.24×10^{-2}	100	79.4	6.76×10^{-5}
50	112.9	1.51×10^{-1}	105	67.2	4.07×10^{-6}

[풀이]

(1) $t=0$에서 $t=80$까지 $\Delta t=5$분으로 하여 등간격으로 나누면 16개의 증분을 얻을 수 있다. 각 온도에서의 L 값은 식 (7-17)을 이용하여 계산할 수 있는데, 예를 들어 L_0는

$$L_0=10^{(60-121)/10}=7.76\times10^{-7}$$

과 같은 방법으로 각 온도 구간에서 L 값을 계산한다.

가열곡선의 면적(A_1)은

$$A_1=\frac{5}{3}\{L_0+4(L_1+L_3+L_5+L_7+L_9+L_{11}+L_{13}+L_{15})$$
$$+2(L_2+L_4+L_6+L_8+L_{10}+L_{12}+L_{14})+L_{16}\}$$

$$=\frac{5}{3}(0+5.4498+2.037079)=13.66$$

냉각곡선의 면적(A_2)도 같은 방법으로 계산하면

$$A_2=\frac{5}{3}\{L_0+4(L_1+L_3+L_5)+2(L_2+L_4)+L_6\}$$

$$=\frac{5}{3}(0.7080+2.608+1.0837+0)=7.33$$

$$\text{전면적}=A_1+A_2=13.66+7.33=20.99$$

즉, 이 공정의 F_0 값은 20.99분이다. 이 공정에서 냉각과정이 전체치사율의 1/3정도 기여를 한다.

(2) 위에서 계산된 전체치사율값은 F_0를 9분으로 하는 살균공정에는 지나치게 높다. 따라서 전체치사율값이 9분이 되도록 가열시간을 줄여야 하며 이 값이 바로 원하는 살균시간이 된다. 가열시간을 줄이면 냉각하기 전의 온도도 원래보다 낮아지게 될 것이다. 이 값은 시행착오법에 의해 구할 수 있는데 우선 가열시간 60분에서 가열을 멈추고 냉각을 시작한다고 생각해 보자.

이 경우 가열부분은 12개의 등간격으로 나누어진다. 가열 60분 후의 온도는 116.1℃이며, 냉각곡선은 116.1℃에서부터 시작될 것이다. 이 때 냉각곡선은 원 공정의 냉각곡선을 평행으로 이동한 것으로 가정한다.

이와 같이 하여 새롭게 얻어진 가열부 냉각곡선에 대해 심프슨 공식을 적용하면

가열곡선의 면적 A_1

$$A_1=\frac{5}{3}\{L_0+4(L_1+L_3+\cdots+L_{11})+2(L_2+L_4+\cdots+L_{10})+L_{12}\}$$

$$=\frac{5}{3}(0+1.174790+0.351020+0.31623)=3.07$$

냉각곡선의 면적 A_2,

$$A_2=\frac{5}{3}\{L_0+4(L_1+L_3+L_5)+2(L_2+L_4)+L_6\}$$

$$=\frac{5}{3}(0.31623+1.11488+0.434089+0)=3.27$$

따라서 전면적 $= A_1 + A_2 = 3.07 + 3.27 = 6.3$

즉, F_0 값이 6.3분이 된다. 이 값은 기준치인 9분보다 다소 적음을 알 수 있다. 따라서 60분 이상의 가열이 필요하며, 가열시간을 70분으로 하면 F_0값이 약 9분이 된다.

Section 3 가열살균 조건 및 장치

1. 살균조건 선택

식품의 가열살균의 주목적은 가열에 의해 유해 미생물을 사멸시켜 식품의 안전성을 유지하고, 식품 내에 존재하는 효소와 식품 중의 미생물이 생성한 효소를 불활성화함으로써 제품의 저장수명(shelf-life)을 연장시키는 데 있다. 그러나 식품을 가열할 때 미생물의 사멸이나 효소의 불활성화와 같은 바람직한 반응만 일어나는 것이 아니라 식품 자체도 가열에 의해 영향을 받아 비타민과 같은 영양성분의 파괴, 갈변이나 변색 및 퇴색, 조직의 연화, 이취생성 및 풍미의 감소 등의 품질변화를 가져온다.

따라서 식품의 가열살균공정은 궁극적으로 미생물 또는 효소적 측면에서 살균공정의 목적을 달성하면서 식품 내의 바람직하지 못한 변화를 최소한으로 제한하여 최상의 품질을 유지하도록 해야 한다.

살균공정을 선택할 때에는 기본적으로 다음의 두 가지 사항을 고려해야 한다. 첫째는 열처리공정에서 요구되는 가열량, 즉 F_0 값을 결정하는 것이다. 두 번째는 주어진 F_0 값을 달성하기 위하여 어떤 가열방법을 사용할 것인가를 결정하는 것이다.

대부분의 식품은 약산성 내지 중성인데, pH 4.5 이상의 식품에서는 오랫동안 *C. botulinum*의 초기 균수를 121℃에서 10^{-12}만큼 감소시키는 데 필요한 시간, 즉 $F_0 = 2.88$분을 기준으로 사용하여 왔다.

그러나 *C. botulinum*은 대부분의 원료에서 거의 발견되지 않으며, 식품 전체의 내용물은 냉점보다 더욱 강한 열처리를 받는다는 점을 고려한다면 12D의 감소지수란 매우 높은 것처럼 보인다. 그러나 다른 한편으로는 12D에 의해 *C. botulinum*에 의한 위험으로부터 실제적으로 피할 필요가 있으며, 이 세균보다 내열성이 더 강한 미생물에 의한 변패도 방지할 수 있도록 안전성에 여유를 둘 수 있기 때문에 12D 공정의 타당성도 생각할 수 있다.

표 7-10 식품의 살균에 상업적으로 이용되고 있는 F_0 값들

Product	Can size	F_0
Baby foods		3~5
Beans in tomato sauce		4~6
Asparagus	All	2~4
Green beans, brine packed	No. 2	3.5
Green beans, brine packed	No. 10	6
Chicken, boned	All	6~8
Corn, whole kernel, brine packed	No. 2	9
Corn, whole kernel, brine packed	No. 10	15
Cream style corn	No. 2	5~6
Cream style corn	No. 10	2.3
Dog food	No. 2	12
Dog food	No. 10	6
Mackerel in brine	301×411	2.9~3.6
Meat loaf	No. 2	6
Peas, brine packed	No. 2	7
Peas, brine packed	No. 10	11
Sausage, Vienna, in brine	Various	5
Chili con carne	Various	6

또한, 영양성분의 파괴에 따른 품질손상을 고려한다면 열처리는 가능한 한 온화한 조건에서 하여야 한다. 이와 같은 점들을 고려하여 정확한 F_0 값을 선정한다는 것은 그리 쉬운 일이 아니다.

각종 식품에 존재하는 미생물의 종류, 수, 식품의 환경이 미생물의 내열성에 미치는 영향 등에 대해서는 거의 알려져 있지 않기 때문에 F_0 값을 결정하는 데는 실제적인 경험과 실험결과가 결정적인 역할을 하고 있다.

표 7-10에는 상업적으로 적용하고 있는 F_0 값의 예를 나타내었다. 일단 적정한 F_0 값이 결정된 다음에는 영양성분의 손실과 품질의 저하를 최소화하기 위하여 어떤 가열공정을 선택할 것인가가 매우 중요하다. 목표로 하는 수준까지 미생물을 살균할 수 있는 수없이 많은 온도-시간의 조합 중에서 식품의 품질을 최대한으로 유지할 수 있는 살균온도-시간 조건을 선택하는 것이 살균공정 최적화의 관건이 된다.

일반적으로 식품 속에 함유된 효소, 영양성분 및 조직, 색, 향기 등과 같은 품질지표 인자들의 열에 의해 파괴되는 속도는 미생물과 같이 1차 반응을 따르므로 이들에 대한 내열성은 미생물의 경우와 마찬가지로 D 값으로 나타내고, 이들의 반응속도에 대한 온도의존성은 z 값이나 E_a 또는 Q_{10} 값으로 표시할 수 있다(표 7-11).

일반적으로 반응속도는 온도가 상승할수록 증가한다. 식품 중의 영양성분의 파괴와 같은 화학반응은 표 7-11에서 보는 것과 같이 온도가 10℃ 상승함에 따라 그 반응속도가 약 2~3배씩 증가하는 데 비해 미생물포자의 사멸속도는 약 7~30배씩 증가한다. 그림 7-14는 이들 반응속도에 대한 온도의 영향을 잘 나타내고 있다.

표 7-11 여러 가지 식품성분의 내열성 및 온도의존성

Component	z (℃)	Q_{10}	E_a (kcal/mol)	D_{121} (min)
Vitamin	25~55	1.5~2.5	15~30	100~1000
Pigment, tissue, flavor	25~80	1.3~2.5	10~30	5~500
Enzyme	6~50	1.6~46	12~100	1~10
Vegetative cell	4.4~6.7	31~187	100~120	0.002~0.02
Spore	6.7~12.2	6.6~31	53~83	0.1~14

이와 같이 두 반응의 온도의존성이 서로 다르다는 사실은 살균공정의 최적조건을 결정하는 데 매우 유용한 이론적 근거를 제공한다.

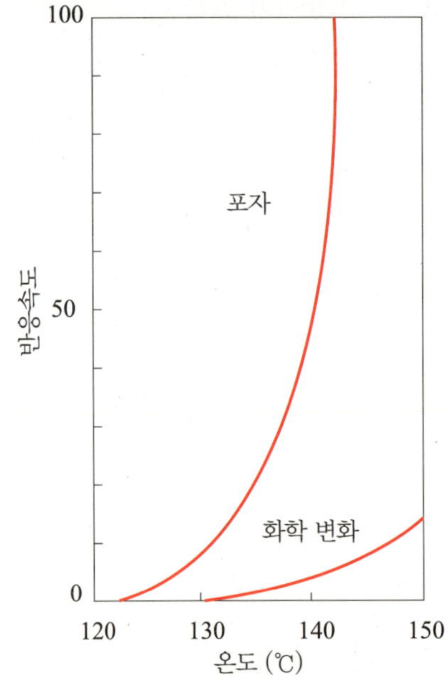

그림 7-14 미생물포자의 사멸과 식품성분의 변화에 대한 온도의 영향

예를 들어 그림 7-15는 가열식품 중의 티아민(thiamine)의 가열손실에 대한 온도의존성과 살균지표 미생물의 사멸속도의 온도의존성을 서로 비교한 것이다. TDT 곡선상의 각 점은 모두 F_0=6.0 분의 살균이 달성되는 시간-온도 조건을 표시하며, 점선으로 표시된 선들은 각각의 티아민이 일정한 비율만큼 열에 의해 손실되는 온도-시간의 조건을 표시하고 있다.

이 그래프로부터 티아민의 가열에 의한 손실을 줄이기 위해서는 저온장시간(low temperature long time, LTLT) 살균법보다 고온단시간(high temperature short time, HTST) 살균법이 유리함을 알 수 있다. 그래프에 표시된 바와 같이 115.6℃(240℉)에서 살균목적을 이루려면 22분의 가열시간이 필요한데 이때 티아민은 50%가 파괴된다. 반면에 살균온도를 136.7℃(278℉)로 올리면 가열시간 0.18분 만에 살균목적을 달성할 수 있으며, 이때 티아민의 파괴는 1%에 지나지 않는다.

이러한 결과로부터 표 7-11에 나타낸 식품성분의 z 값과 지표미생물의 z 값을 대비해 보면 상업적 살균을 이루면서 식품의 품질을 최대한 유지하기 위해서는 고온단시간(HTST) 살균법이나 초고온(ultra high temperature, UHT) 살균법이 저온장시간(LTLT) 살균법에 비해 우수함을 알 수 있다.

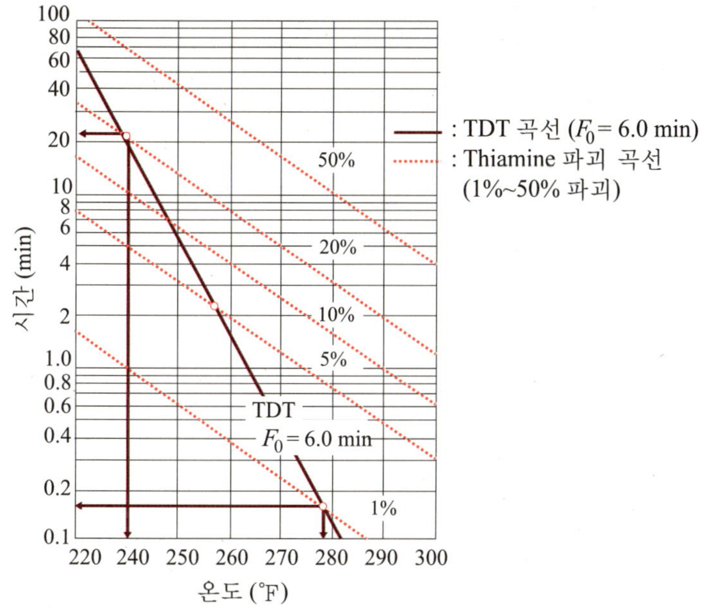

그림 7–15 세균포자의 열사멸과 티아민의 열파괴의 온도의존성

[예제 7–16] 우유의 UHT 살균

전통적으로 식품산업분야에서는 이들 반응의 온도의존성을 표시하기 위해 z 값을 사용해 왔다. 그러나 z 값은 제한된 온도범위에서만 사용해야 하며 광범위한 온도 범위에 대해 외삽(extrapolation)하여 적용하면 그 정확성에 문제가 생기게 된다. 따라서 UHT 공정과 같이 종래의 살균 기준온도(121℃)로부터 많이 벗어난 경우는 각 반응의 온도의존성을 표시하기 위하여 z 값보다는 아레니우스(Arrhenius)의 활성화에너지 E_a를 사용할 것을 권하고 있다.

예를 들어 우유의 UHT 살균 시 *B. stearothermophilus* 포자의 사멸에 대한 E_a가 340 kJ/mol이고 α-lactalbumin의 열변성에 대한 E_a가 69 kJ/mol인 경우, 다음을 계산하라.

(1) 100℃에서 포자의 사멸속도 상수와 단백질의 열변성 속도 상수비가 1이었다면 150℃에서 이들 속도상수의 비율 값은 얼마인가?

(2) 142℃에서 위 미생물 포자의 사멸속도 상수가 $1.5\,s^{-1}$이었다. 이 미생물의 농도를 $5D$만큼 감소시키려면 150℃에서 얼마 동안 가열해야 하겠는가?

(3) (2)와 같은 정도의 살균효과를 얻기 위해서는 142℃에서는 얼마나 가열해야 하나?

(4) α-lactalbumin의 열변성에 대한 142℃에서의 1차 속도상수는 $0.2\ s^{-1}$이다.

위 미생물의 농도가 $5D$만큼 감소되도록 142℃와 150℃에서 열처리를 하였을 경우, 살균 후 우유속에 남아 있는 native α-lactalbumin의 분율(fraction)을 구하라.

[풀이]

(1) *B. stearothermophilus* (S) 와 α-lactalbumin (P)의 활성화 에너지값 $E_{a,s}=340$ kJ/mol, $E_{a,p}=69$ kJ/mol과 100℃ 및 150℃에 대하여 아레니우스(Arrhenius)식을 적용한다.

*B. stearothermophilus*의 사멸에 대하여

$$\ln\frac{k_{2,S}}{k_{1,S}}=\frac{E_{a,S}}{R}\left(\frac{T_2-T_1}{T_1T_2}\right)=\frac{340000}{8.314}\left(\frac{50}{373\times423}\right)=12.96$$

$$k_{2,S}=424872.1\,k_{1,S}$$

α-lactalbumin의 열변성에 대하여

$$\ln\frac{k_{2,p}}{k_{1,p}}=\frac{E_{a,p}}{R}\left(\frac{T_2-T_1}{T_1T_2}\right)=\frac{69000}{8.314}\left(\frac{50}{373\times423}\right)=2.63$$

$$k_{2,P}=13.87\,k_{1,P}$$

100℃에서 *B. stearothermophilus*의 사멸과 α-lactalbumin의 열변성의 속도상수가 동일함으로 $k_{1,S}=k_{1,p}$, 150℃에서의 두 반응속도상수의 비는

$$\frac{k_{2,S}}{k_{2,p}}=\frac{424872.1\,k_{1,S}}{13.87\,k_{1,p}}=30632.5$$

즉, 150℃에서는 미생물의 사멸속도가 단백질의 열변성 속도에 비해 30632.5배 빠르게 진행한다.

(2) *B. stearothermophilus*의 142 ℃에서의 반응속도상수는 $k_{142}=1.5$ s^{-1}이고 150 ℃에서의 사멸속도 상수 k_{150}를 구하기 위하여 아레니우스(Arrhenius) 식을 적용하면

$$\ln\frac{k_{150}}{k_{142}}=\frac{340000}{8.314}\left(\frac{8}{423\times415}\right)=1.86$$

$$k_{150}=6.447\,k_{142}=6.447\,(1.5)=9.67\,s^{-1}$$

이 미생물의 사멸반응은 1차 반응식을 따르므로

$$2.303\log\frac{N_0}{N}=k_{150}t$$

이 미생물이 5*D*만큼 감소하려면

$$2.303\,(5)=9.67\,t$$

그러므로 $t=1.19\,s$

즉 *B. stearothermophilus*가 150 ℃에서 5*D*만큼 감소하는 데 1.19초의 가열시간이 필요하다.

(3) 위 미생물의 142 ℃에서 같은 정도의 사멸이 일어나기 위해서는

$$t=\frac{2.303(5)}{k_{142}}=\frac{11.515}{1.5}=7.68\ s$$

(4) 142 ℃에서 α-lactalbumin의 열변성 속도상수는 $k_{142}=0.2\,s^{-1}$, 150 ℃에서의 열변성 속도상수를 구하기 위해

$$\ln\frac{k_{150,p}}{k_{142,p}}=\frac{69000}{8.314}\left(\frac{8}{423\times415}\right)=0.378$$

$$k_{150,p}=146\,k_{142,p}=0.292\ s^{-1}$$

이 단백질의 열변성반응 또한 1차 반응식을 따르므로

$$\ln\frac{c_0}{c}=kt$$

142 ℃에서 *B. stearothermophilus*가 5*D* 만큼 감소하는 시간, 즉 7.68초간 열처리하면

$$\ln\frac{c_0}{c}=(0.2)(7.68)=1.536$$

$$\left(\frac{c}{c_0}\right)_{142} = 0.215$$

또한 150℃에서 1.19 s간 열처리하면

$$\ln\frac{c}{c_0} = (0.292)(1.19) = 0.347$$

$$\left(\frac{c}{c_0}\right)_{150} = 0.706$$

따라서 *B. stearothermophilus*가 5*D*만큼 감소되도록 열처리할 때 우유 속의 α-lactalbumin은 142℃에서는 21.5%, 150℃에서는 70.6%가 native 상태로 존재한다.

Section 4 가열살균 장치

식품의 가열살균법에는 식품을 용기에 충진하고 밀봉한 후에 가열살균하는 방법과 식품을 용기에 충진하기 전에 가열살균한 후 무균표장하는 방법이 있다. 전자는 전통적인 통조림 제조법으로 저산성식품의 경우에 보통 100℃ 이상의 온도(115~130℃ 사용)에서 가압살균법을 적용하고 있으며, 후자는 무균포장법으로 주로 초고온순간살균법을 사용한다.

1. 용기 내 가열살균

식품의 가열살균에 일반적으로 사용되는 용기는 금속관과 유리병 및 플라스틱 용기이다. 용기 내 살균법은 작업방법에 따라 회분식(batch system)과 연속식(continuous retort system)으로 분류할 수 있다. 회분식은 일단 살균장치 내에 일정량의 살균할 식품을 채운 후에 가열살균을 시작하고 냉각하여 살균된 제품을 얻는 방법이고, 연속식은 살균장치 안에 살균할 식품을 연속적으로 공급하고 이들이 살균장치 내를 이동하면서 연속적으로 살균과 냉각이 이루어지는 방법이다.

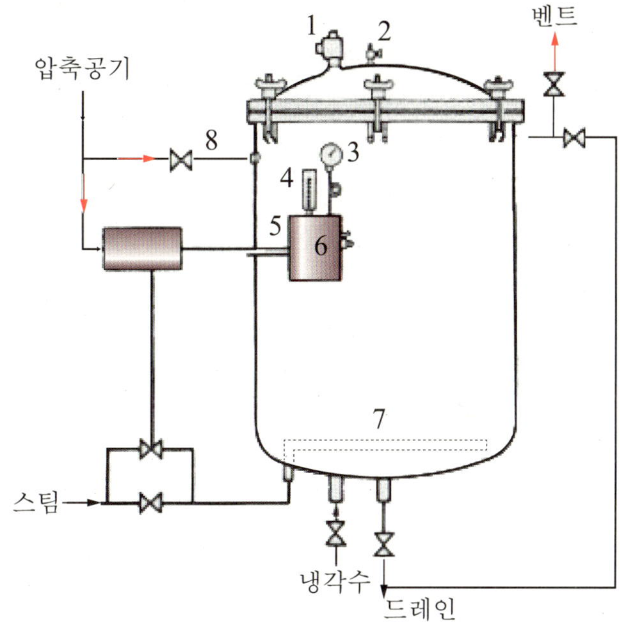

(1) 안전밸브 (2) 벤트, 블리더 (3) 압력계 (4) 온도계
(5) 센서 (6) 더모박스 (7) 스팀분산기 (8) 공기 입구

그림 7-16 수직형 회분식 레토르트

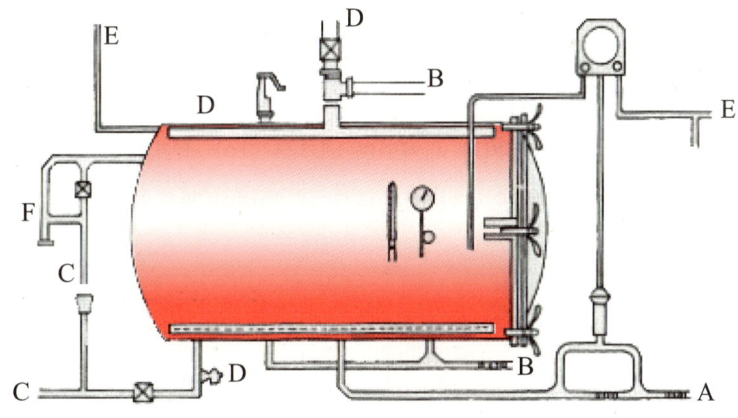

(A) 스팀 공급 (B) 물 공급 (C) 물 배출 (D) 가스 출구 (E) 공기 (F) 안전밸브

그림 7-17 수평형 회분식 레토르트

(1) 회분식

회분식 가열살균장치는 정치식과 회전식이 있고, 가열매체로는 고압수증기나 열수가 주로 이용되며 필요에 따라 공기로 가압하여 사용하기도 한다.

① 포화수증기를 사용하는 레토르트

레토르트는 가장 오래 전부터 사용해 온 식품의 가열살균장치로 철제원통형의 모양을 갖는 일종의 가압솥으로 제품의 입출방식에 따라 그림 7-16 및 7-17과 같이 수직형(vertical type)과 수평형(horizontal type)으로 구분된다. 수직형은 수평형보다 면적을 적게 차지하지만 제품을 넣고 꺼내는 데 불편하므로 큰 규모 생산에서는 일반적으로 수평형이 이용되고 있다.

레토르트의 기본구조는 수증기나 냉각수 또는 압축공기를 공급할 수 있는 장치와 배기 및 배수를 위한 장치가 설치되어 있으며, 레토르트 내부의 온도와 압력을 측정하고 조절할 수 있는 장치가 장착되어 있다.

레토르트 내부는 처리 식품을 담는 철망으로 된 큰 바구니(basket)를 쉽게 넣고 뺄 수 있도록 설계되어 있다.

먼저 철망으로 된 바구니에 포장된 식품을 담아서 레토르트에 넣고 뚜껑을 밀폐한 후 내부에 포화수증기를 보내어 가열을 시작한다. 벤트(vent)(그림 7-16)를 열어 줌으로써 레토르트 및 용기 표면에서 공기가 레토르트 밖으로 나가게 한다. 만약 수증기 중에 공기가 존재하면 열전달속도가 감소하여 살균부족을 일으키게 된다. 공기가 제거되면 벤트를 닫아 주되 블리더(bleeder)(그림 7-16)를 계속 열어 둠으로써 레토르트 내 압력이 과도하게 상승하는 것을 방지한다.

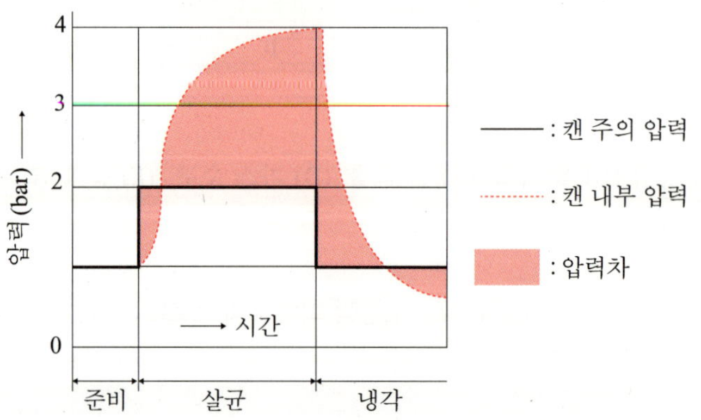

그림 7-18 살균 및 냉각할 때 통조림 내부압력의 변화

저산성 식품은 115~127℃의 범위에서 가압살균을 하는데 이 때 가열이나 냉각하는 동안에 용기 내부의 압력변화가 커서 심할 경우에는 용기의 변형을 일으켜 상품가치가 없어진다.

그 예시로 그림 7-18에 가열·냉각하는 사이의 내부압력의 변화를 나타내었다. 가열의 초기단계에는 용기의 내부압력은 레토르트 압력보다 낮으므로 용기는 압축작용을 받는다. 반면, 살균 및 냉각단계에는 내부압력이 레토르트 압력보다 훨씬 높아 용기는 장력을 받는다.

이와 같은 압력 불균형은 가열속도와 냉각속도를 조절하거나 냉각단계에 평형공기압력을 가해 주어 압력상태에서 냉각시킴으로써 줄일 수 있다. 유리용기는 온탕 중에서 가열함으로써 열충격(thermal shock)을 감소시킬 수 있으며, 냉각 중에 중복공기압(super imposed air pressure)을 가하여 압력차를 줄인다.

이러한 레토르트들은 정치식으로 작동되어 열전달속도가 다소 느린 단점은 있으나 그 구조가 간단하여 소규모의 회분식 살균작업에 적합하기 때문에 각종 통조림 식품의 살균에 널리 이용되고 있으며, 특히 대형 용기나 유리병 제품의 살균 및 소량 다품종을 생산하는 경우에 유용하게 사용되고 있다.

정치식 레토르트의 문제점을 보완하기 위해 고안된 장치가 교반식 레토르트(agitated retort)인데 살균작업이 이루어지는 동안 용기를 회전하게 하여 열전달속도를 증가시켜 가열살균시간을 단축시킬 수 있다.

이들은 교반형태에 따라 통조림을 위 아래로 뒤집으면서 회전시키는 상하반전방식(end-over-end rotation)과 통조림이 레토르트 내의 유도부를 따라 나선방향으로 이동하여 축방향으로 회전시키는 방법(axial rotation)이 있다(그림 7-22 참조).

그림 7-19는 각 교반식 레토르트 내에서 통조림이 회전하는 모습과 이에 따라 통조림의 상부공간(head space)이 이동하는 모습을 나타냈다.

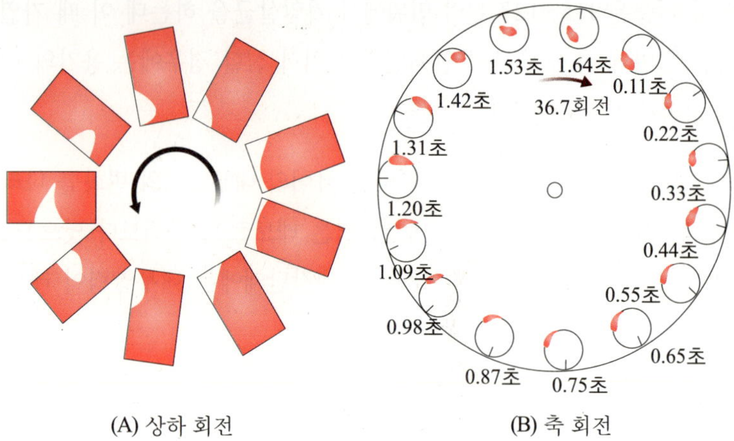

그림 7-19 교반식 레토르트 내에서 통조림이 회전하는 모습

② 수증기와 압축공기를 혼합하여 사용하는 레토르트

금속 캔 대신에 유리병이나 레토르트 파우치와 같은 플라스틱 용기를 사용할 때는 가열 시 용기 내부에 생기는 압력에 의해 용기의 변형이나 파손을 초래할 수 있는데, 이를 방지하기 위하여 포화수증기 이외의 다른 가열매체를 사용하는 경우가 있다.

이러한 방법 중의 하나로 가압공기를 사용하며 레토르트 내부에 일정한 압력을 가하여 통조림 내부에 발생하는 압력과 균형을 맞춤으로써 용기의 변형을 방지할 수 있도록 설계된 레토르트가 있다. 이러한 형태의 레토르트에서는 통조림의 가열과 레토르트의 압력을 유지하기 위해 수증기와 공기를 적당한 비율로 혼합하여 사용한다.

수증기와 공기를 혼합하여 사용하는 레토르트는 포화수증기만을 사용하는 경우에 비해 내부의 온도조절이 비교적 까다로운 편이다. 이 때 사용되는 압축공기는 다만 압력조절을 위해 사용하는 것이므로, 공기의 사용이 수증기의 분압을 낮추어 레토르트의 온도를 떨어뜨리지 않도록 주의해야 한다. 특히 수증기와 공기를 충분히 혼합시키는 것이 중요하다.

③ 열수를 사용하는 살균기(Water processing retorts)

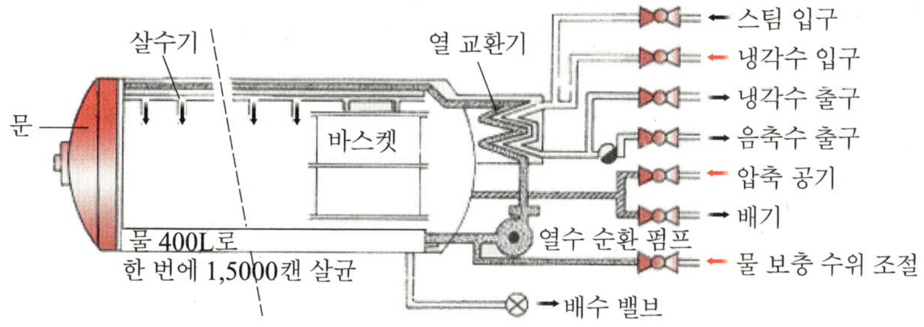

그림 7-20 열수순환식 레토르트

열수가열살균기는 유리병 제품이나 플라스틱용기 제품에 주로 사용되는데, 침지식(immersion type)과 순환식(circulatin type)으로 구분할 수 있다. 침지식은 유리병을 담는 바스켓을 더운 물이 채워진 레토르트 내에 넣은 후, 생증기(live steam)를 주입하여 가공온도까지 가온하고 일정시간 동안 유지하였다가 살균이 끝난 후에는 냉각수를 주입하여 냉각을 한다.

열수순환식 레토르트는 그림 7-20에서 나타낸 것과 같이 살균온도까지 가열된 물을 통조림에 살수하여 살균을 행하는 데 사용된 열수를 계속 순환시키므로 열전달효과를 높이고 있다.

열수순환살균장치에서는 열수를 균일하게 분산시킴으로써 균일한 가열이 가능하나 안전한 살균공정의 확립을 위해 레토르트의 출구부분에서의 열수온도를 기준으로 가열살균공정을 결정한다.

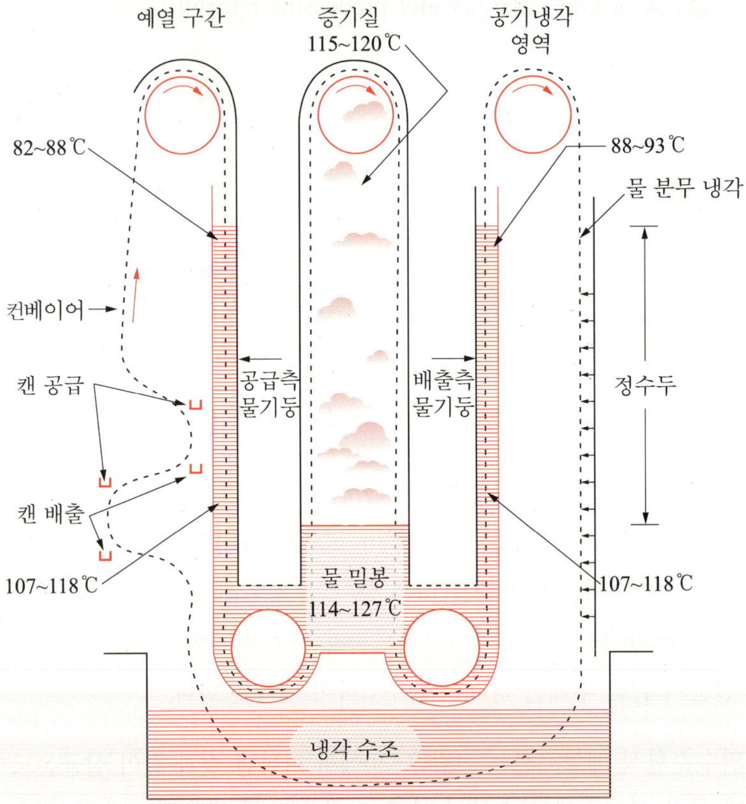

그림 7-21 수압식 살균기와 그 구조

(2) 연속식

① 수압식 살균기

수압식 살균기(hydrostatic sterilizer)는 두 개의 U 자형 물기둥 사이에 살균이 이루어지는 증기실이 있으며, 이곳의 증기 압력은 양쪽 물기둥의 높이와 평형을 이루고 있다. 이들 물기둥의 높이는 증기실의 수증기압에 의해 결정되는데, 예컨대 증기실의 온도를 121℃로 유지하려면 약 11 m의 대기압이 필요하다. 체인 컨베이어로 입고된 통조림은 화살표 방향으로 이동되어 첫 번째 물기둥을 거쳐 예열되며 중앙의 증기실에서 살균된다.

그 다음 두 번째 물기둥을 통과하면서 예냉이 되어 배출되면 냉각수조에서 완전히 냉각이 이루어진다. 이 장치는 물기둥 자체가 압력차단역할을 함과 동시에 예열 및 예냉의 기능을 갖고 있다.

② 회전식 살균기

회전식 살균기(rotary sterilizer)는 그림 7–22에 나타낸 것과 같이 원통형의 드럼 내벽에 나선형의 통조림 유도레일(spiral guide rail)이 부착되어 있으며, 회전자가 드럼형 증기실 내에서 서서히 돌아가도록 설계되어 있다. 회전식 살균기의 입구에 장치된 유도로를 통하여 통조림이 투입되면 회전자가 돌아가면서 가이드레일을 따라 서서히 출구쪽으로 이동되어 배출된다.

이와 같이 통조림이 살균기 내를 이동하는 동안 수증기에 의한 가열과 냉각수에 의한 냉각과정이 완료되어 연속적으로 살균작업이 이루어진다.

이러한 형식의 살균기는 생산능력이 크고(300 can/min), 적절하게 운영하면 균일한 열처리가 가능한 반면에, 밸브에서 낙하에 의한 통조림의 파손이나 수증기의 손실 및 열충격에 의해 제품이 오손될 우려가 있고 또한 일시에 다량을 처리하므로 공정상 문제가 발생했을 경우에는 손실이 크게 될 위험이 있다.

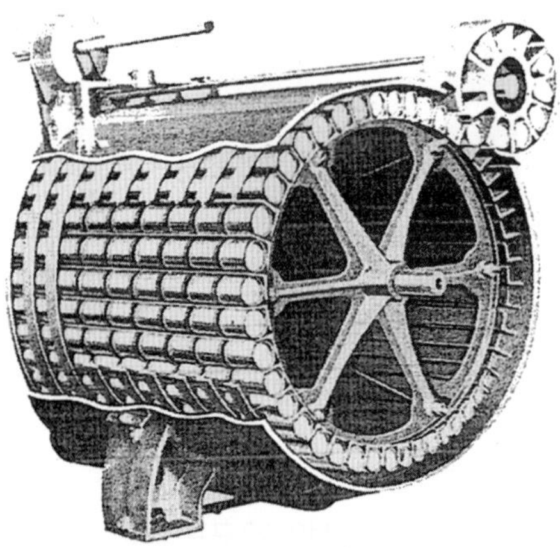

그림 7–22 회전식 살균장치와 그 구조

2. 용기 외 가열살균

우유와 같은 저점도의 액체식품을 살균할 때 통조림살균법과 달리 먼저 식품을 따로 살균하고 별도로 살균된 용기에 무균적으로 충진하여 포장하는 무균공정(aseptic process)을 흔히 사용한다.

액체식품은 펌프를 사용하여 쉽게 운송할 수 있을 뿐만 아니라 대류에 의해 신속하게 가열되므로 열교환기를 사용하면 연속적인 살균이 가능하다.

즉, 열교환기에 액체식품을 통과시켜 고온에서 단시간 내에 살균목적을 달성할 수 있는데, 이러한 방법을 사용하면 가공시간이 단축되고, 제품의 품질 향상을 기할 수 있을 뿐만 아니라 연속적인 작업이 가능하다.

(1) 무균포장

무균포장(aseptic packaging)이란 종래의 통조림 제조방법과는 달리 식품과 포장용기를 독립적으로 살균한 후 무균환경 상태에서 식품을 용기에 무균적으로 충진하고 밀봉함으로써 저장성이 연장된 제품을 얻는 방법이다. 무균포장방법은 고온단시간 살균법이나 초고온순간 살균법을 적용하며, 식품을 용기와 별도로 연속적인 방법으로 살균처리한다.

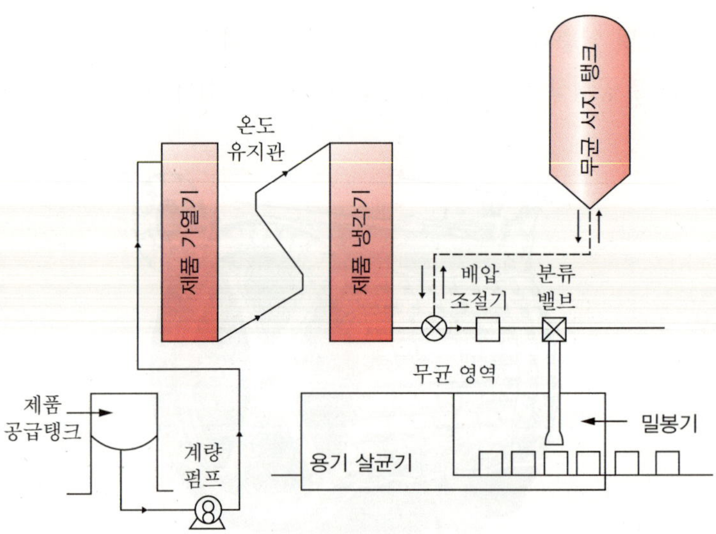

그림 7-23 기본적인 무균포장시스템의 개요

무균공정은 그림 7-23에 나타낸 것과 같이 일련의 열교환기로 이루어진 식품의 살균장치, 포장용기를 살균하는 장치 및 살균된 제품을 무균적으로 용기에 충진·밀봉하는 장치로 구성되어 있다.

(2) 가열살균

① 직접가열방법

직접가열법(direct heating method)은 가열매체인 수증기를 식품과 직접 접촉시켜 식품을 가열하는 방법인데, 이때 식품은 수증기가 응축되면서 내놓는 응축잠열에 의해 보통 1 초 미만의 짧은 순간에 가열된다.

직접가열법은 수증기가 식품과 접촉하는 방법에 따라 수증기를 식품 속으로 강하게 분사하는 스팀분사(steam injection)법과 수증기실 내에서 식품을 박층이 되도록 분무하는 스팀주입(steam infusion)법으로 분류된다.

② 간접가열방법

간접가열방법(indirect heating method)은 열교환기를 이용하여 식품을 가열하는 방법으로 여기에 사용되는 열교환기는 판형 열교환기(plate heat exchanger), 관형 열교환기(tubular heat exchanger) 및 표면긁기 열교환기(scraped surface heat exchanger) 등이 있다. 식품의 열처리에 사용되는 열교환기의 형태는 가공하는 식품의 종류나 요구되는 열교환 속도 및 사용온도와 압력 등에 따라 결정된다. 1종류 이상의 열교환기를 복합적으로 사용하기도 한다.

유제품과 같이 점도가 낮은 식품의 경우에는 판형 열교환기나 관형 열교환기가 주로 사용되며, 수프와 같이 점도가 높거나 작은 입자를 함유하는 식품은 표면긁기 열교환기가 많이 사용된다. 간접가열방법에서도 직접가열방법의 경우와 마찬가지로 식품을 열교환기를 통해 살균온도까지 가열한 후 온도유지관(holding tube)을 통과시키면서 살균온도를 유지하고 곧 열교환기를 사용하여 냉각한다. 간접가열방법에서는 역시 열교환기를 사용하여 냉각한다.

③ 입자함유식품의 무균가공장치

표면긁기 열교환기는 점성이 높은 액상식품이나 입자를 함유하는 식품의 무균가공에 가장 적합한 열처리장치이나 가격이 다른 종류의 열교환기에 비해 2~3배 정도 더 비싸다. 이 분야 전문가들이 큰 입자를 함유하는 식품의 무균가공방법의 개발을 위해 많은 노력을 기울이고 있다.

[연습 문제]

1. 초기의 포자수가 5×10^6 spores/mL인 어느 미생물이 121℃에서 10 분 동안 가열한 후 생균수를 측정하니 30 spores/mL이었다. 이 미생물의 121℃에서의 D 값을 계산하라.

2. 초기농도가 6×10^8 spores/mL인 세균포자 현탁액을 120℃에서 10 분 동안 가열처리하였더니 생균수가 50 spores/mL로 감소하였다. 이 포자의 D_{120}을 구하라.

3. *Clostridium sporogenes* PA 3679 포자에 대한 내열성 실험을 실시하여 다음과 같은 결과를 얻었다. 이 미생물의 각 온도에서의 D 값과 z 값을 계산하라.

가열 온도 (°C)	가열 시간 (분)	보정된 시간 (분)	발육 캔 수/총 캔 수	가열 온도 (°C)	가열 시간 (분)	보정된 시간 (분)	발육 캔 수/총 캔 수
110	26.9	25	6/6	118.3	5.9	4	6/6
	41.9	40	6/6		7.9	6	6/6
	64.9	60	6/6		10.4	8.5	6/6
	81.9	80	5/6		12.9	11	3/6
	111.9	110	0/6		15.9	14	0/6
	141.9	140	0/6		21.9	20	0/6
112.8	16.9	15	6/6	121.1	4.9	2	6/6
	31.9	30	6/6		5.9	4	6/6
	46.9	45	3/6		7.4	5.5	2/6
	61.9	60	0/6		9.4	7.5	0/6
	76.9	75	0/6		11.9	10	0/6
	91.9	90	0/6		14.9	13	0/6
115.6	11.9	10	6/6	용기: TDT 관			
	15.9	14	6/6	담금양: 12 g			
	19.9	18	2/6	포자형성조건: 간장 부용, 30℃, 18 일			
	23.9	22	0/6	포자수: 10000 spores/관			
	29.9	28	0/6	완두(pH 6.2)			
	37.9	36	0/6				

4. 다음은 어느 세균의 포자 현탁액을 115℃에서 행한 가열살균 실험자료이다. 이 세균의 115℃에서의 사멸속도상수(k)와 D 값을 계산하라.

가열시간(분)	포자농도 (spores/nL)
0	1.0×10^6
5	2.8×10^5
10	7.8×10^4
15	2.2×10^4
20	6.1×10^3
25	1.7×10^3

5. 어느 세균 포자의 사멸속도상수가 각 온도에서 다음과 같이 측정되었다. 이 세균의 사멸반응에 대한 활성화에너지(E_a)와 z 값을 계산하라.

온도 (℃)	반응속도상수 (1/초$^{-1}$)
105	0.00061
107	0.00114
110	0.00222
113	0.00412
116	0.00758

6. 어떤 세균포자에 대한 D 값을 다음과 같이 얻었다. 이 세균의 z 값과 E_a 값을 계산하라.

가열온도 (℃)	D 값 (분)
104	31.85
108	12.68
112	5.01
116	2.01
120	0.80
124	0.318

7. *Clostridium* 포자에 대한 열처리 시험결과가, 120℃에서 초기농도의 1/10^9으로 감소시키는 데 100 초가 걸렸으며, 110℃에서는 같은 결과를 얻는 데 27.5 분이 걸렸다. D_{110}, D_{120} 및 z 값을 결정하라.

8. 우유 내 어느 내열성 포자인 D_{121} 값과 z 값이 실험을 통해 각각 30초와 10.5℃ 임을 알아내었다. 이 때 D_{150} 값은 얼마인지 계산하라.

9. 위 8번 문제 상황에서 그 내열성 포자를 99.9999999% 저해시키는 데 요구되는 F_{121} 값을 계산하라.

10. $D_{120}=11.15$초, $z=8.21$℃인 *Clostridium*이 10^9 spores/unit의 농도로 주어졌다. 이를 116℃에서 3분 동안 열처리하면 생존균의 농도는 얼마인가?

11. 어떤 식품이 $D_{121.1}=12$초인 *C. botulinum*의 포자와 $D_{121.1}=250$초인 *B. stearothermophilus*의 포자를 함유하고 있다. 두 미생물 모두 z 값이 10℃이다. 이 식품에서 thiamine이 10% 파괴되는 데 99℃에서는 2,100초, 126.7℃에서는 300초가 걸렸다. 온도가 90℃에서 150℃ 사이에서 *C. botulinum*는 12*D* 감소, *B. stearothermophilus*는 4*D* 만큼 감소하는 TDT 곡선을 그리라. 또한 이 그래프에 1%, 10% 및 90%의 thiamine 감소를 표시하는 선을 표시하라.

12. $D_{121.1}$ 값이 1.2분인 미생물이 초기에 10 spores/g의 농도로 오염되어 있는 식품을 허용변패율 1/100,000 으로 정했을 때 이 공정의 F 값을 구하라. 또한 미생물의 z 값이 10℃ 일 경우 F_{135}값을 계산하라.

13. 다음의 캔 크림 레토르트 공정 온도-시간 정보를 보고 캔 크림 멸균 F_0 값을 계산하라. (조건) : 목표 미생물의 z 값은 10℃이다.

Temperature(℃)	Time (min)
50	0
80	3
100	5
115	8
119	11
121	13
119	14
110	15
85	17
60	19
50	20

14. 어느 살균공정의 지표미생물에 대한 살균가를 계산하니 F_0가 7분임이 밝혀졌다. 이를 이용하여 다음 빈칸을 채우라. (단, $z=8$ ℃)

Temperature(℃)	F_T	$F_T/F_{121.1}$	Lethality($F_{121.1}/F_T$)
100			
120			
121			
130			
150			

15. $f_h=30$분, $j_h=f_c=1.07$인 어느 통조림 식품에 $D_{121.1}=1.2$분인 미생물이 56 organisms/can의 비율로 존재한다. 이 제품의 초기온도가 65℃, 레토르트온도 121℃일 경우, 이 공정에 대한 F_0값이 6분으로 계산되었다. 그러나 이 미생물에 대한 자료를 다시 분석해본 결과로 이 미생물의 z 값이 10℃가 아니라 7.8℃임이 밝혀졌다. 레토르트의 온도를 120℃로 하여 먼저의 공정에 따라 계산된 시간만큼 열처리하였을 때 변패가 일어날 확률을 구하라.

16. 어떤 통조림 식품이 살균공정을 결정하기 위하여 열침투실험을 실시하여 다음과 같은 데이터를 얻었다.

Time (min)	Temperature (℃)	Time (min)	Temperature (℃)
0	53.3	35(cool)	118.3
3	53.3	40	117.2
5	59.4	45	115.6
10	86.7	50	112.8
15	98.3	55	85.0
20	109.4	60	62.8
25	114.4	65	48.9
30	116.7	70	40.0

이 때 가열온도 121℃, 레토르트의 온도상승시간은 2분, 냉각수 온도가 15.6℃ 일 때, 다음 값을 계산하라.

(a) f_h, f_c, j_h, j_c

(b) 만일 이 제품을 초기온도 65.6℃, 가열온도 120℃에서 열처리한다면 레토르트 온도가 120℃ 에 도달 후에 몇 분 만에 냉각수를 작동

시켜야 하는가? (단, 냉각시 캔의 최종온도는 레토르트온도보다 1℃ 정도 낮음)

(c) 이 공정을 초기온도 48.9℃, 가열온도 122.2℃에서 수행한다고 한다. 어떤 변패미생물(D_0 값 =1.2분, z 값 =10℃) 의 초기오염농도가 100 CFU/can일 경우는 이 미생물에 의한 변패가 1/10000의 확률로 발생하는 공정시간을 계산하라.

17. 초기온도가 70℃인 어떤 통조림 식품을 레토르트의 온도 125℃로 살균하였다. 이 때 f_h=3600초, j=2, z=10℃이고 가열은 전도에 의해 이루어진다.
(a) $F_{121.1}$ 값이 300초가 되려면 살균공정기간은 얼마인가?
(b) f_h=1000초인 소형 캔을 초기온도 60℃, 레토르트 온도 110℃로 처리할 경우에 살균공정시간은 얼마인가?

18. 어느 통조림 식품에 대한 열침투곡선으로부터 f_h=5, j_h=j_c=0.8임을 알았다.
(a) 식품의 초기온도가 25℃이고 레토르트 온도가 121℃일 경우, 가열살균시간(t_B)을 계산하라(단, F_0=4분, z=10℃를 사용할 것).
(b) 이 식품을 정치식 레토르트 내에서 살균하는데 레토르트 온도가 레토르트의 작동을 시작한 후 121℃에 도달하는 데 4분이 걸렸다. (a)의 살균조건을 만족시키려면 레토르트를 작동시킨 지 얼마쯤(몇 분) 후에 작동을 멈추어야 하겠는가?

19. *B. stearothermophilus* (z = 10℃)를 121℃에서 열처리하여 미생물농도를 1/10,000로 감소시키는 데 15분 걸렸다. 살균온도를 150℃로 높였을 때 같은 정도의 살균값을 갖도록 살균시간을 다음의 두 가지 모델을 사용하여 계산하고 그 결과를 서로 비교하라.
(1) TDT 모델
(2) 아레니우스(Arrehenius) 모델

20. 어느 살균공정의 냉점에서의 시간에 따른 온도변화와 지표미생물의 각 온도에서의 TDT 값이 다음과 같다.

Heating time (min)	Temperature (℃)	TDT (min)
0	27.8	
2	102.8	670
4	110.0	129
6	116.7	88
8	116.7	88
11	108.9	165
14	111.1	100
17	113.9	53
20	115.6	36
24	116.7	28
29	118.3	19
32	118.9	17
35	119.4	15
40	120.0	13
45	120.3	12
47	120.3	12
47.5	119.4	15
48	110.0	129
49	102.8	670

(1) 이 공정의 지표미생물에 대한 살균의 적합성 여부를 판정하라.

(2) 위 자료를 이용하여 지표미생물에 대한 적절한 살균시간을 계산하라.

21. 어느 통조림 식품에 대한 열침투 실험을 통하여 다음과 같은 시간-온도 데이터를 얻었다. 이 공정의 살균가를 다음 방법에 의해 구하라.

Time (min)	Temperature (℃)	Time (min)	Temperature (℃)
20	97.8	65	117.8
25	101.1	70	118.3
30	104.4	75	119.2
35	108.1	80	118.9
40	110.0	82	118.1
45	112.8	85	114.7
50	115.0	90	104.4
55	116.1	95	96.1
60	117.2	100	89.4

22. 어느 통조림 식품의 열침투 실험의 조건 및 그 데이터가 다음과 같았다. ($T_R = 121.1$℃, $T_C = 21.1$℃, $T_0 = 48.9$℃, z 값 $= 10$℃)

Time (min)	Temperature (℃)	Time (min)	Temperature (℃)
0	48.9	15	120.0
1	49.4	16	120.3
2	56.1	17	120.6
3	69.4	18	120.7
4	83.3	19	120.8
5	93.3	20	118.3
6	101.1	21	96.7
7	106.7	22	76.7
8	110.6	23	62.2
9	113.3	24	51.1
10	115.3	25	43.3
11	116.9	26	37.2
12	118.1	27	32.8
13	118.9		
14	119.4		

이 공정에 대한 F_0 값을 다음의 방법에 의해 구하고 그 값을 서로 비교하라.

(1) 도해적분법

(2) 수치적분법

23. 용량 750 mL의 액체 통조림에 대하여 가열살균실험을 통하여 다음 페이지에 보인 바와 같은 데이터를 얻었다. 여기에서 Channel 4, 5, 6, 7, 8은 냉점의 온도를 가리키고, 9, 10은 가열매체의 온도이다. 가열시간은 33분이고, 스팀 주입시작은 842.00분, 스팀을 끄고 냉각시작은 875.00분이었다. 각 Channel에서의 F_0 값을 구하라.

EXPERIMENT TIME	Temperature (℃)						
	4	5	6	7	8	9	10
841.00	23.5	23.7	23.4	23.2	23.6	32.3	32.4
842.00	24.6	24.8	24.5	24.3	24.7	33.5	35.1
843.00	25.8	25.9	25.9	25.6	25.9	46.6	47.8
844.00	28.0	23.0	28.0	27.7	28.1	58.7	59.7
845.00	31.7	31.6	31.7	31.3	31.7	70.2	71.0
846.00	37.1	38.3	37.2	36.8	37.4	81.3	82.1
847.00	44.1	44.0	44.4	43.9	44.6	91.8	92.4
848.00	52.5	52.0	52.4	52.5	53.0	101.8	102.5
849.00	61.2	61.0	61.5	61.7	62.7	111.6	112.4
850.00	71.2	71.0	71.6	72.5	72.2	120.1	120.6
851.00	80.8	80.4	81.7	81.5	82.1	120.9	120.8
852.00	89.0	88.7	89.9	89.6	90.2	120.6	120.6
853.00	95.9	95.2	96.2	96.0	96.5	120.7	120.6
854.00	101.1	100.5	101.4	101.3	101.6	120.6	120.6
855.00	105.3	105.0	105.4	105.5	105.9	120.6	120.6
856.00	108.6	108.4	108.8	108.8	109.1	120.6	120.6
857.00	111.2	110.9	111.2	111.1	111.6	120.6	120.6
858.00	113.1	112.9	113.1	112.9	113.4	120.6	120.6
859.00	114.7	114.5	114.7	114.5	115.0	120.5	120.6
860.00	115.9	115.7	115.9	115.7	116.1	120.6	120.6
861.00	116.7	116.7	110.9	116.6	117.0	120.6	120.6
862.00	117.6	117.5	117.6	117.4	117.8	120.6	120.6
863.00	118.2	118.1	118.2	118.0	118.3	120.5	120.6
864.00	118.7	118.6	118.7	118.5	118.7	120.5	120.6
865.00	119.0	119.0	119.0	118.9	119.1	120.5	120.6
866.00	119.4	119.3	119.3	119.2	119.4	120.5	120.6
867.00	119.7	119.6	119.6	119.6	119.7	120.5	120.5
868.00	119.9	119.8	119.7	119.7	119.9	120.5	120.3
869.00	120.0	119.9	119.9	119.9	120.0	120.5	120.6
870.00	120.2	120.1	120.1	120.1	120.1	120.5	120.6
871.00	120.2	120.2	120.2	120.2	120.2	120.3	120.5
872.00	120.2	120.2	120.2	120.2	120.2	120.3	120.5
873.00	120.4	120.3	120.3	120.3	120.0	120.5	120.6
874.00	120.5	120.4	120.3	120.4	120.3	120.3	120.2
875.00	119.2	118.8	118.9	119.0	118.7	105.4	102.8
876.00	114.4	113.4	113.4	113.4	114.2	113.9	91.7
877.00	107.5	106.2	106.3	106.3	106.9	107.0	78.3
878.00	99.6	97.8	97.8	97.9	99.1	99.1	68.8
879.00	91.2	89.5	89.5	89.9	91.2	90.9	58.6
880.00	83.2	81.4	81.4	81.8	83.2	83.23	51.6
881.00	75.5	73.4	74.1	75.6	75.5	45.3	44.8
882.00	68.5	66.3	66.9	68.3	68.5	39.6	39.1
883.00	62.0	60.1	60.5	61.8	62.0	35.0	33.9
884.00	56.1	54.2	54.9	56.1	56.2	30.3	30.4
885.00	50.9	49.0	49.6	50.9	51.0	27.1	26.4
886.00	46.1	44.2	44.9	46.0	46.0	23.9	23.7
887.00	41.7	39.9	40.6	42.0	42.0	21.0	20.7
888.00	37.7	36.0	36.8	38.1	38.1	18.5	18.7
889.00	34.3	32.6	33.4	34.8	34.8	16.8	16.4
890.00	31.2	29.6	30.3	31.6	31.6	14.9	14.8

Chapter 8

냉 동

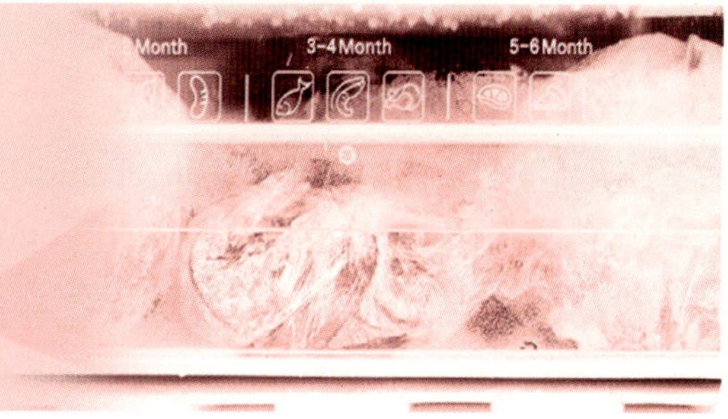

국어대사전에 의하면 냉동이란 “생선이나 육류 등을 신선하게 보관하기 위해서 인공적으로 냉각시켜서 얼림”으로 정의되고 있다. 또 냉장이란 “공기, 생선, 약품 등을 상하지 않도록 차게 저장함”이라 적혀 있다. 이처럼 냉동과 냉장은 식품의 부패를 방지하기 위해서 사용되어 온 가장 오래된 방법 중의 하나이다.

식품의 저장 중 품질 변화는 저장 온도에 의해 영향을 받는다. 온도를 내리면 미생물과 효소의 활성이 낮아지고, 그 결과 식품의 변질속도가 느려진다. 일반적으로 생물학적 반응속도는 온도를 10°C를 내릴 때마다 1/2 만큼 감소된다. 또한 식품이 냉동되면 수분이 결정화되어 식품 내 활용될 수 있는 액체상태의 물이 감소되기 때문에 미생물의 성장이나 효소 활성을 억제할 수 있다.

옛날에는 식품의 품온을 낮추기 위해 얼음을 사용하였다. 식품과 얼음을 단열된 용기에 넣고 얼음이 녹을 때 필요한 숨은열(335 kJ/kg)을 식품에서 빼앗아 식품을 냉각시켰다(그림 8-1).

지금도 이러한 방식으로 가정이나 소규모 상점에서는 얼음이 이용되고 있으나 대규모 식품가공이나 식품배송 중에는 부적절하다. 이와 같이 융해, 증발 등의 자연현상에 의하여 열을 흡수하는 작용을 이용하는 방법을 자연냉동(natural refrigeration)이라 한다.

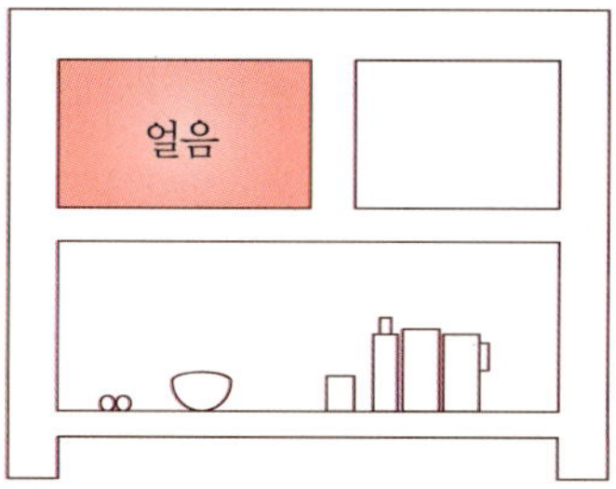

그림 8-1　아이스박스

오늘날에는 대부분 기계적 냉동(mechanical refrigeration) 장치에 의해 식품냉동가공이 이루어지고 있다. 기계적 냉동장치는 기계적인 일을 소비하면서 온도가 낮은 곳에서 열을 흡수하여, 온도가 높은 곳에 열을 빼앗아 온도를 낮추는 장치로써 1875년 암모니아 냉동장치가 발명됨으로써 시작되었다. 근대식 압축기를 사용한 가정용 냉장고가 실제 보급되기 시작한 것은 1920년대이다. 급속히 냉동시킴으로써 식품의 보존기간을 연장시키는 방법은 1923년에 개발되었는데 이것이 현대 냉동식품의 시초이다.

식품공학적 측면에서의 식품냉동은 다음의 2가지로 다루어질 수 있다. 첫째, 냉동장치의 냉동부하를 예측하고, 둘째, 식품의 냉동공정에 필요한 장치의 설계이다. 식품냉동가공에 적절한 냉동장치를 설계하려면 냉동 중에 일어나는 엔탈피의 변화 또는 냉동부하에 대한 정보가 필요하다.

냉동이 진행되는 속도 또한 중요하며, 식품과 냉매 사이의 온도차 역시 식품의 품질에 중요한 영향을 미친다. 이러한 열전달의 기본적인 지식은 냉동장치의 설계를 이해하고 운영하는 데 필수적이다. 냉동장치는 냉동부하에 맞게 적절히 설치되어야 최소의 비용으로 최대의 열을 제거하여 효율적으로 운영할 수 있다.

Section 1 냉 매

1. 기계적 냉동과 냉매

냉동은 물체의 온도를 자연적으로 낮추는 것이 아니고 인공적으로 상온 이하로 냉각시키거나 낮은 온도를 유지하는 것이다. 그러기 위해서는 상온보다 낮은 온도의 공기, 물, 식품 등으로부터 열을 빼앗아 이것을 상온의 물이나 공기로 이동시키는 장치가 필요하며, 이와 같은 장치를 냉동장치라 한다.

또 냉매란 냉동장치 안을 순환하면서 저온부분의 열을 고온부분으로 이동시키는 역할을 하는 매체로써 증발하기 쉽고 액화하기 쉬운 물질이다.

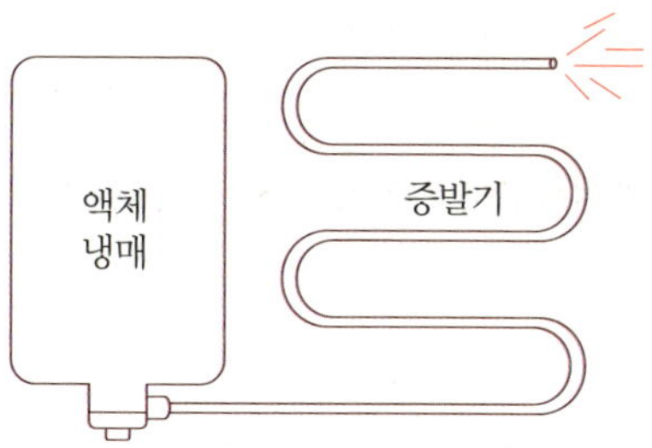

그림 8-2 액체냉매를 사용한 냉동작용

증기 압축식 냉동장치에서 냉매에 의하여 냉각력이 어떻게 생기는지 생각해 보자. 그림 8-2와 같은 단순한 냉동시스템에서 액체냉매를 구리관 안으로 조금씩 흘려보내면 액체냉매는 저온에서 증발한다. 이때 증발하는데 필요한 증발열은 구리관을 통하여 외부공기에서 빼앗아간다. 따라서 구리관을 냉각시키고 주위의 공기도 차게 만들어 냉동작용을 하며, 공기 중의 수증기는 구리관에 얼어 붙어 성에가 생기게 된다.

이와 같은 코일을 단열된 공간에 설치하면 냉장실 또는 냉동실이 된다. 그러나 증발한 냉매증기를 버리게 되면 비경제적이므로 이를 회수하여 재사용하지 않으면 안 된다. 증발관에서 나온 증기는 온도와 압력이 낮기 때문에 그대로 상온의 물이나 공기로 냉각시켜서는 액체로 되지 않는다.

따라서 냉매증기의 압력을 높일 필요가 있으며, 실제 냉동장치에서는 냉매증기를 압축하여 고온, 고압의 증기로 만든 다음 공기 또는 물로 냉각시켜 응축시킨다. 즉 냉매는 액체에서 증기가 되면서 냉동장치 안을 순환하는데 저온부분에서 열을 흡수하고, 다시 증기에서 액체로 되면서 흡수한 열을 고온부분에 방출하게 된다.

2. 냉매의 선택

냉매를 선택할 때 가장 먼저 요구되는 성질은 화학적으로 안정하고 독성과 인화성이 없으며, 부식되지 않고, 가격 또한 저렴한 것이어야 한다.

현재까지 널리 사용되어 왔던 냉매는 암모니아와 불화탄소계 냉매로 구분할 수 있다. 암모니아는 밀도가 낮은 냉매로 가격이 저렴하고 냉동효과도 좋아서 식품의 냉동, 제빙 등에 주로 사용되어 왔다. 암모니아 특유의 냄새는 누출 시 쉽게 발견하는 데 도움을 주지만 인체에 유해하며 인화성이 있는 단점이 있다.

이같은 냉매의 여러 가지 단점들을 극복하고자 합성물질을 냉매로 사용하려는 연구가 시작되었고 그 결과 불화탄소계의 냉매를 개발하게 되었다. 이들 냉매는 인화성이 없고 대부분 비교적 독성이 없는 장점을 가지고 있다.

냉매에는 물, 암모니아, 염화불화탄소계(chlorofluorocarbons; CFCs) 등 여러 가지가 있으며, 그 용도는 압축기의 종류, 증발온도와 압력 등의 열역학적 조건에 따라 선택할 수 있다.

상업적으로 에어컨디션에 널리 사용되고 있는 냉매는 Freon 12라 불리는 것이며 프레온은 DuPont 사에서 생산한 냉매(dichlorodifluoro methane)의 상품명이다.

대기로 방출된 CFCs에 의한 오존층의 파괴는 지구의 환경과 생태계에 심각한 위협이 되고 있으므로 1985년 오존층을 보호하고자 비엔나협약(Vienna convention)이 채택되었으며, 1987년에는 오존층을 파괴하는 물질의 생산과 사용을 규제하는 몬트리올 의정서(Montreol protocol)가 채택되었다.

이 의정서에 의하면 1996년 1월 1일을 기하여 CFCs의 생산을 중단하도록 규정하고 있다. 환경적으로 안정한 CFCs 대체 냉매물질의 개발이 시급한 상태이며, 대표적인 두 가지 부류의 물질이 고려되고 있다. 첫째는 CFCs에 적어도 하나 이상의 수소원자를 치환함으로써 오존층 파괴의 주범인 염소의 양을 줄인 HCFCs (hydrochlorofluorocarbons) 계통(예: HCFC-22, HCFC-123)이다. 그리고 다른 한 가지는 화합물 자체에 염소나 브롬이 포함되지 않는 HFCs (hydrofluorocarbons) 계통(예: HCFC-134a)을 들 수 있다. 소량의 염소를 함유하고 있는 HCFC-22나 HCFC-123a마저도 각각 2020년과 2030년에는 전체적인 생산이 중단될 전망이다.

표 8-1 주요 냉매의 특성비교

냉매번호 화 학 식	717 NH_3	744 CO_2	764 SO_2	11 CCl_3F	12 CCl_3F_2	13 $CClF_2$	22 $CHClF_2$	113 CCl_2P $CClF_2$	123 $CHClF_2$	134a CH_2FCF_3	500 CCl_2F_2 CH_3CHF_2	502 $CHCiF_2$ $CClF_2CF_2$
분자량	17.03	44.0	64.0	137.38	120.92	104.47	86.48	187.39	152.90	102.0	99.29	111.64
증발잠열 (kJ/kg)	1314.10	273.52	–	194.21	158.63	103.50	216.77	–	171.18[2]	215.14[1]	191.88	160.25
끓는점(℃)	−33.33	−78.56	−10.0	23.83	−29.80	−81.50	−40.80	47.57	27.89	−26.50	−33.33	−45.60
응고점(℃)	−77.72	−56.61[2]	−75.0	−111.11	−157.78	−181.11	−160.0	−35.0	−107.0	−101.0	−158.89	−128.89
임계압력(kPa)	11422.50	7382.19	7874.71	4507.09	4114.09	3865.86	4975.93	3410.82	3610.08	4069.95	4527.77	4367.12
임계온도(℃)	133.0	31.0	157.0	198.0	112.0	28.8	96.0	214.1	185.2	101.0	105.5	90.1
증발압력(kPa)	236.49	2990.43	–	80.93	182.71	1321.72	295.78	94.48	–	–	214.43	349.56
응축압력(kPa)	1166.59	7209.82	–	125.42	744.63	3693.51[3]	1192.10	47.07	–	–	880.46	1308.62
압축비 (30℃/−5℃)	4.94	3.15	–	6.19	4.08	2.79[4]	4.03	8.02	–	–	4.12	3.75
증기밀도 (kg/m^3)	1.966	60.23	–	1.314	10.973	84.257	12.815	0.591	–	–	10.540	19.832
성적계수	4.76	2.56	–	5.05	4.70	–	4.66	4.84	–	–	4.62	4.37
점도 (액체, cp)	0.22	0.03	0.30	0.405	0.251	–	0.229	0.619	0.48	0.21	0.222	0.25
점도 (증기, cp)	0.014	0.024	0.017	0.0111	0.0127	–	0.0131	0.0104	–	0.017	–	0.013
표면장력 (dynes/cm)	–	–	–	19	9	–	9	19	17.2	7.8	–	8
열전도도 (액체, W/m · K)	0.500	0.087	0.198	0.105	0.0851	–	0.103	0.090	0.106	0.083	–	0.044
열전도도 (증기, W/m · K)	0.022	0.016	0.008	0.008	0.010	–	0.012	0.008	0.010	0.015	–	–

Source: King(1971)
1) 증발기 온도 −15℃와 응축기 온도 30℃를 기준으로 함
2) 끓는점에서 측정
3) 425.4 kPa에서 측정
4) 26.7℃에서 측정

Section 2 증기압축식 냉동의 원리

1. 작동원리

냉동기란 주위보다 낮은 온도를 만들어 물건을 차갑게 하거나 얼리는 기계를 말하며, 가장 많이 사용되는 냉동기는 증기압축식 냉동기이다. 이 냉동장치의 원리는 증발하기 쉬운 액체를 낮은 온도에서 증발시키고, 이때 증발하는데 필요한 증발열을 주위로부터 흡수하여 냉각작용을 한다. 증발한 증기는 압축한 뒤 냉각시켜 액체로 만들어 재순환시킨다.

냉동기는 증기압축식 이외에 작동원리에 따라 흡수식, 증기분사식 등으로 나누어진다.

그림 8-3은 증기압축식 냉동장치의 개요를 나타낸 것이다.

냉동장치는 압축기(compressor), 응축기(condenser), 팽창밸브(expansion valve), 증발기(evaporator)의 주요 4개 부분으로 구성되어 있다.

압축기가 작동되면 냉매증기를 계속 흡입하므로 흡입측은 저압이 유지된다. 즉 흡입압력을 낮게 유지함으로써 냉매가 낮은 온도에서 증발할 수 있도록 한다. 압축기에서 흡입된 냉매증기는 압축되어 압력과 온도가 증가하여 고온고압의 과열증기로 배출된다.

고온고압의 냉매증기는 응축기를 통과하면서 물 또는 공기에 열을 방출하고 액체상태로 응축되어 상온고압의 액체냉매가 된다. 이 액체냉매는 수액기(receiver)에 모이며, 규모가 작은 냉동장치는 수액기 없이 바로 액체냉매를 연속적으로 순환시키기도 한다.

수액기의 상온고압의 액체냉매는 유량조절 밸브인 팽창밸브를 지나면서 증발기의 압력으로 감압된다. 증발기는 일종의 열교환장치로써 저온저압의 액체냉매는 증발기를 통과하면서 증발하여 증기가 된다. 이때 필요한 증발열을 주위로부터 빼앗아 냉동효과를 얻게 된다. 즉, 주위에서 열을 빼앗아 물체를 냉각시킨다. 증발에 의해 생성된 증기냉매는 다시 압축기로 흡입되어 위의 과정을 반복하여 연속적으로 냉동효과를 나타냄으로써 냉동사이클을 이루게 된다.

냉동장치는 냉매에 의하여 작용하는 압력에 따라 압축기와 팽창밸브를 경계로 하여 저압측과 고압측으로 크게 나눌 수 있다. 저압측은 팽창밸브, 증발기, 흡입관으로 구성되어 있는 부분으로써, 이 부분의 압력은 증발기에서 냉매가 증발하는 낮은 압력을 유지하고 있다. 이 압력을 증발압력 또는 흡입압력이라 부른다. 고압측은 압축기, 배출관, 응축기, 수액기 및 액관으로 구성되어 있으며, 고압측 압력은 냉매가 응축기에서 응축되는 압력으로서 응축압력 또는 배출압력이라 한다.

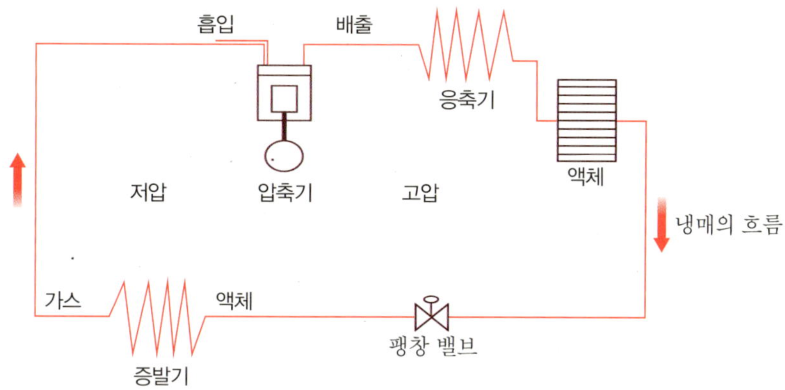

그림 8-3 증기압축 냉동장치의 개요

2. 압력-엔탈피 선도

증기압축식 냉동장치의 냉동능력과 소요동력을 계산하기 위해서는, 사용되는 냉매의 열역학적 성질과 그 값들을 알아야 한다. 냉동사이클의 열역학적 상태를 나타내는데 가장 많이 사용되는 도표는 압력-엔탈피 도표로서 이를 '몰리에르 선도(Mollier diagram)' 라 부르는데, 그림 8-4에 나타내었다.

압력과 엔탈피(P-h)에서 선도는 포화액선과 포화증기선을 경계로 크게 세 부분으로 나누어 진다.

개괄도 그림 8-4 포화압력과 포화온도와의 관계를 나타내는 곡선이 포화액선(saturated liquid line)이다. 포화액선상의 냉매는 곧 증발을 시작하려는 포화액이고, 이 곡선의 왼쪽 부분은 과냉각액(subcooled liquid)이다. 건조한 포화증기의 상태를 나타내는 점을 연결한 곡선을 포화증기(saturated vapor line)라 하며, 이 곡선의 오른쪽 부분은 과열증기(superheated vapor) 구역이다.

(a)

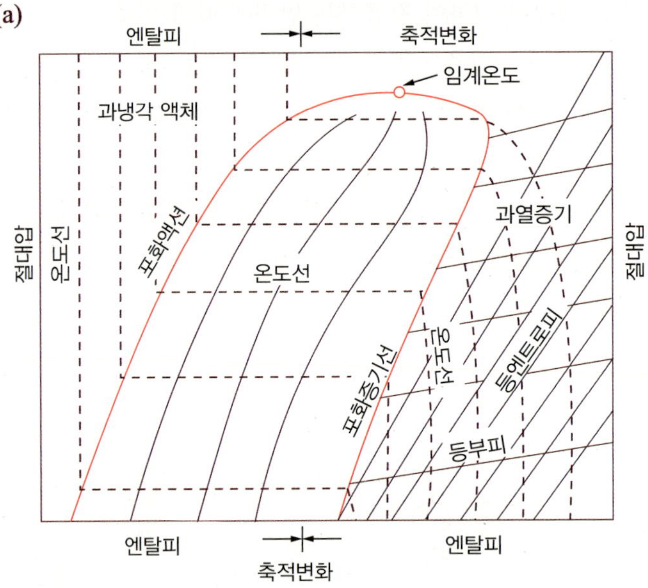

(b)

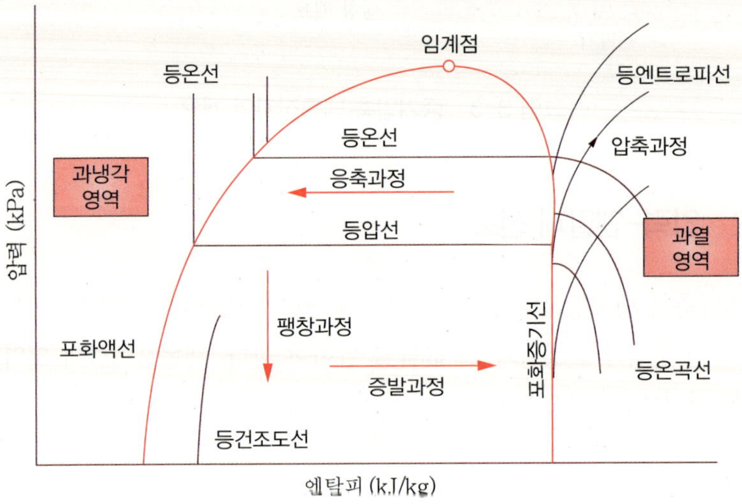

그림 8-4 압력–엔탈피 선도

포화액선과 포화증기선 사이의 중앙부분은 액체와 증기가 공존하는 습포화증기이다. 어떤 압력에서 수평으로 등압선을 그렸을 때 포화액선과 포화증기선 사이의 거리는 증발숨은열이다.

$P-h$선도에서 액체로부터 증기상태로 변화는 왼쪽에서 오른쪽으로 차차 진행되며, 반대로 증기로부터 액체 상태로의 변화는 오른쪽에서 왼쪽으로 진행된다. 즉 포화액선에 가까워질수록 액체와 증기는 대부분 액체이고, 포화증기선에 가까워지면 거의 모두가 증기이다.

세로축에는 압력, 가로축에는 엔탈피를 나타내었으므로 가로축을 따라 나란히 그려진 선들은 등압선(constant pressure line)이고, 세로로 그려진 많은 직선은 등엔탈피선(constant enthalpy line)이다.

온도가 같은 점을 연결한 선은 등온선(constant temperature line)이다. 포화액선 왼쪽의 과냉각액 부분에서 등온선은 등엔탈피선과 거의 평행하고, 습포화증기 부분에서 냉매는 등온등압과정이며, 등온선과 등압선은 평행선이 되므로 따로 등온선을 그려두지 않는다. 오른쪽의 과열 증기 부분에서 등온선은 아래로 급격히 굽어진다.

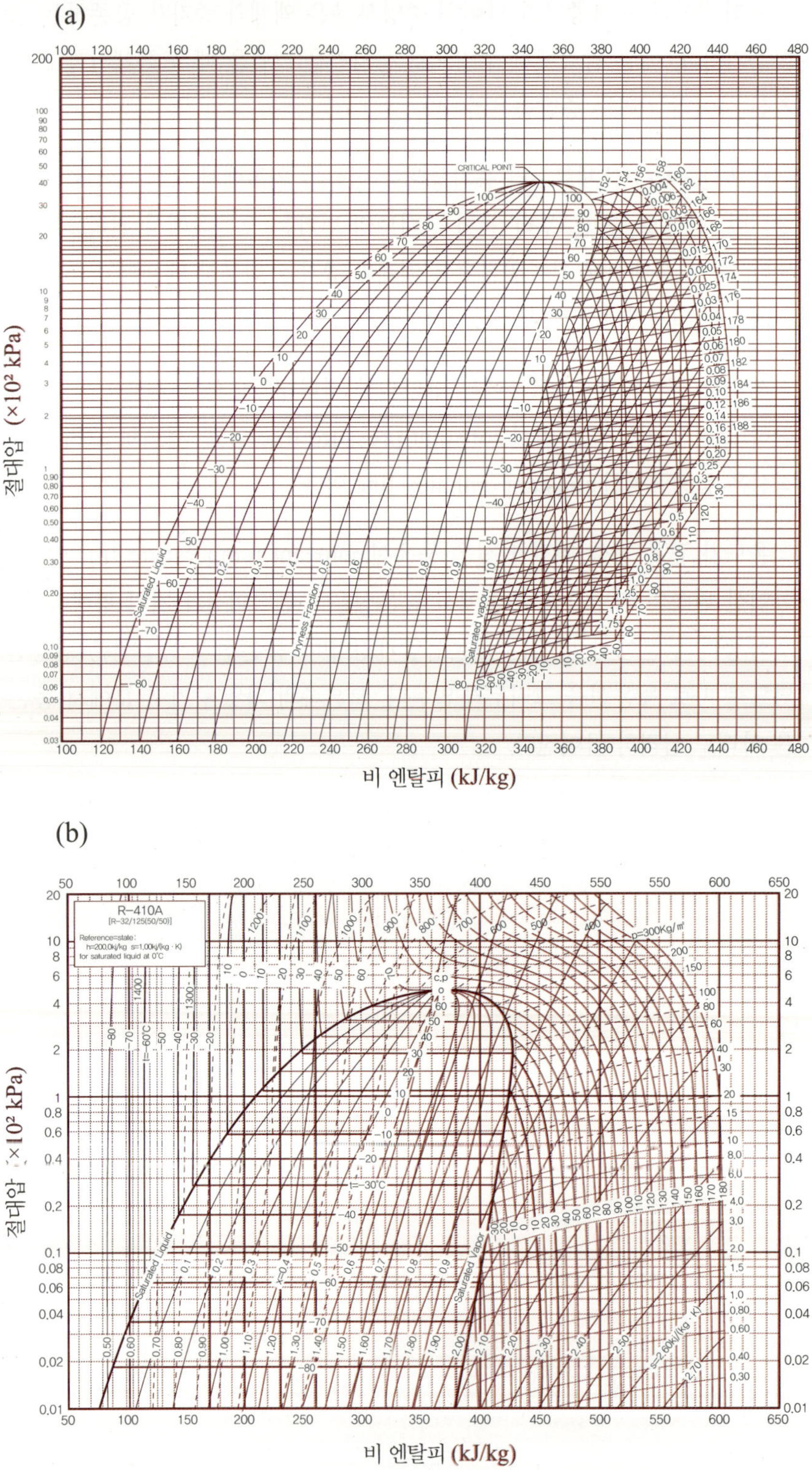

그림 8-5 Freon 12(a)와 R-410A(b)의 압력-엔탈피 선도

습포화증기 1 kg 중 증기의 무게비율을 건조도라 하며, 습포화증기 구역에서 건조도가 같은 점을 연결한 선이 등건조도선(constant quality line)이다. 증기가 전혀 없는 포화액선 상의 건조도는 0이고, 완전히 증기로 된 포화증기선 상에서의 건조도는 1이다.

오른쪽 과포화영역에서 비스듬히 수직선에 가깝게 그려진 선은 엔트로피가 같은 점을 연결한 등엔트로피선(constant entropy line)이다.

3. 열역학 과정과 냉동사이클

냉동사이클은 냉매가 냉동장치 안을 순환하면서 압축, 응축, 팽창, 증발의 4개 기본과정을 거쳐 다시 초기상태로 되돌아 오는 일련의 열역학과정이라 할 수 있다.

그림 8-6은 압력-엔탈피 선도 위에 냉동사이클 ABCD를 나타낸 것이다. 점 A는 상온고압의 포화액체냉매가 팽창밸브로 들어가는 점을 나타낸다. 액체냉매는 팽창밸브의 좁은 목을 통과하면서 갑자기 응축압력에서 증발압력으로 압력이 감소되면서 점 B까지 팽창한다. 이때 외부에서 일 또는 열의 출입이 없으므로 냉매의 엔탈피 변화가 없다.

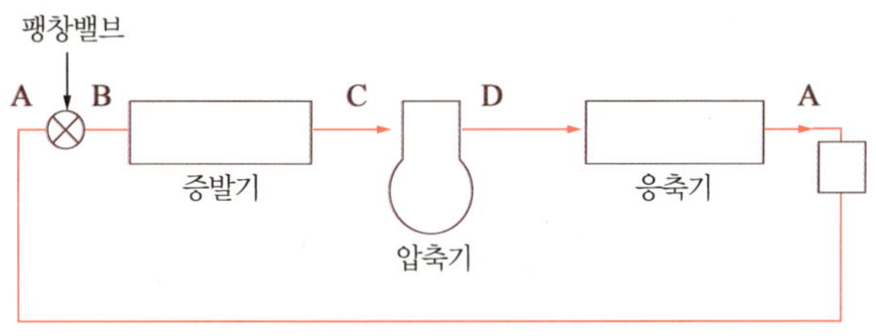

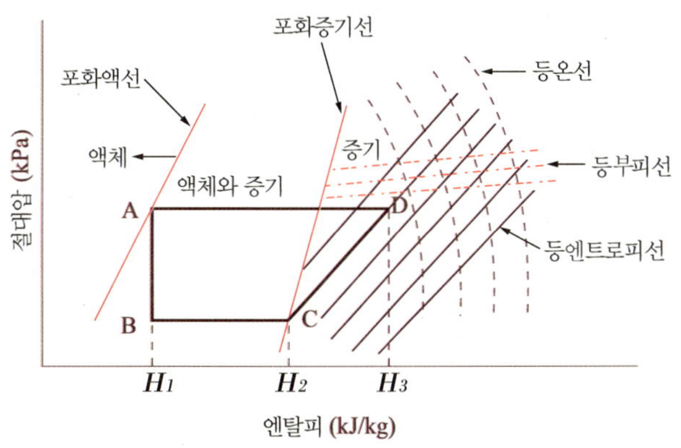

그림 8-6 냉동 사이클과 압력-엔탈피 선도

즉 액체냉매가 팽창밸브를 통과하면서 등엔탈피선(H_1)을 따라 압력이 포화압력보다 갑자기 낮아지므로 액의 일부가 증발(flashing)하여 습한 증기상태 점 B가 된다. 이때 액의 일부가 증발하는데 필요한 증발열은 냉매액 자신이 가진 열을 사용하므로 냉매온도는 응축온도에서 증발온도로 저하된다.

점 B는 팽창밸브를 통과한 증발기 입구에서의 냉매 상태를 나타내며, 선 BC는 증발기 안에서 냉매의 등압증발과정이다. 증발기를 통과하면서 주위에서 열을 흡수함에 따라 냉매의 엔탈피가 증가되고 엔탈피 H_2까지 증가한 냉매는 포화증기상태(점 C)로 되어 압축기에 흡입된다.

압축기는 증발기에서 증발하는 냉매증기를 연속적으로 흡입하므로 팽창밸브를 통해 들어오는 냉매의 양을 적당히 조절하면 증발기 안의 압력을 원하는 압력으로 유지할 수 있다.

압축기에서 냉매증기가 증발압력에서 응축압력으로 압축될 때 순간적으로 압축되므로 열이 냉매에 출입할 시간적 여유가 없기 때문에 단열압축(adiabatic compression)이라 할 수 있다. 그러나 냉매증기를 압축시킬 때 외부에서 일을 해주었으며, 이 일은 압축기가 모터를 돌리는 전기에너지 형태로 공급되는 것이다. 따라서 증기가 단열 압축되면 엔트로피는 변하지 않으나 압축열에 의하여 엔탈피가 증가하므로 압축과정은 등엔트로피선(CD)를 따라 진행된다.

점 D에서 압축된 냉매증기가 압축기에서 배출되며 냉매는 엔탈피 H_3을 가지게 된다. 점 D의 고온고압의 냉매증기는 응축기에서 열을 방출하고 그 결과 엔탈피는 감소하여 상온고압의 액체냉매(점 A)가 된다.

응축은 등온등압과정(선 DA)으로서 응축기를 나오는 액체냉매는 점 A의 압력과 엔탈피상태(H_1)로 돌아오게 되며, 계속적으로 순환하게 된다. 실제 상황에서는 냉매가 압축기로 들어가기 전에 증발기 내에서 열을 얻어 약간의 과열증기상태로 응축기로 들어갈 수도 있고, 반면에 냉매는 응축기 안에서 과냉각될 수도 있다.

이상에서 설명한 두 과정, 즉 에너지가 공급되는 단열압축과정과 냉매가 주위로 에너지를 흡수하는 등압팽창과정은 냉동장치의 효율을 결정하는데 매우 중요하다.

4. 수학적 고찰

(1) 압축기

압축기에서 포화증기 냉매는 단열적으로 압축되어 등엔트로피선을 따라 응축압력에 도달할 때까지 압력이 증가하게 된다(그림 8-6, 선 CD). 이 때 압축하는데 필요한 동력은 냉매의 질량유량과 엔탈피의 차로부터 계산할 수 있다.

$$P = m(H_3 - H_2) \tag{8-1}$$

여기서 P : 소요동력(kW)

m : 냉매의 질량유량(kg/s)

H_2 : 압축시작시 냉매의 엔탈피(kJ/kg)

H_3 : 압축완료시 냉매의 엔탈피(kJ/kg)

위의 식은 냉매증기를 압축하는데만 필요한 이론적인 동력을 나타내며 실제로는 압축기 내의 기계적인 저항, 특히 고압하에서의 피스톤과 실린더 사이에서 냉매의 미끄러짐 정도에 따라 더 많은 동력이 필요하게 된다. 이론적으로 요구되는 동력과 실제 사용되는 동력으로부터 압축과정의 효율을 계산할 수 있다.

(2) 응축기

전체 냉동사이클을 통해 흡수한 열은 응축기에서 방출된다(선 DA). 이 때 주위로 방출되는 열량은

$$q_c = m(H_3 - H_1) \tag{8-2}$$

여기서 q_c : 응축기에서 열방출속도(kW)

H_1 : 응축기 출구에서의 냉매 엔탈피(kJ/kg)

H_3 : 응축기 입구(압축완료 시)에서 냉매의 엔탈피(kJ/kg)

(3) 증발기

증발기 내에서 액체상태의 냉매는 정압하에서 증기상태로 변하면 주위로부터 열을 흡수하게 된다. 이때 냉매에 의해 흡수된 열량은

$$q_e = m(H_2 - H_1) \tag{8-3}$$

여기서 q_e : 증발기에서 열흡수속도 (kW)

H_1 : 증발기 입구에서의 냉매 엔탈피(kJ/kg)

H_2 : 증발기 출구에서의 냉매 엔탈피(kJ/kg)

$H_2 - H_1$의 값은 냉동효과(refrigeration effect) 또는 냉각능력(cooling capacity)이라 부르기도 한다.

(4) 팽창밸브

팽창밸브 안에서는 열교환이 일어나지 않으므로 팽창밸브를 통과한 액체냉매와 증기냉매의 혼합물의 엔탈피값은 팽창밸브로 들어가는 액체냉매의 엔탈피와 같아야 한다.

팽창밸브를 통과하면서 액체냉매는 압력이 갑자기 낮아지므로 끓는점이 감소되어 일부 냉매가 증발되며, 증발잠열을 액체냉매에서 빼앗아감으로 액체냉매는 냉각된다. 이때 발생되는 증기를 flash gas라 부르며 그 농도, 즉 건조도는 다음과 같은 식으로 계산할 수 있다.

$$FG = \frac{H_1 - H_0}{H_2 - H_0} \times 100 \tag{8-4}$$

여기서 FG : flash gas 농도(%)

H_0 : 증발기 온도에서 포화액체냉매의 엔탈피(kJ/kg)

H_1 : 증발기 입구에서의 냉매 엔탈피(kJ/kg)

H_2 : 증발기 출구에서의 냉매 엔탈피(kJ/kg)

$H_2 - H_0$의 값은 증발기 온도에서 냉매의 증발잠열과 같다.

(5) 냉매의 유속

냉매의 유속은 냉동기의 냉동효과($H_2 - H_1$)와 냉각부하(L)에 따라 변하게 된다. 장치 내의 전체 냉각부하는 냉동실로부터 원하는 냉동과정을 수행하기 위해 제거되어야 하는 열량으로부터 계산할 수 있다.

$$m = \frac{L}{H_2 - H_1} \tag{8-5}$$

여기서 m : 냉매의 유속(kg/s)

L : 전체 냉각부하(kW)

H_1 : 증발기 입구에서의 냉매 엔탈피(kJ/kg)

H_2 : 증발기 출구에서의 냉매 엔탈피(kJ/kg)

(6) 압축기

절대압력으로 표시한 고압측 압력과 저압측 압력의 비를 다른 말로 압축비(compression ratio)라고 한다.

$$압축비 = \frac{고압측\ 압력}{저압측\ 압력}$$

압축식 냉동사이클에서 고압측 압력은 낮고(응축온도가 저온) 저압측 압력은 높게(증발온도는 고온) 운전하는 것이 바람직하므로 압축비가 작을수록 좋다.

(7) 성적계수

냉동장치에서 성적계수(coefficient of performance, COP)는 냉매가 흡수한 열량과 압축기를 통해 공급되는 에너지 양의 비로 정의할 수 있다. 성적계수는 냉동장치의 능률이 좋고 나쁨을 나타내는 계수이다. 이 계수가 클수록 냉동장치는 작은 일량으로 큰 냉동효과를 얻는 것이므로 능률이 좋다.

$$COP = \frac{H_2 - H_1}{H_3 - H_2} = \frac{냉동효과}{압축열} \tag{8-6}$$

H_1 : 증발기 입구에서의 냉매 엔탈피(kJ/kg)

H_2 : 증발기 출구에서의 냉매 엔탈피(kJ/kg)

H_3 : 응축기 입구에서의 냉매 엔탈피(kJ/kg)

[예제 8-1] 성적계수의 계산

Freon 12를 이용한 증기압축식 냉동장치에서 증발기의 온도가 −20°C 이고 응축기의 온도가 30°C일 때 성적계수를 계산하라.

[풀이] Freon 12의 압력-엔탈피 선도(그림 8-5)로부터 필요한 값을 구하면,

$H_1 = 230$ kJ/kg , $H_2 = 340$ kJ/kg, $H_3 = 375$ kJ/kg

식 8-6으로부터

$$COP = \frac{H_2 - H_1}{H_3 - H_2} = \frac{냉동효과}{압축열}$$

$$COP = \frac{H_2 - H_1}{H_3 - H_2} = \frac{340-230}{375-340} = 3.14$$

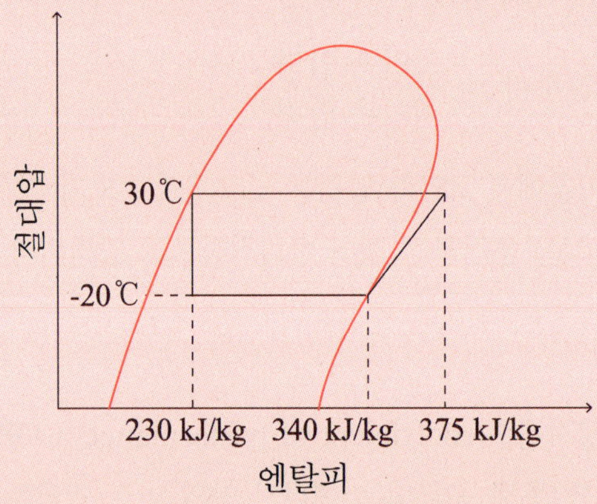

그림 8-7 예제 8-1의 압력-엔탈피 선도

(8) 냉동능력

냉동능력이란 냉매가 증발기에서 단위시간당 빼앗는 열량을 말하며 냉동장치의 실질적인 냉동능력(refrigeration capacity)을 산출할 수 있다.

냉동능력은 기계적 냉동장치가 사용되기 전부터 얼음의 융해와 연관지어 쓰여져 왔는데, 냉동톤(ton of refrigeration, RT)이란 단위를 사용한다.

1 냉동톤은 0°C의 물 1톤(1000 kg)을 24시간 내에 0°C의 얼음으로 만드는 능력을 말한다. 즉, 0°C의 물 1톤을 24시간 동안에 0°C의 얼음으로 만들기 위한 열의 제거속도이다.

얼음의 융해잠열이 79.68 kcal/kg(144 Btu/lb)이므로 1 냉동톤은 물 1톤의 단위에 따라 다음 두 가지 방법으로 나타낸다.

$$1\text{ 냉동톤} = \frac{79.68 \times 1000}{24} = 3320\ \text{kcal/h}$$

또는

$$1\text{ 냉동톤} = \frac{144 \times 2000}{24} = 12000\ \text{Btu/h}$$

따라서 냉각실로부터 3320 kcal/h 는 303852 kJ/24 h의 속도로 열을 제거할 수 있는 기계적 냉동장치는 1 냉동톤의 능력이 있다고 한다.

[예제 8-2] 냉동능력의 계산

30°C의 물 1 톤을 24 시간 동안 −9°C의 얼음으로 만드는데 필요한 냉동능력을 구하라.

[풀이] 30°C의 물 1 톤을 0°C의 물로 냉각하는데 필요한 열량 :

$$\frac{1000 \times 1 \times 30}{24} = 1.25 \times 10^3 \text{ kcal/h}$$

0°C의 물 1 톤을 0°C의 얼음으로 만드는데 필요한 열량 :

$$\frac{79.68 \times 1000}{24} = 3.32 \times 10^3 \text{ kcal/h}$$

0°C의 얼음 1 톤을 −9°C의 얼음으로 냉각하는데 필요한 열량(얼음의 비열은 0.5 kcal/kg °C) :

$$\frac{1000 \times 0.5 \times 9}{24} = 0.1875 \times 10^3 \text{ kcal/h}$$

$$\text{전체열량} = 1.25 \times 10^3 + 3.32 \times 10^3 + 0.1875 \times 10^3 = 4.7575 \times 10^3 \text{ kcal/h}$$

1 냉동톤은 3320 kcal/h이므로,

$$\text{필요한 냉동능력} = \frac{4.7575 \times 10^3}{3320} = 1.433 \text{ 냉동톤}$$

[예제 8-3] Mollier 선도의 응용(1)

Freon 12를 이용한 증기압축식 냉동장치를 사용해서 냉동실의 온도를 4°C로 유지하고자 한다. 증발기와 응축기의 온도가 각각 −5°C와 40°C이다. 전체냉동부하가 25 냉동톤일 때, 1) 냉매의 질량유량과 2) 압축기 요구동력을 계산하라. 단, 냉매는 포화조건에서 순환되며 압축기의 효율은 85%로 가정한다.

[풀이]

주어진 조건으로부터 Freon 12의 압력-엔탈피 선도 위에 냉동사이클을 완성하고 요약하면,

$H_1 = 238$ kJ/kg, $H_2 = 350$ kJ/kg, $H_3 = 375$ kJ/kg

증발기 압력=260 kPa, 응축기 압력=950 kPa

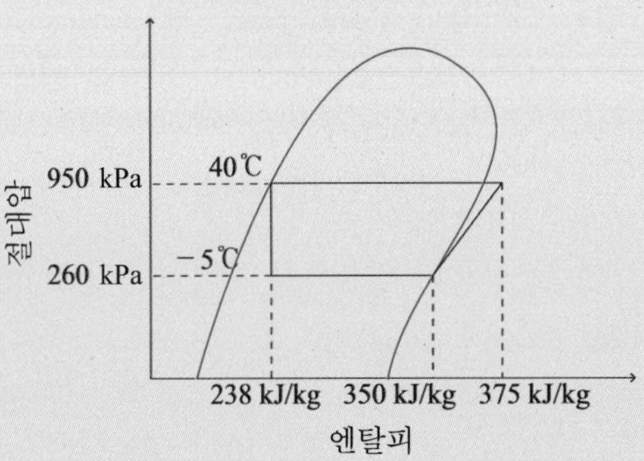

그림 8-8 예제 8-3의 압력-엔탈피선도

1) $m = \dfrac{L}{H_2 - H_1}$로부터

$$m = \frac{L}{H_2 - H_1} = \frac{38 \times 303852}{24 \times 3600 \times (350-238)} = 0.785 \text{ kg/s}$$

2) $P = m(H_3 - H_2)$로부터

$P_{이론} = m(H_3 - H_2) = 0.785(375-350) = 19.625$ kW $= 26.318$ hp

압축기의 효율이 85%이므로 실제 요구되는 동력은

$$P_{실제} = \frac{P_{이론}}{P_{효율}} = \frac{19.625}{0.85} = 23.088 \text{ kW} = 30.96 \text{ hp}$$

[예제 8-4] Mollier 선도의 응용(2)

Freon 12를 사용하는 증기압축식 냉동기의 증발기와 응축기가 각각 −15°C와 30°C에서 작동한다. 증기 냉매는 증발기를 떠나기 전에 −10°C로 과열되어 183 kPa의 압력으로 압축기에 흡입된다. 응축기에서 증기냉매가 응축되면서 5°C 과냉각된다.

장치 내 다른 부분에서의 열손실은 무시하고 다음을 계산하라.

1) 냉동효과와 냉매의 질량유량
2) 이론적 압축기 요구동력
3) 팽창밸브를 지난 후 냉매의 건조도
4) *COP*
5) 열전달

[풀이] 주어진 조건으로부터 Freon 12의 압력-엔탈피 선도 위에 냉동사이클을 완성하고 요약하면,

증발기 압력 = 183 kPa, 응축기 압력 = 745 kPa

$H_0 = 187$ kJ/kg, $H_1 = 225$ kJ/kg, $H_2 = 350$ kJ/kg, $H_3 = 375$ kJ/kg

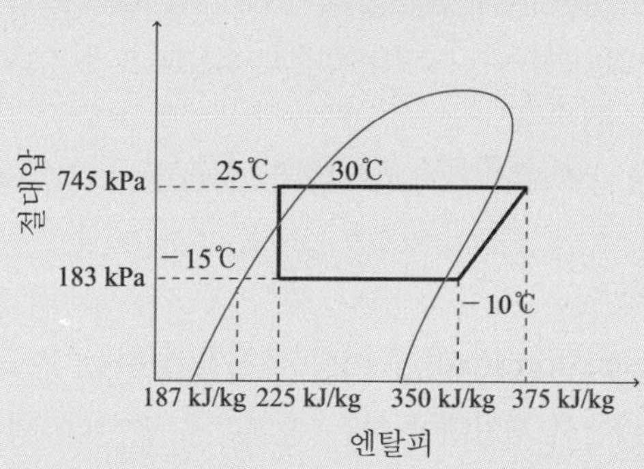

그림 8-9 예제 8-4의 압력-엔탈피 선도

1) 냉동효과 $= H_2 - H_1 = 350 - 225 = 125$ kJ/kg

$m = \dfrac{L}{H_2 - H_1}$로부터 단위냉동부하가 걸릴 때 냉매의 질량유속은

$$m = \frac{L}{H_2 - H_1} = \frac{1 \times 303852}{24 \times 3600 \times (350-225)} = 0.028 \text{ kg/s}$$

2) $P_{이론} = m(H_3 - H_2) = 0.028(375-350) = 0.703 \text{ kW} = 0.943 \text{ hp}$

3) $FG = \dfrac{H_1 - H_0}{H_2 - H_0} \times 100$로부터

$$FG = \frac{H_1 - H_0}{H_2 - H_0} \times 100 = \frac{225-187}{350-187} \times 100 = 23.31\%$$

그러므로 전체 냉매의 23.31%가 증기상태로 존재한다.

4) $COP = \frac{H_2 - H_1}{H_3 - H_2} = \frac{\text{냉동 효과}}{\text{압축열}}$ 로부터

$$COP = \frac{H_2 - H_1}{H_3 - H_2} = \frac{350-225}{375-350} = 5$$

5) 단위 냉동부하를 가정하면

증발에서 열이득 $= \frac{303852}{24 \times 3600} = 3.517 \text{ kW}$

압축열 $= 0.028(375-350) = 0.703 \text{ kW}$

전체열이득 $= 3.517 + 0.703 = 4.220 \text{ kW}$

응축기에서의 손실 $= 0.028(375-225) = 4.20 \text{ kW}$

전체열손실 $= 4.20 \text{ kW}$

장치 내 다른 부분에서의 열손실을 무시하면 전체 열이득과 손실은 일치하여야 하나, 위의 차이는 압력-엔탈피 선도로부터 값을 구할 때 약간의 오차에 기인한다.

(9) 냉동부하

냉동부하(refrigeration load)는 어떤 물체를 원하는 온도까지 냉동시키기 위해서 물체와 주위에서 제거해야 하는 총열량을 말한다. 냉동을 효과적으로 하기 위해서 사용하는 냉동기는 냉동부하의 열량을 충분히 제거할 수 있는 능력을 가지고 있어야 한다.

냉동부하는 크게 정상상태 냉동부하와 비정상상태 냉동부하, 두 가지로 나눌 수 있다. 정상상태 냉동부하란 저장실의 온도를 일정하게 유지하기 위해서 제거되어야 하는 열량을 말한다. 반면에 비정상상태 냉동부하란 한정된 시간 내에 냉동실에 저장된 물체를 원하는 온도까지 냉동시키기 위한 열의 제거속도를 말한다.

과일과 야채는 호흡을 하기 때문에 호흡열은 냉동부하에 포함시켜야 하는데 호흡열은 온도의 함수로서 다음과 같이 표현된다.

$$q = ae^{bT} \tag{8-7}$$

여기서 q : 호흡열 (mW/kg)

a, b : 상수

T : 온도 (℃)

표 8-2 공기 중에서 여러 가지 야채나 과일의 호흡열 계산을 위한 상수

Product	a (mW/kg)	b (°C^{-1})
Apples	19.4	0.108
Asparagus	173.0	0.086
Beans (green or snap)	86.1	0.115
Beans (lima)	48.9	0.128
Beets (topped)	38.1	0.056
Broccoli	97.7	0.121
Brussels sprouts	104.0	0.081
Cabbage	16.8	0.074
Cantaloupes	16.1	0.126
Carrots (topped)	29.1	0.083
Celery	20.3	0.104
Corn (sweet)	131.0	0.077
Grapefruit	11.7	0.092
Lettuce (head)	26.7	0.088
Lettuce (leaf)	59.1	0.074
Onions	6.92	0.099
Oranges	13.4	0.106
Peaches	14.8	0.133
Pears	12.1	0.173
Peas (green)	111.0	0.106
Peppers (sweet)	33.4	0.072
Spinach	65.6	0.131
Strawberries	50.1	0.106
Sweet potatoes	31.7	0.061
Tomatoes	13.2	0.103
Turnips	25.8	0.067

[예제 8-5] 호흡열의 계산

4°C에서 사과의 호흡열에 기인한 냉동부하를 계산하라.

[풀이]

표 8-2로부터 $a = 19.4$ mW/kg, $b = 0.108$°C^{-1}, $T = 4$°C

$q = ae^{bT}$로부터

$q = ae^{bT} = 19.4e^{0.108 \times 4} = 29.88$ mW/kg

냉각 과정을 통하여 온도가 감소하게 되면 호흡열 역시 감소하게 된다. 두 온도 T_1과 T_2 사이에 평균호흡열은 온도가 변하는 동안 시간변화 Δt를 알고 그 기간 동안 온도변화가 직선의 식을 따른다고 가정하면 다음과 같이 구할 수 있다.

$$q_{av} = \frac{1}{\Delta t}\int_0^{\Delta t} a\mathrm{e}^{bT} dt \tag{8-8}$$

직선의 온도변화를 가정하면

$$T = \frac{T_1 - T_2}{\Delta t} t + T_1 \tag{8-9}$$

식 (8-9)를 식 (8-8)에 대입하면

$$q_{av} = \frac{a}{\Delta t}\int_0^{\Delta t} \exp\left(b\left[\left(\frac{T_2 - T_1}{\Delta t}\right)t + T_1\right]\right)dt \tag{8-10}$$

식 (8-10)을 적분하고 한계값을 대입하면

$$q_{av} = \frac{ae^{bT_1}}{b(T_2 - T_1)}[e^{b(T_2 - T_1)} - 1] \tag{8-11}$$

위 식의 q_{av}는 한정된 시간, Δt 동안에 발생되는 평균호흡열의 값을 말하며, Δt를 곱하면 그 기간 동안에 발생되는 전체열량을 계산할 수 있다.

[예제 8-6] 평균호흡열과 전체열량 계산

시금치를 6시간 내에 32.7°C에서 3.7°C로 냉각하고자 한다. 이 기간 중 온도변화는 직선의 식을 따른다고 가정하고 냉각기간 중 발생되는 평균호흡열과 전체 발생되는 열량을 계산하라.

[풀이]

주어진 조건을 요약하면

$T_1 = 32.7°\mathrm{C}$, $T_2 = 3.7°\mathrm{C}$, $\Delta t = 6\ \mathrm{h} = 21600\ \mathrm{s}$

표 8-2로부터 시금치에 관한 상수 a, b는

$a = 65.6\ \mathrm{mW/kg}$, $b = 0.131°\mathrm{C}^{-1}$

$$q_{av} = \frac{ae^{bT_1}}{b(T_2 - T_1)}[e^{b(T_2 - T_1)} - 1]$$로부터

$$q_{av} = \frac{(65.6)e^{0.131\times 32.7}}{(0.131)(3.7 - 32.7)}[e^{0.131(3.7 - 32.7)} - 1] = 1224.00 \text{ mW/kg}$$

그러므로 6시간(21600초) 동안 발생된 전체 열량은

$$Q = (1224 \times 10^{-3})(21600) = 26.44 \text{ kJ/kg}$$

Section 3 냉동장치 및 부속기기

1. 증발기

증발기(evaporator)란 그 내부에서 저온의 냉매가 증발하면서 주변의 열을 흡수하여 냉동의 목적을 달성하는 일종의 열교환기이다. 증발기는 구조에 따라 나관(bare pipe), 핀튜브(finned-tube) 및 플레이트 형(plate type)이 있다.

나관 증발기는 나관을 그림 8-10과 같이 머리핀 모양으로 만든 것으로서 대형냉장고, 냉장용 진열장 등의 벽 또는 천장에 선반모양으로 설치한다. 구조가 간단하여 제작하기 쉽고 또한 서리제거 작업도 쉬우나 열효율이 나쁘다.

핀튜브 증발기는 표면적을 넓혀 열전달속도를 빠르게 하기 위하여 구리관에 1 in. (25.4 mm) 당 3~8장의 구리 또는 알류미늄핀을 붙인 것이다. 이것은 에어컨디셔너에 많이 사용되며, 소형으로 큰 냉각능력을 갖는 것이 특징이지만 저온에서는 서리제거가 어려워 주로 0°C 이상에서 많이 사용된다.

플레이트형 증발기는 2장의 판을 용접하여 붙인 것으로 판과 판사이의 양쪽 또는 한쪽 면에 홈을 가지게 한 것을 접합시킨 것이다. 일반적으로 소형냉동설비인 가정용 냉장고 또는 쇼케이스용 냉각판으로 이용된다.

증발기는 내부 냉매의 상태에 따라 직접팽창식(direct expansion)과 만액식(flooded type)이 있다. 직접팽창식은 그림 8-11에 나타낸 것처럼 팽창밸브를 통과하여 감압된 냉매를 바로 증발기로 보내어 냉매는 증발관을 통과하는 사이에 차차 증발하여 출구에서는 전부 증기 상태로 되어 압축기에서 흡입되는 방식이다.

그림 8-10 여러 가지 형식의 증발기 코일

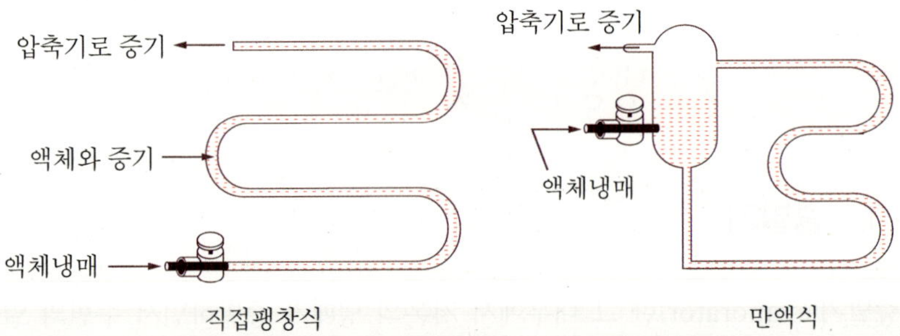

그림 8-11 직접팽창식 증발기와 만액식 증발기

만액식 증발기에서 액체냉매는 서지 탱크(surge tank)로 공급되고 액체냉매는 증발기 코일을 흐르면서 주위에서 열을 흡수 및 팽창하여 서지 탱크로 들어간다. 서지 탱크에서 액체와 증기는 분리되어 증기는 압축기로 흡입되고 액체냉매는 재순환한다. 증발기 내부는 항상 액으로 가득 차 있기 때문에 전열작용이 양호하다.

2. 압축기

압축기(compressor)는 냉동장치의 구성기기 중 가장 중요한 부분으로 마치 사람의 심장과 같은 구실을 한다. 즉 저압의 증기를 흡입하여 압축함으로써 순환의 원동력을 주며, 냉매가 상온부근에서 쉽게 액화될 수 있도록 한다.

일반적으로 사용되는 압축기에는 왕복식(reciprocating)과 원심식(centrifugal) 및 회전식(rotary)의 세 종류가 있다. 왕복식 압축기는 실린더 내부를 피스톤이 전후로 이동하면서 냉매증기를 흡입, 압축하게 된다. 용량은 1~100톤 범위이며, 가장 일반적으로 사용된다(그림 8-12).

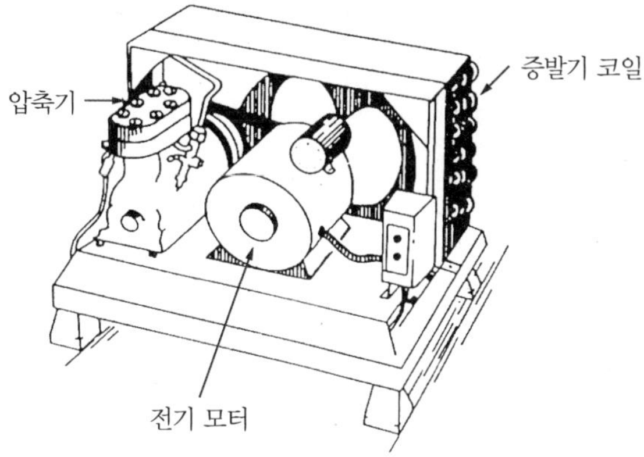

그림 8-12 왕복식 압축기

원심식은 여러 개의 부채꼴 모양의 날개가 붙어 있는 임펠러(impeller)가 고속으로 회전하여 증기의 압력을 높이는 압축기이다. 그리고 회전식 압축기는 편심으로 회전하는 로터(rotar)와 실린더 사이에서 냉매가 압축된다.

그림 8-13은 왕복식 압축기에서 피스톤의 작동원리를 나타낸 것이다. 점 A는 흡입이 완료된 시점으로 실린더 내부는 흡입압력의 증기로 꽉 차있다. 피스톤이 전진하며 실린더 내부의 냉매증기는 압축되고 점 B에서 압축이 완료된다. 압축과정(compression) AB 동안에 흡입 및 배출밸브는 모두 닫혀 있다. BC는 배출과정(discharge)으로 배출밸브가 열리고 실린더 내부의 증기가 배출된다. 배출이 끝나면(점 C) 배출밸브가 닫히고 피스톤이 후퇴하기 시작한다.

이때 실린더와 피스톤 헤드 사이의 틈새(clearance)에 남아 있던 증기의 압력이 낮아져 증발압력과 같아지는 점 D에서부터 비로소 흡입이 시작된다. 피스톤이 D에서 A까지 후퇴하는 동안에 흡입(suction)되고 점 A에서 흡입밸브가 닫히면서 흡입이 완료된다.

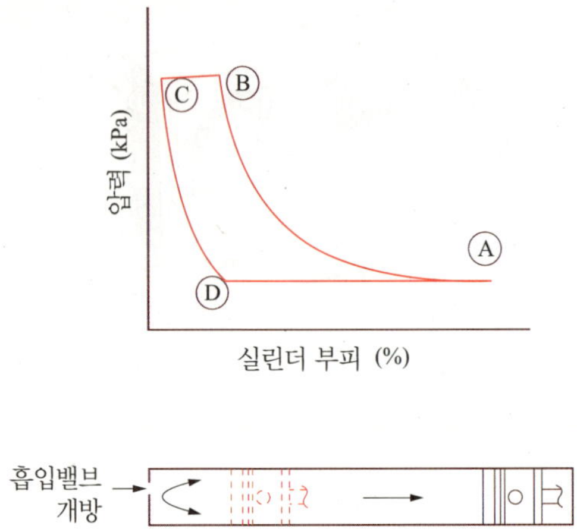

그림 8-13　왕복식 압축기의 사이클

피스톤 배출량(piston displacement)은 다음 식으로 계산할 수 있다.

$$\text{피스톤 배출량} = \frac{\pi D^2 L N}{4} \tag{8-12}$$

여기서　D : 실린더의 안지름(m)

L : 스트로크(stroke)의 길이(m)

N : 실린더의 수

압축기의 배출량(piston displacement)은 다음 식으로 주어진다.

$$\text{압축기 배출량} = (\text{피스톤 배출량}) \times (\text{분당 회전수}) \tag{8-13}$$

압축기의 이론적인 흡입량과 실제로 흡입되는 가스량과의 비를 체적 효율이라 한다.

냉동부하는 일정한 경우가 드물고 대부분의 경우 냉동기 설계에 사용했던 냉동부하보다 적은 부하에서 조작함으로 냉동기의 능력을 제어할 필요가 있다. 압축기의 부하를 조절하는 데 가장 널리 사용되는 방법은 냉매증기를 바이패스(bypass) 시키는 방식으로 그 한가지 예는 압축기의 배출축과 흡입측을 연결시켜서 솔레노이드 밸브(solenoid valve)를 사용하여 배출측의 증기를 바로 흡입측으로 가도록 하면 압축기의 능력이 감소된다. 그러나 이 경우 소비동력은 전혀 절감되지 않는다.

보다 바람직한 방법은 흡입밸브를 열어놓아서 냉매증기가 단순히 실린더 내부로 출입만하게 하는 방법으로 솔레노이드 밸브를 사용하여 흡입구의 개폐정도를 조절하게 된다.

3. 응축기

응축기(condenser)는 고온고압의 냉매증기가 물 또는 공기와 같은 다른 냉각매체에 열을 방출하고 자신은 액체로 응축되는 일종의 열교환기이다. 응축기는 냉각매체의 종류에 따라 수냉식(water-cooled), 공냉식(air-cooled), 및 증발식(evaporative)의 세 종류로 크게 나눌 수 있다.

수냉식 응축기 중에서 가장 널리 사용되는 것은 이중관식(double pipe)과 원통다관식(shell and tube)이다. 이중관식 응축기는 그림 8-14에서와 같이 크고 작은 두 개의 관으로 구성되어 있으며, 냉각수는 안쪽관으로, 냉매는 바깥쪽관을 서로 반대 방향으로 흐른다.

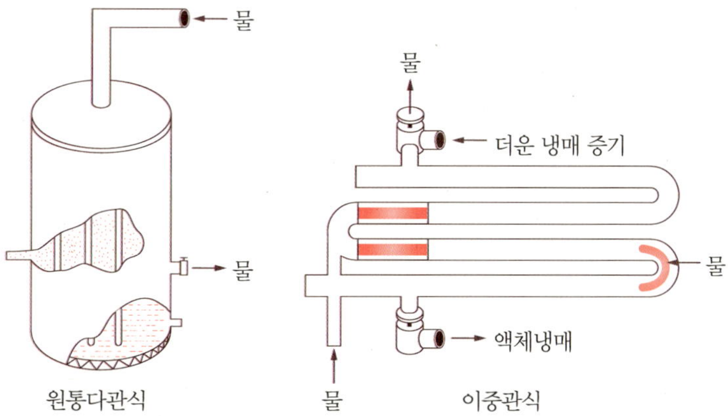

그림 8-14 원통다관식 및 이중관식 응축기

다관식 응축기는 원통의 양쪽 끝을 경판(end plate)으로 봉하고 내부에 여러 개의 파이프를 설치하여 냉각수를 파이프 내부로 흐르게 하고, 파이프 밖으로 냉매가스가 흐르면서 액화하는 방식이다. 냉각관으로는 열전달이 잘 되도록 냉매 쪽에 핀이 붙은 핀튜브(finned tube)를 사용하며, 이 형식에는 수평형과 수직형이 있다.

공냉식 응축기는 공기로 냉매가스를 냉각시키는 것이기 때문에 공기온도가 낮고 풍량이 많은 것이 좋다.

공냉식에는 핀관식(tube and fin type)과 평판식(plate type)이 있다. 핀관식은 구리관에 구리핀 또는 알루미늄핀이 붙은 핀관의 표면에 송풍기로 2.5 m/s 정도의 바람을 불어주어 응축시킨다. 평판식은 평판에 냉매코일을 설치한 것으로 구조가 간단하고 저렴하다(그림 8–15).

증발식 응축기는 그림 8–16에 나타낸 것과 같이 물순환 펌프가 응축기 하부의 물을 흡입하여 응축기 코일에 분무하여 준다. 동시에 상부팬이 대량의 공기를 흡입하므로 물이 증발하게 되며, 증발열을 냉매에서 빼앗아가므로 코일 내부의 냉매는 응축된다.

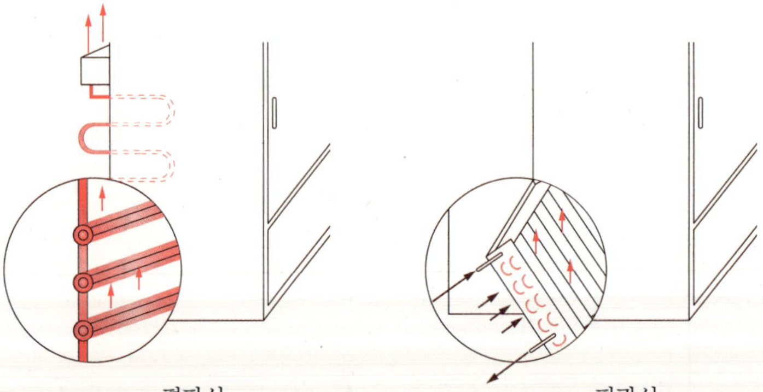

그림 8–15 평판식 및 핀관식 응축기

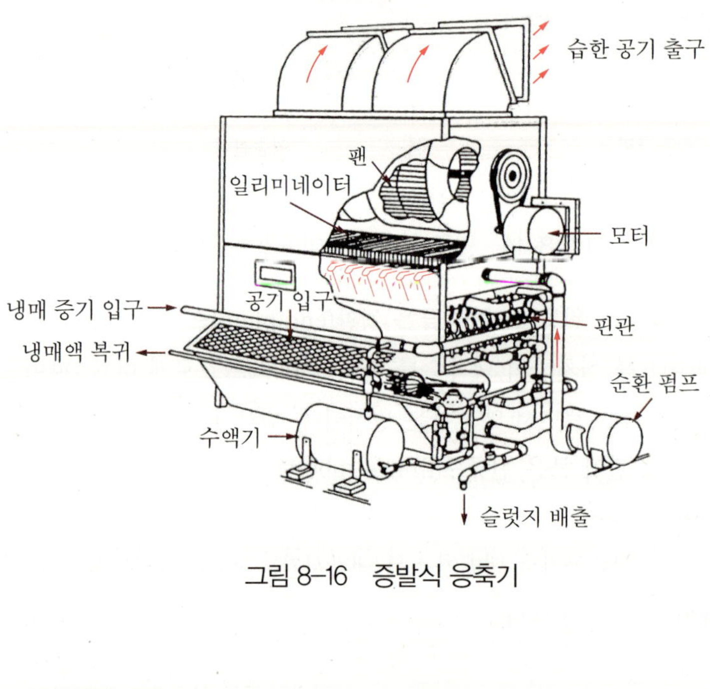

그림 8–16 증발식 응축기

4. 팽창 밸브

팽창밸브(expansion valve)는 고압의 냉매를 스로틀링(throttling)시킴으로써 압력을 낮추는 동시에 냉동능력에 알맞은 냉매량이 흐르게 조절하는 기능을 하는 밸브이다. 유량을 정밀하게 조절해야 하므로 팽창밸브의 본체는 니들밸브(needle valve)로 된 경우가 많다.

또한 팽창밸브에는 수동식 팽창밸브(manually operated expansion valve)와 자동식 팽창밸브(automatic expansion valve, AEV), 자동저압 플로오트 밸브(automatic low pressure float valve), 그리고 자동고압 플로오트 밸브(high pressure float valve)와 온도식 팽창밸브(thermostatic expansion valve, TEV) 등의 형식이 있다.

수동식 팽창밸브는 손으로 유량을 조절할 수 있는 단순한 니들밸브로서 과거에는 사용되었으나 현재에는 거의 사용되지 않는다.

자동식 팽창밸브는 그림 8-17에 나타난 것과 같이 증발기 압력이 증가하면 조절용 스플링 압력을 이기면서 막을 밀어올리고 그 결과 밸브가 닫히게 되며, 증발기 압력이 낮이지면 막이 내려와 밸브가 열리게 된다. 이와 같은 원리에 의하여 증발기 압력이 정상적으로 일정하게 유지되도록 냉매량을 자동적으로 조절한다. 이 밸브는 냉동부하의 변동이 큰 경우에는 유량조절이 곤란하므로 부하변동이 작은 장치, 예를 들면 가정용 냉장고 등에 사용된다.

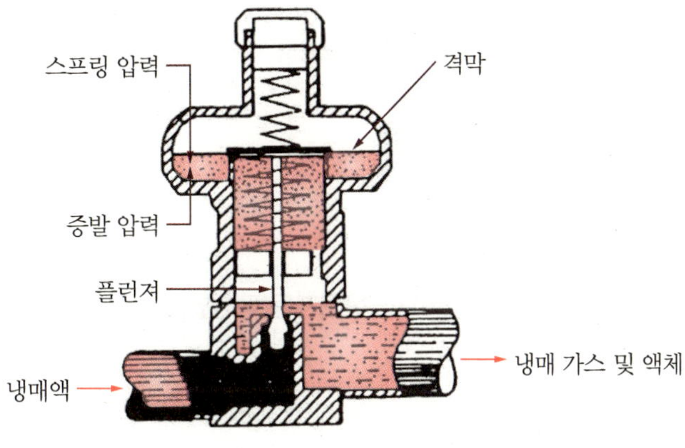

그림 8-17 자동식 팽창밸브

플로오트 밸브는 응축기, 수액기 또는 증발기 속의 액면에 플로오트를 띄워서 액면의 변동에 따라 플로오트가 오르내리면서 밸브를 여닫게 되어 있다. 설치장소에 따라 고압측 플로오트 밸브와 저압측 플로오트 밸브가 있다.

온도자동 팽창밸브의 작동원리는 그림 8-18에 나타낸 것과 같이 냉매의 증발온도와 압축기로 흡입되는 과열가스와의 온도차, 즉 과열도를 일정하게 유지하는 작용을 한다. 압축기의 흡입관에 감온통(feeler bulb)을 설치한다. 감온통 속에는 냉동기에 사용한 것과 같은 종류의 냉매가 봉입되어 있기 때문에 증발기에서 배출되는 증기의 온도를 감지하여 그 온도에 상당하는 냉매의 포화압력이 팽창밸브의 벨로우즈(bellows) 또는 다이어프램 상부에 작용하여 밸브를 열려는 힘(P_1)이 된다.

한편 밸브를 닫으려고 하는 힘은 과열도 조절용 스프링의 힘(P_{S2})과 증발압력(P_2)을 합한 압력이다. 두 힘이 균형을 이룰 때 정상부하에 알맞은 냉매가 공급되는 상태이다. 만약 냉동부하가 증가하면 증발기 출구가스의 온도가 높아짐으로 $P_1>P_2+P_{S2}$ 상태가 되어 밸브가 열려 많은 냉매를 증발기로 공급한다. 반대로 부하가 감소되면 $P_1<P_2+P_{S2}$ 상태가 되어 밸브의 열린 정도가 작아진다.

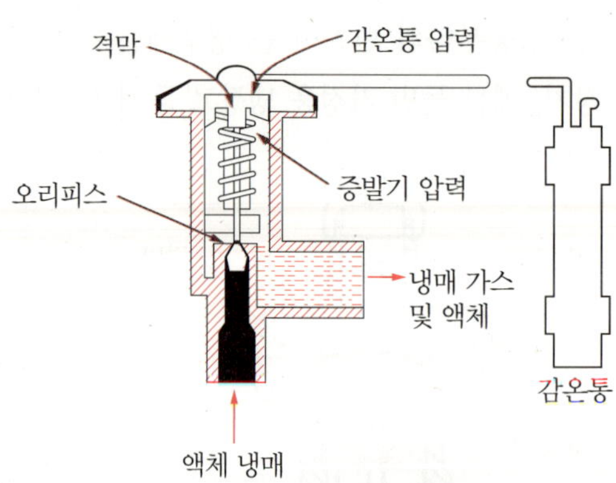

그림 8-18 온도자동 팽창밸브

5. 고압 및 저압 차단 스위치

냉동장치의 설계나 운전에 있어 가장 중요한 것은 냉매가 응축기에서 응축되는 속도와 증발기에서 증발하는 속도가 균형을 이루도록 조절하는 것이다. 냉동장치의 능력은 일반적으로 평균 최대부하보다 약간 크게 만들며 냉동부하는 때로 변하기 때문에 냉동장치를 정지 혹은 가동시킬 수 있는 방법이 필요하다.

고압차단 스위치(high pressure cut-out switch)는 냉동장치의 고압측의 압력이 위험 압력일 때 스위치를 열어 압축기의 전동기를 정지시키는 안전제어장치이다. 전동기가 정지된 후 압력이 낮아져도 자동적으로 복귀되지 않으며, 손으로 리셋 버튼(reset button)을 눌러 복귀시켜 주어야 압축기가 다시 운전된다. 따라서 정지된 냉동장치를 다시 작동하기 전에 비정상적인 고압의 원인(일반적으로 응축기의 냉각능력 부족)을 제거한 후 복귀시켜야 한다.

저압차단 스위치는 냉동장치의 저압측 압력이 지나치게 낮아지면 압축기를 정지시키고 압력이 어느 값 이상이 되면 압축기가 다시 작동되도록 하는 스위치이다. 냉동부하가 냉동장치의 냉동능력보다 훨씬 작으면 압축기의 가동에 의하여 저압측 압력이 점차 낮아지며, 어느 일정한 위험값 이하가 되면 압축기를 정지시킨다.

이것은 안전장치인 동시에 온도조절용으로 사용된다. 즉, 저압측의 압력을 벨로우즈 또는 다이어프램을 작용시켜 미리 정한 두 범위의 압력값에서 스위치가 자동적으로 열렸다, 닫혔다 하면서 압축기가 단속적으로 운전된다.

Section 4 냉동장치

냉동식품의 품질은 식품의 종류에 따라 각기 다르기는 하나 냉동속도와 냉동시간에 많은 영향을 받는다. 어떤 식품은 급속냉동함으로써 작은 얼음 결정을 생성시켜 제품의 구조와 조직의 손상을 최소화할 필요가 있는 반면, 또 어떤 식품은 완만냉동을 하여도 품질에 미치는 영향이 적기 때문에 급속냉동할 필요가 없는 경우도 있다. 또한 기하학적 구조나 크기 등이 급속 냉동에 적합하지 않는 경우도 있다.

이와 같이 식품의 특성에 따라 그 식품의 품질을 최대한 효과적으로 보존할 수 있는 최선의 냉동장치가 필요하다.

식품을 냉동(freezing)시키기 위해서는 그 식품으로부터 느낌열(현열, sensible heat)과 숨은열(잠열, latent heat)을 제거해야할 뿐만 아니라 액체 상태의 물을 고체 상태의 얼음으로 변화시킬 수 있도록 충분한 시간 동안 저온의 열전달 매체와 접촉하여야 한다. 따라서 냉동공정을 원하는 단시간 내에 완료하려면 제품의 냉동온도보다 상당히 낮은 온도의 매체와 높은 대류 열전달 계수가 필요하다.

일반적으로 냉동방식은 표 8-3에 나타낸 것과 같이 공기 냉동(air freezing)과 간접 접촉 냉동(indirect contact freezing) 및 침지식 냉동(immersion freezing) 등 크게 세 가지로 구분할 수 있다.

표 8-3 대표적인 상업적 냉동방법

Air freezing	Indirect contact freezing	Immersion freezing
Still-air "sharp" freezer	Single plate Double plate	Heat exchage fluid
Blast freezer Fluidized-bed freezer	Pressure plate Slush plate	Compressed gas refrigerant spray

1. 공기 냉동장치

가장 오래되고 저렴한 공기 냉동 방법은 단열이 잘 된 방에 냉각관을 선반모양으로 조립하여 설치하고 여기에 식품을 올려놓아 냉동하는 방법으로 sharp 냉동이라고도 한다(still-air sharp freezing).

이 방법은 냉동실 내부온도가 −30∼−23°C로 유지되며, 공기의 자연순환에 의하여 열이 이동하므로 냉동속도가 느려 제품의 품질이 좋지 못하다. 그러나 장치가 간단하기 때문에 현재도 고기류 냉동에 사용되고 있다.

공기냉동법의 냉동속도가 느린 점을 보완하기 위해서 자연순환식 공기냉동장치에 송풍기를 설치하여 어느 정도 찬 공기를 순환시키는 반송풍 냉동장치(semi-air blast freezer)도 사용된다.

강제송풍식 냉동장치(air blast freezer)는 −45∼−30°C의 찬 공기를 10∼15 m/s의 속도로 강제 순환시켜 식품을 냉동시키는 방법이다.

이같이 빠른 유속의 공기흐름은 식품 주위의 경계층(boundary layer)의 두께를 감소시키고 결과적으로 표면열전달계수가 증가되어 열전달 속도가 증가한다.

예를 들어, 13.6 kg의 과일 통조림을 'sharp 냉동장치'를 이용해서 냉동시키는 데 약 72시간이 소요되는 반면 강제송풍식 냉동장치를 이용하면 12~18시간 내에 냉동이 완료될 수 있다.

강제송풍식 냉동장치에는 회분식과 연속식이 있다. 회분식 송풍냉동장치는 그림 8-19(a), (b)와 같이 잘 단열된 냉동실에서 냉각기와 송풍기를 설치하여 공기를 강제순환시키는 형식이며, 연속송풍냉동장치는 원료를 짐수레나 벨트에 실어 이동하면서 찬 공기로 냉동시키는 방법이다.

그림 8-19(c)는 이동벨트를 이용한 Frick 터널 냉동장치이다. 냉동하고자 하는 야채나 과일들은 자동적으로 이동벨트 윙에 유입되고 터널을 통과하는 동안에 냉동된다. 냉동된 제품은 터널 반대편에서 모아져 적당한 용기에 포장된다.

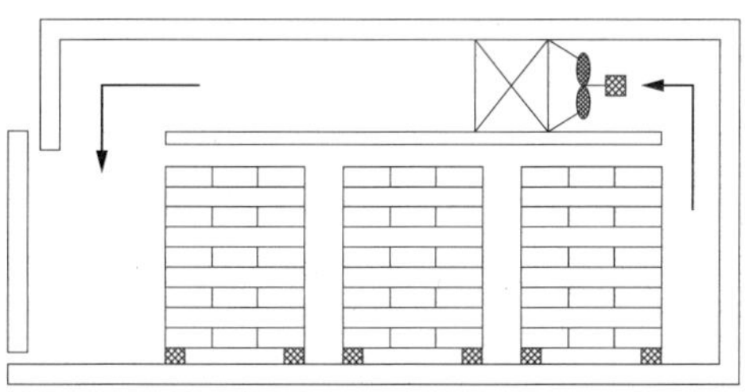

(a) 회분식 수평송풍 터널 냉동장치

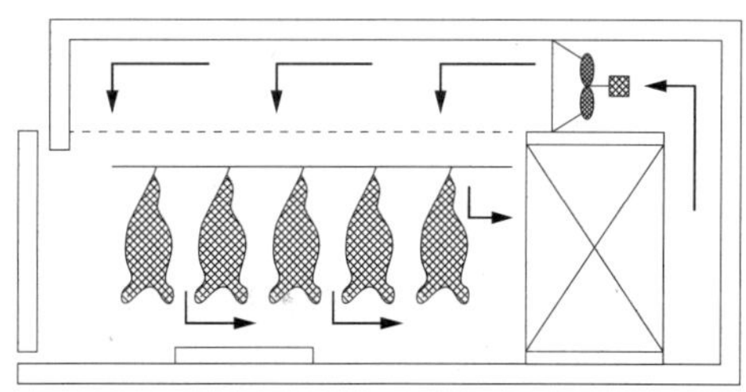

(b) 회분식 수직 송풍 냉동장치

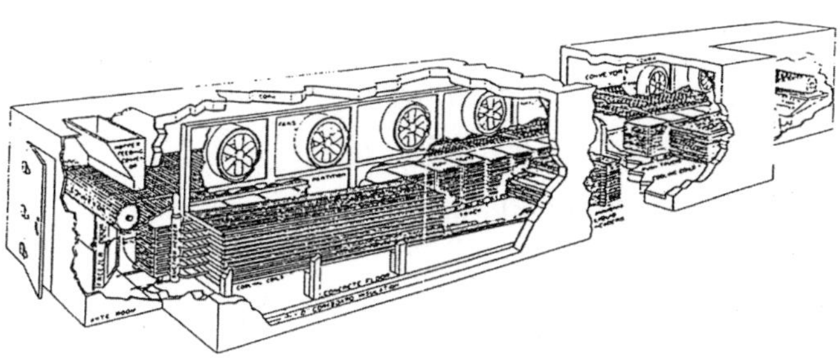

(c) Frick 연속터널식 냉동장치

그림 8-19 Frick 터널 강제송풍식 냉동장치

강제송풍식 냉동장치의 응용으로 유동층냉동기(fluidized bed freezer)가 있다. 이 냉동법은 알갱이 모양의 고체식품을 다공판이나 이동벨트 위에 올려놓고 밑에서 송풍기로 찬공기(−35~−25°C)를 불어주어 고체입자가 부력을 받아 격렬하게 움직이도록 유동화(fluidization)시켜 냉동시키는 방법이다.

유동현상으로 인해 차가운 공기와 입자 식품은 접촉이 잘 됨으로 급속히 냉동되고 어는 동안 뭉쳐지는 현상도 방지할 수 있으므로 개별급속냉동(individually quick freezing, IQF)이 가능하다. 이 방법은 특성상 입자식품, 예를 들어 완두콩, 옥수수알, 새우, 딸기 등에 제한적으로 사용된다. 그림 8-20에서 연속식 유동층냉동기의 개략도를 나타내었다.

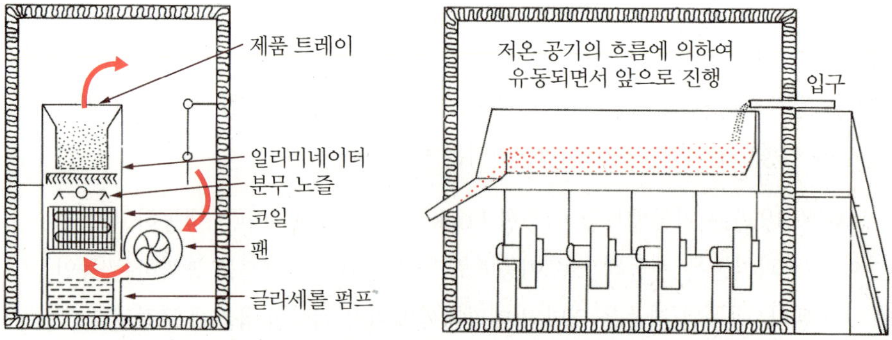

그림 8-20 연속식 유동층냉동기

상술한 것과 같이 공기속도는 입자식품을 유동시키는 데 중요하며, 구형 입자를 유동시키기 위한 공기의 속도는 다음 식으로 계산할 수 있다.

$$v_f = \frac{(\rho_s - \rho) g D^2 \varepsilon^3}{\mu 180(1-\varepsilon)} \qquad (8\text{–}14)$$

여기서 v_f : 유동시 유체(공기)의 속도(m/s)

ρ_s : 고체입자의 밀도(kg/m^3)

ρ : 유체(공기)의 밀도(kg/m^3)

g : 중력가속도(m/s^2)

μ : 유체(공기)의 점도(kg/m·s, Pa·s)

D : 입자의 직경(m)

ε : 유동층의 공극율(porosity)

또한 구형이 아닌 다른 형태의 입자를 이동시키기 위한 최소공기속도는 다음 식을 이용해 계산할 수 있다.

$$v_e = \sqrt{\frac{4D(\rho_s - \rho)g}{3C_D\rho}} \tag{8-15}$$

여기서 v_e : 최소공기속도 (m/s)

C_D : 저항계수

저항계수 C_D는 레이놀즈수가 500에서 200000 사이에서는 0.44의 값을 갖는다.

[예제 8-7] 유동화를 위한 최소공기속도

평균직경이 5 mm이고 밀도가 880 kg/m^{3}인 완두콩을 유동층냉동기를 이용해 냉동시키고자 한다. 유동층의 넓이가 0.5 m^{2}이고, 공극율이 0.38일 때 유동상태를 이루기 위한 최소공기속도를 계산하라. 단, 공기의 밀도와 점도는 각각 0.96 kg/m^{3}과 2.15×10^{-5} Pa·s이다.

[풀이] $v_f = \dfrac{(\rho_s - \rho)gD^2\varepsilon^3}{\mu 180(1-\varepsilon)}$를 이용하면

$$v_f = \frac{(880-0.96)\times 9.81\times(0.005)^2\times(0.38)^3}{2.15\times10^{-5}\times180(1-0.38)} = 4.93 \text{ m/s}$$

2. 간접접촉 냉동장치

식품을 냉매와 직접 접촉시키지 않고 금속판 사이에 끼워서 냉동하는 방법이다. 금속판은 일반적으로 속이 비어 있고 그 속으로 냉매가 흐른다. 이와 같은 형식으로 가장 잘 알려진 냉동장치는 판형 냉동기(plate freezer)인데 평판 내부를 냉매가 순환되면서 평판 위에 올려진 식품을 냉동시킨다. 평판과 식품 사이의 열전달은 둘 사이의 접촉정도에 따라 영향을 받기 때문에 압력을 가함으로써 열전달 효과를 향상시킬 수 있다.

그림 8-21은 수평식 판형 냉동기를 나타내며 피스톤 A를 내림으로써 식품 C와 냉동판 B 사이가 밀착되어 열전달 속도가 향상된다.

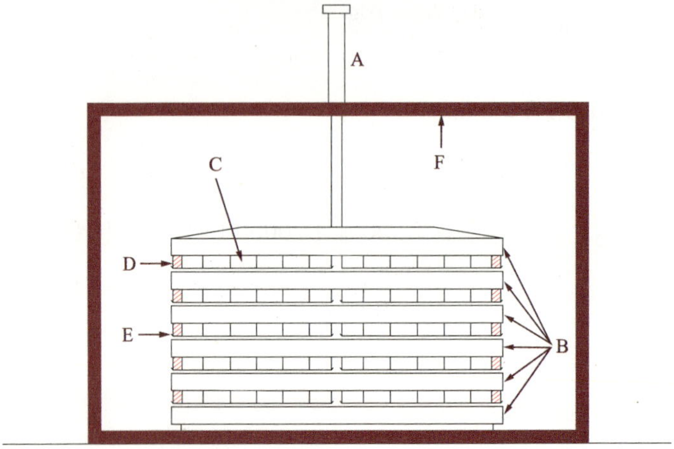

그림 8-21 수평식 판형 냉동장치

액체나 반고체 식품(예 : 아이스크림)들은 주로 표면긁기(scraped surface) 냉동장치를 사용한다. 액체나 반고체 식품은 회전축(rotating shaft)이 있는 내부관에 공급되고 차가운 벽면에 얇은 층을 형성하면서 냉동되기 시작한다. 이때 회전축에 달려있는 날(scraper)들이 회전하면서 식품이 얼어 벽면에 달라붙는 것을 방지한다.

사실상 냉동은 수초 내에 순식간에 일어나지만 식품전체가 완전냉동될 때까지 진행시키지는 않는다. 이렇게 냉동된 식품은 포장 후 경화실에서 강제송풍 냉동장치 또는 침지식 냉동장치를 이용해 냉동을 완료시킨다.

3. 침지식 냉동장치

포장 또는 비포장된 식품을 저온의 냉매에 침지하여 냉동시키는 방법으로써 냉매로는 프로필렌 글리콜(propylene glycol), 브라인(brine), 글리세롤(glycerol), 액체 질소, 액체 이산화탄소 등이 사용된다. 불규칙한 모양의 식품을 급속 냉동시킬 수 있고, 식품과 냉매를 직접 접촉시킴으로써 열전달저항을 최소화할 수 있으며, 공기와 접촉을 최소화함으로써 산화에 민감한 식품의 품질보존에도 기여하는 잇점이 있다. 그림 8-22는 침지식 냉동기의 작동원리를 나타낸 것이다.

침지식 냉동기에 사용되는 냉매는 독성이 없고, 순수하며, 맛, 향, 색 등이 없이 깨끗해야 한다. 이들 냉매는 크게 나누어 어는점이 낮은 액체냉매와 저온 발생액체(cryogenic liquids)로 구분할 수 있다.

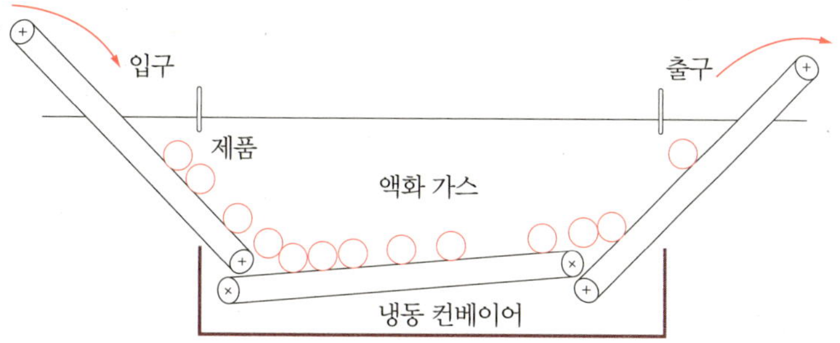

그림 8-22 침지식 냉동장치의 원리

브라인, 프로필렌 글리콜, 글리세롤 등이 어는점이 낮은 액체냉매에 속하고, 저온발생 액체의 예로는 액체 질소, 액체 이산화탄소 등이 있다. 브라인은 비포장된 식품과 접촉 시 식품의 맛을 짜게 하는 문제점이 있으므로 최근에는 바다에서 잡은 생선 냉동에 주로 사용된다. 프로필렌 글리콜 역시 무독성이나 쓴맛을 가지고 있으므로 이들을 이용한 침지냉동방법은 포장된 식품에 한정된다.

저온발생 액체로 가장 많이 사용되는 액체 질소는 −196°C의 낮은 끓는점을 가지고 있으므로 열전달력이 높고, 불규칙적으로 생긴 식품과도 밀접한 접촉에 의해 열전달 저항을 최소화할 수 있다. 또한 액체 질소는 무독성이고 다른 식품성분과도 반응하지 않으며, 냉동과정 중 공기와 치환을 통해 식품의 산화에 의한 변화를 최소화할 수 있는 장점도 있다.

이를 사용할 때에는 식품을 냉매에 직접 침지하거나 냉매를 식품에 분무하는 방법 또는 침지 후 냉매를 분무하는 방법 등이 이용되고 있다. 끓는점이 −79°C인 액체 이산화탄소는 액체 질소와 같이 식품표면에 분무하거나 드라이아이스 상태로 식품과 혼합하여 냉동시킬 수 있다(그림 8-23).

일정 무게의 드라이아이스는 같은 양의 액체 질소가 증발할 때 흡수하는 열의 약 두 배 이상 흡수할 수 있으므로 비교적 경제적이라 할 수 있다.

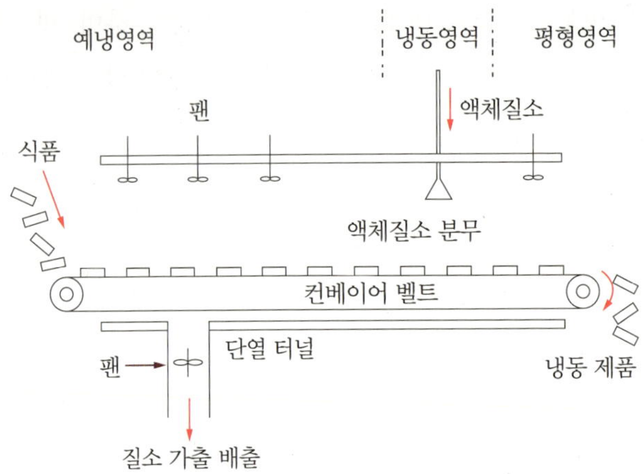

그림 8-23 액체질소 냉동기

Section 5 냉동식품의 성질

1. 냉동곡선

과일주스 또는 쇠고기 조각을 일정량 취하여 그 중심에 온도계를 꽂고 냉각시키면서 온도변화를 기록하면 그림 8-24와 같은 곡선을 얻게 되는데 이 곡선을 냉동곡선(freezing curve)이라 한다.

식품의 경우 단순한 용액에 비하여 냉동현상은 매우 복잡하다. 그림 8-24에서 초기부분 AB는 품온이 저하되는 것을 나타낸다. 점으로 나타낸 B가 그 식품의 어는점이며, 점 B에서 C에 도달할 때까지 식품의 표면 부근에서부터 얼음결정이 형성되어 차츰 중심부분으로 이동하게 되고 점 C에서 대부분의 수분이 얼음결정으로 변한다.

BC 구간 동안에 식품으로부터 냉동숨은열이 제거되므로 온도는 거의 일정하게 유지되며, 비냉동 용액 중의 용질의 농도가 점차 증가하기 때문에 어는점 내림 현상에 의하여 어는점이 점차 감소한다. 즉, BC 구간은 대부분의 수분이 냉동되는 구간으로 이 구간을 최대얼음결정생성대(zone of maximum ice crystal formation)라 하며, 일반적으로 −5~−1℃ 범위이다. 모든 식품이 이 온도 범위에서 어는 것은 아니어서 예외의 식품의 경우에는 다르게 적용해야 한다.

최대얼음결정생성대에서 대부분의 얼음 결정이 생성되므로 이 구간을 통과하는 시간이 중요한 의미를 갖는다. 따라서 최대얼음결정생성대를 될 수 있는 대로 빨리 통과하는 것이 좋으며, 통과시간이 30분 미만인 경우 급속냉동(quick freezing)이라 한다.

BC 구간에서는 결정이 많이 생성되므로 냉각력의 대부분은 얼음결정 숨은열을 제거하는데 소비되어 식품의 온도를 낮추는 역할을 하지 못한다. 그러나 식품 중의 수분이 대부분 냉동된 후에는 냉각력은 다시 온도를 낮추는데 소비되므로 CD 구간과 같이 식품의 온도가 급격히 내려간다.

어는점 이하의 어느 온도에서 식품 중에 들어 있는 전체 수분에 대하여 얼음으로 변한 수분량의 비를 냉동률(fraction of frozen water)이라 한다. 식품의 냉동률이 약 80%가 되면 우리는 식품이 냉동된 것으로 느끼게 된다. 저온으로 냉동되어도 식품 중의 일부 수분은 냉동되지 않고 남아 있다. 예를 들어 −20°C에서 물고기의 냉동률은 91%이다.

냉동과정 중에 대부분의 물이 얼음으로 변하기 때문에 식품의 열전도도, 엔탈피, 비열, 밀도 등이 현저히 변한다.

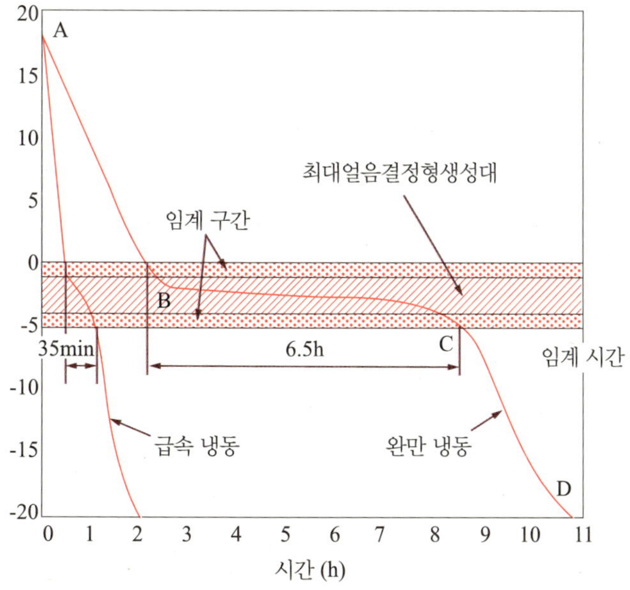

그림 8-24 냉동곡선

2. 냉동식품의 밀도

0°C 부근에서 물의 밀도는 거의 1 g/cm^{3}에 가까우나 얼음은 0.92이므로 물이 얼면 그 부피가 약 9% 팽창한다. 그림 8–25에 나타낸 것과 같이 식품의 밀도는 냉동된 물의 양에 비례하여 점차 감소하는데, 밀도의 변화량은 식품의 수분함량에 비례한다.

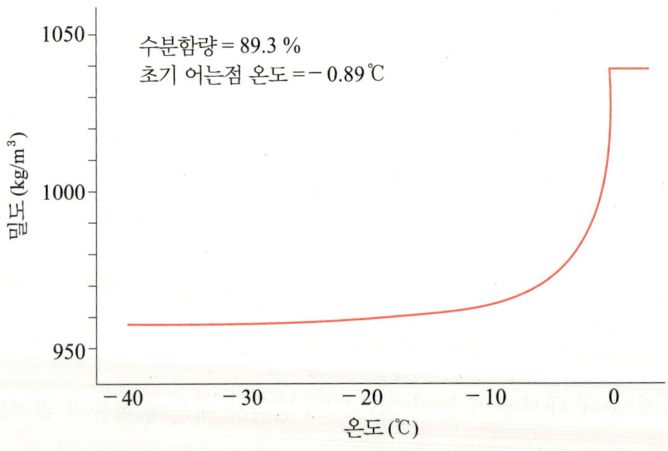

그림 8–25 딸기의 밀도에 미치는 냉동의 영향

3. 냉동식품의 비열 및 열전도도

물의 비열은 1.0 kcal/kg·°C이지만 얼음의 비열은 0.5 kcal/kg·°C이다. 따라서 냉동된 상태의 식품비열 c_p^*는 어는점 이상의 비열 c_p보다 작다. 비열은 대부분 물의 상태변화가 일어나는 온도영역에서 급격히 변하며, 초기 어는점보다 20°C 이하의 온도에서는 거의 변하지 않는다(그림 8–26 참조).

식품의 수분함량을 알고 있으면 c_p^*과 c_p는 다음 식에 의하여 근사적으로 구할 수 있다.

$$c_p = 3349\ M + 837.36\ (\mathrm{J/kg \cdot K}) \tag{8–16}$$

$$c_p = 0.008\ M + 0.2\ (\mathrm{kcal/kg \cdot ^\circ C}) \tag{8–17}$$

$$c_p^* = 1256\ M + 837.36\ (\mathrm{J/kg \cdot K}) \tag{8–18}$$

$$c_p^* = 0.003\ M + 0.2\ (\mathrm{kcal/kg \cdot ^\circ C}) \tag{8–19}$$

여기서 M : 습량기준(wet basis)의 수분질량분율(moisture fraction)

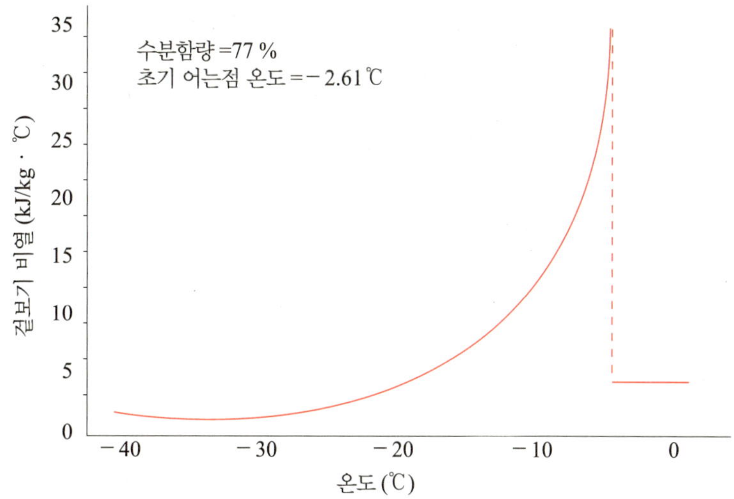

그림 8-26 냉동 딸기의 온도에 따른 비열의 변화

물의 열전도도는 0.5 kcal/m·h·℃이지만 얼음이 되면 약 4배 증가하여 2.0 kcal/m·h·℃가 된다. 따라서 식품의 열전도도는 그림 8-27에 나타낸 바와 같이 냉동되면 급격히 증가한다. 특히 초기 어는점보다 10℃ 낮아지는 동안에 급격히 변하고 그 이하의 온도에서는 거의 일정하다.

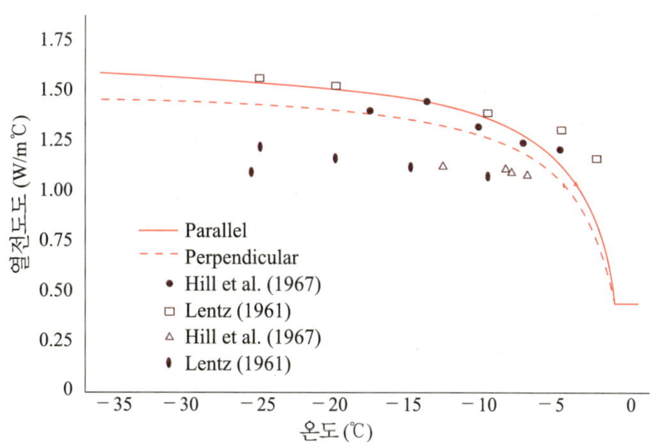

그림 8-27 냉동 쇠고기 열전도도의 온도에 따른 변화

열전도도(k)를 비열(c_p)과 밀도(ρ)로 나눈 값($k/\rho c_p$)을 열확산계수(thermal diffusivity)라 하는데, 이 값이 큰 것은 열을 축적하기 어렵고, 열을 통과하기는 쉽다는 뜻이다.

얼음의 열확산계수는 물보다 8배 이상이므로 그림 8–28에서와 같이 어는점 이하에서는 급격히 증가한다. 따라서 어는점 이상에서 식품을 냉각 또는 가열하는 것보다 완전히 냉동된 상태에서 식품을 냉각 또는 가열 하는 것이 빠르다. 이 점이 냉동속도보다 해동속도가 느린 원인이다.

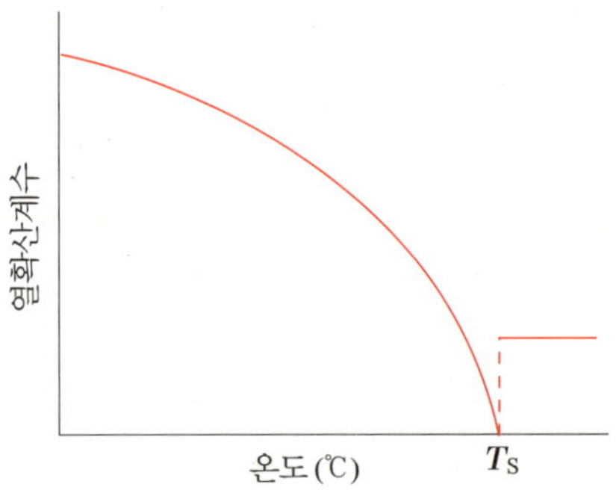

그림 8–28 식품의 냉동과정 중 온도와 열확산계수의 관계

4. 냉동숨은열 및 엔탈피

식품의 냉동숨은열 L(kcal/kg)(latent heat of freezing)은 순전히 물의 상변화에 기인하고 다른 성분은 단순히 냉각만 되므로 식품의 수분함량 M%로부터 다음 식에 의하여 근사적으로 구한다.

$$L = \frac{M \times 80}{100} \tag{8–20}$$

식품은 냉동되면서 냉동숨은열을 방출하므로 냉동식품의 엔탈피는 온도에 따라 변한다. 일반적으로 냉동식품의 엔탈피의 기준온도는 −40°C이므로 냉동식품의 엔탈피는 −40°C에서 0이고 온도가 증가하면 증가한다. 특히 최초 어는점보다 10°C 낮은 온도 범위에서 엔탈피가 급격히 변하여 이 온도대에서 식품 중의 대부분에 수분의 상태변화가 일어난다(그림 8–29).

냉동식품의 엔탈피는 냉동부하량을 계산하는데 매우 중요한 값이다.

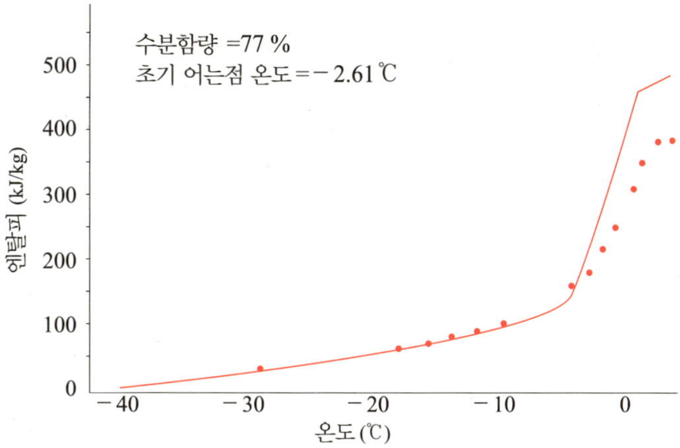

그림 8-29 온도의 함수로써 스위트체리(sweet cherry)의 엔탈피

[예제 8-8] 어육의 냉동부하

수분이 80%인 쇠고기 50 kg을 초기온도 25°C에서 −20°C까지 냉동시키기 위한 냉동부하를 계산하라.

[풀이]

그림 8-30에서 수분이 80% 온도가 25°C일 때 엔탈피는 99.0 kcal/kg이며, −20°C에서 엔탈피는 10 kcal/kg으로 89%의 물이 냉동되었다. 따라서 냉동부하는

$$\Delta H' = 50(10-99) = -4450 \text{ kcal}$$

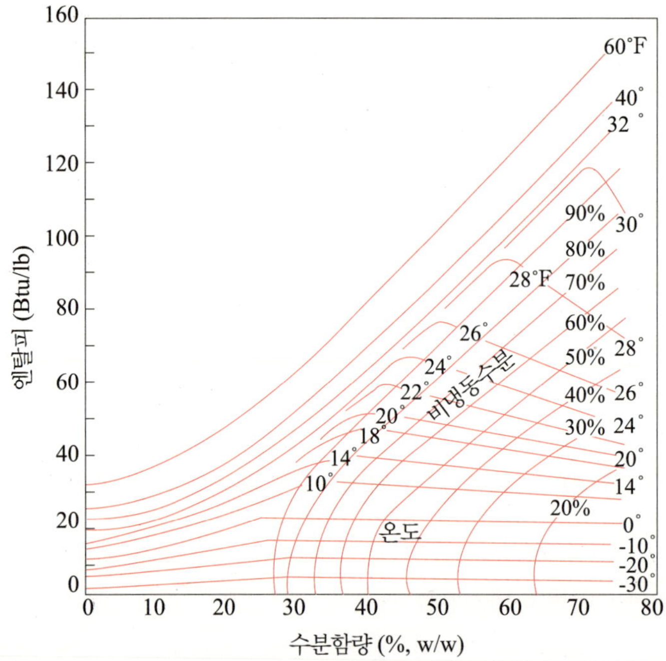

그림 8-30 어육의 엔탈피 선도

5. 증기압 내림

프랑스 물리학자 라울(Rault)은 1888년 실험을 통하여 비휘발성 용질이 녹아 있는 용속 중의 용매의 증기압은 용매의 몰분율에 비례한다는 사실을 밝혔으며, 이를 라울의 법칙(Rault's law)이라 한다.

여기서 비휘발성 용질이란 용질은 증기중으로 전혀 증발하지 않으므로 증기에는 용매증기만 존재한다는 의미이다.

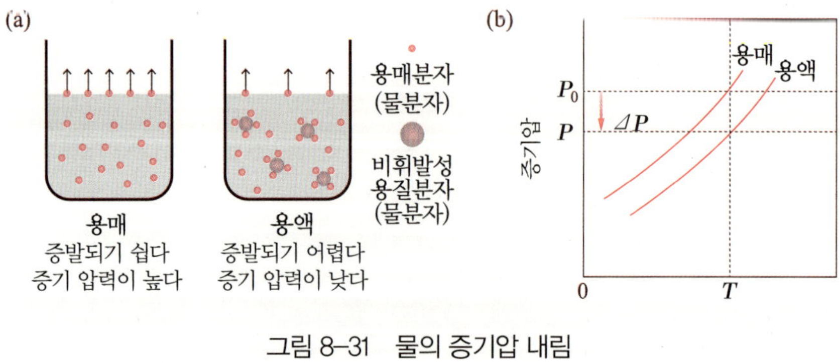

그림 8-31 물의 증기압 내림

만약 물에 설탕과 같은 어떤 용질이 녹아있는 용액의 경우 그림 8-31(a)에 나타낸 것과 같이 물과 용질간의 상호결합이나 인력이 형성된다. 이 때 용액 중의 물이 수증기로 증발하기 위해서는 이러한 결합력이나 인력을 극복해야 하므로 증발하는 데 방해를 받아 순수한 물의 증기압보다 낮아진다(그림 8-31(b)). 비휘발성 용질의 증기압은 0이며, 따라서 용매의 증기압은 곧 용액의 증기압을 의미한다. 다시 말하면 비휘발성 용질이 녹아있는 경우 용액의 증기압은 낮아진다. 이 현상을 증기압 내림(vapor pressure depression)이라 한다.

여기서 상대적인 증기압 내림 Δp는 순수한 물의 증기압 p_0과 용액의 증기압 p_L의 차이로 다음과 같이 나타낸다.

$$\Delta p = p_0 - p_L \tag{8-21}$$

여기서 상대적인 증기압 내림은 물에 녹아 있는 용질의 몰분율에 비례하고 용질의 성질이나 온도와는 비례하지 않는다고 볼 수 있다. 따라서

$$\frac{\Delta p}{p_0} = \frac{n_2}{n_1 + n_2} \tag{8-22}$$

여기서 n_1 : 순수한 물의 농도

n_2 : 용질의 농도

위 식은 다음과 같이 전개될 수 있다.

$$\frac{p_0 - p_L}{p_0} = x_2 \text{ (몰분율)} \tag{8-23}$$

$$1 - \frac{p_0 - p_L}{p_0} = 1 - x_2 \tag{8-24}$$

$$p_L = p_0 x_1 \text{ 또는 } p_0 - p_L = \Delta p = x_2 p_0 \tag{8-25}$$

즉, 용액의 증기압은 용매의 몰분율 x_1에 비례한다. 또는 증기압 내림은 용질의 몰분율 x_2에 비례한다.

6. 어는점 내림

앞절에서 기술한 용액의 증기압 내림은 용질의 몰분율에 비례한다는 사실로부터 용액의 어는점 내림 역시 용질의 몰분율에 비례할 것이란 사실을 추론하고 있다.

농도가 낮은 용액의 어는점 내림은 기술하는 데 반트 호프(van't Hoff)의 법칙을 이용하기도 한다. 반트 호프의 법칙은 "어는점 내림은 용질의 몰분율에 비례한다"는 것이다.

$$x_2 = \frac{\Delta H_{\text{melt}} \Delta T}{RT_f^2} \tag{8-26}$$

여기서

x_2 : 용질의 몰분율

ΔH_{melt} : 용매의 녹음 엔탈피

$\Delta T_f = T_f$(순수한 용매의 어는점) $- T_{fs}$(용액의 어는점) : 어는점 내림

여기서 몰분율 x_2는 다음과 같다.

$$x_2 = \frac{m_2}{\frac{1000}{M_1} + m_2} = \frac{M_1 m_2}{1000 + M_1 m_2} \tag{8-27}$$

M_1: 용매의 분자량(g/mol)

m_2: 용질의 몰 농도(mol/kg)

일반적으로 위 등식이 성립되기 위해서는 $1000 > M_1 m_2$이어야 한다.

따라서

$$\Delta T = \frac{RT_f^2 M_1}{1000 \Delta H_{\text{melt}}} m_2 = K_f m_2 \tag{8-28}$$

T_f: 순수한 용매의 어는점(273 K)

K_f: 어는점 내림 상수(cryoscopic constant)

R: 이상기체 상수(8.314 J/mol·K)

물의 경우 $K_f = 1.853$ K·kg/mol이다. 식 (8–24)는 비전해질 용액의 경우에 잘 적용되지만 전해질 용액의 경우 해리되는 이온수 i(van't Hoff factor)를 곱해주어야 한다. 즉 용질이 NaCl인 경우 Na^+와 Cl^- 이온으로 해리되므로 반트 호프 인자 $i = 2$이다.

[예제 8–9] 비전해질 용액의 어는점 계산

33.7 g의 비전해질(분자량 29.2 g/mol)을 750 g의 물에 녹였다. 물의 $K_f = 1.86$ K·kg/mol일 때 이 용액의 어는점을 구하라.

[풀이] $\Delta T_f = K_f m_2$

용질의 몰수 = 33.7 g/29.2 g/mol = 1.154 mol

$m_2 = 1.154$ mol/0.75 kg = 1.54 mol/kg

$\Delta T_f = K_f m_2 = (1.86 \text{ K·kg/mol})(1.54 \text{ mol/kg}) = 2.86 \text{ K}$

따라서 용액의 어는점 = 0−2.86 = −2.86°C

[예제 8–10] 소금물의 어는점

31.65 g의 NaCl을 34°C의 220 mL의 물에 녹였다. 이 소금물의 어는점은 얼마인가? NaCl은 물속에서 완전히 해리하며 34°C에서 물의 밀도는 0.994 g/mL이다.

[풀이] NaCl의 분자량 58.44 g/mol

NaCl의 몰수 = 31.65 g/58.44 g/mol = 0.542 mol

물의 질량 = (220 mL)(0.994 g/mL) = 219 g

따라서 $m_2 = \dfrac{\text{mole g NaCl}}{\text{kg water}} = \dfrac{0.542}{0.219} = 2.475 \text{ mol/kg}$

NaCl은 완전히 해리하므로 $i = 2$

$\Delta T = iK_f m_2 = 2(1.853 \text{ K· kg/mol}) \times 2.475 \text{ mol/kg} = 9.17 \text{ K}$

따라서, 소금물의 어는점 = −9.17°C

Section 6 냉동시간의 예측

냉동시간, 즉 냉동속도는 냉동제품의 품질 뿐만 아니라 냉동장치의 선택과 냉동공정의 경제성에도 중요한 영향을 미치므로 냉동시간을 예측하고 제어하는 것은 매우 중요하다.

냉동되는 동안 식품의 표면은 빨리 냉동되지만 중심부분은 늦게 냉동되어 위치에 따라 냉동속도가 다르다. 그러므로 가장 늦게 냉동되는 부분을 온도중심점(thermal center)이라 하며, 냉동하는 동안의 온도변화를 측정할 때는 이 점의 온도를 측정한다.

냉동시간은 유효냉동시간(effective freezing time)과 공칭냉동시간(nominal freezing time)으로 표시될 수 있다. 유효냉동시간이란 초기온도 T_1인 식품의 온도중심점의 온도를 원하는 최종온도 T_2까지 내리는 데 걸리는 시간을 말한다. 공칭냉동시간은 초기온도가 0°C인 식품을 온도 중심점의 최종온도가 그 식품의 어는점보다 10°C 낮아질 때까지 걸리는 시간이라 정의한다.

그러나 실제로 식품을 냉동하는 과정은 식품의 온도를 미리 떨어뜨리는 예비냉각(precooling), 식품의 상전이가 일어나는 어느 과정인 냉동(freezing), 그리고 냉동된 식품을 목적하는 최종온도까지 내리는 후냉각(aftercooling 또는 tempering)의 세 구간으로 나눌 수 있다. 그러므로 실제냉동장치 안에 머물 수 있는 시간인 유효냉동시간은 공칭냉동시간과 전냉각 및 후냉각시간을 고려하여 측정할 수 있다.

실험적으로 냉동시간을 측정하는 것 이외에 식품의 물리적인 값들로부터 냉동시간을 예측하려면 크게 두 가지 방법이 사용될 수 있다. 첫째, 열의 이동현상을 나타내는 미분방정식으로부터 수학적 모델을 설정하여 수치 해석적(numerical method) 방법으로 계산하는 것과, 둘째 여러 가지 단순한 가정을 통해 간단한 미분방정식을 설정하여 해석적 방법(analytical method)으로 간단한 공식을 얻어 계산하는 것이다.

수치 해석적 방법으로 정확한 결과를 얻기 위해서는 정확한 엔탈피의 변화, 열진도도, 열전달계수 등의 값들이 필요한 단점이 있다. 반면에 분석적 방법은 쉽게 사용할 수 있고, 어떤 공정요인들이 냉동시간에 많은 영향을 주는가를 쉽게 판단할 수 있는 이점들이 있으나 여러 가지 가정으로 인해 예측한 값이 실제 실험값과 차이를 나타낼 수 있다.

1. 플랭크 식

1913년 Plank에 의해 제안된 식은 냉동층의 두께가 x인 냉동식품에 적용되는 열전달 기본식으로부터 유도될 수 있는데 간단한 평판인 경우를 예로 들어 보기로 한다.

냉동층을 통한 열전도식은

$$q = \frac{k^{*}A}{x}(T_{F} - T_{s}) \tag{8-29}$$

여기서 q : 열 플럭스(flux) (kJ/h)

A : 면적(m^2)

T_S : 표면온도(℃)

T_F : 초기냉동온도(℃)

k^* : 냉동된 제품의 열전도도(W/m·K)

x : 냉동층의 두께(m)

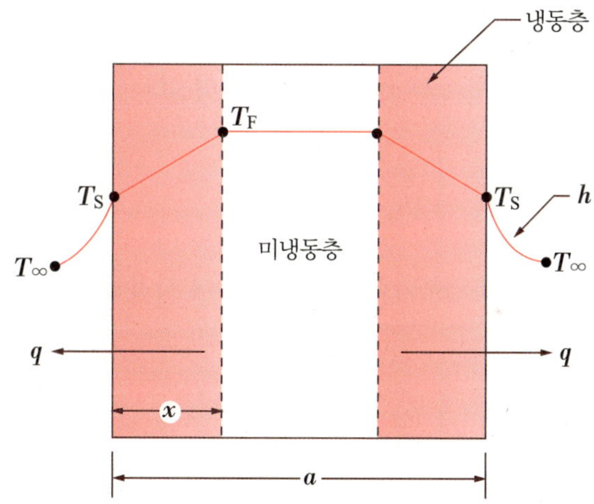

그림 8-32 냉동과정 중 온도분포

식품표면에서 주위로 대류에 의해 전달되는 열은

$$q = h_{c}A(T_{S} - T_{\infty}) \tag{8-30}$$

여기서 h_c : 표면 대류 열전달 계수 (W/m^2·K)

T_∞: 주위온도 (℃)

식 (8-29)과 식 (8-30)을 조합하면

$$q = \frac{A(T_{F} - T_{\infty})}{\dfrac{1}{h_{c}} + \dfrac{x}{k^{*}}} \tag{8-31}$$

한편 빙전선(freezing front)에서 열의 생성속도는 다음과 같이 표현된다.

$$q = A\Delta H_f \rho^* \frac{dx}{dt} \tag{8-32}$$

여기서 ΔH_f : 녹음숨은열(kJ/kg)
ρ^* : 냉동식품의 밀도(kg/m³)

dx/dt는 빙전선의 속도, 즉 냉동속도를 나타낸다. 빙전선에서 생성된 숨은열은 냉동층을 통하여 전도되어 제품의 표면에서 주위로 이동되므로 식 (8-31)과 식 (8-32)에서

$$(T_F - T_\infty)dt = \rho^* \Delta H_f \left(\frac{1}{h_c} + \frac{x}{k^*}\right)dx \tag{8-33}$$

또 평판의 두께를 a라 하고 양면에서 냉각하는 경우 평판의 중심($x = a/2$)이 냉동되는데 걸린 시간, t_F는 다음 식으로 주어진다.

$$t_F = \frac{\rho^* \Delta H_f}{T_F - T_\infty}\left[\frac{a}{2h_c} + \frac{a^2}{8k^*}\right] \tag{8-34}$$

Plank 식은 여러 가지 기하학적 형태의 제품에 사용될 수 있도록 다음과 같이 일반화 할 수 있다.

$$t_F = \frac{\rho^* \Delta H_f}{T_F - T_\infty}\left[\frac{Pa}{h_c} + \frac{Ra^2}{k^*}\right] \tag{8-35}$$

여기서 P와 R은 냉동제품의 기하학적 성질에 따라 정해지는 상수이다. 즉, 무한평판인 경우 P와 R값은 각각 1/2과 1/8, 구인 경우 P는 1/6, R은 1/24, 무한 원기둥인 경우 P는 1/4, R은 1/16이다. a는 무한평판인 경우 두께를 나타내고, 구나 원기둥인 경우 지름을 나타낸다.

Plank 식이 직육면체의 제품에 적용될 때 P나 R값은 그림 8-33으로부터 구할 수 있다. 이 경우 a는 직육면체의 가장 짧은 변의 길이가 되고 다른 두변의 길이는 각각 a로 나눈 값이 β_1과 β_2의 값이 된다. β_1과 β_2를 이용해 그림 8-33으로부터 P와 R값을 구할 수 있다.

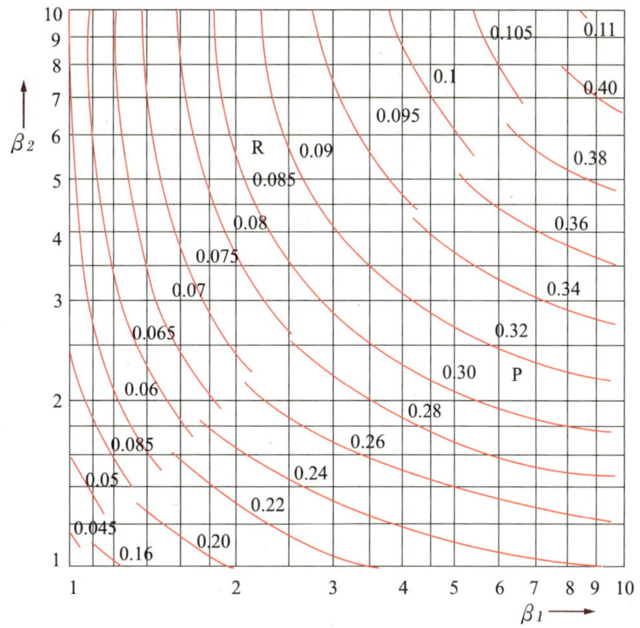

그림 8–33 Plank 식이 직육면체에 적용될 때 P와 R

[예제 8–11] Plank 식을 이용한 냉동시간의 계산

구형의 식품을 강제송풍식 냉동장치를 이용하여 냉동시킨다. 찬공기의 온도가 −40°C이고 초기 식품온도는 10°C이다. 이 식품의 지름은 7 cm, 밀도는 1000 kg/m³이고, 강제송풍되는 찬공기에 의한 대류열전달 계수는 50 W/m²·K이다. 또한 초기 냉동온도는 −1.25°C, 냉동제품의 열전도도는 1.2 W/m·K이고 녹음숨은열이 250 kJ/kg일 때의 냉동시간을 계산하라.

[풀이]

주어진 조건을 요약하면

초기 식품온도 $T_1 = 10°C$, 찬공기의 온도 $T_\infty = -40°C$

초기 냉동온도 $T_F = -1.25°C$, 지름 $D = 7$ cm $= 0.07$ m

식품의 밀도 $\rho = 1000$ kg/m³, 녹음숨은열 $\Delta H_f = 250$ kJ/kg

냉동제품의 열전도도 $k^* = 1.2$ W/mK, 구형의 $P = 1/6$,

대류열전달계수 $h_c = 50$ W/m²·K, 구형의 $R = 1/24$,

$$t_F = \frac{\rho^* \Delta H_f}{T_F - T_\infty}\left[\frac{a}{h_c} + \frac{a^2}{24k^*}\right]$$ 로부터

$$t_F = \frac{1000 \times 250}{[-1.25-(-40)]}\left[\frac{0.07}{6(50)} + \frac{(0.07)^2}{24(1.2)}\right] = 2603 \text{ s}$$

$t_F = 2.6 \times 10^3$ s 또는 0.72 h

2. 수정된 플랭크 식

플랭크(Plank) 식을 유도하는 과정에서 다음 세 가지의 가정을 하게 된다. 첫째, 식품의 온도는 냉동이 진행되는 동안 초기냉동온도가 유지되며, 둘째, 제품과 냉매 사이의 열전달은 정상상태이고, 즉 냉동이 비교적 서서히 진행되며, 셋째, 모든 제품은 어는점에서부터 냉동이 시작된다는 것이다.

결과적으로 전냉각(precooling)과 후냉각(tempering) 과정 중에 제거되는 열은 플랭크 식에서는 계산되지 않는다. 이를 보완하여 예측 정확도를 높이기 위해서 플랭크 식에서 상수인 녹음숨은열을 초기와 최종온도 사이의 전체 엔탈피의 변화로 바꾸는 방법들이 시도되었다.

(1) Nagaoka 수정식

Nagaoka 등(1955)은 강제송풍식 냉동장치를 이용해 생선을 냉동할 때 다음과 같이 Plank 식을 수정하여 냉동시간을 예측하였다.

$$t_F = [1 + 0.008T_1]\frac{\rho^* \Delta H'}{T_F - T_\infty}\left[\frac{Pa}{h_c} + \frac{Ra^2}{k^*}\right] \qquad (8\text{–}36)$$

여기서 $\Delta H'$; 초기와 최종 온도 사이의 전체 엔탈피의 변화 (kJ/kg)
ρ^* : 냉동제품의 밀도(kg/m^3)
T_1 : 제품의 초기온도(℃)

즉, $\Delta H'$는 전냉각, 상변화, 후냉각 기간 동안에 단위질량으로부터 제거되는 열량과 같으며 다음 식을 이용해 계산한다.

$$\Delta H' = c_p(T_1 - T_F) + \Delta H_f + c_p^*(T_F - T_2) \qquad (8\text{–}37)$$

여기서 T_2 : 제품의 최종온도

(2) Levy 수정식

Levy(1958)는 강제송풍식 냉동장치를 이용할 때 Nagaoka 식과는 약간 다르게 T_1 대신 $T_1 - T_F$를 이용해 냉동시간을 계산하였다.

$$t_F = [1 + 0.008(T_1 - T_F)] \frac{\rho^* \Delta H'}{T_F - T_\infty} \left[\frac{Pa}{h_c} + \frac{Ra^2}{k^*} \right] \tag{8-38}$$

(3) I.I.R. 수정식

국제냉동학회(International Institute of Refrigeration, 1972)는 냉동온도와 최종온도 사이의 전체 엔탈피의 변화 ΔH_f^*를 이용해서 냉동시간을 예측하였다.

$$t_F = \frac{\rho^* \Delta H_f^*}{T_F - T_\infty} \left[\frac{Pa}{h_c} + \frac{Ra^2}{k^*} \right] \tag{8-39}$$

3. 푸리에 모델

냉동시간 예측을 위한 다른 한 가지 접근 방법은 적절한 경계조건 하에서 푸리에(Fourier) 열전도방정식을 푸는 것이다. Stefan(Carslaw and Jaeger, 1959)의 해와 Tao(1967)의 해를 소개한다.

(1) Stefan의 해

초기온도가 냉동온도인 무한평판을 냉각하는 경우에 1차원적 열전도방정식을 풀면 다음과 같은 Stefan의 해를 얻는다.

$$\sqrt{\frac{\pi}{4N_{Fo}}} \exp\left[\frac{1}{4N_{Fo}} \right] \mathrm{erf}\left[\frac{1}{\sqrt{4N_{Fo}}} \right] = N_{Ste} \tag{8-40}$$

여기서 $\mathrm{erf}(x) = (2/\sqrt{x}) \int_0^x \exp(x^2) dx$로서 오차함수(error function)를 나타낸다. 위 식의 역수를 취하고 전개하면

$$2N_{Fo} \left[1 - \frac{1}{6N_{Fo}} + \frac{1}{90N_{Fo}} - \cdots \right] = \frac{1}{N_{Ste}} \tag{8-41}$$

만약 N_{Fo}가 충분히 큰 경우에는 아래와 같은 근사식을 얻을 수 있다.

$$N_{Fo} \cdot N_{Ste} = \frac{1}{2} \tag{8-42}$$

[예제 8-12] Stefan의 해를 이용한 냉동시간 계산

두께가 7 cm이고 수분함량이 71.5%인 쇠고기 스테이크를 평판냉동장치에서 냉동시킨다. 쇠고기의 초기온도는 어는점이 −4.5℃이고, −30℃ 냉매로 쇠고기를 양면에서 냉동시킬 때 냉동시간을 계산하라.

냉동제품의 열전도도는 1.108 W/m·K이고, 밀도는 1050 kg/m³이다. 냉동제품의 비열은 1.8 kJ/kg·K이다. (71.5% 쇠고기 스테이크의 $\Delta H^* =$ 238.25 kJ/kg)

[풀이]

주어진 조건을 요약하면

$a = 7\text{ cm} = 0.07\text{ m},\ T_1 = T_F = -4.5℃,\ T_\infty = -30℃$

$k^* = 1.108\text{ W/m·K},\ \rho^* = 1050\text{ kg/m}^3,\ c_p{}^* = 1.8\text{ kJ/kg·K}$

$\alpha = k^*/\rho^* c_p{}^* = 1.108/(1050)(1800) = 5.86 \times 10^{-7}\text{ m}^2/\text{s}$

$$N_{Fo} = \frac{\alpha t_F}{x_1{}^2},\ N_{Ste} = \frac{c_p{}^*(T_F - T_\infty)}{\Delta H^*}\text{이므로}$$

$$\frac{\alpha t_F}{x_1{}^2}\frac{c_p{}^*(T_F - T_\infty)}{\Delta H^*} = \frac{1}{2}$$

따라서

$$t_F = \frac{1}{2}\frac{x_1{}^2}{\alpha}\frac{\Delta H^*}{c_p{}^*(T_F - T_\infty)}$$

$$= \frac{1}{2}\frac{(0.035)^2}{5.86 \times 10^{-7}}\frac{238.25 \times 1000}{(1800)[-4.5-(-30)]}\frac{1}{3600}$$

$$= 1.51\text{ h}$$

(2) Tao의 해

Tao(1967)는 푸리에 열전도방정식을 수치해석적으로 계산하여 무한 평판(그림 8–34), 무한 원기둥(그림 8–35)과 무한 구(그림 8–36)에 적용할 수 있도록 도표를 작성하여 냉동시간 계산에 사용하였다.

도표에 사용되는 무차원 수들은 다음과 같이 계산한다.

$$t_F^* = \frac{t_F k^* (T_F - T_\infty)}{x_1^2 \rho^* \Delta H^*} \tag{8–43}$$

$$\frac{1}{N_{Bi}} = \frac{k^*}{h_c x_1} \tag{8–44}$$

$$N_{Ste}^* = \frac{c_p^* (T_F - T_\infty)}{\Delta H^*} \tag{8–45}$$

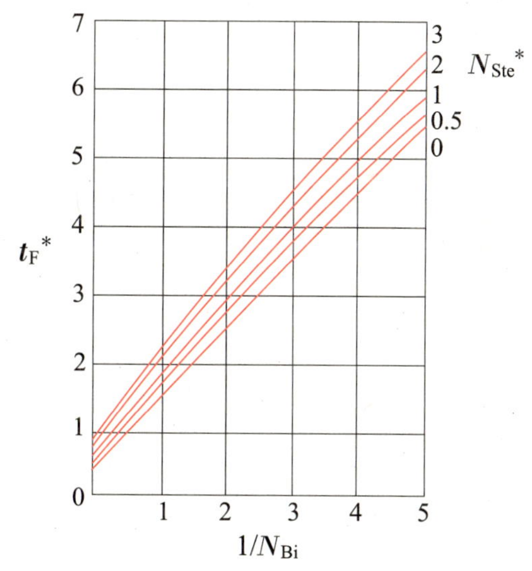

그림 8–34 무한 평판에 적용되는 Tao 도표

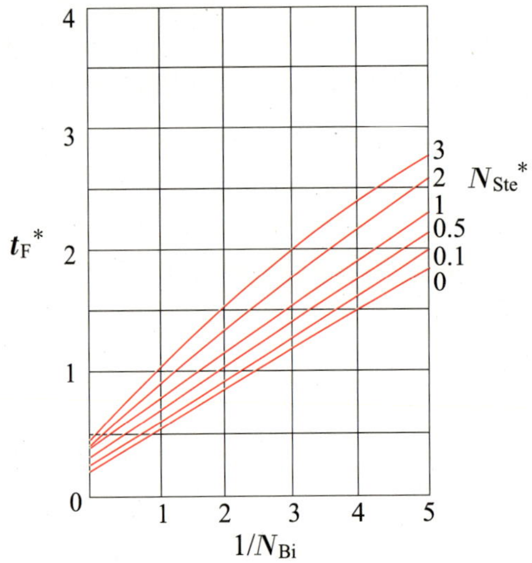

그림 8–35 무한 원기둥에 적용되는 Tao 도표

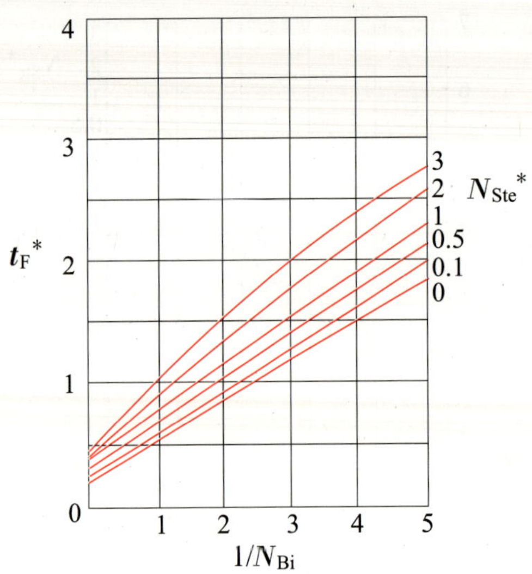

그림 8–36 무한 구에 적용되는 Tao 도표

Section 7 식품의 해동

1. 식품 해동의 중요성

해동(thawing)이란 냉동식품을 조리 혹은 가공하기 위하여 식품 내 냉동된 수분을 녹이는 조작을 의미한다. 이상적인 해동은 수분이 냉동 전의 상태로 식품 구조 내 다시 흡수되는 것이지만, 실제 식품에서는 냉동과정에서 발생하는 식품의 특성 변화로 인하여 다시 흡수되지 않고, 식품으로부터 분리된다. 이렇게 해동과정에서 식품으로부터 분리되는 수분을 드립(drip)이라 한다.

드립 발생은 냉동식품의 중량 감소 뿐만 아니라 단백질, 비타민 및 무기질 등 영양성분의 손실을 야기하므로, 식품의 품질 저하가 냉동보다 현저하게 발생한다. 해동과정에서 드립 발생은 얼음 결정체의 재결정화(recrystalization)에 의한 식품 조직의 기계적 손상에 의하여 발생한다.

해동은 냉동식품보다 높은 온도의 열 매체를 사용한다. 이 과정에서 식품의 표면은 중심부에 비하여 급격한 온도 상승이 야기된다. 일반적으로 식품의 두께와 직경이 클수록 표면의 온도 상승이 현저하게 발생하며(그림 8-37), 이 과정에서 식품의 표면부에서는 미생물이 급격하게 증식될 수 있다. 따라서 냉동 뿐 아니라 해동 또한 빠르게 진행되어야 냉동식품의 품질저하를 최소화시킬 수 있다.

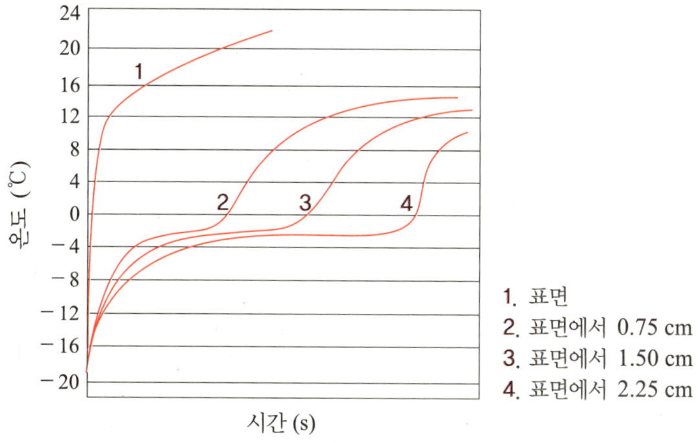

그림 8-37 해동에 따른 식품의 온도 곡선

2. 식품 해동기술

(1) 실온해동

실온의 공기 중에서 식품을 해동하는 방법이다. 실온해동은 해동설비가 필요 없고, 식품의 종류에 구애되지 않는 반면, 해동속도가 느리고, 계절 등 온도변화에 따라 해동시간의 예측이 어려우며, 해동과정 중 표면 건조 및 변색이 야기되거나 혹은 해동과정 중 표면이 오염될 수 있는 문제가 있다.

실온해동 시 해동속도를 높이기 위하여 송풍해동을 활용한다. 송풍해동은 다습한 실온의 공기를 순환시켜 해동하는 방법으로 정지식 공기에 식품을 해동할 때에 비하여 해동속도를 높일 수 있지만, 표면 건조가 쉽게 발생하고, 송풍기 운전에 경비가 소요될 수 있는 단점이 있다(그림 8-38).

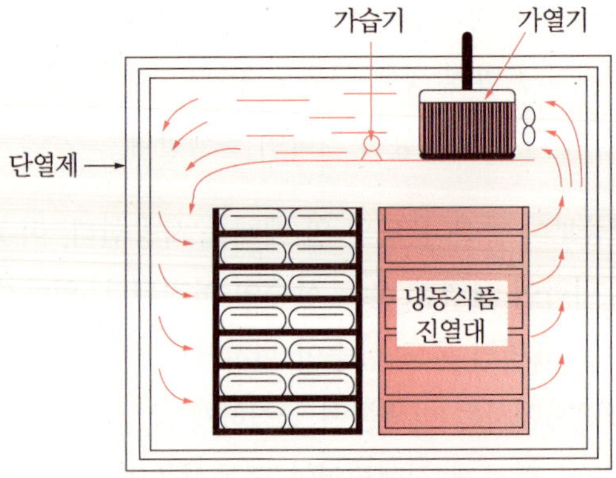

그림 8-38 송풍해동장치

(2) 침수해동

침수해동(그림 8-39)은 물이나 염수 등에 식품을 직접 침지시켜 해동하는 방법으로, 일반적으로 식품을 포장지에 넣은 상태에서 물이나 염수에 침지한다. 침수해동은 실온해동에 비하여 해동이 빠르고, 표면 오염을 억제할 수 있는 장점이 있는 반면, 물이나 염수의 양이 너무 적을 경우 해동속도가 저하되는 단점이 있고, 물의 사용에 따른 경제적인 손실과 포장이 요구되는 단점이 있다.

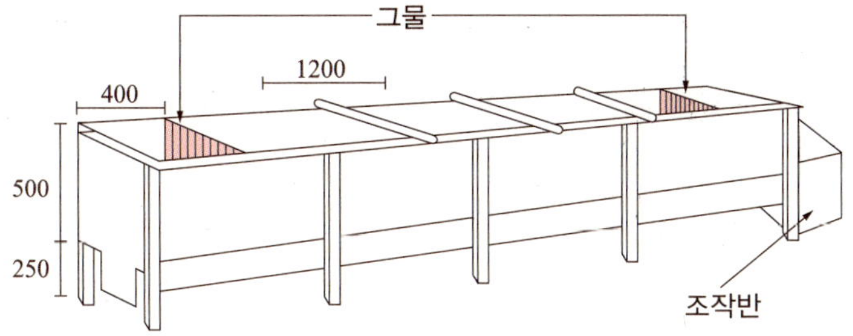

그림 8-39 침수해동장치

(3) 진공증기해동

진공증기해동(그림 8-40)은 진공탱크의 선반에 냉동식품을 넣고 탱크내를 감압하여 식품을 해동하는 방법이다. 진공에서 물은 5~20℃에서도 수증기로 전환되며, 증발된 수증기가 냉동식품의 표면에 응축하면서 발생하는 잠열을 냉동식품에 공급하여 식품을 해동시키며, 실온해동 및 침수해동에 비하여 높은 에너지를 공급하기 때문에 급속해동이 가능하다.

진공증기해동은 식품의 형태에 영향을 받지 않지만 일반적으로 5 cm 이하의 두께를 갖는 식품에 적합하다. 반면 연속식 공정이 어렵고, 포장하지 않은 식품의 경우 해동 중 물기가 많아지는 단점이 있다.

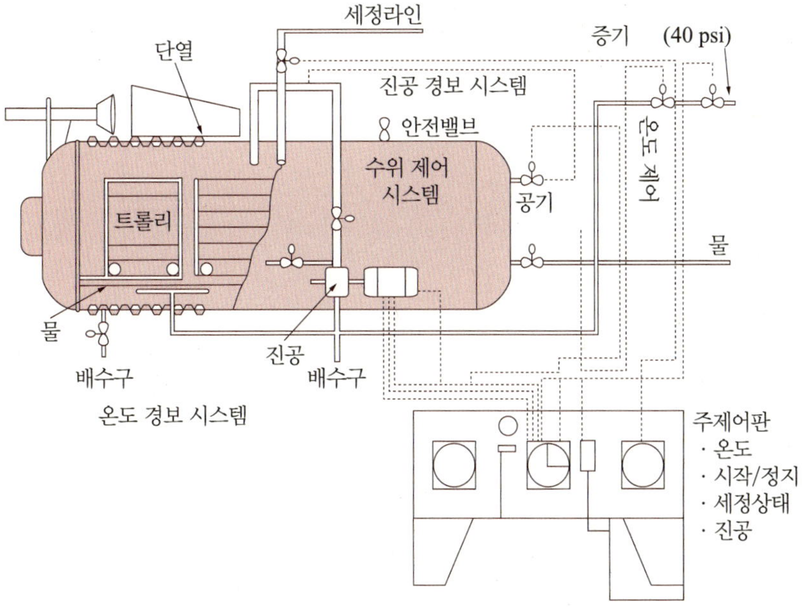

그림 8-40 진공해동장치

(4) 마이크로파 해동

마이크로파 해동(그림 8-41)은 300 MHz에서 300 GHz의 전자기파로 식품을 가열하여 해동하는 방법으로 일반적으로 2,450 MHz의 마이크로파를 마그네트론으로 발생시킨다. 물 분자는 극성을 띠고 있으며, 전기장에 따라 양전하를 띤 부분은 음극으로, 음전하를 띤 부분은 양극으로 정렬된다.

이 때 전기장의 방향이 바뀌면 물분자들은 전기장의 방향에 따라 회전하게 되며, 이 과정에서 분자들 간의 충돌로 운동에너지를 얻어 식품 내부에 열을 발생시킨다.

마이크로파 해동은 매우 빠른 시간에 이루어지며, 그 결과 드립 발생량이 현저하게 감소하고, 변색이나 이취 발생이 억제된다. 반면 식품의 형태에 따라 불균일한 해동이 이루어지고, 해동 경비가 다량 소모되며, 특별한 포장 혹은 용기가 요구되는 단점이 있다.

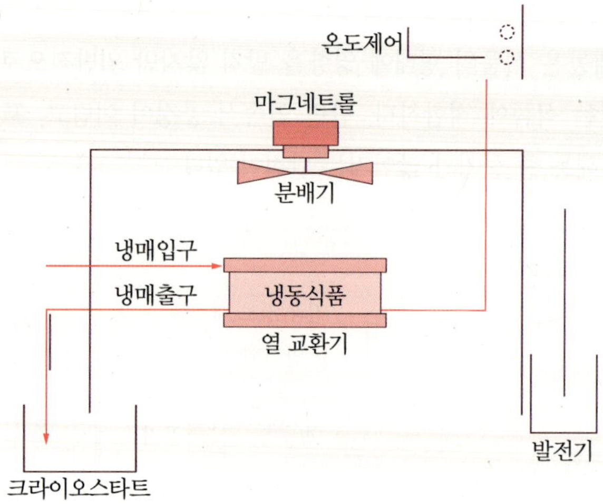

그림 8-41 마이크로파 해동

Section 8 냉동에 의한 식품의 품질 변화

1. 품질변화에 영향을 주는 요인

식품 냉동시 원식품 재료의 품질상태, 냉동과정, 포장상태, 저장온도와 저장시 온도변화, 냉동저장기간에 따라 냉동식품의 품질 변화에 영향을 미칠 수 있다.

2. 물리적 변화

(1) 냉동변질

냉동식품을 포장하지 않고 저장하였을 때 나타나는 현상으로 특히 육류 제품을 냉동 저장 시 많이 나타난다. 식품 내 얼음의 증기압이 저장고 내의 증기압 보다 높을 때, 냉동식품 표면에서 얼음이 승화(sublimation)되어 단백질, 혹은 지방 등이 산소에 노출되어 여러 가지 갈변작용이 나타나 식품의 품질 변화를 일으키는 것을 말한다. 냉동고의 공기유속, 냉동속도, 저장온도, 포장상태 등에 따라 다르게 나타난다. 일반적으로 얼음과 공기의 증기압 차가 크고 냉동고의 공기 유속이 빠르면 냉동변질이 잘 생기고, 급속 냉동의 경우 완만 냉동보다 냉동변질이 잘 일어난다.

(2) 포장 안 얼음

냉동 식품 속에 포함된 수분이 냉동 저장 시 외부와 수증기압 차이로 물분자가 식품 밖으로 확산되어 나오는데 이 수분은 다시 식품 내로 들어가지 못하고 포장재 내부에 큰 얼음 결정체로 뭉쳐 있는 것을 볼 수 있는데 이를 포장 안 얼음(in-package ice)라고 한다. 일반적으로 함기 포장에서 많이 나타나고, 냉동저장 온도가 불규칙적일 때 많이 발생한다. 일반 가정 냉장고나 업체에서 사용하는 냉동고의 경우 규칙적인 성에 제거가 필요하다.

(3) 재결정화

냉동식품의 얼음 재결정화는 냉동 저장 시 초기 형성된 얼음 결정체의 수, 크기, 모양이 시간에 따라 변화하는 과정으로 수는 작아지고 크기는 커지는 과정을 말한다.

얼음 결정체가 커지는 이유는 식품 내 물분자 확산을 통해 자유 에너지가 최소화 되려는 과정을 의미한다. 얼음의 재결정화가 급속히 진행되면 빙과류의 경우 섭취 시 입속에서 모래를 씹는 느낌의 조직감을 느껴 품질이 떨어지고, 해동 시 드립 발생이 많이 이루어지는 것을 볼 수 있다.

3. 화학적 변화

식품의 냉동저장 중 나타나는 화학적인 변화는 주로 영양분 파괴로 나타난다. 냉동, 저장, 해동 과정으로 나누어 살펴보면, 주로 저장 과정보다는 냉동 및 해동 과정에서 생기는 화학적인 변화가 많이 발생하는 것으로 나타났다.

(1) 지방의 산패

냉동식품 가운데서 지방의 산패는 불포화 지방산을 함유하는 식품을 장기간 상대적으로 높은 냉동온도에서 저장하면 불포화 지방산이 산화되어 이취를 발생한다. 냉동식품의 지방산화는 식품 중에 존재하거나 가공 중에 흡입된 소량의 촉매(Cu, Fe)에 의해 촉진되기도 한다. 산패 시에는 지방이 가수분해되어 지방산이 유리되고, 이를 막기 위해 아스코브산(ascorbic acid)과 같은 항산화제를 식품에 첨가하기도 한다.

(2) 단백질 변성

냉동식품에서 단백질 변성은 단백질의 불용화(insolubilization of proteins)를 대표적인 원인으로 들 수 있는데, 동물의 근육을 곱게 분쇄하여, 중성염으로 추출하면 용해성 단백질을 얻을 수 있다. 그리고 이 부분은 주로, 액토마이오신(actomyosin), 마이오신(myosin), 근육세포 단백질(sarcoplasmic proteins) 등으로 구성된다. 그러나 냉동에 의하여 얼음 결정체가 형성되면 단백질의 불용화가 촉진된다.

(3) 기타 성분 및 조직 · 구조 변화

향미 및 색소 성분 및 비타민 등의 파괴가 야기될 수 있다. 앞에서 기술한 물리·화학적인 변화를 통해 식품 냉·해동 후 드립이 증가하여 식품의 감량현상이 나타날 수 있고, 식품의 종류에 따라서 조직의 스펀지화가 발생할 수 있으며, 얼음결정체의 증가로 해동하지 않고 섭취하는 식품의 경우 경도가 증가되어 품질이 떨어진다.

[연습 문제]

1. 25°C의 물 3톤을 하루에 −10°C의 얼음으로 만드는 데 필요한 냉동능력을 계산하라.

2. Freon 12를 이용한 증기압축식 냉동장치의 경우, 증발기의 온도가 −25°C이고 응축기의 온도가 40°C일 때 성적계수를 구하라.

3. 포화상태에서 작동하는 R−12 냉동장치의 응축기 압력이 900 kPa이고 증발기 압력이 300 kPa이다. 이 장치의 성적계수가 6.0일 때, 팽창밸브로 들어가기 전 냉매의 과냉각 온도를 계산하라.

4. Freon 12를 이용한 증기압축식 냉동장치를 사용하여 저장창고의 온도를 5°C로 유지하고자 한다. 창고 내로 흡수되는 열의 증가속도는 100 W이고 창고 내에는 100톤의 사과가 저장된다. 증발기 온도가 0°C이고, 압축기 압력이 1100 kPa일 때, 효율이 85%인 압축기의 요구동력과 응축기에서 제거되는 열량을 계산하라.

5. 위의 문제와 주어진 조건이 같은 냉동장치에서 만약 증발기를 떠나는 증기가 10°C 과열되고 응축기로부터 방출되는 액체냉매가 15°C 과냉각 된다면 효율이 85%인 압축기의 요구동력과 COP를 계산하라.

6. 40°C의 양파를 5시간 동안 냉각시키고자 한다. 양파의 평균 호흡열이 방울 다닫기 양배추(Brussels sprouts)의 7.56°C 항온에서의 호흡열에 해당하는 냉동부하와 같고 이들 온도변화가 직선의 식을 따른다고 가정할 때 양파의 최종온도를 구하라.

7. −30°C의 대류 냉동장치(h_c = 30 W/m^2·K)를 이용해 수분함량이 20%인 돼지고기를 냉동시키고자 한다. 초기 식품온도가 5°C이고, 크기는 1 m×0.25 m×0.6 m이다. 이 식품을 −10°C까지 냉동시키는데 소요되는 시간을 계산하라. 단, 밀도는 1050 kg/m^3, 초기냉동온도는 −1.75°C, 녹음숨은열은 248.25 kJ/kg, 열전도도는 1.108 W/m·K이다.
   (1) Plank식 이용 (2) Nagaoka 수정식 이용

8. Tao의 방법을 이용하여 수분함량이 74%이고, 두께가 0.15 m인 쇠고기 스테이크의 냉동시간을 계산하라. 초기 식품온도는 5°C이고, 스테이크 양면은 −45°C 냉각판과 접촉되어 있다. 단, 표면열전달계수는 45 W/m^2·K이다.

230 g

Chapter 9

식품의 건조

식품의 건조(drying 또는 dehydration)는 주로 열을 공급하여 식품 중의 수분을 증발 또는 승화시켜 제거하여 수분함량이 낮은 고체 식품을 얻는 공정이다. 식품의 수분을 제거하는 다른 방법으로는 증발이나 기계적인 방법(원심분리, 막분리 등) 등이 있으나 증발에 비해 건조는 상대적으로 제거하는 수분량이 적으며, 기계적 방법은 열에너지를 이용하지 않는 차이점이 있다.

건조는 오래전부터 사용되어 온 주요 식품보존법의 하나로서, 식품 내 수분활성도를 낮춰 저장성을 향상시킨다. 식품 내의 수분활성도가 어느 수준 이하로 감소되면 미생물 및 효소에 의한 변질을 방지할 수 있다. 또한 부피와 무게를 감소시킴으로써 포장에 도움을 주고 저장과 수송비용을 절감할 수 있다. 일부 식품은 건조과정에서 독특한 색, 맛, 향미, 조직감이 형성되어 상품적 가치가 높아지기도 한다.

하지만 식품을 완전히 건조하려면 열에너지와 시간이 많이 소요되어 열에 의한 관능적 성질 변화 및 영양분 손실 등의 품질 저하가 일어나기 쉽다. 따라서 식품의 종류에 따라 이와 같은 품질 저하를 최소화할 수 있도록 열효율과 건조속도를 높일 수 있는 건조 시스템의 설계와 건조 조건을 선택하는 것이 매우 중요하다.

상업적으로 중요한 건조식품으로는 곡류(쌀, 보리, 콩), 설탕, 커피, 분유, 감자, 밀가루, 제과용 믹스, 견과류, 시리얼, 오징어, 북어, 차, 향신료 등이 있으며 많은 즉석편의식품이 건조식품의 형태이다.

Section 1 습윤공기의 열역학적 성질

건조에서는 수분의 증발에 필요한 숨은열을 공급하기 위한 열전달과 식품 내 수분이 표면을 거쳐 공기 중으로 이동하는 물질전달이 동시에 일어난다. 일반적으로 가열과 제거된 수증기의 운반 매체로서 열풍을 사용한다. 열풍으로 식품을 건조할 때 표면의 수분은 열풍이 제공하는 열(증발열)을 받아 수증기로 증발하여 열풍에 섞여 제거된다.

수분이 제거되면 표면과 내부 수분 사이에 증기압 차이가 발생하여 내부 수분이 표면으로 계속 이동하게 되고, 표면이 다 마르면 수분이동속도에 따라 증발면이 식품 내부로 후퇴하면서 식품이 건조되는 것이다.

식품에서 제거할 수 있는 최대 수분량은 사용하는 공기의 온도와 습도에 의해 결정되므로 공기의 성질을 이해하는 것이 매우 중요하다. 우리가 실제로 접하는 공기는 사실 건조공기와 수증기의 혼합물로 습윤공기(moist air)이다. 따라서 이 장에서 공기라 함은 습윤공기를 뜻한다.

습윤공기와 같은 기체-증기 혼합물의 열역학적 성질을 다루는 학문을 습공기학(psychrometrics)이라 한다. 습윤공기의 성질을 이해하는 것은 비단 건조뿐 아니라 냉동, 냉장, 공기조화 등 공기를 다루는 기계나 설비의 설계와 운전에 있어 매우 중요하다.

1. 증기압

순수한 물은 온도와 압력에 따라 고체, 액체, 기체 3가지 상태로 존재할 수 있다(그림 9-1). AB, AC, AD선은 평형곡선으로 AB선상에서는 액체와 기체가 혼재하며, AC선상에서는 고체와 액체가 혼재하고, AD선상에서는 고체와 기체가 혼재한다. 만약 (1) 상태의 얼음이 일정한 압력에서 가열되면 온도는 수평선을 따라 증가된다. 수평선상에서 AC선을 통과하면서 얼음은 물로 변하고 AB선을 통과하면서 수증기로 변한다. (3) 상태의 얼음이 가열되어 (4) 상태로 움직이면 얼음이 바로 수증기로 승화되는 것이다.

AB선은 물과 수증기가 혼재하는 평형곡선으로 바로 물에 대한 포화증기압(또는 증기압) 곡선이다. 즉, 수증기가 물과 평형상태에 있을 때의 압력을 일컫는 것이다. 만약에 물의 증기압이 수면 위의 전압과 같아지면 물은 끓는다.

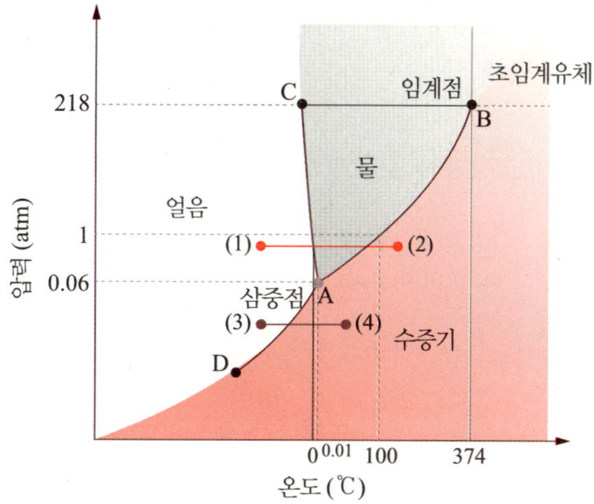

그림 9-1 물의 상변화도

예를 들어 100°C에서 물의 증기압은 101.3 kPa(1.0 atm)이다. 그렇지만 80°C에서 물의 증기압은 47.39 kPa이므로 압력을 47.39 kPa로 낮춘다면 물은 80°C에서 끓게 된다.

만약 1기압인 실내에서 냄비에 물을 담고 80°C를 유지하면 물의 증기압은 47.39 kPa이 될 것이다. 즉, 실내 공기는 1기압이지만 80°C 물의 증기압은 47.39 kPa로 전압에 의존하지 않고 물의 온도에만 의존한다. 따라서 같은 물질이라도 온도가 달라지면 증기압이 변한다.

2. 건구온도

건구온도(dry-bulb temperature)는 일반적인 온도계를 이용하여 측정한 온도이다. 뒤의 9절에서 설명할 습구온도와 차이가 있으며 우리가 일반적으로 온도라 할 때 바로 건구온도를 의미하는 것이다.

3. 습 도

(1) 절대습도

절대 습도(absolute humidity, H)는 건조공기 1 kg에 대하여 이에 동반하는 수증기(수분)의 질량(kg)의 비로 정의한다. 만약 절대습도가 0.02 kg water/kg dry air라면 이 습윤공기의 실제 무게는 1.02 kg인 것이다.

수분과 건조공기의 분자량은 각각 18.02와 28.97이므로 절대습도 H는 다음과 같이 표현할 수 있다.

$$H\left[\frac{\text{kg water}}{\text{kg dry air}}\right]$$

$$=\frac{p_w}{P-p_w}\frac{\text{kg mol water}}{\text{kg mol dry air}}\times\frac{18.02\text{ kg water}}{\text{kg mol water}}\times\frac{\text{kg mol dry air}}{28.97\text{ kg dry air}}$$

$$=\frac{18.02}{28.97}\frac{p_w}{P-p_w}=0.622\frac{p_w}{p_a} \tag{9-1}$$

여기서 P : 전압

p_w : 수증기의 분압

p_a : 건조공기의 분압($=P-p_w$)

이때 공기를 이상기체라 가정하면 수증기와 건조공기의 몰분율 x_w와 x_a는 다음과 같이 분압(partial pressure)의 항으로 표현할 수 있다.

$$x_w=\frac{n_w}{n_a+n_w}=\frac{p_wV/RT}{(p_a+p_w)V/RT}=\frac{p_w}{p_a+p_w} \tag{9-2}$$

$$x_a=\frac{n_a}{n_a+n_w}=\frac{p_a}{p_a+p_w} \tag{9-3}$$

여기서 x_w: 수분의 몰분율(mole fraction)

x_a: 건조공기의 몰분율

따라서 식 (9-2)와 (9-3)으로부터 절대습도 H는

$$H=\frac{18.02}{28.97}\frac{p_w}{p_a}=0.622\frac{x_w}{x_a} \tag{9-4}$$

(2) 포화습도

포화습도(saturation humidity, H_S)는 특정 온도와 압력에서 건조공기 1 kg이 최대로 수증기를 동반한 상태의 습도로서 포화 상태에서 공기 중 수증기의 분압은 그 온도에서 순수한 물의 포화증기압과 같으므로 식 (9-1)에서 p_w 대신에 포화증기압 p_s를 대입하면 포화습도 H_s를 구할 수 있다.

$$H_s=\frac{18.02}{28.97}\frac{p_s}{p_a}=\frac{18.02}{28.97}\frac{p_s}{P-p_s} \tag{9-5}$$

일정한 온도와 압력에서 건조공기가 수증기를 함유할 수 있는 능력은 0부터 포화습도까지이다.

(3) 상대습도와 퍼센트습도

상대습도(relative humidity, RH, H_R)는 동일한 온도와 압력에서 공기 중의 수증기의 분압과 순수한 물의 포화증기압의 %비로 정의된다.

$$RH\% = H_R = \frac{p_w}{p_s} \times 100 \tag{9-6}$$

동일한 온도와 압력에서 절대습도와 포화습도의 비를 포화도(saturation degree) 또는 퍼센트습도(percentage humidity, H_p)라 한다.

$$H_p = \frac{H}{H_s} \times 100 \tag{9-7}$$

그리고 퍼센트습도와 상대습도는 같지 않다(즉 $H_R \neq H_P$).

$$H_p = \frac{H}{H_s} \times 100 = \frac{\left(\dfrac{18.02}{28.97}\dfrac{p_w}{P-p_w}\right)}{\left(\dfrac{18.02}{28.97}\dfrac{p_s}{P-p_s}\right)} \times 100 = \frac{p_w}{p_s}\left(\frac{P-p_s}{P-p_w}\right) \times 100 \neq H_R \tag{9-8}$$

[예제 9-1] 증기압 데이터로부터 습도 계산

실내 공기의 온도가 26.7°C, 압력은 101.325 kPa이며 함유된 수증기의 분압은 2.76 kPa이다. 다음을 계산하라.

(1) 절대습도 H

(2) 포화습도 H_s, 퍼센트습도 H_p

(3) 상대습도 H_R

[풀이] 수증기표(부록 2-9)로부터 26.7°C에서 물의 포화증기압 $p_s = 3.5$ kPa이다. 식 (9-4)로부터:

(1) 절대습도 H는

$$H = \frac{18.02}{28.97}\frac{p_w}{P-p_w} = \frac{18.02(2.76)}{28.97(101.3-2.76)}$$

$$= 0.01742 \text{ kg water/kg dry air}$$

(2) 포화습도 H_s는 식 (9-5)에 의해

$$H_s = \frac{18.02}{28.97}\frac{p_s}{P-p_s} = \frac{18.02(3.5)}{28.97(101.3-3.5)}$$

$$= 0.02226 \text{ kg water/kg dry air}$$

퍼센트습도 H_p은 식 (9-7)에 의해

$$H_p = \frac{H}{H_s} \times 100 = \frac{0.01742}{0.02226} \times 100 = 78.26\%$$

(3) 상대습도 H_R는 식 (9-6)에 의해

$$H_R = \frac{p_w}{p_s} \times 100 = \frac{2.76}{3.5} \times 100 = 78.9\%$$

4. 이슬점

이슬점(dew point)은 공기가 수증기로 포화될 때(즉 상대습도 = 100%)의 온도로서 이슬점 상태의 공기를 더 냉각시키면 응축이 일어나기 시작한다. 예를 들어 25°C에서 물의 포화증기압 p_s는 3.169 kPa이다.

만약에 어떤 공기의 온도가 35°C이고 공기 중의 수증기 분압이 3.169 kPa이라면 이 공기는 불포화상태다. 이 공기를 냉각시키면 25°C에서 이슬점에 도달하고(즉, 공기는 수증기로 포화되고) 더 냉각시키면 포화상태 이상으로 존재하는 수증기는 응축된다.

5. 습윤비열

습윤비열(humid heat, c_s)은 1 kg의 건조공기당 이에 동반되는 H kg의 수증기로 이루어진 습윤공기의 온도를 1°C(1 K) 올리는 데 필요한 열량이다. 공기-수증기 계에서는 다음과 같이 구할 수 있다.

$$c_s\left[\frac{\text{kJ}}{\text{kg dry air}\cdot\text{K}}\right] = c_{p,a} + c_{p,w}H = 1.005 + 1.88H \qquad (9\text{-}9)$$

여기서 $c_{p,a}$: 건조공기의 비열(kJ/kg dry air · K)

$c_{p,w}$: 수증기의 비열(kJ/kg water · K)

6. 습윤부피

주어진 온도에서 1기압일 때, 건조공기 1 kg과 이에 동반되는 수증기 H kg의 습윤공기가 차지하는 부피를 습윤부피(humid volume, V_H)라고 정의한다.

$$V_H\left[\frac{\text{m}^3}{\text{kg dry air}}\right]=22.41\left(\frac{T}{273}\right)\left(\frac{1}{28.97}+\frac{1}{18.02}H\right)$$
$$=(2.83\times10^{-3}+4.56\times10^{-3}H)T \quad (9\text{–}10)$$

여기서 T: 습윤공기의 온도(K)

7. 습윤공기의 총 엔탈피

습윤공기의 총 엔탈피 H_y는 건조공기 1 kg의 엔탈피와 이에 동반되는 수증기 H kg의 엔탈피의 합이다. 따라서 T_0를 습윤공기(즉, 건조공기와 수증기 혼합물)의 기준온도로 정하면, 총 엔탈피는 습윤공기의 느낌열과 T_0에서의 수증기의 증발열을 합한 것과 같다.

$$H_y\left[\frac{\text{kJ}}{\text{kg dry air}}\right]=c_s(T-T_0)+H\lambda_0 \quad (9\text{–}11)$$

여기서 T_0: 엔탈피의 기준온도(K)

λ_0: 기준온도에서의 증발열(kJ/kg water)

기준온도를 0°C로 잡으면 총 엔탈피는 다음과 같다.

$$H_y\left[\frac{\text{kJ}}{\text{kg dry air}}\right]=(1.005+1.88H)T+2501.4H \quad (9\text{–}12)$$

공기를 건조온도까지 가열할 때 소요되는 에너지를 결정할 때 중요한 요소이다.

8. 단열포화온도

절대습도 H, 온도 T인 불포화 공기를 그림 9-2에 나타낸 것처럼 분무실에서 연속적으로 가습하는 경우를 생각해 보자. 분무실은 단열되어 있고 물은 펌프에 의하여 순환된다. 분무실을 통과하는 공기는 불포화 상태이므로 분무된 물이 공기 중으로 증발하며, 이때 공기의 느낌열 일부가 증발열로 사용되기 때문에 물과 공기는 냉각된다.

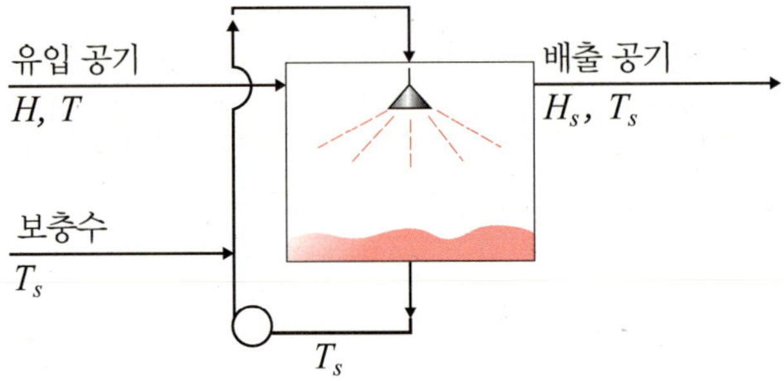

그림 9-2 단열포화 장치

만약에 흐르는 공기와 분무해 주는 물방울이 충분한 시간 동안 접촉하였다고 하면 공기는 포화 상태에 도달하게 되며, 순환하는 물의 온도는 더 이상 변하지 않고 일정한 정상상태온도 T_s에 도달하게 된다. 이 온도를 단열포화온도(adiabatic saturation temperature)라 한다.

입구에서 공급된 공기의 온도와 습도는 분무실을 통과하는 동안 변하여 출구 부근에서 물과 평형상태를 이루어 배출 공기는 물의 온도 T_s와 같아질 것이고 이 온도에서 포화되어 습도는 H_s가 될 것이다. 이와 같은 과정에서 엔탈피 수지(enthalpy balance)는 기준온도를 T_s로 하면 다음과 같다.

$$c_s(T-T_s)+H\lambda_s=c_s(T_s-T_s)+H_s\lambda_s \tag{9-13}$$

$$\frac{H-H_s}{T-T_s}=-\frac{c_s}{\lambda_s}=-\frac{1.005+1.88H}{\lambda_s} \tag{9-14}$$

$$H=-\frac{c_s}{\lambda_s}(T-T_s)+H_s \tag{9-15}$$

식 (9-15)를 H와 T에 대하여 도시하면 단열포화선(adiabatic saturation line)을 얻을 수 있고, 100% 포화곡선과의 교점은 $(T_s,\ H_s)$이고 단열포화선상의 다른 점들은 $(T,\ H)$이다.

9. 습구온도

단열포화온도는 대량의 물과 소량의 공기가 단열실에서 접촉했을 때 도달되는 정상상태(steady-state)의 온도이다. 습구온도(wet bulb temperature, T_w)는 소량의 물이 단열 조건에서 흐르는 대량의 공기와 접촉했을 때 얻게 되는 정상상태의 비평형 온도이다.

그림 9-3은 습구온도계로서 온도계 감응부에 물에 적신 헝겊이 감겨져 있다. 헝겊은 보충수에 의해 계속 젖은 상태를 유지한다. 온도 T, 습도 H인 불포화 공기를 온도계 주변으로 빠른 속도(약 5 m/s)로 흐르게 하면 젖은 헝겊의 물은 상대적으로 증기압이 낮은 불포화 공기 중으로 증발하며 이때 증발열을 젖은 헝겊의 물에서 빼앗아 가므로 물은 냉각되어 외부 공기 온도보다 낮아진다. 이렇게 되면 온도차에 의하여 공기로부터 헝겊(온도계)으로 열이 이동한다.

결국 공기로부터 온도계로 전달되는 대류 열에너지와 수분 증발에 의해 온도계로부터 제거되는 증발열의 크기가 같아지는 동적 평형에 도달하게 되어 헝겊의 물 온도는 일정한 온도를 유지하게 된다. 이 온도를 습구온도라고 한다.

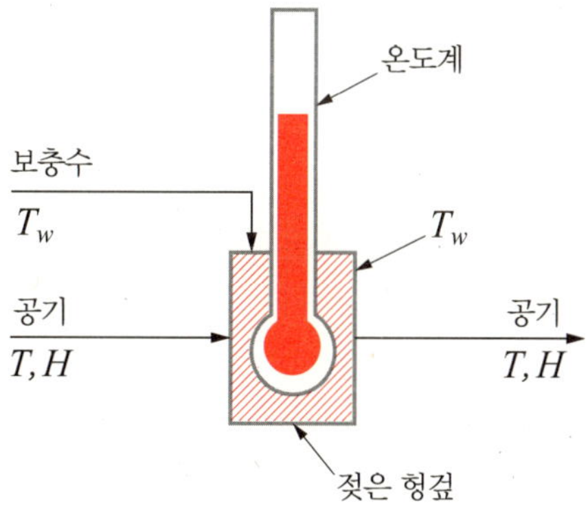

그림 9-3 습구온도계

단열포화온도의 경우와는 달리 연속적으로 흐르는 대량의 공기가 소량의 물과 짧은 시간 동안 접촉하므로 증발하는 수증기량이 적기 때문에 외부 공기의 온도와 습도는 변하지 않는다.

결국 젖은 헝겊에 대한 엔탈피수지는 '수분의 증발열 = 대류로 전달되는 열'과 같다. 기준온도를 T_w로 정하고, 또한 증발하는 물의 느낌열과 복사열은 매우 작으므로 이를 무시하면 수분의 증발열은 다음과 같다.

$$q = M_w N_w \lambda_w A \tag{9-16}$$

여기서 q: 수분의 증발로 잃어버리는 열(kW)

M_w: 물의 분자량

N_w: 수분의 증발플럭스(kg mol water evaporated/s·m^2)

A: 헝겊의 표면적(m^2)

λ_w: 온도 T_w에서의 증발열(kJ/kg water)

수분의 증발플럭스 N_w는

$$N_w = k_y(y_w - y) \tag{9-17}$$

여기서 k_y: 물질이동계수(kg mol/s·m^2·mol frac.)

y_w: 헝겊 표면에 바로 접한 공기 중 수분의 몰분율

y: 공기 중 수분의 몰분율

습도 H와 몰분율 y의 관계는

$$y = \frac{H/M_w}{1/M_a + H/M_w} \tag{9-18}$$

여기서 M_a: 공기의 분자량

습도 H는 아주 작기 때문에 위의 식은 근사적으로

$$y \cong \frac{M_a}{M_w} H \tag{9-19}$$

식 (9-19)를 식 (9-17)에 대입하고 식 (9-17)을 다시 식 (9-16)에 대입하면

$$q = M_a k_y \lambda_w (H_w - H) A \tag{9-20}$$

또, 온도 T인 공기로부터 온도 T_w인 헝겊으로의 대류에 의한 열전달속도는

$$q = hA(T - T_w) \tag{9-21}$$

여기서 h: 열전달계수(kW/m^2·K)

따라서 식 (9-20)과 식 (9-21)은 같으므로

$$\frac{H-H_w}{T-T_w}=-\frac{h/(M_a k_y)}{\lambda_w} \tag{9-22}$$

위 식에서 $h/(M_a k_y)$는 습도비(psychrometric ratio)라 부르며, 공기-수증기 계인 경우에 실험값은 0.96~1.005이다. 이 값은 H가 작을 때의 습윤비열 c_s 값 1.005와 비슷하므로 공기-수증기 계에서는 식 (9-22)는 단열포화선 식 (9-14)와 같다. 하지만, 공기-알코올 증기 계처럼 다른 계에서는 이 값이 비슷하지 않기 때문에 습구온도와 단열포화온도는 다르다.

$$\frac{h}{M_a k_y} \cong c_s \tag{9-23}$$

$$H=-\frac{c_s}{\lambda_w}(T-T_w)+H_w \tag{9-24}$$

식 (9-24)를 H와 T에 대하여 도시하면 습구온도선을 얻을 수 있다.

10. 습도도표

(1) 습도도표의 사용법

앞서 살펴봤듯이 공기의 여러 성질들은 서로 연관성이 많다. 습도도표(psychrometric chart, 그림 9-4)는 이런 상호연관성을 도해한 그림으로서 공기의 여러 성질들을 쉽게 결정할 수 있다. 습도도표는 보통 일정한 압력(일반적으로 1기압)에서 공기-수증기 계의 여러 성질을 온도의 함수로 나타낸다.

습도도표의 가로축은 건구온도이고, 세로축은 절대습도이다. 오른쪽 상단으로 휘어 올라가는 곡선은 상대습도이며, 100% 상대습도선으로부터 오른쪽 하단으로 비스듬히 내려가는 선은 습구온도선이다. 습윤부피선은 습구온도선보다 기울기가 더 급하게 오른쪽 하단으로 내려가는 선이다. 엔탈피선은 습구온도선과 일치한다. 압력 조건이 달라지면, 새롭게 습도도표를 그려야만 한다.

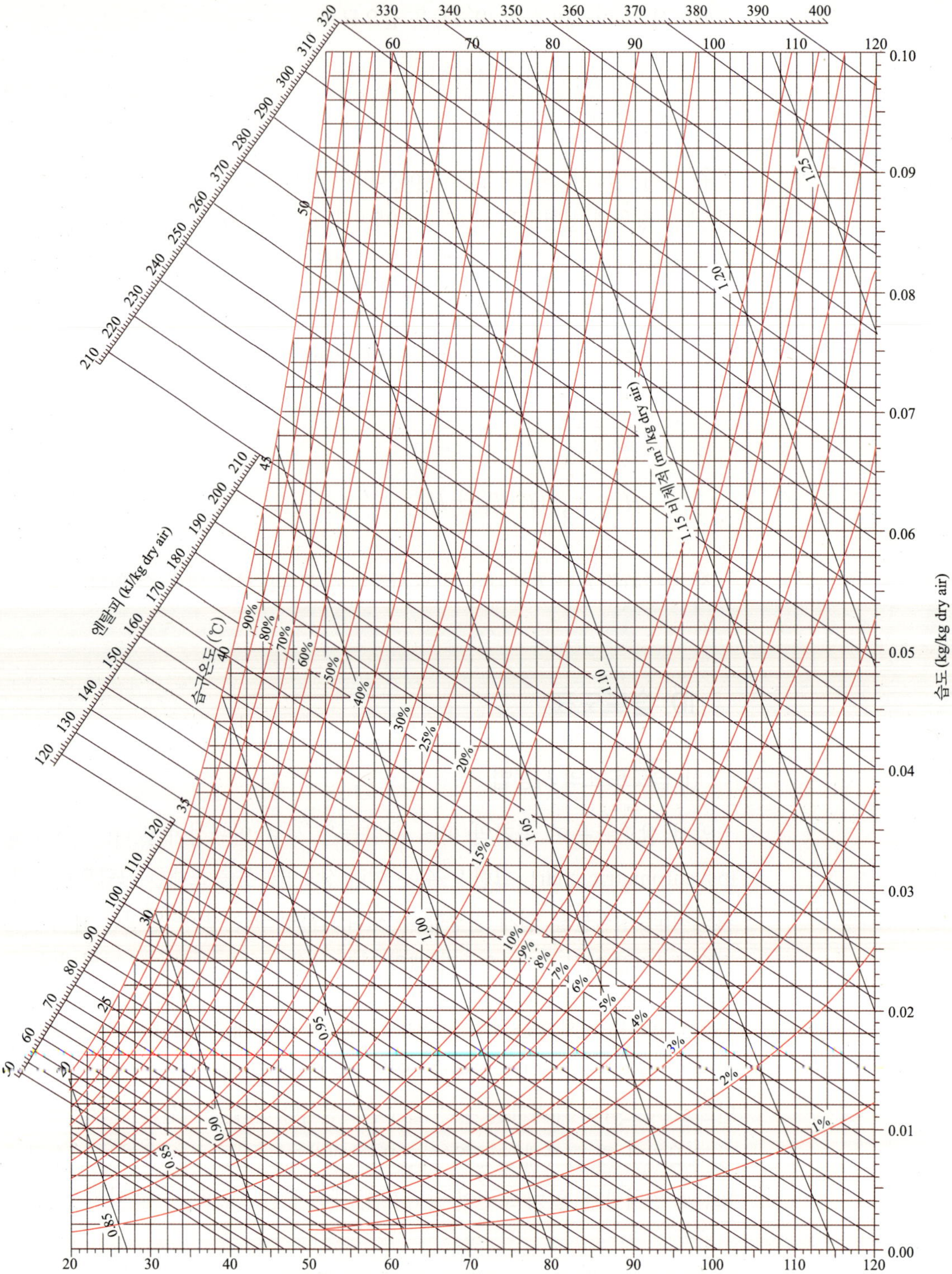

그림 9-4 습도도표

공기-수증기 계의 임의의 독립적 성질 2가지만 알면, 나머지 성질들을 습도도표를 이용하여 알아낼 수 있다. 그림 9-5에 습도도표를 이용하여 여러 성질을 규명하는 용례를 나타내었다.

그림 9-5(a)는 절대습도로부터 이슬점을 구하는 방법으로 절대습도 0.049인 공기는 상대습도 100% 될 때의 건구온도 40°C가 이슬점이며, 그림 9-5(b)는 절대습도와 건구온도로부터 습구온도를 구하는 방법으로 절대습도 0.049와 건구온도 53°C인 공기에서 습구온도선을 따라 이동하여 상대습도가 100%가 될 때의 온도가 습구온도 42°C이며, 그림 9-5(c)에서는 건구온도가 71°C이고 절대습도가 0.010인 공기와 상대습도선이 만나는 점을 읽으면 상대습도는 43%이며, 절대습도가 0.049이고 상대습도가 50%인 공기의 건구온도는 53°C이다. 그리고 그림 9-5(d)는 건구온도와 습구온도로부터 절대습도와 이슬점을 구하는 방법으로 건구온도가 71°C이고 습구온도가 54°C인 공기인 경우, 습구온도와 상대습도 100%의 교점으로부터 습구온도선을 따라 건구온도가 71°C가 될 때까지 이동하여 만나는 점에서 수평으로 절대습도 0.010을 읽고 절대습도선과 상대습도 100%선의 교점에서의 온도가 이슬점 53°C이다.

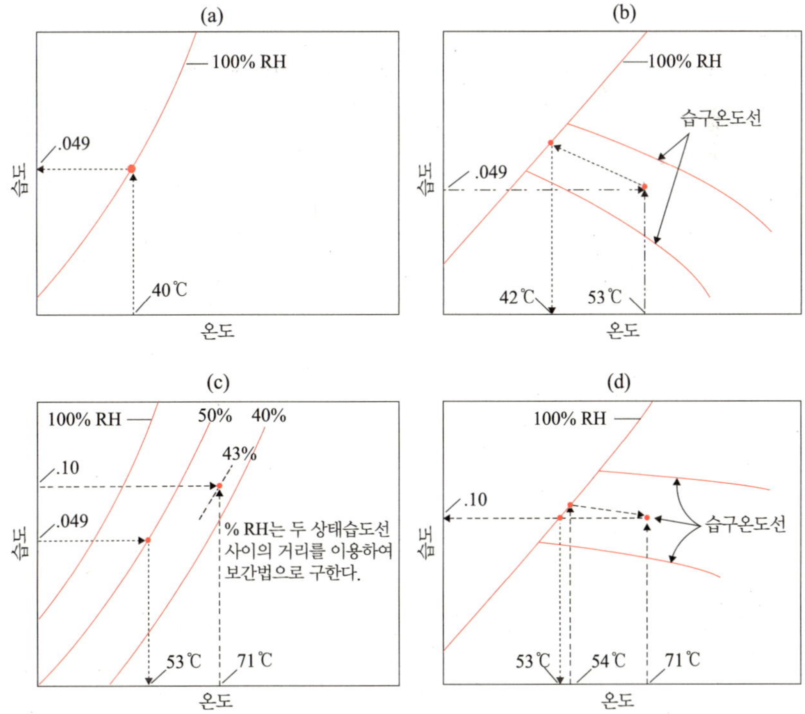

그림 9-5 습구도표의 사용법

[예제 9-2] 습도도표 사용법

습도도표를 이용하여 다음을 계산하라.

(1) 1기압에서 이슬점이 40°C, 상대습도 50%인 공기의 절대습도, 건구온도 및 습구온도를 구하라.
(2) 훈연실 내 공기의 습구온도는 54°C, 건구온도는 71°C이다. 절대습도, 이슬점 및 상대습도를 구하라.

[풀이]

(1) 습도도표로부터 $T = 40°C$에서 수직선을 그려 100% RH 곡선과의 교점을 구하고 수평선의 습도축으로부터 값을 읽으면 절대습도 $H = 0.049$ kg water/kg dry air이다(그림 9-5(a)).

습도를 나타내는 수평선을 연장시켜 50% RH 곡선과의 교점을 구하고, 이 교점에서 수직선을 내려 온도를 읽으면 건구온도 = 53°C이다(그림 9-5(c)).

$H = 0.049$와 $T = 53°C$선의 교점을 통과하여 습구온도선과 평행한 선을 그려 100% RH 선과의 교점을 구한다. 이 교점에서 수직선을 내려 온도를 읽으면 습구온도 $T_w = 42°C$(그림 9-5(b))이다.

(2) $T = 54°C$에서 올린 수직선과 100% RH 곡선과의 교점에서 습구온도선과 평행한 선을 그린다. 이 선과 $T = 71°C$에서 올린 수직선과의 교점에서 수평선을 그려 습도축을 읽으면 $H = 0.1$ kg water/kg dry air이다(그림 9-5(d)).

$H = 0.1$인 수평선과 100% RH 곡선과의 교점에서 수직선을 내려 온도축을 읽으면 이슬점 $T_w = 53°C$이다(그림 9-5(d)).

$T = 71°C$인 수직선과 $H = 0.1$인 수평선의 교점은 상대습도 40%와 50% 사이에 있으므로 보간법에 의해 이 점의 상대습도를 구하면 % $RH = 43\%$이다(그림 9-5(c)).

(2) 습도도표를 이용한 공기–수증기 혼합계의 변화 규명

습도도표를 이용하면 공기의 가열, 냉각, 증습, 탈습 등의 변화과정을 나타낼 수 있다. 일반적으로 어떤 공정에 의하여 변화되기 전과 후의 공기 상태를 습도도표 위에 표시함으로써 그 공정을 나타낼 수 있다(그림 9–6).

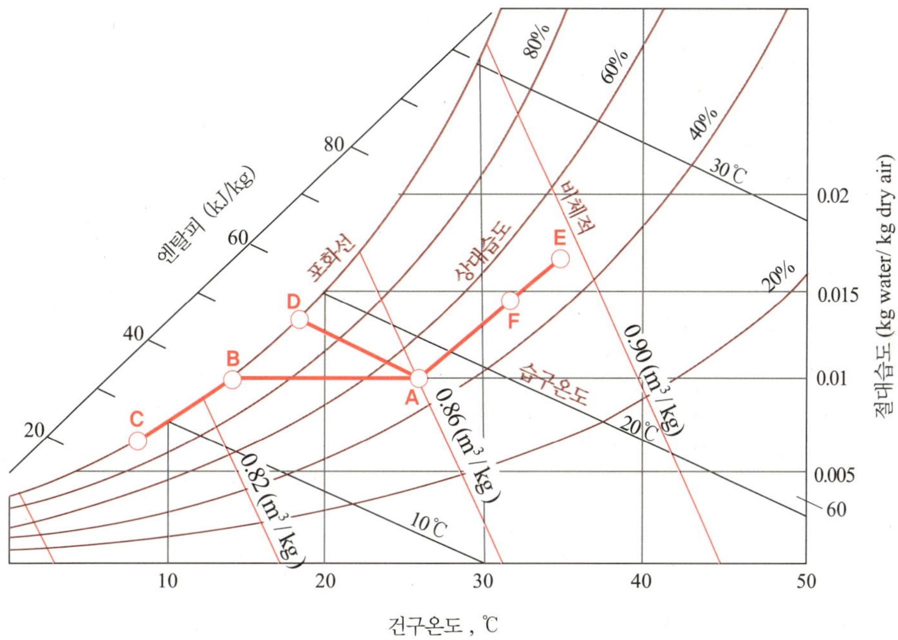

그림 9–6 습도도표에서 공기의 가열, 냉각, 단열증습, 혼합 과정

공기의 습도를 유지한 채로 공기를 가열(또는 냉각)하면 AB선과 같이 수평선을 따라 움직인다. 이때 온도와 더불어 상대습도가 변하게 된다. B → A는 가열과정이고 A → B는 냉각과정이다. 이런 가열(또는 냉각)과정에 필요한 에너지는 다음 식으로 구할 수 있다.

$$q = \dot{m}(H_{y,A} - H_{y,B}) \tag{9–25}$$

여기서 $H_{y,A}$와 $H_{y,B}$는 각각 A와 B 상태에서 습도도표에서 읽은 엔탈피 값이며 $\dot{m}$는 공기의 질량속도(kg/s)이다.

A의 공기가 항습 냉각되면 AB선을 따라 감소하다 100% 상대습도선과 만나게 되며 이때 온도가 이슬점이다. 이슬점 이하로 더 냉각시키면 공기 중의 수증기가 응축되어 공기 밖으로 배출되므로 절대습도가 감소하나 상대습도는 100%를 유지한다(B → C).

단열포화(증습)과정에서는 수분이 증발하여 공기 중으로 들어가므로 습도가 증가하고 증발열을 공기로부터 빼앗아가므로 공기의 온도가 감소하는 과정으로 단열포화선을 따라 이동하게 된다(A → D).

공기-수증기 계에선 단열포화선이나 습구온도선은 동일하다. 따라서 습구온도는 변하지 않으나 건구온도는 감소하며 절대습도와 상대습도는 모두 증가하게 된다. 이 과정은 열풍 건조에서 일어나는 현상과 유사하다.

공기조화는 상태가 다른 2개의 공기를 섞는 조작으로 각각 A와 E 상태의 공기가 섞이게 되면 두 점을 직선으로 연결하고 각각의 공기 질량에 역비례하여 선분을 나누면 섞은 후의 상태 F를 알 수 있다. 예를 들어, E 상태의 공기량이 A상태의 공기보다 2배가 많다면 섞은 후의 공기 F는 A:E = 1:2이므로 AE선분을 2:1로 나눈 점이 바로 F가 된다.

[예제 9-3] 공기의 가열

건구온도가 30°C이고 상대습도는 80%인 외부공기가 10 m^3 dry air/s로 건조기에 들어와서 80°C로 가열되었다. 가열 중 추가적인 수분 공급이 없다고 가정할 때 가열에 필요한 시간당 열에너지(동력)를 계산하라.

[풀이]

습도도표로부터 건구온도 30°C와 상대습도 80%인 공기의 엔탈피 $H_{y,A}$는 85.2 kJ/kg dry air이고, 습윤부피 V_H는 0.89 m^3/kg dry air이며 가열 후 80°C일 때 공기의 엔탈피 $H_{y,B}$는 140 kJ/kg dry air이다. 건조공기 질량속도＝건조공기 부피속도(m^3/s)/습윤부피(m^3/kg)＝10/0.89＝11.24 kg/s이다.

따라서, 공기의 가열을 위한 에너지는

$$q = 11.24(140 - 85.2) = 616.0 \text{ kJ/s} = 616.0 \text{ kW}$$

[예제 9-4] 공기의 혼합

식품건조기에서 에너지를 절약하기 위하여 건조기에서 배출되는 공기의 일부를 외부공기(ambient air)와 혼합하여 재사용한다. 온도 70°C, 상대습도 30%인 배출공기 10 m^3/s를 온도 30°C, 상대습도 60%인 외부공기 20 m^3/s와 혼합하였다. 혼합공기의 건구온도와 절대습도를 구하라.

[풀이]

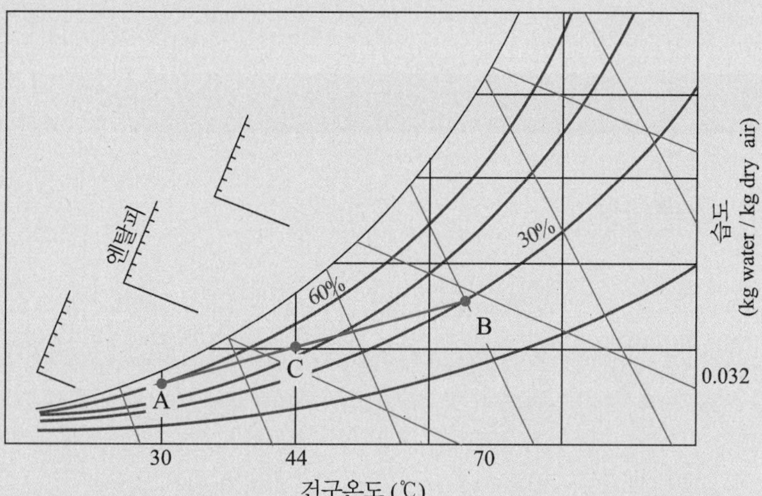

그림 9-7 공기의 혼합

외부공기와 배출공기를 그림 9-7에 표시하면 각각 점 A와 점 B로 나타낼 수 있다. A와 B 두 점을 직선으로 연결한다. 외부공기와 배출공기의 혼합비율이 2 : 1이므로 직선 AB를 1 : 2로 나눈 점 C가 혼합공기의 상태이다. 물론 이때 짧은 직선 AC쪽이 양이 많은 외부공기 쪽이다. 점 C로 표시되는 혼합공기의 건구온도는 44°C이고 절대습도는 0.032 kg water/kg dry air이다.

[예제 9-5] 건조기에서 공기의 상태

온도 50°C, 상대습도 10%인 열풍을 bin dryer에서 쌀을 건조하는데 사용하였으며 배출공기는 포화상태에서 배출되었다. 건조공기 1 kg당 제거되는 수분량을 구하라.

[풀이]

열풍의 상태를 습도도표에 나타내고 습도를 읽으면 0.0078 kg water/kg dry air이다. 다음으로 등엔탈피선(등습구온도선)을 따라 비스듬히 올라가면 포화곡선(100% RH)과의 교점이 배출공기의 상태이며, 습도를 읽으면 0.019 kg water/kg dry air이다. 따라서 건조공기 1 kg당 쌀로부터 제거되는 수분량은 0.019−0.0078=0.0112 kg water/kg dry air이다.

Section 2 식품의 수분

1. 수분함량

식품에 함유된 수분함량은 습량기준(wet weight basis, X_w%)이나 건량기준(dry weight basis, X%)으로 표현한다. 습량기준은 습한 물체 단위질량당 수분량이고, 건량기준은 습한 물체 중 건조고체(고형분) 단위질량당 수분량이다. 보통 식품의 수분함량은 습량기준으로 나타내나 건조공정의 계산에서는 건조가 진행됨에 따라 전체 질량이 감소하므로 변하지 않는 고형분 질량을 이용하는 건량기준을 사용한다.

습한 고체의 총 질량 W는 고형분 질량 W_s와 총 수분량의 합이다. 따라서 습량기준과 건량기준은 다음과 같이 나타낼 수 있다.

$$X_w(\%\text{w.b.}) = \frac{\text{총 수분량}}{\text{습한 고체의 총 질량}} = \frac{W - W_s}{W} \times 100 \qquad (9\text{–}26)$$

$$X(\%\,\text{d.b.}) = \frac{\text{총 수분량}}{\text{고형분 질량}} = \frac{W - W_s}{W_s} \times 100 \qquad (9\text{–}27)$$

[예제 9–6] 건조과정에서 수분함량의 변화

건조기를 이용하여 6000 kg의 당근을 습량기준으로 초기수분함량 87.5%로부터 4%까지 건조시키고자 한다. 다음을 계산하라.

(1) 당근의 고형분 무게

(2) 건조 후 당근 중의 수분 무게

(3) 증발시킬 수분 무게

[풀이]

(1) 건조 전 당근의 수분 $W_{w,1}$은 식 (9–26)으로부터

$$87.5(\%) = \frac{W_{w,1}}{6000} \times 100$$

$$W_{w,1} = 5250 \text{ kg}$$

당근의 고형분 무게 = 당근 무게 − 당근의 수분 무게

$$W_s = 6000 - 5250 = 750 \text{ kg}$$

(2) 건조 후 당근의 수분 무게 $W_{w,2}$는 식 (9–26)으로부터

$$4(\%) = \frac{W_{w,2}}{750 + W_{w,2}} \times 100$$

$$W_{w,2} = 31.25 \text{ kg}$$

(3) 증발시킬 수분 무게 $= W_{w,1} - W_{w,2} = 5250 - 31.25 = 5218.75$ kg

2. 평형수분함량과 수분활성도

수분을 함유하고 있는 식품을 일정한 온도와 습도의 주위 공기와 장시간 접촉시켜 두면 식품 내 수분의 증기압 p_f와 주위 공기 중의 수증기 분압 p_w가 평형상태에 도달하게 되어 식품 내 수분함량이 일정해진다. 즉, 식품 내 수분의 증기압이 주위 공기의 수증기 분압보다 크면($p_f > p_w$), 식품 내 수분이 증발하면서 증기압이 감소하여 주위 공기의 수증기 분압과 같아져 평형상태에 도달한다. 반대로 식품 내 수분의 증기압이 주위 공기의 수증기 분압보다 작으면($p_f < p_w$), 주위 공기로부터 수분을 흡수하여 식품의 수분함량이 증가하면서 증기압이 증가하고 주위 공기의 수증기 분압과 같아질 때까지 계속 증가한다.

이처럼 평형상태에 도달했을 때 식품의 수분함량을 그 조건(온도와 습도)에서의 평형수분함량(equilibrium moisture content, EMC, X_e)이라 하고 이때 평형상태에 있는 주위 공기의 상대습도를 평형상대습도(equilibrium relative humidity, ERH)라 한다.

식품의 수분활성도(water activity, a_w)는 동일 온도에서 순수한 물의 증기압 p_s에 대하여 그 식품 내 수분의 증기압 p_f의 비율이다. 일정한 조건에서 식품이 주위 공기와 평형상태를 이루고 있으면 공기 중의 수증기 분압 p_w와 식품 내 수분의 증기압 p_f는 같으므로 수분활성도는 평형상대습도(ERH)를 100으로 나눈 값과 같다. 따라서,

$$a_w = \frac{p_f}{p_s} = \frac{p_w}{p_s} = \frac{ERH}{100} \text{ (평형 상태에서, 즉 } p_f = p_w) \qquad (9\text{–}28)$$

[예제 9–7] 수분활성도와 수분함량

어떤 식품을 15°C, 30% 상대습도의 환경에서 5시간 동안 무게 변화 없이 방치하여 둔 후 수분함량을 측정한 결과 7.5%(습량기준)이었다.

이 식품을 상대습도 50%인 환경에 옮긴 결과 평형에 도달했을 때 0.1 kg/kg 제품만큼 무게가 증가하였다.

(1) 두 환경조건에서 식품의 수분활성도를 구하라.

(2) 두 환경조건에서 수분함량을 건량기준으로 구하라.

[풀이]

(1) 식 (9–28)에 의해, 첫 번째 조건의 수분활성도는

$$a_w = \frac{\text{ERH}}{100} = \frac{30}{100} = 0.3$$

마찬가지로 두 번째 조건의 수분활성도 $a_w = 0.5$이다.

(2) 상대습도 30%에서 평형에 도달했을 때,

$$7.5\% = \frac{7.5 \text{ kg water}}{100 \text{ kg}} = 0.075 \text{ kg water/kg}$$

따라서 고형분의 양은 1 − 0.075 kg water/kg = 0.925 kg dry solid/kg이다. 건량기준으로 첫 번째 경우의 수분함량은

$$\frac{0.075 \text{ kg water/kg}}{0.925 \text{ kg dry solid/kg}} = 0.081 \text{ kg water/kg dry solid} = 8.1\%\text{(d.b.)}$$

두 번째 경우, 0.1 kg/kg만큼 무게가 증가했으므로 수분함량은 습량기준으로

$$0.075+0.1=0.175=17.5\%(\text{w.b.})$$

건량기준으로는

$$\frac{0.175\ \text{kg water/kg}}{1-0.175\ \text{kg dry solid/kg}}=0.212\ \text{kg water/kg dry solid}=21.2\%(\text{d.b.})$$

3. 식품의 등온흡(탈)습곡선

전술한 바와 같이 식품의 건조 상태는 식품의 수분함량, 식품과 접하고 있는 공기의 습도(수증기 분압)와 온도의 영향을 받는다. 일정한 온도에서 식품이 공기와 평형상태에 있을 때, 식품의 평형수분함량(y축, EMC)과 공기의 평형상대습도(x축, ERH) 사이의 관계를 나타낸 곡선을 등온흡습곡선(moisture sorption isotherm)이라 한다(그림 9-8).

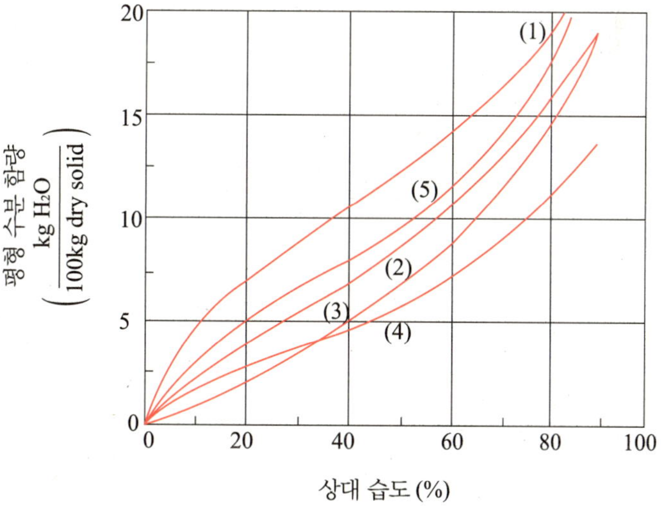

(1) 마카로니 (2) 밀가루 (3) 빵 (4) 크래커 (5) 달걀 알부민

그림 9-8 다양한 식품의 등온흡습곡선(25℃):

식품의 평형수분함량은 종류(구성성분)에 따라 차이가 많으며 일반적으로 상대습도 60~80% 부근에서 비교적 큰 값을 나타낸다. 이는 흡습성이 높은 단백질이나 전분 등을 많이 포함하고 있기 때문이다.

대부분의 식품에서 등온흡습곡선은 S자를 뒤집어 놓은 모양(sigmoidal curve)을 나타낸다. 등온흡습곡선은 일정한 온도에서 건조물체를 상대습도가 증가하는 환경에 노출시켜 평형수분함량을 측정함으로써 얻을 수 있고, 등온탈습곡선(moisture desorption isotherm)은 반대의 경우이다. 대부분의 식품의 경우, 등온흡습곡선과 등온탈습곡선은 일치하지 않는데, 이 현상을 이력현상(hysteresis)이라고 한다(그림 9-9).

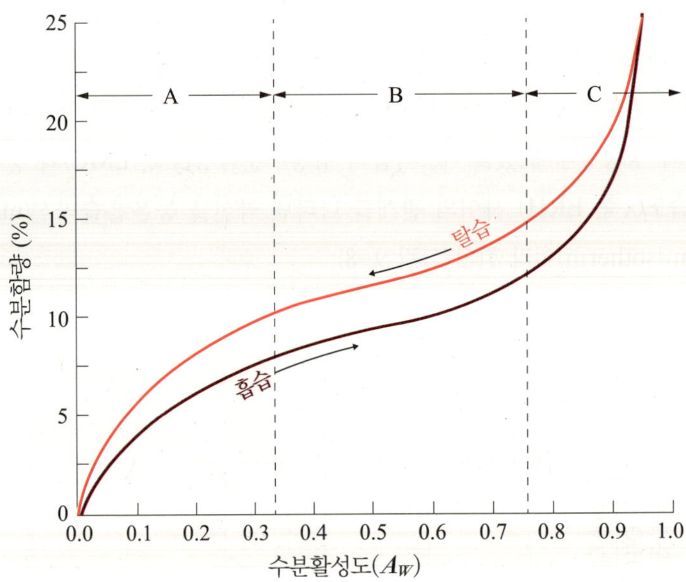

그림 9-9 등온흡(탈)습곡선의 이력현상(hysteresis)

식품의 등온흡습곡선은 수분의 존재 상태에 따라 3개의 특징적인 영역으로 나눈다. 영역 A에서 물분자는 다당류의 수산화기 또는 단백질의 카르보닐기나 아미노기와 같은 이온 그룹과 강한 이온결합을 형성하고 있어 용매로 사용할 수 없기 때문에 미생물과 효소 및 화학 반응에 이용되지 못한다.

대체로 수분활성도가 0~0.35인 범위이며 이 영역의 수분은 고체 표면에 단분자막(monolayer)으로 결합된 것으로 생각되고 있다. 영역 B에서 물분자는 고체 표면에 다분자막층(multilayer)을 형성한다. 이 영역의 물분자는 주로 결합수이나 여러 기능기들과 수소결합에 의해 결합된 것으로 생각되고 있다.

영역 C에서는 고체 내부구조의 모세관힘 또는 가용성 성분의 영향으로 식품 중 수분의 증기압이 낮아져서 이 영역의 물은 용매로 활용할 수 있기 때문에 품질저하가 급격하게 일어난다.

식품의 등온흡습 과정을 이론적으로 예측하는 것은 현재로서는 불가능하다. 일정한 조건에서 건조를 통해 제거할 수 있는 수분량은 평형수분함량까지이므로 건조하기 전에 실험적으로 대상 식품의 등온흡습곡선을 얻어야 한다.

하지만, 등온흡습곡선에 대한 다양한 실험자료로부터 여러 모델식이 제안되었다. 그 중에서 가장 널리 활용되고 있는 것은 BET(Brunauer–Emmett–Teller) 식과 이를 보강한 GAB(Guggenheim-Anderson-de Boer) 식이다.

먼저 BET 모델식은

$$\frac{X_e}{X_M} = \frac{Ca_w}{(1-a_w)[1+(C-1)a_w]} \tag{9–29}$$

여기서 X_e : 평형수분함량(kg water/kg dry solid)

X_M: 단분자막 형성 수분함량(kg water/kg dry solid)

a_w : 수분활성도

C : 표면 에너지 상수

BET 모델식은 수분활성도가 0.1~0.5인 범위에서만 적용할 수 있다.

GAB 모델은 BET 모델을 확장한 것으로

$$\frac{X_e}{X_M} = \frac{Cka_w}{(1-ka_w)(1-ka_w+Cka_w)} \tag{9–30}$$

여기서 C: 구겐하임(Guggenheim) 상수

k : 보정 상수

GAB 모델식은 수분활성도 0.9까지 잘 적용되는 것으로 알려져 있다.

건조과정은 수분이 제거되는 경우이므로 등온탈습곡선을 이용하여 평형수분함량을 결정한다. 위와 같은 등온흡(탈)습에 관한 모델식이 없는 경우가 많기 때문에 건조하기 전에 실험적으로 등온탈습곡선을 얻어야 한다. 평형수분관계는 같은 종류의 물체라 해도 시료에 따라 다를 수 있다.

등온흡습곡선 모델식은 GAB 이외에도 지금까지 약 80여 가지가 발표되고 있으나, 모든 구간의 수분활성도에서 잘 맞는 식은 아직 없다. 왜냐하면 수분활성도 차이에 따라 수분이 다른 메커니즘에 의하여 식품에 흡습하기 때문이다. 표 9-1에 건조식품의 대표적인 등온흡습곡선 예측식을 열거하였다.

미생물의 증식, 효소 반응, 비효소적 반응 등에 의한 식품의 품질변화는 수분함량 자체보다는 수분의 존재 형태, 즉 활용 가능한 수분량(수분활성도)이 얼마냐가 더 중요하다(그림 9-10). 따라서 식품의 품질보존 및 수명을 예측하는 데 있어 등온흡습곡선에 대한 지식은 필수적이다.

대부분의 식품은 수분이 단분자막을 형성(즉 단분자층으로 흡착)했을 때의 수분함량(X_M)에서 안전한 것으로 알려져 있다. 여러 문헌에 보고된 식품의 대표적인 X_M 값은 0.05~0.11 kg water/kg dry solid이다.

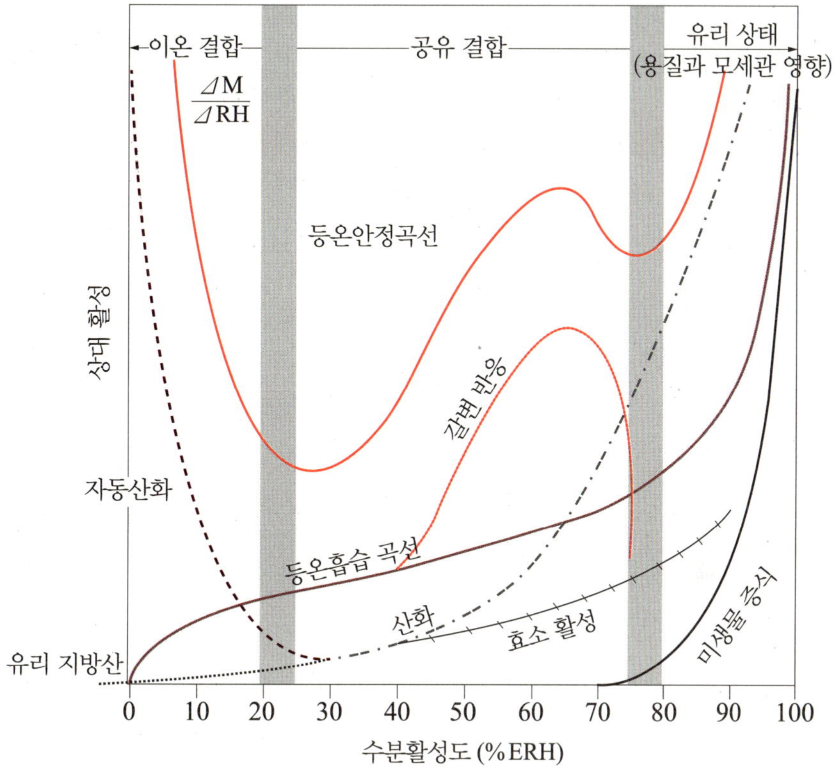

그림 9-10 수분활성도가 식품의 품질 변화 속도에 미치는 영향

표 9-1 건조식품의 등온흡습곡선 예측식

Name	Fomula
Henderson	$1-a_w{}^{1)}=\exp[(-k_2)^{2)}(X)^{3)}k_1{}^{2)}]$
Halsey	$a_w=\exp[(-k_2)(X)^{-k_1}]$
Oswin	$\frac{a_w}{(1-a_w)}=\left[\frac{X}{k_2}\right]^{1/k_1}$
Bradly	$\ln\frac{1}{a_w}=(k_2)(k_1)^M$
Kuhn	$X=\frac{k_1}{\ln a_w}+k_2$
Chen	$a_w=\exp[k_2+k_1\exp((k_3)^2X)]$
Iglesias and Chirife(I–C)	$X=k_1\left(\frac{a_w}{1-a_w}\right)+k_2$

1) a_w : 수분활성도 2) k_i : 식품의 특성상수 3) X : 수분함량(kg water/kg solid)

표 9-2 일부 식품에 대한 등온흡습곡선 예측식의 특성상수(k_1, k_2)와 단분자막 형성 수분함량(X_M)

Food	Temperature(℃)	Fomula	k_1	k_2	X_M [1)]
Albuin, egg	25.0	Henderson	1.6670	0.0124	0.063
Banana	25.0	I-C[2)]	10.5514	0.1786	0.040
Beef, cooked	25.0	Oswin	0.6227	7.3221	0.042
Beef, raw	25.0	Oswin	0.4292	10.8829	0.064
Apple	25.0	Henderson	0.7537	0.1091	0.083
Apple juice	25.0	I-C	10.3521	0.8906	0.061
Cabbage	25.0	Oswin	0.8352	9.5873	0.091
Carrot	20.0	I-C	8.5743	0.4529	0.027
Chicken, cooked	19.5	Oswin	0.4175	12.9971	0.069
Chicken, raw	5.0	Oswin	0.4223	15.5657	0.085
Corn meal	30.0	Henderson	2.3530	0.0025	0.065
Glucese	30.0	Halsey	1.9684	335.1102	–
Green pepper	22.2	Oswin	0.7567	8.4360	0.028
Milk(NF), dry	30.0	Halsey	1.9684	72.3080	0.065
Mushroom	20.0	Halsey	1.1639	7.5335	0.045
Onion	07.0	Oswin	0.7923	13.5043	0.095
Peach	23.3	Henderson	0.5777	0.2131	–
Peanut	25.0	Halsey	1.9237	31.9494	0.043
Pea	25.0	Halsey	1.2113	10.5023	0.044
Pineapple	25.0	Henderson	0.8096	0.0821	0.195
Pork	19.5	Oswin	0.4455	13.5089	0.070
Patato	25.0	Oswin	0.5975	9.8173	0.052
Rice	25.0	Oswin	0.2973	11.8802	0.079
Soya meal	35.0	Kuhn	−3.7916	3.9632	–
Soy Prot. conc.	21.0	Oswin	0.4437	11.5443	0.067
Starch	30.0	Henderson	2.3241	0.0016	0.094
Spinach	37.0	Kuhn	−6.0909	0.6823	0.045

1) kg water/kg solid, 2) Iglesias and Chirife

[예제 9-8] BET식을 이용한 단분자막 수분함량

마쇄한 동결건조 쇠고기에 대하여 10°C에서 다음과 같은 흡습평형실험값을 얻었다. BET 식을 사용하여 단분자막 형성 수분함량(X_M)과 에너지 상수 C를 구하라.

수분활성도 (a_w)	평형수분함량 (X_e)
0.01	0.011
0.02	0.019
0.03	0.027
0.04	0.041
0.15	0.093
0.20	0.106
0.30	0.121
0.40	0.137

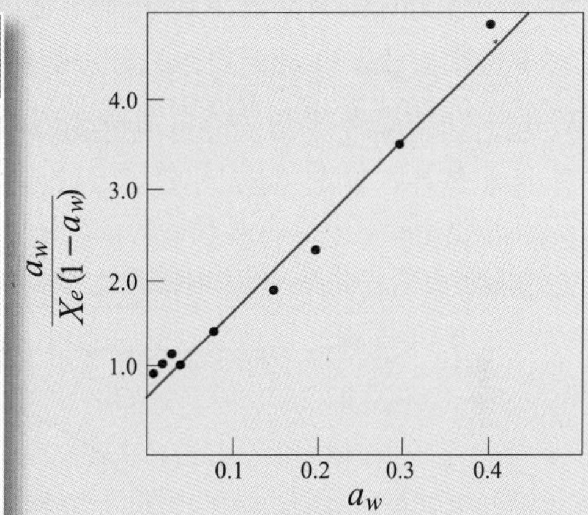

그림 9-11 BET 등온선

[풀이]

식 (9-29)의 역수를 취하고 정리하면

$$\frac{a_w}{X_e(1-a_w)}=\frac{1}{X_M\ C}+\frac{C-1}{X_M\ C}a_w$$

a_w를 X축, $\frac{a_w}{X_e(1-a_w)}$를 Y축으로 하여 그리면 그림 9-11과 같이 $\frac{1}{X_M\ C}$은 Y절편이 되고, $\frac{C-1}{X_M\ C}$은 기울기가 된다.

$$\frac{1}{X_M\ C}=0.676,\ \frac{C-1}{X_M\ C}=9.738$$

위의 두 방정식에 의하여

$X_M = 0.010$ kg water/kg dry solid

$C = 15.472$

4. 결합수와 비결합수

식품 중에 존재하는 수분은 비결합수와 결합수로 구별할 수 있다.

비결합수(unbound water)는 증기압이 순수한 물의 증기압과 같은 수분이다. 따라서 비결합수의 수분활성도는 1이며 그림 9-12에서 X_s (포화수분함량) 이상의 수분이다. 비결합수는 습도가 높은 공기 중에서도 증발할 수 있으며, 재료의 표면이나 공동(cavity) 또는 넓은 모세관 등에 흡착되어 있다. 그러나 비결합수는 단순 흡착한 경우이기 때문에 건조하기 전에 기계적 분리법으로 용이하게 제거할 수 있다.

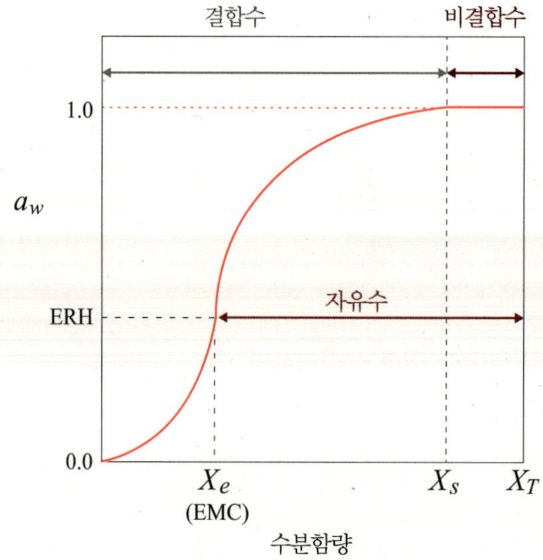

그림 9-12 수분의 존재 상태

결합수(bound water)는 순수한 물보다 증기압이 낮은 상태의 수분으로 수분활성도가 1보다 작은 수분이다. 그림 9-12에서 X_s보다 적은 수분이다. 결합수는 불포화 공기 중에서 부분적으로 증발하며 장시간 건조한 후에는 건조공기와 평형상태를 이루어 평형수분함량에 도달하게 된다.

식품 중의 결합수는 ① 카르복실기나 아미노기 등과 이온결합한 물분자, ② 수산화기나 아마이드 등과 수소결합한 물분자, ③ 결합되지는 않았지만 모세관힘 또는 가용성 성분에 의하여 증기압이 낮아진 물의 세 가지 형태로 나눌 수 있다. 건조장치의 효율은 제거하고자 하는 수분의 존재 형태와 밀접한 관계를 가지고 있으며 위에서 말한 순서로 제거하기 어렵다.

평형수분함량 이상의 수분을 자유수(free water)라고 한다. 자유수는 주어진 상대습도에서 건조를 통해 증발시킬 수 있는 최대 수분량이다. 즉, 자유수(kg water/kg solid) X는 식품의 총 수분함량 X_T에서 평형수분함량 X_e를 뺀 값이다. 따라서 건조장치에서 사용하는 열풍의 상대습도에 따라 증발시킬 수 있는 최대수분량, 즉 자유수가 결정되며 평형수분함량 이하로는 건조시킬 수 없다.

Section 3 식품 건조의 원리

1. 건조메커니즘

전술한 바와 같이 건조과정에서는 열(증발열)과 물질(수분) 이동이 동시에 일어난다. 식품을 건조하는 방법은 매우 다양하나 열을 공급하는 방법에 따라 크게 2가지로 나눌 수 있다.

① **직접 건조** : 식품을 가열공기와 직접 접촉시켜 건조하는 방법으로 단열건조(adiabatic drying)라고도 한다.

② **간접 건조** : 공기가 아닌 다른 열원을 이용하여 건조하는 방법으로 식품을 가열된 표면에 접촉시켜 전도 열전달을 이용하거나 유전가열이나 마이크로파복사 등의 열전달을 이용하는 방법으로 비단열건조(nonadiabatic drying)라고도 한다.

직접건조법에서 일어나는 전형적인 건조 메커니즘을 살펴보자. 습한 고체가 건조면에 평행하게 흐르는 열풍에 의해 건조될 때 열풍의 온도, 습도, 풍속, 흐르는 방향 등이 일정한 경우를 일정한 건조조건(constant drying conditions)이라고 한다.

일정한 건조 조건에서 열풍건조할 때 습한 식품 위로 열풍(뜨거운 불포화 공기)이 흐르게 되면 열풍의 열에너지가 차가운 식품으로 전달되어 식품 표면의 수분이 그 열을 증발열로 활용하여 증발이 일어난다. 표면에서 증발된 수증기는 공기의 경계막(boundary film)으로 확산되어 흘러가는 공기에 의해 제거된다(그림 9-13).

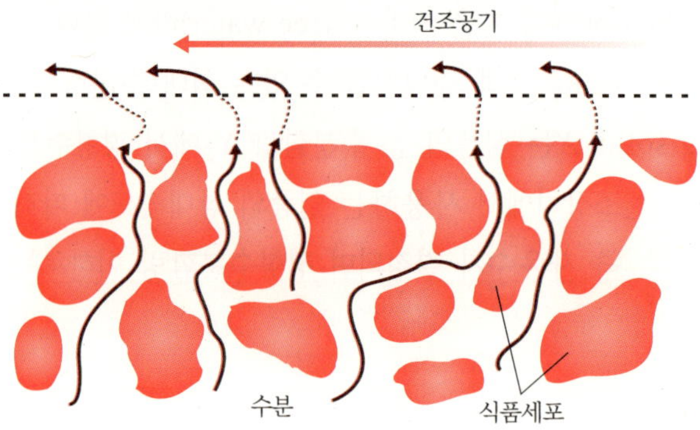

그림 9–13 건조 중 수분의 이동

이에 따라 식품 표면의 증기압이 낮아지게 되고 식품 내부로부터 열풍까지 수분의 증기압 기울기(vapor pressure gradient)가 형성된다. 이 증기압 기울기(차이)가 수분 이동의 원동력으로 작용하여 내부의 수분이 계속적으로 표면으로 이동하여 증발되어 제거된다. 식품 내 수분이 표면으로 이동하는 메커니즘은 식품의 내부 구조에 따라 달라진다. 다공성 물질인 경우는 주로 모세관 이동에 의하여, 일반적인 고체는 확산에 의하여 이동한다.

위의 과정은 식품 표면에서의 증발속도와 내부 수분의 표면이동속도가 같은 한 계속된다. 내부 수분의 표면으로의 이동속도가 작아지게 되면 표면이 건조되기 시작하고 표면이 다 마르면 증발면이 식품 내부로 후퇴하게 되면서 식품 내 수분이 평형수분함량에 도달할 때까지 건조가 진행된다.

간접건조법에서도 수분 이동 메커니즘은 비슷하나, 공기는 단지 증발된 수증기를 제거하는 역할을 한다.

2. 건조곡선

일정 조건에서 열풍 건조실험을 할 때, 시간에 따른 습한 고체의 무게 W(고형분+수분)의 변화를 측정한다. 건조곡선(dryng curve)을 얻기 위해서는 우선 측정 자료를 식 (9–27)을 이용하여 건량기준 수분함량 X_T로 나타낸다. 주어진 건조조건에서 평형수분함량 X_e(kg water/kg solid)를 등온탈습곡선으로부터 결정하고, 자유수 함량 X를 계산한다($X = X_T - X_e$). 건조시간 t에 따른 자유수 함량 X의 변화를 그리면 그림 9–14(a)와 같이 나타낼 수 있다.

이 곡선으로부터 건조속도를 구하려면 각각의 시간 t에서 접선을 그려 그 기울기 dX/dt를 구해야 한다. 각 점에서 건조속도 R은 다음과 같다.

$$R = -\frac{W_s}{A}\frac{dX}{dt} \tag{9-31}$$

여기서 R: 건조속도(kg water/h·m^2)

W_s: 고형분 질량(kg)

A: 열풍에 노출된 표면적(m^2)

건조속도를 자유수함량 변화에 대하여 그리면 그림 9-14(b)와 같이 나타낼 수 있다(여기서 $W_s/A = 21.5$ kg/m^{2}를 사용함). 실제 건조속도를 시간 t에서 접선의 기울기 dX/dt로부터 구하기는 쉽지 않으므로 미세시간 Δt 동안의 질량손실 ΔX를 계산하여 어림한다.

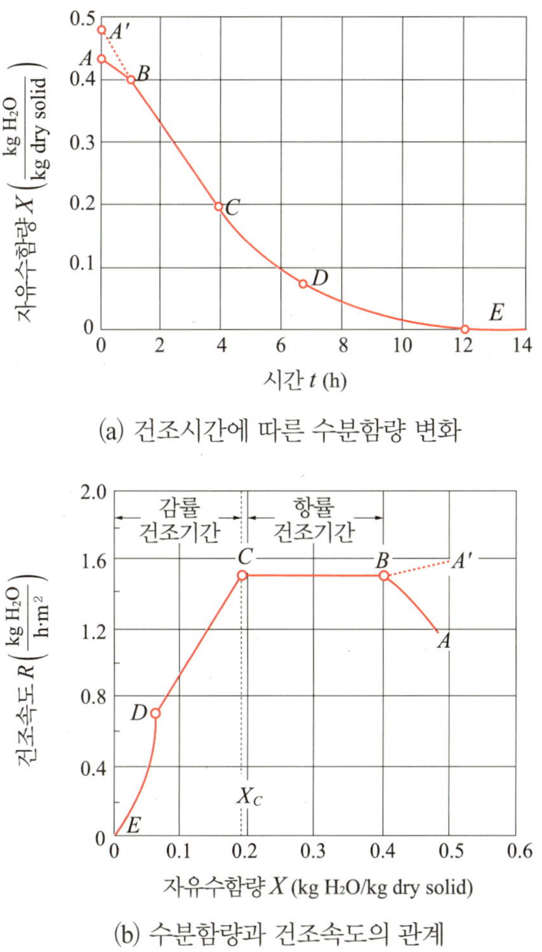

그림 9-14 일정한 조건에서의 건조곡선

(1) 항률건조기간

건조과정은 건조속도에 따라 특징적인 구간으로 구별할 수 있다. 그림 9-14에서 AB 구간은 예비건조기 또는 조절기간(settling down stage)이며, 점 A는 식품의 초기 상태로서 일반적으로 식품의 온도는 열풍보다 낮기 때문에 식품의 표면온도가 열풍과 평형을 이루도록 가온되는 단계로서 증발속도는 약간 증가한다. 점 A′는 식품이 열풍보다 온도가 높은 경우이다. 점 B에서 표면온도는 열풍과 평형상태에 도달하게 된다. 일반적으로 초기 조절기는 매우 짧으므로 건조시간의 계산에서는 무시한다.

BC 구간은 건조속도가 일정하여 항률건조기간(constant drying rate period)이라고 한다. 이 기간 동안 식품은 수분함량이 높아 표면이 물의 얇은 막으로 완전히 덮여 있고 이 물은 비결합수로 수분활성도가 1.0이다. 따라서 이때의 건조속도는 고체의 형태와 관계없이 마치 뜨거운 욕조의 물이 증발하듯이 액체층의 표면에서 물이 증발하는 것과 같고 내부 수분의 표면으로의 이동속도가 증발속도와 같은 한 계속 지속된다. 이 기간 동안의 수분 증발은 고체를 젖은 헝겊에 비한다면 앞에서 기술한 습구온도를 정의할 때와 거의 같은 현상으로서 고체 표면온도는 습구온도로 일정하게 유지된다.

(2) 감률건조기간

점 C는 임계수분함량(critical moisture content) X_c라 하며 이때부터 점 E, 즉 평형수분함량 X_e까지 건조속도가 계속 감소하기 때문에 이 기간을 감률건조기간(falling drying rate period)이라고 한다. 점 D에서부터는 건조속도가 더욱 감소하여 점 E에 도달하게 되며, 이 점에서 자유수 $X = X_T - X_e = 0$이 된다. 비흡습성 식품(non-hygroscopic food)은 DE 구간이 없이 하나의 감률건조기간을 나타내는 반면 흡습성 식품(hygroscopic food)은 두 개 이상의 감률건조기간이 나타나기도 한다.

CD 구간에서는 일반적으로 수분함량이 감소함에 따라 건조속도가 직선적으로 감소하며, 이를 제1 감률건조기간이라 한다. 점 C부터는 고체 내부 수분의 표면으로의 이동속도가 표면에서의 증발속도보다 작아져 표면이 더 이상 충분히 젖어있는 상태를 유지할 수 없으며, 차츰 표면이 건조되기 시작하여 점 D에서 표면이 완전히 건조된다.

표면이 완전히 마른 점 D부터는 제2 감률건조기간(DE 구간)이 시작된다. 이때부터 증발면(plane of evaporation)이 표면에서 내부로 천천히 후퇴하여 건조속도는 더욱 감소한다. 이 기간 동안의 건조속도는 주로 고체 내부에서의 수분 이동속도에 영향을 받으며, 열풍의 풍속 등과 같은 외부 조건의 영향은 적다. 표면이 완전히 건조되는 과정이 점진적이어서 제2 감률건조기간이 뚜렷하게 나타나지 않는 식품도 있다. 또한 곡물처럼 초기 수분함량이 임계수분함량보다 적은 경우는 감률건조기간만 있다. 감률건조기간에 증발되는 수분량은 상대적으로 적지만, 시간이 오래 걸리기 때문에 총건조시간의 대부분을 차지한다.

예를 들어, 그림 9-14(a)에서 보듯이 항률건조기간 BC는 3시간으로 유리 수분함량은 0.40에서 0.19까지 0.21 kg water/kg dry solid만큼 감소한 반면 감률건조기간 CE는 9시간으로 유리 수분함량 X는 단지 0.19에서 0까지 감소하였다.

감률건조기간 중 고체 내부 수분의 주요 이동 메커니즘은 고체의 구조에 따라 다양하며 실제 건조 조작에서 수분 이동은 이들 메커니즘이 복합적으로 작용하여 일어나며 또한 건조과정에서 주요 이동 메커니즘이 변하기도 한다. 초기에는 항률건조기간과 마찬가지로 액체 수분의 확산이 중요하나 나중에는 수증기의 확산이 더 지배적이게 된다.

식품 내부로부터 표면으로 수분이 이동하는 주요 메커니즘은 다음과 같다.

① **모세관 이동**(capillary movement)

다공성 식품의 경우 내부 수분이 모세관 힘에 의하여 내부 세공을 통하여 표면으로 이동한다.

② **액체 확산**(liquid diffusion)

표면과 내부의 농도차에 의하여 액체 수분이 확산하는 현상으로 콜로이드 또는 겔 상태의 식품 건조에서 중요하다.

③ **표면 확산**(surface diffusion)

고체 내부에 흡착된 수분이 표면을 따라 농도차에 의하여 확산·이동하는 현상으로 결합수의 이동에만 적용된다.

④ **수증기 확산**(vapor diffusion)

내부에서 증발된 수분이 수증기 분압차에 의하여 다공성의 건조층을 통해 수증기 상태로 표면으로 이동하는 현상으로, 진공동결공정에서 주로 일어나지만 모든 건조의 말기에 어느 정도 일어난다.

감률건조기간 중 건조 과정은 열풍의 상대습도나 풍속보다는 온도에 의한 영향이 크다. 감률건조기간 말기에는 열풍 온도가 식품 내 건조면으로의 열전달 속도를 결정한다. 식품 내부에서는 전도에 의해 열이 전달되며 식품의 열전도도에 의해 제한받는다. 식품 내 액체 표면에 도달한 열은 증발량을 결정하며 즉 수증기압이 변한다는 의미이다.

3. 감률건조기간 중 고체 내 수분의 이동

앞 절에서 설명한 바와 같이 식품 내부로부터 표면으로 수분이 이동하는 메커니즘은 복합적이며 식품 구조에 의해 크게 영향을 받는다.

(1) 다공성 고체의 경우

다공성 고체를 건조할 때 내부의 수분분포는 일반적으로 그림 9-15(a)와 같이 S 형태를 나타낸다.

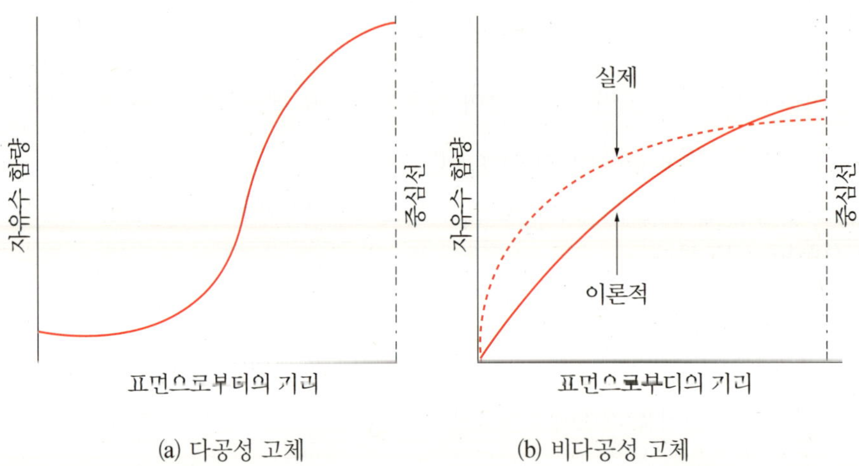

그림 9-15 양면에서 건조될 때 고체 내부의 수분분포

다공성 고체 내부는 세공(pore) 또는 좁은 통로(channel)가 복잡하게 연결된 망상 구조(network)를 형성하고 있으며, 고체 표면에 노출된 다양한 크기의 세공으로부터 수분이 증발하여 제거되면 고체 내부의 세공에는 메니스커

스(meniscus)가 형성되고, 물과 고체 표면의 계면장력(interfacial tension)에 의해 모세관 힘(capillary force)이 작용하게 된다. 이 힘에 의해 수분은 세공을 통하여 표면으로 이동하는데, 모세관 힘은 세공의 지름이 작을수록 크므로 표면에서 수분이 고갈될 때 큰 세공부터 먼저 비게 되며 빈 공간은 공기로 채워진다.

작은 세공을 가진 다공성 고체의 표준적인 건조곡선을 그림 9-16(a)에 나타내었다. 내부에서 표면으로 공급되는 수분이 충분하여 표면이 젖어 있는 상태일 때는 직선 AB처럼 항률건조가 계속된다.

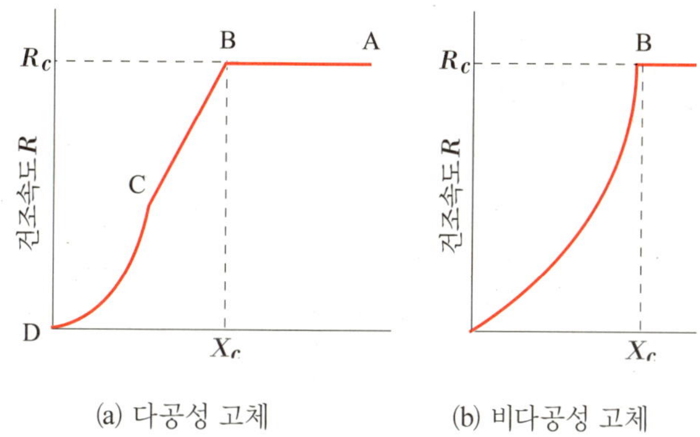

그림 9-16 고체에서의 전형적인 건조속도곡선

건조가 진행되면 세공 내의 수분은 점차 고갈되며, 임계수분함량에서 수분층은 고체 내부로 후퇴하기 시작한다. 지름이 큰 세공부터 내부로 후퇴하여 고체 표면의 젖어 있는 부분이 점차 감소한다. 따라서 총 표면적을 기준으로 했을 때 건조속도가 감소하게 되면, 건조된 표면이 증가함에 따라 건조속도는 계속 감소한다. 이와 같은 제1 감률건조기는 그림 9-16(a)에 직선 BC로 나타내었다. 여기서 건조속도는 X에 대하여 선형적으로 감소하게 된다. 감률건조기간의 증발 메커니즘은 항률건조기간의 메커니즘과 동일하므로 열풍의 속도, 온도, 습도 등과 같은 인자들은 변하지 않는다.

고체에서 수분이 점차 제거되면 공기로 차 있는 세공비율이 증가되며, 어떤 한계에 도달하면 수분이 세공 내부에서 연속상을 이루지 못하여 공기로 채워지고, 남아 있는 수분은 세공의 한쪽 구석 또는 세공들 사이의 간격으로 몰리게 된다.

이와 같은 상태가 되면 건조속도는 그림 9-16(a)의 CD와 같이 더욱 급속히 감소하는데, 점 C를 제2의 임계수분함량, CD를 제2 감률건조기라 한다.

이 최종건조기간 동안의 건조속도는 열풍의 유속과 무관하다. 수증기는 고체층을 통해 확산되고 증발열은 건조된 고체층을 통해 전도에 의하여 공급된다. 고체 표면의 온도는 열풍의 건구온도 가까이까지 상승하고 고체 내부에 온도 기울기가 형성된다. 미세한 세공구조를 가진 물체인 경우 제2 감률건조기간은 확산 모델인 것으로 확인되었으며, 건조곡선은 아래로 볼록한 형태가 된다.

(2) 비다공성 고체의 경우

비다공성 고체를 건조할 때 내부의 수분분포는 일반적으로 그림 9-15(b)와 같고 감률건조기간의 건조속도곡선은 그림 9-16(b)와 같은 형태로 나타난다. 이와 같은 곡선은 5-5에서 기술한 것과 같이 고체 내부의 수분이 농도차이에 의해 확산으로 이동한다고 가정했을 때와 거의 일치한다.

따라서 이와 같은 건조곡선을 나타내는 고체에서는 확산에 의한 건조가 일어난다. 그러나 실제로는 단순한 확산보다는 훨씬 복잡한 메커니즘에 의하여 수분이 이동할 것이다.

건조속도가 느린 고체에서는 대개 확산에 의한 건조가 일어나며 고체 내부에서의 수분 확산속도에 의하여 건조속도가 좌우된다. 건조속도는 열풍의 풍속에는 거의 영향을 받지 않으며, 확산계수는 온도에 따라 증가하므로 고체의 온도가 증가되면 건조속도도 증가한다.

Section 4 건조시간의 계산

1. 항률건조기간의 계산

(1) 실험적으로 측정한 건조곡선을 이용하는 방법

건조시간은 주어진 초기 자유수 함량 X_1을 최종 수분함량 X_2까지 건조시키는데 걸리는 시간이다. 항률건조의 경우 실험적으로 측정한 회분 건조곡선 또는 물질 및 열전달계수를 이용하여 건조시간을 구할 수 있다.

주어진 물체의 건조시간을 측정하는데 가장 좋은 방법은 실제 사용하게 될 건조기에서 열풍의 온도, 속도, 습도 및 재료의 노출표면적을 동일하게 하여 건조 실험을 하는 것이다. 그림 9-14(a)와 같은 실험결과로부터 바로 항률건조 기간을 구할 수 있다.

[예제 9-9] 건조곡선을 이용한 건조시간의 계산

그림 9-14(a)에 나타난 건조곡선에서 자유수함량 $X_1 = 0.40$ kg water/kg solid에서 $X_2 = 0.25$ kg water/kg solid까지 건조하는 데 걸리는 시간을 구하라.

[풀이]

$X_1 = 0.40$에 대응하는 시간을 읽으면 $t_1 = 1.0$ h, $X_2 = 0.25$일 때, $t_2 = 3.08$ h이므로 소요된 건조시간 $t = t_2 - t_1 = 3.08 - 1.0 = 2.08$ h 이다.

건조곡선을 이용하는 대신 그림 9-14(b)와 같은 건조속도곡선을 이용할 수도 있다. 건조속도식 (9-31)에서 변수를 분리하고 $t_1 = 0$일 때 X_1으로부터 $t_2 = t$일 때 X_2까지 적분하면,

$$t = \int_0^t dt = -\frac{W_s}{A}\int_{X_1}^{X_2} \frac{dX}{R} \tag{9-32}$$

만약 항률건조기간이라면 X_1과 X_2는 임계수분함량 X_c보다 크거나 같으므로 $R = R_c$로 일정하다. 따라서 위의 식 (9-32)를 계산하면 다음과 같이 건조시간을 구할 수 있다.

$$t = \frac{W_s}{AR_c}(X_1 - X_2) \tag{9-33}$$

[예제 9-10] 건조속도곡선을 이용한 건조시간의 계산

[예제 9-9]를 그림 9-14(b)와 식 (9-33)을 이용하여 구하라.

[풀이]

앞에서 기술한 바와 같이 그림 9-14(a)로부터 그림 9-14(b)를 구하는데 $W_s/A = 21.5\ \text{kg/m}^2$를 사용하였다.

그림 9-14(b)로부터 $R_c = 1.51\ \text{kg water/h}\cdot\text{m}^2$이다.

$$t = \frac{W_s}{AR_c}(X_1 - X_2)$$

$$= \frac{21.5}{1.51}(0.40 - 0.25) = 2.14\ \text{h}$$

그림 9-14(a)로부터 구한 2.08 h와 근사한 값이다.

(2) 열전달계수를 이용한 방법

건조 과정에서는 열전달과 물질전달이 동시에 일어난다. 항률건조기간에는 고체 표면이 완전히 젖은 상태로 열풍과 접촉하고 있다. 따라서 수분증발속도는 전술한 바와 같이 고체의 영향은 없고 동일 조건에서 액체 표면으로부터의 수분증발속도와 같다. 또한 식품 내부로부터 충분한 수분이 표면으로 이동하는 한 지속된다. 즉, 식품의 건조는 젖은 상태의 표면으로부터 증발된 수증기가 주위의 공기 중으로 이동되는 물질전달 현상이다.

이때 수증기의 이동속도, 즉 건조속도는 증발열을 제공하는 증발표면으로의 열전달 속도에 좌우된다. 만약 표면의 물질전달속도가 커서 수분이 증발하면서 가지고 나가는 숨은열이 외부에서 공급된 열량보다 크면 물체는 냉각된다. 이를 증발냉각(evaporative cooling)이라고 한다.

물체가 냉각되면 물체 표면의 수분의 증기압은 낮아져 증발속도가 감소한다. 결국 수분의 증발속도는 증발열로 제거되는 열량과 외부로부터 공급되는 열량이 같아질 때까지 감소하여 열전달속도와 물질전달속도가 평형을 이루어 결국 건조속도가 일정하게 된다.

식품 표면으로의 열전달은 건조기의 종류에 따라 전도, 대류, 복사 또는 이들의 복합 작용에 의해 나타나지만, 일반적인 건조속도식을 유도하기 위하여 복사에 의한 열전달과 금속용기에서의 전도에 의한 열전달을 무시하고, 열풍으로부터 고체 표면으로 대류에 의한 열전달만 일어난다고 가정하자(그림 9-17).

이때 건조속도식은 습구온도선과 같은 방법으로 유도할 수 있다.

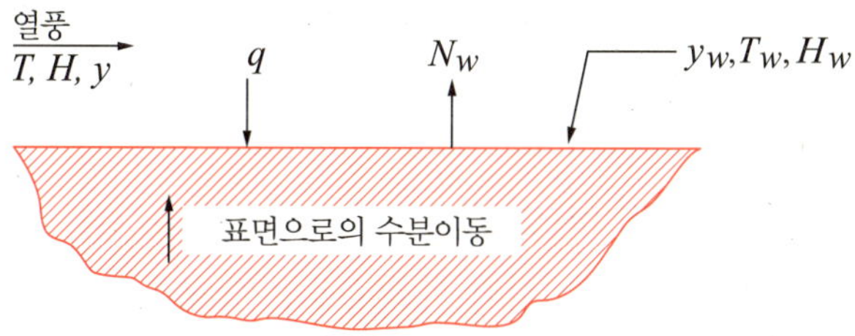

그림 9-17 항률건조기간 중의 열전달과 물질전달

온도가 T(℃)인 열풍으로부터 표면 온도가 T_w(℃)인 식품으로의 열전달속도 q는 다음과 같다.

$$q = hA(T - T_w) \tag{9-34}$$

여기서 q: 대류열전달속도(W 또는 J/s)

h: 표면열전달계수(W/m^2·K)

A: 건조 표면적(m^2)

고체 표면으로부터의 수증기 증발플럭스는 습구온도에서처럼 식 (9-17)로 구할 수 있다.

$$N_w = k_y(y_w - y) \tag{9-17}$$

식 (9-19)와 조합하면,

$$N_w = k_y \frac{M_a}{M_w}(H_w - H) \tag{9-35}$$

여기서 N_w: 수증기 증발플럭스(kg mol/s·m^2)

k_y: 물질전달계수(kg mol water/s·m^2·mol frac.)

H_w: 고체 표면에서의 절대습도(표면온도 T_w에서의 공기의 포화습도, kg water/kg dry air)

H: 공기의 절대습도(kg water/kg dry air)

N_w만큼의 수증기를 증발시키는데 필요한 열 전달량은 식 (9-20)과 같다.

$$q = M_a k_y \lambda_w (H_w - H)A = M_w N_w \lambda_w A \tag{9-36}$$

여기서 λ_w: 온도 T_w에서의 증발열(J/kg)

항률건조에서는 열전달속도와 수분증발속도가 평형을 이루므로 식 (9-34)와 (9-16)을 식 (9-35)에 대입하면 항률건조속도 R_c는 다음과 같아진다.

$$R_c = \frac{q}{A\lambda_w} = \frac{h}{\lambda_w}(T - T_w) = k_y M_a (H_w - H) \tag{9-37}$$

이 식은 습구온도식인 식 (9-22)와 같다. 그러므로 복사나 전도에 의한 열전달을 무시할 경우, 항률건조기간의 식품 온도는 습구온도를 유지한다. 따라서 건조속도 R_c는 열전달계수 또는 물질전달계수를 사용하여 계산할 수 있으나 일반적으로 열전달계수를 사용한다.

건조속도를 절대습도 대신에 건량기준 X(kg water/kg dry solid)로 바꾸고 식 (9-31)과 식 (9-37)을 이용하면

$$\left(-\frac{dX}{dt}\right)_c = \frac{Ah}{W_s\lambda_w}(T - T_w) = \frac{Ak_y M_a}{W_s}(H_w - H) \tag{9-38}$$

또한 상부표면에서만 수분이 증발되며 건조되는 동안 수축하지 않는다고 가정하면 다음 식과 같이 쓸 수 있다.

$$W_s = x_1 A \rho_s \tag{9-39}$$

$$\left(-\frac{dX}{dt}\right)_c = \frac{h}{x_1\rho_s\lambda_w}(T - T_w) = \frac{k_y M_a}{x_1\rho_s}(H_w - H) \tag{9-40}$$

여기서 ρ_s: 고형분의 밀도(kg/m^3)

x_1: 한 면 건조 시 식품의 두께(m), 양면 건조 시는 식품 두께의 1/2(m)

식 (9-40)을 이용하려면 우선 대류열전달계수 h를 알아야 한다. 열풍이 건조 표면에 대해 평행하게 흐르는 경우, 열풍 온도가 45-150℃이고 질량속도 G가 2450-29300 kg/h·m^2 또는 속도가 0.61-7.6 m/s일 때 다음 식을 이용하여 h를 구한다.

$$h = 0.0204\, G^{0.8} \tag{9-41}$$

여기서 $G = \rho v$: 질량속도(kg/h·m^2)

열풍이 건조 표면에 대해 수직으로 흐르는 경우, 질량속도 G가 3900-19500 kg/h·m^2 또는 속도가 0.9-4.6 m/s인 범위에서 h는 다음과 같다.

$$h = 1.17\, G^{0.37} \tag{9-42}$$

따라서 항률건조기간은 식 (9–37)을 식 (9–33)에 대입하거나 식(9–40)을 적분하여 구할 수 있다.

$$t=\frac{W_s\lambda_w(X_1-X_2)}{Ah(T-T_w)}=\frac{x_1\rho_s\lambda_w(X_1-X_2)}{h(T-T_w)}=\frac{W_s(X_1-X_2)}{Ak_yM_a(H_w-H)} \quad (9\text{–}43)$$

위의 공식은 단순한 건조 시스템에서 유효하다.

[예제 9–11] 항률건조속도의 예측

불용성인 습한 입자물질을 0.5 m×0.5 m의 면적과 3 cm의 깊이를 가진 팬에 담아서 건조한다. 물질은 팬에 꽉 채워져 있으며, 팬 양쪽 측면과 바닥으로부터의 열전달은 무시한다. 열풍은 시료 표면에 대하여 평행하게 6 m/s의 속도로 흐른다.

공기는 65.5℃, 습도는 0.010 kg water/kg dry air이다. 항률건조기에서의 건조속도를 구하라.

[풀이]

습도 $H=0.010$과 건구온도 65.5℃의 공기에 대하여 습도도표에서 습구온도선을 따라가면 습구온도 T_w는 28.9℃이고 $H_w=0.026$이다.

습윤부피는 식 (9–10)에 의하여

$$\begin{aligned}V_{\mathrm{H}}&=22.41\left(\frac{T}{273}\right)\left(\frac{1}{28.97}+\frac{H}{18.02}\right)\\&=22.41\left(\frac{273+65.6}{273}\right)\left(\frac{1}{28.97}+\frac{0.01}{18.02}\right)\\&=0.974\ \mathrm{m^3/kg\ dry\ air}\end{aligned}$$

그러므로 1 kg dry air +0.01 kg water의 밀도는

$$\rho=\frac{1+H}{V_{\mathrm{H}}}=\frac{1+0.01}{0.974}=1.037\ \mathrm{kg/m^3}$$

질량속도 G는

$$G=v\rho=6(3600)(1.037)=22400\ \mathrm{kg/h\cdot m^2}$$

식 (9–41)을 이용하여

$$h=0.0204\,G^{0.8}=0.0204(22400)^{0.8}=61.6\ \mathrm{W/m^2\cdot K}$$

$T_w = 28.9$℃에서 $\lambda_w = 2433$ kJ/kg (수증기표 참조)

식 (9-37)에 대입하면

$$R_c = \frac{h}{\lambda_w}(T - T_w) = \frac{61.6}{2433 \times (1000)}(65.6 - 28.9)(3600)$$
$$= 3.35 \text{ kg/h}\cdot\text{m}^2$$

그러므로 표면으로부터의 총 증발속도는

$$\text{총 증발속도} = R_c A = 3.35(0.5 \times 0.5) = 0.838 \text{ kg water/h}$$

2. 감률건조기간의 계산

감률건조기간의 건조곡선은 식품의 종류, 두께, 환경조건 등에 따라 변한다. 어떤 경우에는 그림 9-14(b)처럼 감률건조곡선 모양이 뚜렷이 나누어지며, 이는 건조기작이 변한다는 것을 의미한다.

감률건조기간의 건조속도는 식품 내부 구조에 따라 다르다. 다공성 식품인 경우에 수분은 주로 모세관 현상에 의하여 이동되며, 표면 대신에 식품 내부에서도 증발이 일어날 수 있다. 비다공성 식품인 경우, 표면수가 증발된 후에는 건조속도가 내부 수분이 표면으로 확산되는 속도에 의해 결정된다.

(1) 수치 적분법을 이용한 방법

임의의 수분함량 X_1으로부터 X_2로의 감률건조기간은 식 (9-32)를 이용하여 구할 수 있다.

$$t = \int_0^t dt = -\frac{W_s}{A}\int_{X_1}^{X_2}\frac{dX}{R} \tag{9-32}$$

감률건조기간에는 건조속도 R이 변하므로 $1/R$을 수분함량 X에 대하여 도시하여 곡선을 얻고, 도식적분법(graphical integration) 또는 표를 이용하여 수치적분법으로 곡선의 밑면적을 결정함으로써 구할 수 있다.

[예제 9-12] 수치적분법을 이용한 감률건조기간의 계산

어떤 식품을 수분함량 $X_1 = 0.40$ kg water/kg dry solid로부터 $X_2 = 0.04$ kg water/kg dry solid까지 건조할 때 얻은 건조곡신이 그림 9-14(b)와 같았다. 고형분 질량 $W_s = 400$ kg이고 건조면의 표면적 $A = 20$ m^2이었다. 건조 시간을 계산하라.

[풀이]

그림 9-14(b)에서 임계수분함량 X_c=0.195 kg water/kg dry solid이다. 따라서 항률건조기간과 감률건조기간을 나눠서 계산해야 한다.

항률건조기간에 대해서 X_1=0.40, X_2=X_c=0.195이다. 그림 9-14(b)로부터 R_c=1.51 kg water/h·m^2이다. 식 (9-33)에 대입하면,

$$t = \frac{W_s}{AR_c}(X_1 - X_2) = \frac{400(0.40 - 0.195)}{(20)(1.51)} = 2.72 \text{ h}$$

감률건조기간에 대해서 그림 9-14(b)로부터 X에 따른 R값을 몇 개 선택하여 읽고 1/R을 구하면,

X	R	$1/R$
0.195	1.51	0.663
0.150	1.21	0.826
0.100	0.90	1.11
0.065	0.71	1.41
0.050	0.37	2.70
0.040	0.27	3.70

수치적분법으로 면적을 계산하기 위하여 스프레드시트를 이용하여 아래의 표처럼 계산한다. $(\Delta X)(1/R)_{avg}$의 값은 두 점의 평균 높이와 길이의 곱으로 면적에 해당한다.

그러므로 이를 모두 더한 값 0.1889가 곡선 아래의 면적에 해당한다.

X	R	$1/R$	ΔX	$(1/R)_{avg}$	$(\Delta X)(1/R)_{avg}$
0.195	1.51	0.663	0.045	0.745	0.0335
0.150	1.21	0.826	0.050	0.969	0.0485
0.100	0.90	1.11	0.035	1.260	0.0441
0.065	0.71	1.41	0.015	2.055	0.0308
0.050	0.37	2.70	0.010	3.203	0.0320
0.040	0.27	3.70			Total = 0.1889

식 (9-32)에 대입하면,

$$t = -\frac{W_s}{A}\int_{X_1}^{X_2}\frac{dX}{R} = \frac{400}{20}(0.1889) = 3.78 \text{ h}$$

그러므로 총 건조시간은 2.72+3.78= 6.5 h이다.

(2) 다공성 고체의 경우

비교적 세공이 큰 다공성 고체에서는 제2 감률건조기간이 없이 건조속도가 수분함량 X에 따라 선형적으로 감소한다(그림 9-18). 이런 경우는 해석적 방법으로 건조시간을 쉽게 계산할 수 있다.

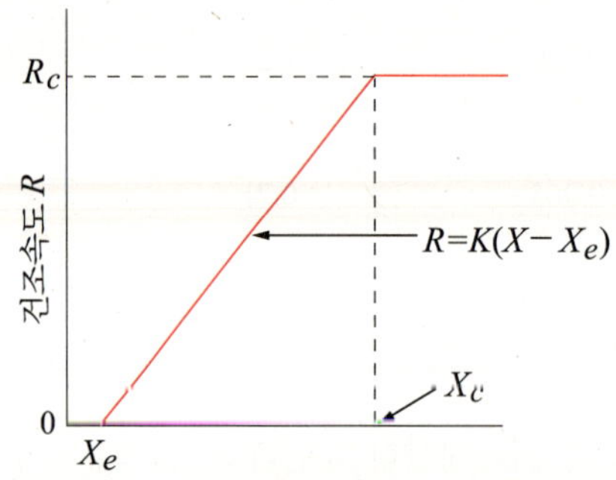

그림 9-18 감률건조기간에서 건조속도가 수분함량에 따라 선형적으로 감소하는 경우

이 경우 감률건조기간의 건조곡선식은 다음과 같이 쓸 수 있다. 여기서 x가 자유수 함량이 아닌 총 수분함량임을 주의하자.

$$R = -\frac{W_s}{A}\frac{dX}{dt} = K(X - X_e) \tag{9-44}$$

여기서 R: 감률건조기에 들어간지 t(h) 시간 후의 건조속도(kg water/h·m^2)

X: 시간 t에서의 수분함량(kg water/kg dry solid)

X_e: 열풍의 온도와 습도조건에서의 평형수분함량(kg water/kg dry solid)

위 식에서 건조곡선의 기울기 k는 $R_c/(X_c-X_e)$이므로,

$$R = R_c \frac{X-X_e}{X_c-X_e} \tag{9-45}$$

여기서 R_c : 항률건조기간의 건조속도(kg water/h·m^2)

식 (9-45)를 식 (9-44)에 대입하고 $t=0$일 때 $X=X_c$, $t=t$일 때 $X=X$로 놓고 적분하면 감률건조시간은

$$t = \frac{W_s(X_c - X_e)}{AR_c}\int_{X_c}^{X}\frac{dX}{(X - X_e)} = \frac{W_s(X_c - X_e)}{AR_c}\ln\frac{(X_c - X_e)}{(X - X_e)} \tag{9-46}$$

또한 $\dfrac{R_c}{R}=\dfrac{X_c-X_e}{X-X_e}$이므로,

$$t = \frac{W_s(X_c - X_e)}{AR_c}\ln\frac{R_c}{R} \tag{9-47}$$

식 (9-37)과 식 (9-39)를 이용하여 식 (9-46)에 대입하면,

$$t = \frac{x_1\rho_s\lambda_w(X_c - X_e)}{h(T - T_w)}\ln\frac{(X_c - X_e)}{(X - X_e)} \tag{9-48}$$

[예제 9-13] 선형적 감률건조기간 계산

습량기준으로 91% 수분함량을 가진 양파 200 kg을 캐비닛 건조기를 이용하여 건량기준 5%까지 건조하려 한다. 건조실험 결과 임계 수분함량은 습량기준으로 46%이었고 평형수분함량은 건량기준 2%였다. 또한 항률건조속도를 측정한 결과 시간당 26 kg의 수분을 제거하였다. 총 건조시간은 얼마인가? 단, 감률건조시간 동안 내부 수분이동은 모세관 이동에 의해서만 이루어진다.

[풀이]

양파 200 kg에 대한 수분 무게와 고형분 무게는

$$\frac{\text{초기 수분 무게}}{200} \times 100 = 91 \rightarrow \text{초기 수분 무게} = 182\text{ kg}$$

고형분 무게 = 양파 무게 − 수분 무게 = 200 − 182 = 18 kg

임계점에서 수분 무게는 식 (9-26)에 의해

$$\frac{\text{임계점에서 수분 무게}}{(18 + \text{임계점에서 수분 무게})} \times 100 = 46 \rightarrow$$

임계점에서 수분 무게 = 15.33 kg

항률건조기간 동안 제거된 수분 무게

= 초기 수분 무게 − 임계점에서 수분 무게

= 182 − 15.33 = 166.67 kg

$$\text{항률건조기간} = \frac{\text{항률건조기간 동안 제거된 수분 무게}}{\text{항률건조속도}} = \frac{166.67\text{ kg}}{26\text{ kg/h}}$$

= 6.41 h

임계점에서 수분함량은 건량기준으로

$$\frac{15.33}{18} = 0.85\text{ kg water/kg dry solid}$$

감률건조기간은 식 (9-46)으로부터

$$t = \frac{W_s(X_c - X_e)}{AR_c}\ln\frac{(X_c - X_e)}{(X - X_e)}$$

$$= \frac{(18)(0.85 - 0.02)}{26}\ln\left(\frac{0.85 - 0.02}{0.05 - 0.02}\right) = 1.91\text{ h}$$

총 건조시간 = 항률건조기간 + 감률건조기간 = 6.41 + 1.91 = 8.32 h

[예제 9-14] 다공성 식품의 건조

초기 수분함량이 0.3 kg water/kg dry solid이고 두께가 3 cm인 평판형 식품을 건구온도 50°C, 습구온도 30°C인 공기를 식품 양면에 3 m/s

의 속도로 평행하게 불어주며 건조한다. 고형분의 밀도는 1500 kg/m^{3}이고 평형수분함량은 0.02 kg water/kg dry solid이다. 이 건조에서 임계수분함량은 0.12 kg water/kg dry solid이다. 감률건조기간 동안 내부 수분이동은 모세관 이동에 의해서만 일어난다면 5시간 건조 후 식품의 수분함량을 구하라.

[풀이]

습도도표로부터 건구온도 50°C, 습구온도 30°C인 공기의 절대습도는 0.019 kg water/kg dry air이다.

식 (9-10)에 의해 습윤부피는,

$$V_H = 22.41\left(\frac{T}{273}\right)\left(\frac{1}{28.97}+\frac{1}{18.02}H\right)$$

$$= 22.41\left(\frac{50+273}{273}\right)\left(\frac{1}{28.97}+\frac{0.019}{18.02}\right)=0.942\ \frac{\text{m}^3}{\text{kg dry air}}$$

건구온도 50°C, 습구온도 30°C에서 공기의 밀도는

$$\rho=\frac{1+H}{V_H}=\frac{1+0.019}{0.942}=1.08\ \text{kg/m}^3$$

공기의 질량속도는

$$G=\rho v= (1.08)(3)(3600)=11700\ \text{kg/h}\cdot\text{m}^2$$

그러므로 식 (9-41)에 의해

$$h=0.0204\ G^{0.8}=0.0204(11700)^{0.8}=36.62\ \text{W/m}^2\cdot\text{K}$$

총 건조시간=항률건조기간[식 (9-43)]+ 감률건조기간[식 (9-48)]

$$t=t_c+t_f=\frac{x_1\rho_s\lambda_w}{h(T-T_w)}\left[(X_1-X_c)+(X_c-X_e)\ \ln=\frac{(X_c-X_e)}{(X-X_e)}\right]$$

양면건조이므로 x_1=0.015 m, 또한 식품의 표면온도가 습구온도와 같다고 보면 30°C에서의 λ_w는 포화수증기표로부터 2430 kJ/kg이다.

$$5 \times 3600 = t_c + t_f = \frac{(0.015)(1500)(2430 \times 10^3)}{36.62(50-30)} \times \left[(0.3-0.12) + (0.12-0.02) \ln \frac{(0.12-0.02)}{(X-0.02)} \right]$$

그러므로 5시간 건조 후 식품의 수분함량 $X = 0.074$ kg water/kg dry solid이다.

(3) 비다공성 고체의 경우

감률건조기간에 식품내부의 수분이동이 주로 확산에 의하여 일어날 경우 Sherwood는 건조 중 수분변화에 따른 수분확산계수 D_L이 일정하고 수축현상이 일어나지 않는다는 가정 하에 평판형 식품 중의 수분변화와 시간과의 관계를 다음 식으로 나타내었다.

$$\frac{X_t - X_e}{X_c - X_e} = \frac{X}{X_1} = \frac{8}{\pi^2} \left[exp\left\{ -D_L t \left(\frac{\pi}{2x_1} \right)^2 \right\} + \frac{1}{9} exp\left\{ -9D_L t \left(\frac{\pi}{2x_1} \right)^2 \right\} + \frac{1}{25} exp\left\{ -25D_L t \left(\frac{\pi}{2x_1} \right)^2 \right\} + \cdots \right] \tag{9-49}$$

여기서 X_t: 시간 t에서의 총 수분함량

X_c: 임계 총 수분함량

X_e: 평형수분함량

X: 시간 t에서의 자유수함량

X_1: 시간 $t = 0$일 때 초기 자유수함량

D_L: 수분확산계수(m^2/h)

x_1: 한쪽 면 건조 시 식품의 두께(m)이고 양쪽 면 건조 시 식품 두께의 1/2(m)

그러나 일반적으로 확산계수 D_L은 수분함량이 감소하면 감소하는데, 특히 고체 표면에서는 대단히 작다(그림 9-15(b)의 점선). 따라서 확산계수가 일정하다고 가정한 경우 그림 9-15(b)의 실선으로 나타낸 곡선으로 측정값과 차이가 있다. 따라서 실제 D_L의 평균값은 건조고체에 대하여 실험적으로 구한다.

건조시간 t가 큰 경우 식 (9-49)의 두 번째 항 이하는 무시할 수 있으므로 다음과 같이 간단히 된다.

$$\frac{X}{X_1} = = \frac{8}{\pi^2}\left[exp\left\{-D_L t\left(\frac{\pi}{2x_1}\right)^2\right\}\right] \tag{9-50}$$

식 (9–50)을 시간에 대해서 풀면

$$t = \frac{4x_1^{\ 2}}{\pi^2 D_L}\ \ln\left(\frac{8X_1}{\pi^2 X}\right) \tag{9-51}$$

식 (9–51)은 $X/X_1 < 0.6$인 범위에서 잘 적용된다.

식 (9–51)을 시간에 대하여 미분하고 정리하면

$$\frac{dX}{dt} = -\frac{\pi^2 D_L X}{4x_1^{\ 2}} \tag{9-52}$$

양변에 $-W_s/A$를 곱해주면

$$R = -\frac{W_s}{A}\frac{dX}{dt} = \frac{\pi^2 D_L W_s}{4x_1^{\ 2} A}X \tag{9-53}$$

따라서 X/X_c를 건조시간 t에 대하여 반대수지(semi-log graph)에 그리면 감률건조기간에 어떤 관계식이 성립하는지 알 수 있다. 만약 그림 9–19(b)의 경우와 같이 균일한 직선이 얻어지면 식 (9–47)이 적용되며, 기울기는 건조상수 K를 나타낸다.

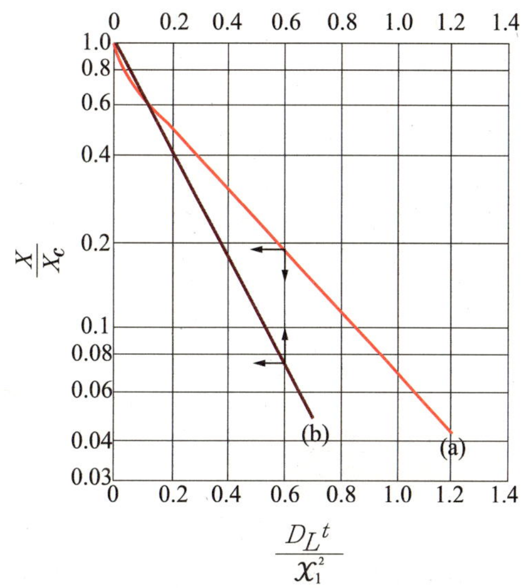

그림 9–19 감률건조기간 중 확산(a)과 모세관 이동(b) 메커니즘의 비교

수분이 확산에 의해 이동할 경우에는 그림 9-19의 (a)와 같은 곡선을 그린다. 이때 X/X_c가 1.0~0.6일 때는 곡선이 되고, $X/X_c < 0.6$에서는 직선이 된다.

이 직선 부분의 기울기로부터 수분확산계수 D_L을 구할 수 있다. 또한 두께 x_1이 건조속도에 미치는 영향을 실험적으로 측정함으로써 두 관계식을 구별할 수 있다.

대부분의 생물체 건조에는 식 (9-51)이 많이 적용되며, 식 (9-46)은 입상물질의 건조에 잘 적용되는 것으로 알려져 있다.

식 (9-51)은 수분확산계수 D_L이 일정한 이상적인 경우를 가정한 것이지만 일반적으로 D_L은 건조 조건, 수분함량 등에 따라 변한다.

[예제 9-15] 감률건조기간의 확산계수의 추정

[예제 9-14]에서 식품의 수분함량이 0.074 kg water/kg dry solid 이후부터는 확산에 의해 건조가 이루어진다고 하자. 수분함량 0.04 kg water/kg dry solid까지 건조시키는데 5 시간이 걸렸다면 이 기간의 수분확산계수 D_L을 구하라.

[풀이]

X_e가 0.02 kg water/kg dry solid이므로 $X_1 = 0.074 - 0.02 = 0.054$이고 $X = 0.04 - 0.02 = 0.02$이다.

식 (9-51)을 이용하면

$$5 = \frac{4(0.015)^2}{\pi^2 D_L} \ln \frac{8(0.054)}{\pi^2(0.02)}$$

$$D_L = 1.428 \times 10^{-5}\ \mathrm{m^2/h}$$

Section 5 건조 중에 식품의 품질 변화

식품은 건조 공정 중에 열에 의해 불가피하게 품질이 열화된다. 건조 공정의 목적 중 하나는 공정 효율을 높이면서 이런 품질 손상을 최소화하는데 있다. 건조 중 변화하는 식품의 주요 성질을 표 9-3에 나타내었다.

표 9-3 건조 중 변화하는 식품의 성질

변화 속성	성질
외관	표면 형태, 색, 표면 거칠기
화학적	산화, 마이야르 반응, 효소적 반응
미생물적	위해균 또는 변패균의 생존수
영양성분	비타민 손실, 지방산화, 단백질 변성
물리적	수축, 부피밀도, 표면 경화, 형태나 크기의 변화
관능적	색, 향, 맛
구조적	유리전이, 셀룰로스 결정 구조, 다공성
조직감	경도, 씹힘성, 점착성, 부착성, 점탄성, 파쇄응력

1. 물리적 변화

(1) 표면 경화

건조가 진행됨에 따라 가용성 고형물질은 수분과 함께 표면으로 이동하여 축적된다. 이동하는 메커니즘이나 속도는 원료 식품의 성질과 건조 조건에 따라 다르다. 또한 건조 중에 건조된 표면에서 가용성 물질의 농도가 덜 건조된 내부보다 높아지므로 농도차에 의하여 가용성 물질의 이동이 표면에서 내부로 이동되기도 한다. 표면 부근에 축적된 가용성 물질은 고온의 열풍과 접촉하며 복잡한 물리화학적 변화를 일으켜 표면에 불투과성의 막을 형성한다. 이를 표면 경화(case hardening)라 한다. 표면 경화 현상은 과일, 어류, 육류 등 용질의 농도가 큰 식품에서 더욱 현저하게 발생한다.

이것은 건조과정에서 수분이 내부확산에 의해 표면으로 이동하면서 다공성의 모세관을 형성하고 이를 통해 표면으로 이동한 후 수분은 증발되므로 표면에서 고화되는 것이다.

그 밖에 건조 후반기에 표면온도의 상승 등을 포함한 여러 가지 작용에 영향을 받게 된다.

표면 경화가 일어나면 건조속도가 감소하여 표면은 건조되나 내부는 아직 수분이 남아있게 된다. 이런 상태로 저장하게 되면 내부 수분이 천천히 표면으로 이동하여 곰팡이가 발생할 수 있다.

(2) 수 축

육류와 채소류는 동결건조를 제외하고는 어떤 건조방법을 사용하든지 건조하는 동안에 수축(shrinkage)되며, 수축 정도는 건조 속도에 크게 영향을 받는다.

건조채소의 벌크밀도(bulk density)와 공극률(porosity)은 건조조건에 크게 좌우된다. 초기 건조속도가 빠르면 식품의 외층이 굳어져 그 최종 부피는 건조 초기에 정해지기 때문에 이 경우에 부피밀도는 작아지고 복원성은 좋아진다. 반면에 건조 초기에 느린 속도로 건조하면 재료가 상당히 수축되어 부피밀도가 커진다.

2. 화학적 변화

(1) 색소의 파괴 및 향의 변화

갈변에 영향을 미치는 인자는 pH, 온도, 수분활성도, 당과 아미노산의 종류 및 함량 등이다. 갈변속도는 수분활성도가 0.6~0.8에서 가장 높은데(그림 9-11), 이는 수분활성도가 낮을 때는 갈변반응에 필요한 수분이 충분히 존재하지 않기 때문이며, 높을 때는 반응물의 농도를 희석시키기 때문인 것으로 추정되고 있다.

건조 중의 갈변은 건조후기 식품의 수분함량이 낮을 때 가장 심하기 때문에 건조후기의 온도를 낮추면 갈변정도를 줄일 수 있다. 건조 중 식품의 색변화를 일으키는 요인은 매우 다양하다. 일단 건조에 의하여 형태적 변화가 일어나면 반사도가 달라져 색도 변화하게 된다. 과일이나 채소에서는 열이나 산화반응에 의하여 카로틴(carotene), 베타닌(betannin), 클로로필(chlorophyll) 등이 파괴되어 색소로서의 활성을 잃는다.

식품의 향기 성분은 대부분 휘발성이 커서 건조를 하게 되면 손실된다. 손실되는 정도는 건조 온도, 향 성분 함량과 향 성분의 증기압에 따라 달라진다. 상대적으로 증기압과 확산도가 큰 성분은 건조 초기에 많이 손실된다. 따라서 향이 중요한 식품(허브나 향신료)을 건조할 때는 감압 등을 이용하여 저온에서 건조하는 것이 좋다.

(2) 단백질 변성 및 아미노산의 파괴

단백질 변성에 영향을 미치는 인자는 식품의 수분함량, 온도, 산, 전해질 및 pH 등을 들 수 있는데 식품의 수분함량이 많으면 비교적 저온에서 변성이 일어나고 적으면 고온에서 일어난다. 그 예로 알부민의 경우, 수분함량이 50%일 때 변성이 56℃에서 일어나는 반면 수분이 없는 경우는 160℃에서 일어난다.

일반적으로 건조초기의 식품온도가 55℃ 이상이면 단백질이 변성되는데 건조식품의 조직감, 보수력, 용해성, 거품성 및 수축 등에 영향을 미친다. 육류의 경우 고온건조 시 섬유질의 직쇄상 폴리펩타이드 사슬 사이의 수분이 제거되고, 인접한 폴리펩타이드 사슬이 상호근접하여 결합을 이루어 견고한 구조가 된다.

건조공정 중 특히 열에 약한 필수 아미노산인 라이신(lysine)이 파괴되며 아울러 건조 중에 아미노산이 환원당과 마이야르(Maillard) 반응을 일으켜 아미노산 함량이 급격히 감소한다. 앞서 언급한 반응 등에 의하여 건조 제품은 단백질 효율비(protein efficiency ratio, PER), 생물가(biological value, BV) 및 소화율 등이 떨어진다.

(3) 지방 산화

지방 산화는 산패, 불쾌취의 발생, 지용성 비타민과 색소의 파괴와 밀접한 관련이 있다. 식품의 수분활성도, 지방산의 종류, 산소량, 온도 등에 의해 지방 산화 속도가 달라지며, 수분활성도가 낮을 때 크며 수분활성도가 증가함에 따라 감소하다가 중간범위 이후에 다시 증가한다(그림 9-10).

이는 단분자층의 수분은 지방산화를 저해하는 작용을 하고, 중간수분 이상에서는 촉매의 이동성 증가, 산소의 흡수, 고체의 팽윤에 의한 새로운 반응면의 제공 등에 기인하는 것으로 알려져 있다. 또한 저온건조보다 고온건조에서 쉽게 산화되어 산패(rancidity)를 일으킨다. 산패를 줄이기 위해서는 항산화제(antioxidant)를 사용하면 효과적이다.

(4) 비타민의 파괴

건조공정 중 지용성 비타민보다 수용성 비타민의 손실이 크게 발생한다. 특히 비타민 C(ascorbic acid) 및 티아민(thiamin)의 파괴율이 높다. 비타민 C는 수분함량이 높을 때 열에 불안정하므로 건조초기의 온도를 낮추어야 하며, 수분함량이 낮아지는 건조 후기에는 온도가 높아도 파괴가 적다.

비타민 C의 산화를 억제하기 위하여 환원제로 처리하기도 한다. 건조 중 비타민 C와 티아민의 손실은 1차 반응이다.

Section 6 건조 장치

식품의 물성이나 제품의 형태 및 최종 품질 등을 고려하여 알맞은 건조장치를 선택하는 것은 매우 중요하다. 건조장치는 건조목적, 건조방식 및 작업의 형태 등에 따라 여러 가지로 분류되며 그 종류 또한 대단히 많다. 그 중 외부 열전달(external heat transfer) 방식에 의하여 건조장치를 분류해보면 그림 9-20과 같다.

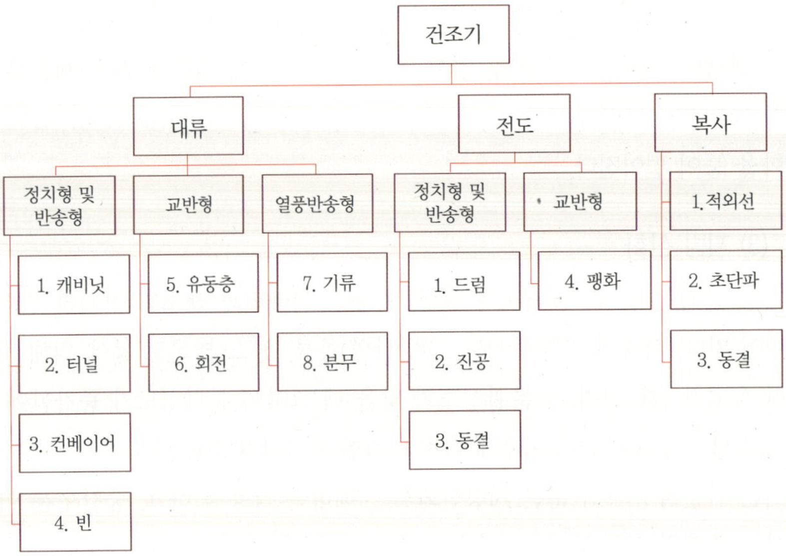

그림 9-20 외부열전달방식에 의한 건조장치의 분류

1. 대류형 건조기

대류형 건조기(convection type dryer)는 열풍 건조기(hot-air dryer)라고도 하며, 식품을 건조실에 넣고 가열된 공기를 강제적으로 송풍기를 이용하여 불어주는 강제대류방식에 의해 건조시키는 방법이다. 식품의 종류나 상태에 따라서 열풍의 온도, 풍속, 풍향 등을 알맞게 조절해야 한다.

(1) 캐비닛 건조기

캐비닛(cabinet) 건조기는 선반형(shelf), 트레이(tray) 건조기라고도 하는데 단열한 캐비닛 안에 팬(fan)과 공기가열기를 설치하고 식품이 담긴 트레이(tray) 사이로 열풍을 수평 또는 수직으로 순환시켜 건조시키는 장치로 대표적인 구조는 그림 9-21과 같다.

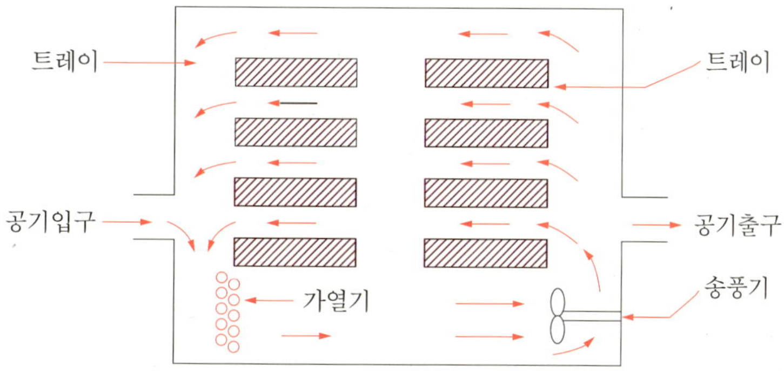

그림 9-21 캐비닛 건조기

댐퍼(damper)는 신선한 공기의 흡입량과 재순환시키는 공기량의 비율을 조절한다. 공기가열기는 직화식 연소기, 스팀코일식 열교환기 또는 소형인 경우 전열장치가 이용된다. 풍속은 트레이에 수평으로 흐를 경우에는 2~5 m/s, 수직으로 통과할 경우에는 0.5~1.3 m/s 범위가 좋다.

입상 식품의 경우 하부가 망(screen)으로 된 트레이에 넣고 건조하면 열풍이 입상 식품 사이를 지나며 통기류(through circulation)를 발생하여 건조속도가 빨라진다. 이는 열풍에 노출된 표면적이 커지기 때문이다.

이 건조기는 시설비와 운영비가 저렴하고 용도가 다양하나, 전체적으로 균일하게 건조시키기가 어려운 단점이 있다. 트레이의 위치를 주기적으로 바꿔줌으로써 좀 더 균일한 건조식품을 얻을 수 있다. 채소 및 과일 건조에 주로 이용되고 크기에 따라 1~20 ton/day의 규모로 건조시킬 수 있다.

(2) 터널 건조기

터널 건조기(tunnel dryer)는 반연속식으로 주로 과일 및 채소류를 대량 건조하는데 사용되며, 구조는 그림 9-22와 같다. 이 건조기는 2 m × 2 m 정도의 사각형의 단면을 가진 길이가 20~30 m인 터널로 되어 있다.

운전 과정에서는 건조된 제품이 실린 궤도운반차가 터널의 한 끝에서 나올 때 새로운 식품을 실은 궤도운반차가 터널의 다른 끝으로 들어가도록 시간이 조절되어 있다. 공기는 팬에 의하여 가열기를 통과하여 트레이 사이를 주로 수평으로 흐르며, 유속은 보통 2.5~6.0 m/s를 사용한다. 열풍이 흐르는 방향과 식품이 이동되는 방향에 따라서 병류식 터널 건조기(concurrent tunnel dryer), 향류식 터널 건조기(countcurrent tunnel dryer), 혼합류식 터널 건조기(combined flow tunnel dryer)가 있다.

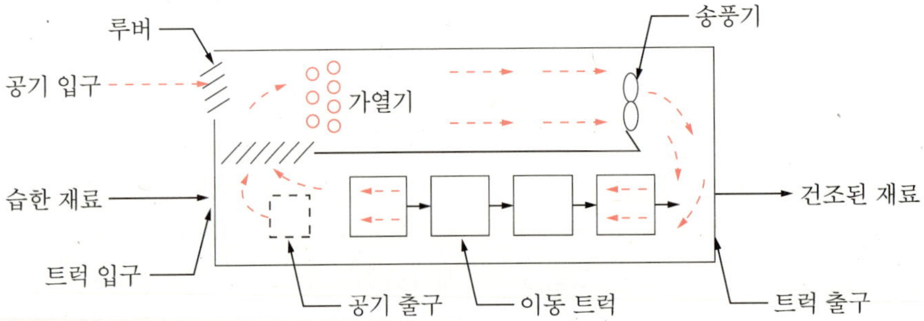

그림 9-22 향류식 터널 건조기

병류식은 열풍과 식품의 이동방향이 같은 것으로 입구 쪽에서 고온의 열풍과 접촉하므로 초기 건조속도가 높아 수축이 적다. 또한 식품이 터널을 통과할수록 낮은 온도의 습한 열풍과 접촉하므로 차츰 건조속도가 느려지고 수분함량이 낮은 제품을 얻기 어렵지만 제품은 열에 의한 손상을 적게 받는다.

향류식(그림 9-22)은 열풍과 식품의 이동방향이 서로 반대인 것으로 터널의 입구에서 저온의 습한 열풍과 접하므로 초기 건조속도가 느려 밀도가 큰 제품을 얻게 된다. 한편 출구 쪽의 건조 말기의 제품은 고온의 건조한 열풍과 접하게 되므로 낮은 수분함량까지 건조시킬 수 있으나 과열에 의한 갈변을 조심해야 한다. 향류식은 병류식에 비하여 열을 경제적으로 이용할 수 있다.

(3) 컨베이어 건조기

컨베이어 건조기(conveyor dryer)는 터널 건조기와 유사한 원리이지만 건조할 식품을 궤도운반차 대신 컨베이어 벨트로 수송한다(그림 9-23). 열풍과 식품의 이동방향을 향류, 병류 어느 것이나 사용할 수 있으나, 열풍을 식품층을 통해 수직방향으로 보내는 통기류(through circulation) 방식이 가장 많이 사용된다.

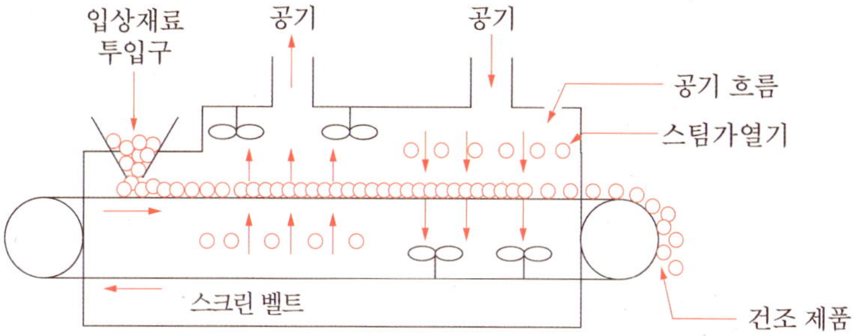

그림 9–23 통기류 컨베이어 건조기

컨베이어 앞부분에서는 열풍을 아래에서 위로 불어주고 출구 쪽에서는 밀도가 작은 물질이 날아가 버리는 것을 방지하기 위해 위에서 아래로 보내는 경우가 있다.

이 건조기는 과일 및 채소의 건조에 사용되는데 열풍과 접촉면적이 넓어 건조속도가 빠른(2~3시간) 장점이 있으나 장치비가 비싸고, 벨트에 달라붙는 식품은 건조하기 곤란하다는 단점이 있다.

(4) 빈 건조기

앞서 설명한 캐비닛 건조기, 터널 건조기, 컨베이어 건조기는 수분함량이 높은 식품의 건조 초기에 다량의 수분을 제거할 때 매우 효과적이나 감률건조기간 후기에 소량의 남아 있는 수분을 제거하는 데 많은 시간이 걸리기 때문에 비용이 많이 들게 된다. 이럴 때 빈 건조기(bin dryer)는 최종 수분함량이 3~6%가 되도록 '마무리' 하는 2차 건조에 적합하다.

빈 건조기는 이름처럼 하부에 철사로 만든 그물 또는 다공판을 설치한 상자 또는 원통 모양의 구조를 갖고 있다(그림 9–24).

송풍기를 이용하여 열풍(40~45℃)을 비교적 낮은 속도(0.2~0.9 m/s)로 아래에서 위로 불어준다. 일반적으로 긴 건조시간(>36시간)과 두껍게 쌓여있는 식품층 때문에 전체 식품의 수분함량이 평형에 이르게 된다. 이 건조기는 용량도 크고 설치비와 운영경비도 적어 건조비용에 큰 부담을 주지 않아 곡류나 과일, 채소류의 2차 건조에 많이 사용된다.

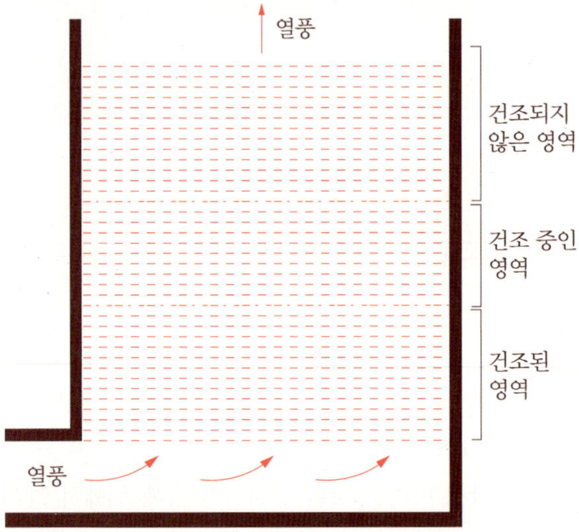

그림 9-24 빈 건조기

(5) 유동층 건조기

유동층 건조기(fluidized bed dryer)는 다공판 위에 놓인 식품 아래쪽에서 가압된 열풍을 불어주어 식품을 유동시키면서 열풍과의 접촉을 좋게 만드는 건조기이다(그림 9-25).

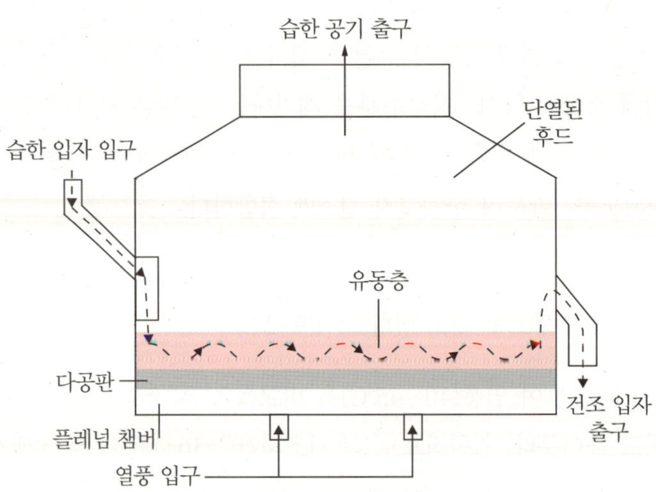

그림 9-25 유동층 건조기

따라서 식품의 건조속도가 빠르고 균일한 건조제품을 얻을 수 있으며, 회분식이나 연속식 조작 모두 가능하다. 장치 구성이 상대적으로 간단하여 비용도 많이 들지 않아 식품산업에서 많이 사용되는 건조기 중 하나이다. 그러나 강한 열풍을 식품에 통과시키는 관계로 미세입자가 열풍과 함께 배출되어 손실이 되는데 이것은 사이클론(cyclone)을 설치하면 회수할 수 있다.

이 건조방식은 입자 또는 분말상태의 고체입자를 건조하는데 적합하나 유동에 의한 충격에 견딜 수 있어야 한다. 연속식 조작 시 다공판에 들러붙거나 쌓이는 문제는 판을 진동시켜주면 방지할 수 있다.

(6) 회전 건조기

회전 건조기(rotary dryer)는 식품을 긴 원통에 넣고 원통을 약간 경사지게 회전시키면서 열풍을 불어넣어 건조시키는 방법이다(그림 9-26). 원통의 내부에는 돌기(flight)가 있어 원통이 회전함에 따라 식품을 들어 올렸다가 흐르는 열풍 속으로 뿌리게 되어 있다. 건조시킬 식품은 경사진 원통의 입구로 계속 삽입되고 건조된 제품은 반대쪽 출구로 방출된다.

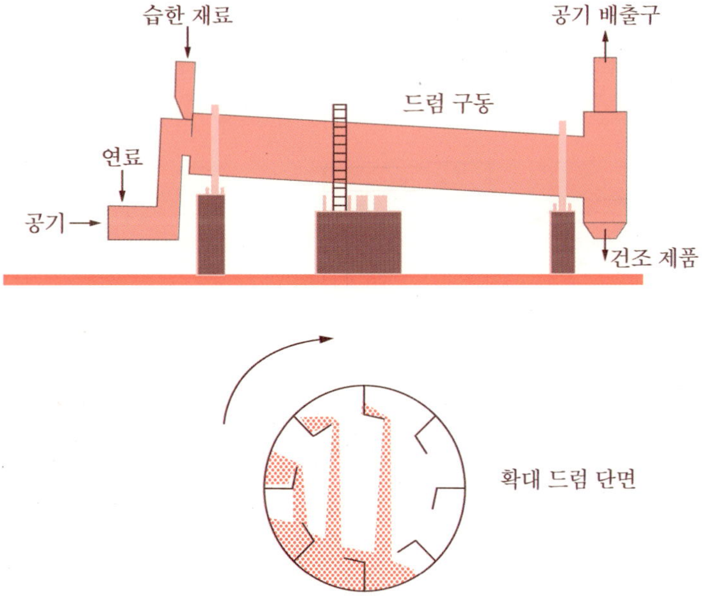

그림 9-26 병류식 회전 건조기

열풍은 식품의 이동방향과 같은 병류 또는 반대방향인 향류로 불어주며 때로는 수직으로 통과하게 하는 경우도 있다. 이 건조기는 원통의 회전으로 인해 식품이 위에서 아래로 떨어지며 섞이게 되는 교반효과가 일어나 건조가 빠르고 균일하게 건조되나, 이때 충격이나 마찰에 의해 식품이 손상을 입을 수 있기 때문에 견과류 같은 식품에만 적용할 수 있다.

(7) 기류 건조기

기류 건조기(pneumatic dryer)는 식품을 열풍의 흐름에 날려 보내면서 건조시키는 방법으로 그 구조는 그림 9–27과 같다. 습한 식품은 열풍에 동반되어 건조관을 통과하는 동안에 건조되어 출구의 사이클론에서 분리되므로 건조와 동시에 수송하는 역할도 한다. 건조관은 수직 또는 수평으로 설치하며 건조에 필요한 체류시간을 줄 수 있는 충분한 길이를 사용하여야 한다.

기류 건조기에서는 열풍을 순환시키기 어려우므로 열효율을 높이기 위하여 건조관의 길이를 고려하여 고온의 열풍을 사용할 필요가 있다. 고온의 열풍을 사용하여도 식품의 온도는 열풍의 습구온도 이상 올라가지 않고 건조시간은 보통 10초 미만으로 짧으므로 품질에 큰 영향을 미치지 않는다. 건조된 입자의 크기는 보통 10~500 μm이다.

일반적으로 열풍과 식품의 비율은 0.05~1.0 kg/kg air이고 열풍의 속도는 1~29 m/s 정도이고 처리량은 10 kg/h~25 ton/h이다. 이 건조기는 곡물, 밀가루, 감자, 육류 등의 건조와 우유, 달걀분말 등의 2차 건조기로 널리 이용되고 있다.

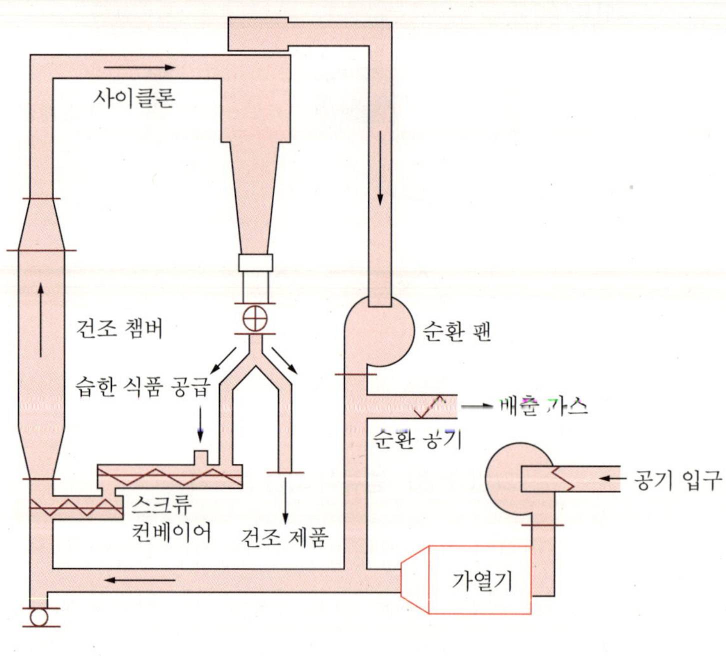

그림 9–27 기류 건조기

(8) 분무 건조기

분무 건조기(spray dryer)에서는 액상 또는 슬러리 상태의 식품을 10~250 μm의 미세한 입자로 건조실에 분무하여 건조실 내에서 고온(150~300℃)의 열풍과 접촉시켜 1~10초 정도의 짧은 시간에 건조하는 방법이다. 단위부피당 열풍에 노출되는 표면적이 대단히 커서 건조속도가 빠르고 배출공기의 온도는 90~100℃ 정도가 된다.

건조가 거의 항률건조기간에서 끝나게 되고 제품의 온도는 건조가 거의 끝날 때까지 열풍의 습구온도(40~50℃) 이상 올라가지 않으므로 양질의 분말제품을 생산할 수 있다.

이 건조기는 식품산업에서 광범위하게 사용되는 중요한 건조기로서 분유, 즉석커피, 홍차, 달걀, 과일주스, 옥수수, 물엿, 분말유아식품 등의 제품생산에 이용된다.

분무 건조기의 구조는 그림 9-28에 나타낸 것처럼 공기가열 및 순환장치, 분무장치, 건조실, 제품회수장치 등의 네 부분으로 구성되어 있다.

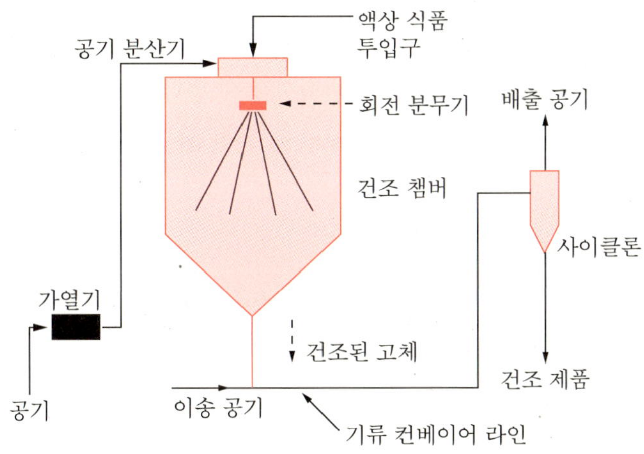

그림 9-28 분무 건조기

분무장치는 액체식품을 원하는 크기의 균일한 입자상태로 만드는 장치로서, 압력 노즐(pressure nozzle), 원심분무기(centrifugal atomizer), 2유체 노즐(two fluid nozzle)의 세 가지 형태가 있다(그림 9-29).

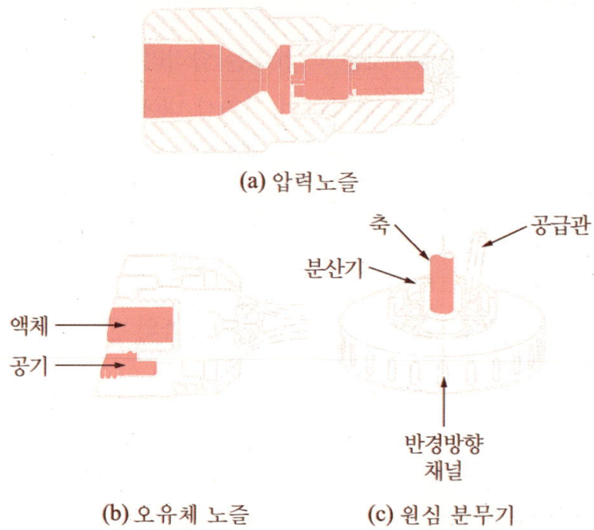

그림 9-29 여러 가지 형태의 분무장치

압력노즐은 700~2000 kPa 정도의 고압에서 원료를 작은 구멍(orifice)을 통하여 속이 빈 원뿔모양으로 분출시키는 것이다. 균일한 분무(180~250μm)를 할 수 있으나 액체 속의 고형분에 의해서 구멍이 막히는 수가 있고 마찰에 의해 구멍이 깎여 넓어지는 경우도 있다.

또한 원료의 공급량을 독립적으로 변화시킬 수 없다.

입자크기는 식 (9-54)에서 보듯이 노즐을 통한 압력강하 정도에 의하여 결정된다.

$$D_a = \frac{9575}{\Delta P^{1/3}} \tag{9-54}$$

여기서 D_a : 평균입자지름(μm)

ΔP : 노즐을 통한 압력강하(Pa)

원심분무기는 가장자리에 작은 구멍을 뚫어놓은 원판(disk)을 5,000~25,000 rpm으로 회전시키면서 액체식품을 원판의 내부로 유입시키면 액체는 원심력에 의하여 높은 압력으로 구멍을 통과하면서 균일한 크기의 분무입자(50~60 μm)를 만들게 된다. 액체 속의 고형분에 의하여 마모될 위험성이 적고, 낮은 펌프압력으로 여러 가지 원료를 취급할 수 있으며, 원료의 유량을 독립적으로 변화시킬 수 있다. 원심분무기로 입자크기를 조절할 때는 휠의 크기와 속도를 알아야 한다. Filkova와 Mujumdar(1987)는 입자의 평균크기에 대한 식을 다음과 같이 구하였다.

$$D_a = 1620N^{-0.53}M^{0.21}(2r)^{-0.39} \tag{9–55}$$

여기서 D_a : 소터평균직경(Sauter mean diameter) (m)
N : 회전속도(rps)
M : 질량유속(kg/s)
r : 휠의 직경(m)

2류체 노즐은 압축공기를 사용하여 비교적 저압에서 액체를 분출시키는 방법으로서 입자의 크기가 균일하지 못하며 대량처리를 할 수 없으므로 아주 미세한 입자를 형성시킬 필요가 있을 경우 이외에는 거의 사용하지 않는다.

건조실은 분무된 식품과 열풍이 접촉하여 건조되는 곳으로 입자가 건조되어 부착성이 없어질 때까지 건조실의 벽에 부딪치지 않도록 건조실의 크기와 조업조건을 결정해야 한다.

일반적으로 분무액과 열풍이 건조실의 상부에서 동일하게 아래 방향으로 흘러 하부에서 제거되는 형식으로 고온의 열풍을 사용할 수 있으며, 열에 민감한 원료를 건조하는 데 많이 쓰인다.

분무 건조기에서 대부분의 건조입자는 건조실의 하부에 떨어지므로 스크류 컨베이어, 회전밸브(rotatory valve) 등으로 제거한다. 그러나 일부의 입자는 배출공기에 동반되므로 사이클론과 같은 기체-고체 분리기를 설치하여 회수하여야 한다.

2. 전도형 건조기

열판접촉건조기라고도 하며, 가열표면에 직접 식품을 접촉시켜 전도에 의해 건조시키는 방법이다. 대류형 건조기에서와 같이 건조는 주로 두 단계로 나누는데 초기 항률건조기 동안에 식품의 온도는 그 압력에서의 비등점 또는 승화점과 비슷하다. 내부 수분이 표면으로 이동하는 속도가 표면에서 증발속도보다 느려지면 감속건조기간이 시작되며 식품의 온도는 가열판의 온도와 거의 같아진다.

대류형 건조기에 비하여 다음과 같은 장점이 있다.

① 대량의 공기를 가열할 필요가 없어 열효율이 높다. 전도형 건조기는 주로 수증기를 이용하여 열을 전달하는 데 보통 2000~3000 kJ/kg 정도의 에너지를 소모하는 반면 대류형 건조기에서는 4000~10000 kJ/kg의 에너지를 사용한다.
② 배출공기의 양이 적어 입자 손실도 거의 없어 배기가스 정화비용이 적다.
③ 진공 건조의 경우, 산소가 없기 때문에 산화반응에 의한 식품 품질 열화를 방지할 수 있다.

(1) 드럼 건조기

드럼 건조기(drum dryer)는 한 개 또는 두 개의 가열된 금속원통이 수평축을 중심으로 서서히 회전하며 원통은 내부에 스팀이나 열수 혹은 다른 종류의 액체를 이용하여 가열된다. 슬러리(slurry), 페이스트(paste) 또는 점도가 있는 용액 등을 건조할 때 주로 사용된다. 원통의 표면에 건조할 식품의 균일한 얇은 막을 만들어 주면 원통이 회전하는 사이에 건조되며, 식품을 공급한 점에서 1/2~3/4 정도 회전한 곳에 설치되어 있는 긁는 칼(scraper knife)로 건조된 막을 원통표면에서 제거하게 된다.

드럼 건조기는 그림 9-30에서와 같이 (a) 단원통형(single drum dryer), (b) 복원통형(double drum dryer), (c) 이중원통형(twin drum dryer) 및 (d) 진공원통형(vacuum drum dryer)으로 분류된다. 원료를 일정한 두께로 원통 표면에 공급시켜 주어야 우수한 제품을 얻을 수 있다.

복원통형인 경우에 식품은 두 원통 사이에 공급되고 원통 사이의 간격을 조절함으로써 막의 두께를 조절할 수 있다. 열에 약한 식품을 건조할 경우에는 그림 9-29(d)에서와 같이 원통을 진공실에 넣고 진공상태에서 건조한다.

드럼건조기의 장점은 건조속도와 열효율이 높지만, 비교적 고온에서 짧은 시간(2~30초) 동안 견딜 수 있는 식품에만 사용할 수 있다. 또한 식품의 점도가 높거나 고형분 입자가 크거나 고형분 함량이 많아서 분무 건조가 어려운 식품에도 적용할 수 있다.

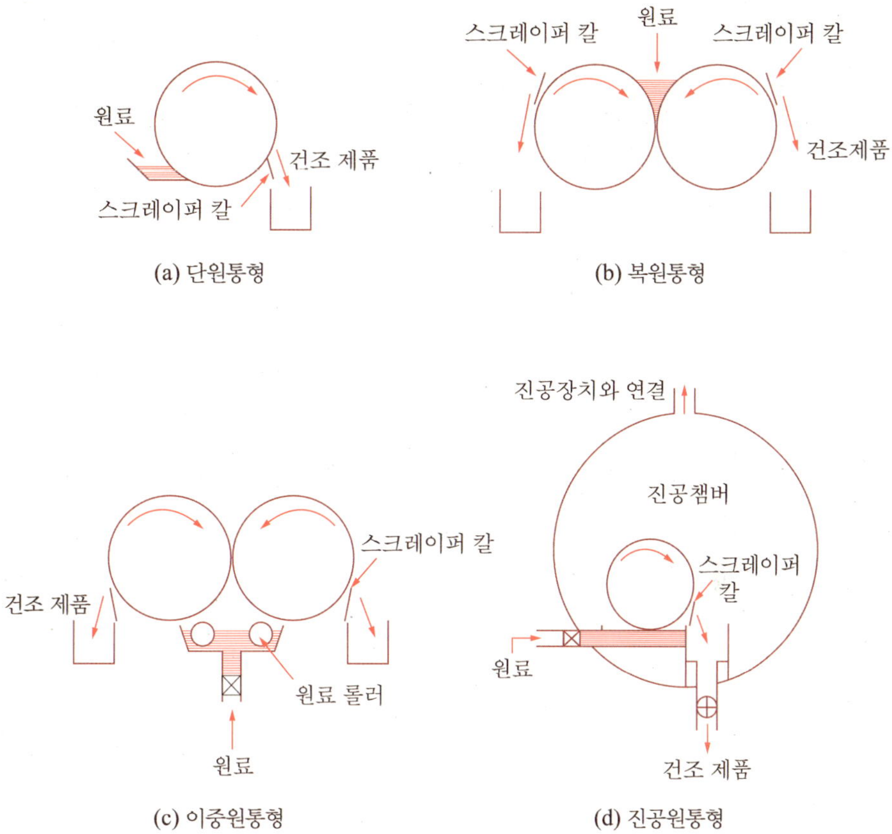

그림 9-30 여러 가지 형태의 드럼 건조기

(2) 진공 건조기

진공 건조기(vacuum shelf dryer)는 식품을 트레이(tray)에 담아 선반 위에 올려 놓고 밀폐한 다음 실내의 압력을 0.1~10 kPa 정도의 진공으로 유지하면서 70℃ 정도에서 건조한다. 선반(shelf) 내부는 속이 비어 있으며 온수를 통하여 가열한다.

건조 초기에는 건조속도가 빠르나 식품이 건조되어 수축되면 트레이와의 접촉이 점점 나빠져 열전달이 감소된다. 선반과 트레이는 열전달이 잘 되도록 가능한 한 평탄하여 접촉이 잘 되어야 하며, 선반의 온도는 트레이와 접촉하는 건조된 식품이 과열되지 않도록 조절하여야 한다. 진공 건조기는 시설비가 많이 들므로 열에 민감한 액체 또는 고체식품을 건조하는데 주로 이용된다.

(3) 팽화 건조기

팽화 건조기(puffing dryer)는 일반적으로 열풍건조과정 중의 중간건조과정으로 이용된다. 1차 열풍건조 후 수분함량 15~40%의 식품을 건조기 내에 넣고 외부로부터 회전 가열시키며, 온도를 150~200℃까지 가열한 후 고압(100~200 kPa)에서 건조용기를 개방하여 갑자기 상압으로 식품을 분출시킴으로써 과열상태로 된 조직 중의 수분을 순간적으로 증발시켜 건조하는 것이다. 이 때 약 5% 정도 수분함량이 감소된다.

건조와 함께 조직은 팽화되어 다공성 구조가 되므로 복원성이 좋다. 또한 팽화 건조 후 다시 열풍건조를 하여 최종수분함량까지 건조시키는 경우가 있는데 팽화현상으로 인한 건조표면적의 증가로 건조시간을 1/4까지도 줄일 수 있다.

과일 및 채소 건조에 많이 이용되는데 팽화 건조기에 넣을 때에는 식품의 수분함량에 유의하여야 한다. 수분함량이 너무 많으면 팽화할 때 식품이 완전히 파열되고, 적으면 팽화되지 않는다.

3. 복사형 건조기

대류형 건조에서나 전도형 건조에서도 복사에 의한 열전달은 어느 정도 일어난다. 예를 들어 캐비닛 건조기에서는 벽과 트레이 및 다른 가열된 금속부분으로부터 얼마간의 열이 복사되는 것이다.

식품의 성분조성에 따라 복사열을 흡수하는 정도가 다르므로 건조가 균일하지 못하고, 고온의 열원에 의하여 열 손상을 받기 쉬우며, 어떤 특정 범위의 파장을 갖는 복사열 외에는 식품에의 침투력이 약하기 때문에, 복사열에 의한 식품의 건조는 선호하지 않는 방식이다.

(1) 적외선 건조기

적외선은 파장이 0.75~400 μm의 범위인 전자기파이다. 적외선램프, 니크롬히터 등의 열원으로부터 방출된 적외선은 식품의 표면에 부딪혀 흡수되어 열로 변환된다. 적외선 건조기(infrared dryer)는 적외선을 이용하여 식품표면의 온도를 상승시키고 수분을 증발시켜 건조하는 장치이다. 열에 약한 식품에는 장파적외선을 사용한다.

(2) 마이크로파 건조기

일반적인 식품건조에서 식품은 외부로부터 열을 받아 내부로 전달된다. 그러나 마이크로파 건조기(microwave dryer)에서는 마이크로파를 조사하면 식품 내부 수분의 격렬한 진동에 의하여 열이 발생되는 유전가열(dielectric heating)의 원리를 이용하여 건조하는 방법이다. 현재 2450 MHz가 주로 사용되는데 일부에서는 915 MHz도 산업용으로 쓰이고 있다.

이 건조방법의 특징은 가열효율이 70~80%로 높아 건조시간이 짧고, 식품 형상이 복잡하고 수분함량이 불균일하여도 균일한 건조가 가능하다는 점이다. 건조 장치로는 마이크로파를 발생시키는 발진장치, 조사되는 건조실과 전파를 전송시키는 도파관이 발진장치와 건조실 간에 접속되어 있다.

Section 7 건조시스템의 설계

1. 열풍조건이 변할 때의 건조

앞의 9-4절에서는 일정한 조건에서 건조될 때 건조속도에 대해서 기술하였으나 실제 건조조작에서는 그림 9-31에 나타낸 것과 같이 열풍은 식품을 지나는 동안 식품에게 증발열을 공급해주고 건구온도는 낮아지고($T_1 \rightarrow T_2$), 식품에서 증발된 수분을 동반하므로 절대 습도는 높아지는($H_1 \rightarrow H_2$) 상태 변화가 일어난다.

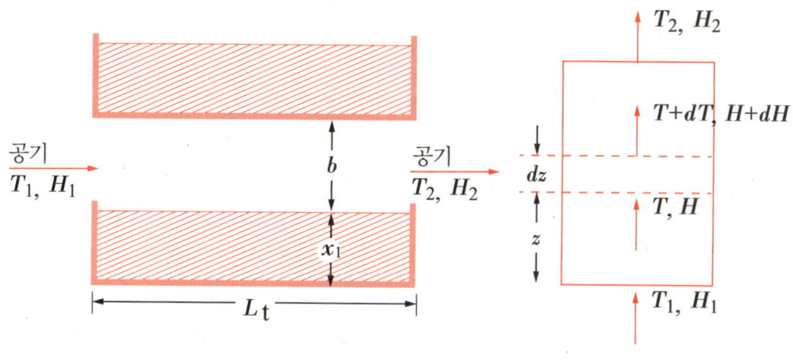

(a) 트레이 건조기에서 열 및 물질수지 (b) 통기류 건조에서 열 및 에너지수지

그림 9-31 열풍의 조건이 변할 때의 열 및 물질수지

(1) 트레이 건조기

트레이 건조기(tray dryer)에서 식품을 건조할 때 열풍은 트레이 위의 식품 표면에 평행하게 통과하며, 이때 열풍의 조건이 변한다.

그림 9-31(a)에 나타낸 것처럼 온도 T_1, 습도 H_1의 열풍이 트레이를 통과한 후 T_2, H_2로 배출된다. 트레이 사이의 간격이 b(m)이고 풍량이 G(kg dry air/s·m^2)라고 하면, 트레이 폭 1 m를 기준으로 길이 dL_t에서의 에너지 수지는 다음과 같다.

$$dq = Gc_s(1\times b)dT \tag{9-56}$$

여기서 q: 열전달속도(W)

열전달식은

$$dq = h(1\times dL_t)(T - T_w) \tag{9-57}$$

여기서 T_w: 고체의 습구온도(℃)

식 (9-56)과 식 (9-57)을 이용해 dq를 제거하고 적분하면

$$\frac{hL_t}{Gc_s b} = \ln\frac{(T_1 - T_w)}{(T_2 - T_w)} \tag{9-58}$$

건조기에서 입구와 출구사이의 대수평균온도차(logarithmic mean temperature difference)는 다음 식과 같다.

$$(T - T_w) = \frac{(T_1 - T_w) - (T_2 - T_w)}{\ln[(T_1 - T_w)/(T_2 - T_w)]} \tag{9-59}$$

$$= \frac{(T_1 - T_2)}{\ln[(T_1 - T_w)/(T_2 - T_w)]}$$

식 (9-59)를 식 (9-58)에 대입하여 식 (9-43)과 식 (9-48)에 각각 넣으면 항률건조기간(t_c)과 감률건조속도는 모세관 이농에 의하여 좌우된다고 할 때의 감률건조기간(t_f)는 다음 식과 같다.

$$t_c = \frac{\rho_s L_t \lambda_w x_1 (X_1 - X_c)}{Gc_s b(T_1 - T_w)[1 - \exp(-hL_t/(Gc_s b)]} \tag{9-60}$$

$$t_f = \frac{\rho_s L_t \lambda_w x_1 X_c \ln(X_c/X)}{Gc_s b(T_1 - T_w)\left[1 - \exp\left(-\dfrac{hL_t}{Gc_s b}\right)\right]} \tag{9-61}$$

(2) 통기류 건조

그림 9-31(b)처럼 습한 고체층에 대하여 열풍을 위 방향으로 또는 아래 방향으로 불어주어 건조하는 통기류 건조(through circulation drying)를 생각해 보자. 건조기는 열손실이 없어 단열 건조라 가정하고 습한 고체층의 단면적은 A (m^2), 두께는 z, 열풍은 유량 G(kg dry air/h·m^2)로 T_1, H_1에서 도입되어 T_2, H_2로 배출된다고 하자.

이때 열풍에 의하여 습한 고체로부터 제거된 수분은 이 기간 동안의 건조속도와 같다.

$$R = G(H_2 - H_1) \qquad (9-62)$$

여기서 R : 건조속도(kg water/h·m^2)

이 경우 습한 고체 dz m에서의 에너지수지는 다음 식과 같다.

$$dq = -Gc_sAdT \qquad (9-63)$$

여기서 A : 습한 고체층의 단면적(m^2)
q : 열전달속도(W)
c_s : 열풍의 습윤비열(humid heat)

그리고 식(9-63)에서 G의 단위는 kg dry air/s·m^2임을 주의하자.

열전달식은

$$dq = haAdz(T - T_w) \qquad (9-64)$$

여기서 T_w : 습한 고체의 습구온도
a : 고체의 표면적(m^2)/고체층의 부피(m^3)

열풍온도 T는 식품을 지나면서 변하며 $T_1 > T > T_2$이다.

구형인 식품의 경우

$$a = \frac{6(1-\varepsilon)}{D_p} \qquad (9-65)$$

여기서 D_p: 식품입자의 지름(m)
ε : 공극률(void fraction)

원통형인 식품의 경우

$$a=\frac{4(1-\varepsilon)(L+0.5D_c)}{D_cL} \tag{9-66}$$

여기서 D_c : 원통의 직경(m)

L : 원통의 길이(m)

식 (9−63)과 식 (9−64)를 합치고 적분하면

$$\frac{haz}{Gc_s}=\ln\frac{(T_1-T_w)}{(T_2-T_w)} \tag{9-67}$$

여기서 z: 고체층의 두께 $=x_1$ (m)

열풍이 고체표면에 평행으로 흐를 때의 건조시간 t_c는 항률건조식 (9−43)으로 주어진다.

$$t_c=\frac{W_s\lambda_w(X_1-X_2)}{Ah(T-T_w)}=\frac{W_s(X_1-X_2)}{Ak_yM_B(H_w-H)} \tag{9-43}$$

식 (9−39)와 a의 정의로부터 다음 식을 얻는다.

$$\frac{W_s}{A}=\frac{\rho_s}{a} \tag{9-68}$$

따라서 식 (9−68)을 식 (9−43)에 대입하고 X_c까지 건조하는 항률건조기인 경우 $X_2=X_c$이므로 양면 통기류 건조에서 항률건조속도식은 다음 식으로 주어진다.

$$t_c=\frac{\rho_s\lambda_w(X_1-X_c)}{ah\,(T-T_w)}=\frac{\rho_s(X_1-X_c)}{ak_yM_B(H_w-H)} \tag{9-69}$$

동일방법으로 건조속도 R이 X에 비례하는 감률건조기에 대한 건조속도식 (9−46)을 이용하여 통기류 건조일 때 감률건조 속도식은 다음과 같이 주어진다.

$$t_f=\frac{\rho_s\lambda_wX_c\ln(X_c/X)}{ah\,(T-T_w)}=\frac{\rho_sX_c\ln(X_c/X)}{ak_yM_B(H_w-H)} \tag{9-70}$$

식 (9−45)와 (9−70)은 습한 고체층의 한 지점에서만 유효하다. 왜냐하면 열풍의 온도와 습도는 고체층을 지나면서 변화하기 때문이다.

따라서 열풍의 상태변화가 있을 때는 전체 고체층에서의 건조시간을 구하려면 식 (9-45)와 (9-70)에서 $T-T_w$ 대신에 대수평균온도를 사용하여야 한다. 식 (9-59)를 식 (9-67)에 대입하여 식 (9-69)와 식 (9-70)에 각각 넣으면

$$t_c = \frac{\rho_s \lambda_w z(X_1 - X_c)}{Gc_s(T_1 - T_w)\left[1 - \exp\left(-\frac{haz}{Gc_s}\right)\right]} \quad (9-71)$$

$$t_f = \frac{\rho_s \lambda_w z X_c \ln(X_c - X)}{Gc_s(T_1 - T_w)\left[1 - \exp\left(-\frac{haz}{Gc_s}\right)\right]} \quad (9-72)$$

식 (9-71)과 식 (9-72)는 식품입자의 지름이 3~19 mm이고, 습한 고체층의 두께(z)가 10~65 mm인 조건에서 적용될 수 있다.

구형식품의 수직방향에서 열풍이 불 때의 표면열전달계수(h)를 구하는 식은 다음과 같다.

$$h = 0.151\frac{G_t^{0.59}}{D_p^{0.41}}\left(N_{Re} = \frac{D_pG}{\mu} > 350\text{일 때}\right) \quad (9-73)$$

$$h = 0.214\frac{G_t^{0.49}}{D_p^{0.51}}\left(N_{Re} = \frac{D_pG}{\mu} < 350\text{일 때}\right) \quad (9-74)$$

여기서 N_{Re} : 레이놀즈수(Reynolds number)

D_p : 분말식품과 같은 표면적을 갖는 구의 지름(m)

G : 열풍의 질량속도(kg dry air/h·m^2)

μ : 열풍의 평균온도에서의 점도(kg/m·s=Pa·s)

원통형 식품의 직경(D_c)과 길이(h)를 알 때 원통과 동일 표면적을 가진 구의 지름 식 (9-73)과 식 (9-74)의 D_p를 다음 식으로 구할 수 있다.

$$D_p = \sqrt{(D_c h + 0.5D_c^2)} \quad (9-75)$$

[예제 9-16] 식품층의 통기류 건조

과립 페이스트를 압출하여 직경 6.35 mm, 길이 25.4 mm인 원통 모양으로 만든 식품을 망 위에 50.8 mm 두께로 쌓고 수직방향으로 열풍을

가하여 건조하려고 한다. 식품의 초기수분함량은 1.0 kg water/kg dry solid, 임계수분함량은 0.5 kg water/kg dry solid, 평형수분함량은 0.01 kg water/kg dry solid이다. 고형분의 밀도는 1602 kg/m^{3}이고 겉보기밀도는 641 kg/m^{3}이다. 가열공기의 건조온도는 121.1°C이고, 절대습도는 0.04 kg water/kg dry air이다. 풍속은 0.811 m/s이고 열풍의 평균온도(93.3°C)에서의 점도는 2.15×10^{-5} kg/m·s일 때, 이 식품을 X_t = 0.1 kg water/kg dry solid까지 건조시킬 때 걸리는 시간을 계산하라.

[풀이]

평형수분함량이 0.01 kg water/kg dry solid이므로

$$X_1 = X_{t1} - X_e = 1.00 - 0.01 = 0.99 \text{ kg water/kg dry solid}$$
$$X_c = X_{c1} - X_e = 0.50 - 0.01 = 0.49 \text{ kg water/kg dry solid}$$
$$X = X_{t2} - X_e = 0.10 - 0.01 = 0.09 \text{ kg water/kg dry solid}$$

주어진 열풍온도와 습도에서 습도도표를 이용하면, 습구온도(T_w)는 47.2°C이고 포화습도(H_s)는 0.074 kg water/kg dry air이다.

습윤부피는 식 (9-10)으로부터

$$V_H = (2.83 \times 10^{-3} + 4.56 \times 10^{-3} \times 0.04)(273 + 121.1)$$
$$= 1.187 \text{ m}^3\text{/kg dry air}$$

$$\rho = \frac{\text{습윤공기무게}}{\text{습윤부피}} + \frac{1.00 + 0.04}{1.187} = 0.876 \text{ kg/m}^3$$

따라서 건조공기의 질량속도 G는

$$G = \text{공기속도} \times \text{공기밀도} \times \left(\frac{\text{건조공기무게}}{\text{공기무게}}\right)$$
$$= (0.811 \times 3600)(0.876)\left(\frac{1.0}{1.0 + 0.04}\right) = 2459 \frac{\text{kg dry air}}{\text{h} \cdot \text{m}^2}$$
$$= 0.683 \frac{\text{kg dry air}}{\text{s} \cdot \text{m}^2}$$

유입되는 열풍의 습도(H_1)는 0.04이고 배출공기의 습도($H_2 = H_s$)는 0.074이므로 건조 시 공기의 평균절대습도를 0.05 kg water/kg dry air로 가정하면 공기의 평균질량속도 G_a는

$$G_a = 2459 + 2459(0.05) = 2582\ \frac{\text{kg dry air} + \text{kg water}}{\text{h} \cdot \text{m}^2}$$

식품이 쌓여 있는 베드 1 m^3의 부피에서 고형분이 차지하는 부피는 641/1602 = 0.40 m^3이다. 그러므로 공극률 $\varepsilon = 1 - 0.4 = 0.6$이다.

식 (9−66)에 대입하여 a를 구하면

$$a = \frac{4(1-\varepsilon)(L + 0.5D_c)}{D_c L} = \frac{4(1-0.6)(0.0254 + 0.5 \times 0.00635)}{0.00635(0.0254)}$$

$$= 283.5\ \frac{\text{m}^2}{\text{m}^3}$$

원통형 식품에 대해 식 (9−75)를 이용하면

$$D_p = \sqrt{(D_c L + 0.5 D_c^2)} = \sqrt{(0.00635)(0.0254) + 0.5(0.00635)^2}$$
$$= 0.0135\ \text{m}$$

표면열전달계수(h)를 계산하기 위해 먼저 레이놀즈수를 계산한다.

먼저 공기의 평균온도 93.3°C에서 점도는 2.15×10^{-5} kg/m · s = $2.15 \times 10^{-5} \times 3600$ kg/m · h = 7.74×10^{-2} kg/m · h이다.

$$N_{\text{Re}} = \frac{D_P G_a}{\mu} = \frac{0.0135(2582)}{7.74 \times 10^{-2}} = 450$$

식 (9−73)을 이용하여 표면열전달계수를 구하면

$$h = 0.151\ \frac{G_a^{0.59}}{D_P^{0.41}} = 0.151 \frac{(2582)^{0.59}}{(0.0135)^{0.41}} = 90.9\ \text{W/m}^2 \cdot \text{K}$$

수증기표로부터 습구온도 = 47.2°C 때의 증발열을 구하면 $\lambda_w = 2389$ kJ/kg이다.

공기의 평균습윤비열은 식 (9−9)를 이용하여

$$c_s = 1.005 + 1.88H = 1.005 + 1.88(0.05) = 1.099\ \text{kJ/kg} \cdot \text{K}$$

$G = \dfrac{2459}{3600} = 0.683$ kg/s · m^2이므로 항률건조기간 t_c는 식 (9−71)로부터

$$t_c = \frac{\rho_s \lambda_w z(X_1 - X_c)}{Gc_s(T_1 - T_w)\left[1-\exp\left(-\frac{haz}{Gc_s}\right)\right]}$$

$$= \frac{641(2389\times10^3)(0.0508)(0.99-0.49)}{(0.683)(1.099\times10^3)(121.1-47.2)\left[1-\exp\left(-\frac{90.9\times283.5\times0.0508}{0.683\times1.099\times10^3}\right)\right]}$$

$$= 850\ \text{s} = 0.236\ \text{h}$$

감률건조기간 t_f는 식 (9-72)로부터

$$t_f = \frac{\rho_s \lambda_w z X_c \ln(X_c/X)}{Gc_s(T_1 - T_w)\left[1-\exp\left(-\frac{haz}{Gc_s}\right)\right]}$$

$$= \frac{641(2389\times10^3)(0.0508)(0.49)\ln\left(\frac{0.49}{0.09}\right)}{(0.683)(1.099\times10^3)(121.1-47.2)\left[1-\exp\left(-\frac{90.9\times283.5\times0.0508}{0.683\times1.099\times10^3}\right)\right]}$$

$$= 1421\ \text{s} = 0.392\ \text{h}$$

그러므로 총 건조시간은

$$t = t_c + t_f = 0.236 + 0.392 = 0.628\ \text{h}$$

2. 연속식 건조기에서의 물질 및 에너지 수지

(1) 단순 물질 및 열수지

향류식 연속 건조기에서의 흐름도를 그림 9-32에 나타내었다. 온도 T_{s1}, 자유수함량 X_1인 고체를 S(kg dry solid/h)의 속도로 건조기에 공급하여, T_{s2}, X_2로 배출된다. 습도 H_2(kg water/kg dry air), 온도 T_{G2}인 열풍은 유량 G(kg dry air/h)로 건조기에 공급되어 T_{G1}, H_1으로 배출된다.

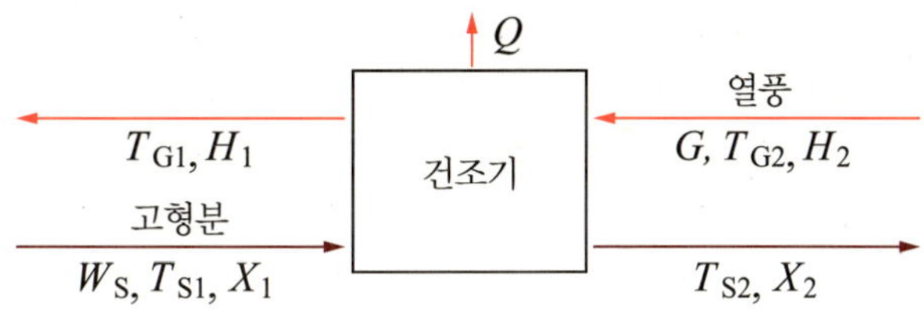

그림 9-32 향류 연속건조기에서 물질 및 에너지수지

수분에 대하여 물질수지를 취하면

$$GH_2 + SX_1 = GH_1 + SX_2 \tag{9-76}$$

엔탈피 기준 온도를 T_0로 선택한다. 습한 고체의 엔탈피는 자유수의 엔탈피와 고체의 엔탈피를 합한 것이다. 열풍의 엔탈피 H'_G(kJ/kg dry air)는 다음 식으로 주어진다.

$$H'_G = c_s(T_G - T_0) + H\lambda_0 \tag{9-77}$$

여기서 λ_0는 T_0에서의 물의 증발열로서 0℃일 때 2501 kJ/kg이고, c_s는 습윤비열이다.

습한 고체의 엔탈피 H'_s(kJ/kg dry solid)는

$$H'_s = c_{ps}(T_s - T_0) + Xc_{pw}(T_s - T_0) \tag{9-78}$$

여기서 c_{ps}는 건조고체의 비열(kJ/kg dry solid·K), c_{pw}는 수분의 비열(kJ/kg water·K)이다. 건조기에 대하여 열수지를 취하면

$$GH'_{G2} + SH'_{s1} = GH'_{G1} + SH'_{s2} + Q \tag{9-79}$$

여기서 Q는 건조기에서 열손실이다. 단열건조기인 경우 $Q = 0$이며 만약 외부에서 열을 가해줄 경우 Q는 음(-)의 값이다.

[예제 9-17] 건조기에서의 물질수지

캐비닛 건조기를 이용하여 초기 수분함량 2.125 kg water/kg dry solid의 식품을 0.058 kg water/kg dry solid까지 향류건조하였다. 열

풍은 건구온도 54℃이고 상대습도 10%의 상태로 들어가서 건구온도 30℃, 상대습도 70%로 나온다. 식품 고형분 kg당 필요한 건조공기의 무게를 계산하라.

[풀이] 습도도포를 이용하여 열풍 및 배출공기의 절대습도를 찾으면

$$H_1 = 0.0094 \text{ kg water/kg dry air}$$
$$H_2 = 0.0186 \text{ kg water/kg dry air}$$

식 (9-76)을 이용하여 수분에 대한 물질수지를 세우면

$$G(H_2 - H_1) = S(X_2 - X_1)$$
$$G(0.0186 - 0.0094) = S(2.125 - 0.058)$$
$$\frac{G}{S} = 224.67 \frac{\text{kg dry air}}{\text{kg dry solid}}$$

그러므로 고형분 $S = 1$ kg dry solid/h에 대하여 건조공기 $G = 224.67$ kg dry air/h가 필요하다.

[예제 9-18] 건조기에서의 열수지

연속식 향류형 터널건조기를 이용하여 초기 수분함량 0.4 kg water/kg dry soild의 식품을 0.02 kg water/kg dry soild까지 건조시키려고 한다.

이때 고형분의 비열은 1.465 kJ/kg·K, 물의 비열은 4.187 kJ/kg·K이고 시간당 들어가는 고형분의 무게는 45.36 kg이다. 외부온도는 26.7℃이었으며 가열된 공기(열풍)의 온도는 93.3℃이고 절대습도는 0.01 kg water/kg dry air이다. 건조된 식품은 62.8℃로 나아가고 배출공기의 온도는 73.8℃이었다. 흡입건조공기의 유량과 배출공기의 절대습도를 구하라. 단, 건조기로부터의 열손실은 없다고 가정한다.

[풀이]

식 (9-76)으로부터 물질수지는

$G(H_2-0.01)=45.36(0.4-0.02)$ …… ①

기준온도 T_0를 0℃로 했을 때 λ_0=2501 kJ/kg이다.

식 (9-77)을 이용하면 열풍의 엔탈피(H'_{G2}), 배출공기의 엔탈피(H'_{G1})는

$$H'_{G2}=[1.005+1.88(0.01)](93.3-0)+(0.01)(2501)$$
$$=120.5\ \text{kJ/kg dry air}$$
$$H'_{G1}=(1.005+1.88\ H_1)(73.8-0)+H_1(2501)$$
$$=74.17+2639.74\ H_1$$

식 (9-78)로부터 건조 전 식품의 엔탈피 (H'_{S1})와 건조 후 식품의 엔탈피 (H'_{S2})는

$$H'_{S1}=1.465(26.7-0)+(0.4)(4.187)(26.7-0)=83.83\ \text{kJ/kg dry soild}$$
$$H'_{S2}=1.465(62.8-0)+(0.02)(4.187)(62.8-0)=97.26\ \text{kJ/kg dry soild}$$

식 (9-79)를 이용하여 열수지를 세우면

$$G(120.5)+(45.36)(83.83)=G(74.17+2639.74\ H_1)+(45.36)(97.26)\cdots ②$$

식 ①과 ②로부터

흡입건조공기의 유량(G)=2314.49 kg dry air/h

배출공기의 절대습도(H_1)=0.0174 kg water/kg dry air

(2) 열풍이 순환하는 경우

열풍의 습구온도 조절과 에너지 효율을 높이기 위하여 많은 종류의 열풍건조기에서 열풍을 재순환 이용한다.

그림 9-33은 열풍을 재순환시키지 않을 경우와 재순환시킬 경우에 건조기 안에서 열풍(공기)의 상태변화를 나타낸 것이다. 재순환 시키지 않을 경우 점 f는 흡입공기 상태, 점 h는 가열기(heater)를 통과한 공기 상태, 점 e는 식품을 통과한 후의 배출공기 상태이다. 재순환시킬 경우 점 m은 흡입공기와 일부(partial)의 배출공기가 혼합된 공기 상태이다.

그림 9-34는 재순환이 이루어질 때의 공정흐름도로서 $H_3=H_4$, $H_5=H_6=H_2$이다. 수분에 대한 물질수지식은 다음과 같다.

$$(G_1+G_6)H_4+W_sX_1=(G_1+G_6)H_2+W_sX_2 \tag{9-80}$$

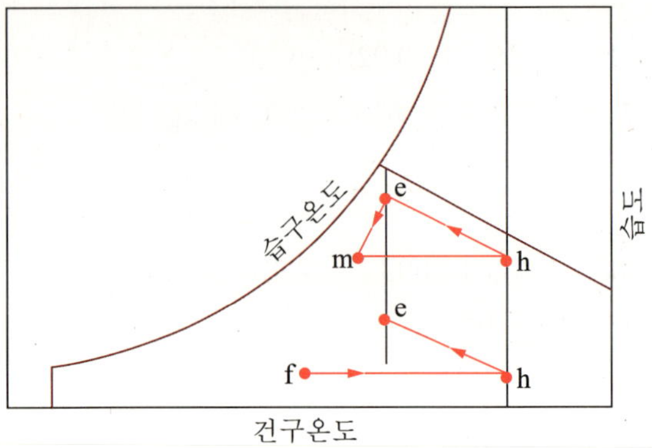

그림 9-33 열풍의 재순환이 없는 경우와 있는 경우의 공기의 상태 변화

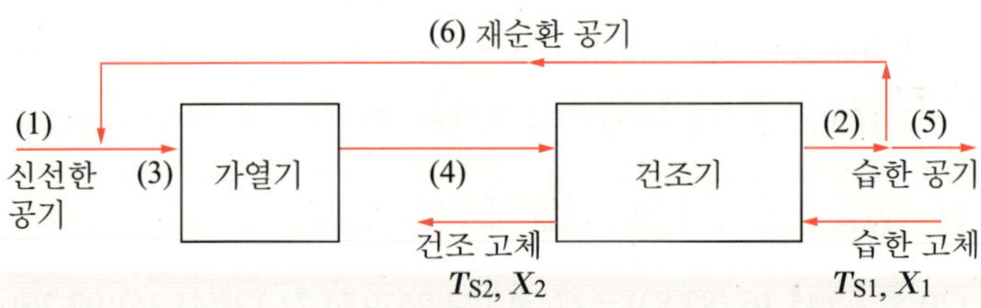

그림 9-34 열풍의 재순환이 이루어질 때의 공정흐름도

[예제 9-19] 열풍순환 터널건조기에서 사과의 건조

그림 9-34와 같이 연속식 향류형 터널건조기를 이용하여 습량기준 초기 수분함량 88%의 사과를 22%까지 건조시키려고 한다. 하루에 사과 4642 kg을 건조하고 24시간 공장이 가동된다. 흡입공기의 절대습도는 0.00822 kg water/kg dry air, 배출공기의 절대습도는 0.03072 kg water/kg dry air, 혼합공기의 절대습도는 0.01895 kg water/kg dry air이다. 흡입건조공기의 유량, 재순환건조공기의 유량을 계산하라.

[풀이]

사과 4642 kg에 대한 초기수분무게($X_{w,1}$)는 식 (9-26)으로부터

$X_{w,1}/4{,}642 \times 100 = 88$, $X_{w,1} = 4084.96$ kg

고형분의 무게 $= 4642 - 4084.96$

$= 557.04$ kg

건조 후 수분무게($X_{w,2}$)는

$X_{w,2}/(557.04+X_{w,2})\times 100=22,\ X_{w,2}=157.11$ kg

시간당 제거하여야 할 수분무게는

$$\frac{4084.96-157.11}{24}=163.66 \text{ kg water/h}$$

그림 9-33의 $G_3=163.66/(0.03072-0.01895)$

$=13904.84$ kg dry air/h

건조공기의 물질수지는

$G_3=G_1+0=13904.84$ kg dry air/h ……①

공기에 함유된 수분의 물질수지는

$G_3H_3=G_1H_1+G_6H_6$

$=(13904.84)(0.01895)=G_1(0.00822)+G_6(0.03072)$ ……②

식 ①과 ②로부터

흡입건조공기의 유량(G_1)$=7273.22$ kg dry air/h

재순환건조공기의 유량(G_6)$=6631.62$ kg dry air/h

Section 8 냉동건조

냉동건조(freeze drying) 방법은 식품을 냉동한 상태에서 얼음을 승화(sublimation)시킴으로써 건조하는 방법으로 식품의 품질면에서 가장 이상적인 건조방법이라 할 수 있다. 냉동된 상태에서 승화에 의하여 수분이 제거되었기 때문에 제품의 모양과 크기가 원형 그대로 유지되며, 전체적으로 가벼운 다공구조를 가지게 된다.

일반적인 열풍건조법에서 발생하는 표면경화, 수축이 일어나지 않으며, 건조온도가 낮아 비효소적 갈변이나 효소 반응 등이 억제되고 열에 의한 단백질 변성도 일어나지 않기 때문에 열에 의한 손상이 최소화되어 고품질을 유지할 수 있다.

또 제품의 복원성도 좋으며, 휘발성 향기 성분도 다량 그대로 유지된다. 그러나 냉동 중에 세포구조가 파괴되어 복원된 제품의 조직이 나빠지며, 부스러지기 쉽고, 기계적인 손상을 받기 쉽다. 또한 건조 속도가 느리고 냉동과 진공을 유지하기 위한 에너지가 많이 필요해 비용이 많이 드는 단점이 있다.

냉동건조는 다음의 세 단계로 이루어진다. ① 냉동에 의하여 식품 중의 물이 얼음 또는 공융혼합물(eutectic mixture)을 형성한다. ② 얼음의 승화에 의하여 원료로부터 수분이 제거된다. ③ 얼음이 전부 승화하여도 원료 중에는 흡착하여 있는 수분이 남아 있으므로 냉동건조기 내에서 원료의 온도를 상승시켜 증발시키거나 다른 건조기에 옮겨 건조한다.

승화는 고체상태의 얼음이 기체상태의 증기로 변하는 것으로 그림 9–1에서 보듯이 3중점(triple point) 이하에서만 일어날 수 있다. 얼음은 주어진 온도에 대응하는 평형증기압을 가지고 있으므로 냉동식품 주위의 수증기의 분압이 식품 내부의 얼음의 포화증기압보다 낮으면 증기압차가 생겨 얼음이 승화된다. 따라서 냉동 건조에서는 승화에 필요한 증기압차를 형성시키기 위하여 건조실 내부 압력을 0.1~2.0 torr의 진공상태로 하며, 식품의 여러 성분에 의하여 어는점 내림 현상이 일어나기 때문에 냉동 상태를 유지하기 위하여 주로 –10℃ 이하의 온도에서 실시한다.

냉동건조 장치는 냉동온도를 유지하기 위한 냉동장치, 진공을 유지하기 위한 진공펌프, 승화에 필요한 승화열을 공급하기 위한 가열장치, 승화로 생성된 수증기를 제거하기 위한 수증기트랩(응축기) 등으로 이루어져 있다.

1. 냉동건조 속도식

냉동건조 과정에서 처음에는 식품 전체가 완전히 냉동된 상태이고 승화가 진행됨에 따라 승화면(sublimation plane)이 표면으로부터 내부로 후퇴하고 건조된 부분은 다공성 구조를 그대로 유지한다. 얼음의 승화열(heat of sublimation)은 온도(또는 압력)에 따라 다르나, –40~0°C에서는 크게 변하지 않고 약 2837 kJ/kg ice이며, 이 승화열은 건조층을 통하여 외부에서 내부로 전달된다. 어떤 경우에는 뒷면에서 냉동층을 통하여 공급되기도 한다. 한편 승화면에서 승화된 수증기는 건조층을 통하여 외부로 이동한다. 따라서 냉동건조에서는 열전달과 물질이동이 동시에 일어난다.

그림 9-35에 냉동건조되고 있는 식품을 나타내었다. 전도, 대류 및 복사에 의하여 열이 식품 표면에 도달된 다음에 전도에 의하여 건조층을 통하여 승화면으로 전달된다. 식품의 표면온도는 품질손실을 최소화할 수 있도록 제어하여야 하며, 냉동층의 온도는 얼음이 녹지 않도록 충분히 저온을 유지하여야 한다.

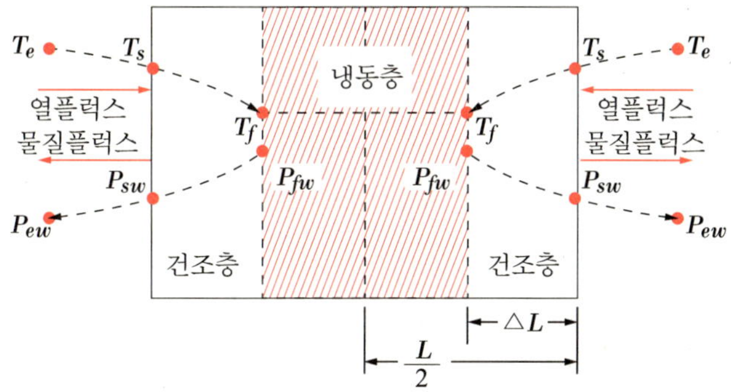

그림 9-35 냉동건조에서 승화면이 균일하게 후퇴하는 모델

냉동건조에서는 승화열을 주위의 기체로부터 시료 표면으로 전달한 다음 건조층을 통해 승화면으로 전달하는 방법을 가장 많이 사용하고 있다. 그림 9-35에서처럼 승화열이 대류에 의하여 외기로부터 표면으로 전달된 다음 건조층을 통해 전도로 승화면에 전달된다고 하면 표면으로의 열플럭스(heat flux)와 내부에서의 열플럭스는 준정상상태(pseudo-steady state)라고 할 수 있다.

$$q'' = h(T_e - T_s) = \frac{k}{\Delta L}(T_s - T_f) \tag{9-81}$$

여기서 q'' : 열플럭스(heat flux, W/m^2)

h : 외부 열전달계수(W/m^2·K)

T_e : 외부 기체의 온도(℃)

T_s : 식품 표면의 온도(℃)

T_f : 승화면의 온도(℃)

k : 건조층의 열전도도(W/m·K)

ΔL : 건조층의 두께(m)

동일한 방법으로 승화면에서 승화된 수증기의 물질플럭스(mass flux)는

$$N_A = \frac{D'}{RT\Delta L}(p_{fw} - p_{sw}) = k_g(p_{sw} - p_{ew}) \tag{9-82}$$

여기서 N_A : 수증기의 물질플럭스(kg mol/s·m^2)

D': 건조층의 평균유효확산계수(average effective diffusivity)(m^2/s)

T : 건조층의 평균온도

p_{fw}: 승화면과 평형상태를 이루고 있을 때의 수증기 분압(atm)

p_{sw}: 표면에서 수증기 분압(atm)

p_{ew}: 외부 기체 벌크에서의 수증기 분압(atm)

k_g: 외부물질전달계수(kg mol/s·m^2·atm)

식 (9−81)을 재정리하면

$$q'' = \frac{1}{1/h + \Delta L/k}(T_e - T_f) \tag{9-83}$$

또한 식 (9−82)를 재정리하면

$$N_A = \frac{1}{1/k_g + RT\Delta L/D'}(p_{fw} - p_{ew}) \tag{9-84}$$

계수 h와 k_g는 기체의 유속과 건조기의 특성에 의하여 결정되는 상수이다. T_e와 p_{ew}는 외부조작 조건에 의해 결정되며, k와 D'은 건조층의 특성에 따라 결정되는 값이다.

준정상상태에서는 승화열로 제거된 열량과 공급된 열량은 같으므로 다음 관계가 성립한다.

$$q'' = \Delta H_s N_A \tag{9-85}$$

여기서 ΔH_s: 얼음의 승화열(J/kg mol)

p_{ew}는 T_f에서의 평형증기압이므로 T_f에 따라 결정된다. 그림 9−36에 T_f와 p_{fw}와의 관계를 나타내었다.

식 (9−83)과 (9−84)를 식 (9−85)에 대입하면

$$\frac{1}{1/h + \Delta L/k}(T_e - T_f) = \frac{\Delta H_s}{1/k_g + RT\Delta L/D'}(p_{fw} - p_{ew}) \tag{9-86}$$

또한 식 (9−81)과 식 (9−84)를 식 (9−85)에 대입하면

$$\frac{1}{\Delta L/k}(T_s - T_f) = \frac{\Delta H_s}{1/k_g + RT\Delta L/D'}(p_{fw} - p_{ew}) \tag{9-87}$$

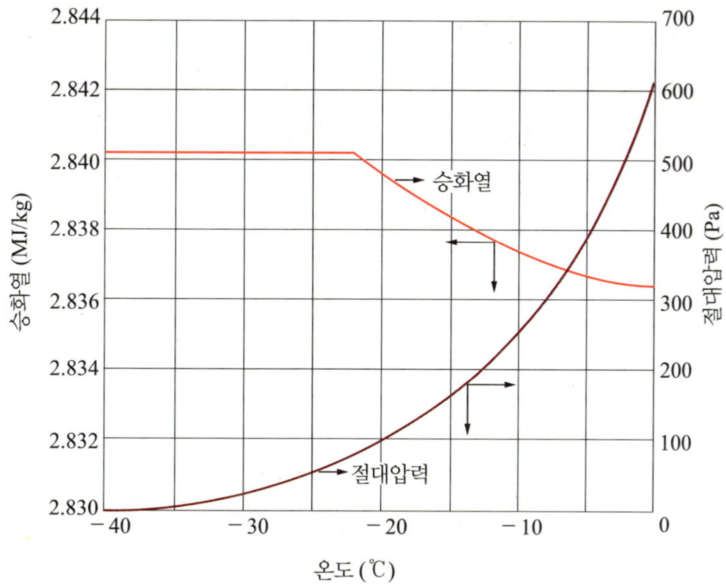

그림 9-36 얼음의 온도에 따른 승화열과 얼음에서의 증기압(p_{fw})

냉동건조속도를 증가시키려면 T_e(따라서 T_s)를 높여야 하지만 두 가지 제약이 따른다. 첫째 외부표면온도 T_s는 열에 의한 품질손상을 방지하기 위하여 어느 한계점 이상 높일 수 없으며, 두 번째 T_f는 얼음의 녹는점 이하를 유지하여야 한다. $k/\Delta L$이 k_g와 $D'/(RT\Delta L)$보다 작은 경우는 즉 건조층 내부를 통한 열전달이 원활하지 않은 경우는 T_s를 크게 증가시킬 수 없다.

이런 경우에 건조속도는 열전달속도에 의하여 지배받는 것(heat-transfer controlled)으로 생각할 수 있으며, 대부분의 산업 규모의 냉동건조기에서 사용되고 있다.

위의 식을 풀기 위하여 ΔL과 x의 상관관계를 이용한다. 여기서 x는 남아 있는 자유수(X)의 초기자유수함량(X_0)에 대한 분율(fraction), 즉 $x=X/X_0$이다. 양면에서 대칭적으로 건조된다면 건조층의 두께는 승화된 자유수의 분율로 다음과 같이 나타낼 수 있다.

$$\Delta L = (1-x)\frac{L}{2} \tag{9-88}$$

건조속도는 다음과 같이 N_A와 상관지을 수 있다.

$$N_A = \frac{L}{2}\frac{1}{M_A V_s}\left(-\frac{dx}{dt}\right) = \frac{L}{2}\frac{\rho_s X_0}{M_A}\left(-\frac{dx}{dt}\right) \tag{9-89}$$

여기서 X_0는 초기 자유수 함량(kg water/kg dry solid), M_A는 물의 분자량, ρ_s는 건조고체의 부피밀도(bulk density)(kg/m^3)이며, V_s는 초기 수분 1 kg이 차지하던 고체의 부피$\left(V_s = \frac{1}{\rho_s X_0}\right)$이다.

식 (9-83), 식 (9-85), 식 (9-88)과 식 (9-89)를 조합하면 열전달에 대해

$$\frac{L}{2}\frac{\Delta H_s \rho_s X_0}{M_A}\left(-\frac{dx}{dt}\right) = \frac{1}{1/h + (1-x)L/2k}(T_e - T_f) \tag{9-90}$$

같은 방법으로 물질이동에 대하여

$$\frac{L}{2}\frac{\rho_s X_0}{M_A}\left(-\frac{dx}{dt}\right) = \frac{1}{1/k_g + RT(1-x)L/2D'}(p_{fw} - p_{ew}) \tag{9-91}$$

식 (9-90)을 $t=0$일 때 $x_1 = 1.0$, $t=t$일 때 $x_2 = x_2$의 적분한계로 적분하고 h가 대단히 크다고 하면(외부열전달 저항 무시) x_2까지 건조하는데 걸리는 시간은

$$t = \frac{L^2 \Delta H_s \rho_s X_0}{4kM_A(T_e - T_f)}\left(x_1 - x_2 - \frac{x_1^2}{2} + \frac{x_2^2}{2}\right) \tag{9-92}$$

여기서 $\Delta H_s / M_A$는 승화열(J/kg 수분)이다. 물체가 완전히 건조될 때 $x_2 = 0$이다. 또한 습한 고체의 밀도(ρ)로 표시하면 $X_0 \rho_s = \rho X_0 / (1 + X_0)$이므로

$$t = \frac{L^2 \Delta H_s \rho X_0}{4k\,(1 + X_0)\,M_A(T_e - T_f)}\left(x_1 - x_2 - \frac{x_1^2}{2} + \frac{x_2^2}{2}\right) \tag{9-93}$$

위에서 서술한 승화면이 균일하게 후퇴한다는 모델은 초기 수분함량이 65~90%까지 건조될 때는 비교적 잘 적용되나 최종 10~35%의 수분을 제거하는 동안에는 건조속도가 현저히 느려지므로 실제 건조시간은 위의 식으로 예측한 시간보다 길다.

건조층의 유효열전도도 k는 식품의 종류에 따라 고유한 값이나 건조실의 압력과 건조실 내의 기체 조정에 크게 영향을 받는 것으로 알려져 있으며, 유효물질확산도 D'는 식품의 구조, Knudsen 확산도와 분자확산도 등에 영향을 받는다.

[예제 9-20] 동결건조시간의 예측

쇠고기의 밀도는 965 kg/m^{3}이다. 두께 1 in (2.54 cm)의 쇠고기 조각을 초기 수분함량 75%에서 최종 4% (습량기준)까지 냉동건조하는데 소요되는 시간을 구하라. 냉동건조는 절대압 66.65 Pa에서 행하고, 건조실의 공기온도는 26.7℃, 건조된 쇠고기의 열전도도는 0.0692 W/m·K이며 양쪽에서 대칭적으로 건조되고 표면 열전달계수는 크다고 가정한다.

[풀이]

그림 9-36으로부터 압력 66.65 Pa에서 평형을 이룰 때 얼음의 온도는 −24.5℃이며 승화열은 $\Delta H_s/M_A = 2840$ kJ/kg이다. 최종 수분함량은 건량기준으로 $X = 0.04/0.96 = 0.0417$ kg water/kg dry soild. 초기 수분함량은 건량기준으로 $X_o = 0.75/0.25 = 3.0$ kg water/kg dry soild이다. $x = 1$이고 최종 수분함량까지 건조되었을 때 잔존하는 수분의 분율 x_2는

$$x_2 = \frac{X}{X_o} = \frac{0.0417}{3} = 0.0139 \cong 0$$

이들 값을 식 (9-93)에 대입하면

$$t = \frac{L^2 \Delta H_s \rho X_0}{4k\,(1+X_0)\,M_A(T_e - T_f)}\left(x_1 - x_2 - \frac{x_1^2}{2} + \frac{x_2^2}{2}\right)$$

$$= \frac{(0.0254)^2(2840 \times 1000)(965)(3)}{4(0.0692)(1+3)(26.7+24.5)}\left(1 - 0.0139 - \frac{1^2}{2} + \frac{0.0139^2}{2}\right)$$

$$= 45503 \text{ s} = 12.6 \text{ h}$$

식 (9-93)을 보면 건조시간은 재료의 두께, 건조층의 표면온도, 건조층의 열전도도 등의 영향을 받는다. 건조층의 표면온도는 열원을 조절하여 최고허용온도를 유지하는 것이 이상적이다. 최고허용온도는 특히 향기, 변색 등의 품질요인을 고려하여 결정하여야 하며 일반적으로 38~65℃ 범위이다. 냉동층의 온도는 공융점 이하로 유지하는 것이 이상적이고, 냉동층의 표면온도는 건조실의 수증기 분압과 건조층의 성질의 상호작용에 의하여 결정된다.

건조층의 열전도도는 콜크 등 단열재와 유사한 값으로 아주 낮아 건조층을 통한 열전달은 매우 느리며 더욱이 건조층의 표면온도는 허용온도인 38~65℃ 또는 그 이하로 유지하여야 하므로 냉동층의 표면온도는 일반적으로 -18℃보다 훨씬 낮다. 공융점이 아주 낮은 식품을 제외하고는 건조층의 표면온도에 의하여 건조속도가 제한을 받게 된다. 그림 9-37에 냉동건조하는 동안 각 부분의 온도변화에 대한 일반적인 예를 나타내었다.

이상과 같은 제한 때문에 냉동건조속도는 매우 느려서 실제 공장 규모의 냉동건조기에 트레이 1 m^2당 10~20 kg의 재료 정도만을 담을 수 있으며 평균건조속도는 1.4 g water/$m^2 \cdot$h 정도이다. 이는 건조시간 6~10시간에 해당한다.

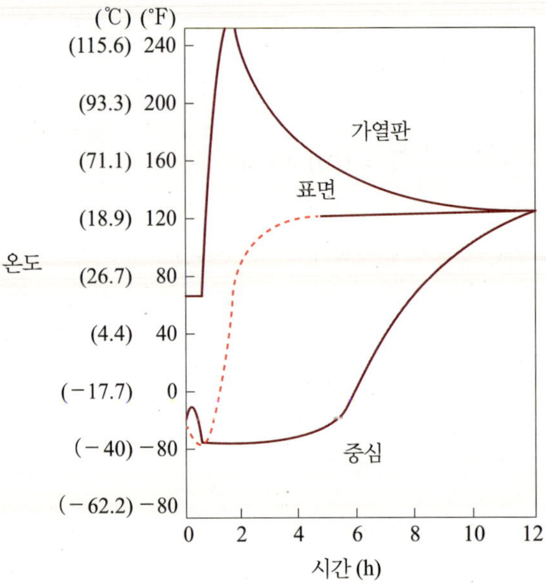

그림 9-37 냉동건조하는 동안 온도변화

2. 동결건조 장치

(1) 회분식 동결건조기

회분동결건조기의 주요 부분은 진공건조실, 진공장치, 가열장치이다(그림 9-38). 진공건조실은 진공건조기와 유사한 구조를 가지고 있으며, 식품과 접촉하는 부분은 스테인리스이다.

진공장치는 동결된 재료가 녹는 것을 방지하기 위하여 초기 10분 이내에 건조실의 압력을 1~5 torr 정도까지 저하시킬 수 있어야 하며, 그런 다음에 건조실의 압력을 건조에 필요한 진공도까지 더욱 낮추어주고 건조하는 동안 이 압력을 유지하여야 한다.

진공펌프를 사용할 경우에는 건조실과 진공펌프 사이에 동결응축기(refrigerated condenser)를 설치하여 건조실에서 증발한 증기를 얼음으로 응축시키고 비응축성 가스만 펌프를 통해 배출되게 한다. 응축기와 펌프 대신에 다단수증기 이젝터(multi-stage steam ejector)도 사용되지만 건조실의 압력이 아주 낮을 경우에는 비효과적이다.

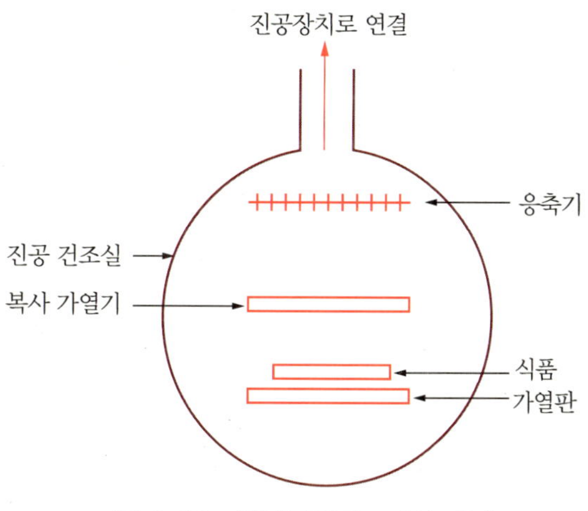

그림 9-38 회분동결건조기의 개괄도

열은 전도, 복사, 고주파에 의하여 공급할 수 있으나 산업적으로는 주로 전도와 복사가 이용되고 있다. 전도에 의하여 열을 공급하는 가장 간단한 방법은 재료를 금속트레이에 담고, 이 트레이를 가열판에 올려 놓는 것이다. 한 면 또는 양면에서 복사가열하면 이론적으로 균일한 가열을 할 수 있으나 식품이 불균일하기 때문에 균일한 가열을 할 수 없어 열원을 정확히 조절하여야 한다.

다공성 건조층의 열전도도는 0.1~0.3 w/m·K정도로 매우 낮고, 냉동층의 열전도도는 약 1.43 w/m·K이므로 냉동층을 통한 열전달이 빠르다. 일정한 간격의 가열판 사이에 트레이를 올려 놓아 하부에서는 전도에 의하여, 상부에서는 복사에 의하여 가열하는 방법이 가장 많이 사용되고 있다. 고주파가열(microwave heating)은 유망한 방법으로 그 전망이 밝으나 아직 실용화되지 못하고 있다.

대표적인 회분건조기의 능력은 약 400 kg이며 건조사이클은 7~8시간이다.

(2) 터널 동결 건조기

이 장치는 지름이 1.8~2.4 m이고 내부에 일정한 간격으로 가열판이 설치되어 있는 원통형의 터널로 구성되어 있다. 그림 9-39에 나타낸 것처럼 동결된 식품을 담은 트레이가 트롤리(trolley)에 의하여 가열판 사이로 운반된다.

터널 길이는 처리 능력에 따라 다르나 일반적으로 진공도가 다른 4개의 방으로 나누어져 있다. 미리 냉동한 식품을 트레이에 담아 입구실(entry lock)에 넣고 입구실이 진공상태가 되면 트레이는 제1건조실로 들어간다. 제2건조실을 통과하여 건조가 완료된 제품은 출구실(exit lock)로 이동되며 출구실에 불활성 가스를 넣어 진공을 풀어준 다음에 제품을 터널 밖으로 배출한다. 이와 같은 일련의 작업은 일정한 시간 간격으로 반연속적으로 행하며, 터널실과 건조실에는 각각 2개의 응축기가 연결되어 있어 교대로 서리를 제거하여 준다.

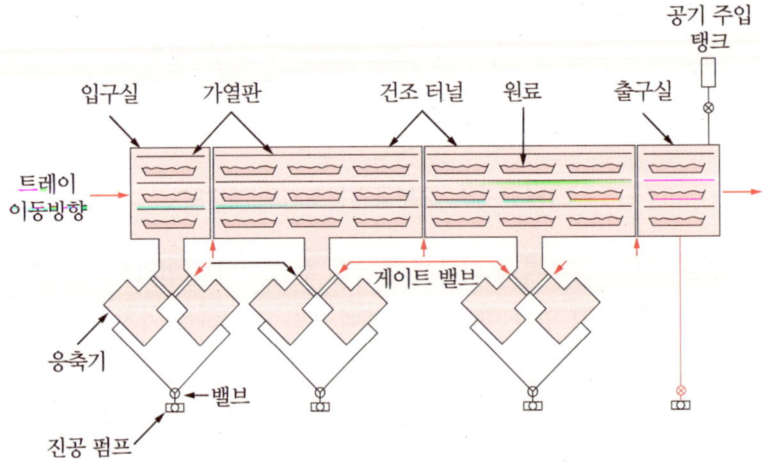

그림 9-39 터널동결건조기의 개략도

(3) 대기압 동결 건조기

저온의 습도가 아주 낮은 제습공기 또는 질소가스를 냉동된 식품에 불어 넣으면 대기압 상태에서 냉동건조도 가능하다. 대기압 냉동건조(atmospheric freeze drying)의 가장 큰 결점은 건조시간이 너무 길다는 점으로, 아직 산업적으로 실용화 단계는 아니다.

Section 9 분말 건조식품의 복원성

1. 복원성에 영향을 미치는 인자

분말제품의 복원성(reconstitutability)은 입자의 흡습성, 침강성, 분산성 및 용해성의 영향을 받는다. 습윤성(wettability)은 분말입자가 표면에서 물을 흡수하여 복원되는 능력을 말하며, 입자의 표면적과 표면성질에 좌우된다. 그림 9-40에 고체 표면에 놓여있는 액체입자에 작용하는 힘을 나타내었다. 이들 힘의 균형에 의하여 접촉각이 형성되며 접촉각은 Young의 공식으로부터 다음처럼 주어진다.

$$\cos\theta = \frac{\gamma_S - \gamma_{SL}}{\gamma_L} \tag{9-94}$$

여기서 θ: 접촉각

γ_S: 공기와 접촉하고 있는 고체의 계면자유에너지

γ_L: 공기와 접촉하고 있는 액체의 계면자유에너지

γ_{SL}: 고체와 액체 사이의 계면자유에너지

그림 9-40에 나타낸 것처럼 확장계수(spreading coefficient, s)가 (+)값일 때 고체는 액체에 의하여 젖게 된다.

$$S = \gamma_S - \gamma_{SL} - \gamma_L \tag{9-95}$$

확장계수 s는 접촉각과 다음 관계를 가진다.

$$S = \gamma_L(\cos\theta - 1) \tag{9-96}$$

확장계수는 $\theta = 0°$일 때만 (+)이므로 습윤되기 위해서는 접촉각이 0이 되어야 한다. 또한 식 (9–95)를 보면 γ_S를 증가시킴으로써 확장계수를 증가시킬 수 있으며, 실제적으로 γ_S를 증가시킨다는 것은 입자표면의 극성(polarity)을 증가시킨다는 의미이다.

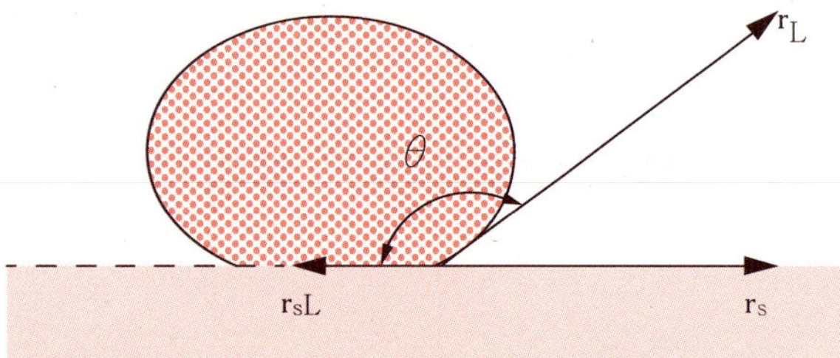

그림 9–40 고체 표면 위의 액체방울의 접촉각

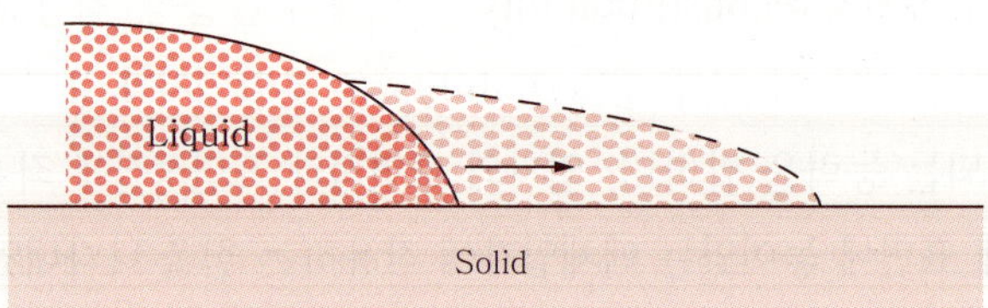

$S = r_s - r_sL - rL$

그림 9–41 고체 표면의 젖음

식품의 경우에 표면극성이 불량한 것은 표면에 유리지방산이 존재하기 때문이므로 레시틴(lecithin)과 같은 계면활성제를 첨가하면 지방을 함유한 입자의 습윤성을 향상시킬 수 있다. 또는 습윤제(wetting agent)를 첨가하여 물의 표면장력을 감소시키는 방법도 사용할 수 있다.

입자가 너무 작으면 개개의 입자가 습윤되지 않고 서로 뭉치는 경향을 나타내며, 입자 덩어리 속으로 물이 침투하기 어려워진다. 이를 방지하기 위해서는 아주 작은 입자를 서로 접촉시켜서 큰 입자로 조립(agglomeration)한다. 조립 입자의 크기는 일반적으로 100~250 μm 정도이며, 물에 녹이면 각 입자의 표면이 습윤 된 후에 개개의 입자로 떨어진다.

침강성(sinkability)은 입자가 표면에 뜨지 않고 재빨리 물속에 가라앉는 성질로서 주로 입자의 크기와 밀도에 좌우된다. 입자의 크기와 밀도가 클수록 미세하고 가벼운 입자보다 빨리 가라앉는다. 내부에 공기를 많이 함유하고 있는 입자는 밀도가 작기 때문에 침강성이 좋지 않다.

분산성(dispersability)은 입자들이 단일 입자로 물의 표면과 내부에 골고루 분산되는 성질을 말한다. 분산성은 덩어리가 생성되면 감소하며 침강성이 크면 향상된다.

용해성(solubility)은 입자의 성분이 물에 녹는 속도와 정도를 나타내는 것으로 입자의 화학적 조성과 물리적 상태에 의하여 좌우된다.

분말이 양호한 복원성을 갖기 위해서는 위에서 설명한 각 성질이 정확히 균형을 이루어야 하며, 대부분의 경우 이들 중 한두 가지 성질을 변화시킴으로써 입자의 복원성에 큰 영향을 줄 수 있다. 실제 공업적으로는 표면처리와 조립을 조합하므로 복원성이 우수한 제품을 얻을 수 있다.

2. 복원성을 향상시키는 방법

분무건조 할 때 원료 용액의 성질(고형분 함량, 점도, 온도), 분무방법(분무기의 형태, 조업압력, 분무속도), 열풍의 온도(입구와 출구의 온도)를 조절함으로써 제품의 입도, 부피밀도를 변화시켜 복원성을 향상시킬 수 있다. 그러나 다음과 같은 조립공정을 거침으로써 복원성을 현저히 향상시킬 수 있다.

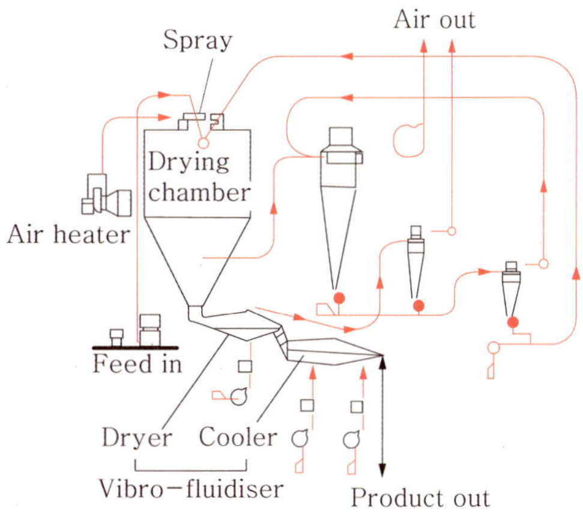

그림 9-42 직류 인스턴타이저

그림 9-42는 직류 인스턴타이저(straight through instantizer)를 나타낸 것으로 건조실에서 나오는 제품의 수분함량을 6~8%(습량기준)의 비교적 높은 수준으로 유지하면 입자의 표면은 부착성을 가져 지름 300~400 μm의 입자로 조립되며, 조립된 입자는 2단 진동유동층 장치에서 건조되면서 냉각되고, 조립되지 않은 미세한 입자는 건조실의 습한 영역에 순환시킨다.

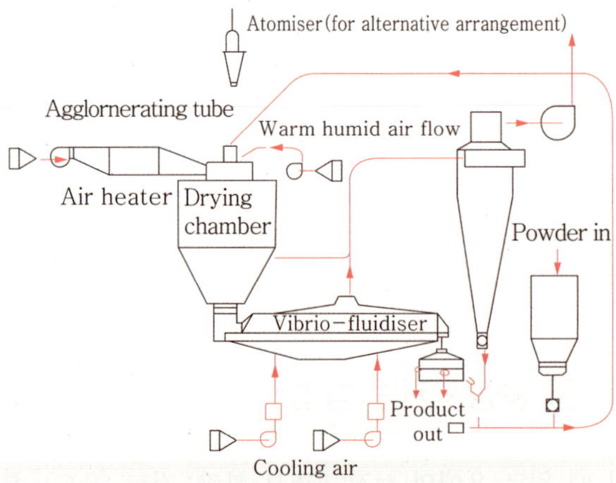

그림 9-43 재습윤 인스턴타이저

재습윤법(rewetting)은 분말제품의 복원성을 향상시키는 가장 효과적인 방법으로 널리 사용되고 있다. 즉 입자표면에 응축이 일어나 부착성을 갖도록 수증기 또는 습한 공기로 처리한 다음 건조, 냉각한다.

그림 9-43에 분무건조기를 사용한 재습윤 인스턴타이저(rewet instantizer)를 나타내었다.

보통 방법으로는 분무건조한 입자 상호 간의 접촉을 향상시키기 위하여 때로는 와류(vortex)를 형성시켜 입자를 선회시킨다. 조립입자는 건조실을 하강하면서 건조되고 진동 유동층장치에서 냉각되어 제품화된다. 앞에서와 같이 미세한 입자는 조립영역에 재순환시킨다. 수증기 대신 물 또는 입자성분의 일부는 녹인 용액을 분무하는 방법도 있다.

[연습 문제]

1. 수박을 습량기준으로 90.5%에서 4%까지 건조하려 한다. 원료 수박 100 kg당 제거해야 할 수분량은 얼마인가?

2. 건조시킨 쌀을 25°C에서 흡습평형을 실험한 결과 다음과 같았다. BET 식을 사용하여 단분자막형성 수분함량(X_M)과 에너지상수(C)를 구하라.

수분활성도(a_w)	평형수분함량(X, kg water/kg dry solid)
0. 02	0. 039
0. 04	0. 051
0. 06	0. 059
0. 09	0. 072
0.15	0.088
0. 27	0.092
0. 43	0.127

3. 1기압에서 건구온도 40°C이고 습도가 0.0285 kg water/kg dry air인 공기가 있다. (a) 상대습도, (b) 습구온도, (c) 이슬점, (d) 포화습도와 (e) 엔탈피를 구하라.

4. 80%의 수분을 함유한 식품을 습량기준으로 10%까지 건조시키려고 한다. 초기 식품의 온도가 18°C이고 건조 중 식품의 온도가 70°C로 일정하다고 가정할 때 생산된 건조식품 kg당 필요한 에너지의 양을 구하라. 단, 건조 초기의 식품비열은 3.762 kJ/kg·K이고, 증발열은 2333.82 kJ/kg water이다.

5. 어떤 식품의 건조가능성을 실험하기 위하여, 0.186 m^2의 노출된 표면적을 가진 식품을 트레이 건조기를 이용하여 시간에 따른 무게를 측정하여 다음과 같이 결과를 얻었다. 초기 식품의 무게는 3765 kg이며, 오랫동안 방치한 후 평형상태에 도달한 식품의 무게는 3955 kg이다.

시간(h)	무게(kg)	시간(h)	무게(kg)
0.0	4944	4.2	4241
0.4	4885	5.0	4150
0.8	4808	7.0	4079
1.4	4699	9.0	3978
2.2	4554	12.0	3955
3.0	4404		

(1) 각 시간에서 자유수함량 X(건량기준)를 구하고, 시간에 대한 X를 그려라.

(2) 위 곡선에서 기울기를 이용하여, 건조속도 R(kg water/h · m^2)을 계산하고, X에 대해 R을 그려라. 항률건조기간에서 R_c와 X_c값은?

(3) 건조속도 곡선을 이용하여, $X = 0.20$에서 0.04로 건조하는데 필요한 총 시간을 예측하라. 단, 감률건조기간에서는 도식적분법(graphical integration)을 이용한다.

6. 고형분의 무게는 500 kg이고, 수분 무게는 300 kg인 식품을 회분식 건조공정으로 건량기준 8%까지 수분을 제거하려고 한다. 항률건조기간 동안의 건조속도는 50 kg water/h · m^2이고, 임계수분함량과 평형수분함량은 건량기준으로 각각 30%와 5%이다.

(1) 건량기준으로 8%까지 수분을 제거하는데 걸리는 시간을 계산하라.

(2) 절대습도가 0.015 kg water/kg dry air인 65°C의 열풍을 이용하였다면 항률건조기기간 동안에는 시간당 얼마의 열풍(m^3/h)이 필요한가? 단, 항률건조기간 동안의 배출공기 절대습도는 0.030 kg water/kg dry air이다.

7. 온도가 20°C이고 상대습도가 60%인 공기를 90°C로 가열한 후 연속식 건조기로 들어간다. 건조는 단열과정이며 배출공기의 온도는 40°C, 상대습도는 30%이다. 단, 공기가열로 에너지원에서의 수분공급은 없으며, 공기가 들어가는 속도는 항상 일정한 것으로 가정한다. 시간당 20 kg의 물을 제거하기 위하여 필요한 (a) 유입공기의 유량과 (b) 공기를 가열하기 위해 필요한 열에너지를 구하라.

8. 작게 깍둑썰기한 과일(diced fruits)을 유동층건조기를 이용하여 건조하려고 한다. 과일(수분함량 65%)은 25°C에서 건조기로 들어간다. 20°C에서 상대습도 60%인 공기를 120°C로 가열하여 건조에 사용한다. 열풍을 800 kg dry air/h의 속도로 불어줄 때 건조된 과일의 생산량을 계산하라. 건조된 과일의 최종 수분함량은 10%이다. 건조공정 중에는 항률건조기만 있다고 가정하고 과일의 비열은 2.2 kJ/kg·K이고 배출공기는 건조과일의 온도보다 10°C 높게 나간다.

9. [예제 9-11]과 같은 조건 하에서, 다음을 설명하라.
   (1) 풍속이 3.05 m/s로 변할 때, R_c에 대한 영향
   (2) 공기온도가 76.7°C로 증가하고, 습도는 일정할 때의 영향
   (3) 두께가 25.4 mm 대신에 38.1 mm로 변할 때의 항률건조기라고 가정한 건조시간의 변화

10. 분무건조기를 사용하여, 지름 100 μm의 구형입자를 함유한 식품의 수분함량을 60%에서 35%로 건조할 때 건조속도와 시간을 계산하라. 초기 입자의 밀도는 900 kg/m^{3}이다. 열풍의 온도는 200°C, 압력은 101.3 kPa, 열전달계수 $h=200$ W/m$^2\cdot$K, T_w는 60°C이다. 수분함량은 습량기준이다. 이때 건조 공정 중에는 항률건조기간만 있다고 가정한다.

11. 연속식 향류형 건조기를 이용하여 수분함량이 습량기준 50%인 식품을 27%로 건조시키려고 하는데, 건조식품은 907.2 kg/h로 생산하고자 한다. 흡입공기는 25.6°C, 절대습도 0.007 kg water/kg dry air, 배출공기는 37.8°C, 절대습도 0.020 kg water/kg dry air의 조성을 가지며 이중 일부는 재순환되어 흡입공기와 혼합되어 가열기로 들어간다. 가열된 혼합공기는 65.6°C, 절대습도 0.010 kg water/kg dry air이다. 고형분은 26.7°C로 들어와서 26.7°C로 나간다. 건조고형분의 열용량은 1465 kJ/kg·K이다. 이때 흡입공기의 양, 재순환되는 공기의 %, 가열기에 가해지는 열, 손실되는 열량을 구하라.

Chapter 10

증 발

액상식품 원료의 대부분은 고형분 함량이 상대적으로 낮은 편이다. 예를 들어 우유의 고형분 함량은 11% 내외, 과일주스의 경우 10~12%, 그리고 커피 추출액은 약 25% 정도의 고형분을 함유하고 있다.

이러한 원료들을 가공하는 도중 고형분 함량을 증가시키기 위해 가장 일반적으로 적용할 수 있는 방법이 이들 원료 중에 존재하는 수분을 수증기 형태로 증발시키는 것이다. 따라서 식품공학에서 증발이라 함은 묽은 용액을 끓는 점까지 가열하여 물을 수증기상태로 제거하고 농축된 용액을 얻는 단위조작을 말한다. 식품공업에서 증발은 다음과 같은 목적으로 이용되고 있다.

① 건조, 결정화, 냉동의 전처리로서의 농축

건조, 냉동 또는 결정 등의 조작을 거치기 전에 액상원료를 농축하여 식품의 부피 또는 무게를 감소시킨다. 원료를 농축함으로써 다음 조작에서 에너지를 절약할 수 있고 또한 저장 및 유통 경비를 절감할 수 있다(예 : 과일주스 농축액, 우유 농축액, 커피 농축액 등).

② 저장성 향상

고형분 함량을 증가시켜 수분활성도를 감소시킴으로써 저장성을 향상시킨다(예 : 잼 또는 당밀 등).

③ 편리성 부여

소비자나 식품가공업자에게 편리성을 부여한다(예 : 농축주스, 수프, 토마토 농축액 등).

식품은 열에 민감하기 때문에 증발 중에 열에 의한 변성을 최소화하기 위하여 감압상태를 유지하여 비교적 낮은 온도에서 증발시키거나, 증발기내의 체류시간을 가능한 짧게 유지하여야 한다. 뿐만 아니라 증발 중에 일어나는 휘발성 미량 향기성분의 손실은 증발조작에서 또 하나의 제한인자로 작용한다. 증발도중 식품 원료가 열전달 표면을 오염(fouling)시키거나 스케일(scale)을 생성하기 때문에 열저항이 커지고, 위생적인 조업이 중요하므로 청소하기 쉬운 증발기를 사용하여야 하며, 증발기의 재질은 부식을 최소화할 수 있는 것을 선택하여야 한다.

증발에는 많은 양의 에너지를 필요로 하므로 최근 대형화, 다중증발기화(multiple-effect), 증발된 증기의 재이용이 적극적으로 이루어지고 있다.

Section 1 단일효용 증발기

1. 단일효용 증발기의 열 및 물질수지

(1) 단일효용 증발기의 열 및 물질수지

연속식 단일효용 증발기의 조업 개략도는 그림 10-1과 같다. 증발기에서 배출되는 수증기 V에 고형분이 전혀 포함되어 있지 않다고 가정하면 전체적인 물질수지는 식 (10-1) 과 같이 나타낼 수 있다.

$$F = V + L \tag{10-1}$$

여기서 F : 투입되는 원료액의 양(kg/s)

V : 발생하는 수증기의 양(kg/s)

L : 배출되는 농축액의 양(kg/s)

발생되는 수증기는 용질을 포함하지 않으므로 용질에 대한 물질수지는 식 (10-2)와 같이 나타낼 수 있다.

$$Fx_F = Lx_L \tag{10-2}$$

여기서 x_F : 원료액 중에 용질의 질량 분율

x_L : 배출되는 농축액에 포함된 용질의 질량 분율

식 (10–1)과 식 (10–2) 및 '농축률' $R = x_L/x_F$를 이용하면 수증기 발생량 V는 원료액의 공급량 F와 농축률 R로 다음 식과 같이 나타낼 수 있다.

$$V = F\left(1 - \frac{1}{R}\right) \tag{10–3}$$

마찬가지로 연속식 증발기가 조업 중일 때 전체적인 에너지 수지는 식 (10–4)와 같이 나타낼 수 있다.

$$Fh_F + S(H_S - h_S) = Lh_L + VH_V + q_1 \tag{10–4}$$

여기서 h_F : 투입되는 원료액의 엔탈피 (J/kg)

H_S : 증발기에 공급되는 스팀의 엔탈피 (J/kg)

h_S : 증발기에서 배출되는 응축수의 엔탈피 (J/kg)

h_L : 증발기에서 배출되는 농축액의 엔탈피 (J/kg)

H_V : 증발기에서 발생하는 수증기의 엔탈피 (J/kg)

q_1 : 증발기의 열손실 (J/s)

이때, 증발기 내부로 공급되는 열은 스팀의 응축열 $\lambda(\lambda = H_S - h_S)$이고, 증발기의 열손실을 무시한다면 보다 간략화된 에너지 수지를 식 (10–5)와 같이 나타낼 수 있다.

$$Fh_F + S\lambda = Lh_L + VH_V \tag{10–5}$$

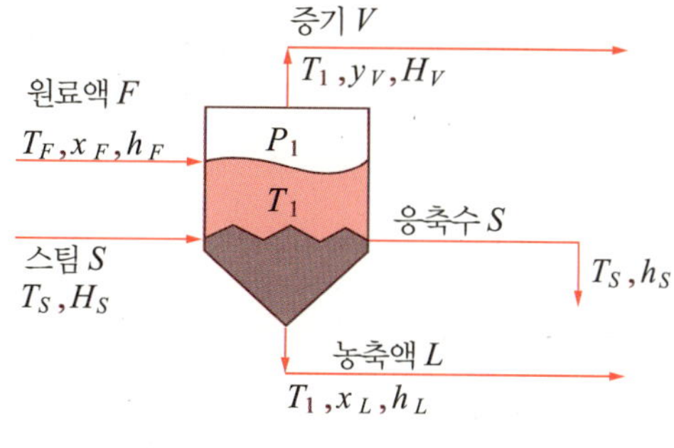

그림 10–1 단일효용 증발기의 열 및 물질수지

(2) 단일효용 증발기의 열전달속도

연속식 단일효용 증발기의 열전달속도는 식 (10-5)와 같이 계산할 수 있다. 원료액(feed)은 온도 T_F에서 공급되고 T_S의 온도를 갖는 포화스팀은 외부에서 증발기 내부로 공급되어 응축열을 증발기 내부의 용액에 방출하고 응축수(condensate)로 배출된다.

증발기 내부가 완전히 혼합된다고 가정하면 농축액(concentrated liquid)의 조성과 온도는 증발기 내부 용액의 조성과 온도 T_1과 동일하다. 온도 T_1은 용액의 끓는점이며, 배출되는 증기(vapor)의 온도도 역시 T_1이다. 압력 P_1은 온도 T_1에서의 용액의 증기압이다. 만약 원료용액이 묽은 액이고 공급액의 온도 T_F가 끓는점 근방에서 공급된다면 스팀 1 kg은 응축하면서 약 1 kg의 물을 증발시킬 수 있다.

그러나 실제 조업에서는 열손실 등 여러 가지 원인으로 수증기 1 kg이 응축하면서 물 1 kg을 증발시키지 못한다. 따라서 증발기에 공급된 수증기 1 kg이 실제 증발시킨 물의 양을 스팀 경제성(steam economy)이라 한다.

$$\text{스팀 경제성} = \frac{V}{S} = \frac{\text{증발된 물의 양}}{\text{증발기에 공급된 스팀의 양}} \qquad (10-6)$$

증발기에서 열전달속도는 총괄열전달계수의 개념을 이용하여 다음과 같이 표현된다.

$$q = UA\Delta T = UA(T_s - T_1) \qquad (10-7)$$

여기서 q : 열전달속도(W)

U : 총괄열전달계수($W/m^2 \cdot K$)

A : 열전달면적(m^2)

T_s : 응축되는 스팀의 온도(K)

T_1 : 용액의 끓는점(K)

단일효용 증발기는 소규모로 조업할 때 또는 증발기에 비하여 스팀값이 저렴할 때 사용된다. 그러나 용량이 클 때는 증발기를 여러 개 연결하여 스팀비용을 절약할 수 있도록 조업한다.

[예제 10-1] 단일효용 증발기에서 전열면적

단일효용 증발기를 사용하여 사과주스의 고형분 함량을 11%에서 75%까지 농축하고자 한다. 증발기는 정상상태에서 조작되며, 원료액의 유량은 0.67 kg/s이다. 원료액과 농축주스의 비열은 각각 3.9와 2.3 kJ/kg·°C이다. 총괄열전달계수는 943 W/m^2·K로 가정하고, 수증기의 압력은 273.7 kPa, 원료액의 온도는 43.3°C, 그리고 증발기 내에서 원료는 62.2°C에서 끓는다.

사과주스의 끓는점 오름과 외부로의 열손실은 무시하고 농축액의 유량, 스팀 경제성 및 열전달 면적을 계산하라.

[풀이] 공정의 블록 선도(block diagram)를 그린다.

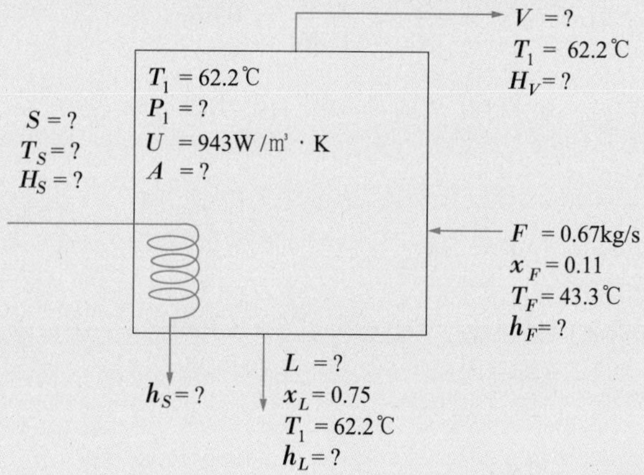

전체 물질수지 $F = L + V$와 고형분에 대한 물질수지 $Fx_F = Lx_L$의 물질수지식으로부터

$$0.67 = L + V$$
$$(0.67)(0.11) = (0.75)L$$

두 식을 풀면 $L = 0.098$ kg/s, $V = 0.57$ kg/s

식 (10-5)의 열수지식을 계산하기 위하여 먼저 표준온도를 0°C로 가정하고 원료액과 농축액의 엔탈피를 구한다.

$$h_F = c_{p_F}(T_F - 0) = (3.9)(43.3 - 0) = 168.9 \text{ kJ/kg}$$
$$h_L = c_{p_L}(T_1 - 0) = (2.3)(62.2 - 0) = 143.1 \text{ kJ/kg}$$

다음은 수증기표(부록 2-9)에서 다음의 값을 구한다.

수증기 압력 273.7 kPa에서 증발열(λ) = 2172.97 kJ/kg
62.2°C에서 발생되는 증기의 엔탈피(H_V) = 2172.97 kJ/kg

따라서 식 $Fh_F + S\lambda = Lh_L + VH_V$의 열수지식은

$$(0.67)(168.9) + S(2172.97) = (0.098)(143.1) + (0.75)(2613.4)$$

이 식을 풀면

$$S = 0.86 \text{ kg/s}$$

따라서 스팀 경제성은 식 (10-6)에 의하여

$$\text{스팀 경제성} = \frac{V}{S} = \frac{0.57}{0.86} = 0.66$$

열전달면적을 계산하기 위해서는 식 (10-7)과 $q = S(H_s - h_s) = S\lambda$를 이용한다.

$$q = UA\Delta T = S\lambda$$

ΔT를 구하기 위해서는 수증기압 273.7 kPa에서의 온도를 수증기표 부록 (2-9)에서 구한다.

$$T_s = 130.4\text{°C}$$

따라서

$$A(943 \text{ W/m}^2\cdot\text{°C})(130.4\text{°C} - 62.2\text{°C})$$
$$= (0.64 \text{ kg/s})(2172.97 \text{ kJ/kg})(1 \text{ W/J}\cdot\text{s})(1000 \text{ J/kJ})$$

이 식을 풀면 $A = 21.6 \text{ m}^2$

따라서 농축액의 유량은 0.098 kg/s, 스팀 경제성은 0.66, 그리고 열전달 면적은 21.6 m^{2}이다.

2. 단일효용 증발기의 열전달 속도에 영향을 주는 요인

증발기의 능력은 열전달속도에 의하여 좌우된다. 증발기에서 열전달 속도식은 전술한 바와 같이 식 (10–7)로 주어지며, 식에서 보여지듯 증발기에서 열전달속도를 좌우하는 주요한 인자로는 총괄열전달계수, 열전달면적, 그리고 스팀의 응축온도 T_S와 용액의 끓는점 T_1 사이의 온도차로서 이들 인자의 값이 크면 클수록 증발에 유리하다.

다음에 설명하는 요인들은 열전달속도에 영향을 미치므로 증발기의 조작시간, 에너지, 증발기 및 농축액의 품질을 결정하는 데 이용된다.

(1) 압력의 영향

액체의 증기압이 외부압력과 같아질 때 그 액체는 끓게 되므로 외압에 따라 증발온도가 변하게 된다. 따라서 감압상태에서 증발하게 되면 용액의 끓는점이 낮아지므로 스팀의 응축온도와의 차이가 커지며 이에 따라 증발효율은 향상된다. 식품산업에서 취급하는 제품은 열처리에 불안정한 경우가 많아 저온에서 증발시켜야 하므로 증발기 내의 압력을 대기압보다 낮은 감압상태로 하여 준다. 예를 들어 우유를 50°C에서 증발시키기 위해서는 증발기 내의 압력을 13.2 kPa(12.5 mm Hg)로 감압하여야 한다. 이와 같이 대기압보다 낮은 압력에서 증발시키는 것을 진공증발(vacuum evaporation)이라 한다.

그러나 감압 하에서 끓는점을 낮춰준다 하더라도 실제로 식품이 증발하는 경우에는 40°C 이하에서는 쉽게 증발하지 않는다. 왜냐하면 끓는점이 낮아짐에 따라 증발시키고자 하는 용액의 점도가 상승하고 열전달계수가 급격히 감소하기 때문이다. 끓는점을 낮추기 위해서 높은 수준의 감압상태를 유지하는 것 또한 추가적인 에너지가 요구되기 때문에 문제가 된다.

(2) 용질의 농도 상승에 따른 끓는점 오름

증발이 진행됨에 따라 용질의 농도가 높아지는데 이에 따라 끓는점 오름(boiling point rising) 현상이 일어나게 된다. 즉, 증발이 진행됨에 따라서 온도차가 감소하여 열전달속도가 저하된다. 뿐만 아니라 대형 증발기에서는 용액의 깊이에 따른 정압두(hydrostatic head)의 영향에 의해서 용액의 끓는점이 변한다.

이와 같이 용액의 끓는점은 외부압력, 끓는점 오름, 용액의 깊이 등에 영향을 받기 때문에 정확한 온도차를 구하는데 어려움이 있다.

만약 압력 P_1에서 증발기의 물을 끓인다고 하면 물의 끓는점은 수증기표(부록 2-9)에서 구할 수 있으므로 수증기 응축온도와의 온도차는 쉽게 구할 수 있다. 그러나 용액의 끓는점은 동일 압력에서 순수한 물의 끓는점보다 높다. 따라서 용액의 끓는점과 순수한 물의 끓는점의 차이를 끓는점 오름이라 한다. 예를 들어 대기압에서 25%의 소금물은 108°C에서 끓으므로 끓는점 오름은 8°C이다. 만약 116°C의 수증기로 25%의 소금물을 가열한다면 이때 온도차는 16°C (116−100°C) 가 아니라 단지 8°C (116−108°C)이다.

이와 같이 끓는점 오름은 증발기의 유효 온도차를 감소시키므로 증발기의 능력을 현저히 감소시킨다. 실제 용액에서는 끓는점을 직접 측정하여야 하나 때때로 듀링(Dühring)의 법칙에 의하여 압력에 따른 끓는점의 변화를 구할 수 있다. 이 법칙은 용액의 끓는점과 순수한 용매의 끓는점 사이에는 직선관계가 성립한다는 것이다. 즉 수용액의 끓는점을 동일 압력에서 물의 끓는점에 대하여 그리면 직선으로 나타나며 그 예로서 그림 10-2에 소금물의 듀링 선도를 나타내었다.

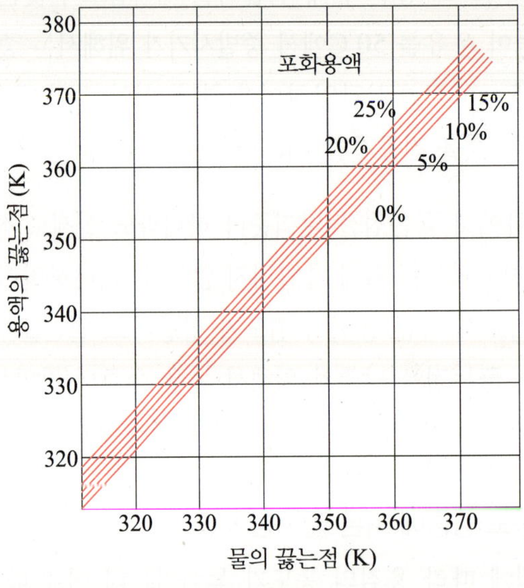

그림 10-2 물의 끓는점의 함수로서의 소금물 용액의 끓는점(Dühring line)

만약 압력이 결정되면 수증기표(부록 2-9)에서 물의 끓는점을 구하고 그림 10-2 에서 동일 압력에서 소금물의 끓는점을 구할 수 있다. 식염, 수산화나트륨과 같은 강전해질의 끓는점 오름은 크다.

그러나 식품산업에서 다루는 용액은 비전해질인 것이 많고 가용성 고형성분은 유기물로서 분자량이 크며, 또한 콜로이드 용액이 많기 때문에 끓는점 오름은 전해질의 경우에 비하여 작다. 따라서 Rault의 법칙을 이용하여 다음의 근사식으로 표시할 수 있다.

$$\Delta T_b = 0.51m \tag{10-8}$$

여기서 ΔT_b : 용액의 끓는점 오름(°C)

m : 용액의 몰랄농도(molality)

[예제 10-2] 듀링(Dühring) 선도를 이용한 끓는점 오름

20 wt% 소금물의 대기압 및 20 kPa(150 mmHg)에서의 끓는점을 구하라.

[풀이] 물의 대기압에서의 끓는점은 100°C이므로 그림 10-1의 373 K에서 수직선을 올려 20 wt%선과 만난 점에서 왼쪽 소금의 끓는점을 읽으면 378 K, 즉 105°C이다. 20 kPa에서 물의 끓는점은 333 K(60°C)이므로 같은 방법으로 소금물의 끓는점을 구하면 337 K(64°C)이다.

[예제 10-3] 근사식을 이용한 끓는점 오름

30 wt% 설탕용액의 끓는점 오름을 계산하라.

[풀이] 설탕의 분자량은 180이다. 따라서 30% 설탕용액의 몰랄농도(m)는 다음과 같은 몰랄농도의 정의에 의해서 계산할 수 있다.

$$1 : \frac{1 \text{ 몰의 용질}(180)}{1000 \text{ g의 용매}} = m : \frac{30}{70}$$

이 식을 풀면 몰랄농도(m)는 2.38이다. 따라서 식 (10-7)에 의해서

$$\Delta T_b = 0.51(2.38) = 1.21°\text{C}$$

즉, 용질의 존재에의 한 끓는점 오름은 1.21°C이다.

(3) 액체의 깊이에 의한 끓는점 오름

어떤 압력에서 액체가 끓을 때 표면의 액은 그 압력에 상당하는 끓는점에서 끓으나 표면보다 깊은 곳의 액체는 그 깊이의 액층에 상당하는 정수압(hydrostatic pressure) 만큼 압력을 받게 되므로 표면에서의 끓는점보다 높은 온도에서 끓는다. 액체의 깊이에 따른 압력은 다음 식으로 주어진다.

$$P_z = P + \rho z g \tag{10-9}$$

여기서 P : 액체표면에서의 압력

P_z : 깊이 z에서의 압력

z : 액층의 깊이

ρ : 액체의 비중

식 (10-9)로 구한 압력에 대응하는 끓는점과 액면에서의 끓는점과의 차를 액체 깊이에 의한 끓는점 오름이라 한다. 액체의 깊이에 의한 끓는점 오름은 증발기 내의 압력이 낮을수록 그 영향이 크므로 감압증발에서는 특히 주의하여야 한다. 감압증발에서의 이와 같은 영향을 피하기 위하여 식품산업에서는 박막증발기(thin film evaporator)가 많이 사용된다.

[예제 10-4] 정수압에 의한 끓는점 오름

어떤 증발기에서 물을 증발시킨다. 액체 표면에서의 압력이 100 kPa (1 atm) 및 10 kPa인 경우에 깊이 1 m 위치에서 물의 끓는점을 구하라.

[풀이]

압력이 100 kPa인 경우에 식 (10-9)에 의하여

$$\begin{aligned} P_z &= (100\ \text{kPa}) + (1000\ \text{kg/m}^3)(1\ \text{m})(9.8\ \text{m/s}^2) \\ &\quad \left(\frac{1\ \text{Pa}}{1\ \text{kg/m}\cdot\text{s}^2}\right)\left(\frac{1\ \text{kPa}}{1000\ \text{Pa}}\right) \\ &= 109.8\ \text{kPa} \end{aligned}$$

이 압력에 상당하는 물의 끓는점을 수증기표에서 구하면 약 102.6°C 이므로 끓는점 오름은 102.6 − 100 = 2.6°C이다.

한편 액체표면의 압력이 10 kPa인 경우에는 식 (10-9)에 따라 1 m 깊이 위치에서의 압력을 구하면 109.8 kPa이며, 이 압력에 상당하는 물의 끓는점은 54.8°C이다. 그리고 끓는점 오름은 9.1°C이다.

(4) 증발기의 총괄열전달계수

증발기의 능력은 열전달속도에 의하여 결정되며 총괄열전달계수가 클수록 유리하다. 총괄열전달계수는 증발기의 설계에서 가장 중요한 인자 중 하나이다. 실제장치를 가동하게 될 때 조작조건과 설계값에 차이가 생기는 것은 이 값의 설정에 의하여 좌우된다.

증발기의 총괄열전달계수는 수증기측의 응축열전달계수, 금속벽 및 액측저항의 3 가지로 구성된다. 관 외측의 스팀 응축열전달계수는 약 5700 $W/m^2 \cdot K$ 범위이며, 관벽의 열전도도는 상대적으로 크기 때문에 열전달저항은 무시할 수 있다. 식품의 증발에서는 끓는 액체측, 즉 식품측의 전열저항에 비하여 수증기측과 금속벽의 전열저항을 무시할 수 있기 때문에 총괄열전달계수는 식품측의 전열저항에 의하여 좌우된다.

증발기에서의 열전달현상을 이해하기 위해서 액체가 긴 수직관을 통하여 흐르는 동안에 외부로부터 수증기에 의하여 가열되어 액체가 기화될 때 어떤 현상이 일어나는가를 예로 들어 생각해 보자. 만약 액체가 끓는점 이하에서 관에 들어갔다면 첫부분에서는 자연대류에 의하여 가열된다. 액체는 관을 상승하면서 가열되고 또 액층의 깊이는 얕아져 액체의 온도가 그 압력에 대응하는 끓는점에 도달하면 액체는 끓기 시작한다.

이 단계에서 기포는 연속상을 이루는 액체 속으로 분산되나 액체가 기화됨에 따라 그림 10-3에 나타낸 것과 같은 여러 가지 형태의 흐름이 나타난다. 끓기 시작하는 초기단계에는 액체 속으로 분산되는 기포에 의하여 대류전열이 생기나 관을 상승할수록 기포의 수가 점차 많아져 기포는 응집되어 덩어리를 형성한다.

마침내 이 기포덩어리가 파괴되어 증기는 벽면을 따라 액체의 얇은 필름을 동반하면서 관의 중심부를 흐르게 된다. 더욱 증발이 진행되면 상승하는 액체 필름은 점차 얇아지고 중심부에서 증기의 속도는 증가하여 마침내 벽면의 액체필름이 없어지고 벽면은 건조한 상태가 된다.

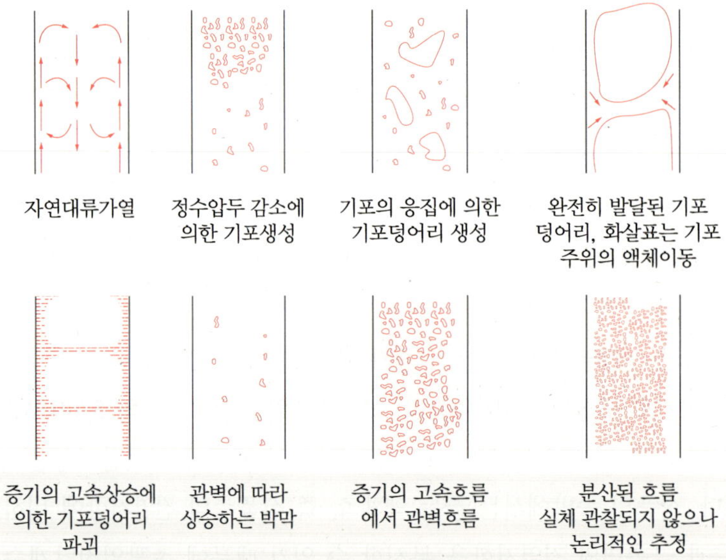

그림 10-3 증발기 관내에서의 수증기와 용액의 흐름

수직장관형 자연순환증발기에서는 관의 하부는 끓지 않는 영역이고 상부는 핵비등과 액체-증기 혼합물의 상승에 의한 강제대류가 일어나는 영역으로 매우 복잡하기 때문에 열전달계수를 계산하기 어렵다. 강제순환형증발기(forced circulation evaporator)에서는 액층에 의한 정수압에 의하여 관내에서의 비등은 거의 방지되므로 개별(또는 표면) 열전달계수를 계산할 수 있다.

증발기에서 열전달계수를 구할 수 있는 충분히 신뢰할 수 있는 추산식은 없으나 각 형식에 따른 증발기의 열전달계수에 관한 이론식 및 실험식이 여러 가지 제안되어 있다.

표 10-1에는 각 증발기의 총괄열전달계수의 범위를 나타내었다.

표 10-1 증발기 형식에 따른 총괄열전달계수

Type of evaporator	Overall heat transfer coefficient, U	
	W/m²·K	Btu/ft²·h·°F
Long-tube vertical		
natural circulation	1100~3300	200~600
forced circulation	2200~11000	400~2000
Short-tube		
horizontal	1100~2200	200~400
calandria	850~2800	150~500
Coil	1100~2200	200~400
Agitated film		
1 cp	2200	400
1 P	1700	300
100 p	680	120

(5) 증발기의 표면오염

열전달 및 증발이 일어나는 증발기 표면이 오염되면 열전달속도는 감소된다. 이것은 식품과 가열면 사이의 온도차, 그리고 식품의 화학적 성분의 변화와 용해도 감소 등과 관계가 있다. 예를 들면 단백질이나 다당류의 경우 고온인 증발기의 가열면에서 타거나 눌어붙는 원인이 된다.

이러한 표면오염이 지속될 경우 결국 증발기의 총괄열전달계수가 작아지며 증발속도가 감소하게 된다. 그러나 이러한 영향은 증발기 벽면으로부터 식품을 연속적으로 이동시키는 여러 장치에 의해서 줄일 수 있다. 또한 증발장치에서는 수증기와 접촉하는 곳에서 금속의 부식이 일어날 수 있으나 이러한 영향은 증발기에 항부식성 화학약품을 사용하거나 특수한 재질(구리, 니켈, 스테인레스강, 알루미늄, 불투과성 흑연, 납)로 증발기를 제작하여 감소시킬 수 있다.

Section 2 다중효용 증발기

1. 다중효용 증발기의 원리와 형식

(1) 다중효용 증발기의 원리

단일효용 증발기에서 증발 과정 중 발생하는 증기는 가열 열원으로 사용한 수증기에 비하여 온도가 약간 낮을 뿐 거의 동일한 열에너지를 가지고 있다. 그림 10-4에 열을 전혀 회수하지 않는 단일효용 증발기를 나타냈다. 여기서 F는 원료액의 유량, S는 수증기 공급량, L은 농축액량, V는 발생된 증기량이다. 발생된 증기가 가진 열을 회수하기 위하여 그림 10-5와 같이 원료액과 열교환을 하면 15~20%의 수증기를 절약할 수 있다.

그러나 이 방법보다는 발생증기를 증발기 내의 압력을 낮게 유지하여 보다 낮은 온도에서 끓도록 조작한 제2의 증발기의 열원으로 공급하면, 이 발생 증기는 제2 증발기의 가열코일에서 응축되면서 제2 증발기 중의 수분이 증발하는 데 필요한 증발열을 공급하여 제1 증발기에서와 거의 동일한 수분을 추가적으로 증발시킬 수 있다. 이와 같이 증발기를 여러 개 연결하여 증발 도중 발생된 증기를 열원으로 다시 사용하는 것을 다중효용 증발기(multiple effect evaporator)라 한다.

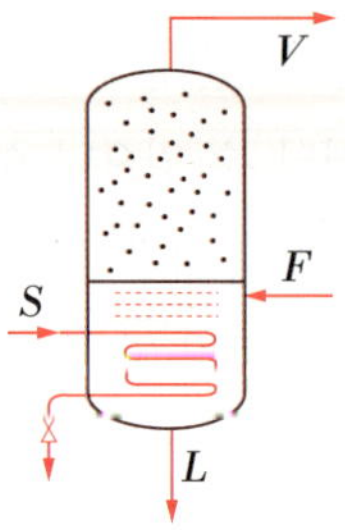

그림 10-4 열을 회수하지 않는 단순 증발기 그림

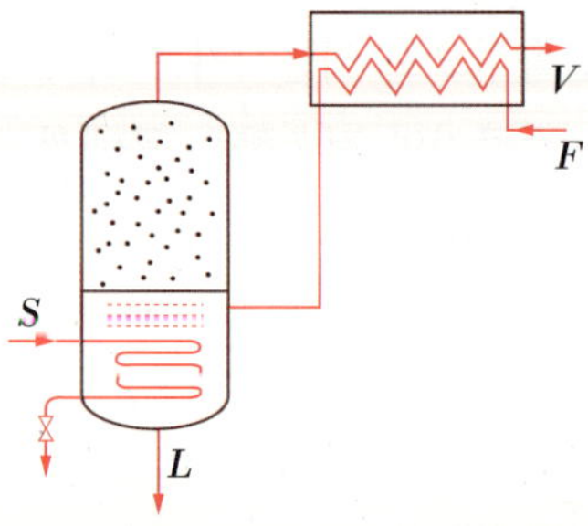

그림 10-5 증발 증기의 열을 회수하여 원료를 예열하는 증발기

(2) 다중효용 증발기의 형식

다중효용 증발기에서 가장 널리 사용되고 있는 순류 공급(forward feeding)에 의한 3중 효용 증발기의 예를 그림 10-6에 나타내었다. 만약 제1 증발기에서 공급액이 끓는점 근방에서 공급된다면 스팀 1 kg은 물 1 kg을 증발시킬 것이다. 또한 제1 증발기가 충분히 높은 온도에서 조업한다면 발생된 증기는 제2 증발기의 열원으로 사용할 수 있다. 또한 제2 증발기에서 나오는 증기는 제3 증발기의 열원으로 사용되며, 제3 증발기에서 발생되는 증기는 진공장치에 연결하여 증발기 내부는 순차적으로 낮은 압력을 유지하게 된다.

한편 제1 증발기에서 부분적으로 농축된 액은 다음 증발기로 보내지고 더욱 농축된 액은 제3 증발기에서 최종적으로 농축된 후에 펌프에 의해 배출된다. 결국 첫번째 증발기에만 보일러에서 스팀을 공급하며, 스팀 1 kg으로부터 근사적으로 3 kg의 물을 증발시킬 수 있다.

스팀 경제성(steam economy)은 증발한 증기의 kg/사용된 스팀 kg으로 정의된다. 연속적으로 조업하는 증발기의 수가 증가할수록 스팀의 경제성은 증가하지만 증발기 제작에 고정투자액이 많아지므로 적정 증발기 수를 구하여야 한다.

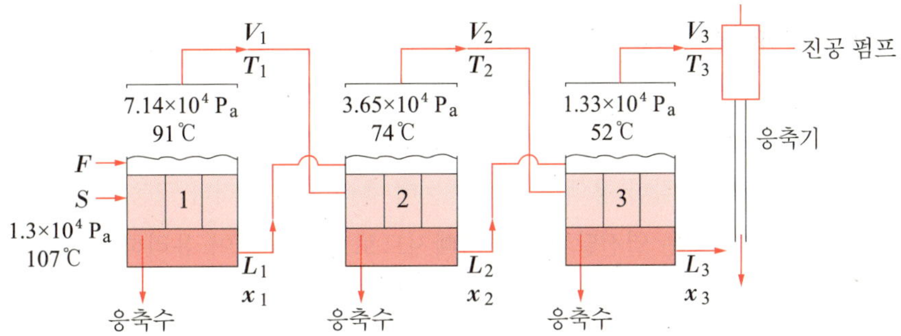

그림 10-6 3중 효용 증발기의 조작

다중효용 증발기의 운용에 있어서 각 증발기 내의 압력을 미리 결정할 수는 없다. 일단 한 개의 증발기의 압력이 결정되면 사용되는 수증기의 온도와 열전달계수에 의하여 나머지 증발기의 압력이 정해진다. 예를 들어 그림 10-6에서 제3 증발기의 압력이 13.3 kPa보다 높아지면 증발온도는 52°C보다 높아진다. 그러면 가열코일 내의 증기와 끓는점 사이의 온도차가 감소하게 된다.

이는 코일 내의 증기의 응축속도가 감소하는 것을 의미하며 이에 따라 제2 증발기 내의 압력이 증가하게 된다. 따라서 제2 증발기의 증발온도가 상승되고 제2 증발기의 가열코일 내의 증기응축속도가 감소한다. 이는 다시 제1 증발기 내의 압력을 상승시키게 된다. 이와 같이 증발기의 압력은 모두 상호 간에 관계가 있다.

다중효용 증발기에서 각 증발기를 연결하는 방법에는 여러 가지가 있는데 농축되는 용액과 수증기의 흐름과의 관계에 따라 그림 10-7에 나타낸 것처럼 순류공급, 역류공급, 병류공급 및 혼합공급의 4 종류 조작법으로 나누어진다. 순류공급은 앞에서 기술한 것처럼 원료액과 증기가 같은 방향으로 공급되는 형식이며, 역류공급은 원료급액과 증기의 진행방향이 반대방향으로 원료액은 제3 증발기에 공급되어 펌프에 의해 제2, 제1 증발기로 이동한다. 공급되는 원료액의 온도가 낮을 경우에 순류공급을 사용하면 원료액을 증발온도까지 가열하는데 많은 열을 소비하기 때문에 제1 증발기에서 증발량이 감소하여 제2 증발기의 가열량이 적어진다.

반대로 원료액의 온도가 높을 경우에 역류를 사용하면 최종 증발기에서 대량의 증기가 발생하여 응축기의 열부하가 높아질 뿐만 아니라 이 증기는 다른 증발기에 사용할 수 없다. 그러나 순류공급을 사용하면 발생한 증기는 다른 증발기의 가열원으로 활용할 수 있다.

따라서 원료액이 온도가 낮을 경우에는 역류공급이, 높을 경우에는 순류공급이 유리하다. 또한 순류공급인 경우에는 농축된 용액이 가장 낮은 온도에서 증발하므로 열에 민감한 용액을 농축하는데 유리하다. 그러나 고농도, 저온에서 점도가 큰 용액은 열전달계수가 나빠지므로 역류공급이 유리하나 침적물이 생길 위험이 있다. 그리고 역류공급은 증발기 사이에 펌프를 설치해야 하므로 순류식에 비해서 비용이 많이들 뿐만 아니라 유전이 복잡하나 수증기 경제성 면에서는 유리하다.

병류공급에서는 증기가 제1, 제2, 제3 증발기로 순차적으로 공급되나 원료액을 각 증발기에 독립적으로 공급하는 방식으로 포화용액 가까이에서 결정이 석출하기 쉬운 경우, 즉 결정기에 종종 채택되고 있으나 복잡하고 비용이 많이 든다.

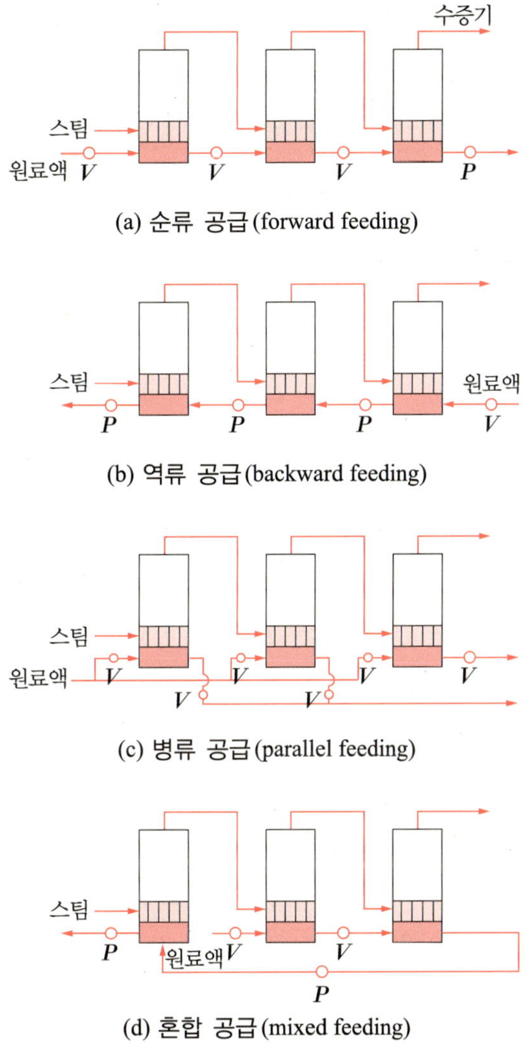

그림 10-7 3중 효용 증발기의 형식

2. 다중효용 증발기의 물질 및 열수지

(1) 물질 및 열수지

다중효용 증발기의 물질 및 열수지는 단일효용 증발기에 비하여 복잡하나 기본식은 동일하다. 그림 10-7에서 응축액은 포화온도에서 배출된다고 가정하면 물질 수지는 다음과 같다.

$$F = V_1 + V_2 + V_3 + L_3 \tag{10-10}$$
$$Fx_F = L_3 x_3$$

각 증발기에서의 열수지는 다음과 같다(단, 각 증발기에서의 농축액과 원료액의 엔탈피는 구하기 어려우므로 수증기표와 같이 기준온도를 0°C로 가정하고 비열을 이용하여 구한다).

$$Fc_{PF}(T_F - 0) + S\lambda_{S1} = L_1 c_{P1}(T_1 - 0) + V_1 H_{v1} \tag{10-11}$$
$$L_1 c_{P1}(T_1 - 0) + V_1 \lambda_{S2} = L_2 c_{P2}(T_2 - 0) + V_2 H_{v2}$$
$$L_2 c_{P2}(T_2 - 0) + V_2 \lambda_{S3} = L_3 c_{P3}(T_3 - 0) + V_3 H_{v3}$$

각 증발기에서의 열전달속도식은 다음과 같다.

$$q_1 = S\lambda_{S1} = U_1 A_1 (T_{S1} - T_1) = U_1 A_1 \Delta T_1 \tag{10-12}$$
$$q_2 = V_1 \lambda_{S2} = U_2 A_2 (T_{S2} - T_2) = U_2 A_2 \Delta T_2$$
$$q_3 = V_2 \lambda_{S3} = U_3 A_3 (T_{S3} - T_3) = U_3 A_3 \Delta T_3$$

(2) 온도차와 총괄열전달계수

만약 원료액을 T_F에서 T_1까지 가열하는데 소요되는 열, 희석열, 열손실 및 끓는점 오름을 무시하면, 정상상태에서 제1 증발기의 전열면적 A_1을 통하여 전달된 열량은 전부 증기 V_1의 잠열로 공급되고 또한 증기 V_1은 제2 증발기에서 응축되면서 이 잠열을 방출하므로 다음과 같은 근사식이 성립된다.

$$q_1 = q_2 = q_3 \tag{10-13}$$
$$U_1 A_1 \Delta T_1 = U_2 A_2 \Delta T_2 = U_3 A_3 \Delta T_3$$

일반적으로 각 증발기의 면적은 같으므로

$$\frac{q}{A} = U_1 A_1 \Delta T_1 - U_2 A_2 \Delta T_2 = U_3 A_3 \Delta T_3 \tag{10-14}$$

이 식으로부터 다중효용증발기의 각 증발기에서의 온도차는 총괄열전달계수에 역비례함을 알 수 있다. 끓는점 오름을 무시하였으므로

$$\Sigma(\Delta T) = \Delta T_1 + \Delta T_2 + \Delta T_3 = T_{S1} - T_3 \tag{10-15}$$

따라서

$$\Delta T_1 = \Sigma(\Delta T) \cdot \frac{1/U_1}{1/U_1 + 1/U_2 + 1/U_3} \tag{10-16}$$

일반적으로 증발기수가 증가하면 용액과 가열증기의 온도가 낮아져 총괄열전달계수가 저하된다. 예를 들어 설탕농축에 있어서 3중효용 증발기의 총괄열전달계수는 제 1 증발기에서 2340~2630, 제 2 증발기에서 1400, 제 3 증발기에서 700~800 $W/m^2 \cdot K$ 정도이다.

(3) 다중효용 증발기의 능력과 경제성

다중효용 증발기의 이점은 단일효용 증발기에 비하여 수증기(즉 열에너지)를 절약할 수 있다는 것이다. 그러나 증발능력은 조업조건이 동일하다면 단일 증발기와 동일하다. 3중효용 증발기와 단일효용 증발기의 능력을 대략적으로 비교하여 보자. 각 증발기에서 증발되는 수분량은 q에 비례하므로 3중효용 증발기의 총능력은

$$q = q_1 + q_2 + q_3 = U_1A_1\Delta T_1 + U_2A_2\Delta T_2 + U_3A_3\Delta T_3 \tag{10-17}$$

평균 총괄열전달계수를 U_{av}라 하고, 각 증발기의 전열면적이 동일하다고 하면

$$q = U_{av}A(\Delta T_1 + \Delta T_2 + \Delta T_3) = U_{av}A\Sigma(\Delta T) \tag{10-18}$$

만약 단일효용 증발기의 총괄열전달계수가 U_{av}이고 다중효용 증발기의 총 온도차 $\Sigma(\Delta T)$와 같은 온도차에서 조업한다면 단일효용 증발기의 능력은 $q = U_{av}A\Sigma(\Delta T)$로 주어진다. 따라서 다중효용 증발기와 동일한 능력을 갖는다. 즉 증발기가 몇 개이든 다중효용 증발기의 증발능력은 증발기 1개의 전열면적과 동일 면적을 갖고 총괄열전달계수가 같은 단일효용 증발기의 능력과 같다. 실제로는 끓는점 오름 등의 영향으로 다중효용 증발기의 능력은 항상 단일효용 증발기보다 적다.

이상에서 알 수 있는 것처럼 증발기수가 많을수록 전체 증발능력에는 변화가 없으나 수증기를 절약할 수는 있다. 그러나 끓는점 오름을 고려하면 다음과 같은 제한이 따른다. 제 i 증발기의 압력에 상당하는 수증기의 포화온도를 T_i, 끓는점 오름을 BPR_i라 하면 n-중효용 증발기의 총열전달 추진력 $\Sigma\Delta T$는 다음과 같다.

$$\Sigma(\Delta T) = \{T_s - (T_1 + \mathrm{BPR}_1)\} + \{T_1 - (T_2 + \mathrm{BPR}_2)\} + \cdots + \{T_{n-1} - (T_n + \mathrm{BPR}_n)\} \quad (10\text{–}19)$$

$$= T_S - T_n - \sum_{i=1}^{n}(\mathrm{BPR}i)$$

열전달의 총추진력은 증발기수가 증가할수록 $\Sigma(\mathrm{BPR}i)$가 커지기 때문에 감소하여 총추진력 $T_S - T_n - \Sigma(\mathrm{BPR}i)$가 부(–)가 되면 조작할 수 없다. 예를 들어 $T_S = 116°\mathrm{C}$, $T_n = 60°\mathrm{C}$일 때 포도당을 10%에서 50%로 농축하는데 총추진력이 0이 되는 증발기수는 94개이다. 이때는 무한대의 전열면적이 필요하다.

증발기수가 증가하면 끓는점 오름으로 인하여 유효 온도차가 감소될 뿐만 아니라 장치비가 많아지므로 경제성을 고려하여 최적증발기수를 결정하여야 한다. 과거에는 우유증발에 3중 증발기가 많이 사용되었으나 최근에는 생산규모가 대규모화되고 에너지값이 상승함에 따라 5~7중 증발기가 최적인 것으로 알려져 있다.

(4) 다중효용 증발기의 계산

다중효용 증발기의 계산에는 수증기의 소요량, 전열면적, 각 증발기에서의 온도, 최종증발기에서 배출되는 증기량 등을 구해야 한다.

이러한 양은 일반적으로 다음과 같은 사항을 알고서 각 증발기의 전열면적이 동일하다고 가정하거나 각 증발기에서 증발되는 증기의 양이 동일하다는 가정하에서 시행착오법 (trial and error)으로 구한다.

① 제1 증발기에서의 수증기 압력
② 최종 증발기에서의 증기실 압력
③ 제1 증발기에 공급되는 원료액의 조건(농도, 온도, 유량 등)
④ 최종 농축액의 농도
⑤ 액체와 증기에 대한 물리적 특성(엔탈피나 비열 등)
⑥ 각 증발기에서의 총괄열전달계수

[예제 10–5] 3중효용증발기에서 설탕용액의 농축

순류식 급송 3중효용 증발기를 사용하여 10 wt%의 설탕수용액을 50 wt%까지 농축하고자 한다. 용액의 끓는점 오름은 다음 식에 의해서 구할 수 있다.

$$\text{BPR}(^\circ\text{C}) = 1.78x + 6.22\,x^2$$

여기서 x: 설탕수용액에서의 질량분율

205.5 kPa(29.8 psia) [포화온도 = 121.1°C]의 포화수증기를 사용하였으며, 제3증발기의 증기실 압력은 13.4 kPa(1.94 psia)이다. 원료액의 유량은 22680 kg/h, 온도는 26.7°C이다. 설탕 수용액의 비열은 $c_p = 4.19 - 2.35\,x$(kJ/kg·K)이고, 희석열은 무시한다. 또한 각 증발기의 전열면적은 모두 같으며 총괄열 전달계수는 제1, 제2 및 제3 증발기에 대하여 3123, 1987 및 1136 W/m^2·K이다. 전열면적, 수증기 소요량과 스팀 경제성을 구하라.

[풀이] 블록선도를 그리고 다음과 같이 8가지 단계에 의해서 계산한다.

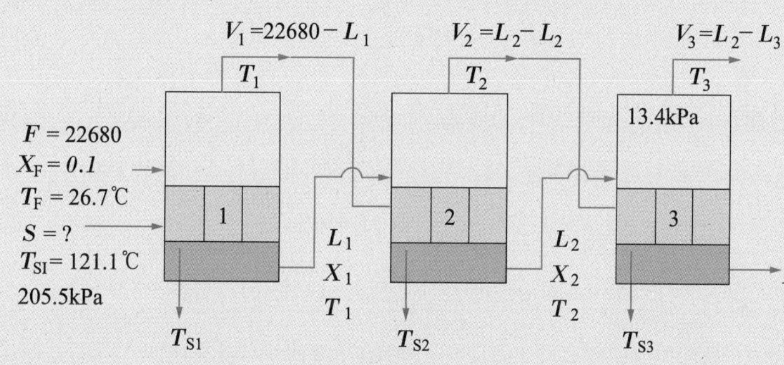

1단계: T_3의 온도를 구한다.

제3증발기 내의 증기압으로부터 수증기표에서 포화온도를 구하면 51.67°C이다. 제3증발기의 질량분율이 0.5이므로 BPR_3를 계산하면

$$\text{BPR}_3 = 1.78(0.5) + 6.22(0.5)^2 = 2.45^\circ\text{C}$$

$$\therefore\ T_3 = 51.67 + 2.45 = 54.12^\circ\text{C}$$

2단계: 식 (10-10)의 물질수지에 의해서 증발하는 증기의 양 및 각 증발기에서의 액체조건을 결정한다($V_1 = V_2 = V_3$라 가정한다).

$$F = 22680 = L_3 + (V_1 + V_2 + V_3)$$

$$Fx_F = 22680(0.1) = L_3(0.5) + (V_1 + V_2 + V_3)(0)$$

$$\therefore L_3 = 4536 \text{ kg/h}$$

총 증발된 증기량은 $V_1 + V_2 + V_3 = 18144$ kg/h, 가정에 따라서 각 증발기에서 증발된 증기량은 $V_1 = V_2 = V_3 = 6048$ kg/h

각 증발기에서 총물질수지식을 계산하면

$$F = 22680 = V_1 + L_1 = 6048 + L_1,\ L_1 = 16632 \text{ kg/h}$$
$$L_1 = 16632 = V_2 + L_2 = 6048 + L_2,\ L_2 = 10584 \text{ kg/h}$$
$$L_2 = 10584 = V_3 + L_3 = 6048 + L_3,\ L_3 = 4536 \text{ kg/h}$$

각 증발기에서 고형분 함량에 대한 물질수지식으로부터

$$22680(0.1) = L_1 x_1 = 16632 x_1,\ x_1 = 0.136$$
$$16632(0.136) = L_2 x_2 = 10584 x_2,\ x_2 = 0.214$$
$$10584(0.214) = L_3 x_3 = 4536 x_3,\ x_3 = 0.500$$

3단계: 각 증발기에서의 증발실의 온도와 온도차(ΔT_1, ΔT_2, ΔT_3)를 계산한다(BPR이 없을 때는 식 (10-19)와 식 (10-16)을 이용한다).

각 증발기에서의 BPR을 계산하면 다음과 같다.

$$\text{BPR}_1 = 1.78(0.136) + 6.22(0.136)^2 = 0.36°\text{C}$$
$$\text{BPR}_2 = 1.78(0.214) + 6.22(0.214)^2 = 0.65°\text{C}$$
$$\text{BPR}_3 = 1.78(0.5) + 6.22(0.5)^2 = 2.45°\text{C}$$

다음은 식 (10-19)에 의해서 총 열전달의 추진력 $\Sigma(\Delta T)$를 구한다.

$$\Sigma(\Delta T) = T_{s1} - T_3(\text{BPR}_1 + \text{BPR}_2 + \text{BPR}_3)$$
$$= 121.1 - 51.67 - (0.36 + 0.65 + 2.45) = 65.97°\text{C}$$

다음에는 식 (10-19)에 의해서 각 증발기에서 ΔT를 계산한다(ΔT_2와 ΔT_3는 식 (10-19)와 유사한 식을 이용하여 계산한다).

$$\Delta T_1 = \Sigma(\Delta T)\frac{1/U_1}{1/U_1 + 1/U_2 + 1/U_3}$$
$$= \frac{(65.97)(1/3123)}{(1/3123) + (1/1987) + (1/1136)}$$

$$\Delta T_1 = 12.40°\text{C},\ \Delta T_2 = 19.50°\text{C},\ \Delta T_3 = 34.07°\text{C}$$

원료 공급액의 온도가 낮기 때문에 제1 증발기에서의 온도차 ΔT_1은 위에서 측정한 값보다 커야 한다. 따라서 각 증발기에서의 온도차를 다음과 같이 가정한다.

$$\Delta T_1 = 15.56°\text{C},\ \Delta T_2 = 18.34°\text{C},\ \Delta T_3 = 32.07°\text{C}$$

다음에는 각 증발기에 있는 용액의 실질적인 끓는점을 계산한다.

$$T_1 = T_{S1} - \Delta T_1 = 121.1 - 15.56 = 105.54°\text{C}$$
$$T_2 = T_{S2} - \Delta T_2,\ T_{S2} = T_1 - \text{BPR}_1$$
$$\therefore\ T_{S2} = 105.18°\text{C},\ T_2 = 86.84°\text{C}$$
$$T_3 = T_{S3} - \Delta T_3,\ T_{S3} = T_3 - \text{BPR}_2$$
$$\therefore\ T_{S3} = 86.19°\text{C},\ T_3 = 54.12°\text{C}$$

따라서 각 증발기에서의 온도를 정리하면

제1증발기	제2증발기	제3증발기	응축기
$T_{S1} = 121.1°\text{C}$	→ $T_{S2} = 105.18°\text{C}$	→ $T_{S3} = 86.19°\text{C}$	→ T_{S4}
$T_1 = 105.54°\text{C}$	$T_2 = 86.84°\text{C}$	$T_3 = 54.12°\text{C}$	

T_{S4}는 수지식을 세울 때 응축액은 포화온도에서 응축한다고 가정하였으므로 $T_{S4} = 51.67°\text{C}$이다.

4단계: 물질 및 열수지식을 이용하여 각 증발기에서의 액체유량과 증기량을 계산한다(만일 계산된 V_1, V_2, V_3가 2단계에서 구한 값과 크게 다르다면 계산된 증기량을 이용하여 2단계부터 계산을 반복한다).

먼저 각 증발기에서의 열수지식을 풀기 위하여 $c_p = 4.19 - 2.35\,x$의 식에서 각 흐름에 대한 비열을 계산한다.

$$F:\ c_{PF} = 4.19 - 2.35(0.1) = 3.955\ \text{kJ/kg·K}$$
$$L_1:\ c_{P1} = 4.19 - 2.35(0.136) = 3.869\ \text{kJ/kg·K}$$
$$L_2:\ c_{P2} = 4.19 - 2.35(0.214) = 3.684\ \text{kJ/kg·K}$$
$$L_3:\ c_{P3} = 4.19 - 2.35(0.5) = 3.015\ \text{kJ/kg·K}$$

다음에는 각 증기에 대한 엔탈피를 계산한다.

제1증발기 : $H_{v1} = H_{S2}$(T_{S2}에서의 포화증기에 대한 엔탈피)

+ BPR_1만큼 과열된 열량

$= 2684 + 1.884(0.36) = 2685$ kJ/kg

$\lambda_{S1} = H_{S1} - h_{S1} = 2708 - 508 = 2200$ kJ/kg(응축열)

제2증발기 : $H_{v2} = H_{S3} + 1.884(0.65) = 2654 + 1.884(0.65)$

$= 2655$ kJ/kg

$\lambda_{S2} = H_{S1} - h_{S2} = 2685 - 441 = 2244$ kJ/kg

제3증발기 : $H_{v3} = H_{S4} + 1.884(2.45) = 2595 + 1.884(2.45)$

$= 2600$ kJ/kg

$\lambda_{S3} = H_{S2} - h_{S3} = 2655 - 361 = 2294$ kJ/kg

실제로는 증기의 과열된 열량은 무시해도 좋다.

다음에는 $V_1 = 22680 - L_1$, $V_2 = L_1 - L_2$, $V_3 = L_2 - 4536$, $L_3 = 4536$을 이용하여 식 (10-11)의 열수지식으로부터 각 증발기에서의 유량과 증기량을 계산한다.

$L_1 = 17078$ kg/h, $L_2 = 11068$ kg/h, $L_3 = 4536$ kg/h

$S = 8936$ kg/h, $V_1 = 5602$ kg/h, $V_2 = 6010$ kg/h, $V_3 = 6532$ kg/h

여기서 계산된 V_1, V_2, V_3가 2단계에서 가정한 V_1, V_2, V_3와 유사하므로 2, 3, 4단계를 반복할 필요가 없다.

5단계: 열전달속도식으로부터 전열면적을 구한다.

$A_{av} = (V_1 + V_2 + V_3)/3$을 구하여 각각의 면적율이 값과 비교하여 10% 이하로 차이가 나면 실제로 더 이상 계산할 필요가 없다. 그 반대의 경우에는 6단계~8단계를 시행하여야 한다.

$$q_1 = S\lambda_{S1} = (8936/3600)(2200 \times 1000) = 5.460 \times 10^6 \text{ W}$$

$$q_2 = V_1\lambda_{S2} = 3.492 \times 10^6 \text{ W}$$

$$q_3 = V_2\lambda_{S3} = 3.83\times 10^6\,\mathrm{W}$$

그리고

$$A_1 = \frac{q_1}{U_1\Delta T_1} = \frac{5.460\times 10^6}{3123(15.56)} = 112.4\ \mathrm{m}^2$$

$$A_2 = 95.8\ \mathrm{m}^2,\ A_3 = 105.1\ \mathrm{m}^2$$

$$A_{av} = (112.4\ +\ 95.8\ +\ 105.1)/3 = 104.4\ \mathrm{m}^2$$

평균 전열면적과 각 증발기의 전열면적의 차이가 10% 이상이므로 6단계를 시행한다.

6단계: 4단계에서 구한 L_1, L_2, L_3를 이용하여 각 증발기에서 고형 성분에 대한 물질수지식으로부터 액체의 질량분율을 구한다.

$$22680(0.1) = 17078x_1,\ x_1 = 0.133$$

$$17078(0.133) = 11068x_2,\ x_2 = 0.205$$

$$11068(0.205) = 4536x_3,\ x_3 = 0.500$$

7단계: 각 증발기에서 새로운 BPR을 계산하여 $\Sigma(\Delta T)$를 구하고 다음 식에 의해서 새로운 $\Sigma(\Delta T)(\Sigma\Delta T')$를 구한다.

$$\Delta T_1' = \frac{\Delta T_1 A_1}{A_{av}},\ \Delta T_2' = \frac{\Delta T_2 A_2}{A_{av}},\ \Delta T_3' = \frac{\Delta T_3 A_3}{A_{av}} \qquad (10\text{–}20)$$

각 증발기에서의 새로운 BPR을 계산하면

$$\mathrm{BPR}_1 = 1.78(0.133) + 6.22(0.133)^2 = 0.35^\circ\mathrm{C},$$

$$\mathrm{BPR}_2 = 0.63^\circ\mathrm{C},\ \mathrm{RPR}_3 = 2.45^\circ\mathrm{C}$$

$$\therefore\ \Sigma\Delta T = 121.1 - 51.67 - (0.35 + 0.63 + 2.45) = 66.00^\circ\mathrm{C}$$

식 (10–20)에 따라서 $\Delta T_1'$를 계산하면

$$\Delta T_1' = \frac{\Delta T_1 A_1}{A_{av}} = \frac{15.56(112.4)}{104.4} = 16.77\ \mathrm{K} = 16.77^\circ\mathrm{C}$$

$$\Delta T_2' = 16.86^\circ\mathrm{C},\ \Delta T_3' = 32.\ 34^\circ\mathrm{C}$$

$$\therefore\ \Sigma\Delta T' = 16.77 + 16.86 + 32.34 = 65.97^\circ\mathrm{C}$$

$\Sigma\Delta T'$와 $\Sigma\Delta T$가 다르므로 $\Delta T_1' = 16.77°$ C, $\Delta T_2' = 16.87$℃, $\Delta T_3' = 32.36$℃로 조절하였다($\Sigma\Delta T' = 16.77 + 16.87 + 32.36 = 66.00$℃).

이 값을 이용하여 각 증발기에서의 실질적인 끓는점을 다시 계산한다.

$$T_1 = T_{S1} - \Delta T_1$$
$$= 121.1 - 16.77 = 104.33℃$$
$$T_2 = T_{S2} - \Delta T_2,\ T_{S2} = T_1 - \text{BPR}_1$$
$$\therefore\ T_{S2} = 103.98℃,\ T_2 = 87.11℃$$
$$T_3 = T_{S3} - \Delta T_3,\ T_{S3} = T_2 - \text{BPR}_2$$
$$\therefore\ T_{S3} = 86.48℃,\ T_3 = 54.12℃$$

8단계: 구한 값을 이용하여 4단계와 5단계를 반복한다. 먼저 각 증발기에서의 액체비열을 계산하면,

$$c_{pF} = 4.19 - 2.35(0.1) = 3.955\ \text{kJ/kg·K}$$

따라서

$$c_{p1} = 3.877\ \text{kJ/kg·K},\ c_{p2} = 3.708\ \text{kJ/kg·K},\ c_{p3} = 3.015\ \text{kJ/kg·K}$$

다음에는 각 증발기에서 증기에 대한 새로운 엔탈피 H를 계산한다.

제1증발기 : $H_{v1} = H_{S2}$(T_{S2}에서의 포화증기에 대한 엔탈피)
+ BPR_1만큼 과열된 열량
$= 2682 + 1.884(0.35) = 2683$ kJ/kg
$\lambda_{S1} = H_{S1} - h_{S1} = 2708 - 508 = 2200$ kJ/kg (응축열)

제2증발기 : $H_{v2} = H_{S3} + 1.884(0.63) = 2654 + 1.884(0.63)$
$= 2655$ kJ/kg
$\lambda_{S2} = H_{S1} - h_{S2} = 2683 - 440 = 2243$ kJ/kg

제3증발기 : $H_{v3} = H_{S4} + 1.884(2.45) = 2595 + 1.884(2.45)$
$= 2600$ kJ/kg
$\lambda_{S3} = H_{S2} - h_{S3} = 2655 - 362 = 2293$ kJ/kg

실제로는 증기의 과열된 열량은 무시해도 좋다.

다음에는 $V_1 = 22680 - L_1$, $V_2 = L_1 - L_2$, $V_3 = L_2 - 4536$, $L_3 = 4536$을 이용하여 식 (10-11)의 열수지식으로부터 각 증발기에서의 유량과 스팀량을 계산한다.

$L_1 = 17005$ kg/h, $L_2 = 10952$ kg/h, $L_3 = 4536$ kg/h
$S = 8960$ kg/h, $V_1 = 5675$ kg/h, $V_2 = 6053$ kg/h, $V_3 = 6416$ kg/h

5단계에 따라서 q와 A를 구한다.

$$q_1 = S\lambda_{S1} = (8960/3600)(2200 \times 1000) = 5.476 \times 10^6 \text{ W}$$
$$q_2 = V_1\lambda_{S2} = 3.539 \times 10^6 \text{ W}, \; q_3 = V_2\lambda_{S3} = 3.855 \times 10^6 \text{ W}$$

그리고

$$A_1 = \frac{q_1}{U_1 \Delta T_1} = \frac{5.476 \times 10^6}{3123(15.56)} = 104.6 \text{ m}^2$$
$$A_2 = 105.6 \text{ m}^2, \; A_3 = 104.9 \text{ m}^2$$
$$A_{av} = (104.6 + 105.6 + 104.9)/3 = 105.0 \text{ m}^2$$

각 증발기에서 구한 전열면적과 평균 전열면적이 유사하므로 더 이상 반복계산을 하지 않아도 된다. 따라서

$$\text{스팀 경제성} = \frac{V_1 + V_2 + V_3}{S} = \frac{5675 + 6053 + 6416}{8960} = 2.025$$

Section 3 증발장치 및 조업방법

1. 증발장치의 종류

(1) 코일 및 재킷식 증발기

그림 10-8에 나타낸 상압재킷식 증발기는 잼, 젤리를 생산하는 소규모 회분식 식품 가공공정에 사용되며, 진공증발기는 캔디, 캐러멜, 양갱, 마멀레이

드 등의 농축에 이용된다. 재킷식 증발기는 내부에 교반기를 설치한 것이 대부분이다. 내부에 회전 코일을 설치한 코일식 증발기는 고점성 제품, 예를 들면 토마토 페이스트를 20%에서 50% 정도까지 농축하는데 사용되고 있다.

이러한 형태의 증발기는 열전달속도와 에너지 효율이 비교적 낮고, 열에 민감한 식품은 품질이 손상되기 쉽다. 그러나 이들 장치는 제작하기 쉽고 투자경비가 적게 들며, 다양한 제품에 이용할 수 있다는 장점이 있다.

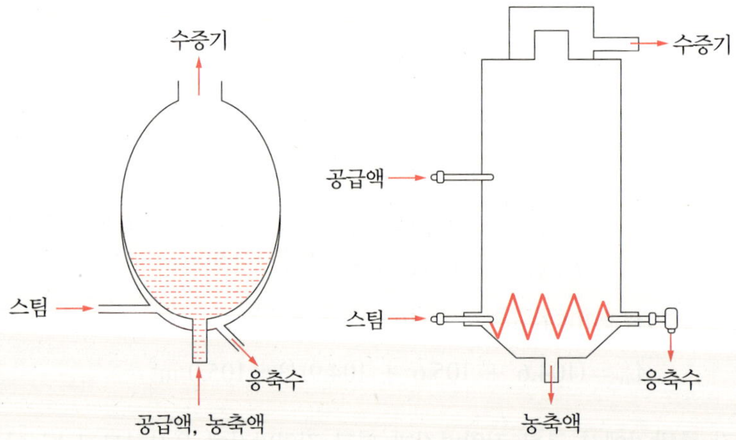

그림 10-8 상압재킷식 증발기 (좌); 회전코일식 증발기 (우)

(2) 칼란드리아식 증발기

수직관식 증발기(vertical type natural circulation evaporator)의 가장 대표적인 것으로 그 표준구조는 그림 10-9와 같다. 중심에 큰 구멍이 있는 상하 두 장의 철판에 지름 3.8~7.5 cm, 길이 0.8~2 m 정도의 파이프들을 여러 개 고정시킨 칼란드리아(calandria)가 설치되어 있다.

수증기는 파이프 외부로 통하고, 용액은 파이프 내에서 가열되어 비중차에 의해서 상승하여 액면에서 증기와 농축액으로 분리된다. 농축액은 중앙으로 내려와 자연대류에 의하여 순환된다.

이 증발기는 부식성이 없고 중간 정도의 점도를 가진 액체의 농축에 상당히 효과적이므로 표준형으로 널리 보급되었다. 물엿, 포도당, 과즙, 설탕 등의 농축에 사용되었으나 최근에는 장관형 또는 특수형 증발기로 대체되고 있다.

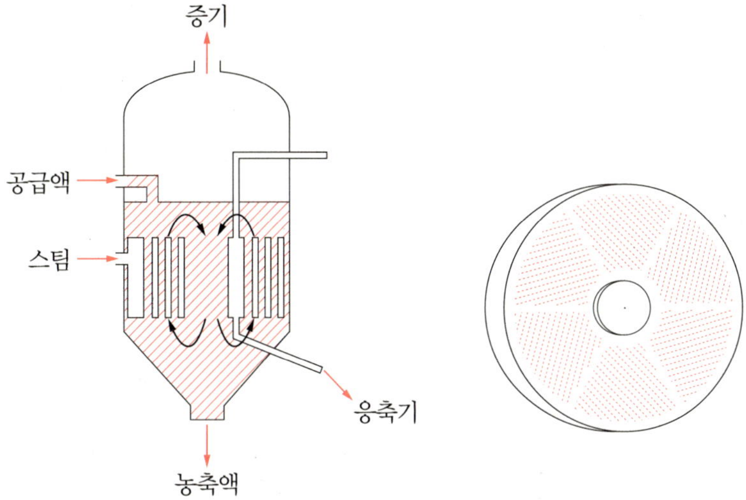

그림 10-9 칼란드리아식 증발기 (좌); 칼란드리아의 형태 (우)

그림 10-9와 같은 자연순환식 증발기에서 가열파이프 내의 유속은 0.3~1.0 m/s 정도로 느리므로 열전달 계수도 작다. 유속을 증가시키면 열전달속도를 향상시킬 수 있으므로 그림 10-10의 강제순환형 증발기(forced circulation type evaporator)에서는 펌프를 이용해서 칼란드리아를 통하여 용액을 강제적으로 순환시킨다. 이 형식은 파이프 내의 유속이 0.8~200 m/s로 빠르고 스케일 생성이 적으며 열전달계수 또한 1200~5800 $W/m^2 \cdot K$로 크다.

또한 점도가 커서 자연순환이 어려운 용액, 발포성 용액, 결정입자를 함유한 용액의 농축에 사용된다. 가열파이프의 청소 또는 교환이 용이하도록 칼란드리아와 증발실을 분리하는 형식도 있다. 점성이 낮은 용액의 순환에는 원심펌프를 사용하지만 점성용액에는 기어(gear) 또는 로브(lobe) 펌프를 사용하기도 한다.

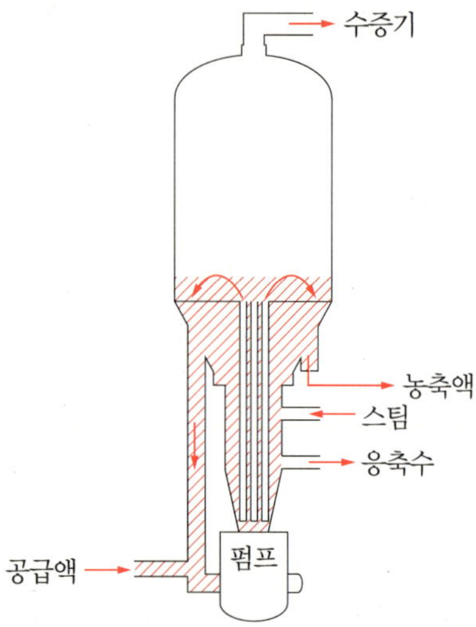

그림 10–10 강제순환식 증발기

(3) 장관형 증발기

장관형 증발기(long tube evaporator)에는 상승박막식 증발기(climbing-film evaporator)와 하강박막식 증발기(falling-film evaporator)가 있다 (그림 10–11). 상승박막식 증발기는 지름 25~50 mm, 길이 3~12 m의 긴 파이프로 구성되어 있다. 끓는점 부근까지 예열한 원료액을 가열파이프의 아래쪽에 공급하면 원료액은 가열파이프를 약간 올라가는 동안에 곧 끓는 상태가 되고 증발에 의한 팽창으로 증기는 고속으로 파이프 내를 상승한다. 이 때 액은 상승하는 증기와 농축액으로 분리된다.

원료액이 1회 통과하는 사이 목적하는 농도까지 농축되며 자연대류에 의하여 순환시키는 형식도 있다. 액이 얇은 필름상태로 가열파이프 벽을 상승하므로 열전달이 우수하고 액 깊이에 따른 끓는점 오름도 없으며 또한 가열면과 접촉하는 시간이 비교적 짧아 열에 민감한 용액의 농축에 적합하다.

하강박막식 증발기에서는 예열한 원료액을 가열관의 상부에 공급하며 용액은 가열관을 따라 얇은 필름상태로 흘러 내리면서 증발되고 증기는 파이프의 중심을 따라 용액을 잡아당기면서 하강한다. 상승박막식과 마찬가지로 열에 민감한 물질의 농축에 적합하여 식품산업에는 특히 유가공분야와 과즙의 농축에 널리 사용되고 있다.

상승식과 하강식을 조합한 상승-하강박막식 증발기에서는 묽은 용액을 상승박막 부분에서 일부 농축하고 점도가 큰 농축액은 하강박막 부분에서 최종적으로 농축한다. 이와 같은 조합으로 빠른 증발속도를 얻을 수 있다.

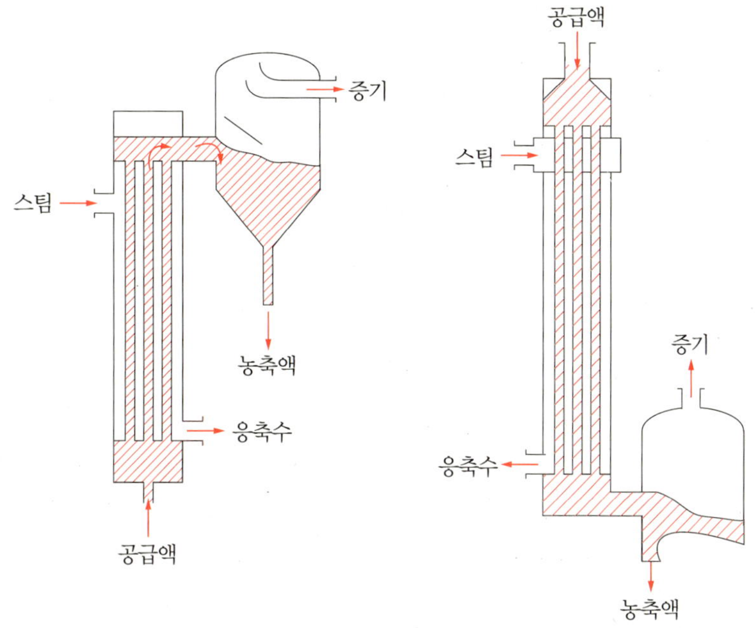

그림 10-11 상승박막식 증발기(좌)와 하강박막식 증발기(우)

(4) 기계박막식 증발기

기계박막식 증발기(mechanical thin film evaporator)는 기계적 교반에 의하여 필름을 형성시키는 형식으로 수직형(그림 10-12)과 수평형(그림 10-13)이 있다. 재킷이 설치된 원통의 내부에 회전날개가 장치되어 있어 용액은 회전날개에 의하여 가열 벽면이 얇은 필름을 형성한다. 회전날개의 끝과 가열벽면 사이의 틈새는 0.5~1.25 mm 정도이다.

이 형식의 증발기는 진공에서도 열전달이 우수하며, 농축시간이 짧아 발포성 용액의 증발에도 적합하다. 이 장치의 최대 장점은 5,000~100,000 cp의 고점성 용액을 효율적으로 농축할 수 있는 것으로 토마토페이스트, 우유, 유당, 맥아즙, 육즙 등 열에 민감한 제품의 농축에 많이 사용되고 있다. 그러나 장치비가 비교적으로 고가이고 처리량이 적어 점도가 큰 최종단계의 농축에 일반적으로 사용된다.

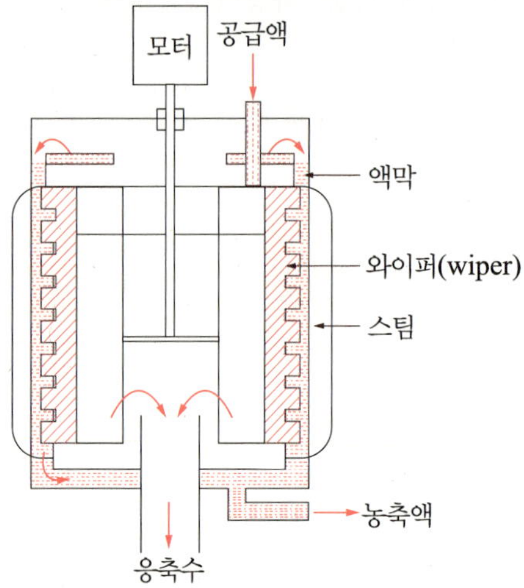

그림 10-12 수직형 기계박막식 증발기

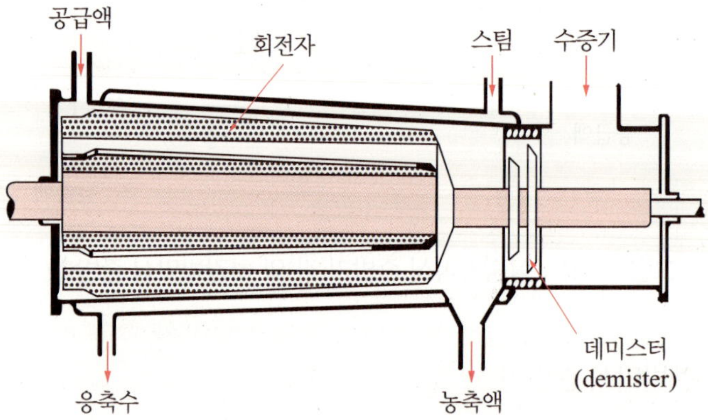

그림 10-13 수평형 기계박막식 증발기

(5) 플레이트식 증발기

플레이트식 증발기(plate evaporator)는 판형 열교환기를 가열부분으로 사용한 형식으로 순환펌프로 용액을 강제순환시켜 판형 열교환기 내에서 단시간에 가열한 후 증기분리실에서 순간 증발(flash evaporation)시키는 형식이다. 이 형식의 특징은 액체가 판 내를 얇은 필름상태로 고속으로 이동하므로 열전달계수가 비교적 크고, 체류시간이 짧아 열에 민감한 용액의 농축에 적합하다. 또한 열교환기의 판수를 변화시킴으로써 증발능력을 용이하게 조절할 수 있으며, 설비면적이 적고 쉽게 해체할 수 있는 장점이 있다. 우유 및 유제품, 오렌지주스, 맥아즙의 농축에 이용되고 있다.

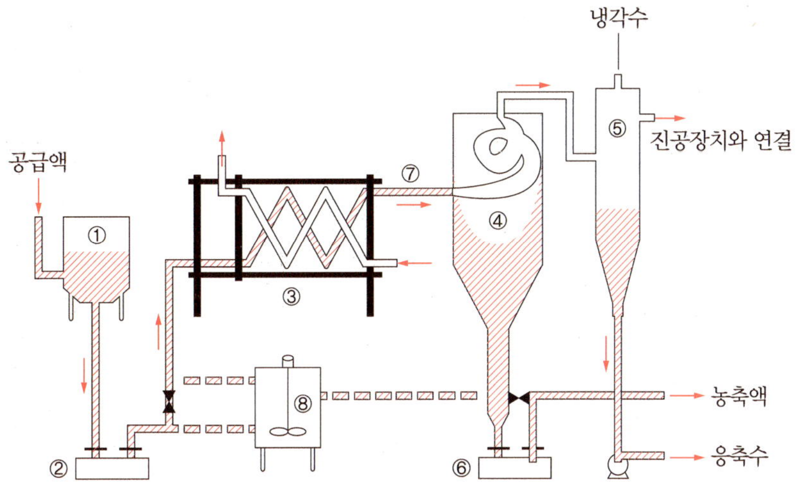

① 균형탱크 ② 원액펌프 ③ 열교환기 ④ 분리기
⑤ 응축기 ⑥ 제품펌프 ⑦ 오리피스 ⑧ 감압용기

그림 10-14 플레이트식 증발기

(6) 원심식 증발기

원심식 증발기(centrifugal evaporator)는 열에 민감한 제품의 품질 저하를 방지하고, 용액과 가열면과의 접촉시간을 단축시키기 위하여 고안된 것으로 원심분리기와 판형 열교환기를 조합한 기능을 가지고 있다. 그림 10-15에 나타낸 것처럼 원료를 원뿔모양의 회전체 중앙에 공급하면서 회전체를 회전시키며 원심력에 의해서 가열면의 내부에 0.1 mm 정도의 균일한 막상태로 전개된다.

진공상태에서는 액체가 급속히 끓는점에 도달하고 농축액과 증기는 원심력에 의하여 효과적으로 분리되어 농축액은 회전체를 원주를 따라 상부로 배출되고 증기는 중앙부분으로 배출된다. 액체가 원심력에 의해 가열면을 따라 고속으로 바깥쪽으로 이동하므로 아주 높은 열전달계수(표 10-2 참조)를 얻을 수 있으며 체류시간은 아주 짧다.

농축액의 점도는 1,500 cp까지 농축할 수 있으므로 과즙, 우유 농축에 적합하다.

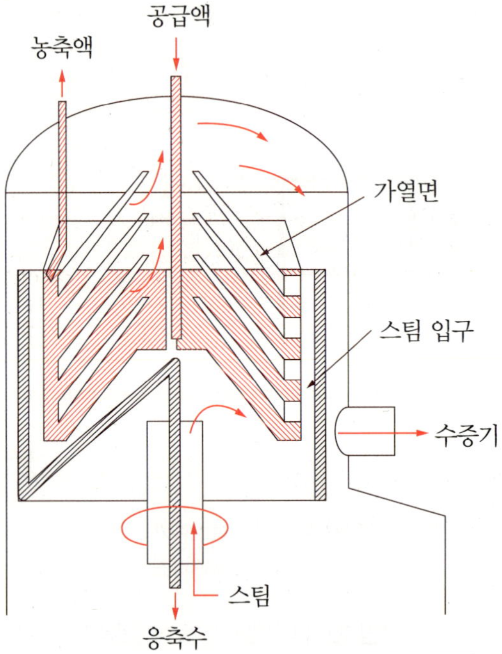

그림 10-15 원심식 증발기

표 10-2 증발기 형태에 따른 열전달계수와 체류시간

Evaporator type	Effect No.	Residence time	Overall heat transfer coefficient ($W/m^2 \cdot K$)	
			Low viscosity	High viscosity
Jacket	1	30 min~some hr	500~1000	< 500
Calandria	1	–	570~2800	–
Climbing film	1	10~60 s	2250~6000	< 300
Falling film	1	5~30 s	2000~3000	–
Plate	3	2~30 s	2000~3000	–
Mechanical thin film	1	20~30 s	2000~3000	1700
Centrifugal	1	1~10 s	8000	–

2. 증발기의 응축기

다중효용 증발기에서는 최종 효용 증발기로부터 증기가 감압상태에서 배출된다. 배출되는 증기는 응축기에서 냉각수에 의하여 응축되어 액체상태로 대기압으로 방출된다. 응축기에는 표면응축기(surface condenser)와 접촉응축기(direct contact condenser)가 있는데 표면응축기에서는 증기와 냉각수가 금속벽으로 분리된 상태에서 응축되는 형식이며, 접촉응축기는 증기와 냉각수가 직접 혼합되는 형식이다.

(1) 표면응축기

표면응축기는 응축액과 냉각수의 혼합이 바람직하지 않을 때 사용된다. 일반적으로 통관형 열교환기(shell and tube heat exchanger)가 사용되며, 이 때 증기는 원통측(shell side)에 공급되고, 냉각수는 관측(tube side)에 공급된다. 표면응축기는 제작비가 비싸고 냉각수 소모량이 크므로 접촉응축기를 사용할 수 있는 경우에는 일반적으로 사용하지 않는다.

(2) 접촉응축기

접촉응축기는 그림 10-16에 나타낸 대기식 응축기(barometric leg condenser)에서와 같이 증기와 냉각수가 직접 접촉하여 응축된다. 상부는 수증기 이젝터와 연결되어 있어 증기가 상승하면서 위에서 흘러내리는 냉각수와 직접 접촉하여 응축되고 비응축성 가스는 수증기 이젝터에 의하여 제거된다. 냉각수와 응축수는 펌프의 도움 없이 대기각(barometric leg)이라 부르는 길이 약 10 m의 수직 파이프를 흘러내려 대기압으로 방출된다.

접촉응축기에서 증기 단위질량당 사용한 냉각수의 양을 W(kg)라 하고 증기의 엔탈피를 H_v라 하면 열수지는 다음과 같이 주어진다.

$$W(h_{wv}-h_w)=V(H_v-h_{wv}) \tag{10-19}$$

여기서 V : 응축될 스팀의 양(kg)

h_w : 응축기로 들어가는 냉각수의 엔탈피(kJ/kg)

h_{wv} : 응축된 액체와 냉각수 혼합액의 엔탈피(kJ/kg)

대기식 응축기에서 $h_{\omega w}$는 증기의 온도보다 약 2.7°C(5°F) 정도 낮은 온도에서 구한다.

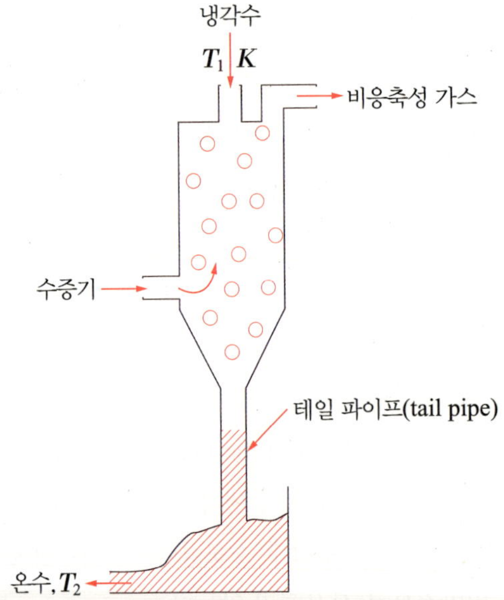

그림 10–16 대기식 응축기

[예제 10–6] 대기식 응축기의 길이

발생증기의 온도가 150°F(65.55°C)인 증발기에서 대기식 응축기를 사용하여 발생증기를 응축하는 경우에 냉각수와 증기의 비율과 대기각의 길이를 계산하라. 단, 냉각수의 온도는 70°F(21.1°C)이고 대기압은 760 mmHg이다.

[풀이]

수증기표로부터 구한 150°F에서의 포화증기 절대압력은 3.7184 psia(25.6 kPa)이고 엔탈피(h_v)는 1126.1 Btu/lb$_m$ 혹은 2619 kJ/kg이다. 응축액과 냉각수의 혼합액의 엔탈피(h_{wv})는 150−5=145°F(62.78°C)에서의 액체 엔탈피를 수증기 표에서 구하면 h_{wv}=112.95 Btu/lb$_m$ 혹은 262 kJ/kg이다. 그리고 냉각수(70°F)의 엔탈피(h_w)는 수증기표에서 38.052 Btu/lb$_m$ 혹은 66 kJ/kg이다. 식 10–19)를 변형하면,

$$\frac{W}{V}=\frac{H_v-h_{wv}}{h_{wv}-h_w}=\frac{1126.1-112.95}{112.95-38.052}$$
$$=13.52$$

부록에서 145°F에서의 물의 밀도는 61.28 lb_m/ft^3 또는 981.7 kg/m^3이다. 대기압은 760 mmHg(101.3 kPa)이고, 증발기 내의 절대압력은 3.7184 psia(25.6 kPa) 이므로 이 두 가지 압력의 차이가 바로 대기각의 길이에 의해서 발생되는 압력차이다.

$$\Delta P=101.3-25.6=75.7\text{ kPa}=\rho gZ$$
$\therefore Z=7.868$ m 또는 25.8 ft이다.

3. 감압장치

감압상태를 얻는 데 가장 편리한 장치는 그림 10-17과 같은 수증기 젯트 이젝터(steam jet ejector)이다. 고압의 수증기를 노즐을 통하여 고속으로 분출시키면 흡입력이 생긴다. 1단 이젝터는 635 mmHg, 2단 이젝터는 737 mmHg의 진공을 생성시킬 수 있다. 이러한 젯트 이젝터는 그림 10-15에서와 같은 응축기에 연결되어서 비응축성 가스(noncondensable gases)를 제거하는 데 이용된다.

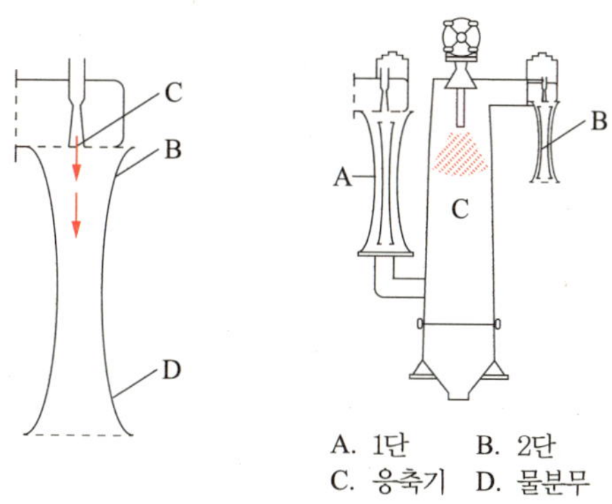

그림 10-17 1단 수증기 제트 이젝터 (좌); 응축기와 결합한 2단 이젝터 (우)

4. 비말분리기

비말분리기는 증기에 동반되는 미세한 액체방울을 제거하는 장치이다. 증발기에서 증발량이 커지면 발생하는 증기 중에 끓는 용액의 미세한 방울이 함께 딸려나가게 되므로 농축액의 손실이 생긴다. 따라서 증기의 출구에 비말분리기를 설치한다.

그림 10-18은 여러 가지 비말분리기의 원리를 나타낸 것으로서 증기의 유속을 갑자기 변경시키거나 방해판(baffle)에 부딪치게 하여 무거운 액체방울이 가라앉게 한다. (a) 형은 가장 간단한 형식으로 소형장치에 적합하며, (b) 형은 일반적인 형식이고, (c) 형은 보통 상승박막형 증발기에 사용된다.

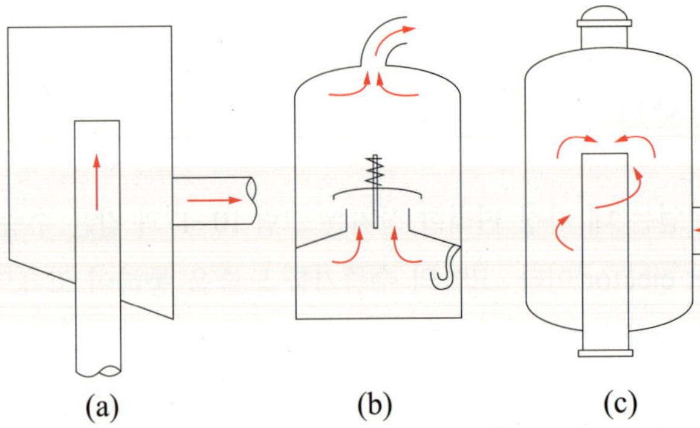

그림 10-18 비말분리기

[연습 문제]

1. 다음 용액에서의 끓는점 오름을 계산하라.
(단, Chemical Engi-neering Handbook, 5 th ed. p. 11–31에 있는 그림을 이용하시오)
(1) 220°F(104.4°C)에서 끓는 citric acid 30 wt% 용액
(2) 220°F(104.4°C)에서 끓는 sucrose 40 wt% 용액

2. 33.8 kPa(20 in. Hg)의 진공상태로 유지되는 증발기 내에 30%의 고형분을 함유하고 있는 액체가 들어 있다. 표면에서 1.524 m(5 ft) 아래에 위치하는 지점에서 끓는점을 계산하라. 단, 고형분은 설탕이며, 액체의 밀도는 933 kg/m^3, 대기압은 101.5 kPa(30 in. Hg)이라 한다.

3. 대기압이 90 kPa일 때 증발기 내의 온도가 20°C라면 필요한 대기각의 길이는 얼마인가?

4. 2.0 wt% 식염용액이 4535 kg/h로 311 K에서 단일효용증발기에서 공급되어 3.0 wt%로 농축된다. 증발은 대기압상태에서 일어나며 전열면적은 69.7 m^2이다. 가열원인 스팀의 포화온도는 383.2 K이다. 용액의 농도가 낮기 때문에 끓는점 오름은 무시할 수 있으며, 원료액의 비열은 4.10 kJ/kg·K이다. 발생증기의 유량과 농축액의 유량 및 총괄열 전달계수를 계산하라.

5. 12 wt% 고형분함량을 갖고 있는 토마토주스를 25%로 농축하기 위하여 박막형 증발기를 이용하였다. 토마토주스는 135°F 이상으로 가열할 수 없으므로 이 온도를 농축액의 온도로 가정한다. 원료는 100°F에서 주입되고, 25 psia에서의 포화스팀을 열원으로 사용한다. 총괄열전달계수는 1000 Btu/h·ft^2·°F이고 전열면적은 50 ft^2이다. 원료액의 비열은 0.95 Btu/lb_m·°F이며 끓는점 오름은 무시한다. 증발기에 주입되는 토마토주스의 유량을 계산하라.

6. 고형분함량이 15%인 토마토주스를, 단일효용 증발기를 이용하여 28%까지 농축하고자 한다. 원료 토마토주스의 온도는 71.1°C이고 유량은 10000 kg/h이다. 불용성 고형 성분과 가용성 고형 성분의 비는 0.168이고 가용성분은 설탕으로 이루어져 있으며, 용액의 끓는 점 오름에는 가용성분인 설탕만 관여하는 것으로 가정한다. 가열원으로 사용된 스팀은 205.7 kPa에서 응축되고 증발기 내의 절대압력은 41.32 kPa이다. 증기재압축 시스템을 효율적으로 이용할 수 있게 조작조건이 변화되도록 설계하였다. 스팀압력이 118.37 kPa로 낮아질 때 총괄열전달계수의 변화는 없다고 가정한다.
   (1) 초기 조작조건에서의 스팀 경제성을 계산하라.
   (2) 새로운 조작조건에서 시간당 원료액의 무게로서 용량을 계산하라 (단, 농축액의 비열은 다음과 같이 표시된다).
   비열 $= 0.008 \times$ 물의 함량(100 g 당)$+0.2$ Btu/$lb_m\cdot$°F

7. 순류공급 2중 증발기 증발관에서 어떤 액체식품의 고형분함량을 1%에서 5%로 농축하는 경우에 스팀 소요량을 계산하라. 원료액은 20°C에서 10000 kg/h의 속도로 공급된다. 제2증발기에서 액체의 끓음은 70°C에서의 진공상태에서 일어난다. 제1증발기에 공급되는 가열원인 스팀의 압력은 198.5 kPa이다. 제 1, 2증발기의 가열부 면적은 같고, 제 1, 2증발기에서의 응축액은 각각 95, 70°C에서 배출된다. 제1증발기와 제2증발기에서의 총괄열전달계수는 각각 1000, 800 W/$m^2\cdot$°C이다. 원료액, 중간농축액, 최종농축액의 비열은 각각 3.8, 3.0, 2.5 kJ/kg·°C이다. 끓는점 오름은 무시한다.

8. 어떤 순류식 급송 3중 효용 증발기를 사용하여 2 wt%의 설탕수용액 10000 kg/h를 10 wt%까지 농축하고자 한다. 가열원으로서는 1.25 kg/$cm^2\cdot$abs의 포화수증기를 사용하여 그 잠열만 이용한다. 최종증발기의 조작압력을 80 mmHg, 원료액의 온도가 20°C일 때 이 장치를 설계하라(단, 용액의 끓는점 오름 및 외부로의 열손실은 무시하며 용액의 비열은 전부 1.0 kcal/kg·°C로 한다. 또한 각 증발기의 가열면적은 모두 같으며 총괄열전달계수는 제1, 제2 및 제3증발기에 대하여 각각 1800, 1500 및 1000 kcal/$m^2\cdot h\cdot$°C이다).

9. 끓는점 오름을 무시할 수 있는 과일주스를 3중 효용 증발기를 사용하여 농축하고자 한다. 제1증발기에서 가열원으로 사용되는 수증기 온도는 121.1°C이고, 제3증발기에서의 액체의 압력은 25.6 kPa이다. 제1, 제2, 제3증발기에서 총괄열전달계수는 각각 2840, 1980, 1420 W/$m^2\cdot$°C이다. 제1, 제2 및 제3증발기에서 액체의 끓는점을 구하라. 각 증발기에서의 전열면적은 동일하다고 가정한다.

Chapter 11

흡착 및 추출

식품공업 및 생물산업에서 생물분리(bioseparation) 조작은 매우 중요한 공정이며, 그 중에서 두가지 상(phase) 사이의 평형관계에 기초한 대표적인 분리 조작은 흡착(adsorption)과 추출(extraction)이다.

묽은 용액으로부터 가용성 성분인 용질은 크게 흡착과 추출에 의하여 분리할 수 있으나 흡착과 추출 공정은 몇 가지 차이점이 있다.

흡착은 추출보다 용량은 작지만 높은 선택성을 가지며, 비선형적인 평형관계를 나타내므로 추출보다는 더 많은 실험 데이터가 요구된다. 현재 흡착공정은 단백질 분리공정에, 액체–액체 추출공정은 항생물질 분리에, 고체–액체 추출은 고체 중의 유용성분을 추출하는 데 이용되고 있다.

Section 1 흡착공정

흡착공정에서는 기체 또는 액체 중의 한 개 이상의 성분이 고체 흡착제(adsorbents)에 흡착되어 분리된다. 일반적으로 흡착공정은 네 가지 단계로 진행된다. 첫째, 용액에 흡착제 첨가, 둘째, 흡착제에 용질의 선택적 흡착, 셋째, 흡착제와 액체의 분리, 넷째, 흡착된 용질을 다른 용매로 용출시키는 과정으로 구성된다.

액상(liquid pase) 흡착은 수용액 또는 유기용액으로부터 용질의 분리, 유기물로부터 색소의 분리, 발효액으로부터 유효생산물의 분리 등에 적용되며, 기체(gas phase) 흡착은 탄화수소 기체로부터 수분의 제거, 천연가스로부터 황화물의 제거, 공기와 다른 기체로부터 용매의 제거, 그리고 공기로부터 냄새 성분의 제거 등에 응용된다.

1. 흡착제의 성질

일반적으로 흡착제는 0.1 mm에서 12 mm 크기의 작은 펠렛(pellets), 비드(beads) 또는 과립(granules) 형태이다. 흡착제 입자는 수많은 매우 미세한 구멍을 가진 다공성 구조이며 세공(pore)의 부피가 총 입자부피의 50%에 이른다. 용질분자는 미세한 구멍표면에 단분자층(mono-molecular layer)으로 흡착되지만 때때로 다분자층(multi-molecular layer)으로 흡착되기도 한다. 일반적으로 흡착되는 분자와 흡착제 내부 세공표면 사이의 흡착은 물리적 흡착(physical adsorption) 또는 반데르발스(van der Waals) 흡착이며 가역적 반응(reversible interaction)이다.

산업적으로 많은 종류의 흡착제가 사용되는데, 그 중 중요한 흡착제의 종류와 특성은 다음과 같다. 흡착제는 대체로 100~2000 m^2/g의 매우 큰 세공(pore) 표면적을 갖는다.

활성탄(activated carbon)은 미세결정성(microcrystalline) 물질로 목질, 식물표피, 숯 등을 탄화(carbonization)시켜 만들며, 평균 세공(pore) 지름은 10~60 Å, 표면적은 300~1200 m^2/g이다. 일반적으로 유기용액의 흡착에 사용된다.

실리카 젤(silica gel)은 규산나트륨(sodium silicate) 용액을 산처리한 후 건조하여 만들며, 표면적은 600~800 m^2/g, 평균 세공 지름은 20~50 Å이며, 기체 및 액체의 건조와 탄화수소의 분리에 사용된다.

활성알루미나(activated alumina)는 수화된 산화 알루미늄(aluminum oxide)을 가열해서 물을 제거하여 제조하며 기체와 액체의 건조에 주로 사용된다. 표면적은 200~500 m^2/g, 평균 세공 지름은 20~140 Å이다.

제올라이트(zeolite)는 다공성 결정질 규산알루미늄(aluminosilicate) 광물로 정확히 같은 크기의 세공을 가지고 있는 개방형 결정 격자를 형성하고 있다. 일정한 크기의 세공을 갖고 있기 때문에 일정한 범위의 세공 크기를 갖는 다른 흡착제와는 다르며, 제올라이트의 종류에 따라 세공크기는 3~10 Å이다. 제올라이트는 건조, 탄화수소 혼합물의 분리 등 여러 방면에 응용된다.

수지(resin)는 두 가지 종류의 단분자물질의 중합반응(polymerization)에 의하여 제조된다.

스티렌(styrene)과 디비닐벤젠(divinyl benzene) 같은 방향족 물질로부터 만들어진 수지는 수용액뿐만 아니라 비극성 유기물질의 흡착에도 사용된다. 반면에 아크릴산 에스테르(acrylic esters)로부터 만들어진 수지는 수용액 내에서 극성이 큰 용질의 흡착에 주로 사용된다.

2. 흡착평형 관계

등온상태에서 기체 분자 또는 용질 중의 용질이 고체에 흡착할 때 고체에 흡착하는 용질을 피흡착질(adsorbate), 용질이 흡착하는 고체를 흡착제(adsorbent)라 한다. 이때 유체상(fluid phase) 중의 용질농도와 고체상(solid phase) 중의 용질농도 사이의 평형 관계는 그림 11–1에서와 같이 등온흡착곡선(adsorption isotherm)으로 나타낼 수 있다.

그림 11–1의 등온흡착곡선을 보면 y축에 고체상에서의 용질농도를 q(kg 용질/kg 흡착제(고체)), x축에는 유체상(기체 또는 액체)에서의 용질농도 c(kg 용질/m^3 유체)를 나타내었다.

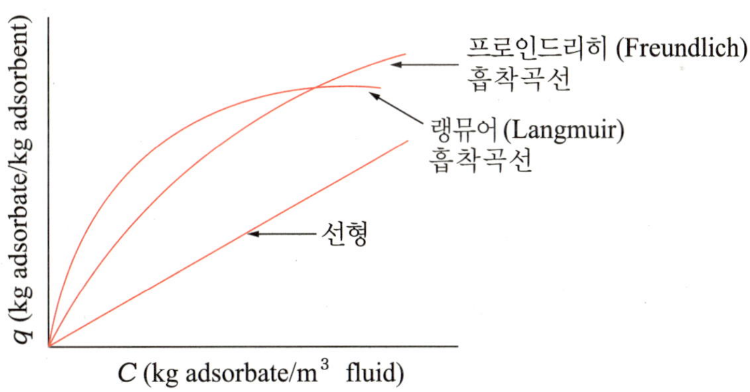

그림 11–1 등온흡착의 일반적인 형태

직선적인 등온흡착은 헨리(Henry)의 법칙과 유사하게 다음과 같이 표현된다.

$$q = Kc \tag{11–1}$$

여기서 K는 실험적으로 결정되는 상수로 m^3/kg adsorbent이다. 직선적인 등온흡착 관계는 일반적이 아니며, 묽은 농도범위에서 근사식으로 사용된다.

실험적으로 유도된 프로인드리히(Freundlich) 등온흡착식은 많은 물리적 흡착에 사용되며, 특히 액체시스템, 활성탄에서의 흡착에 사용된다.

$$q = Kc^n \tag{11-2}$$

여기서 K와 n은 상수로 실험적으로 결정된다. q와 c를 로그-로그 용지에 그리면 기울기가 n이 되며, y 절편으로부터 K를 구한다. 이때 K의 차원은 n에 의해 결정된다.

만약 등온흡착곡선이 위로 볼록한 형태이면 유체상에서보다 고체상에 흡착된 용질의 농도가 높기 때문에 흡착이 "favorable" 하다고 표현하며 $n<1$인 경우이다. 한편 아래로 오목한 형태이면 흡착은 "unfavorable" 하다고 하며 $n>1$의 경우이다.

랭뮤어(Langmuir) 등온흡착식은 이론적 근거에서 유도된 것으로 다음과 같이 표현되며, q_0와 K는 실험상수이다.

$$q = \frac{q_0 c}{K + c} \tag{11-3}$$

여기서 q_0는 kg 용질/kg 흡착체, K는 kg/m^3의 단위를 가진다. 식 (11-3)을 뒤집어 정리하고 $1/q$ 대 $1/c$를 plot하면 기울기가 K/q_0이며, y절편이 $1/q_0$가 된다.

실험적으로 유도된 Freundlich 등온흡착과는 달리 Langmuir 등온흡착은 다음과 같은 이론에 근거하여 유도되었다. 즉, 용질은 흡착제 표면의 일정한 수의 활성자리(active site)에만 흡착하고, 흡착은 가역적이며 평형상태에 도달한다고 가정하였다.

$$\text{용질(solute)} + \text{빈자리(vacant sites)} = \text{채워진 자리(filled sites)} \tag{11-4}$$

만약 평형상태이면, 평형상수 K'를 사용하여 다음과 같이 표현할 수 있다.

$$K' = \frac{[\text{용질}][\text{빈자리}]}{[\text{채워진 자리}]} \tag{11-5}$$

활성자리의 총수는 고정된 수이므로

$$[\text{총자리}]=[\text{빈자리}]+[\text{채워진 자리}] \tag{11-6}$$

식 (11-5)와 식 (11-6)을 결합하면

$$[\text{채워진 자리}]=\frac{[\text{총자리}][\text{용질}]}{K'+[\text{용질}]} \tag{11-7}$$

채워진 자리의 수는 q에 비례하므로 식 (11-7)은 식 (11-3)과 같아진다. q_0는 용질의 최대흡착량으로서 흡착의 최대흡착자리수를 반영하는 값이다. 대체로 거의 모든 흡착계는 온도가 증가하면 흡착된 용질의 양이 감소하므로, 일반적으로 실온에서 흡착시킨 다음 온도를 증가시켜 탈착(desorption)시킨다.

[예제 11-1] 폐수에서 페놀의 등온흡착

실험실에서 과립 활성탄(granular activated carbon)을 사용하여 페놀 수용액으로부터 페놀의 흡착실험을 하였다. 실온에서 평형 데이터가 다음과 같을 때 등온흡착식을 구하라.

표 11-1 [예제 11-1]의 평형 data

c (kg 페놀/m^3 용액)	q (kg 페놀/kg 활성탄)
0.322	0.150
0.117	0.122
0.039	0.094
0.0061	0.059
0.0011	0.045

[풀이]

$1/q$에 대하여 $1/c$를 그림으로 그리면 직선식이 나오지 않으므로 Langmuir 식 (11-3)을 따르지 않는다. log q와 log c를 plot하면, 그림 11-2와 같이 직선식이 나오므로 Freundlich식 (11-2)를 따른다는 것을 알 수 있다. 기울기 n은 0.229, y절편 K는 0.199이므로

$$q=0.199c^{0.229}$$

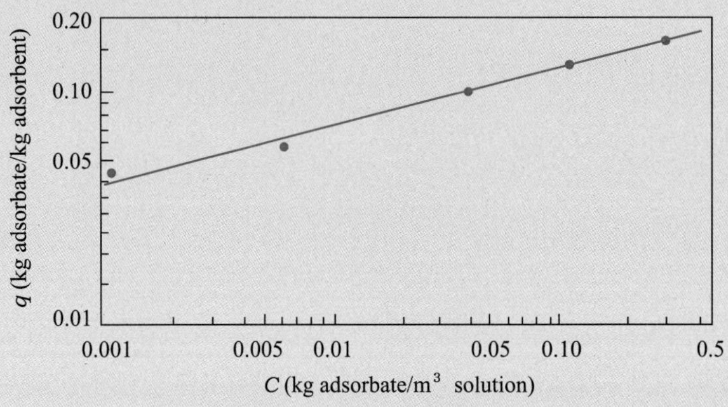

그림 11-2 [예제 11-1]의 plot

[예제 11-2] Immunoglobulin G 흡착

Modified dextran은 cm^3 당 7.8×10^{-6} mol 까지의 immunoglobulin G를 흡착할 수 있다. 이 흡착반응은 Langmuir 등온흡착식을 따르고, K가 1.9×10^{-5} mol/L이다. 만약 80 cm^3의 modified dextran에 공급액 1.2 L 중 용질의 90%까지 흡착된다고 하면 공급액 내 immunoglobulin G의 초기 농도는 얼마인가?

[풀이] 회수율이 90%이므로

$$c=0.1c_F$$

흡착 data로부터

$$q=\frac{(7.8\times10^{-6})(0.1c_F)}{(1.9\times10^{-5}+0.1c_F)}$$

물질수지(material balance)로부터

$$1.2c_F=1.2(0.1c_F)+80q$$

위 두 식을 결합하면

$$c_F=3.9\times10^{-4}\ \text{mol/L}$$

Section 2 회분식 흡착

회분식 흡착(batch adsorption)은 제약산업에서와 같이 용액 중에 소량의 용질흡착에 사용된다. 회분식 흡착의 계산을 하기 위해서는 Freundlich 또는 Langmuir 등온흡착 곡선과 같은 평형관계와 물질수지가 필요하다. 초기 공급액의 농도 c_F, 최종 평형농도 c, 흡착제에 흡착된 용질의 초기농도 q_F, 최종 평형농도 q라면 흡착제에 대한 물질수지는 다음과 같다.

$$q_F M + c_F S = qM + cS \qquad (11\text{–}8)$$

여기서 M은 흡착제의 질량(kg)이고, S는 공급액(feed)의 부피(m^3)이다.

식 (11–8)의 변수 q를 c에 대하여 그리면 직선이 얻어진다. 즉 식 (11–8)을 변형하면

$$q = q_F + \frac{S}{M}(c_F - c) \qquad (11\text{–}9)$$

이 식은 조작선(operating line)을 나타내며 직선이다.

회분식 흡착의 풀이는 그림으로 구할 수 있으며, 두 식 (11–8)과 (11–9)를 그림 11–3과 같이 동일좌표 축에 나타낸다. 그림에 나타낸 것과 같이 평형곡선은 원점을 지나 위로 볼록한 형태, 즉 $n<1$인 특성을 나타내며, 조작선은 음의 기울기 $\frac{S}{M}$를 가지는 직선이며, y 절편이 q_F가 된다.

조작선과 평형선의 교점의 좌표(c, q)는 평형상태에서의 용액의 농도(c)와 흡착제 중 용질농도(q)가 된다.

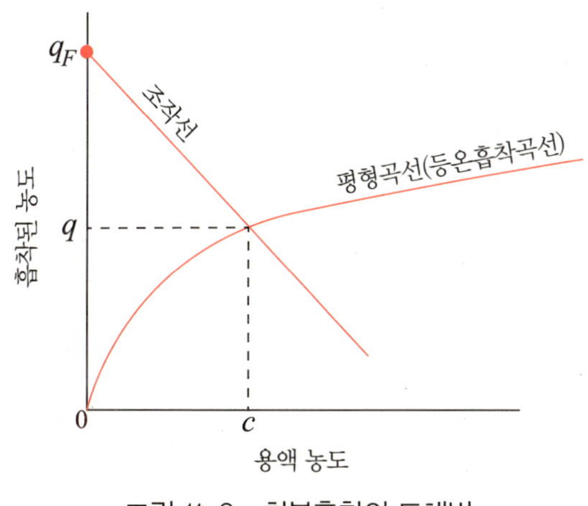

그림 11–3 회분흡착의 도해법

[예제 11-3] 활성탄을 이용한 회분식 흡착

0.21 kg 페놀/m^3(0.21 g 페놀/L)을 함유한 1.0 m^{3}의 폐수를 처리하기 위하여 총 1.40 kg의 새로운 과립활성탄을 폐수에 첨가하고 충분히 교반하여, 평형상태에 도달하도록 하였다. [예제 11-1]의 등온흡착 데이터를 이용하여, 최종 평형상태에서 용액의 농도와 흡착제 중 용질농도, 페놀의 추출율(%)을 구하라.

[풀이]

주어진 데이터에서 $c_F = 0.21$ kg 페놀/m^3, $S = 1.0$ m^3, $M = 1.40$ kg 탄소이며, q_F는 0으로 가정한다.

식 (11-8)에서부터

$$0(1.40) + 0.21(1.0) = q(1.40) + c(1.0)$$

이 식을 그림으로 나타내면 그림 11-4와 같다. 또한 [예제 11-1]의 평형 데이터를 그림 11-4와 같이 표시하면 교점에서부터 $q = 0.106$ kg 페놀/kg 탄소이며, $c = 0.062$ kg 페놀/m^{3}이 된다. 따라서 페놀 추출율은

$$추출율(\%) = \frac{c_F - c}{c_F}(100) = \frac{0.210 - 0.062}{0.210}(100) = 70.5\%$$

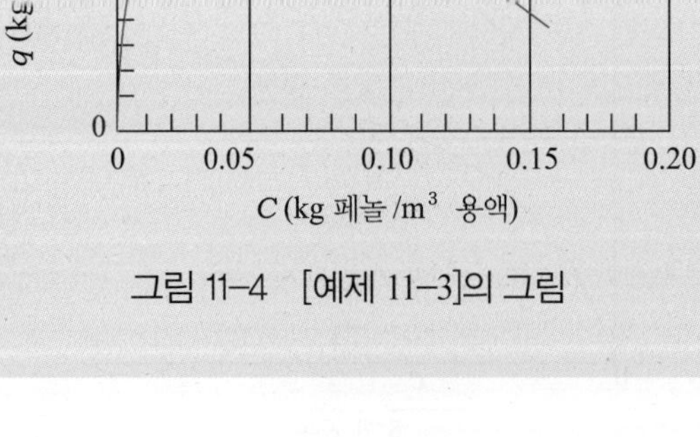

그림 11-4 [예제 11-3]의 그림

[예제 11-4] Phosphoglycerate kinase 흡착

효모로부터 분리한 phosphoglycerate kinase를 셀룰로오스(cellulose)에 흡착시켜 분리하고자 한다. 이때 흡착은 Langmuir 등온흡착식을 따르며, 최대흡착량은 70 mg/cm^3 흡착제이며, 용액이 50 mg/L의 효소를 함유하고 있을 때 최대흡착량의 1/2을 흡착한다고 한다. 이때 220 mg/L의 효소를 포함한 용액 1.5 L 중의 용질을 90% 회수하기 위해 필요한 셀룰로오스 양은 얼마인가?

[풀이]

$q = (1/2)\ q_0$일 때 $c = K$이므로 식 (11-3)에 대입하면

$$q = \frac{70c}{50 + c}$$

90% 회수율이면,

$$c = 0.1\ c_F = 22\ \text{mg/L}$$

그러므로

$$q = 21.4\ \text{mg/cm}^3$$

식 (11-8)과 같이 물질수지를 취하면

$$(220)(1.5) = 21.4M + (22)(1.5)$$

$$M = 14\ \text{cm}^3\ \text{셀룰로오스}$$

Section 3 고정층 흡착컬럼의 설계

1. 농도분포

입자모양의 흡착제를 충전한 고정층(fixed bed) 흡착컬럼은 액체 또는 기체로부터 용질을 흡착시켜 분리하는데 널리 사용되며, 흡착제가 충진된 단순한 원통컬럼(column)이다. 용질을 포함한 용액을 일정한 유량으로 컬럼의 위쪽에서 공급하면 흡착제층을 통과하면서 용질은 흡착된다.

고르게 교반해주는 회분식 흡착에서는 평형 상태를 이룬다고 가정할 수 있으나 고정층 흡착공정은 비정상상태(unsteady state) 조업(operation)이다. 따라서 유체상(fluid phase)과 흡착상(adsorbent phase)에서의 용질의 농도는 시간에 따라 변할뿐 아니라, 흡착이 진행됨에 따라 고정층의 위치에 따라 변한다. 처음에 용액이 흡착제층의 상부에 도입되면 대부분의 용질이 흡착되어 용질의 농도가 급속히 감소되며, 일정한 거리만큼 이동하면 용질의 농도는 0에 도달한다.

그림 11-1(a)에 처음부터 t_1시간이 경과한 후의 c/c_0를 충진층의 깊이에 대하여 나타내었다. 여기서 c_0는 공급액의 농도이고 c는 임의의 충진층에서의 용액 농도이다. 이 농도 분포곡선을 보면 실제 흡착은 충진층의 좁은 범위에서 일어난다는 것을 알 수 있다.

흡착이 계속되면 충진층의 입구 부분의 흡착제는 포화되며 흡착영역(adsorption zone)은 점차 아래로 이동한다. t_2는 약간 시간이 경과한 후 흡착영역이 아래로 이동한 것을 나타낸다.

그림 11-1(a)의 점선은 충진층을 통과하는 용액의 농도분포를 나타낸 것으로 고체흡착제에 흡착된 용질의 농도분포도 비슷한 경향을 나타낼 것이다. 즉 충진층의 입구부분의 흡착제는 포화상태이므로 흡착영역에 이르기 전까지는 일정한 포화농도를 계속 유지할 것이며, 흡착영역에 도달하면 급격히 감소하여 거의 0에 도달할 것이다.

2. 배출액의 농도곡선

앞에서 기술한 것과 같이 흡착이 주로 일어나는 영역은 비교적 좁은 흡착영역이라는 것을 알 수 있다.

용액을 계속 흘려 보내면, 이 S자형의 흡착영역은 그림 11-5(a)에 나타낸 것과 같이 컬럼의 아래쪽으로 이동한다. 배출되는 용액 중의 용질의 농도는 그림 11-5(b)에서와 같이 흡착영역이 충진층의 끝부분에 도달하기 전(t_4)까지는 거의 0이며, 그후부터 용액의 농도는 증가하여 t_5에서 c_b로 증가하게 된다. 이 지점을 파괴점(break-point)이라고 한다.

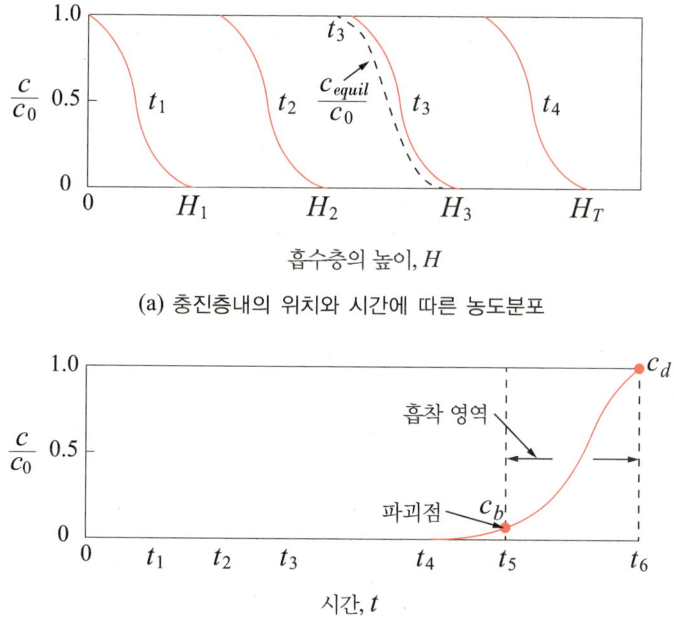

(a) 충진층내의 위치와 시간에 따른 농도분포

(b) 시간에 따른 배출액 중 용질의 농도

그림 11-5 충진흡착컬럼에서의 농도 분포

Break-point에 도달한 이후부터 배출되는 용액의 농도 c는 급격히 증가하여 c_d에 도달하게 되며, 이 지점은 배출액의 농도 곡선의 끝점으로 충진층은 더 이상 흡착효과가 없는 것으로 판단된다. Break-point 농도는 배출액 중 용질의 최대 허용농도를 나타내며, 일반적으로, c_b/c_o는 0.01~0.05 범위이다. 또한 c_d/c_o는 거의 1로서 c_d는 거의 c_o와 같은 값을 가진다.

3. 컬럼용량과 Scale-up 설계방법

흡착영역의 폭과 모양은 등온흡착곡선, 유속, 충진층에 대한 물질이동 속도, 세공(pore)에서의 확산(diffusion)에 의존한다. 충진층에서 흡착영역과 농도분포를 예측할 수 있는 여러 가지 이론적인 방법이 제시되고 있으나 흐름의 형태, 확산과 물질이동의 관계가 불확실하기 때문에 정확하지 않다. 그러므로 결과를 scale-up 시키기 위해서는 많은 실험값과 보다 많은 자료가 필요하다.

만약 충진층의 모든 흡착제가 공급액과 평형을 이룬다면, 그림 11-6에서 곡선과 $c/c_o = 1.0$인 직선 사이의 빗금친 면적은 화학양론적 총 흡착용량을 나타낸다.

$$t_t = \int_0^{\infty} \left(1 - \frac{c}{c_o}\right) dt \tag{11-10}$$

여기서 t_t는 화학양론적 총 용량에 상응하는 시간이다. Break-point 시간 t_b까지의 충진층의 유효용량(usable capacity)은 이중 빗금친 영역에 해당되며

$$t_u = \int_0^{t_b} \left(1 - \frac{c}{c_o}\right) dt \tag{11-11}$$

와 같이, 여기서 t_u는 배출액의 농도가 최대허용농도에 도달할 때의 시간으로 t_u는 거의 t_b와 같다.

t_u/t_t는 총 충진층의 용량과 break-point까지의 용량비이다. 따라서 총 충진층 길이를 H_T(m), break-point까지의 충진층 길이를 H_B라 하면

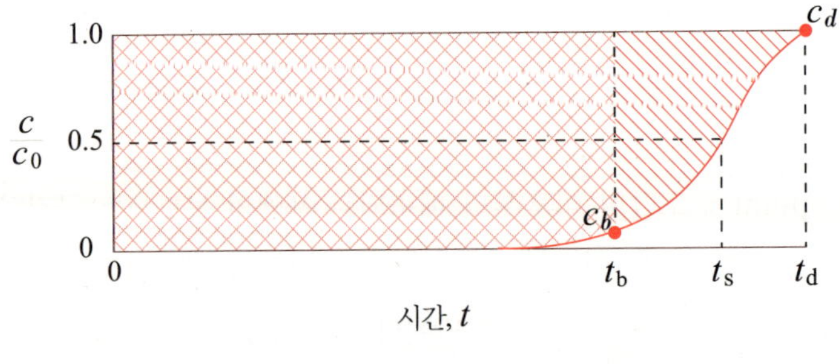

그림 11-6 Break-point 곡선으로부터 컬럼용량의 결정

$$H_B = \frac{t_u}{t_t} H_T \tag{11-12}$$

$$H_{UNB} = \left(1 - \frac{t_u}{t_t}\right) H_T \tag{11-13}$$

여기서 H_{UNB}는 사용하지 않은 충진층의 길이(m)이며, 다른 한편으로는 흡착이 일어나고 있는 영역을 나타낸다고 할 수 있다. H_{UNB}는 유속에 의존되나, 컬럼길이와는 무관하다. 그러므로 H_{UNB}는 원하는 흡착제를 충진한 작은 지름의 실험실 충진 컬럼에서 목적하는 설계속도(design velocity)로부터 측정한다. 그런 다음 생산규모의 흡착컬럼의 설계는 break-point에서의 H_B를 구하고, H_{UNB}를 단순히 더함으로써 총 컬럼길이 H_T를 구할 수 있다.

$$H_T = H_{UNB} + H_B \tag{11-14}$$

4. 공정변수와 흡착사이클

대규모 흡착공정은 크게 순환회분 시스템(cyclic batch system)과 연속 유동 시스템(continuous flow system)으로 구분된다. 순환회분 시스템은 흡착 고정층이 포화된 후 재생하여 재사용하는 방법이다. 고정층(fixed bed)을 사용한 순환회분 흡착시스템은 흡착사이클 후 흡착제의 재생방법에 따라 4가지로 분류된다. 일반적으로 이들 방법은 2~3개의 고정층을 평행하게 설치하여 한 개의 컬럼이 흡착사이클이면 다른 1개 또는 2개는 탈착사이클이 되게 조합한다.

(1) 온도-진동사이클(Temperature-swing cycle)

열적 진동사이클(thermal-swing cycle)이라고도 하며, 흡착층을 내부에 설치된 수증기 코일로 가열하거나 뜨거운 기체를 불어 넣어 흡착된 용질을 제거한 다음, 냉각하여 다음 흡착과정에 사용한다. 대개 재생시간은 수시간 이상이 소요된다.

(2) 압력-진동사이클(Pressure-swing cycle)

일정한 온도에서 압력을 낮추어 흡착된 용질을 탈착시키게 된다. 온도에 의한 탈착방법에 비해 소요시간이 짧다.

(3) 불활성 기체 스트리핑 사이클(Inert-purge gas stripping cycle)

비흡착성 또는 불활성 기체를 충진층에 통과시켜 흡착된 용질을 제거하는 방법이다. 불활성 기체를 통과시키면 흡착제 입자주위의 농도 또는 분압이 낮아져 용질이 탈착되며, 재생시간은 몇 분 정도에 지나지 않는다.

(4) 교체 퍼지 사이클(Displacement-purge cycle)

압력과 온도를 일정하게 유지하면서 흡착되는 용질보다 흡착력이 강한 액체 또는 기체를 흡착층에 통과시켜 용질을 대체시키는 방법이다. 활성탄을 사용하여 용매를 회수하는 공정에서는 스팀 스트리핑(steam stripping) 방법으로 재생하는데, 이 방법은 (1)과 (4)의 복합방법이다.

Section 4 이온교환 흡착

1. 이온교환 물질

이온교환 공정이란 기본적으로 용액 내의 이온과 불용성 고체상(solid phase)의 이온 사이의 화학적 반응이다. 즉 고체 중의 일부 이온과 용액 중의 이온이 서로 교환되어 전기적으로 중성이 유지된다. 처음 사용된 이온교환 물질은 천연 zeolite이다. 이는 다공성 모래 형태의 양이온 교환체로서 용액 중의 양전하 이온(Ca^{2+})이 고체중의 세공(pore) 속으로 확산되어 들어가 고체의 Na^+ 이온과 교환된다.

$$\underset{(\text{용액})}{Ca^{2+}} + \underset{(\text{고체})}{Na_2R} \rightleftharpoons \underset{(\text{고체})}{CaR} + \underset{(\text{용액})}{2\ Na^+} \tag{11-15}$$

여기서 R은 불용성 고체를 나타낸다. 식 (11-5)는 물의 연화(softening) 공정의 기본반응식으로서 재생할 때는 NaCl을 첨가하여 가역적으로 왼쪽으로 반응이 일어나게 한다. 이와 같은 대부분의 무기이온교환 물질은 양이온만을 교환한다.

현재 사용되는 이온교환 고체는 대부분 합성수지 또는 고분자이다. 이들은 황산기, 카르복실기 또는 페닐기를 갖고 있으며, 이들 음이온기는 양이온과 교환된다.

$$\underset{(\text{용액})}{Na^+} + \underset{(\text{고체})}{HR} \rightleftharpoons \underset{(\text{고체})}{NaR} + \underset{(\text{용액})}{H^+} \tag{11–16}$$

여기서 R은 고체수지를 나타내며, 고체수지 중의 Na^+는 H^+ 또는 다른 양이온과 교환될 수 있다. 유사하게 아민기를 갖는 합성수지는 용액 중의 음이온 또는 OH^-기를 교환하는데 사용된다.

$$\underset{(\text{용액})}{Cl^-} + \underset{(\text{고체})}{RNH_3OH} \rightleftharpoons \underset{(\text{고체})}{RNH_3Cl} + \underset{(\text{용액})}{OH^-} \tag{11–17}$$

2. 이온교환에서의 평형관계

등온조건에서 이온교환의 평형관계는 질량작용의 법칙을 이용하여 설명된다. 한 예로 식 (11–16)과 같은 단순한 이온교환 반응에서 HR과 NaR은 수지 표면에 존재하는 H^+와 Na^+로 채워진 이온교환 자리(ion exchange site)를 나타낸다. 만약 일정한 수의 이온교환 자리가 H^+ 또는 Na^+로 완전히 채워져 있다고 가정하면, 평형상태에서는

$$K = \frac{[NaR][H^+]}{[Na^+][HR]} \tag{11–18}$$

이다. 수지표면에 존재하는 이온기 $[\overline{R}]$의 총 농도는 고정되어 있으므로

$$[\overline{R}] = \text{일정} = [NaR] + [HR] \tag{11–19}$$

식 (9–18)과 식 (9–19)를 결합하면

$$[NaR] = \frac{K[\overline{R}][Na^+]}{[H^+] + K[Na^+]} \tag{11–20}$$

만약 용액이 완충액이어서 $[H^+]$가 일정하면, Na^+ 교환을 나타내는 식은 Langmuir 등온흡착곡선과 유사하다.

일반적으로 이온교환수지를 사용한 이온교환 공정은 수지와 결합하고 있는 H^+ 또는 OH^- 이온이 용액 중의 다른 이온과 교환되고 H^+ 또는 OH^- 이온이 용액으로 용출되는 공정이다. 사용한 수지는 고농도 H^+ 또는 OH^- 용액으로 재생하여 사용한다. 예컨대 강산 용액 중에서는 식 (11–16)의 평형이 왼쪽으로 이동하여 수지가 재생된다.

Section 5 고체-액체 추출

추출(extraction)은 액체 또는 고체 원료 중에 포함되어 있는 유용한 가용성 성분을 용매에 녹여 분리하는 조작이다. 특히 고체를 원료로 할 경우 고체-액체추출(solid-liquid extraction) 혹은 침출(leaching)이라 하며, 액체 원료인 경우 액체-액체추출(liquid-liquid extraction)이라고 한다. 식품산업에서는 액체-액체추출은 적고, 고체-액체 추출이 대부분이다.

추출조작은 식물로부터 유효성분을 분리하여 식품 및 의약품 소재를 만들거나 발효액으로부터 발효식품 및 생물공학제품의 제조공정, 기름종자(oilseed)에서 식용유를 제조하는 공정 등에 이용되고 있다. 추출대상인 액체나 고체를 원료(feed), 가용성 성분을 용질(solute), 액체용제를 용매(solvent), 추출하여 얻어진 액을 추출액(extract), 추출 후 남는 부분을 잔류물(raffinate)이라고 한다.

추출의 목적은 용질을 분리해 내는 것이지만 잔류물을 제품으로 얻고자 하는 경우는 용매로서 용질을 제거하는 것이므로 세척(washing)이라고 한다.

1. 추출을 위한 고체 전처리

전처리 방법은 고체의 성질이나 용질의 함량과 분포 등에 따라 달라진다. 용질이 비용해성 물질로 둘러싸여 있는 경우에는 분쇄하여 용질이 용매와 쉽게 접촉할 수 있도록 함으로써 추출속도를 증가시킬 수 있다.

생체원료는 세포조직으로 구성되며, 대부분의 경우 용질은 세포 내에 존재하므로 용질이 세포막을 투과할 때 확산저항을 받아 추출속도가 느려진다. 그러므로 사탕무와 같은 경우에는 얇게 자르면 용매인 물이 각 세포까지 확산 도달하기 쉬워 추출효과가 상승하게 된다. 또한 식물의 잎, 뿌리, 줄기 등에서 의약품 성분을 추출할 때는 원료를 추출하기 전에 건조시킨 다음 세포벽을 파열시켜 용질이 직접 용매에 용해되도록 해준다. 콩과 기타 식물씨앗 등은 몇 조각으로 분쇄한 다음 0.1 mm~0.5 mm 정도로 얇게 압착하여 세포벽을 파열시켜 용매가 내부의 기름과 쉽게 접촉할 수 있게 한다.

2. 추출속도

고체-액체 추출조작에서 가장 중요한 문제는 추출속도에 영향을 미치는 인자와 원료로부터 가용성 성분을 가능한 완전히 추출하는 동시에 고농도의 추출액을 얻는 방법이다.

고체 내부의 가용성 성분을 용매로 추출하는 과정은 다음의 3가지 단계로 진행된다. (1) 먼저 용매가 고체 내부로 침투하여 가용성 성분을 녹인다. (2) 용해된 물질은 농도차에 의하여 고체 내부에서 표면으로 확산한다. (3) 고체표면에서 액체필름을 통하여 용매로 확산된다.

일반적으로 위의 단계 중 (1) 단계와 (3) 단계는 빠르게 진행된다. 그러므로 많은 경우 내부확산에 의한 가용성 성분의 이동속도가 침출공정에서 속도제한 단계(rate limiting step)가 된다. 용해된 용질이 고체 내부에서 표면으로 확산되는 속도는 여러 가지 인자에 의하여 좌우된다. 만약 고체가 불용성 성분으로 구성된 다공성 구조를 이루고 있으면 세공내부의 용액으로부터 용질이 다공성 고체를 통과하는 이동현상은 유효확산(effective diffusion)으로 설명할 수 있다.

(1) 고체표면에서 용액으로의 물질이동이 속도제한 단계인 경우

순수한 고체가 용액 중으로 용해될 때 또는 고체 내부에서 용질의 확산 속도가 입자표면에서의 확산속도보다 매우 빠른 경우 침출속도는 고체표면에서 액체 중으로의 물질이동 속도에 의해 좌우된다. 이와 같은 경우 회분식 시스템에서 용질 A가 부피 V m^3의 용액 중으로 용해될 때 물질이동속도는 다음과 같이 나타낼 수 있다.

$$\frac{\bar{N}_A}{A} = k_L(c_{AS} - c_A) \tag{11-21}$$

여기서 $\bar{N}_A$: 용액에 용해되는 A의 물질이동속도(kg mol/s)

A : 입자의 표면적(m^2)

k_L : 물질 이동계수(m/s)

c_{AS} : 용액 내의 용질 A의 포화농도(kg mol/m^3)

c_A : 시간 t에서 용액 내 용질 A의 농도(kg mol/m^3)

식 (11-28)과 식 (11-29)를 정리하면

$$\frac{x_C - x_{CM}}{x_A - x_{AM}} = \frac{x_{CM} - y_C}{x_{AM} - y_A} \tag{11-31}$$

이 된다. 이 식은 L, M 및 V 세 점이 직선상에 위치해야 함을 나타낸다. 직각 삼각형의 닮은꼴 특성을 이용하여

$$\frac{L(\text{kg})}{V(\text{kg})} = \frac{\overline{VM}}{\overline{LM}} \tag{11-32}$$

이것은 지렛대법칙(lever-arm rule)으로서 kg L/kg V는 직선길이 $\overline{VM}$ /직선길이 $\overline{LM}$과 같다는 의미이다. 또한

$$\frac{L(\text{kg})}{M(\text{kg})} = \frac{\overline{VM}}{\overline{LV}} \tag{11-33}$$

이 된다.

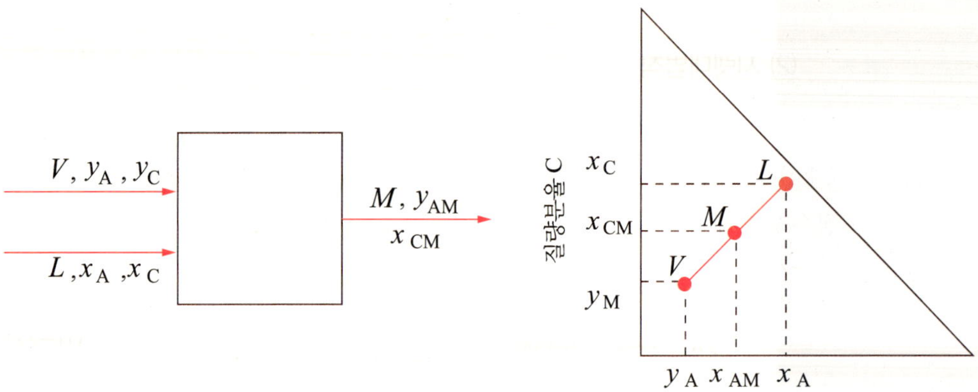

(a) 공정의 흐름도 (b) 지렛대 법칙

그림 11-8 삼각좌표의 지렛대 법칙

[예제 11-5] 1 단 회분식 추출 계산

대구의 간에서 기름을 추출하기 위하여 1 단 추출장치를 사용한다. 추출기에 공급되는 원료 대구간의 유량은 1000 kg/h이며, 대구간은 각각 0.326 및 0.674의 질량분율의 기름(A)와 고체(B)를 함유하고 있다. 용매(C)는 0.99 질량분율의 에테르와 0.01 질량분율의 기름을 함유하고 있다. 일류(overflow) 중 기름의 질량분율이 0.183, 저류(underflow) 중 고체의 질량분율이 0.579일 때 소요되는 용매의 유량을 구하라.

[풀이] 주어진 값에서 $L_o=1000$, $x_{A0}=0.326$, $x_{B0}=0.674$, $x_{C0}=0$, $y_A=0.01$, $y_{C1}=0.01$, $y_{A1}=0.183$, $x_{B1}=0.579$를 이용하여, 다음과 같이 물질 수지를 세운다.

기름수지 $1000(0.326)+V(0.01)=V(0.183)+L_1x_{A1}$

에테르수지 $1000(0)+V(0.99)=V(0.817)+L_1x_{C1}$

고체수지 $1000(0.674)+V(0)=V(0)+L_1(0.579)$

L_1의 조성은 그림 11-9와 같이 삼각도해법을 이용하여 결정한다. V_1은 유출 일류이므로 고체질량은 0이다. 따라서 $y_{A1}=0.183$인 지점과 0을 연결하고, L_1의 고체질량분율(x_{B1})이 0.579이므로, B 농도에 선을 그리면, 두 선의 교점인 x_{A1} 및 x_{C1}은 각각 0.075, 0.352이다.

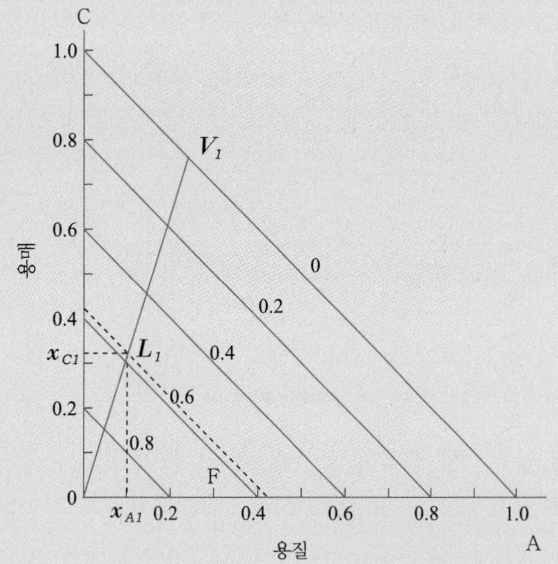

그림 11-9 [예제 11-5]의 추출공정을 나타낸 삼각도표

고체수지로부터

$$L_1 = 100(0.674)/0.579 = 1164 \text{ kg/h}$$

전체 물질수지와 에테르수지로부터

$$V_1 = 1000 + V_2 - L_1$$

$$V_2(0.99) = (1000 + V_2 - L_1)\ (0.817) + 1164(0.352)$$

$$V_2 = 1594 \text{ kg/h}$$

(3) 사각좌표

고체-액체 추출에서 평형관계는 앞에서 기술한 것과 같이 직각삼각좌표에 나타낼 수도 있으며 그림 11-10과 같이 용질(A), 불용성 고체(B) 및 용매(C)의 세 성분의 질량분율로 사각도표(rectangular diagram)에 표시할 수 있다.

일류(overflow)나 저류(underflow) 중의 불용성 고체 B의 농도는 불용성 고체를 제외한 용액을 기준으로 했을 때 다음과 같이 표시할 수 있다.

$$N = \frac{\text{kg B}}{\text{kg A} + \text{kg C}} = \frac{\text{kg 불용성 고체}}{\text{kg 용액}} \tag{11-34}$$

여기서 불용성 고체 B의 농도 N은 일류에서는 0, 저류에서는 용액 중 용질의 농도에 따라 다른 값을 가질 수 있다. 같은 방법으로 액체 중 용질 A의 조성을 불용성 고체를 제외한 용액을 기준으로 질량분율로 표시하면 아래와 같다.

$$y_A = \frac{\text{kg A}}{\text{kg A} + \text{kg C}} = \frac{\text{kg 용질}}{\text{kg 용액}}\ (\text{일류용액}) \tag{11-35}$$

$$x_A = \frac{\text{kg A}}{\text{kg A} + \text{kg C}} = \frac{\text{kg 용질}}{\text{kg 용액}}\ (\text{슬러리용액}) \tag{11-36}$$

따라서 y_A는 일류 액체 중의 용질 A의 질량분율이고, x_A는 슬러리, 즉 저류에 동반되는 용액 중의 A의 질량분율이다. 계에 들어오는 고체원료에 대해서 N값은 불용성 고체 kg/용질 kg이 되며, x_A는 1.0이다. 또한 공급되는 순수한 용매에 대해서는 $N=0$, $y_A=0$이다.

그림 11−10은 A가 용매 C에 대하여 무한대로 용해되는 경우의 전형적인 평형도표로서 대두유 추출에서 대두유(A)−불용성 대두박(B)−핵산(C) 시스템의 예를 들 수 있다.

N 대 x_A 관계를 나타내는 상부선은 저류인 슬러리의 조성을 나타내며, 실제 추출공정과 유사한 실험조건에서 분리한 고체의 조성을 나타낸다.

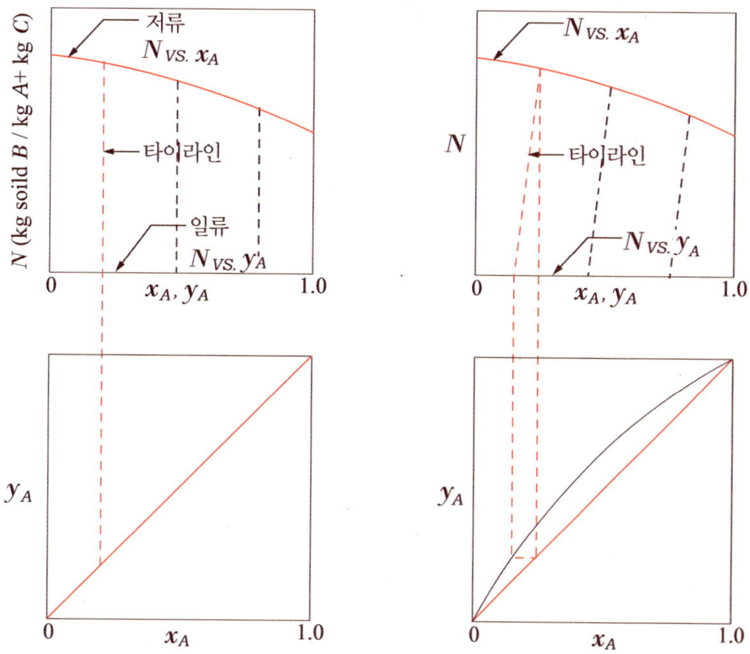

(a) 수직 타이라인을 가지며 $x_A = y_A$ 경우　　(b) $x_A \neq y_A$인 경우

그림 11−10　몇 가지의 평형도표

N 대 y_A를 나타낸 하부선은 $N = 0$인 축으로서 고체를 완전히 분리한 일류의 조성을 나타낸다. 어떤 경우에는 약간의 고체가 일류에 남아있을 수도 있다. 상하선을 연결한 수직선은 타이 라인(tie line)이라 하며, xy 도표상에 있어서 $x_A = y_A$인 평형선(equilibrium line) 즉, 45° 직선이다. 그림 11−10(b)에서와 같이 타이 라인이 수직이 아닌 경우는 접촉시간이 불충분하여 용질이 완전히 용해되지 않아 평형에 도달하지 못했거나, 용질 A가 고체에 흡착된 경우이다.

만약 N 대 x의 저류선이 수평의 직선인 경우는 슬러리 중의 고체에 동반된 용액의 양이 어느 농도에서나 일정한 경우로서 일류나 저류의 유속이 단(stage) 전체에서 일정하다는 것을 의미한다.

3. 1 단 추출

그림 11-11(a)는 일류의 조성이 y_A, 유량이 V kg/h, 저류 중의 용액의 조성이 x_A, 유량이 L kg/h인 1 단 추출공정을 나타낸 것이다. 전체용액(용질 A + 용매 C)에 대한 물질수지와 A 성분에 대한 물질수지, 고체 B 성분에 대한 물질수지는 각각 다음과 같다.

$$L_0 + V_2 = L_1 + V_1 = M \tag{11-37}$$

$$L_0 x_{A0} + V_2 y_{A2} = L_1 x_{A1} + V_1 y_{A1} = M y_{AM} \tag{11-38}$$

$$B = N_0 L_0 + 0 = N_1 L_1 + 0 = N_M M \tag{11-39}$$

여기서 M은 총 유량 $(A+C)$ kg/h이고, y_{AM} 및 N_M은 M의 좌표이다.

$x_A + x_B + x_C = 1.0$, $y_A + y_B + y_C = 1.0$이기 때문에 C에 대한 물질수지는 필요하지 않다. 앞에서 설명한 바와 같이 $L_1 M V_1$은 동일 직선 위에 놓여야 하며, $L_0 M V_2$도 직선상에 있어야 한다. 또한 L_1과 V_1은 그림 11-11(b)에 나타낸 바와 같이 수직 타이 라인상에 위치하여야 하며, M은 두 직선의 교점이다. 만약 추출장치에 공급되는 원료 L_0가 용매 C가 없는 신선한 고체인 경우 그 조성은 그림 11-11(b)에 나타낸 바와 같이 N 대 x선 위에 위치한다.

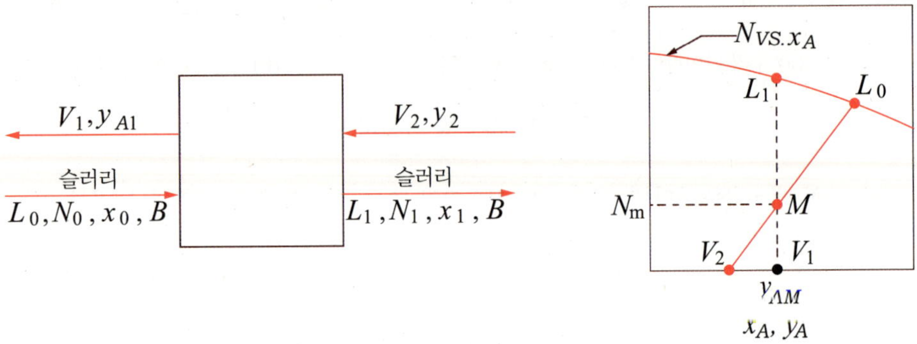

(a) 공정의 흐름도 (b) 물질수지

그림 11-11 1 단 추출공정에서의 물질수지

[예제 11-6] 압편 대두의 1 단 추출

압편 대두(soybean flakes)로부터 핵산을 이용하여 기름을 1 단 추출하려고 한다. 대두 100 kg의 기름함량이 20%이며 순수한 핵산 100 kg으로 추출하고자 한다. 저류에서의 N 값은 $1.5\left(\dfrac{\text{kg 불용성 고체}}{\text{kg 용액}}\right)$로 일정하다. 일류의 유량 V_1과 조성, 단(stage)을 나가는 저류의 유량 L_1과 조성을 계산하라.

[풀이]

공정흐름도는 그림 11-11(a)와 같다. 단으로 들어오는 용매에서 $V_2=100$ kg, $y_{A2}=0$, $x_{C2}=1.0$이며, 유입되는 슬러리(slurry)에서는 $B=100(1.0-0.2)=80$ kg 불용성 고체, $L_0=100(1.0-0.8)=20$ kg, $N_0=80/20=4.0$ kg 고체/kg 용액, $x_{A0}=1.0$이다.

M의 위치를 계산하기 위하여 위 값들을 식 (11-37), (11-38)과 (11-39)에 대입하면

$$L_0+V_2=20+100=120\ \text{kg}=M$$

$$L_0x_{A0}+V_2y_{A2}=20(1.0)+100(0)=120y_{AM}$$

y_{AM}이 0.167이므로

$$B=N_0L_0=4.0(20)=80=N_M(120)$$

$$N_M=0.667$$

M점은 그림 11-12에서 V_2와 L_0를 연결한 선상에 있다. 수직 연결선은 서로 평형상태를 이루는 L_1과 V_1을 이어서 얻어진다. 그러면

$$N_1=1.5,\ y_{A1}=0.167,\ x_{A1}=0.167$$

이를 식 (11-34)와 (11-37)에 대입하면

$$L_1=53.3\ \text{kg},\ V_1=66.7\ \text{kg}$$

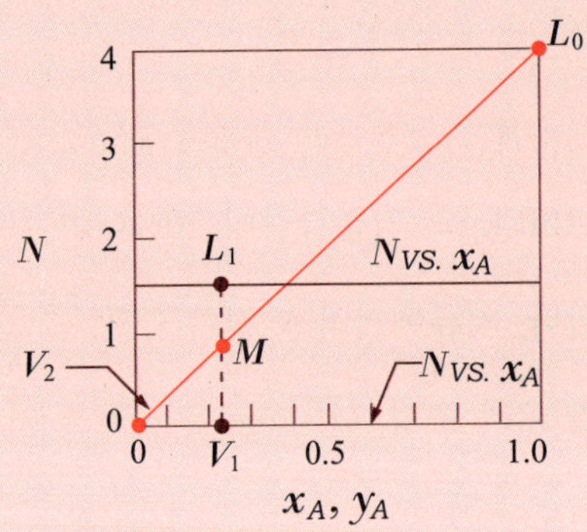

그림 11-12 [예제 11-6]의 1 단 추출의 도해법

Section 7 역류다단 추출

1. 역류다단 추출의 조작선 방정식

가장 간단한 추출방법은 순수한 용매로 반복하여 추출하는 것이지만 이 방법에서는 고체 중의 가용성 성분이 추출이 진행될수록 점차 낮은 농도로 얻어지므로 불리하다. 고체로부터 가능한 가용성 성분을 완전히 추출하는 동시에 고농도의 추출액을 얻기 위해서는 역류추출(countercurrent extraction)이 효과적이다.

역류다단 추출의 공정흐름도는 그림 11-13에 나타내었으며, 이상단(ideal stage)의 번호는 고체의 진행방향에 따라 표시하였다. 역류추출은 여러가지 방법으로 행힐 수 있으나 한 가지 예로서 고체와 용액을 혼합탱크에서 일정시간 혼합시켰다가 상층의 용액과 하층의 슬러리로 분리되어 순차적으로 반대 방향으로 이동시키는 것이다. 즉, 용매(C)-용질(A)로 구성된 용액 V상은 고체상과 반대방향으로 각 단을 순서대로 이동하며, 각 단을 이동하는 동안에 용질을 용해시켜 추출한다. 슬러리 L은 불용성 고체(B) 및 A와 C로 구성된 혼합용액이며, 각 단을 연속적으로 흐르는 저류이다. V 상의 조성은 y로, L 상의 조성은 x로 표시한다.

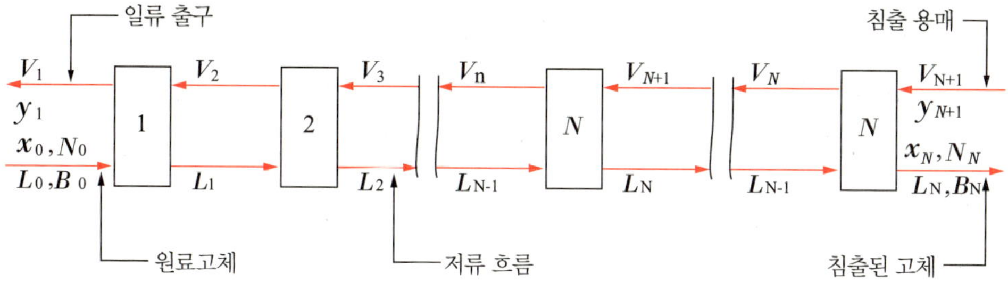

그림 11-13 역류식 다단추출공정의 흐름도

고체 B는 불용성이며 액체 V 상으로 손실되지 않는다고 가정하면 불용성 고체의 유량은 각 단에 걸쳐 일정하다. 1 단 추출에서와 같이 V는 일류용액의 유량 kg/h이며, L은 고체에 의해 동반되는 슬러리에 포함된 액체용액의 유량 kg/h이다.

조작선(operating line)의 방정식을 유도하기 위하여 전체 물질수지와 용질 A에 대한 물질수지를 N단까지에 대하여 세우면

$$V_{N+1} + L_0 = V_1 + L_N \tag{11-40}$$

$$V_{N+1}\, y_{N+1} + L_0\, x_0 = V_1 y_1 + L_N x_N \tag{11-41}$$

V_{N+1}을 없애고, y_{N+1}에 대하여 풀면

$$y_{N+1} = \left(\frac{L_N}{V_{N+1}}\right) x_N + \frac{V_1 y_1 - L_0 x_0}{V_{N+1}} \tag{11-42}$$

이 방정식을 xy좌표에 그리면 x_N 값에서 y_{N+1}를 순차적으로 구할 수 있으므로 조작선이라 부르며, 양끝점 (x_0, y_1)과 (x_N, y_{N+1})을 통과한다.

추출과정에서 용질(A)의 농도에 따라 용액의 점도와 밀도가 밀접하게 변한다고 하면 숫자가 낮은 단(stage)일수록 용질의 농도가 높으므로 점도와 밀도가 높기 때문에 고체에 동반되는 용액의 양이 많아지며, 반대로 숫자가 높은 단일수록 용질의 농도는 낮기 때문에 고체에 동반되는 용액의 양은 적어진다.

이와 같은 조건에서는 고체저류에 동반되는 용액의 양, 즉 L_N이 변하며 따라서 식 (11-42)의 기울기가 각 단에 따라 변한다. 저류가 변동되는 이와 같은 조건에 대하여 먼저 기술하였다. 만약 L_N이 일정하면 저류는 일정하며 각 단에 대한 계산이 간단해지는데, 이와 같은 경우에 대해서는 뒤에서 기술하도록 하겠다.

2. 역류다단 추출에서 변동저류

V와 L이 각 단에서 변하는 변동저류(variable underflow)인 경우에 그림 11-13 공정에서 용액 전체(용질 A + 용매 C)에 대한 물질수지를 세우면

$$L_0 + V_{N+1} = L_N + V_1 = M \tag{11-43}$$

여기서 M은 총 혼합물의 유량으로 (A + C) kg/h이다. 다음으로는 성분 A에 대하여 물질수지를 세우면

$$L_0 x_{A0} + V_{N+1} y_{A(N+1)} = L_N x_{AN} + V_1 y_{A1} = M y_{AM} \tag{11-44}$$

성분 B에 대하여 전체 고체 물질수지를 세우면

$$\mathrm{B} = N_0 L_0 = N_N L_N = N_M M \tag{11-45}$$

여기서 N_M과 y_{AM}은 그림 11-14에서처럼 점 M의 좌표이다. 앞에서 설명한 것과 같이 $L_0 M V_{N+1}$은 직선상에 놓여야 하며, $V_1 M L_N$ 역시 직선상에 놓여야 한다.

일반적으로 L_0와 V_{N+1}의 조성은 알고 있고, 또한 원하는 최종 배출농도 x_{AN}은 주어진다. 그러면, 식 (11-43)과 (11-44)에서 N_M과 y_{AM}을 계산할 수 있으며, 따라서 점 M이 정해진다. 그리고 L_N, M 및 V_1은 그림 11-14에 나타낸 것과 같이 일직선상에 놓여져야 한다.

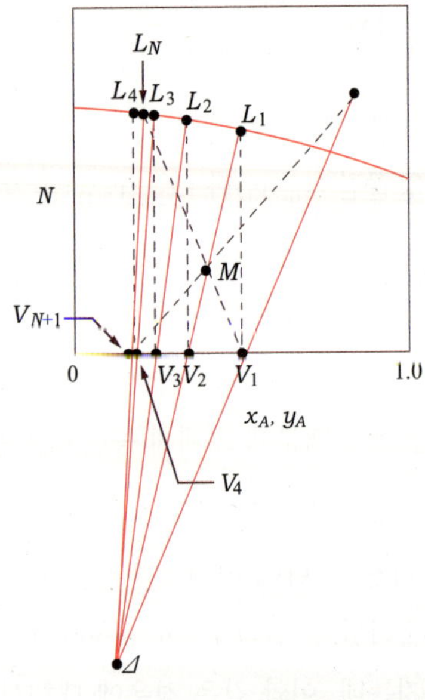

그림 11-14 역류다단 추출에서의 단수

또 그림 11-14와 같이 각 단에 대하여 문제를 풀기 위해서는 조작점(operating point) 방정식을 유도해야 한다. 1 단과 N단에 대하여 전체 물질수지를 세우면

$$L_0 + V_2 = L_1 + V_1 \tag{11-46}$$

$$L_{N-1} + V_{N-1} = L_N + V_N \tag{11-47}$$

(11-46)을 재정리하여 흐름차이 Δ(kg /h)로 나타내면

$$L_0 - V_1 = L_1 - V_2 = \Delta \tag{11-48}$$

Δ값은 일정하며, 식 (11-48)을 재정리하면 모든 단에 대하여 다음과 같이 쓸 수 있다.

$$\Delta = L_0 - V_1 = L_\mathrm{N} - V_{N+1} = L_N - V_{N+1} = \cdots \tag{11-49}$$

또한 용질 A에 대한 물질수지를 취하면

$$y_{A\Delta} = \frac{L_0 x_{A0} - V_1 y_{A1}}{L_0 - V_1} = \frac{L_N x_{AN} - V_{N+1} y_{A(N+1)}}{L_n - V_{N+1}} \tag{11-50}$$

여기서 $y_{A\Delta}$는 조작점 Δ에 대한 y 좌표이다. 고체에 대한 물질수지는

$$N_\Delta = \frac{B}{L_0 - V_1} = \frac{N_0 L_0}{L_0 - V_1} \tag{11-51}$$

여기서 N_Δ는 조작점 Δ의 N축 좌표이다.

앞의 삼각도표에서 기술한 것처럼 두 흐름의 차를 나타내는 이 조작점 Δ는 그림에서 보면 L_0V_1과 L_NV_{N+1}의 교차점이다. 왜냐하면 식 (11-50)에서와 같이 V_1은 L_0와 Δ를 연결하는 직선 상에 있고, V_2는 L_1과 Δ를 연결하는 직선상에 있고 또한 V_{N+1}은 L_N과 Δ를 잇는 직선상에 있어야 하므로 Δ는 이들 직선의 교차점이다.

이상에서 기술한 조작선과 조작점을 이용하여 도해적으로 추출단수를 결정하기 위해서는 먼저 주어진 추출조건으로부터 L_0, V_1, L_N 및 V_{N+1}의 좌표를 각각 구하고 L_0V_1과 L_NV_{N+1}의 두 연장선의 교점으로부터 조작점 Δ를 구한다. 그 다음 L_0에서 시작하며 $L_0\Delta$를 그려 V_1을 정하고, V_1에서 타이 라인(tie line)을 그어 L_1을 찾고 $L_1\Delta$선을 그어 V_2를 정한다.

마찬가지 방법으로 타이 라인을 그어 L_2를 구한다.

이와 같은 방법으로 원하는 L_N에 도달할 때까지 계속한다. 그림 11-14에서는 L_3 점은 L_N에 미치지 못하였고 L_4는 L_N을 지나쳐 L_N은 약 3.5 단이 요구된다는 것을 알 수 있다.

[예제 11-7] 대두박으로부터 기름의 역류추출

연속역류 추출장치를 이용하여 대두박으로부터 *n*-핵산(*n*-hexane) 용매를 이용하여 기름을 추출하고자 한다. 추출공정에서는 불용성 고체(B) 2000 kg/h를 처리하는데, 이 불용성 고체는 기름(A) 800 kg과 *n*-핵산(C) 50 kg을 동반한다. *N* 번째 단에 공급되는 용매는 1310 kg의 *n*-핵산과 20 kg의 기름을 포함하고 있다. 추출이 종료된 고체는 120 kg의 기름을 포함하고 있다. 실제 추출장치와 비슷한 조건에서의 침강실험에 의하면 불용성 고체에 동반되는 용액의 양은 용액의 조성에 의존된다. 아래 표에 *N*(kg 불용성고체/kg 용액)과 x_A(kg 기름/kg 용액)의 관계를 나타내었다.

N	x_A	N	x_A
2.00	0	1.82	0.4
1.98	0.1	1.75	0.5
1.94	0.2	1.68	0.6
1.89	0.3	1.61	0.7

추출공정에서 배출되는 흐름의 유량과 농도를 계산하고 필요한 단(stage)의 수를 구하라.

[풀이]

위 데이터로부터 저류값을 그림 11-15에 *N* 대 x_A로 나타낸다. 제1단에 공급되는 원료의 조성과 유량으로부터

$$L_0 = 800 + 50 = 850 \text{ kg/h},\ x_{A0} = 800/(800+50) = 0.941$$
$$B = 2000 \text{ kg/h},\ N_0 = 2000/(800+50) = 2.36$$

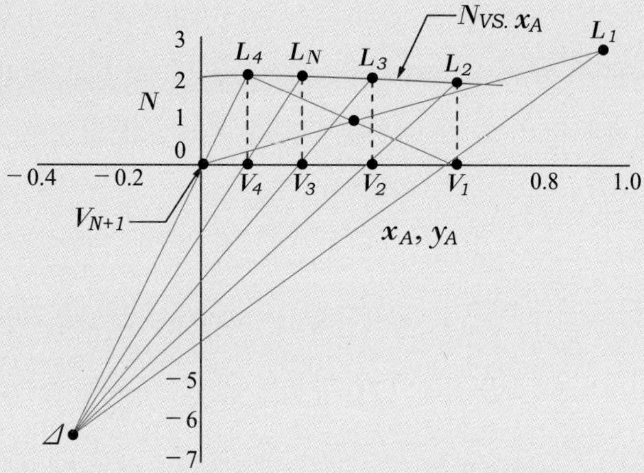

그림 11–15 [예제 11–7]의 단수결정을 위한 도해법

N 단에 유입되는 추출용매의 조성과 유량으로부터

$$V_{N+1} = 1310 + 20 = 1330 \text{ kg/h},\ y_{AN+1} = 20/1330 = 0.015$$

점 V_{N+1}과 L_0을 그린다. 점 L_N은 그림 11–15에서 N 대 x_A 선상에 위치한다. 또한 이 점에서 N_N/x_{AN} = (kg 고체/kg 용액)/(kg 기름/kg 용액) = kg 고체/kg 기름 = 2000/120 = 16.67이다. 따라서 $x_A = 0$, $N = 0$인 원점을 통과하고 기울기가 16.67인 점선을 그리면, 이 점선은 L_N에서 N 대 x_A 선과 교차한다. 이 교차점에서 L_N 좌표를 읽으면, $L_N = 1.95$, $x_{AN} = 0.118$이 된다.

식 (11–43)에 위의 값들을 대입하여 전체 물질수지를 취하여 점 M을 구한다.

$$L_0 + V_{N+1} = 850 + 1330 = 2180 \text{ kg/h} = M$$

식 (11–44)에 대입하면

$$L_0 x_{A0} + V_{N+1} y_{A(N+1)} = 850(0.941) + 1330(0.015) = 2180\, y_{AM}$$
$$y_{AM} = 0.376$$

식 (11–45)에 대입하여 풀면

$$B = 2000 = N_M M = N_M(2180) \qquad N_M = 0.918$$

점 M은 그림 11-15에서 $y_{AM}=0.376$, $N_M=0.918$ 좌표로 표시한다.

$V_{N+1}ML_0$을 연결하는 직선을 그리고, L_NM을 연결하는 연장선이 수평축과 만나는 점이 V_1이 되며, 이 때의 $y_{A1}=0.6$이다. 유량 V_1 및 L_N은 식 (11-43), (11-44)에 대입하여 계산한다.

$$L_N + V_1 = M = 2180$$
$$L_N x_{AN} + V_1 y_{A1} = L_N(0.118) + V_1(0.600) = 2180(0.376)$$

따라서 $L_N = 1016$ kg/h, $V_1 = 1164$ kg/h이다.

조작점 Δ는 그림에서 L_0V_1과 L_NV_{N+1}의 교차점으로 얻어진다. 그 좌표는 식 (11-51), (11-52)로부터도 계산된다. 단수는 앞에서 기술한 방법에 따라 단계별로 그려나가면 요구되는 L_N까지는 약 3.9 단이 된다.

3. 연속식 역류다단 추출에서 일정한 저류

이 경우에는 L_N이 각 단(stage)에서 일정한 경우이다. 즉 N 대 x_A 그림이 수평선이며, N은 일정하다. 그러므로 식 (11-44)의 조작선 식은 x_A대 y_A에 그리면 직선이 된다. 그러나 일반적으로 L_0는 L_N과 일치하지 않기 때문에 첫단에 특별한 처리를 해야 한다.

이러한 일정한 저류 공정에서의 계산은 2절의 변동저류와 방법이 거의 같다. 이 예는 연습문제를 참고하기 바란다.

Section 8 추출장치

고체 추출장치에는 1 단과 다단계 정치장치(회분식 장치) 및 연속 장치가 있다.

1. 1 단 회분식 추출기

가장 단순한 추출장치로 다공판 또는 금속망이 밑바닥에 깔린 탱크 속에 고체원료를 넣고 일정시간 추출한다. 그림 11-16에 종자로부터 식용유를 추출하는 장치를 나타내었다. 분산기(distributor)에서 용매를 분무하면 용매는 고체층을 통과하면서 기름을 녹여 탱크 아래로 모인다. 여기서 가열에 의하여 용매는 연속적으로 증발, 응축되어 순환하고 기름은 하부용액 중에 농축된다. 추출시료가 미세한 분말인 경우는 교반을 같이 행하여 주는데 주로 소규모의 커피, 홍차, 식용유 추출에 사용된다.

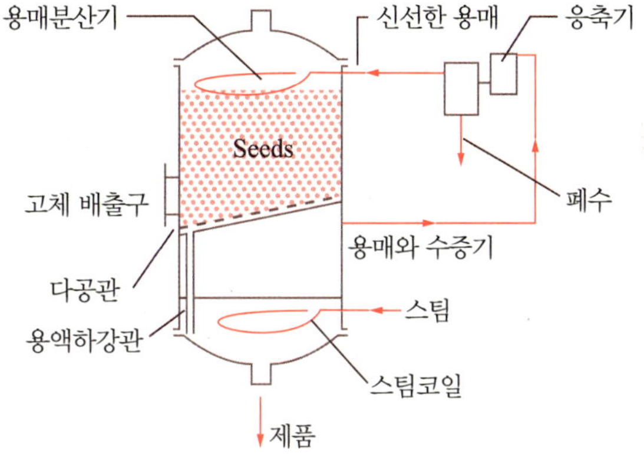

그림 11-16 용매 순환식 1 단 추출기

2. 다단계 회분식 추출기

1 단 회분식 추출에서는 사용하는 용매의 양이 비교적 다량이고 추출액 즉, 미셀라(miscella, 용매와 기름의 혼합물)의 농도가 낮은 단점이 있다. 이를 해결하기 위하여 역류 연속식 방법이 좋으나 고체입자를 연속적으로 보내는 것이 기술적으로 곤란한 경우 고체는 고정상(fixed bed)으로 놓고 용매만 순차적으로 흘려보내는 장치를 사용한다.

그림 11-17에는 추출탱크가 여러 개 연결되어 추출과정 동안 각 탱크 속의 고체는 이동시키지 않고 용매만 이동시킨다. 즉, 새로운 용매는 추출이 거의 끝난 고체와 접촉하게 하여 고체 중의 기름을 가능한 거의 완전히 추출되도록 하고 원료는 최종 미셀라와 접촉하도록 하여 최종 미셀라의 용질의 농도가 가능한 한 높아지도록 조업한다.

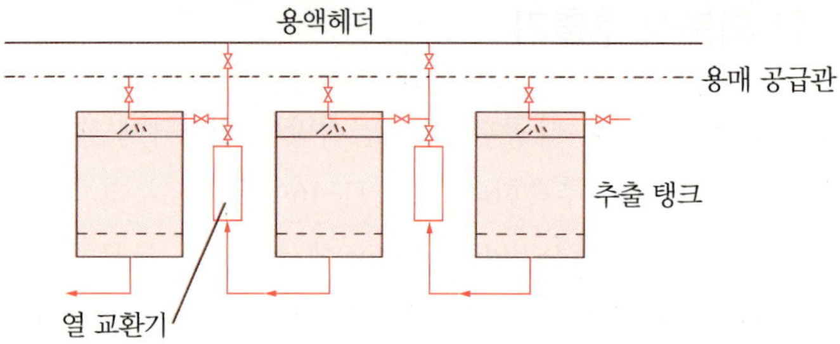

그림 11-17　다단역류 회분식 추출기

3. 연속 추출장치

연속 추출기를 사용하면 공정관리 및 작업면에서 유리하므로 대규모의 현대식 공장에서 채용하고 있다. 연속 추출장치는 한 대의 추출기가 여러 개의 추출단을 가지고 있으므로 다단계 회분식 추출기보다 장치가 조밀하고 운전에 필요한 노동력이 적은 장점이 있다.

(1) 볼만(Bollman)형 추출기

기본적으로 바스켓(basket) 승강기 형태로서, 바스켓은 용액이 빠져 나갈 수 있도록 다공판으로 이루어져 있다.

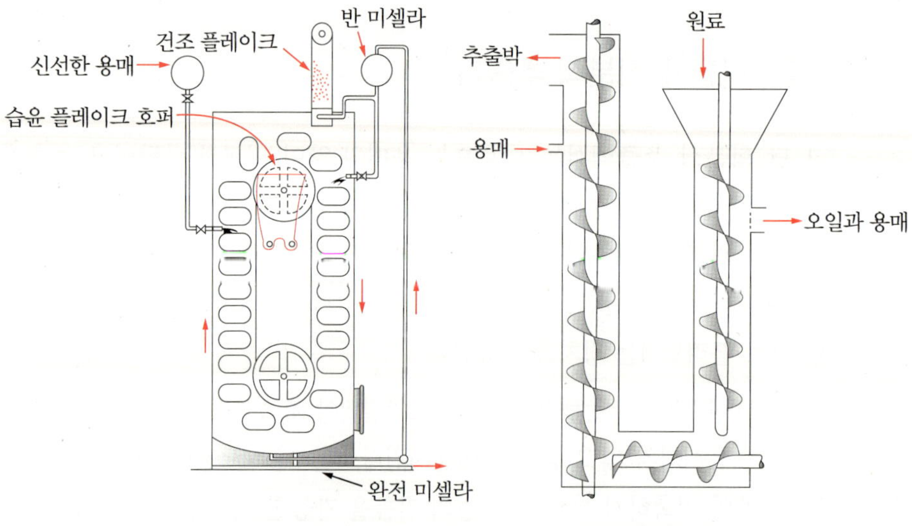

(a) Bollman 형　　(b) Hildebrandt 추출기

그림 11-18　연속식 추출장치

신선한 용매는 그림 11–18(a)에서처럼 왼쪽 상부에서 공급되며, 아래쪽으로 이동된다. 이때 용매의 흐름 방향은 고체를 포함한 바스켓의 이동 방향과 반대가 된다. 고체와 접촉하면서 용질을 추출한 용액은 아래쪽에 모이게 되며, 이는 펌프로 오른쪽 상단으로 이송되어, 다시 바스켓 방향과 같은 방향으로 내려가게 된다.

원료 고체는 오른쪽 상부에서 바스켓에 공급되어 용매와 접촉하게 되며, 왼쪽 상단에 도달하면 뒤집어져서 고체는 컨베이어(conveyor)로 이송되어 다시 순환하게 된다. 최종적으로 농축된 용액은 하부에서 모아져 여과과정 등을 거치게 된다. 이러한 추출기는 박편이나 종자로부터 기름 추출에 주로 사용된다.

(2) 힐데브란트(Hildebrandt) 추출기

이는 높이가 다른 두 개의 수직형 실린더 탑으로 구성된다. 그리고 각 탑은 짧고 수평인 실린더에 의해 바닥부분에서 연결되어 있는 U자형 추출기이다(그림 11–18(b)).

각 실린더는 다공판 날개를 가진 스크류 컨베이어(screw conveyor)로 구성되어 있다. 이들 컨베이어는 고체를 짧은 탑에서 위에서 아래방향으로, 다시 큰 탑의 아래에서 윗방향으로 이동시킨다. 신선한 용매는 반대로 큰 탑의 상부에서 아래로 이동하게 된다. 이때 용매 투입구는 고체 제거 지점보다는 낮다. 즉, 용매의 흐름은 고체 이동 방향과 반대인 역류식으로 순수한 용매와 농축된 용질이 접촉하게 된다.

이 스크류(screws)는 약 1 rev/min으로 작동하며, 용량은 40 ton/h 이상이다. 이 추출기는 대두박으로부터 기름의 추출과 사탕무로부터 설탕의 추출에 사용된다.

(3) 로토셀(Rotocel) 추출기

이는 실린더형 추출기로 부채꼴 모양의 칸막이(vertical radial partitions)로 나누어져 있는 수많은 구역(compartments)으로 이루어져 있으며, 각 구역은 수직축을 따라 회전하며 다공성 바닥으로 구성되어 있다(그림 11-19).

원료 고체는 컨베이어 공급기 밑을 각 구역이 통과할 때 공급된다. 한 사이클이 끝난 후에 소비된 고체는 바닥이 열리면서 방출되며 screw conveyor에 의해 제거된다. 신선한 용매는 고체가 방출되기 전에 고체에 분무된다. 용매는 각 구역의 고체를 통해 침투되며, 정지된 탱크 하부의 한 구역으로 이동된다.

이동된 용매는 펌프로 전단계 구역으로 가서 분무되어 역류 효과를 가지게 된다. 이러한 추출기는 사탕무로부터 설탕의 추출과 기름종자로부터 기름 추출 등에 이용된다.

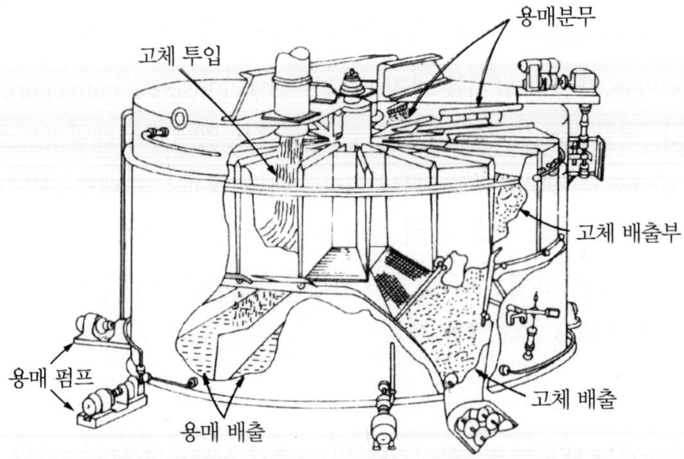

그림 11-19 Rotocel 추출기

[연습 문제]

1. 수용액으로부터 글루코오스를 활성 알루미늄을 이용하여 흡착시킬 때의 평형 데이터가 다음과 같다. 이때 데이터에 적합한 등온흡착식을 구하고, 식의 상수값을 결정하라.

c (g/cm^3)	0.0040	0.0087	0.019	0.027	0.094	0.195
q (g 용질/g 흡착제)	0.026	0.053	0.075	0.082	0.123	0.129

2. 2.5 m^{3}의 부피를 갖는 폐수용액이 0.25 kg 페놀/m^3 용액을 포함하고 있다. 이 용액을 회분식 공정에서 3 kg의 활성탄을 가지고 평형상태에 도달할 때까지 혼합하였다. [예제 11-3]의 등온흡착을 이용하여 최종 평형값과 페놀추출율을 계산하라.

3. 공기로부터 알콜 수증기를 활성탄 입자에 흡착시키고자 지름 4 cm, 길이 14 cm인 충진컬럼에 79.2 g의 활성탄 입자를 충진시켰다. 유입되는 가스는 c_0가 600 ppm, 밀도가 0.00115 g/cm^{3}이며 754 cm^3/s의 속도로 공급된다. 다음 데이터는 break through 곡선을 나타낸다. Break-point 농도는 $c/c_0=0.01$ 일 때 다음을 계산하라.

Time (h)	c/c_0	Time (h)	c/c_0
0.0	0	5.5	0.658
3.0	0	6.0	0.903
3.5	0.002	6.2	0.933
4.0	0.030	6.5	0. 975
4.5	0.155	6.8	0.993
5.0	0.396		

(a) Break-point 시간, break point에 이르는 전체용량 분률, 사용하지 않은 충진층의 길이를 결정하라. 또한 탄소의 포화용량을 결정하라.

(b) 만약 break-point 시간이 새로운 컬럼에서 6 h이면, 새로운 컬럼의 길이는 얼마인가?

4. 직각삼각좌표를 이용하여, A = 0.4, B = 0.2, C = 0.4를 나타내라.

5. 압착대두의 슬러리 100 kg은 75 kg의 불용성 고체와 25 kg의 용액을 함유한다. 이 용액은 10 wt%의 기름과 90 wt%의 핵산용매로 구성되었다. 이 슬러리를 1 단 추출장치에서 순수한 핵산 100 kg과 접촉하여 유출되는 저류의 N 값이 1.5 kg 불용성 고체/kg 용액이다. 일류 V_1의 조성과 저류 L_1의 조성을 구하라.

6. N = 1.85 kg 용질/kg 용액을 [예제 11–7]과 같은 조건을 이용하여 각 단에서의 유출유량과 조성을 구하라. 또한 [예제 11–7]과 비교하라.

7. [예제 11–7]과 같은 조건이지만, 유입되는 용매 혼합물의 유량이 10% 감소하고, 조성이 1179 kg 벤젠과 18 kg의 기름이다. 이때 필요로 하는 추출 단수를 구하라.

8. 신선한 넙치의 간은 25.7%의 기름을 가지고 있다. 이를 순수한 에틸에테르를 가지고 역류다단추출장치를 이용하여 기름의 95%를 제거하고자 한다. 공급액 유량은 1000 kg/h이다. 최종 유출 일류용액은 70%의 기름을 포함하고 있다. 넙치 간의 불용성 고체에 동반되는 용액의 N(kg 불용성 고체/kg 용액)과 x_A(kg 기름/kg 용액)의 관계는 다음과 같다. 이때 유출되는 흐름의 양과 조성을 구하고 이론적으로 요구되는 추출공정의 단수를 구하라.

N	x_A	N	x_A
4.88	0	1.67	0.6
3.50	0.2	1.39	0.81
2.47	0.4		

Chapter 12
분쇄 및 혼합

분쇄(size reduction)는 전단(shear)이나 압착(compression) 또는 충격(impact)에 의해 식품의 평균 크기를 감소시키는 단위공정이다.

식품 가운데는 상당히 많은 수가 분말(powder) 형태로 가공되고 있다. 밀가루나 옥수수가루 등은 바로 이와 같은 분쇄 조작을 거쳐 가공된 것으로 제빵, 제과, 제당 및 주정의 원료로 사용할 수 있으며, 분쇄 공정은 식품 산업에 다양한 목적으로 사용되고 있다.

식품의 가공 공정에서 분쇄공정의 목적은 다음과 같다.

① 식물 조직으로부터 원하는 성분을 효율적으로 추출해 내기 위해 : 커피의 추출, 밀에서 밀가루의 분리, 기름씨앗(oil seeds)으로부터 식용유의 추출 등

② 특정제품의 입자규격을 맞추기 위해 : 분말음료용 설탕입자의 조정, 향신료의 제조, 초콜릿의 정제 등

③ 입자의 크기를 줄여서 비표면적을 증대하기 위해 : 비표면적의 증가는 많은 공정의 속도에 영향을 준다. 예를 들면 수분함량이 높은 고체 입자를 건조할 때 비표면적이 증가하면 건조시간이 단축되며, 식품을 가열할 때 절단이나 토막썰기(dicing)에 의하여 가열처리시간을 단축할 수 있다.

④ 혼합을 쉽게 하기 위해 : 조제식품, 케이크 믹스, 분말 수프 등의 제조에서 입자의 크기가 작으면 균일한 혼합이 용이하다.

고체 식품의 분쇄에 의하여 내부효소가 방출되고 공기에 노출되는 표면이 증가되어 미생물의 증식이나 산화작용을 일으키는 역작용도 있다.

Section 1 분쇄

1. 분쇄 이론

식품입자를 분쇄기에서 분쇄하는 데는 압축력(compression force) 및 충격력(impact force)과 전단력(shearing [attrition] force)의 3가지 힘이 복합적으로 사용된다.

고체식품에 외부에서의 힘, 즉 외부응력(stress)을 가했을 때 식품조직은 변형(deformation)을 일으킨다. 만약 외부힘을 제거하면 식품내부에는 원래 상태로 복귀하려는 힘(내부응력)에 의하여 어느 한계변형 이하에서는 식품조직은 원상태로 복귀되는 탄성변형(elastic deformation)을 일으키지만 변형이 이 한계를 넘으면 완전히 원래 상태로 복귀되지는 않는다. 이 한계를 탄성한계(elastic stress limit, E)라고 하며 원래의 상태로 돌아가지 않아 생기는 에너지 손실은 열로서 방출되거나 고체식품이 분쇄되는데 사용된다.

그림 12-1과 같이, 외부응력이 계속적으로 가해짐으로써 변형이 항복점(yield point, Y)을 지나 파괴응력(breaking stress, B)에까지 다다르면 고체식품의 가장 약한 부분부터 부서지기 시작하며, 이때 일부 저장된 에너지는 파열음이나 열로 방출된다.

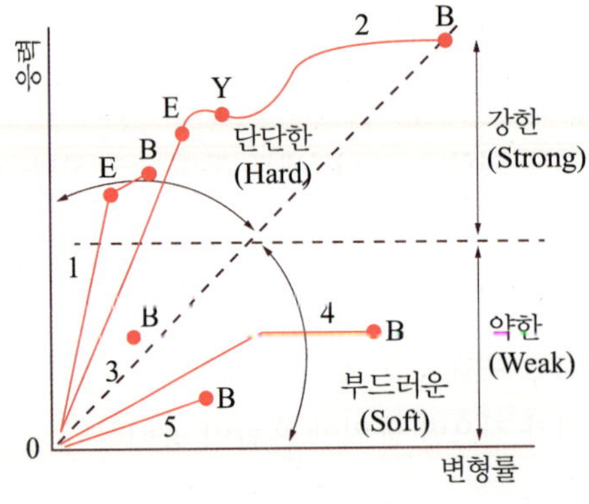

E: 탄성한계, Y: 항복점, B: 파괴점, 0E: 탄성영역, EY: 비탄성영역, YB: 연성영역

곡선 1 단단하고 강하며 부서지기 쉬운 물체
곡선 2 단단하고 강하며 유연한 물체
곡선 3 단단하고 약하며 부서지기 쉬운 물체
곡선 4 연하고 약하며 유연한 물체
곡선 5 연하고 강하며 부서지기 쉬운 물체

그림 12-1 여러 가지 고체의 응력-변형도표

고체식품의 입자가 작아짐에 따라 입자조직 내의 약한 부분이나 균열(crack)은 줄어들게 되므로 입자를 더욱 더 작고 균일하게 분쇄시키려면 더 많은 에너지가 상대적으로 필요하게 된다. 따라서 고체식품의 입자가 분쇄되기 전까지 필요한 에너지의 양은 입자조직의 강도(hardness)나 조직 내 균열의 정도에 따라 달라진다. 예컨대 단단한 식품은 분쇄되기 전까지 균열을 야기시키기 위해 많은 에너지가 요구되며, 식품자체의 균열이 많은 조직은 분쇄하는 데 적은 에너지를 필요로 한다.

일반적으로 무르고 약한 식품을 분쇄하는 데는 압축력이 사용되며, 섬유질 식품은 충격력과 전단응력이 적용되고, 연한 식품을 미세하게 분쇄하는 데는 전단응력이 사용된다. 이와 같이 고체입자의 분쇄정도나 분쇄하는데 소비된 에너지 및 발생한 열 등은 가해진 응력의 크기와 시간에 따라서 정해진다.

고체식품 내의 수분함량과 식품의 열안정성도 에너지소요량을 결정하는 주된 요소로 작용한다. 밀의 경우는 제분에 앞서 최적수분상태로 조절하며, 옥수수의 경우에도 분쇄하기 전에 완전히 물에 침지시킨다.

건조식품인 경우에 과다한 수분첨가는 입자를 엉키게 하며(agglomeration), 과도하게 건조된 식품은 분진(dust)을 일으켜 건강에 해롭고 폭발의 위험도 있다. 고속 분쇄기에서는 상당한 열이 발생되므로 열에 민감한 성분을 변화시키고 휘발성 성분이 손실된다. 따라서 허용온도 이하로 냉각시킬 필요가 있다. 특히 열에 민감한 제품은 극저온분쇄법(cryogenic grinding)을 사용한다.

극저온분쇄법에서는 고체 원료를 액체 질소나 고체 이산화탄소와 혼합하여 분쇄함으로써 제품을 냉각시키며, 휘발성 성분이나 열에 민감한 성분의 손실을 방지한다. 실제로 향료, 양념류나 소시지 가공 중 고기의 분쇄과정에서 사용되고 있다.

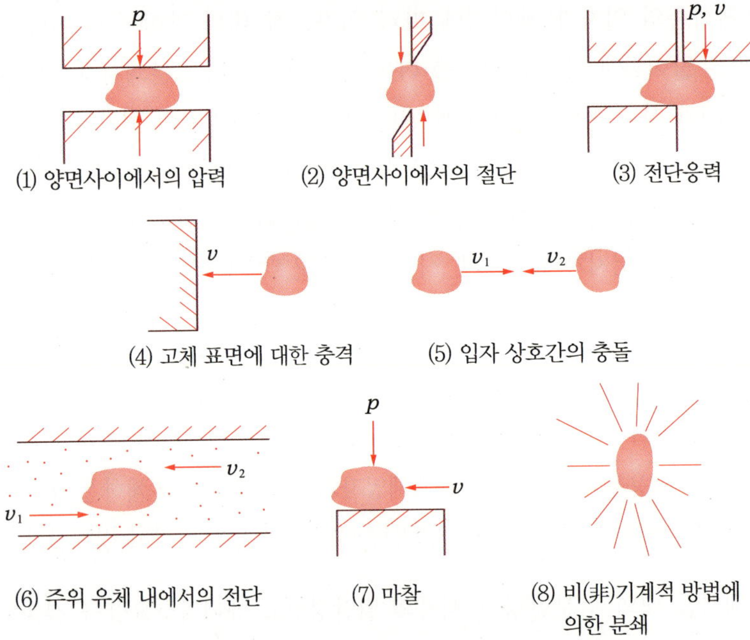

그림 12-2 분쇄에 작용할 수 있는 응력 메커니즘

(1) 분쇄공정

① 분쇄는 가장 에너지 소모량이 큰 단위조작 중 하나이다.

② 분쇄는 에너지 측면에서 비효율적인데, 분쇄 과정 동안 역학에너지의 95~100%가 열로 전환된다.

③ 분쇄를 위한 설비투자 비용도 높고 운영경비 또한 비싸다.

④ 분쇄하고자 하는 입자가 클 때보다 작을 때 더 많은 에너지가 요구된다.

⑤ 분쇄공정은 건식(dry milling)이나 습식(wet milling) 환경에서 실행될 수 있다.

(2) 입자 분쇄 메커니즘

분쇄과정 동안 입자는 여러 개의 작은 입자로 나뉘게 되는데, 이때 분쇄 메커니즘은 아래와 같다.

① **마쇄(attrition)** : 작은 힘을 표면에 작용시키며 표면으로부터 마모되면서 작은 입자가 탈피되는 원리이다. 마쇄에 의한 분쇄과정 동안 입도분포는 1개의 큰 입도 피크와 1개의 작은 입도 피크로 나타나는데, 분쇄가 진행됨에 따라 큰 입도 피크의 상대 비율은 작아지고 작은 입도 피크의 상대 비율은 높아진다.

② 절단(cleavage) : 상대적으로 강한 힘을 천천히 가하여 입자가 쪼개지면서 크기를 감소시키는 원리이다. 절단에 의한 분쇄과정 동안 입도분포 피크는 분쇄 초기에는 초기 입자 크기와 유사한 크기로 나타나다가 분쇄가 진행됨에 따라 작은 크기 쪽으로 이동한다.

③ 파쇄(fracture) : 충격과 같은 강한 힘을 빠르게 적용하여 입자가 파괴되어 크기를 감소시키는 원리이다. 파쇄에 의한 분쇄과정 동안 입도분포의 피크는 큰 크기와 작은 크기의 입자를 포함하는 넓은 폭으로 나타나다가 분쇄가 진행됨에 따라 입도분포 피크의 폭이 좁아지면서 동시에 작은 크기 쪽으로 이동한다.

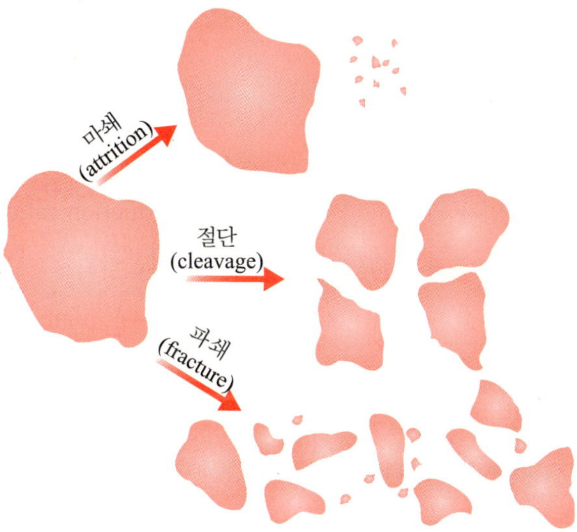

그림 12-3 입자 분쇄 메커니즘

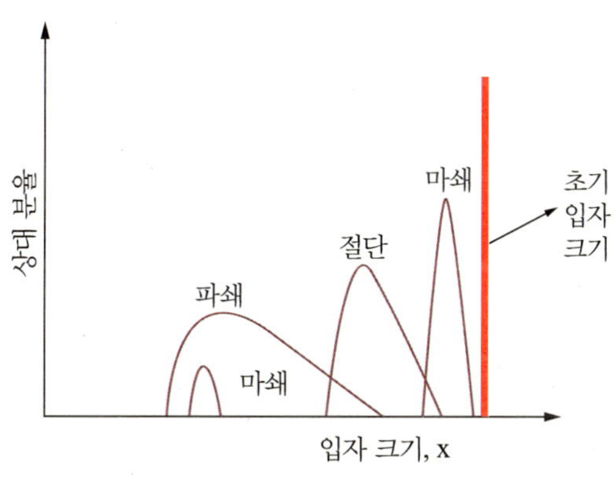

그림 12-4 입자 분쇄 메커니즘에 따른 상대적 입도분포

(3) 분쇄에 필요한 에너지

분쇄기에 공급된 에너지의 2% 이하만이 분쇄에 이용되고 나머지는 입자의 균열을 일으키거나 마찰에 의한 열로 소비되기 때문에 고체식품의 입자를 분쇄하는 데 필요한 에너지를 정확히 추정하기는 어려우나 다음의 근사식이 이용된다. 일반적으로 고체입자의 크기를 미세하게 변화(dX)시키는데 필요한 에너지량(dE)은 다음과 같이 주어진다.

$$\frac{dE}{dX} = -\frac{K}{X^n} \tag{12-1}$$

여기서 K : 상수값

X : 입자의 크기

① Kick's의 법칙

Kick's은 입자의 크기를 감소시키는 데 필요한 에너지는 입자의 처음 크기와 분쇄 후의 최종 입자 크기를 나타내는 분쇄비(reduction ratio)에 비례한다는 식을 제시하였다. $n = 1$로 정하고 식 (12–1)을 적분하면

$$E = K_K \ln \frac{X_1}{X_2} \tag{12-2}$$

여기서 X_1 : 초기입자의 평균크기

X_2 : 분쇄한 입자의 평균크기

X_1/X_2 : 분쇄비(size reduction ratio)

E : 분쇄하는데 필요한 단위무게당 에너지(hp)

K_K : Kick 상수값

Kick's의 법칙은 일반적으로 큰 크기의 입자를 조분쇄(coarse grinding)할 때 필요한 에너지의 계산에 잘 맞는 것으로 알려져 있다.

② Rittinger's의 법칙

Rittinger's는 입자의 크기를 감소시키는 데 필요한 에너지는 분쇄에 의해 생성된 표면적의 변화에 비례한다고 제시하였다.

식 (12–1)에서 $n = 2$라 두고 적분하면

$$E = K_R\left(\frac{1}{X_2} - \frac{1}{X_1}\right) \tag{12-3}$$

여기서 X_1 : 초기입자의 평균크기

X_2 : 분쇄한 입자의 평균크기

E : 분쇄하는데 필요한 단위무게당 에너지(hp)

K_R : Rittinger's 상수

Rittinger's의 법칙은 입자의 미세분쇄(fine grinding)에 잘 맞는 식으로 알려지고 있다.

[예제 12–1] Kick's의 법칙을 이용한 분쇄 에너지 산출

1 mm의 고체식품을 0.001 mm로 분쇄하는 데 5 hp의 모터가 필요하다면, 그 입자의 크기를 0.0004 mm로 분쇄하는 데 필요한 모터의 용량을 Kick's의 법칙을 이용하여 구하라.

[풀이]

식 (12–2)에 의해

$$K_K \ln\left(\frac{1\times10^{-3}}{0.001\times10^{-3}}\right) = 5\text{ hp} = 3728.5\text{ W}$$

따라서 $K_K = 540.36$

입자의 크기를 0.0004 mm로 만들기 위해 필요한 에너지는

$$E = 540.36 \ln\left(\frac{1\times10^{-3}}{0.0004\times10^{-3}}\right) = 4227.8\text{ W} = 5.67\text{ hp}$$

[예제 12–2] Rittinger's의 법칙을 이용한 분쇄 에너지 산출

1 mm의 고체식품을 0.001 mm로 분쇄하는 데 5 hp의 모터가 필요하다면, 그 입자의 크기를 0.0004 mm로 분쇄하는 데 필요한 모터의 용량을 Rittinger's의 법칙을 이용하여 구하라.

[풀이]

식 (12–3)에 의해

$$K_R\left(\frac{1}{0.001\times10^{-3}}-\frac{1}{1\times10^{-3}}\right)=5\ \text{hp}=3728.5\ \text{W}$$

따라서 $K_K=3.73\times10^{-3}$

입자의 크기를 0.0004 mm로 만들기 위해 필요한 에너지는

$$E=3.73\times10^{-3}\left(\frac{1}{0.0004\times10^{-3}}-\frac{1}{1\times10^{-3}}\right)=9321.27\ \text{W}=12.5\ \text{hp}$$

[예제 12–3] 입자 크기에 따른 분쇄 에너지 산출

식품원료를 1 mm에서 0.001 mm로 분쇄하기 위해 5 hp의 동력이 필요하다. 같은 식품원료를 1 mm에서 0.00002 mm로 분쇄하기 위해 요구되는 동력(hp)을 Kick's의 법칙을 이용하여 계산하라.

[풀이]

식 (12–2)에 의해

$$K_K\ln\left(\frac{1\times10^{-3}}{0.001\times10^{-3}}\right)=5\ \text{hp}=3728.5\ \text{W}$$

따라서 $K_K=540.36$

입자의 크기를 0.00002 mm로 만들기 위해 필요한 에너지는

$$E=540.36\ln\left(\frac{1\times10^{-3}}{0.0002\times10^{-3}}\right)=5846.3\ \text{W}=7.84\ \text{hp}$$

2. 체 분리

체 분리(screening)는 고체입자 혼합물을 일정한 크기의 체에 통과시킴으로써 입자의 크기에 따라 분리하는 단위공정이다. 체 분리는 또한 분말식품을 입자 크기에 따라 분리하는 데 사용될 뿐 아니라 입자의 크기 분포도를 분석하는 데 사용된다. 액체 내의 섬유질이나 불용성 고체를 분리하는 데 사용되며, 과일이나 야채 등의 분리에도 많이 사용되고 있다. 체는 평판형 또는 원통형이다. 식품원료의 체 분리에 영향을 미치는 인자로는 다음과 같은 것들이 있다.

(1) 분리조건

① 원료의 공급속도

원료의 공급속도가 너무 빠르면 체의 표면에 머무르는 시간(residence time)이 불충분하여 체를 통과하지 못하는 입자들과 같이 섞여 제거된다. 체의 기울어진 각도도 입자 분리에 영향을 미치는데 지나치게 경사질 경우 작은 입자들이 체에 머무르는 시간이 불충분하게 되며, 매우 완만하면 중력에 의한 이동이 느려진다.

② 입자의 크기

입자의 크기가 충분히 작더라도 체를 쉽게 통과할 수 있도록 배열하는 것이 바람직하다. 너무 큰 입자들은 작은 입자들의 통과를 방해하므로 큰 입자를 미리 제거하는 예비분리가 필요하다.

③ 입자의 물리적 성질

식품입자 내에 수분이 존재하면 입자들끼리 엉김으로써 작은 입자들이 제거되는 경향이 있다.

④ 손상된 체

큰 입자들이 손상된 체의 부위를 통해 통과되면 분리효율이 감소된다. 따라서 체눈 손상이 없는 온전한 체를 사용하도록 주의가 필요하다.

⑤ 체의 막힘

입자의 크기가 체눈 크기와 비슷한 경우에 체가 막히게 되고 작은 입자가 분리되지 않고 제거되므로 막힌 체는 즉시 깨끗이 청소해야 한다.

3. 분말특성

(1) 입자간 공극율과 공극비

일반적으로 분체의 총 부피(V_T)는 실제 고체 입자의 부피(V_S)와 입자 사이의 빈 공간 부피(V_A)의 합이다. 이런 분체에서 입자 사이의 빈 공간, 즉 입자간 공극(void)의 양은 아래에 정의된 “공극율”과 “공극비”로 정량화된다.

공극율 ε : 분체의 총 부피(V_T)에 대한 입자 간 공극의 부피(V_A)의 비율로 정의되며, 일반적으로 백분율(%)로 나타낸다.

$$\varepsilon = \frac{V_\mathrm{A}}{V_\mathrm{T}} \tag{12-4}$$

공극비 e : 실제 고체 입자의 부피(V_S)에 대한 입자 간 공극의 부피(V_A)의 비율

$$e = \frac{V_\mathrm{A}}{V_\mathrm{S}} \tag{12-5}$$

공극율(ε)과 공극비(e)의 관계: $e = \dfrac{\varepsilon}{1-\varepsilon}$ (12-6)

$$\varepsilon = \frac{V_\mathrm{A}}{V_\mathrm{T}} = \frac{V_\mathrm{T}-V_\mathrm{S}}{V_\mathrm{T}} = \frac{\left(\frac{V_T}{M_T}\right)-\left(\frac{V_S}{M_T}\right)}{\left(\frac{V_T}{M_T}\right)} = 1-\frac{\left(\frac{1}{PD}\right)}{\left(\frac{1}{BD}\right)}$$

$$= 1 - \frac{BD}{PD} \tag{12-7}$$

여기서 M_T : 벌크 물질의 질량

PD : 입자밀도(particle density)

BD : 부피밀도(bulk density)

(2) 입자 크기의 분포

대부분의 분체 중 입자크기 분포는 로그 정규 분포를 따르고 있다. 예를 들면 입자 크기를 입자 크기 구간별로 표시한 함수로 나타낼 때 기울어진 비대칭 입자 사이즈 분포를 얻는다(그림 12-3(a)).

입자크기 분포의 속성을 나타내기 위해 주로 사용하는 대푯값은, 평균(average or arithmetic mean, d_{av}), 중앙값 (median, $d_{1/2}$) 그리고 최빈값(mode, d_0)이다. 도수분포의 평균(d_{av})은 입자크기 분포 균형점의 중심이다.

평균의 주요 특징은 모든 값에 의해 영향을 받고 결국 극값에 영향을 준다는 점이다. 도수분포의 중앙값($d_{1/2}$)은 속성값을 크기순으로 나열했을 때 정중간에 위치한 값이다. 분포의 최빈값(d_0)은 가장 빈번한 값, 즉 도수값이 가장 큰 값이다.

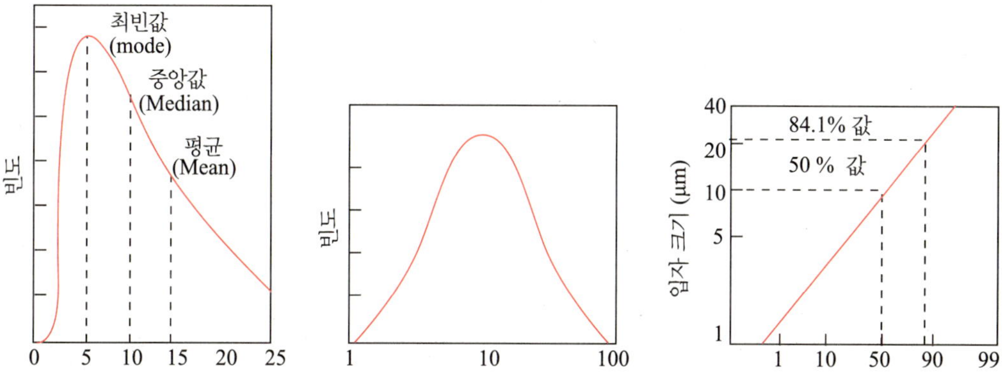

(a) 일반적인 입자 크기 분포 곡선 (b) 로그 정규 분포 곡선 (c) 누적 로그 확률 곡선

그림 12-5 입자 크기 분포 곡선

일반적으로 입자사이즈 분포는 그림 12-5(a)에서 보듯이 왼쪽으로 치우친 형태이다. 이 그림의 입자 크기 분포를 로그로 나타내면, 비대칭의 경사곡선은 대칭의 종 모양의 정규분포 곡선형태로 변형된다(그림 12-5(b)).

정규 분포에서의 모든 통계적 절차에 따라 수정 가능하기 때문에 로그 전환(log transformation)을 이용하여 로그 정규 분포 곡선으로 변형하는 것이 매우 중요하다. 이상적인 로그 정규 분포에서는 평균, 중간값, 최빈값은 일치하며 같은 값을 갖는다.

기하학적 평균 입자크기(d_g)와 기하학적 표준편차(σ_g) 값은 로그 정규 분포를 누적 도수 자료로 나타내면 쉽게 구할 수 있다. 입자 크기가 로그 정규 분포 함수를 따르면 그림 12-5(c)의 누적 로그 확률 그래프와 같은 직선을 얻을 수 있다. 기하학적 평균 입자크기(d_g) 값은 입자 크기의 누적 확률값이 50%일 때의 값이고 기하학적 표준편차(σ_g) 값은 84.1%일 때에 해당한다. 평균, 중앙값, 최빈값은 각각 다음의 식을 이용하여 계산할 수 있다.

$$d_g = \log^{-1}(\log d_g + 1.151 \log^2 \sigma_g) \quad (12-8)$$

$$d_{1/2} = d_g \quad (12-9)$$

$$d_0 = \log^{-1}(\log d_g + 2.303 \log^2 \sigma_g) \quad (12-10)$$

(3) 평균 크기

입자 크기의 로그 정규 분포를 d_g와 σ_g로 완전히 나타낼 수 있지만 이 값들은 실험적 결과의 이해를 위한 물리학적 중요성에는 도움을 주지 못한다. 그러므로, 특정 물리적 특성을 확인할 수 있는 다른 평균값들이 유래됐다. 평균 크기는 분말시료 내 입자의 총 합을 반영하는 가상 입자의 크기이다. 입자 크기의 표현에 많이 쓰이는 평균 크기의 예를 표 12-1에서 확인할 수 있다.

제조공정에서는 공정변수에 가장 적합한 평균 크기를 선택해야 한다. 예를 들어 표면 평균(d_s)은 색소(colorants)의 흡착에 중요하며, 침강 퇴적물(deposition)은 평균중량(d_w)과, 입자 흡착 물질의 물리화학적 반응은 부피-표면 평균(Sauter 평균)과 관련이 있다.

표 12-1 입자 크기 표현에 사용되는 평균 크기

평균 크기	정의	설명
산술 평균 (d_{av} or d_1)	$d_{av} = \dfrac{\Sigma nd_i}{\Sigma n}$	모든 직경의 합을 입자의 총 수로 나눈 값
표면 평균 (d_s or d_2)	$d_s = \left[\dfrac{\Sigma nd_i^2}{\Sigma n}\right]^{\frac{1}{2}}$	가상 입자의 직경이 갖는 평균 표면적
부피 평균 (d_v or d_3)	$d_v = \left[\dfrac{\Sigma nd_i^3}{\Sigma n}\right]^{\frac{1}{3}}$	가상 입자의 직경이 갖는 평균 부피. 종종 도수 분포의 중간값이 질량 평균 직경으로 불림
부피-표면 평균 (d_{av} or $d_{3,2}$)	$d_{vs} = \dfrac{\Sigma nd_i^3}{\Sigma nd_i^2}$	부피당 표면적의 평균 크기
중량 평균 (d_w or $d_{4,3}$)	$d_w = \dfrac{\Sigma nd_i^4}{\Sigma nd_i^3}$	입자의 단위중량의 평균 크기

4. 분쇄기

식품을 분쇄하는데 사용되는 분쇄기계에는 여러 종류가 있으나 크게 두 가지로 나눌 수 있다. 건조식품에 사용되는 롤 밀(roll mill), 해머 밀(hammer mill), 디스크 밀(disc mill), 볼 밀(ball mill)이 있으며, 섬유질식품을 절단·분쇄하는 데 사용하는 슬라이서(slicer), 다이서(dicer), 쉬레더(shredder), 펄퍼(pulper) 등이 있다.

(1) 롤밀

롤 밀(roll mill)은 그림 12-6과 같이 두 개 이상의 철제 롤러(roller)가 서로 일정한 간격을 두고 회전하며, 그 일정한 간격을 통해서 고체입자가 통과할 때 압축력을 받아 분쇄된다. 주된 분쇄력은 압축력이지만, 롤러가 서로 다른 속도로 회전할 경우에는 전단력이 작용한다.

롤러와 롤러 사이의 간격은 식품의 종류, 식품원료의 크기 등에 따라 조절되며, 롤러의 표면은 매끈한 것과 홈이 파여 있는 것이 있는데 이 홈은 전단력을 증가시키는 작용을 한다. 일반적으로 식품의 분쇄 외에도 석회석, 시멘트, 석탄 등을 미세하게 분쇄시키는 데에도 많이 사용한다.

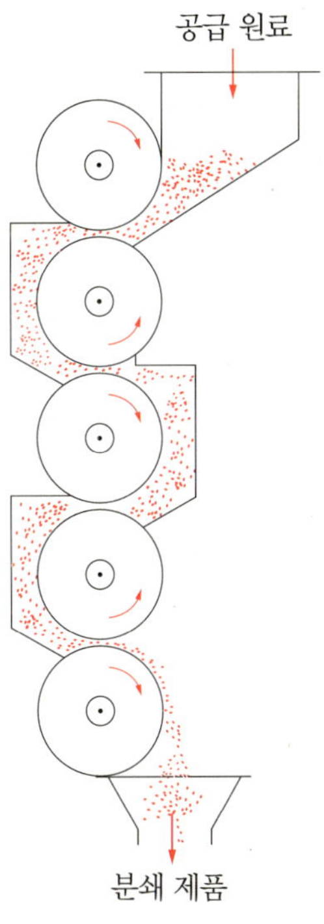

그림 12-6 5 단 롤 밀

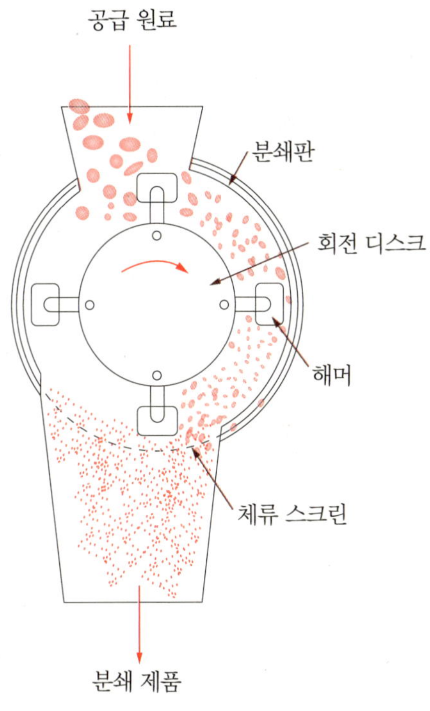

그림 12-7 해머 밀

(2) 해머 밀

해머 밀(hammer mill)의 구조는 그림 12-7과 같이 여러 개의 해머가 고속으로 회전하는 원판 회전 디스크(revolving disc)에 부착되어 있으며, 일정 입자를 통과시키기 위한 체(screen)가 하부에 부착되어 있다. 고속회전을 하는 해머가 분쇄실에 투입된 식품입자를 타격하고 그 충격힘에 의해 원료는 분쇄판에 충돌한다.

분쇄된 원료는 일정 크기의 체를 통과하며, 통과하지 못한 입자는 계속해서 분쇄된다. 식품의 종류나 원하는 크기에 따라 막대 모양, 칼날 모양, T자 모양의 해머를 선택할 수 있다.

해머 밀은 일반적으로 설탕, 소금, 유당, 전분 등을 분쇄하는 식품산업에 주로 사용한다.

(3) 디스크 밀

디스크 밀(disc mill)은 전단력에 의해 분쇄되는 대표적인 기계장치로서(그림 12-8) 모든 디스크 밀은 표면에 홈이 있는 원판(disc)이 회전하면서 전단력이나 충격력에 의하여 미세입자로 분쇄한다.

원판의 수에 따라 단일(single) 혹은 복식(double) 디스크 밀로 나뉘어지며, 회전하는 원판면에 핀(pin)을 부착하여 분쇄효과를 증대시킨 핀-디스크 밀(pin and disc mill)도 있다(그림 12-9).

① 단식 디스크 밀

고정된 틀과 고속으로 회전하는 홈이 파인 단일 원판 사이를 고형식품이 통과할 때 강한 전단력에 의해 분쇄된다. 두 원판 사이의 간격은 원하는 입자의 크기에 따라 조절된다.

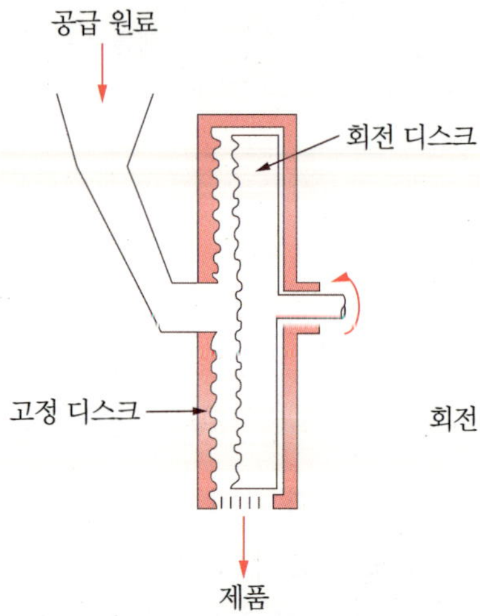

(a) 단식 디스크 밀

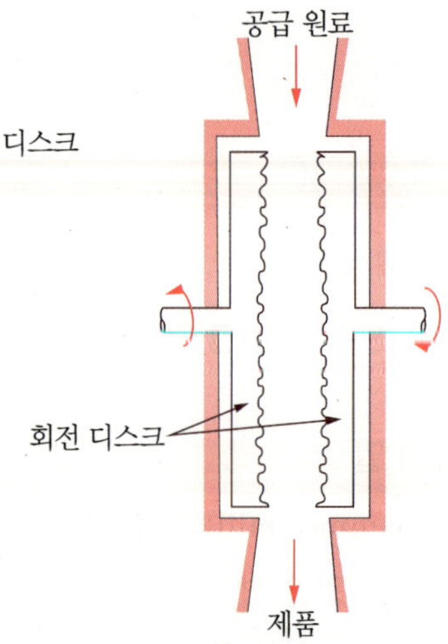

(b) 복식 디스크 밀

그림 12-8 디스크 밀(disc mill)

② 복식 디스크 밀

두 개의 원판이 서로 반대방향으로 회전하면서 더욱 더 큰 전단힘을 얻을 수 있게 한 분쇄장치이다. 주로 옥수수의 분쇄나 곡류가루의 분쇄 또는 섬유질 식품의 분쇄에 사용된다.

그림 12–9 디스크 밀

(4) 볼 밀

볼 밀(ball mill)은 천천히 회전하는 금속 원통과 그 원통에 반 정도 채운 지름이 2.5~15 cm인 쇠공으로 구성되어 있다(그림 12–10).

낮은 속도로 회전하거나 조그만 쇠공이 사용될 때에는 전단력이 주로 작용하며, 빠른 속도로 회전하거나 큰 쇠공이 사용될 때는 충격력이 더 중요한 역할을 한다. 끈적이는 식품에 공이 붙는 것을 막기 위해 원형의 쇠공 대신에 막대 모양으로 채운 변형된 볼 밀도 있으며, 또한 분쇄 효율을 증가시키기 위해 여러 크기의 쇠공들이 함께 사용되기도 한다.

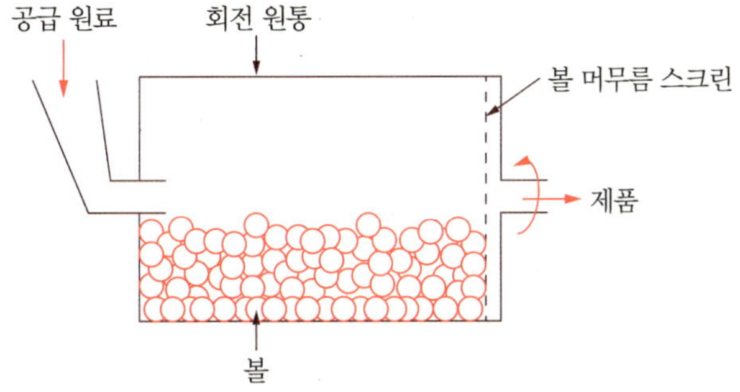

그림 12–10 볼 밀(ball mill)

표 12-2에 주요 건식 분쇄기(mill)의 성질과 적용 식품을 정리하였다.

표 12-2 건조고체식품의 분쇄에 필요한 분쇄기의 성질과 적용

분쇄기	힘의 종류	회전속도(m/s)	적용식품
롤러 밀	압축힘과 전단힘	-	사탕수수, 밀, 초콜릿
해머 밀	충격힘	40~50	설탕, 타피오카, 건조채소, 건유, 후추, 양념
디스크 밀	충격힘과 전단힘	20~160	전분, 코코아, 후추, 너트, 밀, 유제품, 시리얼, 커피, 후추
볼 밀	충격힘과 전단힘	-	식품착색제

(5) 슬라이서

슬라이서(slicer)는 고기류, 과일류나 채소류 등 섬유질 구조의 함량이 높은 식품의 절단에 사용한다. 고기류의 경우 절단의 효율성을 높이기 위해 냉점 이하로 얼리는 조절(tempering)과정을 거친 후 절단을 한다. 채소나 과일의 경우는 원래 단단한 조직을 갖고 있으므로 상온에서 절단하거나 냉장온도에서 절단하여 효율성을 높인다.

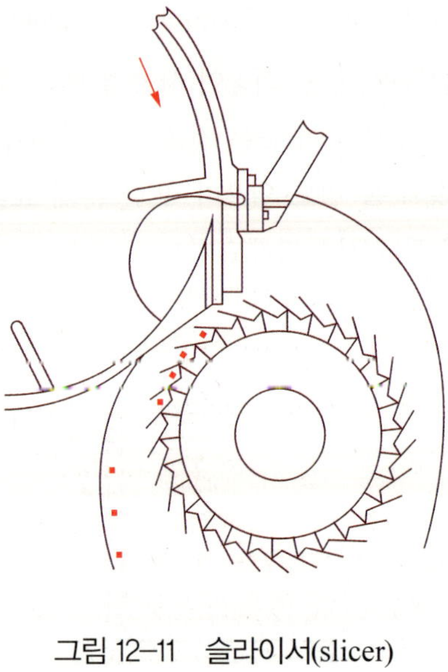

그림 12-11 슬라이서(slicer)

그림 12-11과 같이 슬라이서(slicer)는 회전 칼날 또는 왕복 칼날에 의하여 칼날 아래로 통과하는 식품을 절단한다. 절단되는 식품은 원심력에 의해 칼날이 붙어 있거나 칼날을 통과하는 운반대(carriage)에 고정되어 절단된다. 사과와 같은 단단한 과일은 절단과 동시에 씨가 제거되도록 장치되어 있다. 고속으로 흐르는 물에 의하여 원료가 운반되면서 고정된 칼날에 의해 절단되는 절단기(hydrocutter)도 있다.

(6) 다이서

다이서(dicer)는 고기, 채소, 과일을 육면체 모양으로 절단한다. 일반적으로 절단하기 전에 미리 슬라이싱(slicing)한 다음 회전 칼날에 의해 길쭉한 조각(strip)으로 절단된다. 이 조각은 첫 번째 회전 칼날에 대해 직각으로 작동하는 두 번째 회전 칼날에 의해 육면체(cube)로 절단된다(그림 12-12).

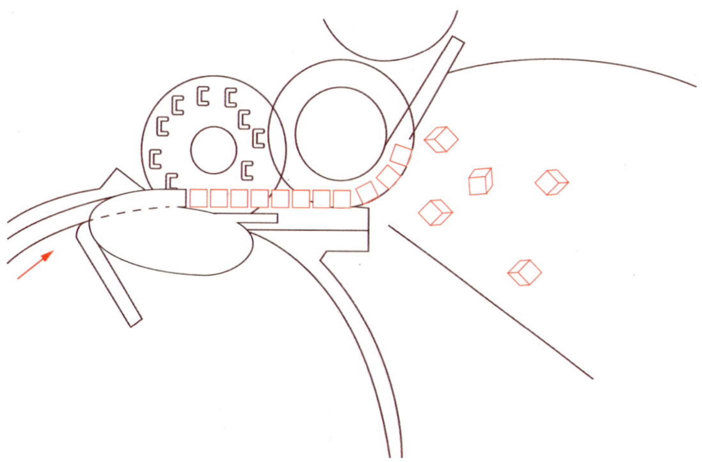

그림 12-12 다이서(dicer)

(7) 쉬레더

쉬레더(shredder)는 해머 밀의 해머대신 칼날을 설치하고 회전시켜 자르거나 때리게 만든 기계이다. 또한 두 개의 반대로 회전하는 동심원통 사이에서 강력한 절단력과 전단력에 의해 파쇄하는 장치(squirrel cage disintegrator)도 있다.

(8) 펄퍼

펄퍼(pulper)는 과일, 채소로부터 주스를 추출하거나 고기를 갈거나 퓨레화하는데 사용되며 압축력과 전단력의 복합힘이 작용한다. 그림 12-13과 같이 원통형의 체(screen)와 내부에 고속으로 회전하는 브러시(brush) 또는 패들(paddle)로 되어 있다.

이 브러시에 의하여 펄프를 체로 밀어주어 통과하게 한다. 체의 구멍에 따라 통과되는 입자의 크기가 결정되며, 과일껍질, 씨, 협잡물 등은 체에 다른 쪽 끝에서 배출된다.

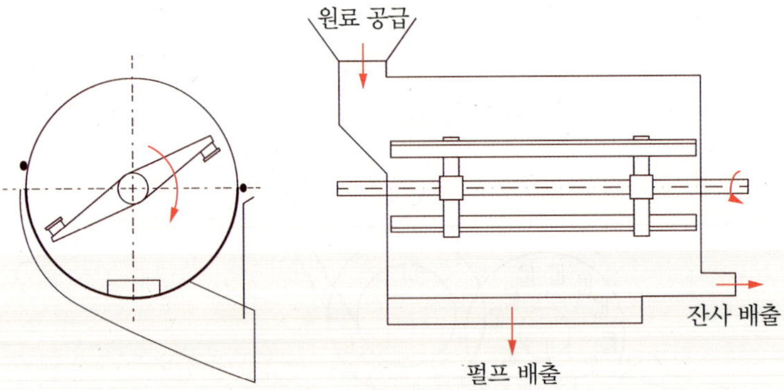

그림 12-13 펄퍼(pulper)

이와 같이 수분이 많은 과일의 분쇄과정을 펄핑(pulping)이라고 하며, 그 밖에 주스를 추출하는 데 사용되는 롤러 압착기(roller press)나 스크류 압착기(screw press) 등도 펄퍼의 일종이다.

여러 분쇄기들의 식품조직 및 분쇄정도의 일반적인 적용은 표 12-3에 나타내었다.

표 12-3 분쇄장치의 응용

Equipments	Type of product[a]					Fineness[b]			
	1	2	3	4	5	a	b	c	d
Slicers			*	*	*	*			
Dicers			*	*	*	*			
Shredders				*	*	*	*		
Bowl choppers			*	*	*		*	*	
Pre-crushers	*			*	*		*		
Hammer mills	*	*		*	*		*	*	
Fine impact mills	*			*	*		*	*	*
Classifier mills	*				*				*
Air jet mills		*							*
Ball mills		*							*
Disc mills	*							*	*
Roller mills	*			*	*			*	*
Pulpers				*				*	*

[a]1. Soft, brittle, crystalline 2. Hard, abrasive 3. Elastic, tough, cuttable fibrous 5. Heat sensitive, greasy

[b]a. coarse lumps b. coarse grits c. medium fine to fine d. fine to ultrafine

Section 2 유화(乳化)

1. 유화 이론

유화(乳化, emulsification)는 일명 교화(膠化)라고도 하는데, 서로 섞이지 않는 액체와 액체의 혼합조작을 뜻한다. 서로 섞이지 않는 액체의 혼합은 한 액체가 아주 작은 액체로 쪼개어져서 다른 액체 속에 고루 분산시키는 것이며, 이때 혼합된 상태를 에멀션(emulsion)이라 하며, 이와 같이 하는 조작을 유화 또는 균질 조작이라고 한다.

(1) 에멀션 안정화

몇몇 에멀션들은 매우 안정하고 수상(water phase)과 기름상(oil phase)이 분리되는데 시간이 오래 걸린다. 예를 들어, 우유는 물과 지방으로 구성된 에멀션이지만 매우 안정하다. 하지만 기름과 식초로 구성된 샐러드 드레싱과 같은 에멀션들은 매우 빨리 상분리가 일어난다.

식품 에멀션 형성에서 가장 중요한 것은 섞이지 않는 두 개의 상이 안정적으로 존재하는 것이다.

에멀션이 상분리가 가속화되는 4개의 주요 과정은 그림 12-14에서 보는 바와 같이 합체(coalescence), 응집(flocculation), 크리밍(creaming), 상분리(breaking)이다.

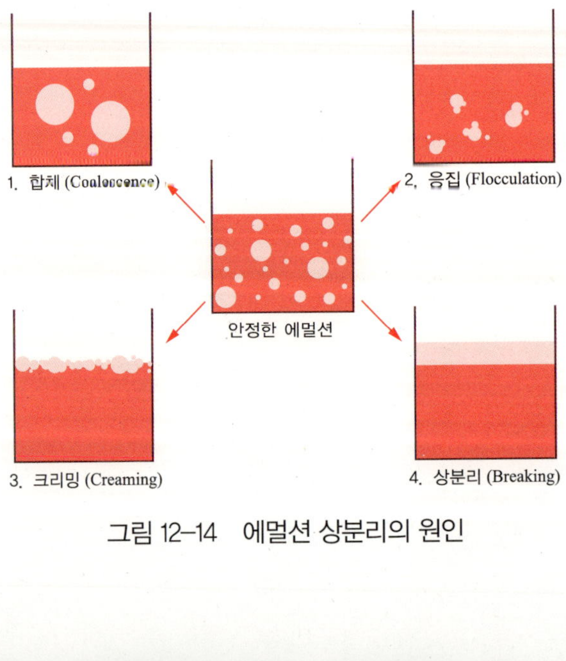

그림 12-14 에멀션 상분리의 원인

2. 친수친유 평형

친수친유 평형(hydrophilic-lipophilic balance, HLB) 값이란 계면활성제(surfactant)가 물과 기름에 대한 친화성 정도를 나타내는 값이다. HLB 값은 0부터 20까지 있으며, 0에 가까울수록 친유성이 좋고, 반대로 20에 가까우면 친수성이 좋다. 계면활성제의 성질은 분자구조 내의 친수성기와 친유성기의 평형관계를 나타내는 HLB 값으로 표시하는 경우가 많다. HLB 값이 7보다 크면 친수성이 강하고 7보다 작으면 소수성이 강하다.

(1) HLB 값과 계면활성제의 용도

① HLB 1~3.5 : 거품억제제(Antifoams)
② HLB 3.5~8 : W/O용 계면활성제(Water-in-oil emulsifiers)
③ HLB: 7~9 : 습윤제(Wetting and spreading agents)
④ HLB 8~16 : O/W용 계면활성제(Oil-in-water emulsifiers)
⑤ HLB 13~16 : 세제(Detergents)
⑥ HLB 15~40 : 가용화제(Solubilizers)

[예제 12-4] 혼합 유화액의 HLB 계산

다음의 O/W 에멀션(cetyl alcohol 15 g, white wax 1 g, lanolin 2 g, glycerin 5 g, water 100 g)의 기름상(oil phase)의 HLB 값을 구하라.

	HLB 값	유지 상 조성비
Cetyl alcohol	15	15/18
White wax	12	1/18
Lanolin	10	2/18

[풀이]

기름상(oil phase)의 HLB 값을 구하기 위해서는 O/W 에멀션에서 친유기 각각의 HLB 값에 함량(%)을 곱하여 총합을 계산하면 된다.

$$\text{Cetyl alcohol} = 15 \times \frac{15}{18} = 12.5$$

$$\text{White wax} = 12 \times \frac{1}{18} = 0.7$$

$$\text{Lanolin} = 10 \times \frac{2}{18} = 1.1$$

따라서, 기름상의 총 HLB 값은

$$\text{총 HLB 값} = \left(15 \times \frac{15}{18}\right) + \left(12 \times \frac{1}{18}\right) + \left(10 \times \frac{2}{18}\right)$$

$$= 12.5 + 0.7 + 1.1 = 14.3$$

3. 유화장치

유화장치는 고체 입자의 분쇄에서와 같이 액체에 힘(압축력, 충격력, 전단력, 마찰력 등)을 작용시켜 미세 액적(droplet)으로 쪼개는 일종의 액체 분쇄 장치인데, 그 종류가 다양하나 여기서는 대표적인 것들만을 다루기로 한다.

(1) 고속교반기

일반적인 교반기는 에멀션화작용이 불충분하므로 강력한 전단작용을 주기 위해 그림 12-15와 같이 고속회전하는 터빈이나 프로펠러가 부착된 고속 믹서(high speed mixer)가 사용된다. 주로 낮은 점도의 프리믹스 상태의 에멀션에 사용되며 프로펠러의 날(blade)의 모서리나 로터(rotor)의 고속회전에 의해 아래위 압력차가 생김으로써 액이 흡입되어 상부로 배출되는데 분출된 액은 액 표면의 조절판에 의해 벽면을 따라 하강한다.

이와 같은 유동에 의해 생기는 전단작용으로 액적(droplet)이 작아지고 에멀션화가 된다. 터빈의 회전수는 10~10,000 rpm이고 점도 500 poise까지 처리할 수 있으며, 식품공업에서는 주스, 케첩, 마요네즈, 초콜릿 제조 등에 사용된다.

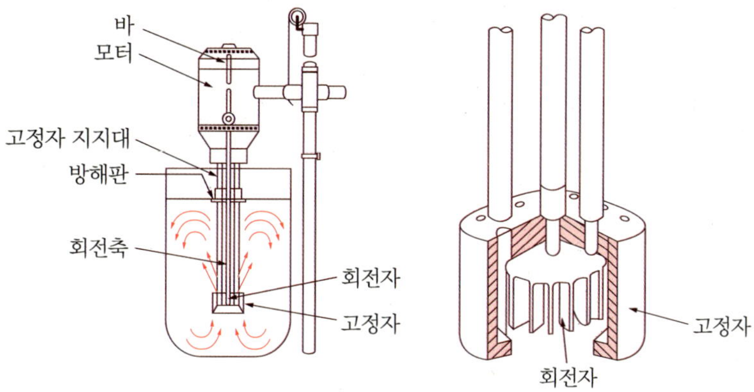

그림 12-15 교반형 유화기

(2) 고압균질기

고압 균질기(High pressure homogenizer)는 균질기 밸브와 고압 펌프로 구성되어 있다. 예비 혼합한 액을 고압펌프로 밸브에 공급하면 액은 밸브와 밸브자리(valve seat) 사이의 좁은 간격을 250 m/s의 고속으로 통과하게 된다. 이때 분산상 입자는 그림 12-16에서와 같이 전단작용을 받아 분쇄되면서 분산상 출구에서 브레이크 링(break ring)에 직각으로 충돌하여 충격에 의해 분산상 액적은 더욱 분쇄되며 또한 고압에서 저압으로 압력이 갑자기 낮아지므로 팽창되어 더욱 미세한 액적이 된다.

밸브와 밸브자리 사이의 간격은 강력한 스프링(spring)으로 15~30 μm 크기까지 조절할 수 있다. 즉, 이는 균질압력을 조절한다는 의미이다. 고압 펌프로는 다기통 플랜저펌프가 사용된다. 균질기에는 미리 각 성분을 예비 혼합한 다음에 공급하여야 하며, 보통 0.1~0.2 μm 크기의 분산상을 얻을 수 있다.

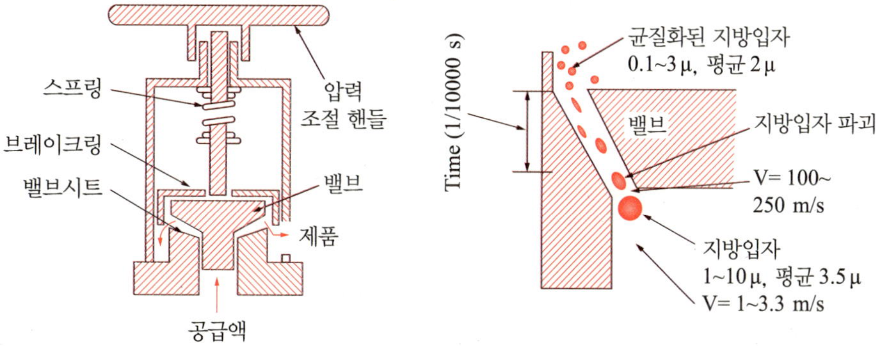

그림 12-16 고압균질기 밸브 원리와 균질화의 원리

균질기에는 1단식(single stage)과 2단식(two stage)이 있다. 2단식은 두 개의 균질기 밸브를 사용하여 에멀션화 효과를 상승시킨 것으로 점도가 높거나 지방함량이 많은 유화액, 예컨대 아이스크림 믹서(ice cream mix) 등에 사용된다.

고압균질기는 식품공업에서 광범위하게 사용되고 있다. 대표적인 예는 우유의 균질이다. 그 밖에 아이스크림, 크림 수프, 샐러드 크림 등의 제조에 이용된다.

(3) 콜로이드 밀

콜로이드 밀(colloid mill)은 그림 12-17에서와 같이 고정자와 3,000~15,000 rpm으로 회전하는 회전자로 구성되어 있고, 고정자와 회전자 사이의 간격은 회전자를 수평으로, 좌우로 이동시켜 50~150 μm 범위로 조절할 수 있게 되어 있다. 예비 혼합액을 공급하면 액은 중력에 의해 고정자의 중심에 공급되고 고정자와 회전자 사이의 좁은 간격을 통하여 원주면으로 방출된다. 이때 에멀션화액은 전단력, 원심력 및 마찰력을 받아 분산상의 미립자가 생성된다.

콜로이드 밀은 분산상의 입자 크기가 1~2 μm인 에멀션화액을 얻을 수 있으나 공기가 흡입되는 결점이 있다. 균질기는 20 cp 이하의 점성이 낮은 액체, 콜로이드 밀은 10 p 이상의 점도가 높은 액체의 에멀션화에 효과적이다.

회전자와 고정자는 일반적으로 매끈한 표면을 가진 스테인리스스틸(stainless steel)로 되어 있으나, 때에 따라서는 주름잡힌 회전자나 원뿔 모양 등 여러 종류의 회전자가 식품에 따라 이용되며, 양쪽 회전자를 모두 서로 반대로 회전시키거나 회전자 표면에 돌기 등을 설치하여 전단작용을 증가시키기도 한다.

일반적으로 치즈, 마요네즈, 샐러드드레싱, 시럽 같은 식품의 에멀션화에 사용된다. 또 육류나 과일 및 퓨레류 제조에서의 미분쇄 목적으로도 사용된다. 땅콩버터나 고기반죽과 같은 고점도 식품은 회전자를 수평으로 설치하여 사용하기도 한다.

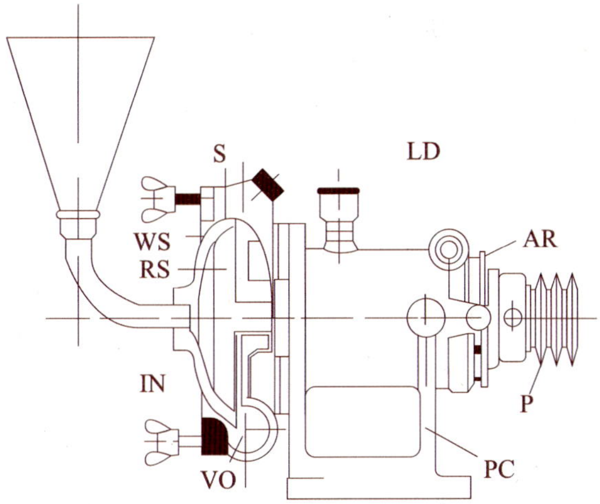

IN : 입구 RS : 회전자 S : 고정자 WS : 작용표면 VO : 볼류트(출구)
AR: 조절링 LD : 고정장치 P : 활차 PC : 고정다리

그림 12-17 콜로이드 밀

(4) 초음파 분산기

초음파(ultrasonic)는 여러 가지 방법으로 발생시킬 수 있으나 식품공업에서 유화에 응용되는 것은 기계적 발진기이다. 그 원리는 그림 12-18에 나타낸 것처럼 노즐 앞에 끝이 쐐기 모양인 날개가 고정되어 있다.

노즐을 통해 고압(340~1400 kPa)의 액체를 분사시켜 날개의 끝부분에 부딪치게 하면 날개는 진동하게 되고 이 진동이 액체에 전달되어 분산상의 액체 방울이 파괴된다. 이때 생성되는 진동주파수는 보통 18~30 kHz, 생성되는 분산상 액체방울의 크기는 1~2 μm 정도이다.

초음파 분산기는 식품공업에서 샐러드크림, 아이스크림, 믹스, 초콜릿, 땅콩버터 등의 제조에 이용되며, 액체 내에 분말을 분산시킬 때도 사용된다.

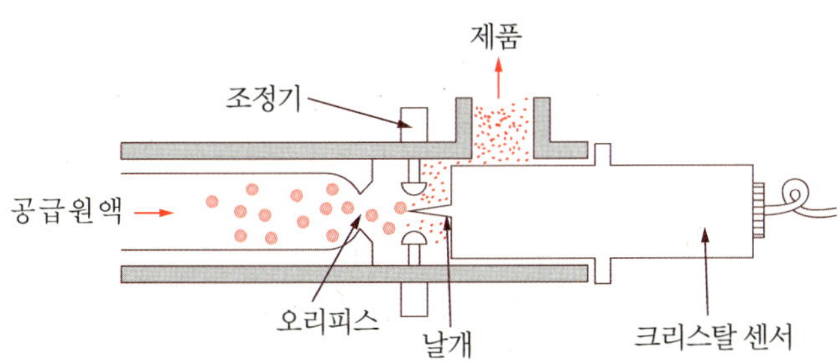

그림 12-18 초음파 분산기를 이용한 에멀션화 장치

Section 3 혼 합

1. 혼합 이론

혼합(mixing)은 두 가지 이상의 물질을 고르게 섞는 조작으로 혼합하는 물질의 성질에 따라 다음과 같이 구별할 수 있으며, 사용하는 장치도 달라진다.

(1) 액체와 액체, 액체와 기체 또는 액체에 소량의 고체를 섞는 조작을 **교반**(agitation)이라 한다.

(2) 점도가 아주 높은 액체 또는 가소성 고체를 섞는 조작, 고체에 약간의 액체를 섞는 조작을 **이기기**(kneading)라 한다.

(3) 건조된 가루상태의 고체를 혼합하는 조작을 **고체혼합**이라 하며, 좁은 의미에서 혼합은 대체로 이 경우를 말한다.

2. 분산 및 분포

식품 가공기기에서 일어나는 혼합 메커니즘은 분산(dispersive)과 비분산(non-dispersive) 또는 분포(distribution)로 특징지을 수 있다. 혼합 공정의 본질적인 이해는 분산과 비분산 혼합공정의 분명한 차이를 구별하고 이 메커니즘을 혼합 공정에서 최적화하여 실현하는 것이다.

그림 12-19는 분산과 분포 혼합의 메커니즘을 보여 준다. 분산 혼합은 응집되는 성분들의 크기를 감소하는 것인데, 응집되어 있는 고체입자들의 분산, 혼합되지 않는 액적들의 분산, 유체 속의 기포들의 분산 등의 예시에서 볼 수 있다. 분포 혼합은 고른 분포도를 얻기 위해 식품매질(food matrix)에 성분들을 퍼트리는 공정이다. 혼합기기에서는 분산 혼합 및 분포 혼합 작용이 동시 또는 단계적으로 일어난다. 혼합 공정의 효율은 혼합기 또는 압출기와 같은 가공기기의 원료 분배력, 반죽 신장력, 기포 분산력 등으로 평가된다.

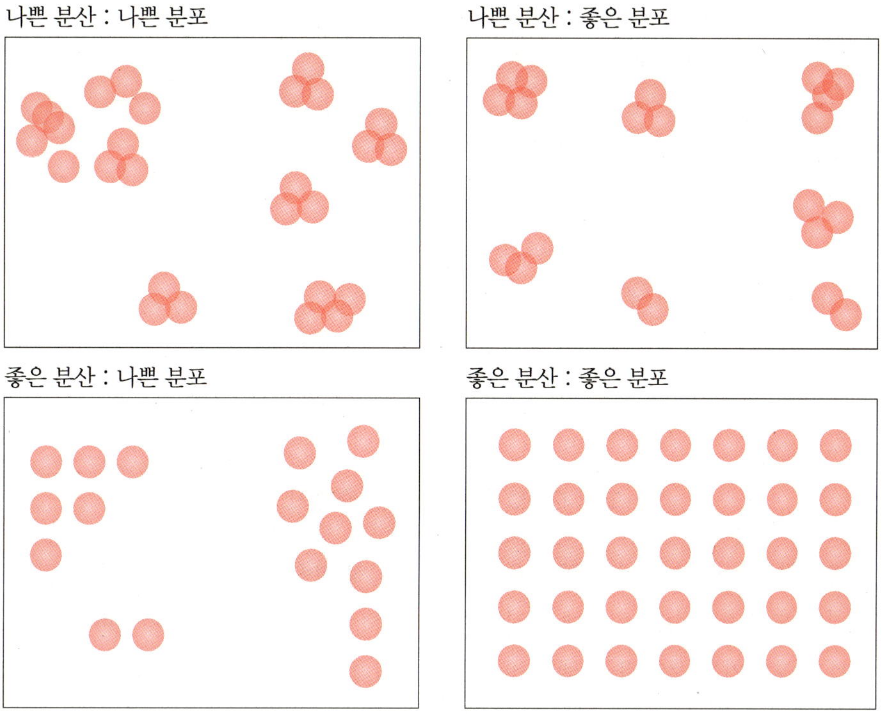

그림 12-19 분산과 분포 혼합 메커니즘의 모식도

3. 혼합기

(1) 용기회전형 혼합기

용기 안에 고체를 넣고 용기를 회전시켜 혼합하는 형식의 혼합기를 용기 회전형 혼합기 또는 텀블러 혼합기(tumbler mixer)라고 한다. 혼합용기는 그림 12-20과 같은 여러 가지 모양이 사용된다. 용기 내부에는 혼합효율을 향상시키기 위해 방해판을 설치하거나 또는 응집되는 것을 방지하기 위해 별도로 회전하는 교반장치를 설치한다.

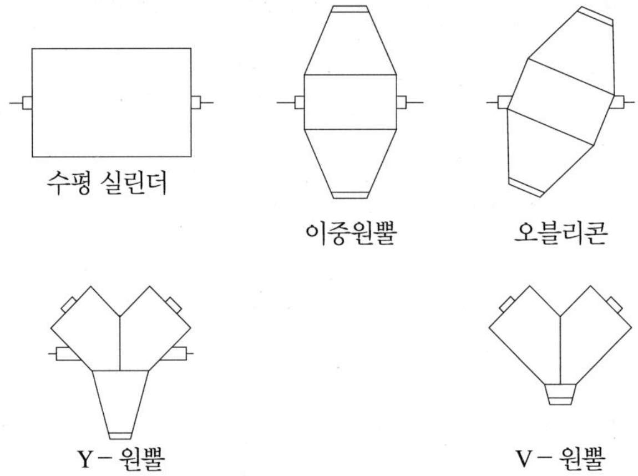

그림 12-20 용기회전형 혼합기

혼합원료는 용기 부피의 50~60%를 채운다. 회전속도는 원심력이 중력보다 크지 않도록 임계속도 이하에서 작업하여야 하는데 일반적으로 100 rpm이다. 텀블러 혼합기는 물리적 성질이 비슷한 물체의 온화한 혼합에 적합하다. 고체 입자의 크기, 모양, 밀도 등에 차이가 있을 경우에는 분리가 문제 된다.

(2) 수평기형 혼합기

반원통형의 용기 안에 회전장치를 설치한 형식으로 가장 널리 사용되는 것은 그림 12-21과 같은 리본혼합기(ribbon mixer)이다. 한 개의 회전축에 반대 방향의 나선운동을 하는 리본이 2~3개 설치되어 있어, 하나의 리본은 고체를 한 방향으로 이동시키고 다른 리본을 반대방향으로 보다 빨리 이동시킨다. 그 결과 고체는 혼합되면서 이동하여 한쪽에서 연속적으로 배출되며, 회분조업을 할 수 있는 형식도 있다.

용기는 밀폐형, 개방형 또는 온도조절을 위해 재킷이 설치된 것도 있다.

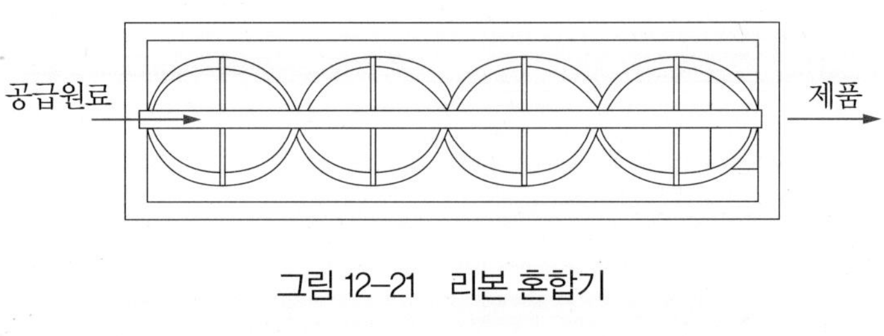

그림 12-21 리본 혼합기

(3) 수직 스크류 혼합기

원통형 또는 원뿔형 용기에 회전하는 스크류가 수직 또는 그림 12-22와 같이 용기 벽면에 경사지게 설치되어 자전하면서 용기 벽을 따라 공전한다. 이 형식은 혼합이 빠르고 효율이 우수하기 때문에 대량의 물체에 소량을 혼합하는 데 효과적이다.

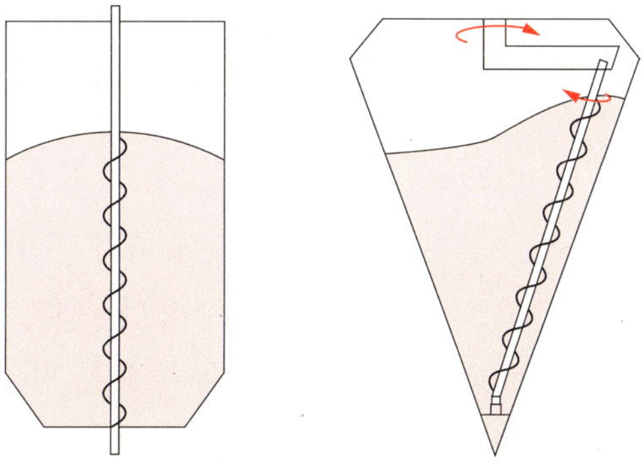

(a) 수직 스크류　　(b) 궤도 스크류

그림 12-22　수직 스크류 혼합기

Section 4 최신 분쇄, 유화 기술

1. 초미세 및 나노분쇄

기류식 초미세분쇄기는 투입부, 분쇄영역, 배출부 3부분으로 구성되어 있으며, 원료는 기어 타입의 정량공급장치를 통해 미세분쇄기의 공급 호퍼에 분쇄원료와 공기가 동시에 공급된다. 분쇄실에 투입된 원료는 고속으로 회전하는 회전자(rotor)와 1차, 2차, 3차 고정자(stator)를 통과하면서 분쇄된다. 그리고 분쇄된 입자는 기류식 초미세분쇄기 본체에서 미분(fine powder)과 조분(coarse powder)으로 분리되며 조분으로 분리된 입자는 임펠러에 의하여 발생한 원심력으로 분급구역(classification zone)의 바깥쪽으로 공기와 함께 재순환되어 다시 분쇄실로 투입된다. 반면에 미분으로 분리된 입자는 공기의 항력에 의하여 중심에 위치한 배출구를 통하여 분쇄실 밖으로 배출된다.

나노분쇄는 고체식품의 크기를 나노크기(nano scale)의 입자로 미세하게 분쇄하는 것이다. 크기가 작아진 나노크기의 입자는 상대적으로 마이크로 크기 입자에 비해 높은 분산성(dispersibility)을 가질 수 있다.

Stokes 법칙에 따르면 용액 내에서 입자는 용액과 입자 간의 비중(밀도) 차가 있으면 중력 방향(또는 중력 반대 방향)으로 침전(또는 부유)한다. 이때, 침전(또는 부유)의 속도는 입자 반지름의 제곱과 비례하게 되는데, 나노크기의 물질이 되면 입자 반지름의 제곱 값이 매우 작은 값이 되므로 입자의 침전(또는 부유) 속도는 매우 작아진다.

반대로 입자의 브라운 운동은 크기가 작아짐에 따라 증가해서 나노크기 입자는 용액 속에서 안정적으로 분산되어 있을 수 있다. 또한, 입자의 표면에 큰 입자에 비하여 상대적으로 적은 양의 소수성 부분(또는 친수성 부분)이 존재함으로 친수성(또는 소수성) 용액에서도 응집(flocculation) 및 상분리(phase separation)와 같은 불안정성을 감소시킬 수 있다. 나노크기 물질의 이와 같은 특성은 용해도 및 분산성 향상, 생체유용성 증대와 같은 잠재력을 가지므로 식품소재의 효율적인 이용에 응용할 수 있다.

2. 나노 에멀션화

나노 에멀션화의 목적은 액적(droplet)의 크기를 나노미터 범주까지 작게 유화시키는 것이다. 나노유화액의 형성을 위하여 초고압균질화가 이용되는데 분산될 액체는 균질기 내의 작은 틈을 통과할 때 전단력에 의하여 나노크기의 액적들로 균질화된다. 나노크기로 작아진 액적들의 계면에는 유화제가 부착되어 얇은 막을 형성하며, 이는 액적 간의 재결합을 방지하여 큰 액적들이 형성되는 것을 막아주며 에멀션에 안정성을 부여한다. 이때 유화제로 이용되는 천연 소재로는 레시틴과 같은 인지질 등이 있다.

나노 에멀션 제조 시 유화제의 종류 및 농도, 제조 용액의 pH, 온도, 이온농도, 점도, 균질기의 압력, 전단력 등의 적절한 선택과 조절을 통하여 50 nm 이하 크기를 갖는 액적을 만들 수 있다.

[연습 문제]

1. 고체식품을 분쇄할 때 처음에는 분쇄비를 10으로 조작하였다. 같은 장치에서 분쇄비를 100으로 증가시킬 때 필요한 에너지는 처음 조작에 비하여 얼마로 증가하는가?

2. 고체식품 100 ton/h를 초기에는 80%가 4 in. 이하에서 1/8 in.가 되도록 분쇄하고자 한다. 이때 다음을 계산하라. 단, work index는 10.13이다.
   (1) 요구되는 동력(kW)
   (2) 80%가 1000 μm를 통과하도록 할 때의 요구동력

3. 식품원료를 1 mm에서 0.001 mm로 분쇄하기 위해 5 마력(hp)의 동력이 필요하다. 같은 식품원료 1 mm를 0.00002 mm로 분쇄하기 위해 요구되는 동력(hp)을 Rittinger의 법칙을 이용하여 계산하라.

4. Span 60 (HLB = 4.7) 40%와 Tween 60 (HLB = 14.9) 60% 혼합물의 HLB값을 구하라.

5. 혼합물의 HLB값이 12.0이 되기 위한 Span 80 (HLB = 4.3)과 Tween 80 (HLB = 15.0)의 비율을 구하라.

6. 가장 왼쪽에 위치한 그림은 분쇄(milling) 과정 중 초기 입자 크기 분포를 나타내고, 가장 오른쪽에 위치한 그림은 분쇄 과정 중 마지막 입자 크기 분포를 나타낸다. 아래에 제시된 분쇄 메커니즘에 따라 입자가 분쇄된다고 가정한다면, 분쇄 과정 동안 일어나는 입자 크기 분포 중 두 번째와 세 번째 순서에 해당하는 입자 크기 분포를 그려라.

(1) 마쇄

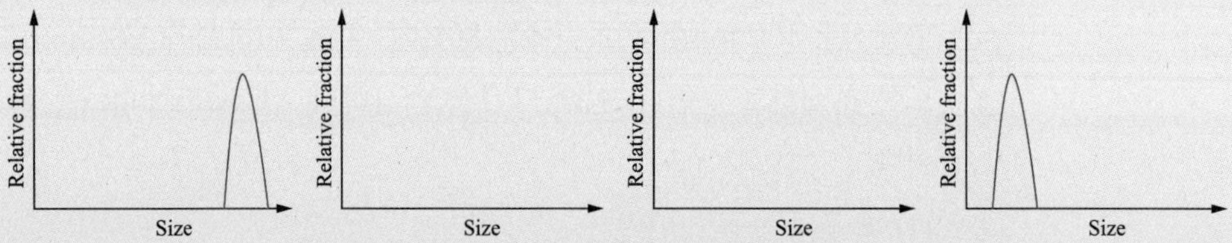

(2) 절단

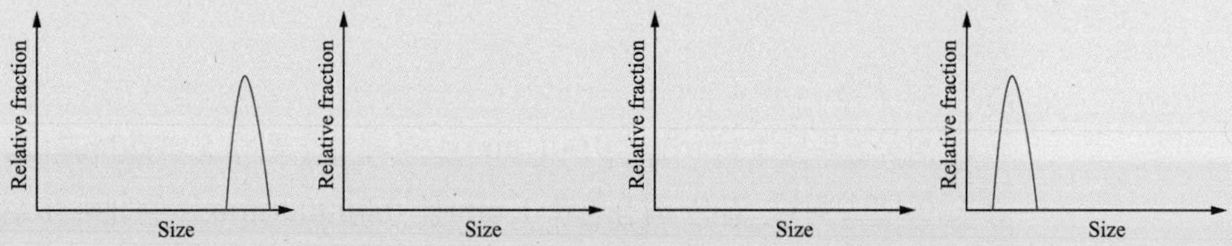

(3) 파쇄

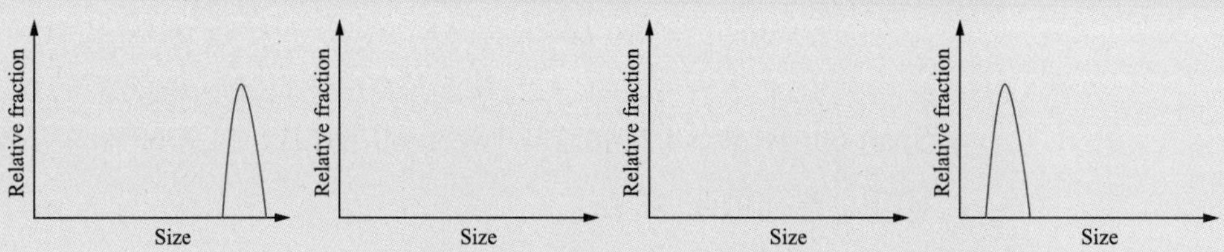

Chapter 13

기계적 분리 및 막 분리

식품산업에서는 원하는 성분을 얻기 위해서 흔히 침전, 원심분리, 여과 등과 같은 기계적 분리(mechanical separation)를 사용한다. 대부분의 식품가공 공정에서 기계적 분리방법은 증발, 건조, 농축 등과 같은 다른 물리적 분리방법과 병행하여 사용되는 경우가 많다. 따라서 분리하고자 하는 대상물질의 물리화학적 특성과 각종 기계적 분리방법의 작용원리를 고려하여 최적 분리공정을 선정할 필요가 있다.

막 분리(membrane separation)는 식품가공에서 그 이용이 점점 증가하고 있는 기술이다. 막 분리는 열에너지를 사용하지 않기 때문에 영양 성분이나 휘발성 성분의 손실을 방지하여 고품질의 제품을 생산할 수 있으며, 또한 상변화가 일어나지 않기 때문에 에너지 면에서 경제적인 공정이다.

식품공업에서, 특히 열변성이 문제가 되는 분야에서 종래의 열을 이용한 농축법 대신에 막을 이용한 분리법이 많이 사용되고 있다. 그러나 막 분리는 상대적으로 고가의 초기 설치비, 낮은 농축률, 분리과정에서 생기는 막의 오염(fouling) 등의 단점을 안고 있다. 따라서 막 분리의 이론적 배경, 막의 구조, 식품산업에의 이용 가능성 등을 정확히 이해하여 식품에 응용하는 것이 중요하다.

Section 1 중력침강

고체입자를 액체로부터 분리하는 데에는 열에너지나 높은 온도를 사용하는 방법 외에도 여러 방법이 있다. 그 중 가장 간단한 방법은 중력침강이다.

중력침강은 현탁액(suspension) 중에 부유하고 있는 고체입자를 중력에 의하여 가라앉게 하여 액체와 고체를 분리하는 조작이다.

따라서 중력침강에서는 중력이 추진력(driving force)으로 작용한다.

침강 분리에는 ① 과즙이나 청주처럼 현탁물을 제거한 후 청정액 획득을 목적으로 하는 경우, ② 전분의 침전처럼 고체 농축물 획득을 목적으로 하는 경우, 또는 ③ 고체입자를 지름이나 밀도의 차이에 따른 분획을 목적으로 하는 경우 등이 있다.

1. 중력침강 이론

유체 속을 운동하고 있는 고체입자에는 세 가지의 힘, 즉 ① 중력(gravity force) ② 외력과 평행으로 작용하나 방향이 반대인 입자를 뜨게 하는 부력(buoyant force) ③ 입자가 침강할 때 유체와의 마찰에 의하여 침강에 저항하는 항력(drag force)이 작용한다.

중력을 F_g, 부력을 F_b, 항력을 F_D라고 하면 입자에 작용하는 순힘(net force) F_n은 $F_n = F_g - F_b - F_D$이다. 이 순힘을 받아 입자는 가속도가 생기면서 유체 중력을 움직이므로

$$m\frac{dv}{dt} = F_g - F_b - F_D \tag{13-1}$$

질량 m인 물체에 작용하는 중력은

$$F_g = mg \tag{13-2}$$

여기서 g: 중력가속도(m/s^2)

부력은 아르키메데스의 원리에 의하여 입자에 의하여 배제된 유체의 질량($m\rho_f/\rho_p$)에 중력가속도를 곱한 것이다. 즉

$$F_b = mg\frac{\rho_f}{\rho_p} = V_p \rho_f g \tag{13-3}$$

여기서 ρ_f : 액체의 밀도(kg/m³)

ρ_p : 입자의 밀도(kg/m³)

V_p : 입자의 부피

입자에 작용하는 항력은 다음 식으로 유도한다.

$$F_D = \frac{C_D \rho_f v^2 A_p}{2} \tag{13–4}$$

여기서 C_D : 항력계수(drag coefficeient, N_{Re}에 의해 결정)

v : 입자의 속도(m/s)

A_p : 입자의 운동방향에 수직인 면에서 측정한 입자의 투영면적 (projected area, m²)

따라서 식 (13–2), (13–3), (13–4)를 식 (13–1)에 대입하면

$$F_n = m\frac{dv}{dt} = mg - mg\frac{\rho_f}{\rho_p} - \frac{C_D \rho_f v^2 A_p}{2} \tag{13–5}$$

식 (13–5)에서 $mg(\rho_p - \rho_f)/\rho_p$는 중력과 부력의 차로서 입자를 가속시키는 순힘이다. 이 힘을 받아 입자의 속도가 증가함에 따라 항력도 계속 증가하므로 결국 두 힘은 균형을 이루어 $F_n = 0$이 되면서 입자는 일정한 속도(즉 $dv/dt = 0$)로 침강하는데, 이 속도를 끝속도(terminal velocity 또는 free settling velocity)라고 한다.

입자가 구형이라 가정하고 입자의 직경을 D_p라고 할 때 $A_p = \pi D_p^2/4$, $m = \pi D_p^3 \rho_p/6$이며 끝속도 v_t에서 두 힘은 균형을 이루므로 식 (13–5)는 다음과 같아진다.

$$\frac{\pi D_p^3}{6}(\rho_p - \rho_f)g = \frac{C_D \rho_f v_t^2 \pi D_p^2}{8} \tag{13–6}$$

단단한 구(rigid sphere)에 대한 항력계수는 구의 레이놀즈 수($C_p v \rho_f/\mu$)의 함수이다(그림 13–1).

층류(laminar flow) 조건에서 스토크의 법칙(Stoke's law)에 의하여($N_{Re} < 1$ 영역) 항력계수는 다음 식으로 주어진다.

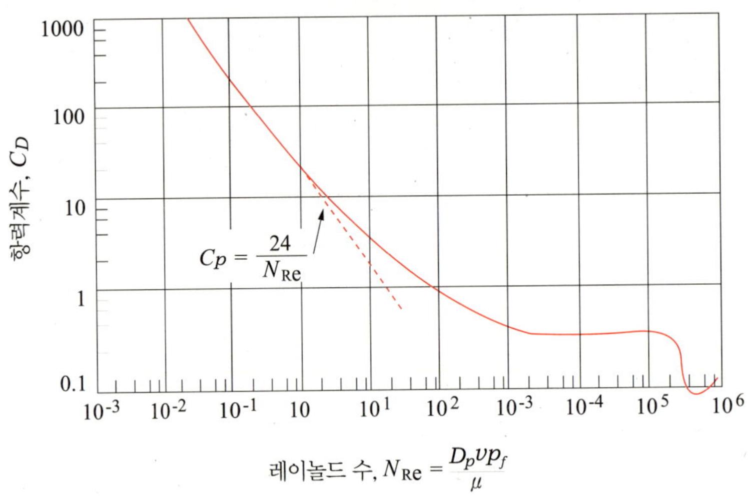

그림 13–1 단단한 구에 대한 항력계수

$$C_D = \frac{24}{N_{Re}} = \frac{24\mu}{\rho_f D_p v_t} \tag{13–7}$$

여기서 μ : 액체의 점도

식 (13–7)을 식 (13–6)의 C_D에 대입하고 정리하면 끝속도에 대한 다음 식을 얻게 된다.

$$v_t = \frac{gD_p^2(\rho_p - \rho_f)}{18\mu} \tag{13–8}$$

식(13–8)은 자유침강(free settling)에서만 작용되며, 이 식을 스토크의 법칙(Stoke's law)이라 한다. 자유침강은 입자가 용기벽 및 다른 입자들과 충분한 거리가 떨어져 있어서 입자 한 개의 운동이 다른 입자의 영향을 받지 않는 조건에서 침강하는 것이다. 묽은 현탁액에서 입자의 침강을 자유침강이라 생각할 수 있다. 식 (13–8)을 이용하여 입자와 액체의 비중, 액체의 점성, 그리고 입자의 크기를 알 경우 침강속도와 침강이 완료되는 시간을 예측할 수 있으며, 침강조작과 그 장치를 설계할 때 이용한다.

층류조건이 아닌 경우의 항력계수는 다음의 무차원 K인자를 계산하여 구할 수 있다. 즉

$$K = D_p\left[\frac{g\rho_f(\rho_p - \rho_f)}{\mu^2}\right]^{0.33} \tag{13–9}$$

C_D는 K값이나 N_{Re}값에 따라 다음과 같이 결정된다.

① $K<1.3$ 혹은 $N_{\text{Re}}<2.0$일 때 : $C_D=\dfrac{24}{N_{\text{Re}}}$

② $1.3<K<44$ 혹은 $2.0<N_{\text{Re}}<500$일 때: $C_D=\dfrac{18.5}{N_{\text{Re}}^{0.6}}$

③ $K>44$ 혹은 $N_{\text{Re}}>500$일 때 : $C_D=0.44$

$N_{\text{Re}}>2.0$인 경우는 식 (13-6)을 v_t에 대하여 풀면 다음의 일반식을 유도할 수 있다.

$$v_t=1.155\left[\frac{D_p g(\rho_p-\rho_f)}{\rho_f C_D}\right]^{0.5} \tag{13–10}$$

[예제 13–1] 대두속의 끝속도

대두로부터 기름을 추출할 때 껍질(hull)은 대두속(cotyledons)으로부터 분리되는데, 이는 기름추출 후의 부산물을 사료나 단백질을 추출하는 데 사용하기 위함이다. 대두원료는 분쇄기를 통과하면서 분쇄되어 껍질과 속의 혼합물을 형성하게 된다. 이 혼합물은 공기분급(air classification) 시스템을 이용하여 껍질과 속으로 각각 분리된다. 대두속의 직경과 밀도는 각각 4.76 mm에 1003.2 kg/m^{3}이었고, 대두껍질은 각각 6.35 mm에 550 kg/m^{3}이었으며, 전체공정은 20°C에서 진행되었다.

공기 중에서 대두속과 껍질의 끝속도를 구하라.

[풀이]

20°C에서 공기의 밀도는 이상기체방정식을 이용하여 구한다. 공기의 분자량(M)은 29, 대기압(P)은 101.325 kPa, 기체상수(R)는 8314 m·N/kg·mole·K이므로

$$\rho=\frac{PM}{RT}=\frac{(101.325\times 1000)(29)}{(8314)(293)}=1.206\ \text{kg/m}^3$$

또한 20°C에서 공기의 점도는 0.0175 cp이며, 중력가속도(g)는 9.8 m/s^{2}이다. 따라서 대두 속에 대하여 식 (13-9)로부터

$$K = 0.00476\left[\frac{(9.81)(1.206)(1003.2-1.206)}{[(0.0175)(0.001)]^2}\right]^{0.33} = 145$$

그런데 $K>44$에서 $C_D = 0.44$이므로 식 (13-10)을 이용하면

$$v_t = 1.155\left[\frac{(9.81)(0.00476)(1003.2-1.206)}{(1.206)(0.44)}\right]^{0.5} = 10.85\ \text{m/s}$$

한편, 대두 껍질에 대해서는

$$K = 0.00476\left[\frac{(9.81)(1.206)(550-1.206)}{[(0.0175)(0.001)]^2}\right]^{0.33} = 118$$

$K>44$ 이므로 $C_D = 0.44$이다. 따라서 식 (13-10)으로부터

$$v_t = 1.155\left[\frac{(9.81)(0.00635)(550-1.206)}{(1.206)(0.44)}\right]^{0.5} = 9.27\ \text{m/s}$$

따라서 대두 속으로부터 껍질을 효율적으로 분리하기 위한 공기의 속도는 9.27과 10.85 m/s의 사이에서 이루어져야 한다.

[예제 13-2]

Stoke's의 법칙은 유체에 현탁되어 있는 입자의 침강속도와 관련되어 있다. Stoke's의 법칙을 바탕으로 입자의 침강속도를 늦추기 위한 주요 전략을 설명하라.

[풀이]

Stoke의 법칙을 나타내는 수식은

$$v_t = \frac{D_p^2(\rho_p - \rho_f)g}{18\mu}$$ 로 표현하며

끝속도(V_t)는 입자의 지름(D_p), 입자의 밀도(ρ_p), 유체의 밀도(ρ_f), 유체의 점도(μ)의 함수이다. 따라서 입자의 지름, 입자의 밀도, 유체의 밀도, 유체의 점도를 조절하면 입자의 침강속도를 최소화할 수 있다. 입자의 침강속도를 늦추기 위한 주요 전략은 아래와 같다.

> 전략 1: 입자 지름(D_p)의 크기를 최소화한다.
> 전략 2: 입자의 밀도(ρ_p)와 유체(용매 또는 액상식품 등)의 밀도(ρ_f) 간의 차이를 최소화하거나 같게 한다.
> 전략 3: 유체의 점도(μ)를 높인다.

2. 중력침강 장치

현탁액의 정치상태에서의 일반적 침강현상을 그림 13-2에 나타내었다. 먼저 현탁액을 그림 13-2(a)처럼 실린더에서 높이 Z_0 만큼 채운다. 시간이 경과하면서 그림 13-2(b)에 나타낸 것과 같이 현탁입자가 침강하여 퇴적층이 생기는데 이를 띠(zone) D라고 하자. 이 띠 D 위에는 다른 현탁층으로서 전이층(transition layer)의 띠 C가 생성되는데, 이 띠의 고형분 함유량은 차츰 변하여 최종적으로는 띠 D와 같은 농도가 된다.

띠 C의 위층에 존재하는 띠 B는 균일한 현탁액으로서 초기 현탁액과 일치하는 부분이다. 이때 띠 A는 현탁입자가 제거되어 맑은 액을 이루게 된다.

침강이 효율적으로 이루어지는 경우에는 띠 A/B의 경계가 확실하게 나타난다. 침강이 계속되면 그림 13-2(c)에 나타낸 것처럼 띠 C의 길이는 일정하게 유지되면서 띠 D와 띠 A는 증가하고, 반면에 띠 B는 감소하게 된다. 더욱 침강이 진행되면 그림 13-2(d)처럼 띠 B와 띠 C는 사라지고 모든 입자는 띠 D에 존재하게 된다.

그런데 띠 D에 있는 현탁입자층은 퇴적물의 무게 때문에 더욱 조밀하게 밀착하면서 퇴적물에 동반하고 있는 액이 일부 띠 A로 들어가면서 띠 D의 길이가 감소하게 된다. 이러한 현상을 압밀(compression)이라고 하며, 압밀현상이 처음 나타나는 때를 임계점(critical point)이라 한다.

최종적으로 입자무게와 압밀강도가 역학적 평형관계에 이르면 그림 13-2(e)와 같이 침강과정이 완료되며, 이때의 슬러리(slurry) 높이가 최종 높이로 된다.

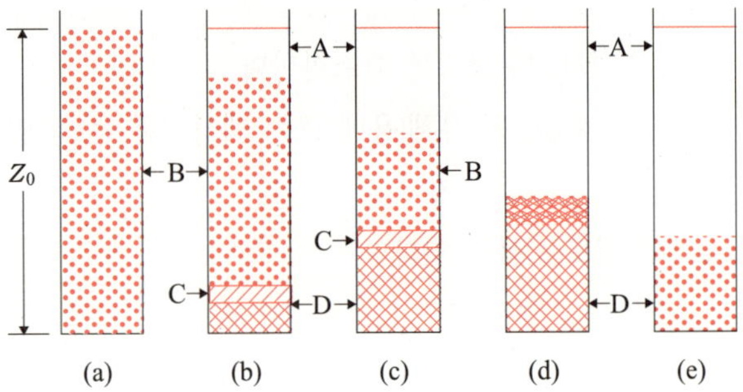

그림 13-2 중력침강

침강과정에서 A/B 경계층의 시간적 변화에 대한 관계를 현탁액의 침강곡선이라고 하는데 전형적인 형태를 그림 13-3에 나타내었다. 침강의 초기단계에서는 이 곡선의 첫 부분에 나타낸 것처럼 속도가 일정하여 이를 정속침강기(constant settling rate period)라고 한다.

중력침강을 이용한 분리장치에서는 회분식(batch type)과 연속식(continuous type)의 두 가지가 있다. 회분식 분리장치는 소규모 공정, 침강이 매우 빨리 일어나는 경우에 주로 사용되나 그 이용범위는 매우 좁다.

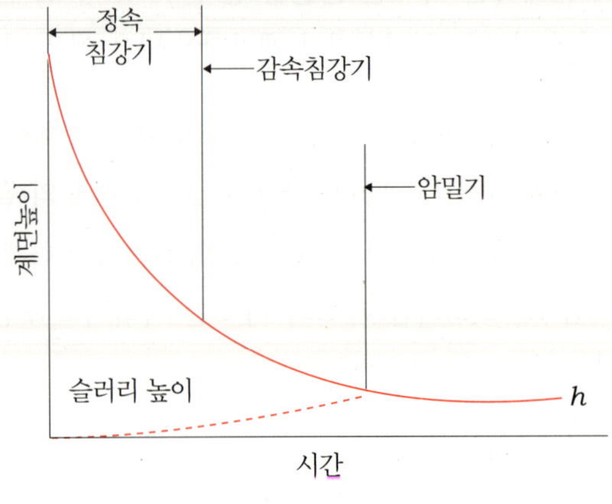

그림 13-3 중력침강곡선

식품공정에서는 청정액과 농축현탁액을 연속적으로 제거하는 연속침강장치가 주로 이용되며, 대표적인 연속침강장치로는 도르농축기(Dorr thickener)가 있다. 중심부의 경사통(inclined through)을 통하여 공급된 현탁액은 탱크 안에서 연속적으로 침강하며 상등액은 벽면의 관을 통하여 연속적으로 배출된다. 한편, 탱크 바닥에 침강한 농축현탁물은 천천히 회전하는 갈퀴 팔에 의하여 원추형 바닥의 중앙출구에 모이게 되고 펌프에 의하여 제거된다.

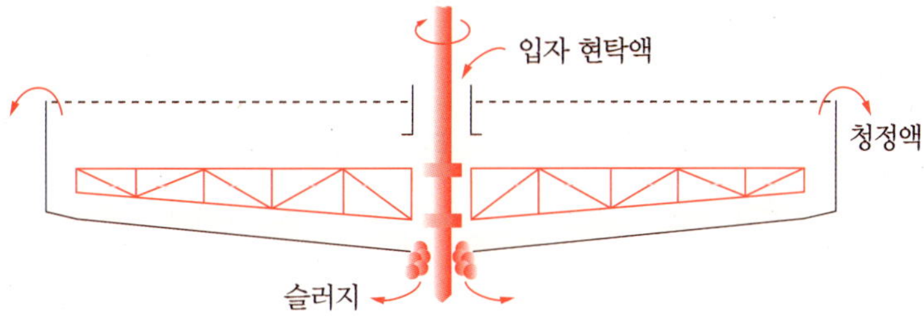

그림 13-4 연속식 침강농축기(도르농축기)

연속식 침강농축기에서 단위시간에 생성되는 맑은 액의 부피는 주로 침강에 유효한 단면적에 따라 달라지며, 액체 깊이와는 무관하다. 이때 입자의 침강속도가 액체의 상승속도보다 크면 청정액이 오버플로(overflow)로 제거될 수 있다. 액체의 평균 상승속도(v_f)는 다음과 같다.

$$v_f = \frac{(c_i - c_0)W}{A\rho_f} \tag{13-11}$$

여기서 c_i : 공급액의 수분함량(kg water/kg solid content)

c_0 : 농축침전물의 수분함량(kg water/kg solid content)

W : 공급액 중의 고체유량(kg/s)

A : 침강농축장치의 단면적

ρ_f : 액체의 밀도

식 (13-11)에서 $(c_i - c_0)$는 건조고체 kg당 일류에 의해 제거된 수분량이다. 액체의 상승속도(v_f)는 입자의 침강속도 (v_s)보다 작아야 하므로

$$v_f = \frac{(c_i - c_0)W}{A\rho_f} \le v_s \tag{13-12}$$

따라서

$$A \ge \frac{(c_i - c_0)W}{v_s \rho_f} \tag{13-13}$$

농축기와 구조가 유사한 것으로 청정기(clarifier)가 있다. 이 두 장치의 차이는 농축기가 농축 침전물을 목적으로 하는 데 반하여, 청정기는 청정액을 목적으로 한다. 또한 가속기(accelerator)는 입자의 침강을 촉진시키기 위해 응집체를 교반기로 혼합하여 침전분리하는 응집침전장치이다.

[예제 13-3] 연속침강장치에서 기름의 제거

연속침강장치를 이용하여 물 속에 존재하는 기름을 제거하려고 한다. 침강 탱크에 공급되는 원액농도는 4 kg water/kg oil이고, 침강 탱크를 떠나는 물에는 기름이 완전 제거되었다. 물과 기름의 밀도는 각각 1000 kg/m^3, 894 kg/m^3이고, 물의 점도는 1.0×10^{-3} Pa·s였다.

원액의 유입속도가 1000 kg/h이었을 때, 탱크 설계에 필요한 침강면적을 구하라. 이때 기름입자는 구형으로써 지름은 5.1×10^{-5} m이며, 스토크의 법칙이 적용된다고 가정한다.

[풀이]

먼저 식 (13-8)을 이용하여 입자의 속도를 구하면

$$v_s = \frac{(5.1 \times 10^{-5})^2 (9.81)(1000-894)}{(18)(1.0 \times 10^{-3})}$$

$$= 1.50 \times 10^{-4} \text{ m/s} = 0.54 \text{ m/h}$$

한편 $W = 1000/5 = 200$ kg/h이므로 식 (13-13)에서

$$A = \frac{(4-0)(200)}{(0.54)(1000)} = 1.48 \text{ m}^2$$

Section 2 원심분리

원심분리는 원심력을 이용하여 물질을 분리하는 단위조작이다. 원심분리는 기본적으로 서로 섞이지 않는 액체-액체 혹은 액체-고체의 비중차를 이용하는 것이다. 비중차가 크지 않으면 중력에 의하여 분리하는 데 많은 시간이 필요할 뿐만 아니라 분리층의 경계가 불확실한 경우가 있다. 이때 중력 대신에 원심력을 가하게 되면 입자의 침강속도가 높아져 단시간 내에 효율적인 분리를 이룰 수 있으므로 식품산업에서 많이 사용되고 있다.

원심분리의 응용은 크게 섞이지 않는 액체(immiscible liquids)의 분리, 원심청정(centrifugal clarification), 디슬러지(desludge) 및 원심여과(centrifugal filtration)의 네 가지로 나눌 수 있다.

1. 원심분리 이론

질량 m인 물체가 반지름 R인 원의 주위를 각속도(angular velocity, rad/s) ω로 회전할 때 물체에 작용하는 원심력 F_c는 다음 식으로 주어진다.

$$F_c = ma_e = mR\omega^2 \tag{13–14}$$

여기서 $a_e = mR\omega^2$는 원심력에 의한 가속도(m/s²)이다.

R : 회전 중심축에서부터 반경방향의 거리(m)

한편, 각속도와 회전속도와의 관계는 다음과 같이 나타낼 수 있다.

$$\omega = \frac{2\pi N}{60} = \frac{\pi N}{30} \tag{13–15}$$

여기서 N : 회전속도(회전수/분 : rpm)

따라서 식 (13–14)와 (13–15)로부터

$$F_c = mR\left[\frac{2\pi N}{60}\right]^2 = 0.011\,mRN^2 \tag{13–16}$$

즉, 식 (13–16)에서 원심력의 크기는 회전반경, 회전속도 및 입자의 질량(또는 밀도)에 의해 결정되는 것을 알 수 있다.

여기서 중력 $F_g = mg$이므로 원심효과 Z는 다음 식과 같이 원심력과 중력의 비로 나타낼 수 있다.

$$Z = \frac{F_c}{F_g} = 0.011\frac{RN^2}{g} \tag{13–17}$$

위의 Z값은 상대원심력(relative centrifugal force)이라 부르기도 한다. 이 값은 원심력이 중력가속도의 몇 배에 상당하느냐를 나타내므로 $\times g$로 표시한다.

[예제 13-4] 원심분리기에서 g값

최대 반지름이 10 cm이고 회전속도가 2000 rpm인 원심분리기에서 얻을 수 있는 상대원심력은 얼마인가?

[풀이]

식 (13-24)에서

$$Z = \frac{0.011(10)(2000)^2}{980.7} = 449$$

따라서 449×g이다.

2. 원심분리기

(1) 액체–액체 원심분리기

① 관형 원심분리기(Tubular bowl centrifuge)

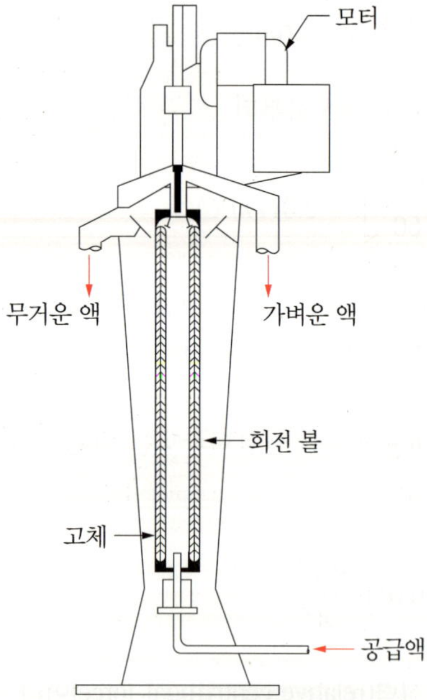

그림 13-5 관형 원심분리기

액체-액체 원심분리기 가운데 가장 간단한 것은 관형 원심분리기로 그림 13-5에 나타난 것처럼 고정된 케이스(case) 안에 가늘고 긴 볼(bowl)이 윗 부분에 매달려 고속으로 회전한다. 공급액은 볼 바닥의 구멍에 삽입된 고정 노즐(nozzle)을 통하여 유입되어 볼 내면에서 두 동심 액체층으로 분리한다.

내층, 즉 가벼운 층은 볼 상부의 둑(weir)을 넘쳐나가 고정배출 덮개 쪽으로 나가며, 무거운 액체는 다른 둑을 넘어 흘러서 별도의 덮개로 배출된다.

회전 볼은 여러 종류가 있지만 가장 대표적으로 사용되는 것은 지름 10 cm에 높이 75 cm인 것으로 15,000~50,000 rpm의 속도로 회전한다. 또한 원심효과는 13,000~60,000×g이며 원액의 처리능력은 76,000 L/h에 이른다. 이 장치는 식용유의 탈수와 과일주스 및 시럽의 청정 등에 사용된다.

② 원판형 원심분리기(Disc bowl centrifuge)

그림 13-6에 나타낸 것과 같이 원판형 원심분리기의 볼(bowl) 바닥은 평평하고 꼭대기는 원추형이며, 하부의 회전축에 고정되어 회전한다. 볼 안에는 볼과 함께 회전하는 접시 모양의 금속원판(disc)들이 아래 위로 일정한 간격으로 포개져 고정되어 있다. 축과 볼의 벽 중간쯤에서 원판에 구멍을 뚫어 맞추어서 액체가 통과하는 유로가 되게 한다.

위에서 유입된 공급액은 볼의 목에 부착한 고정 파이프를 통하여 상승하면서 각 원판 사이로 분배되고 이곳에 도입된 액은 원심력에 의하여 무거운 액체는 원판의 아랫부분을 따라 바깥쪽으로, 가벼운 액체는 반대로 원판의 윗부분을 따라 안쪽으로 이동한다.

볼 지름은 20~100 cm, 분리판의 간격은 0.58~1.3 mm이며, 2,000~7,000 rpm의 속도로 회전하는데 이 형식의 원심효과는 700~9,500×g, 처리 용량은 120~70,000 L/h에 이른다. 원판형에서는 두 액상의 흐르는 방향이 반대이므로 액체-액체 계면에서 상당한 전단이 생긴다. 이러한 전단은 어떤 종류의 에멀션(emulsion)을 파괴하는 데 도움이 된다.

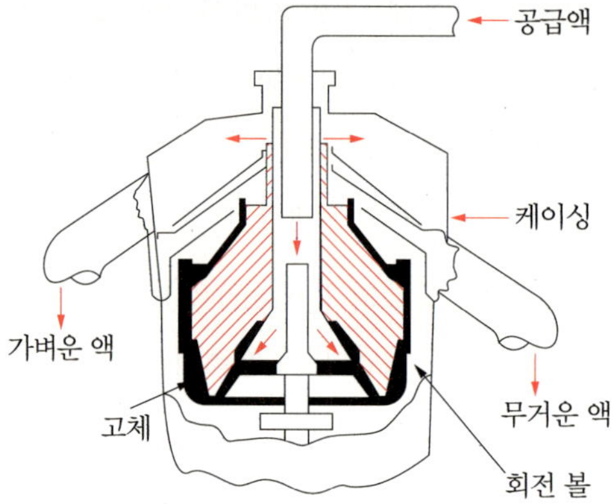

그림 13-6 원판형 원심분리기

표 13-1 침강 원심분리기의 특징

Type	Bowl diameter (in.)	Velocity (rpm)	$\sum$ value ($ft^2 \times 10^{-4}$)
Tubular	4.125	15,000	2.7
Disc	9.5	6,500	21.5
	13.7	4,650	39.3
	19.5	4,240	105

따라서 원판형 원심분리기는 우유에서 크림을 분리하는 경우처럼 원심분리의 목적이 완전한 분리가 아니라 한 유체상을 농축하고자 할 때 가치가 있다. 또한 식용유의 정제나 과일주스의 청정 등에도 이용된다.

(2) 원심청정기

① 원통형 원심분리기(Cylindrical bowl centrifuge)

공급액의 고체농도가 약 1~2%로 낮고, 고체입자의 침강이 용이한 경우에는 그림 13-7에 나타낸 것과 같이 원통형 볼로 이루어진 원통형 원심분리기가 사용되고, 회전 볼의 지름은 60~100 cm이다. 원료액을 상부로부터 관을 통하여 볼의 밑부분으로 공급하면 원액의 공급액은 볼의 벽면에 붙어 고체 케이크층을 형성하고, 액체는 볼의 상부에서 오버플로(overflow)한다.

이 장치는 회분식으로 운영된다. 즉, 고체 케이크의 두께가 최대가 되면 원료액의 공급을 중단한 후, 잉여과액은 스키머 파이프(skimmer pipe)를 통하여 제거하고 고체는 갈퀴로 긁어 원통 아래의 출구로 배출한다.

또 원통형 볼을 여러 개 겹쳐놓은 것을 다실식 원심분리기(multichamber centrifuge)라고 하는데, 이는 침강거리를 단축시키고 이동거리를 연장하기 위한 것이다.

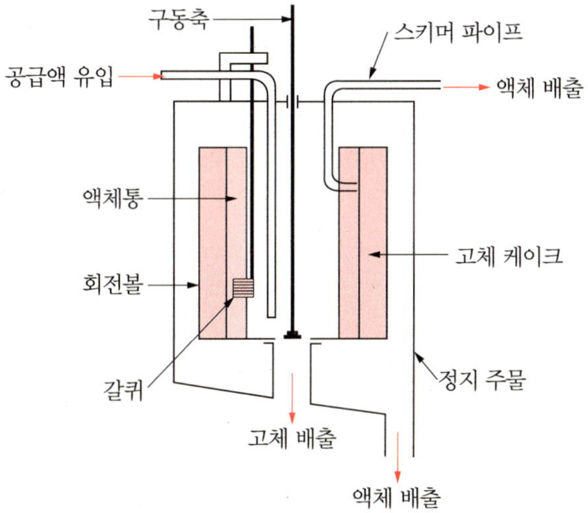

그림 13-7 원통형 원심분리기

② **노즐 배출형 원심분리기**(Nozzle discharge centrifuge)

공급액 중에 수% 이상의 고체가 함유되어 있는 경우에는 단순한 분리로는 충분치 않으며, 퇴적된 고체를 연속적으로 배출하는 수단을 갖추고 있어야 한다. 그림 13-8에 노즐 배출형 원심분리기를 나타내었다. 이 원심분리기는 원판형 원심분리기의 개량형으로서 이중 원추형 볼로 되어 있고, 볼의 지름이 가장 큰 원주에 일정한 간격으로 지름이 약 1~3 mm 정도의 구멍으로 노즐이 설치되어 있다.

분리된 고체는 노즐을 통하여 연속적으로 빠져나가게 되는데, 이때 상당량의 액체를 동반하게 된다. 노즐형의 결점은 비교적 큰 고체입자를 포함하고 있는 경우에 노즐의 구멍이 막힐 위험이 있고 또한 배출되는 슬러리(slurry)의 농도가 비교적 낮다는 것이다. 노즐 배출형 원심분리기는 효모의 분리, 단백질의 농축, 희박한 전분유의 농축에 사용된다.

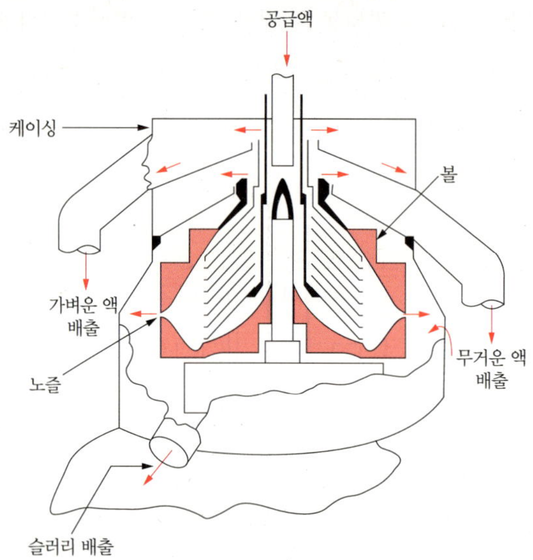

그림 13-8 노즐 배출형 원심분리기

③ 밸브 배출형 원심분리기(Valve discharge centrifuge)

밸브 배출형 원심분리기는 앞에서 설명한 노즐 배출형과 비슷하나, 노즐 대신에 자동 개폐되는 밸브로 구성되어 있다. 이 밸브는 퇴적 고체층을 제거하기 위하여 일정한 간격으로 개폐되어 있기 때문에 노즐 배출형에 비하여 액의 손실이 적고 배출되는 슬러지(sludge)의 농도가 상당히 높으며, 공급액의 고체 함량이 6%까지 처리가 가능하다. 밸브 배출형은 식용유의 정제나 당액에서 탄산칼슘의 제거 등에 이용된다.

(3) 디슬러지 원심분리기

원료액에 고체의 농도가 높을 때 앞에서 설명한 원심분리기는 부적절하며, 이러한 경우에는 디슬러지 원심분리기(desludge centrifuge)를 이용하여 슬러지를 제거한다.

그림 13-9는 컨베이어형 원심분리기(conveyor bowl centrifuge)로서 수평으로 놓여진 원뿔형 볼 내부에 볼보다 50~100 rpm 정도 빨리 회전하는 스크류 컨베이어(screw conveyer)가 설치되어 있다.

원액은 중앙의 회전축을 통하여 공급되고, 벽에 침강한 고체는 스크류(screw)에 의해 볼의 지름이 작은 쪽으로 이동하여 배출되며, 액체는 고체와 반대방향으로 흘러 볼 밖으로 오버플로 한다.

회전수는 1,000~3,000 rpm, 원심효과는 3,000×g 정도인데, 이 형식은 원액 중의 고체함량의 50%까지 이용이 가능하다.

이 방법은 청정능력은 우수하지 않으나 수분함량이 낮은 고체를 얻을 수 있다. 고구마, 밀, 옥수수 전분의 분리, 정제 및 탈수에 이용된다.

스크린 컨베이어 원심분리기(screen conveyor centrifuge)는 컨베이어형과 비슷한 구조를 가지고 있으며, 볼에 구멍이 있어 액이 이곳으로 배출된다. 이 형식은 대개 수직으로 배열되며 액이 상부로부터 공급된다.

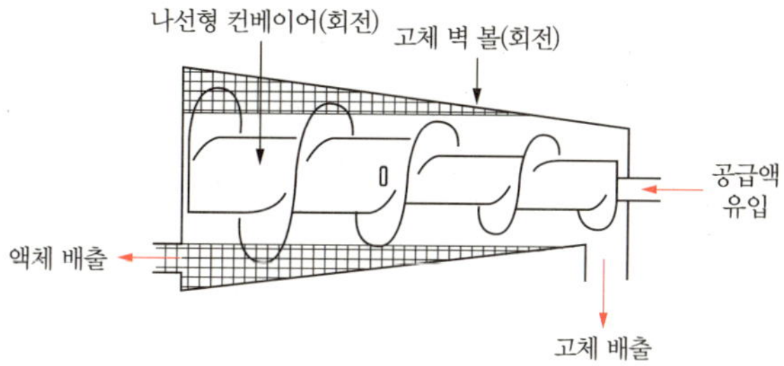

그림 13-9 컨베이어형 원심분리기

Section 3 여 과

여과는 현탁입자를 포함하고 있는 유체가 다공성의 여과매체를 통과하면서 액체는 통과되고 불용성 고체는 여과매체 표면에 퇴적하여 고체-액체의 현탁액으로부터 고체입자를 분리하는 단위조작이다. 이때 고체-액체의 현탁액을 슬러리(slurry), 막을 통과한 액체는 여과액(filtrate), 분리된 고체를 여과 케이크(filter cake)라고 부른다.

산업적으로 여과는 고체와 액체를 분리하는 가장 중요한 방법으로 일반적으로 얻고자 하는 물질이 여과액인 경우, 예컨대 과일주스, 식용유, 맥주 등의 제조에 널리 이용되고 있다.

여과매체(filter medium)는 현탁액이 고체입자보다 작은 세공을 가지고 있어 고체입자는 통과하지 못하고 액체만을 통과시킨다. 여과매체로는 여포와 다공판이 사용된다.

여과천(filter cloth)은 여과매체로 가장 널리 사용되고 있는 것으로 옛날부터 목면이나 삼베 등이 사용되었다. 최근에는 나일론, 폴리비닐클로라이드, 폴리프로필렌 등의 합성물질이 많이 이용되고 있다. 여과압력이 높을 때에는 기계적으로 강한 구리나 스테인리스강의 금속직포가 사용된다. 다공판으로는 다공성 자기, 알루미늄이나 다공성 금속판 등이 사용되고 있다. 그 밖에 합성수지, 유리섬유, 금속소립자를 반용융시켜 결합시킨 것도 있다.

한편, 분리하고자 하는 고체입자가 끈적거리거나 아주 미세한 경우에는 여과매체가 쉽게 막혀 짧은 시간밖에 작업할 수 없고 여과저항이 커서 여과가 곤란해진다. 이러한 물질을 여과하기 위해서는 케이크의 다공성을 증가시켜 액이 적당한 유속으로 통과되도록 하여야 한다. 이를 위하여 규조토(diatomaceous earth), 펄라이트(perlite), 정제된 나무, 셀룰로오스, 기타 다공성 고체와 같은 여과도움제(filter aid)를 사용한다. 여과도움제 사용법에는 프리코팅법(precoating)과 프리믹스법(premix)이 있다.

프리코팅법은 여과도움제만을 물 또는 맑은 여과액에 현탁시켜 이 현탁액을 여과기에 통과케 하여 여과매체의 표면에 여과조제의 얇은 층을 형성시킨 후 통과케 하여 여과매체의 표면에 여과도움제의 얇은 층을 형성시키고 나서 여과하는 방법이다. 따라서 점질성 물질이 여과매체의 구멍을 막는 것을 방지해 준다. 반면에 프리믹스법은 원액에 여과도움제를 미리 혼합하여 균일하게 현탁시켜 고체입자를 여과도움제에 흡착시킨 후에 여과기에 공급하는 방법이다.

이 경우에는 케이크의 공극률(porosity)을 증가시키기 때문에 케이크에 의한 여과저항을 감소시킨다. 여과도움제를 여과매체에 피복할 때는 0.25~1.0 kg/m^2, 원액에 예비혼합할 때는 0.1~0.5% 첨가한다. 어느 방법을 사용하든 고체입자는 사용할 수 없게 되므로 고체입자를 회수할 필요가 없는 경우에만 적용한다.

1. 여과 이론

일반적인 여과조작에서 여과액은 여과매체를 통과하고 통과하지 못한 고체 입자는 여과매체에 쌓이게 된다. 여과조작을 실제 활용하기 위해서는 조작조건에 따른 여과속도를 알아야 하며, 이 속도로부터 장치의 규모를 결정하게 된다. 그러나 여과조작은 매우 복잡하기 때문에 이론적으로 여과속도를 예측하기는 어렵다. 여과의 초기단계에서는 고체입자가 여과매체를 통과하면서 매체의 세공을 메워 점차 여과를 위한 가용 표면적을 감소시킨다.

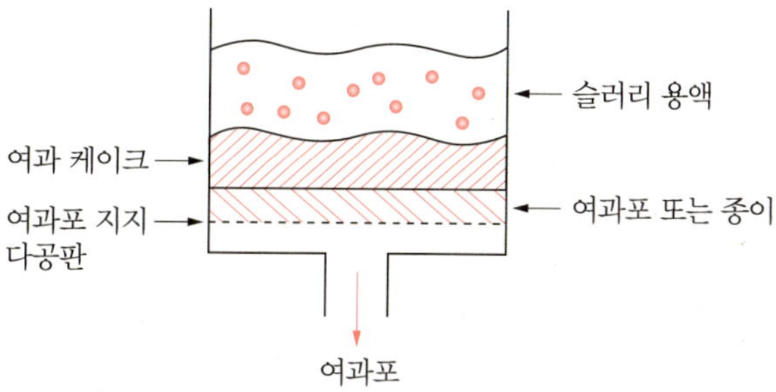

그림 13-10 간단한 여과장치

결과적으로 여과액의 흐름에 대한 저항이 증가되며, 여과가 계속 진행되면서 형성된 고체 케이크의 두께가 증가하게 된다. 이 케이크는 일단 형성되면 여과과정에서 고체입자에 대한 1차 여과매체로서 작용하게 된다. 따라서 여과기를 통과하는 여과액은 크게 두 종류, 즉 여과 케이크에 의한 저항과 여과매체에 의한 저항을 받게 된다.

케이크 표면에서의 압력을 p_1, 여과액 쪽의 압력을 p_2라 할 때 여과를 일으키는 추진력은 압착차 $\Delta p = p_1 - p_2$이다. 압력차 Δp에 의하여 유체가 다공성 고체층을 통과하는 속도는 다아시(Darcy) 법칙에 따른다.

$$v = \frac{k\Delta p}{\mu l} \tag{13-18}$$

여기서 v : 여과속도(m/s)

μ : 여과액의 점도(Pa·s)

l : 고체층의 두께(m)

k는 비례상수로서 고체층의 다아시 법칙 투과도(permeability)라 부른다.

식 (13−18)을 다시 쓰면

$$v = \frac{\Delta p}{\mu(l/k)} \tag{13–19}$$

즉, 여과속도는 압력차 Δp에 비례하고 저항(l/k)에 반비례한다는 것을 의미한다.

여과속도 v는 다음과 같이 나타낼 수 있다.

$$v = \frac{1}{A}\frac{dV}{dt} \tag{13–20}$$

여기서 V : 여과액의 총 부피(m^3)

A : 여과면적(m^2)

t : 여과시간(s)

또한 여과저항(l/k)은 케이크 저항 R_c와 여과매체 저항 R_m을 고려하면 다음과 같이 표현된다.

$$\frac{1}{k} = R_m + R_c \tag{13–21}$$

식 (13−18), (13−19) 및 (13−21)을 조합하면 여과의 기본식은 다음과 같이 표현된다.

$$\frac{1}{A}\frac{dV}{dt} = \frac{\Delta p}{\mu(R_m + R_c)} \tag{13–22}$$

일반적으로 여과매체저항 R_m은 일정하나 케이크 저항 R_c는 여과액의 부피 V와 케이크의 성질에 따라 변한다.

딱딱한 비변형성(non−deformable) 고체입자로 이루어진 케이크를 비압축성 케이크(incompressible cake)라고 부르며 R_c는 Δp에 영향을 받지 않는다. 식품공업에서 비압축성 케이크의 예는 흔치 않으며 설탕과 전분결정이 이에 속한다.

한편 여과 케이크가 변형성(deformable) 고체입자로 이루어진 경우를 압축성 케이크(compressible cake)라고 부르며 R_c는 Δp에 따라 변한다. 식품공업에서는 대부분 압축성 케이크가 발생한다.

예를 들어 토마토 주스 등의 섬유질 물질, 맥주박이나 청주박과 같은 발효 제품의 찌꺼기, 치즈 등의 단백질, 제당공업에서의 탄산칼슘 등은 전형적인 압축성 케이크이다.

비압축성 케이크의 경우 케이크의 두께는 여과액의 총부피에 비례하고 면적에 반비례한다.

$$R_c = \alpha c\left(\frac{V}{A}\right) \tag{13–23}$$

여기서 c :여과액 단위 부피당 케이크의 질량(kg/m^3)

α : 케이크의 비저항(specific cake resistance : m/kg)

식 (13–23)을 식 (13–22)에 대입하면

$$\frac{1}{A}\frac{dV}{dt} = \frac{\Delta p}{\mu[\alpha c(V/A)+R_m]} \tag{13–24}$$

2. 여과 방법

(1) 정압여과(Constant pressure filtration)

여과할 때 압력을 일정하게 유지하면서 작업하는 방법을 정압여과라 한다. 비압축성 케이크의 경우 식 (13–24)를 $t=0$ 일 때 $v=0$의 초기조건에서 적분하면

$$t = \frac{\mu}{\Delta p}\left[\frac{\alpha c}{2}\left(\frac{V}{A}\right)^2 + R_m\frac{V}{A}\right] \tag{13–25}$$

위의 식은 정압여과에서 여과시간을 구하는 일반식이다. 이 식을 이용하기 위해서는 α와 R_m을 실험적으로 구해야 한다. 식 (13–25)를 정리하면 다음 식을 얻게 된다.

$$\frac{tA}{V} = \frac{\mu\alpha c}{2\Delta p}\frac{V}{A} + \frac{\mu R_m}{\Delta p} = K_p\frac{V}{A} + B \tag{13–26}$$

식 (13–26)을 이용해 tA/V를 V/A에 대하여 그리면 직선을 얻게 되며 기울기와 절편으로부터 각각 α와 R_m을 구할 수 있다.

한편 여과매체에 의한 저항을 무시할 수 있는 경우, 즉 $R_m \simeq 0$일 때 식 (13–25)는 다음과 같다.

$$t = \frac{\mu \alpha c V^2}{2A^2 \Delta p} \tag{13-27}$$

비압축성 케이크의 경우에는 각각 다른 압력하에서 식 (13-26)을 직접 사용할 수 있으나, 압축성 케이크의 경우에는 α와 Δp의 관계가 실험적으로 결정되어야 한다. 압축성 케이크의 비저항 α는 Δp에 따라 증가하며 다음과 같은 실험식이 성립된다.

$$\alpha = \alpha_0 \Delta p^s \tag{13-28}$$

여기서 α_0와 s는 실험상수로서 s는 여과 케이크의 압축성을 나타내는 값으로 압축계수(compressibility coefficient)라 한다. 비압축성 케이크는 $s=0$이며, 압축성 케이크는 일반적으로 $s=0.2\sim0.8$의 범위이다.

여러 가지 다른 압력에서 정압여과를 하여 Δp에 따른 α의 변화를 구한다음 양대수 그래프에 그리면 기울기와 절편으로부터 s와 α_0를 구할 수 있다. 따라서 식 (13-28)를 이용하여 α를 구한 후 식 (13-25)에 적용하면 압력에 따른 여과시간을 구할 수 있다.

(2) 정속여과(Constant rate filtration)

여과의 초기단계에서는 퇴적되는 케이크의 양이 적어서 여과 케이크에 의한 저항은 상대적으로 작다. 이같은 조건에서는 여과액의 흐름에 대한 저항은 사실상 일정하여 여과는 거의 일정한 속도로 이루어진다. 이와 같은 정속여과에서는 다음 식이 성립된다.

$$\frac{dV}{dt} = \text{constant} = V/t \tag{13-29}$$

따라서 식 (13-29)를 식 (13-24)에 대입하면 다음과 같다.

$$\Delta p = \frac{\mu}{A^2 t}(\alpha c V^2 + R_m A V) \tag{13-30}$$

이 식은 여과속도의 함수로서 주어진 여과시간에 요구되는 압력차를 구하는데 사용할 수 있다.

만약 여과매체에 의한 저항을 무시할 수 있는 경우에 식 (13-30)은 다음과 같다.

$$\Delta p = \frac{\mu\alpha c V^2}{A^2} \tag{13-31}$$

위의 식은 여과 초기과정에서 여과기에 대한 압력차를 예측하는데 많이 이용된다.

[예제 13-5] 여과에 소요되는 시간

여과면적이 0.2 m^2인 여과기를 통하여 200 kPa의 압력으로 어떤 현탁액을 연속침강 여과하고 있다. 0.3 m^3의 현탁액을 여과하는데 5분이 소요되었다면, 여과속도가 5×10^{-4} m/s로 감소될 때까지 걸리는 시간을 구하라. 단, 여과매체의 저항은 무시한다.

[풀이]

정압여과로서 여과매체의 저항은 무시되므로 식 (13-27)로부터

$$\mu\alpha c = \frac{2A^2\Delta pt}{V^2} = \frac{2(0.2)^2(200000)(5\times60)}{0.3^2}$$
$$= 53.33\times10^6 \text{ kg/m}^3\cdot\text{s}$$

식 (13-24)에서 여과매체의 저항을 무시하면 $R_m \cong 0$이므로

$$\frac{dV}{dt} = \frac{A^2\Delta p}{\mu\alpha c V}$$

위의 식에 앞에서 구한 $\mu\alpha c$ 값을 대입하면

$$5\times10^{-4} = \frac{(0.2)^2(200000)}{(53.33\times10^6)V}$$
$$V = 3.33 \text{ m}^3$$

따라서 식 (13-27)에서

$$t = \frac{(53.33\times10^6)(3.33)^2}{(0.2)^2(200000)} = 36961\text{s} \approx 616 \text{ min}$$

즉 $t=616$분 동안 정압조건에서 여과하면 여과속도가 5×10^{-4} m/s로 저하된다.

(3) 원심여과(Centrifugal filtration)

앞에서 설명한 원심분리와 여과의 기본이론을 적용하면 원심여과에서 케이크를 통과하는 여과액의 유량을 계산할 수 있다. 먼저 여과면적 A는 케이크 두께가 얇을 때와 마찬가지로 반지름에 따라 변하지 않는다고 가정한다. 이 때 액체의 선속도는 다음과 같이 구할 수 있다.

$$v=\frac{dV/dt}{A}=\frac{q}{A} \tag{13-32}$$

여기서 q: 여과액의 유량(m^3/s)

식 (13–32)를 식 (13–24)에 대입하면 다음과 같다.

$$\Delta p=q\mu\left(\frac{\alpha cV}{A^2}+\frac{R_m}{A}\right) \tag{13-33}$$

식 (13–26)에서 원심작용으로 인한 압력강하는 다음과 같다.

$$\Delta p=\frac{\omega^2\rho_f(R_2{}^2-R_1{}^2)}{2} \tag{13-34}$$

식(13–33)과 식 (13–34)를 결합하여 q에 대하여 풀면 다음 식을 구할 수 있다.

$$q=\frac{\omega^2\rho_f(R_2{}^2-R_1{}^2)}{2\mu(\alpha cV_c/A^2+R_m/A)} \tag{13-35}$$

반지름에 따른 A의 변화가 너무 커서 무시하기 어려운 경우에는 식 (13–35)를 다음과 같이 나타낼 수 있다.

$$q=\frac{\omega^2\rho_f(R_2{}^2-R_1{}^2)}{2\mu(\alpha cV_c/A_aA_L+R_m/A_2)} \tag{13-36}$$

여기서 A_2: 여과매체의 면적 (원심여과기 바스켓의 안쪽 면적, m^2)

A_a: 산술평균 케이크 면적 (m^2)

A_L: 대수평균 케이크 면적 (m^2)

A_a와 A_L은 다음과 같이 정의된다.

$$A_a=(R_1+R_2)\pi B \tag{13-37}$$

$$A_L=\frac{\pi b(R_2-R_i)}{\ln(R_2/R_i)} \tag{13-38}$$

여기서 B : 바스켓의 높이(m)

R_i : 케이크의 안쪽 반지름(m)

식 (13-35)는 동일한 두께를 갖는 케이크에만 적용되는데 대부분의 경우에는 상층보다 하층에 가까울수록 케이크의 두께가 더 크다. 이러한 경우에는 일정 두께의 케이크보다 약 5~20% 정도 여과속도가 더 큰 것으로 알려져 있다.

3. 여과 장치

여과장치는 여과의 추진력에 따라 시료에 압력을 가하여 여과하는 압력여과(pressure filtration), 진공에 의한 진공여과(vacuum filtration) 및 원심력에 의한 원심여과(centrifugal filtration)가 있다.

(1) 압력여과기

① 판틀형 가압여과기(Plate-and-frame press filter)

판틀형 가압여과기는 지금까지 가장 광범위하게 사용되어 온 것으로 필터프레스(filter press)라고도 하며, 회분식장치이다.

그림 13-11에 나타낸 바와 같이 여과판(filter plate), 여과천, 여과틀(filter frame)을 교대로 배열·조립한 것이다.

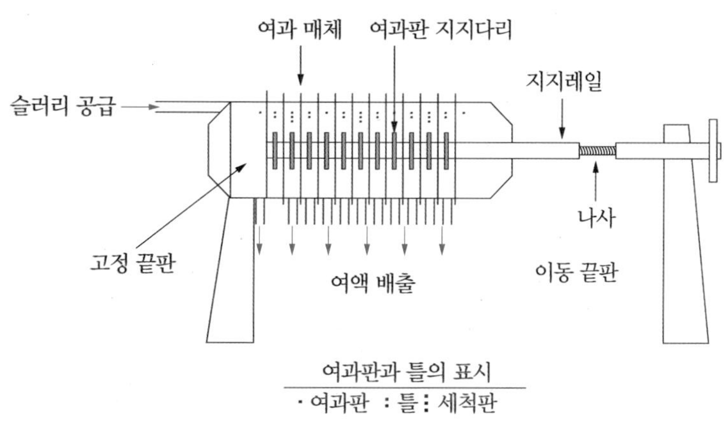

그림 13-11 판틀형 가압여과기(필터프레스)

여과판은 주로 정방향으로 양면에는 많은 돌기들이 있어 여과천(filter cloth)을 지지해 주는 역할을 하며, 돌기들 사이의 홈은 여과액이 흐르는 통로를 형성한다.

여과판과 여과틀의 상부 양쪽 모서리에는 구멍이 있어서 여과기를 조립했을 때 원액과 여과액의 통로가 된다. 즉, 원액은 조립한 판-틀의 한쪽에서 도입되어 한 구석에 길이 방향으로 연결되어 있는 통로를 통하여 흐르게 하고, 또한 보조 통로를 만들어 주 도입통로로부터 각 틀로 원액이 흐르게 한다. 이때 고체는 여포를 덮은 면에 퇴적하고, 액은 여과천를 통과하여 판 표면의 홈을 흘러 밖으로 배출된다.

여과는 여과틀 안의 공간에 케이크가 채워져 여과액이 더 이상 나오지 않거나 압력이 갑자기 상승할 때까지 계속된다. 여과가 끝난 후 케이크를 세척할 필요가 있을 때에는 원액을 유입한 통로로 세척액을 보내 용해성 세척하거나, 혹은 세척판(washing plate)을 사용하여 세척한다. 세척이 끝난 후 여과기를 해체하여 여과천에서 케이크를 제거한다.

필터 프레스는 구조와 조작이 간단하고 가격이 비교적 저렴하여 공업적으로 널리 이용되고 있다. 그러나 인건비와 여포의 소비가 크고 케이크의 세척이 효율적이지 못하다는 단점이 있다.

② 잎 모양 가압여과기(Shell-and-leaf pressure filter)

잎 모양 가압여과기는 그림 13-12와 같은 여과 잎을 밀폐된 용기 안에 넣고 용기를 가압하면 여과 잎 중심부로 여과액이 나오고 주변에 케이크가 모이게 하여 여과하는 구조로 이루어져 있다.

여과 잎은 금속 그물 또는 홈이 파인 금속판의 표면에 여과매체를 입힌 것으로 사각, 원형, 원통형 등 여러 가지가 있다. 여과 잎은 상부에 매달려 있거나 중심축에 지지되어 있으며, 여과 잎과 지지축의 내부는 비어 있어 이를 통해 여과액이 나간다. 여과조작은 케이크의 두께가 일정한 값에 도달할 때까지 행한다. 작업효율을 높이기 위하여 여러 잎을 평행으로 연결하여 사용한다.

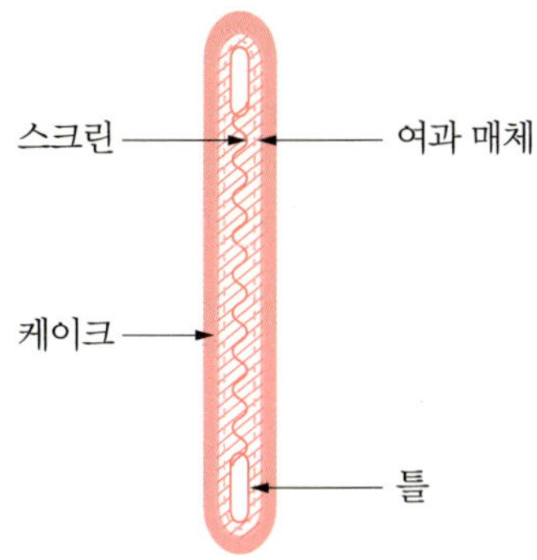

그림 13-12 여과 잎의 구조

잎 모양 여과기는 여과매체의 손상이 적고 세척효과가 높으며 여과면적이 큰 장점이 있어 대량의 슬러리 여과 또는 청정에 적합하다. 그러나 필터프레스보다는 고가이고, 슬러리 중의 고형분이 침강성이 있는 경우에는 사용하기 어렵다.

(2) 진공여과기

진공여과기(vaccum filter) 가운데 가장 대표적인 것은 그림 13-13에 나타낸 회전원통 진공여과기(rotary drum vaccum filter)이다. 앞에서 설명한 판틀형 및 잎 모양 가압여과기는 회분식에 의하여 운행되므로 작업효율이 낮다. 반면에 회전원통 진공여과기에서는 여과가 감압하에서 이루어지고, 케이크의 제거는 대기압 아래에서 이루어지기 때문에 연속방식으로 운행된다.

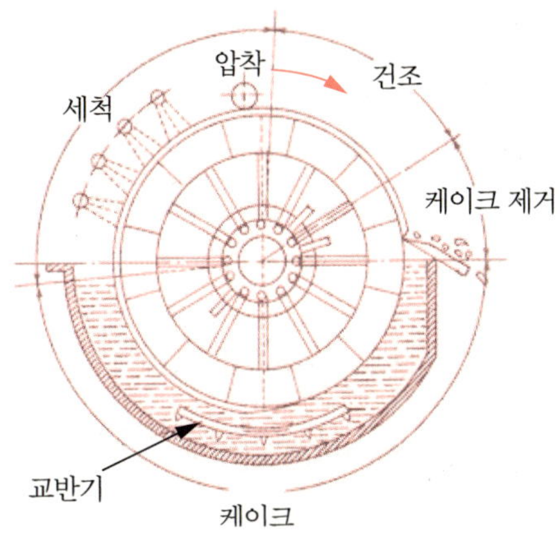

그림 13-13 회전원통 진공여과기

원통의 표면은 전체가 여과면으로 다공판 여과천이 덮여 있으며, 원통의 아랫부분이 원액 탱크에 담겨져 0.1~2 rpm의 속도로 천천히 회전한다.

원통의 내부는 부채꼴 모양에 여러 개의 여과실로 나누어져 있고, 각 여과실은 진공 파이프에 의해 중심부의 자동 회전 밸브와 연결되어 있다. 원통의 회전에 의하여 여과실이 원액에 잠기게 되면 자동 회전 밸브에 의해 진공이 걸리게 된다. 이때 여과액은 여과천을 통하여 여과실 안으로 흡입된 후 내부 파이프를 통해 유출된다.

또한 여과가 진행되면서 여포의 표면에 형성된 케이크는 세척과 건조과정을 거치며, 마지막 단계에서 여과실에 진공이 끊어진다. 이때 잠깐 동안 여과천 아래에서 압축공기를 공급하여 여포표면에서 케이크가 들뜨게 한 다음에 스크레이퍼(scraper)로 제거한다.

이와 같은 순차적인 조작은 모두 회전밸브에 의하여 자동조절되며, 여과실이 원액에 잠기면 진공이 연결되어 동일한 사이클을 연속적으로 거치게 된다. 회전원통 진공여과기는 처리용량이 크며, 인건비가 적게 든다는 장점이 있다. 그러나 장치가격이 비싸고 뜨거운 액이나 휘발성 액의 취급에는 부적당하다는 단점도 있다.

한편 여과천을 쉽게 막는 고체를 포함한 원액을 여과할 경우에는 다공성 여과도움제를 미리 여과매체에 퇴적시킨 프리코트 원통여과기(precoat drum filter)를 사용한다.

(3) 원심여과기

다공성 케이크를 형성하는 고체는 원심여과기(centrifugal filter)를 이용하면 액체로부터 효율적으로 분리할 수 있다. 원심여과기에는 바스켓형과 컨베이어형 및 압출형 등이 있다.

① 바스켓 원심여과기(Basket centrifugal filter)

바스켓 원심여과기는 그림 13-14에 나타낸 것과 같이 다공벽을 가진 원통형의 금속바스켓을 수직축에 매달아 고속으로 회전시켜 여과한다. 바스켓의 지름은 75~200 cm에 회전속도는 1,000~1,500 rpm 정도이며 벽면에는 여과천이 둘러져 있다.

바스켓 안에 원액을 공급하면 고체는 원심력에 의해 벽면에 침강하여 케이크를 형성하며, 여과액은 케이크와 여과천을 통하여 바스켓 밖으로 배출된다. 케이크의 두께가 어느 정도 이상이 되면 원액의 공급을 중단하고 단시간 동안 그대로 회전시키면 케이크의 잔류액체는 대부분 세거된다.

이때 남아 있는 고체는 필터프레스나 진공여과기에 의한 케이크보다 훨씬 건조된 상태가 된다.

즉 바스켓 여과기는 케이크의 수분함량을 효율적으로 저하시킬 수 있기 때문에 분리된 케이크를 건조하기 위한 예비조작으로 유용하다.

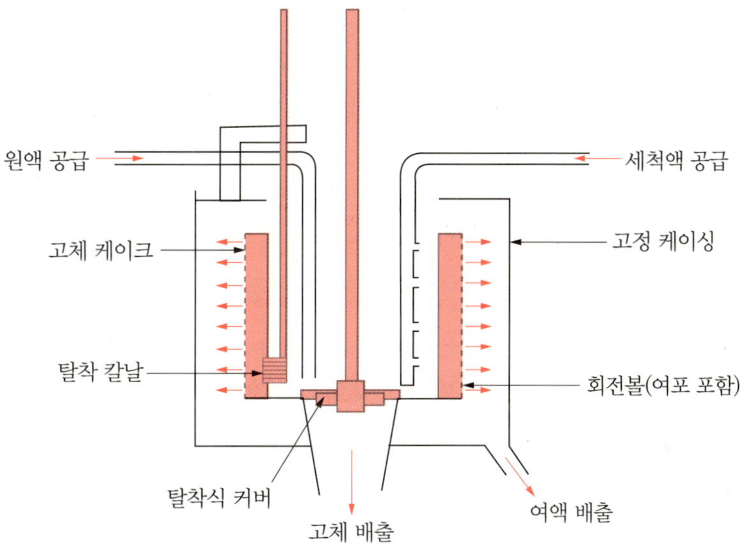

그림 13-14 바스켓 원심여과기

② 컨베이어 원심여과기(Conveyor centrifugal filter)

컨베이어 원심여과기는 그림 13-15에 나타낸 것처럼 다공성 볼(bowl)을 이용하여 여과한다. 고체층의 볼 내의 체류시간을 볼과 내부 스크루 컨베이어의 회전속도의 차에 따라 결정된다. 볼의 지름은 20~50 cm, 회전속도는 2500~4000 rpm 정도이며, 동·식물단백질의 회수, 코코아와 커피 및 홍차 현탁액의 분리, 어분의 제조 등에 사용된다.

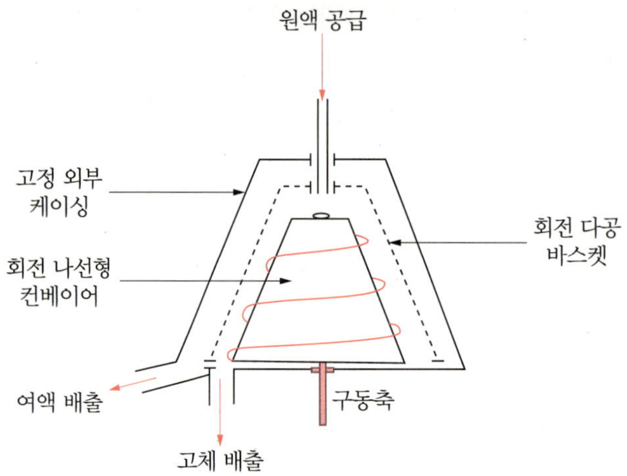

그림 13-15 컨베이어 원심여과기

Section 4 막 분리

최근 막을 이용하여 용매와 용질을 분리하거나 용액 중의 용질을 선택적으로 분리하는 막 분리법이 개발되어 실용화되고 있다. 막 분리법으로는 역삼투(reverse osmosis : RO), 한외여과(ultrafiltration : UF), 미세여과(micro filtration : MF), 투석(dialysis), 전기투석(electrodialysis), 기체분리(gas separation) 등을 들 수 있는데, 표 13-2에 이들의 특징을 요약하였다.

표 13-2 막 분리공정의 특징

공정	작용기작	추진력	주요기능
역삼투	확산	압력차	물의 분리
한외여과	투과	압력차	저분자 물질과 고분자 물질의 분리
미세여과	투과	압력차	균체, 효모 등 미립자의 분리
투석	확산	농도차	용질의 분리
전기투석	전기영동	전위차	전해질의 분리
기체분리	확산	압력차	기체 및 증기의 분리

현재 식품산업에서는 이들 막 분리 가운데 역삼투, 한외여과 및 미세여과법이 가장 광범위하게 사용되고 있다. 이들은 압력에 의하여 분리가 추진된다는 공통점이 있으나, 막의 구조적 특성과 사용하는 압력의 크기에 따라 분리하고자 하는 적용대상이 그림 13-16에서와 같이 다르다.

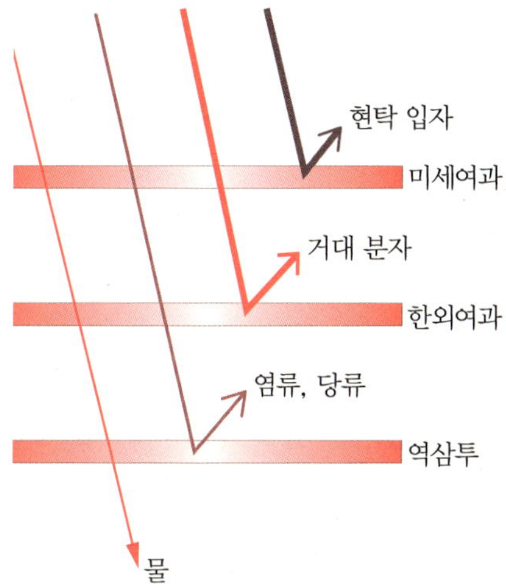

그림 13-16 막의 종류와 분리되는 물질의 크기

역삼투는 분자의 크기가 0.001 μm 이하인 용질을 분리하며, 사과주스의 농축이나 소금물의 탈염공정에 사용된다. 한외여과에 의해서 분리되는 입자의 크기는 0.001~0.02 μm로서 치즈 훼이(whey)의 농축과 락토오스의 제거에 응용된다. 미세여과는 0.1~10 μm의 입자를 분리하며, 주로 살균공정에 이용된다(그림 13-17).

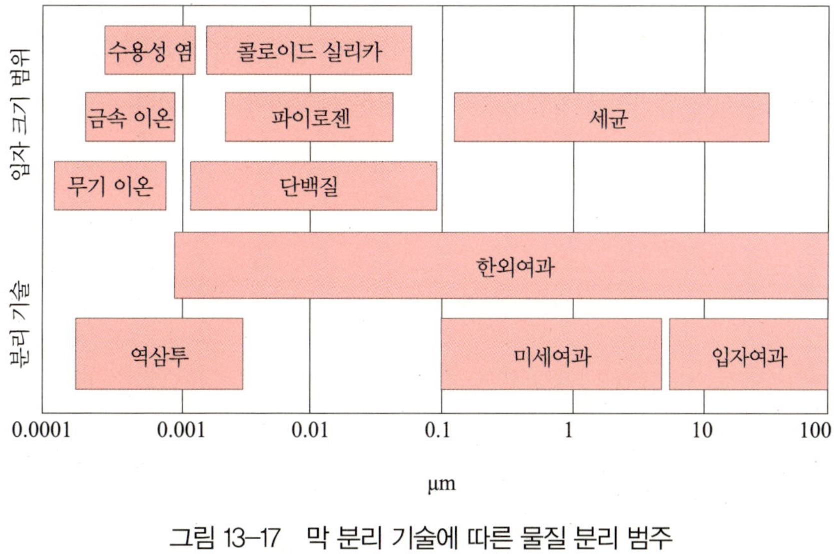

그림 13-17 막 분리 기술에 따른 물질 분리 범주

1. 막 분리 이론

막을 통한 분리 공정은 막을 이용하는 모든 공정들이 포함된다고 할 수 있다. 따라서 역삼투압 여과, 한외여과 및 미세여과도 막 분리에 포함된다. 막 분리는 분리하고자 하는 물질의 상태에 따라 기체 분리와 액체 분리로 나눌 수 있다. 기체 분리에는 다공질 막과 비다공질 막을 통한 기체 투과가 있다. 액체 분리에는 투과 증발, 투석 액체-액체 추출용 막을 이용한 분리 방법이 있다.

2. 막

막의 화학적 조성과 분자구조는 막 분리 효능을 결정하는 매우 중요한 요소이다. 막은 분리과정에서 적용되는 압력, 온도, pH 및 각종 화학적 처리조건에 충분히 견딜 수 있는 재질과 구조를 가지고 있어야 한다. 또한, 장기간의 사용이 가능하도록 내구성을 가지고 있어야 한다. 그림 13-18은 식품공업에 사용되는 막의 예로 다공성 한외여과막을 보여준다.

3. 막 분리장치

막을 공업적 규모로 사용할 때는 일정 면적의 막을 단위화한 모듈(module)의 형태로 사용하고 있다. 모듈의 종류에는 관형, 속빈섬유형, 평판형 및 나선형이 있다.

관형 모듈은 원통모양으로 성형된 막을 장착한 모듈로서 지지체로는 합성섬유 다공관이나 유리섬유에 합성수지를 결합한 다공관을 사용한다.

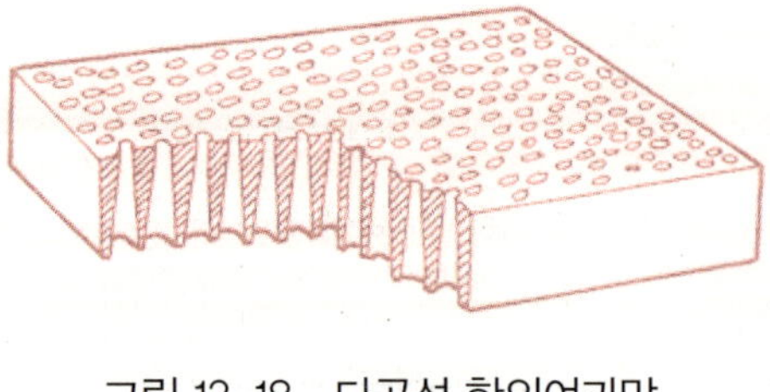

그림 13-18 다공성 한외여과막

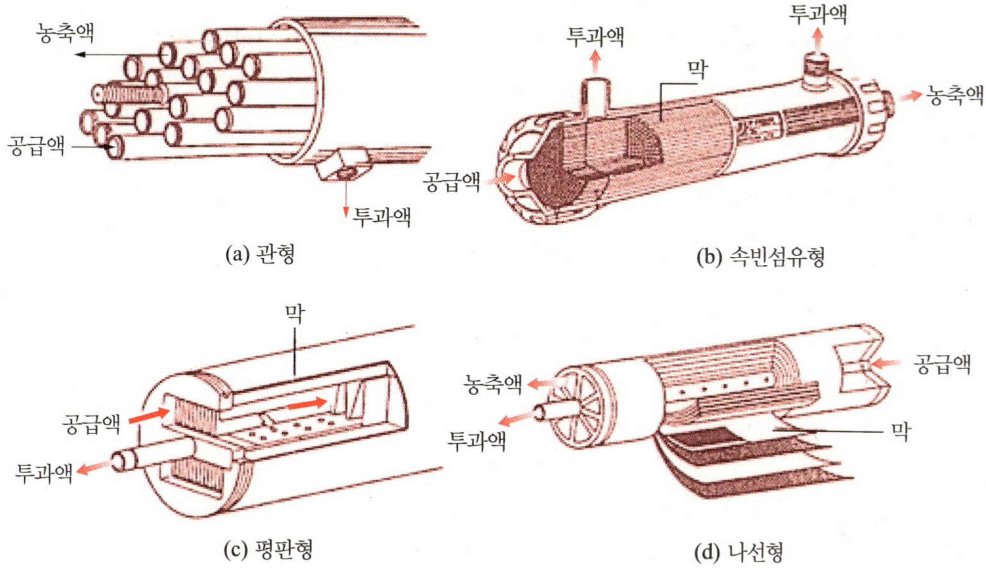

그림 13-19 막 모듈의 구조

또한 다공관 내면에 막을 부착한 것을 내압형 모듈, 외면에 부착한 것을 외압형 모듈이라고 한다. 원료액은 관의 내부를 흐르며 관에 부착된 막을 통하여 여과되면서 관 밖에 모이게 된다. 관형은 가장 간단한 구조를 가지고 있으며, 위생적인 조업을 할 수 있어 식품공업에서 가장 많이 사용되고 있다. 높은 속도로 시료가 주입되므로 농도분극과 막의 오염에 의한 분리저해를 최소화할 수 있으며, 막의 세척 및 교환이 용이하다. 또한 유체가 흐르는 통로(flow path)가 확보되어 있어 불용성 물질을 포함한 용액의 분리에 이용할 수 있다. 그러나 막 면적당 장치용량이 크기 때문에 설치용적이 크고, 시료주입속도가 빨라야 하기 때문에 여과량당 에너지 소비가 높아 운영비용이 많이 든다.

속빈섬유형 모듈(hollow-fiber module)은 미국 Amicon사가 비셀룰로오스계 소재를 원료로 비대칭구조의 속빈섬유막을 접속하여 모듈화함으로써 실용화되었다. 속빈섬유막의 크기는 내경 0.5~1.5 mm 정도가 보통이며 속빈섬유막 다발의 양쪽 끝 부분을 에폭시(epoxy)로 접착하기 때문에 다른 모듈과는 달리 막 지지체가 없는 것이 특징이다. 이러한 이유 때문에 고압에서 이용하는 것은 곤란하지만 단위부피당 막 면적이 넓어 처리액의 점도가 그다지 높지 않거나 슬러지 형성이 적은 물질의 분리에 좋은 성능을 나타낸다.

또한 역세척의 기능을 가지고 있어 막의 세척이 용이하다. 그러나 막의 교환비용이 비싸며, 불용성 물질을 포함하는 용액의 처리가 어렵다.

평판형 모듈은 여과의 필터프레스의 개념에 기초한 것으로 막과 지지체를 샌드위치 형태로 적층시켜 모듈화한 것이다. 한쪽 구멍으로 원액이 주입되어 다단으로 농축되고 투과된 액은 막지지판의 구멍을 통해 유출된다.

이 방식은 단위부피당 막 면적이 크므로 작은 공간에 설치하기 용이하며, 막의 보수 및 교환이 쉽다. 또한 유로가 확보되어 있어 불용성 물질의 존재하에서도 분리가 가능하다. 그러나 관형에 비하여 농도분극의 조절이 어렵기 때문에 수시로 막을 세척하거나 교환해 주어야 한다.

나선형 모듈은 2장의 평막 사이에 통수가 가능한 지지체를 놓고 막의 외면에는 그물 형태의 스페이서(spacer)를 적층시킨 후 롤 케이크(roll cake) 형태로 말아서 만든 모듈이다. 이와 같은 형태는 모듈당 막 면적이 넓고 투과속도도 크며 장치가 조밀하다. 또한 스페이서가 난류촉진을 하는 기능을 가지고 있어 막 표면에서의 농도분극 현상을 억제할 수 있다. 그러나 불용성 물질의 존재하에서는 처리가 어렵고, 막의 교환비용이 비싸다는 단점이 있다.

표 13-3 각종 막 모듈의 특징 비교

구분	관형	속빈섬유형	평판형	나선형
시료처리 용량	대	소	중	소
용적당 막면적	소	대	소	중
설치면적	대	소	중	소
오염에 대한 저항성	매우 높다	매우 낮다	높다	보통
세정의 용이성	매우 용이	보통	용이	복잡
막의 교환	모듈 단위	모듈 단위	막 단위	모듈 단위
제조비용	중간	낮다	높다	중간
고압운행에 적합성	중간	나쁘다	중간	좋다

Section 5 삼투 및 역삼투

초산 셀룰로오스, 폴리아크릴나이트릴, 폴리아마이드 및 폴리우레탄과 같은 막을 사이에 두고 양쪽에 물과 용액(염, 설탕, 단백질 등의 용액)이 접해 있을 때 물이 반투막을 통하여 용액 속으로 이동하려는 삼투압을 나타낸다. 반투막(semi permeable membrane)은 용매분자는 통과시키지만 용질분자는 통과시키지 않는 기능을 갖는 막을 말한다. 만일 삼투압보다 높은 압력이 용액 쪽에 작용하면 용액 중의 용매(물)가 반투막을 통해 삼투 작용의 역방향으로 이동하게 된다. 이와 같은 여과법을 역삼투압 여과법이라 한다.

1. 삼투이론

삼투현상(osmosis)은 용매와 용액(혹은 농도가 다른 두 종류)이 반투막을 사이에 두고 놓여지면 용매가 농도가 높은 용액 쪽으로 이동하는 현상이다.

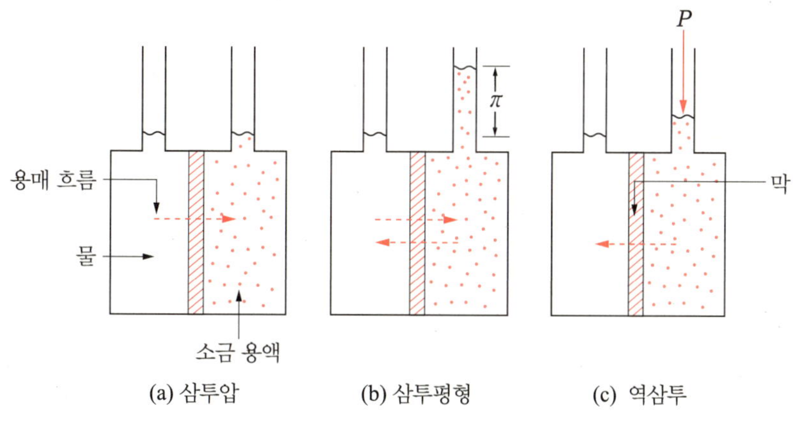

그림 13-20 역삼투의 원리

용매가 이동됨에 따라 오른쪽 용액의 높이가 높아지고 따라서 이 압력 때문에 용매의 이동량이 차츰 감소하며 마침내 평형상태에 도달한다. 이때 그림 13-20(b)에서의 수두차(hydro static head)를 삼투압(osmotic pressure)이라고 한다.

평형상태에서 막 양측 용액의 화학포텐셜(chemical potential)은 같다. 그러나 그림 13-20(c)에서와 같이 용액쪽에 삼투압보다 큰 압력을 작용시키면 반대로 용액쪽에서 용매분자(물)가 막을 통하여 용매쪽으로 이동하는데 이 현상을 역삼투(reverse osmosis)현상이라고 한다.

역삼투는 분자량이 10~1,000 정도인 작은 용질분자와 용매를 분리하는 데 이용되며, 그 대표적인 예는 바닷물의 탈염(desalination)이다.

삼투압은 역삼투에서 막을 통하여 용매를 통과시키는 데 필요한 최소한의 압력차를 의미한다. 용액의 삼투압은 용액의 단위부피당 용해되어 있는 용질의 농도에 의하여 결정되는데 희석용액의 삼투압은 다음의 반트 호프(van't Hoff) 식으로 주어진다.

$$\pi = cRT \tag{13-39}$$

혹은

$$\pi = \frac{n}{V_m} RT \tag{13-40}$$

여기서 π : 삼투압(Pa)

c : 몰 농도(kg mol/m^3)

R : 기체상수(8314 m^3·Pa/kg mol·K)

T : 온도(K)

n : 용질의 몰 수(kg mol)

V_m : 용질 n몰을 함유하고 있는 순수한 용매의 부피(m^3)

용액 중에 여러 종류의 용질이 용해되어 있는 경우 삼투압은 각 용질에 대한 삼투압의 합이다 그런데 용액 중에 같은 무게의 용질을 함유하고 있는 용액일지라도 용질의 분자량이 적으면 몰 농도가 증가하므로 삼투압이 커진다. 따라서 저분자량의 용질을 역삼투압에 의하여 분리하기 위해서는 고분자량의 용질에 비하여 상대적으로 고압이 필요하다는 것을 의미한다. 즉, 역삼투압에서는 효율적인 분리를 위해 약 4,000~8,000 kPa의 상당한 고압을 필요로 한다.

[예제 13-6] 소금물의 삼투압 계산

0.1 g mol NaCl/1000 g H_2O를 함유한 용액의 25°C에서의 삼투압을 계산하라.

[풀이]

25°C에서의 물의 밀도는 997.0 kg/m^{3}이다. 따라서 0.1 g mol의 NaCl을 함유한 물의 부피 $V_m = 1.0$ kg/997.0 (kg/m^3). 또한 NaCl은 물에 녹아 Na^+와 Cl^-의 두 가지 이온으로 해리되므로 $n = 2 \times 0.1 \times 10^{-3}$ kg mol $= 2.0 \times 10^{-4}$ kg mol. 따라서 식 (13-47)에 대입하면

$$\pi = \frac{n}{V_m} RT = \frac{2.0\times10^{-4}(82.057\times10^{-3})(198.15)}{1.0/997.0} = 4.88 \text{ atm}$$

표 13-4 여러 가지 용액의 삼투압 (25°C)

염화나트륨 용액			천일염 용액		설탕 용액	
g mol NaCl / Kg H_2O	밀도 (kg/m^3)	삼투압 (atm)	염 질량 (Wt%)	삼투압 (atm)	용질 몰분율 $\times 10^3$	삼투압 (atm)
0	997.0	0	0	0	0	0
0.01	997.4	0.47	1.00	7.10	1.798	2.48
0.10	1001.1	4.56	3.45*	25.02	5.375	7.48
0.50	1017.2	22.55	7.50	58.43	10.69	15.31
1.00	1036.2	45.80	10.00	82.12	17.70	26.33
2.00	1072.3	96.2				

*Value for standard seawater

Section 6 최신 분리기술

1. 전기투석

전기투석(electrodialysis)은 전기장 내에서 이온교환막을 통해 이온을 통과시켜서 수용액 중의 전해질의 이온 교환이나 정제 및 농축을 하는 공정이다.

2. 한외여과

한외여과(ultrafiltration)는 미세여과와 역삼투의 중간에 위치하는 것으로 고분자 용액으로부터 저분자 물질을 제거한다는 점에서 투석법과 유사하다. 한편 물질의 분리에 농도차가 아닌 압력차를 이용한다는 점에서는 역삼투압과 근본적으로 동일하다. 이것은 역삼투 분리에 의하여 지배되는 모든 인자가 한외여과에도 적용된다는 것을 의미한다.

역삼투압은 고압을 이용하며, 염류 및 고분자물질 모두를 배제시킬 수 있다. 반면에 한외여과는 저압을 이용하여, 염류와 같은 저분자물질은 막을 투과시키지만 단백질과 같은 고분자물질은 투과시키지 못한다는 점에서 역삼투와 구분된다.

또한 한외여과는 고분자물질을 각각 저·중·고분자 물질로 분리시킬 수 있는 특징을 지니고 있다. 이러한 분리를 위해서는 분자 크기에 따라 적당한 한외여과막을 선택하고 있지만, 분자의 형상 또는 극성에 따라 달라지므로 막의 선택에 주의가 필요하다.

한외여과막은 대개 10~100 Å 크기의 세공을 지니고 있다. 한외여과는 분자량이 1,000~50,000 정도인 용질의 분리에 효과적이며, 용질과 용매분자량이 100배 이상 차이가 있을 때 적용할 수 있다. 한외여과는 역삼투압과 비교하여 50~2,000 kPa의 비교적 낮은 압력으로 충분한데, 이는 분자량이 큰 입자는 삼투압이 낮기 때문에 삼투압 이상의 압력을 가하는 데 고압을 필요로 하지 않기 때문이다.

3. 나노여과

나노여과(nanofiltration)는 이온 또는 용액을 분리하기 위해서 나노크기의 기공을 가지는 막을 사용하는 여과 방법이다. 나노여과는 역삼투만큼 여과 과정이 세밀하지 않지만, 분리하기 위해서 같은 역삼투보다 적은 에너지를 사용한다. 나노여과에 사용하는 막은 역삼투에 사용된 막보다 일반적으로 막 세공(pore)이 더 크지만 한외여과(ultrafiltration) 및 미세여과(microfiltration)에 사용하는 막의 세공보다는 작다.

[연습 문제]

1. 지름이 30 μm인 먼지입자가 20°C, 1기압의 공기 중에서 침강할 때 침강속도를 구하라. 입자는 구형이며 밀도는 1.25 g/cm^{3}이다.

2. 과일을 수확한 후에 다루는 과정에서 발생하는 손실은 공기 내에서 과일의 끝속도와 관계가 있다. 공기 내에서 지름이 0.6 cm이고 밀도가 1120 kg/m^{3}인 블루베리의 끝속도를 구하라. 공기의 점도와 밀도는 각각 1.828×10^{-5} kg/m·s와 1.2 kg/m^{3}이다.

3. 공기로부터 작은 입자를 제거하기 위하여 공기여과기가 사용되었다. 공기는 0.5 m^{3}의 종단면적을 갖는 공기여과기에서 0.5 m^{3}의 속도로 공급되었다. 1시간 사용 후에 여과기의 압력강하가 245.2 Pa였으며, 여과기는 압력강하가 24.52 Pa일 때 교환해야 한다. 이 여과기의 수명을 구하라.

4. 액체-고체 현탁액에서 직경이 100 μm이고 밀도가 800 kg/m^{3}인 고체입자를 원심력에 의해서 분리하고자 한다. 원심분리의 유효분리반경은 7.5 cm이고 분리에 필요한 입자의 속도가 0.03 m/s일 때, 원심분리기의 회전속도를 구하라. 액체(물)의 점도와 밀도는 각각 5.59×10^{-4} kg/m·s, 993 kg/m^{3}이다.

5. 여과면적이 0.186 m^{3}인 실험실 여과기를 사용하여 340 kPa에서 정압여과하여 다음과 같은 결과를 얻었다.

시간 (min)	8	26	54.5	93
여과부피 (kg)	20	40	60.	80

같은 여과조건을 이용하여 일정한 여과압력 270 kPa에서 1시간 동안 여과하였을 때 여과액의 양을 계산하라.

6. 사과주스는 사과를 분쇄·착즙한 후 착즙액에 펙틴분해효소를 가하여 펙틴성분을 가수분해한다. 효소처리 후에도 잔류하는 고형분은 여과를 이용하여 제거하게 된다. 여과하기 이전 혼탁주스의 고형분 함량은 1.19 g/100 mL이었다.

여과조제는 규조토가 사용되었는데 순수한 물에 대한 투과율은 0.40 mL/(s·1 cm^2 여과면적·1 atm 압력강하·1 cm 케이크 두께)이었고, Whatman No.541 여과지를 사용하였다. 여과면적은 20 cm^2이다. 프리코팅된 여과기를 통한 사과주스의 여과속도는 172.369 kPa의 압력하에서 0.6 mL/s이었다. 이때 여과액의 점도는 1.6 cp였다.

(1) α와 R_m을 구하라.

(2) 여과시간이 30분이고 여과기에서의 압력차가 206.84 kPa 일 때 평균 여과속도를 m^3/(min·1 m^2 여과면적)의 단위로 구하라. 단, 현탁액 중 여과조제의 농도는 2.5 g/100 mL이다. 시간에 따른 여과액의 부피는 다음과 같다.

시간 (s)	여과액부피 ($m^3 \times 10^5$)	시간 (s)	여과액부피 ($m^3 \times 10^5$)
60	3.40	480	16.1
120	5.80	540	17.6
180	7.80	600	19.0
240	9.60	660	20.6
300	11.4	720	22.0
360	13.1	780	23.3
420	14.7		

7. 농도가 0.1 g mol/kg H_2O인 NaCl 용액에 역삼투압 장치를 이용하고자 한다. 만약 1400 kPa의 압력이 작용할 때 플럭스를 구하라. 막의 투과계수는 0.014 L/m^2·h·kPa이다.

Chapter 14 비가열 가공기술

비가열 가공기술이란 열을 가하지 않고 식품을 가공하여 열처리에 의한 효과를 얻기 위한 가공기술을 의미한다. 비가열 가공기술은 가정대체식(home meal replacement), 밀키트(meal kit) 또는 신선편이농산물(minimally processed fruit and vegetables)과 같이 가열에 의해 품질 변화가 발생하는 반가공식품 또는 가공하지 않은 식품 원료의 살균 목적으로 개발되었지만, 식품 성분의 추출이나 식품의 조직감을 개선하기 위한 다양한 가공 목적으로도 사용되고 있다.

현재 다양한 종류의 비가열 가공기술에 대한 연구가 진행되고 있다. 국내·외에서 많은 연구가 축적되었으며 상용화가 진행된 비가열 가공기술로는 방사선 조사기술, 초고압 가공기술, 펄스전기장 처리기술이 있다.

Section 1 방사선 조사

방사선(radiation) 조사에 의한 식품의 보존성 연장에 대한 연구는 이미 1940년대부터 시작되었고, 특히 1950년대 미군의 후원을 통해 비약적으로 발전하여 1960년대부터 상업적으로 활용되기 시작하였다. 그러나 방사선 조사는 식품의 살균에 대한 기술적 문제, 법적 규제 및 소비자의 부정적인 인식으로 인하여 현재에도 상업적 비가열 살균 기술로써 위상을 차지하지 못하고 있으며, 일부 지정된 식품에 한해서 제한적으로만 허용되고 있는 실정이다.

1. 방사선의 정의와 분류

넓은 의미에서 방사선이란 물질로부터 방출되는 에너지의 흐름이다. 입자에 의한 에너지 흐름을 입자 방사선(particle radiation) 또는 입자선(particle beam)이라 하며, 알파선(핵선), 베타선(전자선), 중성자선이 있다. 파동에 의한 에너지 흐름을 전자기 방사선(electromagnetic radiation) 또는 전자파선이라 하며, 감마선, X선, 자외선, 가시광선, 적외선, 마이크로파, 라이오파가 있다.

방사선은 조사되는 물질과의 상호작용에 따라 비이온화 방사선(nonionizing radiation)과 이온화 방사선(ionizing radiation)으로 구분한다. 자외선, 가시광선, 적외선, 마이크로파, 라디오파와 같이 파장이 긴 전자파선은 에너지가 낮아 조사되는 물질과 상호작용하지 않는 비이온화 방사선으로 전자 통신 분야나 식품의 가열, 해동, 건조 목적으로 활용된다.

반면에 알파선, 베타선, 중성자선의 입자선이나 감마선, X선과 같이 파장이 짧은 전자파선은 에너지가 높아 물질의 원자나 분자를 이온화 시킬 수 있는 이온화 방사선으로 의료용이나 식품의 살균 목적으로 제한적으로 사용된다. 따라서 식품의 보존성 연장을 목적으로 사용하는 방사선은 이온화 방사선만을 의미한다. 현재 식품 조사용 이온화 방사선은 감마선, X선 및 전자선(베타선)을 사용하고 있다.

표 14-1 식품 조사 목적으로 사용하는 방사선의 특성

Radiation	Characteristics	Applications
β-ray	높은 에너지를 보유하지만 투과력이 낮음 (알루미늄에서는 투과되지 않음)	주류 의료용으로 사용, 곡류, 표면 살균
X-ray	베타선과 감마선의 중간 특성	포장 식품의 살균
γ-ray	낮은 에너지를 보유하지만 투과력이 매우 높음 (납과 두꺼운 콘크리트에서는 투과되지 않음)	포장 식품의 살균

2. 방사선원

방사선 조사는 방사선 에너지를 이용해 원자나 분자의 이온화를 일으키는 기술이다. 이때 생성된 이온은 매우 불안정하기 때문에 화학 반응을 통해 자유 라디칼(free radical)이나 다른 이온들, 혹은 안정한 물질로 전환된다.

방사선의 에너지는 조사된 광자(photon)의 에너지량에 의해 결정되는데 단위는 MeV(million electron volts)가 사용된다. 1 MeV는 약 1.6×10^{-13} J에 해당된다.

방사선원(radiation source)이란 방사선을 발생시키는 물질이나 장치로, 방사선동위원소(isotope)를 이용하거나 전자가속기(electron accelerator)를 이용하여 기계적으로 생성한다. 식품의 조사 목적에 사용하는 방사선 동위 원소는 ^{60}Co로, 자연상태에서 안정한 ^{59}Co에 중성자를 충돌시켜 인공적으로 만드는 물질이다. 반감기가 5.27년인 ^{60}Co은 안정한 동위원소인 ^{60}Ni로 전환되는 과정에서 에너지가 낮은 하나의 베타선(beta ray, 0.324 MeV)과 에너지가 높은 두 개의 감마선(gamma ray, 1.17과 1.33 MeV)을 방출한다. 따라서 1 g의 ^{60}Co는 초당 13.6 J의 에너지를 방출하며, 식품의 살균이나 농산물의 유전자 변형에 사용된다.

^{60}Co의 방사선은 원자로에서 생산된다. 안정한 금속 코발트(^{59}Co)는 막대, 튜브 또는 평판의 형태로 공급되며, 원자로에서 중성자를 조사하여 방사선원(^{60}Co)을 생산한다. 동위 원소에 의한 방사선원은 원자로 설비, 유지 관리 및 에너지 측면에서 경제적이지만, 동위 원소는 제어가 불가능하기 때문에 방사선원의 사용 여부에 관계없이 항상 붕괴가 진행되는 단점이 있다.

전자 가속기란 전자에 전자기력을 가하여 전자를 가속시키는 장치로 고에너지 전자 빔을 생산하는데 사용한다. 생성된 전자 빔은 베타선 조사에 그대로 사용되거나 급격한 감속을 통해 X선을 생성하여 식품 표면에 조사된다.

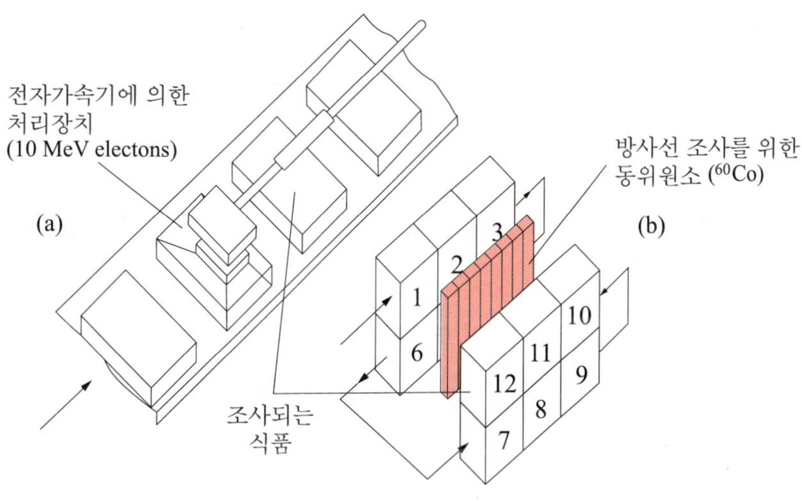

그림 14-1 전자빔을 이용한 조사시설(왼쪽)과 동위원소를 이용한 조사시설(오른쪽)

3. 방사선과 조사 물질과의 상호작용

이온화 방사선은 물질의 원자나 분자를 이온화하여 물질에 영향을 미친다. 분자의 이온화에는 약 32 eV의 에너지가 요구되며, 물질의 이온화가 진행될수록 에너지는 감소한다. 이 때 에너지의 감소 형태는 베타선과 전자파선이 다르다. 베타선은 물질에 제한적인 침투 깊이(x_{max})를 갖는다. 베타선의 침투 깊이는 표면 조사 에너지(E)와 조사 물질의 밀도(ρ)에 영향을 받으며 다음 식으로 예측할 수 있다.

$$x_{max} = \frac{1.54E - 0.13}{\rho}$$

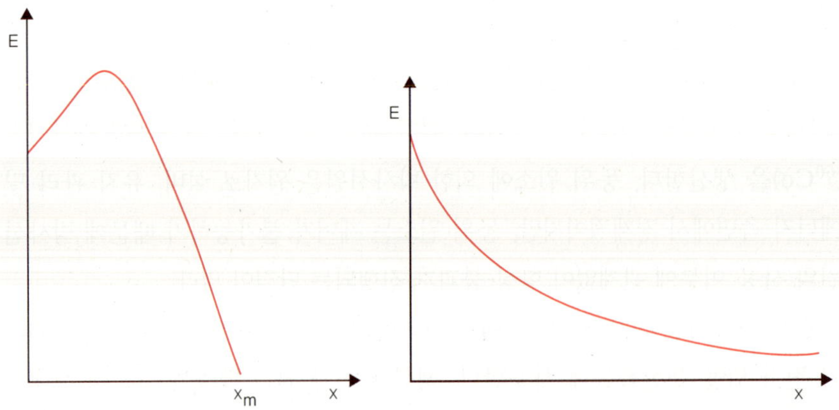

그림 14-2 물질의 투과 거리에 따른 베타선(좌)과 전자파선(우)의 에너지 변화

감마선이나 X선과 같은 전자파선도 물질을 통과함에 따라 에너지 강도는 감소한다. 반면에 전자파선은 최대 침투 깊이에 제한이 없다. 전자파선의 에너지 강도는 다음과 같이 Beer Lambert 법칙으로 측정할 수 있다.

$$I = I_0 e^{-\mu x}$$

여기서 I_0과 I는 각각 투과 깊이 0(표면)과 x에서 방사선의 강도이며, μ는 흡광계수(extinction coefficient)이다. 흡광 계수는 조사 물질과 광자 에너지에 따라 다르며, 입사 에너지의 절반을 흡수하기 위한 물질의 투과 거리는 0.693/μ로 측정된다.

표 14-2 전자기파 조사에 의한 조사 물질의 흡광계수

Radiated substance	Extinction coefficient (1/cm)	
	1 MeV	4 MeV
Air	0.00005	0.00004
Water	0.067	0.033
Aluminum	0.16	0.082
Steel	0.44	0.27
Lead	0.77	0.48

출처: Berk (2009)

4. 조사선량과 조사 식품의 효과

조사선량(radiation dose)은 물질의 단위 질량당 흡수되는 방사선 에너지의 양으로 정의한다. 조사선량의 SI 단위는 Gy(Gray)로, 1 Gy는 물질 1 kg당 흡수되는 1 J의 복사 에너지와 같다. 방사선 조사는 조사 선량에 따라 다양한 생물학적 효과를 유발한다. 방사선이 보유한 이온화 에너지는 생체 분자의 DNA 구조에 직접적으로 영향을 미치거나(직접 효과), 물 분자의 분해에 의해 생성된 자유 라디칼이나 이온이 간접적으로 생체 분자에 영향을 미칠 수 있으며(간접 효과), 그 결과 미생물 세포의 손상이나 생물 세포의 생화학적 변화를 영향을 미칠 수 있다.

표 14-3 식품의 보존성에 대한 방사선 조사 강도 별 효과

Purpose of radiation		Dose (kGy)	Foods
저선량 조사 (1 kGy 이하)	발아 억제	0.05-0.15	감자, 양파, 마늘 등
	살충 및 기생충 사멸	0.15-0.50	곡류, 두류, 과일류(신선 및 건조), 식육 및 생선(건조), 돈육
	숙성의 지연	0.5-1.0	신선 과채류
중선량 조사 (1~10 kGy)	저장성 연장	1.0-3.0	생선, 딸기
	살균	1.0-7.0	해산물(신선 및 냉동), 가금육 및 육류(신선 및 냉동)
	식품의 특성 개선	2.0-7.0	포도(주스 수율 향상), 건조 과채류(조리 시간 단축)
고선량 조사 (10~50 kGy)	상업적 살균	30-50	육류, 가금육, 해산물, 가공식품, 환자식
	향신료 및 식품 첨가물의 살균	10-50	향신료, 효소류, 천연검류

출처: WHO(1988).

방사선 조사는 식품의 이화학적 특성에 영향을 미치는 것으로 알려져 있다. 특히 우유는 방사선 조사에 매우 민감하여 0.5 kGy 이하의 조사 선량에서도 이취가 발생하며, 육류나 채소류는 10 kGy 이상의 조사선량에서 이취, 조직 연화 및 변색이 발생한다. 따라서 국내에서는 식품의 살균이나 살충을 목적으로 최대 10 kGy의 조사를 허용하고 있으며, 그 이상의 조사선량이나 식품의 멸균을 목적으로 하는 조사는 허용하지 않고 있다.

표 14-4 조사 목적 및 조사 선량에 따른 국내 허용 대상 식품

조사 목적	조사선량(kGy)	허용 품목
발아 억제	0.15 이하	감자, 마늘, 양파
살충, 발아 억제	0.25 이하	밤
살충, 숙도조절	1 이하	버섯(건조 포함)
살균	5 이하	난분, 전분
살균, 살충	5 이하	곡류(분말 포함), 두류(분말 포함)
살균	7 이하	건조식육, 어류분말, 패류분말, 갑각류분말, 된장분말, 고추장 분말, 간장분말, 건조채소류(분말 포함), 효모식품, 효소식품, 조류식품, 알로에분말, 인삼(홍삼포함) 제품류, 조미건어포류
살균	10 이하	건조향신료 및 이들 조제품, 복합조미식품, 소스, 침출차, 분말차, 특수의료용식품

출처: 식품공전.

Section 2 초고압 가공 기술

1900년대 초 Hite는 100 MPa의 압력에서 난백의 응고를 관찰한 이후, 초고압 처리는 가열을 대체할 수 있는 수단으로 활발한 연구가 진행되었다. 반면에 장치 제작 등 기술적 한계로 초고압 처리는 20세기 후반에 이르러서야 산업적으로 활용되기 시작하였다.

초고압 가공 기술은 비가열 살균을 목적으로 연구가 이루어졌지만, 최근에는 단백질 식품의 품질 향상 측면에서 다양한 활용 가능성이 관찰되기 시작하였다. 현재, 초고압 가공 기술은 가장 성공적으로 산업화가 이루어진 비가열 기술로 평가되고 있다.

1. 초고압 가공의 원리

초고압(high hydrostatic pressure) 가공 기술은 폴리에틸렌(polyethylene) 등 신축성이 있는 포장 필름에 식품을 포장한 후 물로 채워져 있는 고압처리 장치 안에 넣어 100~1,000 MPa (100 MPa = 1000 bar) 범위의 정수압(hydrostatic pressure)을 가하는 가공 기술이다. 초고압 처리가 식품에 미치는 효과는 정수압의 원리(isostatic principle)와 르 샤틀리에의 원리(Le Chatelier's principle)를 통해 설명될 수 있다.

일반적으로 식품에 기계적 힘이 가해지면 식품 형태에 변형이 생기지만 정수압(hydrostatic pressure)의 원리 또는 파스칼의 원리(Pascal's principle)에 따르면 물 속의 한 지점에서는 전체 방향에서 같은 세기의 힘이 전달된다. 따라서 초고압 처리는 식품의 크기나 형태에 관계없이 식품은 모든 방향에서 균일한 압력을 가해 식품의 형태를 변형시키지 않으며, 포장 필름을 파손시키지 않는다. 또한 식품에 가해지는 압력은 식품의 표면이나 중심부가 동일하다. 따라서 정수압의 원리는 초고압 가공에 몇 가지 장점을 제공한다.

열처리 과정에서 식품은 표면부터 가열되며, 식품의 중심부 온도는 상대적으로 느리게 증가하는 반면, 정수압은 식품의 표면과 중심부에 동일한 압력을 가하기 때문에 식품의 크기나 형태에 관계없이 순간적으로 균일하게 초고압 처리를 실시할 수 있어 작업 시간을 단축시킬 수 있는 장점이 있다.

르 샤틀리에의 원리에 의하면 부피 감소를 수반하는 반응은 압력이 증가할수록 강화되는 반면, 부피 증가를 수반하는 반응은 압력이 증가할수록 억제된다. 따라서 물리·화학적 반응이 부피 감소를 수반하는 경우 이러한 반응은 고압 조건에서 더욱 강화된다.

상대적으로 낮은 온도 범위(0~40° C)에서 부피 증가를 수반하는 공유결합이나 수소결합은 초고압 처리에 영향을 받지 않는 반면, 부피 감소를 수반하는 이온 결합이나 소수성 결합은 초고압 처리에 의해 강화된다. 특히 부피 감소를 수반하는 화학 결합들은 단백질의 3차 및 4차 구조에 영향을 미치기 때문에 식품의 초고압 처리는 열처리와는 다른 메커니즘으로 단백질을 변성시킨다.

단백질의 변성은 세포막이나 효소 활성에 영향을 주기 때문에 미생물의 살균 효과를 얻을 수 있으며, 열처리 식품에 비하여 우수한 조직감을 부여할 수 있다. 또한 식품의 맛과 향을 결정하는 성분들은 공유 결합만으로 이루어진 저분자 물질이기 때문에 초고압 처리는 향미 성분에 영향을 주지 않으며, 독성 화합물을 생성하지 않는다.

2. 초고압 처리 장치

(1) 초고압 처리 과정

초고압 처리 장치는 기본적으로 식품의 초고압 처리가 이루어지는 압력처리조(pressure vessel)와 용기 내부에 압력을 증가시키는 압력발생기(pressure generator)로 이루어진다. 식품의 초고압 처리 과정은 식품 주입, 가압(compression), 유지(holding), 감압(depression) 및 식품 회수 과정으로 진행된다(그림 14-3). 초고압 가공을 위한 식품이 압력처리조에 주입된 후 압력처리조의 마개(closure)를 닫아 용기를 밀폐시킨다. 밀폐된 압력 용기 내부에는 가압을 위한 유체(주로 물)를 가득 채워 가압 준비를 종료한다.

용기 내부의 가압은 압력 전달 매체를 용기 내부에 기계적으로 주입하여 진행된다. 유체의 기계적인 주입은 압력발생기를 통해 이루어진다. 가압 과정에 소요되는 시간은 압력 발생기의 용량이나 압력처리조의 크기에 의해 결정되며, 600 MPa까지 가압하는데 약 4~6분이 소요된다.

용기 내부의 압력이 적정 수준에 도달하면 압력발생기 가동이 종료되며 식품은 일정한 압력에서 유지된다. 식품의 유지 시간은 다양하게 설정될 수 있지만, 통상적으로 약 5분 내외로 진행된다. 이후 용기 내부의 감압은 용기의 마개를 개방하여 내부 압력 전달 유체를 배출하면서 진행된다. 용기의 감압은 가압보다 빠르게 진행되며, 대기압에 도달하는데 약 2~3분이 소요된다. 초고압 처리가 종료되면 용기의 마개를 완전히 개방하여 제품을 회수한다.

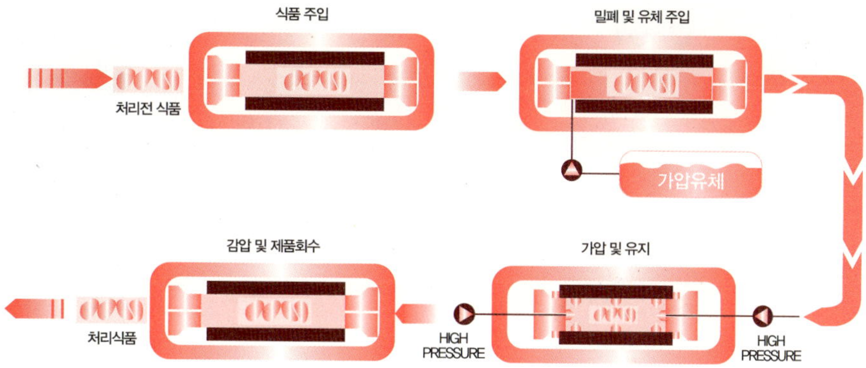

그림 14-3 식품의 초고압 처리 과정

출처:https://www.tomatonews.com/en/high-pressure-processing-success-despite-the-price_2_809.html

(2) 압력처리조

압력처리조는 포장 식품에 고압의 환경을 제공하는 초고압 장치의 가장 중요한 부분에 해당한다. 초고압 처리는 용기 내부에 압력 전달 매체를 주입하여 달성한다. 실험용 소규모 장치에서는 압축율이 낮은 ethylene glycol이나 silicon oil이 주로 사용되는데 반해, 산업용 초고압 장치에서는 물을 압력 전달 유체로 사용한다. 산업용 초고압 살균은 약 600 MPa(6,000 bar)의 압력이 사용되기 때문에, 압력처리조는 압력에 의해 발생하는 장력을 견딜 수 있는 저합금 재질로 이루어지며, 내부는 액상 식품이나 압력 전달 유체에 부식에 강한 스테인리스강으로 제조한다.

압력처리조는 원통형으로 제작되며, 원통의 상부와 하부는 용기의 밀폐를 위한 마개가 설치된다. 압력처리조는 수평형(horizontal type), 수직형(vertical type) 또는 자유 경사형(tilting type)으로 설계한다(그림 14-4).

수평형 압력처리조는 용기 내부로 식품을 주입하거나 처리 식품을 배출하기에 용이한 반면, 압력 전달 유체를 재사용하기 어렵고, 처리 과정마다 용기 내부에 유체를 채우기 위해 준비 시간이 길게 요구되는 단점이 있다.

수직형 용기는 압력 전달 유체의 재활용에 효과적이지만 천장이 낮은 공장에 설치할 경우 공간적인 제약이 있고, 식품의 주입과 배출을 위한 크레인의 추가 설비가 요구된다. 자유 경사형 용기는 식품의 주입과 배출이 용이하고 압력 전달 유체의 재활용이 가능하지만 설치비가 높은 단점이 있다.

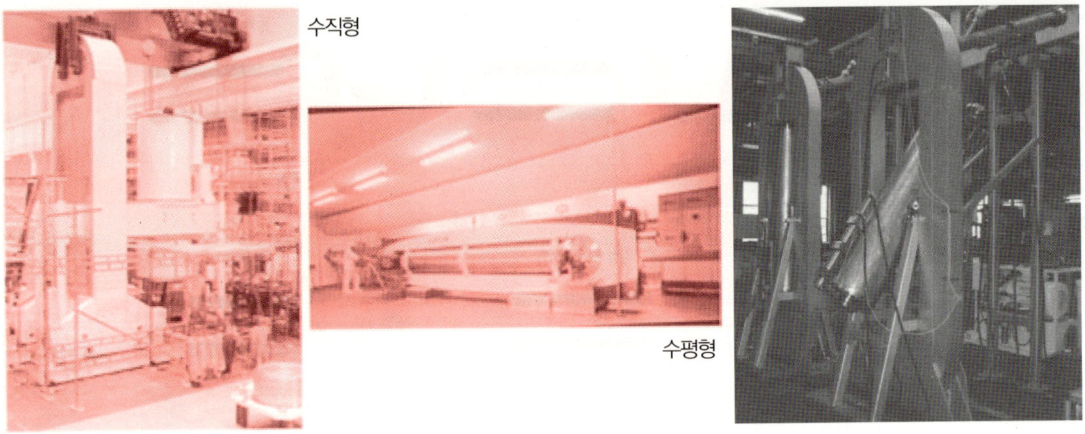

그림 14-4 초고압 가공 장치의 형태

(사진출처: Barbosa-Cánovas and Bermúdez-Aguirre, 2011)

초고압 장치의 전체 규모는 압력 용기의 크기에 의해 결정되며, 초고압 처리는 회분식으로 이루어지기 때문에 산업적 생산량을 확보하기 위해 압력처리조의 용량이 늘어나야 한다. 고압 처리조의 제작 비용은 용량에 따라 급격히 상승하기 때문에 일반적으로 실험실용이 0.1~2 L, 파일럿 설비가 10~25 L, 산업용 장치는 200~500 L의 규모로 제작된다.

동일한 부피의 고압처리조를 제작할 경우 지름을 확장하는 것에 비해 고압처리조의 길이를 늘이는 것이 제작에 용이하므로 고압처리조는 긴 원통형 구조를 갖게 된다. 압력 용기에 수용할 수 있는 식품의 양은 압력처리조 부피의 약 70% 수준이기 때문에 초고압 가공 기술은 대량 생산 측면에 한계가 있다.

(3) 압력 발생 장치

압력처리조의 내부 가압을 위한 기계적 힘은 압력 펌프(pressure pump) 또는 증압기(pressure intensifier)를 통해 제공된다. 압력 펌프는 피스톤의 기계적 압축을 통해 용기 내부에 압력 전달 유체를 주입하는 장치로 실험용 소규모 장치에 사용된다. 압력 펌프는 용기 내부의 빠른 가압이 가능하지만 살균 목적의 높은 압력을 발생하는데 한계가 있다. 증압기는 저압 펌프에 의한 대형 피스톤을 작동시킨 후 이를 증압기 내부의 소형 피스톤을 구동시키는 기계적 힘으로 활용하여 초고압을 발생시킨다.

증압기에 의한 가압 속도는 대형 피스톤과 소형 피스톤의 면적 비에 의해 결정된다. 예를 들어 두 면적 비가 20:1의 증압기에서 대형 피스톤에 가해지는 유체의 압력이 30 MPa인 경우 소형 피스톤은 600 MPa의 압력을 제공하게 된다.

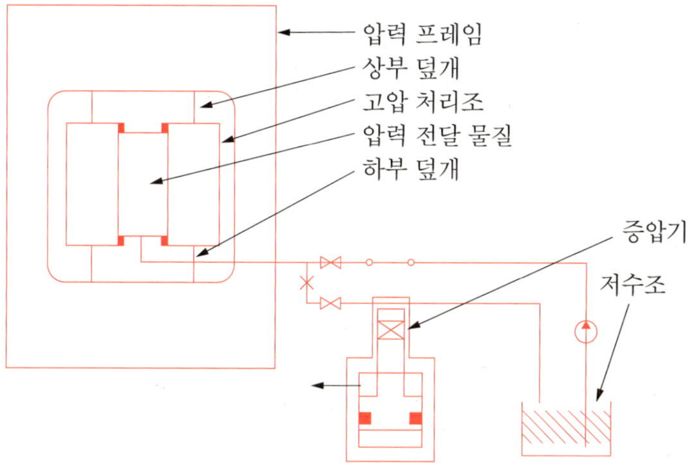

그림 14-5 초고압 처리 장치의 구조

3. 초고압 가공의 활용 분야

(1) 비가열 살균

일반적으로 초고압살균은 600 MPa 이내의 압력에서 수행된다. 이때의 처리온도는 상온 혹은 냉장온도에서도 처리가 가능하다. 이 정도의 압력범위에서는 병원성 미생물과 식품의 부패에 관련된 미생물을 가열살균 수준으로 제어할 수 있으며 냉장저장식품의 보존성 확보에 효과적으로 적용될 수 있다. 일반적으로 그램음성균이 그램양성균에 비해 초고압처리에 의해 쉽게 사멸하는 것으로 알려져 있다.

미생물이 포자를 형성하였을 경우 열처리와 마찬가지로 초고압에 대해서도 높은 수준의 내성을 갖는다. 포자를 사멸하기 위해서는 1,000 MPa 이상의 높은 압력을 사용하거나 60~90° C 정도의 열처리와 병행처리하는 방법 등이 고안되고 있다. 초고압처리에 의한 여러 미생물의 불활성화 정도를 표 14-5에 나타내었다.

표 14-5 초고압 처리에 의한 미생물 살균 효과

Microorganism	Applied pressure (MPa)	Temper-ature(℃)	Time (min)	Viability
Bacillus subtilis	578–680	35	5	Vegetative cells killed but not sterilized
E. coli	290	25–30	10	Most cells killed but not sterilized
Saccharomyces cerevisiae	574	20–25	5	Killed
Salmonella typhimurium	408–544	25	5	Sterilized
Staphylococcus aureus	290	25–30	10	Most cells killed but not sterilized
Vibrio cholera	193.5	20–25	720	Sterilized
Vibrio para-haemolyticus	170	20–25	10–30	10^6CFU/m*l* reduce to less than 10CFU/m*l*

초고압살균의 효과는 압력, 압력처리방식, 처리시간, 처리온도, 미생물의 종류, 시료의 특성에 따라 영향을 받는다. 특히 미생물의 사멸은 수분활성에 의해서도 영향을 받는데 시료의 수분활성도가 낮은 경우 미생물을 보호하는 효과(protective effect)를 나타낸다

(2) 식품 가공 분야

단백질 식품의 제조 과정에서 초고압 처리는 가열 처리와는 상이한 조직감을 부여한다. 가열에 의한 단백질 조직 형성은 다량의 수분 손실이 발생하는 반면, 초고압 가공은 수분 손실 없이 단백질의 변성 및 응고를 발생시켜 제품의 다즙성을 향상시킬 수 있다. 이러한 특성은 두부, 치즈 및 소시지 등의 반고체형 식품 제조에 응용되고 있다. 특히 식품의 조직 개선은 약 200 MPa 이내외 상대적으로 낮은 압력을 활용하기 때문에 살균 목적의 장비 운용에 비해 설비 및 운용에 비용을 절감할 수 있다.

또한 초고압 가공은 새로운 식품 저장 기술로 활용이 가능하다. 순수한 물의 정상 어는점은 0° C인 반면, 압력이 증가할수록 어는점은 낮아진다. 초고압 냉동(pressure shift freezing)은 압력에 따른 물의 빙점 변화를 응용한 새로운 냉동 기술로 식품을 순간적으로 냉동시킬 수 있는 장점이 있다.

초고압 냉동은 가압, 냉각, 감압 및 후처리로 진행된다(그림 14-6). 물의 빙점은 210 MPa에서 −21° C로 가장 낮기 때문에 일반적으로 포장 식품은 약 200 MPa 내외로 가압처리를 실시한다. 이후 압력 하에서 압력반응조 내부 온도를 −20° C까지 냉각시키며, 이 과정에서 식품은 동결하지 않고 존재한다. 냉각이 완료되면 반응조 내부를 대기압으로 감압하며, 대기압 조건에서 −20° C의 식품은 순간적으로 동결된다. 이후 냉동 저장고로 식품을 옮겨 품온을 낮추어 냉동을 완료한다. 초고압 냉동 기술은 식품 냉동 기술 중 가장 빠른 냉동 속도를 얻을 수 있지만 에탄올과 같이 저온에서 상변화가 발생하지 않는 압력 전달 유체가 사용되어야 하며, 압력반응조 자체를 냉각시켜야 하기 때문에 상용화에는 여전히 기술적인 한계가 있다.

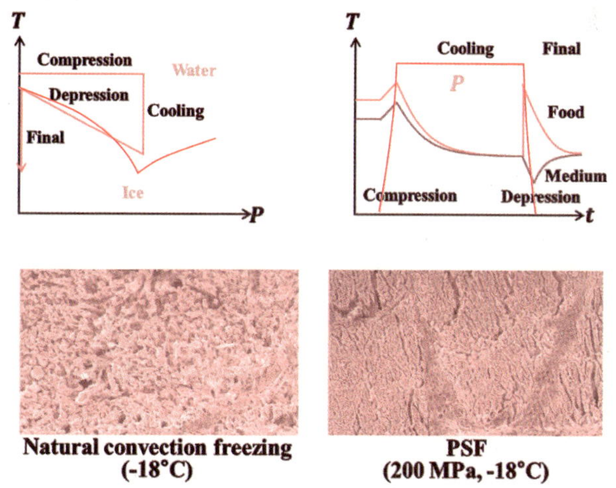

그림 14-6 초고압 냉동 과정(상) 및 초고압 냉동 돈육의 미세 구조(하)

(출처: 홍 등, 2018).

Section 3 고전압 기반 비가열 살균 기술

안전한 최소 가공 식품에 대한 수요는 꾸준히 증가하고 있으며, 관능적 특성과 영양학적 특성을 손상시키지 않고 미생물학적 식품 안전성을 보장하기 위한 비가열 가공 기술에 대한 식품 산업의 관심이 가속화되고 있다.

현재 식품의 비가열 살균을 목적으로 다양한 고전압 기반 비가열 기술이 개발되어 살균 효율의 평가가 이루어지고 있다. 본 단원에서는 가장 활발하게 연구되고 있는 펄스 전기장, 광 펄스 및 플라즈마 기술에 대하여 소개하기로 한다.

1. 펄스전기장

(1) 펄스전기장의 작동 원리

펄스전기장 기술(pulsed electric field)은 고전압전기장(일반적으로 10~50 kV/cm)을 수에서 수십 마이크로초(microsecond, μs) 단위의 펄스형태로 식품이나 식품원료에 처리하는 기술이다. 이 때 펄스 형태로 방전되는 전기장은 그림 14-7의 처리 용기 내의 스테인리스나 티타늄 등으로 제작된 2개의 전극 사이에서 형성되며 살균 처리되는 대상식품은 이 전극 사이를 통과하며 연속적으로 펄스전기장을 받게 된다. 펄스전기장 처리는 상온이나 약간 가온된 상태에서 처리하므로 고온에서 일어날 수 있는 식품의 품질 열화를 회피할 수 있다.

펄스전기장을 발생시키기 위해서는 직류 전원 장치(DC power supply), 충전 저항기(charging resistor), 에너지를 저장하는 축전기(energy storage capacitor), 에너지를 순간적으로 방전시키는 스위치 장치(discharge switch), 전기장이 형성되어 식품을 처리하는 펄스처리 용기(treatment chamber)로 구성된다(그림 14-7). 이와 같은 회로에서는 가장 단순한 형태인 지수감소형(exponential decay) 펄스를 형성할 수 있다(그림 14-8).

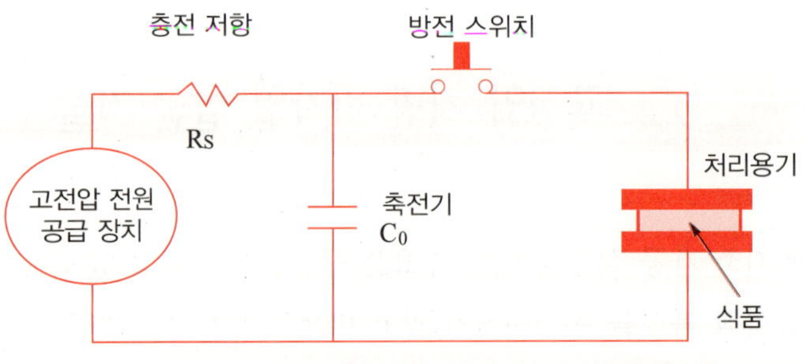

그림 14-7 간략화된 펄스처리장치 회로

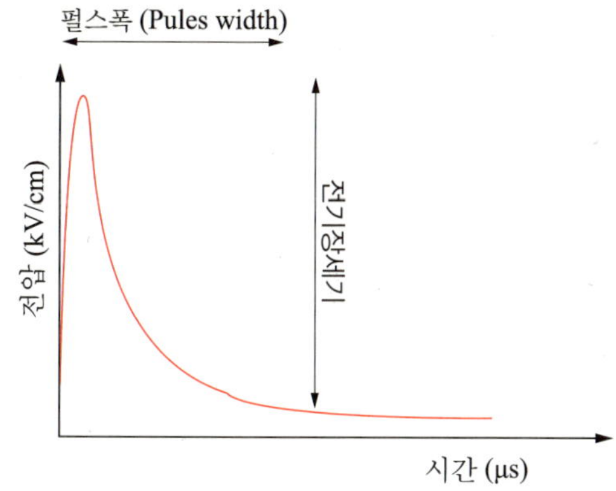

그림 14-8 지수감소형 펄스의 형태

펄스전기장의 처리 강도는 생성된 전기장의 세기(electric field strength, kV/cm)와 총처리시간(total treatment time, μs)에 따라 결정는데 총처리시간은 펄스의 폭(pulse width, μs), 펄스의 주기(repetition rate, Hz), 그리고 연속형 공정으로 적용될 경우 식품의 흐름(flow rate, L/min)을 종합한 값이다.

(2) 펄스전기장 기술에 의한 살균효과

펄스전기장 기술에 의한 미생물 살균은 유전현상에 의한 세포막 붕괴이론(dielectric membrane rupture theory)에 의해 설명되고 있다. 즉, 미생물이 전기장에 놓이게 되면 미생물 세포막 내외로 자유전하가 분리, 축적되어 세포막 전위차(trans-membrane potential, TMP)가 생성된다.

이때 형성된 세포막 전위차에 의한 전하 사이의 인력이 세포막에 전기적 압축(electro compression)을 일으키며, 세포막 전위차가 임계세포막전위차(critical trans membrane potential)를 넘어서는 순간 미생물 세포막에 붕괴가 일어나게 된다(그림 14-9).

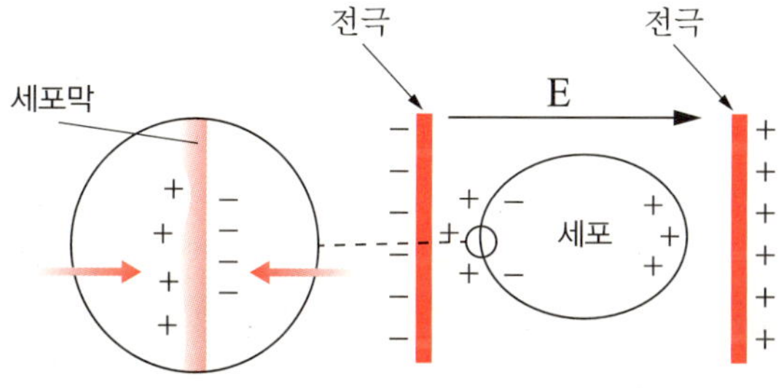

그림 14-9 펄스전기장에 의한 미생물의 세포막 붕괴 모델

펄스전기장에 의한 살균 효과는 식품의 전기 전도도에 영향을 받기 때문에 음료나 우유 등 액상 식품의 살균에 효과적이며, 전기장의 강도에 따라 선택적 미생물의 살균이 가능하다. 실제로 두유, 막걸리, 사과주스 등 액상 식품에서 *E. coli*와 *Salmonella*에 대한 특이적 살균 효과가 보고되고 있다(표 14-6). 살균 효과 측면에서는 35~40 kV/cm의 처리 조건에서 3.51~5.20 log의 미생물 감소 효과가 관찰되었고, 50° C의 가열 조건을 병행하여 처리하는 경우 6.02 log까지 미생물수를 저감화시킬 수 있다는 연구 결과가 있다. 생물 세포에 대한 펄스전기장의 효과는 살균 이외에도 식품 가공 측면에 긍정적인 효과를 제공한다. 대표적으로 폴리페놀이나 단백질 등 특정 성분의 추출 효율을 향상시키고, 두유의 lipoxygenase 활성을 저하시키며, 에스테르화나 마이야 반응 등 화학반응 속도를 증가시킬 뿐 아니라 식육의 연도를 향상시키는 연구 결과들이 보고되었다. 따라서 비가열 살균 기술 외에도 육류 연화 기술이나 고체 원료의 추출 전처리 기술로서 펄스전기장을 활용하는 사례가 증가하고 있다.

표 14-6 펄스전기장 처리에 의한 식품의 살균 효과 및 특성 변화

식품	처리조건	처리 대상	효과
두유	40 kV/cm, 547 μs	*E. coli* *S. aureus*	5.20 log 감소 3.51 log 감소
막걸리	35℃, 12 kV/cm, 120 μs (초음파 병행: 750 W, 120 min)	*S. cerevisiae*	3.72 log 감소
사과주스	50℃, 35 kV/cm, 258 μs	*E. coli* *S. enteritidis* *S. cerevisiae*	5.21 log 감소 6.02 log 감소 5.49 log 감소
블루베리	20 kV/cm, 펄스 10회, 용매: 60% 에탄올+0.1% 염산 용액	폴리페놀	안토시아닌 추출 수율 증가
두유	42 kV/cm, 1036 μs	Lipoxygenase	효소활성 88% 저하
와인	14-22 kV/cm, 6 μs	최종 제품	색상의 강도 및 페놀류 함량 증가

출처: Niu et al. (2020).

(3) 펄스전기장 처리 장치

펄스전기장은 식품을 연속식으로 처리할 수 있으며 이를 위해 다양한 형태의 펄스처리 용기가 제안되고 있다(그림 14-10). 산업화 적용을 펄스전기장 시스템에서는 파이프형태인 Co-axial 형태와 Co-linear 형태의 펄스처리 용기가 주로 사용되고 있다.

Co-liner 방식의 경우, 파이프 벽면이 전극(electrode)의 역할을 하므로 파이프 내부에는 어떠한 구조체도 갖고 있지 않다. 파이프의 단면은 지름 1~4 cm가 일반적으로 사용되기 때문에 주스류에 포함된 섬유질 물질이나 입도가 작은 고형물이 포함되어 있는 경우에도 처리가 가능하다.

펄스전기장을 이용한 식품의 연속식 처리는 기존 생산라인에 펄스공급장치와 펄스처리 챔버를 끼워 넣는 비교적 단순한 방법으로 구현되므로 공장 내부 구조에 큰 변화가 필요하지 않다는 장점을 갖는다. 펄스처리에 따라 일정수준 온도의 상승이 일어나며 냉장유통제품인 경우 상승된 온도를 유통온도로 낮추기 위해 열교환기를 통한 온도 저감이 필요하다. 펄스전기장 처리 전후 실온 이상으로 온도가 상승되어 유지되는 구간은 수~수십 초 내외로 식품에 가해지는 온도의 영향은 매우 낮은 정도로 관리할 수 있다.

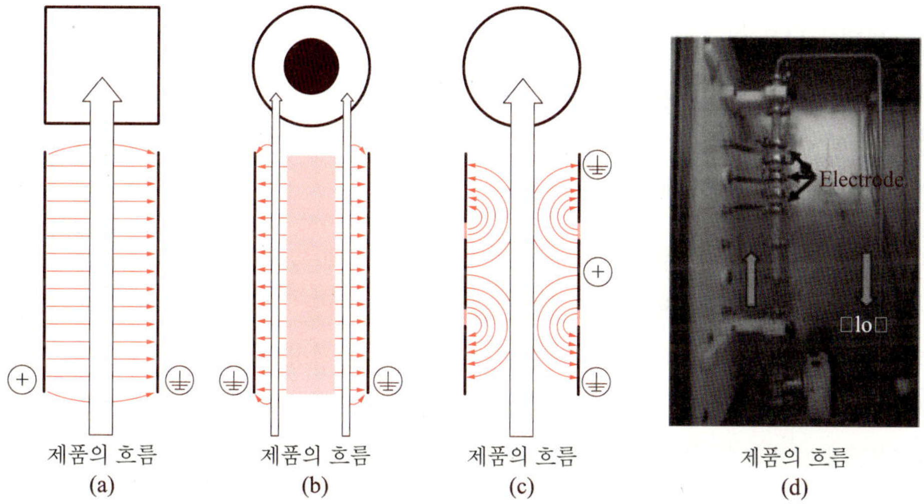

그림 14-10 연속식 펄스전기장 처리를 위한 펄스처리 챔버의 구조

(a) Parallel plate 방식 (b) Co-axial 방식 (c) Co-linear 방식
(d) Co-linear 방식의 electrode가 연속식 처리를 위해 시스템 내부에 설치된 모습

2. 저온 플라즈마

플라즈마(plasma)는 고체, 액체 및 기체와 더불어 물질의 상태로 분류된다. 기체를 가열하면 기체 분자에서 전자가 해리되어 이온이나 라디칼을 형성한다. 따라서 기체 분자의 전자 해리에 의해 생성된 전자, 이온 및 라디칼의 집합체를 플라즈마라 하며, 이때 생성되는 양이온과 전자의 수는 같기 때문에 플

라즈마는 전기적으로 중성을 유지한다.

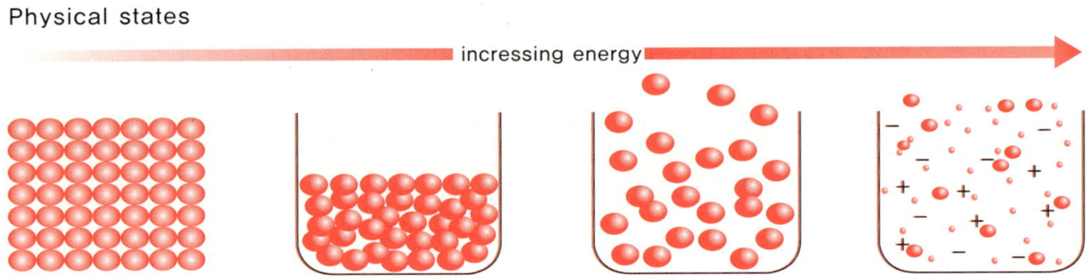

그림 14-11 온도에 따른 물질의 상태 변화

플라즈마는 대기압 또는 고압의 환경에서 아크 방전을 통해 생성할 수 있다. 이때 플라즈마를 구성하는 전자, 양이온 및 라디칼은 열적 평형 상태를 유지하기 때문에 이를 열평형 플라즈마 또는 열 플라즈마(thermal plasma)라 한다. 반면에 낮은 압력에서는 전자에 비하여 양이온이나 라디칼의 온도가 낮은 플라즈마를 생성할 수 있다. 이를 저온 플라즈마(cold plasma)라 하며, 전자는 여전히 높은 운동 에너지를 보유하게 된다. 최근 식품의 살균 목적으로 저온 플라즈마에 대한 연구 개발이 이루어지고 있다.

저온 플라즈마는 라디칼에 의한 살균 작용을 식품에 활용하는 기술로, 식품 원료에 플라즈마를 직접 노출시켜 식품을 직접 살균할 수 있지만, 물에 플라즈마를 가하여 물의 조성을 변형시켜 이를 세척수로 사용하는 간접 노출 방법이 주로 사용된다. 따라서 저온 플라즈마는 식품의 액상 제형 여부에 관계없이 활용이 가능하지만, 식품의 표면에만 살균효과를 보이는 한계가 있다. 저온 플라즈마로 처리한 식품에서는 약 1.5~3 log의 총 균수 감소 효과를 얻을 수 있으며, *Salmonella*의 특정 균주에 대하여 2.5 log 감소 효과를 보이고 있다(표 14-7). 저온 플라즈마에 의한 살균 효과를 확보하기 위하여 일반적으로 식품의 저온 플라즈마 처리는 약 2~5분 진행되며, 원료 및 처리 조건에 따라 20~120분의 긴 처리가 요구되는 경우도 있다.

반면에 저온 플라즈마는 과일의 항산화능이나 총 페놀 지수의 감소, 비타민 감소, 표면 갈변 현상의 부정적인 품질 변화가 발생할 수 있다. 또한, 저장 중 빠른 지질산화가 발생할 수 있어 지질 함량이 높은 식품에는 사용에 한계가 있다.

표 14-7 저온 플라즈마 처리에 의한 식품의 살균 효과 및 특성 변화

식품	처리 조건	처리 효과
육류	62 W, 2–60 s	*L. innocua* 1.6 log 감소 TBARS 증가
가금육	80 kV, 70 W, 3 min	총 균수 감소 표면 색도 변화 발생
우유	250 W, 15 kHz, 5–10 min	*E. coli*, *L. monocytogenes*, *S. typhimurium* 2.5 log 감소
곡류 및 두류	300 W, 5–20 min	곰팡이류 3 log 감소

3. 광 펄스

광 펄스(pulsed light)는 에너지 밀도가 0.5~20 J/cm^2 범위의 고강도 빛을 사용한 식품의 가열 기술로 0.1 μs~0.1 s 간격의 펄스를 사용하여 식품의 표면 온도 상승을 최소화하는 비가열 살균 기술이다. 주로 주스, 육제품 및 과채류의 표면 살균 기술로 개발되고 있다. 광 펄스는 200–1100 nm의 파장을 사용하며, 여기에는 자외선, 가시광선 및 근적외선 영역의 파장도 포함된다(그림 14–12).

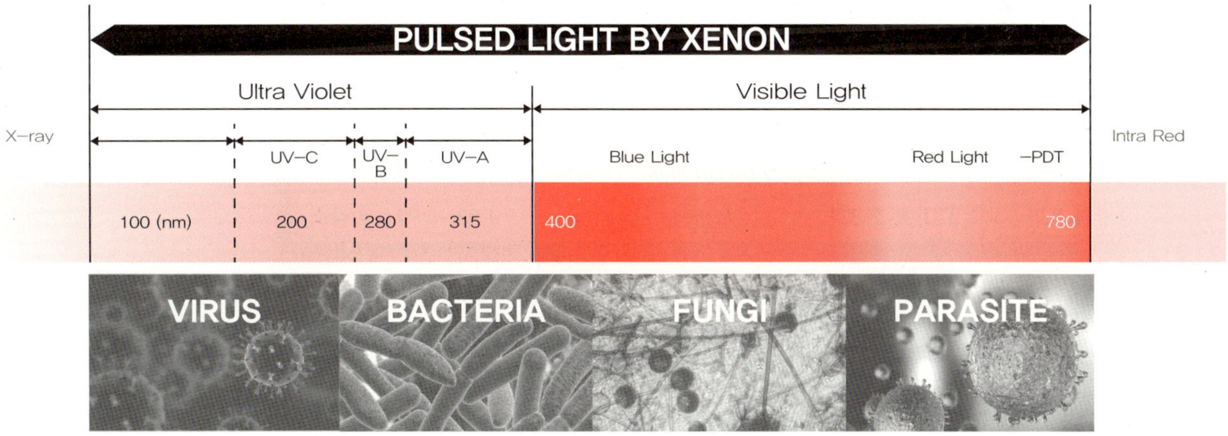

그림 14–12 광 펄스의 전자기파의 범위

광 펄스에 의한 살균효과는 자외선에 의한 미생물의 DNA 구조 변화 및 세포막의 손상에 의한 것으로 예측되고 있다. 자외선에 의한 표면 살균 효과는 이미 식품 산업에서도 용기 살균 등에 활용되고 있지만, 기존 자외선 조사에 비하여 광 펄스는 단시간 내 에너지 전달이 가능하여 높은 살균 효과를 기대할 수 있다. 그러나 처리 시간이 증가하면 식품 표면에 열이 발생하는 문제점을 보인다. 또한 빛의 특성상 식품 표면의 굴곡에 따라 살균 효과가 불균일하게 발생하거나, 갈변이 발생하는 문제점이 보고되고 있다. 액상 제품의 경우, 제품의 투명도에 따라 살균 효과가 큰 차이를 보이고 있다.

최근에는 이에 대한 보완 기술로 다양한 전처리, 타 살균 기술과의 병용처리, 장치 기하학적 개선 및 냉각 장치 적용을 통한 장치 대형화가 이루어지고 있지만, 여전히 설비 규모에 따라 5~10억원의 높은 설비 투자가 산업화의 제한 요소로 작용하고 있다.

표 14-8 광 펄스 처리에 의한 식품의 살균 효과

식품	처리 조건	대상 균주	효과
우유	1.27 J, 펄스 16회	*Staphylococcus aureus*	7.0 log 감소
딸기	7 J, 펄스 3,750회, 30 μs	*Botrytis cinerea*	3.0 log 감소
딸기	64.8 J, 펄스 180회,	*E. coli* O157:H7	3.3 log 감소
콩나물	7 J, 펄스 675회, 30 μs	호기성 중온균	0.65 log 감소
연어	5.6 J, 펄스 135회	*E. coli* O157:H7 *Listeria monocytogenes*	0.24~0.91 log 감소 0.72~0.80 log 감소
강철 표면	1.27 J, 펄스 3회	*Listeria innocua*	1.93~2.77 log 감소

출처: Oms-Oliu et al. (2010).

Appendix 1

기본상수 및 단위환산표

1. 기체상수 R

값	단 위
1.9872	cal/g mol·K
1.9872	Btu/lb mol·°R
82.057	cm^3·atm/g mol·K
8314.34	J/kg mol·K
82.057×10^{-3}	m^3·atm/kg mol·K
8314.34	kg·m^2/s^2·kg mol·K
10.731	$ft^3\cdot lb_f/in.^2$·lb mol·°R
0.7302	ft^3·atm/lb mol·°R
1545.3	ft·lb_f/lb mol·°R
8314.34	m^3·Pa/kg mol·K

2. 부피와 밀도

1 g mol ideal gas at 0℃, 760 mmHg=22.4140 liters=22414 cm^3

1 lb mol ideal gas at 0℃, 760 mmHg=359.05 ft^3

1 kg mol ideal gas at 0℃, 760 mmHg=22.414 m^3

Density of dry air at 0℃, 760 mmHg=1.2929 g/liter

=0.080711 lb_m/ft^3

Molecular weight of air=28.97 lb_m/lb mol=28.97 g/g mol

1 g/cm^3=62.43 lbm/ft^3=1000 kg/m^3=8.345 lb_m/U.S.gal

1 lb_m/ft^3=16.0185 kg/m^3

3. 길이

1 in.=2.540 cm

100 cm=1 m

1 micron=10^{-6}m=10^{-4}cm=10^{-3}mm=1μm

1 Å=10^{-10}m=$10^{-4}\mu$m

1 mile=5280 ft

1 m=3.2808 ft=39.37 in.

4. 질량

1 lb_m=453.59 g=0.45359 kg

1 lb_m=16 oz 7000 grains

1 kg=1000 g=2.2046 lb_m

1 ton(short) =2000 lb_m

1 ton(long) =2240 lb_m

1 ton(metric) =1000 kg

5. 표준중력가속도

g=9.80665 m/s^2

g=980.665 m/s^2

g_c(중력전환계수) =32.1740 $lb_m \cdot ft/lb_f \cdot s^2$

=980.665 $g_m \cdot cm/g_f \cdot s^2$

6. 부피

1 L=1000 cm^3	1 m^3=1000 L
1 in.^{3}=16.387 cm^3	1 U.S.gal=4 qt
1 ft^3=28.317 L	1 U.S.gal=3.7854 L
1 ft^3=0.028317 m^3	1 U.S.gal=3.7854 L
1 ft^3=7.481 U.S.gal	1 British gal=1.20094 U.S.gal
1 m^3=264.17 U.S.gal	1 m^3=35.313 ft^3

7. 힘

1 g·cm/s^2(dyn) =10^{-5} kg·m/s^2=10^{-5}N

1g·cm/s^2=7.2330×10^{-5} $lb_m \cdot ft/s^2$(poundal)

1 kg·m/s^2=1 N

1 lb_f=4.4482 N

1 g·cm/s^2=2.2481×10^{-6} lb_f

8. 압력

1 bar=1×10^5 Pa=1×10^5 N/m^2

1 psia=1 lb_f/in.^{2}

1 psia=2. 0360 in. Hg at 0℃

1 psia=2. 311 ft H_2O at 70°F

1 psia=51. 715 mm Hg at 0℃ (ρ_{Hg}=13. 5955 g/cm^3)

1 atm=14. 696 psia=1. 01325×10^5 N/m^2=1. 01325 bar

1 atm=760 mm Hg at 0℃ =1. 01325×10^5Pa

1 atm=29. 921 in. Hg at 0℃

1 atm=33. 90 ft H_2O at 4℃

1 psia=6. 89476×10^4 g/cm·s^2

1 psia=6. 89476×10^4 dyn/cm^2

1 dyn/cm^2=2. 0886×10^{-3} lb_f/ft^2

1 psia=6. 89476×10^3 N/m^2 =6. 89476×10^3 Pa

1 lb_f/ft^2=4. 7880×10^2 dyn/cm^2=47. 880 N/m^2

1 mmHg(0℃) =1. 333224×10^2 N/m^2=0. 1333224 kPa

9. 동력

1 hp=0. 74570 kW	1 watt(W) =14. 340 cal/min
1 hp=550 ft·lb_f/s	1 Btu/h=0. 29307 W(watt)
1 hp=0. 7068 btu/s	1 J/s(joule/s) =1 W

10. 열, 에너지, 일

1 J=1 N·m=1 kg·m^2/s^2

1 kg·m^2/s^2=1 J(joule) =10^7 g·cm^2/s^2(erg)

1 Btu=1055. 06 J=1. 05506 kJ

1 Btu=252. 16 cal(thermochemical)

1 kcal(thermochemical) =1000 cal=4. 1840 kJ

1 cal(thermochemical) =4. 1840 J

1 cal(IT) =4. 1868 J

1 Btu=251. 996 cal(IT)

1 Btu=778. 17 ft·lb_f

1 hp·h=0. 7457 kW·h

1 hp·h=2544. 5 Btu

1 ft·lb_f=1. 35582 J

1 ft·lb_f/lb_m=2. 9890 J/kg

11. 열전도도

1 Btu/h·ft·°F = 4.1365×10^{-3} cal/s·cm·℃
1 Btu/h·ft·°F = 1.73073 W/m·K

12. 열전달계수

1 Btu/h·ft^2·°F = 1.3571×10^{-4} cal/s·cm^2·℃
1 Btu/h·ft^2·°F = 5.6783×10^{-4} W/cm^2·℃
1 Btu/h·ft^2·°F = 5.6783 W/m^2·K
1 kcal/h·m^2·°F = 0.2048 Btu/h·ft^2·°F

13. 점 도

1 cp = 10^{-2}g/cm·s(poise)
1 cp = 2.4191 lb_m/ft·h
1 cp = 6.7197×10^{-4} lb_m/ft·s
1 cp = 10^{-3} Pa·s = 10^{-3} kg/m·s = 10^{-3} N·s/m^2
1 cp = 2.0886×10^{-5} lb_f·s/ft^2
1 Pa·s = 1 N·s/m^2 = 1 kg/m·s = 1000 cp = 0.67197 lb_m/ft·s

14. 확산계수

1 cm^2/s = 3.875 ft^2/h
1 cm^2/s = 10^{-4} m^2/s
1 m^2/h = 10.764 ft^2/h
1 m^2/s = 3.875×10^4 ft^2/h
1 centistoke = 10^{-2} cm^2/s

15. 물질 유동량과 몰유동량

1 g/s·cm^2 = 7.3734×10^3 lb_m/h·ft^2
1 g mol/s·cm^2 = 7.3734×10^3 lb mol/h·ft^2
1 g mol/s·cm^2 = 10 kg mol/s·m^2 = 1×10^4 g mol/s·m^2
1 lb mol/h·ft^2 = 1.3562×10^{-3} kg mol/s·m^2

16. 열유동량과 열흐름

1 Btu/h·ft^2=3.1546 W/m^2

1 Btu/h=0.29307 W

1 cal/h=1.1622×10^{-3} W

17. 열량과 엔탈피

1 Btu/lb$_m$·°F=4.1868 kJ/kg·K

1 Btu/lb$_m$·°F=1.000 cal/g·℃

1 Btu/lb$_m$=2326.0 J/kg

1 ft·lb$_f$/lb$_m$=2.9890 J/kg

1 cal(IT)/g·℃=4.1868 kJ/kg·K

1 kcal/g mol=4.1840×10^3 kJ/kg mol

Appendix 2

물의 물리적 성질

1. 물의 잠열, 273.15 K(0℃)

Latent heat of fusion = 1436. 3 cal/g mol
= 79. 724 cal/g
= 2585. 3 Btu/lb mol
= 6013. 4 kJ/kg mol

Latent heat of vaporaization at 298. 15 K(25℃)

Pressure(mmHg)	Latent Heat
23. 75	44 020 kJ/kg mol, 10. 514 kcal/g mol, 18 925 Btu/lb mol
760	44 045 kJ/kg mol, 10. 520 kcal/g mol, 18 936 Btu/lb mol

2. 물의 수증기압

Temperature		Vapor Pressure		Temperature		Vapor Pressure	
K	℃	kPa	mm Hg	K	℃	kPa	mm Hg
273. 15	0	0. 611	4. 58	323. 15	50	12. 333	92. 51
283. 15	10	1. 228	9. 21	333. 15	60	19. 92	149. 4
293. 15	20	2. 338	17. 54	343. 15	70	31. 16	233. 7
298. 15	25	3. 168	23. 76	353. 15	80	47. 34	355. 1
303. 15	30	4. 242	31. 82	363. 15	90	70. 10	525. 8
313. 15	40	7. 375	55. 32	373. 15	100	101. 325	760. 0

3. 물의 밀도

Temperature		Density		Temperature		Density	
K	℃	g/cm^3	kg/m^3	K	℃	g/cm^3	kg/m^3
273. 15	0	0. 99987	999. 87	323. 15	50	0. 98807	988. 07
277. 15	4	1. 00000	1000. 00	333. 15	60	0. 98324	983. 24
283. 15	10	0. 99973	999. 73	343. 15	70	0. 97781	977. 81
293. 15	20	0. 99823	998. 23	353. 15	80	0. 97183	971. 83
298. 15	25	0. 99708	997. 08	363. 15	90	0. 96534	965. 34
303. 15	30	0. 99568	995. 68	373. 15	100	0. 95838	958. 38
313. 15	40	0. 99225	992. 25				

4. 물의 점도

Temperature		Viscosity [(Pa·s) 10^3, (kg/m·s) 10^3, or cp	Temperature		Viscosity [(Pa·s) 10^3, (kg/m·s) 10^3, or cp
K	℃		K	℃	
273.15	0	1.7921	323.15	50	0.5494
275.15	2	1.6728	325.15	52	0.5315
277.15	4	1.5674	327.15	54	0.5146
279.15	6	1.4728	329.15	56	0.4985
281.15	8	1.3860	331.15	58	0.4832
283.15	10	1.3077	333.15	60	0.4688
285.15	12	1.2363	335.15	62	0.4550
287.15	14	1.1709	337.15	64	0.4418
289.15	16	1.1111	339.15	66	0.4293
291.15	18	1.0559	341.15	68	0.4174
293.15	20	1.0050	343.15	70	0.4061
293.35	20.2	1.0000	345.15	72	0.3952
295.15	22	0.9579	347.15	74	0.3849
297.15	24	0.9142	349.15	76	0.3750
298.15	25	0.8937	351.15	78	0.3655
299.15	26	0.8737	353.15	80	0.3565
301.15	28	0.8360	355.15	82	0.3478
303.15	30	0.8007	357.15	84	0.3395
305.15	32	0.7679	359.15	86	0.3315
307.15	34	0.7371	361.15	88	0.3239
309.15	36	0.7085	363.15	90	0.3165
311.15	38	0.6814	365.15	92	0.3095
313.15	40	0.6560	367.15	94	0.3027
315.15	42	0.6321	369.15	96	0.2962
317.15	44	0.6097	371.15	98	0.2899
319.15	46	0.5883	373.15	100	0.2838
321.15	48	0.5683			

5. 물의 열용량, 101.325 kPa(1 atm abs)

Temperature		Heat Capacity, c_p		Temperature		Heat Capacity, c_p	
℃	K	cal/g·℃	kJ/kg·K	℃	K	cal/g·℃	kJ/kg·K
0	273.15	1.0080	4.220	50	323.15	0.992	4.183
10	283.15	1.0019	4.195	60	333.15	1.0001	4.187
20	293.15	0.9995	4.185	70	343.15	1.0013	4.192
25	298.15	0.9989	4.182	80	353.15	1.0029	4.199
30	303.15	0.9987	4.181	90	363.15	1.0050	4.208
40	313.15	0.9987	4.181	100	373.15	1.0076	4.219

6. 물의 열전도도

Temperature			Thermal Conductivity	
℃	°F	K	Btu/h·ft·°F	W/m·K
0	32	273.15	0.329	0.569
37.8	100	311.0	0.363	0.628
93.3	200	366.5	0.393	0.680
148.9	300	422.1	0.395	0.684
215.6	420	588.8	0.376	0.651
326.7	620	599.9	0.275	0.476

7. 포화 얼음-수증기의 수증기압과 승화열

Temperature			Vapor Pressure			Heat of Sublimation	
K	°F	℃	kPa	psia	mmHg	Btu/lb$_m$	kJ/kg
273.2	32	0	6.107×10^{-1}	8.858×10^{-2}	4.581	1218.6	2834.5
266.5	20	−6.7	3.478×10^{-1}	5.045×10^{-2}	2.609	1219.3	2836.1
261.0	10	−12.2	2.128×10^{-1}	3.087×10^{-2}	1.596	1219.7	2837.0
255.4	0	−17.8	1.275×10^{-1}	1.849×10^{-2}	0.9562	1220.1	2838.0
249.9	−10	−23.3	7.411×10^{-2}	1.082×10^{-2}	0.5596	1220.3	2838.4
244.3	−20	−28.9	3.820×10^{-2}	6.181×10^{-3}	0.3197	1220.5	2838.9
238.8	−30	−34.4	2.372×10^{-2}	3.440×10^{-3}	0.1779	1220.5	2838.9
233.2	−40	−40.0	1.283×10^{-2}	1.861×10^{-3}	0.09624	1220.5	2838.9

8. 얼음의 열용량

Temperature		c_p		Temperature		c_p	
°F	K	Btu/lb$_m$·°F	kJ/kg·K	°F	K	Btu/lb$_m$·°F	kJ/kg·K
32	273.15	0.500	2.093	−10	249.85	0.461	1.930
20	266.45	0.490	2.052	−20	244.25	0.452	1.892
10	260.95	0.481	2.014	−30	238.75	0.442	1.850
0	255.35	0.472	1.976	−40	233.15	0.433	1.813

9. 포화 수증기표(Steam Table), SI Units

Temperature (℃)	Vapor Presurre (kPa)	Specific Volume (m^3/kg)		Enthalpy (kJ/kg)		Entropy (kJ/kg·K)	
		Liquid	Sat'd Vapor	Liquid	Sat'd Vapor	Liquid	Sat'd Vapor
0.01	0.6113	0.0010002	206.136	0.00	2501.4	0.0000	9.1562
3	0.7577	0.0010001	168.132	12.57	2506.9	0.0457	9.0773
6	0.9349	0.0010001	137.734	25.20	2512.4	0.0912	9.0003
9	1.1477	0.0010003	113.386	37.80	2517.9	0.1362	8.9253
12	1.4022	0.0010005	93.784	50.41	2523.4	0.1806	8.8524
15	1.7051	0.0010009	77.926	62.99	2528.9	0.2245	8.7814

Temperature (℃)	Vapor Presurre (kPa)	Specific Volume (m³/kg)		Enthalpy (kJ/kg)		Entropy (kJ/kg·K)	
		Liquid	Sat'd Vapor	Liquid	Sat'd Vapor	Liquid	Sat'd Vapor
18	2.0640	0.0010014	65.038	75.58	2534.4	0.2679	8.7123
21	2.487	0.0010020	54.514	88.14	2539.9	0.3109	8.6450
24	2.985	0.0010027	45.883	100.70	2545.4	0.3534	8.5794
25	3.169	0.0010029	43.360	104.89	2547.2	0.3674	8.5580
27	3.567	0.0010035	38.774	113.25	2550.8	0.3954	8.5156
30	4.246	0.0010043	32.894	125.79	2556.3	0.4369	8.4533
33	5.034	0.0010053	28.011	138.33	2561.7	0.4781	8.3927
36	5.947	0.0010063	23.940	150.86	2567.1	0.5188	8.3336
40	7.384	0.0010078	19.523	167.57	2574.3	0.5725	8.2570
45	9.593	0.0010099	15.258	188.45	2583.2	0.6387	8.1648
50	12.349	0.0010121	12.032	209.33	2592.1	0.7038	8.0763
55	15.758	0.0010146	9.568	230.23	2600.9	0.7679	7.9913
60	19.940	0.0010172	7.671	251.13	2609.6	0.8312	7.9096
65	25.03	0.0010199	6.197	272.06	2618.3	0.8935	7.8310
70	31.19	0.0010228	5.042	292.98	2626.8	0.9549	7.7553
75	38.58	0.0010259	4.131	313.93	2635.3	1.0155	7.6824
80	47.39	0.0010291	3.407	334.91	2643.7	1.0753	7.6122
85	57.83	0.0010325	2.828	355.90	2651.9	1.1343	7.5445
90	70.14	0.0010360	2.361	376.92	2660.1	1.1925	7.4791
95	84.55	0.0010397	1.9819	397.96	2668.1	1.2500	7.4159
100	101.35	0.0010435	1.6729	419.04	2676.1	1.3069	7.3549
105	120.82	0.0010475	1.4194	440.15	2683.8	1.3630	7.2958
110	143.27	0.0010516	1.2102	461.30	2691.5	1.4185	7.2387
115	169.06	0.0010559	1.0366	482.48	2699.0	1.4734	7.1833
120	198.53	0.0010603	0.8919	503.71	2706.3	1.5276	7.1296
125	232.1	0.0010649	0.7706	524.99	2713.5	1.5813	7.0775
130	270.1	0.0010697	0.6685	546.31	2720.5	1.6344	7.0269
135	313.0	0.0010746	0.5822	567.69	2727.3	1.6870	6.9777
140	316.3	0.0010797	0.5089	589.13	2733.9	1.7391	6.9299
145	415.4	0.0010850	0.4463	610.63	2740.3	1.7907	6.8833
150	475.8	0.0010905	0.3928	632.20	2746.5	1.8418	6.8379
155	543.1	0.0010961	0.3468	653.84	2752.4	1.8925	6.7935
160	617.8	0.0011020	0.3071	675.55	2758.1	1.9427	6.7502
165	700.5	0.0011080	0.2727	697.34	2763.5	1.9925	6.7078
170	791.7	0.0011143	0.2428	719.21	2768.7	2.0419	6.6663
175	892.0	0.0011207	0.2168	741.17	2773.6	2.0909	6.6256
180	1002.1	0.0011274	0.19405	763.22	2778.2	2.1396	6.5857
190	1254.4	0.0011414	0.15654	807.62	2786.4	2.2359	6.5079
200	1553.8	0.0011565	0.12736	852.45	2793.2	2.3309	6.4323
225	2548	0.0011992	0.07849	966.78	2803.3	2.5639	6.2503
250	3973	0.0012512	0.05013	1085.36	2801.5	2.7927	6.0730
275	5942	0.0013168	0.03279	1210.07	2785.0	3.0208	5.8938
300	8581	0.0010436	0.02167	1344.0	2749.0	3.2534	5.7045

9. 포화 수증기표(Steam Table), English Units

Temperature (°F)	Vapor Presurre (Psia)	Specific Volume (ft^3/lb)		Enthalpy (Btu/lb_m)		Entropy (Btu/lb_m·°F)	
		Liquid	Sat'd Vapor	Liquid	Sat'd Vapor	Liquid	Sat'd Vapor
32.02	0.08866	0.016022	3302	0.00	1075.4	0.000	2.1869
35	0.09992	0.016021	2948	3.00	1076.7	0.00607	2.1764
40	0.12166	0.016020	2445	8.02	1078.9	0.01617	2.1592
45	0.14748	0.016021	2037	13.04	1081.1	0.02618	2.1423
50	0.17803	0.016024	1704.2	18.06	1083.3	0.03607	2.1259
55	0.2140	0.016029	1431.4	23.07	1085.5	0.04586	2.1099
60	0.2563	0.016035	1206.9	28.08	1087.7	0.05555	2.0943
65	0.3057	0.016042	1021.5	33.09	1089.9	0.06514	2.0791
70	0.3622	0.016051	867.7	38.09	1092.0	0.07463	2.0642
75	0.4300	0.016061	739.7	43.09	1094.2	0.08402	2.0497
80	0.5073	0.016073	632.8	48.09	1096.4	0.09332	2.0356
85	0.5964	0.016085	543.1	53.08	1098.6	0.10252	2.0218
90	0.6988	0.016099	467.7	58.07	1100.7	0.11165	2.0083
95	0.8162	0.016114	404.0	63.06	1102.9	0.12068	1.9951
100	0.9503	0.016130	350.0	68.05	1105.0	0.12963	1.9822
110	1.2763	0.016166	265.1	78.02	1109.3	0.14730	1.9574
120	1.6945	0.016205	203.0	88.00	1113.5	0.16465	1.9336
130	2.225	0.016247	157.17	97.98	1117.8	0.18172	1.9109
140	2.892	0.016293	122.88	107.96	1121.9	0.19851	1.8892
150	3.722	0.016343	96.99	117.96	1126.1	0.21503	1.8684
160	4.745	0.016395	77.23	127.96	1130.1	0.23130	1.8484
170	5.996	0.016450	62.02	137.97	1134.2	0.24732	1.8293
180	7.515	0.016509	50.20	147.99	1138.2	0.26311	1.8109
190	9.343	0.016570	40.95	158.03	1142.1	0.27866	1.7932
200	11.529	0.016634	33.63	168.07	1145.9	0.29400	1.7762
210	14.125	0.016702	27.32	178.14	1149.7	0.30913	1.7599
212	14.698	0.016716	26.80	180.16	1150.5	0.31213	1.7567
220	17.188	0.016772	23.15	188.22	1153.5	0.32406	1.7441
230	20.78	0.016845	19.386	198.32	1157.1	0.33880	1.7289
240	24.97	0.016922	16.327	208.44	1160.7	0.35335	1.7143
250	29.82	0.017001	13.826	218.59	1164.2	0.36772	1.7001
260	35.42	0.017084	11.768	228.76	1167.6	0.38193	1.6864
270	41.85	0.017170	10.066	238.95	1170.9	0.39597	1.6731
280	49.18	0.017259	8.650	249.18	1174.1	0.40986	1.6602
290	57.33	0.017352	7.467	259.44	1177.2	0.42360	1.6477
300	66.98	0.017448	6.472	269.73	1180.2	0.43720	1.6356
310	77.64	0.017548	5.632	280.06	1183.0	0.45067	1.6238
320	89.60	0.017652	4.919	290.43	1185.8	0.46400	1.6123
330	103.00	0.017760	4.312	300.84	1188.4	0.47722	1.6010
340	117.93	0.017872	3.792	311.30	1190.8	0.49031	1.5901
350	134.53	0.017988	3.346	321.80	1193.1	0.50329	1.5793
360	152.92	0.018108	2.961	332.35	1195.2	0.51617	1.5688
370	173.23	0.018233	2.628	342.96	1197.2	0.52894	1.5585
380	195.60	0.018363	2.339	353.62	1199.0	0.54163	1.5483
390	220.2	0.018498	2.087	364.34	1200.6	0.55422	1.5383
400	247.1	0.018638	1.8661	375.12	1202.0	0.56672	1.5284
410	276.5	0.018784	1.6726	385.97	1203.1	0.57916	1.5187
450	422.1	0.019433	1.1011	430.2	1205.6	0.6282	1.4806

10. 과포화 수증기표(Steam Table), SI Units

(v, 비용적, m^3/kg ; H, 엔탈피, kJ/kg ; s, 엔트로피, kJ/kg·k)

Absolute Pressure, kPa(Sat Temp., ℃)		Temperature(℃)							
		100	150	200	250	300	360	420	500
	v	17.196	19.512	21.825	24.136	26.445	29.216	31.986	35.679
10	H	2687.5	2783.0	2879.5	2977.3	3076.5	3197.6	3320.9	3489.1
(45.81)	s	8.4479	8.6882	8.9038	9.1002	9.2813	9.4821	9.6682	9.8978
	v	3.418	3.889	4.356	4.820	5.284	5.839	6.394	7.134
50	H	2682.5	2780.1	2877.7	2976.0	3075.5	3196.8	3320.4	3488.7
(81.33)	s	7.6947	7.9401	8.1580	8.3556	8.5373	8.7385	8.9249	9.1546
	v	2.270	2.587	2.900	3.211	3.520	3.891	4.262	4.755
75	H	2679.4	2778.2	2876.5	2975.2	3074.9	3196.4	3320.0	3488.8
(91.78)	s	7.5009	7.7496	7.9690	8.1673	8.3493	8.5508	8.7374	8.9672
	v	1.6958	1.9364	2.172	2.406	2.639	2.917	3.195	3.565
100	H	2672.2	2776.4	2875.3	2974.3	3074.3	3195.9	3319.6	3488.1
(99.63)	s	7.3614	7.6134	7.8343	8.0333	8.2158	8.4175	8.6042	8.8342
	v		1.2853	1.4443	1.6012	1.7570	1.9432	2.129	2.376
150	H		2772.6	2872.9	2972.7	3073.1	3195.0	3318.9	3487.6
(111.37)	s		7.4193	7.6433	7.8438	8.0720	8.2293	8.4163	8.6466
	v		0.4708	0.5342	0.5951	0.6548	0.7257	0.7960	0.8893
400	H		2752.8	2860.5	2964.2	3066.8	3190.3	3315.3	3484.9
(143.63)	s		6.9299	7.1706	7.3789	7.5662	7.7712	7.9598	8.1913
	v			0.2999	0.3363	0.3714	0.4126	0.4533	0.5070
700	H			2844.8	2953.6	3059.1	3184.7	3310.9	3481.7
(164.97)	s			6.8865	7.1053	7.2979	7.5063	7.6968	7.9299
	v			0.2060	0.2327	0.2579	0.2873	0.3162	0.3541
1000	H			2827.9	2942.6	3051.2	3178.9	3306.5	3478.5
(179.91)	s			6.6940	6.9247	7.1229	7.3349	7.5275	7.7622
	v			0.13248	0.15195	0.16966	0.18988	0.2095	0.2352
1500	H			2796.8	2923.3	3037.6	3.1692	3299.1	3473.1
(198.32)	s			6.4546	6.7090	6.9179	7.1363	7.3323	7.5698
	v				0.11144	0.12547	0.14113	0.15616	0.17568
2000	H				2902.5	3023.5	3159.3	3291.6	3467.6
(212.42)	s				6.5453	6.7664	6.9917	7.1915	7.4317
	v				0.08700	0.09890	0.11186	0.12414	0.13998
2500	H				2880.1	3008.8	3149.1	3284.0	3462.1
(223.99)	s				6.4085	6.6438	6.8767	7.0803	7.3234
	v				0.07058	0.08114	0.09233	0.10279	0.11619
3000	H				2855.8	2993.5	3138.7	3276.3	3456.5
(233.90)	s				6.2872	6.5390	6.7801	6.9878	7.2338

10. 과포화 수증기표(Steam Table), English Units

(v, 비용적, ft^3/lb_m ; H, 엔탈피, Btu/lb_m ; s, 엔트로피, $Btu/lb_m \cdot °F$)

Absolute Pressure, psia (Sat Temp., °F)		Temperature (°F)								
		200	300	400	500	600	700	800	900	1000
	v	392.5	452.3	511.9	571.5	631.1	690.7	750.3	809.9	869.5
1.0	H	1150.1	1195.7	1241.8	1288.5	1336.1	1384.5	1433.7	1483.8	1534.8
(101.70)	s	2.0508	2.1150	2.1720	2.2235	2.2706	2.3142	2.3550	2.3932	2.4294
	v	78.15	90.24	102.24	114.20	126.15	138.08	150.01	161.94	173.86
5.0	H	1148.6	1194.8	1241.2	1288.2	1335.8	1384.3	1433.5	1483.7	1534.7
(162.21)	s	1.8715	1.9367	1.9941	2.0458	2.0930	2.1367	2.1775	2.2158	2.2520
	v	38.85	44.99	51.03	57.04	63.03	69.01	74.98	80.95	86.91
10.0	H	1146.6	1193.7	1240.5	1287.7	1335.5	1384.0	1433.3	1483.5	1534.6
(193.19)	s	1.7927	1.8592	1.9171	1.9690	2.0164	2.0601	2.1009	2.1393	2.1755
	v		30.52	34.67	38.77	42.86	46.93	51.00	55.07	59.13
14.696	H		1192.6	1239.9	1287.3	1335.2	1383.8	1433.1	1483.4	1534.5
(211.99)	s		1.8157	1.8741	1.9263	1.9737	2.0175	2.0584	2.0967	2.1330
	v		22.36	25.43	28.46	31.47	34.77	37.46	40.45	43.44
20.0	H		1191.5	1239.2	1286.8	1334.8	1383.5	1432.9	1483.2	1534.3
(227.96)	s		1.7805	1.8395	1.8919	1.9395	1.9834	2.0243	2.0627	2.0989
	v		7.260	8.353	9.399	10.425	11.440	12.448	13.452	14.454
60.0	H		1181.9	1233.5	1283.0	1332.1	1381.4	1431.2	1481.8	1533.2
(292.73)	s		1.6496	1.7134	1.7678	1.8165	1.8609	1.9022	1.9408	1.9773
	v			4.934	5.587	6.216	6.834	7.445	8.053	8.657
100.0	H			1227.5	1279.1	1329.3	1379.2	1429.6	1480.5	1532.1
(327.86)	s			1.6517	1.7085	1.7582	1.8033	1.8449	1.8838	1.9204
	v			3.221	3.679	4.111	4.531	4.944	5.353	5.759
150.0	H			1219.5	1274.1	1325.7	1376.6	1427.5	1478.8	1530.7
(358.48)	s			1.5997	1.6598	1.7110	1.7568	1.7989	1.8381	1.8750
	v			2.361	2.724	3.058	3.379	3.693	4.003	4.310
200.0	H			1210.8	1268.8	1322.1	1373.8	1425.3	1477.1	1529.3
(381.86)	s			1.5600	1.6239	1.6767	1.7234	1.7660	1.8055	1.8425
	v				2.150	2.426	2.688	2.943	3.193	3.440
250.0	H				1263.3	1318.3	1371.1	1423.2	1475.3	1527.9
(401.04)	s				1.5948	1.6494	1.6970	1.7401	1.7799	1.8172
	v				1.766	2.004	2.227	2.442	2.653	2.860
300.0	H				1257.5	1314.5	1368.3	1421.0	1473.6	1526.5
(417.43)	s				1.5701	1.6266	1.6751	1.7187	1.7589	1.7964
	v				1.2843	1.4760	1.6503	1.8163	1.9776	2.136
400	H				1245.2	1306.6	1362.5	1416.6	1470.1	1523.6
(444.70)	s				1.5282	1.5892	1.6397	1.6884	1.7252	1.7632

11. 물의 열전달 특성(SI Units)

T (℃)	T (K)	ρ (kg/m³)	c_p (kJ/kg·K)	$\mu \times 10^3$ (Pa·s, or kg/m·s)	k (W/m·K)	N_{Pr}	$\beta \times 10^4$ (1/K)	$(g\beta\rho^2/\mu^2) \times 10^{-8}$ (1/K·m³)
0	273.2	999.6	4.229	1.786	0.5694	13.3	−0.630	
15.6	288.8	998.0	4.187	1.131	0.5884	8.07	1.44	10.93
26.7	299.9	996.4	4.183	0.860	0.6109	5.89	2.34	30.70
37.8	311.0	994.7	4.183	0.682	0.6283	4.51	3.24	68.0
65.6	338.8	981.9	4.187	0.432	0.6629	2.72	5.04	256.2
93.3	366.5	962.7	4.229	0.3066	0.6802	1.91	6.66	642
121.1	394.3	943.5	4.271	0.2381	0.6836	1.49	8.46	1300
148.9	422.1	917.9	4.312	0.1935	0.6836	1.22	10.08	2231
204.4	477.6	858.6	4.522	0.1384	0.6611	0.950	14.04	5308
260.0	533.2	784.9	4.982	0.1042	0.6040	0.859	19.8	11 030
315.6	588.8	679.2	6.322	0.0862	0.5071	1.07	31.5	19 260

11. 물의 열전달 특성(English Units)

T (°F)	ρ $\left(\frac{lb_m}{ft^3}\right)$	c_p $\left(\frac{Btu}{lb_m \cdot °F}\right)$	$\mu \times 10^3$ $\left(\frac{lb_m}{ft \cdot s}\right)$	k $\left(\frac{Btu}{h \cdot ft \cdot °F}\right)$	N_{Pr}	$\beta \times 10^4$ (1/°R)	$(g\beta\rho^2/\mu^2) \times 10^{-6}$ (1/°R·ft³)
32	62.4	1.01	1.20	0.329	13.3	−0.350	
60	62.3	1.00	0.760	0.340	8.07	0.800	17.2
80	62.2	0.999	0.578	0.353	5.89	1.30	48.3
100	62.1	0.999	0.458	0.363	4.51	1.80	107
150	61.3	1.00	0.290	0.383	2.72	2.80	403
200	60.1	1.01	0.206	0.393	1.91	3.70	1010
250	58.9	1.02	0.160	0.395	1.49	4.70	2045
300	57.3	1.03	0.130	0.395	1.22	5.60	3510
400	53.6	1.08	0.0930	0.382	0.950	7.80	8350
500	49.0	1.19	0.0700	0.349	0.859	11.0	17 350
600	42.4	1.51	0.0579	0.293	1.07	17.5	30 300

12. 수증기의 열전달 특성 (Steam) a 101.32 kPa(1 atm abs), SI Units

T (℃)	T (K)	ρ (kg/m³)	c_p (kJ/kg·K)	$\mu \times 10^5$ (Pa·s, or kg/m·s)	k (W/m·K)	N_{Pr}	$\beta \times 10^3$ (1/K)	$(g\beta\rho^2/\mu^2)$ (1/K·m³)
100.0	373.2	0.956	1.888	1.295	0.02510	0.96	2.68	0.557×10^8
148.9	422.1	0.525	1.909	1.488	0.02960	0.95	2.38	0.292×10^8
204.4	477.6	0.461	1.934	1.682	0.03462	0.94	2.09	0.154×10^8
260.0	533.2	0.413	1.968	1.883	0.03946	0.94	1.87	0.0883×10^8
315.6	588.8	0.373	1.997	2.113	0.04448	0.94	1.70	52.1×10^5
371.1	644.3	0.341	2.030	2.314	0.04985	0.93	1.55	33.1×10^5
426.7	699.9	0.314	2.068	2.529	0.05556	0.92	1.43	21.6×10^5

13. 수증기의 열전달 특성
(Steam) a 101.32 kPa(1 atm abs), English Units

T (°F)	ρ $\left(\frac{lb_m}{ft^3}\right)$	c_p $\left(\frac{Btu}{lb_m \cdot °F}\right)$	$\mu \times 10^3$ $\left(\frac{lb_m}{ft \cdot s}\right)$	k $\left(\frac{Btu}{h \cdot ft \cdot °F}\right)$	N_{Pr}	$\beta \times 10^3$ (1/°R)	$(g\beta\rho^2/\mu^2)$ (1/°R·ft³)
212	0.0372	0.451	0.870	0.0145	0.96	1.49	0.877×10^6
300	0.0328	0.456	1.000	0.0171	0.95	1.32	0.459×10^6
400	0.0288	0.462	1.130	0.0200	0.94	1.16	0.243×10^6
500	0.0258	0.470	1.265	0.0228	0.94	1.04	0.139×10^6
600	0.0233	0.477	1.420	0.0257	0.94	0.943	82×10^3
700	0.0213	0.485	1.555	0.0288	0.93	0.862	52.1×10^3
800	0.0196	0.494	1.700	0.0321	0.92	0.794	34.0×10^3

Appendix 3

유기화합물의 특성

1. 공기의 성질, 101.325 kPa(1 atm abs), SI Units

T (℃)	T (K)	ρ (kg/m³)	c_p (kJ/kg·K)	$\mu \times 10^5$ (Pa·s, or kg/m·s)	k (W/m·K)	N_{Pr}	$\beta \times 10^3$ (1/K)	$(g\beta\rho^2/\mu^2)$ (1/K·m³)
−17.8	255.4	1.379	1.0048	1.62	0.02250	0.720	3.92	2.79×10^8
0	273.2	1.293	1.0048	1.72	0.02423	0.715	3.65	2.04×10^8
10.0	283.2	1.246	1.0048	1.78	0.02492	0.713	3.53	1.72×10^8
37.8	311.0	1.137	1.0048	1.90	0.02700	0.705	3.22	1.12×10^8
65.6	338.8	1.043	1.0090	2.03	0.02925	0.702	2.95	0.775×10^8
93.3	366.5	0.964	1.0090	2.15	0.03115	0.694	2.74	0.534×10^8
121.1	394.3	0.895	1.0132	2.27	0.03323	0.692	2.54	0.386×10^8
148.9	422.1	0.838	1.0174	2.37	0.03531	0.689	2.38	0.289×10^8
176.7	449.9	0.785	1.0216	2.50	0.03721	0.687	2.21	0.214×10^8
204.4	477.6	0.740	1.0258	2.60	0.03894	0.686	2.09	0.168×10^8
232.2	505.4	0.700	1.0300	2.71	0.04084	0.684	1.98	0.130×10^8
260.0	533.2	0.662	1.0341	2.80	0.04258	0.680	1.87	0.104×10^8

1. 공기의 성질, 101.325 kPa(1 atm abs), English Units

T (°F)	ρ $\left(\frac{lb_m}{ft^3}\right)$	c_p $\left(\frac{btu}{lb_m \cdot °F}\right)$	μ (centipoise)	k $\left(\frac{btu}{h \cdot ft \cdot °F}\right)$	N_{Pr}	$\beta \times 10^3$ (1/°R)	$(g\beta^{a2}/\mu^2)$ (1/°R·ft³)
0	0.0861	0.240	0.0162	0.0130	0.720	2.18	4.39×10^6
32	0.0807	0.240	0.0172	0.0140	0.715	2.03	3.21×10^6
50	0.0778	0.240	0.0178	0.0144	0.713	1.96	2.70×10^6
100	0.0710	0.240	0.0190	0.0156	0.705	1.79	1.76×10^6
150	0.0651	0.241	0.0203	0.0169	0.702	1.64	1.22×10^6
200	0.0602	0.241	0.0215	0.0180	0.694	1.52	0.840×10^6
250	0.0559	0.242	0.0227	0.0192	0.692	1.41	0.607×10^6
300	0.0523	0.243	0.0237	0.0204	0.689	1.32	0.454×10^6
350	0.0490	0.244	0.0250	0.0215	0.687	1.23	0.336×10^6
400	0.0462	0.245	0.0260	0.0225	0.686	1.16	0.264×10^6
450	0.0437	0.246	0.0271	0.0236	0.674	1.10	0.204×10^6
500	0.0413	0.247	0.0280	0.0246	0.680	1.04	0.163×10^6

2. 기체점도, 101.325 kPa(1 atm abs) [Viscosity in (Pa·s) 10^3, (kg/m·s) 10^3, or cp]

Temperature							
K	℉	℃	H_2	O_2	N_2	CO	CO_2
255. 4	0	−17. 8	0. 00800	0. 0181	0. 0158	0. 0156	0. 0128
273. 2	32	0	0. 00840	0. 0192	0. 0166	0. 0165	0. 0137
283. 2	50	10. 0	0. 00862	0. 0197	0. 0171	0. 0169	0. 0141
311. 0	100	37. 8	0. 00915	0. 0213	0. 0183	0. 0183	0. 0154
338. 8	150	65. 6	0. 00960	0. 0228	0. 0196	0. 0195	0. 0167
366. 5	200	93. 3	0. 0101	0. 0241	0. 0208	0. 0208	0. 0179
394. 3	250	121. 1	0. 0106	0. 0256	0. 0220	0. 0220	0. 0191
422. 1	300	148. 9	0. 0111	0. 0267	0. 0230	0. 0231	0. 0203
449. 9	350	176. 7	0. 0115	0. 0282	0. 0240	0. 0242	0. 0215
477. 6	400	204. 4	0. 0119	0. 0293	0. 0250	0. 0251	0. 0225
505. 4	450	232. 2	0. 0124	0. 0307	0. 0260	0. 0264	0. 0236
533. 2	500	260. 0	0. 0128	0. 0315	0. 0273	0. 0276	0. 0247

3. 기체의 열전도도, 101.325 kPa(1 atm abs)

Temperature			H_2		O_2		N_2		CO		CO_2	
K	℃	℉	W/m·K	btu/ h·ft·℉	W/m·K	btu/ h·ft·℉	W/m·K	btu/ h·ft·℉	W/m·K	btu/ h·ft·℉	W/m·K	btu/ h·ft·℉
255. 4	−17. 8	0	0. 1592	0. 0920	0. 0228	0. 0132	0. 0228	0. 0132	0. 0222	0. 0128	0. 0132	0. 0076
273. 2	0	32	0. 1667	0. 0963	0. 0246	0. 0142	0. 0239	0. 0138	0. 0233	0. 0135	0. 0145	0. 0084
283. 2	10. 0	50	0. 1720	0. 0994	0. 0253	0. 0146	0. 0248	0. 0143	0. 0239	0. 0138	0. 0152	0. 0088
311. 0	37. 8	100	0. 1852	0. 107	0. 0277	0. 0160	0. 0267	0. 0154	0. 0260	0. 0150	0. 0173	0. 0100
338. 8	65. 6	150	0. 1990	0. 115	0. 0299	0. 0173	0. 0287	0. 0166	0. 0279	0. 0161	0. 0190	0. 0110
366. 5	93. 3	200	0. 2111	0. 122	0. 0320	0. 0185	0. 0303	0. 0175	0. 0296	0. 0171	0. 0216	0. 0125
394. 3	121. 1	250	0. 2233	0. 129	0. 0343	0. 0198	0. 0329	0. 0190	0. 0318	0. 0184	0. 0239	0. 0138
422. 1	148. 9	300	0. 2353	0. 136	0. 0363	0. 0210	0. 0348	0. 0201	0. 0338	0. 0195	0. 0260	0. 0150
449. 9	176. 7	350	0. 2458	0. 142	0. 0382	0. 0221	0. 0365	0. 0211	0. 0355	0. 0205	0. 0286	0. 0165
477. 6	204. 4	400	0. 2579	0. 149	0. 0398	0. 0230	0. 0382	0. 0221	0. 0369	0. 0213	0. 0308	0. 0178
505. 4	232. 2	450	0. 2683	0. 155	0. 0422	0. 0244	0. 0400	0. 0231	0. 0384	0. 0222	0. 0334	0. 0193
533. 2	260. 0	500	0. 2786	0. 0161	0. 0438	0. 0253	0. 0419	0. 0242	0. 0407	0. 0235	0. 0355	0. 0205

4. 기체의 열용량, 101.325 kPa (1 atm abs)

Temperature			H_2		O_2		N_2		CO		CO_2	
K	℃	°F	kJ/kg·K	btu/lb_m·°F	kJ/kg·K	btu/lb_m·°F	kJ/kg·K	btu/lb_m·°F	kJ/kg·K	btu/lb_m·°F	kJ/kg·K	btu/lb_m·°F
255.4	−17.8	0	14.07	3.36	0.909	0.217	1.034	0.247	1.034	0.247	0.800	0.191
273.2	0	32	14.19	3.39	0.913	0.218	1.038	0.248	1.038	0.248	0.816	0.195
283.2	10.0	50	14.19	3.39	0.917	0.219	1.038	0.248	1.038	0.248	0.825	0.197
311.0	37.8	100	14.32	3.42	0.921	0.220	1.038	0.248	1.043	0.249	0.854	0.204
338.8	65.6	150	14.36	3.43	0.925	0.221	1.038	0.248	1.043	0.249	0.883	0.211
366.5	93.3	200	14.40	3.44	0.929	0.222	1.043	0.249	1.047	0.250	0.929	0.222
394.3	121.1	250	14.44	3.45	0.938	0.224	1.043	0.249	1.047	0.250	0.950	0.227
422.1	148.9	300	14.49	3.46	0.946	0.226	1.047	0.250	1.051	0.251	0.950	0.227
449.9	176.7	350	14.49	3.46	0.955	0.228	1.047	0.250	1.055	0.252	0.976	0.233
477.6	204.4	400	14.49	3.46	0.963	0.230	1.051	0.251	1.059	0.253	0.996	0.238
505.4	232.2	450	14.52	3.47	0.971	0.232	1.055	0.252	1.063	0.254	1.017	0.243
533.2	260.0	500	14.52	3.47	0.976	0.233	1.059	0.253	1.068	0.255	1.030	0.246

5. 기체의 N_{pr}, 101.325 kPa(1 atm abs)

Temperature							
℃	°F	K	H_2	O_2	N_2	CO	CO_2
−17.8	0	255.4	0.720	0.720	0.720	0.740	0.775
0	32	273.2	0.715	0.711	0.720	0.738	0.770
10.0	50	283.2	0.710	0.710	0.717	0.735	0.769
37.8	100	311.0	0.700	0.707	0.710	0.731	0.764
65.6	150	338.8	0.700	0.706	0.700	0.727	0.755
93.3	200	366.5	0.694	0.703	0.700	0.724	0.752
121.1	250	394.3	0.688	0.703	0.696	0.720	0.746
148.9	300	422.1	0.683	0.703	0.690	0.720	0.734
176.6	350	449.9	0.677	0.704	0.689	0.720	0.734
204.4	400	477.6	0.670	0.706	0.688	0.720	0.716
232.2	450	505.4	0.668	0.702	0.688	0.720	0.716
260.0	500	533.2	0.666	0.700	0.688	0.720	0.702

6. 기체와 수증기의 열전도도, 101.325 kPa(1 atm abs) k=W/m·K

Gas or Vapor	K	k	Gas or Vapor	K	k
Aceton	273	0.0099	Ethane	239	0.0149
	319	0.0130		273	0.0183
	373	0.0171		373	0.0303
	457	0.0254	Ethyl alcohol	293	0.0154
Ammonia	273	0.0218		373	0.0215
	373	0.0332	Ethyl ether	273	0.0133
				319	0.0171
Butane	273	0.0135		373	0.0227
	373	0.0234	Ethylene	273	0.0175
Carbon monoxide	173	0.0152		323	0.0227
	273	0.0232		373	0.0279
	373	0.0305	*n*-Hexane	273	0.0125
Chlorine	273	0.00744		293	0.0138
			Sulfur dioxide	273	0.0087
				373	0.0119

7. 고체의 열용량(c_p=kJ/kg·K)

Liquid	K	c_p	Liquid	K	c_p
Acetic acid	373	1.959	Hydrochloric acid(20 mol%)	273	2.43
	311	2.240		293	2.474
Acetone	273	2.119	Mercury	293	0.01390
	293	2.210	Methyl alcohol	293	2.512
Aniline	273	2.001		313	2.583
	323	2.181	Nitrobenzene	283	1.499
Benzene	293	1.700		303	1.419
	333	1.859		363	1.436
Butane	273	2.300	Sodium chloride(9.1 mol %)	293	3.39
i-Butyl alcohol	303	2.525		330	3.43
Ethyl alcohol	273	2.240	Sulfuric acid(100%)	293	1.403
	298	2.433	Toluene	273	1.616
Formic acid	273	1.825		323	1.763
	289	2.131	*o*-Xylene	303	1.721
Glycerol	288	2.324			
	305	2.412			

8. 액체의 열전도도(k=W/m·K)*

Liquid	K	k	Liquid	K	k
Acetic acid			Ethylene glycol	273	0.265
100%	293	0.171	Glycerol, 100%	293	0.284
50%	293	0.346	n-Hexane	303	0.138
Ammonia	243−258	0.502		333	0.135
n-Amyl alcohol	303	0.163	Kerosene	293	0.149
	373	0.154		348	0.140
Benzene	303	0.159	Methyl alcohol		
	333	0.151	100%	293	0.215
Carbon tetrachloride	273	0.185	60%	293	0.329
	341	0.163	20%	293	0.492
n-Decane	303	0.147	100%	323	0.197
	333	0.144	n-Octane	303	0.144
Ethyl acetate	293	0.175		333	0.140
Ethyl alcohol			NaCl brine		
100%	293	0.182	25%	303	0.571
60%	293	0.305	12.5%	303	0.589
20%	293	0.486	Sulfuric acid		
100%	323	0.151	90%	303	0.364
			60%	303	0.433
			Vaseline	332	0.183

9. 고체의 열용량(c_p=kJ/kg·K)

Solid	K	c_p	Solid	K	c_p
Alumina	373	0.84	Benzene	273	1.570
	1773	1.147	Benzoic acid	293	1.243
Asbestos		1.05	Camphene	308	1.591
Asphalt		0.92	Caprylic acid	271	2.629
Brick, fireclay	373	0.829	Dextrin	273	1.218
	1773	1.248	Formic acid	273	1.800
Cement, portland		0.779	Glycerol	273	1.382
Clay		0.938	Lactose	293	1.202
Concrete		0.63	Oxalic acid	323	1.612
Corkboard	303	0.167	Tartaric acid	309	1.202
Glass		0.84	Urea	293	1.340
Magnesia	373	0.980			
	1773	0.787			
Oak		2.39			
Pine, yellow	298	2.81			
Porcelain	293−373	0.775			
Rubber, vulcanized		2.01			
Steel		0.50			
Wool		1.361			

10. 건축자재 및 단열재의 열전도도

Material	ρ (kg/m³)	T (℃)	k(W/m·K)		
Asbestos	577		0.151(0℃)	0.168(37.8℃)	0.190(93.3℃)
Asbestos sheets	889	51	0.166		
Brick, building		20	0.69		
Brick, fireclay			1.00(200℃)	1.47(600℃)	1.64(1000℃)
Clay soil, 4% H_2O	1666	4.5	0.57		
Concrete, 1 : 4 dry			0.762		
Corkboard	160.2	30	0.0433		
Cotton	80.1		0.055(0℃)	0.061(37.8℃)	0.068(93.3℃)
Felt, wool	330	30	0.052		
Fiber insulation board	237	21	0.048		
Glass, window			0.52−1.06		
Glass wool	64.1	30	0.0310(−6.7℃)	0.0414(37.8℃)	0.0549(93.3℃)
Ice	921	0	2.25		
Magnesia, 85%	271		0.068(37.8℃)	0.071(93.3℃)	0.080(204.4℃)
	208		0.059(37.8℃)	0.062(93.3℃)	0.066(148.9℃)
Oak, across grain	825	15	0.208		
Pine, across grain	545	15	0.151		
Paper			0.130		
Rock wool	192		0.0317(−6.7℃)	0.0391(37.8℃)	0.0486(93.3℃)
	128		0.0296(−6.7℃)	0.0395(37.8℃)	0.0518(93.3℃)
Rubber, hard	1198	0	0.151		
Sand soil					
4% H_2O	1826	4.5	1.51		
10% H_2O	1922	4.5	2.16		
Sandstone	2243	40	1.83		
Snow	559	0	0.47		
Wool	110.5	30	0.036		

11. 물에서 기체의 헨리상수($H \times 10^{-4}$)

T											
K	℃	CO_2	CO	C_2H_6	C_2H_4	He	H_2	H_2S	CH_4	N_2	O_2
273.2	0	0.0728	3.52	1.26	0.552	12.9	5.79	0.0268	2.24	5.29	2.55
283.2	10	0.104	4.42	1.89	0.768	12.6	6.36	0.0367	2.97	6.68	3.27
293.2	20	0.142	5.36	2.63	1.02	12.5	6.83	0.0483	3.76	8.04	4.01
303.2	30	0.186	6.20	3.42	1.27	12.4	7.29	0.0609	4.49	9.24	4.75
313.2	40	0.233	6.96	4.23		12.1	7.51	0.0745	5.20	10.4	5.35

12. 에탄올－물계의 평형 data, 101.325 kPa(1 atm abs)

Temperature		Vapor-Liquid Equilibria, Mass Fraction Ethanol		Temperature		Vapor-Liquid Equilibria, Mass Fraction Ethanol		Temperature		Mass	Enthalpy (btu/lbₘ of mixture)		Enthalpy (kJ/kg of mixture)	
℃	℉	x_A	y_A	℃	℉	x_A	y_A	℃	℉	Fraction	Liquid	Vapor	Liquid	Vapor
100. 0	212	0	0	81. 0	177. 8	0. 600	0. 794	100. 0	212	0	180. 1	1150	418. 9	2675
98. 1	208. 5	0. 020	0. 192	80. 1	176. 2	0. 700	0. 822	91. 8	197. 2	0. 1	159. 8	1082	371. 7	2517
95. 2	203. 4	0. 050	0. 377	79. 1	174. 3	0. 800	0. 858	84. 7	184. 5	0. 3	135. 0	943	314. 0	2193
91. 8	197. 2	0. 100	0. 527	78. 3	173. 0	0. 900	0. 912	82. 0	179. 6	0. 5	122. 9	804	285. 8	1870
87. 3	189. 2	0. 200	0. 656	78. 2	172. 8	0. 940	0. 942	80. 1	176. 2	0. 7	111. 1	664	258. 4	1544
84. 7	184. 5	0. 300	0. 713	78. 1	172. 7	0. 960	0. 959	78. 3	173. 0	0. 9	96. 6	526	224. 7	1223
83. 2	181. 7	0. 400	0. 746	78. 2	172. 8	0. 980	0. 978	78. 3	173. 0	1. 0	89. 0	457. 5	207. 0	1064
82. 0	179. 6	0. 500	0. 771	78. 3	173. 0	1. 00	1. 00							

Appendix 4
식품의 성질

1. 식품의 열용량(Average c_p at 273–373 K or 0–100°C)

Material	H_2O (wt %)	c_p (kJ/kg·K)
Apples	75–85	3.73–4.02
Apple sauce		4.02*
Asparagus		
Fresh	93	3.94†
Frozen	93	2.01‡
Bacon, lean	51	3.43
Banana puree		3.66§
Beef, lean	72	3.43
Bread, white	44–45	2.72–2.85
Butter	15	2.30¶
Cantaloupe	92.7	3.94†
Cheese, Swiss	55	2.68†
Corn, sweet		
Fresh		3.32†
Frozen		1.77‡
Cream, 45–60% fat	57–73	3.06–3.27
Cucumber	97	4.10
Eggs		
Fresh		3.18†
Frozen		1.68‡
Fish, cod		
Fresh	70	3.18
Frozen	70	1.72‡
Flour	12–13.5	1.80–1.88
Ice	100	1.958‖
Ice cream		
Fresh	58–66	3.27†
Frozen	58–66	1.88‡
Lamb	70	3.18*
Macaroni	12.5–13.5	1.84–1.88
Milk, cows'		
Whole	87.5	3.85
Skim	91	3.98–4.02
Olive oil		2.01**
Oranges		
Fresh	87.2	3.77†
Frozen	87.2	1.93‡
Peas, green		
Fresh	74.3	3.31†
Frozen	87.2	1.93‡
Peas, air-dried	14	1.84
Plums	75.78	3.52
Pork		
Fresh	60	2.85†
Frozen	60	1.34‡
Potatoes	75	3.52
Poultry		
Fresh	74	3.31†
Frozen	74	1.55‡
Sausage, franks		
Fresh	60	3.60†
Frozen	60	2.5‡
String beans		
Fresh	88.9	3.81†
Frozen	88.9	1.97‡
Tomatoes	95	3.98†
Veal	63	3.22
Water	100	4.185**

* 32.8℃
† Above freezing
‡ Below freezing
§ 24.4℃
¶ 4.4℃
‖ −20℃
** 20℃

2. 식품의 열전도도, 밀도 및 점도

Material	H_2O (wt%)	Temperature (K)	k (W/m·K)	ρ (kg/m^3)	μ [(Pa·s)10^3, or cp]
Apple sauce		295.7	0.692		
Butter	15	277.6	0.197	998	
Cantaloupe			0.571		
Fish					
Fresh		273.2	0.431		
Frozen		263.2	1.22		
Flour, wheat	8.8		0.450		
Honey	12.6	275.4	0.50		
Ice	100	273.2	2.25		
	100	253.2	2.42		
Lamb	71	278.8	0.415		
Milk					
Whole		293.2		1030	2.12
Skim		274.7	0.538		
		298.2		1041	1.4
Oil					
Cod liver		288.2		924	
Corn		288.2		921	
Olive		293.2	0.168	919	84
Peanut		277.1	0.168		
Soybean		303.2		919	40
Oranges	61.2	303.5	0.431		
Pears		281.9	0.595		
Pork, lean					
Fresh	74	275.4	0.460		
Frozen		258.2	1.109		
Potatoes					
Raw			0.554		
Frozen	67	260.4	1.09	977	
Salmon					
Fresh	67	277.1	0.50		
Forzen	67	248.2	1.30		
Sucrose solution	80	294.3		1073	1.92
Turkey					
Fresh	74	276.0	0.502		
Frozen		248.2	1.675		
Veal					
Fresh	75	335.4	0.485		
Frozen	75	263.6	1.30		
Water	100	293.2	0.602		
	100	273.2	0.569		

Appendix 5
파이프, 튜브 및 체의 성질

1. 표준 Steel Pipe의 치수

Nominal Pipe Size (in.)	Outside Diameter		Schedule Numver	Wall Thickness		Inside Diameter		Inside Cross-Sectional Area	
	in.	mm		in.	mm	in.	mm	ft^2	$m^2 \times 10^4$
$\frac{1}{8}$	0.405	10.29	40	0.068	1.73	0.269	6.83	0.00040	0.3664
			80	0.095	2.41	0.215	5.46	0.00025	0.2341
$\frac{1}{4}$	0.540	13.72	40	0.088	2.24	0.364	9.25	0.00072	0.6720
			80	0.119	3.02	0.302	7.67	0.00050	0.4620
$\frac{3}{8}$	0.675	17.15	40	0.091	2.31	0.493	12.52	0.00133	1.231
			80	0.126	3.20	0.423	10.74	0.00098	0.9059
$\frac{1}{2}$	0.840	21.34	40	1.109	2.77	0.622	15.80	0.00211	1.961
			80	0.147	3.73	0.546	13.87	0.00163	1.511
$\frac{3}{4}$	1.050	26.67	40	0.113	2.87	0.824	18.85	0.00300	2.791
			80	0.154	3.91	0.742	26.64	0.00600	5.574
1	1.315	33.40	40	0.133	3.38	1.049	26.64	0.00600	5.574
			80	0.179	4.45	0.957	24.31	0.00499	4.641
$1\frac{1}{4}$	1.660	42.16	40	0.140	3.56	1.380	35.05	0.01040	9.648
			80	0.191	4.85	1.278	32.46	0.00891	8.275
$1\frac{1}{2}$	1.900	48.26	40	0.145	3.68	1.610	40.89	0.01414	13.13
			80	0.200	5.08	1.500	38.10	0.01225	11.40
2	2.375	60.33	40	0.154	3.91	2.067	52.50	0.02330	21.65
			80	0.218	5.54	1.939	49.25	0.02050	19.05
$2\frac{1}{2}$	2.875	73.03	40	0.203	5.16	2.469	62.71	0.03322	30.89
			80	0.276	7.01	2.323	59.00	0.02942	27.30
3	3.500	88.90	40	0.216	5.49	3.068	77.92	0.05130	47.69
			80	0.300	7.62	2.900	73.66	0.04587	42.61
$3\frac{1}{2}$	4.000	101.6	40	0.226	5.74	3.548	90.12	0.06870	63.79
			80	0.318	8.08	3.364	85.45	0.06170	57.35
4	4.500	114.3	40	0.237	6.02	40.26	102.3	0.08840	82.19
			80	0.337	8.56	3.826	97.18	0.07986	74.17
5	5.563	141.3	40	0.258	6.55	5.047	128.2	0.1390	129.1
			80	0.375	9.53	4.813	122.3	0.1263	117.5
6	6.625	168.3	40	0.280	7.11	9.065	154.1	0.2006	186.5
			80	0.432	10.97	5.761	146.3	0.1810	168.1
8	8.625	219.1	40	0.322	8.18	7.981	202.7	0.3474	322.7
			80	0.500	12.70	7.625	193.7	0.3171	294.7

2. 열교환기 튜브의 치수

Outside Diameter		BWG Number	Wall Thickness		Inside Diameter		Inside Cross-Sectional Area	
in.	mm		in	mm	in	mm	ft²	m²×10⁴
$\frac{5}{8}$	15.88	12	0.109	2.77	0.407	10.33	0.000903	0.8381
		14	0.083	2.11	0.459	11.66	0.00115	0.068
		16	0.065	1.65	0.495	12.57	0.00134	1.241
		18	0.049	1.25	0.527	13.39	0.00151	1.408
$\frac{3}{4}$	19.05	12	0.109	2.77	0.532	13.51	0.00154	1.434
		14	0.083	2.11	0.584	14.83	0.00186	1.727
		16	0.065	1.65	0.620	15.75	0.00210	1.948
		18	0.049	1.25	0.652	16.56	0.00232	2.154
$\frac{7}{8}$	22.23	12	0.109	2.77	0.657	16.69	0.00235	2.188
		14	0.083	2.11	0.709	18.01	0.00274	2.548
		16	0.065	1.65	0.745	18.92	0.00303	2.811
		18	0.049	1.25	0.777	19.74	0.00329	3.060
1	25.40	10	0.134	3.40	0.732	18.59	0.00292	2.714
		12	0.109	2.77	0.782	19.86	0.00334	3.098
		14	0.083	2.11	0.834	21.18	0.00379	3.523
		16	0.065	1.65	0.870	22.10	0.00413	3.836
$1\frac{1}{4}$	31.75	10	0.134	3.40	0.982	24.94	0.00526	4.885
		12	0.109	2.77	1.032	26.21	0.00581	5.395
		14	0.083	2.11	1.084	27.53	0.00641	5.953
		16	0.065	1.65	1.120	28.45	0.00684	6.357
$1\frac{1}{2}$	38.10	10	0.134	3.40	1.232	31.29	0.00828	7.690
		12	0.109	2.77	1.282	32.56	0.00896	8.326
		14	0.083	2.11	1.334	33.88	0.00971	9.015
2	50.80	10	0.134	3.40	1.732	43.99	0.0164	15.20
		12	0.109	2.77	1.782	45.26	0.0173	16.09

3. Tyler 표준체규격

Sieve Opening		Nominal Wire Diameter		
mm	in. (approx. equivalents)	mm	in. (approx. equivalents)	Tyler Equivalent Designation
26.9	1.06	3.90	0.1535	1.050in.
25.4	1.00	3.80	0.1495	
22.6	0.875	3.50	0.1378	0.883in.
19.0	0.750	3.30	0.1299	0.742in.
16.0	0.625	3.00	0.1181	0.624in.
13.5	0.530	2.75	0.1083	0.525in.
12.7	0.500	2.67	0.1051	
11.2	0.438	2.45	0.0965	0.441in.
9.51	0.375	2.27	0.0894	0.371in.
8.00	0.312	2.07	0.0815	$2\frac{1}{2}$ mesh
6.73	0.265	1.87	0.0736	3mesh
6.35	0.250	1.82	0.0717	
5.66	0.223	1.68	0.0661	$3\frac{1}{2}$ mesh
4.76	0.187	1.54	0.0606	4mesh
4.00	0.157	1.37	0.0539	5mesh
3.36	0.132	1.23	0.0484	6mesh
2.83	0.111	1.10	0.0430	7mesh
2.38	0.0937	1.00	0.0394	8mesh
2.00	0.0787	0.900	0.0354	9mesh
1.68	0.0661	0.810	0.0319	10mesh
1.41	0.0555	0.725	0.0285	12mesh
1.19	0.0469	0.650	0.0256	14mesh
1.00	0.0394	0.580	0.0228	16mesh
0.841	0.0331	0.510	0.0201	20mesh
0.707	0.0278	0.450	0.0177	24mesh
0.595	0.0234	0.390	0.0154	28mesh
0.500	0.0197	0.340	0.0134	32mesh
0.420	0.0165	0.290	0.0114	35mesh
0.354	0.0139	0.247	0.0097	42mesh
0.297	0.0117	0.215	0.0085	48mesh
0.250	0.0098	0.180	0.0071	60mesh
0.210	0.0083	0.152	0.0060	65mesh
0.177	0.0070	0.131	0.0052	80mesh
0.149	0.0059	0.110	0.0043	100mesh
0.125	0.0049	0.091	0.0036	115mesh
0.105	0.0041	0.076	0.0030	150mesh
0.088	0.0035	0.064	0.0025	170mesh
0.074	0.0029	0.053	0.0021	200mesh
0.063	0.0025	0.044	0.0017	250mesh
0.053	0.0021	0.037	0.0015	270mesh
0.044	0.0017	0.030	0.0012	325mesh
0.037	0.0015	0.025	0.0010	400mesh

기호 해설

A : 빈도인자(frequency factor), 반응속도상수 k와 동일단위

A : 면적(area), m^2 또는 단면적(cross-sectional area) m^2

A : 확산방향에 수식인 단면적, m^2

A : 열풍에 노출된 표면적(exposed drying area), m^2

A_{av} : 평균 전열면적

A_{lm} : 로그 평균면적(log mean area), m^2

a : 가속도(acceleration), m/s^2

a : 식품표면적/선반부피, m^2/m^3

a : 액체단위부피당 액체와 기체 간의 상호면적 1/cm

a_w : 수분활성도(water activity)

c : 농도(concentration), kg mol/m^3, kg/m^3

c_{A} : A의 농도(concentration of A), kg mol/m^3

c_{A} : 고체에서 A의 농도(concentration of A in solid), kg mol A/m^3 solid

C : 구겐하임상수(Guggenheim constant)

COP : 성적계수(coefficient of performance)

C_{D} : 저항계수(drag coefficient)

C_d : 항력계수, 무차원

c_{pm} : 식품의 평균비열(average specific heat of food), J/kg·K, J/kg·℃

c_s : 습윤공기 비열, kJ/kg 건조공기·K

c_p^* : 동결된 제품의 비열, J/kg·K

c_p : 일정압력 열용량(heat capacity at constant pressure), J/kg·K, J/kg·℃

c : 유체에서의 용질의 평균농도, kg/m^3, mol/m^3

c_{A} : A의 농도, kg/m^3, mol/m^3

c_{B} : B의 농도, kg/m^3, mol/m^3

c_s : 기질농도(substrate concentration), kg mol/m^3

c_s : 습윤비열(humid heat), kJ/kg dry air·K

c^* : 기체분압과 평형상태일 때의 용존산소 농도, mM

c : 유체상에서의 용질농도, kg 용질/m^3 유체

c_A : 시간 t에서의 용액내의 A의 농도, kg mol/ m^3

c_{AS} : 용액 내의 용질 A의 포화농도, kg mol/m^3

c_b : Breakthrough 시간에서의 농도

c_F : 초기공급액의 농도

D_T : 온도 T에서의 D 값(decimal reduction time at a given T), min

D_{A} : A의 확산도 혹은 확산계수, m^2/s

D_{AB}: 분자확산계수(molecular diffusivity), m^2/s

$D_{\mathrm{A}eff}$: 유효확산계수(effective diffusivity), m^2/s

D : 지름(diameter), m

D : 1/10 감소시간(decimal reduction time), min

D_{L} : 수분확산계수, m^2/h

D_{P} : 입자의 지름, m

D : 용질의 확산계수, m^2/s

D_{P} : 막 내부에서의 용질의 확산계수, m^2/s

D_{P} : 배지의 희석률, 1/h

D_0 : 121℃(250°F)에서의 D 값(decimal reduction time at $T = 121$℃), min

D_1 : 다단배양시 배지의 부분 희석률, 1/h

D_2 : 두 번째 배양조의 전체 희석률, 1/h

D_{2o} : 부분 희석률, 1/h

D : 용질 호가산계수, m^2/s

d : 분자의 충돌직경, m

d_h : 관의 직경 또는 수력직경, m

E : 총 에너지(total energy), J

E : 총방출력(totalemissive power), W/m^2

E_a : 활성화 에너지(activation energy), kJ/mol

E_k : 운동에너지(kinetic energy), J/kg

E_p : 위치에너지(potential energy), J/kg

E : Carnot 효율, %

ES : 기질-효소복합체, mmol or IU/l

E_t : 전체효소의 농도

ERH : 평형상대습도, %

$erf(x)$: 오차함수(error function)

F : 원료액의 유량, kg/h

F_G : 온도차의 수정계수(correction factor for temperature difference), 무차원

F_T : 온도 T에서의 가열치시간(thermal death time at a given T), min

F_0 : 기준온도(121℃)에서의 지표 미생물의 가열치사 시간, min

F : 상수

F : 힘(force), N(kg·m/s^2)

F_i : 121℃에서 1 min 가열했을 때와 동일 살균효과를 가지는 레토르트 온도 T에서 가열시간(the number of minutes at the retort temperature equivalent to 1 minute at 121℃), min

F_0 표준가열치사시간(standard thermal death time at 121℃(250°F), min

F_1 : 다단연속배양 시 첫번째 배양조에서 나오는 배지의 이동속도, ml/min

F_2 : 두 번째 배양조로 직접 유입되는 배지의 이동속도, ml/min

F_{12} : 총괄흡수계수(overall interchange factor), 무차원

FG : 플래시가스 농도(concentration of flash gas), %

f : 함수

f_h : 열침투곡선의 온도응답변수, 열침투곡선의 온도차를 1/10로 줄이는 데 걸리는 시간, min

f_c : 냉각곡선의 온도응답변수, min

f : 팬닝의 마찰계수(Fanning friction factor), 무차원

f_h, f_c 온도응답변수(temperature response parameter), min

f : recycle 연속배양 시 재순환되는 배지의 양, %

G : 상수

G : 질량속도(mass velocity)=$v\rho$, kg/s·m^2 또는 질량플럭스(mass flux)

g : 중력가속도(acceleration of gravity), m/s^2

g : 미달성 온도차(unaccomplished temperature difference)=T_R − T, ℃

H : 엔탈피(enthalpy), J

H_0 : 증발기온도에서 포화액체냉매의 엔탈피(enthalpy of saturated liquid refrigerant at evaporator temperature), kJ/kg refrigerant

H_1 : 응축기 출구에서 냉매의 엔탈피(enthalpy of refrigerant at exit from the condenser), kJ/kg refrigerant

H_2 : 압축 시작 시 냉매의 엔탈피(enthalpy of refrigerant at the beginning of compression stroke), kJ/kg refrigerant

H_3 : 압축을 완료 했을 때 냉매의 엔탈피(enthalpy of refrigerant at the end of compression stroke), kJ/kg refrigerant

H : 절대습도(absolute humidity), kg H_2O/kg dry air

H_p : 퍼센트습도(percentage humidity), %

H_R : 상대습도(relative humidity), %

H_s : 포화습도(saturation humidity), kg H_2O/kg dry air

H_y : 습한 공기의 총엔탈피(total enthalpy of an air–water vapor mixture), kJ/kg dry air

H_m : 비엔탈피(specific enthalpy), J/kg

H_w : 습윤공기의 엔탈피, kJ/kg 건조공기

H' : 엔탈피, kJ/kg 고형분, kJ/kg 건조공기

H_T : 총 bead 길이

H_B : Breakthrough point까지의 충진층의 길이

H_{UNB} : 물질이동 구역 또는 영역

h : 유체의 높이(height of fluid), m

h : 압력 헤드(pressure head), J/kg

h : 대류열전달계수(convective heat transfer coefficient), $W/m^2 \cdot K$, $W/m^2 \cdot ℃$

h_c : 대류열전달계수(convective heat transfer coefficient), $W/m^2 \cdot K$, $W/m^2 \cdot ℃$

h : 액체상태의 엔탈피, kJ/kg

h_F : 원료액과 농축액의 엔탈피, kJ/kg

h_f : 마찰손실(frictional loss), J/kg

h_a : 산술평균온도차에 기준한 대류열전달계수(convective heat transfer coefficient based on the arithmetic mean temperature drop)

h_{fe}, h_{fc}, h_{ff} : 확대, 축소, 관부속품에 의한 마찰손실(frictional loss in expansion, contraction and pipe fittings), J/kg

h_{fs} : 벽면과 유체 사이의 마찰손실(frictional loss due to skin friction), J/kg

h_L : 로그평균 온도차에 기준한 대류열전달계수(convective heat transfer coefficient based on the log mean temperature drop), $W/m^2 \cdot K$, $W/m^2 \cdot ℃$

h_S : 포화온도에서 응축된 수증기의 엔탈피, kJ/kg

I : 전류(current), amp

I_c : 제품의 최종온도와 냉각수와의 온도차 $=T-T_c$, ℃

I_h : 제품의 초기온도와 레토르트온도와의 온도차(initial temperature difference) $=T_R-T_0$, ℃

I_a : 레토르트 온도와 가상적 초기온도와의 차이, T_R-T_a

J_A^* : 단위면적당 확산속도, $-D_A(dc_A/dx)$

J_{Az}^* A의 확산플럭서(mass flux of A relative to molar average velocity), kg mol/s$\cdot m^2$

J_D, J_H : 물질 및 열전달 인자 (mass transfer and heat transfer factors), 무차원

J_s : 용질의 막투과 몰유속, kg mol/$m^2 \cdot s$

J_v : 막투과 체적유속, $m^3/m^2 \cdot s$

J_w : 물의 막투과 몰유속, kg mol/$m^2 \cdot s$

j_h, j_c 지연인자(lag factor)

K : 굳기지수(consistency), $N \cdot s^n/m^2$

K : 분배계수(equilibrium distribution coefficient), 무차원

K : 총괄 물질전달계수(overall mass transfer coefficient), kg mol/s$\cdot m^2$

K_c, K_e, K_f : 축소, 확대, 관부속품과 밸브의 손실계수(contraction, expansion, fitting loss coefficient), 무차원

K_{CL} : 총괄물질이동계수

K_L : 산소전달상수, cm/s

K_La: 산소부피전달 상수, 1/s

K_M : Michaelis–Menten 상수

K_S : 기질포화상수, mM

K_s : 역삼투에서 용질의 투과계수, m/s

K_w : 역삼투에서 물의 투과계수, s/m

K' : 한외여과에서 용액의 투과계수, $m^2 \cdot s/kg$

K_1, K_{-1} : 효소반응속도 상수, 1/s

K : 실험상수, m^3/kg 흡착제

K' : 평형상수

K_M : 상수(constant)

k_c : 물질전달계수(mass transfer coefficient), m/s

k : 여과 케이크의 Kozeny 상수, 무차원

k : Bolzmann 상수, kg m^2/s^2 K

k_d : 분배계수, 무차원

k_f : 경막의 열전도도(thermal conductivity of film), W/m·K, W/m·℃

k_s : 용질의 물질이동계수, m/s

k : 반응속도상수(reaction velocity constant), s^{-1}, min^{-1}, h^{-1}

k : 동결된 제품의 열전도도, W/m K

k : 열전도도(thermal conductivity), W/m·K, W/m·℃

k_d : 건조층의 열전도도, W/m·K

k_f : 열풍의 열전도도, J/m·h·℃

k_m : 금속 트레이 열전도도, W/m·K

k_s : 식품열전도도, W/m·K

k : 사멸속도상수(death rate constant), min^{-1}

k_y : 물질이동 전달계수, kg mol/s·m^2·몰분율

k_L : 물질이동계수, m/s

k^* : 냉동층의 열전도도(thermal conductivity of frozen material), W/m·K, W/m·℃

L : 치사율(lethality, equivalent minutes at 121℃), min

L : 길이(length), m

L_t : 막의 두께

L_s : 사용한 고형분, kg

L : 전체 냉각부하(total cooling load rate), kW

L : 냉동열(latent heat of freezing), kJ/kg

L_e : 상당길이(equivalent length), m

L : 저류(underflow) 유량, kg/h

M : 분자량(molecular weight), kg/kg mol

M : 질량(mass), kg

M : 용기에 충진된 식품의 질량 (mass of material in a container), kg

M : 흡착제 양, kg, 혼합의 유량(A+B), kg/h

m_A : 단위 시간당 물질 A의 확산속도, kg/s 혹은 mol/s

m : 질량(mass), kg

$\dot{m}$: 냉매의 질량유속, kg/s

m : 용액의 몰랄농도(molality)

m : 건조공기의 유량, kg 건조공기/h

m : 가공도 계수, 가열살균지수, 무차원

m : 질량 유량(mass flow rate), kg/s

m : 상대 저항(relative resistance); 무차원 비 $=k/hx_1$

m_A : A의 확산속도(diffusion rate of A), kg mol/s, kg/s

N : 증발기관의 수

N : 회전속도, 회전수/분, rpm

N_p : 단위면적당 세공의 수, 개/m^2

N : 고정좌표에 대한 A의 총플럭스(total flux relative to stationary coordinates), kg mol/s·m^2

N : 생균수(number of viable microorganism at a given time), CFU/mL, CFU/g

N_0 : 초기생균수(original number of viable microorganism at $t=0$), CFU/mL, CFU/g

N_f : 상업적 살균에서 목적하는 미생물의 최종농도

N_A : 고정좌표에 대한 물질전달속도 (mass transfer of A relative to stationary coordinate), kg mol/s, kg mol/s·m^2

N_{Bi} : 비오수(Biot number)$=hx_1/k$, 무차원

N_{Fo} : 푸리에수(Fourier number)$=\alpha t/x_1^2$, 무차원

N_{GRe} : 일반화레이놀즈수(generalized Reynolds number)=식 (3-25), 무차원

N_{Gr} : 그라쇼프수(Grashof number)= $L^3\rho^2 g\beta \Delta T/\mu^2$, 무차원

N_i : 반응물 i의 몰수(mol of reactant i), kg mol

N_{Nu} : 너셀수(Nusselt number)=hD/k, 무차원

N_{pr} : 플란틀수(Prandtl number)=$cp\mu/k$, 무차원

N_{Re} : 레이놀즈수(Reynolds number)=$Dv\rho/\mu$, 무차원

N_{Sc} : 스미트수(Schmidt number)=v/D_{AB} $=\mu/\rho D_{AB}$, 무차원

$\overline{N}_A$: 용액에 용해된 A의 농도, kg mol/s

n : 화합물의 총량(total amount), kg/mol

n : 흐름거동지수(flow behavior index), 무차원

n : 상대 위치(relative position); 무차원 비 $=x/x_1$

n_A : 성분 A의 량(amount of component A), kg mol

p_a : 건조공기의 분압(partial pressure of dry air), kPa

p_A : A의 분압(partial pressure of A), N/m^2, Pa

p_{BM} 비확산 성분 B의 로그평균분압(log mean-inert partial pressure of B), N/m^2, Pa

p_f : 식품 중 수분의 증기압(vapor pressure of water in the food), kPa

p_L : 용액의 증기압(vapor pressure of solution), N/m^2, Pa

p_s : 포화수증기압(saturation vapor pressure of water at given temperature), kPa

p_s : 순수한 물의 증기압(vapor pressure of pure water at the same temperature), kPa

p_w : 공기 중 수증기의 분압(partial pressure of water vapor in the air), kPa

P_0 : 순수한 물의 증기압(vapor pressure of pure water), N/m^2, Pa

P : 전압(total pressure), N/m^2, Pa

P : 식 (8-35)의 상수(parameter in Eq. 8-35)

P : 소요동력(rate of work done on the refrigerant), kW

P_M : 투과계수(permeability), m^3(STP)/s·m^2 C.S.·atm/m

P_s : 펌프의 실제 소요동력(actual pump powder), kW

q : 호흡열, mW/kg 또는 열 flux, kJ/h

Q : 열, 열량, J

Q : 부피유량(volumetric flow rate), m^3/s

Q : 흡수한 열(heat absorbed), J/kg

q_{avg} : 평균 호흡열, mW/kg

q_c : 응축기에서 열 방출속도(rate of heat exchanged in the condenser), kW

q_e : 증발기에서 열 흡수속도(rate of heat exchanged in the evaporator), kW

q_c : 표면에서의 열교환속도, kW

q : 열전달속도(heat transfer rate), J/s, W

q' : 열생성속도(rate of heat generation), W/m^3

q : 액체의 체적유속, m^3/s

q_c : 분리입경에 대응하는 체적유속

q : 고체상에서의 용질농도, kg 용질/kg 흡착제(고체)

q_F : 흡착된 용질의 초기농도

R : 기체상수, 8.31 kJ/mol K

R : 건조속도, kg 수분/h·m^2

RH : 상대습도, %

R : 배제율, 무차원

R_m : 여과매체의 저항, 1/m

$(RT)_r$: 냉동톤

r : 반지름(radius), m

r_i : i의 생성속도(rate of generation of i), kg mol/s·m^3

r_{lm} : 로그 평균반지름(log mean radius), m

r_p : 효소반응시 물질생성속도, mole/s/l

r_s : 효소반응시 기질의 생성속도, mole/s/l

r_x : 미생물생육속도, g-cell/h/l

r_0 : 입자 반지름

S : 용질가스(A)의 고체에의 용해도(solubility of a solute gas in a solid), m^3 solute(STP)/m^3 solid· atm partial pressure of A, cc solute(STP)/cc solid·atm

S : 스팀 및 스팀 응축액의 유량, kg/h

S : 엔트로피 또는 Mott 수정식의 shape fact or(무차원)

S_1 : 초기 엔트로피

S_2 : 변화 후 엔트로피

T : 온도(temperature), K, ℃

T : 절대온도(absolute temperature), K

T_F : 초기 냉동온도(freezing temperature), K, ℃

T_0 : 초기온도

T_R : 레토르트 온도(retort temperature), ℃

T_F : 초기동결온도, ℃

T_{ref} : 기준온도(temperature at reference state), K, ℃

T_s : 고체 표면온도(temperature of the solid surface), K, ℃

T_w : 습구온도(wet bulb temperature), K, ℃

T_∞ : 유체 벌크온도(average or bulk temperature of the fluid flowing past), K, ℃

T_∞ : 주위의 온도(environment temperature), K, ℃

T_F : 원료액의 온도

t : 시간(time), s, min, h

t_B : 살균공정에서의 살균시간(process time), min

t_c : 살균온도도달시간(come-up time), min

t_p : 운전자의 작업시간(operator's process time), min

t_{pi} : 가상적인 초기시간(pseudo-initial time), min

U : 내부에너지(internal energy), J,

U : 총괄 열전달계수(overall heat transfer coefficient), W/m^2·K, W/m^2·℃

U : 레토르트 온도에 가열치사시간(TDT or F value at retort temperature), min

U_m : 비내부에너지(specific internal energy), J/kg

V : 부피(volume), m^3

V : 반응부피(reaction volume), m^3

V_H : 습윤부피(humid volume), m^3/kg dry air

V_m : 비부피(specific volume), m^3/kg

V_w : 물의 몰부피, m^3/kg mol

v_{max}: 최대속도(maximum velocity), m/s

V_{max} : 최대 반응속도(maximum reaction velocity)

V_B : 용질의 정상적 비점에서의 몰당 부피, m^3/kg mol

V : 유량, kg/h

V_1 : 일류(overflow)의 유량, kg/h

v_M : 전체 유체의 평균속도, m/s

v_e : 최소공기속도, m/s

v_f : 유동시 유체(공기)의 속도, m/s

v : 속도(velocity), m/s

v_{Ad} : A의 확산속도(diffusion velocity of A relative to molar average velocity), m/s

v_{av} : 평균속도(average velocity), m/s

v_A : 고정좌표에 대한 A의 유속(velocity of A relative to stationary coordinate), m/s

v_M : 유체벌크의 유속(molar average velocity relative to stationary coordinate), m/s

v : 효소반응속도, mmol of IU/s/l

ν : 동적 점성도(kinematic viscosity), m^2/s

W : 무게(weight), N

W : 주위에 한일(work done on surroundings), W

W : 수분의 질량분율(mass fraction of moisture)

W : 습한고체 질량(weight of the wet solid), kg

W_p : 펌프에 의해 공급된 축일(shaft work delivered to pump), J/kg

W_s : 유체에 해준 기계적 축일(mechanical shaft work done on fluid), J/kg

W_s : 건조고체의 질량(weight of the dry solid), kg

w_A : A의 질량분율(mass fraction of A)

w : 기체의 무게, kg

w : 단위 막 면적당 퇴적하는 균체나 용질의 양, kg/m^2

w_1 : 초기기체무게, kg

w_2 : 변화 후 기체무게, kg

x_1 : 한면 건조시 식품의 두께, m, 양면건조시 식품 두께의 1/2, m

X : 상대 시간(relative time); 무차원 비 $=\alpha t/x_1^2$

X : 자유수 함량(free moisture content) $=Xt-X^*$, kg free water/kg dry solid

X_e : 평형수분함량(equilibrium moisture content), kg water/kg dry solid

X_M : 단분자막 형성 수분함량(monomolecular layer moisture content)

X_a : 건조공기의 몰분율(mole fraction of dry air), kPa

X_t : 총 수분함량 (moisture content, dry weight basis),%, kg water/kg dry solid

X_w : 수분의 몰분율(mole fraction of moisture)

X_w : 수분함량(moisture content, wet weight basis), %

x : x 방향으로의 거리(distance in x-direction), m

x : 질량분율 또는 몰분율(mass fraction or mole fraction)

x : 냉동층의 두께(thickness of frozen layer), m

x_1 : 특성길이(characteristic length), m

x_{BM} : 정지층 용매 B 로그평균 몰분율 (log mean mole fraction of inert or stagnant B)

x_f : 경막의 두께(film thickness), m

y : 거리(distance in y direction), m

Y : 미달성 온도변화(fraction of unaccomplished temperature change)

Z : 액층의 깊이, m

Z : 상대원심력, 무차원

z : 거리(distance in z direction), m

z : z값, D_T가 10: 1 변화는 온도범위 (z-value, temperature range for 10:1 change in D_T), ℃

Greek letters

α : 보정계수(correction factor) = 1.0 난류 및 1/2 층류

α : 열확산계수(thermal diffusivity) = $k/\rho c_p$, m^2/s

α : 흡수율(absorptivity), 무차원

β : 유체의 열팽창계수(volumetric coefficient of expansion), 1/K

γ : 전단속도(shear rate), s^{-1}

δ : 거리(distance), m

δ_f : 경막의 두께(film thickness for film theory), m

Δ : 차이(difference)

ΔH : 엔탈피변화(enthalpy change), J/kg, kJ/kg, kJ/kg mol

ΔH_f: 녹는열(latent of fusion), kJ/kg

ΔH_{melt} : 용매의 녹는열(latent heat of solvent melting), kJ/kg

$\Delta H^m{}_m$: 녹는열(heat of melting(heat of freezing), J/kg, kJ/kg

$\Delta H^m{}_s$: 승화열(heat of sublimation), J/kg, kJ/kg

$\Delta H^m{}_v$: 증발열(heat of vaporization), J/kg, kJ/kg

Δp : 증기압 내림(vapor pressure depression), N/m^2, Pa

Δp_s 벽면에서 표면마찰에 의한 압력손실 (pressure loss due to skin friction), N/m^2

ΔT_f : 어는점 내림(freezing point depression), K, ℃

ε : 복사율(emissivity), 무차원

ε : 파이프 벽면의 거칠기(roughness parameter of pipe wall), m

ε : 공극율(porosity), 무차원

$\varepsilon\lambda$: 단색광 복사율(monochromatic emissivity), 무차원

η : 축일의 효율(fractional efficiency of shaft work), 무차원

η_e : 모터의 효율(motor efficiency), 무차원

η_t : 펌프의 총효율(total efficiency of pump), 무차원

λ : 숨은열(latent heat), J/kg, kJ/kg

λ : 파장(wavelength), m

μ : 점도(viscosity), Pa·s, kg/m·s, $N \cdot s/m^2$

μ_a : 겉보기 점도(apparent viscosity), Pa·s, kg/m·s

ν : 운동학 점도(kinematic viscosity), centistokes

ρ : 반사율(refractivity), 무차원

ρ : 밀도(density), kg/m^3 또는 반사율 (reflectivity), 무차원

ρ^* : 냉동식품의 밀도(density of frozen mate rial), kg/m^3

σ : Stefan–Boltzmann 상수(constant) = $5.676 \times 10^{-8}\ W/m^2 \cdot K^4$

τ : 전단응력(shear stress), N/m^2

τ : 곡로율(tortuosity), 무차원

τ : 투과율(transmittance), 무차원

τ_u : 항복응력(yield stress), N/m^2

τ_w : 벽전단(wall stress), N/m^2

참고문헌 References

1. 변유량 · 권윤중 · 김명환 · 김병용 · 박지용 · 신해헌 · 이동선 · 이신영 · 이준호 · 이현용 · 임종환 · 정명수 · 조형용 · 최용희 · 황재관: "현대 식품공학(제 2개정판)", 지구문화사, 한국 (2014).
2. 변유량: "식품공학", 탑출판사 (1980).
3. 변유량: "식품공학", 한국식품과학회 편, 형성출판사 (1984).
4. 국어대사전, 한국어사전편찬회 편, 삼성문화사 (1990).
5. 홍근표, 박성희, 조연지, 천지연, 최미정 (2018). 원리로 배우는 식품 냉동학. 수학사.
6. Acrivos, A. A.I.Ch.E.J. (1960).
7. Acton, R. and Lynn, J.D.: *Cell Culture and its Application*, Academic Press, New York (1977).
8. Adrian, J.: The maillard reaction, In *Handbook of the Nutritive Value of Processed Food*, Vol. 1. M. Rechcigl, p. 529. CRC Press, Boca Raton, Florida (1982).
9. Adrienne, S., Lavine, D.P. Dewitt, F.P. and Incropera, T.L.B.: *Introduction to heat transfer*-sixth edition. John wiley & sons Inc. America (2011).
10. Aiba, S., Humphrey, A.E. and Mills, N.F.: *Biochemical Engineering*, 2nd ed., Academic Press, New York (1973).
11. Anon: Computer control evaporation, *Food Process*, May 17~18 (1986).
12. Arora SK, Chauhan OP. (2019). High-pressure processing principles and engineering aspects. In: Non-thermal processing of Foods, Chauhan OP (ed). CRC Press, Boca Raton, FL, USA.
13. Ashim, K.D.: *Biological and Bioenvironmental Heat and Mass Transfer.* Marcel Dekker. Inc. America (2002).
14. ASHRAE Handbook and Product directory: *Applications American Society of Heating, Refrigeration, and Air Conditioning Engineers*, Atlanta, GA (1974).
15. Athanasios, E. and Kostaropoulos, G.D.S.: *Handbook of Food Processing Equipment.* Kluwer Academic&Plenum Publishers. America (2002).
16. Atkinson, B.: *Biological Reactors*, *Pion Limited*, London (1974).
17. Axtell, B.L.A. and Bush, A.: *Try Drying It! – Case Studies in the Dissemination of Tray Drying Technology*, Intermediate Technology Publications, London

(1991).

18. Axtell, B.L.A. and Russell, A.: *Small Scale Drying*, Intermediate Technology Publications, London (2000).
19. Badger, W.L. and Banchero, J.T.: *Introduction to chemical Engineering*, Mcgraw–Hill Book Company, New York (1955).
20. Bahu, R.E.: *Fluidised bed dryers*. In: *Industrial Drying of Foods*, Baker GL, ed. pp. 65–89. Blackie Academic and Professional, London (1997).
21. Bailey, A.E.: Indu*strial Oil and Fat Products*, 3rd ed., Interscience (1964).
22. Bailey, J.E. and Ollis, D.F.: *Biochemical Engineering Fundamental*–2nded., McGraw–Hill., NewYork(1986).
23. Bailey, J.E. and Ollis, D.F.: *Biochemical Engineering Fundamental*, 2nd ed., McGraw–Hill, New York (1986).
24. Barbosa-Cánovas GV, Bermúdez-Aguirre D. (2011). Introduction. In: Nonthermal processing technologies for food, Zhang HQ, Barbosa-Cánovas GV, Balasubramaniam VM, Patrick Dunne C, Farkas DF, Yuan JTC (ed). Wiley-Blackwell, West Sussex, UK.
25. Batty, J.C. and Folkman, S.L.: *Food engineering Fundamentals*. John Wiley & Sons. America (1983).
26. Belter, P.A., Cussler, E.L. and Hu, W.S.: *Bioseparation*: Downstream Processing for Biotechnology, John Wiley & Sons, New York (1988).
27. Belter, P.A.: In *Microbial Technology*, Vol.2., 2nd ed., H.J. Peppler and D. Perlman, Academic Press, New York (1979).
28. Bender, A.E.: *Food Processing and Nutrition*, Academic Press, London (1978).
29. Berk Z. (2009). Food process engineering and technology (Chapter 25). Academic Press, Burlington, MA, USA.
30. Bidstrup, D.E., and Geankoplis, C.J.J.: Chem. Eng. Data, 8, 1700 (1963).
31. Bird, R.B., Stewart, W.E. and Lightfoot, E.N.: *Transport Phenomena*, John Wiley and Sons, New York (1960).
32. Bizot, H.: Using the GAB *model to construct soprtion isotherms*. In: *Properties of Foods* (edited by Jowitt R, Escher F, Hallstrom B, Meffert HFT, Spiess WEL, Vos G) pp. 43–54. London: Applied Science Publishers (1983).
33. Blakebrough, N.: Biochemical and Biological Engineering Science, Vol.2. Academic Pess, Inc. New York (1968).
34. Bolanowski, J.P. and Lineberry, D.D.: Ind. Eng. Chem (1952).
35. Boquet, R., Chirife, J.M. and Iglesias, H.A.: *Equations for fitting water sorption isotherms of foods. III. Evaluation of various three–parameter models*. J. Food

Technol., 14:527 (1979).

36. Bowman, R. A, Mueller, A.C. and Nagle, W.M.: Trans. A.S.M.E (1940).
37. Brandrup, J. and Immergut, E.H.: Polymer Handbook, 2nd Edition, John Wiley & Sons, New York (1975).
38. Brennan, J.G., Butters, J.R., Cowell, N.D. and Lilley, A.E.V.: *Food Engineering Operations*, Elsevier Applied Science, London, UK (1990)..
39. Bromley, L.A.: Chem. Eng. Progr (1950).
40. Brooks, G. and Su, G.: Chem. Eng. Progr (1959).
41. Brunauer, S., Emmett, P.H. and Teller, E.: *Adsorption of gases in multimolecular layers*. J. Am. Chem. Soc., 60:309 (1938).
42. Carreau P, Charest G. and Corneille J.L.: Can. J. Chem. Eng. (1966).
43. Carslaw, H.S. and Jaeger, J.C.: *Conduction of Heat and Solids*, Oxford Univ. Press., London, UK (1959).
44. Chang, R.: *Physical Chemistry with Applications to Biological Systems*, Macmillan Publishing Co., New York (1977).
45. Chapman, A.J.: Heat transfer. Macmillan Publishing Co, Inc. New York (1960).
46. Charles, E. Wicks, G.R., James, R. and Welty, R.E.W.: Fundamentals of Momentum, Heat, and Mass Transfer-4th Edition., John Wiley & Sons, INC., America(2001).
47. Charm. S.E.: *The Fundamentals of Food Engineering*, 2nd ed., AVI (1971).
48. Chilton T.H., Drew T.B and Jebens R.H.: Ind. Eng. Chem (1944).
49. Clapp, R.M.: International developments in heat transfer, Part 3. American Society of mechanical engineers. New York (1961).
50. Clark, W.L., Nagle, N.E., Eder, B.D. and Weiss, T.J.: *Nutritional aspects of frying fats-and overview*, Presented at 69th Annual Metting of the Am. Oil Chem. Soc., St. Louis, Missouri, May 16 (1978).
51. Clausing A.M.: Heat Mass Transfer (1966).
52. Cleland, A.C. and Earle, R.L.: *A Comparison of freezing calculations including modifications to take into account the initial superheat. I.I.R. Commissions* C2, D1, D2, D3, E1 Melbourne, p. 369 (1976).
53. Cleland, A.C. and Earle, R.L.: *A comparison of analytical and numerical methods for prediction freezing time of food*, J.Food Sci., 42, 1390 (1977).
54. Colton, C.K., Smith, K.A., Merrill, E.W. and Reece, J.M. Chem. Eng. Progr. Symp., 66(99), 85(1970).
55. Coulson, A.C. and Earle, R.L.: *A comparison of methods for prediction the freezing times of cylindrical and spherical foodstuffs*, J.Food Sci., 44, 958 (1979

a).

56. Coulson, J.M., Richardson J.F. and Peacock D.G.: *Chemical Engineering*, Vol, 3, 2nd ed. Pergamon Press, Oxford (1979).
57. Cowell, N.D.: *The Calculation of Freezing Time*, Pric.(XII) Int. Congr. Refring., 2, 667 (1967).
58. Danehy, J.P.: Maillard reactions: *Non-enzymic browning in food systems with specific reference to the development of flavour*, Adv. Food Res., 30 : 77 (1986).
59. Dennis R. Heldman K D.R. and Lund, D.B.: Handbook of Food Engineering Second edition., CRC Press., America(2007).
60. Dixon, M. and Webb, E.C.: *Enzyme*, 3rd ed., Academic Press, New York (1979).
61. Domah Aabmud, A.M.B., Dvidek, J. and Velisek, J.: *Changes of L-ascorbic and L-Dehydroacorbic acids during cooking and frying of potatoes*, J. Lebensm.-Unters, Forsch, 154 : 272 (1974).
62. Dunlap, I.R. and Rushton, J. H.: Chem. Eng. Progr. Symp (1953).
63. Dusinberre, G.M.: *Heat transfer Calculations by Finite Differences*. International Textbook Co, Inc. Scranton (1961).
64. Earle, R.L.: *Unit Operations in Food Processing*, 2nd ed., Programon Press (1983).
65. Eisenberg, D. and Crothers, D.: *Physical Chemistry with Applications to the Life Sciences*, The Benjamin/Cummings Publishing Co., Menlo Park, California (1979).
66. Fellows, P.: *Food Processing Technology-Principles and Practice*, Ellies Horwood Lth., Chichester, England (1988).
67. Fiechter, A., Kappell, O. and Meussoderfer, F.: *Batch and continuous culture in The Yeasts*, A.H. Rose and J.S. Harrison : Vol. 2, Academic Press, London (1986).
68. Filkova, I. and Mujumdar, A.S.: *Industrial spray drying systems*. In: *Handbook of Industrial Drying*, pp. 243-294. Marcel Dekker, New York (1987).
69. Fujn T. and Imura, H.: *Heat Mass Transfer* (1972).
70. Fuller, E.N., Schettler, P.D. and Giddings, J.C.: Ind. Eng. Chem., 58, 17(1966).
71. Geankoplis, C.J.: *Mass Transport Phenomena*. Ohio state University bookstores. Columbus (1972).
72. Geankoplis, C.J.: *Mass Transport phenomena*, Holt, Renehart and Winston, Inc., New York (1973).
73. Geankoplis, C.J., Okos, M.R. and Grulke, E.A.J.: Chem. Eng. Data, 23, 40 (1978).

74. Geankoplis C.J., Grulke, E.A. and Okos, M.R.: Ind. Eng. Chem. Fund., 18, 233 (1979).

75. Geankoplis, C.J.: *Transport Processes and Separation Process Principles* (Including Unit Operations)., Prentice Hall PTR., New Jersey(2003).

76. Geankoplis, C.J.: *Transport Processes and Unit Operations*, 2nd ed., Allyn and Bacon. Inc., Newton, Massachusetts (1983).

77. Geankoplis, C.J.: *Transport Processes and Unit Operations*, 3rd ed., Prentice hall International Editions (1993).

78. Globe, S. and Dropkin, D.J.: Heat transfer. (1959).

79. Gluz, M.D. and Pavlushenko, L.S.J.: Appl. Chem., U.S.S.R (1966).

80. Grimison, E.D. Trans. A.S.M.E. (1937).

81. Guggenheim, E.A.: *Application of Statistical Mechanics*. pp. 186–206. Oxford: Clarendon Press (1966).

82. Gupta, A.S, Chaube, R.B. and Upadhyay, S.N.: Chem. Eng. Sci (1974).

83. Gurney, H.P. and Lurie, J.: Ind. Eng. Chem (1923).

84. Hallstrom, B.: Heat and mass transfer in industrial cooking, In *Food processing Engineering*, Vol. 1. P. Linko, Y. Malkki, J. Olkku, and J. Larinkari, p. 457. Applied Science, London (1980).

85. Hallstrom, B. and Skjoldebrand, C.: Heat and mass transfer in solid food. In *Developments in Food Preservation*, Vol. 2. S. Thorne(Ed.), p. 61. Applied Sciences, London (1983).

86. Harper, J.M.: *Extrusion of Foods*, Vol. I, CRC Press, inc., Baca Raton, Florida (1981).

87. Harper, J.M.: *Food Extrusion*, CRC Crit, Rev, Food Sci. Nut, 11:155 (1979).

88. Harper, J.M.: High–temperature short–time extrusion cooking, In *Food technology International, Europe*, A. Turner, p. 51, Sterling, London (1987).

89. Heissler, H.P.: Trans. A.S.M.E (1947).

90. Heldman, D.R. and Singh, R.P.: *Food Process Engineering*, AVI Publishing Company, Inc., Westport, Connecticut, USA (1981).

91. Hines, A.L. and Maddox, R.N.: *Mass Transfer*, Prentice–Hall, Inc., Engliwood Cliffs, New Jersey (1985).

92. Hirschfelder, J.O., Curtiss, C.F. and Bird, R.B.: Molecular Theory of Gases and Liquids. New York: John Wiley & Sons, Inc., (1954).

93. Hodgson. T.: Fd. Inds. S. Afr. (1964).

94. Holman, J.P.: *Heat transfer*, 4th. Mcgraw–Hill Book Company. New York (1976).

95. Holman, J.P.: *Thermodynamics*, McGraw–Hill Book Company, New York, USA (1980).

96. Ramaswamy, H. and Marcotte, M.: *Food Processing Principles and Applications.*, Taylor & Francis., America(2006).

97. Huber, G.R.: *New extrusion technology for confectionery products*, Manuf. Confect., May:51 (1984).

98. International Institute of Refrigeration.: *Recommendations for the Processing and Handling of Frozen Foods*, 2nd ed. Paris (1972).

99. Jacob, M. and Hawkins, G.: Elements of heat transfer, 3rd. John wiley & Sons. New York (1957).

100. Jacob, M.: Heat transfer, Vol 1. John Wiley & Sons, Inc. New York (1949).

101. Jacob, M.: Heat transfer, Vol 2. John Wiley & Sons, Inc. New York (1957).

102. Joycel.B. and Yves, A.: Green Technologies in Food Production and Processing., Springer., America(2011).

103. Sambamurthy, K.: *PHARMACEUTICAL ENGINEERING*, New Age International Publishers, India (2005).

104. Kennedy, D., Viera, J. and Swientek, R.J.: *TASTE evaporator contrp; saves $70,000/yr*, Food process(USA), October, 60~61 (1988).

105. Kern, D.Q.: *Process Heat Transfer.* Mcgraw–Hill Book Company. New York (1950)

106. Keyes, F.G.: Trans. A.S.M.E. (1951).

107. Kilgore, L. and Bailey, M.: *Degradation of linoleic acid during potato frying.* J. Am. Diet. Assoc., 56:130 (1970).

108. King, G.R.: *Modern Refrigeration Practice*, McGraw–Hill Book Company, New York, USA (1971).

109. Knudesen, J.G. and Katz, D.L.: *Fluid Dynamics and Heat Transfer*, Mcgraw–Hill Book Company. New York (1958).

110. Kreith, F.: *Principles of Heat Transfer*, 2nd. International Textbook Company. Scranton (1965).

111. Kreith, F. and Black, W.Z.: *Basic Heat Transfer.* Harper & Row Publishers. New York (1980).

112. Laidler, K.J. and Bunting, P.S.: *The Chemical Kinetics of Enzyme Action*, 2nd ed., Oxford University Press, London (1973).

113. Leniger, H.A. and Beverloo, W.A.: *Food Process Engineering*, D. Reidel Publishing Company, Dordrecht–Holland (1975).

114. Levy, F.L.: Calculating Freezing Time Of Fish in Air–blast Freezers, J. Refrig.

4, 55 (1958).

115. Loewe, R.: *Role of ingredients in batter systems*, Cereal Foods World, 38(9):673 (1993).

116. Lubarsky, B. and Kaufman, S.J.: NACA Tech (1955).

117. Luikov, A.V.: *Analytical Heat Diffusion Theory*, Academic Press, New York, USA (1968).

118. Malkki, Y., Seibel, W., Skjoldebrand, C. and Rask, O.: Optimization of the baking process and its influence on bread quality In *Thermal Processing and Quality of Foods*, P. Zeuthen, J.C. Cheftel, C. Eriksson, M. Jul, H. Leniger, P. Linko, G. Varela and G. Vos(Ed.), p. 355, Elsevier Applied Science, Barking, Essex (1984).

119. Mannheim, C.H. and Passy, N.: *Aroma Retention and Recovery during Concentration of Liquid Foods*, Applied Science, London (1974).

120. Mans, J.: *Extruders*, Prep. Foods, 11:60 (1982).

121. Maroulis, Z.B. Tsami, E. and Marinos–Kouris, D.: *Application of the GAB model to the moisture sorption isotherms for dried fruits.*, J. Food Eng. 7:63 (1988).

122. Martinus A.J.S. van Boekel: *Kinetic Modeling of Food Quality*: A Critical Review, COMPREHENSIVE REVIEWS IN FOOD SCIENCE AND FOOD SAFETY, Vol. 7 (2008)

123. Martinus A.J.S. van Boekel: "Kinetic Modeling of Reactions In Foods", CRC Press, America (2009).

124. Earle, M.D. and Earle, R.L.: *Fundamentals of Food Reaction Technology*, Leatherhead Food International UK (2003).

125. Mason, E.A. and Monchick, L.J.: Chem. Phys., 36, 2746(1962).

126. Mats, S.A.: Bakery *Technology and Engineering*, AVI, Westport, Connecticut (1972).

127. Mauron, J.: Effect of processing on nutritive Value of food : protein In *Handbook of the Nutritive Value of Processed Food*, Vol. 1. M. Rechcigl, CRC Press, Boca Raton, Florida (1982).

128. Mcadams, W.H.: Heat transmission, 3rd. Mcgraw–Hill Book Company. NewY York (1954).

129. McCabe, W.L., Smith, J.C. and Harriot, P.: *Unit operations of Chemical Engineering*, 4th ed., McGraw–Hill, New York (1985).

130. Mercier, C.: Structure and disgestibility alterations of cereal starches by twin-screw extrusion-cooking, In *Food Process Engineering*, Vol. 1. P. Linko, Y.

Malkki, J. Olkku, and J. Larinkari, Applied Science, London (1980).

131. Metzner, A.B. and Friend, P.S.: Ind. Eng. Chem (1959).

132. Metzner, A.B. and Gluck, D.F.: Chem. Eng. Sci (1960).

133. Farid, M.M.: "Mathematical Modeling of Food Processing", CRC Press, America (2010).

134. Monchick, L. and Mason, E.A.J.: Chem. Phys., 35, 1676(1961).

135. Monod, J.: *Recherches sur des Croissances des Cultures Bacteriennes*, 2nd ed., Hermann et Cie, Paris (1942).

136. Eskin N.A.M. and Robinson D.S.: *Shelf Life Stability Chemical, Biochemical, and Microbiological Changes*, CRC Press, America (2001).

137. Nagaoka, J. Takaji, S. and Hotani, S.: *Experiments on the freezing of fish by the air-blast freezer,* J. Tokyo Univ. Fish. 42:(1), 65 (1955).

138. Nelson, W.L.: Petroleum Refinery Engineering, 4th. Mcgraw–Hill Book Company. New York (1949).

139. Newman, A.H.: Ind. Eng. Chem (1936).

140. Niu D, Zeng XA, Ren EF, Xu FY, Li J, Wang MS, Wang R. (2020). Review of the application of pulsed electric fields (PEF) technology for food processing in China. Food Research International, 137, 109715.

141. Nott, L.F.: *Prediction Product Freezing Time*, Aust. refrin. Air Cond. Heat, 18:16 (1964).

142. Oldshue, J.Y. and Gretton, A.L.: Chem. Eng. Progr (1954).

143. Oms-Oliu G, Martín-Belloso O, Soliva-Fortuny R. (2010). Pulsed light treatments for food preservation. A review. Food Bioprocess and Technology, 3, 13-23.

144. Smith, P.G.: *Introduction to Food Process Engineering*-Second Edition. Springer. America (2011).

145. Fellows, P.: *Food Processing Technology Principles and Practice*-Second Edition., CRC Press, America(2000).

146. Smith, P.G.: *Introduction to Food Process Engineering*-Second Edition., Springer., America(2011).

147. Pakowski, Z. Bartczak, Z. Strumillo, C. and Stenstrom, S.: *Evaluation of equations approximating thermodynamic and transport properties of water, steam and air for use in CAD of drying processes.* Drying Technol., 9:753 (1991).

148. Palz, W., Chartier P. and Hall D.O.: *Energy from Biomass*, Applied Science, barking (1981).

149. Houston, P.L.: *Chemical Kinetics and Reaction Dynamics*, Dover Publications INC, America (2001).

150. Perry, R.H. and Chilton, C.H.: *Chemical Engineers' Handbook*, 5th. Mcgraw–Hill Book Company. New York (1973).

151. Perry, R.H. and Chilton, C.H.: *Chemical Engineers' Handbook*, 6th. Mcgraw–Hill Book Company. New York (1973).

152. Perry, R.H. Chemical Engineer's, 4th. Mcgraw–Hill Book Company. New York (1963).

153. Perry, R.H., and Green, D.: *Perry's Chemical Engineers' Handbook*, 6^{th}ed. NewYork., McGraw–Hill Company(1984).

154. Perry, R.H. and Chsilton, C.H.: *Chemical Engineering Handbook*, 5th ed., McGraw–Hill, New York (1973).

155. Atkins, P. and Julio De Paula, D.S.: *Elements of Physical Chemistry*–6th Edition, Oxford, UK (2013).

156. Pirt, S.J.: *Principles of Microbe and Cell Cultivation*, John Wiley and Sons, New York (1975).

157. Plank, R.Z.: *Ges. Kalte* 0 Ind, 20,109(In German), Cited by A.J. 1979., *The calculation of freezing and thawing of foodstuffs*, Mod. Refig. 52:52 (1913).

158. Poling, C.E., Warner, W.D., Mne, P.E. and Rice, E.E.: *The nutritional value of fats after use in commercial deep-fat frying*, J. Nutr. 72:109 (1960).

159. Polson, A.J.: Phys. Colloid Chem., 54, 649(1950).

160. Potter, N.N.: *Food Science*, AVI Publishing Company, Inc., Westport, Connecticut, USA (1986).

161. Reddy, K.A., and Doraiswamy, L.K.: Ind. Eng. Chem. fund., 6, 77(1967).

162. Reid, R.C, Prausnitz, J.M. and Sherwood, T.K.: The properties of gases and liquids, 3rd. Mcgraw–Hill Book Company. New York (1977).

163. Reid, R.C., Prausnitz, J.M. and Sherwood, T.K.: The properties of Gases and Liquids, 3^{rd}ed.NewYork:McGraw–HillBookCompany(1977).

164. Riedel, L.Kaltetchnik (1956).

165. Robinson, R.A. and Stokes, R.H.: *Electrolytic Solutions*, 2nd ed. NewYork: Academic Press, (1959).

166. Roels, J.A.: *Energetics and Kinetics in Biotechnology*, Elsevier, Amsterdam (1983).

167. Rohesenow, W.M. and Harnett, J.P.: *Handbook of heat transfer*, Mcgraw–Hill Book Company. New York (1973).

168. Toledo, R.T.: *Fundamentals of Food Process Engineering*–3rd Edition.,

Springer., America(2007).

169. Schneider, P.J.: *Conduction Heat Transfer*, Addison–Wesley Publishing Company, Inc (1955).

170. Seiler, K.: *Extrusion Cooking and Food Processing*, Food Trade Rev., March:124 (1984).

171. Sieder, E.N. and Tate, G.E.: Ind. Eng. Chem (1936).

172. Siegel, R, Sparrow, E.M. and Hallman, T.M.: Appl. Sci. Res (1958).

173. Singh, R.P. and Heldman, D.R.: *Introduction to Food Processing*, Acadamic Press (1984).

174. Singh, R.P. and Heldman, D.R.: Mass transfer. In: Intr*oduction to Food Engineering*, 3rd ed, pp. 497–528. Academic Press, San Diego, CA, USA (2001).

175. Skelland, A.H.P.: Oliver, D.R. and Tooke, S.: Chem. Eng (1962).

176. Skelland, A.H.P.: Non–Newtonian Flow and Heat Transfer. John Wiley & Sons, Inc. New York (1967).

177. Smith, O.B. and Ben–Gera, I.: The application of high temperature short time extrusion cooking in the food industry, In *Food Process Engineering*, Vol. 1. P. Linko, Y. Malkki, J. Olkku, and J. Larinkari, Applied Science, London (1980),

178. Tao, L.C.: *Generalized numerical solutions of freezing a saturated liquid in cylinders and spheres*. AIChE J., 12:165 (1967).

179. Ting E. (2011). High-pressure processing equipment fundamentals. In: Nonthermal processing technologies for food, Zhang HQ, Barbosa-Cánovas GV, Balasubramanian VM, Patrick Dunne C, Farkas DF, Yuan JTC (ed). Wiley-Blackwell, West Sussex, UK.

180. Toledo, T.R.: *Fundamentals of food processing engineering*, 2nd ed., Van Nostrand Reinhold, New York (1991).

181. Tooley, P.J.: *The effect of deep-fat frying on the availability of fish lysine*. Nutr Soc. Proc., 31:2A (1972).

182. Treyball R.E.: *Mass Trasnfer Operations*, 3rd ed., McGraw–Hill, New York (1985).

183. Treyval, R.E.: Mass Transfer Operations, 3rd ed. NewYork: McGraw–Hill Book Company(1980).

184. Turner, I.W. and Mujumdar, A.S. (eds.): *Mathematical Modelling and Numericla Techniques in Drying*. Marcel Dekker, New York (1996).

185. Uhl, V.W.: Chem. Eng. Progr. Symp (1955).

186. Vincent M.W.: *Extruded Confectionery-Equipment and Process*, Vincent Processes Lth, Shaw, Newbury, Berkshire (1984).

187. Wang, D.I.C., Cooney, C.L., Demain, A.L., Dunnnill, P., Humphrey A.E. and Lilly, M.D. : *Fermentation and Enzyme Technology*. John Wiley and Sons, New York (1979).

188. Watson, E.L. and Harper, J.C.: *Elements of Food Engineering*, 2nd ed., Van Nostrand Reinhold Co., New York (1988).

189. Welty, J.R, Wicks, C.E. and Wilson, R.E.: *Fundamentals of Momentum*, Heat and Mass Transfer, 3rd. John Wiley & Sons. New York (1984).

190. WHO. (1988). Food irradiation. A technique for preserving and improving the safety of food. World Health Organization, Geneva, Swiss.

191. Wildfeuer, M.E.: In *Purification of Fermentation Products; Application to Large Scale Processes*, D. LeRoith, J. Shiloach and T.J. Lehy, American Chemical Society, Washington D.C. (1985).

192. Wilke, C. R. and Chang, P.A.I.: Ch. E. J., 1, 264(1955).

193. Witting, L.A. and Dimick, P.S.: Effects of processing on food lipids, In *Handbook of Nutritive Value of Proessed Foods*, Vol. 1. M. Rechcigl CRC Press, Boca Raton, Florida (1982).

찾아보기 INDEX

ㄱ

ㄴ

ㄷ

ㅈ

ㅊ

New FOOD PROCESS ENGINEERING

New 식품공학

2023년 3월 15일 초판 인쇄
2023년 3월 20일 초판 발행

지은이 • 변유량 · 정명수 · 조형용
민세철 · 이동언 · 최미정
최영진 · 한재준 · 홍근표

발행인 • 주병오 · 주민기

발행처 • ㈜지구문화 JIGU CULTURE Co.Ltd

주 소 • 경기도 파주시 회동길 209
파주출판문화정보산업단지

영업부 • 031-955-7566 · 7577
편집부 • 031-955-7731
F A X • 031-955-7730
홈페이지 • www.ji-gu.co.kr
전자우편 • jigupub@hanmail.net
등록번호 • 1979년 7월 13일 제 9-57호

ISBN 978-89-7006-343-0 가격 : 38,000원